Beuth/Breide/Lüders/Kurz/Hanebuth

Nachrichtentechnik

Der **Onlineservice InfoClick** bietet unter www.vogel-fachbuch.de/infoclick nach Codeeingabe zusätzliche Informationen und Aktualisierungen zu diesem Buch.

In zwei Schritten zum Onlineservice

1. Einfach www.vogel-fachbuch.de/infoclick aufrufen.
2. Den unten stehenden Zugangscode eingeben.

Ihr persönlicher Zugang zum Onlineservice  351707040005

St.-Prof. Klaus Beuth / Prof. Dr.-Ing. Stephan Breide /
Prof. Dr. Christian-Friedrich Lüders /
Dr.-Ing. habil. Günter Kurz / Dipl.-Ing. Richard Hanebuth

Nachrichten-technik

5., vollständig überarbeitete und aktualisierte Auflage

Vogel Communications Group

Zur Fachbuchgruppe «Elektronik» gehören die Bände:

Klaus Beuth/Olaf Beuth: Elementare Elektronik

Heinz Meister: Elektrotechnische Grundlagen
(Elektronik 1)

Klaus Beuth / Olaf Beuth: Bauelemente
(Elektronik 2)

Klaus Beuth/Wolfgang Schmusch: Grundschaltungen
(Elektronik 3)

Klaus Beuth / Olaf Beuth: Digitaltechnik
(Elektronik 4)

Helmut Müller/Lothar Walz: Mikroprozessortechnik
(Elektronik 5)

Wolfgang Schmusch: Elektronische Messtechnik
(Elektronik 6)

Klaus Beuth/Stephan Breide/Christian Lüders/Günter Kurz/
Richard Hanebuth: Nachrichtentechnik
(Elektronik 7)

Wolf-Dieter Schmidt: Sensorschaltungstechnik
(Elektronik 8)

Olaf Beuth/Klaus Beuth: Leistungselektronik
(Elektronik 9)

ISBN Print-Ausgabe 978-3-8343-3517-3 ISBN E-Book 978-3-8343-6300-8

5. Auflage. 2024

Printed in Hungary

Vorwort zur 5. Auflage

Die Nachrichtentechnik gehört zu den Fachgebieten mit hohen wirtschaftlichen Zuwachsraten und internationaler Bedeutung. Für die durch hohe Spezialisierung geprägten und immer arbeitsteiligeren Herstellungsprozesse der Industrie hat der Datenaustausch große Bedeutung. Darüber hinaus entwickelte sich das gesellschaftliche Zusammenleben immer stärker in Richtung einer Informationsgesellschaft, in der ein schneller Nachrichten- und Informationsaustausch selbstverständlich geworden ist und an dem immer mehr Menschen teilhaben wollen. Die Optimierung der technischen Kommunikationsprozesse und der damit verbundenen Technik ist daher von großer Wichtigkeit und setzt umfangreiche Kenntnisse voraus.

Die Nachrichtentechnik – häufig auch bezeichnet als Informations- und Kommunikationstechnik – baut auf einer Vielzahl grundlegender Erkenntnisse auf, die oft theoretisch und schwer verständlich dargestellt werden. Die Autoren haben es sich daher zur Aufgabe gemacht, die wesentlichen Grundlagen und ausgewählte Anwendungsgebiete anschaulich vorzustellen und das Hilfsmittel der Mathematik nur dort einzusetzen, wo es unumgänglich ist und der tieferen Erkenntnis dient.

Neben den grundlegenden Theorien werden wichtige Anwendungsbereiche der Nachrichtentechnik praxisgerecht und leicht verständlich dargestellt und an Beispielen erläutert. Dieses ist zum einen der Bereich der Telekommunikation und Vermittlungstechnik mit den Anwendungsgebieten der leitungsgebundenen oder drahtlosen Telefonie und Datenübertragung sowie vielfältigen Nutzungsmöglichkeiten, andererseits der große Anwendungsbereich von Rundfunk und Fernsehen mit der Technik der Aufnahme, Übertragung, Speicherung und Wiedergabe. Berücksichtigt wird dabei die inzwischen vielfach vollzogene Umstellung der Verbreitungswege von analogen Strecken auf eine digitale Übertragung über Satellit, Kabel und terrestrische Wege sowie die derzeitige Einführung des Hochzeilenfernsehens HDTV. Nicht nur im Heimbereich spielt dabei die Speicherung von Audio- und Videosignalen eine große Rolle. Auf die Verfahren der analogen und digitalen Magnetaufzeichnung wird daher genauso eingegangen wie auf die optischen Speichermedien CD, DVD und BD, so dass sich auch Nichttechniker einen guten Überblick erarbeiten können.

Der Bereich der Informations- und Kommunikationstechnik hat in den vergangenen Jahren durch eine Vielzahl technologischer Fortschritte mit zahlreichen Umbrüchen und Neuerungen eine sehr dynamische Entwicklung erfahren. So hat sich seit dem Erscheinen der letzten Ausgabe dieses Buches vor etwa sieben Jahren im Bereich Mobilfunk die 4. Generation (LTE) etabliert, die 3. Generation (UMTS) wurde abgeschaltet und eine neue Generation (5G) befindet sich im Aufbau. An der 6. Generation wird bereits gearbeitet. Ebenso hat das Audio- und Videostreaming signifikant an Bedeutung gewonnen, neue Methoden der Datenreduktion und der digitalen Übertragung von Audio- und Videodaten wurden entwickelt und eingeführt. Auch im Bereich der Speichertechniken waren entscheidende Neuerungen zu verzeichnen.

Dementsprechend wurden in der vorliegenden 5. Auflage einige Kapitel grundlegend überarbeitet und Teilkapitel neu eingefügt. Eingeflossen sind dabei die Erfahrungen der Autoren aus verschiedenen Lehrveranstaltungen an der Fachhochschule Südwestfalen und aus der Mitarbeit an verschiedenen Forschungs- und Entwicklungsprojekten.

Die wesentlichen Neuerungen betreffen u.a. die folgenden Themengebiete:

- Mobilfunksysteme (LTE/4G, 5G, WLAN, Bluetooth, ZigBee)
- optische Speichermedien der 4. Generation (Ultra HD Blu-Ray Disc)
- neuere Festspeichersysteme auf Basis von SD-Karten
- neue Verfahren der DSL-Technik (nicht ISDN-kompatible Verfahren)
- Aktualisierung der Verfahren zur Datenratenreduktion von Bewegtbildern
- Aktualisierung der Schnittstellentechnik nach HDMI
- digitale AV-Übertragung im HDBaseT-Standard
- Grundlagen des Audio- und Videostreaming

Das Buch ist sowohl als unterrichtsbegleitendes Lernmittel als auch zum Selbststudium geeignet. Lernziel-Tests mit Fragen und Aufgaben am Ende eines jeden Kapitels geben Auskunft über den Lernerfolg und den erreichten Grad des Verstehens.

Studierende elektrotechnischer und verwandter Fachrichtungen, in der Praxis stehende Ingenieure, Techniker und Meister sowie interessierte Nichttechniker können das Buch mit Erfolg für einen praxisbezogenen Einstieg in die modernen Verfahren der Nachrichtentechnik nutzen.

Der Vogel Communications Group sei für die gute Zusammenarbeit und die sorgfältige Ausführung des Druckes sowie die große Geduld bei der Erstellung der Neuauflage sehr gedankt. Ein weiterer Dank gilt unseren Familien, die diese Erstellung verkraften mussten.

Wie schon bei der 4. Auflage finden Sie zusätzliche Themen (z.B. Analoge Rundfunktechnik, UMTS-Mobilfunk) und die Lösungen zu den Lernzieltests in unserem Onlineservice InfoClick unter www.vogel-fachbuch.de/infoclick. Die Dateien können Sie über den im Buch befindlichen Zugangscode freischalten. Fordern Sie den Code für Ihr E-Book unter info@vogel-fachbuch.de an.

Meschede, April 2023

Stephan Breide
Christian Lüders

Inhaltsverzeichnis

1 Grundlegende Begriffe der Nachrichtentechnik

1.1 Einordnung der Nachrichtentechnik

Die Nachrichtentechnik ist ein Teilgebiet der Elektrotechnik und befasst sich mit der

- Aufzeichnung,
- Speicherung,
- Verarbeitung,
- Übertragung und
- Wiedergabe

von Nachrichten bzw. Informationen. Dabei kann es sich um Sprach- oder Textmitteilungen zwischen Personen, Fotos oder Filme, die von Menschen wahrgenommen werden, aber auch um Mess- und Steuerungsdaten handeln, die von Maschinen aufgezeichnet bzw. ausgetauscht werden.

Die Bezeichnung «Nachrichtentechnik» entstand Anfang des 20. Jahrhunderts. Mit der zunehmenden Digitalisierung und dem Zusammenwachsen der Telekommunikations- und der Computerbranche setzte sich weitgehend die Bezeichnung «Informations- und Kommunikationstechnik (IKT)» durch. Wie in Bild 1.1 illustriert, werden in der Informations- und Kommunikationstechnik die Bereiche Telekommunikation, Informationsverarbeitung und Computertechnik, Medientechnik und Elektronik integriert, wobei auch Aspekte der Optik und Akustik eine gewisse Rolle spielen. Diese Integration zeigt sich am augenfälligsten an einem weit verbreiteten Produkt der IKT-Branche – dem «Smartphone». Mit ihm kann man telefonieren (Telekommunikation), es hat heutzutage die Bedienoberfläche sowie viele Funktionen eines Computers, man kann mit ihm fotografieren, Filme anschauen und Radio hören (Medientechnik) und es besteht aus komplexen elektronischen Bauelementen. Im Bereich der Kommunikationsnetze hat diese Integration in den 1980er-Jahren mit der Entwicklung und Einführung des ISDN (Integrated Sevices Digital Network) begonnen. Sie setzt sich heutzutage mit den breitbandigen Netzen fort, die sowohl Telefonie, Internetzugang als auch Fernsehen und Radio liefern.

Bei der IKT handelt es sich um eine Schlüsseltechnologie, die die Grundlage für eine Vielzahl von Innovationen bildet. Als Querschnittstechnologie spielt sie in verschiedenen Bereichen, wie dem Maschinen- und Anlagenbau, in der chemischen Industrie und im Automobilsektor eine große Rolle. In Deutschland beträgt die Bruttowertschöpfung der IKT-Branche etwa 90 Milliarden Euro. Sie liegt damit noch vor dem Maschinenbau und der Automobilbranche. Mehr als 50% der Industrieproduktion und mehr als 80% der Exporte Deutschlands hängen von der IKT ab. Im Automobilbereich beruhen fast 90% der Innovationen auf der Informationstechnik und der Elektronik.

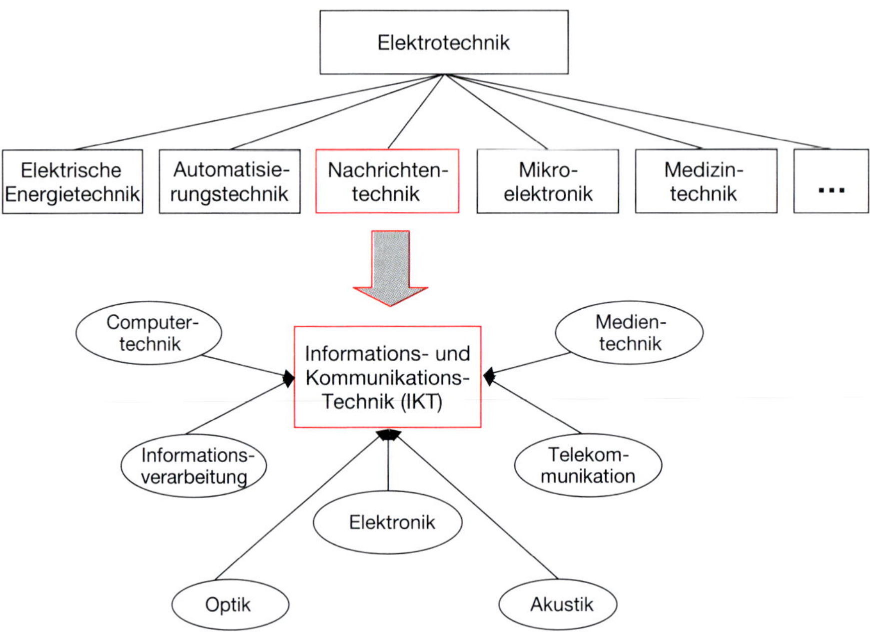

Bild 1.1 Einordnung der Nachrichtentechnik

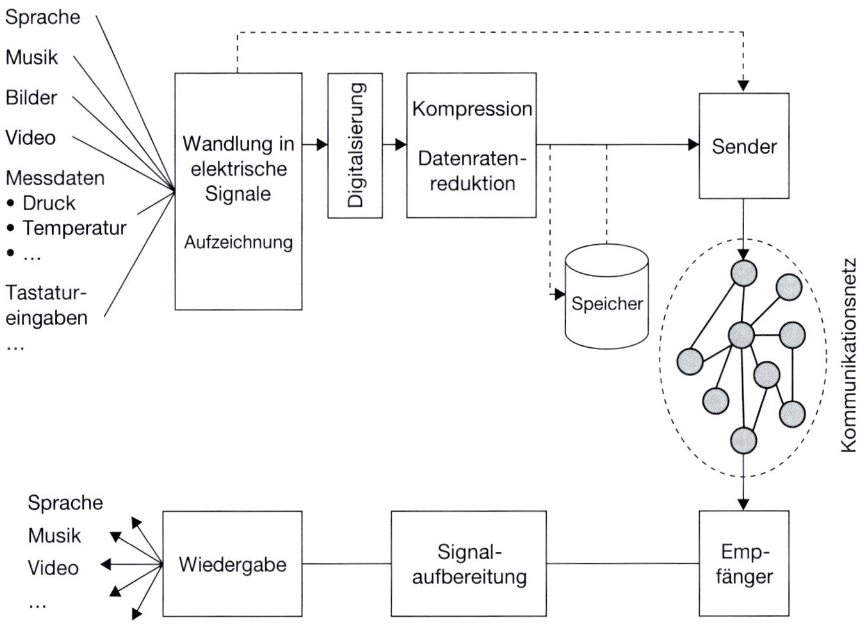

Bild 1.2 Nachrichtentechnisches System im Überblick

Das vorliegende Buch erläutert verschiedene zentrale Themenbereiche der Nachrichtentechnik bzw. der Informations- und Kommunikationstechnik. Diese sind anhand von Bild 1.2 illustriert, das den groben Aufbau eines nachrichtentechnischen Systems zeigt. Behandelt werden also

- die Wandlung in elektrische Signale:
  - elektroakustische Wandler (Abschnitt 5.6),
  - Wandlung von Bewegtbildern (Kapitel 10 und 11);
- die Digitalisierung von Signalen (Kapitel 11);
- die Datenratenreduktion (Kapitel 12);
- Speichermedien:
  - Aufzeichnungstechnik für Ton-, Bild- und Datensignale (Kapitel 14),
  - Multimediale Speichermedien (Kapitel 15);
- die Signalaufbereitung und Wiedergabe:
  - elektroakustische Wandler (Abschnitt 5.6),
  - optoelektrische Wandler, wie Liquid Crystal Displays und Plasma-Bildschirme (Kapitel 16);
- die Nachrichtenübertragung von einem Sender zu einem Empfänger (Bild 1.3):
  - Modulation (Kapitel 7 und 8),
  - Verfahren zum Fehlerschutz, Kanalcodierung (Kapitel 8),
  - die Schwingungserzeugung und Verstärkung von Signalen (Kapitel 3),
  - Übertragungskanäle (Leitungen in Kapitel 4, elektromagnetische Wellen in Kapitel 6),
  - Multiplex-Verfahren (Kapitel 9),
- Kommunikationssysteme (Kapitel 17, 18, 19).

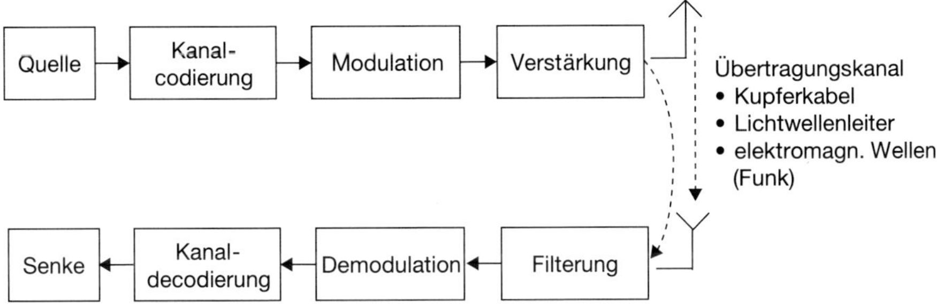

Bild 1.3 Nachrichtenübertragung zwischen Sender und Empfänger

Bei den Kommunikationssystemen werden Systeme für die Verteilkommunikation (*Broadcast*) und für die Individualkommunikation behandelt, wobei sowohl leitungsgebundene Netze als auch Funknetze zur Sprache kommen. Da es i.Allg. weder realisierbar noch wirtschaftlich ist, zwei (oder mehr) Kommunikationspartner direkt und dauerhaft miteinander zu verbinden, werden diese über ein Netz von mehreren Vermittlungseinrichtungen miteinander nach Bedarf verknüpft. Die Vermittlungseinrichtungen müssen also einen geeigneten Übertragungsweg durch das Netz suchen und schalten. Je nachdem, ob dieser Weg für die gesamte Verbindung bestehen bleibt oder für jedes Datenpaket individuell gesucht wird, unterscheidet man zwischen der Leitungsvermittlung, die z.B. beim ISDN zu finden ist, und der Paketvermittlung, die im Bereich der Computernetze dominiert. Konkret werden die folgenden Systeme behandelt:

Verteilkommunikation

- Analoger Ton- und Fernsehrundfunk
- Digitaler Fernsehrundfunk (**D**igital **V**ideo **B**roadcast, DVB)
  - über Kabel (DVB-C), über Satellit (DVB-S), über terrestrischen Funk (DVB-T)
- Digitaler Tonrundfunk
  - **D**igital **A**udio **B**roadcast (DAB)
  - **D**igital **R**adio **M**ondial (DRM)

Individualkommunikation (leitungsgebunden)

- **I**ntegrated **S**ervices **D**igital **N**etworks (ISDN)
- lokale Computernetze (**L**ocal **A**rea **N**etworks, LANs) nach den Standards IEEE 802.3, IEEE 802.4, IEEE 802.5
- Weitverkehrscomputernetze (**W**ide **A**rea **N**etwoks, WANs) und das Internet

Individualkommunikation (Funk)

- Weitverkehrsnetze
  - **G**lobal **S**ystem for **M**obile Communications (GSM)
  - 5. **G**eneration Mobilfunk (5G)
  - **L**ong **T**erm **E**volution (LTE)
- lokale Funknetze
  - lokale Computernetze (Wireless LANs nach dem Standard IEEE 802.11)
  - Bluetooth für die Anbindung von Endgeräten über kurze Entfernungen
  - **U**ltra**W**ide**B**and-Systeme (UWB) für Multimedia-Anwendungen

Die Aufgabe eines Kommunikationssystems lässt sich relativ leicht zusammenfassen:

Merksatz

Ein Kommunikationssystem ermöglicht einen Datenaustausch zwischen verschiedenen Geräten. Die Daten müssen dabei fehlerfrei und zuverlässig an das richtige Ziel geleitet werden, ohne dass Unbefugte in das Netz eindringen oder die übertragenen Daten abhören.

In der konkreten Umsetzung handelt es sich bei dem Datenaustausch i.Allg. um einen sehr komplexen Prozess, der in viele Teilaspekte zerfällt. Um ihn übersichtlich, verständlich und präzise beschreiben zu können, muss man ihn gut gliedern und strukturieren. Dies ist besonders dann wichtig, wenn in einem Kommunikationssystem Geräte von vielen verschiedenen Herstellern zusammenspielen müssen. In einem solchen Fall ist eine Standardisierung mit einer detaillierten Beschreibung des Systems, die mehrere tausend Seiten an Spezifikationsdokumenten umfassen kann, unerlässlich. Der folgende Abschnitt erläutert die prinzipiellen Methoden zur strukturierten Beschreibung der Kommunikationsabläufe. Weitere Details findet man in [24; 25].

1.2 Hierarchische Strukturierung von Kommunikationsabläufen

Merksatz

Um den Kommunikationsprozess zu gliedern, zerlegt man ihn in mehrere so genannte Schichten (Layer). Dabei nutzt jede Schicht gewissermaßen Hilfsfunktionen oder Dienste aus der jeweils darunter liegenden Schicht, um ihre Aufgaben zu erfüllen.

Zieht man einen Vergleich zu einem gut strukturierten Computerprogramm, so bildet die obere Schicht das Hauptprogramm, das Unterprogramme aufruft, wobei die Unterprogramme wiederum auf «Unter-Unterprogramme» zurückgreifen.

Bevor das von der International Organization of Standards (ISO) in den 1980er-Jahren entwickelte OSI-Referenzmodell beschrieben wird, soll zunächst ein Beispiel behandelt werden. OSI ist dabei die Abkürzung für Open System Interconnection und deutet das zentrale Anliegen an: ein Modell für die standardisierte Beschreibung von offenen (d.h. nicht herstellerspezifischen) Kommunikationssystemen.

1.2.1 Beispiel für die Gliederung des Kommunikationsprozesses

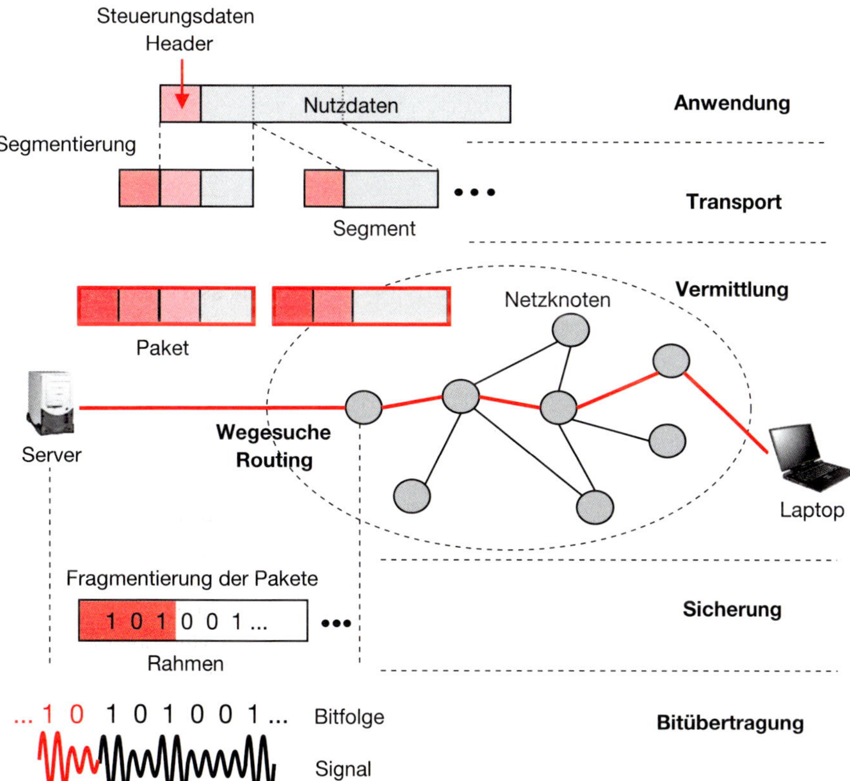

Bild 1.4 Beispiel für die Gliederung des Kommunikationsprozesses

Betrachtet man beispielsweise eine Internetseite, die über einen Laptop von einem Server abgerufen wird, so werden die zugehörigen Nutzdaten zunächst mit Steuerungsdaten versehen (Bild 1.4). Dazu gehören Informationen über den Server, das Datum der letzten Änderung der Seite, die Anzahl zu übertragender Nutzbytes und der Typ der Daten (Text, Bild, ...). Internetseiten mit vielen Bildern umfassen häufig ein Datenvolumen von mehreren Megabytes. Würde man diese Daten als Ganzes übertragen, so ist das Risiko groß, dass eines der Bytes fehlerhaft ist, und die ganze Datei müsste erneut übertragen werden. Um dies zu verhindern, zerlegt man die Datei in mehrere kleinere Dateneinheiten mit einer Größe von typischerweise 500...1500 Bytes. Den Prozess der Zerlegung nennt man *Segmentierung*, die einzelnen Dateneinheiten dementsprechend Segmente. Auch die Segmente werden mit Zusatz- bzw. Steuerungsdaten versehen; dazu gehören

- eine Nummerierung, um sie am Empfänger in der richtigen Reihenfolge zusammenzusetzen;
- die Art der transportierten Nutzdaten (Internetseite, E-Mail, Datei);
- eine Prüfsumme zur Fehlererkennung am Empfänger.

Die so «verpackten» Segmente werden im nächsten Schritt mit weiteren Steuerungsdaten wie z.B. der Adresse des Absenders und des Empfängers versehen. In dem betrachteten Beispiel handelt es sich um die Internetadressen der beteiligten Geräte. Auf Basis dieser Angabe und weiterer Steuerungsinformationen suchen die Vermittlungsstellen bzw. Router einen geeigneten Weg vom Server durch das Kommunikationsnetz bis zum Laptop.

Da einzelne Streckenabschnitte – z.B. eine Funkstrecke – sehr fehlerbehaftet sein können, nimmt auf den einzelnen Teilstrecken gesonderte Sicherungen vor. Die Datenpakete werden dazu verschiedentlich in noch kleinere Einheiten – die Datenrahmen (engl.: *frames*) zerlegt. Auch diese Rahmen erhalten Steuerungsdaten, die denen der Segmente ähneln. Die Sicherung erfolgt hier jedoch nicht über die gesamte Kommunikationsstrecke, sondern nur über einen einzelnen Streckenabschnitt. D.h., der direkte Empfänger prüft den Datenrahmen auf Korrektheit und fordert ihn im Fehlerfall vom vorangehenden Sender an.

Definition

Um die einzelnen Bits der Datenrahmen überhaupt übertragen zu können, muss man sie physikalischen Signalen, z.B. elektromagnetischen Wellen, aufprägen. Diesen Vorgang nennt man *Modulation*.

1.2.2 Die Aufgaben der OSI-Schichten

Bei dem Beispiel aus Bild 1.4 wurde der Kommunikationsprozess in fünf Schichten zerlegt. Für das OSI-Referenzmodell [24; 25] wurden 7 Schichten festgelegt, deren Aufgaben in diesem Abschnitt beschrieben werden sollen (Bild 1.5). Zu betonen ist, dass das OSI-Referenzmodell nur den Rahmen für die Standardisierung von Kommunikationssystemen bildet. In konkreten Kommunikationssystemen (siehe Kapitel

17, 18 und 19) können die Schichten etwas anders festgelegt sein, es können Schichten fehlen, zusätzliche ergänzt werden oder eine Schicht ist in mehrere Teilschichten zerlegt. So hat sich z.B. im Bereich der Computernetze (siehe Kapitel 18) das 5-schichtige Modell durchgesetzt, bei dem die Sicherungsschicht in zwei Teilschichten untergliedert ist. Die Schichten 5 und 6 entfallen dabei bzw. werden in die Schichten 4 und 7 integriert (Bild 1.6).

Schicht	Funktion
Anwendungsschicht application layer	Anwendungsspezifische Funktionen einer Kommunikation (Bsp.: file-transfer, e-mail, remote-login)
Darstellungsschicht presentation layer	Festlegungen der Datenstrukturen für den Datenaustausch (Bsp.: ASCII, Unicode, Zahlendarstellungen)
Sitzungsschicht session layer	Aufbau / Steuerung von Kommunikationsverbindungen (Bsp.: Halb-Duplex)
Transportschicht transport layer	Übernahme der Daten, Weitergabe in ggf. kleineren Einheiten, Bestimmung der Art des Dienstes (Broadcast, Punkt zu Punkt)
Vermittlungsschicht network layer	Aufbau / Steuerung von Kommunikationsverbindungen Wegsteuerung der Datenflüsse im Netz
Sicherungsschicht data link layer	Sicherung gegen Übertragungsfehler Lösung des Mehrfachzugriffs
Bitübertragungsschicht physical layer	Festlegung der physikalischen Eigenschaften (Bsp.: Sendeleistung, Stecker, Kabel, Frequenz, Modulation)

Bild 1.5 Die Schichten des OSI-Referenzmodells

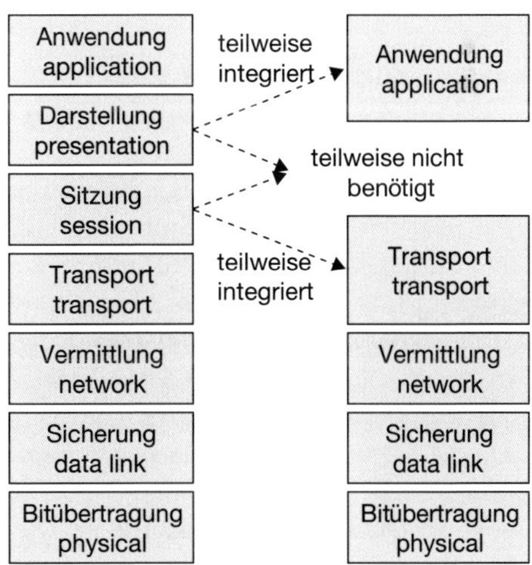

Bild 1.6
Vergleich zwischen einem 7- und einem 5-schichtigen Modell

An oberster Stelle (Schicht 7) steht wie im zuvor geschilderten Beispiel die Anwendungsschicht (*application layer*).

Anwendungsschicht – Application Layer

Diese Schicht liefert eine genaue Beschreibung des eigentlichen Telekommunikationsdienstes und seiner Nutzungsmöglichkeiten für den Teilnehmer. Es werden Konventionen für den Datenaustausch festgelegt, Anpassungen an unterschiedliche Typen von Endgeräten vorgenommen und verschiedentlich auch Verfahren für den Datenschutz bereitgestellt.

Typische Anwendungen sind:

- E-Mail (SMTP – **s**imple **m**ail **t**ransfer **p**rotocol)
- WWW (HTTP – **H**yper**T**ext **t**ransfer **p**rotocol)
- Filetransfer (FTP – **F**ile **t**ransfer **p**rotocol)
- Newsgroups
- Chats – chatrooms
- Remote access support

Darstellungsschicht – Presentation Layer

Die Darstellungsschicht befasst sich – wie der Name bereits andeutet – mit der Frage der Darstellung von Informationen, also z.B.

- Wie werden einzelne Zeichen codiert?
- Wie werden Sprache, Bilder oder Videos codiert?
- Welches Datei-Format wird verwendet?
- Welche Art der Datenkompression wird verwendet?

Sitzungsschicht – Session Layer

Die Sitzungsschicht steuert und überwacht die Kommunikation zwischen zwei Endgeräten. Eine Sitzung ist dabei die Phase vom Beginn des Kommunikationsprozesses bis zur Beendigung durch eines der beiden Endgeräte.

Transportschicht – Transport Layer

Die Transportschicht soll die zuverlässige Übertragung der Nutzdaten zwischen den beiden Endgeräten gewährleisten.

Wie bereits im vorangehenden Beispiel erwähnt, zerlegt sie dazu die Anwendungsdaten (Dateien) in kleinere Einheiten – die Segmente. Die Transportschicht überwacht mittels so genannter Prüfbits, ob ein Segment korrekt beim Empfänger eingetroffen ist. Ist dies nicht der Fall, so fordert der Empfänger das Segment erneut an. Der Sender wird also automatisch aufgefordert, ein Datenpaket zu wiederholen; man spricht daher von einem *ARQ-Verfahren*, wobei ARQ das Kürzel für **A**utomatic **R**epeat Re**q**uest ist.

Da die Segmente nummeriert sind, kann sie der Empfänger in der richtigen Reihenfolge wieder zu der ursprünglichen Datei zusammensetzen. Insgesamt muss die Transportschicht eine ausgehandelte Dienstqualität garantieren und dabei auf Fehler im Netz oder auf eine Netzüberlast reagieren (*congestion control*).

Vermittlungsschicht – Network Layer

Häufig sind die kommunizierenden Geräte nicht direkt miteinander verbunden, sondern die Kommunikation erfolgt indirekt über mehrere dazwischen liegende Stationen. In diesem Fall muss das Netz einen geeigneten Weg von der Ursprungs-

zur Zielstation suchen. Diese Wegesuche – auch *Routing* genannt – ist die Hauptaufgabe der Vermittlungsschicht.

Die weiterleitenden Stationen – die **Router** – müssen dazu die Adressen der umliegenden Stationen kennen und Informationen zum Auslastungsgrad der anderen Router bzw. der Verbindungsstrecken kennen. Prinzipiell können die einzelnen Segmente einer Datei unterschiedliche Wege nehmen. Insbesondere kann in einem Funksystem eine Neuwahl des Weges erforderlich sein, wenn sich die Stationen bewegen. Die Vermittlungsschicht befasst sich also mit folgenden Fragestellungen:

- Wie kann ein zuverlässiger Transport der Pakete von A nach B garantiert werden?
- Welches ist die effektivste Route durch das Netzwerk?
- Wie können Überlastungen in Netzteilen vermieden werden?
- Wie können Verkehrsstauungen aufgelöst werden?
- Wie müssen Abrechnungsfunktionen im Netzt realisiert werden?

Sicherungsschicht – Data Link Layer, DLL

In der Sicherungsschicht werden folgende Fragestellungen behandelt und geklärt:

- Welcher Teilnehmer darf zu welcher Zeit wie lange übertragen?
- Wie kann die Übertragung gegen technische Fehler geschützt werden?
- Was macht man, wenn Fehler auftreten?
- Wie viele Bits gehören zu einem Rahmen und wo sind Ende und Anfang?
- Wie erfolgt die Flusssteuerung bei der Datenkommunikation, d.h., was geschieht, wenn der Empfänger überlastet ist?

Die erste Frage ist insofern wichtig, als dass z.B. bei Funksystemen oder Computernetzen mehrere Stationen ihre Daten über das gleiche Übertragungsmedium senden. Daher muss es Regeln geben, um Kollisionen weitgehend zu vermeiden.

In der Sicherungsschicht werden die Pakete der Vermittlungsschicht eventuell in kleinere Teile zerlegt, die man *Fragmente* nennt. Die Übertragung dieser Datenrahmen wird mittels eines ARQ-Verfahrens überwacht und gesteuert. Damit ergibt sich eine ähnliche Aufgabe wie in der Transportschicht. Während jedoch die Transportschicht für die Kontrolle der gesamten Strecke von der Ursprungs- zur Zielstation zuständig ist, überwacht die Sicherungsschicht nur jeweils eine Teilstrecke zwischen zwei benachbarten Stationen.

Bitübertragungsschicht – Physical Layer, PHY

In der Bitübertragungsschicht ist festgelegt, wie die einzelnen Bits eines Datenrahmens auf physikalische (elektrische, optische, ...) Signale abgebildet werden. Folgende Aspekte sind dabei zu spezifizieren:

- Welches Übertragungsmedium soll genutzt werden (Kupferkabel, Glasfaser, Funk, ...)?
- Welcher Frequenzbereich wird verwendet?
- Welche Anschlussstecker werden genutzt?
- Mit welcher Sendeleistung wird gearbeitet?
- Wie werden die Bits auf Signale abgebildet (Modulationsverfahren)?
- Welche Datenrate liefert das Netzwerk («Wie lange dauert ein Bit»)?

1.2.3 Dienste, Protokolle und Datenfluss im OSI-Modell

Wie im vorherigen Abschnitt beschrieben, hat jede Schicht ihre eindeutig festgelegten Aufgaben. Sie kann damit der darüber liegenden Schicht Dienste zur Verfügung stellen. Dieser Aspekt ist in Bild 1.7 illustriert. Die Schicht N ist der Diensterbringer für die Schicht N + 1 und die Schicht N + 1 der Dienstnutzer von Schicht N. Der Dienstnutzer fordert über eine Request-Meldung einen Dienst vom Diensterbringer an. So kann z.B. die Vermittlungsschicht die Sicherungsschicht auffordern, ein Datenpaket sicher zu übertragen. Das Datenpaket stellt die Service Data Unit dar. Diese wird zusammen mit Steuerungsinformationen (*Interface Control Information*) an die Sicherungsschicht übergeben. Diese weiß nun, wie sie zu handeln hat, entfernt das ICI-Feld und fügt ein neues Steuerungsfeld (*Protocol Control Information*, PCI) für die Partnerinstanz auf der Empfängerseite hinzu. SDU und PCI zusammen stellen die so genannte *Protocol Data Unit* dar. Die erfolgreiche Abwicklung des Dienstes quittiert die Schicht N mit einer Confirm-Meldung.

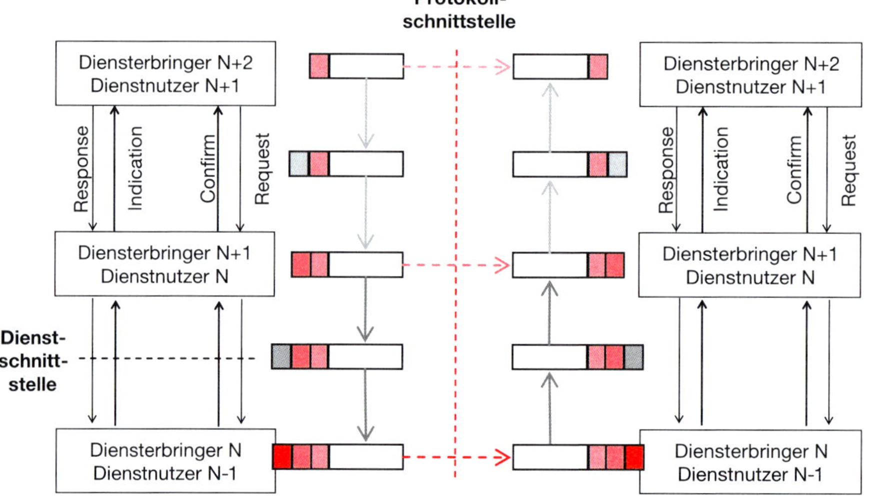

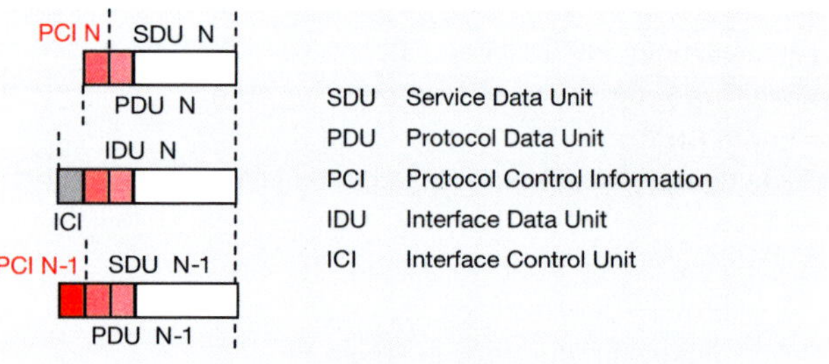

Bild 1.7 Schnittstellen und Dateneinheiten im OSI-Modell

Dieser Prozess der Dienstanforderung setzt sich fort, bis er zur untersten Schicht – der Bitübertragungsschicht – angekommen ist, von der aus die Daten physikalisch an den Empfänger übertragen werden. Am Empfänger angekommen, läuft der Prozess in umgekehrter Reihenfolge: Steuerungsdaten werden Schicht für Schicht entfernt, und mit einer Indication-Meldung werden die jeweils verbleibenden Daten an die höhere Schicht übergeben. Eine andere Art einer Indication-Meldung ist z.B. ein Hinweis von der Sicherungsschicht an die Vermittlungsschicht, dass auf der Verbindungsstrecke viele Fehler aufgetreten sind, so dass die Vermittlungsschicht einen neuen Weg suchen kann.

Definition

Wie zwei benachbarte Schichten miteinander kommunizieren, wie Dienste abgerufen oder Ereignisse angezeigt werden, beschreibt die *Diensteschnittstelle*.

Datenfluss

Rein physikalisch erfolgt der Datenfluss in der Weise, wie er durch die roten Pfeile in Bild 1.8 angedeutet ist. Auf der Sendeseite versieht jede Schicht die ihr übergebenen Datenpakete mit Steuerungsinformationen (Adressen, Nummern, Prüfbits u.a.) und reicht sie an die darunter liegende Schicht weiter, die ihrerseits weitere Steuerungsinformationen hinzufügt. Auf der untersten Ebene angekommen, werden dann die einzelnen Bits über Funk (oder Kabel) an den Empfänger übertragen, der sie demoduliert und wieder zu den Fragmenten der Sicherungsschicht zusammensetzt. Am Empfänger interpretiert jede Schicht ihre Steuerungsdaten, veranlasst die entsprechenden Aktionen (z.B. Wiederholung von Fragmenten) und reicht die eigentlichen Daten an die nächsthöhere Schicht weiter. Um die Dateneinheiten in den einzelnen Schichten zu unterscheiden, spricht man von *Segmenten, Paketen, Frames (Rahmen)* bzw. *Bits*.

Physikalisch erfolgt zwar die Kommunikation zwischen benachbarten Schichten, logisch gesehen innerhalb einer Schicht, wie die gestrichelten Pfeile in Bild 1.8 andeuten. Vergleicht man den Prozess mit dem Austausch von Briefen, so kommuniziert der Empfänger des Briefes physikalisch mit dem Postboten (Diensterbringer), logisch jedoch mit dem Verfasser des Briefes.

Definition

Die Regeln, nach denen die Kommunikation innerhalb einer Schicht abläuft, nennt man ein *Protokoll*.

Ein Kommunikationsprotokoll legt fest:

- welche Arten von Meldungen (Datenpaketen) es gibt,
- wie deren Format ist
- und wie der Empfänger auf bestimmte Meldungen zu reagieren hat.

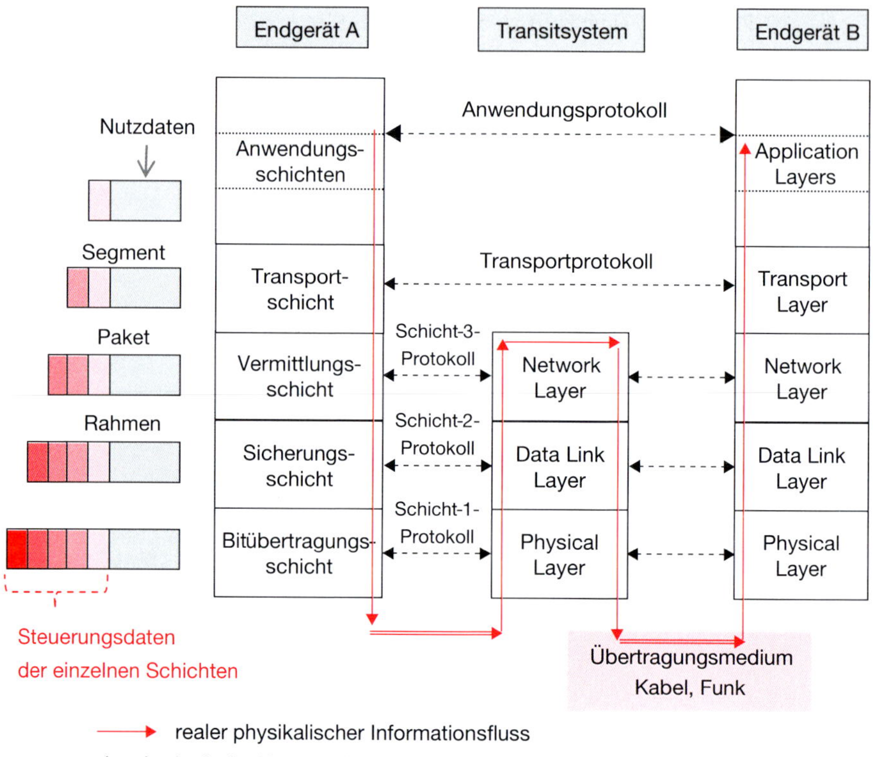

Bild 1.8 Datenfluss und Protokolle

Zu beachten ist, dass in den Transitsystemen – wie z.B. in den Vermittlungsstellen oder den Basisstationen bei Funksystemen – nur die untersten drei Schichten realisiert sind. Sie müssen keine anwendungsbezogenen Aufgabe erfüllen, so wie ein Briefträger auch nur die Adressen lesen muss (Vermittlungsschicht), aber nicht den Brief selbst (Anwendungsschicht).

1.3 Signale und Systeme

1.3.1 Beschreibung von Signalen

Wie zuvor beschrieben, werden die Nachrichten bzw. Informationen auf der untersten Schicht durch ein physikalisches Signal dargestellt.

Definition

Die physikalische Repräsentation einer Nachricht (oder ganz allgemein einer Information) ist das *Signal*. Das Signal selbst ist in der elektrischen Nachrichtentechnik ein zeitabhängiger Strom- oder Spannungsverlauf bzw. ein elektromagnetisches Feld.

Grundsätzlich unterscheidet man die folgenden, in Bild 1.9 dargestellten Signalarten:

- wert- und zeitkontinuierliche Signale (a),
- wertdiskrete und zeitkontinuierliche Signale (b),
- wertkontinuierliche und zeitdiskrete Signale (c),
- wert- und zeitdiskrete Signale (d).

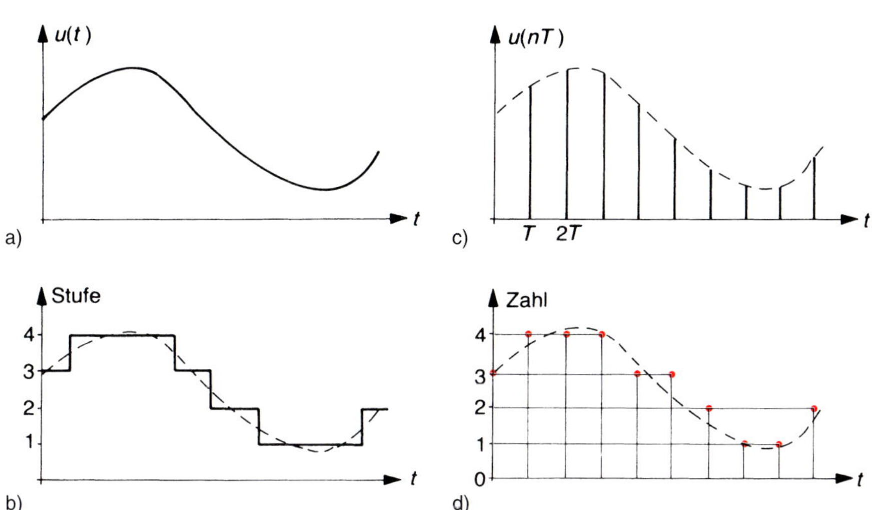

Bild 1.9 Signalverläufe
a) wert- und zeitkontinuierlich
b) wertdiskret und zeitkontinuierlich
c) wertkontinuierlich und zeitdiskret
d) wert- und zeitdiskret

Wert- und zeitdiskrete Signale und die zugehörigen Prozesse der Quantisierung und Abtastung werden im Detail in Kapitel 11 besprochen. Dieser Abschnitt behandelt daher als Grundlage nur die wert- und zeitkontinuierlichen Signale.

Das Signal enthält von der Nachricht abhängige Merkmale, die **Signalparameter**. Mit diesen Signalparametern muss man sich beschäftigen, wenn eine Nachrichtenübertragung optimiert werden soll. Neben dem Nutzsignal treten aber bei der Übertragung auch unvermeidliche Störsignale auf. Das sind elektrische Größen, die nicht Träger der ursprünglichen Nachricht sind. Ein praktisches Problem besteht deshalb in der Einhaltung eines notwendigen Störabstandes bei der Nachrichtenübertragung.

Signale werden aber nicht nur durch Störsignale beeinflusst. Auch der Übertragungskanal, Sender und Empfänger haben großen Anteil. Für die Gestaltung von Nachrichtensystemen sind deren Systemeigenschaften bezüglich der zu übertragenden Signale von großer Bedeutung. Sie sind deshalb ebenfalls Gegenstand der weiteren Betrachtungen, wobei durch Abstraktion von konkreten Einrichtungen auf allgemeine Verhaltensweisen geschlossen werden kann.

Bevor einige wichtige Signale der Nachrichtentechnik vorgestellt werden, sollen zunächst die wichtigsten Basissignale – nämlich das Sinus- und das Cosinussignal – betrachtet werden. Beide Signale sind in Bild 1.10 illustriert. Ein sinusförmiges Signal wird durch folgende Gleichung beschrieben:

$$s(t) = \hat{s} \sin\left(\frac{2\pi t}{T} + \varphi_0\right) \qquad \text{(Gl. 1.1)}$$

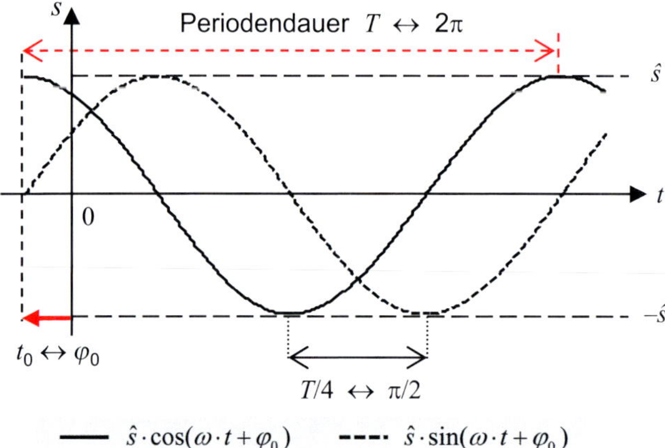

Bild 1.10 Sinus- und Cosinusfunktion

Dabei ist $\hat{s}$ die Amplitude (Strom oder Spannung), f die Frequenz und φ_0 der Anfangsphasenwinkel (Nullphasenwinkel).

Die Frequenz ergibt sich als Kehrwert der Periodendauer T:

$$f = \frac{1}{T} \qquad \text{(Gl. 1.2)}$$

Eine mit der Frequenz unmittelbar zusammenhängende wichtige Größe ist die Kreisfrequenz ω:

$$\omega = 2\pi f \qquad \text{(Gl. 1.3)}$$

Die Sinus- und Cosinusfunktion unterscheiden sich lediglich um eine Phasenverschiebung von 90° bzw. $\pi/2$ – oder gleichbedeutend um eine Viertelperiode $T/4$. Insofern reicht es in vielen Fällen, sich auf eine der beiden Funktionen zu beschränken. So geht man z.B. bei der Behandlung der Modulation i.Allg. von der Cosinusfunktion aus.

Für die mathematische Behandlung von Schwingungsvorgängen ist die Darstellung als rotierender Zeiger in der komplexen Zahlenebene bequem, wie in Bild 1.11a dargestellt ist. Die Zeigerlänge entspricht dabei der Amplitude $\hat{s}$ der Schwingung. Der Zeiger startet bei dem Winkel φ_0 und läuft dann mit der Winkelgeschwindigkeit ω um, wobei der Umlaufzeit die Schwingungsdauer T entspricht.

$$\underline{s}(t) = \hat{s} \cdot e^{j(\omega \cdot t + \varphi_0)} = \underbrace{\hat{s} \cdot \cos(\omega \cdot t + \varphi_0)}_{\text{Realteil}} + j \cdot \underbrace{\hat{s} \cdot \sin(\omega \cdot t + \varphi_0)}_{\text{Imaginärteil}}$$

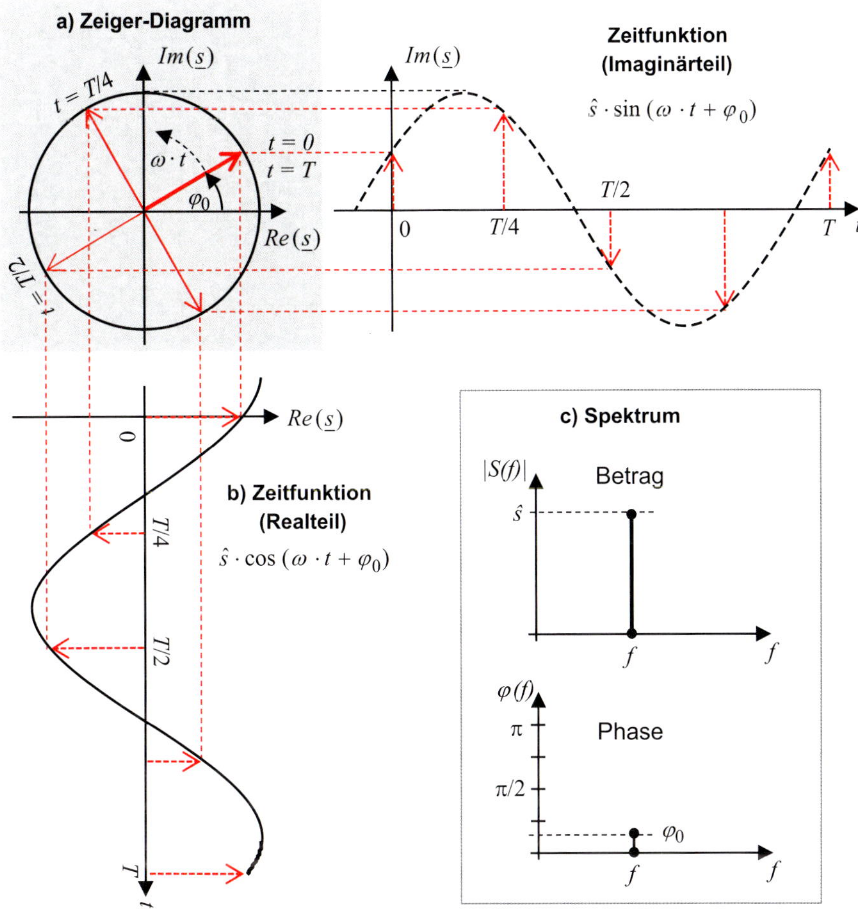

Bild 1.11 Darstellungsmöglichkeiten eines harmonischen Signals
a) Zeiger b) Zeitfunktion c) Amplitudenspektrum

Mathematisch wird die Beziehung zwischen dem rotierenden Zeiger (komplexe e-Funktion) und der Schwingung (Cosinusfunktion) über die Eulersche Gleichung hergestellt:

$$\hat{s}\, e^{\pm j\varphi} = \hat{s} \cos(\varphi) \pm j\, \hat{s} \sin(\varphi) \qquad \text{(Gl. 1.4)}$$

Dabei ist j die imaginäre Einheit und $\varphi(t) = \varphi_0 + \omega t$ der zeitabhängige Winkel des Zeigers bzw. die Phase der Schwingung. Die Schwingung (Bild 1.11b) ergibt sich aus dem rotierenden Zeiger (der komplexen e-Funktion) durch Projektion auf die reelle Achse (Cosinusfunktion) bzw. auf die imaginäre Achse (Sinusfunktion).

Die komplexe Rechnung ist insbesondere bei sinusförmigen Wechselströmen und -spannungen angebracht.

Beispielsweise wird eine Wechselspannung $u(t)$ mit fester Frequenz f in der Form

$$u(t) = \hat{u} \cdot \cos(2\pi f \cdot t + \varphi_u)$$

dargestellt durch eine komplexe Spannung der Form $U\,e^{j\varphi_u}$ mit einem Effektivwert U und einer Phase φ_u.

Der Zusammenhang zwischen den zeitabhängigen Wechselspannungen und -strömen und deren komplexer Darstellung ist in Bild 1.12 illustriert. Zu betonen ist, dass in der komplexen Darstellung die Spannungen und Ströme durch ihren Effektivwert und ihre Phase charakterisiert sind. Den Faktor $e^{j\omega t}$ braucht man bei Zwischenrechnungen nicht zu berücksichtigen – z.B. bei der Berechnung des Scheinwiderstands hebt er sich heraus.

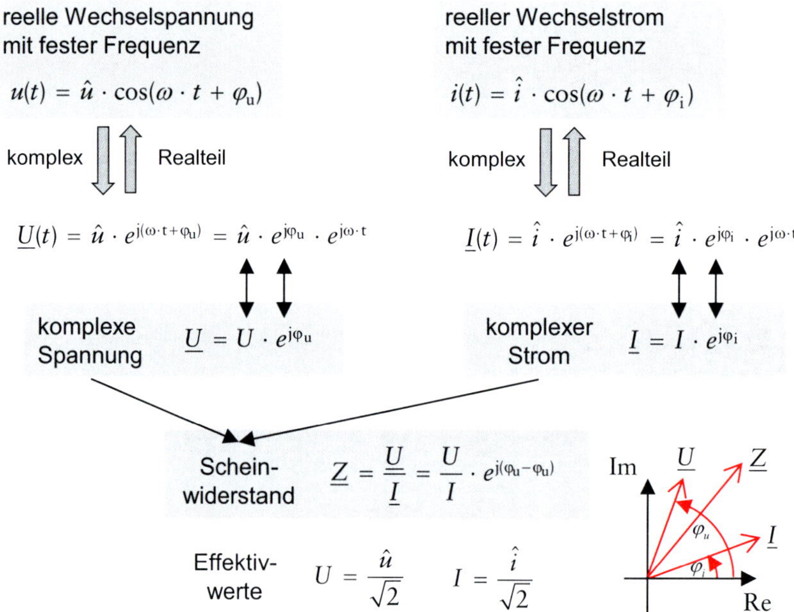

Bild 1.12 Cosinusförmige Wechselspannungen und -ströme in komplexer Schreibweise

Neben der Darstellung eines Signals im Zeitbereich (und als Zeigerdiagramm) spielt die Darstellung im Frequenzbereich – das Spektrum des Signals – eine wichtige Rolle.

So gibt das Amplitudenspektrum (Betrag) an, welche Frequenzen in einem Signals vertreten sind und mit welcher Amplitude. Bei einem reinen Sinus- oder Cosinussignal ist dies nur eine Frequenz (siehe Bild 1.11c). Alle anderen Signale enthalten mehrere Spektrallinien bzw. weitere spektrale Anteile.

Betrachtet man z.B. die lineare Überlagerung (Superposition) zweier Cosinussignale mit zwei leicht unterschiedlichen Frequenzen f_1 und f_2, so entsteht ein komplexerer Signalverlauf:

$$s(t) = \hat{s}_1 \cos(2\pi f_1\, t) + \hat{s}_2 \cos(2\pi f_2\, t)$$

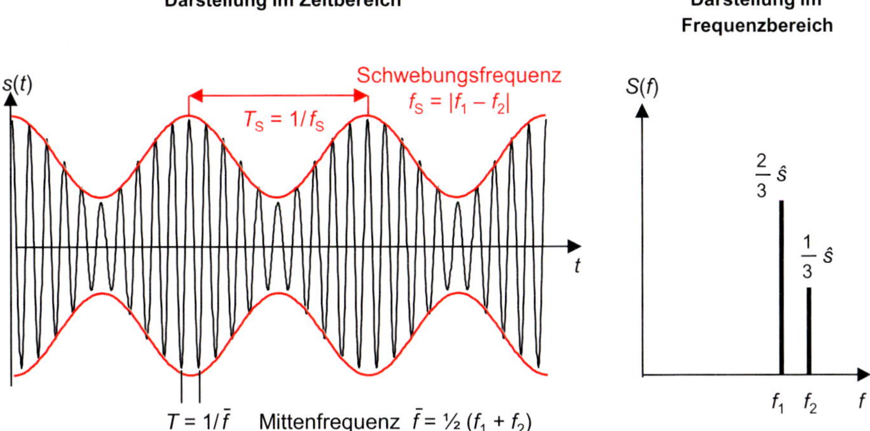

Bild 1.13 Überlagerung zweier harmonischer Schwingungen

Den resultierenden, in Bild 1.13 illustrierten Signalverlauf nennt man in der Physik eine *Schwebung* und in der Nachrichtentechnik eine *Amplitudenmodulation*. Die schnelle Schwingung mit der Mittenfrequenz

$$\langle f \rangle = ½\,(f_1 + f_2)$$

ist in der Amplitude moduliert mit einer niedrigen Frequenz, die man die *Schwebungs-* oder *Modulationsfrequenz* nennt und die sich aus der Differenz der beiden Einzelfrequenzen ergibt.

$$f_S = |f_1 - f_2| \qquad \text{(Gl. 1.5)}$$

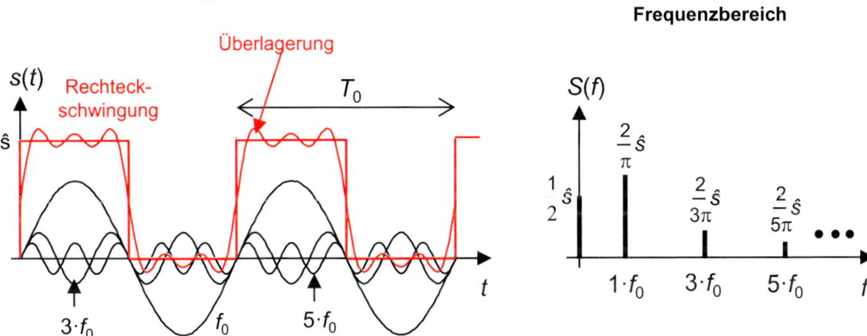

Bild 1.14 Fourier-Analyse eines Rechtecksignals

Ein weiteres in der Nachrichtentechnik häufig vorkommendes Signal ist die Rechteckschwingung. In Bild 1.14 ist der Zeitverlauf einer Rechteckschwingung dargestellt, die bei $t = 0$ beginnt und deren Impulsdauer $T_i = T_0/2$ ist. Der Verlauf lässt sich mathematisch beschreiben durch

$$s(t) = \begin{cases} \hat{s} & \text{für} \quad nT_0 < t \le \left(n + \frac{1}{2}\right)T_0 \\ 0 & \text{für} \quad \left(n + \frac{1}{2}\right)T_0 < t \le (n+1)T_0 \end{cases} \qquad \text{(Gl. 1.6)}$$

Soll das Spektrum dieses Signals bestimmt werden, so muss das Signal als Überlagerung aus Sinus- und Cosinusfunktionen (bzw. komplexen e-Funktionen) dargestellt werden:

Definition

Jedes periodische Signal lässt sich jedoch in eine (theoretisch unendliche) Summe von Sinus- und Cosinusschwingungen unterschiedlicher Amplituden zerlegen. Diese Zerlegung nennt man *Fourier-Analyse*.

Für Gl. 1.6 erhält man

$$s(t) = \frac{\hat{s}}{2} + \frac{2\hat{s}}{\pi}\left(\sin\omega_0 t + \frac{1}{3}\sin 3\omega_0 t + \frac{1}{5}\sin 5\omega_0 t + \ldots\right) \qquad \text{(Gl. 1.7)}$$

In Bild 1.14 sind die ersten vier Glieder der Gl. 1.7 als Zeitfunktionen (in Schwarz) dargestellt. Das Summensignal *s(t)* dieser Glieder (in rot) ergibt sich daraus wieder als ungestörte Überlagerung (Superposition) und stellt eine recht gute Annäherung an die Rechteckfunktion dar.

Es wird deutlich, dass sich bei Beachtung höherer Glieder der Reihe (Gl. 1.7) die Genauigkeit der Rekonstruktion des Rechtecksignals erhöht.

Aus der Fourierdarstellung ergibt sich das im rechten Teil von Bild 1.14 gezeigte Spektrum. Interessant ist in diesem Beispiel, dass das Spektrum auch einen Gleichsignalanteil (bei $f = 0$) enthält. Das liegt an der gegenüber der Amplitudennulllinie unsymmetrischen Rechteckschwingung in Bild 1.14. Unterdrückt man diesen Anteil, entsteht die bezüglich der Nulllinie symmetrische Schwingung.

Merksatz

Neben periodischen Signalen (**Schwingungen**) werden auch einmalige Signale (**Impulse**) benötigt. Sie eignen sich vor allem zur Untersuchung des Verhaltens von Übertragungskanälen. Ein typisches Merkmal von nicht-periodischen Signalen, wie insbesondere Einzelimpulsen, sind ihre kontinuierlichen Spektren.

Einen einzelnen rechteckförmigen Impuls kann man sich entstanden denken aus einem periodischen rechteckförmigen Signal, bei dem die Periodendauer $T_0 \to \infty$ geht. Mit Gl. 1.2 erhält man dafür $f_0 \to 0$, also unendlich viele unendlich dicht beieinanderliegende Spektrallinien, die zu einem kontinuierlichem Spektrum verschmelzen. In Bild 1.15 sind ein symmetrischer Rechteckimpuls der Dauer T und sein Amplitudenspektrum als Beispiel dargestellt.

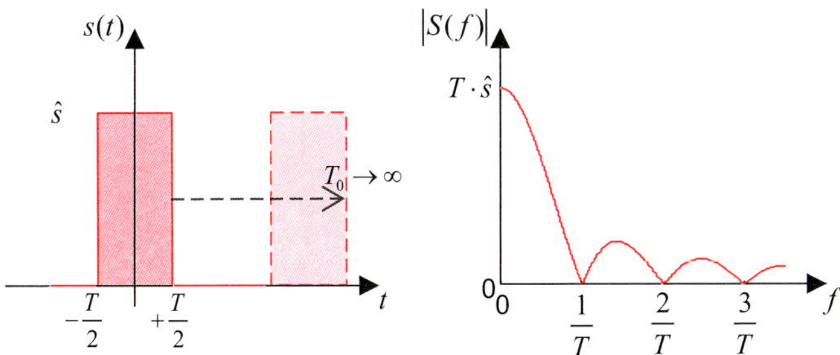

Bild 1.15
Rechteckimpuls
a) Zeitfunktion
b) Spektrum

In der Systemtheorie benutzt man auch einen Impuls, der nur theoretisch möglich ist, den Einheits- oder *Dirac-Impuls*. Ausgehend vom Rechteckimpuls in Bild 1.15a wird ein Impuls der Flächengröße 1 definiert ($T \cdot \hat{s} = 1$), bei dem T bis gegen null verkleinert wird, also $\hat{s}$ entsprechend anwächst. Der Dirac-Impuls hat damit die Impulshöhe ∞. Das Spektrum wird gegenüber Bild 1.14b immer breiter und erstreckt sich beim Dirac-Impuls kontinuierlich über alle Frequenzen gleichmäßig mit der Amplitude 1. Praktisch kann ein Dirac-Impuls nur angenähert werden, was gelegentlich zu Testzwecken erfolgt.

1.3.2 Rauschleistung

Eine weitere Signalform soll an dieser Stelle noch vorgestellt werden – das *Rauschen (*engl.: *noise, N)*. Im Unterschied zu den bisher betrachteten Signalen ist es ein Signal, das in allen elektronischen Bauelementen auftritt.

Das Rauschen entsteht durch zufällige, thermische Bewegungen der Elektronen in den elektronischen Bauelementen. Diese zufälligen Bewegungen überlagern die eigentlich zu detektierenden Signale (Ströme) und stören sie – wie Bild 1.16 illustriert.

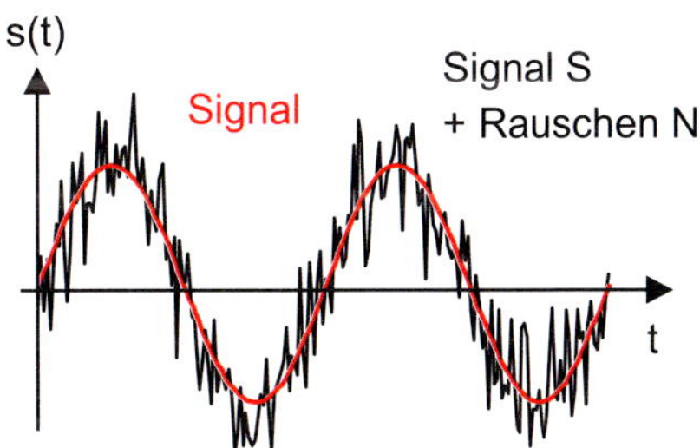

Bild 1.16
Ein durch Rauschen gestörtes Signal

Ob ein Signal korrekt detektiert werden kann, hängt entscheidend von dem Verhältnis der Nutzleistung $S = P_S$ zur Rauschleistung $N = P_N$ ab. Als Symbol verwendet man häufig die Abkürzung der englischen Bezeichnung **S**ignal-to-**N**oise-**R**atio, *SNR*:

$$SNR = P_S / P_N = S/N \qquad \text{(Gl. 1.8)}$$

Da es sich beim Rauschen um einen Zufallsprozess handelt, besteht das Signal aus einzelnen Impulsen mit statistischem Auftreten. Das Spektrum des Rauschens ist statistisch gesehen deshalb auch kontinuierlich, d.h., es besteht aus Amplituden, die über alle Frequenzen gleichmäßig verteilt sind. Man bezeichnet es als weißes Leistungsspektrum und das dazugehörende Rauschen als weißes Rauschen. Praktisch treten aber immer Bandbegrenzungen bei sehr hohen Frequenzen auf (also ein Abfall der Amplituden bei hohen Frequenzen).

Beim Empfängerrauschen von z.B. Funksystemen ist die gesamte Rauschleistung N daher proportional zur Bandbreite B des Empfängereingangsfilters; ferner hängt sie von der Temperatur T (Temperaturangaben in Kelvin) ab:

$$N = z \cdot k \cdot T \cdot B \qquad \text{(Gl. 1.9)}$$

Dabei ist $k = 1{,}38 \cdot 10^{-23}$ Ws/K die Boltzmann-Konstante und z die Empfängerrauschzahl, die typischerweise im Bereich zwischen 2 und 20 liegt und die Güte des Empfängers kennzeichnet.

Beispiel

Für eine Temperatur von 17 °C, d.h. $T = 290$ K, eine Rauschzahl von $z = 10$ und eine Bandbreite von $B = 1$ MHz erhält man:

$$\begin{aligned} N &= z \cdot k \cdot T \cdot B = 10 \cdot 290\,\text{K} \cdot 1{,}38 \cdot 10^{-23}\,\text{Ws/K}\; 10^{6}\,\text{Hz} \\ &= 4 \cdot 10^{-14}\,\text{W} = 0{,}04\,\text{pW} \end{aligned} \qquad \text{(Gl. 1.10)}$$

Neben dem weißen Rauschen gibt es auch frequenzabhängige Rauschkomponenten, z.B. das Funkelrauschen bei Transistoren. Das Rauschen muss praktisch bei jeder elektrischen Nachrichtenübertragung berücksichtigt werden. Es schränkt den für eine Übertragung nutzbaren Amplitudenbereich nach unten ein: Die Signalleistung muss i.Allg. größer als die Rauschleistung sein.

1.3.3 Allgemeine Eigenschaften von Übertragungssystemen

Definitionen

Die Übertragung und Verarbeitung von Signalen wird durch technische Einrichtungen vorgenommen, die man als *Systeme* bezeichnet. Die so genannte *Systemtheorie* untersucht den Einfluss solcher Systeme auf die zu übertragenden bzw. zu verarbeitenden Signale in sehr allgemeiner Form. Die wichtigsten Systemeigenschaften werden in diesem Abschnitt vorgestellt.

Ein (Übertragungs-)System transformiert – wie in Bild 1.17 gezeigt – ein Eingangssignal $s_e(t)$ in ein Ausgangssignal $s_a(t)$. Bildet das System eine lineare Überlagerung von Eingangssignalen auf die entsprechende lineare Überlagerung von Ausgangssignalen ab, so spricht man von einem *linearen System*.

Bild 1.17
Lineare zeitinvariante Systeme

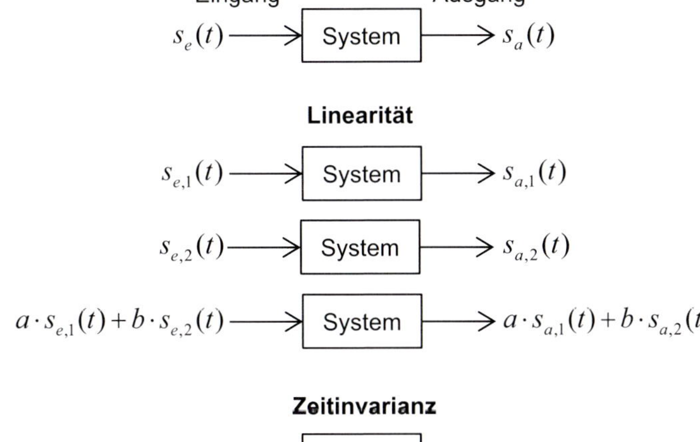

1.3.3.1 Lineare Systeme

Beispiele für lineare Systeme werden ausführlicher in Kapitel 2 vorgestellt. Ergibt sich dagegen das Ausgangssignal beispielsweise durch eine quadratische Funktion aus dem Eingangssignal

$$s_a(t) = s_e(t) + q \cdot s_e(t)^2 \quad \text{(Gl. 1.11)}$$

so ist das System nichtlinear.

Eine weitere, häufig zu findende wichtige Systemeigenschaft ist die Zeitinvarianz. Das bedeutet: Die Form des Ausgangssignals hängt nur von der Form des Eingangssignals ab, nicht aber von dem Zeitpunkt, zu dem es in das System gegeben wurde. Eine zeitliche Verschiebung des Eingangssignals führt nur zu der entsprechenden Verschiebung des zugehörigen Ausgangssignals (siehe Bild 1.17).

Merksatz

Lineare zeitinvariante Systeme (LZI-Systeme, engl. ***L**inear **T**ime **I**nvariant Systems, LTI-Systems*) lassen sich in Frequenzbereich sehr einfach durch eine Multiplikation mit der komplexwertigen frequenzabhängigen Übertragungsfunktion beschreiben. Als komplexwertige Funktion besitzt die Übertragungsfunktion einen Betragsanteil $H(f)$ und einen Phasenanteil $\varphi(f)$.

Betrachtet man nur die Beträge und die Signale im Frequenzbereich, so gilt:

$$S_a(f) = H(f) \cdot S_e(f) \quad \text{(Gl. 1.12)}$$

Die Übertragungsfunktion als wichtigste Systemeigenschaft beschreibt das Signalübertragungsverhalten eines LZI-Systems umfassend. Die Gleichung 1.12 zeigt, dass verschiedene Frequenzanteile des Eingangssignals unterschiedlich übertragen werden. Dies führt zu so genannten linearen Verzerrungen des Signals. Kennt man das Frequenzverhalten der Übertragungsfunktion, so kann man diese Verzerrungen durch ein nachgelagertes System mit umgekehrtem Frequenzverhalten rückgängig machen.

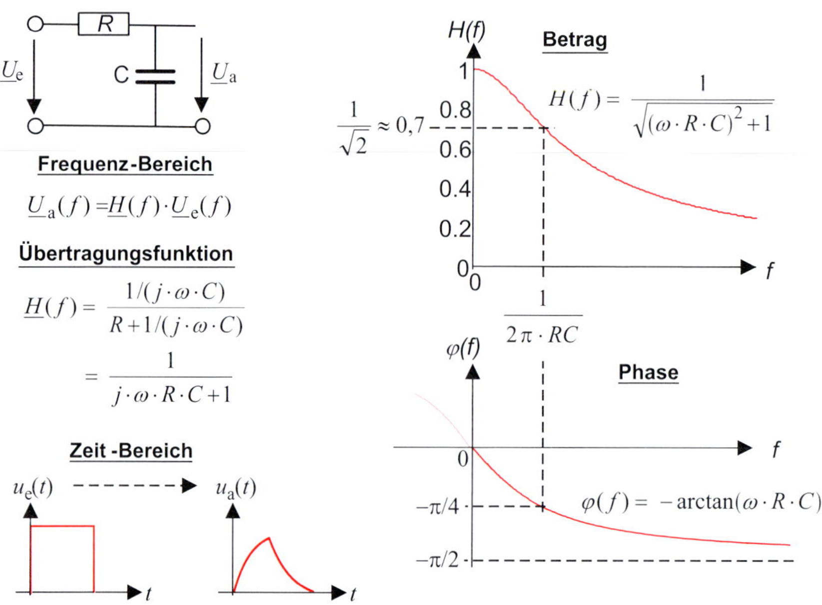

Bild 1.18 RC-Filter als Beispiel für ein lineares System

Als einfaches Beispiel ist in Bild 1.18 die Übertragungsfunktion eines so genannten RC-Tiefpassfilters, das in Kapitel 2 genauer analysiert wird, illustriert. Das Eingangssignal ist in diesem Fall die an den linken Klemmen anliegende Eingangsspannung, das Ausgangssignal die an den rechten Klemmen abgegriffene Spannung. Man erhält die Übertragungsfunktion aus der Spannungsteiler-Regel als Verhältnis aus der komplexen Impedanz des Kondensators und der Gesamtimpedanz von Kondensator und Widerstand. Abhängig von der Frequenz ist die Ausgangsspannung gegenüber der Eingangsspannung unterschiedlich stark gedämpft und unterschiedlich stark in der Phase verschoben. Da tiefe Frequenzen nur wenig, hohe aber stärker gedämpft werden, spricht man von einem *Tiefpass*. Vielfach wird das Dämpfungsverhalten auch in einer logarithmischen Skala in Dezibel angegeben (siehe Abschnitt 1.3.4).

In dem Beispiel aus Bild 1.18 ist der Betrag der Übertragungsfunktion kleiner (oder höchstens gleich) eins. Es liegt ein passives System ohne interne Zufuhr von Energie vor. Bei einem aktiven System mit Verstärkung (Betrag der Übertragungsfunktion größer als eins) muss von außen Energie zugeführt werden. Solche Schaltungen werden in Kapitel 3 betrachtet.

1.3.3.2 Nichtlineare Systeme

Anhand der Gleichung 1.12 ist zu sehen, dass bei den zuvor behandelten linearen Systemen das Ausgangssignal nur die Frequenzen enthält, die auch im Eingangssignal vorhanden sind, wenn auch mit unterschiedlich stark gedämpften Amplituden.

Merksatz

Nichtlineare Systeme – z.B. eine Diode oder ein Verstärker mit nichtlinearer Kennlinie – zeigen ein deutlich komplexeres Verhalten. Insbesondere können im Spektrum des Ausgangssignals Frequenzen auftreten, die in dem des Eingangssignals nicht vorhanden sind – nämlich so genannte

- Oberfrequenzen $f_n = n \cdot f$ $(n = 1, 2, 3, \ldots)$ und
- Kombinationsfrequenzen $f_{nm} = \pm n \cdot f_a \pm m \cdot f_b$ $(n, m = 0, 1, 2, 3, \ldots)$

Oberfrequenzen sind also ganzzahlige Vielfache der einfachen Eingangsfrequenz f. Besteht das Eingangssignal aus Cosinusfunktionen mit unterschiedlichen Frequenzen f_a und f_b, so können im Ausgangssignal auch Kombinationsfrequenzen vorkommen – ein ganzzahliges Vielfaches der einen Frequenz kombiniert mit einem ganzzahligen Vielfachen der anderen Frequenz, also z.B. die Frequenz $f = 3 \cdot f_a - f_b$ oder $f = 2 \cdot f_a + f_b$.

Das einfachste Beispiel ist ein System mit einer quadratischen Kennlinie und einer Cosinusfunktion als Eingangssignal. In komplexer Schreibweise folgt dann aus Gleichung 1.4 für das Eingangssignal:

$$s_e(t) = \hat{s}\cos(\omega t) = ½ \cdot \hat{s}\,(e^{+j\omega t} + e^{-j\omega t})$$

Beim Quadrieren ergibt sich mit Hilfe der Binomischen Formel:

$$s_e(t)^2 = ¼ \cdot \hat{s}^2\,(e^{+j\omega t} + e^{-j\omega t})^2 = ¼ \cdot \hat{s}^2\,(e^{+j\cdot 2\omega t} + e^{-j\cdot 2\omega t} + 2\,e^{+j\omega t} \cdot e^{-j\omega t})^2$$

$$s_e(t)^2 = ¼ \cdot \hat{s}^2\,(e^{+j\cdot 2\omega t} + e^{-j\cdot 2\omega t} + 2) = ½ \cdot \hat{s}^2\,(\cos(2\omega t) + 1) \qquad \text{(Gl. 1.13)}$$

Das quadrierte Signal enthält also die doppelte Frequenz und einen Gleichanteil ($f = 0$). In analoger Weise führen kubische Funktionen zu dreifachen Frequenzen:

$$s_e(t)^3 = (\hat{s}\cos(\omega \cdot t))^3 = ¼ \cdot \hat{s}^3\,(3\cos(\omega \cdot t) + \cos(3\omega \cdot t)) \qquad \text{(Gl. 1.14)}$$

Beliebige Funktionen und Kennlinien führen allgemein zu ganzzahligen Vielfachen der Frequenz des Eingangssignals.

Die genannten Arten der nichtlinearen Verzerrungen, die zu Frequenzanteilen führen können, die im ursprünglichen Signal nicht enthalten sind, sind i.Allg. schwieriger zu behandeln als lineare Verzerrungen.

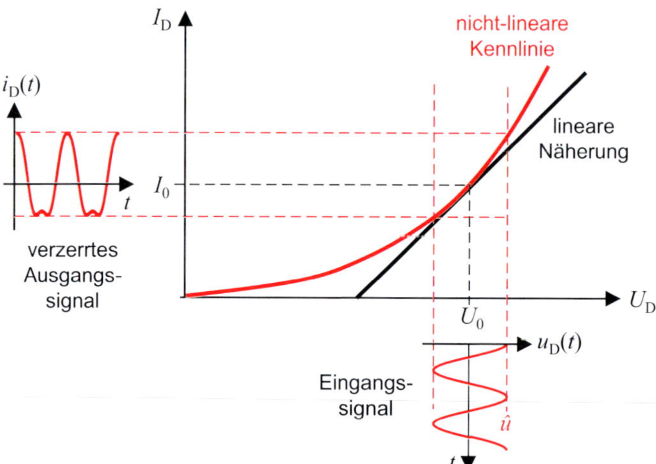

Bild 1.19 Nichtlineare Kennlinie einer Diode

Betrachtet man beispielsweise das Übertragungsverhalten einer Diode (Bild 1.19) bei Aussteuerung mit der Spannung $u_D(t) = \hat{u} \cos(\omega \cdot t)$ als Eingangssignal $s_e(t)$, so lässt sich der Strom $i_D(t)$ als Ausgangssignal $s_a(t)$ über eine Taylor-Reihenentwicklung *näherungsweise* berechnen:

$$i_D = I_0 + S \cdot u_D + \tfrac{1}{2}\, T \cdot u_D^2 + \tfrac{1}{6} \cdot W \cdot u_D^3 \qquad \text{(Gl. 1.15)}$$

Darin gibt I_0 den Arbeitspunkt auf der Kennlinie an (vgl. Bild 1.19). Die übrigen Werte bezeichnet man so:

S Steilheit der Kennlinie im Arbeitspunkt (Steigung der Tangente in Bild 1.19)
T Krümmung im Arbeitspunkt
W Krümmungsänderung im Arbeitspunkt

Wie in Bild 1.19 zu sehen, weicht der Diodenstrom umso weiter von der linearen Näherung (Gerade) ab, je größer die Diodenspannung ist. Mit zunehmender Diodenspannung u_D steigt der Einfluss des quadratischen und kubischen Terms $\tfrac{1}{2}\, T \cdot u_D^2$ bzw. $\tfrac{1}{6} \cdot W \cdot u_D^3$ in Gl. 1.15.

Nimmt man für die Diodenspannung ein harmonisches Signal $u_D(t) = \hat{u} \cos(\omega \cdot t)$ an, erhält man mit Hilfe der Gleichungen 1.13 und 1.14:

$$\begin{aligned} i_D &= I_0 + \frac{T}{4} \cdot \hat{u}^2 + \left(S \cdot \hat{u} + \frac{W}{8} \cdot \hat{u}^3 \right) \cdot \cos(\omega \cdot t) \\ &\quad + \frac{T}{4} \cdot \hat{u}^2 \cdot \cos(2\omega \cdot t) + \frac{W}{24} \cdot \hat{u}^3 \cdot \cos(3\omega \cdot t) \end{aligned} \qquad \text{(Gl. 1.16)}$$

Neben dem ursprünglichen harmonischen Signal der Frequenz $f = \omega/2\pi$ treten Anteile mit $2f$, $3f$ usw. auf. Der Anteil mit $2f$ ist die erste Oberwelle, der mit $3f$ entspricht der zweiten Oberwelle. Diese Oberwellen sind im Ausgangssignal in Bild 1.19 illustriert.

Bei Schallübertragungssystemen bewirken die Oberwellen akustische Verzerrungen [7], die man auch als *Klirren* bezeichnet. Der Effekt nichtlinearer Systeme, unerwünschte Oberwellen zu produzieren, wird daher mit Hilfe des Klirrfaktors quantifiziert.

Definition

Nach DIN 40 110 ist der *Klirrfaktor* der Effektivwert des Signals aller Oberwellen zum Effektivwert des Gesamtsignals am Ausgang eines nichtlinearen Systems, das von einer harmonischen Schwingung angesteuert wird.

Mit U_ω – dem Effektivwert der Grundwelle – und $U_{n\,\omega}$ – dem Effektivwert der Oberschwingung mit der n-fachen Frequenz – gilt:

$$k = \sqrt{\frac{U_{2\omega}^2 + U_{3\omega}^2 + U_{4\omega}^2 + \ldots}{U_\omega^2 + U_{2\omega}^2 + U_{3\omega}^2 + U_{4\omega}^2 + \ldots}} \qquad \text{(Gl. 1.17)}$$

Der Klirrfaktor wird in Prozent angegeben, d.h., der mit Gl. 1.17 ermittelte Wert ist noch mit 100 zu multiplizieren.

Da das nichtlineare Verhalten eines Systems mit mehreren aktiven Elementen (Transistoren) allgemein schwer berechnet werden kann, wird der Klirrfaktor durch Messung ermittelt.

Wie im Zusammenhang mit Bild 1.19 und Gl. 1.15 zu sehen, steigt mit zunehmender Amplitude $\hat{u}$ der Aussteuerung der Einfluss der quadratischen und kubischen Terme $\hat{u}^2$, $\hat{u}^3$, die zu den Oberwellen führen (siehe Gl. 1.16). Der Klirrfaktor steigt also mit der aussteuernden Amplitude $\hat{u}$. Im Interesse geringer Verzerrungen ist deshalb die Aussteuerung nichtlinearer Systeme klein zu halten.

Für ein Signal gibt es also nicht nur eine untere Grenze, die sich aus dem Störabstand zum Rauschen ergibt, sondern auch eine obere Grenze. Die obere Grenze bezüglich der übertragbaren Signalamplituden bestimmt der zulässige Klirrfaktor. Die *Dynamik* ist der mögliche Amplitudenbereich zwischen diesen beiden Grenzen. Nicht immer kann ein System die Anforderungen an die Dynamik erfüllen (z.B. bei hochwertiger Musikübertragung). Es sind deshalb Verfahren zur Dynamikkompression entwickelt worden.

1.3.4 Pegel und Dezibel-Rechnung

Die Übertragungsfunktion und der daraus bestimmbare Übertragungsfaktor stellen im einfachsten Fall das Verhältnis zweier elektrischer Größen dar. Für das Rechnen mit gleichartigen Größen (Leistung, Spannung oder Strom) wird in der

Nachrichtentechnik häufig das logarithmische Verhältnis verwendet. Da nur reelle Zahlen logarithmiert werden können, muss man den Betrag dieses Verhältnisses betrachten.

Die im Nenner des Verhältnisses stehende Größe ist der Bezugswert.

Definition

Unter einem Pegel versteht man das logarithmierte Verhältnis einer Größe zu der Bezugsgröße. Den Pegel bezeichnet man mit *L* (Level).

Als Beispiel wird von dem System nach Bild 1.20 ausgegangen. Mit der Ausgangsleistung $P_a = U_a \cdot I_a$ und der Eingangsleistung $P_e = U_e \cdot I_e$ als Bezugsgröße ergibt sich der relative Leistungspegel am Ausgang aus

$$L_P = 10 \lg \frac{P_a}{P_e} \text{ dB} \qquad \text{(Gl. 1.18)}$$

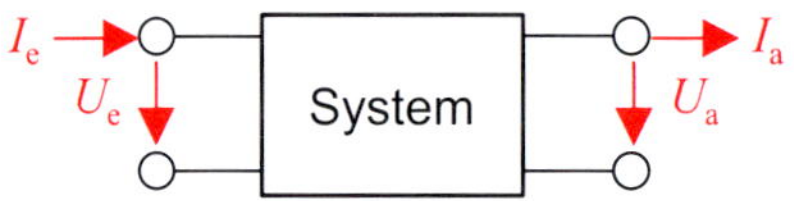

Bild 1.20
Ein- und Ausgangsgrößen für Pegelbetrachtungen an einem System

Bei dem verwendeten Logarithmus handelt es sich um den zur Basis 10. Rein physikalisch betrachtet, ist der Pegel als einheitenlos anzusehen. Um jedoch anzudeuten, durch welche Rechenvorschrift er entstanden ist, versieht man ihn mit der Pseudoeinheit Dezibel [dB]. Verwendet man bei den Leistungsverhältnissen wie in Gleichung 1.19 die Bezugsgröße $P_0 = 1$ mW, so erhält man die bei Funksystemen übliche Angabe des zugehörigen Pegels in dBm. Der Zusatz «m» weist auf die Bezugsgröße «mW» hin.

$$L_P = 10 \lg \frac{P_a}{1 \text{ mW}} \text{ dBm} \qquad \text{(Gl. 1.19)}$$

Bei der Nachrichtenübertragung wird die Leistung häufig durch mehrere hintereinander geschaltete Komponenten gedämpft oder verstärkt. Zur Berechnung der Empfangsleistung sind dann mehrere einzelne Leistungsverhältnisse zu multiplizieren bzw. zu dividieren. Aus den Rechenregeln für den Logarithmus folgen die in Bild 1.21 zusammengestellten Regeln für die Addition bzw. Subtraktion der Pegelwerte.

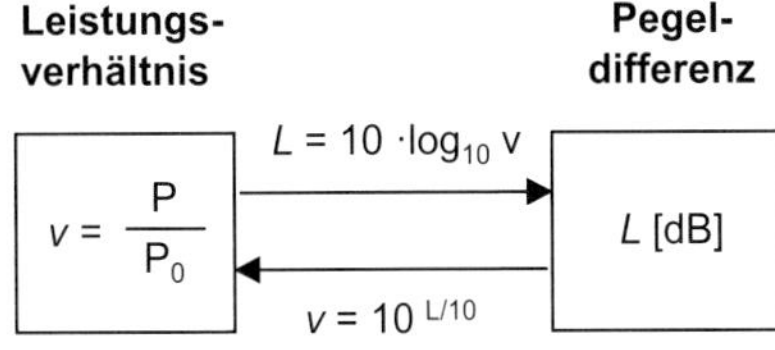

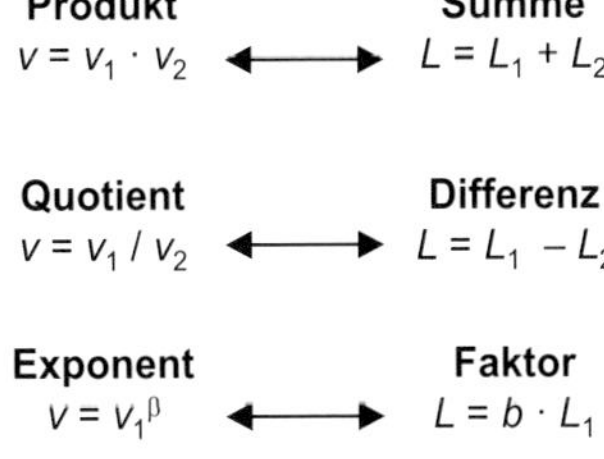

Wichtige Werte

$v = 1 \longleftrightarrow L = 0$ dB

$v = 2 \longleftrightarrow L \approx 3$ dB

$v = 10 \longleftrightarrow L = 10$ dB

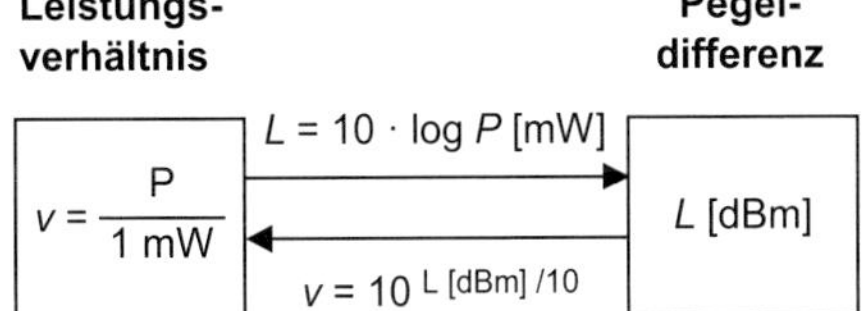

Bild 1.21 Wichtige Regeln für die Dezibel-Rechnung

$\boldsymbol{v = 8}$	$\boldsymbol{L = 9}$ **dB**
$v = 2 \cdot 2 \cdot 2$	$L = (3 + 3 + 3)$ dB
$\boldsymbol{v = 1/4}$	$\boldsymbol{L = -6}$ **dB**
$v = 1 / (2 \cdot 2)$	$L = (0 - 3 - 3)$ dB
$\boldsymbol{v = 25}$	$\boldsymbol{L = 14}$ **dB**
$v = 10 \cdot 10 / 4$	$L = (10 + 10 - 6)$ dB
$\boldsymbol{v = 2000}$	$\boldsymbol{L = 33}$ **dB**
$v = 2 \cdot 10^3$	$L = (3 + 3 \cdot 10)$ dB
$\boldsymbol{P = 2}$ **W**	$\boldsymbol{L = 33}$ **dBm**
$P = 2000$ mW	$L = (3 + 3 \cdot 10)$ dBm
$\boldsymbol{P = 1}$ **pW**	$\boldsymbol{L = -90}$ **dBm**
$P = 10^{-12}$ W $= 10^{-9}$ mW	$L = -9 \cdot 10$ dBm

Bild 1.22 Zahlenbeispiele zur Dezibel-Rechnung

Mit Hilfe dieser Regeln und einiger wichtiger Zahlenwerte, die ebenfalls in Bild 1.21 aufgeführt sind, kann man viele andere Werte ohne Taschenrechner berechnen. Einige Beispiele sind in Bild 1.22 zu finden.

Bei der Addition und Subtraktion von Pegeln mit den Pseudoeinheiten «dB» und «dBm» sind einige Besonderheiten zu beachten, die in Bild 1.23 zusammengefasst sind. Sie haben ihre Ursache darin, dass es sich bei den Pegelwerten um einheitenlose Größen handelt, die aus einheitenlosen Verhältnissen stammen.

X dBm + Y dB = (X + Y) dBm

X dBm + Y dBi = (X + Y) dBm

X dBm – Y dBm = (X – Y) dB

Bild 1.23 Besonderheiten beim Umgang mit der Pseudoeinheit Dezibel

Beispiele

Betrachtet man die Rauschleistung aus Gleichung 1.9, so erhält man mit $N = 4\ 10^{-14}$ W = $4\ 10^{-11}$ mW einen Rauschpegel von

$N = 10 \log(4\ 10^{-11}\ \text{mW} / 1\ \text{mW}) = -104$ dBm

Bei einer Signalleistung von $S = P_S = 1$ pW entsprechend einem Pegel von –90 dBm (siehe Bild 1.22) erhält man so ein Signal-Rausch-Verhältnis von $S/N = 25$.
Als Pegel betrachtet, spricht man von dem Störabstand

$$\text{SNR[dB]} = \text{S[dBm]} - \text{N[dBm]} \qquad \text{(Gl. 1.20)}$$

Für das obige Beispiel ergibt sich: SNR = –90 dBm – (–104 dBm) = 14 dB.

Das der Definition des Pegels in dB zugrunde liegende Leistungsverhältnis ist oft einer direkten Messung nicht zugänglich. Man kann aber aus einem gemessenen Spannungsverhältnis auf das Leistungsverhältnis schließen, wenn die Widerstände an den Messpunkten bekannt sind. Mit

$$P = \frac{U^2}{Z} \qquad \text{(Gl. 1.21)}$$

wird aus Gl. 1.18:

$$L_P = 10 \lg \left[\left(\frac{U_a}{U_e} \right)^2 \frac{Z_e}{Z_a} \right] \text{dB} \qquad \text{(Gl. 1.22)}$$

Nur wenn beide Widerstände gleich sind ($Z_e = Z_a$), ergibt sich der Pegel zu

$$L_P = 20 \lg \frac{U_a}{U_e} \text{dB} \qquad \text{(Gl. 1.23)}$$

Pegel in dB sind immer Leistungsverhältnisse. Wird beispielsweise ein Pegel nach Gl. 1.23 auf der Basis einer Spannungsmessung bestimmt und die Widerstände sind nicht gleich, ist eine Korrektur wie folgt notwendig:

$$L_P = 20 \lg \frac{U_a}{U_e} \text{dB} + 10 \lg \frac{Z_e}{Z_a} \text{dB} \qquad \text{(Gl. 1.24)}$$

Man unterscheidet nun zwischen absoluten und relativen Pegeln. Der *absolute Pegel* bezieht sich auf ein technisch häufig auftretendes System mit einem Widerstand von $Z = 600\ \Omega$, bei dem der Bezugswert $P_e = 1$ mW ist. Nach Gl. 1.20 erhält man damit für die Bezugsspannung $U_e = 0{,}775$ V.

Neben dem für 600-Ω-Systeme genormten Pegel ist in der Empfangstechnik ein Pegel mit dem Bezugswert 1 μV an 75 Ω (Antennenwiderstand) üblich: das dBμV. Nach Gl. 1.20 entspricht dieser Pegel einer Bezugsleistung von $1{,}3 \cdot 10^{-14}$ W.

1.4 Lernziel-Test

1. Aus welchen Komponenten besteht ein nachrichtentechnisches System?
2. Skizzieren Sie das Schema einer Nachrichtenübertragung. Was sind Quelle und Senke?
3. Wie heißen die Schichten des OSI Modells?
4. In welcher Schicht sind jeweils die folgenden Aufgaben zu finden?
   a) Zerlegung einer Datei in Segmente
   b) Zuteilung eines Funkkanals bei einem Wireless LAN
   c) Angaben zum Typs der Daten auf einer Internetseite
   d) Regelung der Sendeleistung
   e) Aufbau einer Verbindung zwischen zwei Teilnehmern
5. Was versteht man unter einem Protokoll?
6. Warum ist die Nutzdatenrate geringer als die Rate der übertragenen Bits?
7. Wie groß sind Schwingungsdauer und Kreisfrequenz bei einer Frequenz von $f = 1$ GHz?
8. Wie wird eine Nachricht in der elektrischen Nachrichtentechnik physikalisch repräsentiert?
9. Ein Signal besitzt die Mittenfrequenz von 500 kHz und eine Schwebungsfrequenz (Amplitudenmodulation) von 10 kHz. Welche Frequenzen treten im Spektrum auf?
10. Berechnen Sie die Rauschleistung bei 17 °C, $z = 20$ und $B = 10$ MHz.
11. Betrachten Sie das Rauschen aus Aufgabe 10 und eine Signalleistung von $P_S = 1$ nW. Wie groß ist der Störabstand?
12. Geben Sie den Pegel [dBm] für folgende Leistungen an: 250 mW, 50 mW, 2,5 mW, 40 pW.
13. Geben Sie für folgende Pegel die Leistungen [W] an: 13 dBm, –70 dBm, –86 dBm.
14. Was versteht man unter einem linearen, zeitinvarianten System?
15. Von welcher Größe hängt bei einem solchen System die Übertragungsfunktion entscheidend ab?
16. Welche Arten von Verzerrungen kann man unterscheiden?
17. Wie sieht die Übertragungsfunktion eines Systems aus, das völlig verzerrungsfrei ist?
18. Wodurch ist die Übertragungsfunktion einer nichtlinearen Schaltung gekennzeichnet?
19. Wie ist der Klirrfaktor definiert?

schnitt 2.4) – ein Hauptanwendungsgebiet passiver linearer Vierpole in der Nachrichtentechnik.

2.2 Zweipole

Da Ein- und Ausgang bei einem Zweipol nach Bild 2.1a an den gleichen Klemmen liegen, kann eine Übertragungsfunktion H nicht angegeben werden. Die elektrischen Eigenschaften eines Zweipols lassen sich aber eindeutig durch seinen resultierenden Gesamtwiderstand $\underline{Z}$ (er kann komplexwertig sein, deshalb die Kennzeichnung durch den Strich, und von der Frequenz abhängen) beschreiben. Man nennt diese frequenzabhängige Widerstandsfunktion auch *Zweipolfunktion*.

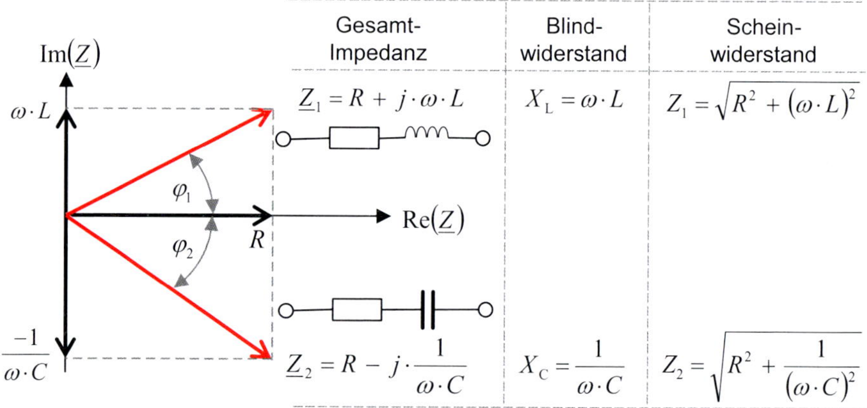

Bild 2.2 Zeiger-Diagramm und komplexwertige Impedanzen für Reihenschaltungen aus einem ohmschen und einem induktiven bzw. kapazitiven Widerstand

Am Beispiel der Reihenschaltung von Kondensator C und ohmschem Widerstand R soll gezeigt werden, wie man die Zweipolfunktion bestimmt. Aus dem Zeigediagramm der beiden in Reihe liegenden Widerstände R und X_C in Bild 2.2 ergibt sich für den Betrag des Gesamtwiderstandes

$$Z = \sqrt{R^2 + X_C^2} \qquad \text{(Gl. 2.1)}$$

und für den Phasenwinkel

$$\tan\varphi = -\frac{X_C}{R} \qquad \text{(Gl. 2.2)}$$

Der negative Wert von φ ist durch die übliche Zählweise von Winkeln entgegengesetzt dem Uhrzeigersinn zu erklären.

Für den kapazitiven Widerstand des Zweipols gilt:

$$X_C = \frac{1}{\omega C} \qquad \text{(Gl. 2.3)}$$

Daraus resultiert die in Bild 2.3 qualitativ dargestellte Abhängigkeit der Zweipolfunktion von der (Kreis-) Frequenz. Man beachte die asymptotischen Näherungen für die Extrema der Frequenz.

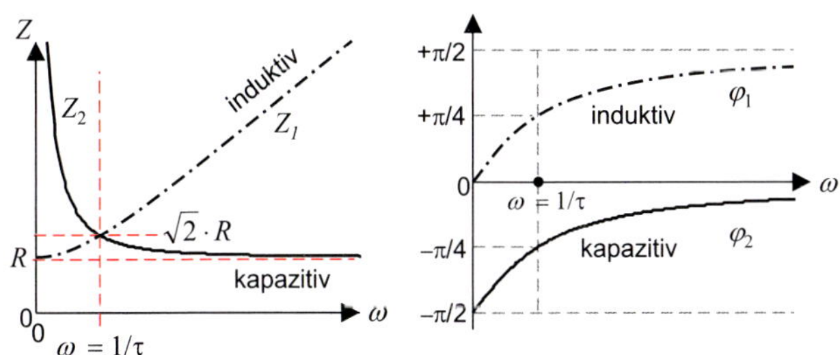

Bild 2.3 Frequenzabhängige Zweipolfunktionen für die Impedanzen aus Bild 2.2
a) Betrag b) Phase

Definition

Die Zweipolfunktion beschreibt das frequenzabhängige Verhalten des Zweipols mit Hilfe seines komplexen Widerstandes.

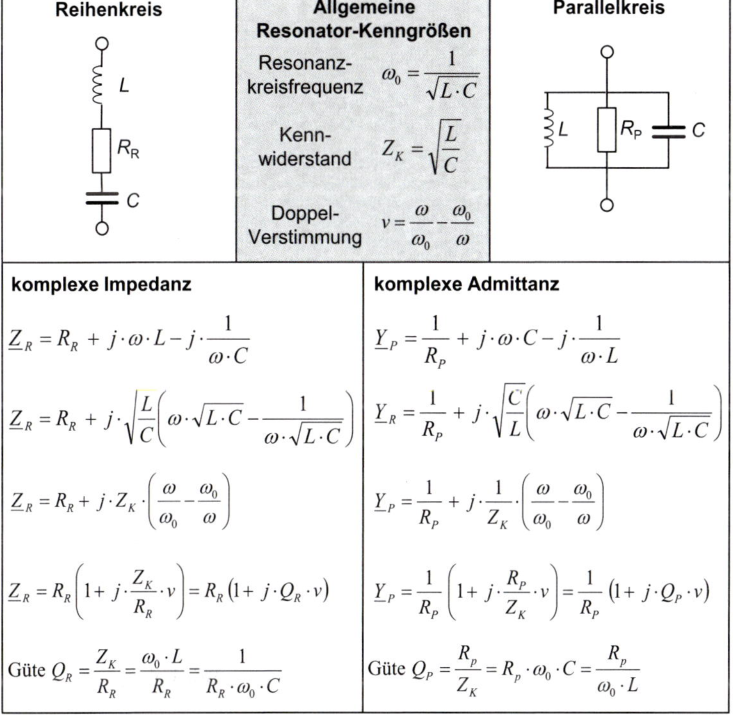

Bild 2.4 Reihen- und Parallelschwingkreis als Zweipole mit ihren Kenngrößen

Da der Widerstand Z aber Quotient aus Spannung U und Strom I ist, wird auch gleichzeitig das frequenzabhängige Verhalten dieser Größen miterfasst.

Ein für die Nachrichtentechnik wichtiger Zweipol ist der *Schwingkreis*. Er besteht aus der Reihen- oder Parallelschaltung von Spule und Kondensator. Da diese technischen Bauelemente verlustbehaftet sind, ist ein ohmscher Widerstand in der Ersatzdarstellung zu berücksichtigen (Bild 2.4). Für den Parallelresonanzkreis ergibt sich der Betrag des Gesamtwiderstandes zu

$$Z = \frac{R_P}{\sqrt{1 + Q_p{}^2 v^2}} \qquad \text{(Gl. 2.4)}$$

wobei Q_P die Güte

$$Q_P = R_p \cdot \omega_0 \cdot C = \frac{R_p}{\omega_0 \cdot L} \qquad \text{(Gl. 2.5)}$$

und v die Doppelverstimmung

$$v = \frac{\omega}{\omega_0} - \frac{\omega_0}{\omega} \qquad \text{(Gl. 2.6a)}$$

des Resonators sind. Die Namensgebung rührt daher, dass v die Abweichung von der Resonanzfrequenz beschreibt ($v = 0$ für $\omega = \omega_0$). Mit zunehmender Güte sinkt die (Band-)Breite $B = f_0/Q$ der Resonanzkurve – die Resonanz wird stärker ausgeprägt.

In Bild 2.5 sind der Betrag und der Phasenverlauf

$$\varphi = -\arctan(Q_P \cdot v) \qquad \text{(Gl. 2.6b)}$$

dargestellt. Es zeigt sich, dass die Zweipolfunktion des Parallelkreises bei Resonanz ein Widerstandsmaximum aufweist. Unterhalb der Resonanz ergibt sich ein induktives Verhalten (φ ist positiv), oberhalb ein kapazitives.

Der Parallelresonanzkreis hat große praktische Bedeutung als Filterschaltung. In Abschnitt 2.4 werden daher weitere Eigenschaften diskutiert. Zusammenschaltungen von Blindwiderständen (Spulen und Kondensatoren ohne Verluste) nennt man *Reaktanzzweipole*. Neben den beiden vorgestellten Resonanzkreisen sind auch Kombinationen von mehreren Blindwiderständen üblich. Damit lassen sich Zweipolfunktionen mit speziellem Verhalten erzeugen. Die Verluste der Bauteile dürfen jedoch nicht unbeachtet bleiben, da sie das reale Verhalten mitbestimmen. Anwendung finden diese Schaltungen in Filterbaugruppen.

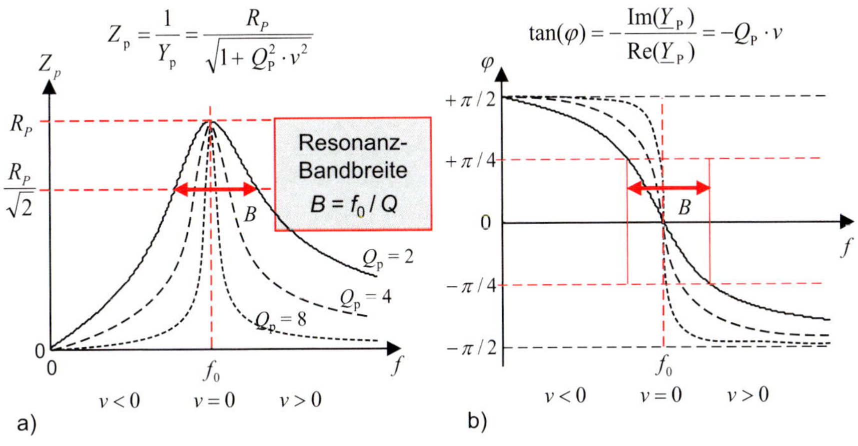

Bild 2.5 Frequenzabhängige Zweipolfunktionen für die Impedanzen aus Bild 2.2
a) Betrag b) Phase

Auf eine weitere Gruppe von Zweipolen sei noch hingewiesen, die Ersatzzweipole für Quelle und Senke. Quelle und Senke einer Nachrichtenverbindung nach Bild 1.3 sind Zweipole (Eintore). Will man diese möglichst einfach darstellen, so muss die Quelle mindestens einen Generator und einen Innenwiderstand, die Senke mindestens den Lastwiderstand enthalten. Bild 2.6 zeigt mögliche Ersatzzweipole. Für die Analyse von Netzwerken sind solche Ersatzzweipole von großer praktischer Bedeutung. Wie die Elemente der Ersatzzweipole aus den tatsächlichen Quellen und Senken gewonnen werden, kann nur anhand spezieller Anordnungen gezeigt bzw. berechnet werden.

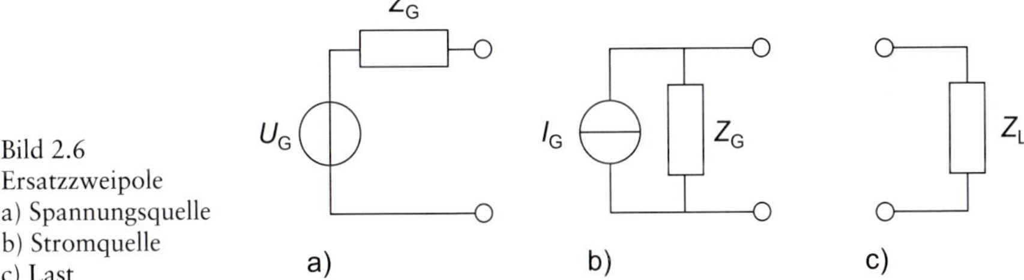

Bild 2.6
Ersatzzweipole
a) Spannungsquelle
b) Stromquelle
c) Last

2.3 Vierpole

Die am häufigsten in der Nachrichtentechnik vorkommenden Systembestandteile sind Vierpole. Das können Leitungen, Filter, Verstärker, Umsetzer, Wandler u.a. sein. Vierpole bestehen aus den verschiedenen Schaltelementen, wie R, L, C, aber auch Transistoren, Dioden und Schaltern. Im Folgenden sollen zunächst passive lineare Vierpole aus konzentrierten Elementen betrachtet werden.

Merksatz

Die Systemeigenschaften von Vierpolen werden durch ihre Übertragungsfunktionen bestimmt.

Um eine Übertragungsfunktion nach Abschnitt 1.3 angeben zu können, muss der Vierpol bezüglich seiner Ein- und Ausgangsgrößen näher beschrieben werden. In Bild 2.7 ist ein Vierpol nach Bild 2.1b in einer Anwenderschaltung dargestellt. Dabei wurde die vor dem Vierpol befindliche Schaltung durch eine Ersatzspannungsquelle (Zweipol) und die an den Vierpol anschließende Schaltung durch einen Ersatzlast-Zweipol symbolisiert. Der Eingang wird mit 1, der Ausgang mit 2 bezeichnet. Strom und Spannung ergeben sich entsprechend. Der Ausgangsstrom I_2 fließt definitionsgemäß in den Vierpol hinein. In der Literatur ist auch die umgekehrte Stromrichtung zu finden, was bei der Angabe der Vierpolfunktionen bzw. dessen Vorzeichen zu beachten ist.

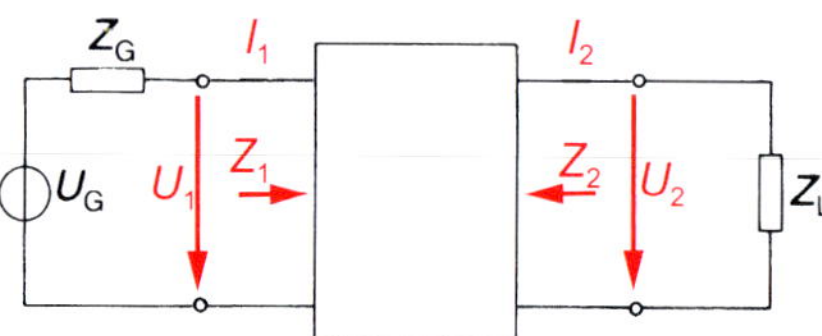

Bild 2.7
Beschalteter Vierpol

Neben Strom und Spannung sind auch die Widerstände Z_1 und Z_2 angegeben. Diese Widerstände sind aber keine Zweipolfunktionen, denn sie hängen auch von der Beschaltung des Vierpols ab. Eine der Zweipolfunktion adäquate Darstellung des Vierpols ist deshalb nicht möglich. Alle Größen können frequenzabhängig sein. Auf die Kennzeichnung durch Unterstreichen wird im Interesse der Übersichtlichkeit nachfolgend aber verzichtet.

2.3.1 Vierpolersatzdarstellungen

Zur Beschreibung eines Vierpols benutzt man so genannte *Vierpolparameter*, die aus vereinfachten Betrachtungen gewonnen werden. Bei den Widerstandsparametern bestimmt man die Ein- und Ausgangswiderstände aus speziellen Beschaltungen des Vierpols wie folgt:

- Eingangswiderstand Z_{11} bei Leerlauf am Ausgang ($I_2 = 0$),
- Rückwirkungswiderstand Z_{12} bei Leerlauf am Eingang ($I_1 = 0$),
- Übertragungswiderstand Z_{21} bei Leerlauf am Ausgang ($I_2 = 0$),
- Ausgangswiderstand Z_{22} bei Leerlauf am Eingang ($I_1 = 0$).

Der Vierpol wird damit durch die Gleichungen

$$U_1 = Z_{11}\, I_1 + Z_{12}\, I_2 \qquad \text{(Gl. 2.7)}$$

$$U_2 = Z_{21}\, I_1 + Z_{22}\, I_2 \qquad \text{(Gl. 2.8)}$$

beschrieben. In Bild 2.8 ist die Ersatzschaltung des so beschriebenen Vierpols zu sehen. Sie gilt unabhängig von der tatsächlichen Schaltung für lineare passive (und – wie in Kapitel 3 noch gezeigt wird – auch für aktive) Vierpole.

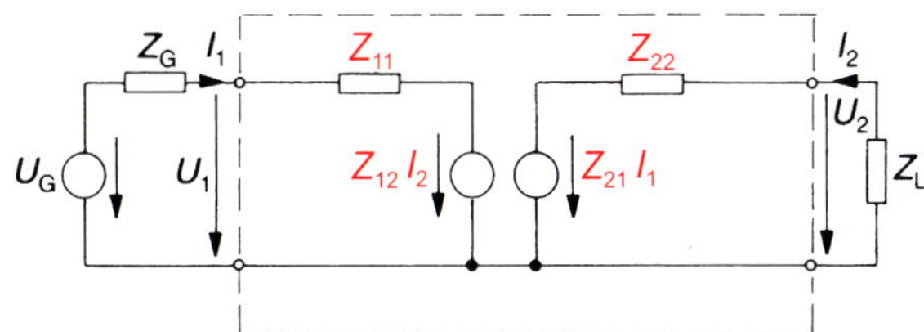

Bild 2.8
Vierpol in Widerstandsersatzdarstellung

Im passiven Vierpol sind keine Quellen enthalten. Die in der Ersatzschaltung vorhandenen Quellen $Z_{12}\ I_2$ und $Z_{21}\ I_1$ stellen lediglich den Zusammenhang mit der jeweiligen Beschaltung her. Sie quantifizieren Rückwirkung und Übertragungsverhalten des Vierpols und erlauben eine getrennte Berechnung an Ein- und Ausgang.

Wegen des systematischen Aufbaus der Gleichungen 2.7 und 2.8 benutzt man gelegentlich auch die Matrizenschreibweise:

$$\begin{pmatrix} U_1 \\ U_2 \end{pmatrix} = \begin{pmatrix} Z_{11} & Z_{12} \\ Z_{21} & Z_{22} \end{pmatrix} \begin{pmatrix} I_1 \\ I_2 \end{pmatrix} \qquad \text{(Gl. 2.9)}$$

Die in Klammern angeordneten Widerstände werden als *Widerstandsmatrix* bezeichnet.

Bei sehr hohen Frequenzen ist die Bestimmung der Parameter durch Leerlauf (oder Kurzschluss) messtechnisch nicht mehr möglich. Man arbeitet dann mit definierten Belastungswiderständen, z.B. $Z_G = Z_L = 50\ \Omega$. Es werden dafür neue Vierpolparameter definiert, die Streu- oder S-Parameter. Sie können durch Messung von hinlaufender und reflektierter Welle ermittelt werden.

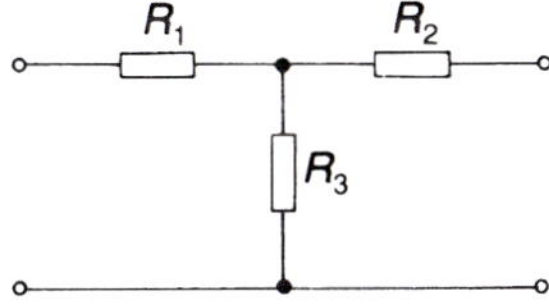

Bild 2.9
T-Schaltung als Vierpol

Am Beispiel einer T-Schaltung aus ohmschen Widerständen (Bild 2.9) wird nun die Berechnung der Ersatzparameter für die Widerstandsersatzschaltung gezeigt. Entsprechend den oben angegebenen Definitionen erhält man aus Gl. 2.7 bei $I_2 = 0$:

$$Z_{11} = R_1 + R_3$$

bei $I_1 = 0$

$$Z_{12} = R_3$$

und aus Gl. 2.8 bei $I_2 = 0$

$$Z_{21} = R_3$$

bei $I_1 = 0$

$$Z_{22} = R_2 + R_3$$

Die Vierpolparameter werden häufig durch Messung gewonnen, wobei die oben angegebenen Definitionen als Messvorschrift dienen.

Wie schon erläutert, entstehen Nachrichtenverbindungen durch Zusammenschalten von Systemelementen, also u.a. auch von Vierpolen. Die wohl verbreitetste Zusammenschaltung ist die *Kettenschaltung*. Bild 2.10 zeigt exemplarisch die Kettenschaltung zweier Vierpole, deren Berechnung jedoch relativ aufwendig ist.

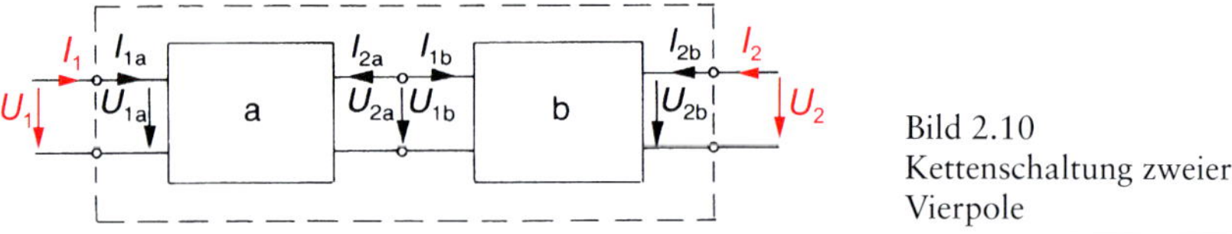

Bild 2.10 Kettenschaltung zweier Vierpole

2.3.2 Betriebsparameter

Um das Verhalten des Vierpols in der Schaltung zu beschreiben, bedient man sich der Betriebsparameter (auch Übertragungsfaktoren genannt). Sie ergeben sich aus der jeweiligen Beschaltung des Vierpols.

Merksatz

Die Betriebsparameter bzw. die Übertragungsfunktion beschreiben das Verhalten eines Vierpols in der Schaltung mit Hilfe der Vierpolparameter.

Ausgangspunkt der Berechnung sind die in Bild 2.7 rot eingezeichneten Größen. Da in der Regel der Wert für U_G nicht bekannt ist, verwendet man die Verhältniswerte von Strom und Spannung an Ein- und Ausgang:

Spannungsverstärkung $$V_U = \frac{U_2}{U_1} \qquad \text{(Gl. 2.10)}$$

Stromverstärkung $$V_I = \frac{I_2}{I_1} \qquad \text{(Gl. 2.11)}$$

Eingangswiderstand $$Z_1 = \frac{U_1}{I_1} \qquad \text{(Gl. 2.12)}$$

Ausgangswiderstand $$Z_2 = \frac{U_2}{I_2} \qquad \text{(Gl. 2.13)}$$

Statt der Verstärkung wird bei passiven Vierpolen der Begriff des Übertragungsfaktors verwendet. Am Beispiel des Stromübertragungsfaktors soll dessen Herleitung für die Schaltung in Bild 2.8 gezeigt werden. Für den Vierpolausgang gilt:

$$U_2 = -Z_L \cdot I_2 \qquad \text{(Gl. 2.14)}$$

Das wird in Gl. 2.8 eingesetzt. Damit erhält man

$$-I_2 Z_L = Z_{21} I_1 + Z_{22} I_2$$

Umgeformt wird

$$V_I = \frac{I_2}{I_1} = \frac{-Z_{21}}{Z_{22} + Z_L} \qquad \text{(Gl. 2.15)}$$

Ähnlich lassen sich die anderen Betriebsparameter berechnen.

2.3.3 Übertragungsfunktion

In Abschnitt 1.3 wurde die Übertragungsfunktion als wichtige Systemeigenschaft vorgestellt. Aus den Gleichungen 2.7 bis 2.9 kann man die Übertragungsfunktion eines linearen Vierpols prinzipiell bestimmen. Diese Berechnung kann sich i.Allg. recht komplex gestalten. Eine ausführlichere Erläuterung mit den verschiedenen Matrix-Darstellungen und der Zusammenschaltung mehrerer Vierpole findet man beispielsweise in [69]. Zur Illustration wird hier eine Berechnung an einem einfachen Beispiel – nämlich dem des passiven Vierpols aus Bild 2.11 – durchgeführt. Der gestrichelt eingerahmte Vierpol ähnelt dem der T-Schaltung aus Bild 2.9. Man kann die zugehörigen Formeln anwenden, wenn man die drei ohmschen Widerstände mit folgenden Impedanzen identifiziert:

$$R_1 \to \underline{Z}_C = \frac{1}{j \cdot \omega \cdot C}, \quad R_2 \to 0, \quad R_3 \to R$$

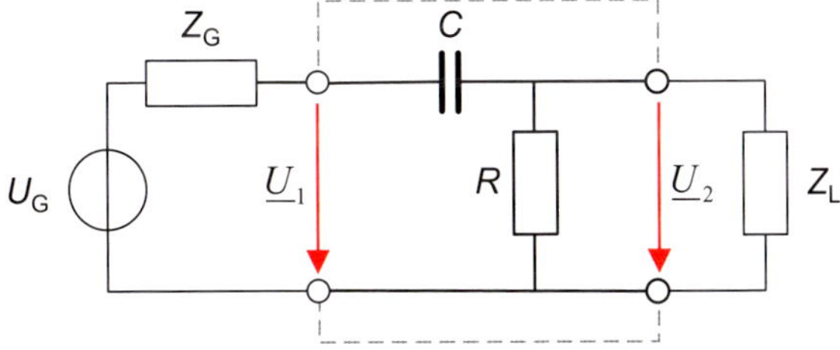

Bild 2.11
Beispiel für eine Vierpol-Schaltung (Hochpass)

Daraus ergeben sich dann die Impedanz-Parameter des Vierpols wie in Abschnitt 2.3.1:

$$\underline{Z}_{11} = R + \frac{1}{j \cdot \omega \cdot C} \qquad \underline{Z}_{12} = R$$

$$\underline{Z}_{21} = R \qquad \underline{Z}_{22} = R$$

Betrachtet man den Vierpol zunächst im Leerlauf ($Z_L \to \infty$), dann gilt $I_2 = 0$, und aus den Gleichungen 2.7 und 2.8 wird:

$$U_1 = Z_{11} \cdot I_1 \text{ und } U_2 = Z_{21} \cdot I_1$$

Durch Division erhält man die Spannungsübertragungsfunktion:

$$\underline{H}_U = \frac{\underline{U}_2}{\underline{U}_1} = \frac{\underline{Z}_{21} \cdot \underline{I}_1}{\underline{Z}_{11} \cdot \underline{I}_1} = \frac{R}{R + \frac{1}{j \cdot \omega \cdot C}}$$

Der Betrag der Übertragungsfunktion lässt sich wie folgt angeben:

$$H_U = \frac{U_2}{U_1} = \frac{\omega \cdot R \cdot C}{\omega \cdot R \cdot C + 1} \qquad \text{(Gl. 2.16)}$$

und ist in Bild 2.12 grafisch dargestellt. Anhand der grafischen Darstellung ist die Hochpass-Eigenschaft der Schaltung aus Bild 2.11 zu erkennen. Betrachtet man nicht den Leerlauf, sondern einen endlichen Lastwiderstand, so ist der Widerstand R in Gleichung 2.16 durch die Parallelschaltung von R und Z_L zu ersetzen: $R \parallel Z_L$. Die Größe f_g bezeichnet man als Grenzfrequenz (s.u.).

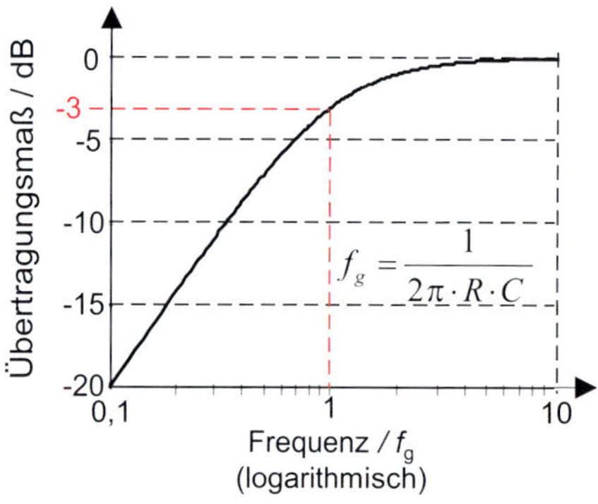

Bild 2.12
Betrag der Spannungsübertragungsfunktion in der Dezibelskala für den Hochpass aus Bild 2.11

2.4 Filterschaltungen

Bild 2.12 zeigt ein frequenzabhängiges Übertragungsverhalten der Schaltung. Dieses nutzt man in Filterschaltungen, die früher häufig als Siebschaltungen bezeichnet wurden, aus. Beide Begriffe beschreiben das Gleiche.

Definition

Ein Filter ist eine Schaltung, bei der die frequenzabhängige Übertragungsfunktion einen vorgegebenen Verlauf hat.

Aus Bild 2.12 sind auch die verschiedenen Bereiche der Übertragung ersichtlich. In diesem Fall liegt bei tiefen Frequenzen eine Sperrwirkung vor, man spricht vom *Sperrbereich*. Bei hohen Frequenzen wird das Signal durchgelassen (*Durchlassbereich*). Ein ideales Filter ist dadurch gekennzeichnet, dass der Übergang zwischen Sperr- und Durchlassbereich unmittelbar, d.h. ideal, erfolgt. Dieses kann aber nur angenähert werden, wie in Bild 2.12 zu sehen ist.

2.4.1 Filterarten und -kenngrößen

Man unterscheidet je nach Frequenzlage von Sperr- und Durchlassbereich vier Filterarten (Bild 2.13):

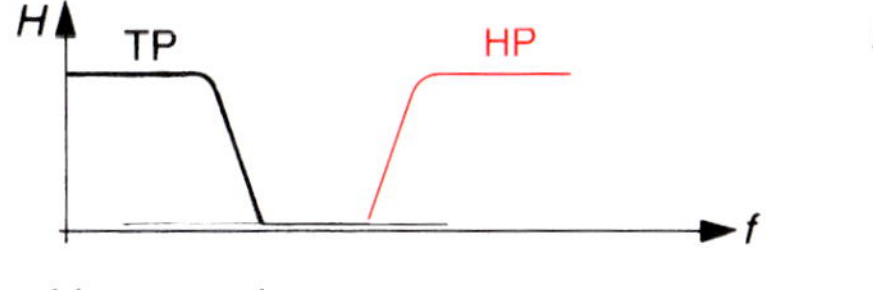

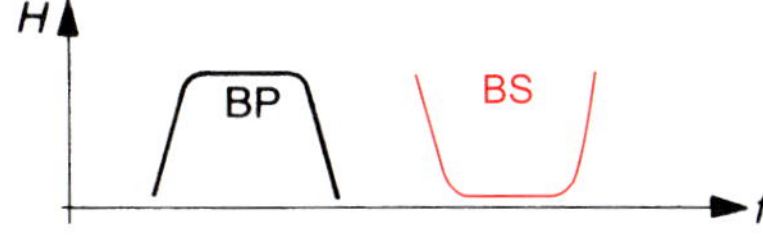

Bild 2.13 Filterarten

- Tiefpass (TP),
- Hochpass (HP),
- Bandpass (BP),
- Bandsperre (BS).

Die Anwendung richtet sich nach der Aufgabenstellung: So dienen Bandpässe beispielsweise der Auswahl bzw. der Selektion eines Nachrichtenkanals bei einer Übertragung von Signalen im Frequenzmultiplex, wie z.B. im Rundfunk. Das Verhalten eines Filters wird neben der Übertragungsfunktion auch durch Kenngrößen beschrieben. Am Beispiel eines Bandpasses werden diese im Folgenden eingeführt. In Bild 2.14 ist die Spannungsübertragungsfunktion (Durchlasskurve) eines realen Filters dargestellt.

Der Durchlassbereich wird durch die Grenzfrequenzen f_{gu} und f_{go} (für untere und obere Grenzfrequenz) begrenzt. Kriterium für die Grenzfrequenz ist der Abfall gegenüber H_{max} auf $1/\sqrt{2} = 0,7$ dieses Wertes.

Definition

Die Bandbreite ist die Differenz zwischen oberer und unterer Grenzfrequenz.

$$B = f_{go} - f_{gu} \qquad \text{(Gl. 2.17)}$$

Der Abfall auf $1/\sqrt{2}$ entspricht nach Gl. 1.22 einer Reduktion des Pegels um 3 dB. Nicht in jedem Fall ist ein Abfall um 3 dB als Grenze des Durchlassbereiches zulässig. Hier spielt die Anwendung des Filters eine große Rolle.

Eine weitere Kenngröße ist die *Flankensteilheit* des Filters. Sie gibt an, um wie viel dB die Übertragungsfunktion innerhalb einer Oktave (also zwischen f_B und $2 \cdot f_B$) ansteigt oder abfällt. Die Flankensteilheit wird gelegentlich auch in dB/Dekade (also zwischen f_B und $10\ f_B$) angegeben. Da die Filterflanken in ihrem Verlauf nichtlinear sind, ist damit die Angabe der Bezugsfrequenz f_B für eine genaue Beurteilung erforderlich.

Statt der Flankensteilheit benutzt man daher zur Kennzeichnung des Filterverhaltens häufig die *Selektivität*. Sie ist eine bezogene Größe zwischen Durchlass- und Sperrbereich. Mit f_0 wird die Mittenfrequenz des Durchlassbereiches bezeichnet, mit f_{St} eine Bezugs-(Stör)frequenz im Sperrbereich, deren Spannung vom Filter möglichst gut unterdrückt werden soll.

Definition

Die Selektivität (Trennschärfe) S_T ist dann das Verhältnis der Spannung bei Mittenfrequenz f_0 zu der Spannung bei der Störfrequenz f_{St}.

In Bild 2.14 werden die Spannungen durch die Spannungsübertragungsfunktion charakterisiert, so dass

$$S_T = \frac{H_0}{H_{St}} \qquad \text{(Gl. 2.18)}$$

ist. Bei Rundfunkempfang ist beispielsweise ein Sender bei der Frequenz f_0 zu empfangen. Ein im benachbarten Kanal liegender Sender wirkt dann als Störsender mit der Frequenz f_{St}. Man nennt diese Art der Selektivität die *Nachbarkanalselektivität*. Ist die Differenz $f_0 - f_{St}$ groß, spricht man von *Weitabselektion*.

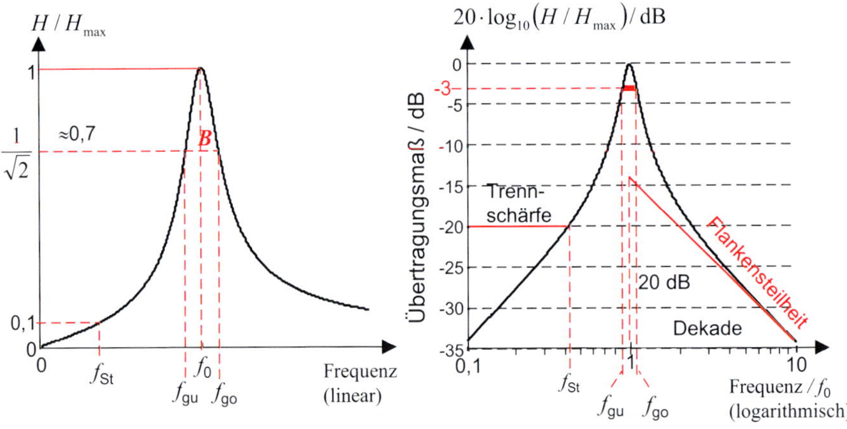

Bild 2.14 Spannungsübertragungsfunktion eines Bandpasses mit ihren Kenngrößen und ihrer Darstellung in Dezibel

Auch an den Verlauf der Übertragungsfunktion im Durchlassbereich werden Forderungen gestellt. So treten Schwankungen innerhalb des Frequenzverlaufes auf, die als *Welligkeit* bezeichnet werden.

Definition

Unter Welligkeit w versteht man das Verhältnis von maximaler zu minimaler Spannung im Durchlassbereich eines Filters.

Die zugelassene Welligkeit richtet sich nach der Anwendung und darf in der Regel nicht größer als 3 dB sein.

Eine umfassende Charakterisierung des Filterverhaltens erlaubt aber nur die Übertragungsfunktion. Da diese in der praktischen Umsetzung auch exemplarbedingt Abweichungen aufweisen kann, ist international die Angabe eines Toleranzschemas für Filter üblich (s.a. Kapitel 11).

Definition

Das Toleranzschema eines Filters gibt den möglichen bzw. erlaubten Bereich der Übertragungsfunktion an.

In Bild 2.15 ist ein Dämpfungstoleranzschema eines Filters angegeben (unzulässige Bereiche gestrichelt). Man beachte, dass die Dämpfung D ist. Das erklärt den umgekehrten Verlauf der eingezeichneten Übertragungsfunktion. Eine weiter zu beachtende Größe ist die Dämpfung im Durchlassbereich. Verursacht wird sie durch die Verluste des Filters und seiner Beschaltung.

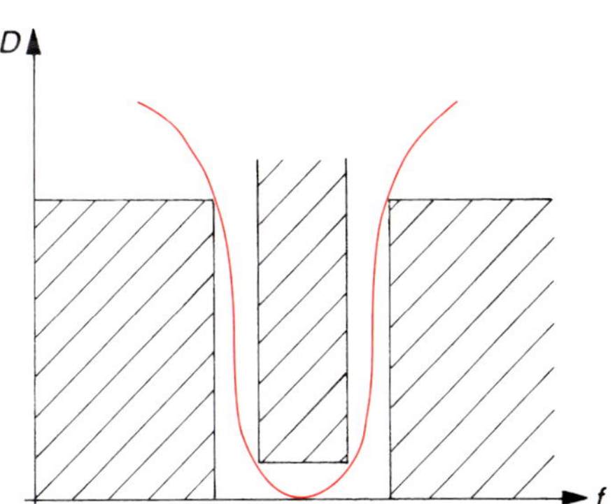

Bild 2.15
Dämpfungstoleranzschema und Durchlasskurve (rot)

Definition

Die Betriebsdämpfung eines Filters ist als das Verhältnis von maximal verfügbarer Generatorleistung zur Ausgangsleistung definiert.

Nach Bild 2.7 ist die maximal verfügbare Leistung bei Anpassung

$$P_{\mathrm{G\,max}} = \frac{\left(\frac{U_{\mathrm{G}}}{2}\right)^2}{Z_{\mathrm{G}}} \qquad \text{(Gl. 2.19)}$$

Für die Betriebsdämpfung gilt dann:

$$D_{\mathrm{B}} = \frac{P_{\mathrm{G}}}{P_{\mathrm{L}}} = \left(\frac{U_{\mathrm{G}}}{2U_2}\right)^2 \frac{Z_{\mathrm{L}}}{Z_{\mathrm{G}}} \qquad \text{(Gl. 2.20)}$$

Die Betriebsdämpfung wird meist in dB angegeben. Es gilt damit für das Dämpfungsmaß:

$$a_{\mathrm{B}}/\mathrm{dB} = 20\lg\left(\frac{U_{\mathrm{G}}}{U_2}\right) + 10\lg\left(\frac{Z_{\mathrm{L}}}{Z_{\mathrm{G}}}\right) \qquad \text{(Gl. 2.21)}$$

a_{B} steht genau genommen für den Betrag der Betriebsdämpfung.

Phasenverlauf

Schon beim Resonanzkreis trat der frequenzabhängige Phasenverlauf auf (Bild 2.5b). Wird eine derartige Schaltung als Selektionsmittel in einem Empfänger verwendet, stellt man Phasenunterschiede bei den verschiedenen Frequenzen fest. Solche Phasenunterschiede verursachen im Empfänger unterschiedliche Laufzeiten, die als Verzerrungen im Audiobereich vom Ohr oder bei Fernsehanwendungen als Geisterbilder vom Auge wahrgenommen werden. Als Kenngröße der Phasenverschiebung eines Filters ist das Phasenmaß b definiert. Es ergibt sich ähnlich dem Dämpfungsmaß aus der Phasendifferenz von Generator- und Verbraucherspannung, d.h. von Eingangs- zu Ausgangsspannung des Vierpols.

Die Phasenlaufzeit ist der Quotient von Phasenmaß und Kreisfrequenz und gilt nur für eine Frequenz:

$$t_{\mathrm{p}} = \frac{b}{\omega} \qquad \text{(Gl. 2.22)}$$

Wichtiger ist daher der Verlauf im Übertragungsbereich, der durch den Verlauf der Gruppenlaufzeit

$$t_g = \frac{db}{d\omega} \qquad \text{(Gl. 2.23)}$$

charakterisiert ist. In Bild 2.16 sind Betriebsdämpfungsverlauf a_B, Phasenmaß b und Gruppenlaufzeit t_g eines Bandpasses schematisch angegeben. Ein linearer Phasenverlauf im Durchlassbereich des Filters verursacht eine konstante Gruppenlaufzeit und ist deshalb anzustreben.

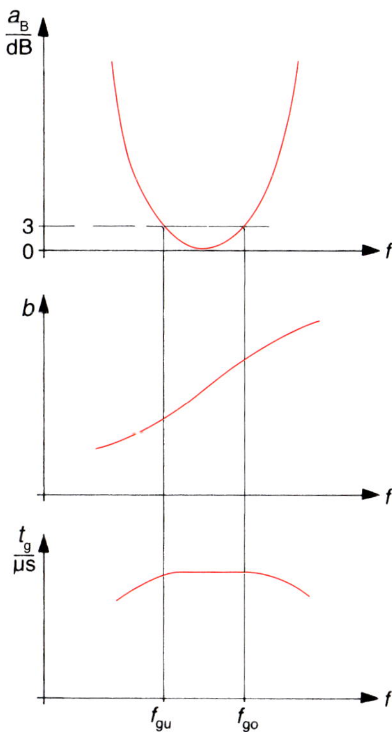

Bild 2.16
Frequenzabhängigkeit der Kenngrößen von Filtern
a) Betriebsdämpfung
b) Phasenmaß
c) Gruppenlaufzeit

2.4.2 RC-Filter

Eine einfache technische Ausführung eines Filters ist mittels R und C möglich. So stellt die Schaltung in Bild 2.11 entsprechend ihrer in Bild 2.12 dargestellten Übertragungsfunktion einen Hochpass dar. Für die Grenzfrequenz des unbelasteten RC-Hochpasses ($Z_L >> R$) gilt:

$$f_g = \frac{1}{2\pi RC} \qquad \text{(Gl. 2.24)}$$

Soll die Belastung berücksichtigt werden, ist der Widerstand durch die Parallelschaltung

$$R \| Z_\mathrm{L} = \frac{R\, Z_\mathrm{L}}{R + Z_\mathrm{L}}$$

zu ersetzen.

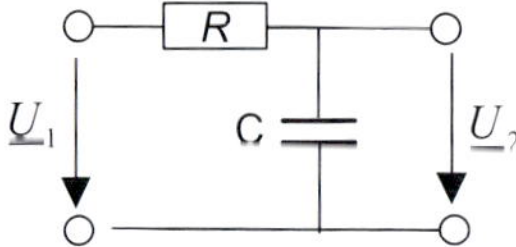

Spannungsübertragungsfunktion

$$\underline{H}_\mathrm{U} = \frac{1}{j \cdot \omega \cdot R \cdot C + 1}$$

Bild 2.17
RC-Tiefpass

Einen RC-Tiefpass zeigt Bild 2.17. Seine Grenzfrequenz berechnet sich ebenfalls zu

$$f_\mathrm{g} = \frac{1}{2\,\pi\, R\, C}$$

Es sind auch Kombinationen von mehr als einem Widerstand und einem Kondensator möglich. Damit kann man die Flankensteilheit gegenüber Bild 2.12 verbessern und immer mehr dem idealen Verlauf annähern. Nachteilig an RC-Filtern ist deren hohe Betriebsdämpfung, die bei einem einfachen RC-Hochpass im Durchlassbereich ($f << f_\mathrm{g}$) aus

$$H_1 = -\frac{R}{R + Z_\mathrm{L}}$$

abgeschätzt werden kann. *RC*-Filter werden deshalb meist nur in Verbindung mit Verstärkern als aktive Filter verwendet.

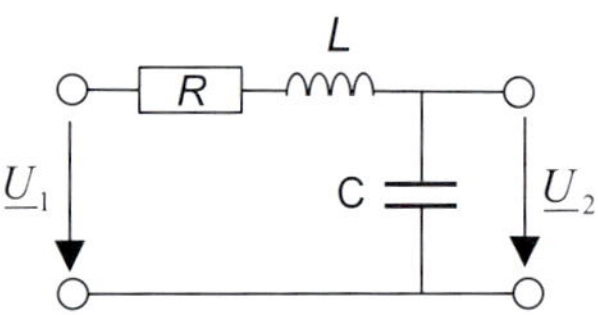

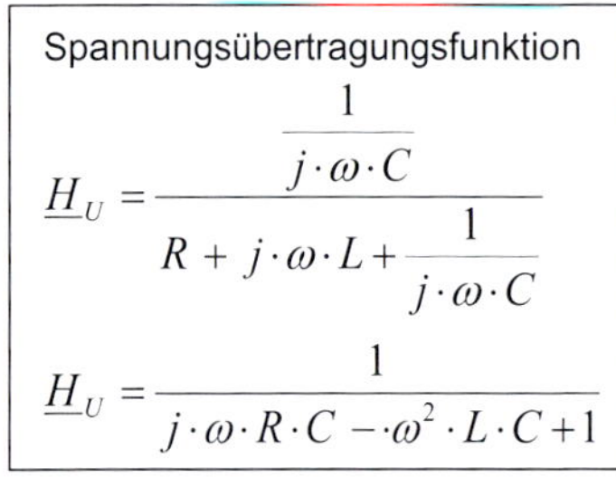
Spannungsübertragungsfunktion

$$\underline{H}_U = \frac{\frac{1}{j \cdot \omega \cdot C}}{R + j \cdot \omega \cdot L + \frac{1}{j \cdot \omega \cdot C}}$$

$$\underline{H}_U = \frac{1}{j \cdot \omega \cdot R \cdot C - \omega^2 \cdot L \cdot C + 1}$$

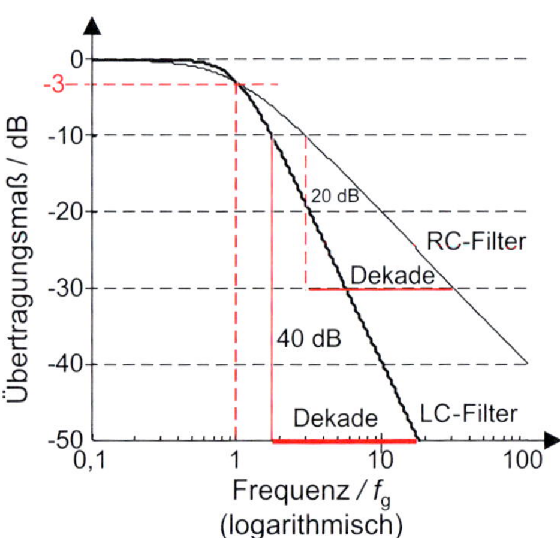

Bild 2.18 LC-Tiefpass

2.4.3 LC-Filter

Eine deutliche Verbesserung der Flankensteilheit lässt sich mit LC-Schaltungen erreichen. In Bild 2.18 ist ein LC-Tiefpass dargestellt. Vernachlässigt man eine vorhandene Belastung Z_L, so gilt für den Betrag der Spannungsübertragungsfunktion im Flankenbereich

$$H_U \approx \frac{1}{\omega^2 LC} \qquad \text{(Gl. 2.25)}$$

Da die Frequenz mit dem Quadrat eingeht, wird eine wesentlich höhere Flankensteilheit erzielt. Der LC-Tiefpass nach Bild 2.18 hat heute aber kaum noch eine Bedeutung. Er wird u.a. noch als Filterschaltung in Stromversorgungen zur Unterdruckung der Restwelligkeit einer gleichgerichteten Wechselspannung verwendet. LC-Tiefpässe höherer Ordnung, d.h. mit mehreren Spulen und Kondensatoren, werden zur Bandbegrenzung von Fernsehsignalen im Zuge der Digitalisierung eingesetzt. Hierauf wird in Kapitel 11 eingegangen.

Ferner sind LC-Schaltungen auf der Basis von Resonanzkreisen als Bandfilter von großer Bedeutung. Schon der Parallelresonanzkreis nach Bild 2.5a hat ein gutes Bandpassverhalten. Um diese Zweipolschaltung als Filter einsetzen zu können, ist eine entsprechende Ankopplung von Quelle und Last Z_L notwendig. In Bild 2.19 sind Möglichkeiten angegeben, wobei die Quelle als hochohmig nicht berücksichtigt wurde. Die Last Z_L wird über einen Trafo (a), eine angezapfte Spule (b) oder durch kapazitive Transformation (c) angekoppelt, um ihre Rückwirkung zu verringern. Der Lastwiderstand wird entsprechend der Übersetzung $ü$ auf

$$Z_L^* = ü^2 Z_L \qquad \text{(Gl. 2.26)}$$

transformiert. Er liegt damit parallel zu dem Verlustwiderstand R_P des Schwingkreises und bewirkt dessen stärkere Bedämpfung. Nach Gl. 2.5 wird die Betriebsgüte

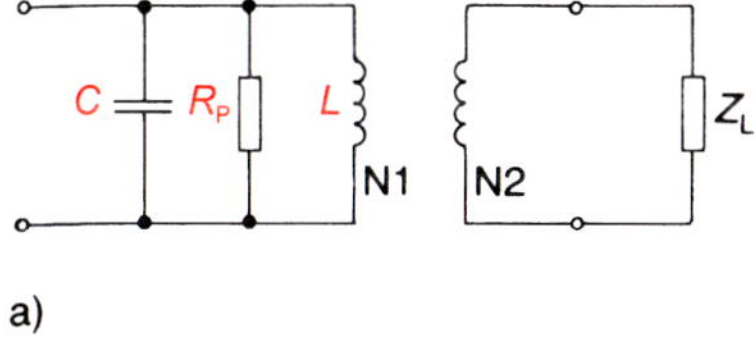

a)

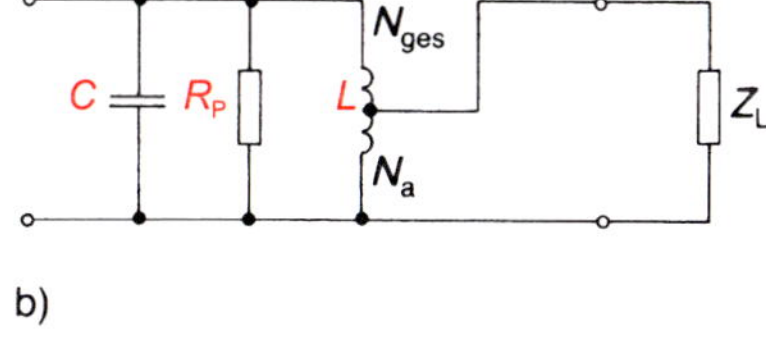

b)

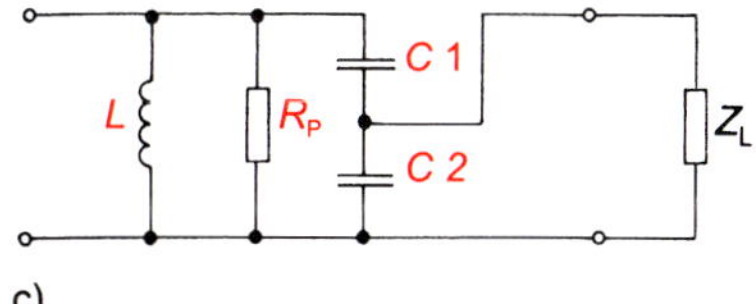

c)

Bild 2.19
Ankopplung der Last an einen Parallelresonanzkreis
a) Trafokopplung
b) angezapfte Spule
c) Kondensatorkopplung

Q_B dadurch kleiner als die Eigengüte Q des Kreises. Das Übersetzungsverhältnis ergibt sich bei transformatorischer Ankopplung nach Bild 2.19a zu

$$ü = \frac{N_1}{N_2} \qquad \text{(Gl. 2.27)}$$

bei angezapfter Spule (Bild 2.19b) zu

$$ü = \frac{N_{ges}}{N_a} \qquad \text{(Gl. 2.28)}$$

und bei kapazitiver Ankopplung nach Bild 2.19c zu

$$ü = \frac{C_1 + C_2}{C_1} \qquad \text{(Gl. 2.29)}$$

Der Betrag der Übertragungsfunktion kann nun unter Beachtung von

$$R_P^* = R_P \parallel Z_L = \frac{R_P Z_L}{R_P + Z_L} \qquad \text{(Gl. 2.30)}$$

zu

$$H_U = \frac{Z}{R_P^*} = \frac{1}{\sqrt{1 + Q_B^2 v^2}} \qquad \text{(Gl. 2.31)}$$

berechnet werden. Die normierte Darstellung erlaubt die Verwendung der Durchlasskurve in Bild 2.5a auch in dieser Filteranwendung. So erhält man für die Bandbreite mit $H_U = 0{,}7$ aus Gl. 2.31:

$$Q_B\, v = \pm 1$$

und unter Beachtung von Gl. 2.6:

$$B = \frac{f_0}{Q_B} \qquad \text{(Gl. 2.32)}$$

Auch die Selektivität lässt sich nach Gl. 2.18 leicht berechnen. Mit f_0 als Mittenfrequenz und f_{St} als Störfrequenz erhält man über eine hier nicht dargestellte Zwischenrechnung

$$S_T = \sqrt{1 + Q_B^2 v_{St}^2} = \sqrt{1 + 4Q_B^2 + Q_B^2 \left(\frac{\Delta f_{St}}{f_0}\right)^2} \qquad \text{(Gl. 2.33)}$$

Mit Hilfe der Güte Q_B können Bandbreite und Selektivität noch beeinflusst werden. Allerdings bewirkt eine Bandbreitenvergrößerung auch eine Selektivitätsverschlechterung. Deshalb kann ein einzelner Resonanzkreis nur bedingt als Filter eingesetzt werden.

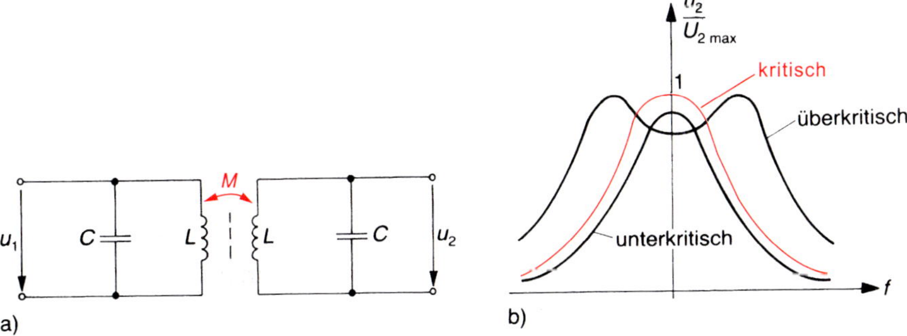

Bild 2.20 Bandfilter
a) Schaltung b) Durchlasskurve

Ein weit verbreitetes LC-Filter ist das Bandfilter, ein meist zweikreisiges Koppelfilter aus magnetisch gekoppelten Resonanzkreisen. Bild 2.20 zeigt Schaltung und Durchlasskurven für verschiedene Kopplungen. Der Einfluss der Kopplung auf Bandbreite, Welligkeit und Selektivität ist deutlich. In der Praxis werden die kritische und die überkritische Kopplung angewendet.

Die guten Filtereigenschaften von *LC*-Schaltungen werden auch für größere Schaltungskomplexe ausgenutzt. Für den Entwurf derartiger Reaktanzschaltungen gibt es eine umfassende Theorie, die – je nach Anforderungen – früher durch Filterkataloge, heute durch rechnergestützte Simulationen die Auswahl einer geeigneten Schaltung und ihre Dimensionierung ermöglicht. Zur Annäherung an das ideale Verhalten gibt es verschiedene Möglichkeiten (Standardapproximationen), die in Bild 2.21 am Beispiel des Tiefpasses dargestellt sind. Beim *Potenz-* oder *Butterworth-Filter* ist der Dämpfungsverlauf noch parabelförmig. Ist ein steiler Übergang vom Durchlass- in den Sperrbereich notwendig, nutzt man das Toleranzschema besser aus (*Tschebyscheff-Filter*).

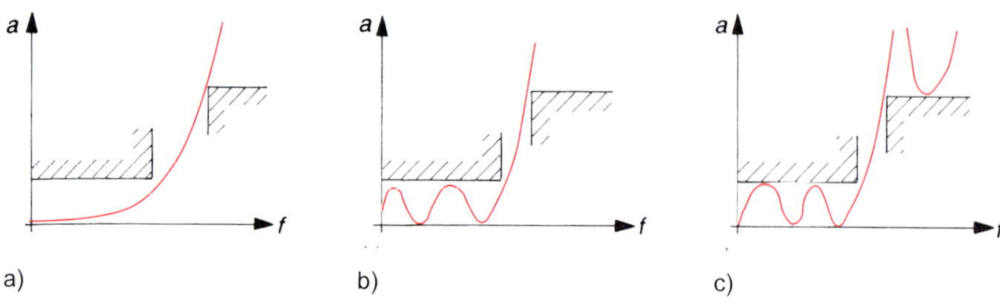

Bild 2.21 Approximation eines Tiefpasses
a) Butterworth-Filter b) Tschebyscheff-Filter c) Cauer-Filter

Die Welligkeit im Durchlassbereich wirkt sich allerdings auch auf das Phasenverhalten dieser Schaltungen aus. *Cauer-Filter* bieten eine sehr hohe Sperrdämpfung und erlauben Filter mit geringem Bauelementeaufwand zu verwirklichen.

Der Filterentwurf ist auf der Basis der LC-Filter umfassend möglich. Deshalb wird diese Theorie auch zum Entwurf anderer Realisierungen verwendet. LC-Filter sind nur in bestimmten Grenzen nutzbar. Diese Grenzen werden insbesondere durch die Verluste der Spulen festgelegt. Da die Güte eines Schwingkreises maßgeblich die Selektivität bestimmt, gilt sie auch als Einsatzkriterium. Typische Güten liegen bei 100; unterhalb von 10 kHz und oberhalb von 30 MHz sinkt allerdings die Güte schnell, so dass damit der Einsatzbereich von LC-Filtern gegeben ist. Vor allem bei Frequenzen über 100 MHz besteht die Spule nur noch aus 2 bis 3 Windungen, die einen beachtlichen Teil der Energie abstrahlen. Man verwendet deshalb oberhalb 300 MHz Leitungskreise – das sind elektrische Resonatoren, deren Wirkprinzip auf der Ausbildung stehender Wellen auf kurzgeschlossenen Leitungen beruht (siehe Abschnitt 4.4).

2.4.4 Mechanische Filter

Das den elektrischen Resonatoren zugrunde liegende Prinzip – Aufrechterhaltung eines Schwingungszustandes bei geringer Leistungsaufnahme – wird auch durch mechanische Schwinger verwirklicht. Voraussetzung zur Nutzung mechanischer Resonatoren als elektrische Filter ist eine ein- und ausgangsseitige elektromechanische Energieumwandlung. Mechanische Filter entstehen aus der elektrischen oder mechanischen Verkopplung von mechanischen Resonatoren.

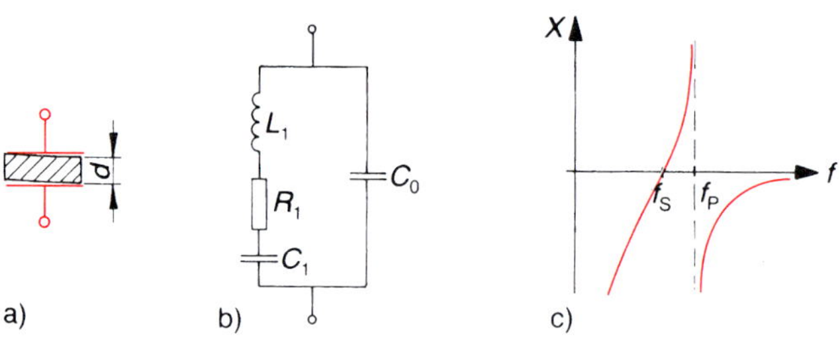

Bild 2.22 Quarz-Resonatoren
a) Aufbau b) Ersatzschaltung c) Blindwiderstandsverlauf

Merksatz

Als mechanische Resonatoren werden vor allem Schwingquarze (nachfolgend Quarz genannt) und keramische Resonatoren eingesetzt.

Quarzfilter

Ein Quarz besteht aus einer Quarzscheibe der Dicke d, die zwischen zwei Metallelektroden angeordnet ist (Bild 2.22a). Die Elektroden bilden im Zusammenwirken mit der Quarzscheibe einen piezoelektrischen Wandler. Die Quarzscheibe ist gleichzeitig der mechanische Resonator. Ein Quarz ist damit ein Zweipolresonator, dessen Ersatzschaltung Bild 2.22b zeigt. C_0 ist die statische Kapazität des Quarzes; C_1, L_1 und R_1 sind dynamische Ersatzgrößen des mechanischen Resonators. Bild 2.22c zeigt den Verlauf des Blindwiderstands, der die beiden für den Quarz typischen Resonanzfrequenzen

$$f_S = \frac{1}{2\pi\sqrt{L_1 C_1}} \qquad \text{(Gl. 2.34)}$$

(Serienresonanz) und die nur wenig größere Parallelresonanz

$$f_P = \frac{1}{2\pi\sqrt{L_1 \frac{C_1 C_0}{C_1 + C_0}}} \qquad \text{(Gl. 2.35)}$$

aufweist. Die Güte eines Quarzes ist sehr hoch, z.B. $Q = 10\,000$. Die Resonanzfrequenz eines Quarzes wird durch seine mechanische Dicke d bestimmt. Es gilt näherungsweise:

$$f/\text{kHz} = \frac{1670}{d/\text{mm}} \qquad \text{(Gl. 2.36)}$$

Bei 20 MHz wird $d < 0{,}1$ mm und damit die Grenze der mechanischen Festigkeit erreicht. Oberhalb dieser Frequenz nutzt man mechanische Oberwellen im Quarz aus.

Quarze sind nicht nur durch eine hohe Güte gekennzeichnet. Sie besitzen auch eine große Temperaturstabilität und altern nur wenig. Diese Eigenschaft wird zur Oszillatorstabilisierung spezieller Schaltungen, z.B. zur Schwingungserzeugung, ausgenutzt (siehe Kapitel 3).

Filter entstehen durch Reihenschaltung von Quarzen mit Kondensatoren in Form von Abzweigschaltungen (Bild 2.23). Die Bandbreite der Durchlasskurve lässt sich mit Hilfe der Koppelkapazitäten einstellen, wobei die Welligkeit im Durchlassbereich unter 1 dB gehalten werden kann.

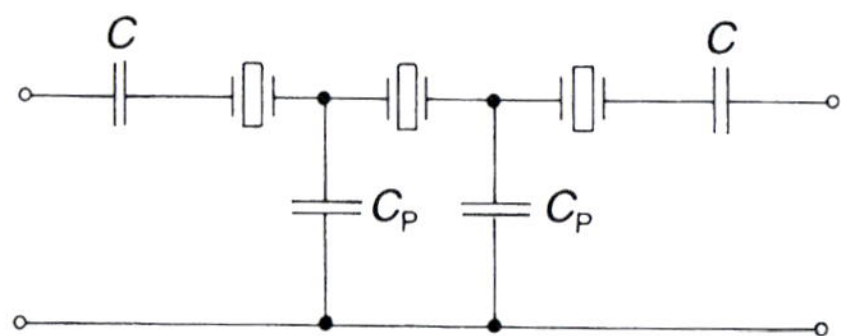

Bild 2.23
Quarz-Abzweigfilter

Eine mechanische Kopplung liegt bei ***monolithischen Quarzfiltern*** (MQF) vor. Sie arbeiten nach dem Prinzip der «eingefangenen» Energie (*energy trapping*) und entstehen durch paarweise auf dem Quarzsubstrat in den Resonanzgebieten aufgedampfte Elektroden, die mechanisch durch Koppelstege verbunden sind (Bild 2.24). Es lassen sich damit steilflankige schmalbandige, d.h. selektive Filter realisieren, die vor allem in der kommerziellen Funktechnik eingesetzt werden.

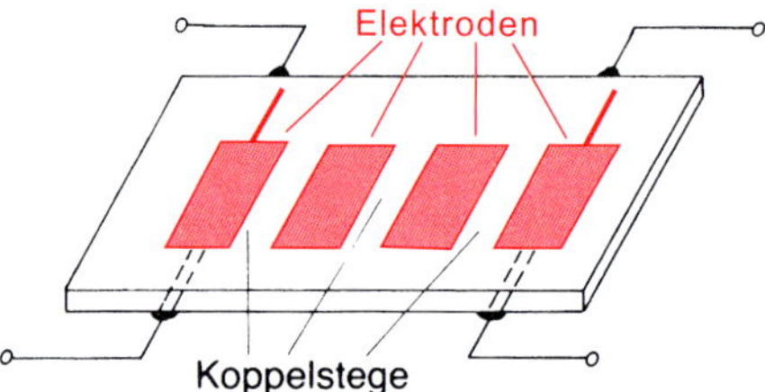

Bild 2.24
Aufbau eines monolithischen Quarzfilters

Keramische Filter

Neben Quarz eignet sich auch piezoelektrische Keramik zum Aufbau mechanischer Resonatoren. Die Energie wird elektrisch zugeführt, die Resonatoren sind dann mechanisch miteinander gekoppelt. Bild 2.25 zeigt das so genannte *H-Filter*. Es besteht aus zwei Resonatoren mit Wandlerelektroden und einem mechanischen Koppelsteg gleichen Materials. *Monolithische Keramikfilter* haben einen ähnlichen Aufbau wie MQF (siehe Bild 2.24), d.h., auf der Piezokeramik befinden sich metallische Elektroden; die Resonanzgebiete sind mechanisch miteinander verkoppelt. Keramische Filter sind kleiner und billiger als alle anderen mechanischen Filter. Nachteilig sind die große Temperaturabhängigkeit und die Alterung. Durch Voralterung (Lagerung über einen größeren Zeitraum) begegnet man dem letztgenannten Nachteil. Anwendung finden Keramikfilter vor allem in der Unterhaltungselektronik.

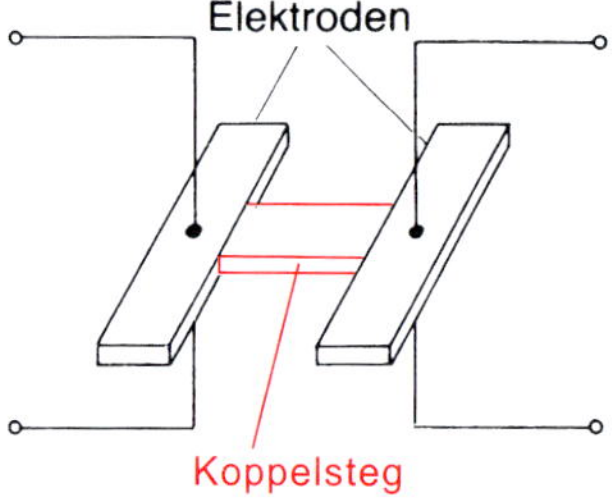

Bild 2.25
Keramisches H-Filter

2.4.5 Oberflächenwellen-Filter

Eine besondere Gruppe mechanischer Filter sind die Oberflächenwellen-Filter (*surface acoustic waves filters*). Im Unterschied zu den bisher betrachteten mechanischen Resonatoren, bei denen das gesamte Volumen des Resonators zum Schwingen angeregt wird, erzeugt man in diesem Fall auf einem piezoelektrischen Substrat (z.B. Lithiumniobat) eine mechanische **O**berflächen**w**elle (OFW). Das geschieht mittels einer kammförmigen metallischen Struktur (dem **I**nter**d**igital**w**andler, IDW) nach Bild 2.26. Jedes Fingerpaar des Kammes erzeugt einen Anteil an der Gesamtwelle, die sich quer zu den Fingern nach beiden Richtungen ausbreitet. Während die eine Welle von der am Substratrand angeordneten Dämpfungsmasse (D) absorbiert wird, gelangt die andere Welle zum zweiten Wandler. In Bild 2.26 ist der linke Wandler vom Signal gespeist, also nur die nach rechts laufende Welle kommt zum zweiten IDW. Hier wird infolge des piezoelektrischen Effektes die mechanische Welle wieder in eine elektrische Spannung umgewandelt.

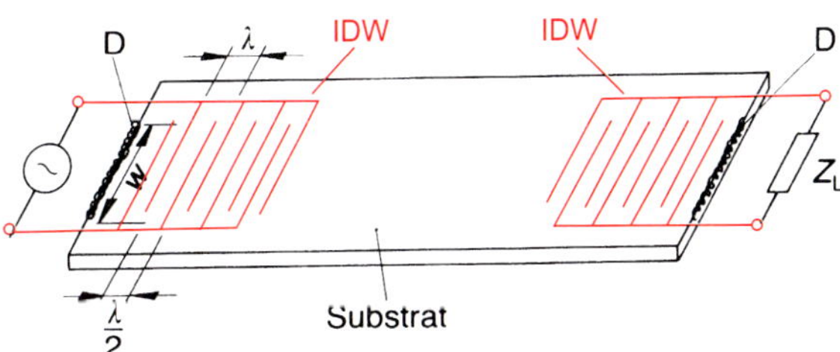

Bild 2.26
Aufbau eines Oberflächenwellen-Filters

Ein Interdigitalwandler hat Resonanzcharakter. Bei einem Abstand der Fingerpaare gleich der Wellenlänge λ der OFW liegt die Resonanzfrequenz bei

$$f_0 = \frac{v_{OFW}}{\lambda_{OFW}} \qquad \text{(Gl. 2.37)}$$

Da die Ausbreitungsgeschwindigkeit der Oberflächenwelle

$$v_{OFW} \approx \frac{c}{10^5}$$

ist, ergibt sich bei 30 MHz eine Wellenlänge von 100 µm. Die Fingerbreite beträgt $\lambda/4$, so dass sich Interdigitalwandler als einlagige metallische Strukturen mit den Technologien der Mikroelektronik herstellen lassen.

Die Überlappung w der Finger bestimmt den Anteil jedes Fingerpaares an der Gesamtwelle. Durch unterschiedliche Überlappung der verschiedenen Fingerpaare (*Wichtung*) sowie die Zahl der Fingerpaare (vier Fingerpaare ergeben eine kleine Bandbreite) lassen sich Filterkurven in weiten Grenzen variieren. Neben dem Verhalten der IDW wird das Gesamtverhalten der Anordnung nach Bild 2.26 auch durch den Abstand und die damit verbundene Laufzeit der Oberflächenwelle bestimmt. Im Unterschied zu LC- und mechanischen Filtern können Amplituden- und Phasenverhalten unabhängig voneinander eingestellt werden.

OFW-Filter, die den *Laufzeiteffekt* ausnutzen, sind durch eine relativ große Dämpfung charakterisiert. Das liegt einmal an der Aufteilung der Energie jedes IDW in zwei Anteile, von denen der an den Substratrand laufende unterdrückt werden muss. Ein weiterer Effekt ist das *Triple-Transit-Signal*: Ein am Empfangswandler mechanisch reflektiertes Signal gelangt zurück zum Eingangs-IDW und von dort ebenfalls durch Reflexion wieder zum Ausgang. Wegen der dreifachen Laufzeit wird es Triple-Transit-Signal (TTS) genannt. Um diesen störenden Anteil klein zu halten, muss der IDW elektrisch fehlangepasst betrieben werden.

Merksatz

Dämpfung und Fehlanpassung wegen TTS ergeben eine große Betriebsdämpfung (ca. 20 dB) von OFW-Filtern.

OFW-Filter werden vor allem als Fernseh-ZF-Filter eingesetzt. Die komplizierte Durchlasskurve beim Fernsehempfang erforderte konventionelle LC-Filter mit etwa 7 Resonanzkreisen, die zudem noch bei jedem Exemplar individuell abgestimmt werden mussten. Ein OFW-Filter lässt sich exakt nach den Vorgaben produzieren bzw. reproduzieren und erfordert keinen Abgleich in der Schaltung.

Neben Anordnungen der in Bild 2.26 gezeigten Laufzeitstruktur werden auch *OFW-Resonatoren* verwendet. Sie bestehen in der Grundstruktur aus einem IDW, dessen Oberflächenwellen von geeigneten Reflektoren zurück auf den ursprünglichen Wandler reflektiert werden. Es entsteht bei entsprechenden Abmessungen ein Resonanzverhalten an den Klemmen des IDW, das ähnlich dem eines Quarzes ist. Im Unterschied zum Quarz lassen sich aber Resonatoren bei wesentlich höheren Frequenzen bauen (bis in den GHz-Bereich). Anwendung finden solche Resonatoren in der kommerziellen Funktechnik.

2.4.6 Abtastfilter

Alle bisher betrachteten Filter waren reine Analogfilter, d.h., sie dienen der Übertragung analoger Signale und verarbeiten diese Signale auch analog. Neben der analogen (wert- und zeitkontinuierlichen) Signalverarbeitung ist heute die zeitdiskrete Filterung von hoher praktischer Bedeutung. Zeitdiskrete Filter lassen sich preiswert als integrierte Filterschaltungen auf Basis der Halbleitertechnologie herstellen.

Definition

Abtastfilter sind Anordnungen, bei denen das analoge Signal diskretisiert und die Filtereigenschaft durch Verarbeiten des zeitdiskreten Signals verwirklicht wird.

Nach Abschnitt 1.3 gibt es zwei Arten zeitdiskreter Signale; entsprechend unterscheidet man zwei Gruppen von Abtastfiltern. Wertkontinuierliche Abtastfilter arbeiten mit abgetasteten Analogsignalen. Zu dieser Gruppe gehören die *Schalter-Kondensator-Filter* (SC-Filter). In Bild 2.27a ist eine Schalter-Kondensator-Anordnung dargestellt. Die beiden MOS-Schalter werden über die Taktleitungen T und

$\overline{T}$ wechselseitig eingeschaltet. Bild 2.27b zeigt die Ersatzschaltung der Anordnung. Mit T_A der Einschaltzeit des Eingangstransistors ergibt sich für den Strom durch die Anordnung:

$$I = \frac{\Delta Q}{T_A} = \frac{CU_1 - CU_2}{T_A} = \frac{CU}{T_A} = \frac{U}{R} \qquad \text{(Gl. 2.38)}$$

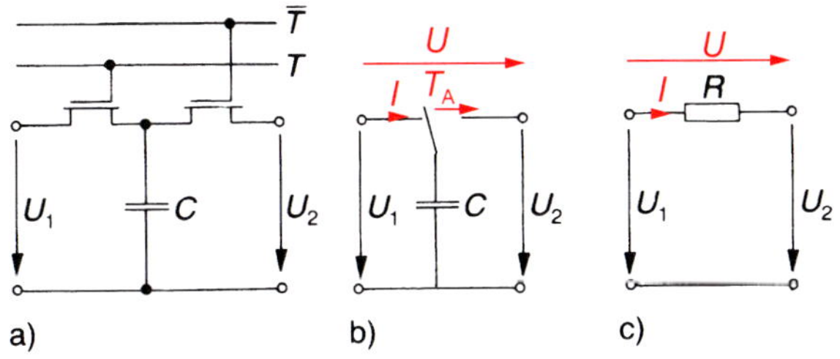

Bild 2.27
Schalter-Kondensator-Anordnung
a) Schaltung
b) Funktionsprinzip
c) Ersatzschaltung

Die Anordnung wirkt also wie ein Widerstand (Bild 2.27c) mit dem Wert

$$R = \frac{T_A}{C} \qquad \text{(Gl. 2.39)}$$

Es lassen sich mit Schalter-Kondensator-Anordnungen also Widerstände ersetzen. Das ist für aktive RC-Filter wichtig, weil die für diese Filter notwendigen Widerstandswerte sehr groß sind und in integrierten Schaltungen viel Platz auf der Chipoberfläche beanspruchen würden. Schalter-Kondensator-Filter sind eigentlich aktive RC-Filter, bei denen aber nur MOS-Transistoren und Kondensatoren verwendet werden. Durch die Variation der Taktzeit T_A kann nicht nur den Wert R nach Gl. 2.39, sondern damit auch die Grenzfrequenz des Filters verändert werden. Bei der Anwendung von Schalter-Kondensator-Filtern ist stets das Abtasttheorem (s. Kapitel 11) zu berücksichtigen.

2.4.7 Digitale Filter

Definition

Filter, die mit zeit- und wertdiskreten, d.h. digitalen Signalen nach Kapitel 11 arbeiten, nennt man Digitalfilter.

Anstelle der analogen Bauelemente R, L, C treten bei digitalen Filtern Rechenwerke auf. Die Wirkung des Digitalfilters entsteht durch die bewertete Addition von unverzögerten und verzögerten Anteilen des Eingangssignals. In der analogen Schaltungstechnik wurden derartige Strukturen als Echofilter bezeichnet und speziell für die Entzerrung von Signalen eingesetzt. [34]

Jedes (diskrete) digitale Filter ist auf eine spezifische Kombination von drei Grundbaugruppen zurückzuführen, bestehend aus Verzögerungsbausteinen, Multiplizierern und Addierern:

- Der Verzögerungsbaustein hat die Funktion $y(n) = x(n-1)$; $(n-1)$ bezeichnet eine zeitliche Verschiebung um T in negativer Richtung, d.h. eine Verzögerung. Dieser Baustein stellt also das Eingangssignal $x(n)$ um eine Taktperiode am Ausgang verzögert zur weiteren Verarbeitung bereit.
- Der Multiplizierer (auch Koeffizient) bewertet das Eingangssignal $y(n) = a \cdot x(n)$ mit einem i.Allg. konstanten, aber beliebigen Faktor a. Durch den Multiplizierer erfolgt keine Verzögerung um eine Taktperiode, wie aus dem identischen Zeitpunkt n ersichtlich wird.
- Der Addierer summiert dann alle anliegenden Eingangssignale auf. Das Ausgangssignal ist die mathematische Summe der Eingangssignale: $y(n) = x_1(n) + x_2(n) + x_3(n) + \ldots + x_n(n)$.

In Bild 2.28 sind die Elemente digitaler (diskreter) Filter dargestellt.

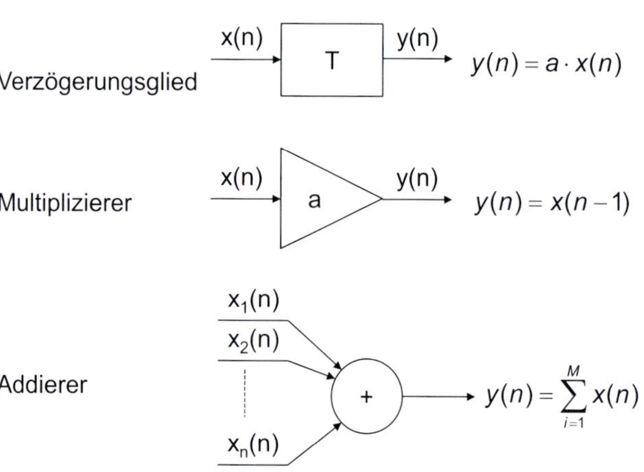

Bild 2.28 Grundelemente digitaler Filter

In der praktischen Anwendung werden *nichtrekursive*, *rekursive* und *kombinierte* Strukturen digitaler Filter unterschieden. Bereits mit wenigen Bauelementen lässt sich ein einfaches digitales Filter realisieren.

In Bild 2.29a ist die Grundstruktur eines digitalen, *nichtrekursiven Filters* dargestellt.

Das Ausgangssignal ergibt sich zu:

$$y(n) = 0{,}5 \cdot x(n) + 0{,}5 \cdot x(n-\tau) \qquad \text{(Gl. 2.40)}$$

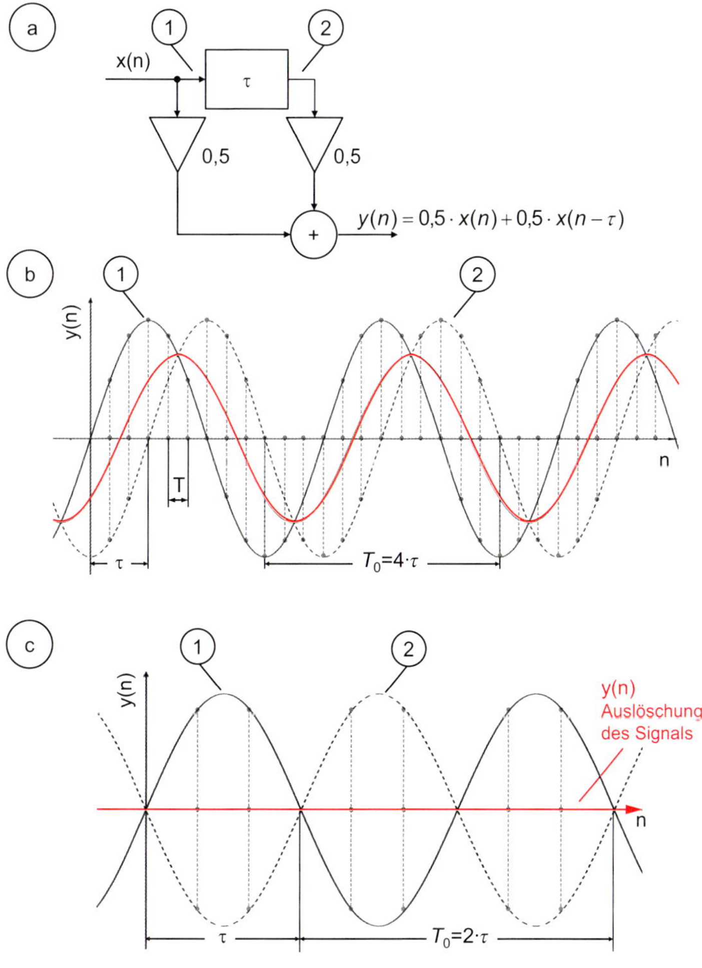

Bild 2.29 Nichtrekursives Filter (FIR-Filter)
a) Grundschaltung des Filters
b) Filterung einer Sinusschwingung mit $T_0 = 4 \cdot T$
c) Filterung einer Sinusschwingung mit $T_0 = 2 \cdot T$

Mit $\tau = 3 \cdot T$ und $i \cdot T = i$ folgt aus Gl. 2.40:

$$y(n) = 0,5 \cdot x(n) + 0,5 \cdot x(n-3) \qquad \text{(Gl. 2.41)}$$

Bild 2.29b beschreibt den Signalverlauf, den ein Sinussignal mit einer Periodendauer von $T_0 = 4 \cdot T$ am Ausgang der Schaltung in Amplitude (Dämpfung) und Phase (Verschiebung) erfährt. Wird die Eingangsfrequenz so erhöht, dass die Periodendauer T_0 der doppelten Verzögerungszeit entspricht, so kommt es zur vollständigen Auslöschung von unverzögertem und verzögertem Signal (Bild 2.29c).

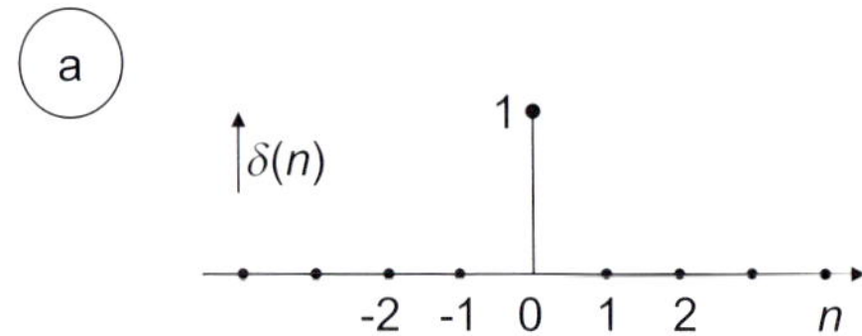

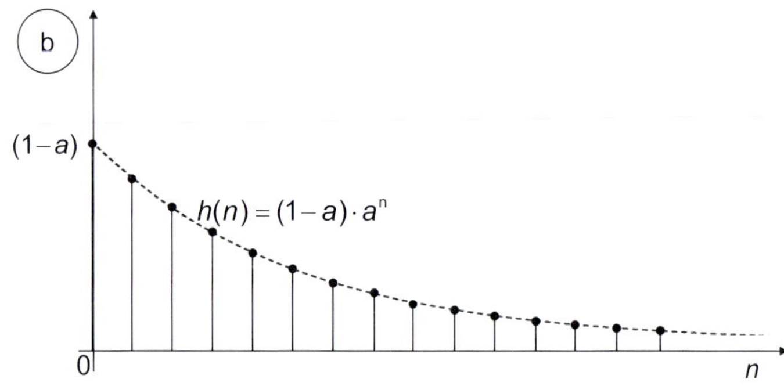

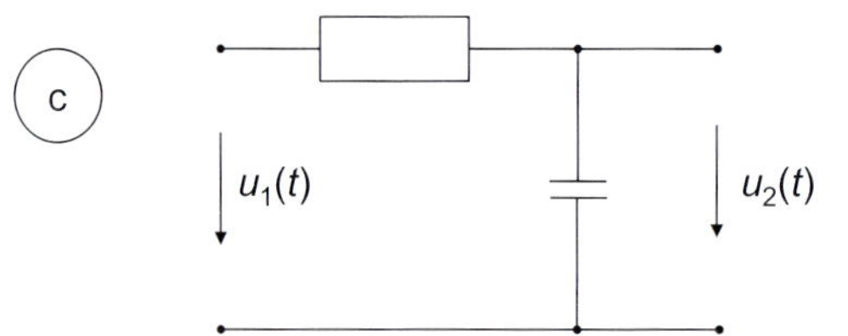

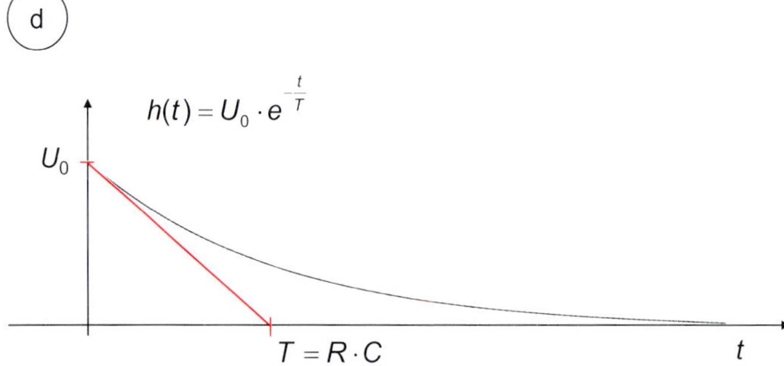

Bild 2.33 Impulsantwort eines IIR-Filters nach Bild 2.32 und Vergleich zum analogen RC-Tiefpass
a) Anregende Dirac-Stoß-Funktion
b) Stoßantwort des IIR-Filters
c) RC-Tiefpass
d) Impulsantwort des RC-Tiefpass

Beide Formen der rekursiven und nichtrekursiven digitalen Filterstrukturen können miteinander kombiniert werden. Die allgemeine Struktur eines Filters mit beiden Anteilen zeigt Bild 2.34.

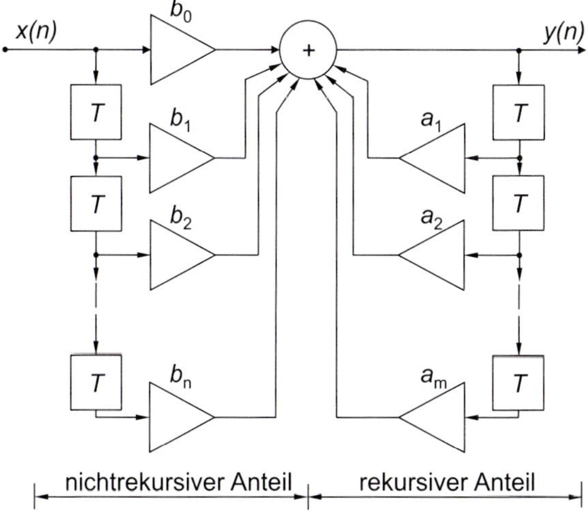

Bild 2.34 Allgemeine Struktur eines digitalen Filters mit rekursivem und nichtrekursivem Anteil

Ein besonderer Vorteil der diskreten, digitalen Filter ist deren Umsetzbarkeit in Hard- und/oder Software sowie die absolute Reproduzierbarkeit der Filterergebnisse, d.h. der gewünschten Übertragungsfunktion. Diese ist nicht – wie in der analogen Schaltungstechnik – von der Qualität der Bauteile und z.B. Temperatureinflüssen abhängig, sondern wird durch die Genauigkeit der Amplitudenquantisierung der Eingangssignale sowie der Genauigkeit der Rechenschritte (Rundungsfehler bei Addition und Multiplikation) bestimmt. Durch den Einsatz moderner Rechnersysteme bzw. leistungsfähigerer Hardwareplattformen (u.a. Signalprozessoren) konnte dieser Einfluss immer stärker reduziert werden, so dass digitale Filter inzwischen in sehr vielen Bereichen für die Signalverarbeitung z.B. im digitalen Fernsehen, der Bildverarbeitung oder der Audiosignalverarbeitung eingesetzt werden. Derartige Filter können als programmierbare Schaltungen preiswert in VLSI-Technik hergestellt werden und haben daher auch in der Massenproduktion Bedeutung, da aufwendige Abgleicharbeiten, wie sie bei analogen Filterschaltungen erforderlich sind, entfallen können.

Merksatz

In Kombination mit A/D- und D/A-Umsetzern übernehmen digitale Filter immer stärker die Aufgaben von bisher rein analog realisierten Filterschaltungen z.B. in der Audio-, Bild- und Video-Verarbeitung.

Gerade die Möglichkeit, mit preiswerten digitalen Speicherbausteinen unterschiedliche Verzögerungszeiten zu realisieren, eröffnet große Möglichkeiten, Filter anwendungsspezifisch zu realisieren. Wählt man die Verzögerungszeit T eines FIR-Filters bei einem digitalen Standard-Videosignal nach Kapitel 11 und einer Abtastfrequenz von

13,5 MHz zu 74 ns (Dauer eines Bildpunktes), so wirkt ein entsprechendes Filter nur in horizontaler Richtung; bei Wahl einer Verzögerungszeit von 64 µs hingegen (Dauer einer Zeile) wirkt das Filter in vertikaler Richtung – eine Kombination beider Filter führt dann auf ein 2-dimensional wirkendes Filter. Insbesondere bei Umsetzung in Software (z.B. in Audio-, Bild- und Videobearbeitungsprogrammen) erlauben digitale Filter in der Bildverarbeitung durch die freie Wahl der Koeffizienten bzw. Strukturen und eine hohe Anzahl von berücksichtigten Verzögerungsstufen komplexe Verarbeitungsschritte, wie z.B. Kanten- und Bewegungsdetektion und effektvolle Veränderungen des Bildinhalts.

2.5 Mehrtore

Obgleich Vierpole (Zweitore) in der Nachrichtentechnik eine dominierende Rolle spielen, sind auch Mehrtore von praktischer Bedeutung. Sie dienen vor allem der Trennung oder Zusammenführung von Nachrichtenverbindungen. Im Folgenden werden entsprechende passive Netzwerke betrachtet, keine Schalterverbindungen.

Ein sehr einfaches Dreitor (Bild 2.35) entsteht aus der eingangsseitigen Zusammenschaltung von Hoch- (Bild 2.11) und Tiefpass (Bild 2.17). Wählt man die Grenzfrequenzen beider Glieder gleich, so stellt das Dreitor eine *Frequenzweiche* dar. Die gegenseitige Beeinflussung der beiden Teilschaltungen ist gering, wenn der Eingang niederohmig beschaltet wird ($Z_G << R$). Dreitore dieser Art werden z.B. als Antennenweichen verwendet, wenn die zu trennenden Antennen für unterschiedliche Frequenzen ausgelegt sind, oder zur Aufteilung des *NF*-Kanals zur Ansteuerung von Tief- und Hochtonlautsprechern in einer Lautsprecherbox. Dafür eignen sich aber *RC*-Schaltungen aufgrund der Verluste in den Widerständen nicht, sondern es werden überwiegend LC-Schaltungen eingesetzt.

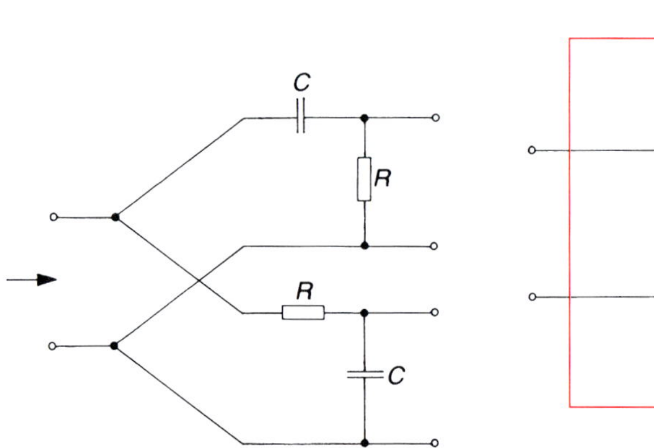

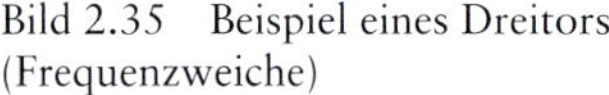
Bild 2.35 Beispiel eines Dreitors (Frequenzweiche)

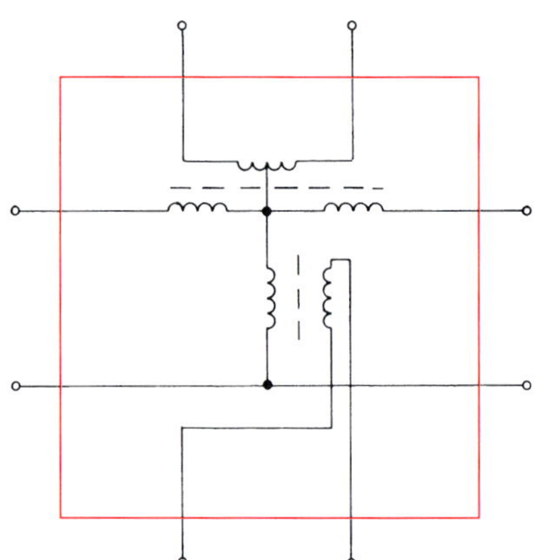
Bild 2.36 Gabelschaltung

Ein in der Nachrichtentechnik sehr wichtiges Viertor ist die *Gabelschaltung*, z.B. zur Richtungstrennung im klassischen Telefonapparat. Bild 2.36 zeigt die Schaltung, bei der die Kopplung der Übertragungswege durch Übertrager verwirklicht ist. Die Windungszahlen stehen in einem bestimmten Verhältnis. Alle vier Tore der Gabel werden mit gleichem Abschlusswiderstand Z beschaltet. Das bewirkt, dass gegenüberliegende Tore entkoppelt sind. Damit wird die in einem Tor eingespeiste Leistung zu gleichen Teilen auf die beiden angrenzenden Tore aufgeteilt. Das gilt natürlich auch in umgekehrter Richtung, da das Netzwerk passiv ist. Anwendung findet die Gabelschaltung zur Trennung einer Zweidrahtverbindung in eine Vierdrahtübertragung und umgekehrt.

2.6 Lernziel-Test

1. Wie unterscheiden sich Zweipol, Vierpol und Mehrtor?
2. Skizzieren Sie die Zweipolfunktion der Reihenschaltung von R = 100 Ω und C = 10 nF im Frequenzbereich bis 500 kHz.
3. Ein Parallelresonanzkreis besteht aus einer Spule mit L = 63,5 µH, dem Kondensator C = 400 pF und dem Verlustwiderstand R_P = 2 kΩ. Bestimmen Sie die Resonanzfrequenz und die Güte des Kreises.
4. Was ist ein Filter, und welche Filterarten kennen Sie?
5. Wie groß ist die Grenzfrequenz eines Tiefpasses nach Bild 2.17 mit R = 1 kΩ und C = 100 nF?
6. Ein Parallelresonanzkreis mit L = 80 µH und C = 1,5 nF hat die Güte Q = 90. Wie groß sind seine Bandbreite und seine Selektivität, bezogen auf Δf = 10 kHz?
7. Ein Parallelresonanzkreis mit R_P = 50 kΩ wird als Bandpassfilter verwendet. Der speisende Generator hat einen sehr großen Innenwiderstand, der Lastwiderstand ist Z_L = 5 kΩ. Durch die Beschaltung darf die Güte nur auf die Hälfte sinken. Wie groß muss das Übersetzungsverhältnis der Transformationsschaltung sein?
8. Für einen Quarz gelten L_1 = 1,5 H, C_1 = 0,016 pF; R = 60 Ω; C_0 = 16 pF. Bestimmen Sie die Differenz $f_P - f_S$.
9. Wodurch unterscheiden sich Quarz- und Oberflächenwellenfilter?
10. Der Interdigitalwandler eines Oberflächenwellenfilters nach Bild 2.27 besteht aus 100 Fingerpaaren. Wie lang ist er etwa, wenn das Filter eine Frequenz von 40 MHz haben soll?
11. Ein Tiefpass-Abtastfilter habe eine Grenzfrequenz von 50 kHz. Wie groß muss die Taktfrequenz der Abtastung mindestens sein?
12. Mit einer Schalter-Kondensator-Anordnung soll ein RC-Tiefpass aufgebaut werden. Das Filter hat die Grenzfrequenz f_g = 3 kHz. Es können nur Kondensatoren von 30 pF verwendet werden. Wie groß muss die Abtastzeit T_A sein?
13. Wodurch unterscheiden sich SC- und Digitalfilter?
14. Welche digitalen Filter werden generell aufgrund ihrer Arbeitsweise und Struktur unterschieden?
15. Welche digitale Filterstruktur weist einen linearen Phasengang und damit eine konstante Gruppenlaufzeit auf?
16. Skizzieren Sie ein FIR-Tiefpassfilter mit 3 Abgriffen.
17. Eine Antennenweiche soll die Empfangsantennen für f_1 = 30 MHz und f_2 = 40 MHz zusammenführen. Wählen Sie eine geeignete Schaltung aus, und geben Sie die erforderlichen Grenzfrequenzen an.

3 Verstärkung und Schwingungserzeugung

Aufgrund der benutzten Übertragungsmedien ist die Nachrichtenübertragung mit einer Dämpfung der Signale verbunden. Da die empfangenen Signale häufig nicht unmittelbar wahrgenommen werden können, ist eine Verstärkung erforderlich. Die dafür eingesetzten aktiven Systeme sind heute überwiegend integrierte Schaltungen in Form von Operationsverstärkern (*Operational Amplifier* – OpAmp oder OP).

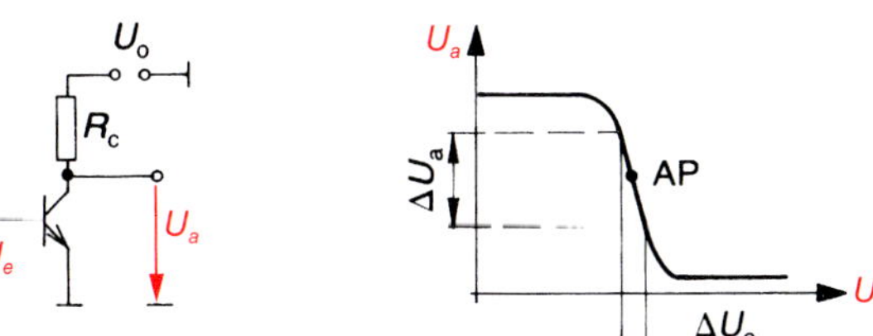

Bild 3.1
Transistor mit Arbeitswiderstand
a) Schaltung
b) Übertragungskennlinie

Zur Einführung einiger Begriffe wird zunächst von einer einfachen Schaltung, bestehend aus einem Transistor und Arbeitswiderstand (Bild 3.1a), ausgegangen. Das Übertragungsverhalten der Schaltung kann anhand der in Bild 3.1b dargestellten Übertragungskennlinie eingeschätzt werden. Auf der Kennlinie wurde ein Arbeitspunkt (AP) eingezeichnet, der für einen Verstärkerbetrieb geeignet ist. Eine kleine Spannungsänderung ΔU_e verursacht eine große Ausgangsspannungsänderung ΔU_a; die Schaltung arbeitet also als Verstärker.

Definition

Man nennt den von ΔU_e überspannten bzw. genutzten Bereich den *Aussteuerbereich.*

Solange die Kennlinie, wie im Bild gezeichnet, nur im linearen Kennlinienteil ausgesteuert wird, spricht man von *linearer Verstärkung*. Daneben ist aber auch eine Aussteuerung in den nichtlinearen Bereich denkbar und für bestimmte Anwendungen erwünscht (z.B. bei der Schwingungserzeugung und Modulation).

Eine prinzipiell andere Betriebsweise entsteht, wenn man zwei Arbeitspunkte in die jeweils horizontalen Bereiche der Übertragungskennlinie legt und das Eingangssignal nur zwischen diesen Punkten wechselt. Die Schaltung arbeitet dann als binäre Anordnung und ist somit das Grundelement einer Digitalschaltung.

In der Nachrichtentechnik werden vielfach analoge Schaltungen auf der Basis von Operationsverstärkern eingesetzt. Deshalb werden sie nachfolgend vorgestellt, wobei Grundkenntnisse über Transistorverstärker vorausgesetzt werden. Die digitale Schaltungstechnik wird hier nicht näher betrachtet. Es sei auf die entsprechende Literatur verwiesen.

3.1 Operationsverstärker

3.1.1 Anforderungen an einen universellen Verstärker

Soll ein Verstärker universell einsetzbar sein, muss er alle auftretenden Forderungen möglichst ideal erfüllen:

- Verstärkung (möglichst groß), damit diesbezüglich alle Forderungen erfüllt werden;
- große Bandbreite (*ideal:* unendlich), vor allem auch untere Grenzfrequenz $f_{gu} = 0$;
- großer Eingangswiderstand (*ideal:* unendlich groß), damit die Quelle möglichst wenig (nicht) vom Verstärker belastet wird;
- kleiner Ausgangswiderstand, damit die Last den Verstärker wenig beeinflusst;
- große Arbeitspunktstabilität im Interesse großer Verstärkerstabilität.

Derartige Bauelemente, die zunächst in der analogen Rechentechnik genutzt wurden, stehen als Operationsverstärker (OP) kostengünstig zur Verfügung.

3.1.2 Aufbau eines Operationsverstärkers

Ein Operationsverstärker ist eine Kombination mehrerer Verstärkerstufen, die den Anforderungen an einen universellen Verstärker möglichst nahe kommt. Wegen der geforderten unteren Grenzfrequenz Null sind alle Stufen direkt (ohne Kondensatoren) gekoppelt. Die direkte Kopplung bedingt, dass sich auch die Arbeitspunkte aller beteiligten Transistoren gegenseitig beeinflussen, so dass deren Stabilität von großer Bedeutung ist.

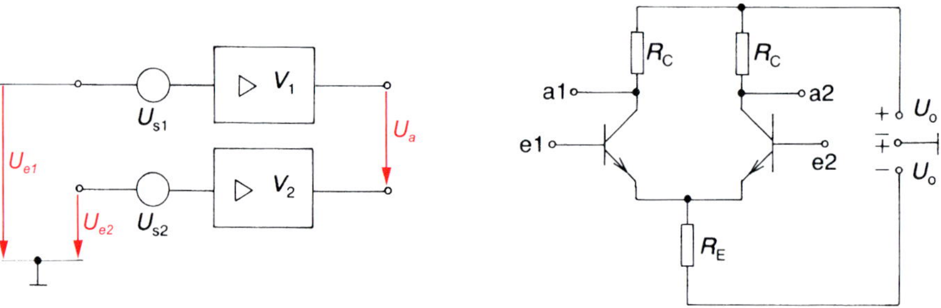

Bild 3.2 Differenzverstärker
a) Prinzip b) Schaltung

Man erreicht eine gute Stabilität mit Hilfe des Differenzverstärkerprinzips. Dabei sind zwei Verstärker so zusammengeschaltet, dass am Ausgang die Differenz der Ausgangsspannung U_a beider Stufen zur Verfügung steht. Bild 3.2a zeigt das Prinzip, Bild 3.2b gibt die praktische Schaltung wieder. In Bild 3.2a wurden noch die auf den Eingang des jeweiligen Verstärkers bezogenen Störspannungsquellen U_s berücksichtigt, die beispielsweise Ersatz der Arbeitspunktschwankungen der Verstärker sind.

Ein zu verstärkendes Nutzsignal werde als Differenzspannung

$$U_D = U_{e\,1} - U_{e\,2} \qquad \text{(Gl. 3.1)}$$

zwischen die Eingänge beider Verstärker gelegt. Die Ausgangsspannung erhält man dann nach Bild 3.2a zu

$$U_a = V_1(U_{e\,1} + U_{s\,1}) - V_2(U_{e\,2} + U_{s\,2}) \qquad \text{(Gl. 3.2)}$$

Bei exakt symmetrischem Aufbau des Differenzverstärkers (gleiche Schaltelemente, gleiche Temperatur und Versorgungsspannung) gilt in guter Näherung $V_1 = V_2 = V$ und $U_{s\,1} = U_{s\,2}$. Damit wird

$$U_a = V\,(U_{e\,1} - U_{e\,2}) = V\,U_D \qquad \text{(Gl. 3.3)}$$

Arbeitspunktschwankungen, die etwa die gleichen Auswirkungen in jedem Verstärkerteil haben, heben sich also auf.

In der praktischen Schaltung des Differenzverstärkers (Bild 3.2b) findet die Differenzbildung über R_E statt. Damit kann eine Ausgangsspannung nicht nur zwischen α_1 und α_2, sondern auch an einem Ausgang gegen Masse (Null) abgenommen werden.

Merksatz

Ein Operationsverstärker besteht aus einer oder mehreren Differenzverstärkerstufen sowie weiteren Stufen einschließlich eines Ausgangsverstärkers.

Der innere Aufbau des OP ist aber für die Anwendung meist unwichtig. Er wird durch das in Bild 3.3 dargestellte Schaltzeichen symbolisiert, wobei das Symbol nach DIN 40 900 in der Literatur kaum Anwendung findet. Die beiden Eingänge + und – resultieren aus dem Eingangsdifferenzverstärker. Der nichtinvertierende Eingang (+) besagt, dass die Ausgangsspannung die gleiche Phasenlage wie die Eingangsspannung hat. Beim invertierenden Eingang (–) erscheint die Ausgangsspannung um 180° in der Phase gedreht (invertiert). Dabei sind alle Spannungen auf Masse (Null) bezogen, obgleich beim Differenzverstärker in Bild 3.2 Masse nicht unmittelbar in der Schaltung erscheint. Neben den Signalanschlüssen sind am OP noch weitere Anschlüsse erforderlich, z.B. für die i.Allg. symmetrische Stromversorgung, einen Offsetabgleich und für eine eventuell erforderliche Frequenzgangkompensation.

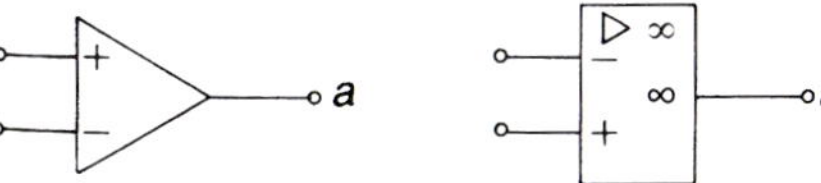

Bild 3.3
Schaltzeichen des OP
a) übliche Darstellung
b) nach DIN 40 900

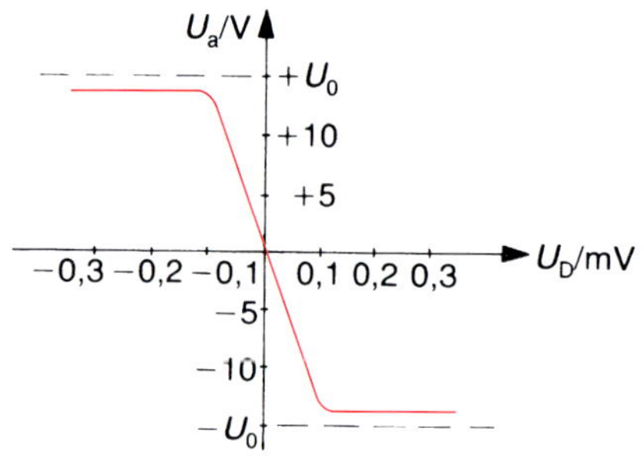

Bild 3.4
Übertragungskennlinie eines OP

3.1.3 Eigenschaften von Operationsverstärkern

Das statische (Gleichstrom-)Verhalten lässt sich anhand der Übertragungskennlinie (Bild 3.4) beschreiben, wobei wie üblich auf der Abzisse die Differenzspannung

$$U_D = U_- - U_+ \quad \text{(Gl. 3.4)}$$

aufgetragen wurde. Bei kleiner Aussteuerung arbeitet der OP linear, wobei offensichtlich die Verstärkung groß ist (man beachte die Maßstäbe an den Achsen von Bild 3.4). Die maximalen Werte der Ausgangsspannung werden mit etwa 1 V unterhalb der Betriebsspannungen erreicht. Der Verstärker arbeitet dann wegen Übersteuerung nichtlinear.

Merksatz

Der maximale Aussteuerbereich ist immer kleiner als der durch die Versorgungsspannungen vorgegebene Bereich.

Bei der statischen Dimensionierung einer OP-Schaltung ist zu beachten, dass oft nur ein Eingang als Signaleingang genutzt wird, beide Eingänge aber einen Gleichstromweg vorfinden müssen. Das ergibt sich aus der Differenzverstärkeranordnung, bei der die Basisanschlüsse nur über die äußere Schaltung ein Potential erhalten; die Basisströme entsprechen den Ruhegleichströmen I_+ und I_-. Sie sind etwa gleich, so dass in den Datenblättern ihr Mittelwert I_I sowie ihre Differenz als Eingangsoffsetstrom I_{10} angegeben werden.

Aber nicht nur die Eingangsströme können eine Differenz aufweisen. Auch die Übertragungskennlinie (Bild 3.4) schneidet den Nullpunkt des Kennlinienfeldes nicht ideal. Es gibt exemplarbedingte Abweichungen, die man als *Spannungsoffset* bezeichnet: Bei $U_a = 0$ ist die dafür erforderliche Differenzeingangsspannung die Eingangsoffsetspannung U_{10} des jeweiligen OP. Sie entsteht wie der Offsetstrom durch Unsymmetrien der Eingangsdifferenzstufe.

Die wichtigsten dynamischen Eigenschaften gehen aus der Ersatzschaltung in Bild 3.5 hervor. Der Differenzeingangswiderstand Z_D zwischen den beiden Eingängen ist vor allem zu beachten. Er enthält auch einen mehr oder weniger großen kapazitiven Anteil und wird deshalb als Impedanz *(Z)* gekennzeichnet. Die Gleichtakteingangswiderstände Z_{cm} stellen die Widerstände des jeweiligen Eingangs nach Masse dar und sind wesentlich größer als Z_D. Der Ausgangswiderstand Z_A wird vom OP-Ausgang bestimmt und ist klein (ca. 100 Ω). Zusammen mit der Ausgangsspannungsquelle

$$u_0 = V_0\, U_D \qquad \text{(Gl. 3.5a)}$$

bildet er eine Ersatzspannungsquelle (V_0 = Leerlaufverstärkung des OP). Die kleinen Buchstaben für u weisen auf das dynamische (Wechselspannungs-) Verhalten hin.

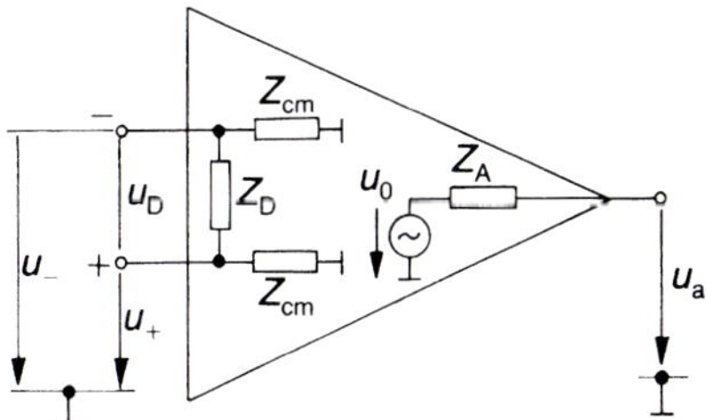

Bild 3.5
Kleinsignalersatzschaltung eines OP

Neben der Leerlaufverstärkung V_0 ist noch die Unterdrückung von Gleichtaktsignalen (engl.: *common mode*) wichtig. Unter einer Gleichtaktspannung versteht man eine an beiden Eingängen liegende gleich große Spannung. Diese soll möglichst nicht verstärkt werden (vgl. mit den Störspannungen beim Differenzverstärker). Nach Gl. 3.1 würde sie auch null ergeben. Infolge geringer Unsymmetrien und der im OP benutzten Differenzbildung (R_E muss möglichst groß sein) entsteht trotzdem ein kleines Ausgangssignal. Mit

$$u_{cm} = \frac{u_+ + u_-}{2} \qquad \text{(Gl. 3.5b)}$$

dem Mittelwert der Gleichtaktspannung, erhält man für die Gleichtaktverstärkung

$$V_{cm} = \frac{u_a}{u_{cm}} \qquad \text{(Gl. 3.6)}$$

Die Güte eines OP wird durch das Verhältnis von V_0 zu V_{cm}, der Gleichtaktunterdrückung (engl.: *common mode rejection ratio*), bestimmt und in dB angegeben:

$$\text{CMRR} = \frac{V_0}{V_{cm}} \qquad \text{(Gl. 3.7)}$$

Infolge der direkten Kopplung der Verstärkerstufen zeigt das Übertragungsverhalten bei tiefen Frequenzen keine Abhängigkeit. Bei hohen Frequenzen wirkt jede Transistorstufe wie ein Tiefpass: Da ein OP aus mehreren in Kette geschalteten Stufen besteht, multiplizieren sich die Einflüsse, wobei in der Regel die einzelnen Stufen recht unterschiedliche obere Grenzfrequenzen besitzen. In Bild 3.6 ist die Frequenzabhängigkeit der Leerlaufverstärkung V_0 eines OP in doppelt logarithmischem Maßstab dargestellt. Die Kurve lässt sich durch Tangenten annähern (rote Linien), deren Schnittpunkte die Grenzfrequenzen der einzelnen Stufen ergeben (f_1, f_2, f_3). Dieser Frequenzverlauf ist in den meisten Anwendungen unzulässig, so dass eine Kompensation des Frequenzganges erforderlich wird.

In Bild 3.6 ist gestrichelt ein allen Anwendungen genügender Verlauf eingezeichnet, wie er bei einigen OP bereits durch innere, d.h. integrierte Kompensationskapazitäten verwirklicht wird. Die obere Grenzfrequenz f_{go} dieses OP ist allerdings wesentlich kleiner, was bei vielen Anwendungen ohne Bedeutung ist. Die zur Verstärkung $V_0 = 1$ gehörende Frequenz f_T nennt man wie beim Transistor *Transitfrequenz*. Die Transitfrequenz ist gleichzeitig das Verstärkungs-Bandbreite-Produkt, da

$$f_T = f_{go}\, V_0 \qquad \text{(Gl. 3.8)}$$

$V_{0\,(dc)}$ ist die Verstärkung bei Gleichstrom oder niedrigen Frequenzen.

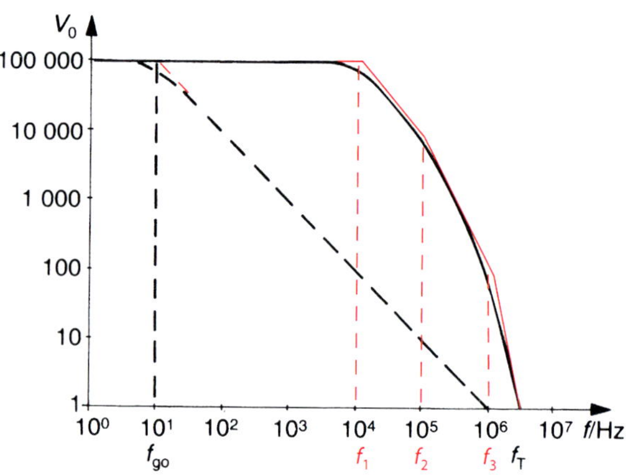

Bild 3.6 Frequenzgang eines OP

Neben dem Verstärkungs-Bandbreite-Produkt ist eine weitere vom Frequenzverhalten, aber auch von der Aussteuerung eines OP abhängige Kenngröße charakteristisch, die maximale Anstiegsgeschwindigkeit der Ausgangsspannung (engl.: *slew rate*). Die Slew rate gibt an, um wie viel Volt je Mikrosekunde die Ausgangsspannung maximal ansteigen kann:

$$S_e = \frac{\Delta u_a}{\Delta t} \left[\frac{\text{V}}{\mu\text{s}} \right] \qquad \text{(Gl. 3.9)}$$

Dieser Wert kann auch bei Ansteuerung mit idealem Rechtecksignal nicht überschritten werden und ist charakteristisch für den jeweiligen OP-Typ.

Ein Operationsverstärker wird daher durch mehrere Kenngrößen beschrieben, wobei einzelne Kennwerte zuungunsten anderer optimiert werden, was bei der Anwendung zu berücksichtigen ist. In Tabelle 3.1 sind Kennwerte typischer OP und deren Einsatzgebiete beispielhaft angegeben.

Tabelle 3.1 Kennwerte einiger Operationsverstärker

Typ	µA 741	MAX 400	CA 5130	HA 2640	OP 177	TL061	TL071	TL081	ICL 7650	MAX 453
V_0/dB	106	120	105	106	86	78	106	106	130	48
Z_D/Ω	2M	60 M	10^{12}	250 M	45 M	10^{12}	10^{12}	10^{12}	10^{12}	10^{11}
Z_A/Ω	75	60		500						
CMRR/dB	90	126	87	100	140	86	86	86	130	80
I_1/A	80 n	0,7 n	2 p	10 µ	1,5 n	30p	20p	20p	1,5 p	0,01 n
I_{10}/A	20 n	0,3 µ	0,1 p	5 µ	0,3 µ	5p	5p	5p	0,5 p	0,01 n
U_{10}/V	1 m	10 µ	1,5 m	2 m	4 µ	3 m	3 m	3 m	1 µ	2 m
S_e/V µs^{-1}	0,5	0,3	30	5	0,3	3,5	16	16	2,5	300
Einsatzgebiet	universell	universell	geringer Offset	hohe U_b (± 35 V)	hohe Präzis.	Low Power	universell	rauscharm	Chopper stabil.	Video- u. Breitband

3.1.4 Beschaltung von Operationsverstärkern

Ein universeller Verstärker wie der OP kann durch die äußere Beschaltung an die verschiedenen Anforderungen angepasst werden. Neben anwendungsbedingter Beschaltung ist aber auch eine Grundbeschaltung notwendig, die nun vorgestellt wird.

Die Grundbeschaltung besteht in der Regel aus einer Gegenkopplung, d.h. einer Verbindung von Ausgang und invertierendem Eingang über R_1 und dem Widerstand R_2 nach Masse (beim invertierenden Verstärker über den Generator geschaltet) gemäß Bild 3.7. Die Größe dieser Elemente wird durch die erforderliche Gegenkopplung bestimmt und später ermittelt. Da die Eingangsströme I_I über die äußere Schaltung fließen, wird der nicht benötigte Eingang des OP an Masse gelegt. Außerdem muss die Quelle (U_G) einen Gleichstromweg haben. Bei Wechselspannungsquellen ist dieses durch einen zusätzlichen Widerstand sicherzustellen.

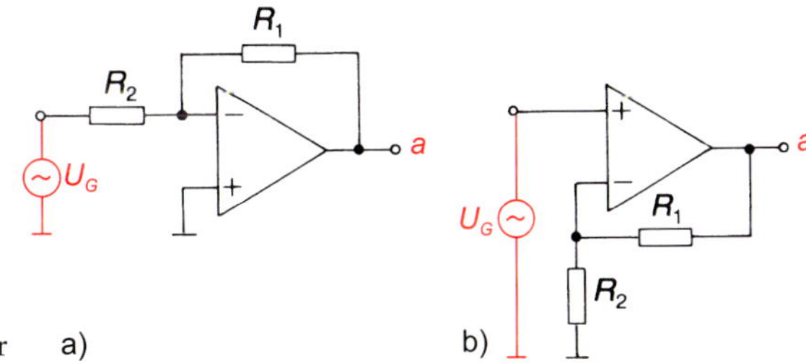

Bild 3.7
OP-Grundschaltungen
a) invertierender Verstärker
b) nichtinvertierender Verstärker

Sind die Widerstände R_1 und R_2 relativ groß, verursachen auch kleine Eingangsströme bereits einen Spannungsabfall und damit in der Schaltung nach Bild 3.7 eine Differenzeingangsspannung.

Beispiel

Gegeben sind $R_1 = R_2 = 100\ \text{k}\Omega$ und $I_I = 1\ \text{nA}$.
Wegen $Z_A << R_1$, R_2 fließt I_I über $R_1 \| R_2 = 50\ \text{k}\Omega$ und verursacht eine Differenzspannung $U_D = I_{I-} \cdot R_1 \| R_2 = 0{,}05\ \text{mV}$. Diese Spannung ergibt eine ungewollte Ausgangsspannung je nach Verstärkung.

Man kann die Wirkung der Eingangsströme vermeiden, wenn in den Stromkreis des nichtinvertierenden Eingangs ein Widerstand

$$R_3 = R_1 \| R_2 \qquad \text{(Gl. 3.10)}$$

geschaltet wird. Mit dieser Beschaltung werden aber nicht alle am Eingang auftretenden Probleme gelöst. Insbesondere die exemplarbedingten Offsetgrößen führen bei $U_D = 0$ zu einer Ausgangsspannung, die bei bestimmten Anwendungen (hohe Verstärkung, Gleichspannungsmessverstärker) unzulässig ist. Man könnte das durch Variation von R_3 ausgleichen, was aber praktisch nicht üblich ist. In solchen Fällen benutzt man eine Offsetkompensationsschaltung. Bild 3.8 zeigt die Schaltung am Beispiel des invertierenden Verstärkers. Aus den Betriebsspannungen des OP wird eine Hilfsspannung durch Spannungsteilung gewonnen und über einen Einstellregler und R_K als Kompensationsspannung an den nichtinvertierenden Eingang gelegt. Bei $U_e = 0$ kann nun mit Hilfe des Einstellreglers $U_a = 0$ eingestellt werden. Die Kompensationsspannung U_K nimmt je nach Offset des entsprechenden OP positive oder negative Werte an. Bei einigen OP-Typen sind zur Offsetkompensation extra Anschlüsse vorgesehen, zwischen die lediglich ein Einstellwiderstand zu schalten ist.

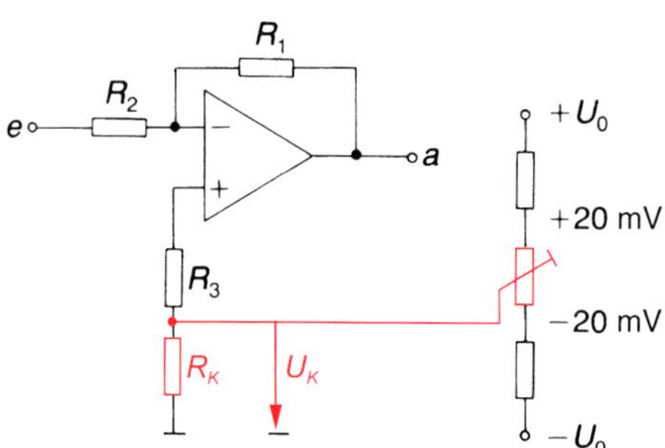

Bild 3.8
Schaltung zur Offsetkompensation

Leider unterliegen die Offsetgrößen auch einer Drift, d.h. einer Änderung durch Temperaturabweichungen ($\Delta\vartheta$), Alterung (Zeit Δt) und Betriebsspannungsschwankungen (ΔU_0), deren Kompensation kaum möglich ist. Hier hilft nur eine Stabilisierung der Einflussgrößen (z.B. Thermostat für kleine $\Delta\vartheta$) oder die Auswahl eines extrem driftarmen Verstärkers.

Eine weitere Grundbeschaltung des OP betrifft sein Frequenzverhalten. Der in Bild 3.6 gestrichelt gezeichnete Frequenzgang für universelle Anwendung wird bei einigen OP bereits durch ihren inneren Aufbau erreicht. Bei anderen Verstärkern sind nach Herstellerangaben von außen geeignete Kapazitäten anzuschalten.

3.2 Leistungsverstärker

Die Ausgangsleistung von Operationsverstärkern ist für die Ansteuerung von Ausgabegeräten (Lautsprechern usw.) i.Allg. zu gering. Es sind deshalb Leistungsverstärker erforderlich. Sie sind gekennzeichnet durch eine große Aussteuerung des Kennlinienfeldes.

3.2.1 Arbeitspunkt bei Leistungsverstärkern

Bei großer Aussteuerung des Kennlinienfeldes unterscheidet man verschiedene Betriebsarten von Verstärkern. In Bild 3.9 ist die Eingangskennlinie eines Transistors dargestellt. Bei Kleinsignalbetrieb wird der Arbeitspunkt (A) in den geradlinigen Teil der Kennlinie gelegt und mit einer kleinen Spannung ausgesteuert. Dabei treten keine Verzerrungen auf, weil die Kennlinie als linear angenommen werden kann. Wird dagegen der Arbeitspunkt in den Fuß der Kennlinie gelegt (B), kann nur noch eine positive Spannung U_{BE} einen Stromfluss bewirken, eine negative Aussteuerung erzeugt kein Ausgangssignal. Will man den B-Betrieb zur Verstärkung von Wechselspannungen nutzen, muss die nicht verstärkte Halbwelle der Wechselspannung in geeigneter Form durch einen zweiten Verstärker übertragen werden. Bei C-Betrieb liegt der Arbeitspunkt so weit im negativen Kennlinienteil, dass von einer anliegenden Wechselspannung nur noch ein Teil einer Halbwelle verstärkt wird. Dieser Fall ist mit Hilfe der Zeitdiagramme in Bild 3.9 dargestellt.

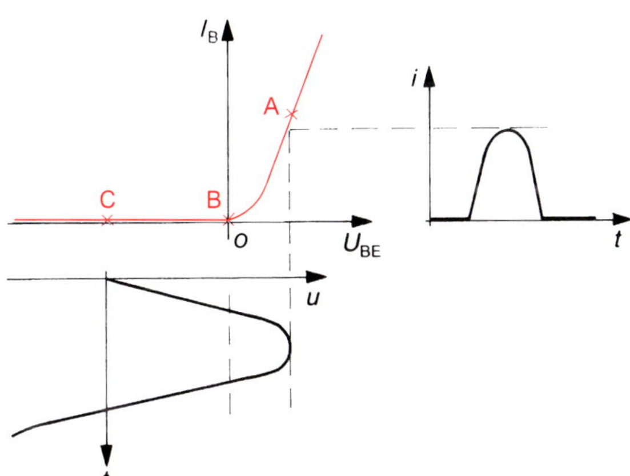

Bild 3.9
Eingangskennlinie eines Transistors und Aussteuerung bei C-Betrieb

3.2.2 Eintaktschaltungen

Maßgebend für die erreichbare Ausgangsleistung ist das Ausgangskennlinienfeld, wie in Bild 3.10 dargestellt. Für eine große Aussteuerung legt man den Arbeitspunkt (AP) an die durch die Verlustleistung $P_{V\,max}$ des Transistors bedingte Hyperbel. Die Arbeitsgerade entspricht dem Kollektorwiderstand R_C der Schaltung. In Bild 3.10 wurde der A-Betrieb dargestellt. Bei einer solchen Einstellung ergibt sich die Leistung aus

$$P_{\sim} = \frac{\hat{u}\,\hat{i}}{2} \qquad \text{(Gl. 3.11)}$$

mit

$$\hat{u} = \frac{U_0}{2} \quad \text{und} \quad \hat{i} = \frac{P_{\mathrm{V\,max}}}{\frac{U_0}{2}}$$

zu

$$P_{\sim} = \frac{P_{\mathrm{V\,max}}}{2} \qquad \text{(Gl. 3.12)}$$

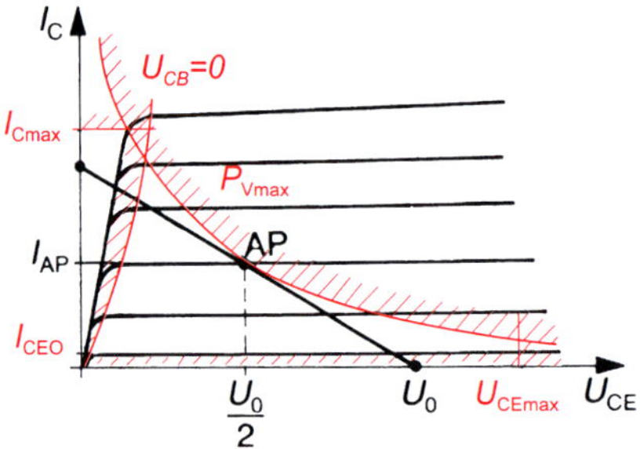

Bild 3.10
Ausgangskennlinienfeld
mit Arbeitsgerade bei A-Betrieb

Die zugeführte Gleichstromleistung ergibt sich aus dem Arbeitspunkt mit

$$P_{-} = U_0\, I_{\mathrm{AP}} \qquad \text{(Gl. 3.13)}$$

und

$$I_{\mathrm{AP}} = \hat{i}$$

zu

$$P_{-} = 2\, P_{\mathrm{V\,max}} \qquad \text{(Gl. 3.14)}$$

Der Wirkungsgrad des Verstärkers ergibt sich zu

$$\eta = \frac{P_{\sim}}{P_{-}} = \frac{1}{4} = 25\% \qquad \text{(Gl. 3.15)}$$

Neben dem schlechten Wirkungsgrad hat diese Art der Schaltung noch den großen Nachteil, dass der Verbraucher als ohmscher Arbeitswiderstand R_C direkt in den Kollektorkreis gelegt werden muss. Er wird also von Gleichstrom durchflossen, was z.B. bei Lautsprechern nicht zulässig ist. Eine Ankopplung des Verbrauchers über einen Kondensator zur Vermeidung des Gleichstroms wäre nicht sinnvoll, da von der verstärkten Leistung dann nur noch ein Teil zum Verbraucher gelangt. Der Wirkungsgrad wäre noch schlechter. Eintaktschaltungen werden daher nur für kleine Leistungen eingesetzt.

3.2.3 Gegentaktschaltungen

Zur Verstärkung einer Wechselspannung ist beim B-Betrieb nach Bild 3.21 ein zweiter Verstärker erforderlich, da nur eine Halbwelle übertragen wird. Dazu verwendet man Gegentaktschaltungen. In Bild 3.11a ist die Schaltung eines komplementären Gegentaktverstärkers zu sehen. Da zwei komplementäre Transistoren unterschiedlicher Leitfähigkeit verwendet werden, verstärkt jeder Transistor eine Halbwelle des anliegenden Wechselstroms (Bild 3.11b). Der Verbraucherwiderstand R_V liegt in der Brückendiagonale der Transistoren und Betriebsspannungsquellen. In ihm werden die Ausgangsströme in der richtigen Phasenlage zusammengesetzt. Im Interesse geringer Verzerrungen müssen die beiden Transistoren etwa gleiche Kennlinien haben.

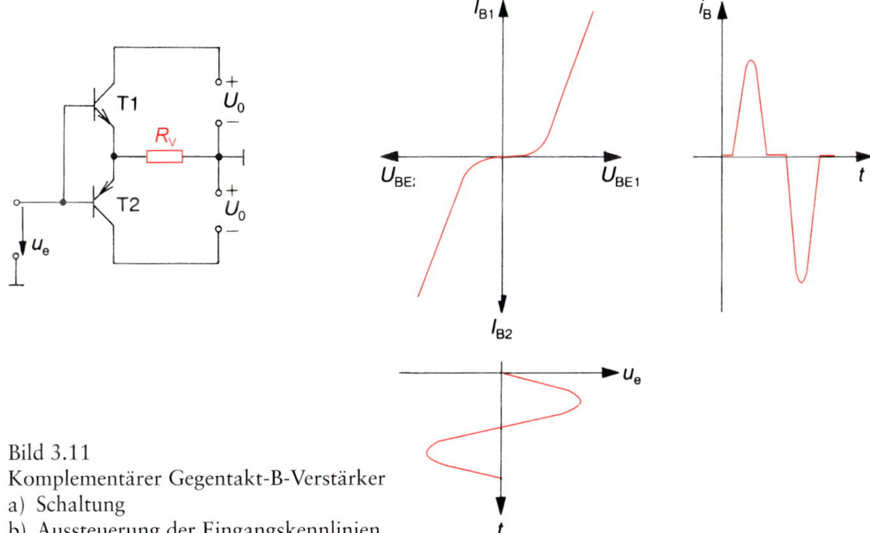

Bild 3.11
Komplementärer Gegentakt-B-Verstärker
a) Schaltung
b) Aussteuerung der Eingangskennlinien

Die gerade bei kleinen Spannungen durch die starke Krümmung der Kennlinien bedingten Verzerrungen (vgl. Bild 3.11b) nennt man Übernahmeverzerrungen. Sie werden vermieden, indem der Arbeitspunkt vom Nullpunkt (B-Betrieb) etwas in den Durchlassbereich verschoben wird (AB-Betrieb). In Bild 3.12 ist das Prinzip dargestellt. Außerdem wird der Verbraucher (Lautsprecher) über einen Kondensator angekoppelt, so dass nur noch eine Betriebsspannungsquelle U_0 notwendig ist.

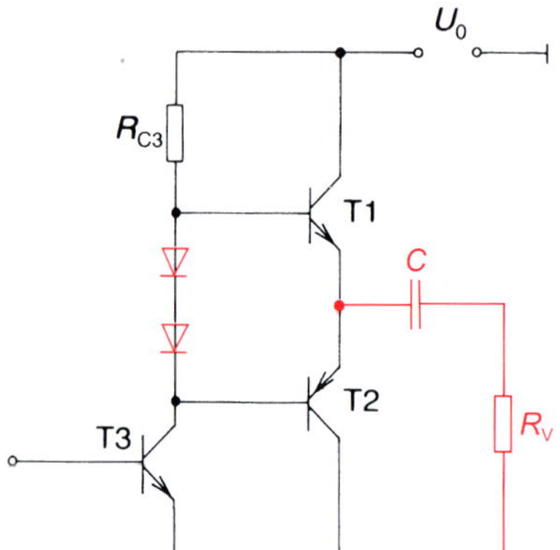

Bild 3.12
Leistungsverstärker für AB-Betrieb

Mit Gegentaktschaltungen kann bei Vollaussteuerung (das ist eine Aussteuerung bis an die durch U_0 bedingte Grenze) ein Wirkungsgrad $\eta_{max} = 78\%$ erreicht werden. Sie sind die Basis heute gebräuchlicher integrierter Leistungsverstärker unterschiedlicher Leistungsklassen, z.B. für NF-Verstärker in elektroakustischen Geräten. Bei der Anwendung der IC ist auf ausreichende Kühlung zu achten, da nach Gl. 3.12 die mögliche Verlustleistung die Ausgangsleistung $P_{\sim}$ begrenzt.

Bei Leistungsverstärkern sind zwei verschiedene Angaben der maximalen Leistungsabgabe üblich. Sie werden nach DIN 45 324 ermittelt. Man misst die Ausgangsleistung mit einem Sinussignal von 1 kHz an einem Ersatzwiderstand (statt des Lautsprechers) für Vollaussteuerung. Kriterium für Vollaussteuerung ist ein Klirrfaktor am Ausgang von 10%.

Mit einer solchen Messung erhält man die *Sinusleistung*. Sie wird aber nicht nur vom Verstärker, sondern auch von der Stromversorgung bestimmt. Wegen des großen Strombedarfs wird U_0 i.Allg. bei Leistungsverstärkern nicht stabilisiert. Bei Vollaussteuerung sinkt dann aber U_0 ab. $P_{\sim}$ kann daher nicht den möglichen Maximalwert erreichen.

Da eine Aussteuerung mit Dauerton bei voller Lautstärke nicht typisch für elektroakustische Anwendungen ist, definiert man die *Musikleistung*. Um sie zu messen, wird U_0 durch eine geeignete Einrichtung auf dem Wert ohne Aussteuerung stabil gehalten.

3.2.4 Sendeverstärker

Die vorstehend beschriebenen Leistungsverstärker sind Breitbandverstärker, d.h. Verstärker für große Frequenzbereiche. Für Sender benötigt man nur Leistungsverstärker mit kleiner relativer Bandbreite:

$$\frac{B_0}{f_0} \ll 1$$

Es ist deshalb üblich, als Arbeitswiderstand einen Bandpass, der auf die Sendefrequenz abgestimmt ist (Parallelresonanzkreis), zu verwenden. In Bild 3.13 ist die Grundschaltung dargestellt. Der Transistor arbeitet beim Sendeverstärker im C-Betrieb. Der Resonanzkreis filtert aus dem nach Bild 3.11b entstehenden nichtharmonischen Ausgangssignal die Grundfrequenz wieder heraus.

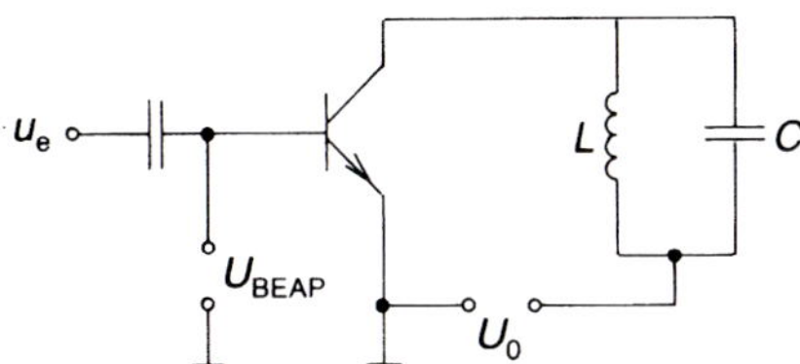

Bild 3.13
Sendeverstärker

C-Betrieb ist für Sendeverstärker deshalb wichtig, weil damit der größte Wirkungsgrad der Leistungsverstärkung erreicht wird. Der Verstärker arbeitet quasi als Schalter; er ist meist ausgeschaltet und wird nur kurzzeitig eingeschaltet. Diese Betriebsweise ist nur mit geringen Verlusten verbunden.

3.2.5 Schaltverstärker der Klasse D

Bei den bisher beschriebenen Verstärkern arbeiten die Endstufentransistoren als veränderliche Widerstände, d.h., in Abhängigkeit vom Signal wird die Betriebsspannung mehr oder weniger geteilt. Der relativ geringe Wirkungsgrad, s. Gl. 3.15, erzeugt eine Verlustleistung in Form von Abwärme, die über Kühlkörper an die Umgebung abgeführt werden muss. Bei Verstärkern höherer Leistung kann diese ganz beträchtlich sein, was zu großen und voluminösen Kühlkörpern führt.

Beim *Klasse-D-Verstärker* arbeiten die Transistoren als Schalter, d.h., sie sind entweder ein- ($U = 0$) oder ausgeschaltet ($I = 0$). Die in ihnen umgesetzte Verlustleistung ist – zumindest in der Theorie – gleich null. Um diesem Idealfall möglichst nahe zu kommen, müssen der Widerstand im eingeschalteten Zustand und die Übergangszeit vom Ein- in den Auszustand möglichst klein sein. Der Sperrwiderstand ist i.d.R. ausreichend.

Eine analoge Spannung kann über die Einschaltdauer bzw. über das Ein-Aus-Verhältnis erzeugt werden. Das Verhältnis von Ein- zu Aus-Schaltzeit nennt man *Tastgrad D*. Die analoge Spannung entspricht dem Mittelwert dieser Spannung:

$$\bar{U} = \hat{U} \cdot D$$

Merksatz

Dieses Verfahren nennt man ***Pulsweitenmodulation (PWM)***. Dabei ändert sich nur das Puls-Pausen-Verhältnis, nicht aber die Frequenz (Bild 3.14).

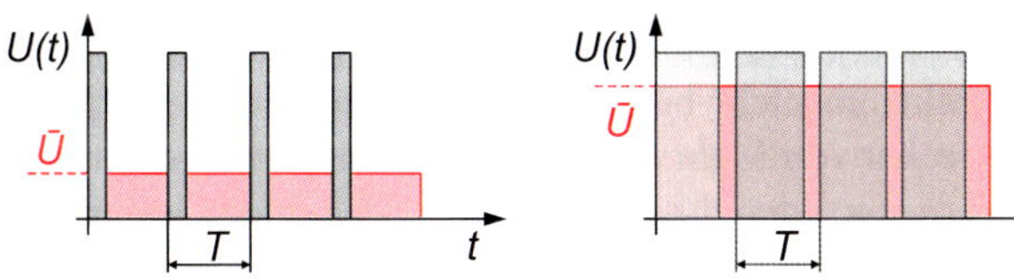

Bild 3.14 Prinzip der Pulsweitenmodulation – PWM

Ein Tiefpass hinter dem Pulsweitenmodulator integriert die entstehende Impulsspannung, so dass anschließend die Analogspannung zur Verfügung steht. Die PWM wird mittels eines *Komparators* erzeugt, an dessen nicht-invertierenden Eingang das NF-Signal und an den invertierenden Eingang eine Dreieckspannung angelegt wird (Bild 3.15).

$V = \frac{s_2}{s_1}$ Verstärkung des Verstärkers (Gl. 3.16)

$K = \frac{k_2}{k_1}$ Rückkopplungsfaktor (Gl. 3.17)

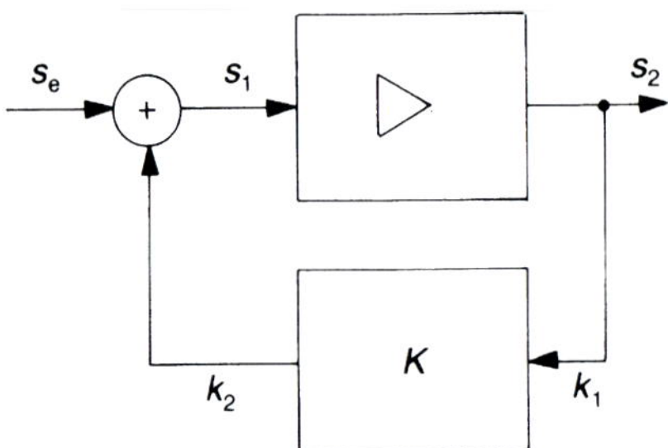

Bild 3.18
Prinzip der Rückkopplung

Wie aus Bild 3.18 ersichtlich, ist $s_2 = k_1$. Damit wird

$k_2 = K\, s_2$ und $s_1 = s_e + K\, s_2$

Die Verstärkung der rückgekoppelten Schaltung ergibt sich zu

$$V' = \frac{s_2}{s_e} = \frac{s_2}{s_1 - K\, s_2}$$

und mit Gl. 3.16 wird

$$V' = \frac{V}{1 - K V} \qquad \text{(Gl. 3.18)}$$

Man nennt

$$Vs = K\, V \qquad \text{(Gl. 3.19)}$$

die *Schleifenverstärkung* und $(1 - K\, V)$ den *Rückkopplungsgrad*. Je nach Art der Größen (Strom oder Spannung), des Koppelfaktors und der Zusammenschaltung kann es zu einer positiven oder negativen Schleifenverstärkung kommen. Eine positive Schleifenverstärkung ergibt nach Gl. 3.18 $V' > V$; das nennt man *Mitkopp-*

lung. Bei $V_s = +1$ geht $V' \to \infty$, d.h., die Schaltung kann unter Umständen auch ohne Eingangssignal ein endliches Ausgangssignal erzeugen (*Schwingungserzeugung*, vgl. Abschnitt 3.5).

Bei negativer Schleifenverstärkung wird $V' < V$. Die Verstärkung der rückgekoppelten Schaltung V' ist kleiner als die des nicht rückgekoppelten Verstärkers. Dieser Fall tritt ein, wenn das rückgekoppelte Signal k_2 gegenphasig zum Eingangssignal s_e addiert wird. Man nennt diesen Fall *Gegenkopplung*; dabei ist unwichtig, ob die Phase im Verstärker- oder im Koppelvierpol gedreht wird. Die Gegenkopplung bewirkt eine Stabilisierung des Verstärkers und soll daher als erste Art der Rückkopplung näher betrachtet werden.

3.3.2 Gegenkopplungsschaltungen

Die Eigenschaften eines gegengekoppelten Verstärkers sind auch von der Art der Schaltung abhängig. Ausgehend vom Prinzip nach Bild 3.18 bieten sich an Ein- und Ausgang je zwei Möglichkeiten des Zusammenschaltens an, Reihen- und Parallelschaltung von Verstärker- und Koppelvierpol. Damit gibt es vier Arten der Gegenkopplungsschaltung (Bild 3.19):

- ❑ Parallel-Parallel-Gegenkopplung (a),
- ❑ Reihe-Parallel-Gegenkopplung (b),
- ❑ Parallel-Reihe-Gegenkopplung,
- ❑ Reihe-Reihe-Gegenkopplung

von denen nachfolgend die ersten beiden (a und b) näher betrachtet werden.

Bild 3.19 zeigt als Beispiel den OP als Verstärker- und geeignete Widerstandsschaltungen nach (a) und (b) als Koppelvierpol, die natürlich auch auf Verstärker aus diskreten Elementen anwendbar ist.

Der invertierende Verstärker von Bild 3.7a beruht auf der Parallel-Parallel-Gegenkopplung in Bild 3.19a. Zur Berechnung der Schaltung geht man davon aus, dass nach Gl. 3.5 bei endlicher Spannung u_0 am Ausgang und sehr hoher Leerlaufverstärkung V_0

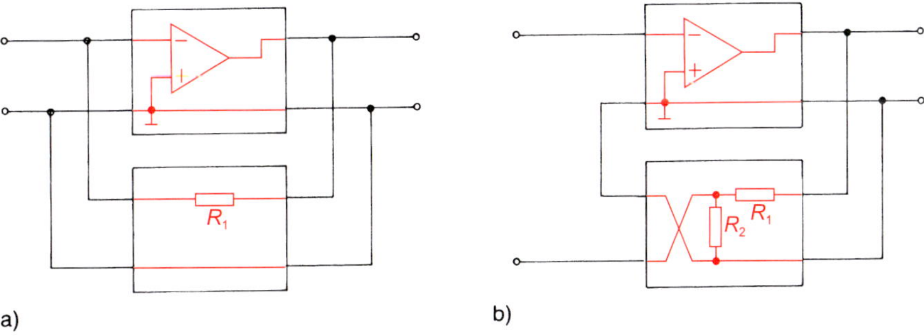

Bild 3.19 Arten der Gegenkopplungsschaltungen
a) Parallel-Parallel-Gegenkopplung b) Reihe-Parallel-Gegenkopplung

$$u_D = -\frac{u_0}{V_0} \approx 0 \qquad \text{(Gl. 3.20)}$$

ist. Das bedeutet, dass der invertierende Eingang des idealen OP etwa Massepotential annimmt (virtueller Massepunkt). Damit ergibt sich aus der Schaltung in Bild 3.7a am Eingang

$$u_G = i_{R2} R_2 \qquad \text{(Gl. 3.21)}$$

und am Ausgang

$$u_a = i_{R1} R_1 \qquad \text{(Gl. 3.22)}$$

wenn die Stromflussrichtung zum invertierenden Eingang hin angenommen wird. Da der Differenzeingangswiderstand Z_D des idealen OP groß ist, u_D aber etwa null sein soll, ist auch der Differenzeingangsstrom am invertierenden Eingang

$$i_D = \frac{u_D}{Z_D} \approx 0 \qquad \text{(Gl. 3.23)}$$

Daraus folgt für die Ströme am invertierenden Eingang

$$i_{R1} + i_{R2} = 0 \qquad \text{(Gl. 3.24)}$$

Aus den Gleichungen 3.21, 3.22 und 3.24 ergibt sich

$$\frac{u_G}{R_2} + \frac{u_a}{R_1} = 0$$

und damit die Verstärkung des invertierenden Verstärkers zu

$$V_U = \frac{u_a}{u_G} = -\frac{R_1}{R_2} \qquad \text{(Gl. 3.25)}$$

Das Minuszeichen in Gl. 3.25 ergibt auch rechnerisch die erwartete Phasendrehung um 180°, die der Schaltung ihren Namen gab. Aus Bild 3.7a geht hervor, dass ein idealer Generatorwiderstand $R_G = 0$ vorausgesetzt wird. Ist R_G endlich, also nichtideal, so ist er in der Wirkung mit R_2 zu addieren.

Die Reihe-Parallel-Gegenkopplung nach Bild 3.19b ist in der dort gezeichneten Art nicht gebräuchlich, weil der Generator so nicht massegebunden angeschlossen werden kann. Für die Anwendung wird daher die Schaltung nach Bild 3.7b eingesetzt.

Bei der Berechnung dieses nichtinvertierenden Verstärkers gelten die Gleichungen 3.20 und 3.23 ebenfalls. u_a liegt über dem Spannungsteiler aus R_1 und R_2. Wenn i_{R1} und i_{R2} in Richtung des Summenpunktes (invertierender Eingang) fließen (Stromknotenregel), gilt:

$$i_{R1} = \frac{u_a - u_G}{R_1}$$

und

$$i_{R2} = \frac{u_G}{R_2}$$

In Gl. 3.24 eingesetzt, erhält man

$$\frac{u_a - u_G}{R_1} + \frac{-u_G}{R_2} = 0$$

also

$$V_U = \frac{u_a}{u_G} = 1 + \frac{R_1}{R_2}$$

Bei der nichtinvertierenden Schaltung befinden sich Ein- und Ausgang in gleicher Phasenlage; die Verstärkung ist also positiv. Die Grundschaltungen des OP unterscheiden sich in der Phasendrehung und im Verstärkungsfaktor.

3.3.3 Eigenschaften gegengekoppelter Schaltungen

Ein gegengekoppelter Verstärker hat ein anderes Verhalten als der ursprüngliche Verstärker. So ist die Verstärkung immer kleiner. Aber auch die Ein- und Ausgangswiderstände werden durch Gegenkopplung verändert.

Merksatz

Eine eingangsseitige Parallelgegenkopplung verringert den Eingangswiderstand.

Das wird am Beispiel der invertierenden Schaltung des OP deutlich, denn nach Bild 3.19a liegt der OP-Eingang direkt am Generator. Nach Gl. 3.20 ist hier aber virtuell Masse. Beim invertierenden Verstärker rechnet man – wie in Bild 3.7a gezeichnet – R_2 zur Schaltung, so dass gilt:

$$r_e = R_2$$

Merksatz

Eingangsseitige Reihenschaltung erhöht bei Gegenkopplung den Eingangswiderstand.

Nach Bild 3.7b ist der Eingangswiderstand des nichtinvertierenden Verstärkers wegen Gl. 3.23 praktisch unendlich groß.

Die Schaltungen der Gegenkopplung dienen auch der Verbesserung der Verstärkungsstabilität. Geht man von Gl. 3.18

$r_e \approx R_{cm}$

aus und beachtet, dass $K\,V$ bei Gegenkopplung immer negativ und sehr viel größer als 1 ist, so gilt:

$$V' \approx \frac{1}{K} \qquad \text{(Gl. 3.26)}$$

Die Verstärkung des gegengekoppelten Verstärkers ist damit fast unabhängig von derjenigen des Verstärkers selbst. Sie wird nur noch vom Gegenkopplungsfaktor K der äußeren Beschaltung bestimmt. Da K aber von ohmschen Widerständen abhängt, ist die Verstärkungsstabilität wesentlich besser als ohne Gegenkopplung.

Eine weitere positive Eigenschaft ist die linearisierende Wirkung der Gegenkopplung. Die bei der Aussteuerung der nichtlinearen Kennlinie auftretenden Oberwellen werden bei der Gegenkopplung gegenphasig zurückgeführt und wirken der Verzerrung des Ausgangssignals entgegen. Der Klirrfaktor einer gegengekoppelten Schaltung ergibt sich zu

$$k' \approx \frac{k}{V_S} \qquad \text{(Gl. 3.27)}$$

Eine dritte allen Gegenkopplungsschaltungen gemeinsame Eigenschaft ist die Vergrößerung der Bandbreite. Dazu wird von dem Frequenzgang eines kompensierten OP nach Bild 3.6 (gestrichelte Kurve) ausgegangen. Durch Gegenkopplung verringert sich die Verstärkung nach Gl. 3.18 auf den Wert V'. In Bild 3.20 ist der Verlauf der Verstärkung des gegengekoppelten OP rot eingezeichnet. Die obere Grenzfrequenz erhöht sich auf f'_{go}. Nach Gl. 3.8 bleibt das Verstärkungs-Bandbreite-Produkt konstant, so dass

$f_T = f_{go}\,V_{0\,(dc)} = f'_{go}\,V'$

wird. Damit ergibt sich die obere Grenzfrequenz der gegengekoppelten Schaltung zu

$$f'_{go} = \frac{f_{go}V_{0(dc)}}{V'} = \frac{f_{go}}{1-KV_0} \approx \frac{f_{go}}{V_S} \qquad \text{(Gl. 3.28)}$$

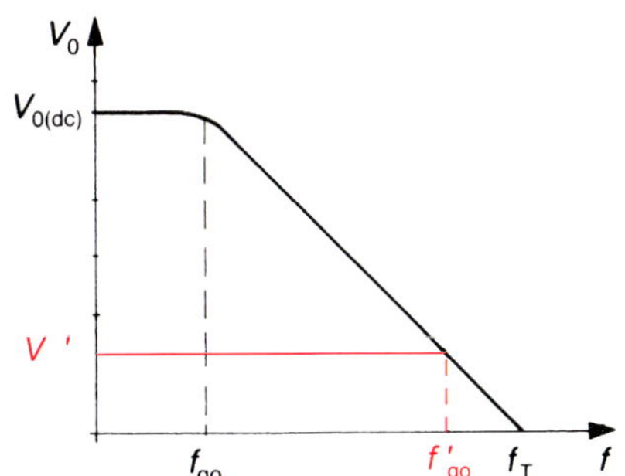

Bild 3.20
Veränderung des OP-Frequenzgangs bei Gegenkopplung

Ein Problem gegengekoppelter Verstärker ist die Stabilität der Schaltung gegen Selbsterregung. In Abschnitt 3.3.1 wurde auf die Selbsterregung bei $V_S = +1$ hingewiesen. Dieser Fall kann auch bei einer Gegenkopplungsschaltung auftreten, wenn ungewollte Phasendrehungen in der rückgekoppelten Schleife entstehen. In der Rückkoppelschaltung sind diese vermeidbar, aber im Verstärker ist vor allem bei hohen Frequenzen damit zu rechnen. Dazu zeigt Bild 3.21 den Frequenzgang eines unkompensierten OP nach Betrag (a) und Phase (b). Während bei niedrigen Frequenzen die Phasenverschiebung 180° beträgt (reine Gegenkopplung), wird bei f_3 schon eine Phasenverschiebung von 360° = 0° erreicht. Bei einer Rückkopplung ohne zusätzliche Phasendrehung (typische OP-Anwendung) liegt damit für tiefe Frequenzen zwar Gegenkopplung vor, für Frequenzen um f_2 und höher aber bereits eine Mitkopplung. Wenn nun V_S dem Betrag nach noch größer oder gleich 1 ist, wird der Verstärker instabil, und es kann ein Schwingen der Schaltung eintreten.

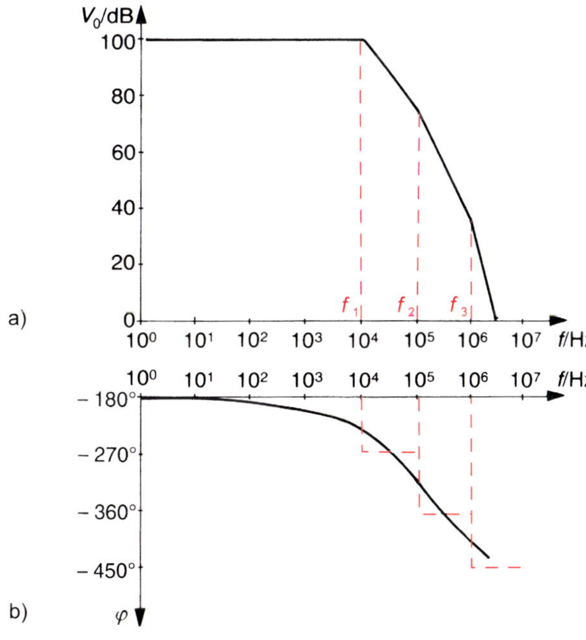

Bild 3.21
Frequenzgang eines unkompensierten OP
a) Betrag
b) Phase

koppelt. Nimmt man vereinfachend an, dass von Gl. 1.14 nur der quadratische Teil wirkt, so folgt:

$$i_D \sim u_D^2$$

Mit

$$u_1 = \hat{u}_1 \cos \omega_1 t$$

und

$$u_2 = \hat{u}_2 \cos \omega_2 t$$

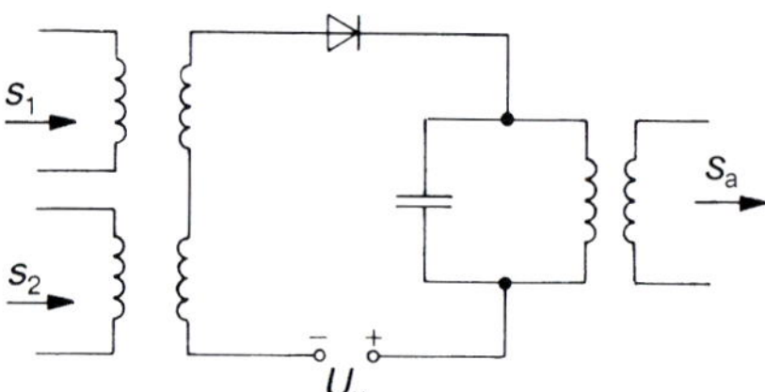

Bild 3.25
Grundschaltung zur Frequenzmischung

erhält man unter Beachtung der aus der Mathematik bekannten Beziehungen

$$(a + b)^2 = a^2 + 2ab + b^2$$

und

$$\cos\alpha \cos\beta = \frac{1}{2}\left[\cos(\alpha + \beta) + \cos(\alpha - \beta)\right]$$

die Beziehung

$$\begin{aligned} i_D \sim\ & \hat{u}_1^2 \cdot \cos^2 \omega_1 t + \hat{u}_2^2 \cdot \cos^2 \omega_2 t \\ & + \hat{u}_1 \cdot \hat{u}_2 \cdot \left[\cos(\omega_1 + \omega_2)t + \cos(\omega_1 - \omega_2)t\right] \end{aligned} \qquad \text{(Gl. 3.31)}$$

Unter Vernachlässigung der ersten beiden Summanden der Gleichung zeigt das letzte Glied, dass zwei Signale mit der Summen- und Differenzfrequenz entstehen. Diesen Vorgang nennt man *Frequenzmischung*. Je nach Wahl der Resonanzfrequenz des Ausgangsresonanzkreises in Bild 3.25 kann nun das Signal mit der Summen- oder Differenzfrequenz ausgekoppelt werden.

Die dargestellte Schaltung wird als *additive Frequenzmischung* bezeichnet, weil die beiden zu mischenden Signale vor dem Passieren der nichtlinearen Kennlinie addiert werden.

In integrierten Schaltungen verwendet man häufig zur Frequenzmischung Differenzverstärkerschaltungen. Bei einem Differenzverstärker nach Bild 3.2b ist die Ausgangsspannung nicht nur von u_D, sondern auch von I_{RE} abhängig. Den Strom durch den gemeinsamen Emitterwiderstand steuert man ebenfalls durch eine spannungsgesteuerte Differenzstufe. Die Ausgangsspannung eines solchen Multiplizierers ist je nach Konfiguration der Schaltung dem Produkt der beiden Eingangsspannungen gleich:

$$u_a = u_1\, u_2 \qquad \text{(Gl. 3.32)}$$

Bei dieser Schaltung kann – um eine der beiden Frequenzen herauszufiltern – nicht auf eine Filterung am Ausgang verzichtet werden. Wegen der Produktbildung in der nichtlinearen Schaltung spricht man von *multiplikativer Mischung*. Sie lässt sich auch mit Hilfe eines doppelt steuerbaren Elements (Dual-Gate-MOS) realisieren. Wegen der getrennten Zuführung der beiden zu mischenden Signale hat die multiplikative Mischung in der Praxis Vorteile.

Allgemein hat die Nutzung von Dioden zur Frequenzmischung Nachteile, die in der nicht exakt quadratischen Kennlinie begründet sind. Die Kennlinie aus Gl. 1.14 enthält auch Glieder höherer Ordnung, die zu weiteren, i.Allg. nicht erwünschten «Mischprodukten» führen. Derartige Mischprodukte treten z.B. auch auf bei elektroakustischen Verstärkern, die Signale mit einer Vielzahl verschiedener Frequenzen übertragen müssen, und werden *Intermodulation* genannt. Sie wird in der Elektroakustik nach DIN 45 403 Blatt 4 quantitativ bestimmt. In der Trägerfrequenztechnik, bei der viele Basisbänder unterschiedlichen Trägern aufmoduliert werden, können diese verschiedenen Träger ebenfalls unerwünschte Signale bilden. Die Intermodulation wird dann nach DIN 45 148 Blatt 3 bestimmt.

3.5 Schwingungserzeugung

Die Schwingungserzeugung spielt in der Nachrichtentechnik eine große Rolle. Neben den Signalen, die die eigentliche Nachricht darstellen, werden zur Anpassung an den Übertragungskanal oder zur Verarbeitung weitere benötigt, die erst erzeugt werden müssen. Schaltungen zur Schwingungserzeugung werden *Oszillatoren* genannt, wenn die erzeugte Frequenz einer harmonischen Schwingung im Vordergrund steht. Von *Generatoren* spricht man, wenn die Amplitude nach Größe (Leistung) und/oder Form (Funktionsgenerator) wichtig ist.

3.5.1 Grundlagen

In Abschnitt 3.3.1 wurde das Prinzip der Mitkopplung vorgestellt. Danach ist bei einer Schleifenverstärkung von

$$V_S > +1 \qquad \text{(Gl. 3.33)}$$

ohne Eingangssignal eine Ausgangsspannung zu erwarten. Der Vorgang des Selbstschwingens setzt die Selbsterregung voraus. Da ohne Eingangssignal am Verstärkereingang stets ein sehr kleines Rauschsignal vorhanden ist, wird auch dieses verstärkt und bei Mitkopplung phasengleich dem Eingang zugeführt. Bei einer Schleifenverstärkung $V_s > 1$ ist das zurückgeführte Signal größer als das ursprüngliche Signal.

Definition

Das Signal kann sich nach mehrfachem Durchlaufen der Schleife langsam vergrößern. Diesen Vorgang nennt man *Selbsterregung*, da er ohne äußeren Anstoß in Gang kommt.

Um ein definiertes Signal zu erhalten, ist in die Schleife ein frequenzbestimmendes Glied einzufügen. Bild 3.26 zeigt die Prinzipschaltung eines Oszillators. Der Koppelvierpol K (hier in Zweitordarstellung) enthält neben dem frequenzbestimmenden Glied F noch die Rückkoppelschaltung R, die die Erfüllung von Gl. 3.33 sichert. Da aber $V_s > 1$ ist, würde das Ausgangssignal über alle Maßen anwachsen, was durch die nichtlineare Begrenzung im Verstärker nicht möglich ist. Das Ausgangssignal eines selbsterregten Oszillators hat daher den in Bild 3.27 gezeigten Verlauf.

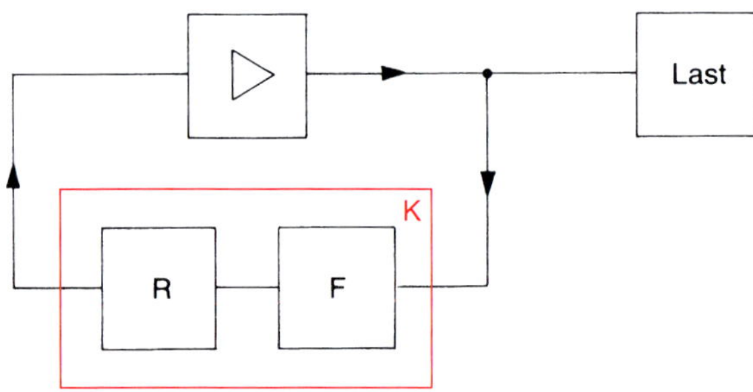

Bild 3.26
Prinzip des Oszillators

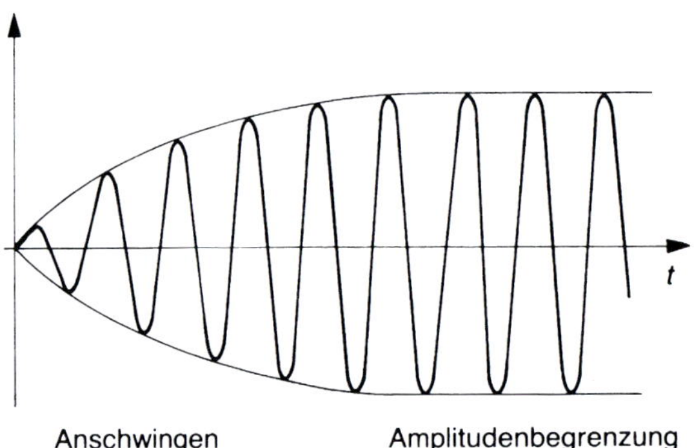

Bild 3.27
Oszillator-Ausgangssignal

Aus Gl. 3.33 kann die Schwingbedingung abgeleitet werden: Es muss sowohl der Betrag

$$|V_S| = |V K| > 1 \qquad \text{(Gl. 3.34)}$$

als auch die Phase

$$\varphi_S = 0, 2\pi, 4\pi, \ldots \qquad \text{(Gl. 3.35)}$$

den Bedingungen genügen. Wenn der Betrag V_s nur wenig größer als 1 ist, wird die Phasenbedingung durch das frequenzbestimmende Glied nur für eine Frequenz optimal erfüllt sein, so dass sich eine harmonische Schwingung erregt. Bei sehr großer Schleifenverstärkung entstehen Kippschwingungen (vgl. Abschnitt 3.5.4).

Im eingeschwungenen Zustand, d.h. nach dem Anschwingen, erzeugt ein Oszillator Schwingungen mit konstanter Amplitude. In diesem Bereich ist

$$V_S = 1 \qquad \text{(Gl. 3.36)}$$

d.h., infolge der Begrenzung im Verstärker wird dessen Verstärkung V kleiner, so dass Gl. 3.36 erfüllt ist.

3.5.2 Oszillatorgrundschaltungen

Als Verstärker genügen in Oszillatoren einzelne Transistoren, so dass Operationsverstärker nur in speziellen Schaltungen Anwendung finden. Frequenzbestimmendes Glied ist meist ein Resonanzkreis, dessen Resonanzfrequenz auch gleichzeitig die Frequenz der erzeugten Schwingung ist. Der Koppelvierpol muss einmal die Phasenbedingung aus Gl. 3.35 erfüllen, sichert aber auch die Amplitudenbedingung nach Gl. 3.34. In Bild 3.28 ist die älteste Schaltung, der Meißner-Oszillator (auch transformatorische Rückkopplung genannt), dargestellt. Der Verstärker hat als Arbeitswiderstand einen Parallelresonanzkreis, die Phasendrehung des Verstärkers wird durch die gegenpolige Schaltung der Wicklungen des Übertragers ausgeglichen. Das Windungszahlverhältnis N_B/N_0 sichert die Amplitudenbedingung. Die Oszillatorfrequenz ergibt sich zu

$$f_{Osz} = \frac{1}{2\pi\sqrt{L_0 C_0}} \qquad \text{(Gl. 3.37)}$$

Eine weitere Gruppe von Oszillatorgrundschaltungen sind die *Dreipunktschaltungen*, deren Prinzip in Bild 3.29 zu sehen ist.

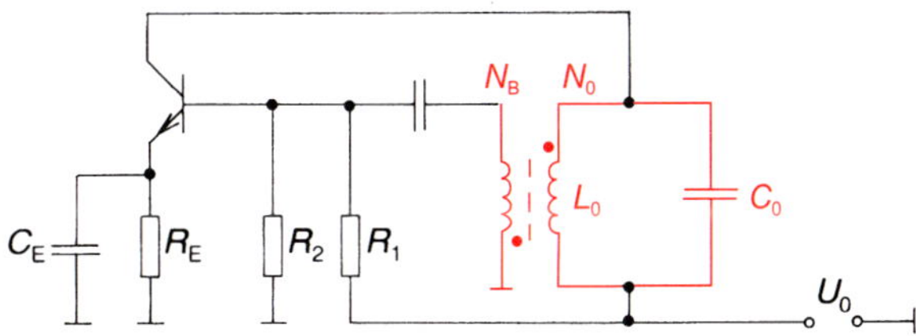

Bild 3.28
Meißner-Oszillator

Die allgemeinen Reaktanzen in Bild 3.29a müssen folgende Bedingungen erfüllen:

- X_1 und X_2 müssen gleiches Vorzeichen (induktiv oder kapazitiv) haben;
- X_0 muss gegenüber X_1 und X_2 entgegengesetztes Vorzeichen aufweisen.

Daraus ergeben sich die in Bild 3.29 angegebenen Prinzipschaltbilder der induktiven Dreipunktschaltung (*Hartley-Oszillator*, Bild 3.29b) und der kapazitiven Dreipunktschaltung (*Colpitts-Oszillator*, Bild 3.29c). Die Schwingfrequenzen erhält man aus Gl. 3.37, wenn beachtet wird, dass die Induktivität L_0 durch L und die Kapazität C_0 durch

$$C_0 = \frac{C_1 \cdot C_2}{C_1 + C_2} \qquad \text{(Gl. 3.38)}$$

beschrieben wird. Die Phasenbedingung wird durch das Vertauschen der Anschlüsse an Basis und Emitter gesichert. Anstelle der einfachen Reaktanzen L und C können auch kompliziertere Schaltungen mit induktivem oder kapazitivem Charakter treten. Eine Frequenzvariation ist bei allen LC-Schaltungen durch einstellbare Kondensatoren möglich.

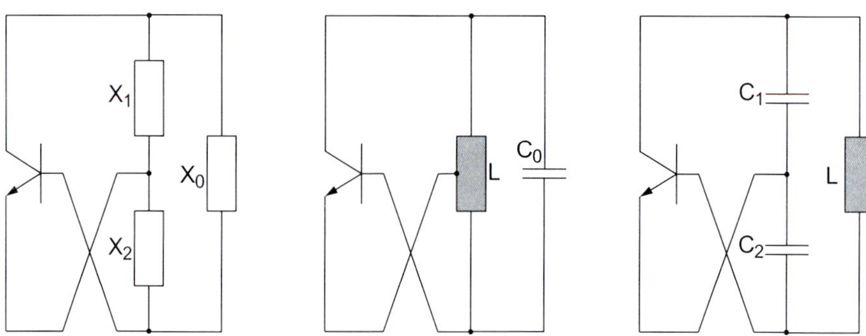

Bild 3.29 Grundprinzipien der Dreipunktschaltungen
a) allgemein b) induktiv c) kapazitiv

Eine weitere Gruppe von Oszillatoren benutzt RC-Schaltungen im Rückkoppelzweig. Das ist vor allem bei tiefen Frequenzen üblich, weil Resonanzkreise dafür nicht aufgebaut werden können. Ausgangspunkt ist die Phasenverschiebung eines RC-Gliedes, wie sie aus Bild 2.2 ersichtlich ist. Da diese nicht 90° erreichen kann, müssen mindestens drei Glieder hintereinander geschaltet werden, um eine Phasenverschiebung von 180° zu bekommen. In Bild 3.30 ist ein *Phasenschieber-Oszillator* mit OP als Verstärker dargestellt. Da die Phasenverschiebung in der RC-Kette mit einem Amplitudenverlust verbunden ist, muss die Verstärkung des invertierenden Verstärkers

$$V_U = \frac{u_1}{u_2} = \frac{R_1}{R} > 29 \qquad \text{(Gl. 3.39)}$$

sein. Die Schwingfrequenz ergibt sich zu

$$f_{\mathrm{Osz}} = \frac{1}{2\pi\sqrt{6}RC} \qquad \text{(Gl. 3.40)}$$

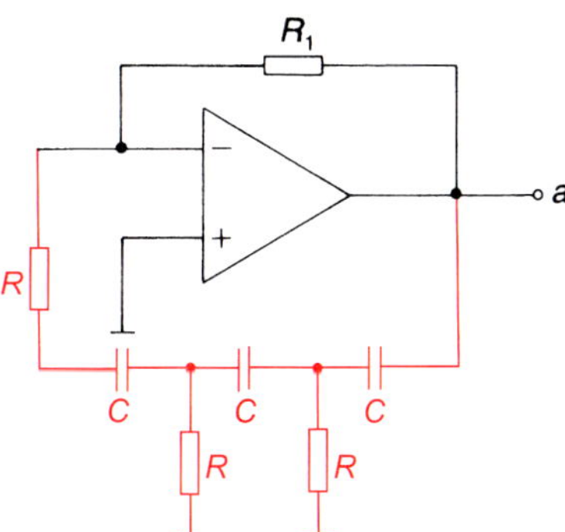

Bild 3.30
Phasenschieber-Oszillator

Anstelle von Reaktanzen in den Dreipunktschaltungen sind auch Resonatoren üblich. Am verbreitetsten ist der Quarz (vgl. Abschnitt 2.4.4). Gerade der Quarz mit seiner hohen Güte und Stabilität eignet sich hervorragend für frequenzstabile Oszillatoren mit fester Frequenz. Der Quarz ersetzt eine der Reaktanzen in Bild 3.29a (er wirkt dann mit seinem induktiven Anteil, vgl. Bild 2.22b) oder wird als Sperrglied in den Rückkoppelzweig der Oszillatorschaltung geschaltet. Bild 3.31 zeigt letztere Variante am Beispiel des Meißner-Oszillators.

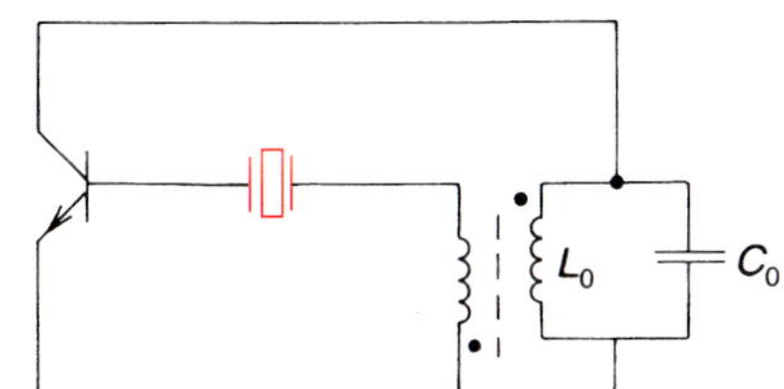

Bild 3.31
Meißner-Oszillator mit Quarz im Rückkoppelzweig

Eine weitere Gruppe von Oszillatoren nutzt die Phasenverschiebung eines Signals auf einer Verzögerungsleitung aus. Am Beispiel des OFW-Filters in Bild 2.27 wurde schon auf die mit der Ausbreitung der Oberflächenwelle verbundene Laufzeit (und damit Phasenverschiebung) hingewiesen. Das verwendet man zur Einstellung der Phasenbedingung nach Gl. 3.35. Neben OFW-Filtern werden auch elektrische Leitungen eingesetzt, wobei allerdings deren Phasenverschiebung nur bei sehr hohen Frequenzen ausgenutzt werden kann.

Der Phasenschieber-Oszillator hat den Nachteil, dass der frequenzbestimmende Teil aus drei *gleichen* RC-Gliedern besteht. Dies erfordert eng tolerierte Bauelemente. Außerdem wird es dadurch schwierig, eine stufenlose Frequenzeinstellung zu realisieren. Dazu müsste ein Dreifachpotentiometer mit sehr gutem Gleichlauf verwendet werden. Dreifachdrehkondensatoren wären auch denkbar, sind aber nur bis ca. 500 pF je System erhältlich und somit für den NF-Bereich weniger geeignet.

Eine Alternative ist der *Wienbrücken-Oszillator*. Frequenzbestimmender Teil ist hier das *Wienglied* (Bild 3.32).

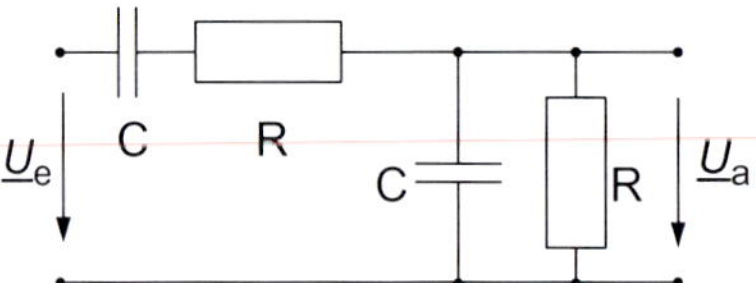

Bild 3.32
Aufbau eines Wienglieds

Für *R* und *C* werden im Allgemeinen jeweils dieselben Werte verwendet. Die Übertragungsfunktion $\underline{H}(\omega)$ beträgt dann:

$$\underline{H}(\omega) = \frac{1}{3 + j\left(\omega RC - \frac{1}{\omega RC}\right)}$$

mit

$$f_0 = \frac{1}{2\pi RC} \qquad \text{(Gl. 3.41)}$$

Den Amplituden- und Phasenfrequenzgang des Wienglieds zeigt Bild 3.33.

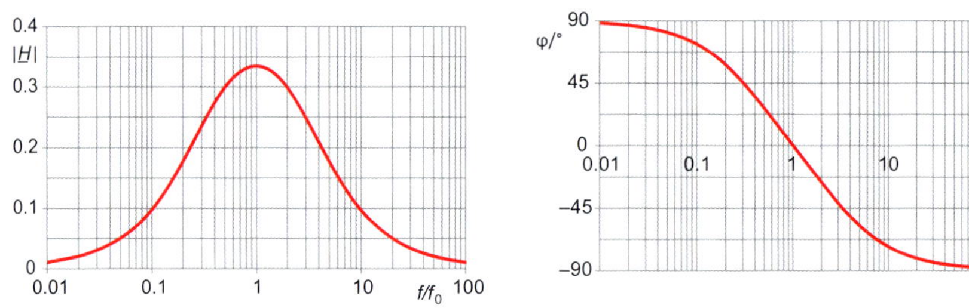

Bild 3.33 Amplituden- und Phasenfrequenzgang des Wienglieds

Wird ein Wienglied in den Rückkopplungszweig eines Verstärkers geschaltet, so entsteht ein *Wienbrücken-Oszillator* nach Bild 3.34. Da durch das Wienglied bei der Resonanzfrequenz f_0 keine Phasendrehung entsteht, darf der Verstärker nicht invertieren. Für die Schwingfrequenz ist im Wesentlichen der Phasenfrequenzgang des Wienglieds verantwortlich; der Amplitudenfrequenzgang spielt wegen seines relativ flachen Verlaufs in der Nähe von f_0 nur eine vernachlässigbare Rolle.

Führt man *R* als Tandempotentiometer aus, lässt sich die erzeugte Frequenz in weiten Grenzen verändern. Der Gleichlauf der Potentiometer muss dabei allerdings relativ präzise sein. Da *R* im Nenner der Resonanzformel Gl. 3.41 steht, ist die Frequenzverteilung über dem Drehwinkel des Potentiometers allerdings stark nichtlinear.

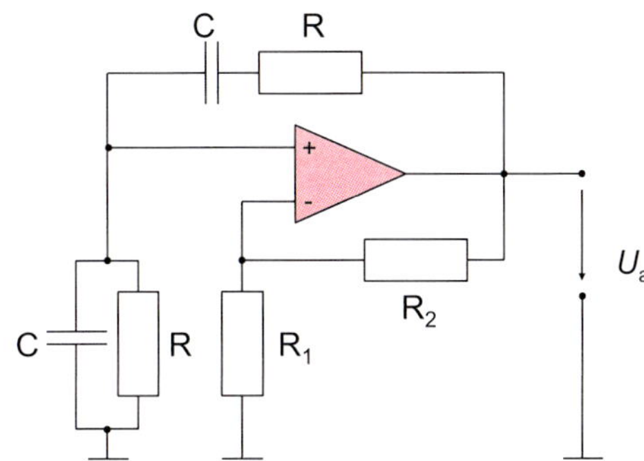

Bild 3.34 Wienbrücken-Oszillator

Da $|\underline{H}(\omega)|$ bei der Resonanzfrequenz f_0 $^1/_3$ beträgt, muss die Verstärkung auf 3 eingestellt werden. Ist die Verstärkung größer als 3, schaukelt sich die Amplitude auf und das Ausgangssignal ist verzerrt. Andererseits muss die Verstärkung beim Anschwingen größer als 3 sein. In der Praxis findet man daher Schaltungen, bei denen die Verstärkung abhängig von der Amplitude des Signals ist und sich dadurch auf den richtigen Wert einstellt (Bild 3.35).

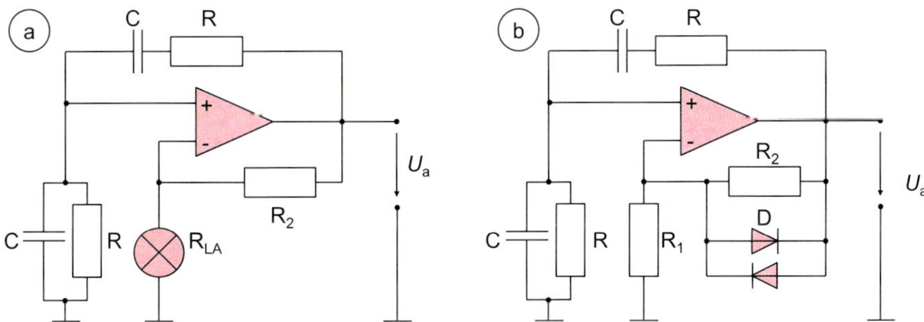

Bild 3.35 Wienbrücken-Oszillatoren mit Verstärkungsregelung
a) Verstärkungsregelung durch ein Glühlämpchen
b) Verstärkungsregelung mittels Dioden

In der Schaltung nach Bild 3.35a wird die Verstärkung durch ein Glühlämpchen, das als Kaltleiter wirkt, gesteuert. Im Ruhezustand ist die *Verstärkung* $(1 + R_1/R_{\mathrm{La}})$ größer als 3. Im schwingenden Zustand erwärmt sich der Glühfaden des Lämpchens, so dass dessen Widerstand steigt und die Verstärkung verringert wird.

In der Schaltung nach Bild 3.35b übernehmen zwei antiparallel geschaltete Dioden die Verstärkungsregelung: Erreicht der Betrag der Spannung an R_2 den Wert von 0,7 V, so wird jeweils eine Diode leitend und die wirksame Verstärkung verringert. Durch diese Regelung können auch kleine Störungen des Gleichlaufs im Tandempotentiometer kompensiert werden.

Auch bezüglich der Verstärker gibt es neben Einzeltransistoren (bipolar oder unipolar) und OP noch weitere Elemente, die in Oszillatoren zum Einsatz kommen. Für sehr hohe Frequenzen (GHz-Bereich) benutzt man auch Bauteile mit negativem Kennlinienteil (Tunneldioden, Gunnelemente) und Höchstfrequenzröhren (Klystron, Laufzeitröhren).

3.5.3 Oszillatoreigenschaften

Die von Oszillatoren erzeugten Signale haben Eigenschaften, die von der gewählten Schaltung, den Schaltelementen und der Umgebung beeinflusst werden. Frequenz, Amplitude und Kurvenform kennzeichnen die erzeugten Schwingungen. Vor allem die Anforderungen an die Frequenzkonstanz sind in der Nachrichtentechnik erheblich. Sie soll deshalb zuerst betrachtet werden.

Frequenzkonstanz

Diese wird durch die Frequenzstabilität $\Delta f / f_0$ charakterisiert. Man unterscheidet Langzeit- (bezogen auf Tage oder Monate), Mittelzeit- (im Bereich von Minuten) und Kurzzeitstabilität (unter einer Sekunde). Die Ursache von Frequenzschwankungen sind die Umwelteinflüsse:

- ❑ Temperaturänderungen $\Delta\vartheta$,
- ❑ Betriebsspannungsschwankungen ΔU_0,
- ❑ Belastungsänderungen ΔZ_L.

Sie wirken sich je nach Güte des Oszillators mehr oder weniger auf die Phasenbedingungen nach Gl. 3.35 aus. Die Frequenzänderungen sind proportional den Phasenänderungen

$$\frac{\Delta\varphi}{\varphi} \sim \frac{\Delta f}{f_0}$$

und damit ist auch die Frequenz eines Oszillators

$$f_0 \sim \frac{\Delta f}{\Delta\varphi}\varphi \qquad \text{(Gl. 3.42)}$$

von dessen Phase φ und der Phasenempfindlichkeit $\Delta\varphi / \Delta f$ abhängig. Nach Gl. 3.42 ist eine große Phasenempfindlichkeit erforderlich. Sie wird deshalb nachfolgend bestimmt. Bei einem Oszillator mit Resonanzkreis ist die Phase nach Gl. 2.6a:

$\varphi = \arctan(-Q \cdot v)$ bzw. $\tan\varphi = -Q \cdot v$

Unter Beachtung von Gl. 2.6 für die Verstimmung erhält man

$$\tan\varphi = -\frac{2\Delta f}{f_0}Q$$

und mit $\tan\varphi \approx \varphi$ für kleine Werte von φ wird

$$\frac{\Delta\varphi}{\Delta f} = \frac{2Q}{f_0} \qquad \text{(Gl. 3.43)}$$

Die Phasenempfindlichkeit des Resonanzkreises ist also der Güte Q proportional.

Merksatz

Eine hohe Güte des Resonanzkreises ergibt eine große Phasenempfindlichkeit und damit eine hohe Frequenzstabilität des Oszillators.

Mit typischen LC-Resonanzkreisen erreicht man eine Frequenzstabilität von

$$\frac{\Delta f}{f_0} = 10^{-3} \text{ bis } 10^{-4}$$

Im vorhergehenden Abschnitt wurde bereits auf die Anwendung von Quarz-Resonatoren zur Frequenzstabilisierung hingewiesen. Da die Güte wesentlich größer als bei LC-Kreisen ist, wird nach Gl. 3.43 eine Frequenzstabilität von

$$\frac{\Delta f}{f_0} \geq 10^{-5}$$

erreicht. Umweltbedingten Frequenzänderungen begegnet man mit entsprechend kleinen Einflussfaktoren. So muss bei LC-Schaltungen mit möglichst temperaturunabhängigen Bauelementen gearbeitet werden. Es ist üblich, die Temperaturabhängigkeit eines Kondensators durch Parallelschalten eines entsprechenden anderen mit umgekehrtem Temperaturgang auszugleichen. Ein weiterer Weg ist, die Umweltfaktoren in ihrer Auswirkung zu verringern, was bezüglich der Temperatur bedeutet, den Oszillator in einen Thermostaten unterzubringen (temperaturstabilisierter Oszillator – «Ofenquarz»). Spannungsschwankungen begegnet man durch eine Spannungsstabilisierung, Lastschwankungen können durch Trennverstärker abgefangen werden.

Eine letzte Möglichkeit, Frequenzänderungen zu verringern, besteht in einem *Frequenzregelkreis*. Dazu ist eine elektronische Frequenzsteuerung des Oszillators notwendig, die durch eine Kapazitätsdiode parallel zum frequenzbestimmenden Resonanzkreis realisiert wird. Zur Regelung ist allerdings eine genaue Führungsgröße erforderlich.

Amplitudenkonstanz

Die Amplitude eines Oszillators wird durch die Art der Amplitudenbegrenzung bestimmt. Da es sich um einen nichtlinearen Effekt handelt, entstehen dabei Verzerrungen (Oberwellen). Die Oberwellen sind unerwünscht und müssen möglichst schon im Oszillator klein gehalten werden. Es wird deshalb von der Begrenzung durch Vollaussteuerung des Kennlinienfeldes (vgl. Abschnitt 3.4) kaum Gebrauch gemacht. Dagegen nutzt man die bei größerer Aussteuerung an der Basis durch Gleichrichtung auftretende Arbeitspunktverschiebung zu kleinerer Stromverstärkung aus. In Bild 3.28 bilden R_E, C_E und die Basis-Emitter-Strecke des Transistors eine Gleichrichterschaltung, die die erforderliche AP-Verschiebung bewirkt.

Ähnlich der Frequenz unterliegt auch die Amplitude vielen Einflüssen. Meist sind jedoch die Anforderungen an die Amplitudenstabilität wesentlich geringer als an die Frequenzstabilität. Ferner kann – im Unterschied zur Frequenz – durch nachfolgende Schaltungen (Begrenzer, Regler) noch Einfluss auf die Amplitude genommen werden. Wegen der nichtlinearen Amplitudenbegrenzung, die bei harmonischen Oszillatoren nie ideal sinusförmig ist, muss auch die Kurvenform durch nachfolgende Filterschaltungen verbessert werden.

3.5.4 Funktionsgeneratoren

In Abschnitt 1.2 wurden wichtige Signalfunktionen bzw. Signalformen vorgestellt, deren Erzeugung jetzt betrachtet wird. Da die Kurvenform, d.h. die Zeitfunktion, dabei das Wichtigste ist, nennt man diese Oszillatoren Funktionsgeneratoren. Zum Erzeugen harmonischer Funktionen benutzt man die schon bekannten RC-Generatoren. Rechtecksignale werden mittels Multivibratoren generiert.

Merksatz

Ein Multivibrator besteht aus zwei Schaltstufen (digitalen Grundschaltungen), die mittels Kondensatoren fest miteinander gekoppelt sind.

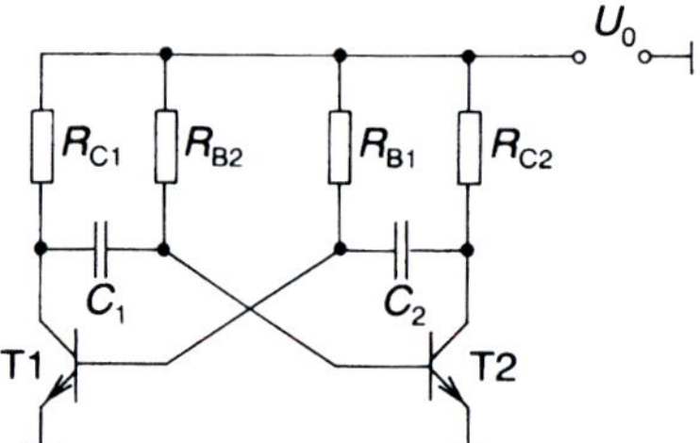

Bild 3.36
Transistor-Multivibrator

Eine diskrete Schaltung ist in Bild 3.36 dargestellt. Ihre Wirkungsweise sei kurz erklärt: Beim Einschalten der Betriebsspannung wachsen trotz symmetrischen Aufbaus die Ströme in den Transistoren nicht absolut gleich schnell an. Dadurch befindet sich z.B. T1 im Sperrzustand, während dann T2 leitend wird. Am Kollektor von T2 entsteht dabei ein negativer Spannungssprung von U_0 nach nahe null. Er wird von dem Kondensator C_2 an die Basis des Transistors T1 übertragen und sperrt diesen weiter. Die an C_2 entstandene Ladung wird über R_{B1} abgebaut. Dabei wird U_{BEI} positiv und T1 leitend. Nun tritt am Kollektor von T1 ein negativer Spannungssprung auf, und über C_1 wird T2 gesperrt. Der Entladevorgang über C_1 und R_{B2} macht den Vorgang dann periodisch. In Bild 3.37 sind die Zeitverläufe ausgewählter Punkte der Schaltung dargestellt. Man nennt Multivibratoren auch *astabile Kippschaltungen*, weil im Unterschied zu anderen Kippstufen keiner der Endzustände zeitlich stabil ist. Bei symmetrischem Aufbau der Schaltung entsteht eine symmetrische Rechteckschwingung der Periodendauer

$$T = \frac{1}{2R_B C \ln 2} \qquad \text{(Gl. 3.44)}$$

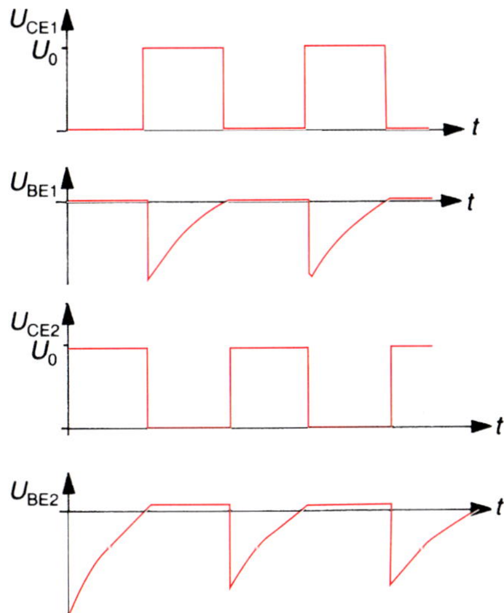

Bild 3.37
Zeitverläufe des Multivibrators

Eine weitere Möglichkeit zum Erzeugen einer Rechteckschwingung besteht in der *Funktionswandlung*. Dabei steuert z.B. eine sinusförmige Schwingung eine *Schmitt-Trigger*-Schaltung an (eine Schaltung, die beim Über- oder Unterschreiten einer Schwellenspannung in einen ihrer beiden stabilen Zustände kippt). Am Ausgang entsteht dann ein symmetrisches Rechtecksignal.

Ein selbstschwingender *Dreieckgenerator* entsteht beim Zusammenschalten eines Integrierers und eines Schmitt-Triggers nach Bild 3.38. Die konstante Ausgangsspannung des Triggers wird vom Integrierer zu einer Rampe aufintegriert und bewirkt nach Erreichen der Schwelle dessen Umschalten. Die damit verbundene Spannungsumkehr am Eingang des Integrierers führt zur Abwärtsintegration. Damit ist das Ausgangssignal des Integrierers die gewünschte Dreiecksfunktion, am Ausgang des Schmitt-Triggers steht ein Rechtecksignal zur Verfügung.

Andere Signalfunktionen werden durch Funktionswandler erzeugt. So kann die vielfach nötige Sägezahnschwingung durch Unterdrücken einer Dreiecksflanke oder durch Taktsteuerung eines Aufladevorgangs mit schneller Entladung erzeugt werden. In Verbindung mit dem in Bild 3.38 vorgestellten Dreieck-Rechteck-Generator benutzt man auch noch einen Dreieck-Sinus-Wandler, um universelle Funktionsgeneratoren zu bauen, die als analoge integrierte Schaltungen preiswert zur Verfügung stehen. [1]

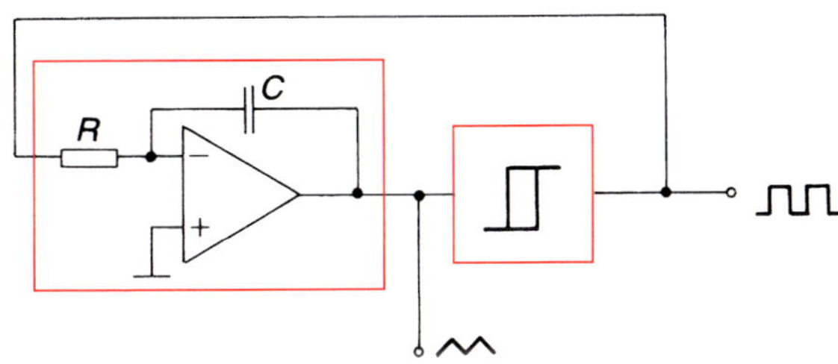

Bild 3.38
Dreieckgenerator-Schaltung

3.5.5 Digitale Oszillatoren

Ein prinzipiell anderes Konzept liegt den *digitalen Funktionsgeneratoren* zugrunde. Hier wird der Amplitudenverlauf zahlenmäßig beschrieben und von einer geeigneten Schaltung als analoges Signal ausgegeben. Von einem digitalen Taktgeber (Multivibrator) wird ein Zähler angesteuert, der die Adressen für die in einem Festwertspeicher abgelegten Amplitudenwerte liefert. Diese werden nacheinander ausgelesen und mit einem Digital-Analog-Umsetzer in die analoge Funktion umgesetzt. Es lassen sich beliebige Funktionen durch ihre Zahlenwerte erzeugen, deren Frequenz durch den Taktgenerator bestimmt ist. Anstelle des Festwertspeichers kann auch ein Mikroprozessor eingesetzt werden, mit dem die erforderlichen Funktionswerte berechnet werden, so dass der Funktionsgenerator universell programmierbar wird. Derartige Generatoren werden vorwiegend in der Messtechnik eingesetzt.

Zentrales Bauteil des digitalen Oszillators (*DDS* – ***D**irekt-**D**igital-**S**ynthese-Oszillator*) ist der Cosinusspeicher *(Cosinus-ROM)*. In diesem Speicher sind die Amplitudenwerte einer Cosinusfunktion abgelegt. Eine Periodendauer ist dabei auf den gesamten Speicherbereich verteilt. Jede Adresse entspricht daher einem bestimmten Phasenwinkel. Der Digital-Analog-Umsetzer (s. Kapitel 11) wandelt den Binärwert der jeweils angewählten Speicherzelle in eine Spannungs- oder Stromamplitude um. Bild 3.39a zeigt das Blockschaltbild eines DDS-Oszillators, Bild 3.39b die Belegung eines Speichers mit 16 Zellen und einer Auflösung von 8 bit pro Zelle für die Cosinusfunktion.

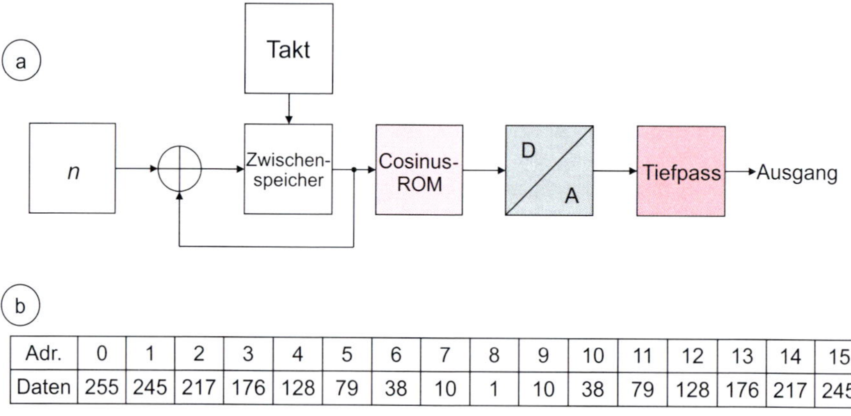

Adr.	0	1	2	3	4	5	6	7	8	9	10	11	12	13	14	15
Daten	255	245	217	176	128	79	38	10	1	10	38	79	128	176	217	245

Bild 3.39 Aufbau eines DDS-Oszillators
a) Blockschaltbild
b) Speicherbelegung des Cosinus-ROM mit 16 Speicherzellen mit je 8 bit Quantisierung

In der Regel ist nur eine positive Betriebsspannung vorhanden, deshalb ist den Zahlenwerten ein gleichspannungsäquivalenter Offset von 128 zugefügt worden. Werden die Zellen nun nacheinander ausgelesen, entsteht am Ausgang des DA-Umsetzers eine Treppenspannung mit der Stufenbreite von T_{Takt} nach Bild 3.40a. Der Tiefpass glättet die Stufen und verschleift sie so zu einem kontinuierlichen Verlauf (Bild 3.40b).

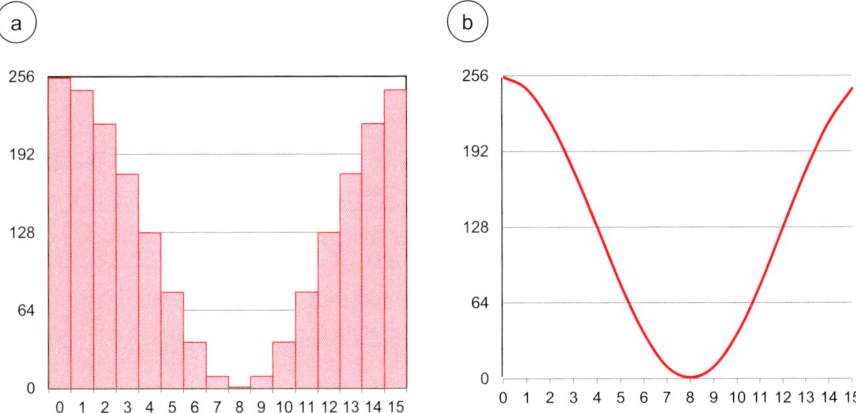

Bild 3.40
a) Treppenspannung am Ausgang des D/A-Umsetzers
b) Ausgangssignal nach der Tiefpass-Filterung

Da im ROM genau eine Periode des Cosinus abgelegt ist, schließt sich bei einem Zählerüberlauf die nächste Periode nahtlos an die vorherige an und es kommt nicht zu Sprüngen im Signal.

Merksatz

Wird die Adresse in größeren Schritten hochgezählt, so wird die Cosinuskurve entsprechend schneller durchlaufen, da die Phasensprünge je Taktperiode größer werden. Dieses bedeutet aber, dass sich die Ausgangsfrequenz erhöht.

Bild 3.41 zeigt das Ausgangssignal des D/A-Umsetzers bei einer Inkrementierung der Adresse in Zweierstufen sowie den sich nach dem Tiefpass ergebenden Signalverlauf *doppelter* Frequenz.

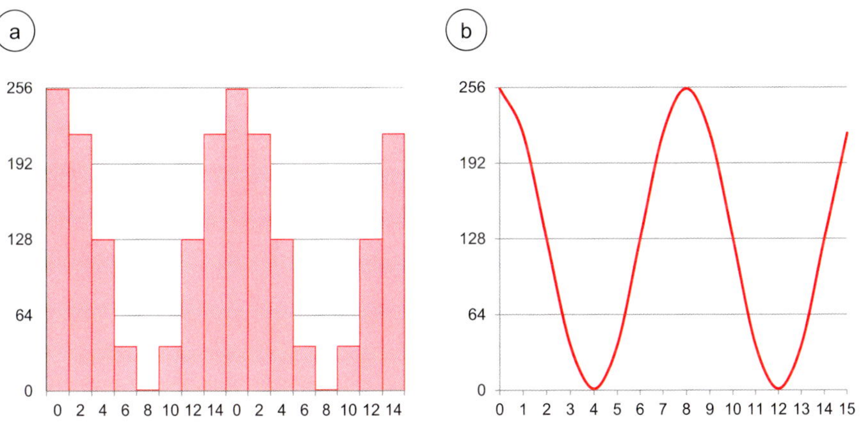

Bild 3.41
a) Treppenspannung am Ausgang des D/A-Umsetzers bei Inkrementierung in *Zweierschritten*
b) Ausgangssignal doppelter Frequenz nach der Tiefpass-Filterung

3.6 Lernziel-Test

1. Vergleichen Sie die von Operationsverstärkern (Tabelle 3.1) erreichten Kennwerte mit den Anforderungen an einen universellen Verstärker.
2. Ein Operationsverstärker hat eine Gleichtaktunterdrückung CMRR = 80 dB. Er wird mit u_D = 50 mV und u_{cm} = 5 V angesteuert. Wie macht sich das Gleichtaktsignal am Ausgang bemerkbar?
3. Bei einem invertierenden Verstärker ist R_1 = 10 kΩ gegeben. Es soll eine Verstärkung von V_U = 10 eingestellt werden. Zeichnen Sie die Schaltung und berechnen Sie die erforderlichen Elemente.
4. Die Leerlaufverstärkung eines OP ist V_0(dc) = 80 dB, f_T = 1 MHz. Wie groß ist die obere Grenzfrequenz f_{go} des invertierenden Verstärkers bei V_U = 10?
5. Die maximal zulässige Verlustleistung eines Transistors betrage 10 W. In einem Eintakt-Leistungsverstärker ist der Verbraucher (R_V = 10 Ω) so eingeschaltet, dass sich der Arbeitspunkt bei $U_{B/2}$ = 6 V einstellt. Wie groß sind $P_{\sim max}$ und P_{-max}?
6. Wie unterscheiden sich elektroakustische Leistungsverstärker von Sende-Leistungsverstärkern?
7. Erläutern Sie den Unterschied zwischen einem AB-Verstärker und einen Verstärker der Klasse D.
8. Welche Nachteile haben Verstärker der Klasse D?
9. Nennen Sie mindestens drei Vorteile bei Gegenkopplung.
10. In einer Schaltung nach Bild 3.25 werden zwei Signale mit den Frequenzen f_1 = 10 kHz und f_2 = 50 kHz gemischt. Welche Ausgangsfrequenzen können auftreten?
11. Ein Colpitts-Oszillator nach Bild 3.29 hat folgende Werte: L_0 = 1 mH, C_1 = 300 pF, C_2 = 1 nF. Welche Oszillatorfrequenz erregt sich?
12. Welche Frequenz hat das Ausgangssignal eines Multivibrators nach Bild 3.28, wenn R_B = 50 kΩ und C = 100 nF ist?
13. Was wird unter dem Begriff eines DDS-Oszillators verstanden?
14. Wie können mit einem DDS-Oszillator verschiedene Signalarten realisiert werden?
15. Welche Größe bestimmt die Ausgangsfrequenz eines DDS-Oszillators?
16. Für welche Anwendungen werden DDS-Oszillatoren genutzt?
17. Wie muss ein DDS-Oszillator ergänzt werden, um die Quadratursignale *I* und *Q* zu erzeugen?

4 Leitungen für die Nachrichtenübertragung

In der Nachrichtentechnik versteht man unter einer Leitung einen Übertragungsweg, mit dem gezielt eine Nachricht bzw. ein Signal von einem Sender zu einem Empfänger übertragen wird. Die Übertragung erfolgt dabei in Form von elektromagnetischen Wellen, die auf diesen Leitungen geführt werden und sich nicht wie bei der Funkausbreitung (siehe Kapitel 6) frei im Raum ausbreiten können.

Wichtige Realisierungsformen sind:

- elektrisch leitfähige Kabel (vielfach aus Kupfer) mit einem Hin- und einem Rückleiter
  - als Doppelader,
  - als Koaxialkabel;
- Hohlleiter,
- Lichtwellenleiter.

Während die ersten beiden Formen elektromagnetische Wellen bis zu Frequenzen von einigen Gigahertz (Wellenlängen mehrere Millimeter) übertragen, sind es bei dem zuletzt genannten Punkt elektromagnetische Wellen im Bereich von Infrarot-Strahlung und von sichtbarem Licht mit Frequenzen von etwa 100 bis 500 THz.

In diesem Kapitel sind die wichtigsten Zusammenhänge, Formeln und technischen Parameter von Leitungen zusammengestellt. Mehr Details zu den mathematischen Herleitungen, insbesondere bei der Leitungstheorie, findet man im Downloadbereich als Anhang A.4 zu diesem Buch oder auch in [69].

4.1 Wellen auf leitfähigen Kabeln

In diesem Abschnitt werden elektrisch leitfähige Kabel mit einen Hin- und einem Rückleiter behandelt, die wie in Bild 4.1 gezeigt entweder als Doppelader oder als Koaxialkabel ausgeführt sind. Dabei werden zunächst einige wichtige Kennzahlen sowie entscheidende Zusammenhänge erläutert. Konkrete Ausführungsformen sind Gegenstand von Abschnitt 4.7.

Ein zentraler Punkt bei Nachrichtenkabeln ist, dass ihre Länge l größer als die Wellenlänge λ der Wellen ist oder zumindest in deren Größenordnung liegt. Solche Leitungen bezeichnet man als «elektrisch lange Leitungen». Die Konsequenz daraus ist, dass die Spannung U auf dem Kabel nicht räumlich konstant ist, sondern von der Ortskoordinate x abhängt. Schaltet man beispielsweise die Spannungsquelle auf der Senderseite zu einem Zeitpunkt t_0 ein, so breitet sich die Spannung mit einer gewissen Geschwindigkeit auf der Leitung aus. Ebenso wird die Spannungsänderung einer Wechselspannung nicht sofort, sondern mit einer bestimmten Phasenverzögerung $\Delta\varphi = \beta \cdot x$, die proportional zur Laufstrecke x ist, weitergegeben, d.h., es breitet sich eine Welle mit der Wellenlänge λ aus.

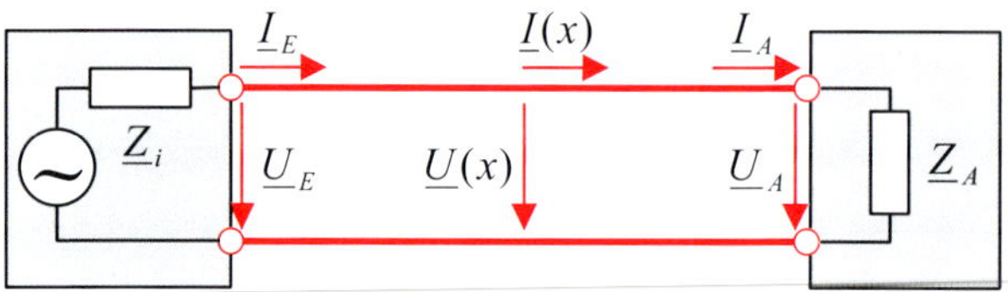

Sender

Empfänger

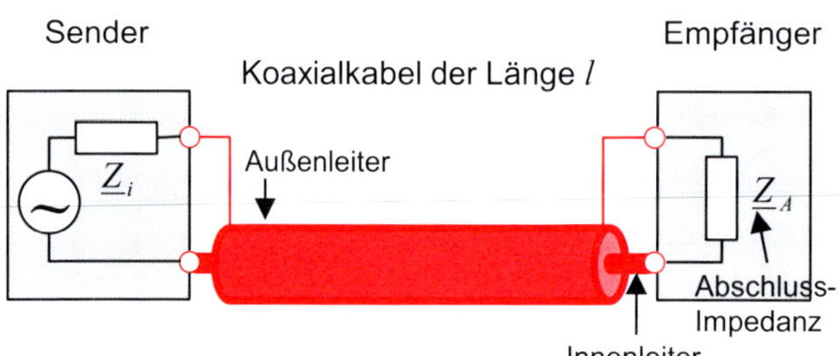

Bild 4.1 Leitung der Länge l als Doppelader oder Koaxialkabel

Man bezeichnet β als Phasenkonstante (Einheit: m^{-1}) oder auch als Wellenzahl:

$$\beta = \frac{2\pi}{\lambda} \qquad \text{(Gl. 4.1)}$$

Nach einem Laufweg von $x = \lambda$ hat sich die Phase um 2π geändert und ist damit wieder am Ausgangspunkt: $\Delta\varphi = \beta \cdot x = \beta \cdot \lambda = 2\pi$.

Im Folgenden werden «elektrisch lange Leitungen» betrachtet, bei denen die Leitungslänge l größer als die Wellenlänge λ ist.

Räumliche Spannungsverteilung auf Leitungen

Liegt am Sender (bei $x = 0$) die Wechselspannung $u(t,0) = \hat{u} \cdot \cos(\omega \cdot t + \varphi_u)$ an, so hat man an einem beliebigen Punkt x bei einer nach rechts laufenden Welle die um $\Delta\varphi = \beta \cdot x$ phasenverschobene Spannung:

$$u(t,x) = \hat{u} \cdot \cos(\omega \cdot t + \varphi_u - \Delta\varphi) = \hat{u} \cdot \cos(\omega \cdot t - \beta \cdot x + \varphi_u)$$

Bei einer realen Leitung treten Verluste (z.B. durch den ohmschen Widerstand der Leitung) auf. Diese führen zu einem exponentiellen Abfall der Amplitude der Spannung. Die nach rechts laufende, bei einem Abschlusswiderstand Z_A einfallende Welle (Index h: hinlaufend) wird dann beschrieben als:

$$u_h(t,x) = \hat{u}_h \cdot e^{-\alpha \cdot x} \cdot \cos\left(\omega \cdot t - \beta \cdot x + \varphi_h\right) \qquad \text{(Gl. 4.2)}$$

Dabei bezeichnet man α (Einheit: m^{-1}) als Dämpfungskonstante bzw. Dämpfungskoeffizienten.

Zum Zeitpunkt $t_0 = -\varphi_h/\omega$ entspricht die Welle der in Bild 4.2 schwarz gezeichneten, abklingenden Cosinusfunktion. Eine Viertelperiode ($T/4$) später hat sich die Welle nach rechts verschoben und entspricht der in Bild 4.2 durchgehend rot eingezeichneten, abklingenden Sinusfunktion. Noch eine Viertelperiode später entspricht der Spannungsverlauf der gestrichelt gezeichneten Kurve. Die Welle hat sich dann innerhalb der halben Periodendauer $T/2$ um eine halbe Wellenlänge $\lambda/2$ nach rechts verschoben. Nach einer kompletten Periode T beträgt die Verschiebung eine komplette Wellenlänge λ.

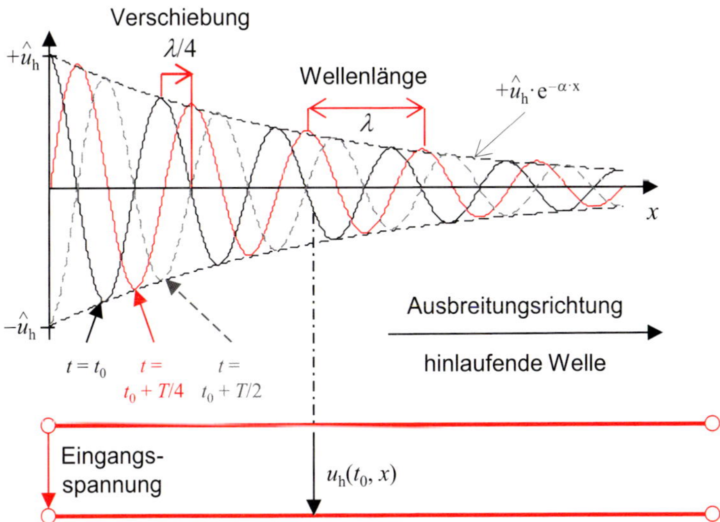

Bild 4.2 Nach rechts laufende gedämpfte Welle

Phasengeschwindigkeit der Welle

Definition

Das Verhältnis aus dieser Verschiebungsstrecke λ zur benötigten Zeit T bezeichnet man als *Phasengeschwindigkeit der Welle*:

$$c_p = \frac{\lambda}{T} = \lambda \cdot f = \frac{\omega}{\beta} \qquad \text{(Gl. 4.3)}$$

Dabei wurden die Relationen $f = 1/T$, $\omega = 2\pi/T$ und $\beta = 2\pi/\lambda$ benutzt.

Reflexion der Welle am Leitungsabschluss

Erreicht die Welle das Ende der Leitung, also den Abschlusswiderstand, so kann es zu einer Reflexion kommen. Die reflektierte Welle u_r breitet sich nach links aus. Um sie mathematisch zu beschreiben, muss man in Gl. 4.2 die Größe x durch $-x$ ersetzen.

Komplexe Schreibweise von Wellen und Ausbreitungskonstanten
In komplexer Schreibweise wird aus den Gleichungen 4.2:

$$\begin{aligned} \underline{U}_h(x) &= U_h \cdot e^{-\alpha \cdot x} \cdot e^{j \cdot (-\beta \cdot x + \varphi_h)} = U_h \cdot e^{j \cdot \varphi_h} \cdot e^{-(\alpha + j \cdot \beta) \cdot x} \\ &= U_h \cdot e^{j \cdot \varphi_h} \cdot e^{-\underline{\gamma} \cdot x} \end{aligned} \qquad \text{(Gl. 4.4)}$$

Dabei fasst man den Dämpfungskoeffizienten α und die Phasenkonstante β zu der komplexen Ausbreitungskonstanten γ zusammen:

$$\underline{\gamma} = \alpha + j \cdot \beta \qquad \text{(Gl. 4.5)}$$

Leitungsbeläge
Um einen Zusammenhang herzustellen zwischen den zuvor eingeführten Wellengrößen und den Parametern, die die Leitung bestimmen, werden der Übersichtlichkeit halber homogene Leitungen betrachtet, d.h. Leitungen, deren Eigenschaften über die Leitungslänge konstant sind.

Jede Leitung besitzt abhängig von der Leitergeometrie eine bestimmte Kapazität und Induktivität, deren Werte proportional zur Länge l der Leitung sind. Aus diesen bildet man die Größen:

- Kapazitätsbelag (Kapazität pro Länge): $C' = C / l$ (Einheit: F/m = A·s / (V·m))
- Induktivitätsbelag (Induktivität pro Länge): $L' = L / l$ (Einheit: H/m = V·s / (A·m))

Ebenso sind die Verluste proportional zur Leitungslänge. Diese entstehen durch den ohmschen Widerstand R der Kabel sowie durch unvollständige Isolation zwischen den beiden Kabeln, die man durch einen Leitwert G charakterisieren kann. Die jeweiligen Größen pro Längeneinheit nennt man:

- Widerstandsbelag: $R' = R / l$ (Einheit: Ω/m = V / (A·m))
- Leitwertsbelag: $G' = G / l$ (Einheit: S/m = A / (V·m))

Ersatzschaltbild für eine Leitung
Zur Berechnung der Spannungsverteilung auf der Leitung veranschaulicht man sie in einem Ersatzschaltbild als eine Kette von gekoppelten gleichartigen Schwingkreisen (Bild 4.3). Jeder Schwingkreis steht dabei für ein sehr kurzes Leiterstück, deren Länge Δx man gegen null gehen lässt. Kapazität, Induktivität, ohmscher Widerstand und Leitwert des Schwingkreises berechnen sich als Produkt dieser Länge mit dem jeweiligen Belag.

Mit Hilfe der Knoten- und Maschenregel kann man aus diesem Ersatzschaltbild eine Differentialgleichung für die Spannungs- und Stromverteilung herleiten (siehe Anhang A.4), deren Lösung sich aus den oben erwähnten hin- und rücklaufenden Wellen zusammensetzt.

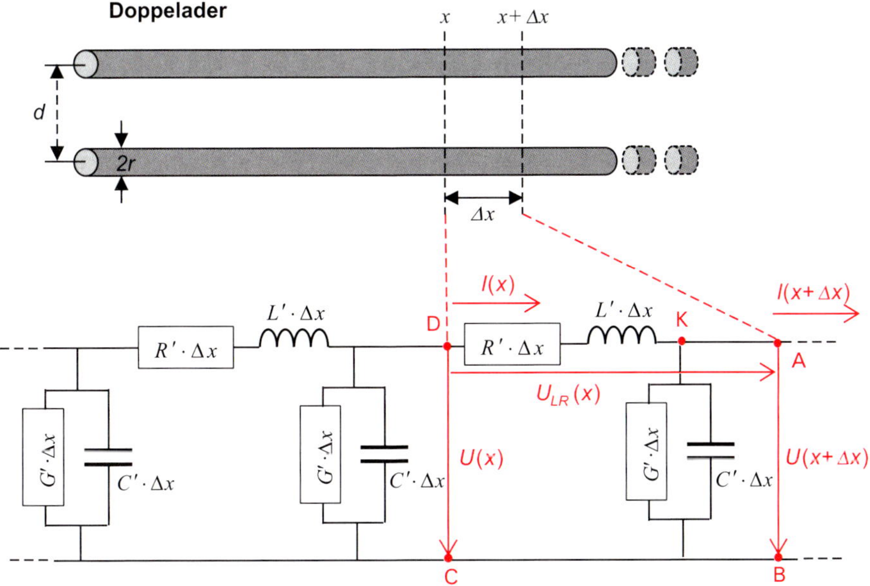

Bild 4.3 Ersatzschaltbild für eine Leitung

4.2 Wellenkenngrößen der Leitung

4.2.1 Allgemeine Zusammenhänge

Ebenso erhält man aus diesen Gleichungen, die auf das Ersatzschaltbild zurückgehen, den folgenden Zusammenhang zwischen den Wellenausbreitungsparametern und den Leitungsbelägen:

Komplexe Ausbreitungskonstante:

$$\underline{\gamma} = \sqrt{(j\omega L' + R') \cdot (j\omega C' + G')} \qquad \text{(Gl. 4.6)}$$

Ferner zeigt sich, dass das Verhältnis aus hin- bzw. rücklaufender Spannung und hin- bzw. rücklaufendem Strom konstant ist (unabhängig von x). Man nennt es – als Verhältnis aus Spannung und Strom – den

Leitungswellenwiderstand Z_L:

$$\pm\frac{\underline{U}_{h/r}}{\underline{I}_{h/r}} = \underline{Z}_L = \sqrt{\frac{(j\omega L' + R')}{(j\omega C' + G')}} \qquad \text{(Gl. 4.7)}$$

Ferner folgt für die Ausbreitungskonstante γ (siehe Gleichung 4.6) die gute Näherung:

$$\underline{\gamma} = j \cdot \omega \cdot \sqrt{L' \cdot C'} \cdot + \frac{1}{2} \cdot \left(R' \cdot \sqrt{\frac{C'}{L'}} + G' \cdot \sqrt{\frac{L'}{C'}} \right)$$

In diesem Fall besitzt die Ausbreitungskonstante nicht nur einen Imaginärteil (die Phasenkonstante β wie im Fall ohne Verluste), sondern auch einen Realteil, den Dämpfungskoeffizienten α:

$$\underline{\gamma} = \frac{1}{2} \cdot \left(\frac{R'}{Z_L} + G' \cdot Z_L \right) + j \cdot \frac{\omega}{c}$$

Dämpfungskoeffizient bei schwach verlustbehafteter Leitung:

$$\alpha = \frac{1}{2} \cdot \left(\frac{R'}{Z_L} + G' \cdot Z_L \right) \qquad \text{(Gl. 4.12)}$$

Um zu berechnen, um wie viele Dezibel die Spannung nach einer Leiterlänge l abgefallen ist, hat man folgenden Ausdruck zu betrachten, der sich aus Gleichung 4.4 ergibt und der proportional zur Leiterlänge l ist:

$$20 \cdot \log \left| \frac{\underline{U}_h(x = l)}{\underline{U}_h(0)} \right| = 20 \cdot \log \left| e^{-\alpha \cdot l} \right| = -l \cdot 20 \cdot \alpha \cdot \log(e)$$

Das längenspezifische Dämpfungsmaß (Dämpfung pro Länge l) folgt damit aus dem Dämpfungskoeffizient als:

$$\delta = 20 \cdot \alpha \cdot \log(e) \qquad \text{(Gl. 4.13)}$$

Für Antennenkabel oder für Kabel zur Datenübertragung werden die Werte häufig in dB/m bzw. dB/(100 m) angegeben (siehe Abschnitt 4.7 für konkrete Werte). Die Dämpfung durch ein Kabel ist also proportional zur Länge des Kabels.

Merksatz

Skin-Effekt

Ferner steigt die Kabeldämpfung pro Länge mit abnehmenden Durchmesser sowie mit zunehmender Frequenz – und zwar in etwa mit der Wurzel aus der Frequenz: $\delta \sim f^{1/2}$. Dies ist auf den so genannten Skin-Effekt (*skin*: = engl. für «Haut») zurückzuführen: Durch Induktionseffekte, die mit steigender Frequenz zunehmen, wird der Strom auf den äußeren Rand des Leiters verdrängt, so dass in der Mitte des Leiters kein Strom fließt.

Die (äquivalente) Leitschichtdicke d_{LS} an der Außenhaut des Leiters nimmt mit zunehmender Frequenz ab ($d_{LS} \sim 1/f^{1/2}$). Bei einer Frequenz von 1 MHz beträgt sie bei Kupfer 66 µm und bei 1 GHz nur noch gut 2 µm. Dementsprechend sinkt der effektive Leiterquerschnitt, wodurch der Widerstandsbelag R' sowie der Dämpfungskoeffizient α steigen. Um dem Skin-Effekt zu begegnen, werden folgende Verfahren angewendet:

- Beschichtung der Leiteroberflächen mit Materialien sehr guter Leitfähigkeit wie Silber und Gold (Oberfläche oxidiert nicht und verliert daher nicht ihre Leitfähigkeit),
- Kabel aus vielen einzelnen gegeneinander isolierten Adern bzw. Litzen zur Erhöhung der Oberfläche.

4.3 Leitungsabschluss und Reflexionen

In diesem Abschnitt soll das Verhalten elektromagnetischer Wellen diskutiert werden, wenn sie an das Ende der Leitung gelangen. Der Einfachheit halber werden verlustfreie Leitungen betrachtet; bei Leitungen mit schwachen Verlusten treten prinzipiell die gleichen Effekte auf.

Am Ende einer Leitung mit einer Abschlussimpedanz Z_A wird im Allgemeinen ein «Teil» der hinlaufenden Welle reflektiert (Bild 4.5). Welcher Anteil in Bezug auf die Spannungen reflektiert wird, beschreibt der *Reflexionsfaktor*. Dieser kann komplexwertig sein, um auch Phasenänderungen bei der Reflexion zu erfassen:

$$\underline{r} = \frac{\underline{U}_r}{\underline{U}_h} \qquad \text{(Gl. 4.14)}$$

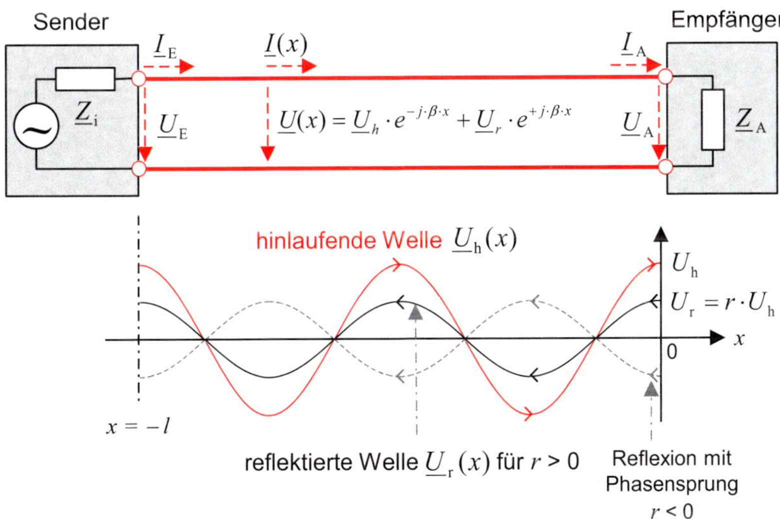

Bild 4.5 Reflexion am Abschlusswiderstand Z_A einer Leitung

Um den Reflexionsfaktor zu berechnen, betrachtet man die allgemeine Spannungs- und Stromverteilung auf der Leitung, wie sie sich aus der Gleichung 4.4 (Verlustfreiheit: $\alpha = 0$) und aus einem hinlaufenden (h) und rücklaufenden (r) Teil besteht:

$$\underline{U}(x) = \underline{U}_h \cdot e^{-j \cdot \beta \cdot x} + \underline{U}_r \cdot e^{+j \cdot \beta \cdot x} \qquad \text{(Gl. 4.15)}$$

Der komplexwertige Reflexionsfaktor als Verhältnis aus rücklaufender und hinlaufender Spannung hängt von der Differenz und der Summe aus Abschluss- und Leitungswellenwiderstand Z_L ab:

$$\underline{r} = \frac{\underline{U}_r}{\underline{U}_h} = \frac{\underline{Z}_A - Z_L}{\underline{Z}_A + Z_L} \qquad \text{(Gl. 4.16)}$$

Je nach Verhältnis von Abschlusswiderstand Z_A und Leitungswellenwiderstand Z_L erhält man einige wichtige Spezialfälle für das Reflexionsverhalten. Ferner lässt sich auch die *Eingangsimpedanz* Z_E bestimmen, die die speisende Quelle am Anfang der Leitung sieht. Da diese gemäß der Konvention aus Bild 4.5 bei $x = -l$ liegt, muss man dafür das Verhältnis aus Spannung und Strom bei $x = -l$ bilden.

Merksatz

Reflexionsfreier Abschluss: $Z_A = Z_L$

Dies ist der erwünschte Fall für den Betrieb als Nachrichtenkabel zur Datenübertragung, da man störende Reflexionen vermeiden möchte. Für den Abschluss der Leitung ist also eine Impedanz zu verwenden, die den gleichen Wert wie der Leitungswellenwiderstand hat.

Aus Gleichung 4.16 ergibt sich dann: $r = 0$.

Die Welle enthält nur die hinlaufenden, aber keine rücklaufenden Anteile. Stehende Wellen treten nicht auf. Für die Spannungs- und Stromverteilung erhält man aus den Gleichungen 4.7 und 4.15:

$$\underline{U}(x) = \underline{U}_h \cdot e^{-j \cdot \beta \cdot x}, \qquad \underline{I}(x) = \frac{1}{Z_L} \cdot \left(\underline{U}_h \cdot e^{-j \cdot \beta \cdot x}\right)$$

Somit folgt für die Eingangsimpedanz bei $x = -l$: $\underline{Z}_E = \dfrac{\underline{U}(-l)}{\underline{I}(-l)} = Z_L$

Als Scheinleistung tritt reine Wirkleistung auf: $\underline{S} = \underline{U} \cdot \underline{I}^* = U_h^2 \,/\, Z_L$

Merksatz

Kurzschluss-Abschluss: $Z_A = 0$

Aus der Gleichung 4.16 ergibt sich dann: $r = -1$.

Das Minus-Zeichen beim Reflexionsfaktor zeigt an, dass die Spannung bei der Reflexion einen Phasensprung von π bzw. 180° macht, also ihr Vorzeichen wechselt. Die Welle enthält einen hinlaufenden und einen betragsmäßig gleich großen rücklaufenden Anteil.

Für die Spannungs- und Stromverteilung erhält man aus den Gleichungen 4.15 und 4.7 mit $\underline{U}_h = \underline{U}_0$, $\underline{U}_r = -\underline{U}_0$:

$$\underline{U}(x) = \underline{U}_0 \cdot \left(e^{-j \cdot \beta \cdot x} - e^{+j \cdot \beta \cdot x}\right) = -2j \cdot \underline{U}_0 \cdot \sin(\beta \cdot x)$$

mit Knoten bei $x = -\lambda/4, -3\lambda/4, -5\lambda/4, \ldots$

$$\underline{I}(x) = \frac{\underline{U}_0}{Z_L} \cdot \left(e^{-j \cdot \beta \cdot x} + e^{+j \cdot \beta \cdot x}\right) = +2 \cdot \frac{\underline{U}_0}{Z_L} \cdot \cos(\beta \cdot x)$$

Knoten bei $x = 0, -\lambda/2, -\lambda, -3\lambda/2, \ldots$

Dabei wurde der Zusammenhang (Eulersche Formel) zwischen der komplexen Exponentialfunktion und den Winkelfunktionen genutzt: $e^{\pm j \cdot \beta \cdot x} = \cos(\beta \cdot x) \pm j \cdot \sin(\beta \cdot x)$.

Der Betrag der Spannung und des Stroms hat also – wie in Bild 4.6 illustriert – einen sinus- bzw. cosinusförmigen Verlauf mit ortsfesten (Nullstellen) und Bäuchen (Maxima). Der Abstand zwischen zwei benachbarten Knoten ist gleich der halben Wellenlänge. Durch Vermessung des Knotenabstandes lässt sich also die Wellenlänge bestimmen.

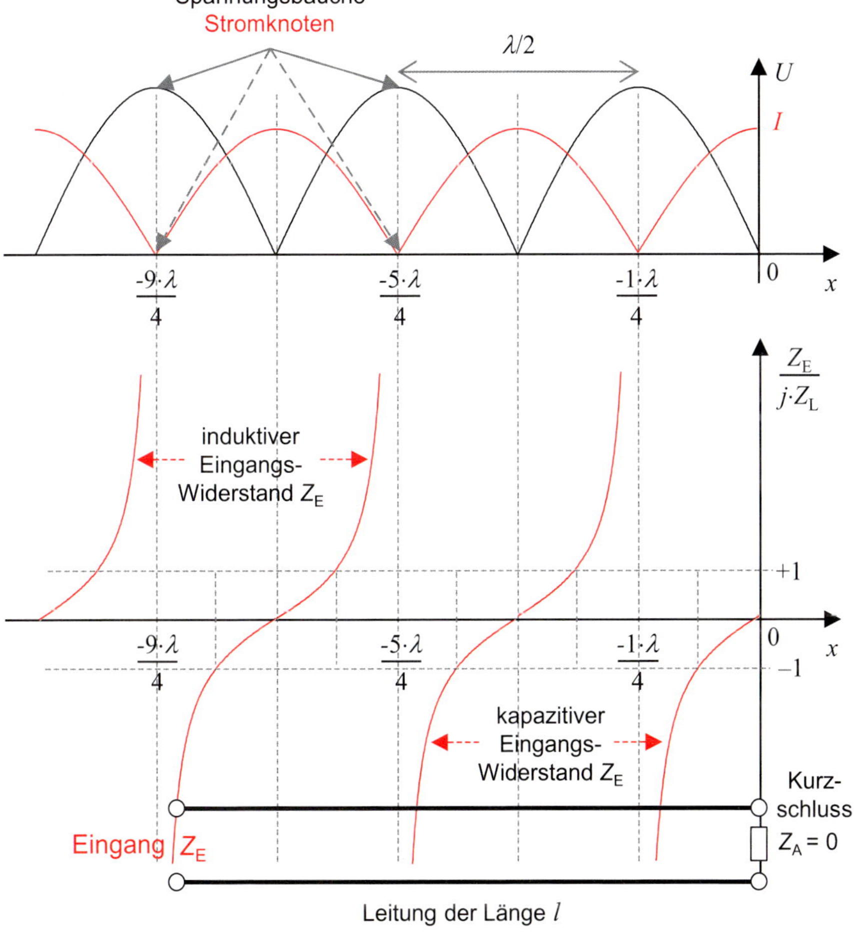

Bild 4.6 Stehende Wellen und Eingangswiderstand für eine Leitung (Beispiel Kurzschluss)

Aus der Überlagerung aus hin- und rücklaufender Welle bei der Reflexion ist also eine so genannte stehende Welle entstanden, da sich die Spannungs- und Stromverteilung nicht weiter bewegt.

Als Eingangsimpedanz ergibt sich ein reiner Blindwiderstand bei $x = -l$:

$$\underline{Z}_E = \frac{\underline{U}(-l)}{\underline{I}(-l)} = j \cdot Z_L \cdot \tan(\beta \cdot l)$$

der je nach Leitungslänge kapazitiv oder induktiv sein kann (siehe Bild 4.6). Dementsprechend ergibt sich auch für die Scheinleistung eine reine Blindleistung.

Leerlauf-Abschluss: $Z_A \to \infty$
Aus der Gleichung 4.16 erhält man: $r = +1$.

In diesem Fall ergibt sich für die Spannung bei der Reflexion kein Phasensprung, der reflektierte Anteil hat also das gleiche Vorzeichen wie der hinlaufende. Auch in diesem Fall erhält man wie beim Kurzschluss stehende Wellen mit Knoten und Bäuchen. Allerdings ist gegenüber dem in Bild 4.6 für den Kurzschluss gezeigten Verlauf die Rolle von Strom und Spannung genau vertauscht.

Ebenso ergibt sich als Eingangsimpedanz ein reiner Blindwiderstand, der im Gegensatz zum Kurzschluss nicht durch eine Tangens-, sondern durch eine Cotangens-Funktion (mit negativem Vorzeichen) in Abhängigkeit von der Leitungslänge beschrieben wird.

Beliebiger Abschluss Z_A
In diesem Fall kann der Reflexionsfaktor r einen beliebigen Wert annehmen, der betragsmäßig zwischen 0 und 1 liegt. Nach der Reflexion kann sich die reflektierte Spannung mit der hinlaufenden an manchen Stellen konstruktiv und an anderen Stellen destruktiv überlagern, so dass Maxima und Minima der Gesamtspannung entstehen. Allerdings liegt der Minimalwert nicht unbedingt bei Null wie bei der zuvor diskutierten vollständigen Reflexion, sondern es gilt (siehe Bild 4.7):

$$U_{max} = U_h + U_r = U_h\,(1 + r)$$
$$U_{min} = U_h - U_r = U_h\,(1 - r)$$

Zu beachten ist, dass die beiden obigen Gleichungen die Beträge der jeweiligen Größen enthalten (kein Unterstrich).

Definition

Das Verhältnis aus maximal und minimal auftretender Spannung nennt man das *Stehwellenverhältnis* (***V**oltage **S**tanding **W**ave **R**atio, VSWR*). Den Kehrwert bezeichnet man als *Anpassungsfaktor m*.

$$VSWR = \frac{U_{max}}{U_{min}} = \frac{1 + r}{1 - r} = \frac{1}{m} \qquad \text{(Gl. 4.17)}$$

Durch Messung von U_{max} und U_{min} lassen sich also der Betrag des Reflexionsfaktors und damit die Fehlanpassung der Leitung bestimmen.

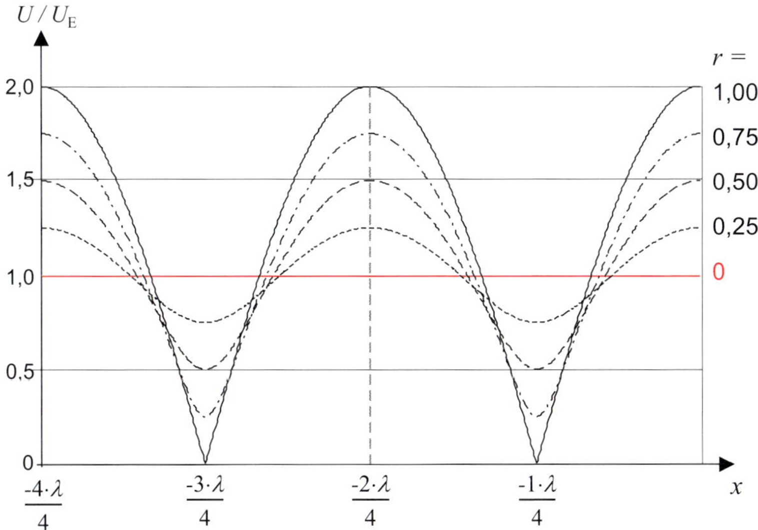

Bild 4.7 Stehende Wellen bei verschiedenen Reflexionsfaktoren r

4.4 Leitungen als Bauelemente der Hochfrequenztechnik

Leitungen werden nicht nur zur Übertragung von Nachrichten, sondern auch in Form von kurzen Leitungsstücken zur Transformation von Impedanzen oder in Resonatoren eingesetzt.

Der Effekt, der dahinter steht, wurde beispielhaft bereits im Zusammenhang mit der kurzgeschlossenen Leitung diskutiert. Abhängig von der Leitungslänge l und dem Leitungswellenwiderstand Z_L kann der reelle Abschlusswiderstand $Z_A = R_A = 0$ in einen beliebigen Eingangswiderstand transformiert werden. Diese Transformationseigenschaft lässt sich auf beliebige Impedanzen verallgemeinern. Für solche Effekte muss man nur Leitungen mit einer Länge zwischen Null und der halben Wellenlänge betrachten – eine Verlängerung der Leitung um ein Vielfaches der halben Wellenlänge führt zu dem gleichen Transformationsverhalten.

Ein wichtiger Spezialfall sind Leitungen der Länge $\lambda/4$. In diesem Fall vereinfacht sich das Transformationsgesetz zwischen Abschluss- und Eingangsimpedanz zu:

$$Z_E = Z_L^2/Z_A \qquad \text{(Gl. 4.18)}$$

Eine solche Leitung der Länge $\lambda/4$ wird zu Anpassungszwecken eingesetzt. Löst man die Gleichung 4.18 nach Z_L auf, so kennt man den Wert des Wellenwiderstandes der Leitung, die man zwischen einen Eingangs- und einen Abschlusswiderstand für einen reflexionsfreien Übergang schalten muss. Er ergibt sich als geometrisches Mittel aus den beiden zu koppelnden Impedanzen:

$$Z_L = \sqrt{Z_A \cdot Z_E}$$

Sollen beispielsweise zwei Leitungen mit Wellenwiderständen von 50 Ω und 100 Ω reflexionsfrei miteinander gekoppelt werden, so benötigt man dazwischen eine Leitung der Länge $\lambda/4$ mit einem Wellenwiderstand von $Z_L = 70{,}7\ \Omega$.

Anhand von Bild 4.6 lässt sich ebenfalls erläutern, inwiefern sich kurze Leitungsstücke als Bauelemente für Resonatoren in der Hochfrequenz einsetzen lassen: Bei einem Abschluss mit einem Kurzschluss und einer Länge von etwas mehr als einer viertel Wellenlänge wirkt sie als induktiver Widerstand. Zusammen mit einem Kondensator entsteht ein Schwingkreis hoher Güte, denn eine Leitung ist zwar nie komplett ideal, doch ihre «ohmschen» Verluste sind i.Allg. bei sehr hohen Frequenzen deutlich geringer als bei einer klassischen Spule. Eine Leitung der Länge $\lambda/4$ besitzt bei der entsprechenden Frequenz einen äußerst hohen Blindwiderstand (Höhe abhängig von den Verlusten) und zeigt damit das gleiche Verhalten wie ein Serienschwingkreis. Bei einer Länge von $\lambda/2$ wird der Blindwiderstand (nahezu) null (siehe Bild 4.6). Die Leitung wirkt also als Parallelschwingkreis.

Das zuvor erläuterte Verhalten von kurzgeschlossenen Leitungen nutzt man für Resonatoren hoher Güte bei hohen Frequenzen.

Ein Beispiel ist der in Bild 4.8 gezeigte Topfkreis, den man zur Schwingungserzeugung im Bereich von etwa 0,1 bis 2 GHz verwendet. Der äußere Teil eines Koaxialkabels bildet den umgebenden Topf für den Innenleiter. Dadurch ist der Resonator gegen äußere Einflüsse gut abgeschirmt. Mit dem verschiebbaren Kondensator C lässt der Resonator in seiner Resonanzfrequenz abstimmen.

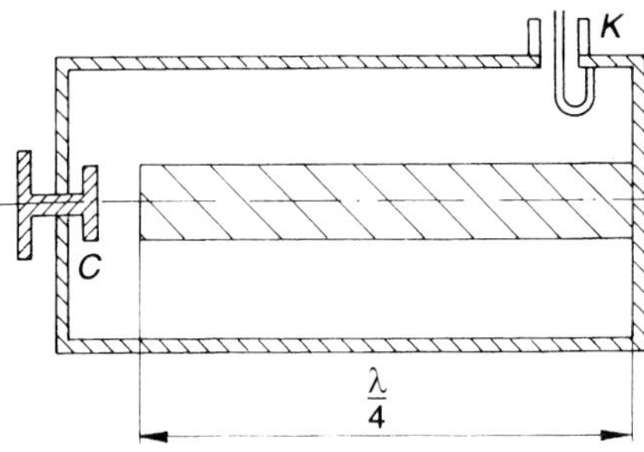

Bild 4.8
Aufbau eines Topfkreises

4.5 Wellenleiter

Die bisher betrachteten Leitungen bestehen aus Hin- und Rückleitung, egal ob in Form der Zweidrahtleitung oder des Koaxialkabels. Die Signalübertragung auf diesen Leitungen ist immer an den Strom in Hin- und Rückleiter gebunden. Da der Strom aber ein magnetisches Feld verursacht und dieses über die anliegende Spannung auch mit einem elektrischen Feld verknüpft ist, findet die Energieübertragung zwischen Sender und Empfänger eigentlich durch die Ausbreitung einer elektromagnetischen

Welle zwischen den Leitern statt. Beim Koaxialkabel ist dieses Feld auf den Raum zwischen Innenseite des Außenleiters und Außenseite des Innenleiters beschränkt, so dass unerwünschte Kopplungen mit anderen Feldern vermieden werden.

Im GHz-Bereich sind die durch die Ströme auf den Leitern verursachten Verluste sehr groß. Außerdem kann der Abstand der Leiter nicht mehr wesentlich kleiner als $\lambda/4$ gemacht werden. Man verwendet deshalb Wellenleiter zur Signalübertragung.

Definition

Ein Wellenleiter ist eine Einrichtung, die geeignet ist, eine elektromagnetische Welle in axialer Richtung zu führen.

Häufig werden Hohlleitungen als Wellenleiter verwendet. Eine *Hohlleitung* ist ein metallischer Hohlkörper (Bild 4.9), in dessen Innenraum sich eine elektromagnetische Welle ausbreiten kann. Dazu muss der Querschnitt des Hohlleiters Mindestabmessungen bezogen auf die zu übertragene Wellenlänge besitzen. Für den Rechteckhohlleiter in Bild 4.9a mit Luft als Dielektrikum gilt für die Grenzwellenlänge:

$$\lambda_g < 2\,\alpha \qquad \text{(Gl. 4.19)}$$

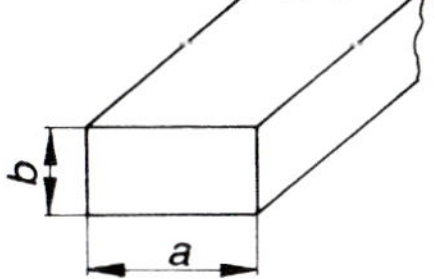

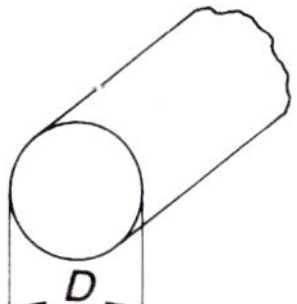

Bild 4.9
Schemata von Hohlleitern
a) Rechteckhohlleiter
b) Hohlleiter mit kreisförmigem Querschnitt

Beim Hohlleiter mit kreisförmigem Querschnitt in Bild 4.9b wird

$$\lambda_g < 0{,}82\ D \qquad \text{(Gl. 4.20)}$$

Hohlleiter zeigen ein Hochpassverhalten, d.h., oberhalb der Grenzwellenlänge nimmt die Dämpfung mit steigender Frequenz ab. Das setzt aber eine hohe Leitfähigkeit und Oberflächenhomogenität der Innenseite des Hohlleiters voraus. Mit steigender Frequenz können sich auch verschiedene Wellentypen im Hohlleiter anregen lassen, die ein unterschiedliches Übertragungsverhalten ergeben. Hohlleiter werden wegen des relativ hohen Materialaufwandes vor allem auf kurzen Strecken (zwischen Sender bzw. Empfänger und Antenne bei Satellitensystemen) zur Nachrichtenübertragung eingesetzt.

4.6 Lichtwellenleiter

Der steigende Bandbreitebedarf bzw. die Zunahme der Übertragungsdatenrate in der digitalen Übertragung ist leitungsgebunden nur durch die Verwendung von **Lichtwellenleitern** (LWL) zu decken. Die Beeinflussung von außen entfällt, und

Lichtwellenleiter zur Überbrückung sehr großer Entfernungen lassen sich wirtschaftlich herstellen. Lichtwellenleiter werden aus Glas oder aus speziellen polymeren Kunststoffen (POF) hergestellt.

4.6.1 LWL-Übertragungskanal

Der Übertragungskanal auf der Basis eines Lichtwellenleiters (LWL) ist in Bild 4.10 dargestellt. Das Signal wird einer Lichtquelle (z.B. Lumineszenzdiode oder Laserdiode) zur elektrooptischen Wandlung aufmoduliert und über den Wellenleiter zum Empfänger geführt. Im Empfänger benutzt man zur optoelektrischen Wandlung Fotoelemente, Fotodioden oder Fototransistoren. Für die Übertragung sind vor allem die Übertragungsdämpfung der LWL, die mögliche Sendeleistung, der Modulationswirkungsgrad und die Empfindlichkeit des Empfängers wichtig.

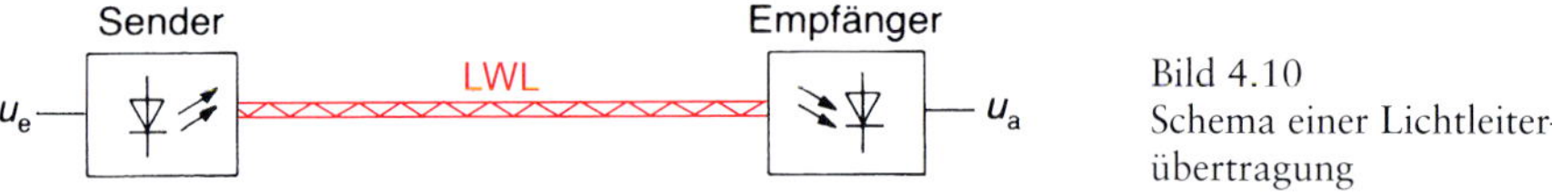

Bild 4.10 Schema einer Lichtleiterübertragung

Bei sendeseitiger Verwendung von Lumineszenzdioden wird ein breites Spektrum im sichtbaren bzw. infraroten Bereich des Lichtes erzeugt, so dass eine Modulation wie in Kapitel 7 beschrieben nicht mehr möglich ist. Das würde einen Träger mit einer Frequenz (monochromatisches Licht) voraussetzen. Lumineszenzdioden werden deshalb in ihrer Intensität moduliert. Laserdioden erzeugen eine oder mehrere Spektralfrequenzen und erlauben eine höhere Ausgangsleistung.

Merksatz

In der Regel werden die Signale durch *Intensitätsmodulation* übertragen. Die dabei auftretenden hohen Bandbreiten sind bei der sehr hohen Trägerfrequenz unbedeutend.

Fotodioden für die optoelektrische Wandlung, z.B. PIN- und Avalanche-Dioden, sind vor allem durch einen hohen Wirkungsgrad der Lichtumwandlung in elektrische Leistung und ihre spektrale Empfindlichkeit gekennzeichnet.

4.6.2 Optische Eigenschaften von Glasfasern

Für den Lichtwellenleiter selbst sind die Dämpfung und die Dispersion, auf die später noch näher eingegangen wird, von wesentlicher Bedeutung. Der Dämpfungskoeffizient α in dB/km ist eine materialspezifische Kenngröße und von der Wellenlänge abhängig (Bild 4.11a).

Die Dämpfung setzt sich aus einem Streuanteil, der auf Unregelmäßigkeiten im Glaskern zurückzuführen ist (Rayleigh-Streuung), und einem Absorptionsanteil zusammen. Die Rayleigh-Streuung ist eine physikalische Materialeigenschaft, nimmt mit der Frequenz ab und kann nicht eliminiert werden. Der Absorptionsanteil ist dagegen materialspezifisch und kann durch geeignete Maßnahmen bei der Faserherstellung reduziert werden. Insbesondere gilt es die Einlagerung von OH-Ionen zu verhindern. Wie in Bild 4.11 dargestellt, haben sich in den Dämpfungsminima 3 so genannte optische Fenster bei 850 nm, 1300 nm und 1550 nm herausgebildet, wobei für den 850-nm-Bereich die Sender und Empfängerbausteine zuerst verfügbar waren. In Bild 4.11b sind der Dämpfungsverlauf einer modernen Monomode-Glasfaser mit OH-Kompensation sowie die optischen Übertragungsbänder nach ITU *(International Telecommunication Union)* dargestellt. Es kann der gesamte Wellenlängenbereich zwischen ca. 1280 nm und 1620 nm für eine optische Übertragung genutzt werden, was einer Bandbreite von ca. 50 THz entspricht. Für das traditionelle dritte optische Fenster (Band C) waren die ersten, erbiumdotierten Faserverstärker *(EDFA, **E**rbium **D**oped **F**iber **A**mplifier)* zur optischen Verstärkung des Signals verfügbar. Die in Kapitel 9 beschriebenen optischen Multiplexverfahren nutzen im Fall des *DWDM (**D**ense **W**avelength **D**ivision **M**ultiplex)* das C-, L- oder S-Band; Systeme des *CWDM (**C**oarse **W**avelength **D**ivision **M**ultiplex)* werden im gesamten angegebenen Wellenlängenbereich eingesetzt.

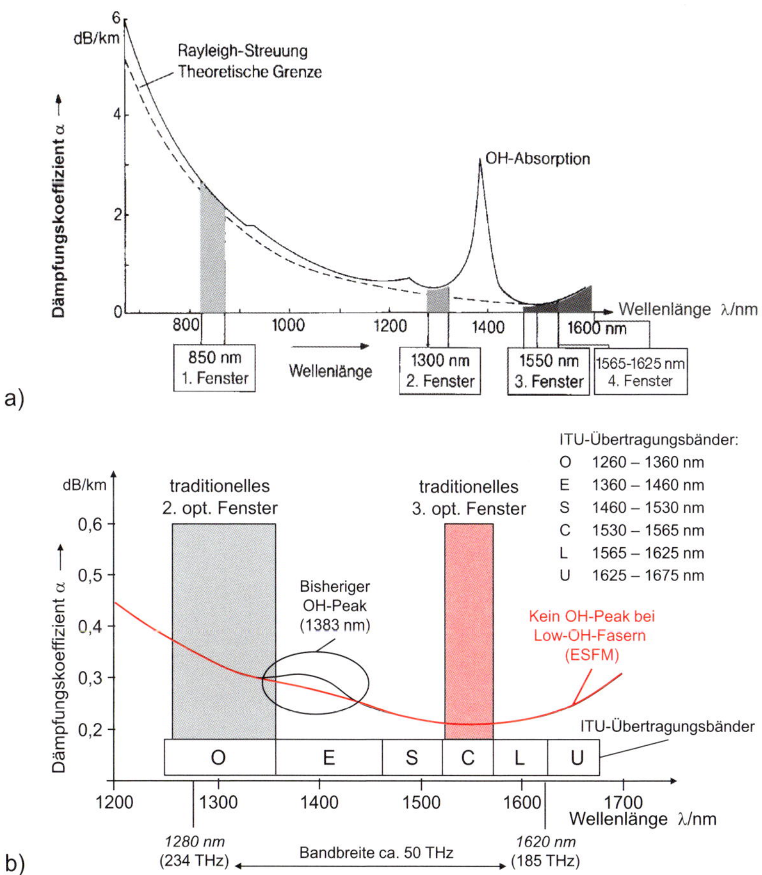

Bild 4.11 Dämpfungskoeffizient α in Abhängigkeit von der Wellenlänge
a) Herkömmliche Faser mit Angabe der optischen Fenster
b) OH-kompensierte Monomode-Faser (*ESMF, **E**nhanced **S**ingle **M**ode **O**ptical **F**iber)* mit Angabe der Übertragungsbänder nach ITU

4.6.3 Aufbau von Lichtwellenleitern

Definition

Ein Lichtwellenleiter ist ein Wellenleiter für elektromagnetische Wellen im sichtbaren oder infraroten Bereich.

Die Abmessungen des LWL sind wesentlich größer als die Wellenlänge des zu übertragenden Lichtes. Die Ausbreitung des Lichtes im LWL kann deshalb mit den bekannten Gesetzen der Optik (Reflexionsgesetz, Brechungsgesetz) beschrieben werden. Maßgebend für die Ausbreitung des Lichtes ist der Aufbau des LWL, speziell der Verlauf der *Brechzahl n* quer zur Ausbreitungsrichtung zwischen Kern und Mantel. Glasfasern werden aus sehr reinem Quarzglas hergestellt. Deren Kernbereich wird, um eine stärkere Brechung oder ein spezielles Brechzahlprofil zu erreichen, mit Fremdstoffen (z.B. Germaniumdioxid (GeO_2) oder Phosphorpentoxid (P_2O_5) dotiert. Kunststofffasern (POF) finden speziell in der Datenkommunikation Anwendung und werden für kurze Strecken, Industrieapplikationen, der Heimvernetzung, im Automobil, zur Verbindung in Computern (z.B. Anschluss von Festplatten) oder der Unterhaltungselektronik (z.B. zur Kopplung von DVD-Playern an Verstärkeranlagen) eingesetzt.

Bei Quarzglasfasern werden grundsätzlich drei Fasertypen unterschieden, deren wesentliche Eigenschaften in Bild 4.12 dargestellt sind.

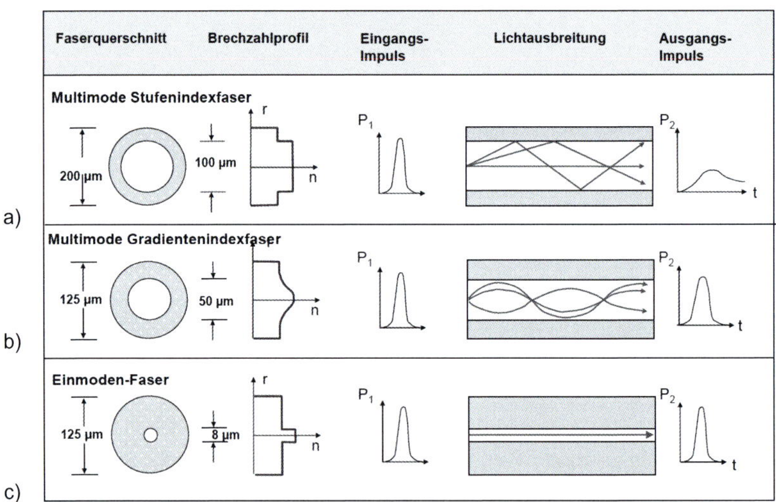

Bild 4.12 Eigenschaften von Quarzglasfasern
a) Multimode-Stufenindexfaser
b) Multimode-Gradientenindexfaser
c) Einmoden- oder Monomodefaser

Am Beispiel des LWL mit Stufenindex (Bild 4.12a) wird nachfolgend die Lichtwellenausbreitung näher betrachtet. Ein unter dem Winkel α_0 einfallender Lichtstrahl wird im Faserkern entsprechend der Brechzahl n_K gegenüber der Brechzahl in Luft $n_0 = 1$ in das optisch dichtere Medium gemäß

$$\frac{\sin\beta_0}{\sin\beta_K} = \frac{n_K}{n_0} = n_K \qquad \text{(Gl. 4.21)}$$

gebrochen. Das Gleiche gilt sinngemäß zwischen Kern und Mantel:

$$\frac{\sin\alpha_K}{\sin\alpha_M} = \frac{n_M}{n_K} \qquad \text{(Gl. 4.22)}$$

Bild 4.13 zeigt eine detaillierte Strahlenführung in einem Lichtleiter mit Stufenprofil, wobei die Brechzahlen sich wie folgt verhalten:

$n_0 < n_M < n_K$

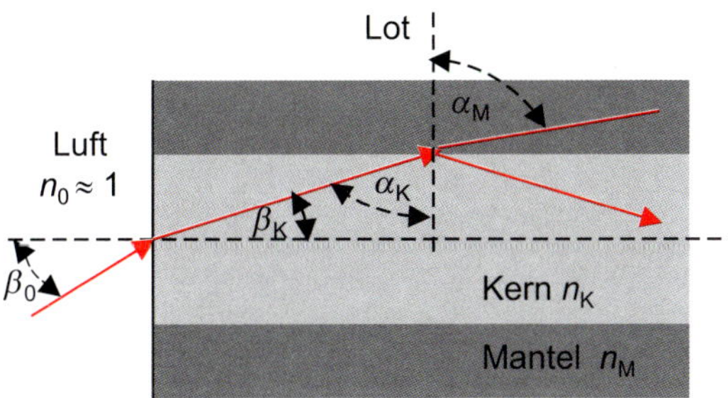

Bild 4.13
Lichtstrahlenverlauf in einer Stufenindexfaser

Wird der Einfallwinkel β_0 des Lichtes zu groß gewählt, kommt die erforderliche Totalreflexion am Mantel des LWL nicht mehr zustande, so dass eine Übertragung nicht möglich ist.

LWL mit Stufenprofil werden z.B. für eine Lichtwellenlänge von $\lambda_0 \approx 0{,}85$ µm mit einem Kerndurchmesser $d_K = 50$ µm und dem Manteldurchmesser $d_M = 125$ µm gefertigt. Da der Kerndurchmesser ein Vielfaches der Lichtwellenlänge beträgt, können sich unterschiedliche Moden (Wellentypen) im LWL ausbilden. Dabei spielt der Einstrahlwinkel α_0 am Eingang eine große Rolle, weil unterschiedliche Brechzahlen auch unterschiedliche Ausbreitungsgeschwindigkeiten im LWL hervorrufen. Das führt in der beschriebenen Multimode-Faser mit Stufenindex zur so genannten Modendispersion.

Merksatz

Unter *Modendispersion* versteht man die unterschiedliche Laufzeit verschiedener Lichtwellenanteile im LWL und die damit verbundene Schwierigkeit, am Empfänger die zu einem Signal gehörenden Lichtanteile zeitlich zuzuordnen.

Bei der Multimode-Stufenindexfaser sind die Laufzeiten der unterschiedlichen Lichtwellen relativ groß, so dass es empfängerseitig zu einer starken Impulsverbreiterung des Eingangsimpulses kommt (Bild 4.12a). Die Übertragungsreichweite ist daher begrenzt, und das Bandbreite-Reichweite-Produkt ergibt sich zu $B \cdot l > 100$ MHz · km. Der Einsatzbereich liegt daher eher im Kurzstrecken- und Gebäudebereich.

Eine Verbesserung der Übertragungsqualität ergibt sich bei den Multimode-Gradientenindexfasern, die aufgrund ihrer optischen Eigenschaften geringere Laufzeitunterschiede der Lichtstrahlen aufweisen: Die Impulsverbreiterung ist geringer (Bild 4.12b) und damit das Bandbreite-Reichweite-Produkt größer $B \cdot l >$ 1 GHz · km. Einsatzbereiche sind z.B. Ortsnetze und lokale Hochgeschwindigkeitsdatennetze, die häufig bei Wellenlängen von 850 nm betrieben werden.

Das Problem der Modendispersion tritt bei einer Einmodenfaser (Bild 4.12c) nicht auf. Bei einem Kerndurchmesser $d_K \approx 8$ µm und einer Lichtwellenlänge $\lambda_0 = 1{,}3$ µm bildet sich nur noch ein Mode aus, so dass es keine Laufzeitunterschiede des Lichtes und keine diesbezügliche Impulsverbreiterung geben kann. Das Bandbreite-Reichweite-Produkt ist größer $B \cdot l > 10$ GHz · km. Derartige Fasern bilden heute die wesentliche Infrastruktur der Weitverkehrsnetze und werden je nach Alter der Faser bei 1300 nm oder bei 1550 nm betrieben: Alte Fasern weisen eine hohe OH-Absorption bei 1400 nm auf, so dass der 1550-nm-Betrieb dort nicht effizient möglich ist. Mit neuen Low-OH-Peak-Single-Mode-Fasern kann im Fernnetzbereich jedoch der gesamte Frequenzbereich von 1280 nm (2. opt. Fenster) bis 1610 nm (4. opt. Fenster) zur Übertragung im WDM-Verfahren (vgl. Kapitel 9) genutzt werden.

Neben der beschriebenen Modendispersion unterscheidet man bei Glasfasern noch die Profildispersion, die chromatische Dispersion und die Polarisationsmodendispersion. Durch neue Materialentwicklungen gelingt es inzwischen immer besser, die durch die verschiedenen Dispersionsarten entstehenden Qualitätsbeeinträchtigungen der LWL-Übertragung zu kompensieren. Diesbezüglich sei auf die einschlägige Fachliteratur verwiesen.

Die LWL-Technologie weist erhebliche *Vorteile* auf, die zu ihrer weiten Verbreitung in der Nachrichtentechnik bis hin zur Konsumerelektronik führt:

- geringes Volumen und Gewicht;
- Störungen durch andere Kanäle oder elektromagnetische Felder sind ausgeschlossen;
- Sender und Empfänger besitzen keine elektrische Verbindung und sind daher galvanisch optimal getrennt;
- LWL werden kaum von der Temperatur beeinflusst;
- Lichtwellenleiter bieten für die Zukunft genügend Kapazitäten bei der Nachrichtenübertragung durch Verwendung hoher elektrischer Multiplexfaktoren und den Einsatz von Wellenlängenmultiplextechnologien.

4.7 Kabelsysteme in der Kommunikationstechnik

Kabelgebundene Übertragungssysteme stellen die Basisinfrastruktur der heutigen Telekommunikationstechnik dar. Dabei ist zu beachten, dass insbesondere die weltweit verfügbaren Zweidrahtnetze einer ständigen Nutzungsänderung unterliegen. Wurden sie zunächst für die analoge Fernsprechnutzung konzipiert (und optimiert), erfolgte danach die Nutzung derselben Infrastruktur mit digitaler Übertragungstechnik (z.B. ISDN, s. Kapitel 17) oder im Frequenzmultiplex in Verbindung mit xDSL-Verfahren, d.h., die Anforderungen an diese Netze hinsichtlich der zu übertragenden Bandbreite sind stetig gestiegen. Neben dem klassischen Zweidraht-Telefonnetz spielen im Weitverkehr vor allem die LWL-basierenden Netze sowie im teilnehmernahen Bereich die Koaxialleitungsnetze (Kabel-TV) zur Versorgung der Endkunden eine Rolle. Nach den theoretischen Grundlagen der übertragungstechnischen Eigenschaften der kabelgebundenen Übertragungsmedien soll nun auf den Aufbau von Kabeln und exemplarisch auf typische Kenndaten eingegangen werden.

4.7.1 Kabel mit symmetrischen Leitungen

In Kabeln mit symmetrischen Leitungen bezeichnet man den einzelnen elektrischen Leiter als Einzelader, zwei zusammengehörende Einzeladern (Hin- und Rückleiter) als Adernpaar oder Doppelader. Doppeladern können, je nach konstruktivem Aufbau des Kabels, zu Vierern zusammengefasst sein.

Doppeladern oder Vierer können zunächst zu Grundbündeln (z.B. 5 Vierer bilden ein Grundbündel mit 10 Doppeladern), diese wiederum zu Hauptbündeln (z.B. aus 5 bzw. 10 Grundbündeln) zusammengefasst werden.

Ein oder mehrere Grundbündel oder ein oder mehrere Hauptbündel stellen die Kabelseele dar. Die äußere Hülle des Kabels, die man als Kabelmantel bezeichnet, dient – anwendungsbezogen – dem Schutz vor äußeren Einflüssen aller Art.

Jeder einzelne Leiter eines Kabels ist mit einer Isolationsschicht aus Kunststoff versehen. Um die einzelnen Leiter in einem Kabel unterscheiden und zuordnen zu können, wird die Isolierung der zusammengehörenden Einzeladern von Doppeladern und Vierern durch Ringe besonders gekennzeichnet (Bild 4.14).

Zur Verringerung der kapazitiven Kopplungseinflüsse und der Nebensprechkopplung werden die Einzeladern miteinander verseilt. Je nach Kabelaufbau gibt es zwei Verseilarten:

- die *Sternvierer-Verseilung* und
- die *Dieselhorst-Martin-Verseilung*.

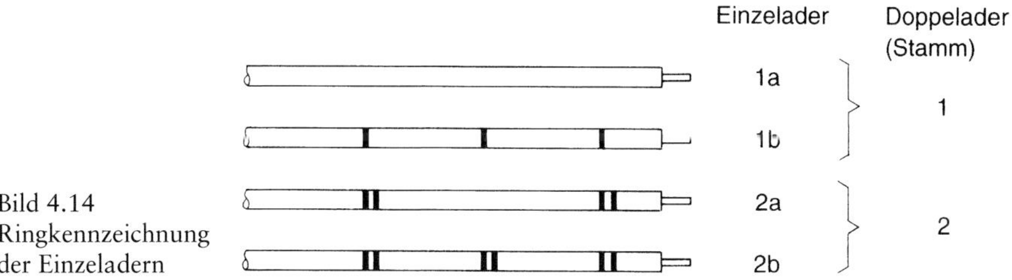

Bild 4.14
Ringkennzeichnung der Einzeladern

Bild 4.15 zeigt den prinzipiellen Unterschied zwischen den beiden Verseilarten.

Bei der Sternvierer-Verseilung werden vier Einzeladern zu einer Einheit verseilt. Dabei stehen die zusammengehörenden Einzeladern einer Doppelader (Stamm) senkrecht zueinander, wodurch sich ihr Abstand vergrößert und damit die Nebensprechkopplung vermindert.

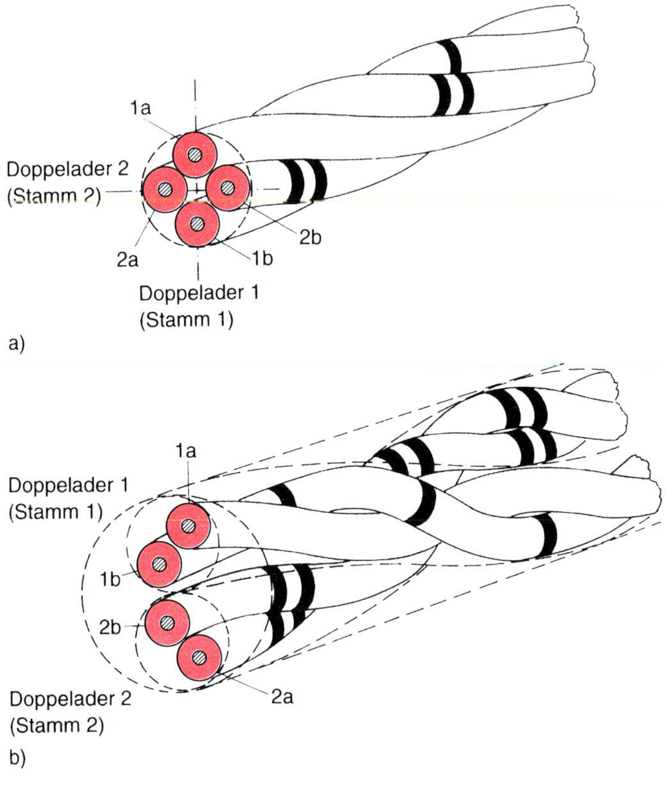

Bild 4.15 Verseilarten bei Vierern
a) Sternvierer-Verseilung
b) Dieselhorst-Martin-Verseilung

Je nach Aufwand bei der Herstellung und der übertragungstechnischen Güte gibt es nach DIN VDE 0816 Klassifizierungen für Sternvierer-Verseilungen, z.B.

- ST III: niedrigste Güte (eingesetzt bei Ortsanschlussleitungen),
- ST I: höhere Güte (eingesetzt bei Ortsverbindungsleitungen).

Bei der Dieselhorst-Martin-Verseilung werden zunächst zwei Einzeladern einer Doppelader miteinander verseilt. Zwei auf diese Art verseilte Doppeladern werden nun wiederum miteinander verseilt. Diese Verseilungsart bringt die geringste Nebensprechkopplung bei niederfrequentem Betrieb, benötigt aber einen höheren Raumbedarf, was bei gleichem Leiterdurchmesser und gleicher Adernzahl den Außendurchmesser des Kabels erheblich vergrößert.

Der Kabelmantel, die äußere Hülle um die Kabelseele, stellt eine Sperre gegen Feuchtigkeit, einen mechanischen Schutz und, je nach Ausführung, auch einen Schutz gegen Starkstromeinflüsse dar. In den meisten Fällen ist der Kabelmantel als Schichtenmantel ausgebildet, der zusätzlich eingelegte Metallbeschichtungen als Feuchtigkeitssperre besitzt. Eine Übersicht über die Kurzbezeichnungen der Kabeltypen und deren Aufbau gibt Bild 4.16 bzw. Bild 4.17.

① Einsatzzweck	
A	Außenkabel
AB	Außenkabel mit Blitzschutz
AJ	Außenkabel mit Induktionsschutz
I	Innenkabel
S	Schaltkabel
T	Aufteilungskabel

Anmerkung:
Eine vollständige Kabeltypenbezeichnung muss jeweils Typenzeichen aus den Feldern 1, 2, 4, 6, 7 und 8 enthalten;
Typenzeichen aus den Feldern 3 bzw. 5 sind ergänzend möglich.

② Leiterisolierung	
P	Papier
Y	Polyvinylchlorid (PVC)
2Y	Voll-Polyethylen (PE)
2 Y0	PE-Scheiben, -Wendel
02Y	Zell-Polyethylen (PE)
3Y	Polystyrol (Styroflex)
7Y	Ethylentetrafluorethylen (ETFE)
9Y	Polypropylen (PP)
09Y	Zell-Polypropylen (PP)

③ Weitere Merkmale zur Kabelseele	
A	Aluminiumdrähte (Induktionsschutz)
C	Schirm aus Kupferdrahtgeflecht
F	Füllung der Kabelseele mit Petrolat
K	Kupferband
KD	Kupferband, gewellt
(K)	Schirm aus Kupferband
(St)	elektrostatischer Schirm (Metall)
(mS)	magnetischer Schirm aus Eisenbändern
Z	Zugfestes Stahlgeflecht

④ Kabelmantel	
H	Halogenfreier Kunststoff
LE2Y	Aluminium, Masseschicht und PE-Schutzhülle
(L)2Y	Aluminiumband, mit PE-Schutzhülle verschweißt
M	Blei
T2Y	Stahl-Tragseil und PE-Schutzhülle
WE2Y	Stahlwellmantel mit PE-Schutzhülle
2Y	Polyethylen (PE)

⑤ Weitere Merkmale zur Kabelseele	
A	Aluminiumdrähte (Induktions-/Blitzschutz)
B	Bewehrung aus Stahldrähten oder -bändern
D	Kupferdrähte (Induktions-/Blitzschutz)

⑥ Leitungskreise

Zahlenwert
= Anzahl der Leitungskreise (ohne Prüfleiter oder Vorratselemente)
Kennziffer «×2×» bis «×5×»
= Anzahl der Adern, aus denen jeweils der Leitungskreis besteht

⑦ Leiterabmessungen in mm

ein Zahlenwert ohne ( )
= Leiterdurchmesser der symmetrischen Verseilelemente
zwei Zahlenwerte durch / getrennt und in ( ) gesetzt
= Leiterdurchmesser des unsymmetrischen Koaxialpaares
zwei Zahlenwerte, durch / getrennt
= Leiter-/Aderdurchmesser

⑧ Verseilart (übertragungstechn. Eig.)	
DMBd	Dieselhorst-Martin-Vierer, bündelverseilt
DMLg	Dieselhorst-Martin-Vierer, lagenverseilt
KxLg	Koaxialpaare, lagenverseilt
PBd	Paar, bündelverseilt
PLg	Paar, lagenverseilt
PiMFlg	Paar in Metallfolie, lagenverseilt
St .. Bd	Stern-Vierer, bündelverseilt
St .. Lg	Stern-Vierer, lagenverseilt

Anmerkung zu St..:
Bestimmte übertragungstechnische Anforderungen in

Gruppe	bei Frequenz(en)
V	bis 550 kHz
IV	bis 120 kHz
III	800 kHz
II	800 kHz höhere Anford. als Gruppe III
I	800 kHz höhere Anford. als Gruppe II

Bild 4.16 Wesentliche Kurzzeichen für Kabel-Typenbezeichnungen

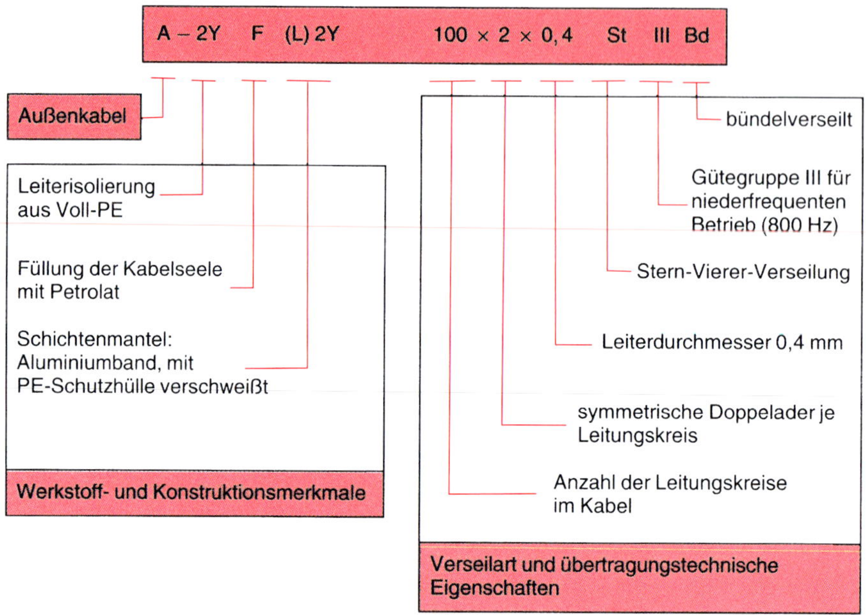

Bild 4.17 Beispiele für den Aufbau von Kabel-Typenbezeichnungen

Der konstruktive Aufbau von symmetrischen Kabeln ist an einigen Beispielen in Bild 4.18 dargestellt, einen Überblick über wesentliche elektrische Kenndaten von symmetrischen Kabeln gibt Bild 4.19.

Abschließend sei darauf hingewiesen, dass aufgrund der zunehmenden Nutzung bestehender Zweidraht-Infrastruktur im Teilnehmeranschlussbereich mit breitbandigen Signalen (DSL-Technik) die Qualität dieser Kabel von entscheidender Bedeutung ist. Insbesondere die Dämpfung der Kabel sowie das Übersprechverhalten bei hohen Frequenzen bestimmen maßgeblich den geografischen Versorgungsbereich, der von der Vermittlungsstelle aus erreicht werden kann.

Der Einsatz von symmetrischen, verdrillten Aderpaaren ist nicht auf die Telekommunikation beschränkt. Seit vielen Jahren werden diese auch in der Anschlusstechnik von Computersystemen, d.h. in der Netzwerktechnik, eingesetzt. Hierfür hat sich aus dem Englischen die Bezeichnung Twisted-Pair-Kabel durchgesetzt. Grundsätzlich handelt es sich dabei um verdrillte 2-Draht-Kabel, die sich jedoch nicht zuletzt aufgrund ihrer «amerikanischen Herkunft» im Aufbau und der Bezeichnungsweise von denen der bereits beschriebenen Telekommunikationskabel unterscheiden und insbesondere für die Verkabelung von Gebäuden heute – neben den Lichtwellenleitern – die wichtigste Rolle spielen.

Grundlage der Bezeichnungen ist dabei die ISO-Norm ISO/IEC 11 801, die insbesondere die sog. strukturierte Gebäudeverkabelung und deren Teilsysteme festlegt. Ferner werden in den damit korrespondierenden Normen die Gesamtsysteme inklusive der Stecker, Anschlussdosen usw. spezifiziert. Diesbezüglich wird auf die Normen und entsprechende Fachliteratur verwiesen.

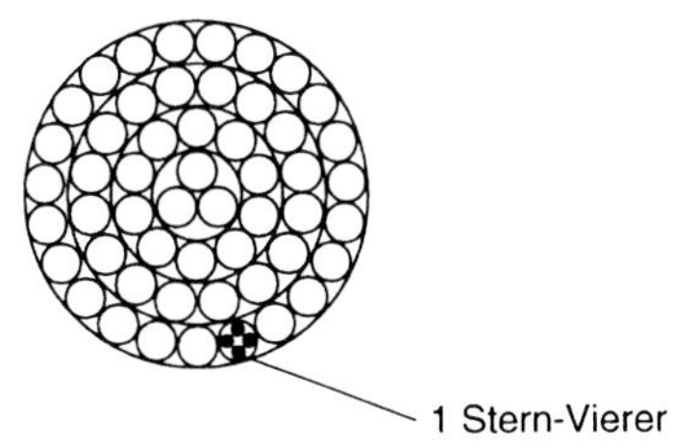

Lagenverseilung (Typzeichen: Lg)

Die Verseilelemente (Stern-Vierer) werden einzeln und unmittelbar in konzentrischen Lagen zur Kabelseele verseilt.

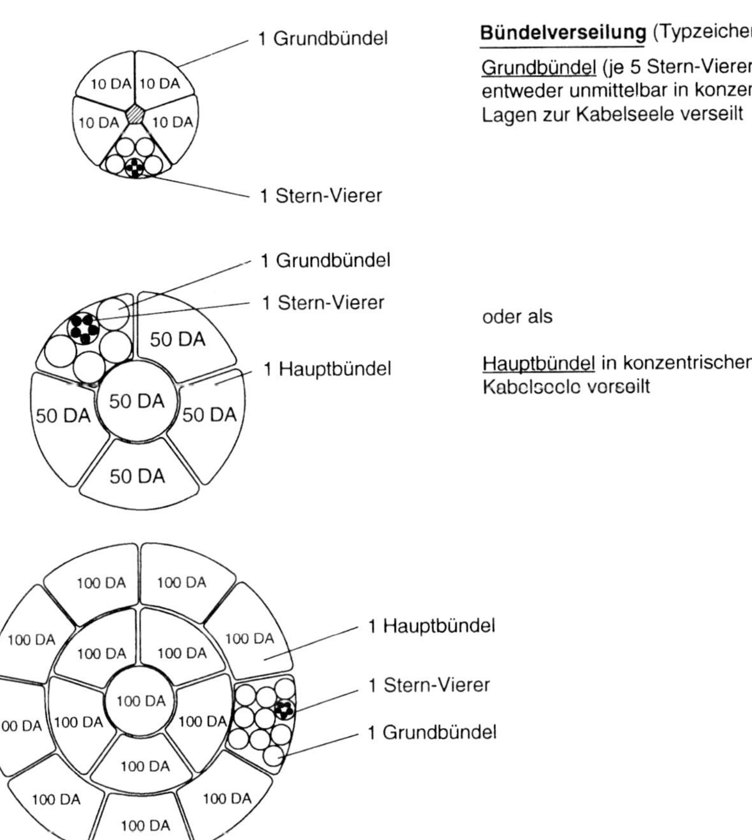

Bündelverseilung (Typzeichen: Bd)

Grundbündel (je 5 Stern-Vierer) werden entweder unmittelbar in konzentrischen Lagen zur Kabelseele verseilt

oder als

Hauptbündel in konzentrischen Lagen zur Kabelseele verseilt

Bild 4.18 Konstruktiver Aufbau von symmetrischen Kabeln

Die resultierende kabelspezifische Bezeichnung für die genutzten Kabel folgt dem Schema XX/YZZ mit folgender Bedeutung:

XX steht für die Gesamtschirmung: U = ungeschirmt, F = foliengeschirmt, S = Geflechtschirm, SF = Geflecht- und Folienschirm

Y steht für die Adernschirmung: U = ungeschirmt, F = foliengeschirmt, S = Geflechtschirm

ZZ steht immer für TP = Twisted Pair

Typenbezeichnung	Aderdurchmesser [mm]	Leitungskennwerte $R'\left[\frac{\Omega}{km}\right]$	$C'\left[\frac{nF}{km}\right]$	$\alpha'_{800\,Hz}\left[\frac{dB}{km}\right]$
A-2Y (L) 2Y ... × 2 × 0,35 ST III Bd	0,35	370	42	2,7
A-2YF (L) 2Y ... × 2 × 0,35 ST III Bd	0,35	370	43	2,7
A-2Y (L) 2Y ... × 2 × 0,4 ST III Bd	0,4	270	34	1,5
A-02Y (L) 2Y ... × 2 × 0,5 ST III Bd	0,5	180	36	1,4
A-02Y (L) 2Y ... × 2 × 0,6 ST III Bd	0,6	119	37	0,9
A-02Y (L) 2Y ... × 2 × 0,8 ST III Bd	0,8	67	38	0,7

Bild 4.19 Wesentliche Kenndaten von symmetrischen Kabeln anhand einiger Beispiele

Ein Kabel des Typs U/UTP ist ein Kabel mit ungeschirmten Paaren und ohne Gesamtschirm. Insofern können damit auch die oben erläuterten Telekommunikationskabel allgemein bezeichnet werden. Allerdings unterscheiden sich Schlaglänge (d.h. die Anzahl der Verdrillungen pro Meter), Kupferdurchmesser und die Isolationsmaterialien von denjenigen im europäischen Bereich, so dass sich auch andere elektrische Eigenschaften ergeben. Im Bereich der Computervernetzung sind die U/UTP-Kabel mit 90% Verbreitungsgrad die am meisten genutzten Netzwerkkabel und bis 1 Gbit/s – Ethernet (s. Kapitel 17) – nutzbar. Hohe Qualitätsanforderungen an die Verkabelung im Hinblick auf din Übertragung hoher Datenraten über gebäudetypische Entfernungen sind allerdings nur mit geschirmten Kabeln erreichbar (S/UTP oder S/STP).

Zur Vereinfachung der Einordnung der verschiedenen Kabeltypen wurden Kategorien (z.Z. CAT 1-7) definiert, die speziellen Anforderungen zugeordnet sind. Eine Aufstellung zeigt Tabelle 4.1.

Die Kabel einer jeweiligen Kategorie werden zertifiziert und müssen daher zusätzlich spezielle elektrische und mechanische Anforderungen erfüllen.

4.7.2 Koaxialkabel

Koaxialkabel können als Kabel mit einem oder mit mehreren Koaxialpaaren aufgebaut sein. Mit Koaxialpaar bezeichnet man ein Leiterpaar, dessen Außenleiter konzentrisch um den Innenleiter angeordnet ist, wobei der Außenleiter gegen den Innenleiter durch Isolierstoff in geeigneter Form abgestützt ist.

In den Telekommunikationsnetzen wurden Koaxialkabel früher mit mehreren Koaxialpaaren im Fernliniennetz für die Analogübertragung breiter Frequenzbänder und für die Digitalübertragung mit hohen Signal-Übertragungsraten eingesetzt. Dieser Einsatzbereich wurde inzwischen weitgehend durch den Ausbau mit Glasfaserkabeln abgelöst.

Tabelle 4.1 Kabel-Kategorien CAT 1-7 und Anwendungen

Kategorie	Anwendung	Bemerkung
CAT 1 (U/UTP)	• Maximale Beriebsfrequenz bis 100 kHz • Sprachübertragung im Telefonbereich • Nicht für Datenübertragung geeignet	Heute ohne Bedeutung Altbestand Informeller Standard
CAT 2 (U/UTP)	• Maximale Betriebsfrequenz bis 1,5 MHz • Hausverkabelung (USA) für ISDN-Primärmultiplex (s. Kap 17.)	Heute ohne Bedeutung Informeller Standard
CAT 3 (U/UTP)	• Standard-Kabeltyp für die Telefonie in den USA, ISDN tauglich • Jedes Kupferpaar hat eine Verdrillung von 3 Wicklungen / Zoll • Isolation mit Perfluor, FEP (geringe Streuung) • Betriebsfrequenz bis 16 MHz (10 Mbit/s-Ethernet 10 BaseT) (s. Kap. 17)	Verbreiteter USA-Standard Altbestand Heute ungebräuchlich
CAT 4 (U/UTP)	• In den USA häufig verlegter Kabeltyp • Geringfügig höhere Betriebsfrequenz bis ca. 30 MHz	Zugunsten von CAT 5 ignoriert
CAT 5 (S/FTP, S/UTP)	• International häufig eingesetzte Basisinfrastruktur in Gebäuden • Betriebsfrequenzen bis 100 MHz • In Europa durch Cat 5e ergänzt (Norm EIA/TIA-568A und B), die eine genauere Spezifikation der Eigenschaften umfasst • Einsatz für Datenkommunikation bis 1 Gbit/s und Telefonie	Standards: EIA/TIA-568 für CAT 5 EIA/TIA-568A-5 bzw. EIA/TIA-568B für CAT 5e
CAT 6 (S/FTP, F/FTP, SF/FTP)	• Betriebsfrequenzen bis 250 MHz • Für Datenkommunikation (LAN) bis 1,2 Gbit/s (ATM) und GigaBit-Ethernet 1000 Base TX (s. Kap.17)	Standards: EN 50173-1, IS 11801 EIA/TIA 568 B2.1
CAT 7 (S/STP, F/FTP)	• Betriebsfrequenzen bis 600 MHz • Für Datenkommunikation 10 Gigabit-Ethernet 1000 Base TX2 (s. Kap.17)	Standards: IEEE 802.3an

Koaxialkabel, die aus nur einem Koaxialpaar aufgebaut sind, finden ihren Einsatz in der Messtechnik, in der Hochfrequenztechnik sowie in Netzen und Anlagen zur Übertragung von breitbandigen Rundfunk- und TV-Signalen, wozu auch die Breitbandverteilnetze (BK-Netze, Kabel-TV-Netze) gehören, und bei der Innenverkabelung in Gebäuden oder innerhalb von Grundstücken.

Die Signalübertragung auf Koaxialleitern erfolgt überwiegend durch die Ausbreitung einer elektromagnetischen Welle entlang dieses Leiters. Wichtige Kenngrößen der koaxialen Leitung sind daher der Wellenwiderstand nach Gl. 4.3 und die frequenzabhängige Dämpfung.

Der Wellenwiderstand beträgt je nach Anwendung 50 Ω, 60 Ω, 75 Ω oder 93 Ω, der Isolationswiderstand liegt bei ca. 10 GΩ/km. 50-Ω-Leitungen werden im Bereich der Computernetze (z.B. Ethernet) und in der HF-Technik bzw. für Funkdienste eingesetzt, in der auch 60-Ω-Kabel zu finden sind. 93-Ω-Leitungen sind für die digitale Datenübertragung vorgesehen. Eine hohe Verbreitung haben 75-Ω-Kabel, die für Antennenanlagen und Kabel-TV-Netze eingesetzt werden.

Den Aufbau einiger einpaariger Koaxialkabel zeigt Bild 4.20. Wichtige elektrische und mechanische Kenndaten für Kabel, die im BK-Verteilnetz eingesetzt werden, sind exemplarisch in Tabelle 4.2 aufgeführt. Die wesentlichen Bezeichnungen sind in der DIN 47 280, 47 299 und DIN VDE 0887 zu finden.

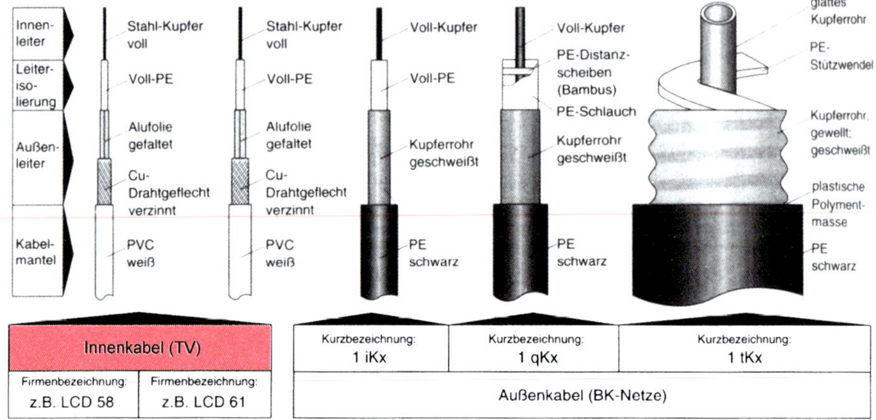

Bild 4.20 Kabelaufbau typischer Koaxialkabel

Tabelle 4.2 Varianten und Typen von Koaxialkabel für das BK-Verteilnetz

Koaxialkabel für BK-Verteilanlagen (Herstellerangaben)

Kabel-Bezeichnung	A-2Y0KD2Y-1tKx	A-2Y0K2Y-1sKx	A-2Y0k2Y-1qKx	A-2Y0K2Y-1nKx	A-2YK2Y-1iKx
Kabelart	Flexwell-Kabel	Luftkammerkabel	Luftkammerkabel	Luftkammerkabel	Voll-PE-Kabel
Einsatz (Netzebene)	BKV1 TV-Empfangstelle	A-Ebene BK-Verstärkerstelle	A-/B-Ebene BK-Verstärkerstelle	C-Ebene BK-Verstärkerstelle	D-Ebene ÜP-private BK-Anlage
Abmessungen: • Innenleiterdurchmesser in mm • Außenleiterdurchmesser in mm • Manteldurchmesser in mm	 11,0 42,0 51,0	 4,9 19,4 23,0	 3,3 13,5 17,0	 2,2 8,8 12,5	 1,1 7,3 11,0
Mechanische Eigenschaften: • Biegeradius in mm (mehrmalig/ einmalig) • Maximale Zugbelastung in N	 800 / 350 3700	 500 / 250 –	 200 / 550	 250 / 250 350	 150 / 150 300
Gleichstrom-Widerstand in Ω/km • Innenleiter • Außenleiter • Schleifenwiderstand	 0,40 0,35 0,75	 1,0 1,2 2,2	 2,5 2,0 4,5	 5,6 3,0 8,6	 18,1 2,9 21,0
Wellenwiderstand in Ω	75 ± 1,5	75 ± 1,5	75 ± 1,5	75 ± 2	75 ± 2
Kapazität in pF/m	–	50	50	50	67
Reflexionsdämpfung (40 bis 300 MHz)	≥ 26 dB	≥ 26 dB	≥ 26 dB	≥ 26 dB	≥ 26 dB
Dämpfung in dB/100 m bei 450 MHz	1,5	2,9	4,1	6,2	12,2

4.7.3 Glasfaserkabel

Die übertragungstechnischen Eigenschaften von Lichtwellenleitern wurden bereits in Abschnitt 4.6.3 dargestellt, und ihre grundsätzlichen Unterscheidungsmerkmale zeigt Bild 4.12.

Jede Glasfaser ist aus dem Glaskern und dem Glasmantel aufgebaut. Der Glaskern stellt das eigentliche Übertragungsmedium dar. Um den mechanischen Belastungen und den äußeren Einflüssen standhalten zu können, müssen die Glasfasern entsprechend geschützt werden. Dazu wird die aus Kern und Mantel bestehende Glasfaser zunächst einmal mit einem Kunststoff aus Acrylharz beschichtet, dem so genannten *Primärcoating*. Dieser Kunststoffüberzug verleiht der Glasfaser eine hohe Elastizität und dient ferner als Trägermaterial für die Kennzeichnung der Fasern (Bild 4.21).

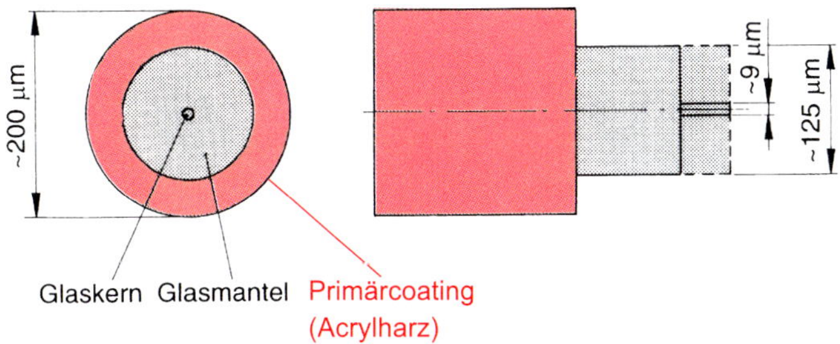

Bild 4.21 Glasfaseraufbau (Beispiel: Einmodenfaser)

Eine oder mehrere Fasern können nun zu Adern zusammengefasst werden (Bild 4.22). Es werden dabei Hohladern verwendet, bei denen die Faser mit einer Kunststoffschicht geschützt wird, mit einem typischen Außendurchmesser von 1,4 mm. Die Hohladern werden ggf. mit Petrolat gefüllt, um die Faser gegen das Eindringen von Wasser zu schützen.

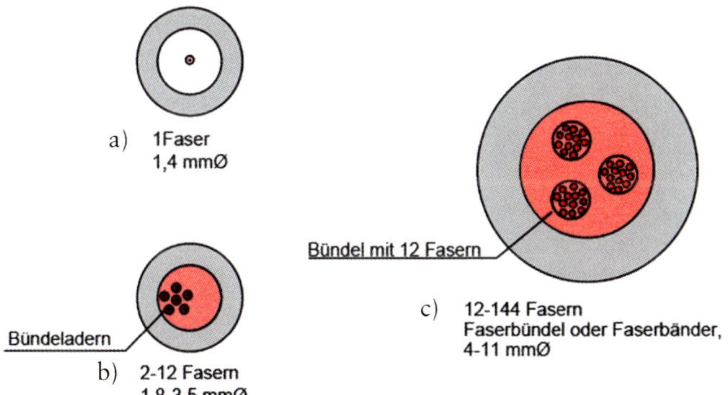

Bild 4.22 LWL-Grundelemente

Bündeladern umfassen 2 bis 12 Fasern (loose / mini tube) bei einem Außendurchmesser von ca. 3 mm. Maxi-Bündeladern (maxi tube) führen 2 bis 96 Fasern und weisen einen Durchmesser von typ. 6 mm auf.

Eine spezielle Ausführungsform eines LWL mit 100 Fasern und entsprechender Bewehrung zeigt Bild 4.23, und in Bild 4.24 sind die Kabeltypenbezeichnungen für Glasfaser nach DIN 0888 auszugsweise zusammengestellt.

1	I A AT	Innenkabel Außenkabel Außenkabel, teilbar (break out)
2	F V H W B D	Faser Vollader Hohlader, ungefüllt Hohlader, gefüllt Bündelader, ungefüllt Bündelader, gefüllt
3	S	Metallenes Element in der Kabelseele
4	F	Petrolatfüllung der Kabelseele-Verseilhohlräume
5	H Y 2Y 11Y (L) 2Y (D) 2Y (ZN) 2Y (L) (ZN) 2Y (D) (ZN) 2Y	Mantel aus halogenfreiem Material Mantel aus PVC Mantel aus PE Mantel aus PUR Schichtenmantel Mantel aus PE mit Kunststoff-Sperrschicht PE-Mantel mit nichtmetallischer Zugentlastung Schichtenmantel mit nichtmetallischen Zugelementen Mantel aus PE mit Kunststoff-Sperrschicht und nichtmetallenen Zugentlastungselementen
6	V HY H B BY B2Y	Innenmantel aus PVC Innenmantel aus Polyurethan Innenmantel aus halogenfreiem Material Bewehrung Bewehrung mit PVC-Schutzhülle (z.B. Nagetierschutz) Bewehrung mit PE-Schutzhülle (z.B. Nagetierschutz)
7	..x..	Anzahl der Adern oder Anzahl der Bündeladern x Anzahl der Fasern je Bündel
8	E G S K Q P	Einmodenfaser (Monomode/Singlemode) Gradientenfaser (Glas/Glas) Stufenindexfaser (Glas/Glas) Stufenindexfaser (Glas/Kunststoff) Quasi-Gradientenfaser (Glas/Glas) Plastikfaser (Kunststoff/Kunststoff)
9	…	Kerndurchmesser in µm
10	…	Manteldurchmesser in µm
11	…	Dämpfungskoeffizient in dB/km
12	…	Wellenlänge B = 850 nm, F = 1300 nm, H = 1550 nm
13	…	Bandbreite in MHz x km
14	Lg	Lagenverseilung

Bild 4.24 LWL-Kabelkennzeichnung

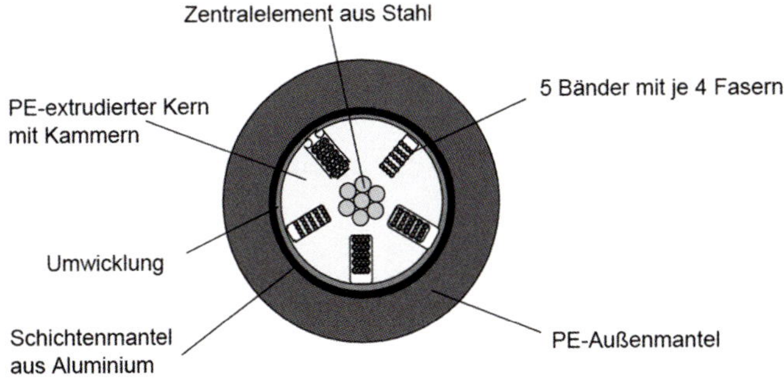

Bild 4.23 100-faseriges LWL-Kabel

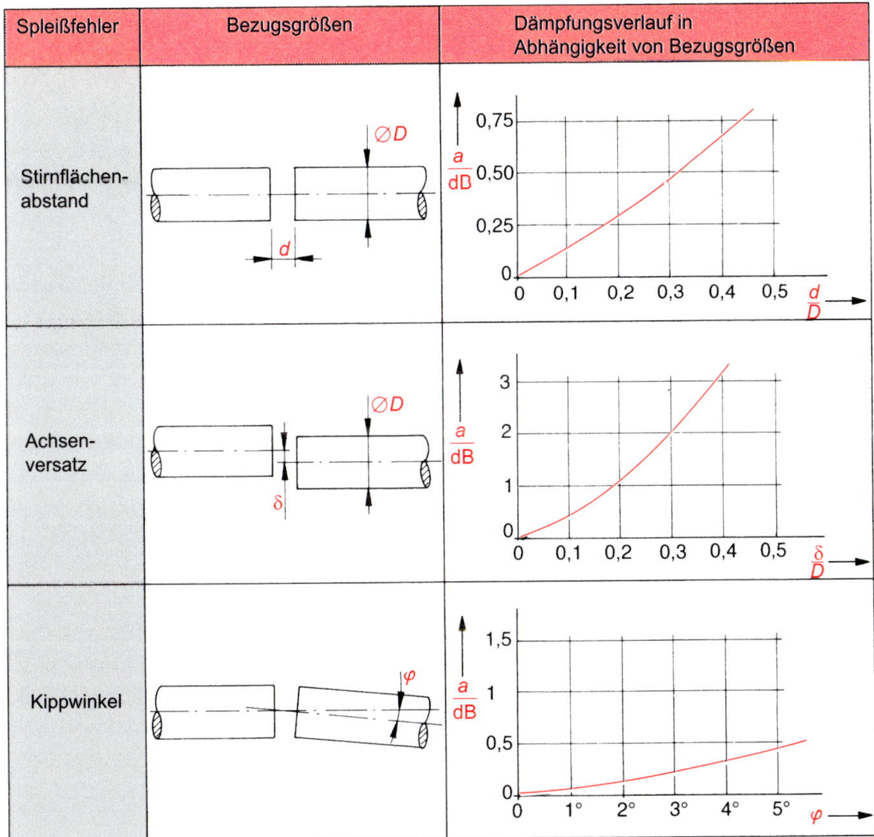

Bild 4.25 Beeinflussung der Dämpfung durch Spleißfehler

Bei der Verbindung von Glasfaserkabeln sind folgende Punkte besonders zu beachten:

- Zugentlastung in den Verbindungsmuffen,
- Schutz gegen Eindringen von Feuchtigkeit in den Verbindungsmuffen,
- Faservorrat in den Spleißstellen,
- Fasern sind genau im rechten Winkel zu brechen,
- genaue Justierung der zu verbindenden Fasern,
- exakte Verschweißung der Fasern mittels Lichtbogen,
- mechanische Sicherung der Schweißstelle.

Bild 4.25 zeigt schematisch den Einfluss einiger typischer Spleißfehler auf den Dämpfungsverlauf.

4.8 Lernziel-Test

1. Wie unterscheiden sich elektrisch kurze und lange Leitung?
2. Wie groß ist der Wellenwiderstand eines Koaxialkabels mit dem Durchmesserverhältnis $D/d = 3$ und Polystyrol-Isolation ($\varepsilon_r = 1{,}2$)?
3. Eine Leitung von $l = 20$ km hat eine Dämpfungskonstante $\alpha = 1{,}2\ \text{km}^{-1}$; wie groß ist das Dämpfungsmaß dieser Leitung in dB?
4. An das Ende einer Leitung mit $Z_0 = 200\ \Omega$ wird ein Widerstand von 1 kΩ geschaltet; wie groß sind Anpassungsfaktor und Reflexionsfaktor? Was besagen diese Größen?
5. Wie viel Maxima der stehenden Welle bilden sich auf einer fehlangepassten Leitung von $l = 20$ m mit dem Verkürzungsfaktor $k = 0{,}6$ bei 100 MHz aus?
6. Es soll der Eingangswiderstand von $Z_e = 300\ \Omega$ an den Abschlusswiderstand $Z_a = 50\ \Omega$ mit Hilfe einer Leitung bei 300 MHz angepasst werden; wie groß müssen Wellenwiderstand und Länge sein?
7. Welche Unterschiede hinsichtlich des Aufbaus gibt es bei Zweidrahtleitungen?
8. Nennen Sie wesentliche Vorteile des LWL.
9. Was wird unter dem Begriff der optischen Fenster verstanden?
10. Wodurch können zusätzliche Dämpfungsverluste bei der LWL-Übertragung auftreten?

5 Elektroakustik

Dieses Kapitel gibt einen generellen Überblick über die wichtigsten Aspekte der Elektroakustik und deren Anwendung. Weitergehende Ausführungen finden sich in [5; 6; 7].

5.1 Allgemeines

Werden die Masseteilchen eines Stoffes durch mechanische Kräfte in mechanische Schwingungen versetzt, so breiten sich diese Schwingungen als *Schallwelle* durch den Stoff hindurch aus (Bild 5.1). Die Ausbreitungsgeschwindigkeit v_a hängt ab von der Art des Stoffes, d.h. von seiner Dichte ρ und vom Elastizitätsmodul E (Bild 5.2).

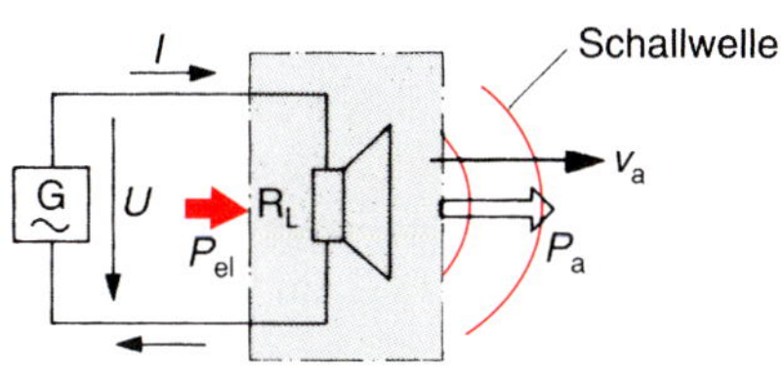

Bild 5.1
Elektroakustischer Wandler, Schallwelle

Gase	v_a in m/s	Feste Stoffe	v_a in m/s
Luft	340	Aluminium	5100
Sauerstoff	316	Blei	1300
Stickstoff	338	Gestein	3700 ... 4000
Wasserstoff	1305	Glas	5200
Flüssigkeiten		Gummi	ca. 50
Wasser	1480	Holz	3300 ... 3400
		Kupfer	3500
		Stahl	ca. 5000

Bild 5.2
Schallgeschwindigkeit in verschiedenen Stoffen bei 20 °C

Unterschieden werden:

- Luftschall,
- Flüssigkeitsschall (Wasserschall),
- Körperschall.

Der Schall kann unterschiedliche Frequenzen besitzen:

Merksatz

Der *Hörschall* kann mit dem menschlichen Ohr wahrgenommen werden. Die wahrgenommenen Frequenzen liegen altersabhängig in etwa zwischen 16...16 000 Hz. *Infraschall*, $f < 16$ Hz, äußert sich durch Erschütterungen, Vibrationen, Beben. *Ultraschall*, $f > 16$ kHz, ist nicht vom Menschen wahrnehmbar, jedoch können viele Tiere diesen Schall noch wahrnehmen (z.B. Hunde – Hundepfeife – und Fledermäuse).

Die Wellenlänge λ ergibt sich aus der Ausbreitungsgeschwindigkeit v_a und der Frequenz f:

$$\lambda = \frac{v_a}{f} \quad \text{(Gl. 5.1)}$$

Für Luft ist $v_a \approx c \approx 333$ m/s.

5.2 Messgrößen des Schalls

Dem *elektroakustischen Wandler* (siehe Bild 5.1) wird elektrische Energie W_{el} bzw. Leistung P_{el} zugeführt, die mit einem bestimmten Wirkungsgrad η in akustische Energie W_a bzw. akustische Leistung P_a umgesetzt wird.

$$W_a = \eta \cdot W_{el} \quad \text{(Gl. 5.2)}$$

$$P_a = \eta \cdot P_{el} \quad \text{(Gl. 5.3)}$$

Die Wirkungsgrade der akustischen Wandler liegen zwischen 10...80%.

Definition

Durch die Schwingungen der Masseteilchen entstehen in der Schallwelle Druckschwankungen, Überdruck und Unterdruck. Den *Effektivwert* dieses Druckes bezeichnet man als *Schalldruck p*. Er wird gemessen in N/m^2.

Die Einheit des Druckes in Newton pro Quadratmeter wird *Pascal* genannt.

Definition

Als *Schallschnelle* v_s bezeichnet man den Effektivwert der Wechselgeschwindigkeit eines schwingenden Masseteilchens.

Definition

Die *Schallintensität J* ist das Verhältnis von akustischer Leistung P_a zur Druckströmungsfläche *A*.

$$1\frac{N}{m^2} = 1\,\text{Pa} \quad (1\,\text{bar} = 10^5\,\text{Pa}) \quad \text{(Gl. 5.4)}$$

Bild 5.3 zeigt die Richtcharakteristik einer Schallquelle. Die Richtcharakteristik gibt die räumliche Verteilung der Schallintensität J einer Schallquelle an.

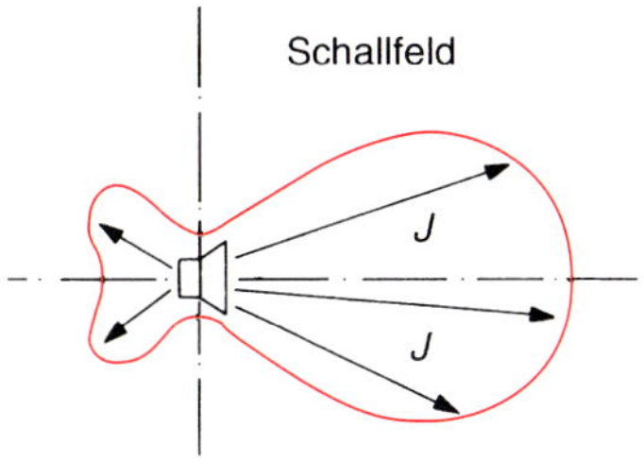

Bild 5.3
Richtcharakteristik eines elektroakustischen Wandlers; die Länge der Pfeile gibt die in die jeweilige Richtung wirkende Schallintensität wieder.

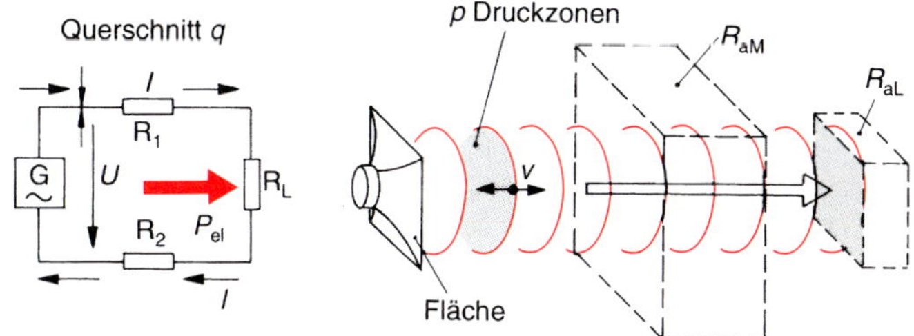

Elektrische Energieübertragung	*Schallenergieübertragung*
elektr. Generator	Schallsender
Leitungswiderstand R_1, R_2	akustischer Widerstand des Mediums R_{aM}
Lastwiderstand R_L	akustischer Widerstand des Schallempfängers R_{aL}
elektr. Spannung U in V	Schalldruck p in N/m^2 = Pascal
elektr. Stromdichte S in A/mm^2	Schallschnelle v_s in m/s
Querschnittsfläche q in mm^2	Querschnittsfläche A in m^2
elektr. Strom $I = S \cdot q$ in A	Schallfluss $q = v \cdot A$ in m^3/s
elektr. Leistung	akustische Leistung
$P_{el} = U \cdot I = U \cdot S \cdot q$ in W	$P_a = p \cdot q = p \cdot v \cdot A$ in $\frac{\text{Nm}}{\text{s}} = \text{W}$
elektr. Leistungsdichte	Schallintensität
$\frac{P_{el}}{A} = U \cdot S$ in W/mm^2	$J = \frac{P_a}{A} = p \cdot v$ in W/m^2
elektr. Widerstand $R = \frac{U}{I}$ in Ω	akust. Widerstand $R_a = \frac{p}{q}$ in $\frac{\text{Ns}}{\text{m}^5}$
elektr. Energie	akustische Energie
$W_{el} = P_{el} \cdot t$ in Ws	$W_a = P_a \cdot t$ in Nm = Ws

Schalldruck und Schallleistung werden in Dezibel (dB) gemessen. Dabei setzt man die Hörschwelle des menschlichen Ohres bei 1000 Hz als 0 dB an.

Bild 5.4 Schallmessgrößen – Übersicht und Vergleich

Vergleicht man die Energieübertragung durch Schall mit der Energieübertragung durch den elektrischen Strom sowie die Schallmessgrößen mit denjenigen der Elektrotechnik, so ergeben sich die in Bild 5.4 angegebenen Korrespondenzen. Die Übersicht gilt für den Fall, dass keine Phasenverschiebung vorhanden ist.

5.3 Schallempfindung durch das Ohr

Das menschliche Ohr (Bild 5.5) nimmt über das *äußere Ohr* und das *Trommelfell* die Schallwellen auf. *Hammer, Amboss und Steigbügel* sind bewegliche Schallübertragungsorgane, die den Schall an das *innere Ohr* weitergeben. Die dort befindliche Muskulatur sorgt gleichzeitig dafür, dass zu große Druckwellen, z.B. Explosionen, das empfindliche Innenohr nicht beschädigen können. Das häufig nach einer zu hohen Schallbelastung auftretenden Taubheitsgefühl kann also als «Muskelkater» des Mittelohres verstanden werden.

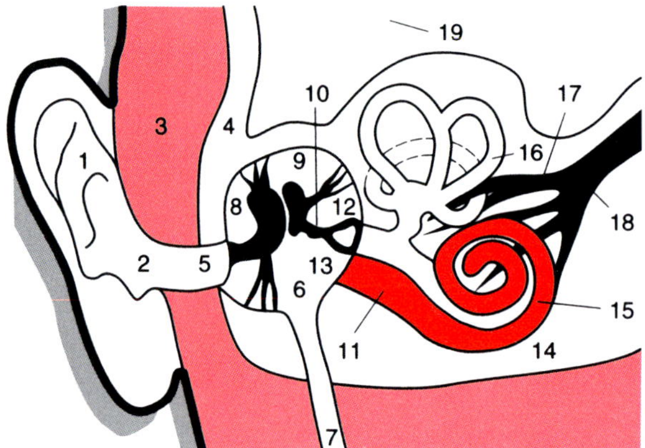

Bild 5.5 Schnitt durch das menschliche Ohr (schematisiert und stark vergrößert)

1 Ohrmuschel
2 äußerer Gehörgang
3 Haut und Körpergewebe
4 Schädelknochen (Schläfenbein)
5 Trommelfell
6 Mittelohr (Paukenhöhle)
7 Verbindungsgang zur Mundhöhle (für den Druckausgleich)
8 Hammer (mit angedeuteter Muskulatur)
9 Amboss (mit angedeuteter Muskulatur)
10 Steigbügel
11 Innenohr mit Gehörflüssigkeit
12 ovales Fenster
13 rundes Fenster
14 Schnecke
15 Basilarmembran mit Schallaufnahmeorgan (Nervenenden)
16 Labyrinth mit drei Bogengängen (Gleichgewichtsorgan)
17 Gleichgewichtsnerv zum Gehirn
18 Gehörnerv zum Gehirn
19 Gehirn

Im *Innenohr* wandeln die Organe der *Schnecke* die Schallwellen in Nervenimpulse um, die ins Gehirn weitergeleitet und dort verarbeitet werden.

Das Ohr als einzelnes Organ kann Schallwellen nach Frequenz (Tonhöhe) und Amplitude unterscheiden. Es kann viele Schallwellen unterschiedlicher Frequenz und Amplitude gleichzeitig aufnehmen. Die gegenseitige Phasenlage dieser Wellen wird jedoch nicht registriert und spielt daher in der Übertragungstechnik keine Rolle.

Von besonderer Bedeutung ist der *Überdeckungseffekt:* Schallwellen großer Amplitude überdecken solche mit geringer Amplitude und verhindern so deren Aufnahme. Dieses wird sich auch in der Datenratenreduktion (s. Kapitel 12) zunutze gemacht.

Sowohl die Frequenzunterscheidung (Tonhöhenunterscheidung) als auch die Lautstärkeempfindung haben nahezu logarithmische Gesetzmäßigkeit. Die Darstellung der wahrgenommenen Schallintensität (Schalldruck) über der Frequenz wird als *Hörfläche* bezeichnet (Bild 5.6): Die Hörfläche enthält alle Schallsignale nach Amplitude und Frequenz, die das Ohr wahrnehmen kann. Sie wird begrenzt von der *Hörschwelle* (niedriger Schalldruck) und der *Schmerzgrenze* (hoher Schalldruck).

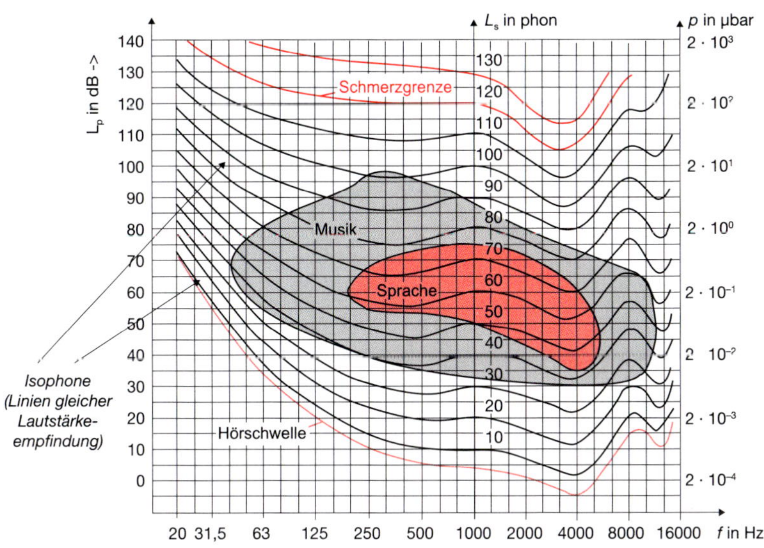

Bild 5.6 Hörfläche

Durch die Wahrnehmung mit *beiden Ohren* gemeinsam kann als weitere Signalgröße eine Richtungsbestimmung der Schallquelle erfolgen. Das Hören mit zwei Ohren nennt man *binaurales, räumliches oder stereophones* Hören.

Merksatz

Die Hörschwelle liegt für eine Frequenz von 1000 Hz bei 20 Mikropascal (Bezugsschalldruck), die Schmerzgrenze bei etwa 100 Pascal.

$p_0 = 20\ \mu\text{Pa}$ $\qquad p_{max} \approx 100\ \text{Pa}$

Da der Bereich mehr als sechs Zehnerpotenzen umfasst, hat man für den Schalldruck einen logarithmischen Pegel festgelegt.

$$L = 20 \cdot \lg \frac{p}{p_0} \qquad \text{(Gl. 5.5)}$$

L Schalldruckpegel in dB
p_0 *Bezugs*schalldruck bei der Hörschwelle (20 µPa)
p vorhandener Schalldruck

Merksatz

Die Lautstärke-Empfindung der auditiven Wahrnehmung ist frequenzabhängig.

An der unteren und an der oberen Grenze des Hörfrequenzbereiches ist die Empfindlichkeit wesentlich geringer als bei 1000 Hz.

Merksatz

Die subjektive Lautstärke-Empfindung eines Schalls wird durch einen Hörvergleich mit einem 1000-Hz-Testton ermittelt und in Phon angegeben. Die Hörschwelle liegt definitionsgemäß bei 0 Phon.

Für 1000 Hz gilt: 0 Phon = 20 µPa = 0 dB.

Für die Messung des Schalldruckpegels benutzt man ein Schallpegelmessgerät mit dB-Anzeige. In Bild 5.6 sind die empfindungsgleichen Kurven der Lautstärke (Isophone) eingezeichnet. Sie wurden für verschiedene Schalldruckpegel ermittelt.

Die höchste Empfindlichkeit hat das Ohr bei etwa 3400 Hz. Um der frequenzabhängigen Lautstärkeempfindung Rechnung zu tragen, wurden verschiedene Bewertungskurven nach DIN 45 633 festgelegt (Bild 5.7), von denen die Kurven A und D – angegeben in dB(A) bzw. dB(D) – i.Allg. Verwendung finden. Die Bewertungskurven sind ein frequenzabhängiger Aufschlag auf die Messwerte.

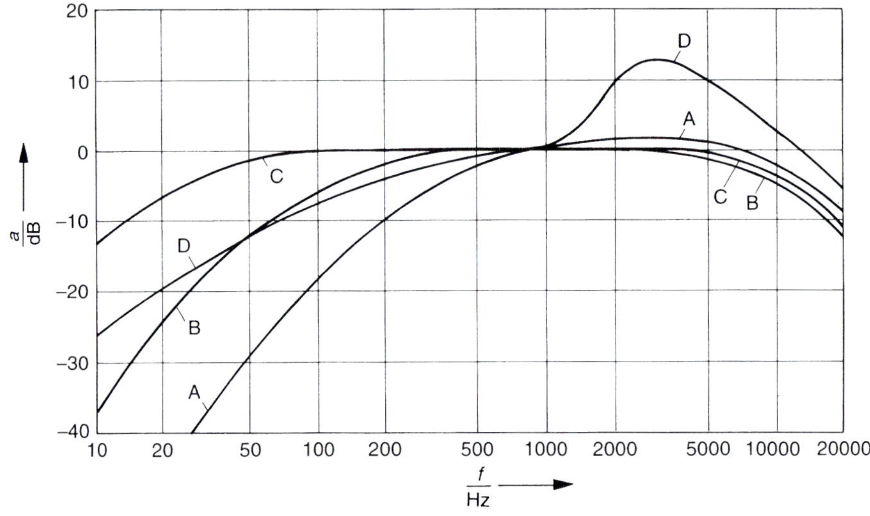

Bild 5.7 Bewertungskurven A, B, C, D nach DIN 45 633

Merksatz

Für eine Frequenz von 1000 Hz entspricht der Schalldruckpegel in dB dem Lautstärkepegel in Phon.

Die Schmerzgrenze für 1000 Hz liegt bei 130 dB = 130 Phon.

In Bild 5.8 sind die Lautstärken bekannter Geräuschquellen zusammengestellt.

Bild 5.9 zeigt die ungefähren Frequenzbereiche (Grundtöne und Harmonische) verschiedener Schallerzeuger.

Lautstärke in Phon	Vergleichbares Schallsignal	Vergleichbare Lautstärke in der Musik
130	Schmerzempfindung	
120	Flugzeug 3 ... 10 m Entfernung	
110	Kesselschmiede	
100	Motorrad ohne Auspufftopf	
90	Autohupe, 5 m Entfernung	ffff
80	lautes Rufen, 1 m Entfernung	fff
70	laute Großstadtstraße	ff
60	normale Lautsprecherwiedergabe	f
50	Unterhaltungssprache, 1m Entfernung	mf
40	Zerreißen von Papier, 1m Entfernung	p
30	leises Sprechen, Flüstern 1 m Entfernung	pp
20	ruhiger Garten	ppp
10	leisestes Flüstern	pppp
0	Hörschwelle	

Bild 5.8 Lautstärkewerte bekannter Schallsignale in Phon

Als *Ton* bezeichnet man eine Schallwelle mit einer *einzigen* Frequenz.

Ein *Klang* besteht aus einem *Grundton* und einer Anzahl von *Harmonischen*, d.h. ganzzahligen Vielfachen der Grundfrequenz, die die Klangfarbe bestimmen.

Um z.B. Klavier, Geige oder Trompete unterscheiden zu können, müssen daher auch die Harmonischen übertragen werden.

Ein *Geräusch* ist ein beliebiges Frequenzgemisch, z.B. das Geräusch eines fahrenden Autos, das Geräusch einer Bohrmaschine oder eines Staubsaugers.

Definition

Die Dynamik eines akustischen Signals ist die Pegeldifferenz zwischen der kleinsten und der größten Schallleistung bzw. zwischen der kleinsten und der größten elektrischen Leistung, gemessen in dB.

Der Dynamikbereich der auditiven Wahrnehmung des Menschen erstreckt sich von 0 bis 130 dB. Bei Übertragungssystemen ist diese Dynamik begrenzt: Die untere Dynamikgrenze verschiebt sich aufgrund von Rausch- und Störspannung nach oben, die obere Dynamikgrenze wegen der Aussteuerungsgrenze der Verstärker nach unten.

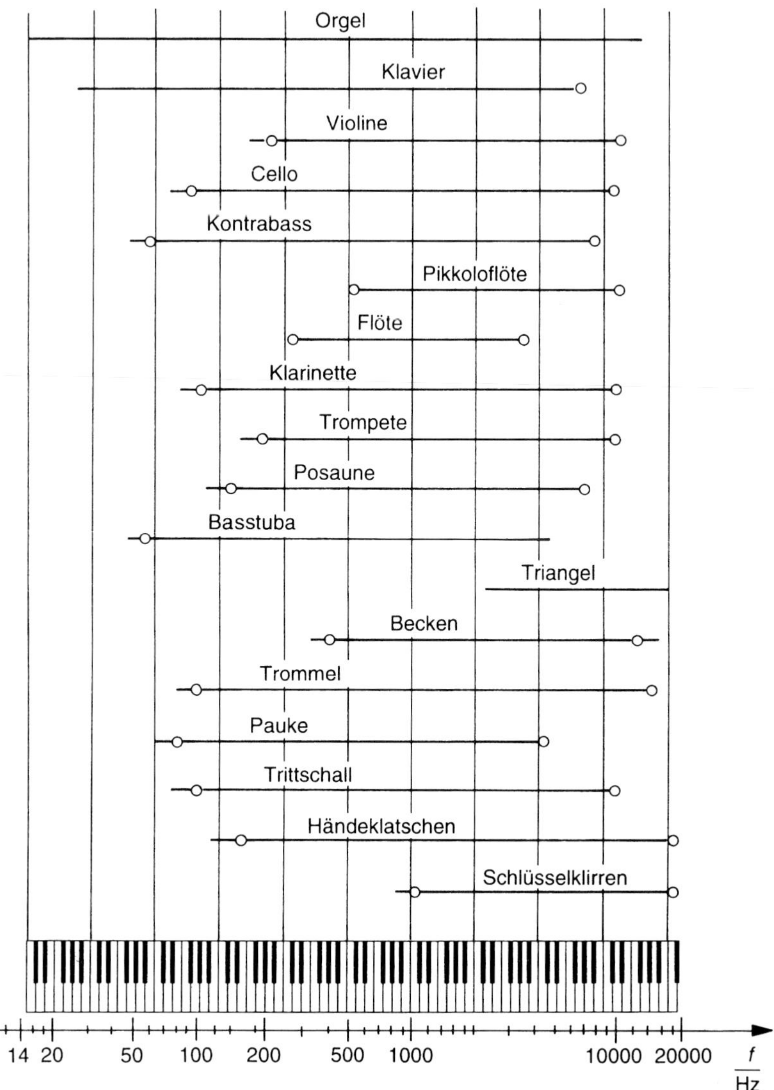

Bild 5.9 Umfang der Grundtöne und Harmonischen für verschiedene Schallquellen

Typische Dynamikbereiche sind:

- menschliches Ohr 130 dB,
- großes Orchester im Konzertsaal 70 dB,
- Übertragungsanlage mit Studio- bzw. HiFi-Qualität 65...70 dB,
- menschliche Sprache 50 dB,
- Wiedergabe im Rundfunkempfänger 40...55 dB.

5.4 Raumakustik

5.4.1 Reflexion und Absorption

Schallwellen werden beim Auftreffen auf Wände, Gegenstände usw. teilweise reflektiert, teilweise absorbiert. Die Reflexion ist in der Natur als *Echo* bekannt.

Reflexion und Absorption sind von der Art der Werkstoffe und von der Frequenz abhängig. Bild 5.10 zeigt den Verlauf des Absorptionsgrades α für verschiedene Baustoffe für Wände in Räumen.

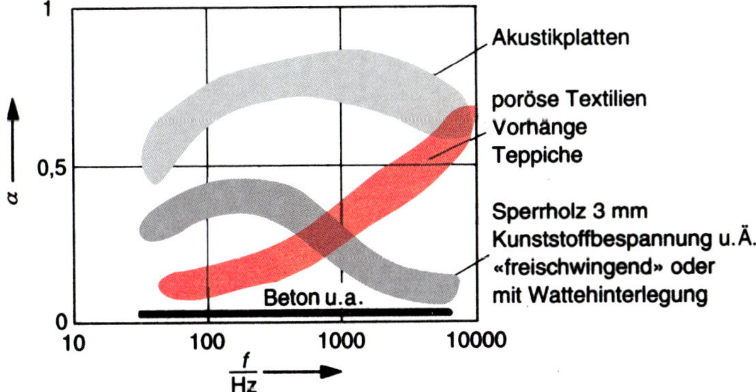

Bild 5.10 Absorptionsgrade verschiedener Werkstoffe für Wände

Definition

Die akustischen Eigenschaften eines Raumes werden durch die Schallabsorptionsgrade seiner Wände und durch die Ausgestaltung des Raumes bestimmt.

5.4.2 Anhall und Nachhall

Mit einer *Laufzeit* t_a, die sich nach der Formel

$$t_a = \frac{\text{Abstand } a}{\text{Schallgeschwindigkeit } c} \quad \text{(Gl. 5.6)}$$

errechnet, erreicht der Direktschall den Hörer. Etwas verspätet erreichen ihn die von den Wänden reflektierten Schallwellen, deren Amplitude sich zum Direktschall addiert. Der Raum füllt sich allmählich mit Schall, was als *Anhall* (Bilder 5.11 und 5.12) bezeichnet wird.

Bei Abschalten der Schallquelle vergeht eine gewisse Zeit, bis die Schallwellen im Raum verebbt sind und Ruhe eintritt, was als *Nachhall* bezeichnet wird. Diejenige Zeit bis zur Verringerung des Schalldrucks um 60 dB ist die *Nachhallzeit* T (Bild 5.12).

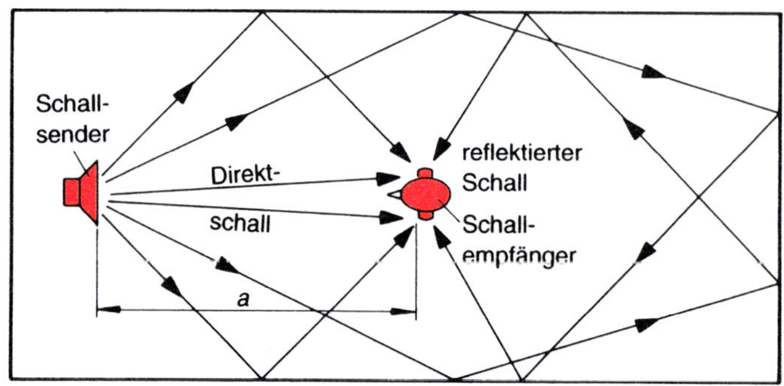

Bild 5.11 Direkter und reflektierter Schall

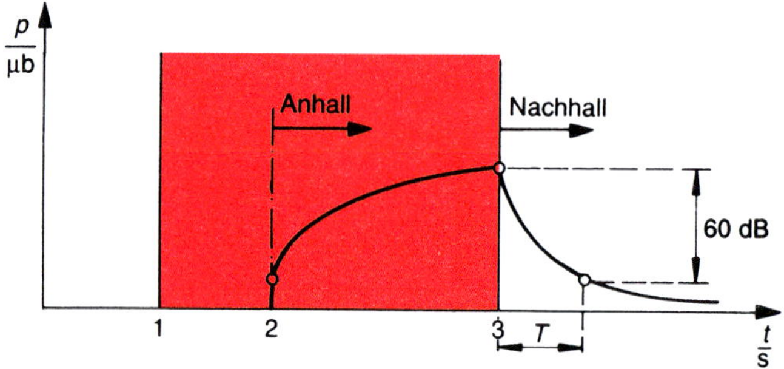

Bild 5.12 Anhall und Nachhall; Verlauf des Schalldrucks beim Empfänger
1 Einschalten des Schallsenders
2 Ankunft des direkten Schalls beim Empfänger
3 Abschalten des Schallsenders
T Nachhallzeit nach DIN 1320 und 52 212

Merksatz

Die Nachhallzeit *T* sollte für eine gute Wiedergabe in Räumen eine bestimmte Größe haben. Die günstigste Nachhallzeit ist vom Raumvolumen abhängig sowie von der Art der Darbietung, z.B. Sprache, Zwölftonmusik, klassische Musik, Orgelkonzerte usw. Die Nachhallzeit sollte für alle Frequenzen möglichst gleich groß sein.

Günstige Nachhallzeiten sind:

- Sprecher- und Hörspielstudios 0,4...0,8 s,
- Konzertsäle und Theater 0,7...2,0 s,
- Kirchen 1,5...2,5 s.

Räume mit zu geringer Nachhallzeit werden als *trocken,* mit zu großer Nachhallzeit als *hallig* bezeichnet. Räume mit großer Nachhallzeit bei hohen Frequenzen bezeichnet man als *hell*. Räume mit zu kleiner Nachhallzeit bei hohen Frequenzen bezeichnet man als *dunkel* oder *dumpf*.

Durch entsprechende Gestaltung der Wandflächen (Holz, Teppiche, Vorhänge) lässt sich der Nachhall beeinflussen. Bei Räumen mit zu geringem Nachhall kann man übertragungstechnisch durch Zumischen von Nachhall mittels Nachhallgerät die Qualität verbessern. Die Frequenzabhängigkeit des Nachhalls lässt sich mit Hilfe eines Equalizers ausgleichen, der mit 10 bis 30 über das Spektrum verteilten Stellern den akustischen Frequenzgang des Raumes elektrisch anpasst.

5.5 Technik der Schallübertragung

5.5.1 Allgemeine Anforderungen

Ein elektroakustisches Übertragungssystem (Bild 5.13) beginnt im Aufnahmeraum und endet im Wiedergaberaum, wobei die in beiden Räumen auftretenden Nachhallzeiten T_1 und T_2 zu berücksichtigen sind.

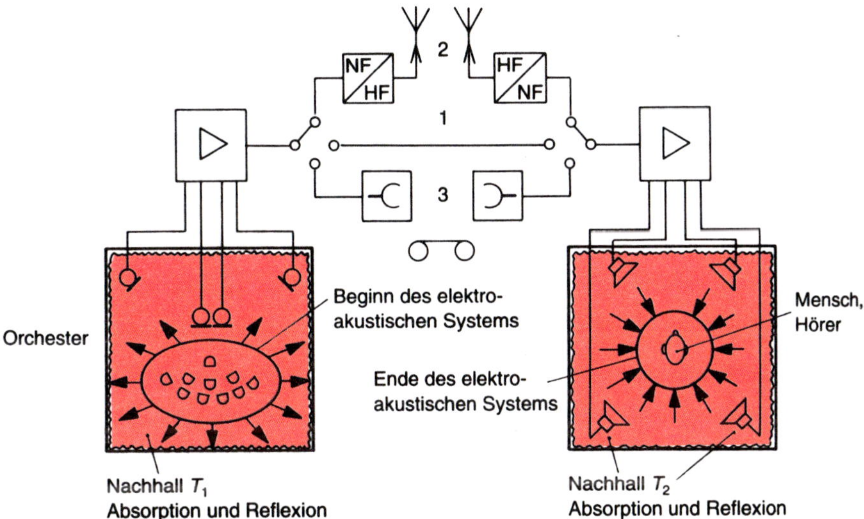

Bild 5.13 Elektroakustische Übertragungssysteme
1 Direktübertragung
2 Funkübertragung
3 zeitlich versetzte Übertragung (Aufzeichnung bzw. Speicherung)

Folgende allgemeine Anforderungen sind an ein elektroakustisches Übertragungssystem zu stellen:

- *hohe Bandbreite*, d.h. die Übertragung des gesamten Frequenzbandes;
- *keine linearen Verzerrungen*, d.h. originalgetreue Übertragung der Amplituden bei den verschiedenen Frequenzen;
- *keine nichtlinearen Verzerrungen*, d.h., es dürfen keine neuen Frequenzen entstehen;
- *hohe Dynamik*, d.h., das Verhältnis von kleiner zu großer Lautstärke soll erhalten bleiben;

- *stereophone oder mehrkanalige Wiedergabe,* d.h., die räumliche Schallverteilung soll der Originaldarbietung entsprechen;
- *keine Verzerrungen durch die Raumakustik,* d.h., der Nachhall soll dem Charakter der Originaldarbietung angepasst sein.

Die Erfüllung ist in den meisten Fällen entweder nur begrenzt möglich und häufig auch nicht erforderlich, da eine Steigerung der Qualität häufig mit erheblichem Mehraufwand (Kosten) verbunden ist. Ferner ist der damit verbundene qualitative Gewinn in vielen Fällen nur von geschulten Hörern bei idealen Abhörbedingungen registrierbar. Bei sehr hohen Lautstärken, die z.B. in Discotheken auftreten, nehmen die eigenen Verzerrungen des Ohres so stark zu, dass Schwächen des Wiedergabesystems überdeckt werden. Darüber hinaus sind die erforderlichen Bandbreiten für die Übertragung und Aufzeichnung häufig nicht vorhanden, um die Signale ohne Einschränkung in der Qualität zu übertragen oder zu speichern.

5.5.2 Audio-Übertragungssysteme

Entwicklungsgeschichtlich gibt es eine Vielzahl von Vorschlägen zur Aufnahme, Übertragung und Wiedergabe von Audiosignalen, die von der Mono-Übertragung bis zu den heutigen Mehrkanal-Tonsystemen führten. Grundsätzlich ist dabei zu unterscheiden, ob die Übertragung über mehrere (entsprechend der Kanalzahl) getrennte Wege erfolgt oder ob z.B. aus einem 2-Kanal-Signal empfängerseitig durch eine analoge oder digitale Signalverarbeitung ein Mehrkanalsignal berechnet wird. Bei der Wiedergabe von Filmen im (Heim-)Kinobereich wird durch die Mehrkanal-Tonsysteme (Surround-Sound-Systeme) vor allem eine besonders realistische Übertragung von Effekten angestrebt. Die Abmischung der unterschiedlichen Zielformate erfolgt i.Allg. ausgehend von einer sehr hohen Anzahl von getrennten Aufnahmekanälen (z.B. 48 Kanäle). Nachfolgend werden die grundsätzlichen Unterschiede dargestellt.

Bei der *monauralen (einkanaligen)* Übertragung wird das Schallsignal mit einem Mikrofon aufgenommen, einkanalig übertragen und mit einem Lautsprecher oder einer Lautsprechergruppe wiedergegeben. Ein Richtungshören ist daher nicht möglich. Die Wiedergabe dieses Signals durch eine Anzahl von Lautsprechern, die so angeordnet sind, dass der Eindruck größerer Klangfülle entsteht, wird als *Pseudostereophonie* bezeichnet. Dies ist jedoch keine Stereophonie, da ein Richtungshören ebenso nicht möglich ist.

Bei der *stereophonen Übertragung* wird die räumliche Verteilung des Schalls der Originaldarbietung übertragen. Man arbeitet mit mindestens zwei Mikrofonen, zwei Übertragungskanälen und zwei Lautsprechern bzw. Lautsprechergruppen. Es werden aufnahmeseitig verschiedene Verfahren unterschieden:

So wird z.B. bei der *X-Y-Stereophonie* die Aufnahme mit zwei Mikrofonen mit Nierencharakteristik durchgeführt. Diese liefern direkt das *L*- (links) und *R*-Signal (rechts) für die Aufzeichnung und/oder Wiedergabe. Durch Änderung des Winkels zwischen *X*- und *Y*-Achse lässt sich der stereophone Effekt vergrößern oder verringern.

Ein weiteres sehr hochwertiges stereophones Verfahren ist die in den 1970er-Jahren entwickelte *Kunstkopf-Stereophonie.* Hier befinden sich zwei Mikrofone in einem sowohl in der Form als auch in der Beschaffenheit dem Menschen nachgebildeten Kunstkopf anstelle der Ohren. Es werden die *L/R*-Signale aufgenommen, die auch die Laufzeitunterschiede enthalten, wobei an die Gleichmäßigkeit der beiden Übertragungskanäle besonders hohe Anforderungen gestellt werden. Die optimale Wiedergabe erfolgt mit Kopfhörern, dann ist allerdings kein Richtungshören durch Kopfdrehung mehr möglich. Dieses Aufnahmeverfahren wird inzwischen nur in ausgewählten Anwendungen genutzt, z. B. zur Messung der Belastung des Gehörs durch Kopfhörer.

Die Entwicklung von *Mehrkanaltonsystemen* erfolgte bereits ab den 30er-Jahren. In den 70er-Jahren wurden verschiedene Systeme der *Quadrofonie* entwickelt, bei denen zusätzliche Mikrofone den Reflexionsschall aufnahmen. Ziel der Entwicklung von Mehrkanaltonsystemen ist die Vergrößerung des Hörbereiches (Bild 5.14). Besteht die optimale Richtungswiedergabe bei der stereophonen Wiedergabe praktisch nur am Punkt S in Bild 5.14, so kann durch die Anordnung von zusätzlichen Lautsprechern, denen speziell abgemischte, richtungszugehörige Toninformationen zugeführt werden, der Hörbereich erheblich erweitert werden. Dadurch wird eine (begrenzte) Ortsveränderung des Zuhörers ohne Beeinträchtigung des Wiedergabeeindrucks ermöglicht. Die Wiedergabe wird häufig durch einen Tieffrequenz-Kanal (Subwoofer-Kanal oder lfe(low frequency effects)-Kanal) für Frequenzen bis ca. 500 Hz ergänzt. Bekannte Verfahren sind die Systeme Dolby 5.1 oder DTS, die – in Verbindung mit der Bildwiedergabe im (Heim-) Kinobereich und im Zusammenhang mit der DVD und Blu-ray Disc – eine bedeutende Rolle spielen (s. Kapitel 15). Als Kurzbezeichnung hat sich die Form X.Y durchgesetzt: X bezeichnet die Anzahl der getrennten Kanäle, Y die Tatsache, ob ein Subwoofer-Kanal verwendet wird. [8]

In Tabelle 5.1 sind unter Bezugnahme auf Bild 5.14 einige Beispiele für Mehrkanaltonsysteme zusammengestellt.

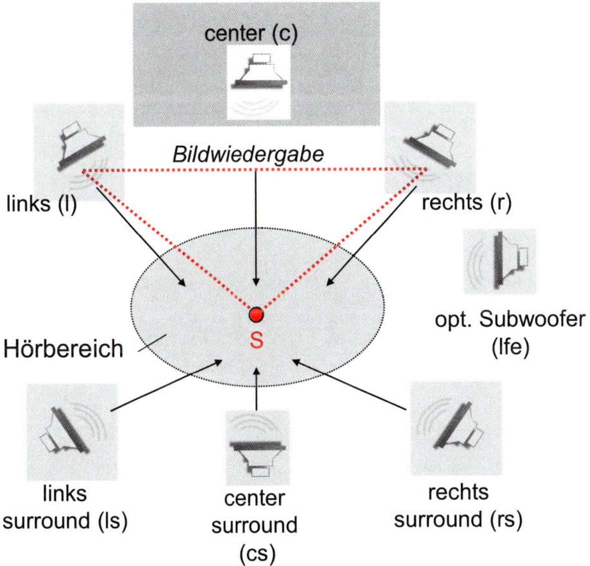

Bild 5.14 Lautsprecheranordnung für Mehrkanaltonsysteme

Tabelle 5.1 Beispiele für Mehrkanaltonsysteme

Bezeichnung	Kurzform	Genutzte Lautsprecheraufstellung nach Bild 5.14	Bemerkungen
Monosystem	1.0	Nur Center-Lautsprecher (c)	Bei Bildwiedergabe ober- oder unterhalb des Bildes angeordnet
Stereosystem	2.0	Lautsprecher links (l) und rechts (r)	Klassische Stereophonie
Stereosystem mit Hilfskanal		Lautsprecher l, c und r	Der Center-Lautsprecher diente zur Verbesserung der Dialogverständlichkeit bei der Wiedergabe von Filmen
3-Kanal-Stereo	3.0	Lautsprecher l, c, r mit 3 unabhängigen Signalkanälen	Aufteilung des Klangbereiches in 3 vordere Felder
4-Kanal-Systeme 2 Kanäle und 2 Hilfskanäle	4.0	a.) Lautsprecher l, r, links surround (ls) und rechts surround (rs) b.) Lautsprecher l, c, r und center surround (cs)	a.) Quadrofoniesysteme z. B. CD 4 und analoge Mehrkanaltonsysteme z. B. Dolby Surround Pro Logic, Dolby Stereo, Dolby SR b.) MUSE-LD
5-Kanal-Systeme	5.0	Lautsprecher l, c, r, ls und rs Gleiches Signal auf ls und rs	Bessere Dialogwiedergabe bei Filmen Analoge Mehrkanaltonsysteme z. B. Dolby Surround Pro Logic I
6-Kanal-Systeme	5.1	Lautsprecher l, c, r, ls und rs sowie Subwoofer (lfe) Aufzeichnung 6 getrennter Kanäle	Digitale Mehrkanaltonsysteme z. B. Dolby Digital, Dolby Pro Logic II (Erweiterung von Dolby Surround Pro Logic I um zweiten Surround und lfe-Kanal) Digital Theatre System (DTS)
7-Kanal-Systeme	6.1	Lautsprecher l, c, r, ls, cs, rs sowie Subwoofer (lfe) Aufzeichnung 7 getrennter Kanäle	Digitale Mehrkanaltonsysteme z. B. Dolby Digital EX, Dolby Pro Logic lix DTS-ES
8-Kanal-Systeme	7.1	Lautsprecher l, c, r, ls,,rs sowie Subwoofer (lfe) cs wird dabei auf csl und csr aufgeteilt	SDDS – Sony Dynamic Digital Sound, Dolby Pro Logic IIx, Dolby TrueHD DTS-HD Master Audio

5.6 Elektroakustische Wandler

5.6.1 Schallaufnehmer, Mikrofone

Schallaufnehmer wandeln Schallenergie in elektrische Energie um. Der grundsätzliche Aufbau (Bild 5.15) besteht aus einer *Membran*, die im Schallfeld zu Schwingungen angestoßen wird. Die Membranbewegung wird auf das *Generatorsystem* gekoppelt, in dem die elektrische *Urspannung* U_0 erzeugt wird.

Man unterscheidet Widerstandswandler sowie induktive, kapazitive und piezoelektrische Wandler.

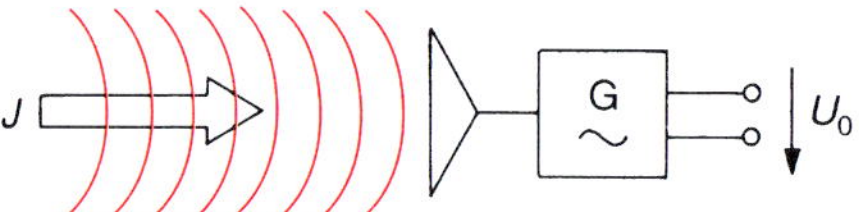

Bild 5.15
Prinzip des Schallaufnehmers

Kenngrößen der Schallaufnehmer

Übertragungsfaktoren (DIN 1320)
Die erzeugte elektrische Größe wird zur akustischen Größe ins Verhältnis gesetzt. Man unterscheidet:

Leerlauf-Übertragungsfaktor $B_{\text{E Null}}$ =	$\dfrac{\text{Urspannung } U_0}{\text{Schalldruck } p}$	in $\dfrac{\text{V}}{\text{N/m}^2} = \dfrac{\text{V}}{\text{Pa}}$
Betriebs-Übertragungsfaktor B_{EO} =	$\dfrac{\text{Klemmenspannung } U}{\text{Schalldruck } p}$	in $\dfrac{\text{V}}{\text{N/m}^2} = \dfrac{\text{V}}{\text{Pa}}$
Leistungs-Übertragungsfaktor E_{E} =	$\dfrac{\sqrt{\text{elektr. Leistung } P_0}}{\text{Schalldruck } p}$	in $\dfrac{\sqrt{\text{W}}}{\text{Pa}}$

Frequenzgang, Frequenzabhängigkeit von B_{E}
Schallaufnehmer – Mikrofone – sollen im geforderten Übertragungsbereich eine proportionale Wandlung des Schalldruckes p in die elektrische Spannung U bewirken. Diese Forderung ist in der Regel erfüllt, d.h., die Verzerrungen bzw. der Klirrfaktor sind gering.

Die Eigenresonanz, die Massenträgheit und der Membrandurchmesser beeinflussen dabei den Frequenzgang (Tabelle 5.2).

Tabelle 5.2

Negative Einflüsse auf den Frequenzgang des Schallaufnehmers	Technische Lösung
Das schwingungsfähige System (Membran mit Generator) besitzt eine Eigenresonanz; bei der Resonanzfrequenz ergibt sich eine ungewollte Erhöhung der Spannung.	Resonanzfrequenz außerhalb des Übertragungsbereiches legen, z.B. Kondensatormikrofon; Resonanzfrequenz dämpfen; Membran ohne Resonanz aufhängen, z.B. Bändchenmikrofon.
Bei sehr hohen Frequenzen muss die schwingende Masse sehr schnell bewegt werden; die Massenträgheit bewirkt einen Abfall bei hohen Frequenzen.	Verwendung sehr leichter Membranen, z.B. Kondensator- und Bändchenmikrofon; elektrische Korrektur des Frequenzganges, Höhenanhebung.
Das Mikrofon stört mit seiner Größe das Schallfeld selbst: Bei einer Frequenz von 18 kHz beträgt die Schallwellenlänge λ = 1,9 cm. Der Membrandurchmesser sollte wesentlich kleiner als die Wellenlänge sein, da sonst ein Druckstau auftritt, der den Frequenzgang und die Richtcharakteristik ungünstig beeinflusst.	Verwendung eines Mikrofons mit sehr kleinem Membrandurchmesser, z.B. Kondensatormikrofon mit elektrischer Korrektur des Frequenzganges.

Richtcharakteristik

Es wird dabei die Richtungsabhängigkeit des Betriebs-Übertragungsfaktors B_{E0} dargestellt. Man setzt hierzu den Übertragungsfaktor in der Hauptrichtung (0°-Achse) B_E = 1 und gibt für abweichende Richtungen den Übertragungsfaktor bezogen auf die Hauptrichtung an (Bild 5.16). Die Richtcharakteristik ist von der Frequenz abhängig.

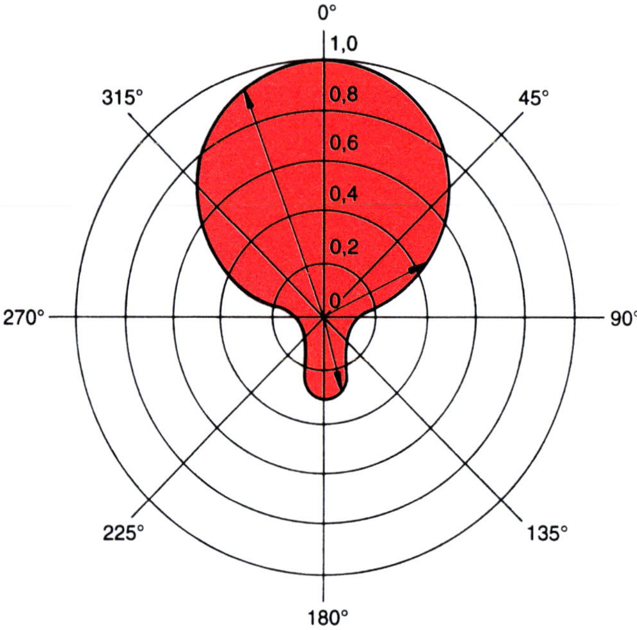

Bild 5.16 Richtcharakteristik

Kugelcharakteristik (Bild 5.17)

Das Mikrofon ist so gebaut, dass es im Schallfeld nur auf Druck anspricht – gleichgültig, aus welcher Richtung die Schallwelle kommt. Man nennt ein solches Mikrofon auch Druckempfänger. Technisch erreicht man dieses, indem man nur die Vorderseite der Membran dem Schallfeld aussetzt und den Membrandurchmesser $<\lambda$ macht. Das Mikrofon eignet sich speziell für Rundumaufnahmen.

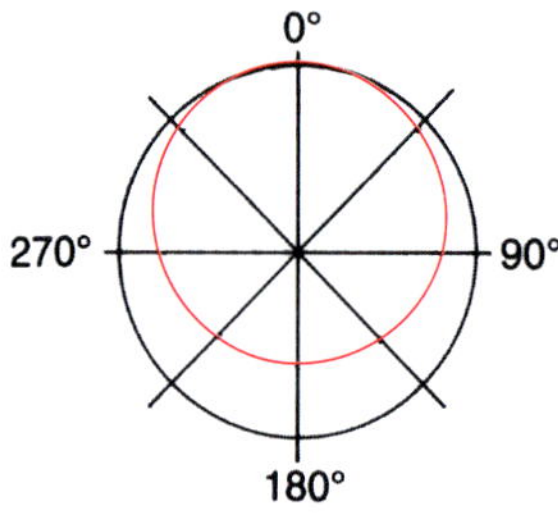

Bild 5.17 Kugelcharakteristik

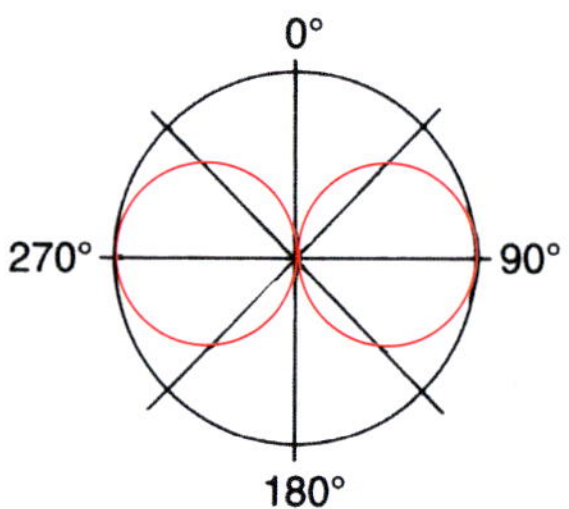

Bild 5.18 Achtcharakteristik

Achtcharakteristik (Bild 5.18)
Das Mikrofon ist so gebaut, dass beide Membranseiten dem Schallfeld ausgesetzt sind. Die Membran schwingt nur dann, wenn zwischen Vorder- und Rückseite ein Druckunterschied vorhanden ist. Man nennt ein solches Mikrofon auch *Druckgradienten-Empfänger,* wie z.B. das Bändchen-Mikrofon.

Nieren- und Keulencharakteristik (Bild 5.19)
Durch besondere Form des Gehäuses (Schallabschirmung nach einer Seite, Luftöffnung auf der Membranrückseite, Wölbung der Membran u.Ä.) erreicht man eine einseitige Charakteristik mit Nieren- oder Keulenform. Durch Anordnung des Mikrofons innerhalb eines Parabolspiegels kann eine extrem schmale Keule erreicht werden.

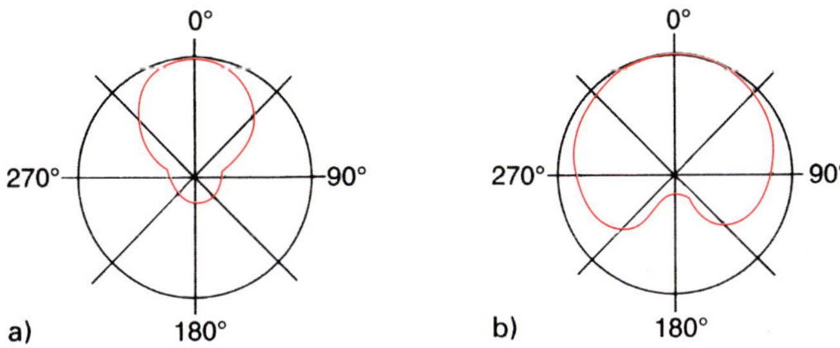

Bild 5.19 Keulen- (a) und Nierencharakteristik (b)

In Tabelle 5.3 sind wesentliche Kenngrößen für Mikrofone zusammengestellt.

Tabelle 5.3 Typische Kenngrößen für Mikrofone

Kenngröße	Erläuterung
Klirrfaktor	Er sollte bei einem guten Mikrofon k < 1% betragen, für Studiomikrofone k < 0,1%
Störspannung	Sie setzt sich zusammen aus dem Eigenrauschen sowie aus Spannungen, die durch mechanische Erschütterungen aus der Umgebung im Mikrofon entstehen
Dynamik	Sie gibt den frequenzbezogenen, übertragbaren Bereich der Schalldrücke angegeben in dB an
Innenwiderstand	Der Innenwiderstand Ri bestimmt, wie ein Mikrofon an eine nachfolgende Schaltung angepasst wird.

Aufbau und Wirkungsweise von Mikrofonen
Das *Kohlemikrofon* (Bild 5.20) benötigt eine Gleichspannungsquelle. Durch die Membranbewegung wird der Widerstand einer Strecke aus Kohlegrieß verändert. Dadurch entstehen dem Schalldruck proportionale Strom- bzw. Spannungsschwankungen. Es wurde früher speziell als Fernsprechmikrofon eingesetzt.

Beim *elektromagnetischen Mikrofon* (Bild 5.21) handelt es sich um einen induktiven Wandler. Kennzeichen ist die *feststehende Spule* und die durch den Schalldruck bewegte metallische Membran. Durch Änderung des Luftspaltes des magnetischen Kreises wird der Fluss geändert, was wiederum zur Induktion einer Wechselspannung führt.

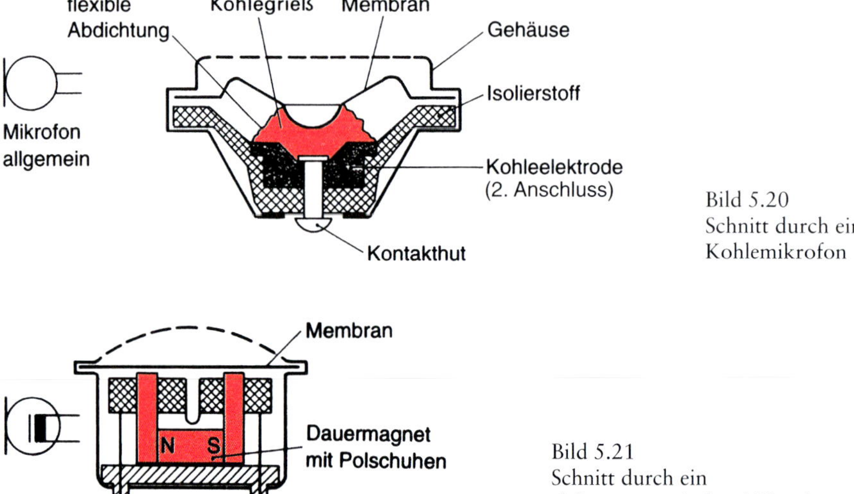

Bild 5.20
Schnitt durch ein Kohlemikrofon

Bild 5.21
Schnitt durch ein elektromagnetisches Mikrofon

Das *dynamische Mikrofon* (Bild 5.22) ist auch ein induktiver Wandler. Kennzeichen ist hier die *bewegliche* Spule, die *Tauchspule* (Tauchspulenmikrofon), die von der (Papp- oder Kunststoff-)Membran bewegt wird. Die durch das Eintauchen der Spule induzierte Spannung entspricht dem Schalldruck an der Membran.

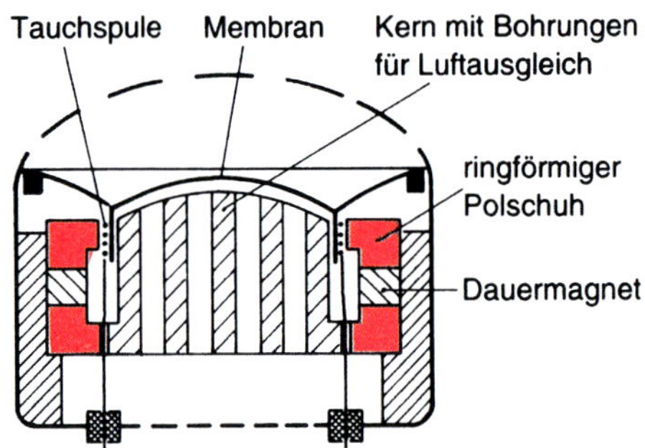

Bild 5.22
Schnitt durch ein dynamisches Mikrofon

Beim *Bändchenmikrofon* (Bild 5.23) wird ein als Membran ausgebildetes Bändchen im Feld eines Magneten bewegt. Es handelt sich also um die Bewegung eines geraden Leiters im Magnetfeld und damit um einen induktiven Wandler. Die Spannung am Bändchen entspricht dem Schalldruck, ist allerdings sehr gering. Sie muss über einen Transformator hochtransformiert werden.

Das *Kristallmikrofon* (Bild 5.24) beruht auf dem piezoelektrischen Effekt. Eine Membran aus Metall, Papier oder Kunststoff ist mechanisch mit dem Kristallelement verbunden. Membranbewegungen erzeugen Druckspannungen im Kristall und damit elektrische Spannungen an den Abnahmeelektroden des Kristalls.

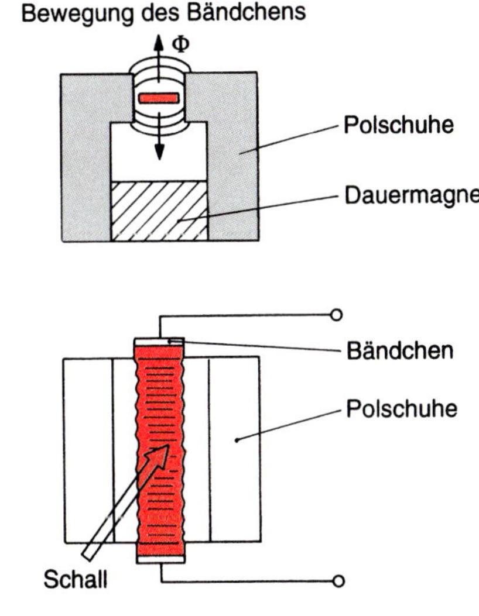

Bild 5.23
Prinzip des Bändchenmikrofons

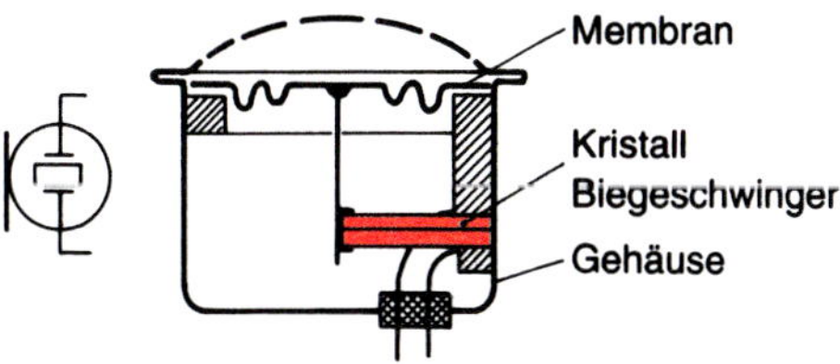

Bild 5.24
Schnitt durch ein Kristallmikrofon

Zum Betrieb des *Kondensatormikrofons* (Bild 5.25) ist eine Vorspannung erforderlich. Es handelt sich um einen kapazitiven Wandler: Membran und Gegenelektrode bilden einen Kondensator. Die Membranbewegungen ändern die Kapazität, dadurch fließt in der Kondensatorzuleitung ein Lade- und Entladestrom. Dieser Strom erzeugt an einem Widerstand einen Spannungsabfall, der dem Schalldruck proportional ist.

Ein *Elektretmikrofon* (Bild 5.26) ist ebenfalls ein Kondensatormikrofon, bei dem die Vorspannung der Membran durch einen Elektreten erfolgt. Ein Elektret besitzt ausgerichtete elektrische Dipole und erzeugt (ähnlich wie ein Permanentmagnet) ein permanentes elektrisches Feld. Die sonstige Schaltung entspricht der des Kondensatormikrofons.

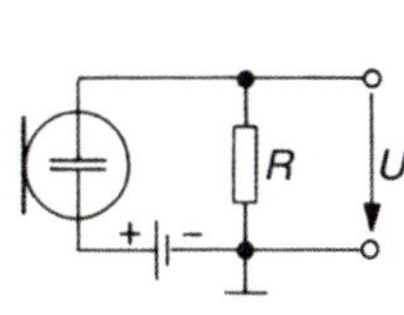

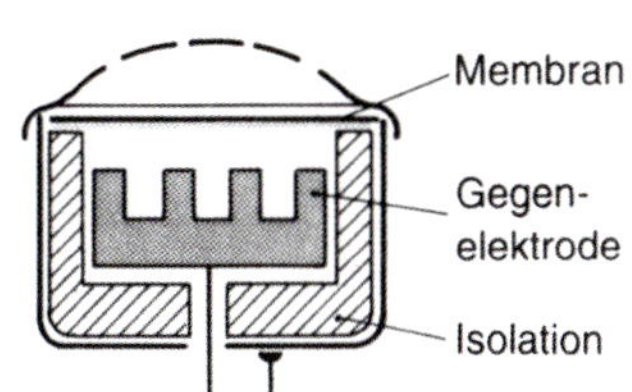

Bild 5.25
Schnitt durch ein Kondensatormikrofon und Schaltung

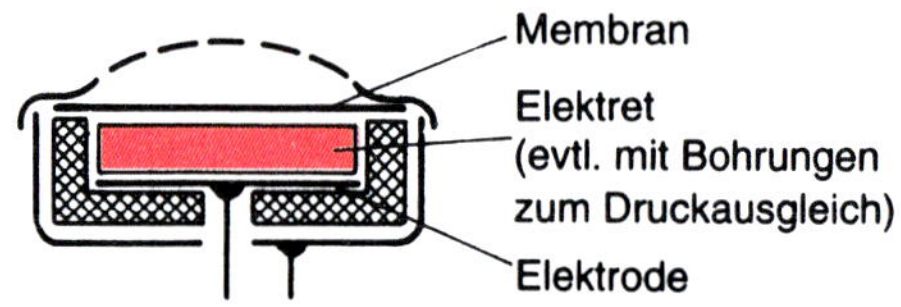

Bild 5.26
Schnitt durch ein Elektretmikrofon

Eine Übersicht über die Eigenschaften der verschiedenen Mikrofontypen gibt die Tabelle in Bild 5.27.

	Rauschen und Erschütterungsempfindlichkeit	Empfindlichkeit, Betriebsübertragungsfaktor	Klirrfaktor	tiefe Frequenz	hohe Frequenz	Schaltungsaufwand, Preis
Kohlemikrofon	–	+	– –	–	0	–
Elektromagnetisches Mikrofon	+	0	–	–	+	+
Dynamisches Mikrofon	+	+	+	+	+	+
Bändchenmikrofon	0	0	+	0	+	+
Kristallmikrofon	0	0	0	+	+	+
Elektretmikrofon	+	+	+	0	+	+
Kondensatormikrofon						
Niederfr.-Schaltung	+	+	++	+	+	–
Hochfr.-Schaltung	+	+	++	+	+	+

Bild 5.27
Eigenschaften verschiedener Mikrofonsysteme
+ gut,
0 mittel,
– weniger gut
++ sehr gut,
– – sehr schlecht

5.6.2 Schallstrahler

Schallstrahler wandeln elektrische Energie in Schallenergie um. Die grundsätzlichen Bestandteile jedes Schallstrahlers sind:

- ❑ das *Erregersystem,* das die elektrische Leistung in mechanische Bewegung umwandelt;
- ❑ die *Membran,* die mit dem Erregersystem gekoppelt ist und die mechanischen Schwingungen an die Luft überträgt;
- ❑ die *Schallführung,* worunter die Schallwände, Trichter, Gehäuse, Boxen usw. verstanden werden. Diese bestimmen die Eigenschaften der Tonwiedergabe entscheidend mit.

Zusammenhang zwischen Membranamplitude und Frequenz
Für die Schallintensität J gilt (s. Abschnitt 5.2):

$$J = p \cdot v_s \qquad p \text{ Schalldruck} \qquad v_s \text{ Schallschnelle} \qquad \text{(Gl. 5.7)}$$

Dabei ist die Schallschnelle v_s proportional der Frequenz und der Schalldruck p proportional der Amplitude.

Für die gleiche Schallintensität bei unterschiedlichen Frequenzen gilt daher:

$$\text{Amplitude} \cdot \text{Frequenz} = \text{konstant} \qquad \text{(Gl. 5.8)}$$

Merksatz

Für die Lautsprecherwiedergabe bedeutet dies, dass bei gleicher Schallintensität J die Membran umso größere Auslenkungen macht, je tiefer die Frequenz ist. Basslautsprecher arbeiten daher mit besonders großer Amplitude.

Kenngrößen von Schallstrahlern

Für die Beschreibung von Schallstrahlern wurden verschiedene Kenngrößen festgelegt.

Leistungs-Übertragungsfaktor (DIN 1320)

$$E_s = \frac{(\text{Schalldruck } p \text{ 1 m Abstand})}{\sqrt{\text{elektrische Leistung } P_{el}}} \text{ in } \frac{\text{Pa}}{\sqrt{\text{W}}} \qquad \text{(Gl. 5.9)}$$

Der *Wirkungsgrad* erfasst die gesamte akustische Leistung.

$$\eta = \frac{\text{akustische Leistung } P_a}{\text{elektrische Leistung } P_{el}} \qquad \text{(Gl. 5.10)}$$

Der Frequenzgang stellt die Frequenzabhängigkeit des Leistungsübertragungsfaktors E_s dar. Die Übertragungsbandbreite liegt zwischen unterer und oberer Grenzfrequenz. Sie richtet sich nach dem Anwendungszweck: Sprachwiedergabe, Tief-, Mittel-, Hochtonlautsprecher, HiFi-Qualität usw.

Der *Nennscheinwiderstand* (elektrisch) Z_N ist für die Anpassung des Schallstrahlers an den vorgeschalteten Verstärker von Bedeutung und wird in Ohm (Ω) angegeben.

Die *Nennbelastbarkeit* $P_{el\,N}$ wird als elektrische Leistung in W angegeben und gilt für den Dauerbetrieb, während die *Grenzbelastbarkeit* $P_{el\,g}$ als Musikbelastbarkeit bezeichnet wird und für eine Belastung von 2 s gilt. Für beide Größen wird der Klirrfaktor angegeben.

Die Richtcharakteristik wird für verschiedene Frequenzen angegeben und stellt die Richtungsabhängigkeit des Leistungs-Übertragungsfaktors E_s dar. Sie gilt für das gesamte Lautsprechersystem einschließlich Gehäuse bzw. Schallführung.

5.6.3 Erregersysteme für Lautsprecher und Kopfhörer

Kennzeichen des *magnetischen* Systems sind die feststehende Spule und ein bewegter Anker oder eine bewegte Membran (Bild 5.28). Durch einen Dauermagneten erhält die Membran eine leichte Vorspannung zur Vermeidung der Frequenzverdoppelung.

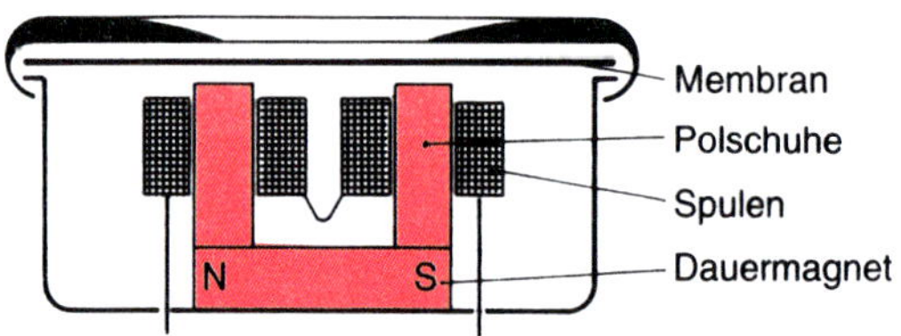

Bild 5.28
Schnitt durch ein magnetisches System für Kopfhörer

Der Nachteil dieses Systems ist das Auftreten von Verzerrungen bei großen Amplituden. Es wird daher nur für kleine Amplituden (z.B. Kopfhörer) oder für Schallstrahler verwendet, bei denen die Verzerrungen keine Rolle spielen (z.B. Signalhörner).

Das *dynamische* System ist durch die Schwingspule (Bilder 5.29 und 5.30) gekennzeichnet. Dieses System arbeitet auch bei großen Amplituden verzerrungsfrei, wenn die Schwingspule nach Bild 5.30 ausgeführt wird: Es muss gewährleistet sein, dass der umfasste magnetische Fluss bei allen Amplituden gleich groß bleibt. Dies wird dadurch erreicht, dass die Schwingspule länger als der Luftspalt ausgeführt ist.

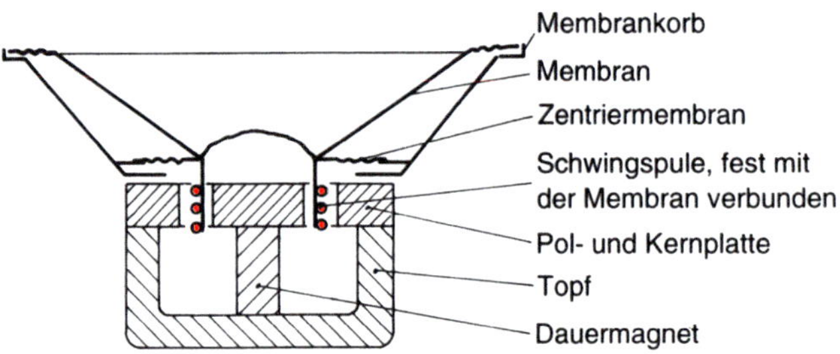

Bild 5.29 Schnitt durch ein dynamisches System für Kopfhörer

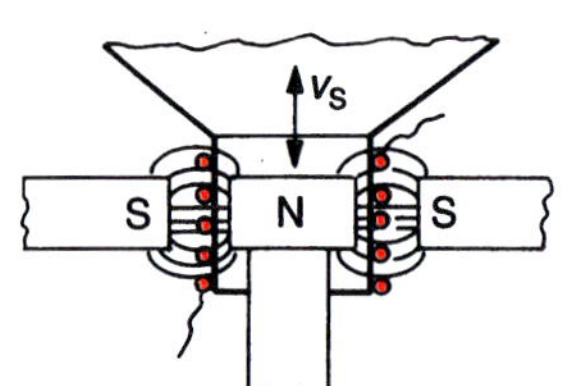

Bild 5.30
Schwingspule im magnetischen Feld

Dynamische Systeme werden heute fast ausschließlich sowohl für Lautsprecher als auch für Kopfhörer verwendet.

Beim *piezoelektrischen* System wird hier die Erscheinung ausgenutzt, dass Kristalle bestimmter Stoffe (Seignettesalz, Bariumtitanat o.Ä.) bei Anlegen einer elektrischen Spannung ihre Länge ändern. Zwei Plättchen, die aus einem Kristall herausgeschnitten wurden, werden als *Biegeschwinger* oder *Sattelschwinger* zusammengeklebt. Nach dem Prinzip des Bimetalls wird durch diese Anordnung die erzielbare Auslenkung vergrößert. Wegen der geringen möglichen Amplituden eignet sich das System nur für hohe Frequenzen oder für Kopfhörer. Ferner ist die Lebensdauer begrenzt.

Das *Kondensatorsystem* besteht aus einer festen Platte und einer beweglichen Metallmembran (Bild 5.31). Durch eine Gleichspannung ist die Membran vorgespannt. Die Signalspannung erzeugt durch mehr oder weniger starke Anziehung eine Membranschwingung. Die erzielbaren Amplituden sind gering, so dass sich dieses System nur für Hochtonlautsprecher eignet und für den entsprechenden Schalldruck eine relativ große Fläche benötigt.

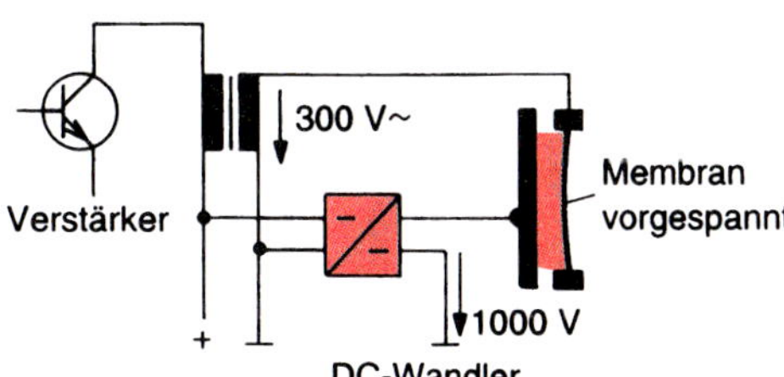

Bild 5.31
Prinzip des Kondensatorlautsprechers

In Tabelle 5.4 sind einige Kenndaten typischer Lautsprechersysteme zusammengefasst.

Tabelle 5.4 Kenndaten typischer Lautsprechersysteme

Art des Systems	Nennscheinwiderstand bzw. Kapazität	Frequenzbereich	max. mögliche Bauleistung	Anwendung
magnetisch Lautsprecher Kopfhörer	 200...2000 Ω 200...2000 Ω	 300 Hz...5 kHz 100 Hz...6 kHz	 5 W 100 mW	 billige Systeme Kleinhörer u.Ä.
dynamisch Breitband	 3...25 Ω	 30 Hz...18 kHz	 500 W	 universell bei guter Qualität
Tiefton	2...8 Ω	30 Hz...500 Hz	5000 W	in Kombinationen
Hochton	3...25 Ω	500 Hz...20 kHz	1000 W	in Kombinationen
piezoelektrisch	1...5 nF	1 kHz...20 kHz	200 W	Hochtonlautsprecher
elektrostatisch	100...500 nF	1 kHz...20 kHz	50 W	Hochtonlautsprecher

5.6.4 Schallführung

Für ein Druckkammersystem kann jedes Erregersystem verwendet werden. Allerdings werden wegen der großen erforderlichen Amplitude dynamische Systeme bevorzugt (Bild 5.32).

Durch die Membranbewegung entsteht in der Druckkammer ein hoher, nach allen Seiten wirkender Wechseldruck p_D. Dieser wirkt auch auf die Luftsäule im Hals des Trichters und erzeugt dort eine Schwingung der Luftsäule mit hoher Intensität bzw. Schnelle. Diese Schwingung läuft als Schallwelle durch den Trichter.

Durch die Erweiterung des Trichters nimmt bei gleichbleibender akustischer Gesamtleistung P_a die Schallintensität $J = P_a/A$ ab und verteilt sich auf eine große Fläche und von da in den Raum.

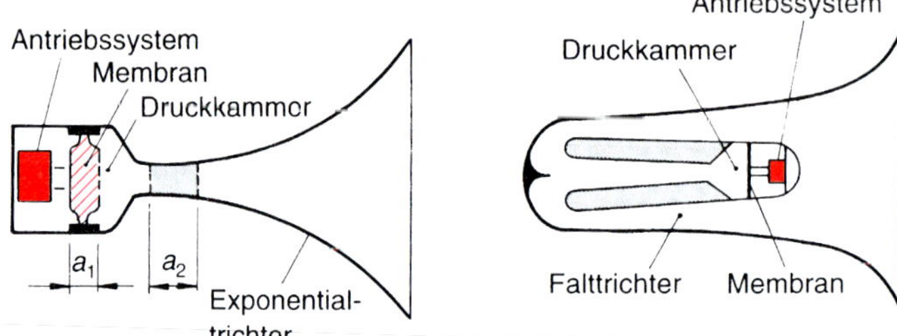

Bild 5.32 Druckkammersysteme
a_1 Schwingungsamplitude der Membran
a_2 Schwingungsamplitude der Luftsäule

Es kann daher mit einer kleinen, schwingungssteifen Membran gearbeitet werden. Durch den akustischen Widerstand im Trichterhals erfolgt eine optimale Anpassung der Luftsäule an die Membran, so dass sich ein guter Wirkungsgrad ergibt.

Das Druckkammerprinzip wird seit ältester Zeit auch bei den Blasinstrumenten benutzt (Mund → Druckkammer, Horn → Exponentialtrichter).

Bei einem Lautsprecher ohne Schallwand oder sonstige Schallführung gleichen sich die Druck- und Sogwellen von Vorder- und Rückseite gegenseitig aus (Bild 5.33). Es entsteht der so genannte akustische Kurzschluss. Dieser Ausgleich kann durch eine Schallwand verhindert werden, wenn die Wegstrecke zwischen Vorder- und Rückseite gleich oder größer einer halben Wellenlänge gemacht wird (Bild 5.34): Mit einer genügend großen Schallwand lässt sich eine ideale Schallführung erreichen. Allerdings muss der Schallwanddurchmesser ebenfalls $\lambda/2$ sein. Für eine Frequenz von 50 Hz ergibt sich daher ein Schallwanddurchmesser bzw. eine Kantenlänge der Schallwand von:

$$\frac{\lambda}{2} = d = \frac{v_a}{f \cdot 2} = \frac{340 \text{ m/s}}{2 \cdot 50 \text{ Hz}} = 3{,}4 \text{ m} \qquad \text{(Gl. 5.11)}$$

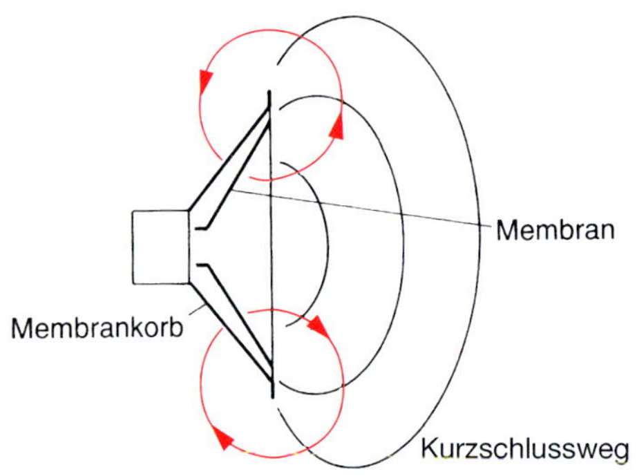

Bild 5.33
Akustischer Kurzschluss

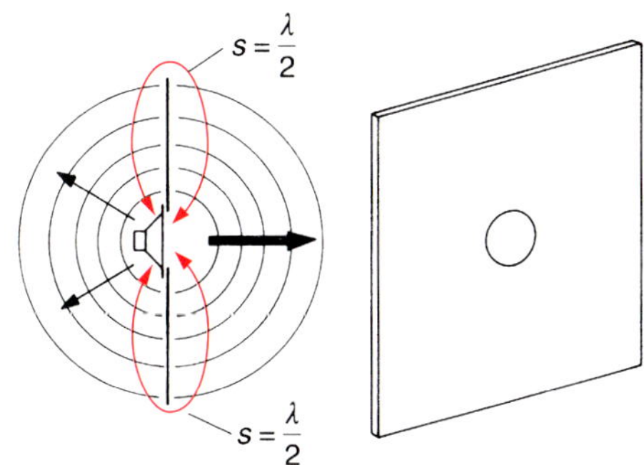

Bild 5.34
Verhinderung des akustischen Kurzschlusses, Schallwand

Dieses ist in den meisten Fällen nicht realisierbar. Durch den Einbau der Lautsprecher in ein Gehäuse und einer dabei evtl. künstlichen Verlängerung des Weges von Vorder- zu Rückseite (Bild 5.35) kann Abhilfe geschaffen werden. Eine Alternative ist, den akustischen Kurzschluss dadurch zu verhindern, dass die Gehäuserückseite dicht verschlossen wird; man erhält Lautsprecherboxen. Durch Dämpfung innerhalb der Boxen wird dann dafür gesorgt, dass keine Resonanzen auftreten. Der Wirkungsgrad ist allerdings geringer, und bei tiefen Frequenzen können Einschwingverzerrungen auftreten, die z.B. durch eine von der Membranbewegung abgeleitete Gegenkopplung beseitigt werden kann (Bild 5.36).

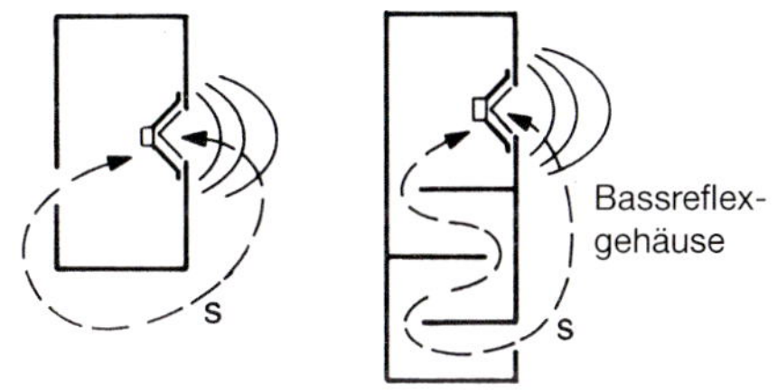

Bild 5.35
Verlängerung des Schallweges von Vorder- zu Rückseite durch Gehäuse

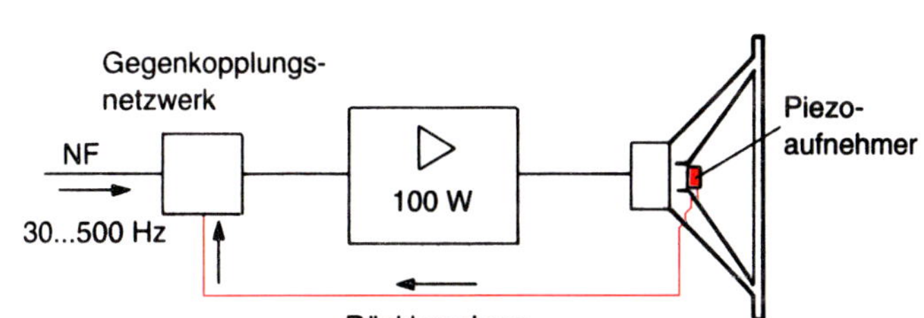

Bild 5.36
Gegenkopplung der Membranbewegung (Motional-Feedback-System) für Tieftonsysteme

5.6.5 Lautsprecherkombinationen

Wie bereits erläutert, sind einzelne gewünschte Konstruktionsmerkmale von Lautsprechern in einem System schwer miteinander kombinierbar. Insbesondere lassen sich große Bandbreite und guter Wirkungsgrad nicht miteinander vereinen. Ein Ausweg ist die Aufteilung des abzustrahlenden Frequenzbandes in Bereiche, z.B. *Tiefton*, *Mittelton* und *Hochton* (Mehrwege-Systeme). Die einzelnen jetzt schmalbandigen Lautsprecher sind fast ideal aufbaubar. Wenn diese Lautsprecher über

übereinander gereihten Schallerzeugern *(waveguides)* eine gemeinsame Wellenfront aus, d.h., die Schallerzeuger wirken nahezu als eine Quelle (Bild 5.40). Es sind dabei für den jeweiligen Frequenzbereich Quellen mit geeignetem Öffnungswinkel einzusetzen, um den Übergang im Frequenzbereich optimal zu gestalten. Durch die starke Bündelung ergibt sich allerdings, dass der Frequenzgang auf der Abstrahlungsachse mit zunehmender Entfernung immer höhenlastiger und außerhalb der Symmetrieachse mit zunehmendem Winkel immer tiefenlastiger wird. Diesem Effekt wird durch eine kurvenförmige Anordnung *(curving)* der Line-Array-Elemente begegnet (Bild 5.41).

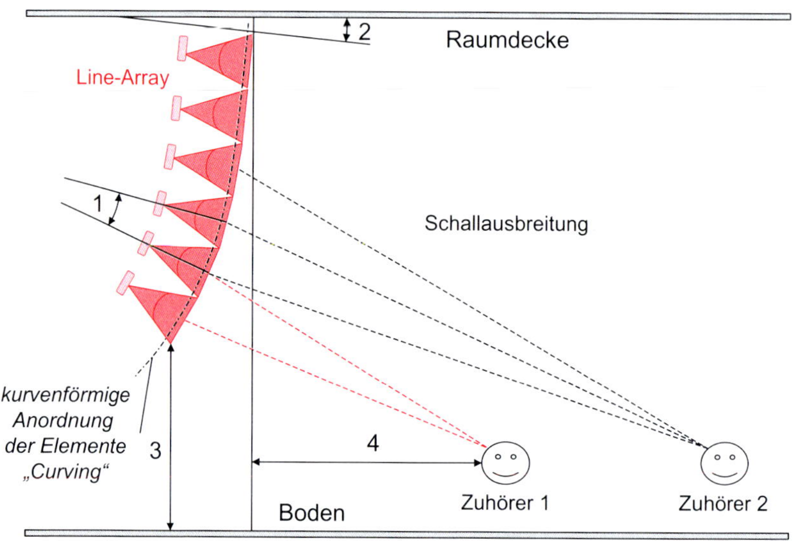

Bild 5.41 Line-Array-Anordnung im Raum mit Optimierungsparametern

Ein *weit entfernter* Zuhörer hört nur die auf ihn gerichteten Hochtonsignale, die Neigung der unteren Array-Elemente verhindert eine zu hohe Hochtonenergie. Der Tieftonbereich wird nahezu kugelförmig abgestrahlt, eine Ausrichtung entsprechender Quellen ist daher nicht erforderlich; für den weit entfernten Zuhörer ist damit der Frequenzgang ausgeglichen. Für den *Zuhörer im Nahbereich* ist mit zu viel tieffrequentem Schalldruck zu rechnen; die Ausrichtung der unteren Quellen des Line-Arrays führt hier aufgrund der Bündelung im Hochtonbereich zur Erhöhung des hochfrequenten Schalldrucks und damit auch zum Ausgleich des Frequenzgangs im Nahfeld. Vorteile der Beschallung mit Line-Arrays sind u.a. die Ausdehnung des Nahfeldes und die bessere Lokalisierbarkeit im Tieftonbereich. Die wichtigsten Parameter zur baulichen Optimierung einer Lautsprecher-Line-Array-Anordnung für die Beschallung eines Raumes sind nach Bild 5.41 die Winkel der Elemente (1) zueinander, die vertikale Ausrichtung des Arrays bezogen auf den Boden bzw. die Decke (2), die Höhe der Array-Anordnung im Raum (3) und der Abstand der Hörer (4) bzw. die zu erzielende Reichweite. Die elektronische Signalbeeinflussung für den Betrieb von Line-Arrays bezieht sich vor allem auf die Entzerrung des Frequenzgangs bzw. die Anhebung des Pegels hin zu höheren Frequenzen. [53; 54]

Wellenfeldsynthese
Die Wellenfeldsynthese *(WFS)* dient ebenfalls zur Beschallung von großen Räumen bzw. Flächen. Ein wesentliches Ziel dabei ist – über die beschallungstechnische Aufgabe hinaus – die möglichst gute Lokalisierbarkeit der Schallereignisse unabhängig von der Zuhörerposition sowie die Rekonstruktion des Originalschallfeldes. Dazu wird unabhängig vom bestehenden Raum ein virtueller Schallwiedergaberaum rechnergesteuert synthetisiert. Baulich bedeutet dieses allerdings, dass die eigentliche Raumakustik unterdrückt werden muss, damit keine reflektierenden Schallanteile entstehen.

Grundlage ist die Erzeugung einer Schallwellenfront aus einer Vielzahl von Elementarwellen nach Huygens. In der Realisierung wird eine Vielzahl von Lautsprechern (im Allgemeinen mehrere Hundert) rings um den Zuhörerbereich in Höhe der Zuhörer angebracht. Mittels eines Rechners werden die einzelnen Lautsprecher genau dann angesteuert, wenn eine virtuelle Wellenfront den gewünschten Raumpunkt durchlaufen würde. Die in einem realen Raum auftretenden und zur Ortsbestimmung einer Schallquelle wichtigen Reflexionen werden dabei durch die Lautsprecheranordnungen abgestrahlt. Das System kann damit theoretisch jeden bekannten Raum in seinen akustischen Eigenschaften nachbilden. Zur Berechnung der Synthese werden Kenntnisse über die (akustischen) Eigenschaften der Aufnahme- und Wiedergaberäume, wie z.B. die Impulsantwort, genutzt. Vereinfacht ergibt sich folgender Ablauf:

- Die notwendigen Informationen werden mit Mikrofon-Arrays im Aufnahmeraum gewonnen.
- Dort, wo später die direkte Schallquelle positioniert wird, wird dann ein anregender Dirac-Schall-Impuls erzeugt.
- Das nächstgelegene Mikrofon wird diesen Schall zuerst aufzeichnen und der dieser Mikrofonposition später zugeordnete Lautsprecher wird das Schallsignal bei der Wellenfeldsynthese zuerst abstrahlen.

Entsprechend werden die anderen Elementarwellen erzeugt, so dass die Wellenfront in ihrer ursprünglichen Art synthetisiert werden kann. Da eine Aufnahme jeder möglichen Position eines Schallstrahlers mit allen räumlichen Impulsantworten nicht möglich ist, erfolgt eine Interpolation ausgewählter Messergebnisse während der Wiedergabe auf die aktuelle Position der Quelle und den Ausgangspunkt der Elementarwelle. Insbesondere bei sich bewegenden Schallquellen ist hierfür eine erhebliche Rechenleistung erforderlich.

Aufgrund des mit der Realisierung verbundenen hohen Aufwandes konnte sich dieses Verfahren im Heimbereich bislang nicht durchsetzen. [55]

Weiterführende Informationen finden Sie im InfoClick zu diesem Buch.

5.6.7 Kopfhörer

Kopfhörer benötigen i.Allg. keine Schallführung. Die Membran ist im Verhältnis zum Ohr so groß, dass praktisch ebene Schallwellen abgestrahlt werden. Die erforderliche Amplitude ist so klein, dass auch tiefe Frequenzen gut wiedergegeben werden können. Neben der Unterscheidung nach den Wandlertypen kann auch nach der Bauform unterschieden werden:

Ohrhörer werden in den Gehörgang eingeführt und sind in unterschiedlichen Bauformen verfügbar. Diese Hörer werden sowohl in der Hörgeräteakustik als auch für das Abhören von z.B. Musik (Walkman, MP3-Player usw.) verwendet. Sie bieten eine gute Abschirmung zur Umgebung und sind speziell für den mobilen Bereich geeignet. Die ohraufliegenden oder ohrumschließenden Muschelkopfhörer sind größer und werden je nach äußerer Beschaffenheit in geschlossene und halboffene bzw. offene Systeme unterteilt. Geschlossene Systeme erlauben eine stärkere Basswiedergabe, was bei den offenen Systemen durch eine entsprechende Konstruktion der Membranen erreicht werden muss.

Die Übertragungsbandbreite bei hochwertigen Kopfhörern ist so groß, dass sich eine fast ideale Wiedergabe ergibt. Leider entspricht diese nicht dem natürlichen Hören im Schallfeld.

5.7 Lernziel-Test

1. In welchem Frequenzbereich liegt der hörbare Schall?
2. Was versteht man unter Ultraschall, was unter Infraschall?
3. In welchen Einheiten wird der Schalldruck gemessen?
4. Welche Schalldrücke gelten für Hörschwelle und Schmerzschwelle?
5. Wie ist der Schalldruckpegel in dB definiert?
6. Was versteht man unter der Dynamik eines akustischen Signals?
7. Was ist Nachhall? Nennen Sie übliche Nachhallzeiten von Räumen.
8. Wie erreicht man eine stereophone Wiedergabe von Musik?
9. Was wird unter Mehrkanaltonsystemen verstanden?
10. Was ist ein 5.1-Tonsystem?
11. Erläutern Sie Aufbau und Arbeitsweise eines dynamischen Mikrofons.
12. Ein Lautsprecher nimmt eine elektrische Leistung von 20 W auf. Er gibt eine akustische Leistung von 3,5 W ab. Wie groß ist sein Wirkungsgrad?
13. Am Schallempfangsort herrscht ein Schalldruckpegel von 46 dB. Wie groß ist der Schalldruck in Pascal?
14. Ein Mikrofon hat einen Leerlauf-Übertragungsfaktor von 4 mV/Pa. Wie groß ist die elektrische Spannung, die das Mikrofon bei einem Schalldruck von 52 dB abgibt?
15. Welche Aufgabe hat die Frequenzweiche in einer Lautsprecherkombination?
16. Welches Ziel hat die Beschallung von Flächen mit Line-Array-Anordnungen?
17. Wie arbeitet im Grundsatz die Wellenfeldsynthese für die Raumbeschallung?

6 Elektromagnetische Wellen

Merksatz

Ein sich ändernder Strom (z.B. in einer Antenne) erzeugt elektrische und magnetische Felder. Diese Felder breiten sich ausgehend von dem Strom im Raum aus und verlieren dabei mit zunehmendem Abstand an Stärke – ähnlich wie die Wellen in einem See, wenn man einen Stein in das Wasser wirft (Bild 6.1).

Definition

Bei den sich ausbreitenden Feldern spricht man von einer elektromagnetischen Welle. Diese transportiert Energie und kann dazu genutzt werden, um Nachrichten zu übertragen.

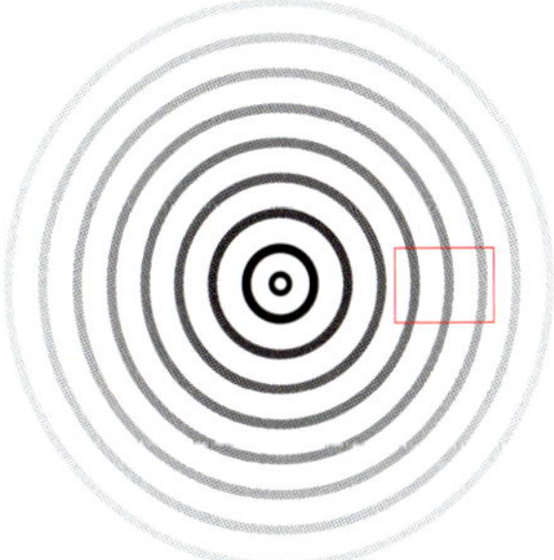

Bild 6.1
Vom Zentrum ausgehende Kreis- bzw. Kugelwellen abnehmender Stärke

Die Grundgleichungen zur Beschreibung elektromagnetischer Wellen hat der englische Physiker James Clerk Maxwell im Jahre 1864 aufgestellt. Der erste Nachweis im Labor gelang dem deutschen Physiker Heinrich Hertz im Jahre 1886. Ihm zu Ehren wurde die Frequenz mit der Einheit Hertz belegt. Die erste Funkübertragungsstrecke über größere Distanzen baute der Italiener Gulielmo Marconi im Jahr 1897 auf. Im Jahr 1901 gelang ihm die Funkübertragung über den Atlantik.

Heutzutage gibt es zahlreiche Anwendungen elektromagnetischer Wellen in verschiedenen Frequenzbereichen. Um gegenseitige Störungen zu vermeiden, müssen sie insbesondere im Hinblick auf genutzte Frequenzbereiche und erlaubte Sendeleistungen koordiniert werden. Dies geschieht in Deutschland durch die Bundesnetzagentur [16]. In dem von ihr erstellten *Frequenznutzungsplan* für den Bereich von 9 kHz bis 275 MHz finden sich u.a. die folgenden Anwendungen:

- Amateurfunk,
- (terrestrischer) Fernseh- und Tonrundfunk,
- zellularer Mobilfunk, schnurlose Telefone, Wireless LANs,
- RFID (**R**adio Frequency **Id**entification),
- militärische Anwendungen,
- Wetterradar, Übertragung von Wetterdaten,
- Weltraumforschung, Radioastronomie,
- Radar, Navigation,
- Satellitenfunk,

- Flugfunk, Seefunk, Binnenschifffahrtsfunk,
- Betriebsfunk, Funk für öffentliche Eisenbahnen,
- Funkanwendungen für Behörden und Organisationen mit Sicherheitsaufgaben (BOS),
- Fernsteuerung von Modellen, Funkbewegungsmelder, ...

6.1 Kenngrößen

6.1.1 Frequenzen und Wellenlängen

Im so genannten Fernfeld, d.h. weit ab von der Antenne, lässt sich die elektromagnetische Welle häufig als harmonische Welle beschreiben. Eine solche Welle, die als kleiner Ausschnitt der Kreiswellen aus Bild 6.1 betrachtet werden kann, besitzt – wie Bild 6.2 zeigt – einen sinusförmigen Verlauf in der Ortskoordinate z. Den Abstand von einem Wellenberg zum nächsten nennt man die Wellenlänge λ. An jedem Ort führen das elektrische Feld E und das magnetische Feld H eine sinusförmige Schwingung aus. Innerhalb der Schwingungsperiode $T = 1/f$ legt die Welle die Strecke λ zurück.

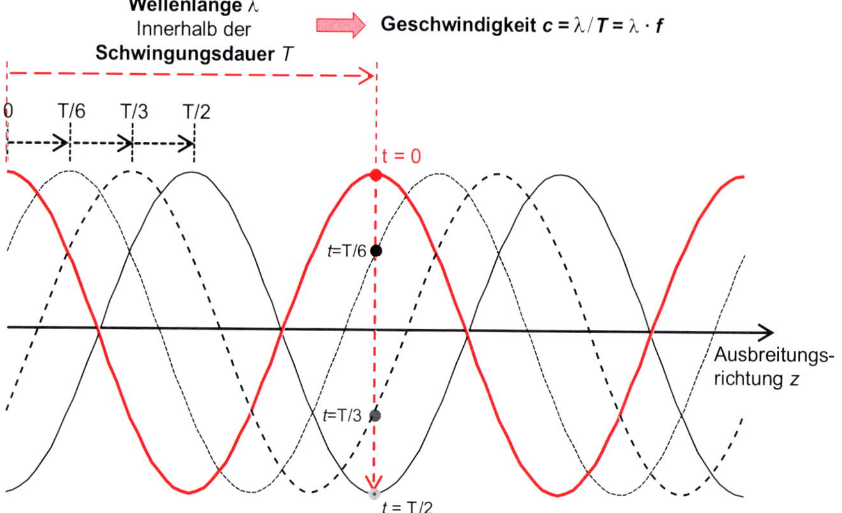

Bild 6.2 Harmonische Welle

Für die Geschwindigkeit c einer Welle gilt also:

$$c = \lambda / T = \lambda \cdot f \qquad \text{(Gl. 6.1)}$$

6.1.2 Polarisation

Wie Bild 6.3 zeigt, schwingen bei einer elektromagnetischen Welle das elektrische Feld E und das magnetische Feld H senkrecht zur Ausbreitungsrichtung der Welle; ferner stehen beide Felder senkrecht zueinander. Es handelt sich um eine so genannte *Transversal- oder Querwelle*.

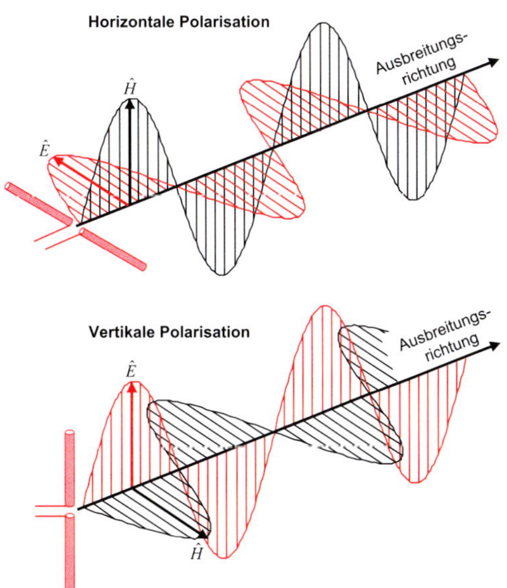

Bild 6.3
Elektromagnetische Wellen mit horizontaler und vertikaler Polarisation

Schwingt das elektrische Feld parallel zur Erdoberfläche (Horizont), so spricht man von einer *horizontalen Polarisation*; schwingt es senkrecht dazu, so nennt man die Welle *vertikal polarisiert*. Die Polarisation wird also immer auf die Richtung des elektrischen Feldes bezogen.

Eine vertikal polarisierte Welle kann z.B. mit einer vertikal ausgerichteten Stabantenne erzeugt werden. Richtet man die Antenne horizontal aus, so entsteht eine horizontal polarisierte Welle.

Benutzt man zwei Stabantennen, die senkrecht zueinander angeordnet sind, so entsteht

- eine diagonal polarisierte Welle, wenn die Abstrahlung in Phase erfolgt,
- eine zirkular polarisierte Welle, wenn die Abstrahlung mit einer Phasenverschiebung von ±90° erfolgt.

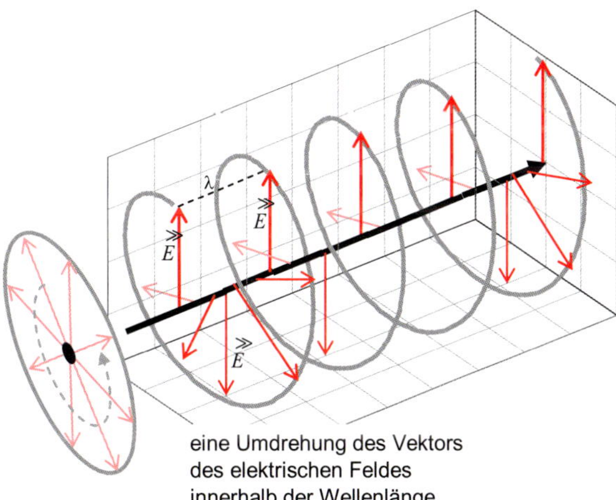

Bild 6.4
Zirkular polarisierte Welle

Bei einer zirkular polarisierten Welle «schraubt» sich der Vektor des elektrischen (und magnetischen) Feldes gewissermaßen um die Ausbreitungsrichtung (Bild 6.4). Innerhalb der Wellenlänge ist eine komplette Drehung erfolgt. Je nach Drehrichtung unterscheidet man rechts und links zirkular polarisierte Wellen.

Merksatz

Bei starkem Regen oder auch bei Reflexionen an Hindernissen kann sich die Polarisation einer Welle ändern.

6.1.3 Ausbreitungsgeschwindigkeit

Die Ausbreitungsgeschwindigkeit hängt von den elektrischen und magnetischen Konstanten des Materials ab, in dem sich die Welle ausbreitet.

Im Vakuum breiten sich alle elektromagnetischen Wellen mit der gleichen Geschwindigkeit c aus – nämlich mit der Vakuumlichtgeschwindigkeit c_0. Ihr Wert beträgt in guter Näherung:

$$c = c_0 = 300\,000 \text{ km/s} = 300 \text{ km/ms} = 300 \text{ m/µs} \qquad \text{(Gl. 6.2)}$$

In Luft weicht der Wert für c weniger als 1‰ von der Vakuumlichtgeschwindigkeit ab, so dass man für die meisten praktischen Anwendungen mit obigem Wert rechnen kann. Allerdings müssen bei hochpräzisen Satellitennavigationssystemen, wie z.B. GPS, geringfügige Abweichungen in der Atmosphäre bzw. Ionosphäre berücksichtigt werden, um die Position aus den Signallaufzeiten zu bestimmen.

In anderen Medien (z.B. in Wasser, Glas oder polymeroptischen Fasern) mit einer Dielektrizitätskonstanten $\varepsilon_r > 1$ ist die Geschwindigkeit c elektromagnetischer Wellen deutlich geringer (vgl. Abschnitt 4.2):

$$c = \frac{1}{\sqrt{\varepsilon_r}} \cdot c_0 \qquad \text{(Gl. 6.3)}$$

Beispiele

Die Entfernung zu einem TV-Satelliten auf einer geostationären Umlaufbahn beträgt ungefähr 36 000 km. Dementsprechend benötigt das Funksignal vom Satelliten zur Erde in etwa

t = 36 000 km / 300 km/ms = 120 ms = 0,12 s

Die Entfernung von einem Radiosender zum Endgerät beträgt beispielsweise 30 km. Das Signal kommt über den direkten Weg (s_1 = 30 km) und über eine Reflexion mit einem Gesamtweg von s_2 = 36 km am Empfänger an. Die Laufzeitdifferenz Δt beträgt also:

Δt = 6000 m / 300 m/µs = 20 µs

Bei einer digitalen Übertragung mit einer Rate von 1 Mbit/s beträgt die Bitdauer T = 1 µs. Trifft also bei dem Beispiel das 21. Bit über den direkten Weg ein, so wird es durch das erste Bit über den Umweg gestört. Diesen Sachverhalt nennt man *Intersymbolinterferenz*. Er ist in Bild 6.5 (für etwas andere Parameter) illustriert.

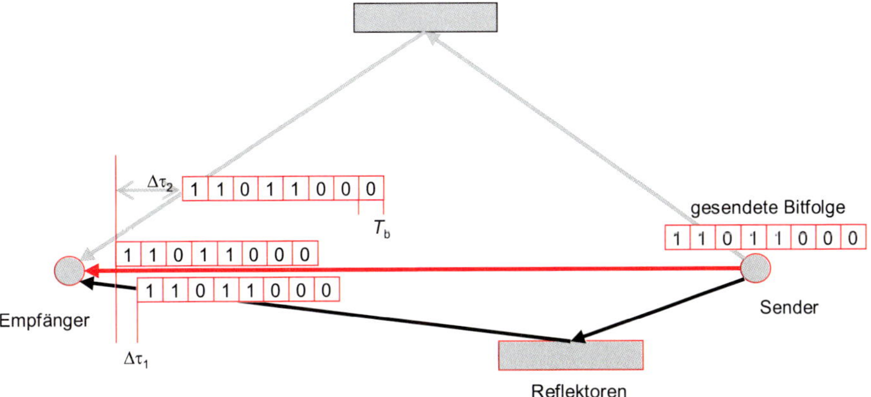

Bild 6.5 Intersymbolinterferenz, verursacht durch Mehrwege-Ausbreitung (Echos)

6.1.4 Frequenzbereiche

Elektromagnetische Wellen spielen in der Technik und für unser tägliches Leben in sehr vielfältiger Weise eine Rolle. Der relevante Frequenzbereich erstreckt sich über viele Zehnerpotenzen – wie Bild 6.6 zeigt.

Merksatz

Für moderne Kommunikationssysteme sind insbesondere der Frequenzbereich zwischen 100 MHz und 100 GHz sowie der Bereich des sichtbaren Lichtes und der angrenzenden nahen Infrarotstrahlung von besonderer Bedeutung.

Einige wichtige Anwendungen in diesen Bereichen sind in Bild 6.7 aufgeführt.

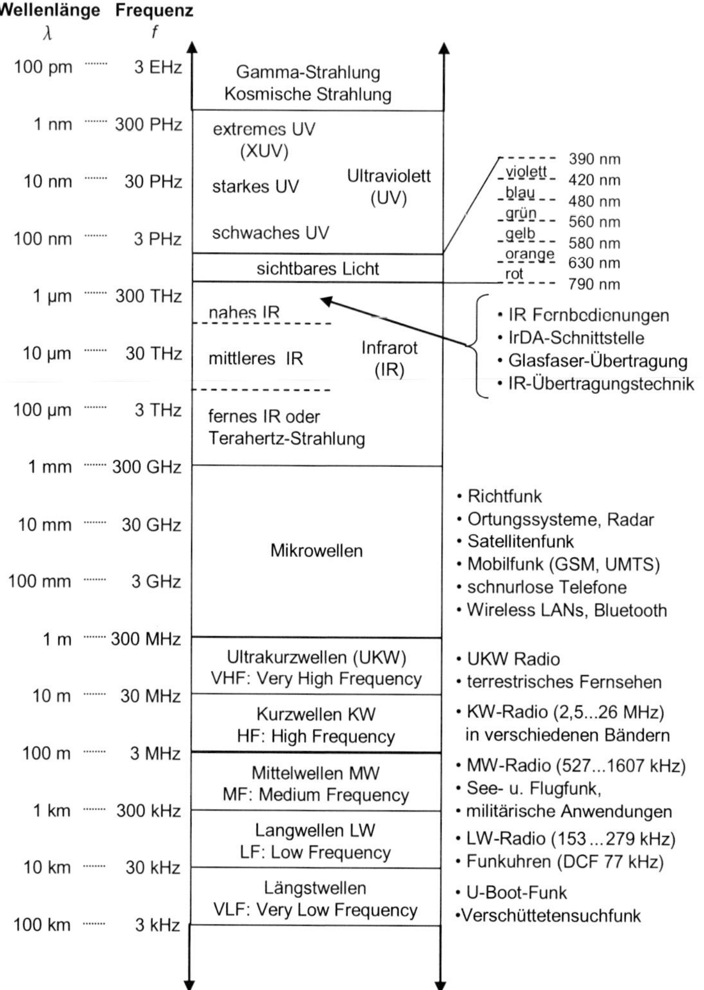

Bild 6.6 Überblick über das Spektrum elektromagnetischer Wellen

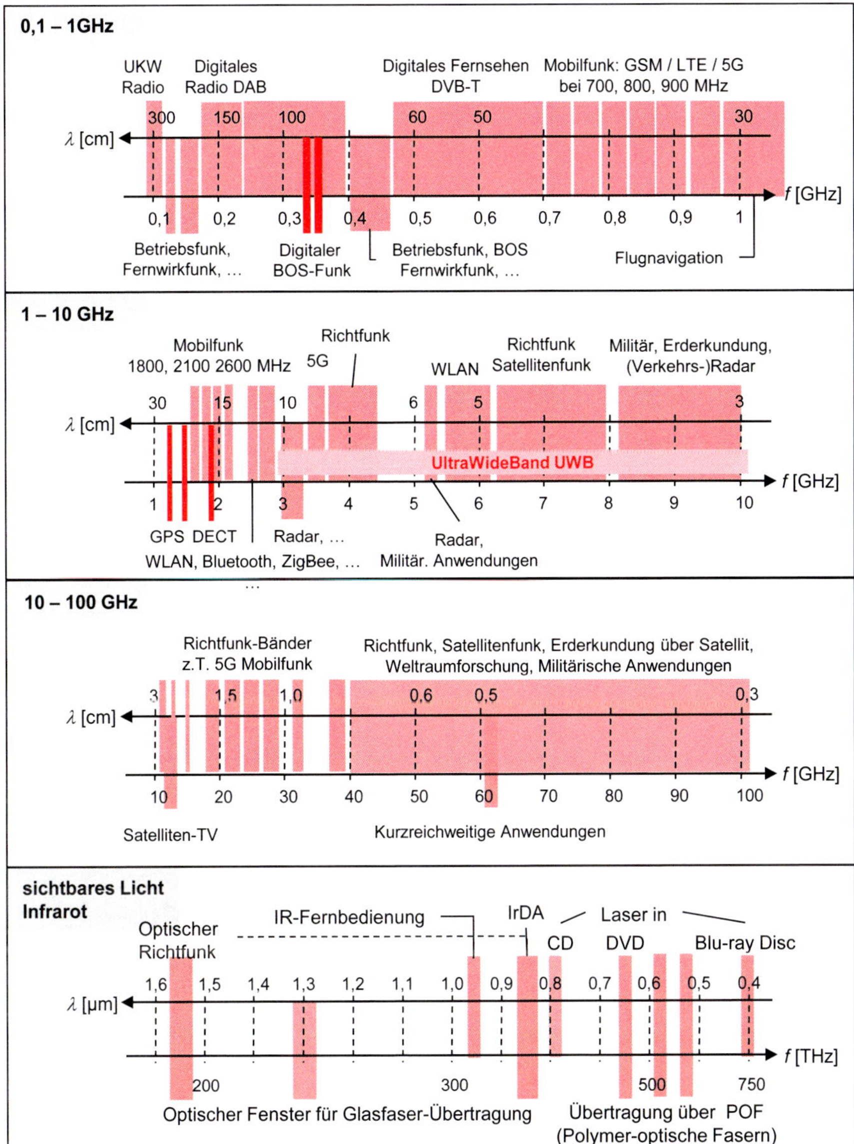

Bild 6.7 Wichtige Beispiele für nachrichtentechnische Anwendungen im UKW-, Mikrowellen- und IR-Bereich sowie im Bereich des sichtbaren Lichtes

6.1.5 Wellenwiderstand

Ebenso wie eine Leitung besitzt jedes Ausbreitungsmedium einen Wellenwiderstand Z. Er ist definiert als Verhältnis aus elektrischer und magnetischer Feldstärke:

$$Z = E / H \qquad \text{(Gl. 6.4)}$$

Für das Vakuum und in guter Näherung auch in Luft beträgt der Wert:

$$Z = Z_0 = 377\ \Omega \qquad \text{(Gl. 6.5)}$$

In anderen Medien (z.B. in Wasser, Glas oder polymeroptischen Fasern) mit einer Dielektrizitätskonstanten $\varepsilon_r > 1$ ist der Wellenwiderstand geringer:

Trifft eine Welle von einem Medium auf ein anderes, so wird umso mehr reflektiert, je höher die Differenz der beiden Wellenwiderstände ist.

6.1.6 Überlagerung von Wellen – Interferenz

Definition

Ein wesentliches Merkmal von Wellen ist, dass sie sich überlagern und sich dabei verstärken oder auch schwächen und auslöschen können. Man spricht von einer konstruktiven bzw. destruktiven Interferenz. Mathematisch gesehen, ist eine Überlagerung die Summe der beiden Wellen (Bild 6.8).

Beträgt der Laufwegunterschied zwischen zwei Wellen ein ganzzahliges Vielfaches der Wellenlänge, so liegt eine konstruktive Interferenz (Verstärkung) vor; beträgt er ein ungeradzahliges Vielfaches der halben Wellenlänge, so tritt eine destruktive Interferenz (Schwächung) auf.

Diesen Effekt nutzt man beispielsweise bei Antennen, die aus mehreren Elementen bestehen und die jeweils eine Welle abstrahlen. Bei einer passenden Anordnung kann durch konstruktive Überlagerung der Wellen eine besonders große Ausstrahlung in einer bestimmten Richtung erzielt werden.

Ein anderes Beispiel sind so genannte stehende Wellen, die dann auftreten, wenn sich die ursprüngliche Welle mit der an einem Hindernis reflektierten Welle überlagert: Die Überlagerung zweier Wellen mit entgegengesetzten Ausbreitungsrichtungen führt zu einer Welle, die sich nicht bewegt – daher der Name «stehende Welle» (vgl. Abschnitt 4.3). In dieser stehenden Welle (Bild 6.9) gibt es Orte, an denen das elektrische Feld besonders stark schwingt (Schwingungsbäuche mit hoher Intensität), und andere Orte, an denen das elektrische Feld (nahezu) null ist (Schwingungsknoten).

Merksatz

Der Abstand zwischen zwei benachbarten Schwingungsknoten beträgt $\lambda/2$.

Man kann diesen Effekt beispielsweise beim Radio-Hören (UKW, $\lambda \approx 3$ m) beobachten, wenn man sich mit dem Pkw langsam in einer Straßenschlucht oder einer Tiefgarage bewegt. Innerhalb eines Meters kann es zu einem Wechsel zwischen einem guten Empfang (Schwingungsbauch) und einem schlechten Empfang (Schwingungsknoten) kommen.

Bei Mobilfunksystemen und digitalen Rundfunk- und Fernsehsystemen verwendet man spezielle Übertragungsverfahren, um die Auswirkungen dieses als Kurzzeitschwund (Short Term Fading) bezeichneten Effekts zu reduzieren.

Konstruktive Interferenz – Verstärkung

für $\Delta s = 0, \ \pm\lambda, \ \pm 2\lambda, \ \pm 3\lambda, \ \ldots$

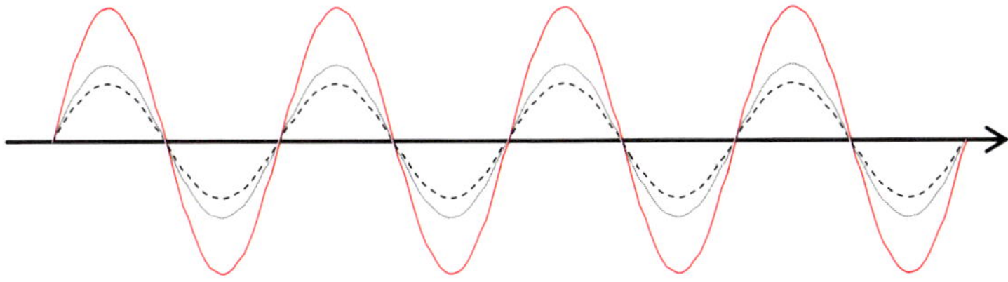

Destruktive Interferenz – Schwächung

für $\Delta s = \pm \frac{1}{2}\lambda, \ \pm \frac{3}{2}\lambda, \ \pm \frac{5}{2}\lambda, \ \ldots$

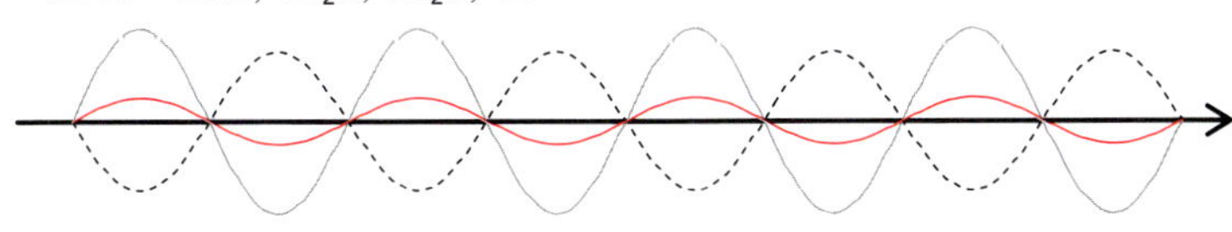

Welle 1 Welle 2 resultierende Welle

Bild 6.8 Überlagerung von Wellen

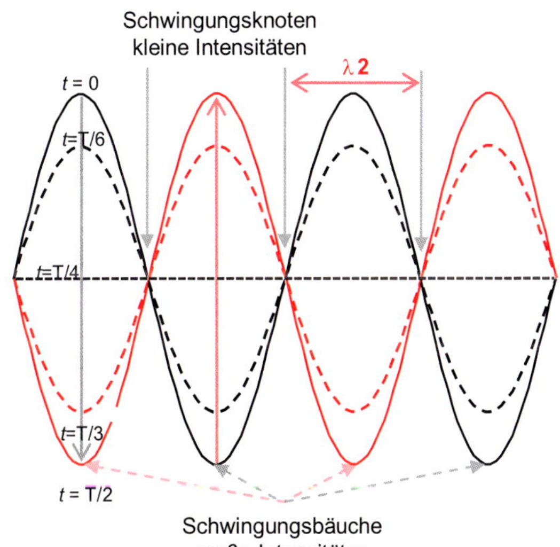

Bild 6.9
Stehende Wellen
bei Reflexionen

6.1.7 Intensität

Definition

Die entscheidende physikalische Größe zur Beschreibung der Stärke einer elektromagnetischen Welle ist die Intensität *S*. Sie ist definiert als Leistung *P* pro Fläche:

$$\text{Intensität } S\left[W/\text{m}^2\right] = \frac{\text{Leistung } P\left[\text{W}\right]}{\text{Fläche } A\left[\text{m}^2\right]} \qquad \text{(Gl. 6.6)}$$

Die Intensität ist proportional zum Quadrat der elektrischen bzw. magnetischen Feldstärke:

$$S = \frac{1}{Z} \cdot E^2 = Z \cdot H^2 \qquad \text{(Gl. 6.7)}$$

In dieser Formel ist Z der jeweilige Wellenwiderstand, und E und H sind die Effektivwerte des elektrischen bzw. magnetischen Feldes.

So werden beispielsweise Grenzwerte für die Strahlungsbelastung über die Intensität oder auch die entsprechenden Feldstärken definiert: Laut der Bundesimmissionsschutzverordnung des Bundesumweltministeriums aus dem Jahr 1997 sind in Deutschland für den Bereich von 10 MHz bis 300 GHz die in Bild 6.10 dargestellten Grenzwerte für die Strahlenbelastung der Bevölkerung festgelegt:

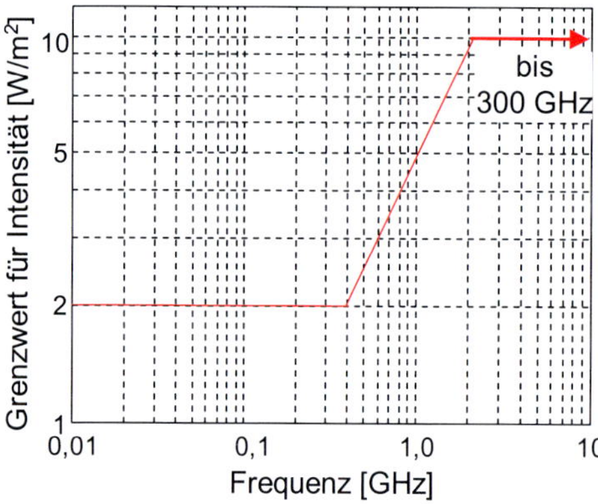

Bild 6.10
Grenzwerte für die Intensität hochfrequenter Strahlung in Deutschland

Andere Institutionen bzw. Länder empfehlen zum Teil deutlich niedrigere Grenzwerte. Weitere Details zur Strahlungsbelastung durch Funksysteme findet man in [10; 11] oder auf den Internetseiten des Bundesamtes für Strahlungsschutz.

6.2 Antennen

6.2.1 Erzeugung und Abstrahlung elektromagnetischer Wellen

Elektromagnetische Wellen werden durch Antennen abgestrahlt. Als vereinfachtes Modell kann man sich eine Stabantenne als «aufgebogenen» Schwingkreis vorstellen (Bild 6.11).

Betrachtet man zunächst einen Schwingkreis, so nimmt beim Laden des Kondensators das elektrische Feld zwischen den Platten zu, bis es ein Maximum erreicht. Solange das elektrische Feld zunimmt, fließt ein Strom, der sich mit einem Magnetfeld umgibt. Auch das elektrische Feld wird sich, solange es zunimmt, mit einem Magnetfeld umgeben. Ist das Maximum der Ladung und des elektrischen Feldes erreicht, fließt kein Strom mehr, folglich existiert auch kein Magnetfeld mehr.

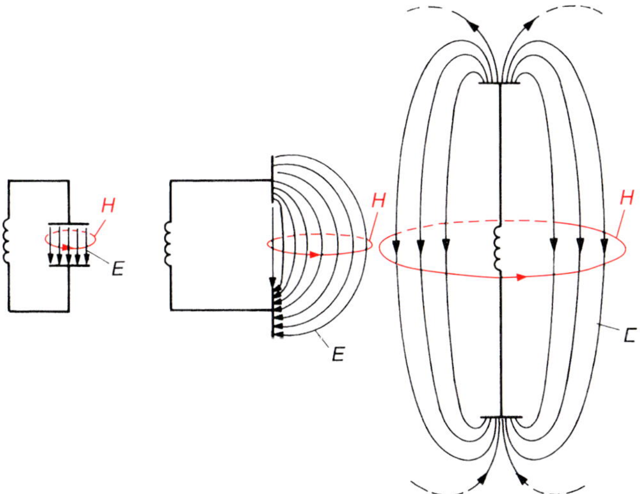

Bild 6.11 Modell des Schwingkreises mit aufgebogenen Kondensatorplatten

Beim Entladen stellt sich nun wieder eine Stromänderung bzw. eine Änderung des elektrischen Feldes ein. Folglich wird das elektrische Feld zwischen den Kondensatorplatten wiederum von einem, sich ebenfalls ändernden, magnetischen Feld umschlossen. Unter der Annahme idealer Verhältnisse (keine Verluste an Bauteilen und Leitungen) wird die einmalig aufgebrachte Ladungsenergie des Kondensators wechselweise zwischen Kondensator und Spule hin und her pendeln. Es kommt ein periodischer Lade- und Entladevorgang zustande, bei dem die Energie abwechselnd im elektrischen Feld des Kondensators und im magnetischen Feld der Spule zwischengespeichert wird.

Zwischen den Platten des Kondensators wird also periodisch ein sich änderndes elektrisches Feld auftreten, das sich mit einem, sich ebenfalls ändernden, magnetischen Feld umgibt.

In der Praxis gibt es natürlich keine verlustfreien Bauteile. Die Energieverluste kann man dadurch ausgleichen, dass über die Induktivität von außen Hochfrequenzenergie eingekoppelt wird.

Ausgehend vom Modell des aufgebogenen Parallelschwingkreises kann man sich das felderzeugende Gebilde als eine Spule mit entgegengesetzt abstehenden, geraden Leiterenden vorstellen. Die Kondensatorplatten sind auf die Querschnittsflächen der Leiterenden reduziert. Auf die induktive Energieeinkopplung in die Spule wird aus Übersichtlichkeitsgründen in der Darstellung verzichtet.

Bei dieser Betrachtung ist die Ursache des magnetischen Feldes der Stromfluss im Leiter, die Ursache des elektrischen Feldes die Ladungsverschiebung an den Leiterstabenden.

Zwischen elektrischem und magnetischem Feld besteht in der Nähe der Antenne eine zeitliche Phasenverschiebung von einer Viertel-Periode (90°). Daher stellt diese Energie des gemeinsamen Feldes eine reine Blindenergie dar.

Die Ausbreitungsgeschwindigkeit, mit der sich beide Felder in den Raum ausbreiten, beträgt ungefähr Lichtgeschwindigkeit. Aber selbst bei Lichtgeschwindigkeit wird eine gewisse Zeit zur Zurücklegung einer Entfernung benötigt. Das ist auch der Grund, warum es zur Abschnürung eines Teils des elektrischen Feldes kommt.

Die elektrischen Feldlinien, an den Leiterenden beginnend und endend, breiten sich beim Zunehmen des elektrischen Feldes mit Lichtgeschwindigkeit in den Raum aus. Beim Abnehmen des elektrischen Feldes sollen diese Feldlinien, ebenfalls mit Lichtgeschwindigkeit, wieder zurückgeholt werden. Während diese Reaktion in der Nähe der Leiterenden unverzüglich umgesetzt wird, können die bereits weit entfernten Feldlinienbereiche aufgrund der endlichen Ausbreitungsgeschwindigkeit nur mit «Verzögerung» folgen.

Der dabei eintretende Abschnürungseffekt wird zusätzlich noch dadurch verstärkt, dass im Abschnürungsbereich, durch die Verbiegung der Feldlinien, diese sich teilweise entgegengesetzt gegenüberstehen und somit zu einer Abstoßung der weiter entfernten Feldlinien führen. Es wird also ein Teil des elektrischen Feldes, und damit natürlich auch ein Teil der abgestrahlten Energie, nicht mehr zur Energiequelle zurückkehren, sondern sich weiter mit Lichtgeschwindigkeit in den Raum ausbreiten. Weitab von der Antenne ist die Phasenverschiebung zwischen dem elektrischen und magnetischen Feld null. Die Feldenergie ist damit eine Wirkenergie.

Insgesamt wird also Leistung abgestrahlt, die vom Sender aufgebracht werden muss. In der abgestrahlten Welle induziert das sich zeitlich ändernde elektrische Feld ein sich zeitlich änderndes Magnetfeld und umgekehrt. Dadurch wird die Welle aufrechterhalten. Die abgestrahlte Leistung kann man sich wie einen Verbraucher mit ohmschem Widerstand R_S vorstellen, der an eine Stromquelle angeschlossen ist. R_S nennt man den Strahlungswiderstand der Antenne. Zusätzlich können in der Antenne Verluste durch die endliche Leitfähigkeit des Antennenmaterials und durch Absorption in Dielektrika auftreten.

Die Abschnürung des elektrischen Feldes findet in einem ganz bestimmten Abstand von der abstrahlenden Energiequelle statt, nämlich beim Übergang vom so genannten Nahfeld zum Fernfeld (Bild 6.12).

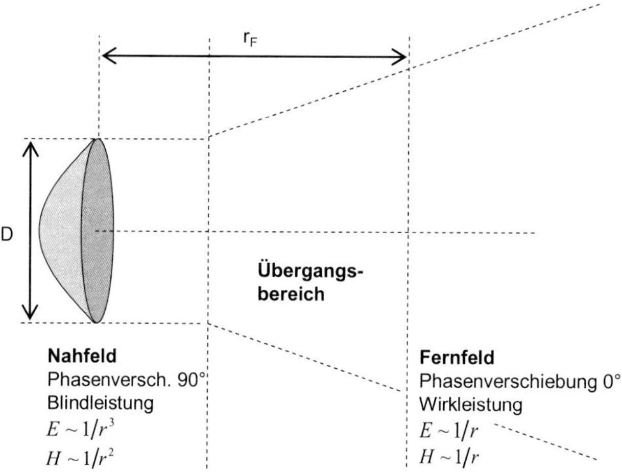

Bild 6.12 Nahfeld und Fernfeld einer Antenne

Im Nahfeld liegen eine sehr komplizierte Feldverteilung und eine reine Blindenergie vor. Im Fernfeld transportiert die Welle Wirkenergie und die elektrischen und magnetischen Felder lassen sich wie in Bild 6.13 gezeigt veranschaulichen.

Zeitpunkt	Magnetisches Feld H (Ursache → Ladungsverschiebung im Leiterstab)	Elektrisches Feld E (Ursache → Potentialunterschied zwischen den Leiterstabenden)
$t = 0$	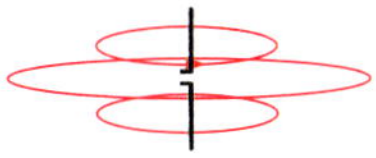	
$t = \frac{T}{8}$	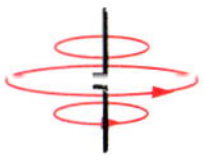	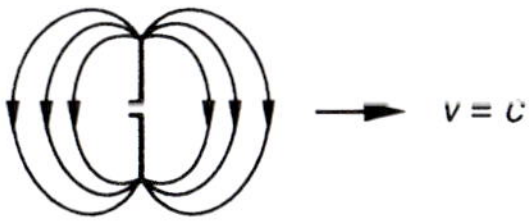 $v = c$
$t = \frac{T}{4}$		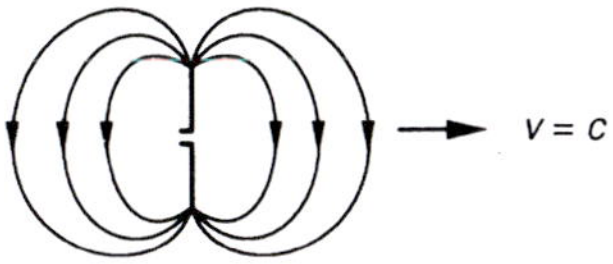 $v = c$
$t = \frac{3T}{8}$	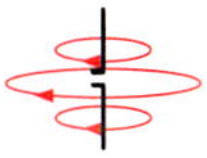	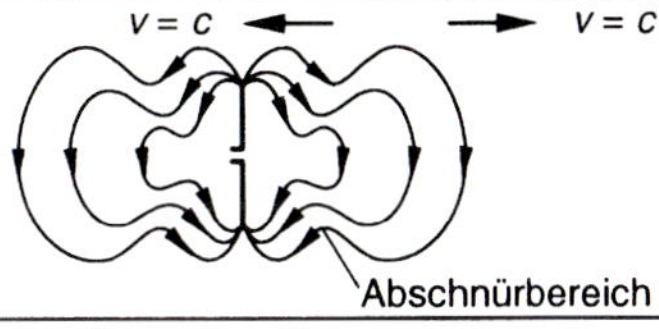 $v = c$ $v = c$ Abschnürbereich
$t = \frac{T}{2}$	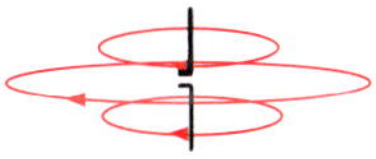	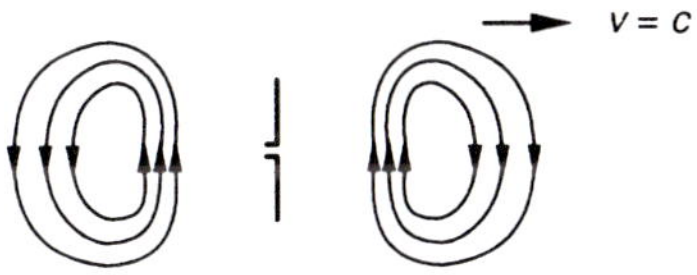 $v = c$
$t = \frac{5T}{8}$	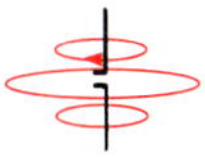	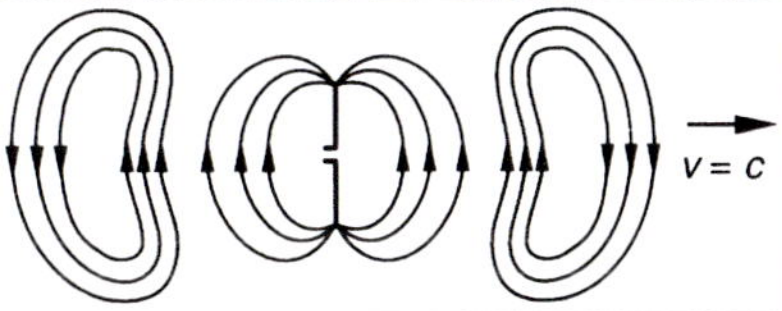 $v = c$
$t = \frac{3T}{4}$		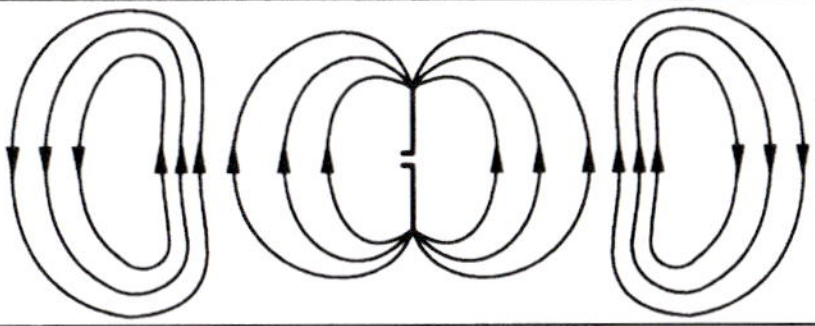

Bild 6.13 Abstrahlung des elektrischen Feldanteils

Merksatz

Der Abstand von der Antenne, bei dem das Fernfeld beginnt, hängt vom Durchmesser D der Antenne und der Wellenlänge λ ab.
Für elektrisch kleine Antennen ($D < \lambda$) gilt: $r_F \geq 2\lambda$.
Für elektrisch große Antennen ($D > \lambda$) gilt: $r_F \geq 2D^2/\lambda$.

Beispiel 1

$\lambda = 0{,}3$ m, $D = 0{,}1$ m, $r_F \geq 0{,}6$ m.

Beispiel 2

$\lambda = 1$ cm, $D = 0{,}2$ m, $r_F \geq 2 \cdot (0{,}2\text{ m})^2/0{,}01\text{ m} = 8$ m.

6.2.2 Antennenkenngrößen

Isotroper verlustfreier Strahler

Denkt man sich – wie in Bild 6.14 illustriert – um eine Strahlungsquelle eine Kugelschale mit Radius r und Oberfläche $A = 4\pi r^2$, so muss – wenn keine Verluste auftreten – die gesamte abgestrahlte Leistung durch die gedachte Kugeloberfläche.

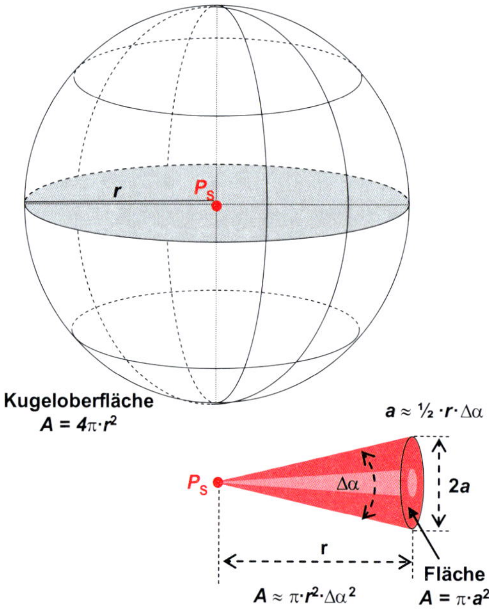

Bild 6.14
Kugel- und Kegelstrahler

Bei einer gleichmäßigen Abstrahlung der Intensität in allen Richtungen ergäbe sich für einen solchen so genannten isotropen (verlustfreien) Strahler gemäß Gleichung 6.6 die Intensität:

$$S_i = \frac{P_S}{4\pi \cdot r^2} \qquad \text{(Gl. 6.8)}$$

Eine reale Antenne strahlt jedoch nicht gleichmäßig in alle Richtungen, sondern bündelt die Leistung [12; 13]. In manche Richtungen wird mehr Intensität als bei dem isotropen Strahler abgegeben, in andere Richtungen dafür weniger: Betrachtet man einen Lichtkegel mit kleinem Öffnungswinkel $\Delta\alpha$, wie er beispielsweise bei optischen Richtfunksystemen auftritt, so beträgt die Intensität

$$S = \frac{P_S}{\Delta\alpha^2 \cdot r^2} = g \cdot S_i \text{ mit } g = \frac{4\pi}{\Delta\alpha^2} \qquad \text{(Gl. 6.9)}$$

Sie ist um den Faktor $g = S/S_i = 4\pi/\Delta\alpha^2$ größer als beim isotropen Strahler. Den Faktor g bezeichnet man dementsprechend auch als Gewinnfaktor. Der Winkel $\Delta\alpha$ ist dabei in Radiant anzugeben. Je kleiner der Öffnungswinkel, desto größer sind die Intensität und der Gewinn.

Beispiel

Bei einem optischen Richtfunksystem mit Sendeleistung P_S = 10 mW und einem Öffnungswinkel von 0,02 rad (≈1,1°) beträgt die Intensität in r = 1 km Entfernung: $S = 0{,}01\ \text{W} / (0{,}02^2 \cdot 1000^2\ \text{m}^2) = 25\ \mu\text{W/m}^2$ und ist damit um den Faktor $g = 4\pi/0{,}02^2 \approx$ 31 400 größer als bei einem isotropen Strahler.

In jedem Fall nimmt die Intensität bei Abwesenheit von Hindernissen quadratisch mit der Entfernung ab, da sich die abgestrahlte Leistung auf immer größere Flächen verteilt.

Hauptstrahlrichtung und Antennengewinn

Ähnlich wie bei dem zuvor besprochenen Lichtkegel bündeln auch Antennen für den Frequenzbereich unterhalb von 300 GHz die Strahlung in bestimmten Richtungen. Allerdings ist der Übergang zwischen «Licht und Schatten», d.h. zwischen hoher und geringer Intensität, nicht so stark wie bei optischen Systemen.

Die Strahlungsverteilung in Abhängigkeit vom Winkel wird durch ein so genanntes Richtdiagramm dargestellt. Als Beispiel ist in Bild 6.15 das Diagramm eines Hertzschen Dipols, also einer Stabantenne der Länge $l << \lambda/2$ (vgl. Abschnitt 6.2.3), gezeigt. In den Hauptstrahlrichtungen – also in den Richtungen mit maximaler Intensität (0° und 180°) strahlt die 1,5-fache Intensität ab wie beim isotropen Strahler. Der Gewinnfaktor $g = S_{max}/S_i$ beträgt also g = 1,5. Den Antennengewinn G in «dBi» erhält man durch Logarithmieren:

$$G[\text{dBi}] = 10 \cdot \log g = 10 \cdot \log\left(\frac{S_{max}}{S_i}\right) \qquad \text{(Gl. 6.10)}$$

6.2.3 Lineare Antennen

Dipolstrahler

Bei linearen Antennen handelt es sich um verschiedene Varianten des in Abschnitt 6.2.1 diskutierten Dipolstrahlers. Einige Beispiele für symmetrisch von der Mitte gespeiste Dipole sind in Bild 6.17 gezeigt. Dabei handelt es sich um den λ-Dipol ($l = \lambda$), den $\lambda/2$-Dipol ($l = \lambda/2$) und den Hertzschen Dipol ($l << \lambda/4$). Angedeutet sind dort auch die Strom- und Spannungsverteilungen auf den Leiterstäben. Ferner ist der am Fußpunkt erregte, über einer ideal leitenden Fläche platzierte $\lambda/4$-Monopol aufgeführt. Aufgrund der spiegelnden Eigenschaft der Fläche besitzt er das gleiche Abstrahlverhalten wie der $\lambda/2$-Dipol.

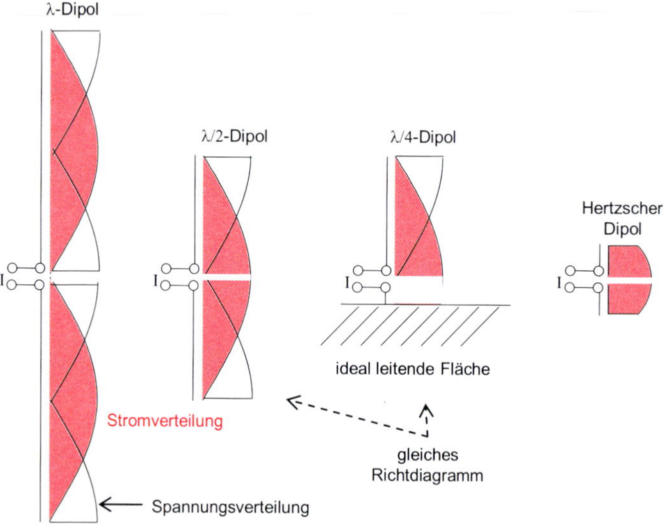

Bild 6.17 Strom- und Spannungsverteilung auf Dipol-Antennen

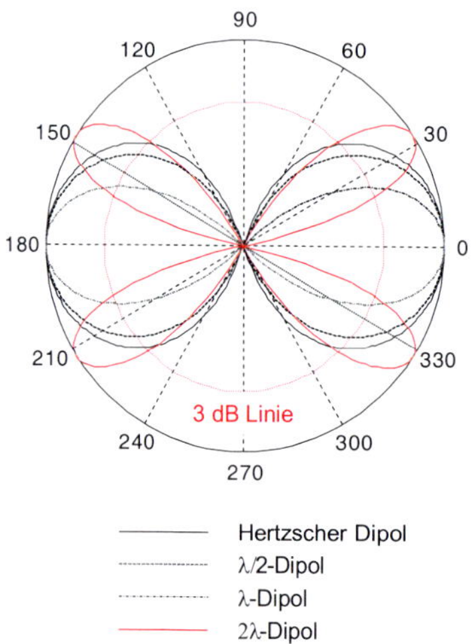

Bild 6.18
Richtdiagramme für verschiedene Dipole

Die zugehörigen Richtdiagramme und wichtigsten Parameter dieser Antennen sind in Bild 6.18 und Tabelle 6.1 zusammengestellt.

Tabelle 6.1 Strahlungsparameter für ideale, dünne Dipol-Antennen

Antennentyp	Gewinn G	Strahlungs-wiδe^{rs}tand RΣ	Halβwertsβρeite Δa
Hertzscher Dipol ⊠/2-Dipol ⊠-Dipo*l*	1,8 $_d$Bi 2,1 dBi 3,8 dB*i*	(l/⊠)2 · 789 Ω 73 Ω 200 Ω	90° 78° 47°

Die geringste Halbwertsbreite und damit der größte Gewinn ergibt sich für den λ-Dipol. Bei dem Diagramm des ebenfalls aufgeführten 2λ-Dipols fällt auf, dass es mehrere Hauptstrahlrichtungen gibt, die schräg zur Ausrichtung des Dipols liegen. Die ausgesandten Wellen überlagern sich in diesem Fall für mehrere Richtungen konstruktiv.

Eine andere Art von Dipol ist der in Bild 6.19 gezeigte Faltdipol, der in der Praxis als Sende- bzw. Empfangsantenne für ein breites Frequenzband (z.B. für ganze Kanalgruppen, für ganze Bänder usw.) eingesetzt wird.

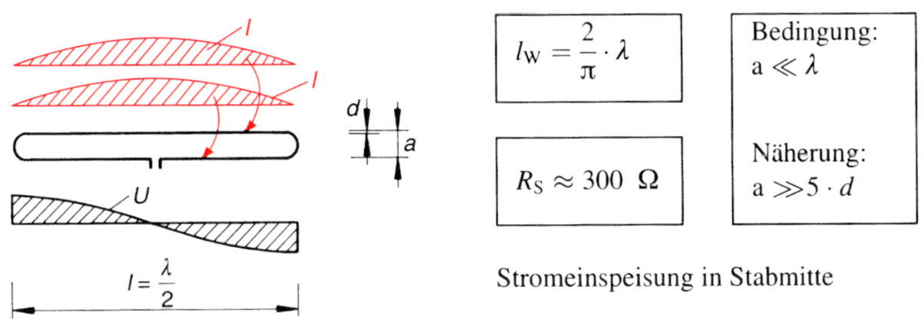

Bild 6.19 Halbwellen-Faltdipol

Zu betonen ist, dass die obigen Aussagen streng genommen nur für dünne Dipol-Antennen gelten.

Schlankheitsgrad

Eine Dipol-Antenne wird als dünn bezeichnet, wenn ihr Stabdurchmesser d deutlich kleiner als die Wellenlänge ist ($d < \lambda/50$) und ihr Schlankheitsgrad $s = \lambda/d$ groß ist ($s > 75$).

Verkürzung von Antennen

Bei dickeren Antennen ist die Wellenlänge im Stab geringer als die Wellenlänge im freien Raum. Hinzu kommt, dass die Stirnflächen des Stabes eine Kapazität besitzen, die mit der Querschnittsfläche steigt. Die Resonanzfrequenz des Stabes nimmt dadurch ab (wie bei einem Schwingkreis), so dass die abgestrahlte Wellenlänge größer wird. Aufgrund dieser Effekte kann beispielsweise eine Stabantenne mit den Abstrahleigenschaften eines λ/2-Dipols von ihrer Länge l kleiner gestaltet werden als die halbe Wellenlänge. Den entsprechenden Faktor $V < 1$ nennt man den Verkürzungsfaktor der Antenne. Typische Werte liegen zwischen $V = 0{,}8$ (für $s \approx 25$) und $V = 0{,}95$ (für $s \approx 1000$).

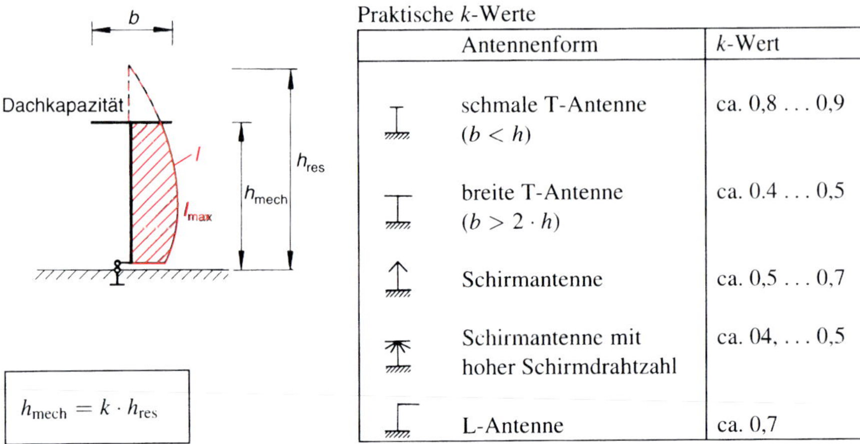

Praktische k-Werte

Antennenform	k-Wert
schmale T-Antenne ($b < h$)	ca. 0,8 ... 0,9
breite T-Antenne ($b > 2 \cdot h$)	ca. 0.4 ... 0,5
Schirmantenne	ca. 0,5 ... 0,7
Schirmantenne mit hoher Schirmdrahtzahl	ca. 04, ... 0,5
L-Antenne	ca. 0,7

Bild 6.20 Verkürzung des Antennenstabes durch Dachkapazitäten

Für manche Anwendungsfälle versieht man die Antennen mit zusätzlichen Dachkapazitäten, um eine weitere Verkürzung und damit eine geringere Baulänge zu erzielen (Bild 6.20).

Eine andere Möglichkeit zur Verkürzung der Antenne besteht in der Erhöhung der Induktivität. Die Induktivität der Antenne kann man vergrößern, indem man am Fußpunkt der Antenne eine Spule einbaut. Besonders bei Fahrzeugantennen hat diese Art der elektrischen Verlängerung zusätzlich auch positive mechanische Aspekte. Die elektrische Funktionsweise dieser Abstimmungsart ist in Bild 6.21 dargestellt.

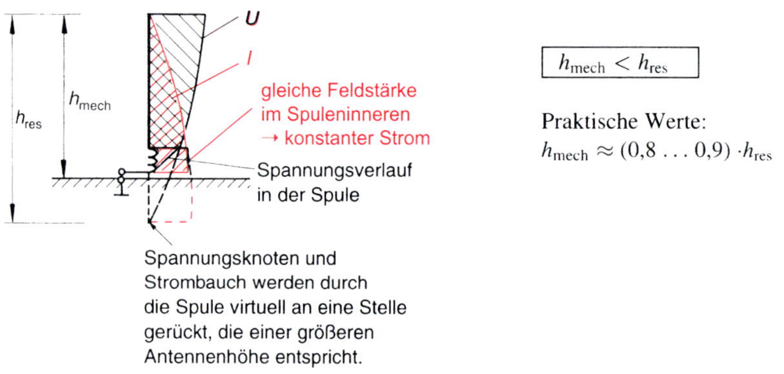

Bild 6.21 Verkürzung des Antennenstabes durch eine Verlängerungsspule

Soll eine Stabantenne auf eine kürzere Betriebswellenlänge abgestimmt werden, d.h., eigentlich ist die mechanische Höhe der Antenne für die beabsichtigte Betriebsfrequenz zu groß, so wird häufig am Fußpunkt der Antenne ein Verkürzungskondensator eingebaut. Dieser liegt in Reihe zur Antennenstabkapazität und verringert somit die wirksame Gesamtkapazität.

Zur Verbesserung der Strahlungseigenschaften einer hoch über dem natürlichen Erdboden montierten Stabantenne wird häufig eine elektrisch gut leitende Erdverbindung künstlich bis an den Fußpunkt der Antenne gelegt. Diese Erdverbindung wird an so genannten Gegengewicht-Stäben angeschlossen, die sich in einer Kreisebene senkrecht zum strahlenden Antennenstab befinden (Bild 6.22a), oder in einer Kegelmantelfläche unter 135° nach unten abstehen (Bild 6.22b). Antennen dieser Ausführungsform nennt man *Groundplane-Antennen*.

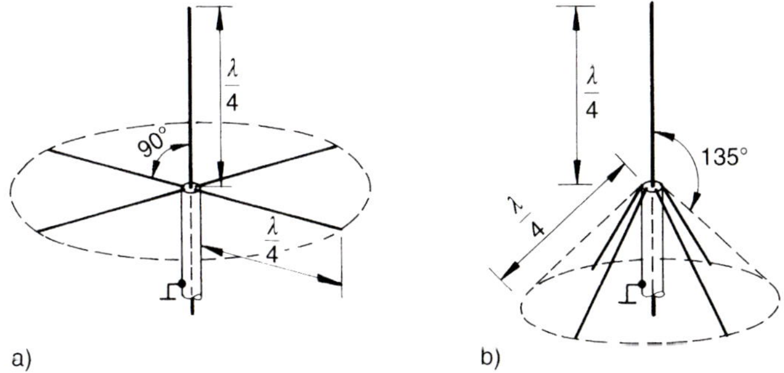

Bild 6.22 Verbesserte Strahlungseigenschaften durch künstlich hochgelegte Erde (Groundplane-Antenne)

Unter Verwendung der üblichen Koaxialkabel mit 75-Ω-Wellenwiderstand zur Energieeinspeisung bzw. -ableitung müssen bei Dipolantennen i.Allg. *Anpassungsübertrager* (Widerstandsanpassung, Symmetrierglied) zum Anschluss an die Antenne eingesetzt werden.

6.2.4 Gruppenantennen

Eine Möglichkeit, den Antennengewinn gegenüber den in Tabelle 6.1 aufgeführten Werten zu steigern und schmalere Richtcharakteristiken zu erzielen, besteht in der Verwendung von Gruppenantennen.

Definition

Unter Gruppenantennen oder Antennenfeldern (Antennen Arrays) versteht man regelmäßige Anordnungen aus mehreren Einzeldipolen, die alle das gleiche Signal empfangen bzw. senden. Wichtig dabei ist, dass die Einzeldipole in einer festen Phasenbeziehung zueinander stehen.

Einige Beispiele für solche Gruppenantennen sind in Bild 6.23 illustriert. Neben den dort gezeigten Anordnungen sind auch viele andere – wie z.B. kreisförmige – Anordnungen möglich.

Durch die Verwendung mehrerer Antennen steigt die effektive Wirkfläche der Antennenanordnung und damit der Gewinn (vgl. Abschnitt 6.2.2). Eine andere Art der Sichtweise ist die, dass sich die von den Einzeldipolen abgestrahlten Wellen in einer Richtung – der Hauptstrahlrichtung – konstruktiv überlagern, so dass die Ausstrahlung in dieser Richtung verstärkt wird, während in anderen Richtungen mit eher destruktiver Interferenz eine Schwächung auftritt. Mit zunehmender Zahl N von Antennenelementen wird das Interferenzmaximum immer ausgeprägter.

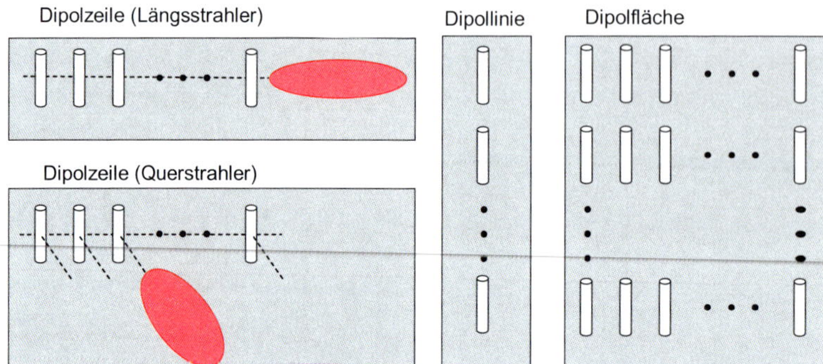

Bild 6.23 Beispiele für Gruppenantennen

Merksatz

Der Gewinnfaktor g einer Gruppenantenne steigt in etwa proportional zur Anzahl der Antennenelemente N. Die Halbwertsbreite sinkt in etwa umgekehrt proportional zur Anzahl der Elemente in der jeweiligen Richtung (horizontal bzw. vertikal).

Bild 6.24 zeigt die vertikalen Richtcharakteristiken für eine Dipollinie aus $\lambda/2$-Dipolen, die einen Abstand von $d = 0{,}8\ \lambda$ besitzen. Deutlich zu erkennen ist die Abnahme der Halbwertsbreite mit der Zahl der Antennenelemente. Ferner sind für manche Richtungen mehr oder weniger stark ausgeprägte, so genannte Nebenzipfel zu erkennen. Dort überlagern sich die Wellen zumindest teilweise konstruktiv. Antennen von dieser Form werden z.B. im Mobilfunk eingesetzt. Ein anderes Beispiel für ein Dipolfeld ist in Bild 6.25 gezeigt.

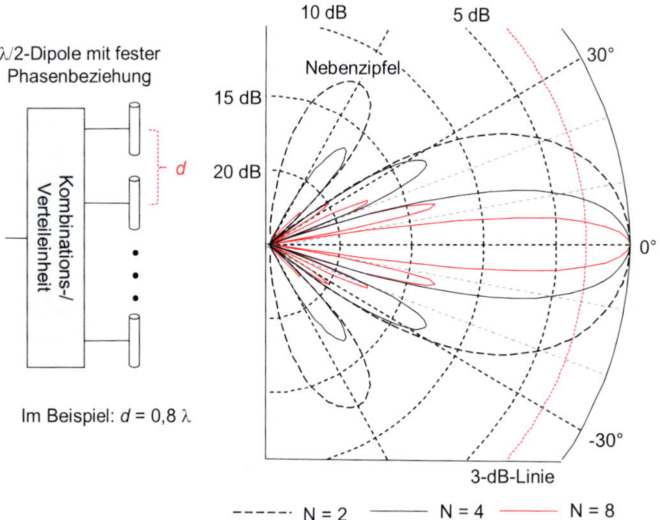

Bild 6.24 Vertikales Richtdiagramm für eine Dipollinie aus $\lambda/2$-Dipolen

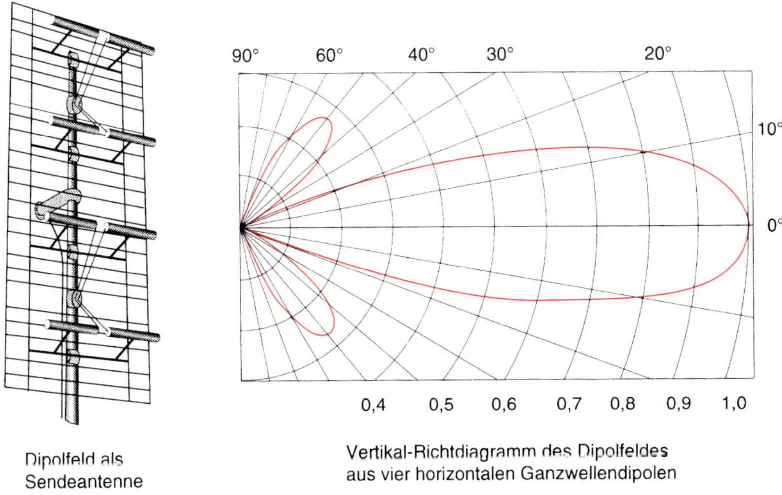

Bild 6.25 Beispiel eines Dipolfeldes

Merksatz

Durch die Einführung von Phasenreglern vor den einzelnen Dipolelementen kann man die Hauptstrahlrichtung elektronisch beeinflussen. Je nach eingestellter Phasenverzögerung kommt es zu einer konstruktiven Überlagerung in einer bestimmten Abstrahlrichtung. Man spricht von *phasengesteuerten Antennenfeldern* (*Phased-Array-Antennen*).

Dieser Sachverhalt ist beispielhaft in Bild 6.26 für eine Anordnung aus 4 Antennenelementen dargestellt.

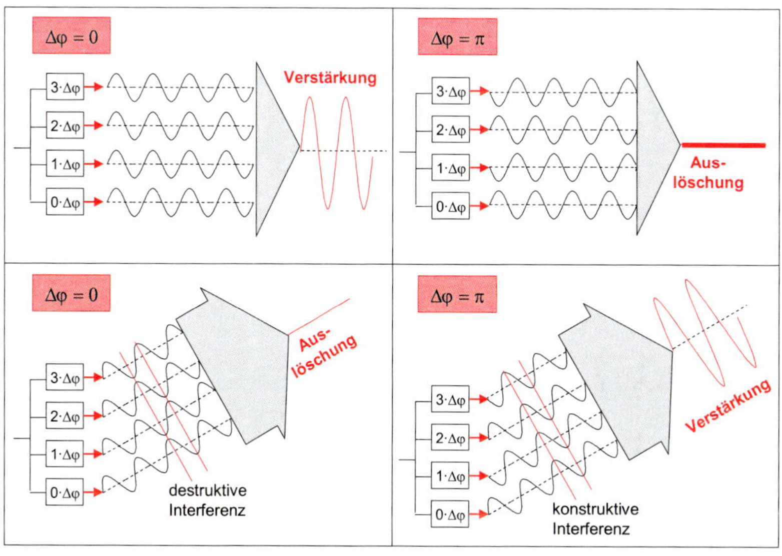

Bild 6.26 Das Prinzip der Richtungssteuerung durch Phasenschieber

Bei so genannten adaptiven oder intelligenten Antennensystemen werden die Phasen nicht fest eingestellt, sondern automatisch an die jeweiligen Empfangsbedingungen angepasst: Die Hauptstrahlrichtung wird automatisch auf die Richtung der zu versorgenden Station eingestellt und bei Bewegung nachgeregelt. Ferner können nicht nur die Phasen, sondern auch die Amplituden der einzelnen Signale angepasst werden, wodurch sich weitere Formungsmöglichkeiten für das Antennendiagramm bieten. [12; 13]

Logarithmisch-periodische Antennen

Betrachtet man Gruppenantennen, bei denen man die Länge und den Abstand der Dipole in einem festen Verhältnis ändert, so erhält man eine so genannte logarithmisch-periodische Antenne (Bild 6.27). Weil sie aus Dipolen mit sehr unterschiedlichen Längen besteht, ändern sich ihre Parameter wie Gewinn und Halbwertsbreite über einen großen Frequenzbereich nur wenig. Sie kann also bei sehr unterschiedlichen Frequenzen betrieben werden. Man spricht daher von einer *Breitbandantenne*.

Festes Verhältnis $\tau = \frac{R_n}{R_{n+1}} = \frac{L_n}{L_{n+1}}$

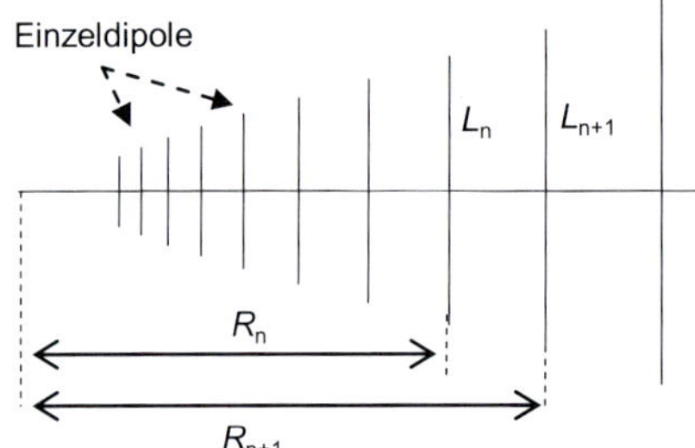

Bild 6.27
Logarithmisch-periodische Antenne

Reflektoren und Direktoren

Die bisher diskutierten Gruppenantennen bestanden aus mehreren aktiven Dipolen.

Merksatz

Eine erhöhte Richtwirkung kann man aber auch erzielen, wenn man nur einen aktiven Dipol verwendet, der andere als Reflektor bzw. Direktor bezeichnete Dipole durch Strahlungskopplung anregt.

Der Effekt eines Reflektors ist in Bild 6.28 illustriert. Positioniert man den Reflektor, der etwas länger als ein $\lambda/2$-Dipol gestaltet ist, im Abstand von etwa $\lambda/4$ von dem aktiven $\lambda/2$-Dipol, so wird der Reflektor zu Schwingungen (Resonanz) und somit zu einer phasenverschobenen Ausstrahlung angeregt. Die von beiden Dipolen abgestrahlten Wellen überlagern sich in rückwärtiger Richtung (nach links) destruktiv und in Vorwärtsrichtung konstruktiv, so dass in dieser Richtung ein Gewinn entsteht. Positioniert man in Vorwärtsrichtung im Abstand von etwa $\lambda/3$ einen weiteren Dipol – den Direktor – mit einer Länge, die etwas kleiner als $\lambda/2$ ist, so entsteht eine weitere Verstärkung in Vorwärtsrichtung.

Dieses Prinzip wird beispielsweise in Yagi-Antennen für den Fernsehempfang eingesetzt.

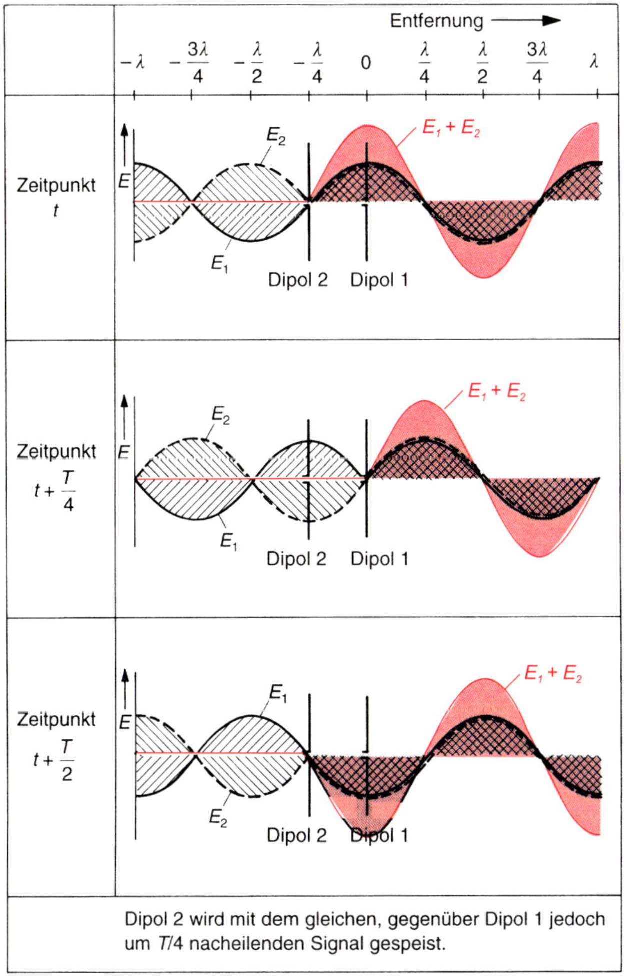

Bild 6.28 Schematische Darstellung der Überlagerung von Wellen bei zwei Dipolen im Abstand $\lambda/4$

Definition

Eine Antenne, die aus einem Dipol und aus mindestens einem Reflektorelement und einem Direktorelement besteht, nennt man *Yagi-Antenne*.

Je nach Anwendungszweck und örtlichen Erfordernissen werden in der Praxis Antennen eingesetzt, die sowohl mehrere Reflektoren als auch eine Vielzahl von Direktoren in einer Antenne vereinen. Dabei können die Reflektoren Einzelstäbe in einer oder mehreren Ebenen sein oder als Reflektorwände (Gitter) eine oder mehrere abgewinkelte Flächen bilden. Die Direktoren können in einer oder in mehreren Ebenen, mit variierenden Abständen und Stabformen ausgebildet sein. Je nach Ausführungsform liegt der Gewinn einer Yagi-Antenne typischerweise zwischen 7 und 20 dBi.

6.2.5 Hornantennen

Bisher wurde die Abstrahlung von linearen Leitern behandelt.

Auch die Öffnung eines Hohlleiters ist als Strahlungsquelle anzusehen. Allerdings ergibt sich eine deutliche Abstrahlung erst dann, wenn der Öffnungsdurchmesser in der Größenordnung der Wellenlänge liegt. Bei kleineren Durchmessern ist der Wellenwiderstand des Hohlleiters deutlich verschieden von dem des freien Raumes, so dass ein Großteil der Leistung reflektiert wird. Eine Verbesserung erzielt man, indem man den Querschnitt des Hohlleiters allmählich zu einem Horn (Trichter) aufweitet und somit für einen kontinuierlichen Übergang des Wellenwiderstandes sorgt.

Die Funktionsweise ist in Bild 6.29 anhand eines Pyramidenhornstrahlers illustriert.

Neben dem Pyramidenhorn kommt häufig auch ein Kegelhorn oder ein Rillenhorn zum Einsatz (Bild 6.30). Beim Rillenhorn sorgen die Rillen dafür, dass die abgestrahlte Welle eine eindeutige lineare Polarisation (vertikal oder horizontal) erhält.

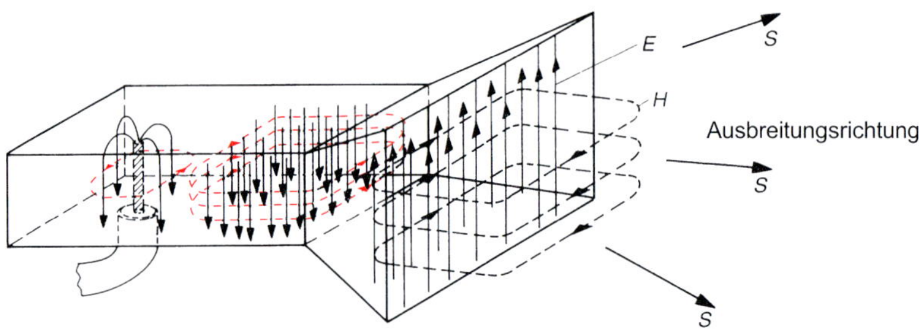

Bild 6.29 Prinzipdarstellung eines Hornstrahlers

Bild 6.30
Kegelhorn und Kreisrillenhorn

6.2.6 Reflektorantennen

Reflektorantennen, die vorwiegend im Bereich der Zentimeterwellen eingesetzt werden, werden durch einen Hornstrahler als Primärstrahler gespeist. Die so abgestrahlten Wellen werden an einer größeren gewölbten Fläche mit hohem Reflexionsgrad reflektiert und dabei gebündelt, so dass man eine hohe Richtwirkung und damit einen hohen Gewinn erzielt. Anwendungsgebiete der Reflektorantennen sind der terrestrische Richtfunk, der Satellitenfunk und in Sonderbauformen die Radioastronomie und die Radartechnik.

Parabolantennen (Bild 6.31) haben als Reflektor einen Parabolspiegel, bei dem alle im Brennpunkt des Paraboloids ausgestrahlten Wellenanteile als ebene, gebündelte Welle reflektiert werden. Umgekehrt werden alle Wellenanteile einer einfallenden, ebenen Welle im Brennpunkt konzentriert. Aufgrund der Abschattungen durch den Erreger, die Speiseleitung und die Erregerhalterung werden jedoch Streustrahlungen (Nebenkeulen im Frontbereich) und eine ungleichmäßige Ausstrahlung verursacht.

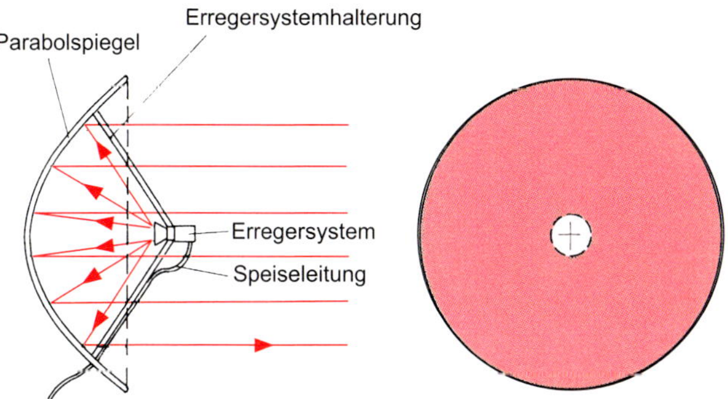

Bild 6.31 Bauprinzip und Strahlengang einer Rotations-Parabolantenne (Frontspeisung)

Eine wesentlich verbesserte Nebenkeulendämpfung im Frontbereich erzielt man mit Parabolantennen mit schräger Speisung (Bilder 6.32 und 6.33). Diese Antennen (Muschel-, Offset- oder Hornparabolantennen) haben den Vorteil, dass das Erregersystem den Strahlengang nicht stört. Die Offset-Antenne für Satellitenempfang hat ferner den Vorteil, dass die Spiegelfläche trotz schräg von oben einfallender Strahlung sehr steil stehend montiert werden kann. Dadurch lassen sich dämpfende Witterungseinflüsse, wie z.B. Schneebelag, erheblich reduzieren.

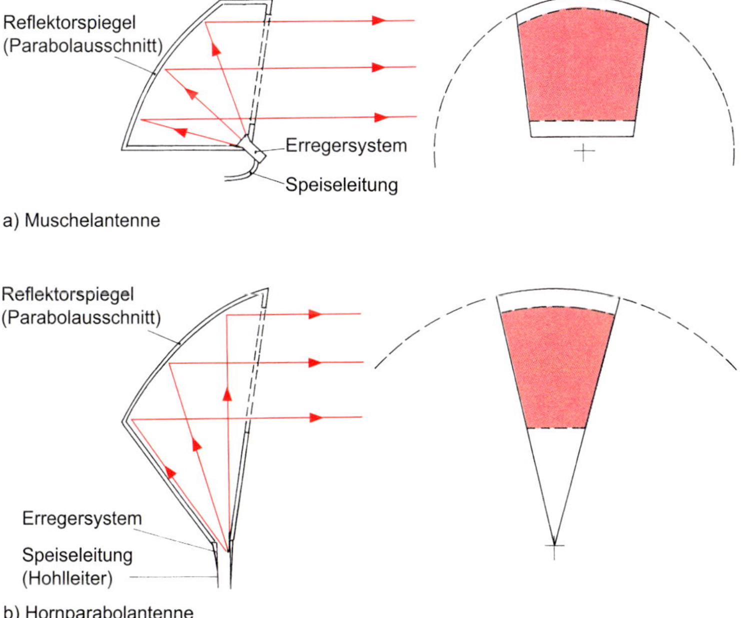

Bild 6.32 Muschel- und Hornparabolantenne

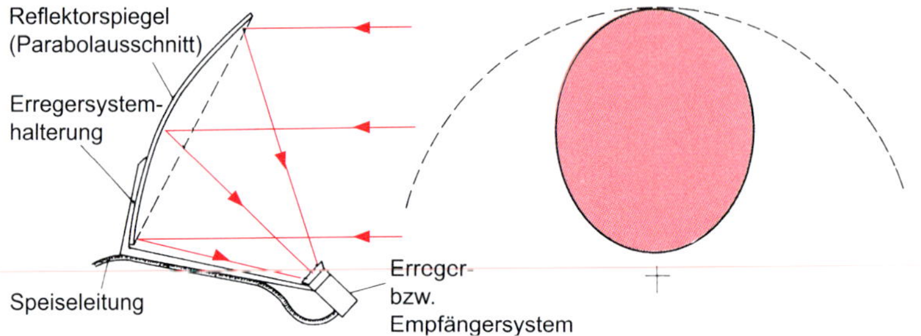

Bild 6.33 Offset-Parabolantenne (typisch für kleine Satellitenempfangsanlagen)

Bei großen Antennen für den Satellitenfunk (z.B. Erdfunkstellen) werden hauptsächlich Antennen eingesetzt, die nach dem *Cassegrain-Prinzip* arbeiten (Bild 6.34). Die Cassegrain-Antenne besteht aus einem Rotationsparaboloid als Hauptreflektor und einem Rotationshyperboloid als Fangreflektor (Umlenkreflektor).

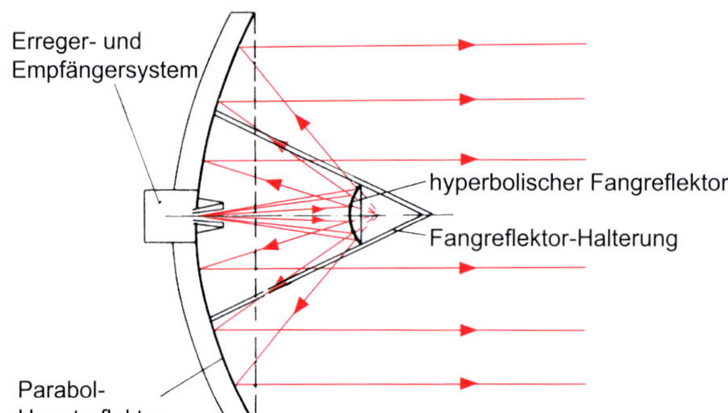

Bild 6.34 Cassegrain-Antenne mit Speisehorn im Scheitel des Hauptreflektors

Das Erregersystem befindet sich im ersten Hyperboloid-Brennpunkt des Umlenkreflektors. Der Brennpunkt des Parabol-Hauptreflektors fällt mit dem zweiten Hyperboloid-Brennpunkt des Umlenkreflektors zusammen. Um einen günstigen Strahlengang zu erzielen, sollte der Umlenkreflektor einen Durchmesser von mindestens acht Betriebswellenlängen haben. Die Abschattungswirkung des Umlenkreflektors auf den Hauptreflektor ist wegen dessen Größe vernachlässigbar klein. Das Erregersystem ist direkt in einem Konus untergebracht, der sich im Scheitel des Hauptreflektors befindet. Dadurch werden die Speiseleitungen sehr kurz und somit die Dämpfung und das Eigenrauschen sehr gering. Cassegrain-Antennen sind stark bündelnd und rauscharm.

Der Antennengewinn großer Antennen liegt, in Abhängigkeit von der Betriebsfrequenz, zwischen 44 und 63 dBi, die Öffnungswinkel (Halbwertsbreiten) liegen zwischen 0,1° und 0,8°.

Definition

Die charakteristischen Größen einer Reflektorantenne, wie Wirkfläche A_W, Gewinnfaktor g und Halbwertsbreite $\Delta\alpha$, lassen sich mit folgenden Formeln abschätzen:

$$A_W = q \cdot \pi \cdot \frac{D^2}{4}, \quad \Delta\alpha = 63° \cdot \frac{\lambda}{D \cdot \sqrt{q}}$$

$$g = \frac{4\pi}{\lambda^2} \cdot A_W = \frac{4\pi}{\lambda^2} \cdot q \cdot \pi \cdot \frac{D^2}{4} = q \cdot \left(\frac{\pi \cdot D}{\lambda} \right)^2$$

wobei D der Durchmesser des Reflektors und q der Flächenwirkungsgrad ist, der typischerweise zwischen 0,4 und 0,9 liegt.

Beispiel

Für $q = 0.5$, $\lambda = 3$ cm und $D = 60$ cm erhält man $g \approx 2000$, d.h., $G = 33$ dBi. Verdoppelt man den Durchmesser, so steigt der Gewinn um den Faktor 4, also um 6 dB.

6.2.7 Weitere Antennenformen

Magnetische Antennen

Magnetische Antennen sprechen auf den magnetischen Feldanteil in der elektromagnetischen Welle an. Wenn ihre Bauform gegenüber der Betriebswellenlänge relativ klein gewählt wird, so ist die Stromdichteverteilung innerhalb des Antennendrahtes (Leiterschleife) konstant.

Das elektrische Grundprinzip basiert auf dem Induktionsgesetz.

Merksatz

Durchdringt ein sich änderndes Magnetfeld eine Leiterschleife, so wird in der Leiterschleife eine Spannung induziert.

Magnetantennen werden in der Praxis fast ausschließlich als Empfangsantennen für vertikal polarisierte Wellen betrieben.

Es gibt zwei herausragende Bauformen magnetischer Antennen, die *Rahmenantenne* und die *Ferritstabantenne*.

Die geeignetste Form einer Rahmenantenne ist ringförmig. Aus mechanischen Stabilitätsgründen wird manchmal auch die Form eines Achtecks oder eines Quadrates genutzt. Rahmenantennen können aus einer einzigen oder aus mehreren Windungen bestehen (Bild 6.35) und finden oft ihren Einsatz als Peilantennen.

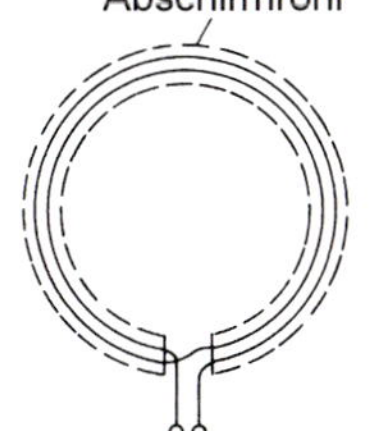

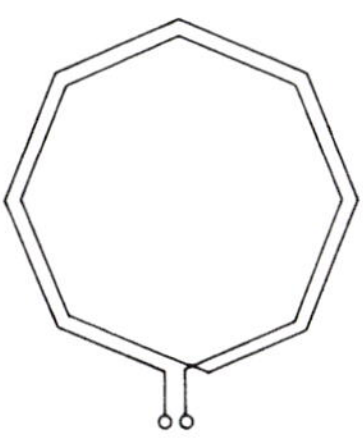

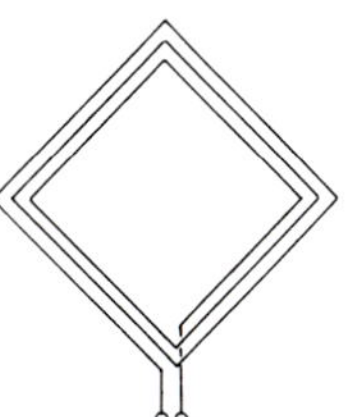

Bild 6.35
Unterschiedliche Rahmenantennenformen

Der Vorteil der Ferritstabantenne ist die kompakte, geringe Baugröße. Auf einen Ferritstab (weichmagnetischer Sinterwerkstoff) wird über eine isolierende Zwischenlage eine Spule aufgebracht (Bild 6.36). Die Lage der Spule auf dem Stab, in der

Mitte oder außermittig versetzt, ist für die Kreisgüte des abgestimmten Empfängereingangskreises und für die wirksame Permeabilität entscheidend.

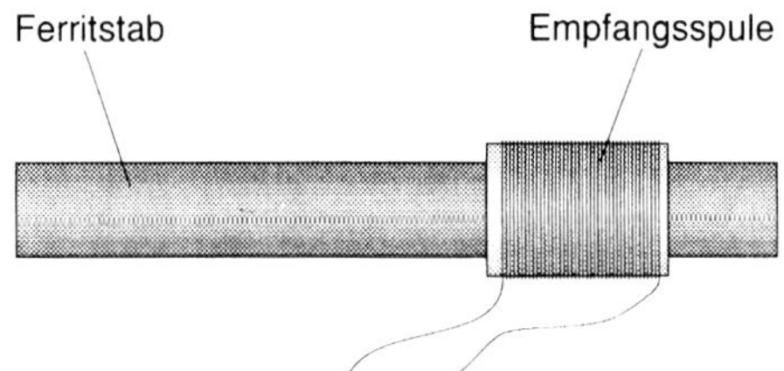

Bild 6.36
Ferritstabantenne

Durch Aufbringen mehrerer Spulen, abgestimmt auf verschiedene Wellenbereiche, lässt sich somit eine kompakte Mehrbereichsantenne geringer Abmessungen für die unteren Rundfunk-Wellenbereiche (Geräte-Einbauantenne) herstellen.

Aktive Stabantenne (*Empfangsantenne*)
Diese Art der Antenne enthält ein aktives Bauelement (Verstärker) als integralen Bestandteil im Antennenstab bzw. am Antennenfußpunkt.

Für die Qualität einer herkömmlichen Empfangsantenne ist das Signal-Rausch-Verhältnis maßgebend, das im Empfangssystem (Antenne plus Zuleitung zum Empfänger) besteht. Lässt man die Leitung zwischen Empfänger und Antenne weg, so steigt das Signal-Rausch-Verhältnis um mehr als die entfallene Leitungsdämpfung, weil zusätzlich die Rauschverluste der Leitung entfallen. Man baut deshalb einen Verstärker als erste Verstärkerstufe des Empfangssystems möglichst nahe an die Antenne oder sogar in die Antenne ein (Bild 6.37).

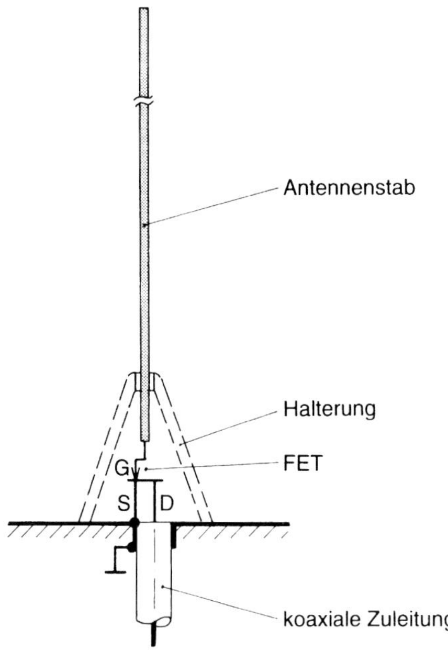

Bild 6.37
Prinzipdarstellung einer aktiven Stabantenne

Der Feldeffekttransistor (FET) ist wegen seiner geringen Eingangskapazität für den Einbau in Stabantennen als aktives Verstärkerelement gut geeignet.

Aktive Stabantennen finden besonders als Fahrzeugantennen Anwendung. Durch Vergrößerung der Stabdicke und durch Reduzierung der Länge über eine Verlängerungsspule wird die Breitbandigkeit der Antenne erhöht und die mechanische Flexibilität gesteigert.

Entscheidend ist jedoch auch der Einbauort in der Fahrzeugkarosserie. Obwohl es sich um einen Antennenstab handelt, der in senkrechter Stellung für den Empfang vertikal polarisierter Wellen geeignet ist, kann damit der horizontal polarisierte UKW-Rundfunk gut empfangen werden. Der Grund liegt darin, dass die horizontal abgestrahlten Wellen in Erdbodennähe an der metallischen Fahrzeugkarosserie Feldverzerrungen unterliegen, die das Feld besonders in der Nähe der Front- oder Heckscheibenholme oder der Dachkanten nahezu vertikal polarisiert erscheinen lassen.

Wendelantenne

Eine Wendel- oder Helixantenne besteht aus einem spiralförmig gebogenen Draht, der zumeist über ein Koaxialkabel gespeist wird. Um Rückstrahlungen zu vermeiden, setzt man die Wendel auf eine reflektierende Platte. Die Richtcharakteristik dieser Antenne hängt entscheidend vom Umfang der Wendel U, dem Windungsabstand a und der Anzahl der Windungen N ab. Für $U = \lambda$ und $a = \lambda/4$ ergibt sich das in Bild 6.38 angedeutete Richtdiagramm. In diesem Fall wirkt die Wendel als Längsstrahler. Der Gewinnfaktor g steigt in etwa proportional mit der Anzahl der Windungen. Für $N = 5$ beträgt der Gewinn ca. $G = 10$ dBi.

Bei anderen Parametern kann die Wendel auch als Querstrahler wirken.

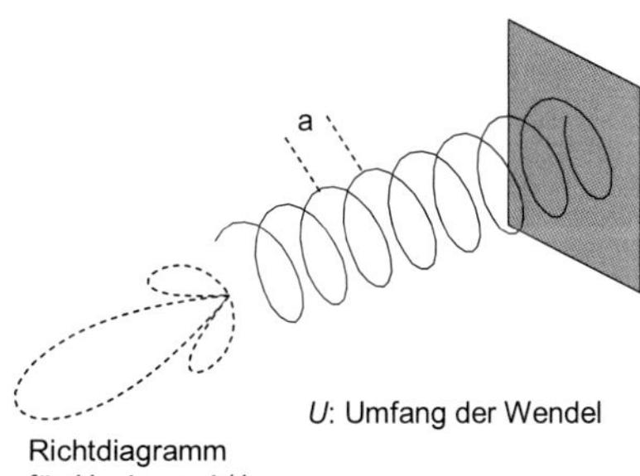

Bild 6.38
Wendelantenne

Patch-Antennen

Patch-Antennen zeichnen sich durch ihre besondere Bauform aus, die besonders gut zur Integration in kompakte Mikrowellenschaltungen geeignet ist. Sie können in reproduzierbarer Weise in großen Stückzahlen gefertigt werden. Damit sind sie sehr preisgünstig und attraktiv für den Einsatz in Konsumgeräten wie Mobiltelefonen oder WLAN-Komponenten.

Sie bestehen aus einem kleinem dünnen metallischen Plättchen (engl.: *patch*), das auf ein dielektrisches Substrat aufgebracht wird (Bild 6.39). Eine metallische Grundplatte sorgt für eine erhöhte Richtwirkung. Die Anregung kann – wie in Bild 6.39 gezeigt – durch eine direkte Einspeisung mit einer Streifenleitung, mit einem von unten zugeführten Koaxialkabel, durch eine Strahlungsankopplung oder über Schlitze in Zwischenmetalllage erfolgen.

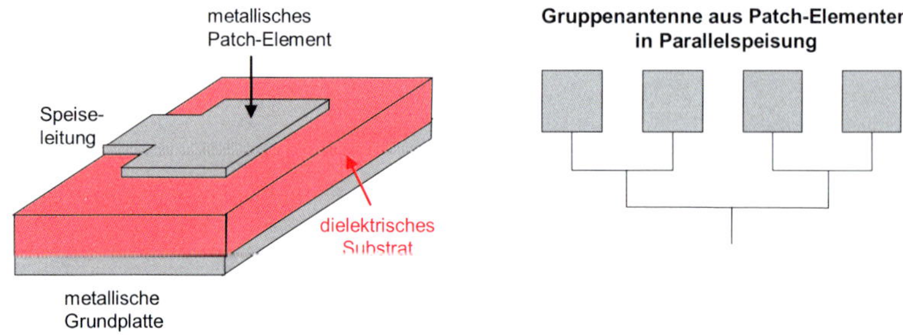

Bild 6.39 Patch-Antenne

Durch die geometrischen Daten (Dicke der Schichten, Ausdehnung und Lage des Patches) und die dielektrische Konstante lassen sich das Richtdiagramm und der Eingangswiderstand anpassen.

Ähnlich wie Dipole lassen sich auch Patch-Elemente zu Gruppen zusammenschalten, um eine höhere Richtwirkung und einen höheren Gewinn zu erzielen.

6.3 Physikalische Effekte der Wellenausbreitung

Auf dem Weg vom Sender S zum Empfänger E werden elektromagnetische Wellen – wie in Bild 6.40 illustriert – durch verschiedene Effekte beeinflusst, die die Intensitäten der Signale verändern. Es handelt sich dabei um die folgenden Effekte, die in den Abschnitten 6.3.1 bis 6.3.5 näher erläutert werden:

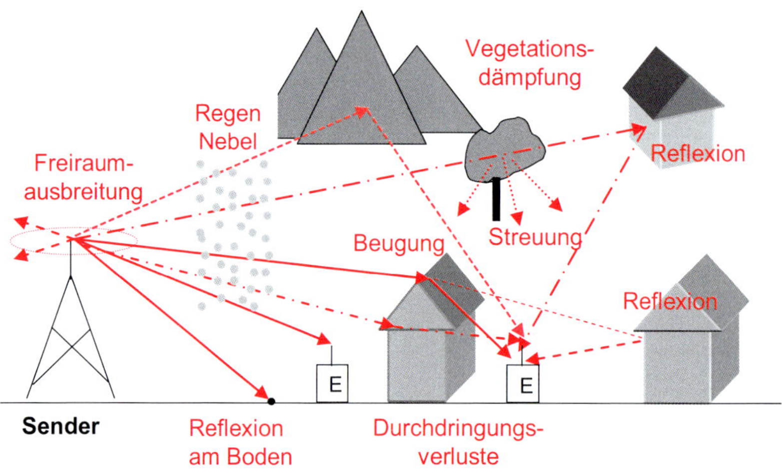

Bild 6.40 Effekte der Funkausbreitung

Physikalische Effekte der Wellenausbreitung

- ❑ Abstrahlung durch Antennen mit Richtwirkung und Gewinn
- ❑ Freiraumausbreitung: Verteilung der Leistung auf größer werdende Flächen
- ❑ Reflexion und Transmission (mit Brechung) an Grenzflächen, Ionosphärenschichten

- Streuung an Grenzflächen mit Unebenheiten
- Absorption der Wellen in verschiedenen Materialien (Wände, Personen, Vegetation, ...)
- Abweichung von geradliniger Ausbreitung durch Beugung an Dachkanten, Gebäudeecken, Bergkuppen, ...
- Dämpfung in der Atmosphäre, Dämpfung durch Wolken, Regen und Nebel
- Überlagerung von Wellen verschiedener Ausbreitungspfade

6.3.1 Freiraumausbreitung

Gemäß Gleichung 6.12 gilt für die Empfangsleistung P_E bei der Freiraumausbreitung über eine Entfernung r:

$$P_E = P_S \cdot g_S \cdot \left(\frac{\lambda}{4\pi \cdot r}\right)^2 \cdot g_E$$

wobei P_S die Sendeleistung und g_S und g_E die Gewinnfaktoren der Sende- und Empfangsantennen sind. Durch Umformen und unter Ausnutzung von $\lambda = c/f$ erhält man daraus:

$$P_E = P_S \cdot g_S \cdot \frac{1}{l_F} \cdot g_E \quad \text{mit } l_F = \left(\frac{4\pi r}{\lambda}\right)^2 = \left(\frac{4\pi}{c} \cdot f \cdot r\right)^2 = \left(\frac{4\pi}{c}\right)^2 \cdot f^2 \cdot r^2 \qquad \text{(Gl. 6.13)}$$

In der Praxis verwendet man zur Berechnung des Empfangspegels die obige Gleichung in der entsprechenden Dezibel-Schreibweise:

$$\text{RXLEV} = \text{TXPWR} + G_S - L_F + G_E \qquad \text{(Gl. 6.14)}$$

mit dem *Sendepegel* $\text{TXPWR [dBm]} = 10 \cdot \log P_S \text{ [mW]}$
und dem *Empfangspegel* $\text{RXLEV [dBm]} = 10 \cdot \log P_E \text{ [mW]}$.
G_S und G_E sind die Gewinne der Sende- bzw. Empfangsantenne.

Die Größe $L_F = 10 \log l_F$ nennt man die Freiraumdämpfung:

$$L_F = 32{,}4 + 20 \cdot \log f \text{ [MHz]} + 20 \cdot \log r \text{ [km]} \qquad \text{(Gl. 6.15)}$$

Das bedeutet: Die Freiraumdämpfung steigt mit dem Abstand r und mit der Frequenz f. So ergibt sich z.B. bei einer Verdopplung der Frequenz eine um den Faktor 4 und damit eine um 6 dB höhere Dämpfung.

Weiterhin ist Folgendes zu beachten: Sofern es sich nicht um integrierte Antennen handelt, müssen diese an die Sende- bzw. Empfangseinheiten über ein Antennenkabel angeschlossen werden. Ein solches Kabel und die zugehörigen Steckverbindungen führen zu Verlusten. Unter Berücksichtigung dieser Kabelverluste L_K wird aus Gleichung 6.14:

$$\mathrm{RXLEV} = \mathrm{TXPWR} - L_{K,S} + G_S - L_F + G_E - L_{K,E} \qquad \text{(Gl. 6.16)}$$

Effective Isotropic Radiated Power (EIRP)
Die effektive von der Antenne abgestrahlte Leistung, die so genannte Effective Isotropic Radiated Power, EIRP, ist definiert als:

$$\mathrm{EIRP} = \mathrm{TXPWR} - L_{K,S} + G_S \qquad \text{(Gl. 6.17)}$$

In den System-Standards bzw. von den Regulierungsbehörden werden i.Allg. Grenzwerte für die maximal erlaubte EIRP festgelegt, um mögliche Störungen für andere Systeme und die Strahlenbelastung für den Anwender zu begrenzen. So beträgt die maximal erlaubte EIRP für WLANs im Frequenzband bei 2,4 GHz EIRP_{max} = 20 dBm (entsprechend 100 mW).

Freiraumausbreitung und Fresnel-Ellipsoid
Die Frage, wann man von Freiraumausbreitungsbedingungen ausgehen kann, hängt eng mit dem Begriff des Fresnel-Ellipsoiden zusammen (Bild 6.41).

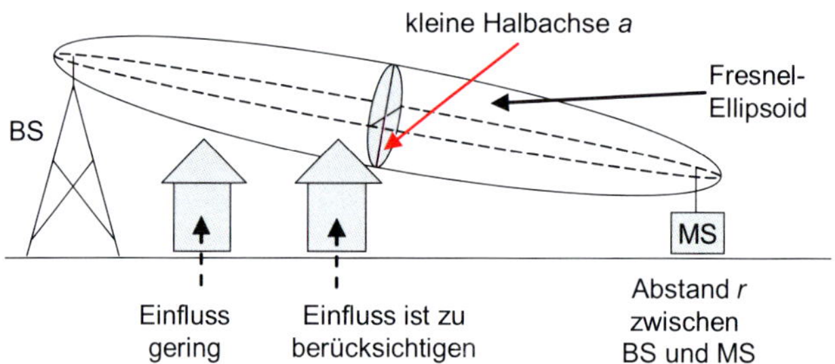

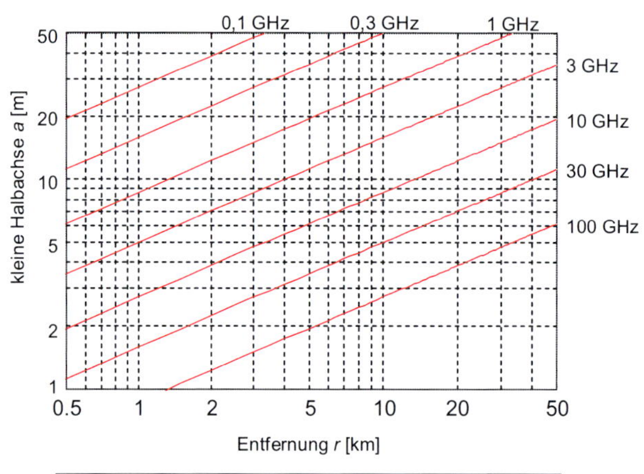

Bild 6.41
Freiraumausbreitung und Fresnel-Ellipsoid

In guter Näherung kann man mit der Freiraumausbreitungsformel rechnen, wenn nicht nur die Verbindungslinie zwischen Sender und Empfänger, sondern auch der umgebende Fresnel-Ellipsoid mit kleiner Halbachse

$$a = \tfrac{1}{2}\,(\lambda \cdot r)^{1/2} \qquad \text{(Gl. 6.18)}$$

frei von Hindernissen ist.

Zu beachten ist allerdings, dass es durch Reflexionen von Signalkomponenten am Erdboden oder an Hindernissen – auch außerhalb des Fresnel-Ellipsoiden – zu starken Schwankungen des Empfangspegels und damit zu Abweichungen von den Freiraumwerten kommen kann.

Beispiel 1

Bei einem drahtlosen Teilnehmeranschluss über ein Richtfunksystem bei 24 GHz mit einer Entfernung von r = 5 km beträgt der Sendepegel der Basisstation z.B. 16 dBm (40 mW). Sowohl an der Basisstation als auch beim Teilnehmer wird eine Antenne mit einem Gewinn von 24 dBi eingesetzt. Die Kabelverluste betragen jeweils 3 dB. Damit ergeben sich folgende Werte:

- EIRP = 16 dBm – 3 dB + 24 dBi = 37 dBm
- L_F = 32,4 + 20 · log 24 000 + 20 · log 5 = 134 dB
- RXLEV = EIRP – L_F + G_E – $L_{K,E}$ = 37 dBm – 134 dB + 18 dBi – 3 dB = –82 dBm
- λ = 0,0125 m, a = 4 m

Die Antennen sollten also mindestens 4 m oberhalb von Hindernissen angebracht werden.

Beispiel 2

Betrachtet man einen GPS-Satelliten in einer Entfernung von 20 000 km, der mit der Frequenz von f = 1575 MHz und einer EIRP von 57 dBm (500 W) arbeitet, so gilt:

- EIRP = 57 dBm
- L_F = 32,4 + 20 · log 1575 + 20 · log 20 000 = 182 dB
- L_A = 2 dB (angenommene Verluste durch die Atmosphäre)
- L_P = 3 dB (angenommener Verluste durch Polarisationsfehlanpassung)
- G_E = 2 dB (angenommener Antennengewinn für den GPS-Empfänger)
- RXLEV = EIRP – L_F – L_A – L_P + G_E – $L_{K,E}$
  = 57 dBm – 182 dB – 5 dB + 2dBi – 0 dB = –128 dBm

6.3.2 Reflexion und Durchdringung

Trifft eine Funkwelle mit einfallender Intensität S_e auf ein Hindernis mit ebener Grenzfläche, so wird – wie in Bild 6.42 illustriert – ein Teil der Intensität S_r reflektiert. Der Reflexionsgrad $\rho = S_r/S_e$ hängt von folgenden Größen ab:

- vom Material,
- von der Frequenz,
- vom Einfallswinkel,
- von der Polarisation der Welle.

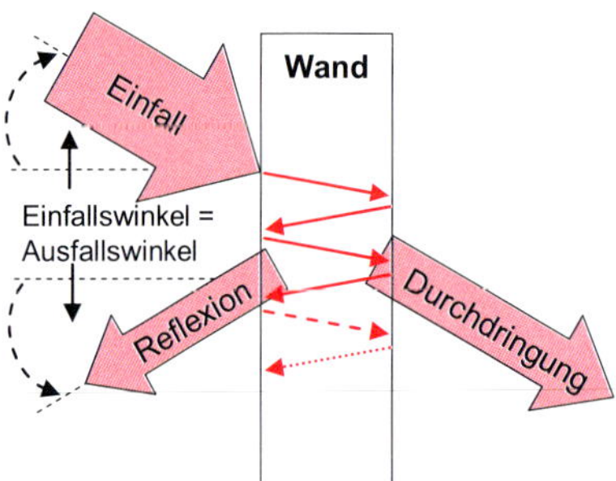

Bild 6.42
Reflexion und Durchdringung

Tendenziell nimmt der Reflexionsgrad mit flacherem Einfall, d.h. zunehmendem Einfallswinkel, zu.

Besonders stark ist die Reflexion an gut leitenden Materialien (insbesondere an Metallen), aber auch beim Übergang zwischen Materialien mit sehr unterschiedlichen Dielektrizitätskonstanten.

Durch Reflexionen kommt es zur Mehrwegeausbreitung. Das Signal kann den Empfänger nicht nur auf dem direkten Weg erreichen, sondern auch auf Umwegen über Reflexionen. Die über die verschiedenen Wege eintreffenden Wellen überlagern sich und schwächen oder verstärken sich dabei – wie in Abschnitt 6.1.6 beschrieben. Durch Mehrwegeausbreitung entsteht Kurzzeitschwund. Reflexionen treten an Hindernissen, am Erdboden oder auch an bestimmten atmosphärischen Schichten (siehe Abschnitt 6.3.6) auf.

Der nicht reflektierte Anteil der Welle dringt in das Material ein und wird dort weiter geschwächt bzw. gedämpft: In dem Material regt die Funkwelle die Elektronen bzw. Moleküle zu Schwingungen oder Rotationen an. Dadurch wird der Funkwelle Energie entzogen und in Wärme umgesetzt. Das Funksignal ist dementsprechend nach dem Hindernis gedämpft, wobei die Durchdringungsverluste durch das Hindernis von folgenden Größen abhängen:

- von dem Material des Hindernisses,
- von der Dicke des Hindernisses,
- vom Einfallswinkel,
- von der Wellenlänge/Frequenz.

In Bild 6.43 sind einige gemessene Dämpfungswerte für verschiedene Hindernisse zusammengestellt [15]. Die angegebenen Messwerte beziehen sich auf den Frequenzbereich bei 2,4 GHz. Mit zunehmender Frequenz nehmen die Dämpfungswerte i.Allg. tendenziell zu.

Zu beachten sind die hohen Dämpfungen bei Stahlbetondecken sowie bei der Wärmeschutzverglasung, die auf Reflexionen zurückzuführen sind.

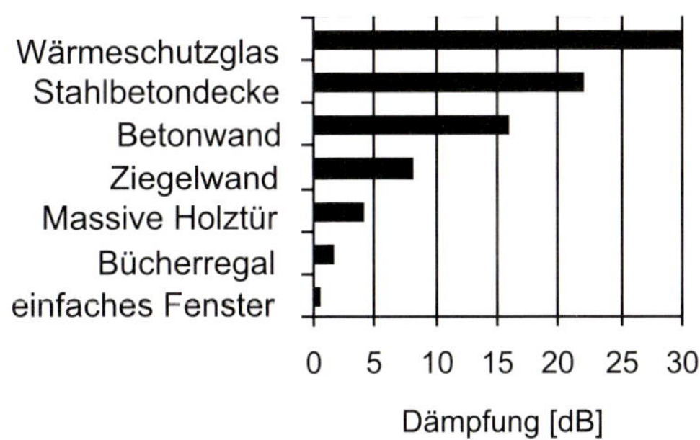

Bild 6.43
Gemessene Dämpfungswerte bei $f = 2{,}4$ GHz

Auch Pflanzen – Bäume und Büsche – dämpfen Funkwellen beträchtlich. Je nach Typ der Büsche und Bäume ergeben sich natürlich sehr unterschiedliche Dämpfungswerte. Insgesamt lässt sich jedoch feststellen, dass die Dämpfung mit zunehmender Frequenz steigt: Bei $f = 1$ GHz liegen die Dämpfungswerte in etwa zwischen 0,2 und 0,3 dB pro Meter, bei $f = 2$ GHz zwischen 0,3 und 0,4 pro Meter, bei 10 GHz zwischen 0,4 und 1 dB pro Meter.

Ferner führen wasserhaltige Materialien zu hohen Dämpfungen bei Frequenzen im Gigahertz-Bereich; denn die entsprechenden elektromagnetische Wellen regen Wassermoleküle besonders gut zu Schwingungen an, erwärmen dadurch das Wasser und werden selbst geschwächt. Auf diesem Effekt beruht gerade die Erwärmung von Speisen im Mikrowellenherd, der bei Frequenzen von etwa 2,4 GHz arbeitet.

Bis zu einer Frequenz von etwa 100 GHz steigt die Dämpfung durch Wasser mit der Frequenz deutlich an.

Nun sind Aquarien i.Allg. ein untergeordnetes Planungsproblem; jedoch enthält der menschliche Körper einen großen Anteil an salzhaltigem Wasser, so dass Personen, die sich im Funkweg befinden, zu starken Einbrüchen und Schwankungen des Empfangspegels führen können. Ebenso beeinflusst der Feuchtigkeitsgehalt von Wänden die Funkausbreitung.

6.3.3 Dämpfung durch Regen und Nebel

Die Diagramme aus Bild 6.44 zeigen die Dämpfung durch Regen und Nebel für den Frequenzbereich von 1 GHz bis 100 GHz und für den Bereich des optischen Richtfunks.

Merksatz

Unterhalb von 5 GHz spielt die Dämpfung durch Regen oder Nebel eine untergeordnete Rolle. Oberhalb von 10 GHz kann starker Regen oder starker Nebel jedoch zu einer starken Beeinträchtigung der Funkverbindung führen.

Als Beispiel sind in Tabelle 6.2 Dämpfungswerte für zwei Richtfunksysteme, von denen das eine bei etwa 10 GHz und das andere bei etwa 40 GHz arbeitet. Als Länge der Richtfunkstrecken wurden 10 km angenommen.

Tabelle 6.2 Dämpfung für verschiedene Richtfunksysteme bei einer Entfernung von 10 km

	10 GHz	40 GHz
Freiraumdämpfung	**132,4 dB**	144,4 dB
Starker Nebel	**10 · 0,1 dB = 1 dB**	10 · 1,5 dB = 15 dB
Starker Regen	10 · 0,5 dB = 5 dB	10 · 5 dB = 50 dB

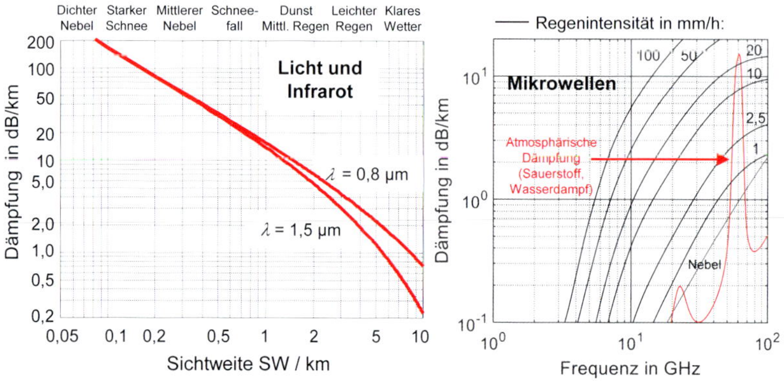

Bild 6.44 Dämpfung durch Regen und Nebel

Merksatz

Wegen der vergleichsweise hohen Dämpfungswerte werden Richtfunksysteme mit Frequenzen oberhalb von 20 GHz (und auch optische Richtfunksysteme) nur für kürzere Strecken von einigen Kilometern eingesetzt. Für längere Richtfunkstrecken verwendet man niedrigere Frequenzen.

Zu beachten ist, dass auch ohne Niederschlag schon Dämpfungen durch die Atmosphäre auftreten können. So werden z.B. bei 23 GHz und 60 GHz Wasser- bzw. Sauerstoffmoleküle zu Rotationen angeregt, wodurch die entsprechenden Funkwellen gedämpft werden. [9]

6.3.4 Beugung

Merksatz

Bei den Wellenlängen, die deutlich größer als 1 cm sind, erzeugen Hindernisse keinen scharfen Funkschatten; vielmehr werden die Funkwellen z.B. an Bergkuppen, Gebäudeecken, Türöffnungen oder Dachkanten in den geometrischen Schattenraum gebeugt, wie Bild 6.45 illustriert. Daher ist auch dort ein Funkempfang möglich, wenn auch mit geringerer Intensität als ohne.

Die entsprechenden Beugungsverluste hängen von vielen Größen ab, wie z.B.

- ❑ von der Wellenlänge,
- ❑ von dem Beugungswinkel,
- ❑ von dem Abstand zur Kante und auch
- ❑ von dem Material der Kante.

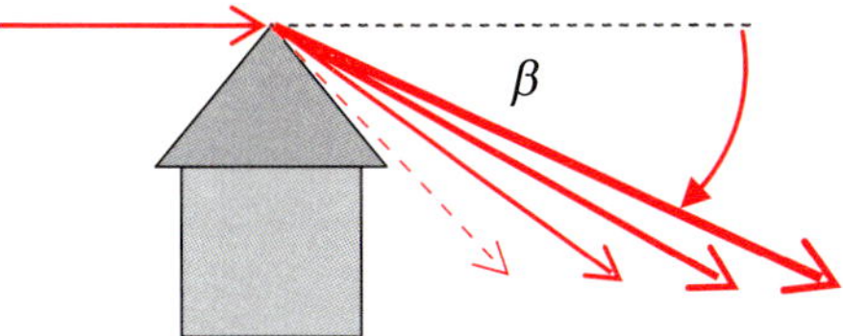

Bild 6.45
Beugung an einer Dachkante

Merksatz

Mit zunehmendem Beugungswinkel und zunehmender Frequenz nimmt die Intensität im Schattenraum ab. Je geringer die Frequenz f, d.h. je größer die Wellenlänge λ, desto besser können Wellen in den geometrischen Schattenraum gebeugt werden.

Dieser Effekt ist aus der Alltagserfahrung bekannt: Man kann zwar nicht um die Ecke sehen (Lichtwellenlängen ca. 0,4...0,8 µm), aber um die Ecke hören (Schallwellenlängen ca. 2...2000 cm).

6.3.5 Bodenwellenausbreitung

Merksatz

Die Bodenwellenausbreitung beruht auf der Reflexion elektromagnetischer Wellen am Erdboden und ist bei Lang- und Längstwellen die dominierende Ausbreitungsform.

Unter der Annahme einer unendlich guten Leitfähigkeit der Erdoberfläche wirkt diese wie ein Spiegel. Das Aussehen der elektrischen und magnetischen Felder einschließlich ihrer Spiegelbilder gleicht denen aus der Modelldarstellung nach Abschnitt 6.2. Bei einer idealen Spiegelung ergäbe sich eine verlustlose Feldausbreitung. In der Praxis ist dies jedoch nicht der Fall. Abhängig von der Leitfähigkeit des Untergrundes und der Wellenlänge, dringt ein Teil der Welle in den Erdboden ein, was zu Verlusten führt.

Merksatz

Bei guter Leitfähigkeit und großer Wellenlänge sind die Eindringtiefe und damit der Verlust gering. Man erzielt eine hohe Reichweite.
Bei schlechter Leitfähigkeit und kleiner Wellenlänge sind die Eindringtiefe und damit der Verlust groß. Man erzielt eine geringe Reichweite der Bodenwelle.

Reine Bodenwellenausbreitung wird deshalb überwiegend bei Längst- und Langwellen ($\lambda > 1000$ m) angewandt. Da die Leitfähigkeit von Wasser deutlich größer als die des Erdbodens ist, werden die Senderstandorte häufig möglichst nahe an der Meeresküste (Küstenfunkstellen), am Ufer großer Seen oder in großen Flusstälern (gute Bodenleitfähigkeit) installiert. Elektromagnetische Wellen, die sich als Bodenwellen ausbreiten sollen, werden grundsätzlich vertikal polarisiert abgestrahlt.

Eine Bodenwelle mit sehr großer Wellenlänge wird durch Hindernisse oder die Erdkrümmung nur wenig gestört.

6.3.6 Raumwellenausbreitung

Merksatz

Der Anteil der von einem Sender abgestrahlten elektromagnetischen Welle, der sich von der Erdoberfläche weg nach oben in den Raum ausbreitet, wird *Raumwelle* genannt.

Betrachtet man den Frequenzbereich der Mittel- und vor allem Kurzwellen, so wird die Raumwelle – zumindest teilweise – von bestimmten Schichten der die Erde umgebenden Lufthülle reflektiert.

Diese Schichten befinden sich in der so genannten *Ionosphäre*, in einer Höhe zwischen ca. 80 bis 800 km über der Erdoberfläche.

Die Moleküle in den nach oben immer dünner werdenden Luftschichten werden hauptsächlich durch die einfallende Strahlung (UV- und Röntgen-Strahlung) der Sonne und des Weltraumes ionisiert. Es bilden sich positive Molekül-Ionen (N_2^+, O_2^+, NO^+) und Elektronen, die frei beweglich sind – ähnlich wie in einem Metall. In diesen leitfähigen Schichten kommt es nun zu Reflexionen von elektromagnetischen Wellen.

Im Einzelnen bilden sich tagsüber die in Tabelle 6.3 aufgeführten, mit den Buchstaben D, E und F bezeichneten Schichten. Nachts lösen sich die unteren Schichten auf, da die Ionen sich wieder mit den Elektronen zusammenschließen (Rekombination).

Damit Kurzwellen reflektiert werden, müssen sie zu den F-Schichten vordringen, in denen die Ionen-Konzentration den für die Frequenz passenden Wertebereich besitzt. Tagsüber werden sie von den darunter liegenden D- und E-Schichten gedämpft. Lösen sich diese nachts auf, so können sie nahezu ungedämpft zu der F-Schicht gelangen und werden dort reflektiert.

Tabelle 6.3 Schichten der Ionosphäre

Schicht	Höhe	Eigenschaft
D	70... 90 km	löst sich mit dem Sonnenuntergang auf
E	110...130 km	löst sic*h* $_{\text{nac}}$hts auf
F1	190...210 km	*versch*milzt *n*achts mit F2-Schic$_{\text{h}}$t
F2	250...400 km	blei*b*$_{\text{t}}$ nachtσ_{i}*n* abγ_{e}schwächter F*orm* bes*t*$_{\text{e}}$hen

Da die ionisierten Schichten in ihrer Höhe bestimmten Schwankungen unterliegen, kommt es teilweise zu Überlagerungen (*Interferenz*) von Bodenwellen- und Raumwellenanteilen oder zwischen unterschiedlich reflektierten Raumwellenanteilen. Dies kann zu erheblichen Empfangsstörungen führen (*Schwund* oder *Fading*).

Die Elektronen- bzw. Ionenkonzentration einer Schicht nimmt bis zu einem Maximum zu und dann wieder ab. Je nach Auftreffwinkel der Funkwellen kommt es an und in den Schichten zu Reflexion und Brechung (Bild 6.46).

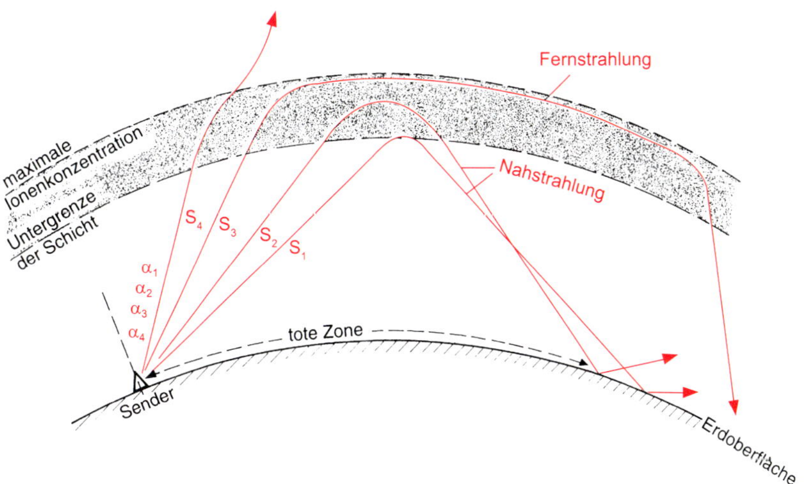

Bild 6.46 Schematische Darstellung der Ausbreitung von Raumwellen über die Atmosphäre

Bei Kurzwellenübertragung über große Entfernungen wird die Funkwelle in Abhängigkeit von der Tageszeit und der gewünschten Empfangsregion mit veränderbarem Abstrahlwinkel abgestrahlt (z.B. durch so genannte Rhombus-Antennen). Die höchstmögliche Arbeitsfrequenz bei Kurzwelle (MUF = ***maximal usuable frequency***) beträgt:

$$f_{\max} = \frac{f_0}{\cos\alpha}$$

Soll eine Kurzwellenverbindung mittels Raumwellenausbreitung, z.B. nach Übersee, tags und nachts aufrechterhalten werden, so müssen sowohl der Abstrahlwinkel als auch die Betriebsfrequenz mehrmals am Tag dem jeweiligen Ionosphärenzustand angepasst (geändert) werden. Elektromagnetische Wellen, die sich als Raumwellen ausbreiten sollen, können beim Empfang, beeinflusst durch mehrfache Reflexionen, von ihrer ursprünglich abgestrahlten Polarisationslage abweichen. Dies ist bei der optimalen Ausrichtung der Empfangsantennen zu berücksichtigen.

Merksatz

Funkwellen mit einer Frequenz größer als 30 MHz durchdringen die Ionosphäre nahezu ungehindert.

Dass es im UKW-Bereich verschiedentlich zu Überreichweiten kommt, liegt nicht an Reflexionen an der Ionosphäre, sondern an Reflexionen an Schichten in der Troposphäre (ca. 15 km), die sich bei bestimmten Wetterlagen ausbilden.

6.4 Funkausbreitungsmodelle

Wie in den vorherigen Abschnitten erläutert, wird die Funkausbreitung von vielen komplexen Effekten bestimmt. Daher ist es – von wenigen Ausnahmen wie der Freiraumausbreitung abgesehen – unmöglich, den Empfangspegel bei einem Funksystem exakt zu berechnen. Allerdings gibt es einige Modelle, die es erlauben, die Empfangspegel in brauchbarer Näherung zu berechnen bzw. grob abzuschätzen. Solche Modelle sind unerlässlich bei der Planung von Mobilfunknetzen und lokalen Funknetzen und hilfreich bei der Erläuterung grundsätzlicher Zusammenhänge. [9]

Man unterscheidet:

- ❑ feldtheoretische Modelle,
- ❑ strahlenoptische Modelle,
- ❑ empirische Modelle,
- ❑ semi-empirische Modelle.

Feldtheoretische Modelle
Feldtheoretische Modelle beruhen auf Lösungen der Maxwell-Gleichung, also der Grundgleichungen der Elektrodynamik, mit vorgegebenen Grenzbedingungen. Da es sich dabei um ein mathematisch sehr komplexes Problem handelt, können Lösungen nur für sehr einfache und idealisierte Konstellationen angegeben werden. Eine vollständige Rundfunk- oder Mobilfunkplanung ist mit diesem Ansatz allein nicht möglich. [9]

Strahlenoptische Modelle
Bei den strahlenoptischen Modellen, die als *Ray Tracing* oder als *Ray Launching* bezeichnet werden, behandelt man Funkwellen ähnlich wie Lichtstrahlen in der geometrischen Optik [9]. Dies ist nur dann eine zulässige Näherung, wenn die betrachteten Wellenlängen deutlich kleiner als die Hindernisse in dem Ausbreitungsweg sind. Bei dieser Methode sucht man alle – oder zumindest mehrere – Wege, auf denen das Signal durch Reflexionen, Transmissionen und Beugungen vom Sender zum Empfänger gelangen kann. Unter Berücksichtigung der Reflexions-, Absorptions- und Beugungskoeffizienten der jeweiligen Hindernisse werden die einzelnen Signalleistungen ermittelt und zur Gesamtleistung kombiniert. Solche strahlenoptischen Modelle sind i.Allg. sehr komplex und erfordern zahlreiche Eingabewerte und eine hohe Rechenleistung. Sie werden für die Planung von Funksystemen in Gebäuden oder für die Mobilfunkplanung von Kleinzellen in Innenstädten verwendet. Für eine landesweite Planung sind sie aufgrund ihres hohen Rechenaufwandes ungeeignet.

Vielfach greift man daher auf einfachere Modelle zurück, die besser zu handhaben sind, die aber dennoch hinreichend brauchbare Ergebnisse liefern.

Empirische Modelle
Bei empirischen Modellen handelt es sich um Modelle, die aus umfangreichen Messungen und deren statistischen Auswertungen gewonnen wurden. Für die Funkausbreitungsdämpfungen geht man von einfachen mathematischen Formeln aus, bei denen bestimmte Parameter so gewählt werden, dass sie gut zu den entsprechenden Messergebnissen passen. Wichtige Beispiele sind das CCIR-Modell für die Rundfunkplanung und das Okumura-Hata-Modell für die Mobilfunkplanung. [9; 14]

Bei dem *Okumura-Hata-Modell* geht man von einer Funkausbreitungsdämpfung der Form

$$L_{\text{Funk}}\,[\text{dB}] = A + B \cdot \log r\,[\text{km}] \qquad \text{(Gl. 6.19)}$$

aus, wobei die freien Parameter A und B von der verwendeten Frequenz, der Antenneninstallationshöhe sowie der Landnutzung (Wald, Wasser, ...) und der Gebäudestruktur (städtisch, vorstädtisch, ländlich, ...) abhängen. Typische Werte liegen zwischen $B = 30 \ldots 40$ und $A = 100 - 140$. Für $A = 120$, $B = 35$ und $r = 10$ km ergibt sich beispielsweise eine Dämpfung von 155 dB.

Anmerkung: Für $A = 32{,}4 + 20 \log f$ und $B = 20$ stimmt das Okumura-Hata-Modell mit der Freiraumdämpfung aus Gl. 6.15 überein.

Semi-empirische Modelle

Semi-empirische Modelle stellen eine Mischform aus empirischen Modellen und Teilergebnissen aus zumeist feldtheoretisch gewonnenen Formeln für z.B. Beugungsverluste dar. Man geht dabei von den für einfache Szenarien hergeleiteten Formeln aus und ergänzt sie durch empirisch ermittelte Korrekturterme. Die so entstandenen Formeln sind deutlich komplizierter als das Modell gemäß Gleichung 6.19 und können durchaus eine komplette Seite füllen. Sie berücksichtigen beispielsweise die Höhe der Gebäude, den Abstand der Gebäude und die Straßenbreite sowie die Orientierung der Gebäude bezüglich des Ausbreitungspfades.

6.5 Lernziel-Test

1. Berechnen Sie für die Frequenzen $f = 75$ kHz, $f = 600$ MHz, $f = 2{,}4$ GHz und $f = 600$ THz die zugehörigen Wellenlängen. Berechnen Sie für die Wellenlängen $\lambda = 6$ m, $\lambda = 1{,}5$ cm und $\lambda = 1{,}5$ µm die zugehörigen Frequenzen. Um welche Arten von elektromagnetischen Wellen handelt es sich jeweils?
2. In welchem Frequenzbereich arbeiten Richtfunksysteme vorwiegend?
3. Nennen Sie einige Anwendungen der Infrarot-Übertragung.
4. Nennen Sie einige nachrichtentechnische Anwendungen im Mikrowellenbereich. Über welchen Frequenzbereich erstreckt sich dieser?
5. Wann überlagern sich Wellen konstruktiv, wann destruktiv?
6. Die Strecke zwischen Sender und Empfänger beträgt 24 000 km bzw. 600 m. Wie groß ist jeweils die Signallaufzeit?
7. Was versteht man unter Intersymbolinterferenz und wie kommt sie zustande?
8. In welche Richtung zeigt das elektrische, in welche das magnetische Feld bei einer vertikalen Polarisation bzw. bei einer zirkularen Polarisation?
9. Ein $\lambda/2$-Dipol wird mit der Frequenz $f = 1$ GHz betrieben. In welcher Entfernung beginnt in etwa das Fernfeld?
10. Wie groß ist die Intensität eines $\lambda/2$-Dipols bei $f = 1$ GHz in Hauptstrahlrichtung in 1 m und 10 m Entfernung, der eine Leistung von 10 W abstrahlt? Werden bei diesen Verhältnissen die Grenzwerte eingehalten?

11. Bei einer Gruppenantenne wird die Anzahl der Antennenelemente in vertikaler Richtung verdoppelt. Welchen Einfluss hat dies auf die Halbwertsbreite und den Antennengewinn?
12. Wie kann man die Lage der Hauptstrahlrichtung bei einer Gruppenantenne beeinflussen?
13. Eine Antenne besitzt einen Gewinn von G = 15 dBi. Wie groß ist ihr Gewinn, verglichen mit einem $\lambda/2$-Dipol?
14. Welche Leistung strahlt ein vertikal ausgerichteter $\lambda/2$-Dipol in vertikaler Richtung ab? Wie groß ist seine horizontale Halbwertsbreite?
15. Bestimmen Sie die Halbwertsbreiten der Gruppenantennen aus Bild 6.24 näherungsweise.
16. Wie ist eine Patch-Antenne aufgebaut und was sind die Vorteile dieser Bauform?
17. Wie werden Parabolantennen gespeist?
18. Berechnen Sie den Gewinn und die Halbwertsbreite für eine Parabolantenne mit Durchmesser D = 0,5 m und Flächenwirkungsgrad q = 0,5, die bei einer Frequenz von 20 GHz betrieben wird.
19. Berechnen Sie den Wert für die EIRP für einen Sender mit einem Sendepegel von 27 dBm, an den über ein Kabel (Verlust 4 dB) eine Antenne mit 20 dBi Gewinn angeschlossen wird.
20. Betrachten Sie zwei Stationen im Abstand von 5 km mit den gleichen Parametern wie in Aufgabe 19, die bei f = 20 GHz betrieben werden. Wie groß ist der Empfangspegel am Empfängereingang unter Freiraumausbreitungsbedingungen? Wie ändert sich der Pegel bei starkem Regen? Wie viel Meter sollte die Antenneninstallationshöhe oberhalb von Hindernissen liegen?
21. Nennen Sie wichtige Effekte der Funkausbreitung.
22. Durch welchen Effekt kommt das Short Term Fading zustande? Welche Abstände besitzen die Einbrüche in etwa?
23. Ein Mobilfunksender strahlt Signale bei 900 MHz und 1800 MHz ab. Das mobile Endgerät befindet sich im Schatten eines Gebäudes. Bei welcher Frequenz ergibt sich der bessere Empfang und warum?
24. Welche Materialien führen zu besonders hohen Durchdringungsverlusten bei Frequenzen oberhalb von 1 GHz?
25. Warum sind Frequenzen bei 60 GHz nicht für große Reichweiten geeignet?
26. Welche Arten von Funkausbreitungsmodellen gibt es?
27. Welche Größen beeinflussen hauptsächlich die Reichweite einer Bodenwelle?
28. Erklären Sie den Aufbau der Ionosphäre und deren Einfluss auf Funkverbindungen.
29. Welchen Einfluss hat die Troposphäre auf Funkverbindungen?
30. Warum muss beim mechanischen Aufbau eines Dipols die Resonanzverkürzung beachtet werden?
31. Wozu dienen die häufig an den Spitzen von Stabantennen angebrachten Kappen?
32. Welche Vorteile haben Offset-Parabolantennen?

7 Analoge Modulationsverfahren

Die Modulation wurde bereits in Kapitel 1 als eine wichtige Art der Transformation einer Nachricht in einen anderen Frequenzbereich dargestellt. Sie dient ganz allgemein der besseren Anpassung einer Nachrichtenübertragung an den Nachrichtenkanal und erlaubt die drahtlose Übertragung der Nachricht.

Für die Beurteilung der Eignung eines Modulationsverfahrens benötigt man Kenntnisse seiner Eigenschaften. Dabei spielen neben dem technischen Aufwand auf der Sende- und Empfangsseite die Zahl der beteiligten Sender (Funknetze) und Empfänger (z.B. Rundfunk) sowie die Eigenschaft des zu übertragenden Signals (Bandbreite) und die Anforderungen an die Übertragungsgüte (Verzerrungen) eine Rolle. Nachfolgend werden die grundlegenden *analogen Modulationsverfahren* für *analoge* Nachrichtensignale dargestellt [17; 18]. Ab Abschnitt 8.3 werden dann digitale Verfahren der Modulation betrachtet.

7.1 Übersicht

Merksatz

Bei allen Modulationsverfahren wird einem Trägersignal die zu übertragende Nachricht aufgeprägt.

Hinsichtlich der Umsetzung des Trägersignals wird dabei zwischen Sinus- und Pulsmodulationsverfahren unterschieden, wobei auch die Form des Nachrichtensignals (analog oder digital, quantisiert und codiert) zu beachten ist.

Die klassischen Modulationsverfahren mit sinusförmigem Träger sind auch heute noch, z.B. im Hörrundfunk, weit verbreitet.

Die Trägerspannung ist dabei durch Beziehung

$$u_T(t) = \hat{u}_T \cos(\omega_T t + \varphi_T) \qquad \text{(Gl. 7.1)}$$

gegeben. Je nachdem, welcher der charakteristischen Größen der Schwingung das Nachrichtensignal aufgeprägt wird, erhält man die Amplituden-, Frequenz- oder Phasenmodulation. Dabei werden Frequenz- und Phasenmodulation auch als *Winkelmodulationen* bezeichnet, weil sie das Argument der Cosinusfunktion in Gl. 7.1 betreffen und damit auch mathematisch Ähnlichkeiten aufweisen.

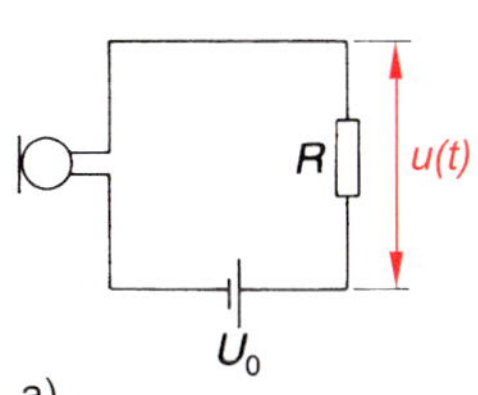

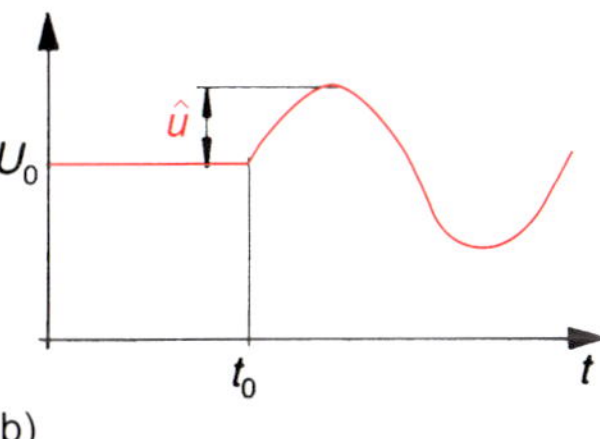

Bild 7.1 Mikrofonkreis mit Gleichspannungsquelle
a) Schaltung
b) Ausgangssignal

Wird dagegen eine Rechteckschwingung als Träger verwendet, ergeben sich verschiedene *Pulsmodulationsarten*.
Bevor nun die verschiedenen analogen Modulationsarten im Einzelnen vorgestellt werden, sollen an einem einfachen Mikrofonkreis (Bild 7.1a) einige Grundbegriffe erläutert werden. Ein Kohlekörnermikrofon (M), die Batterie und ein Arbeitswiderstand R werden in Reihe geschaltet. Der Innenwiderstand des Mikrofons sei wesentlich kleiner als R. Bei Auftreffen einer harmonischen Schallwelle verändert sich der Innenwiderstand, und es entsteht über R das in Bild 7.1b gezeigte Signal. Legt man den Anfang der Betrachtungen auf t_0, so wird es durch

$$u(t) = U_0 + \hat{u} \cos \omega t$$

beschrieben. Durch Umformen erhält man

$$u(t) = U_0 \, (1 + m \cos \omega \mathrm{t}) \qquad \text{(Gl. 7.2)}$$

mit

$$m = \frac{\hat{u}}{U_0} \qquad \text{(Gl. 7.3)}$$

der relativen Spannungsänderung oder dem *Modulationsgrad*.

Merksatz

Unabhängig vom Träger (hier im einfachsten Fall die Gleichspannung U_0) ist aus Bild 7.1b ersichtlich, dass der Modulationsgrad m nie größer als 1 werden darf, da sonst das Signal verzerrt wird.

Der Klammerausdruck von Gl. 7.2

$$1 + m \cos \omega \mathrm{t} \qquad \text{(Gl. 7.4)}$$

wird als *Modulationsfaktor* bezeichnet. Er enthält neben dem Modulationsgrad (und damit der Amplitude des Signals) auch noch dessen Frequenz. Nachfolgend werden die zum Nachrichtensignal gehörenden Werte mit dem Index M (wie «Modulationssignal») versehen, um eine bessere Unterscheidung vom Träger zu ermöglichen.

Als modulierendes Signal kommt nicht nur eine einzelne harmonische Schwingung in Frage. In der Regel besteht die Nachricht aus mehreren Schwingungen in einem Frequenzbereich, dem *Basisband*. Bei den mathematischen Betrachtungen zu den Modulationsverfahren wird aber von einer einzelnen Schwingung ausgehend vorgegangen, da eine Nachricht als Superposition, d.h. Überlagerung, verschiedener Schwingungen angesehen werden kann.

7.2 Amplitudenmodulation (AM)

7.2.1 Grundlagen der Amplitudenmodulation

Eine Amplitudenmodulation kommt zustande, wenn die Amplitude des Trägers durch die Nachricht beeinflusst, d.h. mit dem Modulationsfaktor multipliziert wird. Aus den Gleichungen 7.1 und 7.4 erhält man unter Vernachlässigung der Anfangsphase

$$u_{AM}(t) = \hat{u}_T (1 + m \cos \omega_M t) \cos \omega_T t$$

Mit Hilfe des Additionstheorems

$$\cos\alpha \cos\beta = \frac{1}{2}\left[\cos(\alpha + \beta) + \cos(\alpha - \beta)\right]$$

wird

$$u_{AM}(t) = \hat{u}_T \cos\omega_T t + \hat{u}_T \frac{m}{2}\left[\cos(\omega_T + \omega_M)t + \cos(\omega_T - \omega_M)t\right] \qquad \text{(Gl. 7.5)}$$

Neben der ursprünglichen Trägerfrequenz f_T enthält das Signal nun noch zwei Seitenfrequenzen bei der Summen- bzw. Differenzfrequenz von Träger- und Modulationsfrequenz, deren Amplituden jeweils vom Modulationsgrad abhängig sind. Die Amplitudenmodulation kann daher als eine spezielle Form der Frequenzmischung betrachtet werden, was für die praktische Umsetzung von Bedeutung ist.

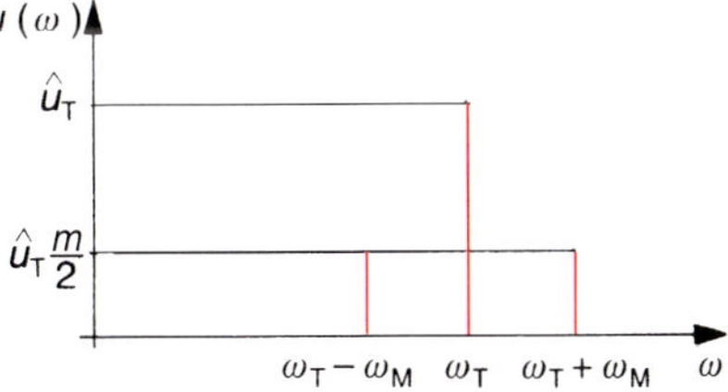

Bild 7.2
AM-Spektrum

In Bild 7.2 ist das Spektrum eines AM-Signals dargestellt. Das Modulationssignal tritt bei Amplitudenmodulation in Form der zum Träger benachbarten Seitenfrequenzen auf, deren Amplituden vom Modulationsgrad m abhängig sind. Man kann die Gl. 7.5 auch als Zeigerdiagramm darstellen (Bild 7.3a): Der Träger $\hat{u}_T$ rotiert mit der Frequenz f_T. An seiner Spitze befinden sich die beiden Seitenanteile, die um die Spitze mit $+f_M$ oder $-f_M$ rotieren und deren Länge vom Modulationsgrad abhängt. Aufgrund der Symmetrie der beiden Seitenzeiger ergibt sich als Summensignal ein mit f_T rotierender Zeiger variabler Länge und damit die über der Zeit in Bild 7.3b dargestellte Funktion. In der Zeitfunktion erkennt man, wie das Trägersignal in seiner Amplitude verändert wird. Dabei bildet die Amplitudenhüllkurve des Trägers das Modulationssignal vollständig ab. Aus Bild 7.3b kann auch der Modulationsgrad zu

dulation. Statt Dioden verwendet man aber Transistoren, um die damit zusätzlich mögliche Verstärkung ausnutzen zu können. In Bild 7.5 ist die Schaltung eines Basismodulators dargestellt. Niederfrequente Nachricht $u_M(t)$ und hochfrequenter Träger $u_T(t)$ steuern die Basis-Emitter-Strecke aus. Mit R_1 wird der Arbeitspunkt im quadratischen Kennlinienteil des Transistors eingestellt. Da beide Signale bezüglich der Aussteuerung addiert werden, spricht man wie bei der Frequenzmischung von einer *additiven Modulation*. Der Kollektorresonanzkreis wirkt als Bandfilter für das Modulationsprodukt. Bei großer Aussteuerung wird allerdings der quadratische Teil der Transistorkennlinie verlassen, so dass Verzerrungen entstehen können.

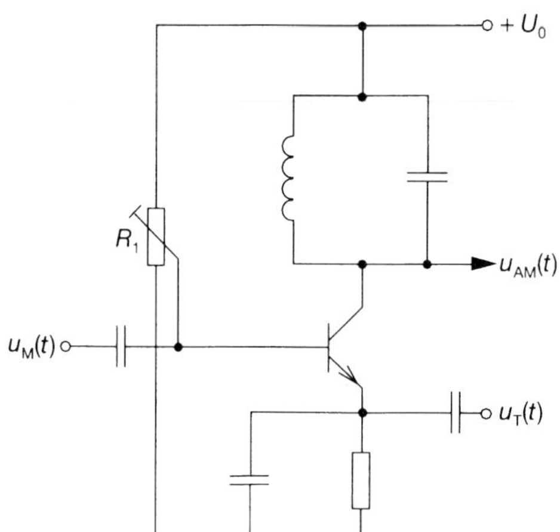

Bild 7.5
Basismodulator

Bei der Kollektormodulation in Bild 7.6 wird die Kollektorbetriebsspannung von der Modulationsspannung (verstärkt über T1) gebildet. Da T2 von der Trägerschwingung gesteuert wird, entsteht als Ausgangsspannung ebenfalls das Produkt beider Signale. Man nennt diese Art der AM in Anlehnung an die multiplikative Frequenzmischung *multiplikative Modulation*.

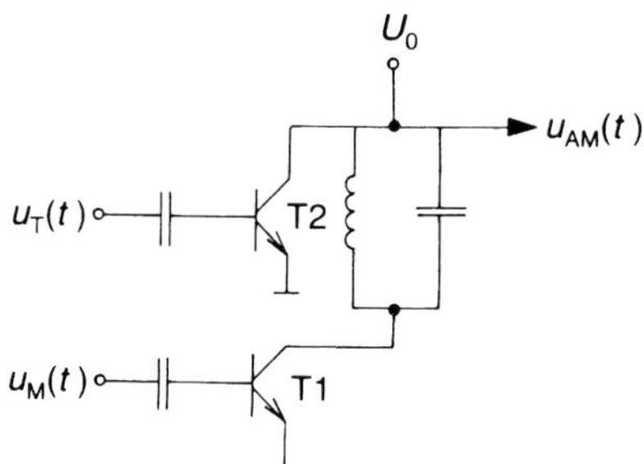

Bild 7.6
Kollektormodulator

Die *Demodulation* von zweiseitenbandmodulierten Signalen ist relativ einfach, wie Bild 7.3b zeigt: Die Hüllkurve des hochfrequenten Signals entspricht der Modulationsspannung. Durch Gleichrichtung und Unterdrückung der hochfrequenten Anteile kann die Nachricht zurückgewonnen werden. Bild 7.7a zeigt die Schaltung eines Diodendemodulators. C_L wird dann so bemessen, dass zwischen den Halbwellen von f_T keine wesentliche Entladung von C_L stattfindet, d.h., der Tiefpass am Diodenausgang aus R_L und C_L unterdrückt die hochfrequenten Anteile. Über C_K wird die niederfrequente

Nachricht ohne Gleichspannungsanteil abgenommen. Der Zeitverlauf der Signalrückgewinnung ist in Bild 7.7b dargestellt. Damit der Demodulator richtig arbeitet, muss die Grenzfrequenz des Tiefpasses zwischen den beteiligten Frequenzen liegen:

$$f_{\mathrm{M\,max}} < f_{\mathrm{g}} = \frac{1}{2\pi R_{\mathrm{L}} C_{\mathrm{L}}} < f_{\mathrm{T}} \qquad \text{(Gl. 7.9)}$$

Der beschriebene Diodendemodulator wird auch Hüllkurvendemodulator genannt und arbeitet nach dem Prinzip der Spitzenweggleichrichtung. Nachteilig an dieser Art der Demodulation sind die bei großem Modulationsgrad auftretenden Verzerrungen infolge der nicht exakt quadratischen Kennlinie der Diode.

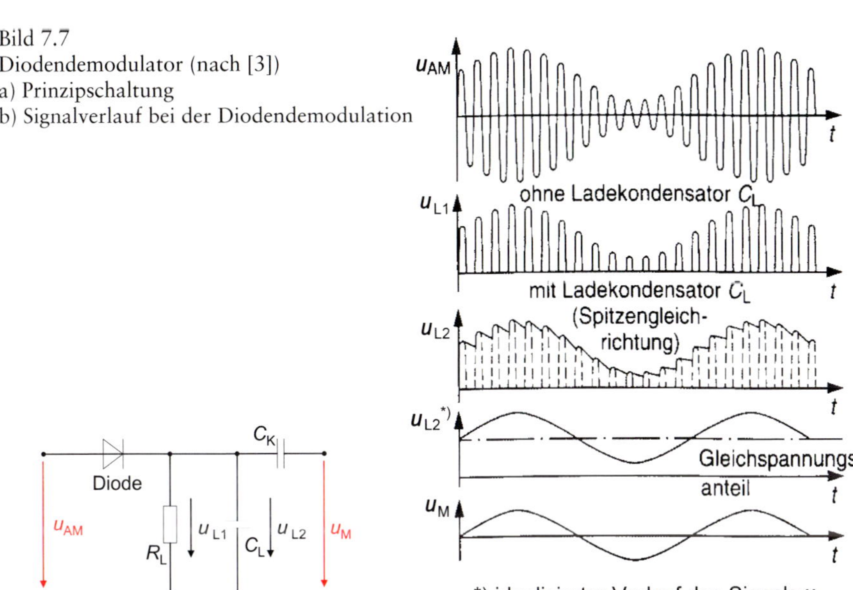

Bild 7.7
Diodendemodulator (nach [3])
a) Prinzipschaltung
b) Signalverlauf bei der Diodendemodulation

Beim *Synchrondemodulator* (Bild 7.8) wird aus dem Modulationsgemisch der Träger herausgefiltert und verstärkt. Dieser wird dann einem Multiplizierer genauso zugeführt wie das Empfangssignal. Durch die Produktbildung entsteht auch die ursprüngliche Niederfrequenz wieder, wobei über die Verstärkung des Trägers eine Beeinflussung der Demodulation im Interesse niedriger Verzerrungen möglich ist. Wichtig für diese Art der Demodulation ist die phasenrichtige Zuführung des verstärkten Trägers – woraus auch der Name Synchrondemodulator resultiert, der auch als *Kohärentdetektor* bezeichnet wird und als integrierte Schaltung verfügbar ist.

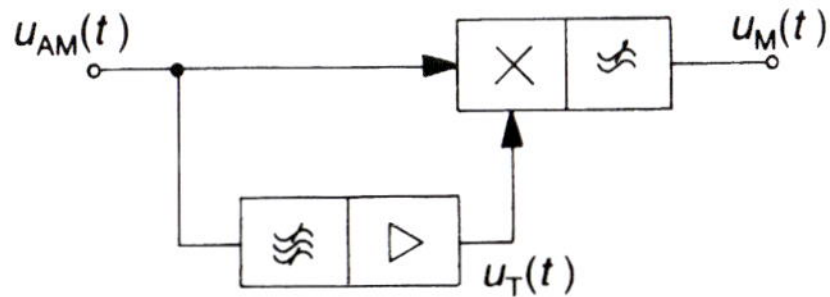

Bild 7.8
Synchrondemodulator

Zweiseitenbandmodulation mit unterdrücktem Träger

Der Träger enthält bei der Zweiseitenbandmodulation den Hauptanteil der zu übertragenden Leistung, aber keine Information. Es liegt daher nahe, ihn zu unterdrücken. Allerdings muss zur Demodulation der Träger wieder erzeugt werden, weil nach Bild 7.3b der Abstand von Seitenfrequenz und Trägerfrequenz gleich der Modulationsfrequenz ist.

Ein nachträgliches Herausfiltern des Trägers aus dem Frequenzgemisch einer Zweiseitenbandmodulation ist wegen der dafür erforderlichen Flankensteilheit des Filters aufwendig, weshalb Modulatoren, die den Träger selbst unterdrücken, eingesetzt werden. Beim *Gegentaktmodulator* in Bild 7.9 wird das dadurch erreicht, dass die Trägerspannung in den Brückenzweig der Modulatoranordnung eingespeist wird. So heben sich im Ausgangsübertrager die Anteile mit der Trägerfrequenz auf, und es erscheinen nur die Seitenbänder und die Modulationsfrequenz, die durch Filter leicht zu entfernen sind.

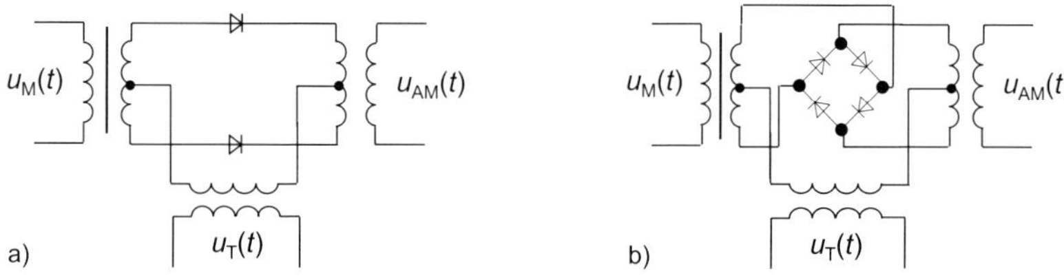

Bild 7.9 a) Gegentaktmodulator b) Ringmodulator

Mit einem *Ringmodulator* (Doppelgegentaktmodulator) kann auch die Modulationsfrequenz unterdrückt werden, so dass nur noch die beiden Seitenbänder entstehen. Die unvermeidliche Unsymmetrien dieser Anordnungen haben allerdings unbedeutende Reste der zu unterdrückende Signale zur Folge.

Die Demodulation der ZSB-AM-Signale mit Trägerunterdrückung ist nicht mehr durch einfache Gleichrichtung möglich, da der Träger wieder frequenz- und phasentreu zugesetzt werden muss. Das ist nur möglich, wenn eine Synchronisation zwischen Sender und Empfänger besteht. Erreicht wird dieses, wenn ein Trägerrest (weniger als 1% der ursprünglichen Trägerleistung) mit übertragen wird und zur Synchronisation eines Oszillators im Empfänger dient. Als Demodulator eignet sich z.B. der schon beschriebene Synchrondemodulator.

7.2.3 Einseitenbandmodulation – ESB-AM

Während die bislang betrachteten AM-Verfahren vor allem der Leistungseinsparung dienten, kann durch Einsatz der ESB-AM der Bandbreitenbedarf reduziert werden. Da in einem Seitenband eigentlich alle Informationen des Modulationssignals enthalten sind, genügt dessen Übertragung. Dabei ist es unerheblich, ob das obere oder das untere Seitenband übertragen wird.

Um aus dem bei der Modulation entstehenden Frequenzgemisch ein Seitenband herauszufiltern, bedarf es sehr steilflankiger Filter. Die ESB-AM wird z.B. bei Nachrichtenübertragungen auf Kabeln im Frequenzmultiplex oder bei Richtfunkverbindungen eingesetzt (s. Kapitel 9 und 10). Ausgangspunkt sind ein Gegentakt- oder

Ringmodulator und ein steilflankiges Filter. Zur Demodulation ist ein Trägerrest mit zu übertragen – wie bereits bei der Zweiseitenbandmodulation mit unterdrücktem Träger beschrieben.

Im Unterschied zur ESB-AM, bei der ein Seitenband völlig unterdrückt, d.h. nicht übertragen wird, ist der Ausgangspunkt der ***Restseitenbandübertragung*** (RSB-AM) ein ZSB-AM-Signal: Es wird ein Seitenband vollständig und vom zweiten Seitenband ein definierter, schmalbandiger Anteil übertragen. Dadurch ist zwar die erreichbare Bandbreiteeinsparung geringer, allerdings ist es möglich, Modulationsfrequenzen, die sehr nahe an null liegen, zu übertragen. Das RSB-AM-Verfahren wird z.B. beim analogen TV-Rundfunk eingesetzt, da die Nachrichten Signalanteil nahe null enthalten und damit eine einfache Trennung der Seitenbänder nicht mehr möglich ist [17; 18]. Bei der Demodulation muss dieses berücksichtigt werden (s. Kapitel 10).

7.3 Winkelmodulationsverfahren

7.3.1 Grundlagen der Winkelmodulation

Wird die Frequenz oder Phase der Trägerschwingung aus Gl. 7.1 mit dem Modulationsfaktor von Gl. 7.4 multipliziert, erhält man eine Winkelmodulation. Vor der mathematischen Betrachtung soll der Unterschied zwischen Frequenz- (FM) und Phasenmodulation (PM) anschaulich erläutert werden. Da sich bei den Winkelmodulationen das Argument der Cosinusfunktion ändert, ist ein allmählicher, d.h. kontinuierlicher Übergang von Frequenz oder Phase schlecht darstellbar. Es wird daher als Modulationssignal die in Bild 7.10a gezeigte Rechteckschwingung verwendet. Bild 7.10b zeigt die resultierende Frequenzmodulation, Bild 7.10c die entsprechende Phasenmodulation.

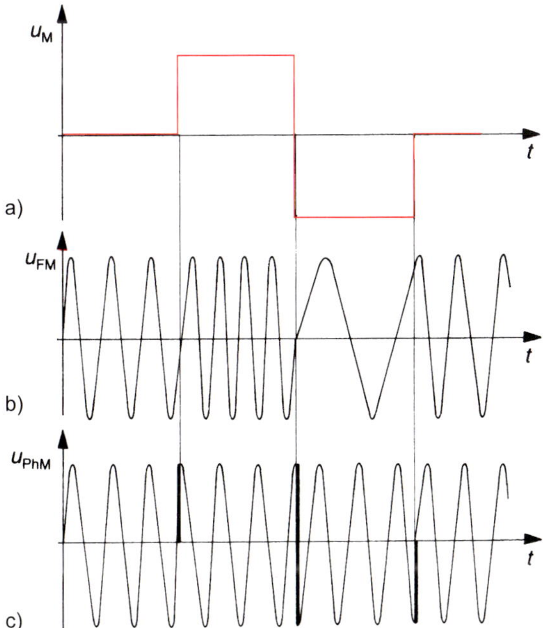

Bild 7.10
Unterschied zwischen FM und PM
a) Modulationssignal
b) Frequenzmodulation
c) Phasenmodulation

Merksatz

Bei der FM wird die Trägerfrequenz direkt proportional zum modulierenden Signal verändert, während bei der PM die Trägerphase direkt proportional zum modulierenden Signal variiert wird.

Bei einem harmonischem Modulationssignal sind beide Verfahren kaum zu unterscheiden. In einer allgemeiner Betrachtung sind beide Vorgänge auch mathematisch gleich beschreibbar. Beide Verfahren werden nachfolgend gemeinsam behandelt, weil sie das Argument der Cosinusfunktion betreffen. Es gilt:

$$\omega = \frac{d\varphi}{dt} \qquad \text{(Gl. 7.10)}$$

Daraus lassen sich weitere Beziehungen herleiten. Bei Frequenzmodulation (FM) ergibt sich für die Frequenz durch Multiplikation mit dem Modulationsfaktor bei nur einer Signalfrequenz

$$\omega_T(t) = \omega_T \left[1 + m \cos(\omega_M \mathrm{t})\right] \qquad \text{(Gl. 7.11)}$$

bzw.

$$\omega_T(t) = \omega_T + \Delta\omega_T \cos \omega_M t \qquad \text{(Gl. 7.12)}$$

wobei $\Delta\omega_T = m\,\omega_T$ der *Frequenzhub* ist.

Merksatz

Bei FM schwankt die Trägerfrequenz in Abhängigkeit vom Modulationssignal, und zwar sowohl von dessen Amplitude ($m\,\omega_T$) als auch von seiner Frequenz (ω_M).

Da sich die Phase aber auch aus der Frequenz berechnen lässt, erhält man

$$\varphi_T = \omega_T t + \frac{\Delta\omega_T}{\omega_M} \sin \omega_M t \qquad \text{(Gl. 7.13)}$$

Das entspricht jedoch einer Phasenmodulation, denn bei Multiplikation der Trägerphase mit dem Modulationsfaktor erhält man

$$\varphi_T(t) = \varphi_T \left[1 + m \cos(\omega_M t)\right]$$

Führt man hier den Begriff des *Phasenhubes* ein, so ist mit

$$\Delta\phi_{\mathrm{T}} = m\,\omega_{\mathrm{T}} \qquad \text{(Gl. 7.14)}$$

durch Vergleich

$$\Delta\varphi_{\mathrm{T}} = \frac{\Delta\omega_{\mathrm{T}}}{\omega_{\mathrm{M}}} = \frac{\Delta f_{\mathrm{T}}}{f_{\mathrm{M}}} \qquad \text{(Gl. 7.15)}$$

wobei die Phasendrehung zwischen sin und cos als Konstante ohne Bedeutung ist. Der Phasenhub wird in Verbindung mit der FM auch *Modulationsindex* (η) genannt.

Eine winkelmodulierte Schwingung kann damit unter Beachtung der Gleichungen 7.14 und 7.16 durch

$$u(t) = \hat{u}_{\mathrm{T}} \cos\left[\omega_{\mathrm{T}} t + \frac{\Delta f_{\mathrm{T}}}{f_{\mathrm{M}}} \sin(\omega_{\mathrm{M}} t)\right] \qquad \text{(Gl. 7.16)}$$

beschrieben werden. Die Auflösung dieser Funktion in einzelne spektrale Anteile führt zu der mathematischen Reihenentwicklung

$$u(t) = \hat{u}_{\mathrm{T}} \sum_{n=0}^{\infty} J_{\mathrm{n}}(\eta) \sin(\omega_{\mathrm{T}} + n\,\omega_{\mathrm{M}} t) \qquad \text{(Gl. 7.17)}$$

wobei die relativen Spannungsamplituden $J_{\mathrm{n}}(\eta)$ Besselfunktionen darstellen. Der jeweilige Wert der Besselfunktionen ist vom Modulationsindex abhängig. Bild 7.11 zeigt den Verlauf der ersten Besselfunktionen.

Merksatz

Bei der Winkelmodulation entsteht ein Frequenzspektrum, das aus der Trägerfrequenz mit der Amplitude $\hat{u}_{\mathrm{T}} J_{\mathrm{n}}(\eta)$ und symmetrisch benachbarten Seitenfrequenzen im Abstand $\pm\, n\,\omega_{\mathrm{M}}$ besteht.

In Bild 7.12 ist als Beispiel ein solches Spektrum für $\eta = 2$ gezeichnet.

Folgende wesentliche Unterschiede zu AM sind ersichtlich:

- Das Spektrum kann nicht mehr durch Verschieben aus dem Basisband in den Übertragungsbereich gewonnen werden.
- Die Amplituden von Träger und Seitenfrequenzen sind nicht mehr direkt proportional der Modulationsamplitude. Nach Bild 7.11 können sogar Anteile im Spektrum null werden (z.B. bei $\eta = 2{,}4$ wird der Träger null).

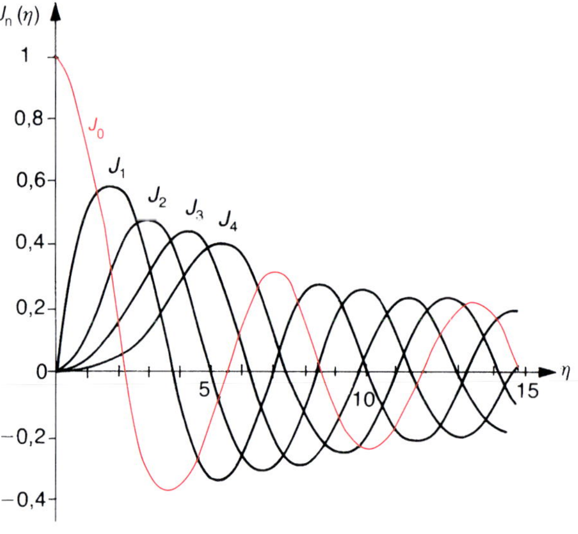

Bild 7.11
Besselfunktionen für $n = 0$ bis 4

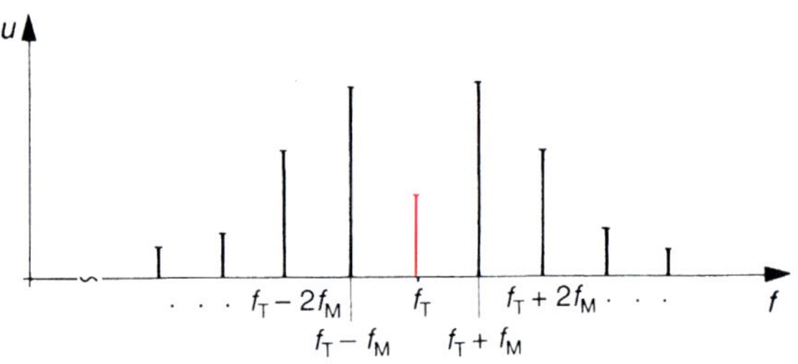

Bild 7.12
FM-Spektrum für $\eta = 2$

- Die Seitenschwingungen sind nicht mehr selbstständige Träger von Informationen. Das Spektrum ist nach Gl. 7.17 unendlich breit, d.h., es erfordert zur Übertragung theoretisch ein unendlich breites Spektrum. Aus praktischen Gründen werden aber nur Amplituden >10% des unmodulierten Trägers übertragen, so dass sich für die Übertragungsbandbreite folgender Zusammenhang ergibt:

$$B = 2 f_M (\eta + 1) = 2 (\Delta f_T + f_M) \qquad \text{(Gl. 7.18)}$$

Bei der Realisierung ist nun Folgendes zu beachten: Wird bei einem Empfänger im Interesse der guten Nachbarkanaltrennung die Bandbreite gegenüber dem durch Gl. 7.18 gegebenen Wert weiter verringert, so ist mit größeren Verzerrungen zu rechnen. Eine Bandbreiteerhöhung verschlechtert hingegen die Nachbarkanalselektivität (vgl. Abschnitt 2.4). Daher kann bei hochwertigen Empfängern, z.B. Autoradios, eine individuelle Anpassung durch Bandbreiteumschaltung durchgeführt werden. Nahempfang (große Bandbreite) dient dem verzerrungsarmen Empfang stark einfallender Sender. Bei Fernempfang (geringere Bandbreite) wird eine bessere Trennung gegenüber unerwünschten Sendern erreicht.

Eine anschauliche Darstellung der Winkelmodulation eines ganzen Frequenzbandes von $f_{M\,min}$ bis $f_{M\,max}$ wie bei AM ist nicht mehr möglich. Die Bandbreite eines modulierten Signals wird nach Gl. 7.18 bestimmt durch den maximalen Frequenzhub

$\Delta f_{\mathrm{T\,max}}$ bei maximaler Modulationsfrequenz $f_{\mathrm{M\,max}}$. Bei kleinem Modulationsindex ($\eta < 1$) können nach Bild 7.11 die Besselfunktionen für $n > 1$ vernachlässigt werden, so dass die Bandbreite derjenigen bei der AM entspricht, was als Schmalband-FM bezeichnet und z.B. bei der analogen magnetischen Bandaufzeichnung von Videosignalen genutzt wird. Die breitbandige Frequenzmodulation ($\eta > 1$) erzielt allerdings eine geringere Störempfindlichkeit, was auf den hohen Anteil der in den Seitenfrequenzen enthaltenen Gesamtleistung zurückzuführen ist.

7.3.2 Frequenzmodulationsverfahren

Frequenzmodulation wird durch Variieren der Frequenz eines Oszillators erreicht. Dazu muss im frequenzbestimmenden Netzwerk des Trägerfrequenzoszillators eine der Reaktanzen durch das Modulationssignal gesteuert werden.

Als elektronisch steuerbare Reaktanz kommt z.B. eine Kapazitätsdiode in Frage. Bild 7.13 zeigt eine einfache Modulationsschaltung. Mit U_{v} wird der Arbeitspunkt der Diode eingestellt. Die Ruhekapazität der Diode im Arbeitspunkt sei C_{D}. Das Modulationssignal $u_{\mathrm{M}}(t)$ bewirkt eine proportionale Kapazitätsänderung $\Delta C_{\mathrm{D}}(t)$, die den frequenzbestimmenden Resonanzkreis des nicht dargestellten Oszillators entsprechend verstimmt. Der Koppelkondensator C_{K} trennt den Dioden- und Oszillatorkreis gleichstrommäßig, die Drossel Dr den Signalkreis vom Oszillator. Die erreichbare Frequenzvariation hängt von den Kapazitätsverhältnissen ab, denn als Gesamtkapazität des Resonanzkreises ergibt sich

$$C_{\mathrm{ges}} = C_0 + \frac{C_{\mathrm{K}}\left(C_{\mathrm{D}} + \Delta C_{\mathrm{D}}(t)\right)}{C_{\mathrm{K}} + \left(C_{\mathrm{D}} + \Delta C_{\mathrm{D}}(t)\right)} \qquad \text{(Gl. 7.19)}$$

Im Interesse der Linearität wird die Aussteuerung der Kapazitätsdiode nicht zu groß gewählt.

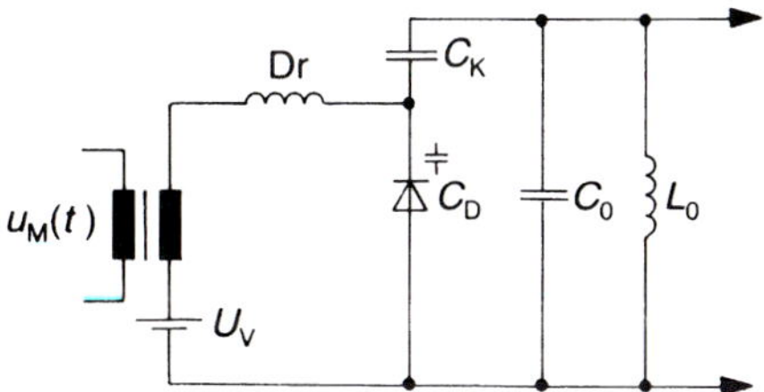

Bild 7.13
Frequenzmodulator mit Kapazitätsdiode

Neben Kapazitätsdioden werden Reaktanzschaltungen zur Frequenzmodulation verwendet. Dieses sind Schaltungen, bei denen z.B. zwischen Basis und Kollektor eines Transistors ein Blindwiderstand geschaltet ist, der eine entsprechende Phasenverschiebung der Spannungen an diesen Anschlüssen (<90°) bewirkt. Wird nun der Transistor durch das Modulationssignal ausgesteuert, ändert sich die Phasenverschiebung entsprechend, was einer Reaktanzänderung über der Kollektor-Emitter-Strecke entspricht. Die Reaktanzschaltung wird dann parallel an den frequenzbestimmenden Resonanzkreis des Oszillators geschaltet.

Die Breitbandmodulation erfordert einen großen Modulationsindex und damit einen großen Frequenzhub. Die bei den vorstehend genannten Modulatoren auftretenden Verzerrungen begrenzen aber den maximal möglichen Frequenzhub.

Merksatz

Zur Vergrößerung des Frequenzhubes wird das Prinzip der Frequenzvervielfachung genutzt.

Wird die Frequenz des modulierten Trägers um den Faktor n vervielfacht, so ergibt sich nach Gl. 7.11:

$$n\,\omega_T(t) = n\,\omega_T + n\,\Delta\omega_T \cos \omega_M \mathrm{t} \qquad \text{(Gl. 7.20)}$$

Der Frequenzhub wird also ebenfalls um den Faktor n vervielfacht, die Modulationsfrequenz ω_M bleibt davon unberührt. Technische Möglichkeiten zur Vervielfachung ergeben sich z.B. durch Ausnutzung der Nichtlinearität einer Verstärkerkennlinie.

Ein weiteres Problem bei der Umsetzung der FM ist die Frequenzkonstanz des Trägers. Während bei AM-Sendern der frequenzbestimmende Oszillator beispielsweise durch Quarz stabilisiert werden kann, ist dies bei der FM nicht möglich, denn die Modulation findet gerade im frequenzbestimmenden Oszillator durch Frequenzvariation statt. In solchen Fällen sind aufwendige Regelschaltungen zur Stabilisierung erforderlich.

Die *indirekte* Frequenzmodulation nutzt als primäre Modulation die Phasenmodulation eines quarzstabilisierten Trägers, dessen Modulationssignal aber nach Gl. 7.1 vor der Modulation integriert wird. Allerdings liefert dieses Verfahren nur einen geringen Hub.

Ein weiteres Problem der FM ist der bei hohen Modulationsfrequenzen kleine Modulationsindex. Nach Gl. 7.15 ist η bei konstantem Hub Δf_T für $f_{M\,max}$ am kleinsten. Da aber bei großem Modulationsindex die Störsicherheit besser ist, strebt man einen großen Modulationsindex an. Daher werden vor der Modulation die hohen Modulationsfrequenzen in ihrer Amplitude angehoben, d.h., es erfolgt eine über der Frequenz definierte nichtlineare Verstärkung (*Pre-Emphasis*), so dass sich ein größerer Hub und damit Modulationsindex ergibt. Praktisch wird dieses mit einem Hochpass erreicht. Bei der Demodulation muss aber diese Frequenzgangbeeinflussung wieder rückgängig gemacht werden: Ein Tiefpass nach dem Demodulator mit entgegengesetzter Charakteristik (*De-Emphasis*) sorgt für eine unverzerrte Übertragung über den gesamten Frequenzbereich des Übertragungssystems. In Bild 7.14 sind für das Beispiel eines Audiosignals die Verläufe von Pre- und De-Emphasis dargestellt. Insbesondere bei übertragungstechnischen Systemen, z.B. im Rundfunk, unterliegen die verwendeten Kurvenverläufe internationalen Standards.

Bild 7.14
Darstellung der Wirkung von Pre- und De-Emphasis (nach [3])

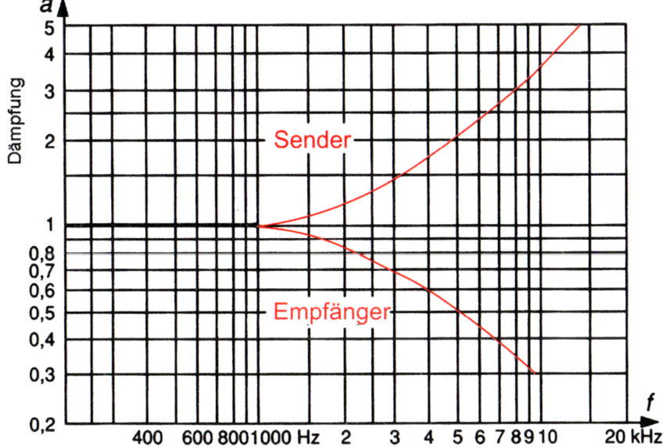

7.3.3 Phasenmodulationsverfahren

Bei der Phasenmodulation wird nur die Phase der Trägerschwingung durch das Modulationssignal verändert. Damit bleibt die Trägerfrequenz konstant, so dass stabilisierte Oszillatoren zu ihrer Erzeugung eingesetzt werden können. Der Modulator ist vom Oszillator getrennt. Zur Modulation ist eine elektronisch steuerbare Phasenschieberschaltung notwendig. Im einfachsten Fall ist dies ein Resonanzkreis, dessen Resonanzfrequenz durch eine Kapazitätsdiode vom Modulationssignal verändert wird (s. Kapitel 2). Das in der Frequenz stabile Trägersignal findet nach Bild 2.5b entsprechend unterschiedliche Phasen vor und wird deshalb in der Phase moduliert, wobei allerdings auch die Amplitude nach Bild 2.5a mit moduliert wird. Diese zusätzliche, i.Allg. nicht erwünschte Amplitudenmodulation kann durch Begrenzung beseitigt werden, weil die Amplitude für die Übertragung unwichtig ist.

Bild 7.15 zeigt einen typischen Phasenmodulator nach ARMSTRON-CROSBY. Das quarzstabile Trägersignal wird einmal direkt und einmal über einen Phasenschieber mit einer Verschiebung von $\varphi = 90°$ je einem Amplitudenmodulator zugeführt (Bild 7.15a). Die beiden Spannungen sind

$$u_1(t) = \hat{u}_T \cos\left(\omega_T t + \frac{\pi}{2}\right) \quad \text{und} \quad u_2(t) = \hat{u}_T \cos(\omega_T t)$$

Die Trägerschwingungen werden durch das Modulationssignal im Gegentakt amplitudenmoduliert. Damit wird

$$u_{1AM}(t) = \hat{u}_T(1 + m\cos\omega_M t)\cos\left(\omega_T t + \frac{\pi}{2}\right)$$

und

$$u_{2AM}(t) = \hat{u}_T(1 - m\cos\omega_M t)\cos\omega_T t$$

Bei der anschließenden Summenbildung (Bild 7.15b) ergibt sich eine in Abhängigkeit vom Modulationssignal stehende Phasen- und Amplitudenmodulation. Letztere muss wieder durch Begrenzung beseitigt werden. Bei kleinen Modulationsgraden m erhält man einen nahezu linearen Zusammenhang zwischen m und dem Phasenhub. Derartige Schaltungen sind als integrierte Schaltungen kostengünstig verfügbar.

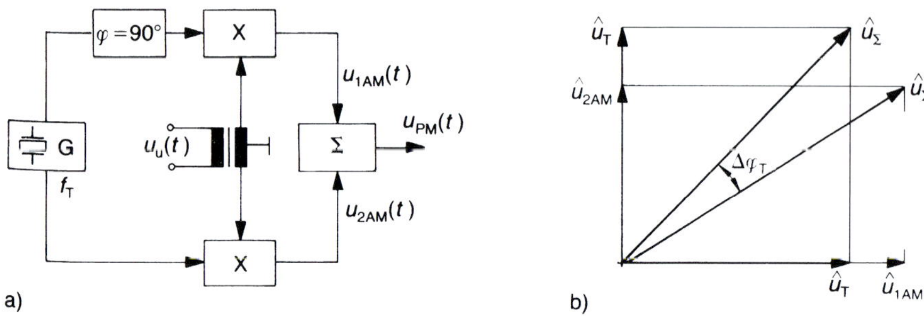

Bild 7.15 Phasenmodulator nach ARMSTRON-CROSBY

Auch bei der PM kann die Modulation, ähnlich wie bei FM, über die andere Winkelmodulationsart unter Beachtung von Gl. 7.10 erzeugt werden (indirekte Modulation): Das Modulationssignal muss differenziert und dann einem Frequenzmodulator zugeführt werden. Es lässt sich damit zwar ein großer Hub erreichen, aber wie bei FM prinzipiell nicht anders möglich, kann der Oszillator dann nicht mehr quarzstabilisiert werden.

7.3.4 Demodulation winkelmodulierter Signale

Am Beispiel der Frequenzmodulation wird die Demodulation winkelmodulierter Signale beschrieben: Besonderheiten bei der PM ergeben sich aus der unterschiedlichen Abhängigkeit des Hubes vom Modulationssignal. Für die Demodulation frequenzmodulierter Signale gibt es zwei verschiedene Prinzipien: die Umwandlung in eine AM und die direkte Demodulation.

Merksatz

Das älteste Prinzip zur Demodulation frequenzmodulierter Signale beruht auf der Umwandlung in ein zusätzlich amplitudenmoduliertes Signal und dessen Amplitudendemodulation.

Voraussetzung für die Anwendung dieses Verfahrens ist eine konstante Amplitude des FM-Signals, d.h., die bei der Übertragung entstehenden Amplitudenstörungen müssen beseitigt werden, da sie sonst mit demoduliert werden. Dazu ist der Einsatz eines Verstärkers mit Begrenzer im Empfänger erforderlich. Zur Umwandlung der FM in eine zusätzliche AM ist im einfachsten Fall die Flanke eines Resonanzkreises geeignet: Der Resonanzkreis wird so abgestimmt, dass die unmodulierte Trägerfrequenz auf einer Flanke des Amplitudenverlaufes (s. Bild 2.5a) liegt. Bei diesem *Flankendemodulator* bewirken die Frequenzänderungen infolge der FM zusätzliche proportionale Amplitudenänderungen, die durch Gleichrichtung demoduliert werden können. Nachteilig ist, dass die Flanke des Resonanzkreises keine lineare Umwandlung ermöglicht, so dass nur kleine Aussteuerungen zulässig sind.

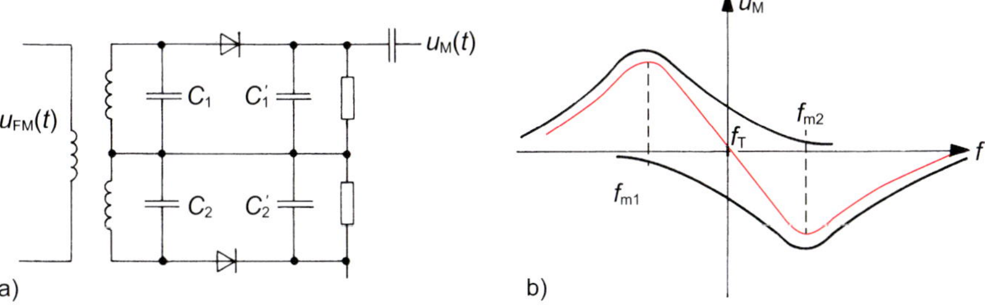

Bild 7.16 Differenzdiskriminator
a) Schaltung b) Diskriminatorkennlinie

Eine größere Linearität wird mit dem *Differenzdiskriminator* erreicht (Bild 7.16). Zwei Resonanzkreise werden vom zu demodulierenden Signal gespeist (Bild 7.16a). Sie sind unterhalb und oberhalb der Trägerfrequenz abgestimmt, so dass sie in ihrer Wirkung eine nahezu lineare Demodulatorkennlinie nach Bild 7.16b ergeben. Die Differenzbildung wird auf der Ausgangsseite des Demodulators erreicht. Ein Nachteil beim Differenzdiskriminator ist die Abstimmung der Resonanzkreise, da schon eine geringe Verstimmung die Symmetrie stören und damit Verzerrungen verursachen kann.

Diesen Nachteil vermeidet der *Phasendiskriminator* (Bild 7.17). Bei einem lose gekoppelten zweikreisigen Bandfilter beträgt im Resonanzfall die Phasenverschiebung zwischen Primär- und Sekundärkreis 90°. Bei Abweichungen von der Resonanzfrequenz ergeben sich zur Frequenzabweichung proportionale Phasenverschiebungen. Die Primärspannung u_1 wird also in die Mitte des Sekundärkreises eingekoppelt (Bild 7.17a). Mit den dort vorhandenen Teilspannungen der Sekundärseite addiert, erhält man die in Bild 7.17b dargestellten Diodenspannungen u_{D1} und u_{D2}. Die Ausgangsspannung ist die Differenz der gleichgerichteten Diodenspannungen und ist den Frequenzabweichungen proportional.

Der *Ratiodetektor oder Verhältnisdiskriminator* unterscheidet sich vom Phasendiskriminator dadurch, dass die beiden Dioden antiparallel geschaltet sind (Bild 7.18). Das demodulierte Signal wird am Widerstand R abgenommen. Auch hier werden die Teilspannungen nach Bild 7.17b gleichgerichtet und das Summensignal durch Differenzbildung der gleichgerichteten Ströme in R erzeugt. Vorteilhaft ist die auftretende Selbstbegrenzung: Spannungsspitzen bewirken ein Aufladen des Kondensators C, der für die Diskriminatorwirkung selbst gar nicht erforderlich ist, d.h., der beim Aufladen von C erforderliche größere Diodenstrom bedämpft das Bandfilter, so dass die Spannungsspitze bedämpft wird. Damit diese Wirkung auf langsame Amplitudenschwankungen beschränkt bleibt, sollte die Zeitkonstante von C und den Diodenarbeitswiderständen etwa 0,1 bis 0,2 s betragen. Diese zusätzliche Begrenzerwirkung des *Ratiodetektors* hat zu seiner weiten Verbreitung beigetragen.

Merksatz

Eine direkte Frequenzdemodulation ermöglicht der *Quadraturdemodulator* oder *Koinzidenzdemodulator*.

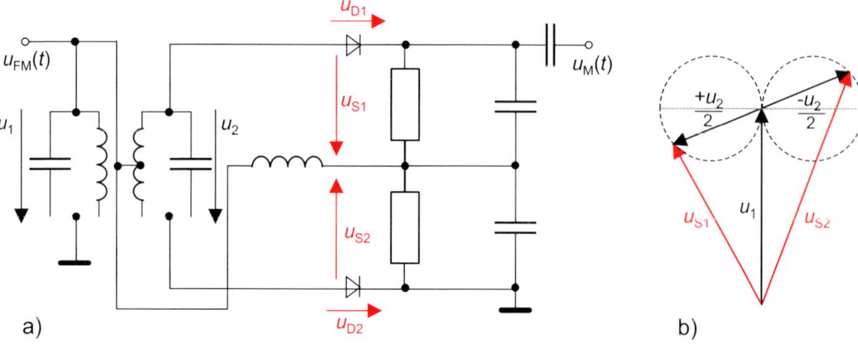

Bild 7.17 Phasendiskriminator
a) Schaltung b) Zeigerdiagramm

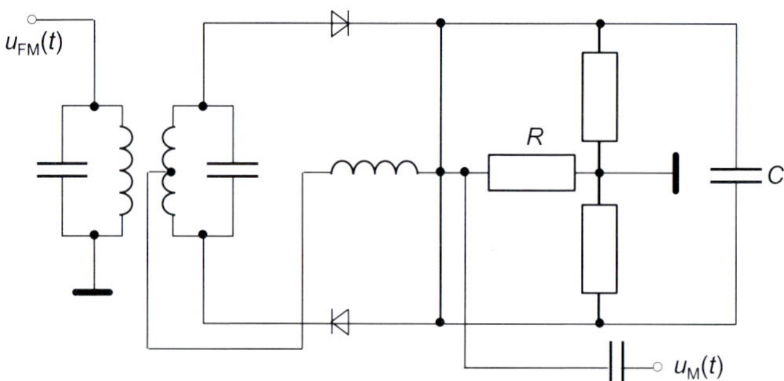

Bild 7.18
Ratiodetektor oder
Verhältnisdiskriminator

Beim Quadraturdemodulator wird die Tatsache ausgenutzt, dass nur bei gleichzeitigem Anliegen eines Signals an den beiden Eingängen eine Ausgangsspannung erzeugt wird. Die beiden Eingänge der Koinzidenzschaltung (KS) werden vom gleichen Signal, der eine jedoch über einen Phasenschieber (φ), angesteuert (Bild 7.19). Der Phasenschieber hat bei unmoduliertem Träger eine Phasenverschiebung von exakt 90°, so dass das Ausgangssignal der Koinzidenzschaltung in diesem Fall null ist. Infolge der Frequenzmodulation entsteht eine von 90° abweichende Phasenverschiebung und damit ein dieser Phasenverschiebung proportionales Ausgangssignal am Ausgang von KS. Dieser Demodulatortyp lässt sich mit geringem Aufwand als integrierte Schaltung realisieren. Die bei der Begrenzung entstehende Rechteckschwingung wird direkt zur Steuerung der Koinzidenzschaltung genutzt. Das phasenverschobene Signal wird daraus über einen Schwingkreis gewonnen und dem anderen Eingang der Schaltung zugeführt. Das Ausgangssignal ist dann eine Impulsfolge, deren Impulsbreite entsprechend der Modulation schwankt (analog einer Pulsdauermodulation (s. Kapitel 8). Durch Integration mittels eines Tiefpasses (TP) kann der Mittelwert gebildet werden, der mit dem Modulationssignal übereinstimmt. Als Koinzidenzschaltung verwendet man so genannte *Vierquadrantenmultiplizierer* – daher wird dieser Demodulator auch als Quadraturdemodulator bezeichnet. [17; 18]

Merksatz

Eine häufig eingesetzte Variante der FM-Demodulation ist der *phasenverkoppelte Demodulator* (PLL-Diskriminator; PLL = ***p**hase **l**ocked **l**oop*).

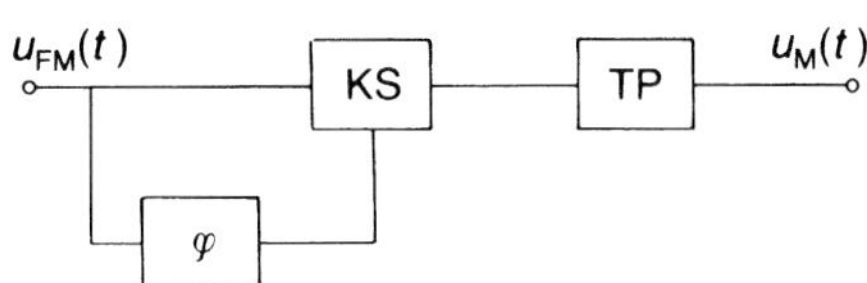

Bild 7.19
Quadraturdemodulator

In einer Phasenvergleichsschaltung (Komparator K) wird das FM-Signal mit einem vom spannungsgesteuerten Oszillator (VCO = *voltage controlled oscillator*) erzeugten Signal verglichen (Bild 7.20). Dabei entsteht eine von der Phasenverschiebung der Eingangssignale abhängige Spannung u_K. Diese wird über einen Tiefpass (TP) zum Unterdrücken der Trägerschwingung als Steuerspannung des VCO verwendet, so dass dessen Phase der der Eingangsspannung angeglichen wird. Damit folgt der VCO in seiner Phase der des modulierten Eingangssignals (Prinzip des Phasenregelkreises). Die Steuerspannung des VCO selbst entspricht damit auch der Modulation des Eingangssignals. PLL-Diskriminatoren sind als integrierte Schaltungen verfügbar und im Rundfunkbereich überwiegend im Einsatz.

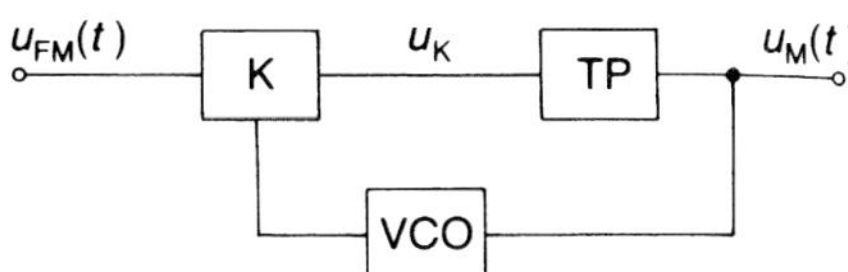

Bild 7.20
PLL-Diskriminator

Neben den oben beispielhaft vorgestellten Demodulatoren sind noch weitere bekannt, wie z.B. Synchrodemodulator und Zähldiskriminator. [8]

7.4 Lernziel-Test

1. Welche Modulationsarten unterscheidet man hinsichtlich des Trägers?
2. Geben Sie die Möglichkeiten zur Modulation eines Sinusträgers an.
3. Was versteht man unter Modulationsgrad?
4. Wie groß ist die Bandbreite eines amplitudenmodulierten Telefoniekanals (300 bis 3400 Hz)?
5. Stellen Sie die Gesamtleistung einer AM als Funktion des Modulationsgrades von $m = 0$ bis 1 dar.
6. Was versteht man unter Einseitenbandmodulation und welche Vorteile hat sie?
7. Wie groß ist die Bandbreiteeinsparung bei der ESB-AM gegenüber der ZSB-AM?
8. Was wird unter einer RSB-AM verstanden und warum wird diese eingesetzt?
9. Zeichnen Sie das Spektrum einer FM für $\eta = 3$.
10. Wie groß ist die Bandbreite eines UKW-Rundfunksenders mit $f_{M\,max} = 15$ kHz und $\Delta f_{T\,max} = 75$ kHz? Wie groß ist für diesen Fall der Modulationsindex?
11. In einem Frequenzmodulator nach Bild 4.13 sind $L_0 = 100$ µH, $C_0 = 100$ pF, $C_K = 1$ nF, und die Diodenkapazität ändert sich bei Modulation von 10 auf 12 pF. Wie groß ist der Frequenzhub?
12. Skizzieren und beschreiben Sie die Funktionsweise eines PLL-Diskriminators.

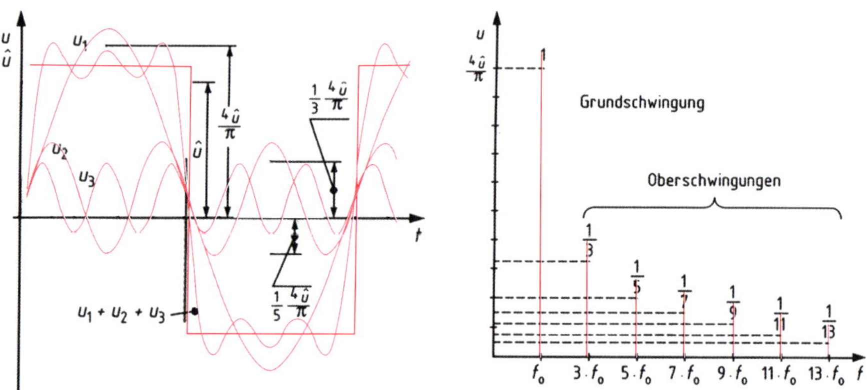

Bild 8.1 Fourier-Darstellung einer Rechteckschwingung (nach [3])

Merksatz

Ziel der digitalen Übertragung ist, die empfängerseitige Erkennung der 0 und der 1 sicherzustellen, nicht die optimale Übertragung der sendeseitigen Signalform zum Empfänger.

Die Kanalbandbreite kann daher so weit eingeschränkt werden, wie eine sichere empfängerseitige Erkennung der 0 und 1 noch gewährleistet ist. Dadurch ist nicht nur die digitale Übertragung über bandbegrenzte Kanäle überhaupt möglich, sondern es wird auch der große Vorteil der digitalen Signalübertragung deutlich:

Merksatz

Sofern die übertragenen 0-1-Folgen fehlerfrei rekonstruiert werden können, erfolgt eine fehlerfreie Übertragung der Informationen – auch bei gegebenenfalls gestörten Kanälen mit beschränkter Bandbreite.

Dieses kann durch geeignete Fehlerschutzmaßnahmen unterstützt werden, die ebenfalls nur auf digitale Signale effizient anwendbar sind (s. Abschnitt 8.4).

Bild 8.2 zeigt qualitativ am Beispiel der Übertragung der 8 Bit langen 0-1-Folge «01100010» die Auswirkung der Bandbegrenzung: Wird lediglich die Grundschwingung (Bild 8.2a) zuzüglich der 2. Harmonischen (Bild 8.2b) übertragen, ist eine sichere Detektion von 0 und 1 im Empfänger nicht mehr möglich. Bereits bei Übertragung der Grundschwingung und dreier Oberschwingungen kann aber eine Detektion erfolgen (Bild 8.2c), mit Sicherheit aber bei der Übertragung der Grundschwingung und der nachfolgenden 7 Oberschwingungen (Bild 8.2d).

Die Dauer der Übertragung der genannten 0-1-Folge ist wiederum von zwei Größen abhängig: von der *Signalgeschwindigkeit* und der *Codiermethode*.

Definition

Die Signalgeschwindigkeit gibt an, wie oft sich die Spannung in ihrem Wert pro Sekunde ändert. Sie wird *Takt-* oder *Baudrate* genannt. Die Baudrate beschreibt die Änderungen pro Sekunde.

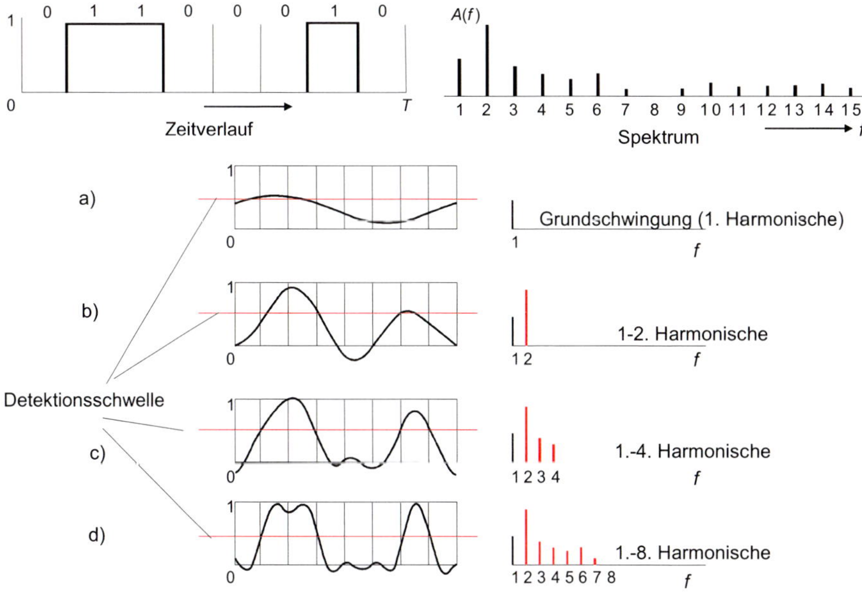

Bild 8.2 Einfluss der Bandbegrenzung bei der Übertragung eines Binärsignals

Aufgrund unterschiedlicher Codiermethoden kann jeder Spannungswert mehrere Bits, d.h. 0-1-Zustände, transportieren. Die Baudrate ist daher nicht zwangsläufig gleich der Bitrate.

Definition

Die *Bitrate* oder *Datenrate* beschreibt die Geschwindigkeit der übertragenen 0-1-Entscheidungen und wird in bit/s angegeben.

Beispiel

Werden bei der Codierung nicht nur 2, sondern z.B. 8 Spannungsstufen für die Übertragung festgelegt, so können je Taktzyklus 3 Bit übertragen werden, da gilt: $2^3 = 8$. Damit folgt für diesen Fall: Bitrate = 3 · Baudrate.

Merksatz

Nur beim *Sonderfall der Binärcodierung* ist die Bitrate gleich der Baudrate.

Wesentliche Untersuchungen zur digitalen Übertragungstechnik wurden durch Nyquist (1924), Kotelnikov (1933) und Shannon (1948) durchgeführt, die insbesondere die Fragestellung der maximal über Kanäle übertragbaren Datenrate aufgriffen und die Wechselbeziehungen mathematisch belegten.

Zwei für die Übertragungstechnik wichtige Zusammenhänge sollen kurz dargestellt werden:

Besteht ein Signal aus N diskreten Stufen, so gilt für die maximale Datenrate in einem *rauschfreien* Kanal:

$$r_{max} = 2 \cdot f_{gr} \cdot \log_2 N \text{ bit/s} = 2 \cdot f_{gr} \cdot \text{ld } N \text{ bit/s} \quad \text{(Gl. 8.1)}$$

Beispiel

In einem ungestörten Fernsprechkanal mit 3 kHz Bandbreite gilt damit bei einer Binärcodierung ($N = 2$) für die maximal übertragbare Datenrate:

$r_{max,\ binär} = 2 \cdot 3 \text{ kHz} \cdot \log_2 2 \text{ bit/s}$

und mit $\log_2 2 = \text{ld } 2 = 1$ ergeben sich

$r_{max,\ binär} = 6 \text{ kbit/s}$

Im Fall einer 32-stufigen Codierung ergeben sich:

$r_{max,\ 32} = 2 \cdot 3 \text{ kHz} \cdot \text{ld } 32 \text{ bit/s}$

und mit ld 32 = 5 ergeben sich $r_{max,\ binär} = 30 \text{ kbit/s}$

Damit dauert die binär codierte Übertragung eines 8-Bit-Wortes über einen Übertragungskanal mit einer Leistung von r bit/s genau 8/r Sekunden. Dieses entspricht der Periodendauer, woraus sich die Frequenz der Grundschwingung bzw. 1. Harmonischen zu r/8 Hz errechnen lässt.

Anhand eines Beispiels soll die Wichtigkeit dieses Zusammenhangs erläutert werden: Für den Fernsprechkanal mit ca. 3 kHz Bandbreite ergibt sich eine höchste zu übertragene Harmonische von 3 kHz / (r/8) = 24 000 / r. In Bild 8.3 ist der Zusammenhang zwischen der Datenrate bei Binärcodierung, Periodendauer, Harmonischer und die Anzahl übertragbarer Harmonischer für diesen Fall dargestellt.

Bitrate (bit/s)	**Periodendauer *T* (ms)**	**Frequenz der 1. Harmonischen (Hz) *f*=1/*T***	**Anzahl übertragbarer Harmonischer**	**Bemerkung**
300	26,67	37,5	80	Datenrate als binärcodiertes Signal im Kanal übertragbar
600	13,33	75	40	
1200	6,67	150	20	
2400	3,33	300	10	
4800	1,67	600	5	
9600	0,83	1200	2	Datenrate als binärcodiertes Signal im Kanal **nicht** mehr übertragbar
19200	0,42	2400	1	
38400	0,21	4800	0	

Bild 8.3 Zusammenhang zwischen Datenrate und Grenzfrequenz bei Binärübertragung im Fernsprechkanal

Die Ergebnisse dieser quantitativen Betrachtung stimmen mit der qualitativen aus Bild 8.2 erwartungsgemäß überein.

Die bisher dargelegten Begrenzung der Datenrate gehen allerdings von idealen Eigenschaften des Kanals aus (z.B. Rauschfreiheit), die in technischen Systemen nicht gegeben ist. Eine typische Störung von Kanälen ist das Rauschen, auf das bereits in Kapitel 1 hingewiesen wurde. Zur quantitativen Beschreibung wird in Übertragungssystemen dafür als logarithmisches Maß der *Störabstand* SNR (*signal to noise ratio*) definiert, bei dem die Leistungspegel der Größen Signalleistung (signal) S und Rauschen (noise) N ins Verhältnis gesetzt werden (siehe Abschnitt 1.3.2):

Der *Störabstand* (SNR), angegeben in dB, errechnet sich zu

$$10 \cdot \log(\text{Nutzsignalleistung}/\text{Rauschsignalleistung}) = 10 \cdot \log(P_{\text{Signal}}/P_{\text{Rausch}})$$
$$= 10 \cdot \log(S/N)$$

Damit beschreibt ein SNR von 20 dB einen Kanal, bei dem die Leistung des Nutzsignals 100-mal größer ist als diejenige des Störsignals [9]. Unter Berücksichtigung dieser Definition folgt:

In einem durch (weißes, gaußförmig verteiltes) Rauschen gestörten Kanal der Bandbreite f_{gr} mit dem Störabstand S/N gilt für die maximal übertragbare Datenrate:

$$r_{max,g} = f_{gr} \cdot \log_2(1 + S/N) = f_{gr} \cdot \text{ld}(1 + S/N) \qquad \text{(Gl. 8.2)}$$

Die maximal übertragbare Datenrate ist dabei unabhängig von der Stufenzahl der Codierung.

Beispiel

Der bereits beschriebene Fernsprechkanal habe einen Rauschabstand von 30 dB. Nach Gl. 8.2 ergibt sich damit

$$r_{max,g} = f_{gr} \cdot \log_2(1+1000) = f_{gr} \cdot \text{ld}(1+1000) = 29{,}9 \text{ kbit/s}$$

Bei der Betrachtung der Übertragungsleistung von bandbegrenzten Kanälen ist also in erster Linie der erreichbare Störabstand des Kanals von Bedeutung.

8.2 Digitale Übertragung im Basisband

Bei der digitalen Übertragung im Basisband werden die Signale direkt, d.h. nicht moduliert, sondern in Form von rechteckförmigen Impulsen, übertragen. Hierzu ist entsprechend der zu übertragenden Datenrate eine hohe Bandbreite oberhalb von 0 Hz erforderlich. Die verschiedenen Möglichkeiten, den 0-1-Folgen konkrete Pegelwerte oder Pegeländerungen zuzuweisen, werden als *Leitungscodes* bezeichnet. Es muss ferner ein Referenzsignal vorhanden sein, um die Dauer einer 0 oder einer 1 festzulegen (Taktsignal). [19; 20]

Definition

Der Leitungscode beschreibt die exakte physikalische Erscheinungsform der 0-1-Information auf der Übertragungsstrecke bzw. der realen Leitung. Er beschreibt auch, ob mehrere Bits durch weitere Kontrollbits gesichert werden.

Folgende generellen Unterscheidungsmerkmale haben die verschiedenen Leitungscodes:

- Das resultierende Signal auf der Übertragungsstrecke kann gleichspannungsfrei sein oder einen Gleichspannungsanteil enthalten. In letzterem Fall muss eine galvanische Kopplung zwischen Sender und Empfänger vorliegen.
- Die Taktinformation kann in der Signalcodierung enthalten sein (selbsttaktend), so dass unmittelbar aus dem übertragenen Signal der Takt im Empfänger wieder gewonnen werden kann, oder der Takt kann getrennt übertragen werden.
- Die Zuordnung der 0-1-Informationen kann bezogen auf ein Bezugspotential eine positive, eine negative Spannung (Unipolar-Verfahren) oder beide Spannungen (Bipolar-Verfahren) enthalten.

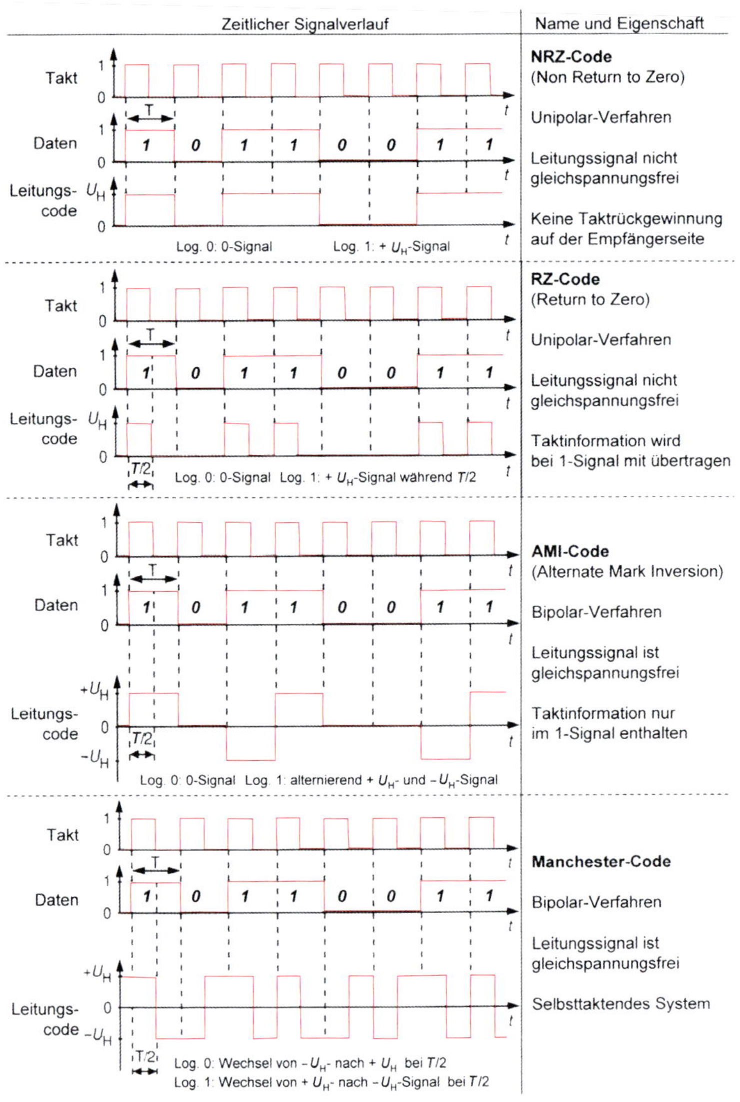

Bild 8.4 Allgemeine Leitungscodes und ihre Eigenschaften

Für die Übertragung im Basisband wurden eine Vielzahl von verschiedenen Leitungscodes entwickelt, die als (selbsttaktende) Systeme in der Telekommunikation (z.B. im ISDN) oder Computertechnik (z.B. zur Schnittstellen- oder Netzwerkkommunikation) eingesetzt werden, wie z.B. RS 232, Ethernet, Firewire, USB. Werden dabei Leitungscodes ohne Taktinformation verwendet, so muss der Takt über eine gesonderte Leitung bzw. über einen gesonderten Kanal übertragen werden, wie z.B. bei der parallelen Centronics-(Drucker)Schnittstelle.

In Bild 8.4 sind verschiedene Leitungscodes und ihre Eigenschaften hinsichtlich Gleichspannungs- und Taktübertragung angegeben. Neben diesen allgemeinen Codes, die insbesondere in der Computertechnik von Bedeutung sind, finden in der Telekommunikation spezielle Leitungscodes ihre praktische Anwendung. [3; 4]

8.2.1 High-Density-Bipolar-n-Leitungscode – HDBn-Code

Beim HDBn-Code handelt es sich um einen abgewandelten AMI-Code, bei dem nach n Nullen in Folge die nächstfolgende Null bewusst in eine Eins verfälscht wird. Zur Erkennung erhält diese falsche Eins eine zum Bildungsgesetz widersprechende Polarität, d.h., die Polarität der vorangegangenen 1 wird wiederholt, so dass eine eindeutige empfängerseitige Erkennung möglich ist. Dadurch werden lange Nullfolgen aufgebrochen, d.h., lange Nullfolgen werden vermieden, und es ist eine gute und sichere Takterkennung bzw. Taktregenerierung möglich. Vielfach eingesetzt wird der HDB3-Code, der diesen widersprüchlichen Polaritätswechsel nach drei aufeinanderfolgenden Nullen für die vierte, unmittelbar folgende Null vornimmt (Bild 8.5).

Codierungsregel

Binärzeichen	HDB3-Code
0	0*
1	+/– alternierend
* In einer ununterbrochenen Folge von mehr als 3 Nullen wird die 4., 8., … Null zur logischen Eins mit widersprüchlicher Polarität	

Beispiel:

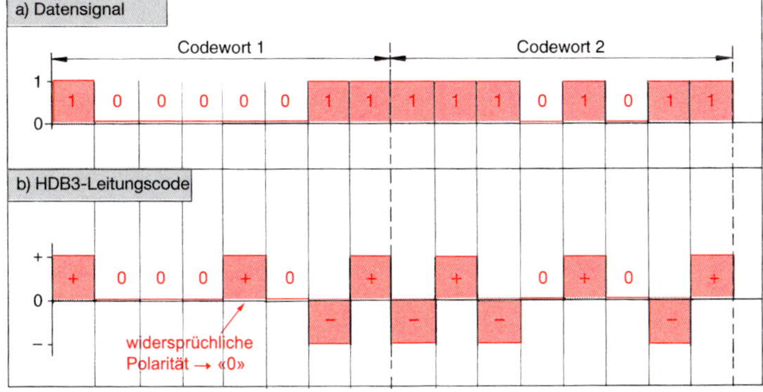

Bild 8.5 HDB3-Code

8.2.2 Modified Monitoring State Code MMS43 – Leitungscode

Dieser Leitungscode wird auch als *4Bit3Ternär-Code (4B3T-Code)* bezeichnet und hat insbesondere Bedeutung bei der Übertragung bei der ISDN-Übertragung (Kapitel 17). Jeweils vier Bit des binär codierten Ausgangssignals werden in ein drei Schritte langes, ternäres Signal umgewandelt, das aus den Zuständen positiv, negativ und null aufgebaut sein kann.

Codetabelle

4-Bit-Wortteil	Ternärwort je Alphabet und Folgestatus (FS)							
	Status S1	FS	Status S2	FS	Status S3	FS	Satus S4	FS
0001	0 − +	1	0 − +	2	0 − +	3	0 − +	4
0111	− 0 +	1	− 0 +	2	− 0 +	3	− 0 +	4
0100	− + 0	1	− + 0	2	− + 0	3	− + 0	4
0010	+ − 0	1	+ − 0	2	+ − 0	3	+ − 0	4
1011	+ 0 −	1	+ 0 −	2	+ 0 −	3	+ 0 −	4
1110	0 + −	1	0 + −	2	0 + −	3	0 + −	4
1001	+ − +	2	+ − +	3	+ − +	4	− − −	1
0011	0 0 +	2	0 0 +	3	0 0 +	4	− − 0	2
1101	0 + 0	2	0 + 0	3	0 + 0	4	− 0 −	2
1000	+ 0 0	2	+ 0 0	3	+ 0 0	4	0 − −	2
0110	− + +	2	− + +	3	− − +	2	− − +	3
1010	+ + −	2	+ + −	3	+ − −	2	+ − −	3
1111	+ + 0	3	0 0 −	1	0 0 −	2	0 0 −	3
0000	+ 0 +	3	0 − 0	1	0 − 0	2	0 − 0	3
0101	0 + +	3	− 0 0	1	− 0 0	2	− 0 0	3
1100	+ + +	4	− + −	1	− + −	2	− + −	3
	Ein empfangenes 3T-Wort 000 wird in das 4-Bit-Wort 0000 decodiert!							

Beispiel:

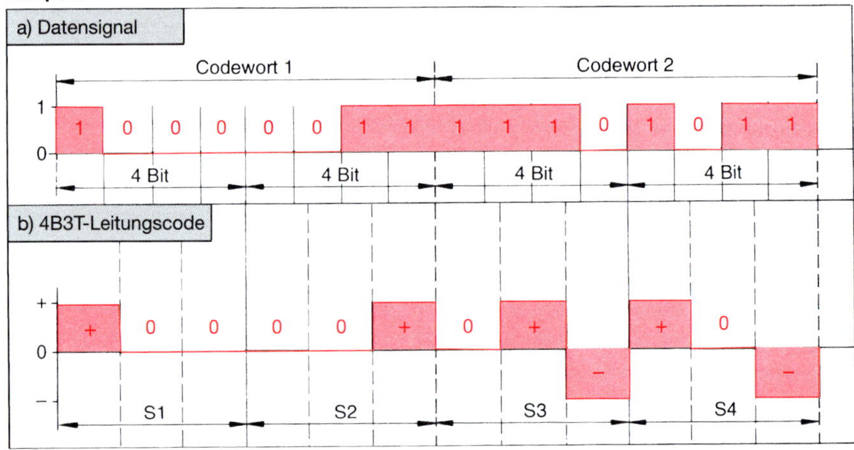

Bild 8.6 MMS43-Code (4B3T-Code)

Der MMS43-Code enthält vier Alphabete, die mit Status 1 bis 4 bezeichnet sind. Als erstes wird immer der Status 1 codiert. Abhängig vom ternären Wert des codierten 4-Bit-Wortes wird für das nachfolgende Binärwort ein anderes *Status-Alphabet* verwendet. In der Codetabelle nach Bild 8.6 ist diese Statuszuordnung in den Spalten «Folgestatus» festgelegt. Durch Verwendung des MMS43- bzw.

4B3T-Codes kann die Übertragungsgeschwindigkeit um 25% gesenkt werden. Da es sich bei diesen ternären Signalen nicht mehr um binäre Signale handelt, ist nach 8.1 die Bitrate nicht mehr gleich der Baudrate: Bei einer Übertragungsrate von z.B. 160 kbit/s ergeben sich 120 kBaud. Daher liegt bei Anwendung des 4B3T-Codes die obere Grenzfrequenz der Übertragungsbandbreite nur noch bei ca. 60 kHz. [19; 20]

8.3 Digitale Modulationsverfahren

8.3.1 Allgemeines

Bei der digitalen Modulation wird eine Bitfolge einer hochfrequenten Schwingung aufgeprägt [18; 22]. Dabei kann – ähnlich wie bei den analogen Verfahren aus Kapitel 7 – eine oder mehrere der folgenden charakteristischen Größen einer Schwingung moduliert werden:

- Amplitude $\hat{u}$,
- Frequenz f,
- Phase φ.

Trägerfrequenz, Leistungsdichte und Bandbreite

Bei der Amplituden- und Phasenmodulation arbeitet man mit einer festen Frequenz – der Trägerfrequenz f_T; bei der Frequenzmodulation variiert die Frequenz in einem gewissen Bereich um die Trägerfrequenz.

Merksatz

In allen Modulationsarten konzentriert sich die abgestrahlte Leistung in einem bestimmten Bereich um die Trägerfrequenz. Wie sich die Leistung auf die einzelnen Frequenzen um die Trägerfrequenz verteilt, gibt das *Leistungsdichtespektrum* an. Man kann es mittels so genannter Spektrumsanalysatoren messen. Die spektrale Leistungsdichte ist definiert als die pro Frequenzintervall abgestrahlte Leistung.

Für idealisierte Modulationsformen lässt sich die Leistungsdichte mathematisch berechnen. So zeigt Bild 8.7 die spektrale Leistungsdichte für eine BPSK-Modulation, die in Abschnitt 8.3.3 näher erläutert wird. Sie besitzt ein Maximum bei der Trägerfrequenz f_T, enthält aber auch Anteile in benachbarten Frequenzbereichen. Als (effektive) Bandbreite B des Modulationssignals bezeichnet man die Breite einer rechteckigen Leistungsdichteverteilung der gleichen Gesamtleistung. D.h., die Fläche des schwarz umrandeten Rechtecks aus Bild 8.7 ist gleich der Fläche unter der roten Kurve, die die spektrale Leistungsdichte des BPSK-Signals widerspiegelt. Außerhalb der so definierten Bandbreite ist die Leistungsdichte um mehr als 50% abgefallen, so dass man sie auch als Halbwertsbandbreite oder 3-dB-Bandbreite B_{3dB} bezeichnen kann.

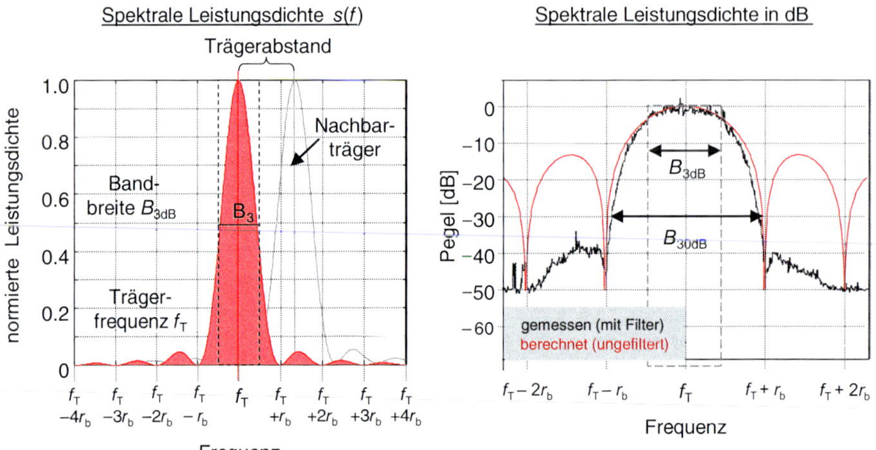

Bild 8.7 Leistungsdichtespektrum eines BPSK-modulierten Signals mit Bitrate r_b

Merksatz

Der entscheidende Punkt ist, dass die Bandbreite B eines digital modulierten Signals in der Größenordnung der Bitrate r_b liegt. Bei einer BPSK-Modulation sind beide Größen genau gleich: $B = r_b$; eine Bitrate von 1 Mbit/s benötigt also eine Bandbreite von 1 MHz.

Das rechte Diagramm zeigt die spektrale Leistungsdichte in der Dezibel-Darstellung, wie man sie auch bei Spektrumsanalysatoren angezeigt findet. In dieser Darstellung sieht man deutlich, dass das Modulationsspektrum auch noch in Frequenzbereiche hineinragt, die außerhalb der oben definierten Bandbreite liegen: In dem gezeigten Beispiel ist die 30-dB-Bandbreite B_{30dB} etwa doppelt so groß wie die 3-dB-Bandbreite. Aber selbst außerhalb der 30-dB-Bandbreite gibt es zunächst noch unerwünschte Nebenaussendungen. Um diese und die daraus resultierende Nachbarkanalstörungen zu reduzieren, filtert man das Signal nach der Modulation mit einem Bandpassfilter. Das Resultat ist in Bild 8.7 beispielhaft als gemessenes Spektrum eines WLAN-Senders dargestellt. In dem schwarz gezeichneten Signal sind die Nebenaussendungen, verglichen mit dem roten, ungefilterten Signal, deutlich reduziert.

Frequenzmultiplex und Trägerabstand

Für ein Kommunikationssystem sind häufig mehrere Frequenzträger vorgesehen, um mehrere gleichzeitige Verbindungen zu ermöglichen. In diesem Zusammenhang spricht man von einem Frequenzmultiplex (*Frequency Division Multiplex*, FDM). Den Abstand zweier benachbarter Trägerfrequenzen nennt man den Trägerabstand. Um Störungen zwischen benachbarten Trägern gering zu halten, sollte man den Trägerabstand mindestens so groß wie die Bandbreite B wählen, um Überlappungen gering zu halten. Weitere Details findet man in Abschnitt 9.3.

8.3.2 Digitale Frequenzmodulation

Die digitale Frequenzmodulation wird in Form einer so genannten Frequenzumtastung (***Frequency Shift Keying***, FSK) durchgeführt. Wie in Bild 8.8 illustriert, überträgt man das Symbol «0» mittels einer Schwingung der Frequenz f_- und das Symbol «1» durch eine höhere Frequenz f_+. Die Trägerfrequenz ist die Mittenfrequenz $f_T = ½ (f_+ + f_-)$, $\Delta f = f_+ - f_T$ ist der Frequenzhub.

Die zu übertragenden Signalanteile sind damit von der Form:

$$u(t) = \hat{u} \cos(2\pi f_T \cdot t \pm 2\pi\Delta f \cdot t), \text{ «–» bei «0» und «+» bei «1».}$$

Die Phasen der Signalanteile lassen sich also schreiben als

$$\varphi = \pm\, 2\pi\Delta f \cdot t, \text{ «–» bei «0» und «+» bei «1».}$$

Bei einer «1» erhöht sich also die Phase, bei einer «0» erniedrigt sie sich. Dies ist im oberen Teil von Bild 8.8 illustriert.

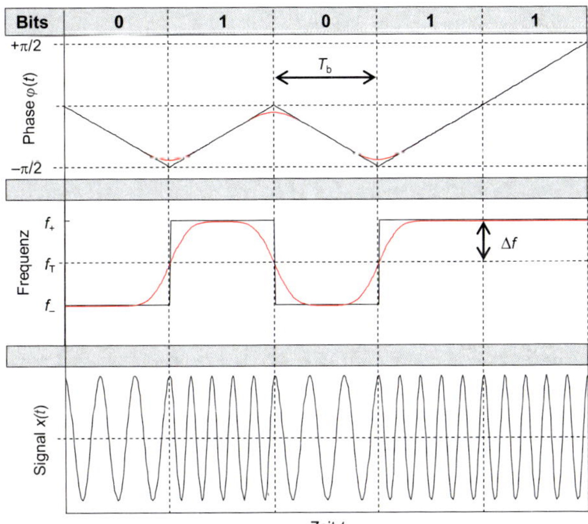

Bild 8.8
Frequenzumtastung – Frequency Shift Keying (FSK)

Abrupte Sprünge im Frequenzverlauf bzw. Knicke im Phasenverlauf wirken sich ungünstig im Frequenzbereich aus: Das Frequenzspektrum ist sehr ausgedehnt und ragt auch stark in Nachbarbänder hinein. Um dem entgegenzuwirken, glättet man bei manchen Systemen den Frequenzverlauf mittels eines Filters, das einer gaußschen Glockenkurve entspricht (rote Kurve in Bild 8.8). Die zugehörige Modulationsform nennt man dann dementsprechend ***Gaussian Frequency Shift Keying*** (GFSK). Sie wird z.B. bei Bluetooth eingesetzt.

Für den Spezialfall, dass der Frequenzhub $\Delta f = ¼\, r_b$ gleich einem Viertel der Bitrate r_b ist, spricht man vom ***Minimum Shift Keying*** (MSK) bzw. ***Gaussian Minimum Shift Keying*** (GMSK). GMSK kommt bei Mobilfunksystemen nach dem GSM-Standard und schnurlosen Telefonen nach dem DECT-Standard zum Einsatz.

8.3.3 Digitale Phasen- und Amplitudenmodulation

Bei einer digitalen Phasen- oder Amplitudenmodulation werden n aufeinanderfolgende Bits zunächst zu Symbolen zusammengefasst, wobei n typischerweise 1, 2, 3, 4, 6, 8 oder 10 ist. Aus n Bits lassen sich $N = 2^n$ (N = 2, 4, 8, 16, 64, 256, 1024) verschiedene Symbole erzeugen. Jedem dieser Symbole ist ein bestimmter Amplituden- und Phasenwert zugeordnet.

Ein Prinzipschaltbild für den entsprechenden Modulator ist in Bild 8.9 illustriert. Es leitet sich aus dem Additionstheorem der Cosinus-Funktion her:

$$u(t) = \hat{u}\cos(2\pi f_T \cdot t + \varphi) = \hat{u}\cos(\varphi)\cos(2\pi f_T \cdot t) - \hat{u}\sin(\varphi)\sin(2\pi f_T \cdot t)$$

$u_I = \hat{u}\cos(\varphi)$ nennt man die Inphase-Komponente und $u_Q = \hat{u}\sin(\varphi)$ die Quadratur-Komponente des Signals. Diese beiden Komponenten bzw. die Amplituden- und Phasenwerte kann man sich durch ein so genanntes Signalkonstellationsdiagramm veranschaulichen: Die Phase entspricht dabei dem Winkel und die Amplitude dem Abstand vom Koordinatenursprung. Die N verschiedenen Symbole entsprechen N Punkten im Konstellationsdiagramm.

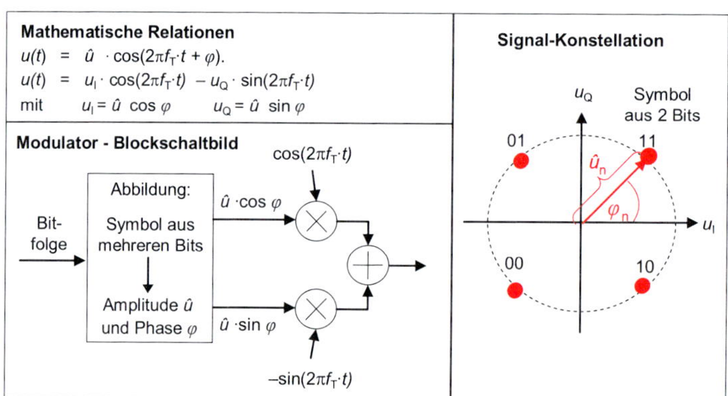

Bild 8.9 Prinzip einer digitalen Phasen- und Amplitudenmodulation

Werden die unterschiedlichen Symbole – wie im oberen Teil von Bild 8.10 – durch verschiedene Phasenwerte, aber gleiche Amplituden codiert, so spricht man von einer Phasenumtastung (*Phase Shift Keying*, PSK). Die einfachste Form ist eine binäre Phasenumtastung (*Binary Phase Shift Keying*, BPSK), bei der die Bits 0 und 1 den Phasen π und 0 zugeordnet werden.

Bit 0 Phase π Signal: $u(t) = \hat{u}\cos(2\pi f_T \cdot t + \pi) = -\hat{u}\cos(2\pi f_T \cdot t)$

Bit 1 Phase 0 Signal: $u(t) = \hat{u}\cos(2\pi f_T \cdot t + 0) = +\hat{u}\cos(2\pi f_T \cdot t)$

Je nach Bit wird also ein Cosinus-Signal mit einem positiven oder negativen Vorzeichen gesendet.

Bei einer Amplitudenumtastung (*Amplitude Shift Keying*, ASK) variieren die Amplitudenwerte, wobei die Werte bei einem Phasenwinkel von π als negative Amplitudenwerte angesehen werden. BPSK und 2-ASK sind also gleichbedeutend.

Bei einer Modulation mit mehr als zwei Konstellationspunkten gibt es jedoch deutliche Unterschiede zwischen PSK und ASK.

Variiert sowohl die Phase als auch die Amplitude (unterer Teil von Bild 8.10), so spricht man von einer **Q**uadratur-**A**mplituden-**M**odulation (QAM).

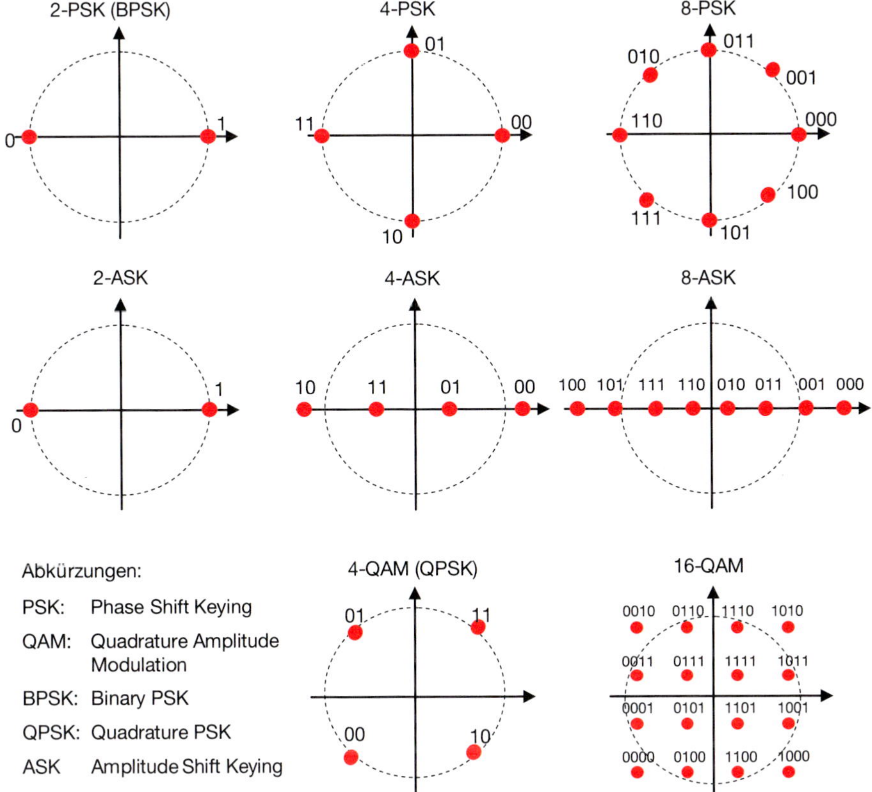

Bild 8.10 Konstellationsdiagramme für die digitale Phasen- und Amplitudenmodulation

Definition

Der Zahlenvorsatz vor dem Kürzel PSK, ASK bzw. QAM gibt die Anzahl verschiedener Symbole, d.h. die Anzahl der Punkte im Konstellationsdiagramm, an. Eine 64-QAM besitzt also 64 Symbole, die aus 6 Bits bestehen.

Für die BPSK, die 4-ASK, 4-PSK, 8-PSK und die 16-QAM ist der Signalverlauf für die Bitfolge (1, 0, 0, 1, 1, 0, 0, 0, 1, 1, 0, 1) in Bild 8.11 skizziert. Der Übersichtlichkeit halber wurden nur zwei Schwingungen pro Symbol gezeichnet, während es in realen Systemen bei Datenraten von einigen Megabit pro Sekunde und Trägerfrequenzen von einigen Gigahertz i.Allg. mehrere hundert Schwingungen sind.

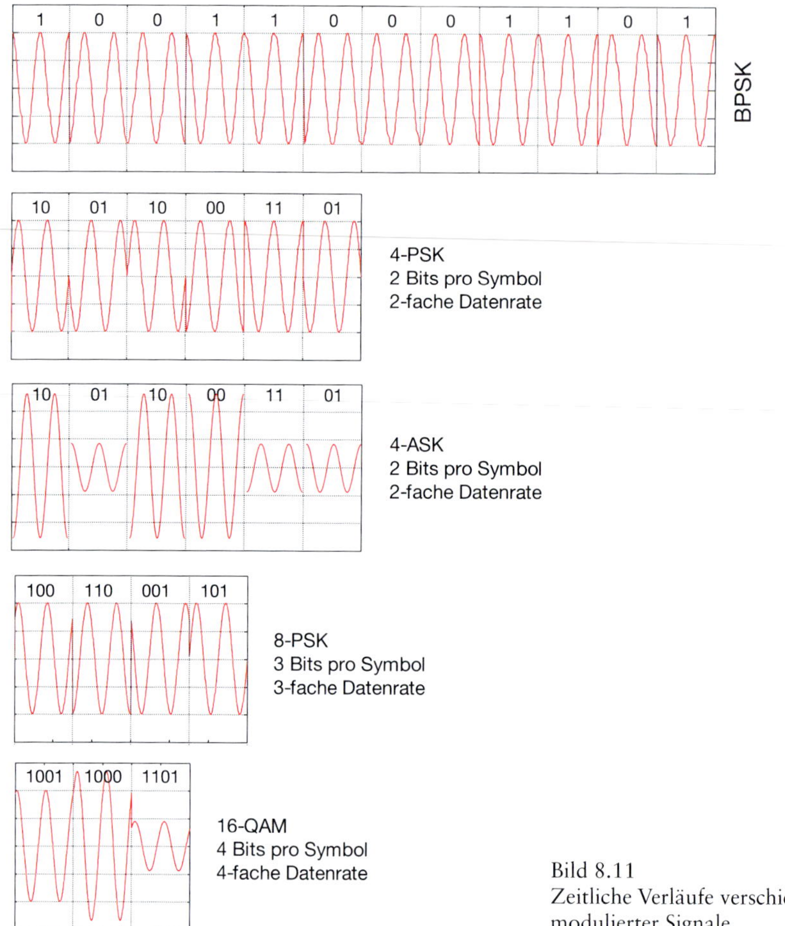

Bild 8.11
Zeitliche Verläufe verschiedenartig modulierter Signale

Störungen bei der Übertragung wirken sich im Empfänger als Verschiebungen im Konstellationsdiagramm aus – wie Bild 8.12 illustriert. Je dichter also die Punkte zusammenliegen, desto geringer ist die Störfestigkeit des Modulationsverfahrens, da eng zusammenliegende Punkte bei der Demodulation leicht verwechselt werden können. Um die Zahl resultierender Bitfehler möglichst gering zu halten, wählt man eine Zuordnung von Symbolen zu Signalpunkten, bei denen sich die Symbole unmittelbar benachbarter (leicht verwechselbarer) Punkte nur um ein Bit unterscheiden. Diese Zuordnung nennt man *Gray-Codierung*.

Wie bereits erwähnt, liegt die Bandbreite B eines digital modulierten Signals in der Größenordnung der Bitrate r_b. Bei einer BPSK oder 2-ASK kann die Phase bzw. Amplitude nach jedem Bit wechseln, während ein Phasen- oder Amplitudensprung z.B. bei einer 16-QAM frühestens nach einem Symbol, d.h. nach vier Bits, auftritt. Mit einigem mathematischen Aufwand lässt sich zeigen, dass daraus folgt, dass die 16-QAM bei gleicher Bitrate r_b nur ein Viertel der Frequenzbandbreite B einer BPSK benötigt; umgekehrt erreicht man mit einer 16-QAM bei gleicher Bandbreite die vierfache Bitrate wie bei einer BPSK.

Bild 8.12
Störungen als Verschiebungen im Konstellationsdiagramm

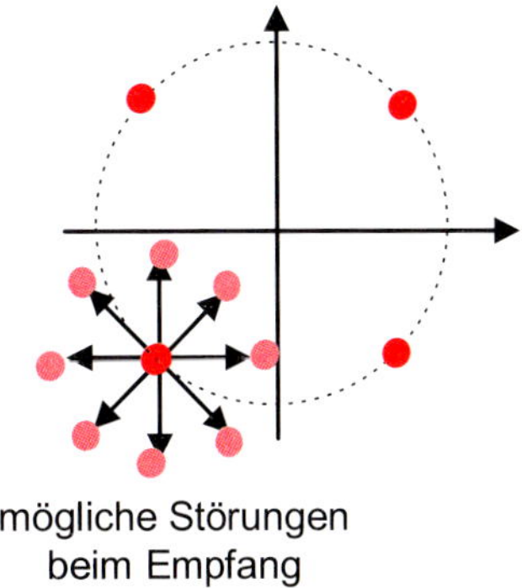

Merksatz

Allgemein gilt: Für eine N-PSK, N-ASK, N-QAM mit $N = 2^n$ beträgt die erzielbare Bitrate

$$r_b = n \cdot B$$

wobei B die benötigte bzw. zur Verfügung stehende Bandbreite ist; d.h., mit zunehmenden N steigt die Bitrate. Fasst man also n Bits zu einem Symbol zusammen, so kann man in der gleichen Frequenzbandbreite die n-fache Datenrate übertragen. Diesen Gewinn erkauft man jedoch – wie bereits erwähnt – durch einen Verlust an Störfestigkeit.

Daher werden Modulationsformen mit hoher Stufe (N = 256, 1024) nur bei sehr guten Empfangsbedingungen eingesetzt, wie z.B. bei sehr stabilen Richtfunkverbindungen. Je höher die Modulationsstufe, desto geringer ist die Störfestigkeit.

Dieser Zusammenhang ist in Bild 8.13 illustriert, das die Bitfehlerrate in Abhängigkeit von dem Signal-Rausch-Abstand SNR für verschiedene Modulationsformen zeigt.

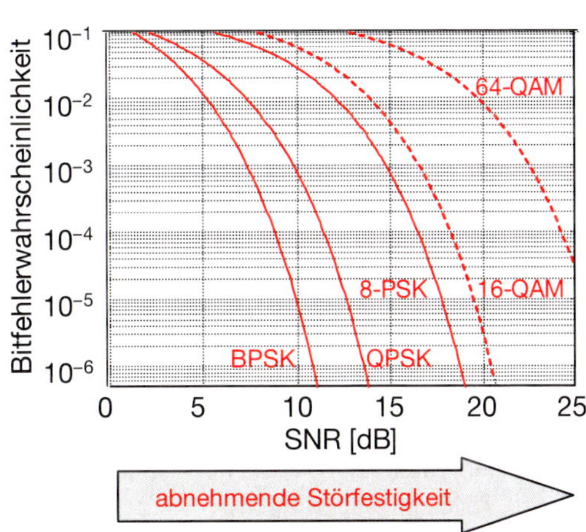

Bild 8.13
Bitfehlerrate in Abhängigkeit von Signal-Rausch-Verhältnis SNR für verschiedene Modulationsarten

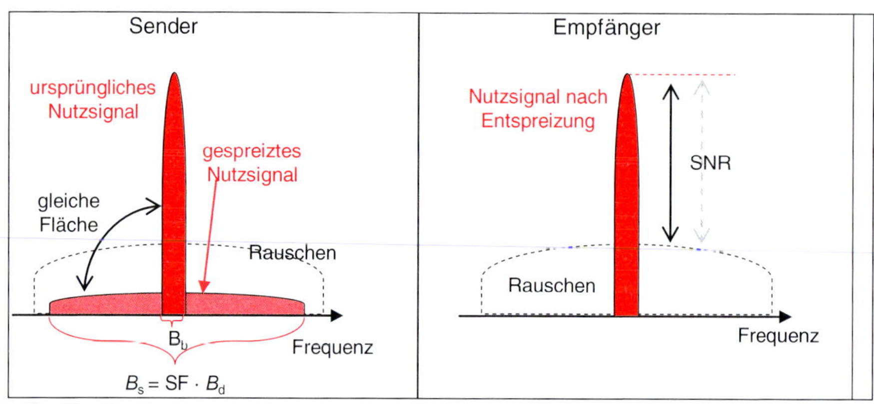

Bild 8.15 Spreizung und Entspreizung im Frequenzbereich

Definition

Spreizung im Frequenzbereich

Durch Multiplikation mit dem Code-Signal wird das zu übertragende Signal im Frequenzbereich um den Faktor SF gespreizt; daher der Name Spreiztechnik.

Da die Leistung beim Spreizen über einen größeren Frequenzbereich verteilt wird, sinkt – wie in Bild 8.15 zu sehen – die Leistungsdichte, d.h. die Leistung pro Frequenzintervall.

Merksatz

Entspreizung

Um am Empfänger die ursprüngliche Bitfolge zu rekonstruieren, muss man das gespreizte Signal im richtigen Zeittakt mit dem Code-Signal multiplizieren; denn aufgrund von $c(t) \cdot c(t) = 1$ heben sich die Multiplikationen am Sender und am Empfänger auf.

Dieser Vorgang ist im unteren Teil von Bild 8.14 illustriert. Durch Multiplikation mit dem Code-Signal im richtigen Zeittakt, d.h. unter Berücksichtigung der Signallaufzeit τ, entsteht eine Chip-Folge, die innerhalb einer Bit Periode konstant gleich +1 oder –1 ist; nach einer Mittelung über die Bit-Periode bleibt es bei diesen Werten.

Kommt es durch Ungenauigkeiten bei der Bestimmung der Signallaufzeit zu einem Zeitversatz um z.B. ein Chip, so ist das Ergebnis der Multiplikation kein konstanter, sondern ein variierender Wert. In dem Beispiel aus Bild 8.14 (unten rechts) führt die Multiplikation sechsmal auf den Wert +1 und fünfmal auf den Wert –1; nach Mittelung ergibt sich also 1/11 = 1/SF.

Definition

Die aus der Multiplikation mit dem zeitversetzten Code-Signal und der anschließenden Mittelung zusammengesetzte Operation bezeichnet man als *Korrelation*.

Ohne Zeitversatz ergibt sich eine ideale Korrelation von 1, mit Zeitversatz ist der Betrag der Korrelation für Barker-Codes kleiner als 1/SF, so dass in dem Fall das Signal um diesen Faktor unterdrückt wird. D.h., zur optimalen Detektion des Nutzsignals ist auf eine gute zeitliche Synchronisation zu achten.

Vorteile und Anwendungen der Spreizung

Durch die Spreizung ergeben sich folgende Vorteile und Anwendungsmöglichkeiten:

- Durch den Vorgang der Korrelation lässt sich die Signallaufzeit zwischen Sender und Empfänger gut bestimmen. Dies lässt sich bei der Positionsbestimmung nutzen (GPS).
- Das Signal wird auf einen größeren Frequenzbereich verteilt und stört damit andere – insbesondere schmalbandige – Systeme weniger.
- Umgekehrt wird es auch weniger von anderen Systemen gestört. Die Störfestigkeit steigt um den Spreizungsgewinn.
- Zusätzlich ist ein breitbandiges Signal weniger anfällig gegen den frequenzabhängigen Kurzzeitschwund (Fading).
- Verwendet man einen sehr großen Spreizfaktor, so sinkt die Leistungsdichte des Signals deutlich unter die Rauschleistungsdichte. Dies ist ein wichtiger Gesichtspunkt bei militärischen Anwendungen: Das Signal kann nicht nur ohne Kenntnis des Spreizcodes nicht demoduliert werden, sondern es wird auch gar nicht erst entdeckt. Man hat es gewissermaßen im Rauschen versteckt.

All diese Vorteile erkauft man sich allerdings durch einen deutlichen erhöhten Bandbreitenbedarf.

Um diese erhöhte Bandbreite jedoch ökonomisch zu nutzen, überträgt man z.B. bei UMTS mehrere Signale mit unterschiedlichen Codes im gleichen Frequenzband. Dieser Aspekt wird in Kapitel 9 (Codemultiplex) näher erläutert.

Direct Sequence Spread Spectrum – DSSS

Bei der zuvor beschriebenen Spreiztechnik wird jedes Bit (oder Symbol) – unabhängig von seinem Wert – mit dem gleichen Codesignal multipliziert. Ein solches Verfahren nennt man auch **Direct Sequence Spread Spectrum**, DSSS.

Code Keying

Codesignale finden in manchen Funksystemen auch in etwas anderer Weise Verwendung, die man Codeumtastung (*Code Keying*, CK) nennt. Beim Code Keying sind mehrere Codesignale definiert, wobei verschiedene Signale eine möglichst geringe Korrelation untereinander besitzen sollten. Code Keying bedeutet, dass jedem Symbol – bestehend aus mehreren Bits – eindeutig eines der Codesignale zugeordnet ist, deren Chips dann moduliert werden.

8.3.5 Frequency Hopping

Merksatz

Eine andere Methode, um eine Art Spreizung des Signals vorzunehmen, besteht im Frequenzsprungverfahren (***F**requency **H**opping*, FH). Dabei werden die Datenpakete einer Verbindung in einer i.Allg. unregelmäßigen Weise nacheinander auf verschiedenen Frequenzträgern übertragen.

Dieser Vorgang ist in Bild 8.16 illustriert.

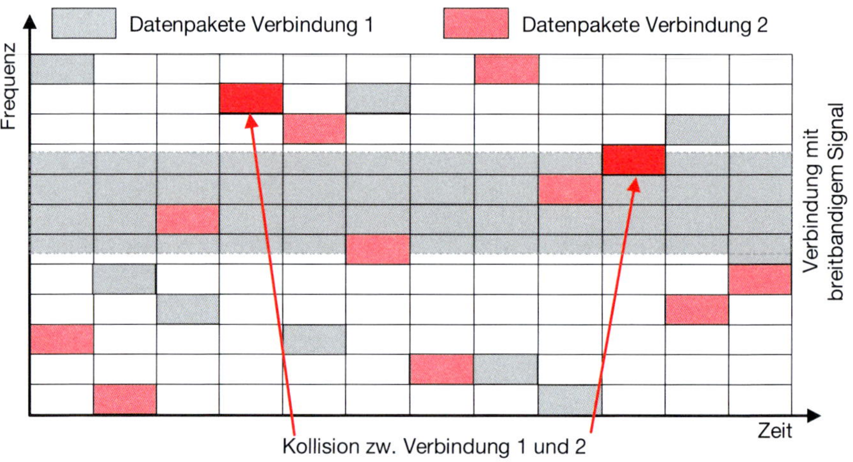

Bild 8.16 Frequency Hopping

Frequency Hopping wird zum Beispiel bei Bluetooth oder GSM eingesetzt. Bei Bluetooth geschieht ein Wechsel der Frequenz in einem Rhythmus von 625 µs. Die dabei verwendeten 79 verschiedenen Frequenzträger haben einen Abstand von 1 MHz.

Unterschiedliche Verbindungen nutzen verschiedene Sprungfolgen, so dass sich zwei Verbindungen nicht ständig, sondern nur bei den – hoffentlich – seltenen Kollisionen stören. Ebenso treten Störungen für und durch andere Systeme nicht durchgehend, sondern nur zeitweilig auf, z.B. wenn die Sprungfolge einer Bluetooth-Verbindung auf einen breitbandigen Träger eines Wireless LANs trifft.

8.3.6 Orthogonal Frequency Division Multiplex – OFDM

Merksatz

Orthogonal **F**requency **D**ivision **M**ultiplex (OFDM) stellt eine Methode dar, um Intersymbolinterferenz (ISI), also Störungen durch Echos, zu vermeiden. Dies geschieht durch eine parallele Übertragung der Datensymbole auf einer großen Zahl von Unterträgern und durch die Einführung von Schutzperioden. [26]

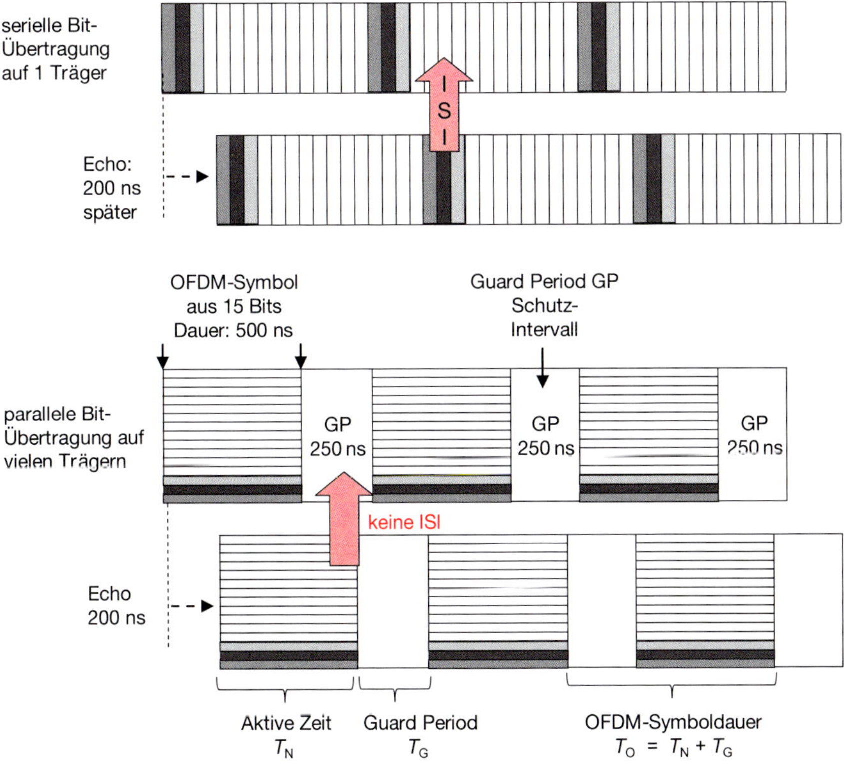

Bild 8.17 Das OFDM-Prinzip am Beispiel einer Datenrate von r_b = 20 Mbit/s (T_b = 50 ns)

Gerade bei hohen Datenraten können Echos kritisch werden, wie folgendes Beispiel zeigt (Bild 8.17): Betrachtet man eine Datenübertragung bei r_b = 20 Mbit/s, so beträgt die Bitdauer T_b = 50 ns. Andererseits können bei Funksystemen durchaus Echos mit 200 ns Verzögerung (4 Bits) und mehr auftreten, so dass die dunkel markierten Bits des Echos andere Bits des direkt ankommenden Signals stören. Hauptgrund für diese Intersymbolinterferenz ist, dass mit zunehmender Datenrate die Bitdauer bei einer seriellen Übertragung der Bits deutlich kleiner als die Umweglaufzeit wird. Je mehr Bits von dieser Überlagerung betroffen sind, desto schwieriger wird es, die störenden Echos z.B. durch einen Entzerrer zu beseitigen.

Um die Bitdauer zu verlängern, überträgt man daher mehrere Bits auf verschiedenen Frequenzträgern parallel: Im Beispiel des Bildes 8.17 sind es 15 parallele Träger. Dementsprechend muss man ein OFDM-Symbol aus 15 Bits innerhalb der OFDM-Symboldauer von $T_O = 15 \cdot 50$ ns = 750 ns übertragen. Die eigentliche Übertragungszeit komprimiert man jedoch (im Beispiel auf T_N = 500 ns für die Nutzdaten) auf Kosten eines etwas erhöhten Bedarfs an Frequenzbandbreite, um Zeit für ein Schutzintervall (***Guard Period***, GP) T_G zu erhalten. Auf diese Weise werden Störungen eines OFDM-Symbols durch das vorangehende Symbol des Echos vermieden, wenn man die Guard Period größer als die längsten zu erwartenden Umweglaufzeiten wählt. Zu erwähnen ist, dass die Guard Period nicht frei von Signalen ist, sondern den letzten Teil der anschließenden Übertragungsperiode enthält.

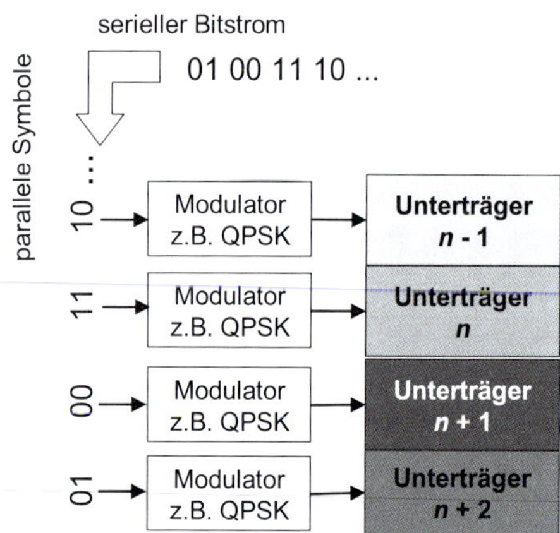

Bild 8.18
Datenmodulation bei OFDM

Auf jedem der Unterträger verwendet man eine der in Abschnitt 8.3 beschriebenen Modulationsformen. Bild 8.18 zeigt ein Beispiel für eine QPSK-Modulation.

Merksatz

Für die Realisierung von OFDM ist es wichtig, dass man bei der Modulation für die einzelnen Unterträger eine Signalform verwendet, bei der man einen möglichst geringen Abstand zwischen den Trägern erzielt, ohne dass gegenseitige Störungen auftreten.

Ein Beispiel ist in Bild 8.19 gezeigt: Zwar überlappen sich die dort dargestellten Signale im Frequenzbereich, doch können sie am Empfänger wieder getrennt werden, da sie eine Eigenschaft besitzen, die man Orthogonalität nennt. Aus dieser Eigenschaft stammt die Namensgebung für das Verfahren. Sie hängt u.a. damit zusammen, dass bei der Trägerfrequenz des einen Unterträgers die anderen Unterträger eine Nullstelle besitzen. Realisiert wird das OFDM-Verfahren mit Hilfe der so genannten *schnellen Fouriertransformation* (*Fast Fourier Transformation*, FFT), wobei am Empfänger die FFT selbst und am Sender die inverse Operation eingesetzt wird.

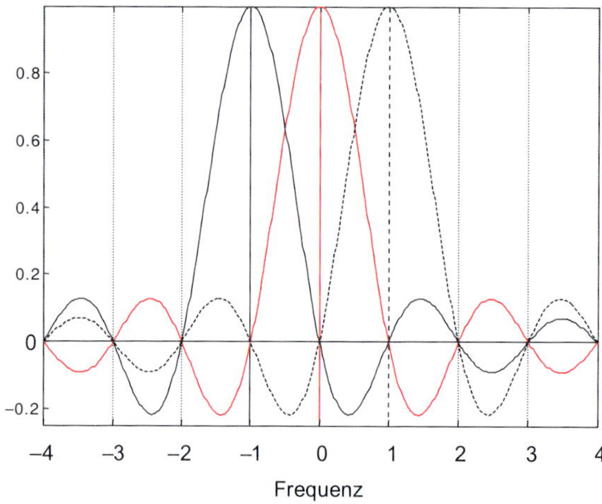

Bild 8.19
Überlappende, orthogonale Signale

Neben den Unterträgern mit den Nutzdaten gibt es noch Unterträger mit Pilot-Symbolen (Pilotträger), mit deren Hilfe der Empfänger Verzerrungen bei der Übertragung detektieren und beseitigen kann. Da die FFT effizient für eine 2er-Potenz von Unterträgern arbeitet, werden die Pilot- und Nutzträger häufig durch eine passende Anzahl so genannter Nullträger ergänzt, bei denen die Amplitude null ist – die also effektiv kein Signal tragen.

OFDM ist eine weit verbreitete Technik bei vielen modernen Funksystemen. Beispiele findet man in Tabelle 8.2. Alle Systeme besitzen mehrere Übertragungsmodes mit unterschiedlichen Parametersätzen, von denen in der Tabelle nur ein typischer aufgeführt ist. Die Anzahl der Unterträger bezieht sich auf die Nutz- und Pilotträger, Nullträger sind nicht enthalten.

Tabelle 8.2 Beispiele für die Verwendung von OFDM

System	Nutzdauer T_N	Guard Period T_G	Unterträger-abstand	Anzahl Unterträger
WLAN	3,2 µs	$T_N/4$, $T_N/8$	312,5 kHz	z. B. 48 + 4
WiMAX	32 µs	$T_N/4$, $T_N/8$, $T_N/16$, $T_N/32$	31,25 kHz	192 + 8
LTE	66,7 µs	≈ 4,8 µs	15 kHz	12
5G (n = 1, 2, 4, …)	66,7 µs/n	≈ 4,8 µs/n	$n \cdot 15$ kHz	12
DVB-T	896 µs	$T_N/4$, $T_N/8$, $T_N/16$, $T_N/32$	1,1 kHz	6048 + 669
DAB	1 ms	$T_N/4$	1 kHz	1378 + 158
DRM	21,3 ms	$T_N/4$	46,9 Hz	variabel, >180

Bei Wireless LANs vom Typ a (andere Parameter bei anderen Varianten, siehe Abschnitt 19.5) verteilt man beispielsweise die Nutzdaten auf 48 parallele Träger; die Übertragungszeit für ein OFDM-Symbol beträgt T_O = 4 µs – inklusive einer Guard Period von T_G = 800 ns. Verwendet man für jeden Träger eine BPSK-Modulation, so werden alle 4 µs 48 Bits gesendet, d.h., die effektive Bitrate beträgt in diesem Fall r_b = 48 Bit / 4 µs = 12 Mbit/s. Um die Guard Period von 0,8 µs zu realisieren, muss man jedes Bit in T_N = 3,2 µs modulieren, d.h., die Modulationsbitrate auf jedem Unterträger beträgt 1 Bit / 3,2 µs = 0,3125 Mbit/s. Für den Abstand der Unterträger wählt man deren Bandbreite: B_u = 0,3125 MHz. Zusammen mit den 4 Pilotträgern gibt es damit 52 Unterträger, so dass man insgesamt eine Bandbreite von ca. $52 \cdot 0{,}3125$ MHz ≈ 16,5 MHz benötigt. Das zugehörige Frequenzspektrum ist in Bild 8.20 dargestellt.

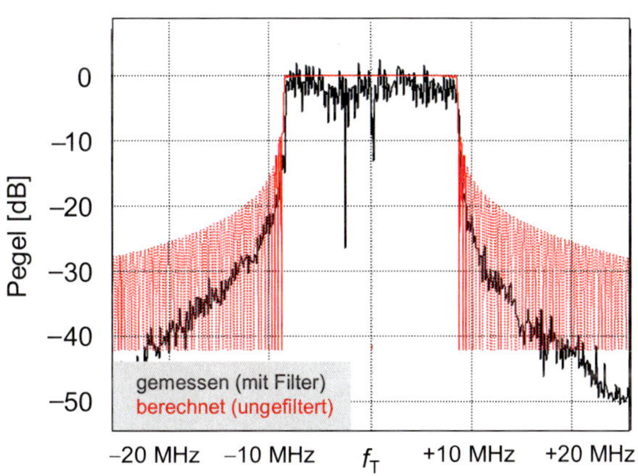

Bild 8.20 Spektrum eines OFDM-Trägers aus 52 Unterträgern am Beispiel WLAN

Die OFDM-Parameter für LTE und 5G-Mobilfunk werden in den Abschnitten 19.3 und 19.4 näher erläutert. Neben den genannten Funksystemen verwendet auch ADSL ein Mehrträgerverfahren mit einer OFDM-Symboldauer von $T_O = 0{,}25$ ms und einem Unterträgerabstand von 4,3125 kHz. Bei 32 Unterträgern für den Upstream folgt daraus eine gesamte Bandbreite von 138 kHz, während sich für den Downstream bei 192 Trägern eine Bandbreite von 828 kHz ergibt.

8.4 Fehlerschutzverfahren für die digitale Übertragung

8.4.1 Grundlagen des Fehlerschutzes

Bei der Speicherung und Übertragung von digitalen Daten können Fehler auftreten. Um solche Übertragungsfehler am Empfänger bzw. Decoder erkennen oder gar korrigieren zu können, fügt man den Nutzbits in systematischer Weise zusätzliche Bits, die so genannten Redundanzbits (Bild 8.21) hinzu [21; 23]. Dieses Verfahren nennt man *Kanalcodierung*. Man unterscheidet

- fehlerkorrigierende Codes, die es dem Empfänger/Decoder erlauben, Fehler selbstständig zu korrigieren;
- fehlererkennende Codes, die es dem Empfänger/Decoder ermöglichen, Fehler als solche zu erkennen;
- hybride Verfahren, d.h. Kombinationen aus beiden Verfahren.

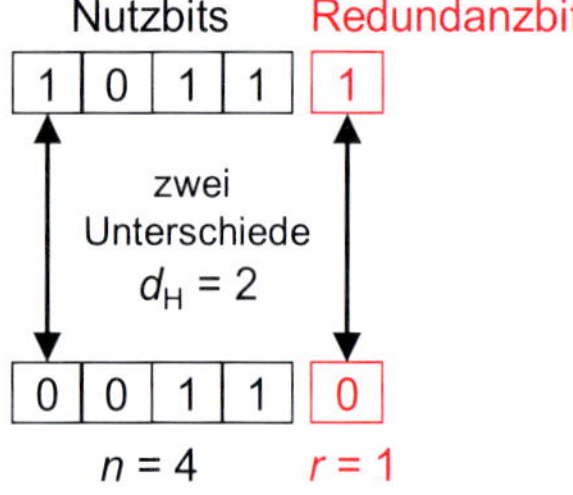

Bild 8.21
Hamming-Distanz d_H am Beispiel eines Paritätsbits

Fügt man zu den n Nutzbits r Redundanzbits hinzu, so entstehen Code-Wörter der Länge $k = n + r$. Dabei ist es das Ziel, Code-Wörter zu erzeugen, die sich an möglichst vielen Stellen unterscheiden.

Definition

Die Zahl der Stellen, an denen sich je zwei Code-Wörter mindestens unterscheiden, nennt man die *Hamming-Distanz* d_H des Codes. Aus der Hamming-Distanz lässt sich schließen, wie viele Fehler erkannt bzw. korrigiert werden können:

- Treten weniger als d_H Fehler auf, so können sie erkannt werden. Denn wenn ein Code-Wort an weniger als d_H Stellen verfälscht wird, kann kein anderes entstehen, da dieses sich an mindestens d_H Positionen von dem ursprünglichen unterscheidet.
- Ist die Anzahl der Fehler kleiner oder gleich $d_H/2$ für ein gerades d_H bzw. kleiner oder gleich $\frac{1}{2}(d_H - 1)$ für ungerades d_H, so lassen sie sich korrigieren, indem man das Code-Wort sucht, das sich von der detektierten Bitfolgen an den wenigsten Stellen unterscheidet.

Da sich zwei Blöcke von Nutzbits an mindestens einer Stelle unterscheiden und durch die Redundanzbits höchstens r Unterschiede dazu kommen, gilt für die Hamming-Distanz:

$$d_H \leq r + 1 = k - n + 1$$

Codes, für die das Gleichheitszeichen gilt, nennt man Codes mit maximaler Distanz (***M**aximum **D**istance **S**eparable Codes*, MDS-Codes, s.u.).

Code-Rate

Den Anteil der Nutzbits an den gesamten zu übertragenden bzw. zu speichernden Bits nennt man die Code-Rate = n/k. Je mehr Redundanz zugefügt wurde, desto stärker ist der Fehlerschutz und desto geringer ist die Code-Rate. Bei vorgegebener Übertragungsbandbreite reduziert sich durch die Codierung die Nutzdatenrate um den Faktor n/k, also um die Code-Rate.

Für das Beispiel aus Bild 8.21 beträgt die Code-Rate $r_{code} = 4/5$. Bei einer Bandbreite von $B = 1$ MHz und einer BPSK-Modulation beträgt dann die Nutzdatenrate 0,8 Mbit/s.

Hat der Empfänger einen Fehler erkannt, ohne ihn korrigieren zu können, so kann er das entsprechende Datenpaket noch einmal vom Sender anfordern.

Definition

Die zugehörigen Verfahren mit ihren Regeln für das automatische Wiederholen von Datenpaketen nennt man *Automatic Repeat Request* (ARQ).

Das Wiederholen von Datenpaketen ermöglicht zwar in vielen Fällen eine effiziente und leistungsstarke Behebung von Fehlern, jedoch mit folgenden Einschränkungen:

Durch Wiederholungen von Datenpaketen kommt es zu unkalkulierbaren Verzögerungen bei der Datenübertragung, die bei manchen zeitkritischen Diensten (z.B. Sprache) zu einer starken Beeinträchtigung der Dienstqualität führen können.

Weiterhin ist zu beachten, dass bei schlechten Empfangsbedingungen und hohen Bitfehlerraten das Risiko groß ist, dass auch die wiederholten Pakete Bitfehler enthalten; dies führt zu sehr häufigen Wiederholungen. Abhilfe schaffen hybride Verfahren, bei denen der Empfänger versucht, eventuelle Fehler zunächst selbstständig zu korrigieren, und bei dem er das Paket erst dann nachfordert, wenn eine Korrektur nicht möglich ist.

8.4.2 Block Codes

Merksatz

Bei den Block-Codes entstehen bei der Codierung Datenblöcke einer festen Länge.

Wiederholungscodes

Eine leicht zu durchschauende, z.B. bei Bluetooth und ZigBee eingesetzte Methode zur Fehlerkorrektur besteht in der Verwendung von Wiederholungscodes. Dabei wird jedes Nutzbit nicht nur einmal, sondern z.B. dreimal gesendet; die Code-Rate beträgt also in diesem Fall $^1/_3$. Der Empfänger kann dann eine einfache Mehrheitsentscheidung treffen. Da sich Code-Wörter an mindestens drei Positionen unterscheiden, beträgt die Hamming-Distanz $d_H = 3$. Es können zwei Fehler erkannt und einer per Mehrheitsentscheidung behoben werden. Dieser Code ist jedoch nicht effizient, da er einen hohen Anteil an Redundanzbits verwendet.

Paritätsbit

Ein weiteres sehr einfaches und bekanntes Verfahren für einen Block-Code besteht in einer Paritätsprüfung (*Parity Check*), die der Fehlererkennung dient. Dabei fügt man einem Paket von Nutzbits ein Prüfbit als Redundanz hinzu, so dass insgesamt eine gerade Anzahl von Einsen entsteht (Bild 8.22). Falls der Empfänger eine ungerade Anzahl von Einsen detektiert, schließt er auf einen Fehler und fordert das Paket erneut an. Treten zwei Fehler auf, so kann dies der Empfänger nicht erkennen, da sich eine gerade Parität ergibt.

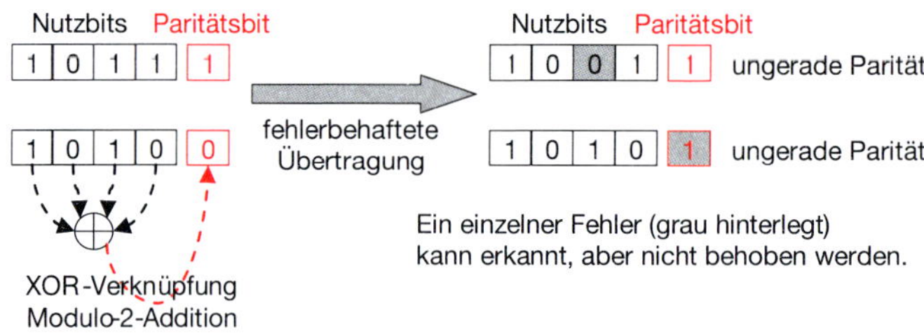

Bild 8.22 Paritätsbits zur Fehlererkennung

Mathematisch gesehen ergibt sich das Paritätsbit als XOR-Verknüpfung oder Modulo-2-Addition aller Nutzbits.

Horizontale und vertikale Parität

Erweiterungen dieser Methode erhält man, indem man mehrere Paritätsbits hinzufügt, die verschiedene Bitkombinationen im Datenblock prüfen. Ein Beispiel ist in Bild 8.23 gezeigt. Zur besseren Veranschaulichung sind die Bits des Datenblocks in einem Rechteck angeordnet. Paritätsbits werden nun für jede Zeile und jede Spalte hinzugefügt. Tritt ein einzelner Fehler, z.B. in der 2. Zeile und 4. Spalte, auf, so kann er lokalisiert und korrigiert werden, da sich in der betroffenen Spalte und Zeile eine ungerade Parität ergibt.

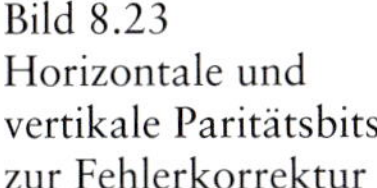

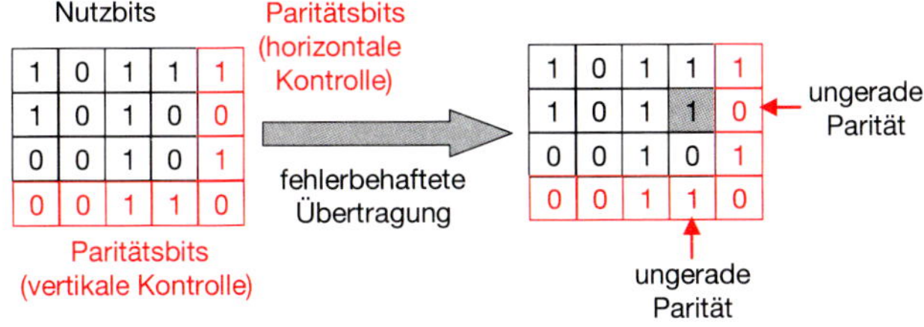

Bild 8.23
Horizontale und vertikale Paritätsbits zur Fehlerkorrektur

Hamming-Codes

Eine noch effizientere Codierung für die Korrektur von einem Fehler liefern die so genannten Hamming-Codes. Das einfachste Beispiel für den Fall von $n = 4$ Informationsbits ist in Bild 8.24 dargestellt. Zusammen mit den $p = 3$ Paritätsbits besteht ein Code-Wort aus $k = 7$ Bits. Das erste Paritätsbit bezieht sich auf die ersten drei, das zweite auf die letzten drei Informationsbits. Das dritte Paritätsbit ergänzt die Informationsbits an den Stellen 1, 2 und 4. Im Bild sind alle $16 = 2^4$ Code-Wörter dargestellt. Zwei Code-Wörter unterscheiden sich an mindestens drei Positionen, die Hamming-Distanz beträgt also $d_H = 3$, so dass ein Fehler korrigiert werden kann.

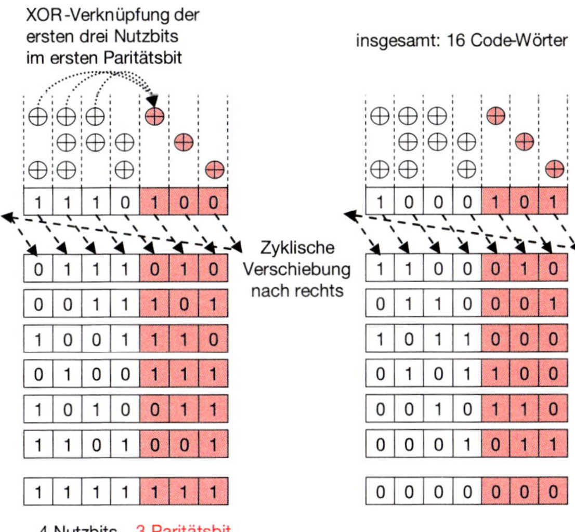

Bild 8.24
Beispiel für einen Hamming-Code

Für die Fehlerkorrektur ist es zweckmäßiger, die Bits in einer anderen Reihenfolge, nämlich wie in Bild 8.25 gezeigt, anzuordnen. Berechnet man die Paritätswerte für alle drei Zeilen, so ergibt sich für ein korrektes Code-Wort jeweils der Wert 0. Tritt ein Fehler an einer Stelle auf, so lässt sich aus der Binärdarstellung die Position dieses Fehlers bestimmen.

Hamming-Codes gibt es für eine beliebige Anzahl von Paritätsbits p. Da man mit p Bits $2^p - 1$ von null verschiedene Zahlen darstellen kann, kann man in einem Code-Wort mit $k = 2^p - 1$ Bits einen Fehler mit den Paritätsbits genau lokalisieren. Für $p = 5$ besteht ein Code-Wort z.B. aus insgesamt $k = 2^5 - 1 = 31$ Bits, von denen $n = 31 - 5 = 26$ Nutzbits sind. Ein Code von dieser Form wird beispielsweise bei Bluetooth eingesetzt.

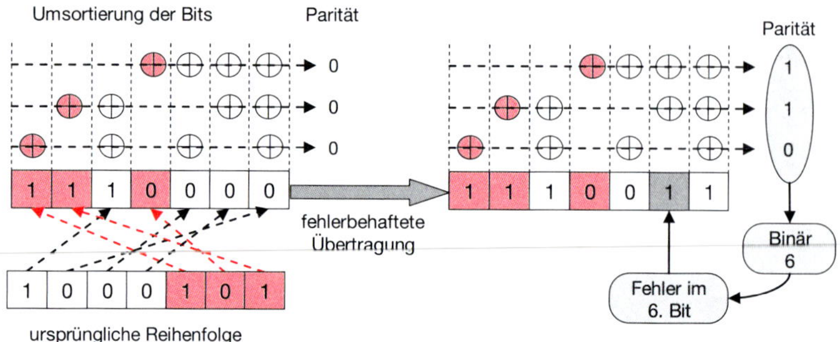

Bild 8.25 Umordnung der Bits beim Hamming-Code zur einfachen Fehlerlokalisierung

Definition: Zyklische Codes

Betrachtet man die Code-Wörter aus Bild 8.24, so fällt Folgendes auf: Wenn man bei einem Code-Wort die Bits zyklisch um eine Position nach rechts verschiebt, entsteht wieder ein Code-Wort. Codes mit einer solchen Eigenschaft nennt man zyklische Codes. *Zyklische Codes* sind deshalb von sehr großer Bedeutung, da man die Codierung und Decodierung sehr einfach über Schieberegister realisieren kann. Erfolgt die Paritätsprüfung mit einem zyklischen Code, so spricht man von einem ***C**yclic **R**edundancy **C**heck (CRC).*

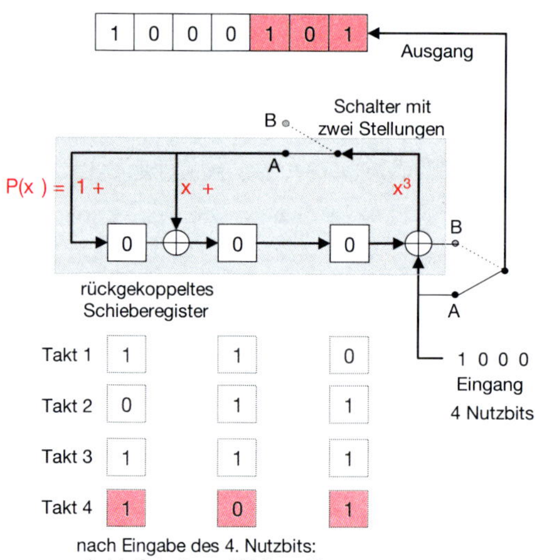

Bild 8.26
Schieberegister zur Realisierung eines zyklischen Codes

Dies ist in Bild 8.26 für den Codiervorgang gezeigt. In dem Beispiel des zuvor betrachteten Hamming-Codes sind die Register-Plätze (3 Stück für die 3 zu berechnenden Paritätsbits) zunächst mit Nullen besetzt und die beiden Schalter der Anordnung in Position A. Anschließend werden die 4 Informationsbits in 4 Takten in die Anordnung geschoben. In jedem Takt verschiebt sich jedes Bit um einen Registerplatz nach rechts und wird dabei je nach Position zu dem jeweiligen Informationsbit am Eingang addiert (Modulo-2-Addition, XOR-Verknüpfung). Nach 4 Takten stehen die 3 Paritätsbits in den Registerplätzen und können durch Umlegen des Schalters auf Position B ausgelesen werden.

Mathematisch gesehen, entspricht den Schieberegisteroperationen die Multiplikation von Polynomen. Für das Beispiel ist es das Polynom $P(x) = 1 + x + x^3$. Dabei treten genau die Potenzen auf, für die in der entsprechenden Schieberegisterschaltung eine Rückkopplung (vertikale Linie in Bild 8.26) enthalten ist.

Andere weit verbreitete Polynome sind in Tabelle 8.3 aufgeführt.

Tabelle 8.3 Wichtige Polynome für den Cyclic Redundancy Check

Name	Polynom	Paritätsbits	Anwendung
CRC-CCITT (CRC-16)	$x^{16} + x^{12} + x^5 + 1$	16	ISDN, LTE
CRC-32	$x^{32} + x^{26} + x^{23} + x^{22} + x^{16} + x^{12} + x^{11} + x^{10} + x^8 + x^7 + x^5 + x^4 + x^2 + x + 1$	32	IEEE 802.2: Lokale Computernetze
---	$x^5 + x^4 + x^2 + 1$	5	Bluetooth
---	$X^{40} + x^{26} + x^{23} + x^{17} + x^3 + 1$	40	GSM: z.B. SMS

Reed-Solomon-Codes

Reed-Solomon-Codes sind ebenfalls zyklische Codes. Bei ihnen ist der elementare Bestandteil eines Code-Wortes nicht ein einzelnes Bit, sondern ein Byte (8 Bits). Das bedeutet, dass bei den realisierenden Schieberegisterschaltungen die Registerplätze nicht mit einem Bit, sondern mit einem Byte belegt sind. Die Additionen erfolgen byteweise und sind keine einfachen XOR-Verknüpfungen von Bits.

Reed-Solomon-Codes können also Byte-Fehler korrigieren. Sie zeichnen sich dadurch aus, dass sie Codes mit maximaler Distanz sind (MDS-Codes, s.o.). Für sie gilt also: $d_H = k - n + 1$.

Weit verbreitet sind Reed-Solomon-Codes mit Code-Wörtern mit 4, 10 oder 16 Paritätsbytes. Daraus resultieren Hamming-Distanzen von $d_H = 5$, 11 bzw. 17; dementsprechend können 2, 5 bzw. 8 Byte-Fehler pro Code-Wort behoben werden.

Reed-Solomon-Codes mit den genannten Parametern sind Bestandteil des Fehlerschutzes bei CDs und DVDs bzw. bei DVB-T und WiMAX.

Bei DVDs wird beispielsweise – wie in Bild 8.27 gezeigt – ein Block von 172×192 Nutzbytes zunächst durch einen vertikalen Reed-Solomon-Code und anschließend durch einen horizontalen Reed-Solomon-Code mit 16 bzw. 10 Paritätsbytes geschützt.

Low Density Parity Check Codes

Ob eine Übertragung fehlerfrei war, lässt sich für lineare Codes mit Hilfe der so genannten Kontroll-Matrix H überprüfen [22]. Sie hat die Dimension k x p, wobei k die Code-Wort-Länge und p die Anzahl der Paritätsbits ist. Man erhält sie aus der zuvor erläuterten Darstellung mit der XOR-Verknüpfung, indem man an allen Stellen, die ein XOR-Symbol $\oplus$ enthalten, eine «1» einträgt und an den anderen Stellen eine «0».

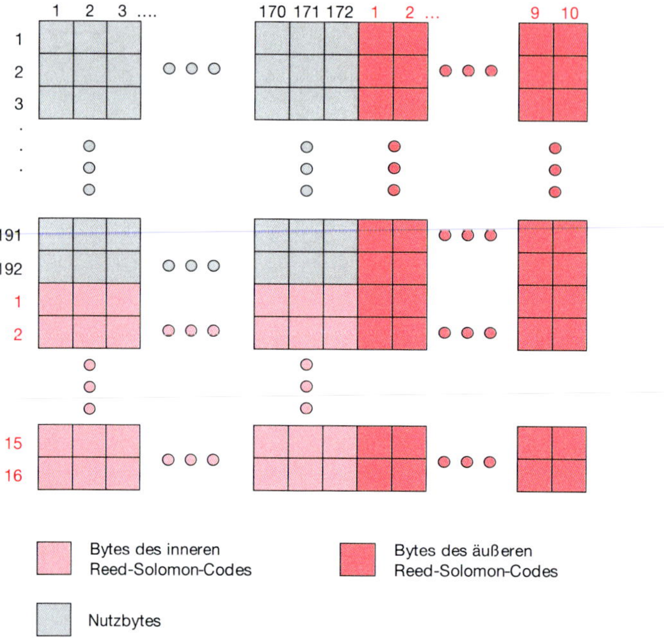

Bild 8.27 Reed-Solomon-Produktcode bei der DVD

Für den Hamming-Code aus Bild 8.24 ergibt sich dann folgende Kontroll-Matrix:

$$H = \begin{pmatrix} 1 & 1 & 1 & 0 & 1 & 0 & 0 \\ 0 & 1 & 1 & 1 & 0 & 1 & 0 \\ 1 & 1 & 0 & 1 & 0 & 0 & 1 \end{pmatrix}$$

Für jedes fehlerfreie Code-Wort c gilt: $H \cdot c^{\mathrm{T}} = 0$, wobei das hochgestellte «T» die Transpositionsoperation andeutet, die aus einem als Zeilenvektor angeordneten Code-Wort, z.B. $c = (1 \quad 1 \quad 1 \quad 0 \quad 1 \quad 0 \quad 0)$ in Bild 8.24, einen Spaltenvektor macht.

In der Kontroll-Matrix aus dem obigen Beispiel sind 12 von insgesamt 21 Elementen gleich «1», also ungefähr 57%.

Definition

Als ***Low Density Parity Check Codes*** (LDPC) bezeichnet man solche Codes [23; 61], bei denen der Anteil der Einsen in der Kontroll-Matrix sehr gering ist (*low density*). Solche Codes wurden bereits in den 1960er-Jahren von einem Herrn Gallager entwickelt, sind dann jedoch in Vergessenheit geraten und erst vor einigen Jahren wieder in den Blickpunkt getreten.

Eingesetzt werden sie z.B. bei WLANs nach den Standards IEEE 802.11n und 802.11ac, bei der 5. Generation Mobilfunk (5G), beim digitalen Fernsehen DVB (z. B. DVB-T2) sowie bei Ethernet LANs mit einer Übertragungsrate von 10 Gbit/s.

Bei den genannten Wireless-LAN-Standards beträgt beispielsweise die Code-Wort-Länge $k = 648$, 1296 oder 1944 Bits (bei DVB ist sie noch deutlich größer). Von der Code-Wort-Länge k entfallen $p = k/2$, $k/3$, $k/4$ oder $k/6$ Bits auf die Paritätsbits, so dass sich Code-Raten von $(k - p)/k = {}^1/_2$, ${}^2/_3$, ${}^3/_4$ und ${}^5/_6$ ergeben. Der Anteil der Einsen in der Kontroll-Matrix H liegt bei einigen Promille, ist also äußerst gering.

Merksatz

Der Vorteil der LDPC-Codes liegt darin begründet, dass man mit solchen Codes mit großer Code-Wort-Länge bei sehr geringer Restfehlerrate der maximalen Kanalkapazität gemäß Shannon-Formel (siehe Gl. 8.2) sehr nahe kommt.

Das erforderliche Signal-zu-Rauschleistungs-Verhältnis S/N weicht nur um wenige Zehntel Dezibel von dem Idealwert ab.

Ferner steigt der Decodieraufwand bei vielen solcher Codes nur gemäßigt – d.h. linear – mit der Code-Wort-Länge an. Bei manchen dieser Codes lassen sich Rechenschritte bei der Decodierung auch massiv parallelisieren.

8.4.3 Faltungscodes

Eine andere Art von Codes, die in vielen Kommunikationssystemen verwendet werden, sind so genannte Faltungscodes. Sie lassen sich durch Schieberegister realisieren – bei denen es allerdings im Gegensatz zu den zyklischen Codes keine Rückkopplungen gibt.

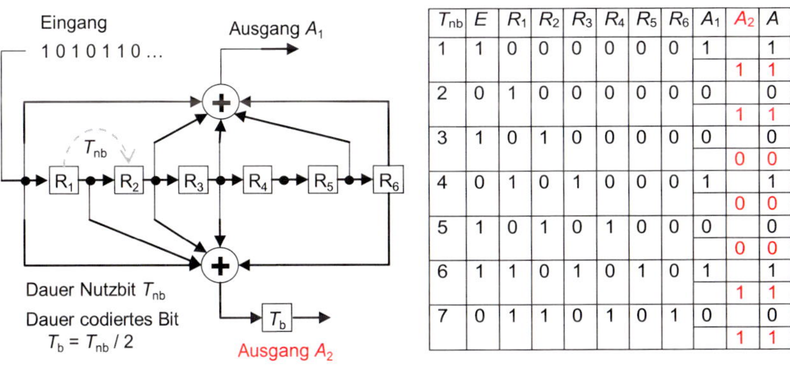

T_{nb}	E	R_1	R_2	R_3	R_4	R_5	R_6	A_1	A_2	A
1	1	0	0	0	0	0	0	1		1
									1	1
2	0	1	0	0	0	0	0	0		0
									1	1
3	1	0	1	0	0	0	0	0		0
									0	0
4	0	1	0	1	0	0	0	1		1
									0	0
5	1	0	1	0	1	0	0	0		0
									0	0
6	1	1	0	1	0	1	0	1		1
									1	1
7	0	1	1	0	1	0	1	0		0
									1	1

Bild 8.28 Faltungscodierer gemäß IEEE 802.11 a/g

Bei Faltungscodierern werden die Nutzbits – wie in Bild 8.28 gezeigt – durch eine zu Beginn komplett durch Nullen besetzte Anordnung von Registerplätzen R_n (n = 1, 2, 3, ...) geschoben. In jedem Nutzbittakt T_{nb} führt man Modulo-2-Additionen des neuen Nutzbits mit den jeweils aktuellen Inhalten bestimmter Register durch. In dem betrachteten Beispiel gibt es zwei Summationen und Ausgänge, so dass bei jedem zugeführten Nutzbit zwei Bits der Dauer $T_b = T_{nb}/2$ die Anordnung verlassen; die Code-Rate beträgt also ½.

Tabelle 8.4 Funksysteme und ihre Übertragungsverfahren

System	Modulation	Kanalcodierung	Besonderheiten
Bluetooth	GFSK, D-QPSK, D-8PSK	Blockcodes, Wiederholungscode	Frequency Hopping
DECT	GMSK, D-BPSK, D-QPSK, D-8PSK, 16-QAM, 64-QAM	Blockcodes	Dynamische Kanalwahl
WLAN	BPSK, QPSK, 16-QAM, 64-QAM, 256-QAM	Blockcodes Faltungscodes $^1/_2 \ldots ^5/_6$	OFDM
WiMAX	QPSK, 16-QAM, 64-QAM	Blockcodes Faltungscodes $^1/_2 \ldots ^3/_4$	OFDM
GSM	GMSK, 8-PSK	Blockcodes Faltungscodes $^1/_2 \ldots ^3/_4$	Frequency Hopping
UMTS	BPSK, QPSK, 8-PSK, 16-QAM, 64-QAM	Blockcodes Faltungscodes $^1/_3$, $^1/_2$	Spreizung
LTE	QPSK, 16-QAM, 64-QAM, 256-QAM	... variable Code-Raten	OFDM
DAB	QPSK	Blockcodes Faltungscodes $^1/_3 \ldots ^4/_7$	OFDM
DVB-T	QPSK, 16-QAM, 64-QAM	Blockcodes Faltungscodes $^1/_2 \ldots ^7/_8$	OFDM

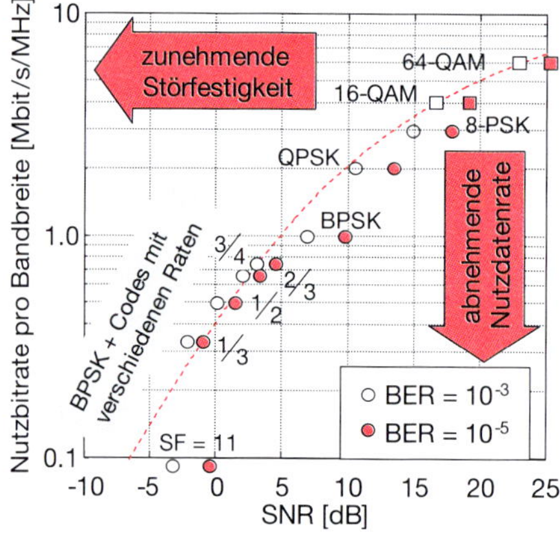

Werte im Diagramm:
- für ideale Demodulation
reale Empfänger:
- Verschlechterung um ca. 2 ... 4 dB

Bild 8.30
Illustrationen zum Zusammenhang zwischen Bandbreite, Nutzdatenrate und Störfestigkeit

Je größer der Wert des SNRs ist, desto höher ist die Nutzdatenrate, die man bei einer gegebenen Bandbreite übertragen kann. Ist die Störleistung größer als die Nutzleistung (SNR < 0), so benötigt man sehr starke Codes bzw. die Spreiztechnik. Dabei sinkt die übertragbare Nutzdatenrate allerdings auf einen Bruchteil der Bandbreite ab.

Zu beachten ist, dass die in Bild 8.30 eingezeichneten Punkte für einen idealen Empfänger gelten. Bei einem realen Empfänger treten gewisse Implementierungsverluste auf, so dass das erforderliche SNR typischerweise um 2...4 dB höher liegt, als im Diagramm eingezeichnet. Steigen die Störungen oder sinkt der Signalpegel, so ist eine störfestere Modulation (z.B. BPSK) oder eine stärkere Codierung erforderlich.

Die Auswahl des geeigneten Verfahrens kann entweder durch den Betreiber des Systems oder vielfach auch automatisch durch das System selbst erfolgen. In diesem Fall spricht man von *Link Adaptation*.

8.6 ARQ-Verfahren

Ein ARQ-Verfahren ist zumeist Bestandteil der Sicherungsschicht eines Kommunikationssystems. Die zu übertragenden Bits werden in so genannte Rahmen (*Frames*) zusammengefasst und mit einem Blockcode (CRC) zur Fehlererkennung versehen. Diese *Frame Check Sequence* (FCS) besteht typischerweise aus 2 bis 6 Bytes.

Definition

Detektiert der Empfänger einen nicht korrigierbaren Übertragungsfehler, so fordert er den Frame noch einmal vom Sender an. Der Sender wird also automatisch aufgefordert, einen Frame zu wiederholen; man spricht daher von einem *ARQ-Verfahren*, wobei ARQ das Kürzel für ***A**utomatic **R**epeat **R**equest* ist.

Für den detaillierten Ablauf bei den Wiederholungen gibt es verschiedene Protokolle, von denen die wichtigsten im Folgenden erläutert werden [24].

8.6.1 Send-and-Wait-Protokoll

Definition

Bei dem Send-and-Wait-Protokoll (Bild 8.31) wartet der Sender nach der Übertragung eines jeden Frames für eine bestimmte Zeit auf eine Bestätigung durch den Empfänger. Eine solche Bestätigung wird als *ACK-Meldung* bezeichnet; ACK ist dabei die Abkürzung für den Begriff «**Ack**nowledgement». Trifft die ACK-Meldung innerhalb der gesetzten Wartezeit nicht ein, so geht der Sender davon aus, dass der Empfänger den Frame nicht detektieren konnte. Er sendet den Frame daher nochmals.

Da das Ausbleiben der ACK-Meldung auch darauf zurückzuführen sein könnte, dass der Frame zwar korrekt detektiert wurde, die ACK-Meldung aber mit einem anderen Frame kollidierte, müssen die Frames nummeriert werden. Nur so kann der Empfänger erkennen, ob es sich bei einem eintreffenden Frame um einen neuen oder um einen wiederholten handelt. Bei ungünstigen Empfangsbedingungen kann es vorkommen, dass ein Frame nicht nur einmal, sondern mehrfach wiederholt werden muss; allerdings gibt es i.Allg. eine maximal erlaubte Anzahl von Wiederholungen. Ist diese Zahl erreicht, wird die Verbindung insgesamt beendet. Zu betonen ist, dass der Sender bei dem Send-and-Wait-Protokoll erst dann einen neuen Frame senden darf, wenn der Empfang des vorhergehenden bestätigt ist. Jeder Frame muss also einzeln bestätigt werden.

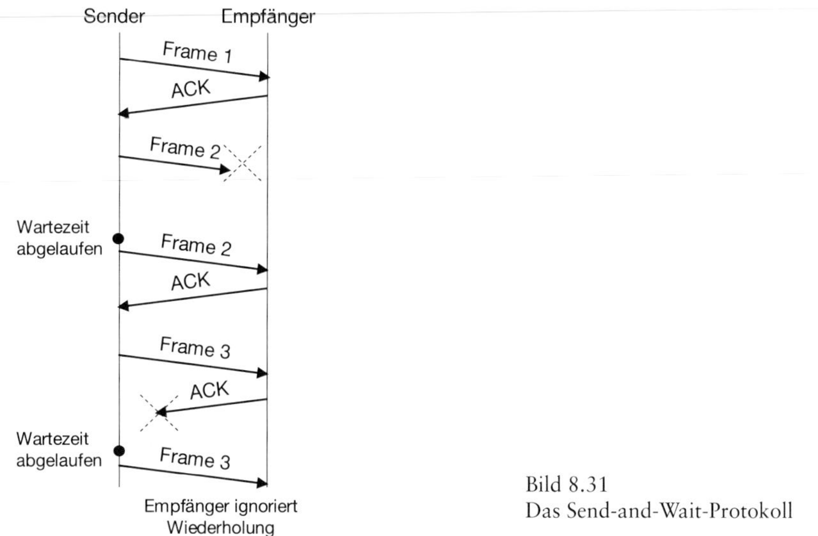

Bild 8.31
Das Send-and-Wait-Protokoll

Beim Send-and-Wait-Protokoll existieren zwei Varianten dafür, wie der Empfänger reagiert, wenn er einen Übertragungsfehler feststellt:

- Er reagiert gar nicht und geht davon aus, dass der Sender den Frame nach der Wartezeit ohnehin wiederholt.
- Er sendet eine NACK-Meldung, die dem Sender den Übertragungsfehler anzeigt und die ihn somit zu einer schnelleren Wiederholung des Frames bewegt. NACK steht dabei für **N**egative **Ack**nowledgement.

Eingesetzt wird das Send-and-Wait-Protokoll zum Beispiel bei WLANs oder bei der Übertragung von Short Messages (SMS).

Send-and-Wait-Protokoll im Huckepack-Verfahren

Die Wartezeiten und die Übertragung der ACK-Meldungen reduzieren die Übertragungszeit für die Nutzdaten und damit die effektive Datenrate. Um den damit verbundenen Verlust möglichst gering zu halten, wendet man verschiedentlich so genannte Huckepack-Verfahren an. Dies ist dann möglich, wenn die Rolle des Senders und Empfängers regelmäßig zwischen den Stationen wechselt: Die ACK-Meldung wird gewissermaßen in einem Huckepack-Verfahren zusammen mit den Nutzdaten des neuen Senders übertragen. Die englische Bezeichnung lautet *Piggy-Backing*.

8.6.2 Selektives ARQ-Verfahren

Wesentlich effektiver bei der Nutzung des Übertragungsmediums geht man beim selektiven ARQ-Verfahren vor.

Definition

Beim *selektiven ARQ-Verfahren* lässt sich mit einer ACK-Meldung nicht nur der korrekte Empfang eines Frames, sondern gleich der von mehreren Frames bestätigen. Der Sender muss also nicht nach jedem Frame auf eine ACK-Meldung warten, sondern darf mehrere Frames hintereinander versenden – höchstens jedoch so viele, wie der Empfänger maximal mit einer ACK-Meldung bestätigen kann. In der ACK-Meldung sind die Nummern der Frames aufgeführt, die korrekt empfangen wurden.

Die Nummerierung der Frames erfolgt gemäß einer Modulo-Rechnung. Ist also eine obere Grenze erreicht, so beginnt die Nummerierung wieder bei null. Die obere Grenze hängt von der Anzahl N der Frames ab, die sich in einer ACK-Meldung bestätigen lassen, wobei N i.Allg. einen Potenz von 2 ist (z.B. $N = 4, 8, 16, 32$ oder 64). Als Framenummern sind dann die Zahlen $n = 0, 1, 2, ..., 2N - 1$ erforderlich.

Das selektive ARQ-Verfahren ist in Bild 8.32 für $N = 4$ illustriert.

Zu beachten ist, dass der Sender die entsprechende Zahl von Frames zwischenspeichern muss, bis die ACK-Meldung eintrifft.

Beispiele für die Anwendungen des selektiven ARQ-Verfahrens sind neuere WLAN-Versionen oder Paketdatendienste bei Mobilfunknetzen.

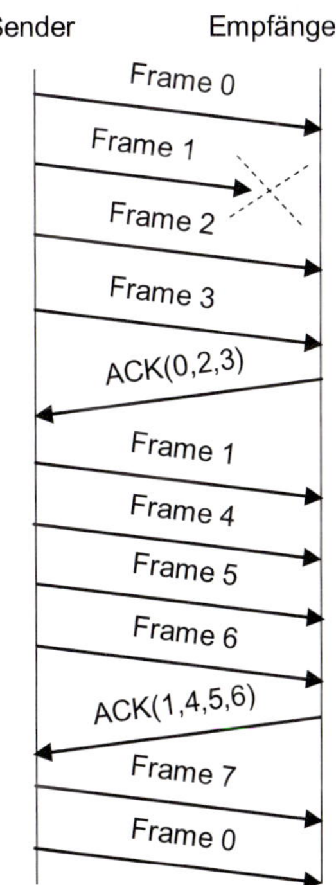

Bild 8.32
Selektives ARQ-Verfahren

8.6.3 Fensterverfahren

Merksatz

Bei diesem Verfahren kann der Sender ebenfalls mehrere Datenpakete hintereinander senden, ohne auf eine Bestätigung warten zu müssen. Die maximale Anzahl von Datenpaketen, die vorübergehend unbestätigt bleiben kann, ist durch die so genannte *Sendefenstergröße* festgelegt (Bild 8.33). Nach Erhalt einer gewissen Zahl von Datenpaketen schickt der Empfänger eine ACK- bzw. NACK-Meldung zurück.
Diese Meldung enthält mit der so genannten Empfangsfolgenummer *N*(*R*) die Nummer des Frames, das sich durch folgende Bedingung auszeichnet:
Sowohl dieser Frame selbst als auch alle vorhergehenden Frames, die seit der letzten Bestätigung eingetroffen sind, waren fehlerfrei.

Der Sender rückt daraufhin den Anfang seines Sendefensters auf das Frame mit der Nummer $N(R) + 1$ vor und kann nun die Frames in dem neuen Fensterbereich senden. Im Beispiel aus Bild 8.33 umfasst der neue Bereich sowohl vier alte als auch vier neue Frames.

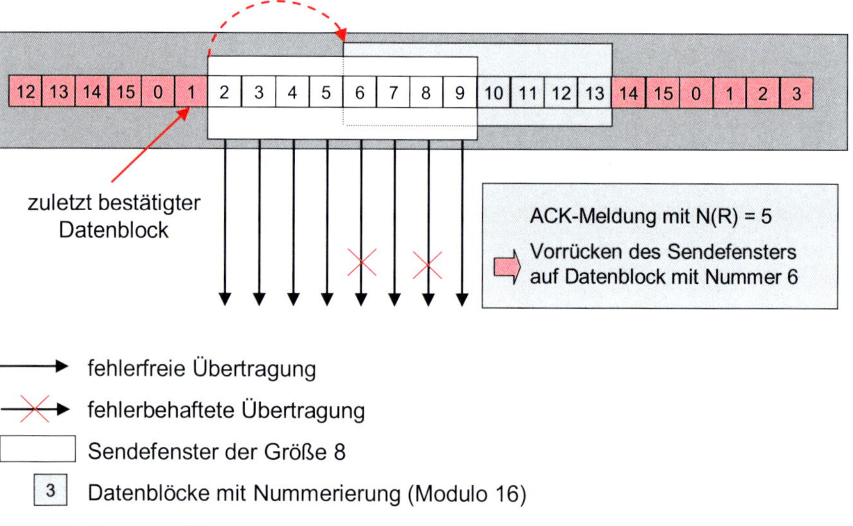

Bild 8.33 Fensterverfahren

Der Hauptvorteil dieses Verfahrens besteht darin, dass sich mit einer ACK-Meldung, die nur *eine* Nummer als Information enthalten muss, gleich mehrere Datenpakete bestätigen lassen. Allerdings kann es vorkommen, dass – wie in Bild 8.33 gezeigt – auch fehlerfrei empfangene Datenpakete wiederholt werden müssen.

Als Anwendungen des Fensterverfahrens sind zu nennen:

- Logical Link Control (IEEE 802.2) bei lokalen Computernetzen: Fenstergröße 64,
- Link Access Protocol for the D-Channel (LAPD) beim ISDN: Fenstergröße 64,
- Logical Link Control and Adaption Protocol bei Bluetooth: Fenstergröße 32,
- Transmission Control Protocol (TCP) beim Internet: Fenstergröße variabel.

8.6.4 Hybride ARQ-Verfahren

Hybride ARQ-Verfahren (HARQ) nutzen eine Kombination aus einem fehlerkorrigierenden Code und einem fehlererkennenden Code mit anschließendem ARQ-Verfahren. D.h., der Empfänger versucht bei einem eintreffenden Datenpaket eventuelle Fehler zunächst selbstständig zu korrigieren. Erst wenn dieses nicht gelingt, fordert er das Paket erneut an. Ein solches Verfahren kann weiterhin dadurch optimiert werden, dass der Empfänger ein als fehlerhaft erkanntes Paket nicht verwirft, sondern die darin enthaltenen «korrekten» Informationen mit denen von wiederholten Paketen bzw. von Nachlieferungen kombiniert.

Die zwei Varianten der Kombination, die in modernen Mobilfunksystemen wie UMTS, LTE und 5G eingesetzt werden [62, 63], nennt man:

- Soft Combining (oder auch Chase Combining) und
- Incremental Redundancy.

Ihre Funktionsweise ist in Bild 8.34 illustriert. Beim *Soft Combining* nutzt man die Tatsache, dass der Decodierer nicht nur Schätzwerte für die einzelnen Bits in dem Datenpaket liefert, sondern auch «Zuverlässigkeitsinformationen» für die einzelnen Schätzwerte. Muss ein Datenpaket mehrfach wiederholt werden, so liegen die Bereiche mit schlechten Signalanteilen und unzuverlässigen Schätzwerten vielfach an verschiedenen Stellen in dem Paket (in Bild 8.34 rot markiert). Durch Kombination der Schätz- und Zuverlässigkeitswerte kann dann das Paket i.Allg. vollständig rekonstruiert werden. Zu betonen ist, dass bei diesem Verfahren das Paket in allen Wiederholungen mit der identischen Modulation und Codierung übertragen wird.

Man kann diese Methode auch als eine Art Wiederholungscode (siehe Abschnitt 8.4.2) auffassen, wobei die Anzahl der Wiederholungen automatisch an die Empfangsbedingungen angepasst werden.

Bei der Methode «*Incremental Redundancy*» hingegen werden verschiedene Versionen des Datenpakets wiederholt bzw. der Anteil der Redundanz wird nach und nach erhöht – daher der Name. Ausgangspunkt ist typischerweise eine sehr starke Codierung der Nutzdaten – beispielsweise durch einen Faltungscode der Rate ¼ wie in Bild 8.34 illustriert.

Bei z.B. einem Nutzdatenpaket von 1500 Bits verteilt sich so deren Information auf 6000 codierte Bits. Ein Datenpaket wird jedoch nicht mit dieser äußerst starken Codierung, die eine hohe Bandbreite bzw. viele Ressourcen verlangt, übertragen, sondern mit einer abgeschwächten Codierung, die man über eine *Punktierung* erhält.

Bei der Punktierung eines Codes streicht man in regelmäßiger Weise einen Teil der codierten Bits.

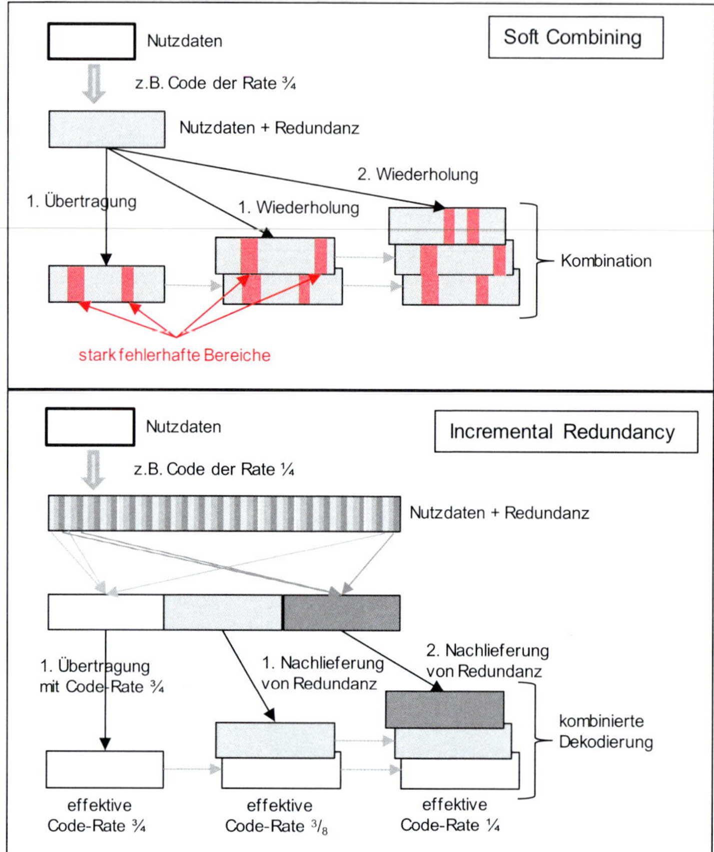

Bild 8.34 Verfahren zur Datenkombination bei Hybriden ARQ-Verfahren

In dem Beispiel von Bild 8.34 sind es 2 von 3 Bits, die man streicht, so dass 2000 codierte Bits übrig bleiben und zwar bei der ersten Variante des codierten Datenpakets die Bits 1, 4, 7, ..., 5995, 5998, bei der zweiten die Bits 2, 5, 8, ..., 5996, 5999. Zunächst wird die erste Version des Datenpakets mit einer effektiven Code-Rate ¾ übertragen (1500 Informationsbits bei 2000 codierten Bits). Bei guten Übertragungsbedingungen kann das Paket erfolgreich decodiert werden – der niedrige Anteil der Redundanz ist ausreichend. Sind die Bedingungen jedoch schlechter, so dass Restfehler verbleiben, so wird die zweite Version des Datenpakets nachgeliefert, wodurch effektiv die Codierung verstärkt wird. Die effektive Code-Rate beträgt dann $^3/_8$ (1500 Informationsbits bei 4000 insgesamt gesendeten codierten Bits). Im ungünstigen Fall muss auch noch die letzte Version des Datenpakets nachgeliefert werden, so dass dann die Code-Rate ¼ beträgt. Insgesamt muss man sich bei dieser Methode nicht auf eine feste – eventuell zu starke – Codierung festlegen, sondern sie passt sich automatisch an die Übertragungsverhältnisse an.

8.7 Lernziel-Test

1. Womit beschäftigt sich die digitale Übertragungstechnik?
2. Welche Vorteile hat die Übertragung digitaler Signale?
3. Wie groß ist die maximal übertragbare Datenrate in einem rauschfreien Kanal mit einer Grenzfrequenz von 5 MHz bei einer 16-stufigen Übertragung?
4. Wie groß ist die übertragbare Datenrate, wenn der Kanal einen Störabstand von 40 dB aufweist?
5. Worin unterscheiden sich grundlegend die Verfahren der Leitungscodierung?
6. Welchen Schwingungsparametern lassen sich die digitalen Daten durch Modulation aufprägen?
7. Wie groß sollte der Trägerabstand in einem Funksystem gewählt werden?
8. Von welcher Größe hängt die Bandbreite eines digitalen Signals entscheidend ab?
9. Welche Systeme nutzen eine digitale Frequenzmodulation?
10. Wie viele Punkte hat das Konstellationsdiagramm der 256-QAM und wie viele Bits hat ein Symbol?
11. Für eine Verbindung stehen B = 2 MHz an Bandbreite zur Verfügung. Welche Datenrate kann man bei Verwendung einer BPSK, QPSK, 16-QAM bzw. 64-QAM übertragen? Wodurch erkauft man sich den Anstieg der Datenrate?
12. Geben Sie für folgende Bitfolge b die Folge der Phasen bei einer BPSK, einer 4-PSK und einer 8-PSK an: $b = (0, 0, 1, 1, 1, 0)$.
13. Welche Vorteile bringt Frequency Hopping und bei welchen System wird es eingesetzt?
14. Was bedeutet OFDM, warum wird es eingesetzt und nach welchem Prinzip funktioniert es?
15. Wie groß dürfen die Umwege der Echos bei DAB und DRM bei den in Tabelle 8.2 angegebenen Parametern höchstens werden, damit sie das direkt ankommende Signal nicht stören?
16. Betrachten Sie das WLAN-System mit den Parametern aus Tabelle 8.2 und einer Guard Period von $T_G = T_N/4$.
   a) Wie groß ist die OFDM-Symboldauer T_O?
   b) Wie groß ist die gesamte Bandbreite eines Trägers?
   c) Wie groß ist die Nutzdatenrate auf einem Träger bei Verwendung einer BPSK und eines Faltungscodes der Rate ½ bzw. einer 64-QAM und eines Faltungscodes der Rate ¾?
   d) Welche Vor- und Nachteile hat die Verringerung der Guard Period auf $T_G = T_N/8$?
17. Welche Systeme verwenden die Spreiztechnik?
18. Was sind die Vorteile und Anwendungen der Spreiztechnik?
19. Mit welchem Mechanismus erfolgt die Spreizung bzw. Entspreizung eines Signals?
20. Nutzdaten der Rate 60 kbit/s bzw. 240 kbit/s werden mit Codesignalen der Rate 3840 kchip/s gespreizt und anschließend mit einer BPSK moduliert. Wie groß ist der Spreizfaktor und welche Bandbreite besitzt das gespreizte Signal?
21. Welche prinzipiell verschiedenen Methoden zum Schutz gegen Übertragungsfehler gibt es? Welche Vor- und Nachteile besitzen sie und bei welchen Diensten werden sie jeweils eingesetzt?

22. Welche Hamming-Distanz haben die beiden Code-Wörter $c_1 = (0, 1, 0, 1, 0)$ und $c_2 = (1, 1, 0, 0, 0)$?
23. Wie groß sind die Code-Raten bei den Beispielen aus den Bildern 8.23, 8.24 und 8.27?
24. Die beiden Nutzdatenblöcke (1, 1, 1, 1, 1) und (0, 1, 0, 1, 0) werden mit Paritätsbits versehen. Wie lauten die Code-Wörter?
25. Was versteht man unter zyklischen Codes? Wie lassen sie sich realisieren und bei welchen Systemen werden sie eingesetzt?
26. Wie viele Bytefehler kann man mit einem Reed-Solomon-Code mit 8 Paritätsbytes korrigieren?
27. Man betrachte einen Faltungscode der Rate $^1/_3$ und der Rückgrifftiefe $L = 9$. Über wie viele codierte Bits ist die Information aus einem Nutzbit verteilt?
28. Was versteht man unter der Punktierung eines Codes und was ist dabei bzgl. der Lage der punktierten Bits zu beachten?
29. Was versteht man unter Interleaving und weshalb wird diese Methode verwendet?
30. Welche Vor- und Nachteile haben große Interleaving-Blöcke?
31. Was versteht man unter Link Adaptation?
32. Was bedeutet das Kürzel ARQ?
33. Welche Vor- und Nachteile besitzt ein selektives ARQ-Verfahren gegenüber einem Send-and-Wait-Protokoll?
34. Bei einem Fensterverfahren tragen die Frames die Nummern von 0 bis 31. Wie groß kann das Sendefenster maximal gewählt werden?
35. Betrachten Sie das zweite Sendefenster aus Bild 8.33 und nehmen Sie an, dass die Frames mit den Nummern 7 und 12 fehlerbehaftet sind. Welchen Bereich nimmt dann das nächste Sendefenster ein?
36. Wodurch zeichnen sich Low Density Parity Check Codes aus?
37. Was sind hybride ARQ-Verfahren? Welche Varianten gibt es und wo werden sie eingesetzt?

9 Multiplexverfahren in der Übertragungstechnik

9.1 Übersicht zu den Multiplexverfahren

Definition

Ein Multiplexverfahren dient dazu, mehrere verschiedene Signale gleichzeitig über einen Übertragungsweg bzw. über ein Übertragungsmedium zu übertragen. Das Gerät, das die Signale zur gemeinsamen Übertragung zusammenfasst (siehe Bild 9.1), nennt man ***Multiplexer*** (MUX). Der ***Demultiplexer*** (DEMUX) zerlegt das Gesamtsignal wieder in die einzelnen Bestandteile.

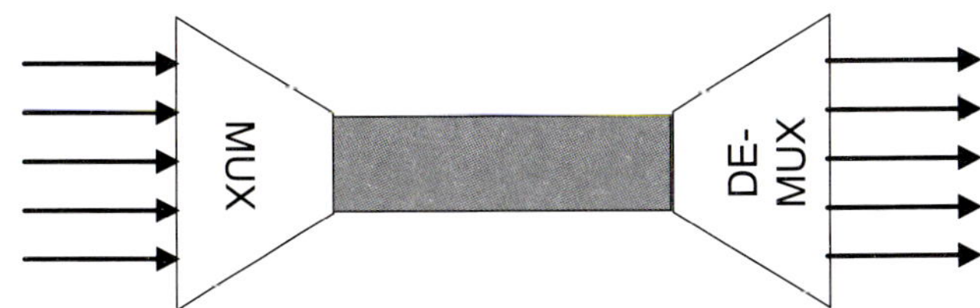

Bild 9.1
Das Prinzip von Multiplexverfahren

Bei leitungsgebundenen Kommunikationssystemen können so die Übertragungskapazitäten ökonomischer genutzt werden. Beispielsweise lassen sich unterschiedliche Anwendungen wie Telefonie und eine Internet-Anbindung via DSL gemeinsam über eine Teilnehmeranschlussleitung abwickeln. Ebenso können die Signale vieler Teilnehmer an einer Vermittlungsstelle zur Übertragung über eine Glasfaser zusammengefasst werden.

Bei Funksystemen ermöglichen es Multiplexverfahren, dass sehr viele Teilnehmer auf das Funksystem zugreifen und übertragen können, ohne sich stark zu stören.

Entsprechend ihrer Realisierungsform unterscheidet man die folgenden Multiplexverfahren

- Raummultiplex (*Space Division Multiplexing*, SDM),
- Frequenzmultiplex (*Frequency Division Multiplexing*, FDM),
- Wellenlängenmultiplex (*Wavelength Division Multiplexing*, WDM),
- Orthogonales Frequenzmultiplex (*Orthogonal Frequency Division Multiplexing*, OFDM),
- Zeitmultiplex (*Time Division Multiplexing*, TDM),
- Codemultiplex (*Code Division Multiplexing*, CDM),
- Polarisationsmultiplex (*Polarisation Division Multiplexing*, PDM).

9.2 Raummultiplex

Merksatz

Beim Raummultiplex bei leitungsgebundenen Kommunikationssystemen werden die verschiedenen Signale auf unterschiedlichen Leitungen geführt und eventuell in einem Kabel gebündelt sind (Bild 9.2). Die einzelnen Leitungen müssen gut gegeneinander abgeschirmt bzw. entkoppelt sein, um ein Übersprechen zu vermeiden.

von zusammengefassten Kanalgruppen, um die Anzahl der zu erzeugenden Trägerfrequenzen zu reduzieren (s. Abschnitt 17.3.3).

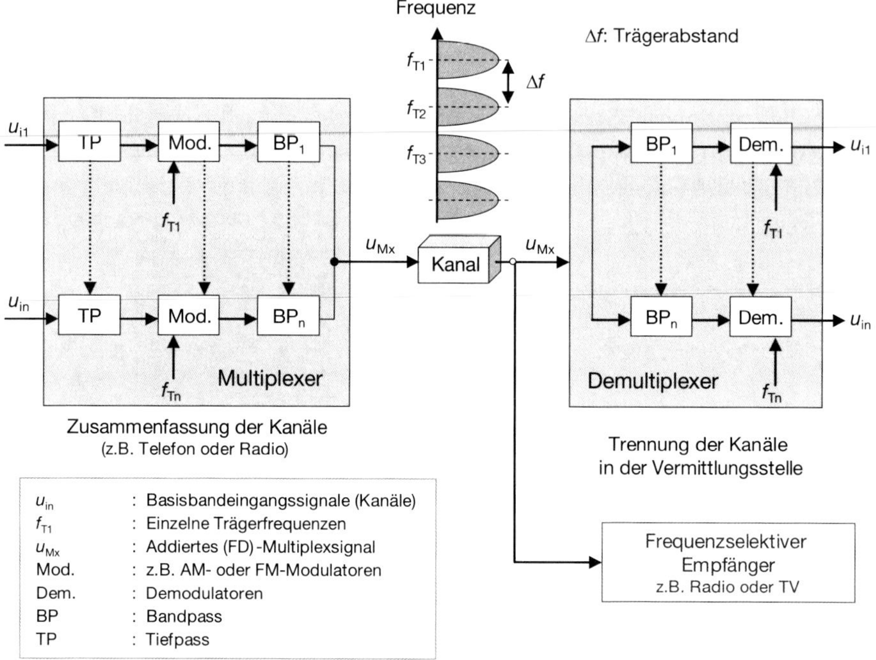

Bild 9.6 Prinzip des Frequenzmultiplex-Verfahrens

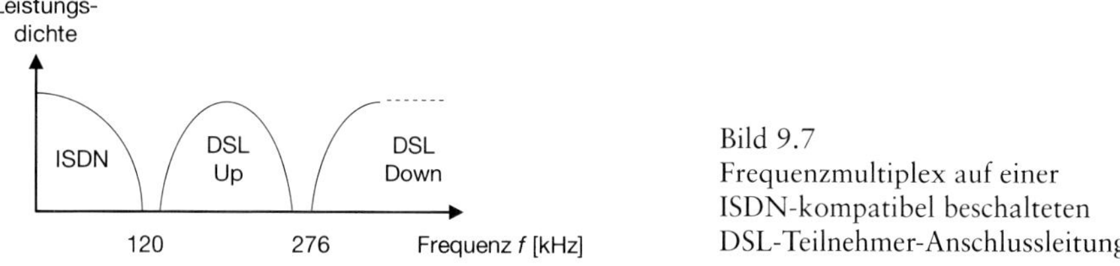

Bild 9.7
Frequenzmultiplex auf einer ISDN-kompatibel beschalteten DSL-Teilnehmer-Anschlussleitung

Ebenso arbeiten Richtfunksysteme [64] mit Frequenzmultiplex-Verfahren. Dabei sind in mehreren Frequenzbändern zwischen 5 und 80 GHz verschiedene Bandbreiten und Trägerabstände von typischerweise 3,5, 7, 14, 28 und 56 MHz realisierbar.

Auch sämtliche Mobilfunksysteme und lokale Funknetze wie WLAN und DECT nutzen das Frequenzmultiplex-Verfahren, um die insgesamt zur Verfügung stehenden Frequenzbänder in mehrere Frequenzträger zu unterteilen. So gibt es beispielsweise für das Mobilfunksystem GSM 248 Frequenzträger in einem Band bei 900 MHz und 748 Frequenzträger in einem Band bei 1800 MHz. Der Trägerabstand beträgt 200 kHz. Jeweils die Hälfte dieser Träger wird für die Richtung von der Mobil- zur Basisstation, die andere Hälfte für die umgekehrte Übertragungsrichtung genutzt. Weitere Details findet man in Kapitel 19.

9.4 Wellenlängenmultiplex

Definition

Als Wellenlängenmultiplex bezeichnet man ein Multiplexverfahren, das in der optischen Nachrichtentechnik Anwendung findet. [65]

Wie in Abschnitt 6.1 erläutert, lässt sich mittels der Formel $\lambda = c/f$ die Frequenz f jeder elektromagnetischen Welle in die entsprechende Wellenlänge λ umrechnen. Insofern kann man ein Wellenmultiplex-Verfahren als eine Form von Frequenzmultiplex für optische Kommunikationssysteme deuten.

Im Bereich der optischen Nachrichtentechnik hat es sich im Gegensatz zur Hochfrequenztechnik eingebürgert, eine Welle eher durch die Wellenlänge als durch die Frequenz zu charakterisieren. Dies hängt u.a. damit zusammen, dass sich die physikalischen Prozesse zur Realisierung des Multiplex-Verfahrens durch konstruktive bzw. destruktive Überlagerungen von Wellen mit einem Gangunterschied von ganz- bzw. halbzahligen Wellenlängen beschreiben lassen.

Ähnlich wie beim Frequenzmultiplex wird also beim Wellenlängenmultiplex das für die optische Übertragung zur Verfügung stehende Spektrum in einzelne kleinere Wellenlängenbereiche unterteilt, die möglichst überlappungsfrei sein sollten. Mittels der Gleichungen 9.1 und 9.2 kann der Wellenlängenträgerabstand $\Delta\lambda$ in einen Frequenzträgerabstand Δf und umgekehrt umgerechnet werden:

$$\Delta f = f_1 - f_2 = c/\lambda_1 - c/\lambda_2 = c\,(\lambda_2 - \lambda_1) / (\lambda_1 \cdot \lambda_2) = c \cdot \Delta\lambda / (\lambda_1 \cdot \lambda_2) \qquad \text{(Gl. 9.1)}$$

$$\Delta\lambda = \lambda_1 - \lambda_2 = c/\lambda_1 - c/c_2 = c\,(f_2 - f_1) / (f_1 \cdot f_2) = c \cdot \Delta f / (f_1 \cdot f_2) \qquad \text{(Gl. 9.2)}$$

Je nach Wellenlängenabstand zwischen den Trägern unterscheidet man zwischen

- grobem Wellenlängenmultiplex (*Coarse **W**ave **D**ivision **M**ultiplex*, CWDM): $\Delta\lambda$ = 20…100 nm und
- dichtem Wellenlängenmultiplex (***D**ense **W**ave **D**ivision **M**ultiplex*, DWDM): $\Delta\lambda$ = 0,2…2 nm.

Beim dichten Wellenlängenmultiplex benötigt man temperatur- und wellenlängenstabilisierte Laser, um die geringen Wellenlängenunterschiede mit hinreichender Präzision zu realisieren, und präzise optische Filter (Interferenzfilter), um die einzelnen Kanäle im Demultiplexer wieder zu trennen.

Üblicherweise verwendet man DWDM-Systeme [65] im C- und L-Band (Infrarot-Bänder zwischen 1530 nm und 1625 nm), in denen man bis zu 160 Kanäle unterbringt. Gemäß Gleichung 9.1 entspricht bei $\lambda_2 \approx \lambda_1 \approx 1500$ nm der Wellenlängenabstand von $\Delta\lambda$ = 0,4 nm einem Frequenzabstand von etwa Δf = 53 GHz. Damit lassen sich auch pro Kanal in etwa 50 Gbit/s übertragen.

CWDM-Systeme stellen geringere Ansprüche an die Präzision der einzelnen Komponenten und stellen daher die kostengünstigere Alternative dar. Insbesondere kann man mit weit verbreiteten direkt modulierten und nicht temperaturstabilisierten Laserdioden arbeiten. Eine Form von CWDM mit einem $\Delta\lambda$ von etwa 20 nm ist beispielsweise von der ITU als Standard G.694.2 standardisiert worden. Übertragungssysteme nach diesem Standard bieten im Wellenlängenbereich zwischen 1260 nm und 1625 nm bis zu 18 Kanäle (Bild 9.8). Pro Kanal ist eine Übertragungskapazität von 2,5 Gbit/s ohne optische Verstärker bei einer Streckenlänge von etwa 80 km möglich. Solche Systeme finden vorwiegend in Metropolitan Area Networks ihre Anwendung.

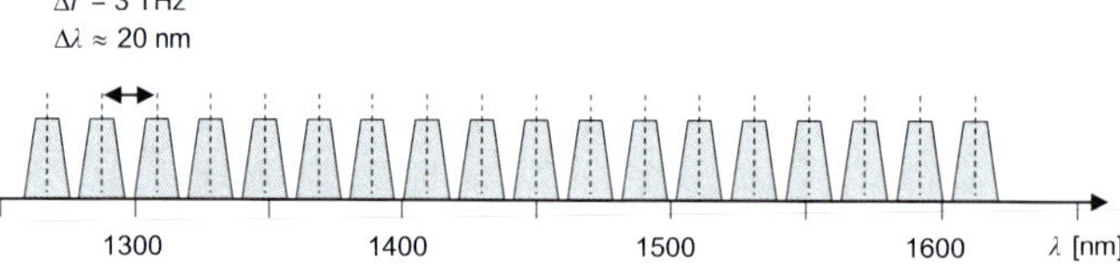

Bild 9.8 Coarse Wavelength Division Multiplexing gemäß ITU

Das Schalten, Bündeln und Trennen der optischen Kanäle kann heutzutage mit rein optischen Bauelementen, d.h. ohne zwischenzeitliche Wandlung in elektrische Signale, realisiert werden. Beispielhaft soll hier das Arrayed Waveguide Grating vorgestellt werden.

Beim De-Multiplexing mit dem Arrayed Waveguide Grating wird – wie in Bild 9.9 illustriert – eine Anordnung kurzer Wellenleiter-Stücke (*arrayed waveguide*) dazu verwendet, um aus dem ankommenden Gesamtsignal mehrere Signale mit einer bestimmten Laufwegdifferenz zu erzeugen. Diese überlagern sich in einem Abschnitt mit Freifeldausbreitung. An dessen Ende ergibt sich ein ähnliches Interferenzmuster wie bei einer Beugung am Gitter (*grating*), d.h., an bestimmten Punkten tritt eine konstruktive Interferenz mit einem Intensitätsmaximum auf. Da die Lage dieses Punktes abhängig von der Wellenlänge ist, können so die Signale mit unterschiedlichen Wellenlängen getrennt werden. In Bild 9.9 wurden der Übersichtlichkeit halber nur vier Wellenleiterstücke und nur zwei verschiedene Wellenlängen (in rot und schwarz gekennzeichnet) dargestellt, in realen Systemen sind es deutlich mehr.

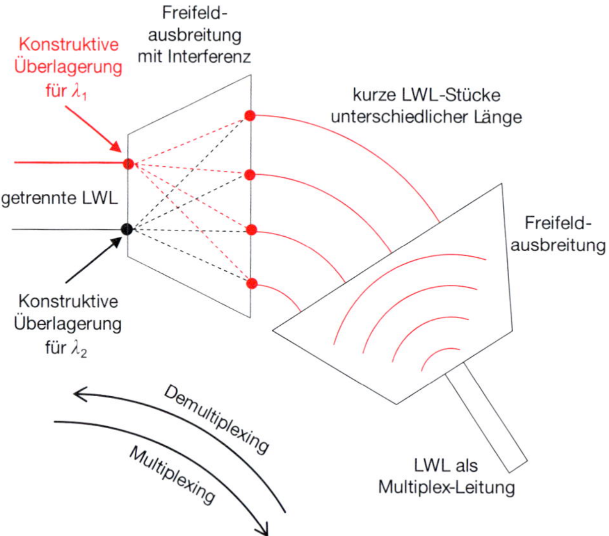

Bild 9.9 Arrayed Waveguide Grating

9.5 Orthogonales Frequenzmultiplex

Orthogonales Frequenzmultiplex (*Orthogonal Frequency Division Multiplexing*, OFDM) wurde bereits in Abschnitt 8.3 als ein Modulationsverfahren vorgestellt, bei dem der Datenstrom auf mehrere Unterträger aufgeteilt und auf diesen parallel übertragen wird.

Der Grund für die Verwendung dieses Verfahrens war zunächst nicht, Datenströme von unterschiedlichen Verbindungen über die verschiedenen Verbindungen zu führen, sondern durch die Verlängerung der Bitdauer bei der parallelen Übertragung den störenden Effekt von Echos und Intersymbol-Interferenzen zu mindern.

Bei der Modulation werden Signalformen verwendet, so dass zwischen den Unterträgern keine Störungen entstehen, obwohl sie enger als bei einem herkömmlichen Frequenzmultiplex-Verfahren beieinander liegen. Die Signale sind zueinander orthogonal und lassen sich daher am Empfänger wieder trennen.

Heutzutage nimmt die Verwendung von OFDM als echtes Multiplex-Verfahren jedoch zu. So können beispielsweise beim LTE-Mobilfunksystem (oder auch bei 5G) verschiedene Unterträger unterschiedlichen Teilnehmern für die Übertragung zugeteilt werden (siehe Abschnitte 19.3 und 19.4). Dies geschieht auf eine sehr dynamische Weise. Dabei lässt sich auch die Empfangssituation auf den einzelnen Teilträgern berücksichtigen, so dass ein Teilnehmer nur Teilträger mit konstruktiver Interferenz erhält.

9.6 Zeitmultiplex

Merksatz

Beim Zeitmultiplex wird der Übertragungskanal in Zeitschlitze (*time slots*) mit einer festen Dauer unterteilt. Die Daten verschiedener Verbindungen können dann nach einem bestimmten Schema auf den unterschiedlichen Zeitschlitzen übertragen werden, so dass jede Verbindung einen Teil der gesamten Übertragungskapazität erhält. Man unterscheidet

- das synchrone Zeitmultiplex-Verfahren und
- das asynchrone Zeitmultiplex-Verfahren.

9.6.1 Synchrones Zeitmultiplex-Verfahren

Merksatz

Das synchrone Zeitmultiplex-Verfahren (Bild 9.10) ist für Anwendungen mit einem kontinuierlichen Datenstrom – wie die Telefonie – konzipiert, bei denen jede Verbindung die gleiche Datenrate benötigt. In diesem Fall werden die Datenströme von einer bestimmten Anzahl von Verbindungen (im Folgenden mit N bezeichnet) abwechselnd nach einem regelmäßigen Schema auf das Übertragungsmedium gegeben. N aufeinanderfolgende Zeitschlitze bilden einen so genannten *Zeitmultiplex-Rahmen* (*TDM frame*). Jede Verbindung kann also jeden N-ten Zeitschlitz für die Übertragung einer bestimmten Anzahl von Bits nutzen.

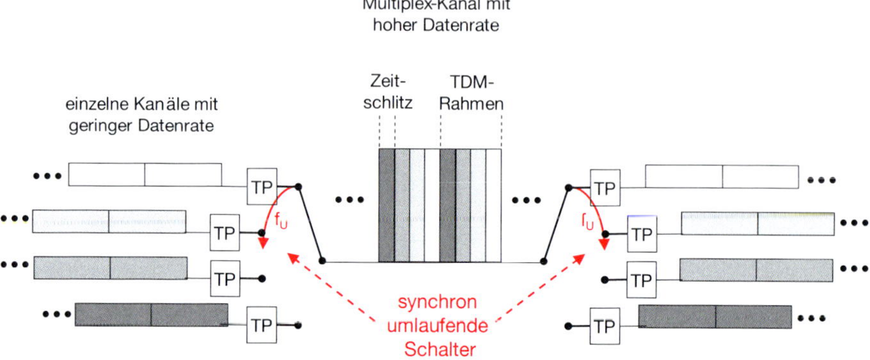

Bild 9.10 Synchrones Zeitmultiplex-Verfahren

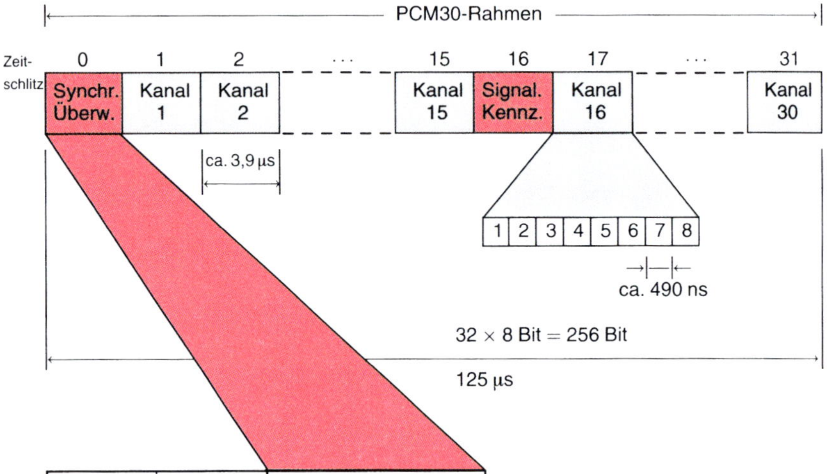

PCM30-Rahmen

Zeitschlitz	0	1	2	…	15	16	17	…	31
	Synchr. Überw.	Kanal 1	Kanal 2		Kanal 15	Signal. Kennz.	Kanal 16		Kanal 30

ca. 3,9 μs

1	2	3	4	5	6	7	8

ca. 490 ns

32 × 8 Bit = 256 Bit

125 μs

	Mehrfach-rahmenteil	Rahmen-Nr.:	Bit-Nr.: 1	2	3	4	5	6	7	8
CRC4- Mehrfachrahmen	I	0	C_1	0	0	1	1	0	1	1
		1	0	1						
		2	C_2	0	0	1	1	0	1	1
		3	0	1						
		4	C_3	0	0	1	1	0	1	1
		5	1	1						
		6	C_4	0	0	1	1	0	1	1
		7	0	1						
	II	8	C_1	0	0	1	1	0	1	1
		9	1	1						
		10	C_2	0	0	1	1	0	1	1
		11	1	1						
		12	C_3	0	0	1	1	0	1	1
		13	Si	1						
		14	C_4	0	0	1	1	0	1	1
		15	Si	1						

Rahmenkennung

Bits des Synchronisierungswortes »001011«

$C_1 \ldots C_4$ CRC4 – Prüfbits

Si Meldebits für internat. Nachrichtenverkehr

Reserviert für Sondersignale und Alarme

Bild 9.11 Rahmenstruktur des PCM30-Systems

Das synchrone Zeitmultipex-Verfahren wird sowohl bei leitungsgebundenen Kommunikationssystemen als auch bei Funksystemen verwendet. So ist beispielsweise bei GSM jeder Frequenzträger in 8 Zeitschlitze und bei DECT jeder Frequenzträger in 24 Zeitschlitze unterteilt. Die Rahmendauer beträgt 4,6 ms bzw. 10 ms.

Ein weiteres wichtiges Beispiel ist das PCM-System (PCM: ***Pulse Code Modulation***) mit seinen verschiedenen Hierarchiestufen. Die Grundstufe ist dabei das PCM30-System, bei dem ein Rahmen aus 32 Zeitschlitzen besteht, von denen 30 (daher der Name) für den Nutzdatentransport und die anderen beiden für die Synchronisierung und Signalisierung verwendet werden (Bild 9.11). Die Rahmendauer beträgt 125 µs und in jedem Zeitschlitz werden 8 Bits (1 Byte) übertragen. Auf diese Weise erhält man für einen einzelnen Kanal (Zeitschlitz) eine Datenrate von 64 kbit/s bzw. für das ganze System eine Datenrate von 32 · 64 kbit/s = 2048 kbit/s – also von ungefähr 2 Mbit/s.

Aufbauend auf der PCM30-Struktur werden Übertragungssysteme höhere Kapazität gebildet, indem man jeweils vier solcher Systeme mittels Zeitmultiplex zu einer Hierarchiestufe höherer Ordnung zusammenfasst (Bild 9.12). Die dabei entstehende Multiplex-Hierarchie nennt man die ***Plesiochrone Digitale Hierarchie, PDH***. Die entsprechenden Träger bezeichnet man auch als E1-, E2-, E3-, E4-Träger.

Die Bezeichnung «Plesiochron» rührt daher, dass die verschiedenen Netzelemente nicht zentral mit einem gemeinsamen Takt versorgt werden, sondern ihren eigenen Takt erzeugen, so dass es geringfügige Abweichungen geben kann. Die Netzelemente sind zwar in guter Näherung, aber nicht völlig exakt synchronisiert. Um die leichten Unterschiede ausgleichen zu können, verwendet man so genannte *Pulsstopfverfahren*, bei denen man durch zusätzliche «Stopfbits» die Bitrate am Ausgang des Multiplexers gegenüber der am Eingang erhöht. Dies ist auch einer der Gründe, warum bei den in Bild 9.12 gezeigten Hierarchiestufen die Datenrate einer Stufe etwas mehr als viermal so groß wie die der vier Eingangsstufen ist.

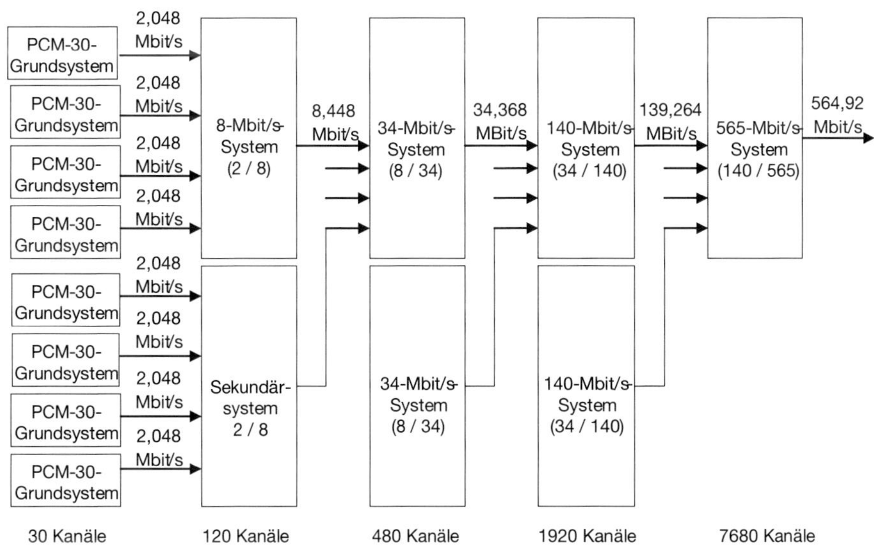

Bild 9.12 Die PDH-Hierarchie

9.6.2 Asynchrones Zeitmultiplex-Verfahren

Heutzutage muss ein Kommunikationssystem Verbindungen mit sehr unterschiedlichen Datenraten realisieren, die auch zeitlich veränderlich sind. Bei manchen Anwendungen fallen Daten kontinuierlich, bei anderen nur sporadisch an. Für solche Anwendungen ist die feste Zuordnung von einer Verbindung zu einem festen Zeitschlitz nicht sinnvoll. Die Zuteilung der Zeitschlitze muss vielmehr dynamischer gestaltet werden. Die geschieht beim asynchronen Zeitmultiplex-Verfahren. Eine Verbindung erhält dabei nicht einen Zeitschlitz fest zugeteilt, sondern Zeitschlitze werden ihr nach Bedarf zugewiesen. Dieser Sachverhalt ist in Bild 9.13 illustriert. So kann beispielsweise eine hochratige Verbindung mehrere Zeitschlitze hintereinander belegen; bei sehr niedrigen Datenraten können sich zwei Verbindungen auch einen Zeitschlitz teilen. Um die übertragenen Daten eindeutig den Verbindungen zuordnen zu können, werden die auf den einzelnen Zeitschlitzen abgelegten Dateneinheiten mit einem Zellkopf versehen, der eine Kennung der jeweiligen Verbindungen enthält.

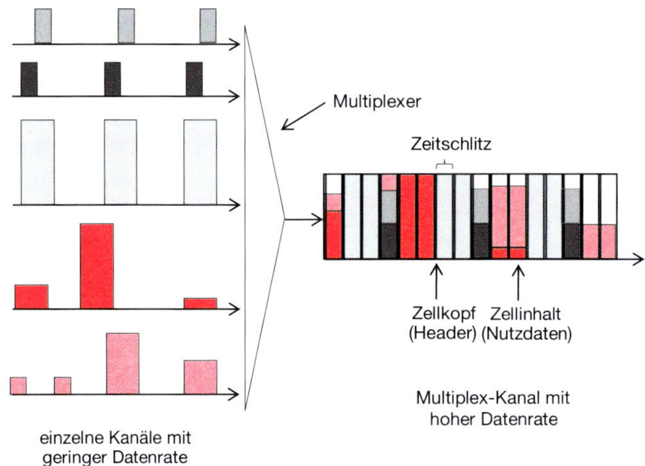

Bild 9.13 Asynchrones Zeitmultiplex-Verfahren

Im Bereich der Funksysteme sind als Beispiele Bluetooth, DECT und GSM zu nennen, bei denen Zeitschlitze dynamisch vergeben und sich zur Datenratensteigerung bündeln lassen.

Weitere wichtige Beispiele sind der *Asynchronuous Transfer Mode* (ATM) und die *Synchrone Digitale Hierarchie (*SDH).

In der niedrigsten Hierarchiestufe besteht ein SDH-Rahmen aus 9 Zeitschlitzen mit einer Rahmendauer von 125 µs. In jedem Zeitschlitz können 270 Bytes transportiert werden – 261 Bytes an Nutzdaten und 9 Bytes an Steuerungsdaten (Zellkopf, Header). Somit ergibt sich eine gesamte Bruttodatenrate von

9 Zeitschlitze · 270 Bytes · 8 Bits pro Byte / 125 µs = 155,52 Mbit/s

Dieses Multiplexsignal mit einer Datenrate von etwa 155 Mbit/s wird als STM-1 (*Synchronuous-Transport-Module* der Stufe 1) bezeichnet. In einem solchen Modul können Signale der plesiochronen digitalen Hierarchie oder auch andere, breitbandige Signale transportiert werden. Ferner lassen sich aus dem beschriebenen Grundsystem – ähnlich wie bei PDH – Hierarchiestufen höherer Ordnung bilden. Einige wichtige Beispiele sind in Tabelle 9.1 zusammengefasst.

Tabelle 9.1 Einige Hierarchiestufen bei SDH

Ausgangssystem	Hierarchiestufe	Datenrate
–	**STM-1**	**155 Mbit/s**
4xSTM-1	STM-4	622 Mbit/s
4xSTM-4	STM-16	2488 Mbit/s
4xSTM-16	STM-64	≈10 Gbit/s
4xSTM-64	STM-256	≈40 Gbit/s

Anders als bei der PDH kann man bei der SDH direkt auf einen einzelnen Kanal zugreifen, ohne die gesamte Hierarchie von Demultiplexern zu durchlaufen.

9.7 Codemultiplex

Merksatz

Beim *Codemultiplex-Verfahren* [22; 26; 61], das z.B. im UMTS-System oder beim Satellitennavigationssystem GPS zum Einsatz kommt, werden die Signale mehrerer Teilnehmer bzw. mehrerer Satelliten gleichzeitig auf der gleichen Frequenz übertragen. Um dennoch die Trennbarkeit der Nutzsignale am Empfänger zu gewährleisten, wird jedes Bit der Signalbitfolge vor der Modulation mit einem verbindungsspezifischen *Code-Signal* multipliziert, auf das sich Sender und Empfänger beim Verbindungsaufbau geeinigt haben (Bild 9.14).

Codemultiplex beruht also auf der in Abschnitt 8.3 beschriebenen Spreiztechnik, wobei jede Verbindung ein eigenes Code-Signal erhält.

Wie in Abschnitt 8.3 erläutert, lässt sich ein solches Code-Signal darstellen als Folge von «–1» und «+1». Um diese Code-Folge c von der eigentlichen Signalbitfolge s von «–1» und «+1» sprachlich zu unterscheiden, nennt man die «–1» und «+1» des Code-Signals *Chips*.

Um die gemeinsam übertragenen Signale am Empfänger wieder trennen zu können, ist es wichtig, dass die Codes die Eigenschaft der Orthogonalität erfüllen: Multipliziert man zwei Code-Signale und mittelt man anschließend das Resultat, so sollte sich – zumindest annäherungsweise – null ergeben.

Codes, die diese Relation der Orthogonalität – zumindest bei exakter zeitlicher Synchronität und ohne Vorhandensein von Echos – erfüllen, lassen sich wie in Bild 9.15 illustriert durch systematische Bildungsgesetze konstruieren. In Bild 9.16 wird die Orthogonalität einiger der Codes untersucht. Sie ist nur bei exakter Synchronisation erfüllt. Bei Abweichungen von der Synchronität verbleibt ein beträchtlicher Rest, der sich als deutliche Störung auswirkt. Die in Bild 9.15 gezeigten so genannten OVSF-Codes (*Orthogonal Variable Spreading Factor*) können dazu verwendet werden, um Verbindungen mit unterschiedlicher Datenrate zu realisieren: Bei hohen

Datenraten nimmt man Codes mit kleinem Spreizfaktor und bei niedrigen Datenraten Codes mit großem Spreizfaktor *SF*. Die Anzahl orthogonaler Codes ist in diesem Beispiel gleich dem Spreizfaktor *SF*. Bei UMTS werden die Spreizfaktoren $SF = 4, 8, 16, \ldots, 256, 512$ verwendet.

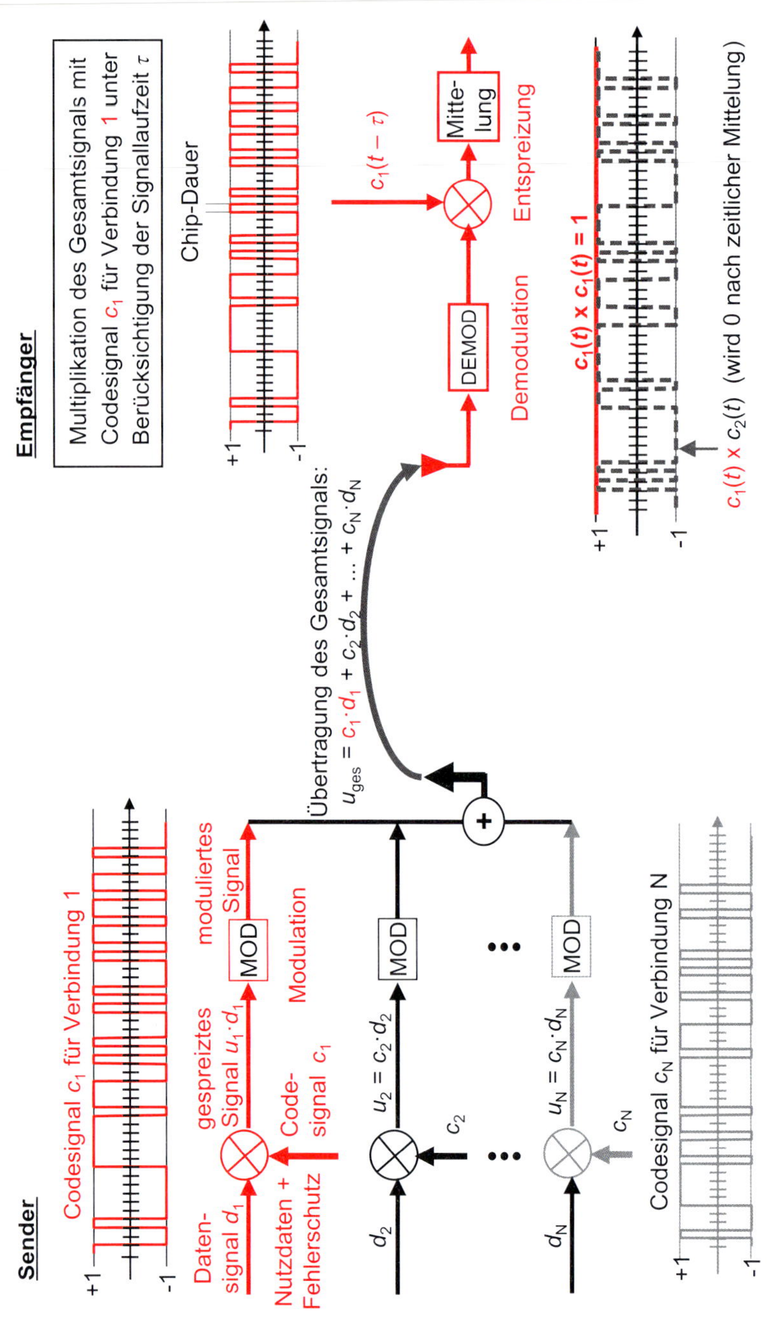

Bild 9.14 Das Prinzip des Codemultiplex

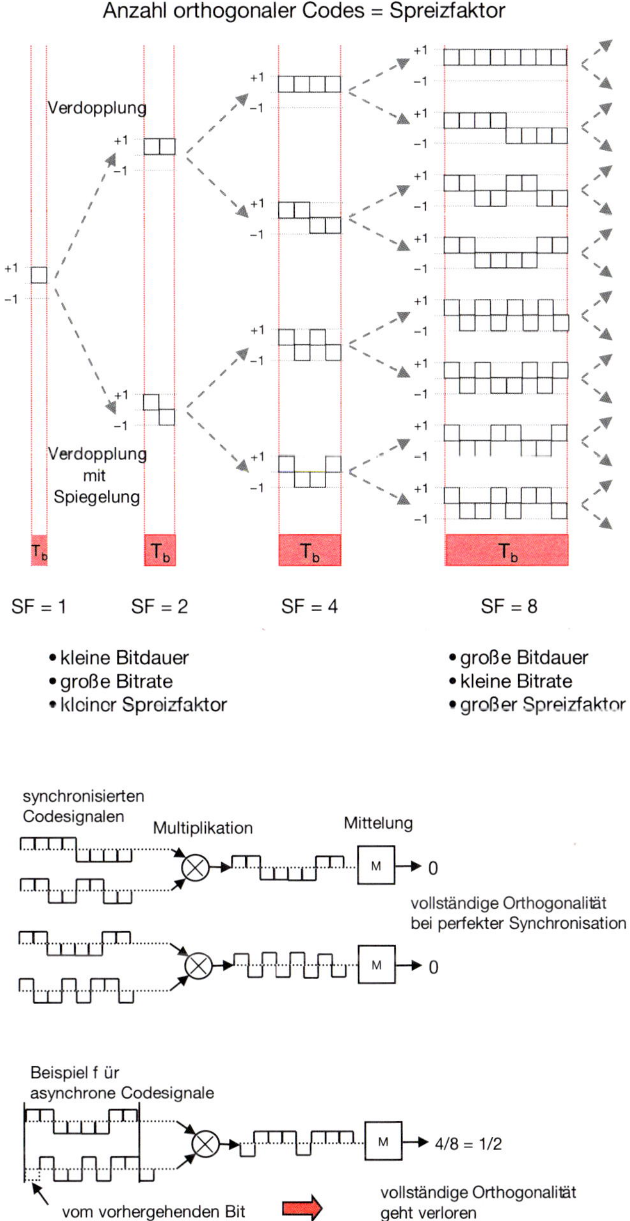

Bild 9.15
Beispiel für
orthogonale Codes

Bild 9.16
Orthogonalität
der Codes

Eine andere Möglichkeit, Codes zur Trennung verschiedener Verbindungen zu erzeugen, besteht über bestimmte rückgekoppelte Schieberegisterschaltungen [22, 26, 61]. Dabei werden sehr lange Folgen von Chips erzeugt, bei denen die Reihenfolge von «+1» und «–1» zufällig aussieht. Daher bezeichnet man diese Codes als *Pseudo Noise Codes*. Auch sie werden bei UMTS eingesetzt, wenn die Quellen nicht synchron senden (wie die Mobilstationen im Mobilfunk). Ebenso kommen sie mit Längen von 1024 bzw. 10240 Chips beim GPS zum Einsatz, um die Signale verschiedener Satelliten zu trennen. Diese Codes sind zwar nicht exakt orthogonal, aber die Abweichung von der Orthogonalität ist auch bei nicht exakter Synchronisierung sehr gering; sie ist durch den Kehrwert des Spreizfaktors begrenzt.

Das Gesamtsignal $u_{s,ges}$ ergibt sich beim Codemultiplex – wie in Bild 9.14 gezeigt – als Überlagerung der gespreizten Signale aller Verbindungen.

$$u_{s,ges} = c_1 \cdot u_1 + c_2 \cdot u_2 + \ldots + c_N \cdot u_N$$

Um am Empfänger aus diesem Signal dasjenige für z.B. die Verbindung 1 zu extrahieren, muss das Empfangssignal im richtigen Zeittakt (chipsynchron) für jede Bitperiode mit dem zugehörigen Codesignal c_1 multipliziert werden.

$$u_{r1} = c_1 \cdot u_{s,ges} = c_1 \cdot c_1 \cdot u_1 + c_1 \cdot c_2 \cdot u_2 + \ldots + c_1 \cdot c_N \cdot u_N$$

Nach der Mittelung sollten die Terme $c_1 \cdot c_2 \cdot u$ bis $c_1 \cdot c_N \cdot u$ null werden – wegen der Orthogonalität der Codes. Zusammen mit der Relation $c_1 \cdot c_1 = 1$ erhält man $u_{r1} = u_1$.

Merksatz

Durch die Multiplikation mit dem passenden Code c_1 erhält man als Empfangssignal also das gewünschte Signal u_1 des ersten Teilnehmers. Diesen Prozess nennt man auch *Entspreizung*. Zu beachten ist, dass sich bei Mobilfunksystemen schon aufgrund der Mehrwegeausbreitung keine völlig exakte Synchronisierung herstellen lässt. Dementsprechend lässt sich keine komplette Orthogonalität der Codes herstellen, so dass immer ein gewisser Störrest von den Signalen der anderen Verbindungen verbleibt.

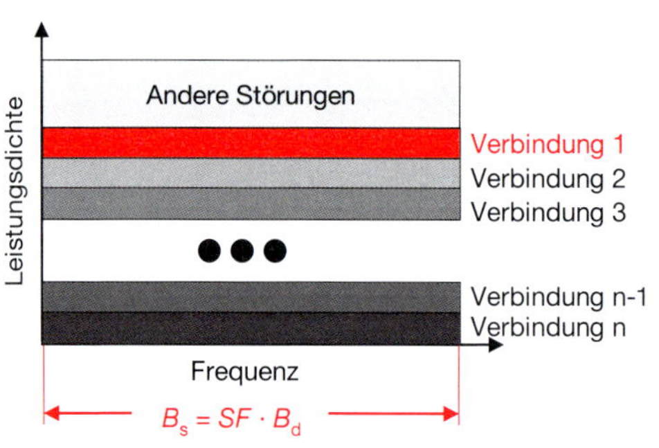

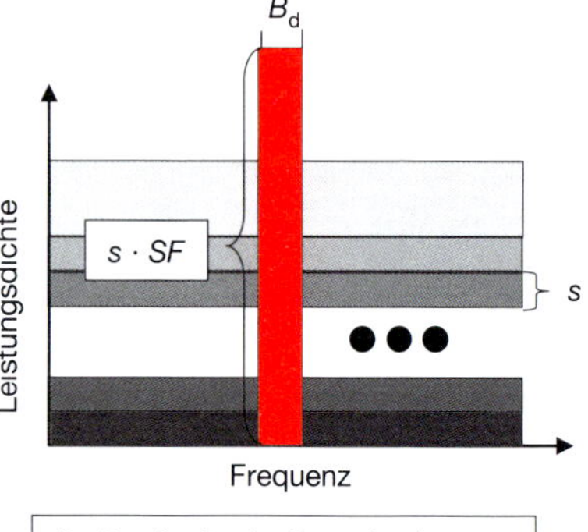

Bild 9.17 Illustration der Empfangsverhältnisse beim Codemultiplex

Dieser Sachverhalt ist in Bild 9.17 zusammen mit dem Prozess der Entspreizung im Frequenzbereich dargestellt: Durch Multiplikation mit c_1 wird der von der Verbindung 1 stammende Signalanteil auf seine ursprüngliche Bandbreite zusammengezogen, während die Anteile der anderen Verbindungen gespreizt bleiben. Die Bits des Signals der 1-ten Verbindung lassen sich detektieren, wenn ihre Leistungsdichte die Störleistungsdichte aller anderen Verbindungen um einen bestimmten Faktor überragt.

Somit kann man nicht beliebig viele Verbindungen auf einer Frequenz unterbringen.

9.8 Polarisationsmultiplex

Beim Polarisationsmultiplex kann man zwei Verbindungen gleichzeitig übertragen, indem man sie Wellen mit unterschiedlicher Polarisationsrichtung zuordnet – nämlich der horizontalen Polarisation für die eine und der vertikalen Polarisation für die andere Verbindung (Bild 9.18).

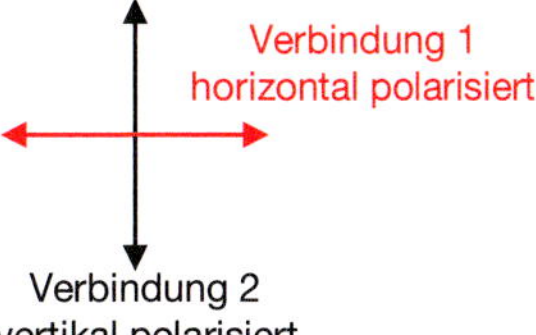

Bild 9.18
Polarisationsmultiplex

Da durch Hindernisse und Reflexionen die Polarisationsrichtung auf nicht vorhersagbare Weise geändert werden kann, kann man dieses Verfahren in einfacher Form nur bei Systemen einsetzen, bei denen die Ausbreitungswege frei von Hindernissen und Reflexionen sind, wie z.B. bei Satelliten- oder Richtfunksystemen.

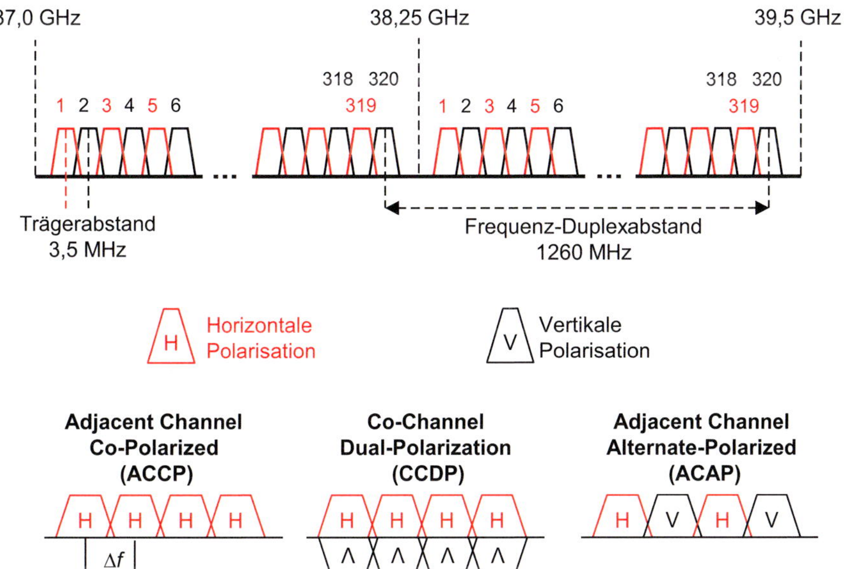

Bild 9.19 Polarisationsmultiplex in Kombination mit Frequenzmultiplex am Beispiel eines Richtfunksystems

Polarisationsmultiplex wird zumeist – wie in Bild 9.19 illustriert – in Verbindung mit einem Frequenzmultiplex-Verfahren eingesetzt, mit dem es sich auf verschiedene Weisen kombinieren lässt. Für Richtfunksysteme [64] bezeichnet man diese Kombinationen als:

- *Adjacent Channel Co-Polarized* (ACCP),
- *Co-Channel Dual-Polarization* (CCDP): Verdopplung der Kapazität,
- *Adjacent Channel Alternate-Polarized* (ACAP): Verringerung von Nachbarkanalstörungen.

9.9 Multiple Input Multiple Output (MIMO)

Definition

Unter einem *MIMO-System* (*MIMO: Multiple Input Multiple Output*) versteht man ein Funksystem, bei dem unter Verwendung mehrerer Sende- und Empfangsantennen die Signale auf unterschiedlichen Funkwegen übertragen werden, die sich mittels der Antennen und zugehöriger Signalverarbeitungseinrichtungen getrennt auflösen lassen.

Bei einer Bezeichnung NxM-MIMO gibt *N* die Anzahl der Sendeantennen und *M* die Anzahl der Empfangsantennen an. [61, 63, 66]

MIMO-Verfahren kommen bei modernen Mobilfunksystemen, bei Wireless LANs, beim digitalen Fernsehen, aber zum Teil auch bei Richtfunksystemen zum Einsatz, um die maximal mögliche Datenrate bzw. Gesamtkapazität dieser Systeme zu steigern. Im optimalen Fall ergibt sich die K-fache Datenrate, wobei K das Minimum von N und M ist.

Ein Spezialfall ist ein 1×2-MIMO-Verfahren, das man auch als *Empfangsdiversität* bezeichnet. Der Vorteil der zwei Empfangsantennen liegt darin begründet, dass sich der Empfangspegel statistisch gegenüber dem einer Einzelantenne verbessert: Steht eine im Bereich der destruktiven Überlagerung der Funkwellen, so gibt es mit der anderen Antenne die Chance, ein besseres Signal zu empfangen. Eine entsprechende Signalverarbeitungseinheit wählt das jeweils beste Signal aus oder kombiniert beide Signale.

Als einen anderen Spezialfall für ein 2×2-MIMO kann man das in Abschnitt 9.8 erläuterte Polarisationsmultiplex in der CCDP-Variante auffassen. Dort hat man zwei über die Polarisation getrennte Funkwege, über die sich die Datenrate verdoppeln lässt.

Im Allgemeinen nutzt man aber bei MIMO nicht nur die Polarisation der Funkwellen, sondern auch die Tatsache, dass die Funkwellen über z.B. Reflexionen auf unterschiedlichen Wegen vom Sender zum Empfänger gelangen können.

Gleichungssysteme für MIMO

Das Prinzip ist in Bild 9.20 für ein 2×2-MIMO-System illustriert. Die beiden Empfangssignale r_i hängen dabei über ein lineares Gleichungssystem von den beiden Sendesignalen s_j ab:

$$r_1 = h_{11} \cdot s_1 + h_{12} \cdot s_2 \qquad \text{(Gl. 9.3)}$$

$$r_2 = h_{21} \cdot s_1 + h_{22} \cdot s_2 \qquad \text{(Gl. 9.4)}$$

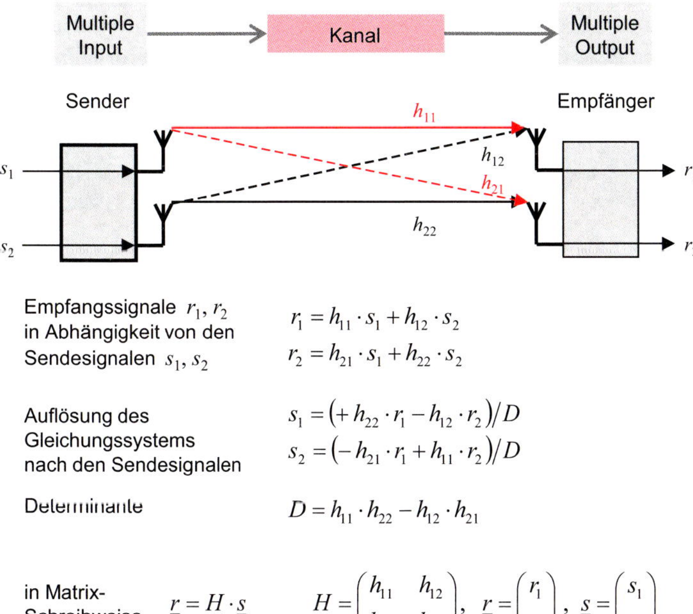

Bild 9.20 Das MIMO-Prinzip

Die Koeffizienten h_{ij} (i, j = 1,2) der so genannten Kanalmatrix ergeben sich aus den Dämpfungsfaktoren über die Funkwege sowie aus Phasenverschiebungen durch die unterschiedlichen Laufwege.

Für ein ideales Polarisationsmultiplex-Verfahren hat das mit vertikaler Polarisation gesendete Signal $s_1 = s_V$ keinerlei Auswirkung auf das mit der horizontal ausgerichteten Antenne empfangene Signal $r_2 = r_H$ (und umgekehrt). In diesem Fall gilt:

$h_{12} = h_{21} = 0$ und $h_{11} = \lambda_1, \; h_{22} = \lambda_2$

$$r_1 = \lambda_1 \cdot s_1 \qquad \text{(Gl. 9.5)}$$

$$r_2 = \lambda_2 \cdot s_2 \qquad \text{(Gl. 9.6)}$$

Dabei sind λ_1, λ_2 die Übertragungsfaktoren auf der Funkstrecke, die vielfach für beide Polarisationen in etwa gleich groß sind, aber durch Regendämpfung auch

Water-Filling-Modell und Verteilung der Sendeleistung

Ferner muss bei fest vorgegebener Leistung $P = P_1 + P_2 + \ldots + P_K$ am Sender festgelegt werden, wie diese auf die unterschiedlichen Wege mit den Nummern 1 bis K zu verteilen ist, wobei die Übertragungswege durch Rauschen der Leistung N (in Watt) gestört sind. Wege mit hohem Übertragungsfaktor λ_i erhalten dabei eine hohe Sendeleistung, solche mit niedrigem Übertragungsfaktor λ_i eine niedrige bzw. keine Sendeleistung.

Dies lässt sich anhand des so genannten *Water-Filling-Modells* (Bild 9.22) erläutern, bei dem eine rötlich gefärbte Wassermenge (Gesamtmenge entspricht der Gesamtleistung) in einen Behälter mit Stufen gegossen wird. Die Höhe der Stufen ist umgekehrt proportional zum Quadrat der Übertragungsfaktoren auf dem jeweiligen Weg: N/λ_i^2. Je höher die Stufe ist, desto weniger Wasser steht darüber (wenig Leistung). Besonders hohe Stufen, d.h. Wege mit schlechtem Übertragungsverhalten, bekommen kein Wasser, also keine Leistung. Die Gesamtmenge an Wasser (Gesamtleistung) ist in allen sechs Anordnungen in Bild 9.22 gleich, sie verteilt sich nur unterschiedlich auf die Wege. Ebenso sieht man, dass trotz eines 4×4-MIMOs nur 3 oder 2 Wege (oder auch nur einer) ausgeprägt sein können, so dass sich die übertragbare Datenrate dann nicht vervierfacht, sondern sich höchstens verdreifachen oder verdoppeln kann.

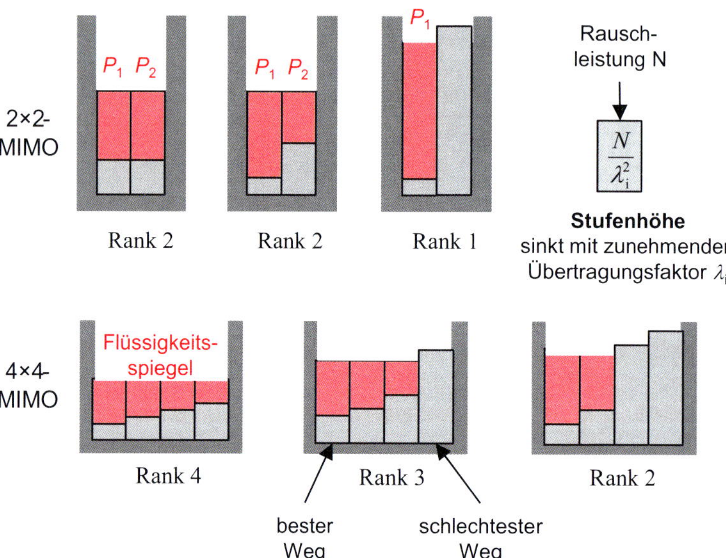

Bild 9.22 Water-Filling-Modell für die Aufteilung der Sendeleistung auf die Übertragungswege bei einem MIMO-Verfahren

MIMO und adaptive Antennenarrays

Nach diesen etwas mathematischeren Erläuterungen zum MIMO wird im Folgenden eine Erklärung aus einem anderen Blickwinkel gegeben, der mehr den Gesichtspunkt der unterschiedlichen Ausbreitungswege in einer reflektierenden Umgebung betont. Dieser Punkt ist in Bild 9.23 illustriert. Der obere Teil zeigt ein stark vereinfachtes Bild eines 2x2-MIMOs mit jeweils zwei statischen, stark bündelnden Sende- und Empfangsantennen. Das eine Antennenpaar nutz den direkten Weg, das andere – rot gezeichnete – einen anderen Weg über ein reflektierendes Objekt, z.B. ein großes

Gebäude. Bündeln die Antennen stark genug und sind die Richtungen hinreichend verschieden, so sind die Wege gut trennbar. Der Datenstrom lässt sich dann – wie im Bild gezeigt – auf die beiden Wege aufteilen, so dass die Datenrate doppelt so groß ist wie bei nur einem Weg. In der Praxis wird dieser Mechanismus natürlich nicht durch statische Antennen, sondern – wie im unteren Teil von Bild 9.23 gezeigt – durch adaptive, phasengesteuerte Antennenarrays realisiert, die ihre Ausstrahlungsrichtungen automatisch und sehr schnell an die jeweilige Umgebung und deren Reflexionsmöglichkeiten anpassen können (vgl. Abschnitt 6.2.4 über Gruppenantennen).

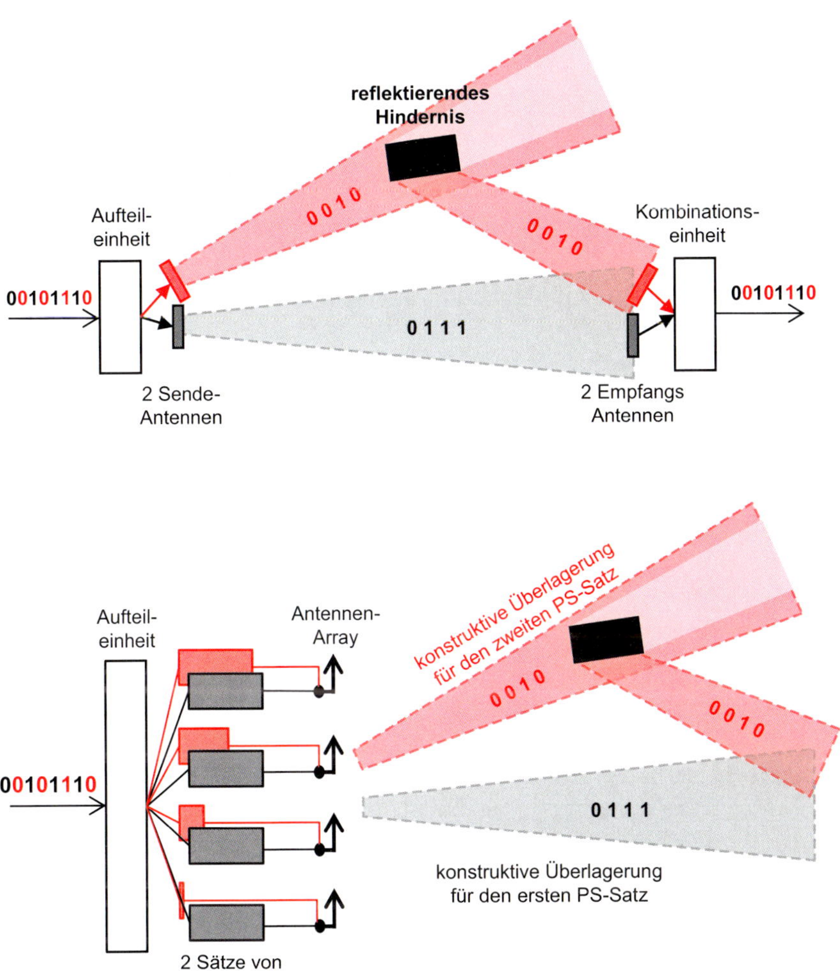

Bild 9.23 Verwendung unterschiedlicher Ausbreitungswege beim MIMO-Verfahren

MIMO-Varianten

MIMO kommt – wie in Bild 9.24 illustriert – in modernen Mobilfunksystemen aber nicht nur als Single-User-MIMO (SU-MIMO) zum Einsatz, um die Datenrate für einen Nutzer zu steigern, sondern auch als Multi-User-MIMO (MU-MIMO). Wie schon zuvor erläutert, kann es zu einem einzelnen Teilnehmer hin weniger nutzbare Wege geben, als es das MIMO-Verfahren theoretisch zulässt. Unterschiedliche

Teilnehmer können aber in ihrer Richtung stark getrennt sein, so dass MIMO dazu dienen kann, die Daten der verschiedenen Teilnehmer parallel zu übertragen. Man steigert dabei zwar nicht die Datenrate eines einzelnen Teilnehmers, jedoch die Gesamtkapazität in der Funkzelle. Beim kooperativen MIMO (Cooperative MIMO) empfängt das Endgerät eines Teilnehmers zwei Datenströme von unterschiedlichen Funkfeststationen (Basisstationen), die dabei zusammenarbeiten. Dies verbessert insbesondere die Versorgungsqualität am Rand einer Funkzelle.

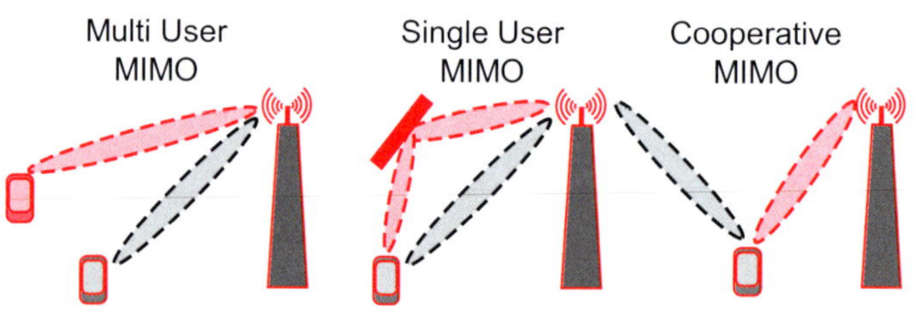

Bild 9.24 MIMO-Varianten

9.10 Kombination von Multiplexverfahren

Vielfach werden die zuvor beschriebenen Multiplexverfahren auch miteinander in verschiedenster Weise miteinander kombiniert, wie Bild 9.25 illustriert.

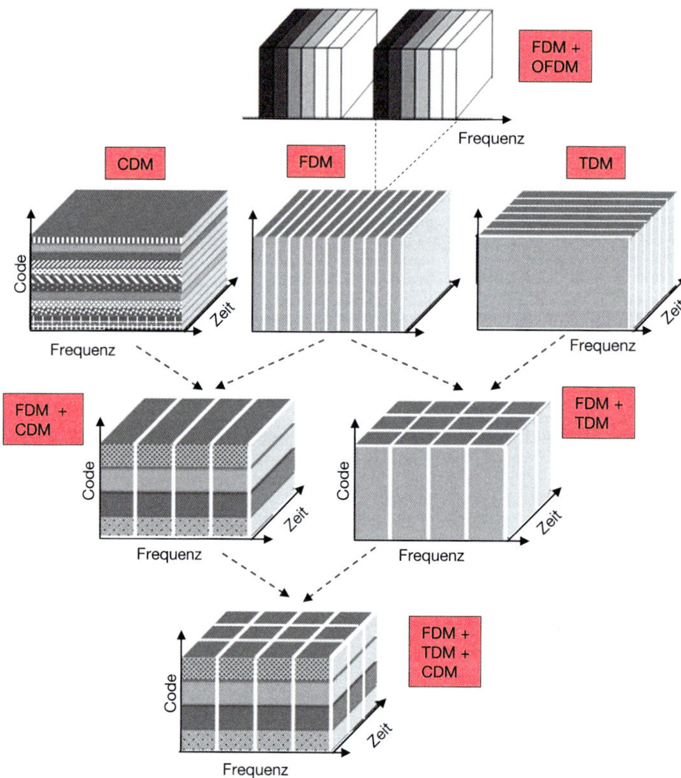

Bild 9.25 Multiplexverfahren und ihre Kombinationen

So ist bei LTE, 5G, WLAN, DVB-T und DAB das zur Verfügung stehende Spektrum per FDM in Frequenzträger mit einem Abstand von einigen Megahertz zerlegt. Jeder Träger wiederum ist mittels OFDM in zahlreiche Unterträger unterteilt.

DECT und GSM verwenden zum Beispiel eine Kombination aus FDM und TDM mit 8 bzw. 24 Zeitschlitzen pro Frequenzträger. Ebenso gibt es optische Übertragungssysteme mit einer Kombination aus Wellenlängen- und Zeitmultiplex.

Bei dem Mobilfunksystem UMTS kombiniert man Frequenzmultiplex mit Codemultiplex. Ein Übertragungsmodus von UMTS verwendet sogar eine Kombination aus drei Multiplex-Techniken: FDM, TDM und CDM.

9.11 Duplex-Verfahren

Bei der Duplex-Verbindung ist eine gleichzeitige Übertragung von Informationen zwischen zwei Kommunikationspartnern in beide Richtungen möglich.

Je nachdem, welches der zuvor beschriebenen Multiplexverfahren verwendet wird, um die beiden Kommunikationsrichtungen zu trennen, unterscheidet man die in Tabelle 9.2 aufgeführten Verfahren. Die einzelnen Verfahren sind in Bild 9.26 illustriert.

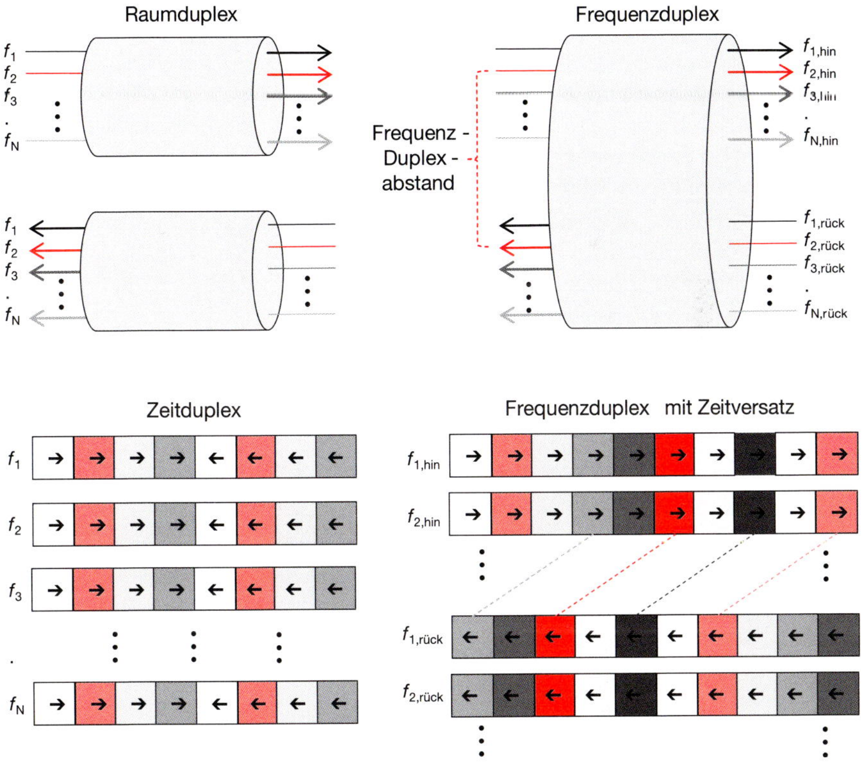

Bild 9.26 Duplex-Verfahren

Beim Frequenzduplex ist zu beachten, dass das Empfangssignal zumeist 100 bis 150 dB schwächer als das Sendesignal ist. Damit es nicht vom eigenen Sender überdeckt wird, benötigt man ein Duplex-Filter, das das Sendesignal im Empfangsband um zumindest diesen Betrag unterdrückt. Um es realisieren zu können, wählt man einen Duplex-Frequenzabstand, der sehr viel größer als der Trägerabstand ist. Da beim Zeitduplex die Sende- und Empfangsrichtung durch die Zeitlage getrennt sind, entfällt die Notwendigkeit für ein Duplex-Filter. Ein Codeduplex lässt sich praktisch nicht realisieren, da das sehr viel schwächere Empfangssignal vom Sendesignal überdeckt wird.

Tabelle 9.2 Duplex-Verfahren

Duplex-Verfahren	**Englische Bezeichnung**	**Abk.**	**Erklärung**	**Beispiele**
Raumduplex	Space Division Duplex	SDD	separate Leitungen	Trägerfrequenzsysteme
Frequenzduplex	Frequency Division Duplex	FDD	separate Frequenzträger	GSM, UMTS, LTE
Zeitduplex	Time Division Duplex	TDD	separate Zeitschlitze	DECT, Bluetooth, WLAN, LTE, 5G

9.12 Lernziel-Test

1. Was versteht man unter dem Raummultiplex-Verfahren? Bei welchen Systemen wird es eingesetzt und in welcher Weise?
2. Was versteht man unter dem Frequenzmultiplex-Verfahren? Bei welchen Systemen wird es eingesetzt?
3. Welche Bandbreite belegt ein Trägerfrequenz-Telefonie-System, bei dem 600 Telefonleitungen zu einer Multiplex-Leitung zusammengefasst werden?
4. Wie unterscheidet sich OFDM von einem herkömmlichen FDM-Verfahren?
5. Was versteht man unter dem Wellenlängenmultiplex-Verfahren? Bei welchen Systemen wird es eingesetzt?
6. Wodurch unterscheiden sich Coarse und Dense Wavelength Division Multiplexing?
7. Betrachten Sie zwei Wellen mit Wellenlängen $\lambda_1 = 1300$ nm und $\lambda_2 = 1302$ nm. Wie groß ist der Frequenzabstand Δf?
8. Was versteht man unter dem Zeitmultiplex-Verfahren? Bei welchen Systemen wird es eingesetzt?
9. Welche Arten von Zeitmultiplex unterscheidet man?
10. Betrachten Sie ein Zeitmultiplex-System mit einer Rahmendauer von 5 ms und 8 Zeitschlitzen. In jedem Zeitschlitz werden 20 Bytes übertragen. Wie groß ist die Datenrate auf einem Kanal?
11. Was versteht man unter dem Codemultiplex-Verfahren? Bei welchen Systemen wird es eingesetzt?
12. UMTS verwendet eine Chip-Rate von 3840 kchip/s. Welche Spreizfaktoren benötigt man für Verbindungen mit einer Datenrate von 960 kbit/s bzw. 120 kbit/s? Wie viele solcher Verbindungen kann es pro Basisstation maximal geben?
13. Warum wird Polarisationsmultiplex nicht im Mobilfunk eingesetzt?
14. Welche Duplex-Verfahren gibt es?
15. Warum ist ein Codeduplex nicht realisierbar?

16. DECT verwendet ein Zeitmultiplex-Verfahren mit 24 Zeitschlitzen pro Rahmen und TDD. Wie viele Telefonate können gleichzeitig auf einem Träger geführt werden?
17. Was bedeuten die Angaben: Adjacent Channel Co-Polarized, Adjacent Channel Alternate-Polarized, Co-Channel Dual-Polarized? Was sind jeweils Vor- und Nachteile?
18. Was bedeutet die Abkürzung MIMO und wie sieht die Antennenkonstellation bei einem 4×2-MIMO-System aus?
19. Ein Übertragungssystem ohne MIMO besitzt eine maximale Datenrate von 50 Mbit/s. Auf welchen Wert lässt sich die Datenrate bei der Einführung von 4×4-MIMO steigern? Welche Bedingungen müssen dafür vorliegen?
20. Lässt sich der maximale Gewinn durch ein 8×8-MIMO-System eher in einem Gebäude oder im Außenbereich auf freier Fläche mit kaum Hindernissen erzielen?
21. Erläutern Sie die Unterschiede zwischen folgenden MIMO-Varianten: Single-User-MIMO, Multi-User-MIMO, Cooperative-MIMO. Erläutern Sie dabei auch, inwieweit der einzelne Kunde und wieweit die Gesamt-Netzkapazität profitiert.

und die Verstärkung des Sendesignals über mehrere Stufen. Das Ausgangssignal der Endstufe wird auf die Sendeantennen gegeben.

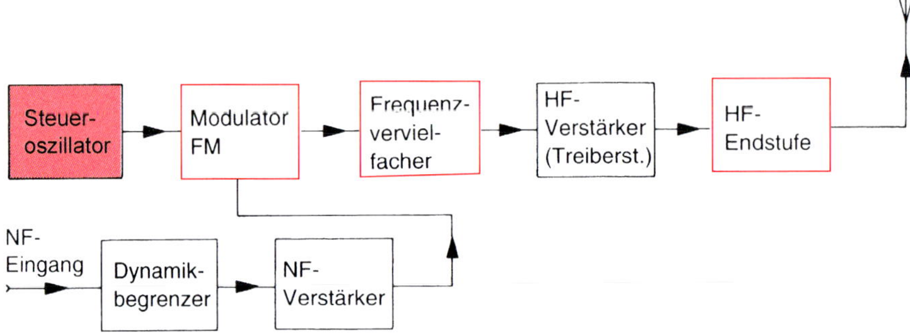

Bild 10.2 Blockschaltbild eines Rundfunksenders für Ultrakurzwelle (UKW)

10.1.1 Hörrundfunkempfänger

Beim terrestrischen Rundfunkempfang werden über die Antenne die modulierten hochfrequenten Signale dem Empfänger zugeführt. Damit die amplituden- oder frequenzmoduliert übertragene Information wiedergewonnen werden kann, muss der Empfänger die entsprechende Demodulation vornehmen können. Bei Empfängern für verschiedene Frequenzbereiche unterschiedlicher Modulationsart sind daher auch unterschiedliche Demodulatoren vorzusehen. Die Rundfunkempfänger arbeiten dabei entweder nach dem Verfahren des Geradeaus- oder des *Überlagerungsempfangs*.

10.1.1.1 Geradeaus-Prinzip

Das Blockschaltbild nach Bild 10.3 erklärt den Namen dieses Empfangsprinzips: Das Eingangssignal durchläuft geradeaus, d.h. ohne Umwege, die einzelnen Stufen. Die von der Antenne kommende Empfangsspannung wird zunächst verstärkt. Da dieses Signal die Frequenzen aller Sender des Frequenzbereiches enthält, würden bei deren Weiterverarbeitung viele Sender gleichzeitig hörbar werden – es fehlt die *Selektivität* des Empfangs.

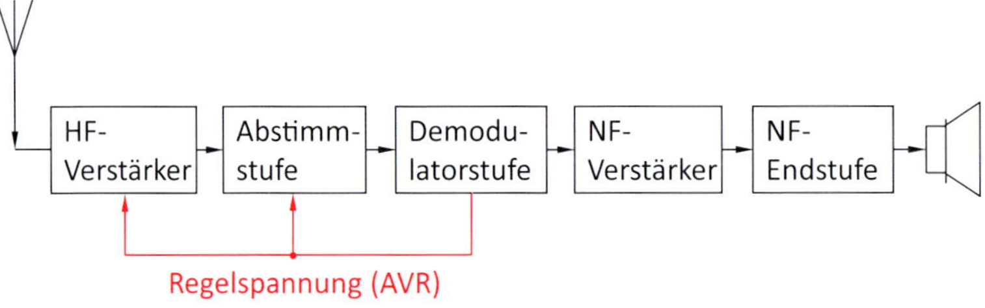

Bild 10.3 Blockschaltbild eines Geradeaus-Empfängers

Merksatz

Um nur einen einzigen Sender zu empfangen, muss die Spannung mit der Frequenz des gewünschten Senders aus dem Gesamtsignal herausgefiltert werden.

Das Herausfiltern der Frequenz des gewünschten Senders erfolgt in der Abstimmstufe. Dieses ist ein *selektiver Verstärker*, der nur eine bestimmte Frequenz und ihre Nachbarfrequenzen verstärkt. Zum Herausfiltern des gewünschten Frequenzbandes verwendet man Schwingkreise, die verstimmbar sein müssen, um alle möglichen Sender eines Wellenbereiches auswählen zu können. Die Senderauswahl erfolgt durch das Verändern der Induktivität oder Kapazität dieser Schwingkreise, wobei alle Schwingkreise stets die gleiche Resonanzfrequenz haben müssen. Dieser erforderliche Gleichlauf ist wegen der Fertigungstoleranzen nicht erreichbar und führt zu einer relativ schlechten Herausfilterung des gewünschten Senders: Zwei dicht nebeneinander liegende Sender können dann nicht einwandfrei getrennt werden, d.h., die *Trennschärfe* des Empfängers ist schlecht, und sind daher relativ unempfindlich.

Ein Sonderfall des Geradeaus-Empfängers ist der (umschaltbare) Festfrequenzempfänger, bei dem fest abgestimmte Schwingkreise verwendet werden und die Anzahl der Schwingkreise im Prinzip nicht begrenzt ist, so dass eine sehr hohe Trennschärfe erreicht werden kann. Derartige *Festfrequenzempfänger* werden z.B. im See- und Flugfunk eingesetzt.

Die in der Abstimmstufe herausgefilterte und verstärkte Spannung mit der Frequenz des gewünschten Senders wird in der *Demodulationsstufe* demoduliert, so dass an dessen Ausgang das niederfrequente Nutzsignal zur Verfügung steht, das nachfolgend verstärkt wird. Der NF-Vorverstärker enthält dabei die Möglichkeit zur Einstellung der Lautstärke und der Beeinflussung des Frequenzgangs. Bei der Amplituden-Demodulation ergibt sich hier ein Gleichspannungsanteil, der der empfangenen Senderspannung proportional ist (s. Kapitel 7). Dieser kann als *Regelspannung* für eine automatische Verstärkungsregelung (AVR) verwendet werden. Dadurch werden Übersteuerungen vermieden und eine weitgehend gleichbleibende Lautstärke erreicht.

10.1.1.2 Überlagerungsprinzip

Zur Erhöhung der Trennschärfe arbeiten abstimmbare Empfänger heute fast ausschließlich nach dem Überlagerungsprinzip (Superheterodyn-Prinzip).

Merksatz

Beim Überlagerungsprinzip wird die Empfangsspannung des gewünschten Senders mit einer im Empfänger erzeugten Oszillatorspannung gemischt.

Bild 10.4 zeigt das Blockschaltbild eines Überlagerungsempfängers. Am Ausgang einer Mischstufe entstehen neben anderen Spannungen eine Spannung mit der *Summenfrequenz* und eine Spannung mit der *Differenzfrequenz* (Bild 10.5). Hat die Eingangsspannung des eingestellten Senders z.B. die Frequenz f_E = 1000 kHz und die Oszillatorspannung die Frequenz f_O = 1460 kHz, so entsteht am Ausgang der Mischstufe die Summenfrequenz $f_O + f_E$ = 2460 kHz und die Differenzfrequenz $f_O - f_E$ = 460 kHz.

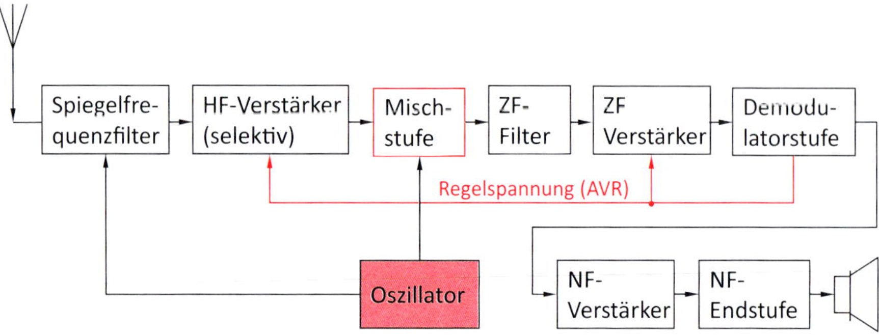

Bild 10.4 Blockschaltbild eines Überlagerungsempfängers für LW, MW, KW

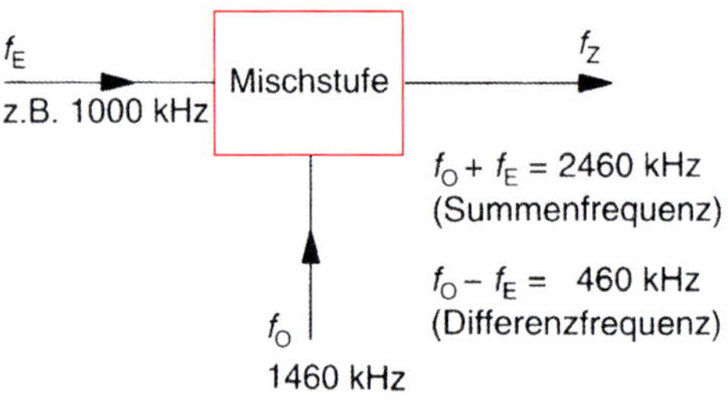

Bild 10.5
Entstehung von Summen- und Differenzfrequenz

Da die Oszillatorspannung selbst nicht moduliert ist, die Eingangsspannung jedoch die vom Sender kommende Modulation aufweist, haben auch die Spannungen mit der Summen- und der Differenzfrequenz die gleiche Modulation. Dieses Signal wird im Empfänger weiterverarbeitet und die Differenzfrequenz als *Zwischenfrequenz* (*ZF*) bezeichnet.

Merksatz

Die Spannung mit der Zwischenfrequenz enthält den gleichen Modulationsinhalt und damit den gleichen Informationsinhalt wie die Eingangsspannung.

Die Frequenz des Oszillators ist einstellbar, was die Auswahl des Senders erlaubt. Die Oszillatorfrequenz ist grundsätzlich frei wählbar, wird aber meistens so gewählt, dass sie um den Betrag der Zwischenfrequenz höher liegt als die Eingangsfrequenz: Wenn die Oszillatorfrequenz um 460 kHz höher ist als die Eingangsfrequenz, so wird am Ausgang der Mischstufe eine modulierte Schwingung mit der Frequenz 460 kHz liegen (Bild 10.6). Der nachfolgende Zwischenfrequenzverstärker kann nun für die Festfrequenz von 460 kHz mit großer Gesamtverstärkung aufgebaut werden.

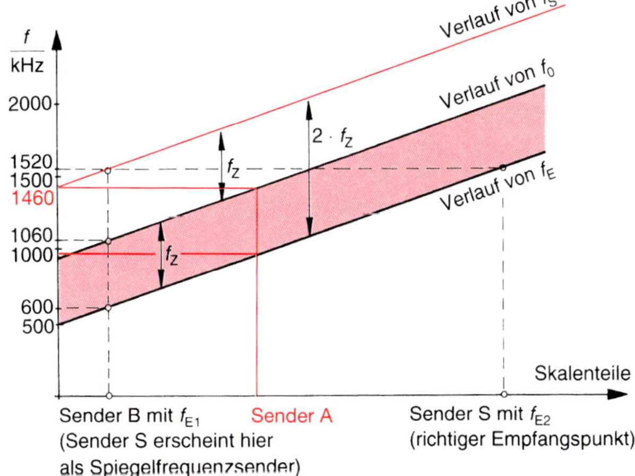

Bild 10.6
Oszillatorfrequenz f_O, Eingangsfrequenz f_E und Zwischenfrequenz f_Z in Abhängigkeit vom eingestellten Sender A (orange dargestellt) sowie Verlauf der Spiegelfrequenz

Allgemein gilt für die Wahl der ZF:

$$f_Z = f_O - f_E \qquad \text{(Gl. 10.1)}$$

f_Z Zwischenfrequenz
f_O Oszillatorfrequenz
f_E Eingangsfrequenz

Um eine große Trennschärfe zu erreichen, erhöht man die *Selektivität* durch mehrere fest abgestimmte Filter. Abstimmbar zur Sendereinstellung sind üblicherweise nur zwei Schwingkreise. Ein Schwingkreis ist im HF-Verstärker enthalten, der andere in der Oszillatorschaltung. Durch nur einen Schwingkreis wäre die Selektivität des HF-Verstärkers schlecht, d.h., es kommen noch andere Eingangsfrequenzen in die Mischstufe als die gewünschte und bilden mit der Oszillatorfrequenz ebenfalls Summen- und Differenzfrequenzen. Diese Summen- und Differenzfrequenzen werden im ZF-Verstärker herausgefiltert.

Merksatz

Im Bereich der verwendeten Zwischenfrequenzen dürfen keine Sender liegen, da diese im ZF-Verstärker verstärkt würden und unabhängig von der Einstellung der Empfangsfrequenz immer hörbar sind.

Die ZF wird bei Empfängern für LW, MW und KW im Bereich von 450 kHz bis 470 kHz gewählt. Für UKW hat man sich auf eine einzige Zwischenfrequenz von 10,7 MHz geeinigt.

Das Überlagerungsprinzip wird in fast allen Rundfunkempfängern genutzt und erlaubt die Herstellung von Empfangsgeräten mit hoher Trennschärfe und Empfindlichkeit. Der Nachteil dieses Systems besteht in der Möglichkeit des *Spiegelfrequenzempfangs*: Wurde am Empfänger z.B. eine Empfangsfrequenz von f_{E1} = 600 kHz eingestellt, so folgt bei f_Z = 460 kHz eine Oszillatorfrequenz von 1060 kHz (Bild 10.7). Auf den Eingang der Mischstufe gelangt nun eine Empfangsspannung bei einer Frequenz von 1520 kHz. Die Differenz zwischen 1520 kHz und der Oszillatorfrequenz von 1060 kHz ergibt ebenfalls ein Signal mit einer Frequenz von 460 kHz. Diese erscheint am Ausgang der Mischstufe und wird im ZF-Verstärker verstärkt, d.h., der Sender mit f_{E2} = 1520 kHz ist bei der Skaleneinstellung auf 600 kHz zu hören – genau so, als wäre er ein Sender mit einer Eingangsfrequenz von 600 kHz. Sendet nun bei 600 kHz ein anderer Sender, so sind beide Sender *gleichzeitig* zu hören, was als *Spiegelfrequenzstörungen* bezeichnet wird.

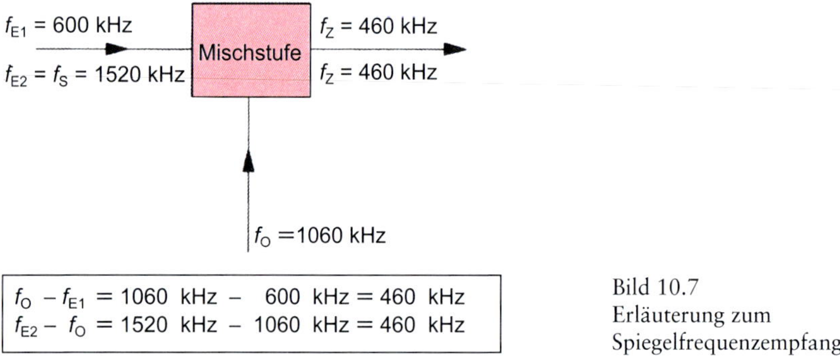

Bild 10.7
Erläuterung zum Spiegelfrequenzempfang

Spiegelfrequenzen liegen um den Betrag von f_Z höher als die Oszillatorfrequenz.

$$f_S = f_O + f_Z \quad \text{(Gl. 10.2)}$$

$$f_Z = f_S - f_O$$

Da die Oszillatorfrequenz aber bereits um den Betrag von f_Z höher liegt als die Eingangsfrequenz, gilt:

$$f_S = f_E + f_Z + f_Z \quad \text{(Gl. 10.3)}$$

$$f_S = f_E + 2 \cdot f_Z$$

f_E Eingangsfrequenz
f_O Oszillatorfrequenz
f_Z Zwischenfrequenz
f_S Spiegelfrequenz

In Bild 10.6 wird dieser Zusammenhang erläutert. Die Spiegelfrequenzen liegen stets um den gleichen Betrag oberhalb der Oszillatorfrequenz, um den die Eingangsfrequenz unterhalb der Oszillatorfrequenz liegt. Spiegelt man die untere Gerade an der mittleren Geraden, so erhält man die rote Gerade.

Eine höhere *Spiegelfrequenzsicherheit* des Empfängers erhält man durch Wahl einer höheren Zwischenfrequenz oder durch zweimalige Mischung. Derartige Empfänger werden als *Doppelsuperheterodyn-Empfänger* bezeichnet.

Bild 10.8 gibt zusammenfassend nochmals einen Überblick über den Aufbau eines Überlagerungsempfängers.

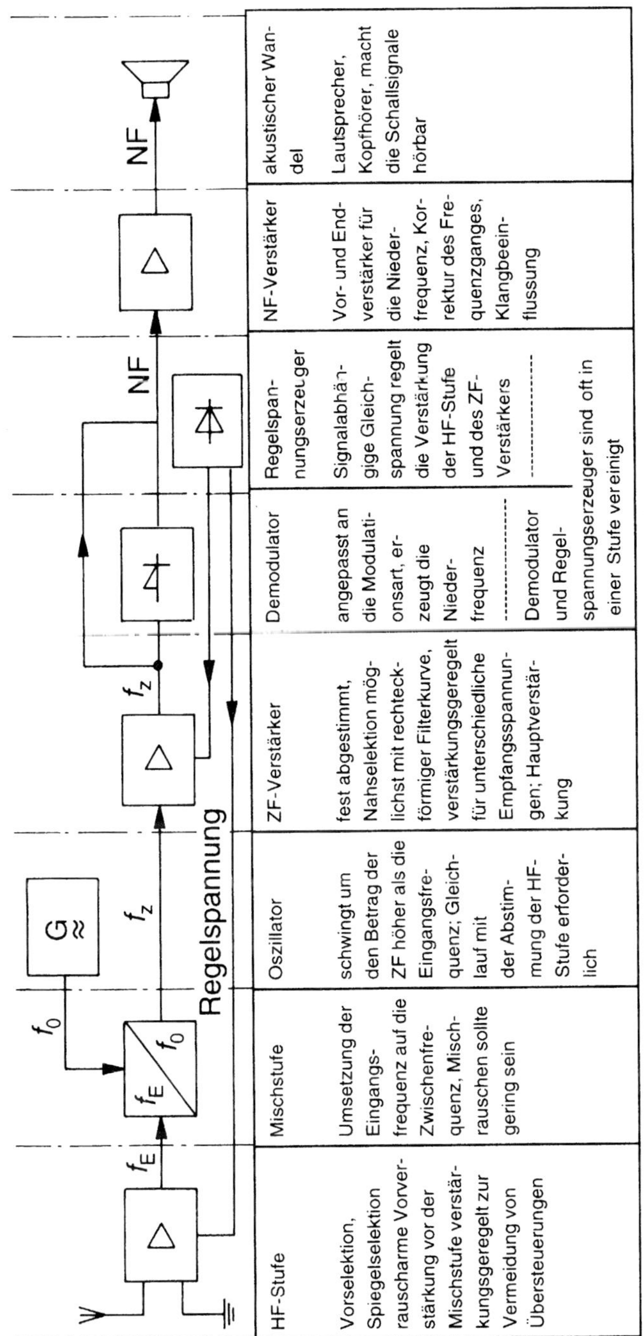

HF-Stufe	Mischstufe	Oszillator	ZF-Verstärker	Demodulator	Regelspannungserzeuger	NF-Verstärker	akustischer Wandel
Vorselektion, Spiegelselektion rauscharme Vorverstärkung vor der Mischstufe verstärkungsgeregelt zur Vermeidung von Übersteuerungen	Umsetzung der Eingangsfrequenz auf die Zwischenfrequenz, Mischrauschen sollte gering sein	schwingt um den Betrag der ZF höher als die Eingangsfrequenz; Gleichlauf mit der Abstimmung der HF-Stufe erforderlich	fest abgestimmt, Nahselektion möglichst mit rechteckförmiger Filterkurve, verstärkungsgeregelt für unterschiedliche Empfangsspannungen; Hauptverstärkung	angepasst an die Modulationsart, erzeugt die Niederfrequenz	Signalabhängige Gleichspannung regelt die Verstärkung der HF-Stufe und des ZF-Verstärkers	Vor- und Endverstärker für die Niederfrequenz, Korrektur des Frequenzganges, Klangbeeinflussung	Lautsprecher, Kopfhörer, macht die Schallsignale hörbar
				Demodulator und Regelspannungserzeuger sind oft in einer Stufe vereinigt			

Bild 10.8 Aufbau eines Überlagerungsempfängers

10.1.2 Stereo-Hörrundfunk

Merksatz

Beim stereophonen Hörrundfunk müssen zwei Signale übertragen werden, die zum Monosignal kompatibel sind.

Kompatibel bedeutet, dass das vom Sender ausgestrahlte Stereosignal im Mono-Empfänger als Monosignal empfangbar ist. Ferner sollte aus wirtschaftlichen Gründen sowie der Frequenzökonomie die Kanalbreite eines Senders bei der Stereoübertragung nicht größer werden. Die beschriebenen Anforderungen können nur bei Sendern verwirklicht werden, die im UKW-Bereich arbeiten. Hier darf der höchstzulässige Hub bei der Frequenzmodulation von 75 kHz nicht überschritten werden.

Bei der Stereoübertragung erhält der Sender die Kanäle *L* und *R* (u_L = Spannung des linken Kanals, u_R = Spannung des rechten Kanal). Um die Forderung nach Kompatibilität zu erfüllen, wird aus den Signalen *L* und *R* ein Summensignal u_{L+R} (Matrizierung) gebildet, das von Mono-Empfängern ohne Schwierigkeit verarbeitet werden kann. Zusätzlich wird ein Differenzsignal u_{L-R} übertragen. Aus beiden Signalen können dann im Stereo-Empfänger die Signale für den linken und rechten Kanal wiedergewonnen werden, was durch Summen- und Differenzbildung (Dematrizierung) erfolgt:

$$\begin{array}{r} L+R \\ +L-R \\ \hline 2L \end{array} \qquad \begin{array}{r} L+R \\ -(L-R) \\ \hline 2R \end{array} = \left[\begin{array}{r} L+R \\ -L+R \\ \hline 2R \end{array}\right] \qquad \text{(Gl. 10.4)}$$

Für die Übertragung des Signals *L–R* wird ein Hilfsträger von 38 kHz genutzt. Diesem wird das Signal *L–R* durch Amplitudenmodulation mit Trägerunterdrückung aufmoduliert, so dass nur die beiden Seitenbänder übrig bleiben (s. Kapitel 7).

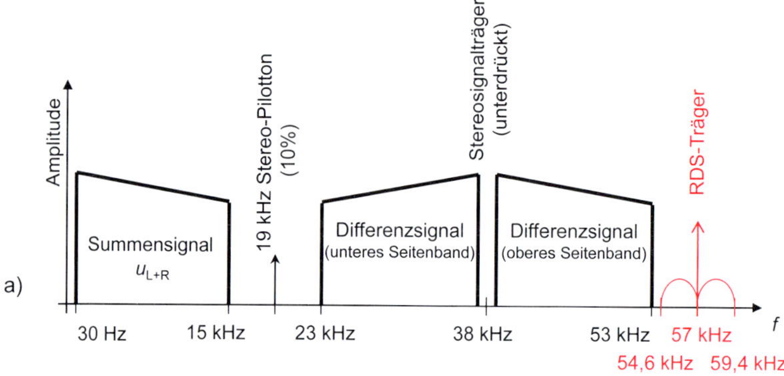

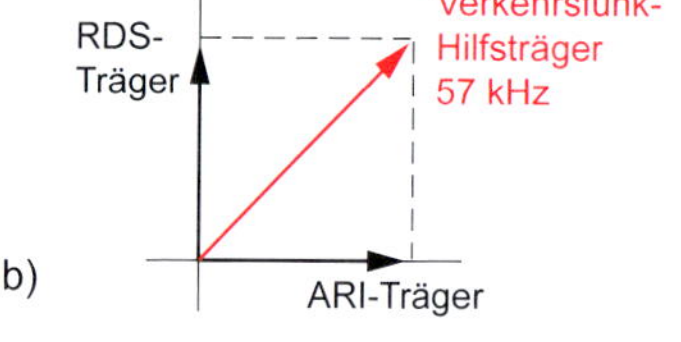

Bild 10.9
Frequenzspektrum des UKW-Stereosignals

a) Spektrum eines UKW-Stereomultiplex mit RDS

b) Nutzung des Hilfsträgers für ARI (früher) und RDS

Das Spektrum eines Stereo-Multiplex-Signals – auch Stereomultiplex (SM)-Signal genannt – zeigt Bild 10.9a. Das Summensignal *L*+*R* wird von 30 Hz bis 15 kHz übertragen. Für *L*–*R* ergeben die modulierten Seitenbänder, $(L–R)_U$ und $(L–R)_0$, die sich nur demodulieren lassen, wenn die Trägerfrequenz wieder zugefügt wird. Ein mit übertragener Pilotton von 19 kHz ergibt bei Verdopplung der Frequenz und entsprechender Verstärkung das Trägerfrequenzsignal von 38 kHz. Dieser dient auch zur Kennzeichnung einer Stereo-Übertragung (Stereokennung).

Nach der Stereoaufbereitung wird mit dem niederfrequenten Stereosignal (NF), das nun eine Bandbreite von 30 Hz bis 53 kHz aufweist, die HF-Schwingung des UKW-Stereosenders von z. B. 90 MHz frequenzmoduliert.

Den Aufbau eines sendeseitigen Stereo-Coders (ohne RDS) zeigt Bild 10.10. Die Signale u_L und u_R werden matriziert, so dass u_{L+R} und u_{L-R} entstehen. Mittels eines Ringmodulators mit Trägerunterdrückung wird das Differenzsignal einem 38-kHz-Träger aufmoduliert. Nach Laufzeitanpassung werden die Signale u_{L+R}-Signal, u_{L-R} und der 19-kHz-Pilotträger zum Stereo-Multiplexsignal u_M zusammengefasst.

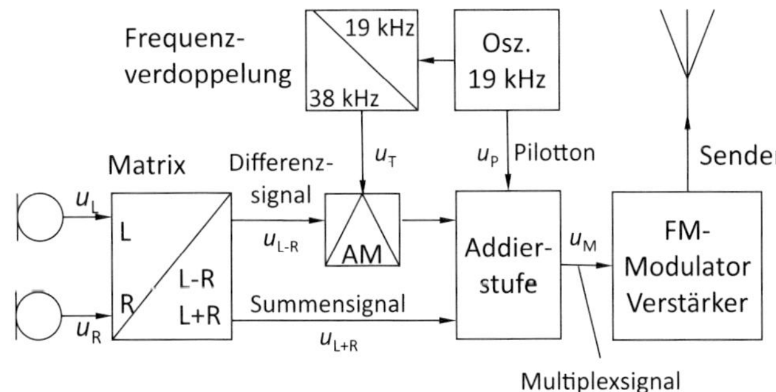

Bild 10.10 Senderseitige Stereo-Verarbeitung (nach [3])

Für die *Stereo-Wiedergabe* benötigt der Rundfunkempfänger einen Stereo-Decoder. Diese Schaltung ist nach dem FM-Demodulator (s. Kapitel 7) angeordnet, an dessen Ausgang das Stereo-Multiplexsignal zur Verfügung steht. Das Multiplexsignal wird im Stereo-Decoder so verarbeitet, dass am Ausgang wieder die Signale u_L und u_R vorhanden sind.

Im Stereo-Matrix-Decoder (Bild 10.11a) werden die Signal u_{L+R}, u_M und der Pilotton herausgefiltert. Das u_{L+R}-Signal läuft unverändert zur Dematrix. Aus dem Pilotton wird durch Frequenzverdopplung und Verstärkung der 38-kHz-Hilfsträger wiedergewonnen. Dieser wird den Seitenbändern $(L–R)_u$ und $(L–R)_o$ wieder zugeführt, so dass das Gesamtsignal u_M demoduliert und das Signal u_{L-R} wiedergewonnen werden kann.

Aus den Signalen u_{L+R} und u_{L-R} werden in der Dematrixschaltung durch Summen- und Differenzbildung die Signale u_L und u_R erzeugt. Für jedes dieser Signale ist ein eigener NF-Verstärker mit Endstufe erforderlich. Der Pilotton dient weiterhin zur Stereo-Anzeige.

Außer dem Matrix-Decoder werden noch andere Schaltungen eingesetzt, wie z.B. der Schalter-Decoder nach Bild 10.11b oder der insbesondere in integrierten Schaltungen genutzte PLL-Synthesizer-Decoder nach Bild 10.11c.

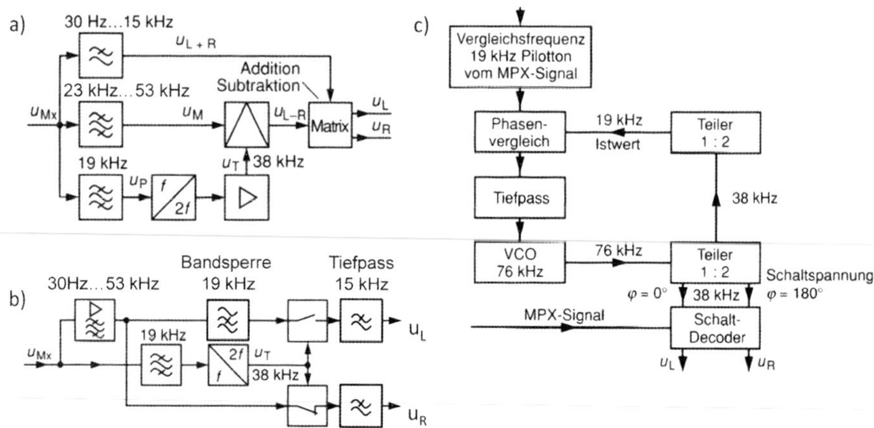

Bild 10.11 Empfängerseitige Stereo-Verarbeitung (nach [3])
a) Stereo-Matrix-Decoder b) Schalter-Decoder c) Schalter-Decoder mit PLL-Synthesizer

10.1.3 Übertragung von Zusatzinformationen

Eine besondere Bedeutung hat der terrestrische Hörrundfunk durch die Möglichkeit des mobilen Empfangs. Die Versorgung von Empfängern in Kraftfahrzeugen ist daher eine der wichtigsten Aufgaben im Hörrundfunk und gleichzeitig eine Anwendung, die einer starken Nutzung unterliegt. Aufgrund des zunehmenden Straßenverkehrs wurden im Laufe der Zeit verschiedene Systeme entwickelt, um Zusatzinformationen zu übertragen und dem Wunsch nach einer zielgerichteten, schnellen Information der Verkehrsteilnehmer nachzukommen. Diese Entwicklungen beschränkten sich in Europa nahezu vollständig auf den UKW-Verbreitungsweg. Dabei wurde zunächst die Möglichkeit der Stummschaltung bzw. Lautschaltung der Empfänger entwickelt, d.h., durch geeignete Kennsignale wird ein Autoempfänger automatisch lauter und nach Ende der Durchsagen wieder leiser gestellt oder vom CD- bzw. Kassetten-Betrieb auf den Rundfunkbetrieb um- bzw. zurückgeschaltet, damit die Verkehrsdurchsagen wahrgenommen werden. Um eine geografisch präzisere Zuordnung der Informationen durchführen zu können, wurde z.B. die Bundesrepublik Deutschland in verschiedene Bereiche aufgeteilt. Auch diese Bereichskennung erfolgte durch die (modulierte) Übertragung von Kennsignalen. Das *Autoradio-Informations-System* (*ARI*) wurde bis 2008 betrieben und nachfolgend durch das ***Radio-Daten-System*** (*RDS*) ersetzt, das sich der digitalen Zusatzübertragung bedient.

Aufgrund des hohen Verbreitungsgrades von Autoradios mit integriertem ARI-Decoder erfolgte mit dem RDS eine kompatible Weiterentwicklung. Ferner sollte kein zusätzliches Frequenzband benötigt werden.

Bei RDS wird der gleiche Hilfsträger von 57 kHz wie bei ARI verwendet (siehe Bild 10.9a). Dieser wird in zwei zueinander um 90° phasenverschobene Teilträger aufgeteilt (Bild 10.9b). Der Teilträger mit der Phasenlage 0 enthielt bis zur Abschaltung die ARI-Signale, der Teilträger mit der Phasenlage 90° gehört zu RDS.

RDS erlaubt die Übertragung einer Vielzahl von Informationen, die allerdings z.Zt. nicht vollständig ausgenutzt werden. In Tabelle 10.1 sind die wesentlichen Funktionalitäten von RDS zusammengestellt.

Merksatz

Das gesamte Stereo-Multiplex-Signal nach Bild 10.9a benötigt zusammen mit dem RDS-Signal keine größere Frequenzbandbreite. Durch das zusätzliche RDS-Signal wird die Übertragungsqualität der Stereo-Tonsignale nicht beeinträchtigt.

Tabelle 10.1 Wichtige Dienste im RDS

Abk.	Dienst	Hauptfunktion
PS	Programme Service Name	Übertragung des Namens der Sendestation, Übertragungsmöglichkeit für alphanumerische Zeichen
PTY	Programme Type	Möglichkeit zur Einteilung der Sender in Sparten, z.B. Pop oder Klassik
PTY-31	Programme Type 31	Automatische Umschaltmöglichkeit z.B. für den Katastrophenfall
TP	Traffic Programme	Durchsagekennung für Verkehrsmeldungen, Ersatz der alten ARI-Funktion
TA	Traffic Announcement	Bei aktiviertem TP kann durch das Senden von TA z.B. die automatische Umschaltung von CD auf Radio und zurück vorgenommen werden
EON	Enhanced Other Networks	Automatische Umschaltung auf den Empfang eines Verkehrsfunksenders, auch wenn der eingestellte Sender keinen Verkehrsfunk sendet
TMC	Traffic Message Channel	Sendung von Verkehrsmeldungen, die in einem Navigationssystem zur Routenplanung verwendet werden können.
AF	Alternative Frequency	Ermöglicht den automatischen Wechsel der Empfangsfrequenz eines Senders gleicher PI beim Verlassen des Empfangsbereiches. Mittels der AF-Tabelle werden ständig Alternativfrequenzen gesendet
PI	Programme Identification	Programmspezifische weltweit eindeutige Identifikation (4-stellige Hexadezimalzahl)
RT	Radio Text	Zusatzinformationen, z.B. Musiktitel. Zeilenweise Übertragung mit max. 64 Zeichen
MS	Music / Speech	Unterscheidung zwischen Musik und Sprachübertragung zwecks z.B. Veränderung des Klangbildes im Empfänger
CT	Clock Time	Zeitsynchronisation des Empfängers
ODA	Open Data Application	Möglichkeiten zur Erweiterung des RDS-Diensteangebotes

Jedes Datenwort ist, wie in Bild 10.12 dargestellt, in vier Blöcke von je 26 Bit unterteilt. Jeweils 16 Bit stehen für die Information zur Verfügung. Die restlichen 10 Bits sind Redundanzbits für Fehlererkennung, Fehlerkorrektur und Kontrolle (Kontrollwort). In Bild 10.13 ist dargestellt, welche Informationen in Block 3 und 4 übertragen werden.

10.2 Zusammenfassung

Der analoge Hörrundfunk durchlief eine Vielzahl von Entwicklungsschritten. Nach der generellen Einführung des Hörrundfunks in den 20er-Jahren sind insbesondere die Entwicklung des UKW-Rundfunks in den 50er-Jahren und die Stereo-Übertragung wichtige Meilensteine gewesen. Durch die terrestrische Verbreitung ist speziell die Versorgung von mobilen Rundfunkteilnehmern in den Vordergrund getreten. Die klassischen analogen Hörrundfunksysteme wurden daher durch digitale Datendienste ergänzt, die vor allem für Verkehrsmitteilungen genutzt werden. Das Weiterentwicklungspotential des analogen Hörrundfunks ist allerdings technisch begrenzt. Darüber hinaus stehen digitale Nachfolgesysteme bereit, die ein Vielzahl von Vorteilen hinsichtlich der Übertragungsqualität und Flexibilität aufweisen (s. Kapitel 12).

10.3 Analoge Fernsehsystemtechnik

Die Fernsehtechnik entstand in den 30er-Jahren als integrale Fachdisziplin der Physik, Mechanik, Optik, Elektronik und Photonik. Ziel der Entwicklungen war die möglichst naturgetreue Übertragung von Bewegtbildern in Echtzeit von einem Sender zu einem Empfänger. Zur Umsetzung dieser Idee waren grundlegende Entwicklungen auf den genannten Gebieten erforderlich, die zu einer Reihe sehr spezieller Lösungskonzepte führten. Dabei wurde häufig ein evolutionärer bzw. kompatibler Weg der Weiterentwicklung beschritten, d.h., es wurde aufgrund des bestehenden Gerätebestandes die im Markt eingeführte Technik weiterentwickelt und grundlegende Parameter über eine lange Zeit beibehalten. Die Fernsehtechnik behandelt dabei die Signalverarbeitung auf der Aufnahme-, Übertragungs- und Wiedergabeseite (Bild 10.16). Die Übertragung erfolgt im Allgemeinen über Satellit, Kabel-TV-Anlagen oder terrestrische Sendeanlagen. [28]

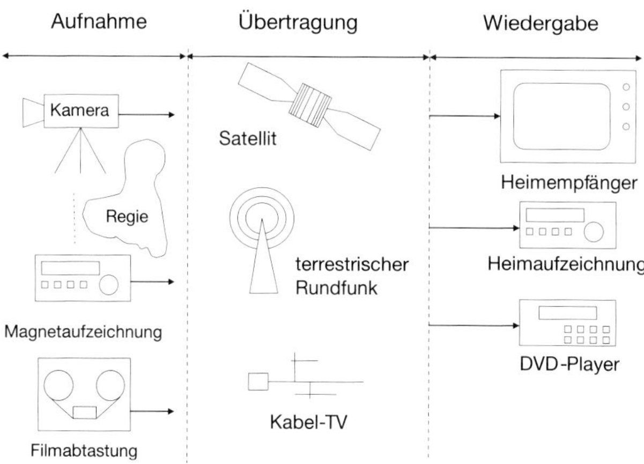

Bild 10.16 Fernsehtechnisches Gesamtsystem

Die nachfolgend erläuterten Grundlagen der analogen Fernsehsystemtechnik bilden ferner die Basis zur späteren Digitalisierung der Produktionsmittel auf der Sendeseite sowie der digitalen Übertragungssysteme und Wiedergabetechnik im

Fernsehbereich (Kapitel 11, 12, 13), da viele Festlegungen bzw. Erweiterungen in Anlehnung an die weltweiten, analogen Standards erfolgten. Die Einführung digitaler Fernsehsysteme war dabei bezogen auf den gesamten Übertragungsweg (Sender, Übertragung Empfänger) nur abschnittsweise möglich, d. h. diese waren lange Zeit in einem analogen Umfeld eingebunden.

10.3.1 Grundlagen

Bildsignale sind im Vergleich zu Tonsignalen mehrdimensional, d.h., es muss der Signalinhalt in der Fläche des Bildes und dessen Veränderung über die Zeit übertragen werden. Die Forderung, dass die Qualität auf der Wiedergabeseite nicht von derjenigen auf der Aufnahmeseite abweichen soll, steht im Gegensatz zur verfügbaren Kapazität der Übertragungs- und Speichersysteme. [29]

Die Fernsehtechnik hat folgende Aufgaben:

- Abtastung der 2- oder 3-dimensionalen Bildvorlage in Echtzeit,
- Bearbeitung des daraus entstandenen elektrischen Signals,
- Speicherung des Signals in Echtzeit oder Nicht-Echtzeit,
- Übertragung des Signals drahtgebunden oder drahtlos,
- Reproduktion der ursprünglichen Bildvorlage in einem Wiedergabegerät («vom Bild zum Bild»),
- synchrone Wiedergabe des Tons der aufgenommenen Szene.

Die Anwendung der fernsehtechnischen Systemlösungen ist nicht auf den (öffentlichen) Rundfunk beschränkt, d.h., viele bildgebende Verfahren, z.B. in der Medizin oder Robotik, bedienen sich der fernsehtechnischen Grundprinzipien. Die *Anwendung* der Fernsehtechnik bestimmt daher die technischen Systemparameter, die für den Massenmarkt international standardisiert und auf Basis der menschlichen Wahrnehmung sowie eines vertretbaren technischen Aufwandes festgelegt wurden.

Merksatz

Bilder können als ganze Bilder nicht übertragen werden, d.h., eine parallele oder simultane Übertragung ist nicht möglich. Die Bilder werden in Zeilen bzw. Bildpunkte zerlegt, die nacheinander übertragen werden.

Die Aufteilung des Bildes in Bildpunkte ist möglich, da das Auge bei einem festen Betrachtungsabstand nicht mehr in Lage ist, Details unterhalb eines Grenzauflösungswinkels von 1,5 Bogenminuten zu unterscheiden (Bild 10.17).

Legt man einen festen Betrachtungsabstand bezogen auf die Bildhöhe zugrunde, so ergibt sich nach Gl. 10.5 die minimal erforderliche Zeilenzahl:

$$z = \frac{h}{\Delta y} = \frac{h/2}{a} \cdot \frac{a}{\Delta y/2} = \frac{\tan\left(\frac{\alpha}{2}\right)}{\tan\left(\frac{\delta}{2}\right)} \approx \frac{\alpha}{\delta} \qquad \text{(Gl. 10.5)}$$

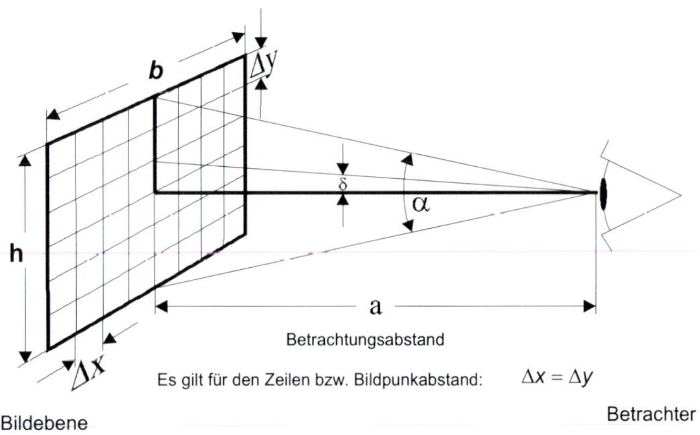

Bild 10.17 Geometrisches Auflösungsvermögen

Bei einem Schwarzweiß-Bild ist jeder zu übertragene Bildpunkt durch eine bestimmte Helligkeit gekennzeichnet. Diese Helligkeit wird in eine entsprechende Spannung umgeformt. Das zu übertragende Bild wird z.B. von einer Fernsehkamera aufgenommen. Durch das Objektiv der Kamera fällt das «Licht»-Bild auf einen Sensor – den *optoelektrischen Wandler*.

Merksatz

In der Fernsehkamera wird das «Licht»-Bild der aufgenommen Szene in ein elektrisches Abbild umgewandelt.

Wurden früher überwiegend mechanisch relativ empfindliche Wandlerröhren als Sensoren eingesetzt, so werden heute Festkörperbildsensoren in Form von CCD- (Charge Coupled Devices) oder – überwiegend – CMOS-Sensoren genutzt. Diese Sensoren weisen eine deutlich höhere mechanische Stabilität auf, sind wesentlich preiswerter und erlauben den Bau sehr kompakter Kameraeinheiten, da die bei Röhren erforderliche aufwendige Elektronenstrahlablenkung entfällt. CMOS-Sensoren werden in einem ähnlichen Herstellungsprozess wie andere integrierte Schaltkreise hergestellt. Daher ist es möglich, eine Vielzahl von signalverarbeitungstechnischen Zusatzaufgaben auf dem Wandler-Chip mit zu integrieren, wie z.B. Funktionen der Bildkontrolle, Verschlussautomatik. Ein Blockschaltbild eines CMOS-Sensors zeigt Bild 10.18.

Das Ladungsabbild der Szene des Foto-Dioden-Arrays wird durch die Zeilen- und Spaltenadressierung in ein serielles Signal umgewandelt, das nach Verstärkung am analogen Ausgang das Videosignal zur Verfügung stellt. Dieser wird heute nur noch zu Überwachungszwecken genutzt, da nachfolgende Signalverarbeitungsschritte digital erfolgen (Bildverarbeitung) und – wie bereits erwähnt – auf dem Sensor integriert werden können.

Die der Helligkeit der Bildpunkte entsprechenden Signale können nun über unterschiedliche Wege übertragen werden.

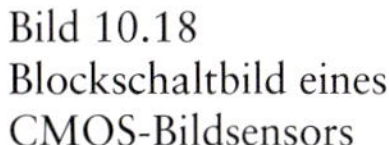

Bild 10.18
Blockschaltbild eines CMOS-Bildsensors

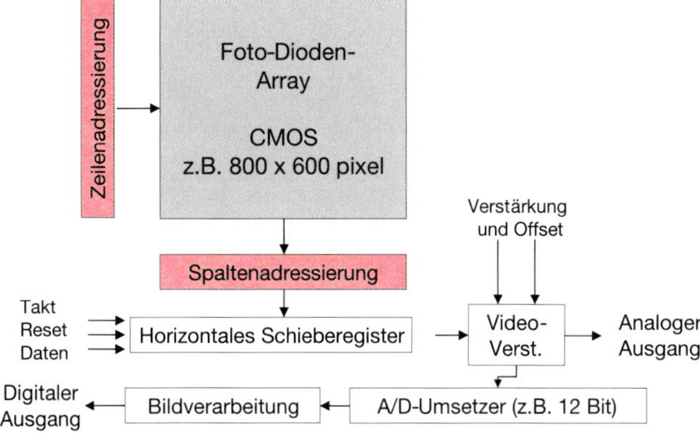

Merksatz

Am Empfangsort erfolgt aus den Helligkeitswerten der einzelnen Bildpunkte die Bildrekonstruktion – die elektrooptische Wandlung.

Unabhängig davon, welche Art von Wiedergabe auf der Empfangsseite erfolgt, entsteht nur dann ein richtiges Bild, wenn die in der Fernsehkamera aufgenommene Information und die Wiedergabe im Empfänger exakt ortsgleich sind. Dieser Zusammenhang ist in Bild 10.19 dargestellt.

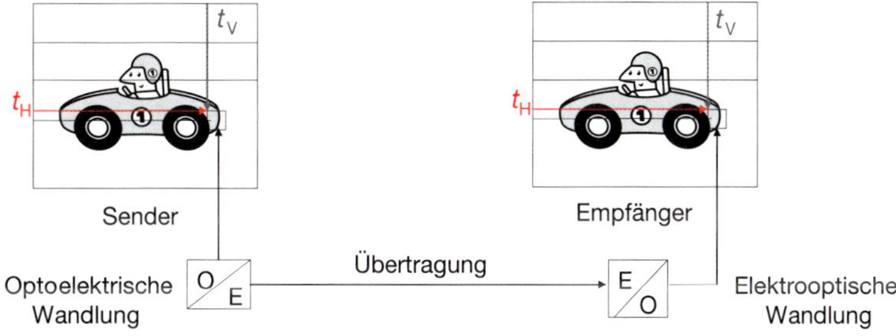

Bild 10.19 Ortsgleichheit von Bildaufnahme und Bildwiedergabe

Wenn also die Kamera z.B. den 120. Bildpunkt der 306. Zeile abgetastet hat und dieser Helligkeitswert gesendet wird, muss auf der Wiedergabeseite diese Information exakt an der gleichen geometrischen Stelle innerhalb des Bildes wiedergegeben werden.

Merksatz

Zusätzlich zum Bildsignal sind Synchronisationssignale zu übertragen, um eine korrekte Rekonstruktion des Bildes durchführen zu können.

Die sendeseitig gewählte Anzahl der Zeilen bzw. Bildpunkte bestimmt die *erreichbare Bildqualität* auf der Empfangsseite, wie in Bild 10.20 zu erkennen ist. Die Anzahl auf der Sende- und Empfangsseite ist im Allgemeinen gleich, grundsätzlich frei wählbar und bestimmt die *Bildauflösung*.

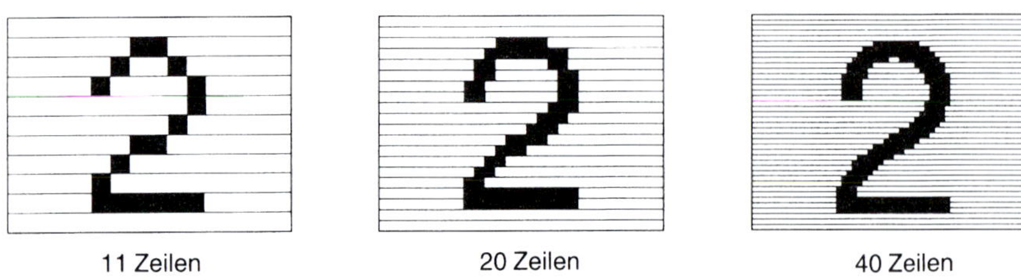

Bild 10.20 Bilder verschiedener Zeilenzahl

Neben der Anzahl der Zeilen ist die Anzahl der zu übertragenden Bilder pro Sekunde festzulegen. Auch hier «hilft» die menschliche Wahrnehmung: Bereits eine Abfolge von mehr 16 Bildern pro Sekunde wird als kontinuierliche Bewegungswiedergabe angesehen. In der Filmtechnik – der Kinematografie –, die bereits Ende des 19. Jahrhundert die Bewegbilddarstellung einführte, wurden erst 18, später 24 Bilder pro Sekunde festgelegt. Ein derartiges System gibt zwar die Bewegung gut wieder, flimmert allerdings sehr stark, was auf die mangelnde Integrationswirkung der menschlichen Wahrnehmung für Helligkeitsunterschiede zurückzuführen ist. Daher wird der Lichtstrom bei der Wiedergabe von Film durch eine Flügelblende mindestens einmal unterbrochen, so dass das Auge zwei Lichtreize desselben Bildes erhält, was einer Wiedergabe mit 48 Bildern, d.h. einer Bildfolgefrequenz von 48 Hz, entspricht. Dadurch kann der subjektiv empfundene Flimmereindruck reduziert werden. Die geringe Raumhelligkeit bei der Wiedergabe von Film im Kino erlaubt auch eine relativ geringe Bildhelligkeit (Leuchtdichte) auf der Leinwand. Daher reichen die 48 Bilder pro Sekunde aus, sofern eine bestimmte Leuchtdichte nicht überschritten wird. In Bild 10.21 ist diese subjektiv ermittelte Flimmergrenze eingezeichnet: Der Flimmereindruck ist abhängig von der Leuchtdichte der Wiedergabe und reicht bis etwa 70 Hz. Dieser allgemein gültige Zusammenhang wurde auch bei der Festlegung der Fernsehsysteme berücksichtigt. [28; 29; 30]

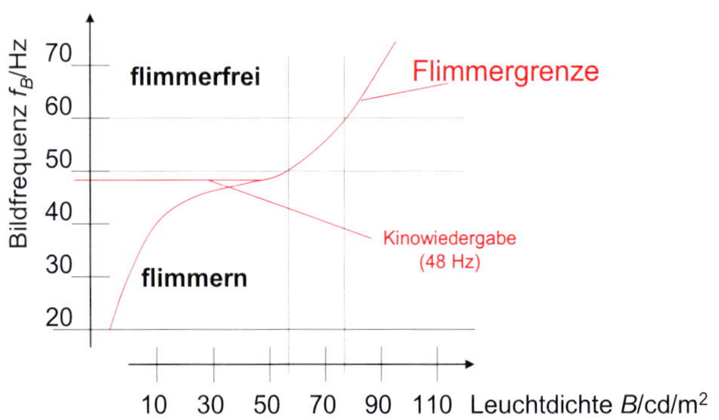

Bild 10.21 Flimmerempfindlichkeit der menschlichen Wahrnehmung

10.3.2 Normen für Schwarzweiß-Fernsehsignale

Für den Fernsehrundfunk wurden im Hinblick auf die Verbreitung im Massenmarkt Standards für die Basisbandsignal-Darstellung und die Übertragungstechnik durch die ITU festgelegt, die allerdings hinsichtlich der gewählten Grundparameter aus historischen Gründen in Europa und z.B. den USA und Japan unterschiedlich sind. In Europa wird für das Standardfernsehen (SDTV, *Standard Definition Television*) nur noch das 625-Zeilen-System betrieben, das mit Einführung von HDTV (*High Definition Television*) aufnahmeseitig vollständig abgelöst werden wird (s. Kapitel 11). Da aber nahezu alle (Magnet-)Aufzeichnungen (s. Kapitel 14) seit den 50er-Jahren bis zur Einführung von HDTV ab ca. 2006 auf Basis der SDTV-Systemparameter erfolgten, stehen diese Informationen auch zukünftig nur in diesen Formaten zur Verfügung und spielen für die Verwertung von Archivmaterial auch in der Zukunft eine große Rolle. [30] Nachfolgend wird zunächst die Basisbandsignal-Verarbeitung beschrieben, da diese weitgehend unabhängig von der Übertragungstechnik und auch für die digitale Darstellung des Fernsehsignals von Bedeutung ist (s. Kapitel 11).

10.3.3 Signaldarstellung im Basisband

Für die Übertragung von Fernsehbildern ist die Kenntnis der entstehenden niederfrequenten Bandbreite, d.h. der Bandbreite des Basisbandes, von entscheidender Bedeutung, da diese die Übertragungsparameter mit bestimmt.

Die Bildübertragung durch ein Fernsehsystem kann auf sehr unterschiedliche Weise erfolgen, da das Bild in eine beliebige Anzahl von Zeilen zerlegt werden kann. Die Anzahl der Zeilen bestimmt die Bildauflösung, d.h., Einzelheiten eines Bildes werden bei größerer Bildauflösung besser erkennbar, allerdings steigt damit auch der technische Aufwand.

In Europa wurde in der Fernsehnorm nach ITU-R B/G eine Zeilenzahl von 625 Zeilen bei einer Bildwechselfrequenz von 25 Hz festgelegt. Nach Gl. 10.5 ergibt sich gemäß Bild 10.17 damit bezogen auf die Bildhöhe ein notwendiger Betrachtungsabstand von ca. 5–6 Bildhöhe (*h*).

Werden quadratische Bildpunkte vorausgesetzt, so folgt für die Anzahl der Bildpunkte:

$$\rho = z^2 \cdot \frac{b}{h} \qquad \text{(Gl. 10.6)}$$

Das Verhältnis *b*/*h* beschreibt das Bildseitenverhältnis von Bildbreite (b) zu Bildhöhe (h). Es beträgt entweder 4/3 oder 16/9.

Die Festlegung auf f_B = 25 Hz in Europa und von 29,97 Hz in den USA für die Bildwechselfrequenz erfolgte aufgrund der empfängerseitig zur Verfügung stehenden Netzfrequenz der elektrischen Energieversorgung von 50 Hz bzw. 59,94 Hz. Einerseits war es dadurch möglich, daraus auf einfache Weise die Bild(wiedergabe)frequenz im Empfänger abzuleiten. Auf der anderen Seite konnten dadurch Netzfrequenz und Bildaufnahme synchronisiert werden, und bei künstlicher Beleuchtung (Glühlicht) z.B. im Fernsehstudio ergaben sich dann keine Interferenzen zwischen dem Abtastprozess der Bildvorlage und dem Flimmern der Beleuchtung. [29]

Die Anzahl von 25 Einzelbildern je Sekunde bzw. die Bildwechselfrequenz von f_B = 25 Hz reicht allerdings bezüglich der Flimmerempfindung nicht aus. Eine aufnahmeseitig höhere Bildwechselfrequenz z.B. von 50 Hz war jedoch aus technischen Gründen seinerzeit nicht möglich bzw. zu teuer. Mechanische Lichtstromunterbrechungen zur Erhöhung der Bildwechselfrequenz schieden für das elektronische Fernsehen aus, und elektronische Zwischenspeicher, die z.B. heute bei der Bildwiedergabe eines Computers das mehrfache Auslesen aus einem Bildspeicher ermöglichen, waren nicht vorhanden.

Es wurde daher ein anderer Weg beschritten und das Bild in zwei Teilbilder zerlegt sowie die *Zeilensprungabtastung* eingeführt, bei der die *Teilbilder jeweils die halbe Zeilenzahl* aufweisen (312,5 Zeilen) und mit der doppelten Bildfrequenz – der *Halbbildfrequenz* – von f_V = 50 Hz übertragen werden. Hinsichtlich der Gesamtzeilenzahl oder der Bandbreite ändert sich dadurch nichts, der Empfänger erhält allerdings 50 (Halb-)Bilder pro Sekunde, und der Flimmereindruck wird reduziert. Damit ist die Halbbildfrequenz exakt gleich der Netzfrequenz der Energieversorgung, und aus dem gleichen Grund wurden für die USA und Japan andere Parameter gewählt: Dort beträgt die Netzfrequenz und Halbbildfrequenz 59,94 Hz und die Bildwechselfrequenz entsprechend 29,97 Hz.

In Bild 10.22 sind die Verfahren der progressiven Bildabtastung und der Zeilensprungabtastung dargestellt: Bild 10.22a zeigt das für das Standardfernsehen gewählte Zeilensprungprinzip mit 2 Teilbildern, Bild 10.22b das in der Computerbilddarstellung benutzte progressive Darstellungsverfahren, bei dem Zeile unter Zeile geschrieben wird.

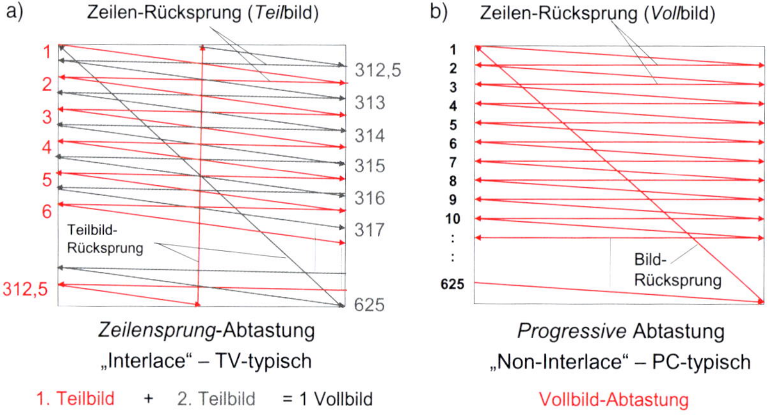

Bild 10.22 Abtastung der Bildvorlage
a) Zeilensprung- oder Interlace-Abtastung b) Vollbild- oder progressive Abtastung

Zur Berechnung der Bandbreite des Signals wird die größtmögliche Änderung der Bildvorlage zugrunde gelegt: Diese wird erreicht, wenn schwarze und weiße Bildpunkte wie in Bild 10.23 aufeinanderfolgen, und beschreibt gleichzeitig die größtmögliche Bildauflösung. Ferner wird deutlich, dass stets 2 Bildpunkte eine Spannungsperiode ergeben.

Werden pro Sekunde die Bilder mit einer Wechselfrequenz von f_B Hz übertragen, so folgt für die theoretische Grenzfrequenz $f_{gr,\,theoretisch}$ des Signals:

$$f_{gr,theoretisch} = \frac{1}{2} \cdot z^2 \cdot \frac{b}{h} \cdot f_B \qquad \text{(Gl. 10.7)}$$

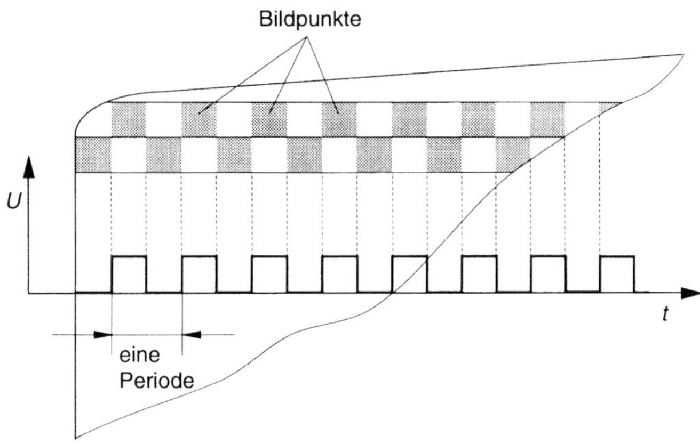

Bild 10.23
Spannungsverlauf bei größtmöglicher Bildauflösung

Mit $z = 625$, $f_B = 25$ Hz und einem Bildseitenverhältnis von 4/3 ergibt sich:

$$f_{gr,theoretisch} = \frac{1}{2} \cdot (625)^2 \cdot \frac{4}{3} \cdot 25 \text{ Hz} = 6{,}51 \text{ MHz}$$

Diese Grenzfrequenz beschreibt die so genannte *Schachbrettfrequenz*. Die Berechnung nach Gl. 10.7 ist eine theoretische Grenze, die in der Praxis nicht auftritt. In der Gleichung sind zwei wesentliche physikalische Dinge nicht berücksichtigt: der Strahlrücklauf und der Kellfaktor, die nachfolgend kurz beschrieben werden sollen.

Der Abtastprozess nach Bild 10.22 setzt einen «Rücklauf» nach jeder Zeile von rechts nach links und nach jedem (Teil-)Bild von unten nach oben voraus. Dieser Vorgang kann aber nicht unendlich schnell erfolgen. Die dafür notwendigen Rücklaufzeiten, in denen kein Bild abgetastet, d.h. der Abtastprozess unterbrochen wird (*Rücklauf-Ausblendzeiten*), wurden in das Videosignal «eingebettet», wie in Bild 10.24 dargestellt. Sowohl für den horizontalen Rücklauf (*horizontale Austastlücke*) wie auch für den vertikalen Rücklauf (*vertikale Austastlücke*) sind die international festgelegten Zahlenwerte angegeben. Es ist nun das sichtbare Bild vom Gesamtbild zu unterscheiden. Wenn aber das sichtbare Bild kleiner wird, so rücken anschaulich bei gleicher Anzahl der Schwarzweiß-Wechsel nach Bild 10.23 die Punkte bezogen auf die gleiche Fläche dichter zusammen – die Wechselperiode wird kürzer und damit die Grenzfrequenz größer, so dass sich der in Bild 10.24 angegebene Korrekturfaktor ergibt.

Die Berücksichtigung der Rücklauf-Ausblendzeiten führt zu einer Erhöhung der Grenzfrequenz des Videosignals:

$$f_{gr,Austast} = \frac{1}{2} \cdot z^2 \cdot \frac{b}{h} \cdot 1{,}13 \cdot f_B \qquad \text{(Gl. 10.8)}$$

Mit den Zahlenwerten folgt damit für $f_{gr,Austast} = 6{,}51 \text{ MHz} \cdot 1{,}13 = 7{,}36 \text{ MHz}$.

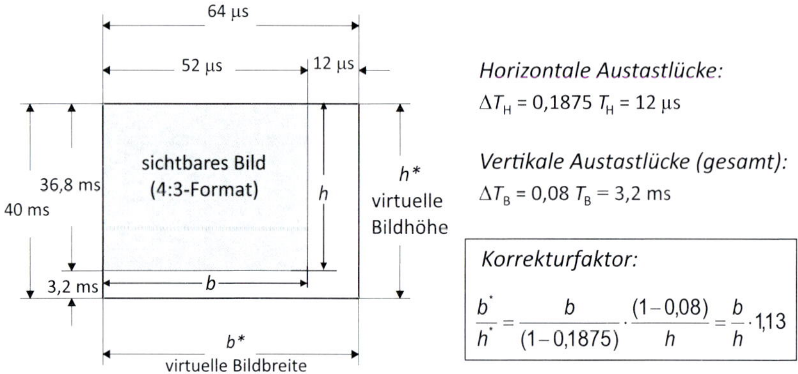

Bild 10.24 Berücksichtigung der Rücklaufzeiten bzw. Austastlücken (*hier*: Europäischer Standard)

Dieser Wert wird allerdings von keinem Fernsehsystem umgesetzt. Es fehlt die Berücksichtigung des Kellfaktors, dessen Ursache eng mit dem Prinzip der Zeilenzerlegung zusammenhängt. Benannt nach den Forschern Kell, Bedford und Trainer wurde dieser in den 1930er-Jahren durch subjektive Studien ermittelte Faktor von 0,67 in die Berechnung der Bandbreite einbezogen, so dass sich praktisch die Bandbreiteformel nach Gl. 10.8 erweitert:

Die zusätzliche Berücksichtigung des *Kellfaktors* in Gl. 10.8 führt auf die Formel zur Berechung der Grenzfrequenz eines Videosignals:

$$f_{\mathrm{gr,Austast}} = \frac{1}{2} \cdot z^2 \cdot \frac{b}{h} \cdot 1{,}13 \cdot 0{,}67 \cdot f_{\mathrm{B}} \qquad \text{(Gl. 10.9)}$$

Mit den Zahlenwerten für das europäische Fernsehsystem ergibt sich damit eine Grenzfrequenz von $f_{\mathrm{gr}} \approx 5$ MHz.

Dieses entspricht der höchstmöglichen «Bildveränderung». Die niedrigste zu übertragende Bildsignalfrequenz liegt hingegen ungefähr bei 0 Hz. Bei dieser Frequenz ist der Bildschirm – je nach der Größe der Gleichspannung – weiß, schwarz oder hat einen gleichmäßigen Grauwert. Das Basisband des Bildsignals wird nach Bild 10.25 von 0 Hz bis 5,0 MHz möglichst ohne Beeinflussung übertragen. Von 5,0 bis 5,5 MHz wird die Amplitude durch eine Filterung begrenzt. [30]

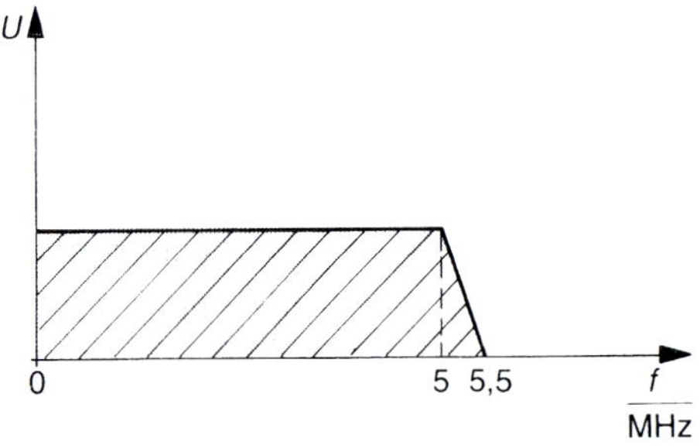

Bild 10.25 Frequenzband des Fernsehbasisbandsignals

Aus diesen Vorüberlegungen ergeben sich folgende wichtige Eigenschaften:

- Die Signalbandbreite wird umso *größer*, je *feiner* die darzustellenden Strukturen bzw. Details sind.
- Die Zeilenzahl geht quadratisch in die Signalbandbreite ein.
- Die Signalbandbreite bestimmt wesentlich die erreichbare *Bildschärfe*.
- Je *höher* die Bildschärfe, desto *größer* ist i.Allg. die Signalbandbreite.
- Eine Einschränkung der Signalbandbreite ergibt einen *Schärfeverlust*.
- Diese Einschränkung kann erfolgen durch:
  - Übertragungswege mit nicht genügender Kapazität (Bandbreite),
  - Aufzeichnungssysteme mit ungenügender Kapazität (Bandbreite).
- Zur Ermittlung der Bildschärfe eignen sich *Testbilder*.
- Die durch Bandbreiteeinschränkungen verloren gegangenen Informationen können in *keinem Fall* wiederhergestellt werden.

In Anlehnung an die Fotografie wird die Auflösung eines Videosystems häufig in darstellbaren *Linien pro Bildbreite* angegeben (z.B. 400 Linien). Zwischen der Signalbandbreite (f_{gr}) und der Anzahl auflösbarer Linien in horizontaler Richtung (Z_s) besteht ein fester Zusammenhang:

$$Z_S = 80 \cdot f_{gr} \qquad \text{(Gl. 10.10)}$$

Mit einem 5-MHz-System können also ca. 400 Linien oder 200 Linienpaare dargestellt werden.

10.3.4 Synchronisationssignale

Wie bereits erwähnt, müssen zur Rekonstruktion auf der Empfängerseite zusätzliche Synchronisationsinformationen über den Ort des abgetasteten Bildpunktes übertragen werden. Folgende Informationen sind darin enthalten:

- Beginn und Ende eines Bildes (V-Synchronsignal),
- Beginn und Ende einer Zeile (H-Synchronsignal),
- Beginn des 1. oder 2. Teilbildes (Bildwechsel-Impulsreihe),
- Beginn und Ende der Austastlücken für den Strahlrücklauf (Austastsignal).

Bei heutigen Empfängern werden die beiden letzten Informationen nicht mehr ausgewertet, jedoch aufgrund der Kompatibilität zu alten Geräten sind diese Informationen im Synchronsignal weiterhin enthalten.

Die Synchroninformationen werden bezogen auf das Bildsignal mit negativen Spannungswerten übertragen, um eine eindeutige Erkennung im Empfänger sicherstellen zu können (Bild 10.26). Dabei wird während der Rücklaufzeit grundsätzlich auf den angegebenen Austastwert von 0 V geschaltet. Demgegenüber kann der *Schwarzwert* während des aktiven Bildes z.B. in der Kamera eingestellt werden (*Schwarzabhebung*), d.h., schwarze Bildpartien können in ein dunkles Grau verschoben werden.

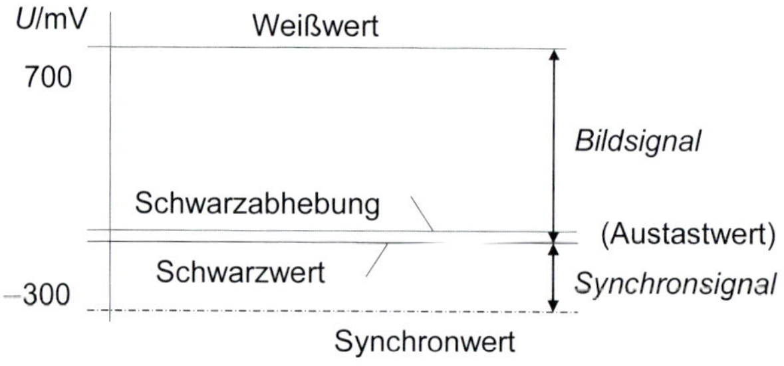

Bild 10.26
Pegelverhältnisse des Synchronsignals zum Bildsignal

Für die Zeilensynchronisation ergibt sich der zeitliche Verlauf, wie in Bild 10.27 dargestellt. Dabei ist der Beginn einer Zeile mit der fallenden Flanke des Synchronimpulses festgelegt.

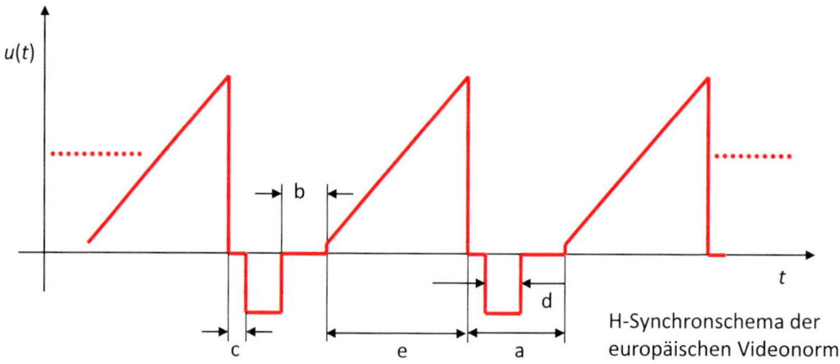

a = Austastdauer (t_{aH} = 12 ± 0,3 μs)
b = Dauer der hinteren Schwarzschulter (b = 5,8 μs)
c = Dauer der vorderen Schwarzschulter (c = 1,5 ± 0,3 μs)
d = Dauer des (horizontalen) Synchronimpulses (d = T_{iH}= 4,7 ± 0,2 μs)
e = Dauer des ***aktiven Bildes*** ~ 52 μs

Bild 10.27 Schematische Darstellung des horizontalen Synchronimpulses

Die Informationen für die *V-Synchronimpulse* werden in der *V-Austastlücke* übertragen, wobei die Amplitude derjenigen des *H-Synchronimpulses* entspricht. Die sichere Synchronisation wird durch sehr unterschiedliche Impulsbreiten erreicht:

Die horizontale Synchronimpulsbreite beträgt T_{iH} = 4,7 μs, die vertikale Impulsbreite hingegen T_{iV} = 160 μs, was einer Dauer von 2,5 Zeilen entspricht.

Damit der Empfänger während der langen vertikalen Austastlücke nicht die horizontale Synchronisation verliert, sind vor und nach dem V-Synchronimpuls je 5 Ausgleichsimpulse mit halber Impulslänge des H-Impulses (t_A = 2,35 μs) angeordnet, die als *Vor- und Nachtrabanten* bezeichnet werden. Das V-Synchronsignal selbst ist durch 5 Impulse (t_U = 4,7 μs) unterbrochen, die *Unterbrecherimpulse* genannt werden. Die sich daraus ergebende Impulsüberlagerung während der vertikalen Austastlücke ist in Bild 10.28 dargestellt. Die Rückgewinnung von H- und V-Synchronisation im Empfänger erfolgt durch Tiefpassfilterung und Zeitdiskriminatoren bzw. Zählerschaltungen.

Das komplette Signalgemisch aus Bildsignal (B), Austastsignal (A) und Synchronsignal (S) wird als BAS-Signal bezeichnet und ist als Bildzeile in Bild 10.29 dargestellt. Der zugehörige Bildverlauf ist eine Grautreppe mit 8 vertikalen Balken unterschiedlichen Grauanteils.

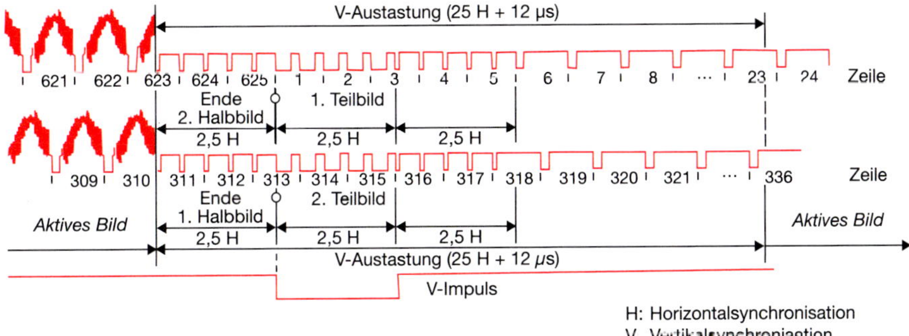

Bild 10.28 Impulsverlauf in der vertikalen Austastlücke (nach [3])

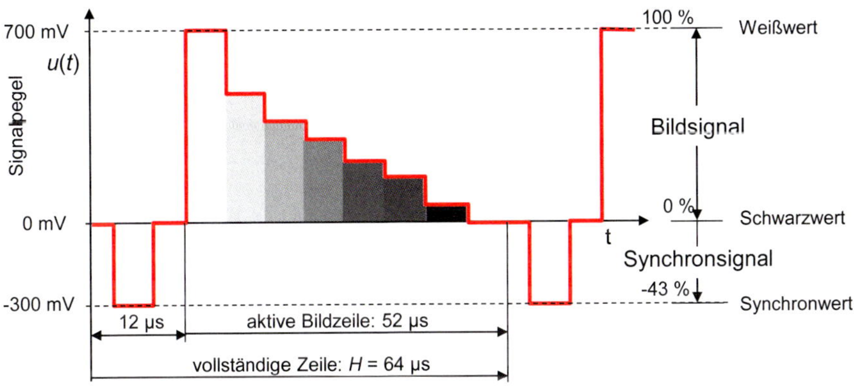

Bild 10.29 BAS-Signal einer Grautreppe

Die international festgelegten Basisbandparameter der Fernsehsysteme für den europäischen (625 Zeilen) und den amerikanischen Standard (525 Zeilen) sind in Tabelle 10.2 zusammengefasst. Beide Systeme arbeiten nach dem Zeilensprungverfahren, weisen hinsichtlich der anderen Parameter allerdings keine Kompatibilitäten auf. Dieses erschwert den internationalen elektronischen Programmaustausch, da beim Übergang von einem zum anderen System Normwandler eingesetzt werden müssen [11]. Angegeben sind ferner die *Bruttozeilenzahlen* von 625 bzw. 525 Zeilen, die systemtechnisch festgelegt wurden und die aktiven, d.h. sichtbaren *Zeilenzahlen* von 576 bzw. 480 Zeilen, die sich durch die Berücksichtigung der endlichen vertikalen Rücklaufzeit beim Abtastprozess ergeben.

Tabelle 10.2 Basisbandparameter für 625- und 525-Zeilen-Systeme

Parameter	ITU-R B/G	ITU-R M	
Zeilenzahl z (brutto)	625	525	
Zeilenzahl z (netto)	576	480	ITU = International
Bildwechselfrequenz f_B	25 Hz	29,97 Hz	Telecommunication
Zeilensprung 2 : 1	ja	ja	Union
Zeilenfrequenz f_H	15.625 kHz	15,734 kHz	R = Radio
Videobandbreite f_{gr}	≈ 5 MHz	≈ 4,2 MHz	T = Telefonie
Zeilendauer t_H	64 µs	63,5 µs	
Zahl der Vortrabanten	5	6	Anm.: In Klammern
Zahl der Einschnittimpulse	5	6	Werte des SW-Fernsehens
Zahl der Nachtrabanten	5	6	
Dauer d. hor. Austastlücke t_{aH}	12±0,3 µs	11 (10,2–11,4) µs	
Dauer d. vert. Austastlücke t_{aV}	25 · 64+12 µs	(19…21) · 63,5 µs	
Dauer der vorderen Schwarzschulter	1,5±0,3 µs	1,75 (1,27…2,54) µs	
Dauer der Zeilensynchronimpulse	4,7±0,2 µs	4,7 (4,19…5,71) µs	

10.3.5 Grundlagen der Farbfernsehtechnik

Überlegungen zur Farbfernsehübertragung wurden insbesondere in Amerika schon um 1940 angestellt. Ziel war die Entwicklung eines vollkompatiblen Gesamtsystems mit folgenden Forderungen:

- Das Farb-TV-Signal sollte nicht mehr Basisbandbreite beanspruchen als das Schwarzweiß-TV-Signal, damit dieselben Übertragungswege genutzt werden können (senderseitige Kompatibilität).
- Schwarzweiß-Empfänger sollen durch das Farbsignal nicht gestört werden.
- Farbempfänger sollten SW-Aufnahmen auch schwarzweiß wiedergeben (empfängerseitige Kompatibilitätsforderungen).

Die Nutzung zusätzlicher Bandbreite bzw. Frequenzbereiche schied damit aus, es musste also ein Verfahren entwickelt werden, das die Übertragung der zusätzlichen Information innerhalb desselben Kanals und bei identischer Gesamtbandbreite erlaubte. Auch bei der Umsetzung der Farbfernsehtechnik wurden die Eigenschaften der menschlichen Wahrnehmung berücksichtigt: Berücksichtigt wurden vor allem das geringere Farbdetailempfinden, d.h., farbige Details können nicht mit der gleichen Feinheit wahrgenommen werden wie schwarzweiße Details.

Merksatz

Die technischen Lösungen zur analogen Farbübertragung ergänzen die Schwarzweiß-Übertragung – das Schwarzweiß-Bild wird koloriert.

10.3.5.1 Farbmischung

Licht ist eine elektromagnetische Strahlung, deren sichtbarer Wellenlängenbereich zwischen 380 nm und 780 nm liegt (Bild 10.30), wobei jeder Farbton (eigentlich Farbart) einer bestimmten Wellenlänge entspricht.

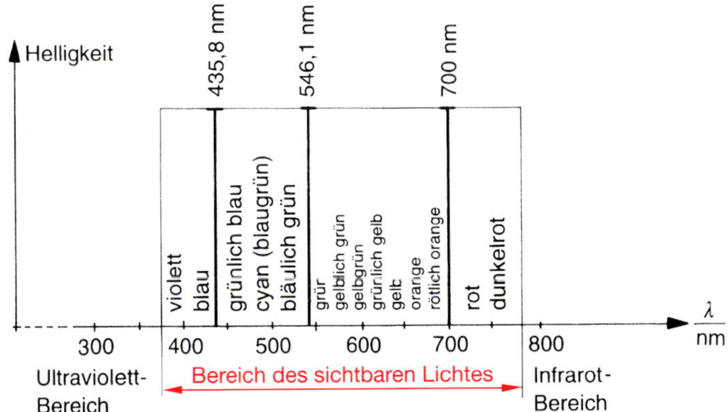

Bild 10.30 Spektrum des Lichtes

Merksatz

Alle darzustellenden Farbtöne lassen sich aus drei Primärfarben additiv mischen.

Auf dem Bildschirm eines Farbfernsehgerätes wird jeder Bildpunkt durch eine rot leuchtende, eine grün leuchtende und eine blau leuchtende Fläche dargestellt. Bei Elektronenstrahlröhren (Bildröhren) wird das Leuchten durch das Auftreffen des Elektronenstrahls auf die jeweiligen Leuchtstoffe erzeugt, die auf dem Bildschirm aufgebracht sind (s. Kapitel 16). Die Farbe des Bildpunktes ergibt sich dann durch additive Farbmischung. Diese Leuchtstoffe haben international festgelegte Farben: Als *Primärfarben* wurden Rot (λ = 700 nm), Grün (λ = 546,1 nm) und Blau (λ = 435,8 nm) festgelegt. Mit den digitalen Fernsehsystemen höherer Zeilenzahl (HDTV bzw. UHDTV) wurden auch optionale andere Primärfarben standardisiert, die einen größeren wiedergebbaren Farbenraum ermöglichen (s. Abschnitte 11.5 und 16.1).

Es reicht aus, Signale zu übertragen, die möglichst exakt diesen drei Primärfarben zugeordnet sind, d.h., am Empfangsort müssen ein Rotsignal (R), ein Grünsignal (G) und ein Blausignal (B) verfügbar sein.

In digitalen Fotoapparaten und Filmkameras wird i. A. ein hochauflösender CMOS-Sensor mit entsprechendem R-, G-, B-Farbfilter in Mosaikform (s. Abschnitt 10.3.1) verwendet, sodass mit einem Sensor die drei Farbauszüge erzeugt werden können. Farbfernsehkameras arbeiten häufig mit drei Bildaufnahmesensoren: Das optische Bild wird durch eine Filter-Spiegel-Kombination bzw. durch ein Doppelprisma in einen *Rot*-, einen *Grün*- und einen *Blauauszug* zerlegt (Bild 10.31). Bei der tatsächlichen Realisierung werden Filter und Sensor direkt auf die Prismaflächen aufgeklebt. Filter vor den Sensoren sorgen dafür, dass der Rotauszug tatsächlich nur die roten Farbanteile des Bildes enthält, der Grünauszug nur die grünen usw. Nach der optoelektrischen Umsetzung erhält man die Signale U_R, U_G und U_B, die abgekürzt mit R, G, B bezeichnet werden.

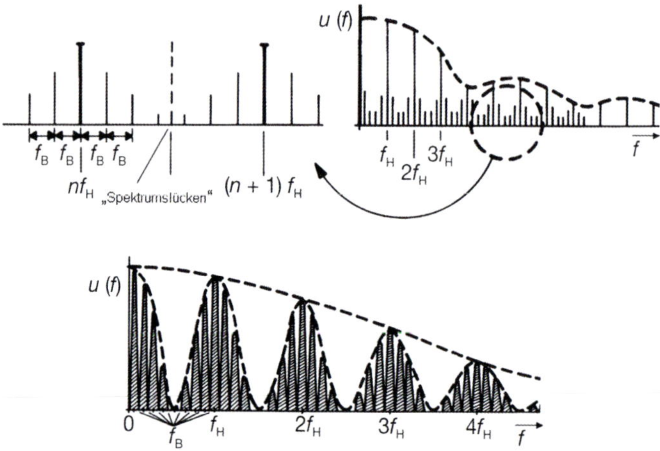

Bild 10.33 Frequenzspektrum des Y-Systems (Beispiel)
a) Beispiel eines Luminanz-Frequenzspektrums mit Seitenlinien im Abstand der Bildfrequenz um die Horizontalfrequenz herum
b) Frequenzspektrum bei beliebigem Bildinhalt (nach [11])

Merksatz

Mathematisch ergeben sich diese *Nullstellen* des Spektrums bei den ganzzahligen Vielfachen der halben Zeilenfrequenz.

Allerdings füllt sich bei beliebigen Bildinhalten dieser freie Frequenzbereich deutlich aus (Bild 10.33b). Bei Modulation eines Hilfsträgers durch Amplitudenmodulation z.B. mit dem (R–Y)-Signal ergibt sich im Frequenzbereich die gleiche Struktur, die ebenfalls überwiegend ganze Vielfache der Zeilenfrequenz aufweist (Bild 10.34). Es kann nun das Signal des modulierten (Farb-)Hilfsträgers mit dem Spektrum des Helligkeitssignals – im Idealfall *störungsfrei* – verkämmt werden, wenn die Hilfsträgerfrequenz f_{HT} exakt dem ungeradzahligen Vielfachen der halben Zeilenfrequenz entspricht:

$$f_{HT} = \frac{2 \cdot n - 1}{2} \cdot f_H \qquad \text{(Gl. 10.14)}$$

Wird nun die Hilfsträgerfrequenz f_{HT} hoch genug und die Bandbreite des zu übertragenen Signals eher gering gewählt, so kann auch die Störbeeinflussung des Helligkeitssignals gering gehalten werden. Bild 10.35 zeigt das Frequenzspektrum des Y-Signals mit dem zwischengeschachtelten Signal eines mit R–Y modulierten Hilfsträgers. Die Wahl der Frequenz des Hilfsträgers muss sehr genau erfolgen, damit die Verkämmung der Spektrallinien korrekt erfolgt.

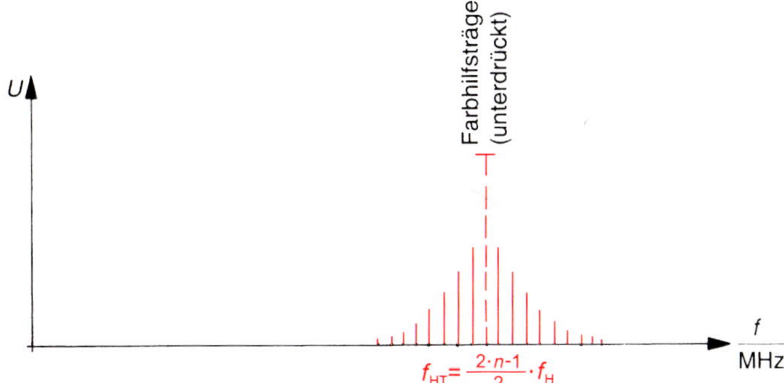

Bild 10.34 Frequenzspektrum eines modulierten Hilfsträgers f_{HT}

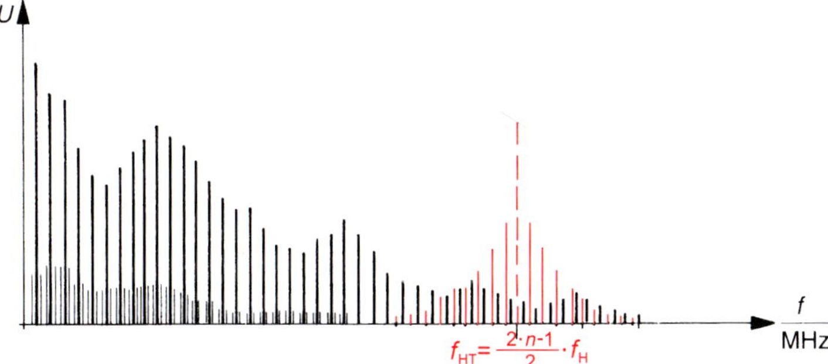

Bild 10.35 Verkämmung von Y-Signal und Hilfsträger-Signal f_{HT}

10.3.6 Farbfernsehsysteme

Unter Verwendung des Farbhilfsträgerprinzips kann ein Signal, z.B. R–Y, ohne Probleme übertragen werden. Wie bereits erläutert, ist allerdings die Übertragung zweier Farbdifferenzsignale erforderlich. Die eingeführten analogen Farb-TV-Systeme lösen dieses Problem auf unterschiedliche Weise. [29; 30]

10.3.6.1 NTSC-System

Das NTSC-System war das amerikanische SDTV-Farbfernsehsystem (NTSC = *National Television System Committee*), das u.a. auch in Japan verwendet wurde. Die Farbdifferenzsignale werden in *Quadraturmodulation* dem Hilfsträger aufmoduliert (s. Kapitel 7 und 8), so dass die gleichzeitige Übertragung zweier Signale möglich wird. Ein Oszillator erzeugt die Farbhilfsträgerschwingung (Bild 10.36), die in einer Phasendrehstufe in zwei Schwingungen aufgeteilt wird, die zueinander 90° Phasenverschiebung haben: die Trägerschwingungen U_{Tsin} und U_{Tcos}. Das NTSC-Verfahren weist dabei die Besonderheit auf, dass aus den Farbdifferenzsignalen (R–Y) und (B–Y) zuvor zwei neue Signale gewonnen werden:

$$I = 0{,}74 \cdot (\mathrm{R} - \mathrm{Y}) - 0{,}27 \cdot (\mathrm{B} - \mathrm{Y})$$
$$Q = 0{,}48 \cdot (\mathrm{R} - \mathrm{Y}) + 0{,}41 \cdot (\mathrm{B} - \mathrm{Y}) \qquad \text{(Gl. 10.15)}$$

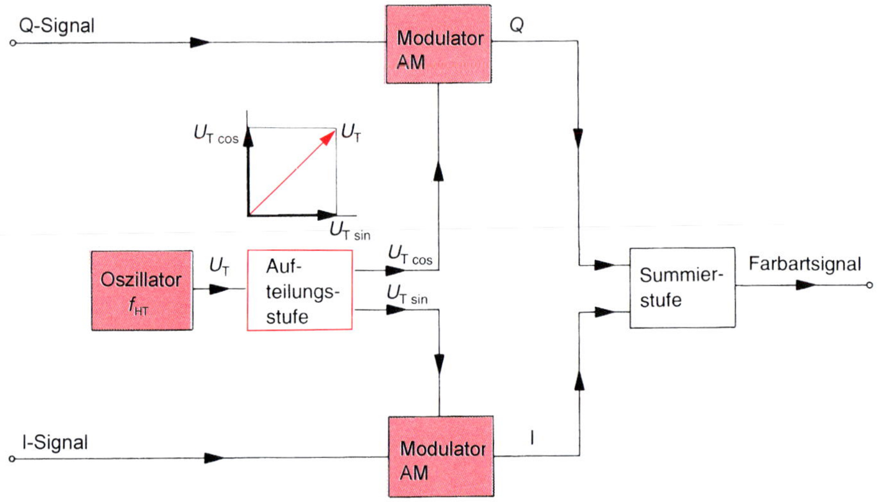

Bild 10.36 Quadraturmodulation NTSC-System

Merksatz
Beim NTSC-Verfahren werden als Farbdifferenzsignale also die Signale *I* und *Q* – mit unterschiedlicher Bandbreite – übertragen.

Die Trägerschwingung U_{Tcos} wird mit dem Q-Signal amplitudenmoduliert, die Trägerschwingung U_{Tsin} mit dem *I*-Signal, wobei die Amplitudenmodulationen mit Trägerunterdrückung erfolgen. Die geträgerten Signale I_g und Q_g werden addiert und bilden das Farbartsignal, das auch als *Chrominanzsignal* bezeichnet wird. Zur späteren phasenrichtigen Wiedergewinnung des Farbhilfsträgers werden einige Trägerschwingungen in der Austastlücke zwischen zwei Zeilen, auf der so genannten hinteren Schwarzschulter, übertragen (Bild 10.38). Dieses Signal ist der *Burst* und gehört zum Farbartsignal.

Nach Gl. 10.14 muss die Frequenz f_{HT} exakt gewählt werden. Für das 525-Zeilen-NTSC-Verfahren wurde $n = 228$ gewählt. Mit der Zeilenfrequenz f_{H} nach Tabelle 10.2 ergibt sich diese *Farbträgerfrequenz* zu $f_{\mathrm{C,NTSC}} = 3{,}5795419$ MHz.

Die Spektrallinien des Farbartsignals liegen dann zwischen den Spektrallinien des Y-Signals gemäß Bild 10.34. Nach Hinzufügen des Austast- und Synchronsignals ist das NTSC-Signal fertig und kann übertragen werden.

10.3.6.2 PAL-System

Das PAL-System ist eine Weiterentwicklung des NTSC-Systems. Die Bezeichnung PAL bedeutet: *Phase Alternation Line* = Phasenumkehr von Zeile zu Zeile. Das PAL-System wurde in der Bundesrepublik Deutschland und in den meisten west- und nordeuropäischen Ländern verwendet. Beim PAL-System werden die Signale $U = 0{,}493 \cdot (B-Y)$ und $V = 0{,}877 \cdot (R-Y)$ übertragen. Die Vorfaktoren verhindern eine Übermodulation, d.h. Übersteuerung der Sender. Den generellen Unterschied zum NTSC-System zeigt Bild 10.37: Die Trägerschwingung $U_{T\cos}$ wird bei jeder zweiten Zeile um 180° in der Phase gedreht, was durch eine Umschaltung des Burst-Signals zum Empfänger signalisiert wird. Diese Umschaltung erlaubt im PAL-Farbfernsehempfänger eine «Korrektur» von Phasenfehlern, die z.B. auf der Übertragungstrecke auftreten können: Während sich beim NTSC-Verfahren diese Phasenfehler unmittelbar als Farbtonfehlern auswirken, führt die beim PAL-System eingeführte Schalttechnik für das *V*-Signal zu einer Umsetzung der den Phasenfehlern entsprechenden *Farbtonfehler* im Bild in Amplitudenfehler des Farbträgers, die einer *Farbsättigungsänderungen* im Bild entsprechen. Diese Farbsättigungsänderungen werden aber vom Menschen als weniger kritisch wahrgenommen, so dass PAL diesbezüglich erheblich robuster gegenüber Phasenstörungen ist.

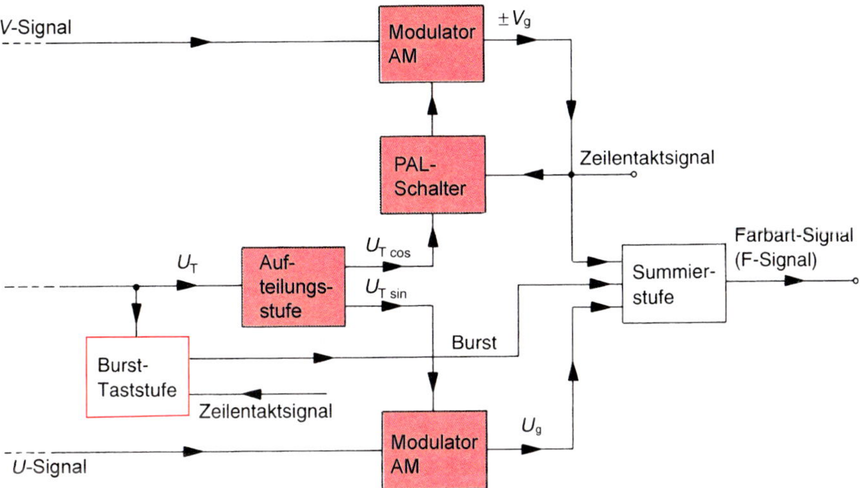

Bild 10.37 Quadraturmodulation beim PAL-System, $V_g = 0{,}877 \cdot (R-Y)$ geträgert, $U_g = 0{,}493 \cdot (B-Y)$ geträgert

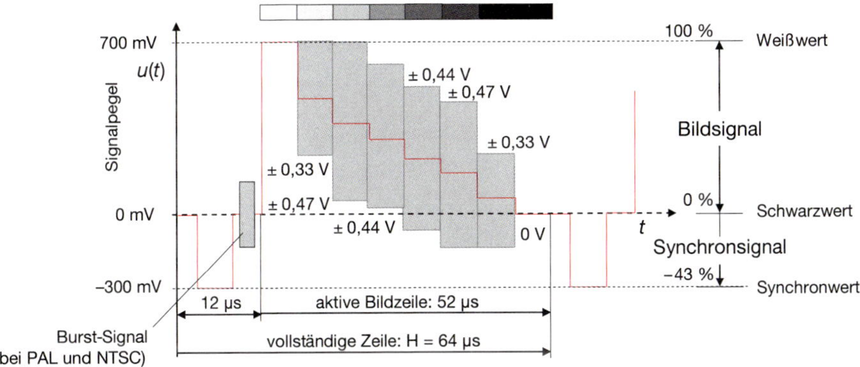

Bild 10.38 FBAS-Signal eines Farbbalkentestbildes für PAL (Farbbalkentestbild mit 75% Farbsättigung)

Merksatz

Beim PAL-System werden kritische Farbtonfehler, die z.B. durch Phasenfehler auf dem Übertragungsweg entstehen, in unkritischere Farbsättigungsänderungen überführt.

Der Nachteil des PAL-Systems besteht darin, dass der Schaltprozess des *V*-Signals zu einer weiteren Frequenzkomponente im Spektrum führt, so dass eine Festlegung der Farbträgerfrequenz nach Gl. 10.14 nicht erfolgen kann. Zur Vermeidung sichtbarer Störungen wurde die Farbträgerfrequenz für das europäische PAL-System nach der Formel festgelegt:

$$f_{HT} = \left(n - \frac{1}{4}\right) \cdot f_H + 25\,\text{Hz} \qquad \text{(Gl. 10.16)}$$

Damit ergibt sich für das 625-Zeilen-Signal mit $n = 284$ die Farbträgerfrequenz zu $f_{C,PAL} = 4{,}43361875$ MHz.

10.3.6.3 SECAM-System

Das SECAM-System wurde in Frankreich entwickelt und durchlief eine Vielzahl von Verbesserungsschritten. Die Bezeichnung SECAM bedeutet: «*séquentielle à mémoire*» = «zeitlich nacheinander mit Speicherung».

Merksatz

Beim SECAM-System wird der Farbhilfsträger frequenzmoduliert.

Bei Frequenzmodulation können allerdings nicht gleichzeitig das (R–Y)-Signal und das (B–Y)-Signal aufmoduliert werden, d.h., die Signale werden zeitlich *nacheinander* übertragen.

Merksatz

Während einer Zeile wird das (R–Y)-Signal, während der nächsten Zeile das (B–Y)-Signal übertragen, dann wieder das (R–Y)-Signal usw.

Zur Wiedergewinnung der Signale R, G, B benötigt man jedoch außer dem Y-Signal beide Farbdifferenzsignale. Man speichert daher die übertragenen Farbdifferenzsignale für die Dauer einer Zeile.

Das übertragene (B–Y)-Signal wird zusammen mit dem eine Zeile vorher übertragenen (R–Y)-Signal für die Wiedergewinnung der Signale R, G, B verwendet. Wenn das Signal (R–Y) gesendet wird, nimmt man das eine Zeile vorher gesendete (B–Y)-Signal dazu. Als Farbträgerfrequenz wurde für das 625-Zeilen-System mit 50 Teilbildern pro Sekunde die gleiche Frequenz wie bei PAL verwendet.

10.4 Übertragung von Zusatzinformationen

In Abschnitt 10.3.4 wurde darauf hingewiesen, dass das sichtbare Bild eines Fernsehsignals nicht die volle Zeilenzahl des jeweiligen Standards darstellt (Tabelle 10.2). Die nicht sichtbaren Zeilen wurden praktisch auch nicht mit Bildinformation gefüllt, sondern in diesen (nicht sichtbaren) vertikalen Austastlücken können nach ITU-R folgende zusätzliche Informationen übertragen werden:

- Prüfzeilen für die technische Streckenabschnittprüfung (PZ),
- (Tele-)Videotext-Signale (VT),
- Datensignale (DZ).

Bild 10.39 zeigt die schematische Anordnung dieser Signale in den beiden vertikalen Austastlückeanteilen der Teilbilder.

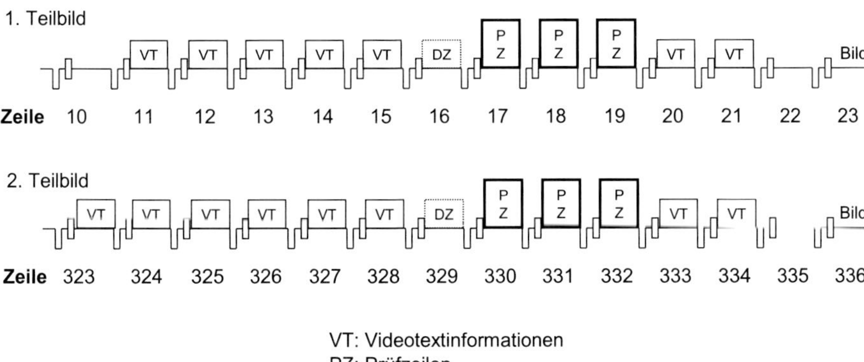

Bild 10.39 Zusatzinformationsübertragung in der vertikalen Austastlücke

10.4.1 Prüfzeilensignale

Bei der analogen Übertragung von TV-Signalen durchläuft das Signal eine Vielzahl von Verarbeitungsstufen. Zur Überwachung der gesamten Signalkette wurden Prüfsignale festgelegt, die eine Bewertung der übertragungstechnischen Qualität während der Bild- und Tonübertragung erlauben. Mittels spezieller Signalformen können der Amplituden- und Phasenfrequenzgang, der Übertragungsfaktor, das Einschwingverhalten und das Rauschen überwacht werden. Für die Auswertung der Ergebnisse dienen spezielle automatische Messgeräte, die eine permanente Erfassung der Übertragungsqualität ermöglichen und ggf. Alarmmeldungen abgeben.

Die Prüfzeilen sind aus einzelnen Impulsen, Sprung- und Sinussignalen auf der Basis eines H/32(= 2 µs)-Rasters zusammengesetzt. Unterschieden werden die im Studiosignal zugefügten *Quellenprüfzeilen* (PZ 17 und 330) und die unmittelbar vor der Übertragung eingespeisten *Abschnittsprüfzeilen* (PZ 18 und 331). Die PZ 18 und 331 werden in den Zeilen 19 und 332 wiederholt, um eine bessere messtechnische Erfassung zu ermöglichen. [3; 9] In Bild 10.40 sind die Prüfzeilensignale, die Parameter und deren Verwendung zusammengestellt.

Umtastung eines 2,5-MHz-Sinusträgers. Die Information selbst umfasst 15 Wörter mit je 8 Bit. Die Bitdauer beträgt 400 ns.

Im Empfänger erfolgt beim VPS ein Vergleich zwischen den programmierten Werten und den gesendeten decodierten VPS-Daten, so dass eine Steuerinformation für die Aufnahme erzeugt werden kann. Das VPS-Signal erlaubt u.a. auch die Signalisierung von Aufnahmeunterbrechungen. In Bild 10.42 sind der Aufbau der Datenzeile 16 sowie die Aufgabe der einzelnen Datenwörter dargestellt.

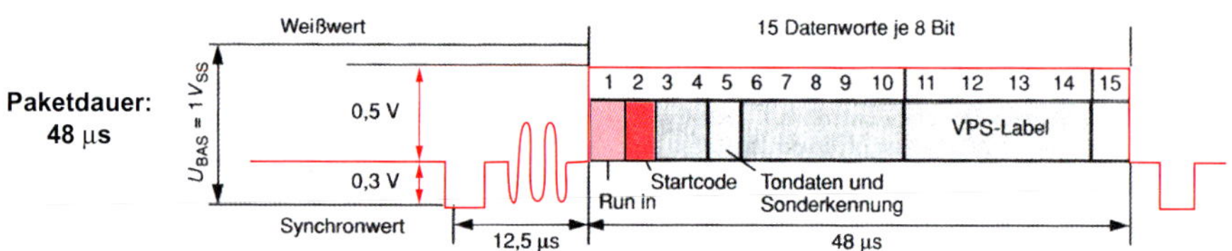

Wort Nr.	Zeile 16	Zeile 329
1	Taktsynchronisation des Empfängers	
2	Startcode zur Identifizierung der Datenzeile und zur Rahmensynchronisation der Worte 3 – 15	
3	Quellenkennung (Rundfunkanstalten usw.)	
4	Quellenkennung (ASCII)	Abschnittskennung (ASCII)
5	Tondaten, z.B. 2-Kanal, Mono, Stereo, Sprache, Musik	
6	Signalinhaltskennungen	
	programmbezogen	betriebsbezogen
7	Beitragsangaben (ASCII)	Schaltangaben (ASCII)
8 und 9	Leitwegsteuerung	
10	Meldungen und Befehle	
11 bis 14	VPS-Zusatzinformation	
15	Reserve für Datensicherung	

Bild 10.42 Aufbau der Datenzeile 16 (nach [3])

Die Datenzeile als Steuerzeile für Heimrecorder ist ein optionales Angebot der jeweiligen Sendeanstalt. In Zeile 329 werden die Signale überwiegend wiederholt, jedoch die programmbezogenen Informationen, die an das Endgerät des Kunden gerichtet sind, durch betriebsbezogene Informationen der Betreiber ersetzt. Die Datenzeile unterstützt damit die automatische Steuerung des Sendeablaufs der Programmanbieter.

10.5 Analoge TV-Übertragungssysteme

Die Übertragung des (F)BAS-Signals kann über terrestrische Sender, Kabel-TV-Anlagen oder Satellit zum Kunden erfolgen. Das FBAS-Signal ist dabei das *Niederfrequenzsignal*, das moduliert zum Empfänger gelangt. Ziel ist die möglichst bandbreitesparende, störungsarme Übertragung. Daher wurden unterschiedliche Modulationsverfahren gewählt: Für die terrestrische analoge Übertragung und die analoge Kabel-TV-Verbreitung erfolgt die Übertragung amplitudenmoduliert im *Restseitenbandverfahren* (RSB-AM), während für die Satellitenübertragung die Frequenzmodulation (FM) verwendet wird. [30]

Details zu diesen speziellen Übertragungsverfahren finden sich im InfoClick zu diesem Buch.

Mit der Einführung der digitalen Übertragung von TV-Signalen zum Endkunden sind analoge Übertragungsverfahren für TV-Signale insbesondere in Europa verschwunden. Eine analoge, terrestrische oder Satellitenübertragung erfolgt nicht mehr. Lediglich im Kabel-TV-Netz erfolgt aufgrund der Vielzahl versorgter Endgeräte mit analogem Kabel-TV-Empfangsteil in manchen Ländern noch eine analoge Verbreitung von TV-Programmen in RSB-Technik. Hier werden teilweise digital z.B. über Satellit verbreitete Signale «re-analogisiert», d.h. wieder in ein PAL-Signal rückumgesetzt und per RSB-Technik übertragen, um Zuschauern mit älteren Endgeräten z.B. private TV-Angebote bereitstellen zu können, ohne dass diese auf eine digitale Empfangstechnik umstellen müssen.

10.6 Zusammenfassung

Die Festlegung der Basisparameter der Standardfernsehsysteme erfolgte auf Basis der menschlichen Wahrnehmung und unter Berücksichtigung der seinerzeit gegebenen technischen Möglichkeiten. Historisch entwickelten sich daraus zwei verschiedene, inkompatible Normen. Neben den Bildinformationen werden noch Synchron- und Austastinformation übertragen (BAS-Signal, s. Bild 10.38). Aufbauend darauf erfolgten zur Schwarzweiß-Übertragung kompatible Entwicklungen zur Farbfernsehtechnik, die diese Basisparameter zugrunde legten und zusätzlich Farbdifferenzsignale übertragen. Die Verfahren nutzten das Prinzip der Farbhilfsträgerübertragung mit spektraler Verkämmung, wobei der Farbträger im Basisband des Luminanzsignals liegt. Die Verfahren der sendeseitigen Signalverarbeitung heißen NTSC, PAL, die beide die Farbdifferenzsignale in Quadraturamplitudenmodulation übertragen, während bei SECAM Frequenzmodulation gewählt wurde.

Die geträgerte Farbinformation (Chrominanzsignal) wird additiv dem Luminanzsignal überlagert – es entsteht das *FBAS – Farb-Bild-Austast-Synchronsignal*, das auch als geschlossen codiertes oder *Composite-Signal* bezeichnet wird.

Neben der Übertragung der Bildinformation werden Zusatzdienste im nicht sichtbaren Teil des Bildes speziell in der vertikalen Austastlücke des TV-Signals mit übertragen. Dieses sind einerseits Prüfsignale zur Streckenprüfung des Produktions- und Übertragungsweges sowie Informationsdienste wie Video- bzw. Teletext und Datensignale. Analoge Basisbandsignale nach den genannten Standards (NTSC, PAL, SECAM) wurden inzwischen weitgehend durch digitale Standards – insbesondere auf der Produktionsseite – verdrängt. Allerdings sind diese weiterhin in einer Vielzahl von Archiven vorhanden, da eine Digitalisierung der Bestände häufig nicht wirtschaftlich umgesetzt werden kann. Ferner sind durch die jeweilige analoge Basisbandsignalverarbeitung die technischen Grenzen der erreichbaren Bild- und Tonqualität bestimmt. Die analoge Übertragungstechnik für TV-Signale wurde inzwischen durch digitale Übertragungsverfahren verdrängt.

10.7 Lernziel-Test

1. Nennen Sie die Ton-Rundfunk-Wellenbereiche.
2. Welche ungefähren Frequenzbereiche gehören zu den Ton-Rundfunk-Wellenbereichen?
3. Wie ist ein Geradeaus-Empfänger im Prinzip aufgebaut? Geben Sie ein Übersichtsschaltbild (Blockschaltbild) an.
4. Erklären Sie die Arbeitsweise und Vorteile des Überlagerungsverfahrens, auch Superheterodyn-Verfahren genannt.
5. Was ist eine Spiegelfrequenz? Wie entstehen Spiegelfrequenz-Störungen?
6. Welche Anforderungen werden an ein Stereo-Rundfunksystem gestellt?
7. Erläutern Sie das UKW-Stereo-Verfahren und skizzieren das Frequenzspektrum mit RDS-System.
8. Erläutern Sie das Prinzip der Bildabtastung und den Unterschied zwischen Zeilensprung- und progressiver Bildabtastung.
9. Welche Bedeutung hat die Zeilenzahl für die Bildauflösung?
10. Mit welcher Zeilenzahl arbeiten in Deutschland die deutschen Fernsehsender im Standard-TV (ITU-R-Norm)?
11. Wie viele Vollbilder werden pro Sekunde übertragen?
12. Wie lautet der Zusammenhang zur Berechnung der Signalbandbreite eines Videosignals?
13. Welche Aufgabe haben die Synchronisationssignale bei der TV-Übertragung?
14. Was wird unter den Vor- bzw. Nachtrabanten verstanden?
15. Welche Modulationsart wird für das Fernseh-Tonsignal verwendet?
16. Der genaue Frequenzabstand zwischen Bildträger und Tonträger ist festgelegt. Wie groß ist dieser?
17. Mit welchen Primärfarben arbeiten die bisher entwickelten Farbfernsehsysteme?
18. Auf welche Weise wurde die empfängerseitige Kompatibilität zum Schwarzweiß-TV bei der Einführung der analogen Farb-TV-Übertragungssysteme sichergestellt?
19. Wie arbeitet das Farbhilfsträger-Verfahren?
20. Was wird unter dem Begriff der Frequenzverkämmung verstanden?
21. Welche Unterschiede haben die Farb-TV-Übertragungssysteme SECAM und PAL?
22. Wie wird der Farbhilfsträger mit den Farbdifferenzsignalen beim PAL-Verfahren moduliert?
23. Welche Aufgaben hat der Burst?
24. Aus welchen Teilsignalen besteht das FBAS-Signal?
25. Welche Modulationsverfahren werden für die Verbreitungswege terrestrisch, Satellit und Kabel-TV benutzt?

11 Digitalisierung von Ton- und Bildsignalen

Die Umsetzung von analogen zu digitalen Signalen ist der Übergang von einer zeit- und wertekontinuierlichen Information (analog) zu einer zeit- und wertediskreten Darstellung der Signale (digital). Der Umsetzungsprozess von analogen in digitale Signale erfolgt dabei stets nach den gleichen Gesetzmäßigkeiten mit einer unterschiedlichen Wahl der festzulegenden Parameter: Das Ergebnis dieses Prozesses ist stets eine Folge von Zahlenwerten. Für die Darstellung dieser Zahlenwerte wird heute aufgrund der *digitalen Signalverarbeitung* – sei es mit speziellen Schaltungen oder Computern – auf das binäre Zahlensystem auf der Basis von 2er-Potenzen zurückgegriffen. Nachfolgend wird der generelle Umsetzungsprozess beschrieben und anschließend auf die medienspezifischen Festlegungen für Sprache, Audio und Video eingegangen.

11.1 Grundlagen

Die Umsetzung analoger Signale in eine digitale Darstellung und nach einer digitalen Signalverarbeitung zurück von der digitalen in die analoge Form erlaubt die Adaptation einer digitalen Signalverarbeitung an die menschliche Wahrnehmung (Bild 11.1). Die dafür notwendigen Prozesse werden sende- bzw. aufnahmeseitige Analog-Digital(A/D)-Umsetzung und wiedergabe- bzw. empfangsseitige Digital-Analog(D/A)-Umsetzung genannt.

Ein analoges Eingangssignal (Bild 11.2a) kann einen beliebigen Signalverlauf z.B. der Spannung über der Zeit aufweisen. Dieses Signal ist zeitkontinuierlich, d.h., zu jeder Zeit t existiert ein zugehöriger Wert $u(t)$. Ferner handelt es sich um ein wertekontinuierliches Signal, d.h., die Werte von $u(t)$ sind beliebig innerhalb eines vorgegebenen Wertebereiches.

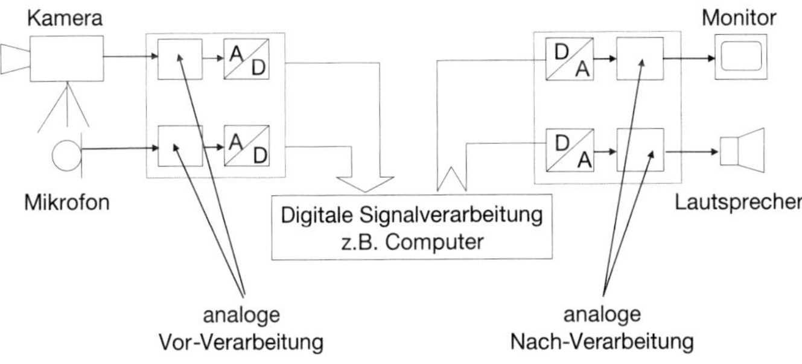

Bild 11.1 A/D- und D/A-Umsetzung von Signalen

Bild 11.2b zeigt hingegen ein *zeitdiskretes*, wertekontinuierliches Signal. Dabei existiert nur zu bestimmten Abtastzeitpunkten ein aus einem beliebigen, vorgegebenen Wertvorrat entnommenes Signal – es handelt sich also um Repräsentativwerte des Signals nach Bild 11.2a. Vorausgesetzt, es wird zum jeweiligen Abtastzeitpunkt exakt der Wert des Eingangssignals ermittelt, so wird umso besser dem analogen Kurvenverlauf gefolgt, je häufiger dieser Abtastprozess in einer konstanten Zeiteinheit durchgeführt wird.

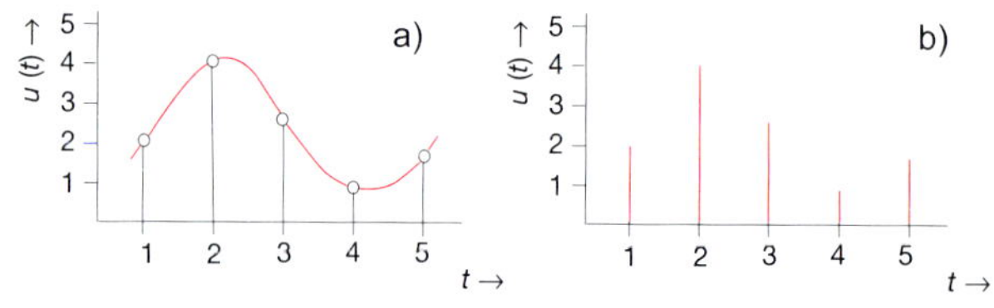

Bild 11.2
Analoges Eingangssignal (a) und *zeitdiskretes* Signal (b)

Es besteht also ein Zusammenhang zwischen der Änderungshäufigkeit bzw. Frequenz der analogen Spannung $u(t)$ und der Anzahl von *Abtastwerten pro Zeiteinheit*, die gewählt werden muss, um als diskretes Signal den ursprünglichen Verlauf ausreichend zu repräsentieren.

Definition

Die Anzahl der pro Sekunde zu übertragenden Abtastwerte wird *Abtastfrequenz* genannt.

Ein zeitkontinuierliches, *wertdiskretes* Signal ist in Bild 11.3 dargestellt. Hier ist zu jedem beliebigen Zeitpunkt (kontinuierlich) ein Signalwert $u(t)$ vorhanden. Allerdings ist nun der Wertevorrat für $u(t)$ beschränkt (hier 0 bis 5), d.h. diskret. Dieses führt dazu, dass z.B. kleine Signalwerte bzw. Änderungen, die kleiner als 0,5 sind, immer auf 0 abgebildet werden und größere Signale von $u(t)$ als 5 nicht dargestellt werden können.

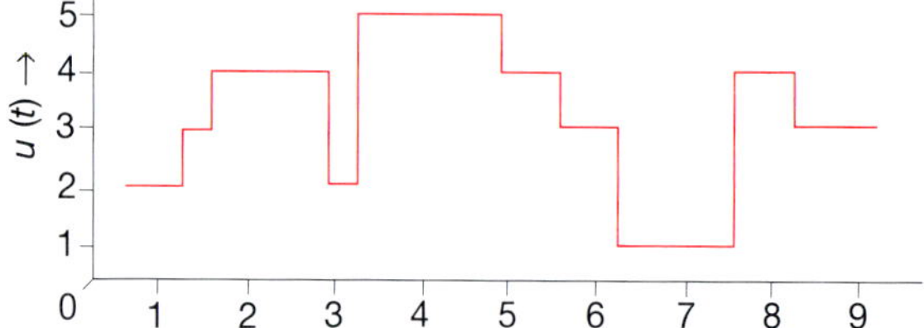

Bild 11.3
Zeitkontinuierliches, *wertdiskretes* Signal

Durch die Wahl der Anzahl diskreter Stufen wird daher die Feinheit der Amplitudendarstellung (Auflösung) des Signals $u(t)$ einerseits und die maximal darstellbare Signalamplitude andererseits festgelegt.

Definition

Die Anzahl der möglichen Stufen wird *Quantisierung* genannt.

Alle Abtastwerte, die in derselben Stufe, d.h. im selben Amplitudenintervall liegen, werden durch den Mittelwert des Intervalls dargestellt. Grundsätzlich erfolgt bei dieser Zuordnung der Amplitude zu diskreten Werten daher ein Fehler, da die diskreten Amplitudenstufen nur in seltenen Fällen mit dem tatsächlichen Wert des amplitudenkontinuierlichen Eingangssignals exakt übereinstimmen. Dieser Zuordnungsfehler ist bei beliebigen Eingangssignalen ein statistischer Wert und wird als *Quantisierungsrauschen* oder *Quantisierungsverzerrung* bezeichnet.

Bild 11.4
Analoge und quantisierte Darstellung von Signalen
a) Verlauf der Signale
b) Verlauf des Quantisierungsfehlers

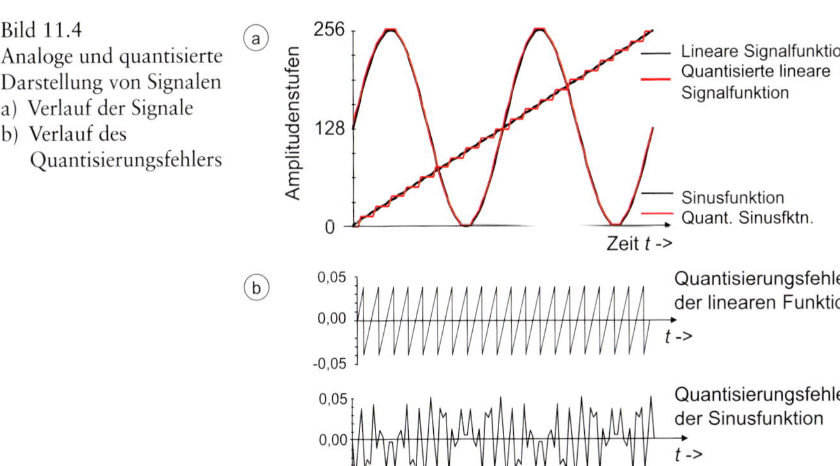

In Bild 11.4a sind eine lineare Funktion und eine Sinusfunktion als analoge Funktion und nach der Quantisierung dargestellt. Bild 11.4b zeigt den Quantisierungsfehler, der sich durch die Zuordnung ergibt.

Im Rahmen der Digitalisierung müssen die beiden Größen Abtastfrequenz und Quantisierung festgelegt bzw. parametrisiert werden. Dieses geschieht für Sprach-, Audio- und Videosignale auf Basis der subjektiven Wahrnehmung sowie unter Berücksichtigung des damit verbundenen technologischen Aufwandes und der Verwendung der Signale nach der Digitalisierung.

Sprach-, Audio- und Videosignale sind in ihrer analogen Form in der Frequenz bandbegrenzte Signale. Die Bandbreiten reichen von ca. 3,5 kHz für Fernsprechsignale bis ca. 30 MHz für Videosignale mit hoher Auflösung. Nach dem Abtasttheorem von Whittaker, Kotelnikov und Shannon (WKS Abtasttheorem) muss die Abtastfrequenz f_a für ein bandbegrenztes Signal mit der Grenzfrequenz f_{gr} mindestens der doppelten Grenzfrequenz betragen, um eine einwandfreie Rekonstruktion zu ermöglichen.

$$f_a \geq 2 \cdot f_{gr} \qquad \text{(Gl. 11.1)}$$

Merksatz

Mit Gl. 11.1 ist bei vorgegebener Bandbreite eines Signals die Mindestabtastfrequenz vorgegeben bzw. bei festgelegter Abtastfrequenz die Bandbreite des Eingangssignal zu begrenzen.

Nach Bild 11.1 wird dieses durch eine Tiefpassfilterung des Eingangssignals im Rahmen der analogen Signalvorverarbeitung erreicht.

Die systemtheoretische Beschreibung des Abtastprozesses bedient sich der Fouriertransformation: Jedes kontinuierliche Signal lässt sich darüber in seine Frequenzanteile zerlegen. Ferner kann jedes kontinuierliche Signal in eine unendliche Anzahl von (Dirac-)Impulsen zerlegt werden, indem der Impuls zur Zeit T_n mit der jeweiligen Signalamplitude $s(T_n)$ gewichtet wird.

Umsetzung nicht überschritten werden, da sonst das Eingangssignal abgeschnitten wird. Daher erfolgt vor der Abtastung und Quantisierung eine Dynamikbegrenzung des Eingangssignals, mathematisch die Festlegung eines vorgegebenen Wertebereichs.

Der Prozess der A/D-Umsetzung kann daher, wie in Bild 11.7 dargestellt, in 5 Einzelschritte unterteilt werden:

1. PA: Pegelanpassung zur Festlegung bzw. Einschränkung des Eingangsspannungsbereiches;
2. TP / BP: Tiefpass- oder Bandpassfilterung zur Begrenzung der Bandbreite gemäß Abtasttheorem;
3. AH: Abtast- und Halteprozess des Signals i.Allg. gleichabständig;
4. Q: Quantisierung der Amplitude des abgetasteten Signals;
5. Cod.: Codierung der Signalfolge z.B. in eine binäre Zahlendarstellung.

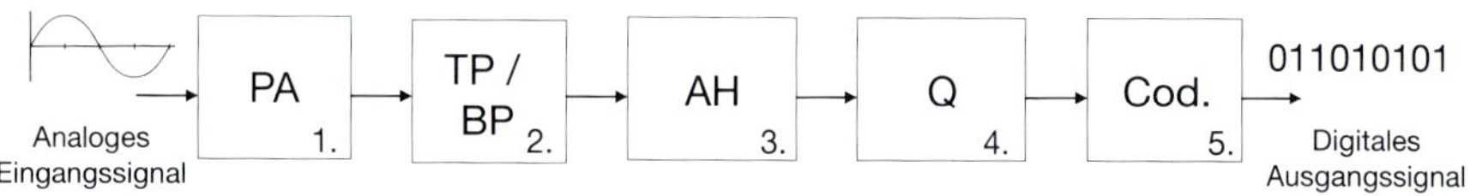

Bild 11.7 Verarbeitungsschritte bei der Digitalisierung von Signalen

Während die ersten vier Schritte unmittelbare Auswirkungen auf das Ursprungssignal haben, dient die Codierung der Zahlenwerte z.B. in einen binären Zahlencode lediglich der Anpassung an die nachfolgende Verarbeitung und kann prinzipiell beliebig gewählt werden. Die digitale Signalverarbeitung, zu deren Zweck die A/D-Umsetzung erfolgt, arbeitet jedoch im binären Zahlensystem, so dass heute die Digitalisierung stets als Umsetzung eines analogen Eingangssignals in eine 0-1-Folge verstanden wird.

Merksatz

Die A/D-Umsetzung erfolgt immer nach der in Bild 11.7 dargestellten Verarbeitungskette – die gewählten Parameter für Abtastfrequenz und Quantisierung sind je nach Medientyp (z.B. Sprache, Audio oder Video) spezifisch zu wählen.

In Bild 11.8 ist die Signalverarbeitung anhand eines einfachen Signalverlaufes dargestellt.

Die wiedergabeseitige D/A-Umsetzung nach einer digitalen Signalverarbeitung erzeugt aus einer beliebigen 0-1-Folge wieder ein analoges Signal, was z.B. hörbar gemacht werden kann. Dieser Prozess orientiert sich an der A/D-Umsetzung mit umgekehrter Reihenfolge und ist in Bild 11.9 dargestellt.

Die Tiefpassfilterung des rekonstruierten analogen Signals erfolgt mit einem Tiefpass, der die gleichen Eigenschaften hinsichtlich der Grenzfrequenz und Dämpfungsverhalten aufweist wie bei der A/D-Umsetzung: Das durch die Rückgewinnung der Amplitudenstufen dargestellte Treppensignal (Bild 11.9b) weist an den Übergängen eine zu hohe Flankensteilheit auf. Durch den Tiefpass wird das Ausgangssignal auf die maximale Bandbreite nach dem Abtasttheorem begrenzt.

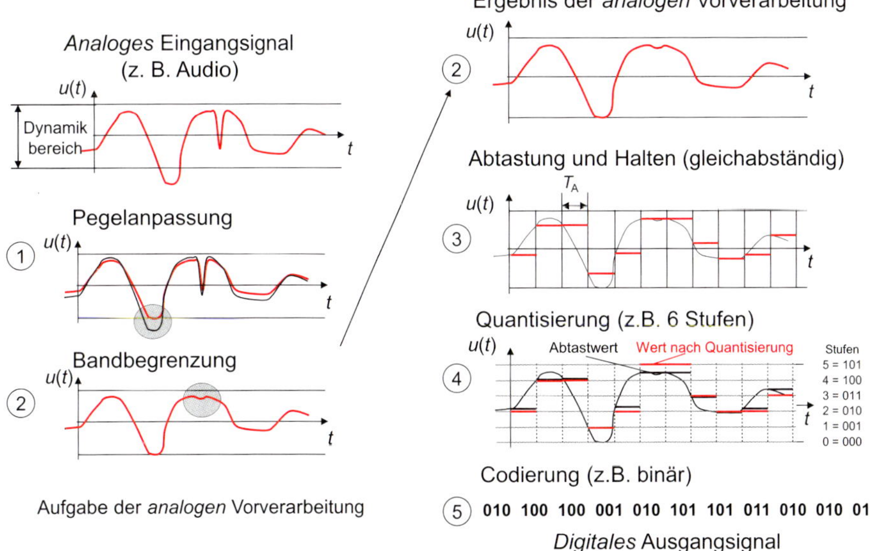

Bild 11.8 Digitalisierung von Signalen

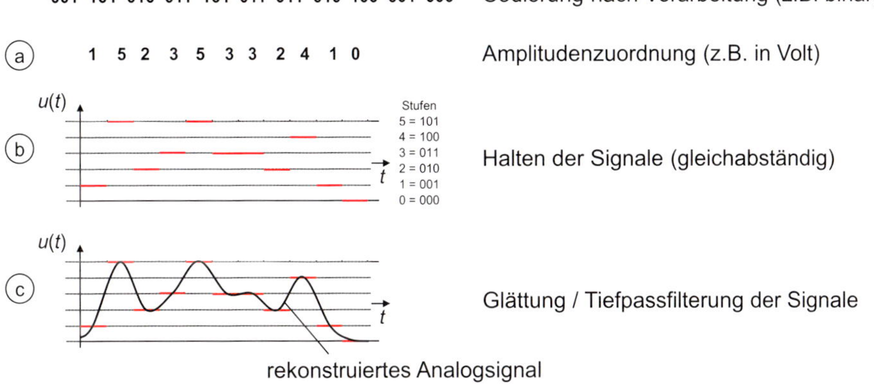

Bild 11.9 Digital-Analog-Umsetzung von Signalen

a) Übersetzung der z.B. Binärzahlenfolge in Amplitudenwerte (in Volt)
b) Halten der jeweiligen Amplitudenwerte entsprechend der sendeseitig gewählten i.Allg. gleichabständigen Haltedauer bzw. Abtastperiodendauer
c) Tiefpassfilterung bzw. Interpolation des entstehenden Stufensignals

Merksatz

Die A/D- und D/A-Umsetzung von Signalen erfolgt stets nach denselben Prozessschritten und unterscheidet sich in der Wahl der jeweiligen Parameter für Abtastfrequenz, Quantisierung und Codierung.

Das rückgewonnene analoge Signal folgt hinsichtlich der Amplitude dem Mittelwert des Intervalls einer Quantisierungsstufe, d.h., auch bei Hintereinanderschaltung von

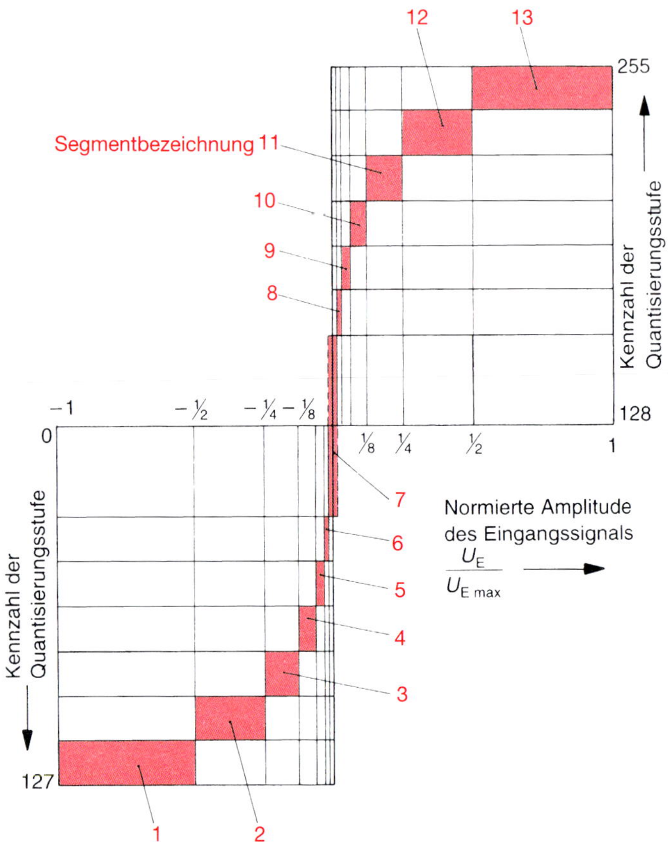

Bild 11.11 13-Segment-Kompanderkennlinie nach ITU-T-Empfehlung G. 711 (A-Kennlinie)

Für die Übertragung digitaler Fernsprechsignale hat man sich daher für eine *nichtlineare* Quantisierung nach der A-Kennlinie, einer 13-Segment-Kompanderkennlinie (ITU-T-Empfehlung G.711), entschieden, wie sie in Bild 11.11 dargestellt ist.

Bei Anwendung dieser Quantisierungsvorschrift werden bei kleiner Amplitudenaussteuerung erheblich mehr Quantisierungsstufen eingesetzt als bei großer Signalamplitude. Der Bereich positiver und negativer Signalamplituden ist dabei punktsymmetrisch angeordnet. Die dreizehn Segment-Intervalle sind in Bild 11.12 detailliert dargestellt.

In Verbindung mit der im Nachfolgenden beschriebenen 8-Bit-Codierung entsteht bei dieser Kompandierung über einen Dynamikbereich von ca. 40 dB eine ausreichend kleine Quantisierungsverzerrung, d.h. ein ausreichend großer Quantisierungsgeräuschabstand auch bei kleinen Signalamplituden. Ein Vergleich zur linearen Quantisierung ist in Bild 11.13 dargestellt.

Eingangssignal		Segment-Nr.	Quantisierungsstufen	
Größe	Vorzeichen		Anzahl	von ... bis
$\frac{1}{2} < \left\| \frac{U_E}{U_{Emax}} \right\| \leqslant 1$	+	⑬	16	240 ... 255
	–	①	16	112 ... 127
$\frac{1}{4} < \left\| \frac{U_E}{U_{Emax}} \right\| \leqslant \frac{1}{2}$	+	⑫	16	224 ... 239
	–	②	16	96 ... 111
$\frac{1}{8} < \left\| \frac{U_E}{U_{Emax}} \right\| \leqslant \frac{1}{4}$	+	⑪	16	208 ... 223
	–	③	16	80 ... 95
$\frac{1}{16} < \left\| \frac{U_E}{U_{Emax}} \right\| \leqslant \frac{1}{8}$	+	⑩	16	192 ... 207
	–	④	16	64 ... 79
$\frac{1}{32} < \left\| \frac{U_E}{U_{Emax}} \right\| \leqslant \frac{1}{16}$	+	⑨	16	176 ... 191
	–	⑤	16	48 ... 63
$\frac{1}{64} < \left\| \frac{U_E}{U_{Emax}} \right\| \leqslant \frac{1}{32}$	+	⑧	16	160 ... 175
	–	⑥	16	32 ... 47
$\left\| \frac{U_E}{U_{Emax}} \right\| \leqslant \frac{1}{64}$	+	⑦	32	128 ... 159
	–		32	0 ... 31

Bild 11.12 Quantisierungsstufen nach der 13-Segment-Kompanderkennlinie

11.2.3 Codierung digitaler Sprachsignale

Wie bereits ausgeführt, dient die Codierung der Signale der Verständigung zu den nachfolgenden Verarbeitungsstufen, wofür unterschiedliche Codes verwendet werden können. Die in Bild 11.8 benutzte Codierung ordnet jeder Amplitudenstufe – hier zwischen 0 und 5 – unmittelbar die zugehörige 0-1-Kombination zu. Für die Codierung der digitalen Sprachsignale wurde ein anderes Datenformat gewählt: Wie aus den Bildern 11.11 bis 11.13 zu erkennen ist, wird der gesamte normierte Aussteuerbereich (Maximum = ± 100%) in insgesamt 256 Quantisierungsstufen unterteilt. Jedes Segment enthält dabei 16 Quantisierungsstufen, mit Ausnahme des Segmentes 7, das im positiven und im negativen Bereich jeweils 32, insgesamt also in Summe 64 Quantisierungsstufen enthält. Im Bereich positiver wie auch im Bereich negativer Signalamplituden ergeben sich also je 128 Quantisierungsstufen, die durch ein 8-Bit-Wort eindeutig beschrieben werden können.

Die acht Bits des Codewortes haben dabei folgende Bedeutung:

- Bit 8: Eine 0 kennzeichnet eine negative Amplitude, eine 1 kennzeichnet eine positive Amplitude; dieses Bit wird als *Vorzeichenbit* bezeichnet.
- Bits 7 bis 5: Der Inhalt dieser Bits kennzeichnet das jeweilige *Segment*, dem die Signalamplitude zugeordnet ist.
- Bits 4 bis 1: Der Dateninhalt ordnet den Amplitudenwert einer ganz bestimmten Quantisierungsstufe im jeweiligen Segment zu.

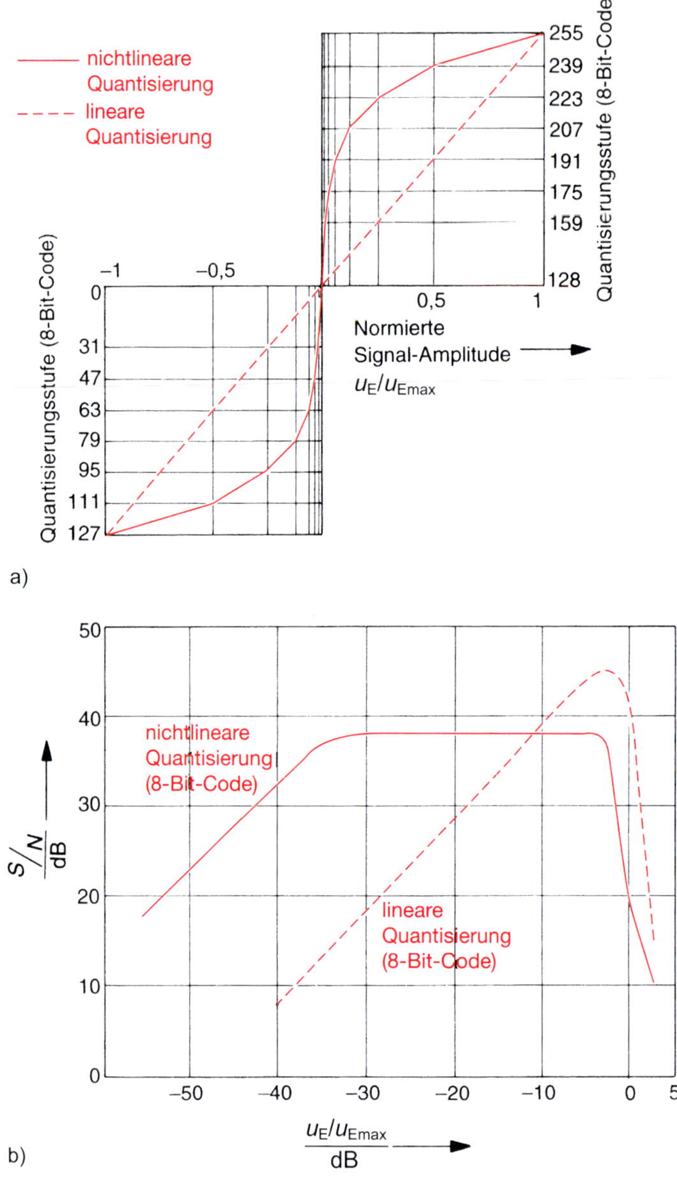

Bild 11.13 Vergleich der Quantisierungsfehler (Signal-Geräusch-Abstand)
a) Vergleich der 8-Bit-codierten Quantisierungskennlinien
b) Vergleich des Quantisierungsgeräuschabstandes

11.2.4 Datenrate codierter Sprachsignale

Die festgelegten Parameter führen für die digitale Sprachübertragung auf eine Datenrate von:

$$H_K = f_a \cdot b = 8\,\text{kHz} \cdot 8\,\text{Bit} = \frac{b}{T_a} = \frac{8\,\text{Bit}}{125\,\mu\text{s}} = 64\,\text{kbit/s} \qquad \text{(Gl. 11.5)}$$

Das hier beschriebene digitale Fernsprechsignal mit einer Datenrate von 64 kbit/s findet seinen Einsatz in digitalen Telekommunikationsnetzen, z.B. dem ISDN (Integrated Services Digital Network) oder in Mobilfunknetzen. Es ist gleichzeitig Grundlage für die digitale Multiplex-Hierarchie (PDH, siehe Abschnitt 9.6.1) im Fernnetz.

Es sei darauf hingewiesen, dass z.B. im amerikanischen digitalen Fernsprechnetz eine andere Codierung erfolgt. Hierbei handelt es sich nicht um eine 8-Bit-A-Kennlinie, sondern um eine 7-Bit-Codierung nach einer anderen nichtlinearen Quantisierungskennlinie (µ-Kennlinie), so dass zwischen diesen Netzen stets eine Signalumsetzung erfolgen muss.

11.3 Parameter für die A/D-Umsetzung von Audiosignalen

Die folgenden Eckparameter mussten bei der Digitalisierung von Audiosignalen berücksichtigt werden (s. Kapitel 5) und ergeben sich aus der subjektiven Wahrnehmung des Menschen:

- Frequenzbereich: 20...20 000 Hz,
- Dynamikbereich: ca. 70 dB (bei 1 kHz).

Die Festlegung der Parameter für die Digitalisierung selbst ist eng mit der Entwicklung der CD (Compact-Disc) (s. Kapitel 15) und des digitalen Hörrundfunks (s. Kapitel 13) verbunden. Als Folgesystem der Langspielplatte (LP) orientierten sich die Parameter für die CD an den maximalen Wiedergabequalitäten der LP, da sich diesbezüglich keine Nachteile ergeben sollten. Die Festlegungen für den digitalen Hörrundfunk hatten eine minimal zu übertragende Datenrate zum Ziel, um den Aufwand für die Übertragung zu begrenzen und andererseits einen Qualitätsgewinn gegenüber der UKW-Übertragung zu erzielen. Hierzu wurden spezielle subjektive Tests durchgeführt, wodurch die minimal zu verwendende Abtastfrequenz bei entsprechenden Qualitätsanforderungen ermittelt wurde. Ferner wurde gefordert, dass die Abtastfrequenzen aus dem o.g. 8-kHz-Signal des Fernsprechkanals leicht durch Vervielfachung abzuleiten sind, da diese Frequenz als «Normal» in jedem Studio zur Verfügung steht. Die ursprünglichen Parameter wurden dann in der Folge durch neue Festlegungen für die Studioproduktion ergänzt. Auf Basis dieser Vielzahl von Forderungen wurden verschiedene Abtastfrequenzen festgelegt. [31; 34]

11.3.1 Abtastfrequenzen für Audiosignale

Aufgrund der oben genannten Forderungen wurden folgende Abtastfrequenzen festgelegt, u.a.:

- 32 kHz = 4 · 8 kHz (abgeleitet aus 8 kHz) für die Ausstrahlung des digitalen Satellitenradios und bei einer Bandbegrenzung des analogen Eingangssignals auf ca. 15 kHz. Im Rahmen von subjektiven Studien hatte sich gezeigt, dass eine Vielzahl von Testpersonen diesen Bandbreiteverlust für die Rundfunkübertragung akzeptierten bzw. gar nicht wahrnahmen.
- 44,1 kHz für CD und damit Einhaltung des Abtasttheorems für die o.g. Bandbreite von 20 kHz. Die Festlegung dieser Abtastrate erfolgte nur für die CD, daher wurde auf die einfache Ableitbarkeit von 8 kHz verzichtet. Der Grund für die Wahl dieser Abtastfrequenz war die gewünschte Einigung auf einen internationalen Austauschstandard in der Produktion, die zum Zeitpunkt der Einführung der CD noch eine digitale Aufzeichnung auf modifizierte Video-Recorder erforderlich machte. [15]
- 48 kHz = 6 · 8 kHz (abgeleitet aus 8 kHz) für die Studioproduktion und den Programmaustausch zwischen den Sendeanstalten. Diese Abtastfrequenz wird überwiegend für Standardproduktionen genutzt.

Die schnelle Entwicklung integrierter digitaler Schaltungen erlaubte es, die Signalverarbeitung mit höherer Verarbeitungsgeschwindigkeit zu realisieren. Dieses galt auch für die erforderlichen A/D-Umsetzer. Im Hinblick auf sehr hochwertige Audioproduktionen wurden daher weitere Abtastfrequenzen für Audiosignale festgelegt:

- 96 kHz = 12 · 8 kHz (abgeleitet aus 8 kHz) wurde gewählt, um die Gestaltung der analogen Tiefpassfilter zu vereinfachen: Bei nahezu gleicher analoger Basisbandbreite von ca. 20 kHz rücken nach Bild 11.5c die Wiederholspektren beim Abtastprozess durch die höhere Abtastfrequenz weiter auseinander, so dass die Gefahr von Alias-Fehlern reduziert wird. Das bandbegrenzende analoge Tiefpassfilter muss dann nicht so steilflankig ausgeführt werden, was wiederum den Aufwand begrenzt. Die Abtastfrequenz von 96 kHz wird für hochqualitative Produktionen eingesetzt. Die gesamte Studiokette muss dabei diese Abtastrate unterstützen, d.h., die Produktionskosten sind erheblich höher als für die 48-kHz-Produktionen. Die zu speichernde Datenmenge verdoppelt sich gegenüber der 48-kHz-Produktion; für übertragungstechnische Anwendungen spielt diese Abtastrate (noch) keine Rolle.
- 192 kHz = 24 · 8 kHz (abgeleitet aus 8 kHz). Für diesen Systemvorschlag gibt es technisch keine Begründung, da bereits mit 96 kHz ausreichende Systemreserve existiert. Der damit verbundene Aufwand ist sehr hoch. Die Anwendung ist daher eingeschränkt und nur in der Studioproduktion zu vertreten. Die Datenmenge verdoppelt sich nochmals gegenüber den 96-kHz-Produktionen. [31; 32]

11.3.2 Quantisierung von Audiosignalen

Für die Quantisierung der Audiosignale wurde – ausgehend von den erreichbaren Dynamikbereich der Langspielplatte – für die CD eine Quantisierung von 16 Bit festgelegt. Unter Einbeziehung eines Korrekturfaktors von 1,8 dB gegenüber Gleichung 11.2 ergibt sich theoretisch für den Dynamikbereich D_A bzw. Störabstand S_A/N_Q, d.h. für das Verhältnis des Effektivwertes des Audiosignals zum Quantisierungsrauschen N_Q, für ein 16-Bit-System ein Wert von

$$\frac{S_A}{N_Q} = D_A = b \cdot 6\,\text{dB} + 1{,}8\,\text{dB} \approx 98\,\text{dB} \qquad \text{(Gl. 11.6)}$$

Durch festgelegte Aussteuerungsreserven und Schutzabstände ist der tatsächlich nutzbare Störabstand deutlich reduziert. In Bild 11.14 sind die Festlegungen und die sich daraus ergebenden theoretischen und tatsächlichen Dynamikbereiche angegeben. [32]

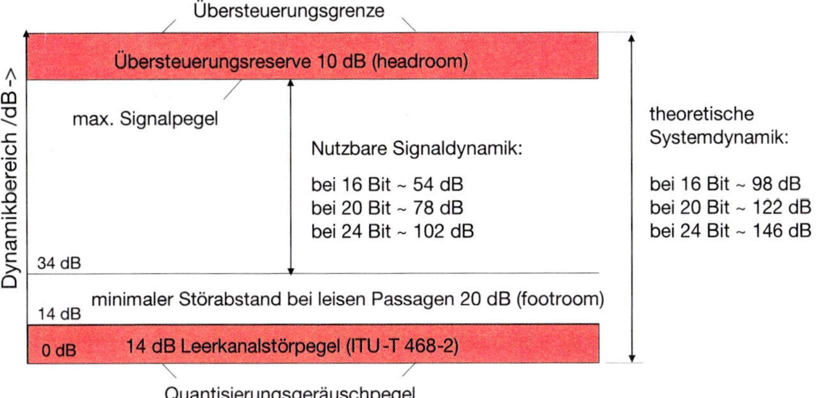

Bild 11.14 Quantisierung von Audiosignalen

Die Übersteuerungsreserve von 10 dB ist notwendig, da eine Übersteuerung oder Begrenzung der analogen Eingangssignale in jedem Fall vermieden werden muss. Die Festlegung eines Leerkanalstörpegels von 14 dB berücksichtigt die gehörrichtige Bewertung des Quantisierungsrauschens bzw. der Quantisierungsverzerrungen. Die angegebenen 20 dB beziehen sich auf einen minimalen Störabstand auch bei sehr leisen Passagen, d.h. die notwendige Amplitudenauflösung bei linearer Quantisierung, auch wenn das Signal sehr klein (leise) wird. Die verbleibenden 54, 78 bzw. 102 dB kennzeichnen die tatsächlich nutzbare Signaldynamik der Eingangssignale, d.h. die Dynamik zwischen den leisesten und den lautesten Passagen einer Audioaufzeichnung. Betrachtet man den Dynamikbereich der analogen Langspielplatte (LP) von ca. 70 dB und zieht hiervon die 20 dB minimalen Störabstand für sehr leise Passagen ab, so liegt nach Abzug der beschriebenen 44 dB Reserven der Dynamikumfang der CD mit ca. 54 dB darunter. In der Studioproduktion wird daher ausschließlich mit einer Quantisierung von 20 oder 24 dB gearbeitet. Für Übertragungszwecke kann – ähnlich wie bei der Quantisierung von Sprachsignalen – auf eine nichtlineare Quantisierung mit geringerer Bitanzahl zurückgegriffen werden.

11.3.3 Datenrate von Audiosignalen

Die Festlegungen der Abtastfrequenzen und Quantisierung führen auf die in Tabelle 11.1 dargestellten Datenraten für digitale Audiosignale.

Tabelle 11.1 Datenraten für digitale Audiosignale bei unterschiedlichen Parametern für Abtastfrequenz und Quantisierung

Abtastfrequenz	Quantisierung	Datenrate (mono)	Datenrate (stereo)
32 kHz	16 Bit	512,0 kbit/s	1024,0 kbit/s
44,1 kHz	16 Bit	705,6 kbit/s	1411,2 kbit/s
48 kHz	20 Bit	960,0 kbit/s	1920,0 kbit/s
48 kHz	24 Bit	1152,0 kbit/s	2304,0 kbit/s
96 kHz	24 Bit	2304,0 kbit/s	4608,0 kbit/s
192 kHz	24 Bit	4608,0 kbit/s	9216,0 kbit/s

Die Gesamtdatenrate eines Stereosignals variiert also – je nach Wahl der Parameter – zwischen 1 und ca. 10 Mbit/s, die daher aus Aufwandsgründen anwendungsbezogen festgelegt werden.

11.3.4 AES/EBU-Signalformat

Für die Übertragung der digitalen Audiosignale hat sich ein bitserielles Signalformat durchgesetzt. Im Studiobereich ist dieses durch die AES (*Audio Engineering Society*) und die EBU (*European Broadcast Union*) festgelegt worden. Eine Variante dieses Signalformates ist das S/PDIF (Sony Philips Digital Interface), das in Produkten der Unterhaltungselektronik Verwendung findet und sowohl über Koaxialkabel als auch über eine Kunststofffaser (Toslink) übertragen werden kann. Das AES/EBU-Format unterstützt die Abtastfrequenzen von 32 kHz, 44,1 kHz und 48 kHz sowie eine Quantisierung von 20 bzw. 24 Bit. Typisch für eine digitale Übertragung ist die Einbettung der Informationen in Rahmen bzw. Paketen. Die Rahmenlänge (Frame) des Formates ist gleich der Abtastperiode bei 48 kHz entsprechend 20,83 µs und enthält 2 Sub-Frames (A und B), die jeweils 32 Bit Informationen enthalten. [33]

Diese 32 Bit setzen sich aus den in Tabelle 11.2 genannten Werten zusammen. Der Aufbau des AES/EBU-Rahmens ist in Bild 11.15 dargestellt.

Tabelle 11.2

Anzahl der Bits	Aufgabe
4 Bit	Synchronisationsinformation für den Rahmen
4 Bit	Optional Audioinformation bei 24-Bit-Quantisierung
20 Bit	Audio Daten (20-Bit-Quantisierung)
1 Bit «V»	«Audio Sample Validity»-Mitteilung zur Aktivierung der Fehlerverdeckung im Empfänger
1 Bit «U»	«User Bit» – Es werden 192 Bit über die nacheinander übertragenen Frames akkumuliert, diese enthalten z.B. Text- und Steuerdaten, Diagnose-informationen
1 Bit «C»	«Channel Status» – Zusatzinformationen z.B. über Quelle und Ziel
1 Bit «P»	«Subframe Parity» – Paritätsbit zur Fehlererkennung im Sub-Frame

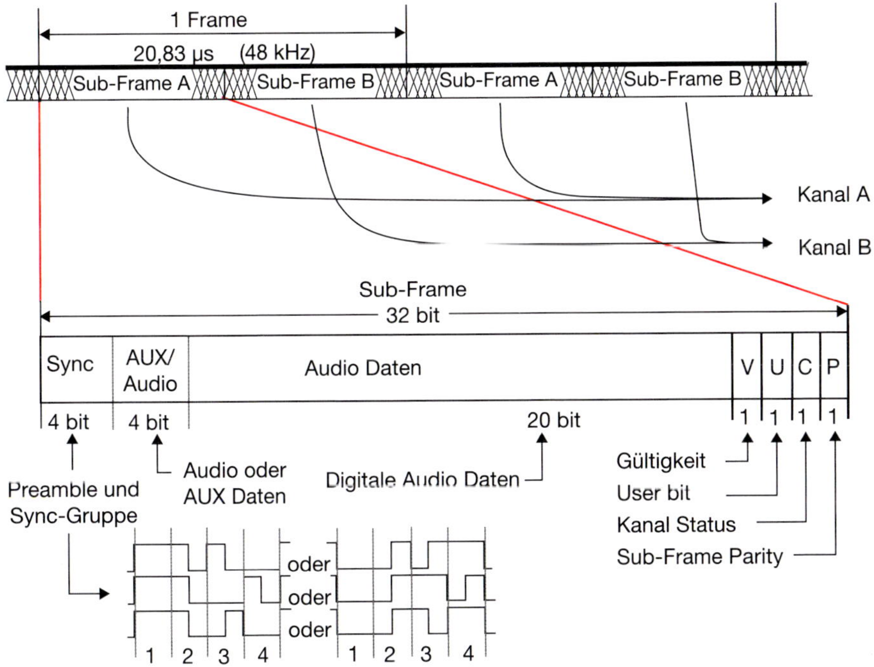

Bild 11.15 Rahmenformat des AES/EBU-Audiointerface nach [16]

11.4 Parameter für die A/D-Umsetzung von Standardvideosignalen – SDTV

Hinsichtlich der Parameter für digitale Videosignale im Basisband mussten verschiedene Randbedingungen beachtet werden. Im zeitlichen Ablauf erfolgte die Einführung der digitalen Signalverarbeitung im Verlauf von 20 Jahren nach den ersten Festlegungen (1982) zunächst in Teilbereichen der Studioproduktion, z.B. der digitalen Magnetbandaufzeichnung (s. Kapitel 14), Trickmischung, nachfolgend im Empfänger, z.B. zur Qualitätsverbesserung, 100-Hz-Technik (s. Kapitel 16) und dann im Übertragungsbereich (s. Kapitel 13).

Grundsätzlich kann dabei die Digitalisierung unter Einhaltung des Abtasttheorems auf das geschlossen codierte FBAS-Signal angewendet werden: Aus dem «Composite»-Signal wird ein «digitales Composite»-Signal. Diese Entwicklung wurde aus praktischen und kommerziellen Gründen u.a. in den USA und Canada vollzogen, da die Gerätetechnik – insbesondere die digitale Studiomagnetbandaufzeichnung – steckerkompatibel in das analoge Umfeld eingepasst werden konnte. Es wird in Europa nur vereinzelt eingesetzt, da man hier mit der Digitalisierung auch den Weg der Qualitätsverbesserung insgesamt verfolgte, um typische Störungen der FBAS-Technik wie z.B. Cross-Color zu vermeiden. [34; 35]

Man verließ daher die geschlossene FBAS-Codierung, d.h., mit der Digitalisierung im Studiobereich wurde auch die (digitale) Komponententechnik eingeführt, d.h. die getrennte Führung und Verarbeitung der Signalkomponenten für *Y* und die mit C_R bzw. C_B bezeichneten Farbdifferenzsignale.

Mit der Einführung von *HDTV (High Definition Television)* und UHDTV (*Ultra High Definition Television*) wurden die Festlegungen der Parameter zur Digitalisierung für TV-Systeme mit höherer Zeilenzahl (HD- bzw. UHD-Systeme) erweitert. Dabei wurde das Prinzip der Komponententechnik natürlich beibehalten.

11.4.1 Abtastfrequenzen für SDTV

Die Festlegungen der Basisparameter Abtastfrequenz und Quantisierung für die Digitalisierung von Standardvideosignalen orientieren sich unter Berücksichtigung des Abtasttheorems an der Bandbreite des analogen Videosignals von ca. 5 MHz.

Als genormte, *einheitliche* Abtastfrequenz f_{ay} für den 625- und den 525-Zeilen-Standard wurden nach ITU-R 601 für die R,G,B,- oder Y-Signale 13,5 MHz festgelegt, wobei die aktive Zeilenzahl mit 576 bzw. 480 Zeilen nicht verändert wurde. Die in der digitalen Darstellung mit C_R und C_B bezeichneten Farbdifferenzsignale werden mit der Hälfte der Luminanzabtastfrequenz, also $f_{ay}/2$ = 6,75 MHz, abgetastet. Die für die A/D- und D/A-Umsetzung notwendigen analogen Filter wurden ebenfalls exakt spezifiziert und stellen hinsichtlich der zu erfüllenden Flankensteilheit und der Gruppenlaufzeitverzerrungen relativ hohe Anforderungen an die Realisierung. [17]

Durch die einheitliche Festlegung der Abtastfrequenzen wurde die Gerätetechnik auf dieser Ebene vereinheitlicht: Für beide Standards wurde eine aktive Zeilenlänge von 720 Bildpunkten (BP) festgelegt und die sich ergebenden Anpassungen über eine unterschiedliche Länge der horizontalen Austastlücke gelöst. Aus der aktiven Zeilenzahl von 480 Zeilen für den 525-Zeilen-Standard und von 576 Zeilen im 625-Zeilen-Standard folgt, dass das Verhältnis von aktiver Bildpunktanzahl je Zeile zur aktiven Zeilenzahl nicht konstant ist und auch nicht dem Bildseitenverhältnis von 4 : 3 entspricht. Man spricht daher von nicht-quadratischen Bildpunkten:

$$\frac{720}{480} = 1{,}5 \neq \frac{720}{576} = 1{,}25 \neq \frac{4}{3} = 1{,}3\overline{3} \qquad \text{(Gl. 11.7)}$$

In Bild 11.16 ist die Anordnung der Bildpunkte innerhalb einer Zeile für beide Standards schematisch dargestellt.

Nach Gl. 10.7 geht in die Bandbreite eines Videosignals grundsätzlich auch das Bild-Seitenverhältnis ein. Der Übergang von 4 : 3 auf das breitere 16:9-Format ging in der analogen TV-Welt allerdings *nicht* mit einer Erhöhung der Übertragungsbandbreite einher. Bezüglich der digitalen Darstellung wäre – unter Beibehaltung der Bildpunktgeometrie – eine Erhöhung der Bildpunktzahl je Zeile um den Faktor 4 : 3 erforderlich. Damit ergibt sich rein rechnerisch eine aktive Bildpunktzahl von 720 · 4 : 3 = 960 Bildpunkten pro Zeile und eine entsprechende Abtastfrequenz von 13,5 MHz · 4 : 3 = 18 MHz für das Luminanzsignal. In der Praxis wird diese Standardvariante, die in der ITU-R 601 vorgesehen wurde, nicht verwendet: Die Aufnahmen erfolgen überwiegend mit anamorphotischen Objektiven, die das optische 16:9-Bildformat auf ein 4:3-Format des Sensors abbilden. Dieser weist wiederum nur 720 aktive Bildpunkte je Zeile auf. Der Übergang von 4 : 3 auf das 16:9-Bildformat führt also zu einer geometrischen Verzerrung der Bildpunkte. [34; 35]

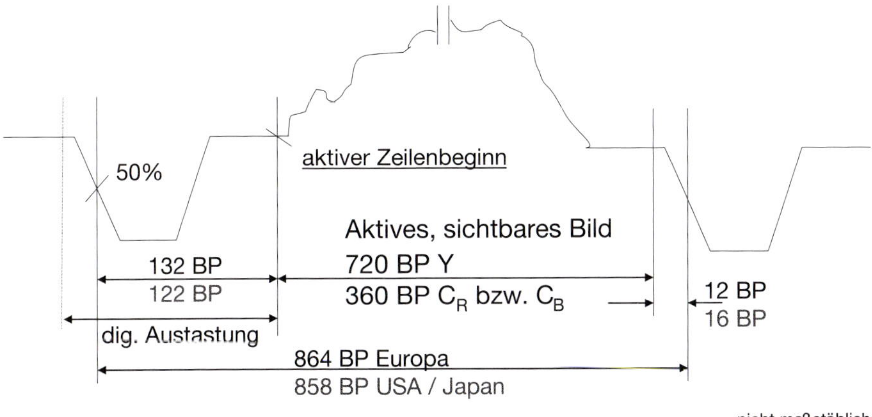

Bild 11.16 Zeitliche Lage der Abtastwerte zum analogen Bildsignal nach ITU-R 601

Die Abtastfrequenzen von 13,5 bzw. 6,75 MHz ergeben sich aus ganzzahligen Vielfachen der Zeilenfrequenz.

$$f_{ay} = 864 \cdot 625 \cdot 25\,\text{Hz} = 858 \cdot 525 \cdot 29{,}97\,\text{Hz}$$
$$f_{aC_R} = f_{aC_B} = 432 \cdot 625 \cdot 25\,\text{Hz} = 429 \cdot 525 \cdot 29{,}97\,\text{Hz} = 6{,}75\,\text{MHz} \qquad \text{(Gl. 11.8)}$$

Dabei ist die Abtastfrequenz phasenstarr mit der Horizontalfrequenz verbunden, d.h., die Bildpunkte der einzelnen Zeilen stehen bezogen auf den Beginn einer Zeile stets an der identischen Stelle: Es ergibt sich ein orthogonales Abtastraster, das das Bild in einzelne Bildpunkte aufteilt, d.h., die Bildpunkte stehen in horizontaler und vertikaler Richtung exakt untereinander.

Das so entstehende digitale Komponentensignal heißt 4:2:2-Signal (Bild 11.17a), wodurch das relative Verhältnis der Abtastfrequenzen $f_{ay} : f_{aC_R} : f_{aC_B}$ beschrieben wird: Ein mit jeweils 13,5 MHz abgetastetes R-G-B-Signal wird daher als 4:4:4-Signal bezeichnet (Bild 11.17b).

Aus dem ITU-R-Standard 601 wurden die in Tabelle 11.3 genannten weiteren Abtastratenverhältnisse abgeleitet, die in unterschiedlichen Systemen zum Einsatz kommen.

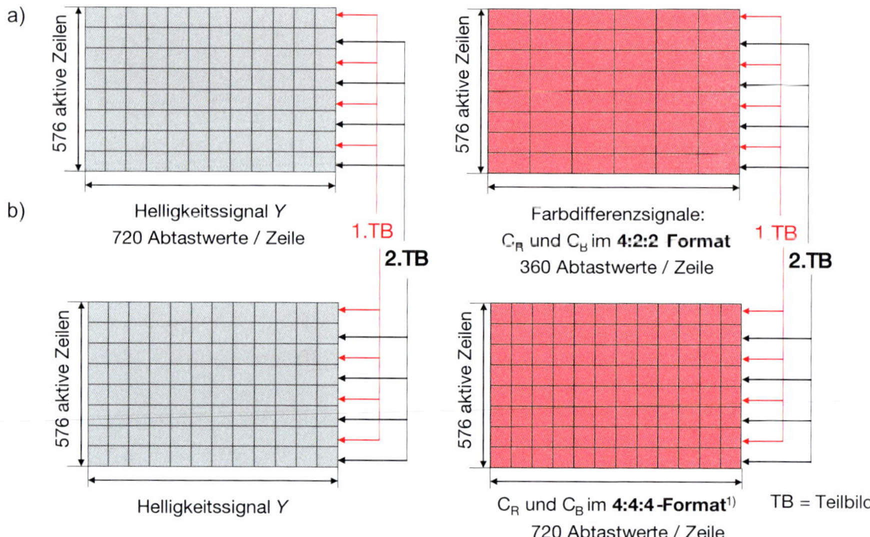

Bild 11.17 Geometrische Anordnung der Bildpunkte beim digitalen Videosignal
a) 4:2:2-Signal b) 4:4:4-Signal

Tabelle 11.3

Format	Abtastraten und Anwendungen
4:4:4-Format	Gleiche Abtastraten für Y, C_R und C_B von 13,5 MHz *oder* Abtastung von R, G, B mit jeweils 13,5 MHz (s. Bild 11.17)
4:1:1-Format	Abtastfrequenzen: Y 13,5 MHz; C_R, C_B jeweils 3,375 MHz Verwendung im Bereich der Aufzeichnungstechnik zur Reduktion der Gesamtdatenrate
4:2:0-Format	Abtastfrequenzen Y 13,5 MHz; C_R, C_B jeweils 6,75 MHz Es wird die Chrominanzinformation nur in jeder 2. Zeile erzeugt Verwendung im Bereich der Aufzeichnungs- und Übertragungstechnik zur Reduktion der Gesamtdatenrate
4:2:2:4-Format	Wie 4:2:2 zusätzliches «Key»-Signal mit 13,5 MHz (Verwendung im Bereich der Postproduktion)
4:4:4:4-Format	Wie 4:2:2:4, jedoch alle Abtastfrequenzen 13,5 MHz (Verwendung im Bereich der Postproduktion)

In Bild 11.18 sind die Formate 4:1:1 und 4:2:0 dargestellt.

Hieraus ist ersichtlich, dass die gegenüber dem Luminanzsignal stark reduzierte Anzahl von 180 Abtastwerten in horizontaler Richtung im 4:1:1-Signal zu einer unausgewogenen Auflösungsreduktion der Farbdifferenzsignale führt. Dieses wird beim 4:2:0-Signal vermieden. Die leicht irreführende Bezeichnung «0» kennzeichnet in diesem Fall die *reduzierte Zeilenzahl* für die beiden Farbdifferenzsignale. Der grundsätzliche Vorteil dieses Rasters wird jedoch dadurch relativiert, dass die exakte Halbierung der Auflösung in vertikaler Richtung nur für ein progressives Abtastraster möglich ist. Wie Bild 11.18 zeigt, würde ein Weglassen jeder zweiten Zeile im Teilbild eines Zeilensprungsystems bzw. eine alternierende Abtastung von Zeile zu Zeile dazu führen, das C_R bzw. C_B jeweils nur in einem Teilbild vorhanden sind. Die Varianten zur Reduzierung der Zeilenzahl, d.h. für die Umsetzung eines 4:2:0-Systems in einem Zeilensprungraster, sind in Bild 11.19 dargestellt.

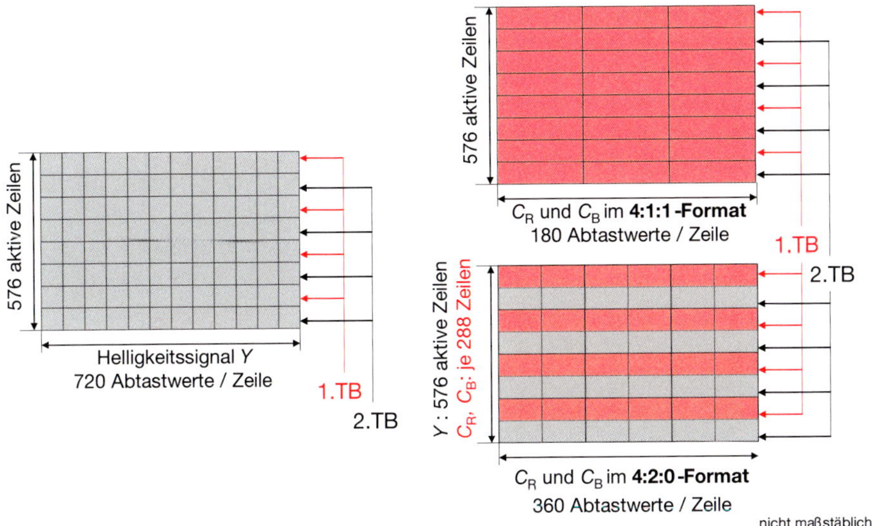

Bild 11.18 Geometrische Anordnung der Bildpunkte beim digitalen Videosignal
a) 4:1:1-Signal b) 4:2:0-Signal

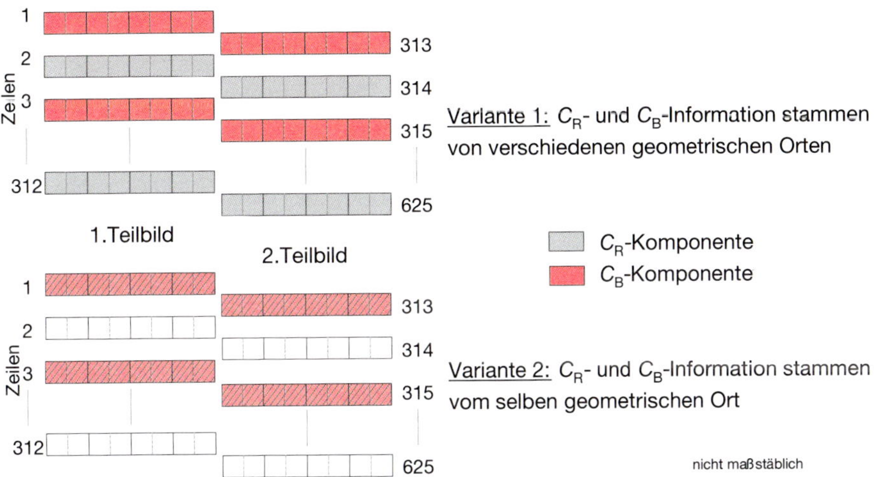

Bild 11.19 Abtastvarianten für die Farbdifferenzsignale C_R und C_B beim 4:2:0-Format im Fall einer Zeilensprungabtastung

Neben der Entstehung von Farbsäumen an horizontal orientierten Kanten im Bild wird aus dieser Darstellung deutlich, dass die für die Farbdifferenzsignale entstehende Rasterlage im Vollbild keine gleichabständige Zeilenabtastung in vertikaler Richtung mehr aufweist. Die vertikale Auflösung der Signale C_R und C_B beim 4:2:0-Format wird dadurch im Fall einer Zeilensprungabtastung auf ungefähr ein Viertel der ursprünglichen Auflösung reduziert. Das Ziel einer gleichmäßigen Reduktion der Auflösung der Farbdifferenzsignale um den Faktor 2 gegenüber dem Luminanzsignal kann daher nur im Fall einer progressiven Bildabtastung erreicht werden.

11.4.2 Quantisierung von SDTV

Die ITU-R 601 legt die Quantisierung der Videosignale auf 8 Bit fest, sofern es sich um Signale für die Übertragung handelt. Für die Signalverarbeitung im Fernsehstudio werden i.Allg. 10 Bit eingesetzt, um – ähnlich wie im Audiobereich – größere Reserven bei der Nachverarbeitung zu haben. Für Videosignale gilt hinsichtlich des erreichbaren Störabstandes bzw. Dynamikbereiches D_V, d.h. des Spitze-Spitze-Wertes der Signalamplitude im Verhältnis zum Quantisierungsrauschen N_Q (in Unterscheidung zu Gl. 11.6), der Zusammenhang

$$\frac{S_V}{N_Q} = D_V = b \cdot 6\,\text{dB} + 10{,}8\,\text{dB} \qquad \text{(Gl. 11.9)}$$

Bei einer 8-Bit-Quantisierung ergibt sich damit ein theoretischer Störabstand von ca. 59 dB. Dieser theoretische Wert wird dadurch begrenzt, dass der Pegelbereich von 0...255 nicht vollständig ausgeschöpft wird. Wie bei der Digitalisierung von Audiosignalen werden Schutzabstände vorgesehen. Durch die Einführung dieser Schutzabstände für die Stufen von 0...16 und 235...255 für das Luminanzsignal sowie von 0...16 und 240...255 für die Farbdifferenzsignale wird der tatsächlich erreichbare Videostörabstand auf ca. 50 dB verringert, womit der Störabstand analoger Systeme übertroffen wird.

In Bild 11.20 ist der nutzbare Pegelbereich dargestellt.

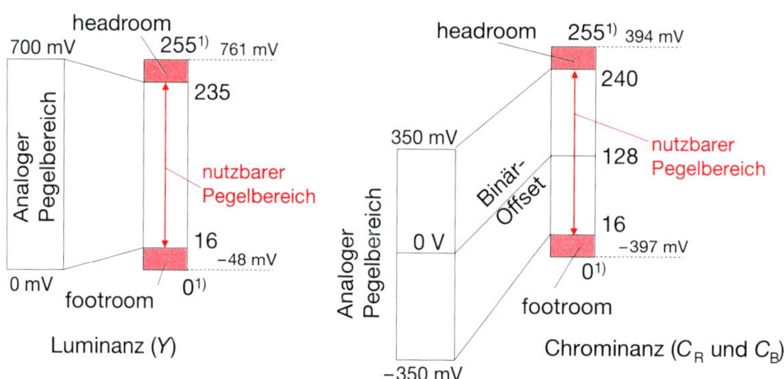

Bild 11.20 8-Bit-Quantisierung der Videosignale nach ITU-R 601 und Bezug zum analogen Signalpegel

Merksatz

Die Darstellung der Farbdifferenzsignale C_R und C_B erfolgt im Binär-Offset, d.h., der Unbuntpunkt ($C_R = C_B = 0$) wurde auf die Stufe 128 festgelegt. Dabei werden die Signale C_R und C_B so im Pegel reduziert, dass alle drei Signalanteile im Pegelbereich stets zwischen 0 und 700 mV liegen.

Der nutzbare Quantisierungsbereich reicht aus, um z.B. einen linearen Helligkeitsverlauf ohne sichtbare Konturen auf dem Bildschirm darzustellen.

Im Fall einer 8-Bit-Quanisierung umfasst der für das Bild vorgesehene Pegelbereich für das Luminanzsignal 220 Stufen, für die Farbdifferenzsignale jeweils 225 Stufen. Für die 10-Bit-Quantisierung ergeben sich 877 (Luminanz) bzw. 897 Stufen. Alle weiteren Stufen der jeweiligen Quantisierung dienen der Reserve. Hieraus wird ersichtlich, dass die 10-Bit-Quantisierung eine deutlich bessere Möglichkeit bietet, graduelle Helligkeits- bzw. Farbverläufe darzustellen, so dass diese inzwischen durchgängig für die Studioproduktion und -Nachverarbeitung eingesetzt wird.

11.4.3 Datenrate von SDTV

Aus der Festlegung der Abtastfrequenzen, dem Verhältnis der Abtastfrequenzen von Luminanz und Chrominanz zueinander sowie der Quantisierung kann die Datenrate eines Videosignals berechnet werden. Für ein 4:2:2-System ergibt sich bei 8-Bit-Quantisierung nach Gl. 11.3:

$$\begin{aligned} H_{ges} &= f_y \cdot b_y + 2 \cdot f_c \cdot b_C = 13{,}5\ \text{MHz} \cdot 8\ \text{Bit} + 2 \cdot 6{,}75\ \text{MHz} \cdot 8\ \text{Bit} \\ &= 216\ \text{Mbit/s} \end{aligned} \quad \text{(Gl. 11.10)}$$

Die sich für unterschiedliche Systemparameter ergebenden Datenraten sind in Tabelle 11.4 dargestellt.

Tabelle 11.4 Datenraten für Standardvideosignale bei 8-Bit-Quantisierung (Werte in Klammern für 10-Bit-Quantisierung)

Bezeichnung/ Abtastrate	**Datenrate in Mbit/s**			**Anwendung**
	Luminanz	**Chrominanz**	**Gesamtdatenrate**	
4:4:4-System (R,G,B) f_a je 13,5 MHz	3 × 108 (3 × 135)	–	324 (405)	Nachverarbeitung Studiotechnik Filmabtastung
4:2:2-System Y mit f_{ay} = 13,5 MHz C_R und C_B jeweils mit f_{aC} = 6,75 MHz	108 (135)	2 x 54 (2 x 67,5)	216 (270)	Studiostandard nach ITU-R 601, Speicherung
4:2:2-System (nur aktives Bild)	83 (103)	2 x 41,5 (2 × 51,5)	166 (206)	
4:2:0-System Y mit f_{ay} = 13,5 MHz C_R und C_B jeweils mit f_{aC} = 6,75 MHz nur jede zweite Zeile nur aktives Bild	83 (103)	41,5 (51,5)	124,5 (154,5)	Eingangsformat für Übertragungssysteme Speicherung
4:1:1-System Y mit f_{ay} = 13,5 MHz C_R und C_B jeweils mit f_{aC} = 3,375 MHz nur aktives Bild	83 (103)	41,5 (51,5)	124,5 (154,5)	Speicherung

11.5 Parameter für HDTV (High Definition Television) und UHDTV (Ultra-high Definition Television)

Die derzeitigen SDTV-Systeme gehen von einem Betrachtungsabstand vom 5- bis 6-fachen der Bildwiedergabehöhe aus. Hierfür ist nach Gl. 10.5 und Bild 10.17 eine Zeilenzahl von 600 Zeilen ausreichend.

Merksatz

Bei einer Vergrößerung der Bildwiedergabe bei gleichem Betrachtungsabstand bzw. einer Verringerung des Betrachtungsabstandes bei identischer Bildgröße muss daher die Zeilen- bzw. Bildpunktzahl erhöht werden.

11.5.1 HDTV – High Definition Television

Die HDTV-Entwicklungen haben zum Ziel, eine möglichst transparente, d.h. kaum vom Original unterscheidbare, Bildwiedergabequalität bei einem Betrachtungsabstand vom *3-fachen der Bildhöhe* zu realisieren. Die geometrischen Betrachtungsverhältnisse zeigt Bild 11.21. Das Bild-Seitenverhältnis wurde auf 16 : 9 festgelegt. Damit steigt die Gesamtanzahl der zu übertragenden Bildpunkte gegenüber STDV ungefähr um den Faktor 5.

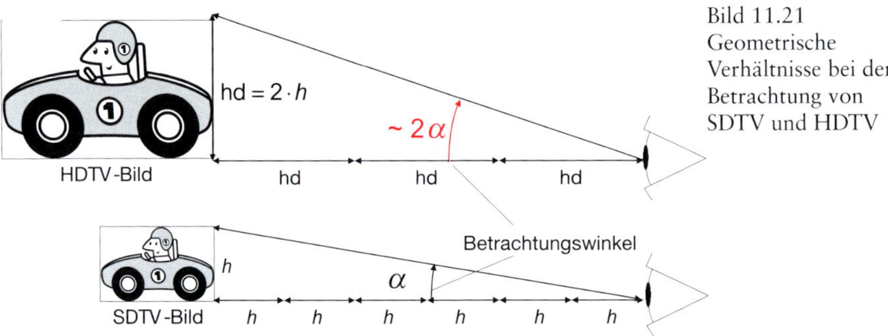

Bild 11.21 Geometrische Verhältnisse bei der Betrachtung von SDTV und HDTV

Die ersten Festlegungen der Systemparameter für die HDTV-Technik erfolgten zu Beginn der 90er-Jahre in der ITU-R-Recommendation 709 zunächst für analoge R,G,B-Signale und dabei parallel für Systeme mit 1250 Zeilen und 50 Hz Bildwiedergabefrequenz sowie 1125 Zeilen und 60 Hz Bildwiedergabefrequenz.

In der *analogen Form* führt ein HDTV-Signal auf eine Basisbandbreite für R,G,B von jeweils ca. 30 MHz. Als Aufnahmeformat wurde seinerzeit wiederum ein Interlace-Format festgelegt. Als Abtastfrequenz wurden Vielfache von 2,25 MHz gewählt: 72 MHz für das 1250-Zeilen-System und 74,25 MHz für das 1125-Zeilen-System.

Ein wesentlicher Unterschied im Vergleich zu SDTV besteht in der Art des Synchronsignals, das als *Tri-Level-Synchronsignal* bezeichnet wird und dessen H-Synchronimpuls in Bild 11.22 dargestellt ist (vgl. Bild 10.38).

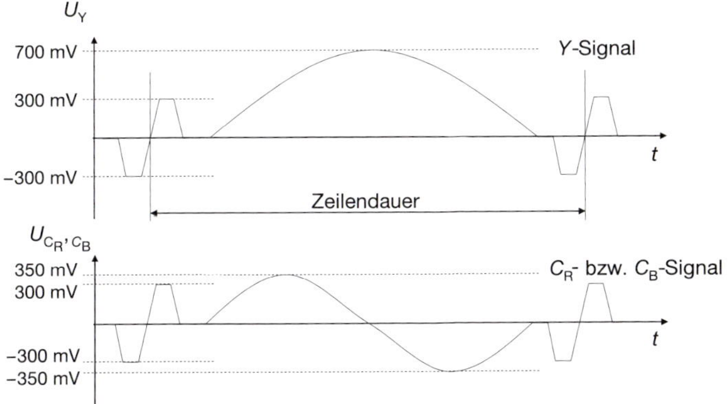

Bild 11.22 Pegelverhältnisse eines analogen HDTV-Signals nach ITU-R Rec. 709-5

Die heute überwiegend digitale Signalrepräsentation von HDTV-Signalen führte dann zu einer Ergänzung bzw. Erweiterung der genannten Norm. Wesentliche Merkmale sind:

- Festlegung auf *einheitliche Formate für das aktive Bild* und Ausgleich im Hinblick auf identische Abtastfrequenzen durch unterschiedlich lange Austastintervalle;
- eine aktive Zeilenzahl von 1080 Zeilen;
- ein Bild-Seitenverhältnis von 16 : 9;
- quadratische Bildpunkte und damit eine festgelegte Anzahl von sichtbaren 1920 Bildpunkten je Zeile für das Luminanzsignal;
- Festlegung weitgehend einheitlicher Abtastfrequenzen;
- Aufnahme progressiv abtastender Systeme (p) in den Standard;
- Aufnahme von Systemen mit Segmented Frame (psF-*progressive segmented Frame*) in den Standard, d.h. der nachträglichen Zerlegung von progressiv aufgenommenen Vollbildern in 2 Teilbilder, z.B. für die Speicherung oder Wiedergabe.

Diese Festlegungen führen auf das ***HD-Common-Image-Format** (HD-CIF).*

Merksatz

Der *«große» HD-Standard* führt auf 1080 Zeilen und 1920 Bildpunkten je Zeile für das sichtbare Bild.

Nach ITU-R 709 ergeben sich damit die in Tabelle 11.5 zusammengefassten Systemparameter.

Tabelle 11.5 Systemparameter für HDTV nach ITU-R Rec. 709-5

Bildseitenverhältnis	**16:9**
Verhältnis der Komponenten	4:2:2
Aktive Bildpunkte je Zeile	1920
Aktive Zeile je Bild	1080
Abtastfrequenz	74,25 MHz
Bildfrequenzen	24p / 24psF / 25p / 25 psF / 25i / 29,97 / 30p / 30 psF / 30i 50p / 59,94 / 60p
Gesamtbildpunkte je Zeile	2200...2750

Darüber hinaus wurden von der Society of Motion Pictures and Television Engineers (SMPTE) im Standard 296M und 274M weitergehende, differenzierte HDTV-Varianten festgelegt, die auch auf eine geringere horizontale Auflösung bei 720 aktiven Zeilen führen.

Merksatz

Unter Beibehaltung des 16:9-Formates ergeben sich im *«kleinen» HD-Standard* mit 720 aktiven Zeilen 1280 Bildpunkte je Zeile für das aktive Bild.

Auch hier sind unterschiedliche Bildfrequenzen vorgesehen. Die Überführung der beiden Standardfamilien ineinander ist möglich, da gilt:

$$\frac{1280}{720} \cdot \frac{1,5}{1,5} = \frac{1920}{1080} = \frac{16}{9} \qquad \text{(Gl. 11.11)}$$

Mit den Festlegungen in den Standards geht auch eine andere Bezeichnung der neuen TV-Systeme einher: Wurde bislang von einem 625-Zeilen-System gesprochen, so wurde damit die Bruttozeilenzahl beschrieben. Die neuen Systeme erhalten ihre Bezeichnung nach der Nettozeilenzahl, z.B. 1080. Ferner erfolgt die Kennzeichnung, ob es sich um ein Zeilensprungsystem oder ein progressiv abtastendes System handelt. Beispielhaft beschreibt 1080p/25 ein Raster mit 25 Vollbildern (progressiv = p), 1080i/25 hingegen ein Raster mit 25 Vollbildern, bestehend aus (aufnahmeseitigen) 50 Teilbildern (interlace = i). 1080psF/25 hingegen ist ein Raster, das aufnahmeseitig progressiv mit 25 Vollbildern aufgenommen wurde und dann in 50 Teilbilder, z.B. für die Wiedergabe, zerlegt wurde. [28]

Merksatz

Mit den Festlegungen der ITU-R und der SMPTE ergeben sich 2 Standardfamilien für die HDTV-Produktion, Übertragung und Wiedergabe, die auszugsweise in den Tabellen 11.6 und 11.7 dargestellt sind.

Tabelle 11.6 720-Zeilen-HD-Standards (Auswahl)

Bezeichnung	BP pro Zeile (aktiv / gesamt)	Format	Zeilenzahl (aktiv / gesamt)	Abtastrate (Luminanz)	Bitrate Mbit/s[1)] (aktiv / gesamt)
720p / 60	1280 / 1650	progressiv	720 / 750	74,25 MHz	1105,9 / 1485,0
720p / 59,94	1280 / 1650	progressiv	720 / 750	74,18 MHz	1104,8 / 1483,5
720p / 50	1280 / 1980	progressiv	720 / 750	74,25 MHz	921,6 / 1485,0
720p / 30	1280 / 3300	progressiv	720 / 750	74,25 MHz	553,0 / 1485,0
720p / 29,97	1280 / 3300	progressiv	720 / 750	74,18 MHz	552,4 / 1483,5
720p / 25	1280 / 3960	progressiv	720 / 750	74,25 MHz	460,8 / 1485,0
720p / 24	1280 / 4125	progressiv	720 / 750	74,25 MHz	442,4 / 1483,8
720p / 23,98	1280 / 4125	progressiv	720 / 750	74,19 MHz	442,0 / 1483,5

Tabelle 11.7 1080-Zeilen-HD-Standards (Auswahl)

Bezeichnung	BP pro Zeile (aktiv / gesamt)	Format	Zeilenzahl (aktiv / gesamt)	Abtastrate (Luminanz)	Bitrate Mbit/s[1)] (aktiv / gesamt)
1080p / 60	1920 / 2200	progressiv	1080 / 1125	148,5 MHz	2488,3 / 2970,0
1080i / 30	1920 / 2200	interlace	1080 / 1125	74,25 MHz	1244,2 / 1485,0
1080p / 59,94	1920 / 2200	progressiv	1080 / 1125	148,35 MHz	2485,8 / 2967,0
1080i / 29,97	1920 / 2200	interlace	1080 / 1125	74,18 MHz	1242,9 / 1483,5
1080p / 50	1920 / 2640	progressiv	1080 / 1125	148,5 MHz	2073,6 / 2970,0
1080i / 25 und 1080psf / 25	1920 / 2640	interlace	1080 / 1125	74,25 MHz	1036,8 / 1485,0
1080psf / 24	1920 / 2750	progressiv	1080 / 1125	74,25 MHz	995,3 / 1485,0

In Europa überwiegend eingesetzte Formate sind hinterlegt.

Merksatz

Die Quantisierung der analogen HDTV-Signale wurde wie bei SDTV unter Nutzung der gleichen Reserven (s. Bild 11.20) festgelegt. Es wurde wiederum eine 8- oder eine 10-Bit-Quantisierung vorgesehen.

An dieser Stelle sei bereits darauf hingewiesen, dass Aufnahmeformate mit progressiven Aufnahmerastern wie 720p/50 grundsätzlich günstigere Voraussetzungen für die Anwendung von Datenraten-Reduktionsverfahren aufweisen (s. Kapitel 12). Die 720 Zeilen erfüllen die Forderung der ITU-R bezüglich der erforderlichen Zeilenzahl bei den o.g. Betrachtungsbedingungen jedoch nur unzureichend. Das auf die gleiche Bruttodatenrate führende Interlace-Format 1080i/25 weist genau diese höhere örtliche Auflösung, d.h. Zeilen- bzw. Bildpunktanzahl, auf und erfüllt diesbezüglich die Voraussetzungen der ITU-R hinsichtlich des geforderten Betrachtungsabstands erheblich besser. Der Nachteil des Interlace-Formates besteht in den Fehlern, die durch das Prinzip auftreten (z.B. Konturaufreißen bei Bewegung). Ferner führt das Interlace-Verfahren bei der Datenratenreduktion i.Allg. zu einer notwendigen Fallunterscheidung zwischen unbewegten und bewegten Vorlagen und damit einem erheblichen Mehraufwand in der technischen Umsetzung. Unter diesen Randbedingungen ist eine Kombination zu 1080p/50 angestrebt, die die Bruttodatenrate auf nahezu 3 Gbit/s erhöht. Eine praktikable und wirtschaftliche Speicherung dieser Datenraten ist nur unter Verwendung von Datenraten-Reduktionsverfahren möglich. Die Einführung von HDTV erfolgte im öffentlich-rechtlichen Rundfunk in der Bundesrepublik Deutschland daher für die Produktion zunächst im HD-Standard 720p/50, um längerfristig auf den gewünschten 1080p/50-Standard umstellen und die Vorteile einer effizienteren Nutzung der Datenratenreduktion kurzfristig nutzen zu können.

11.5.2 UHDTV – Ultra-high Definition Television

Die Umstellung in der Kinoproduktion mit Ablösung des chemischen Films durch elektronische Produktionsmittel und die damit verbundenen hohen Qualitätsanforderungen an die Bildqualität sowie die Entwicklung der Display-Technik (s. Kapitel 16) mit der Möglichkeit, immer größere Wiedergabegeräte zu realisieren, führten auf die Arbeiten zu UHDTV. In der ITU-R BT.2020 sind unter Berücksichtigung der Standards 1201-1 (EHRI – *extremely high-resolution imagery*) und 1769 (LSDI – *large screen digital imagery*), die z.B. für Panoramaprojektionen von sehr großen Bildern gelten, wesentliche Parameter für die Produktion von UHDTV-Signalen in zwei Varianten UHDTV-1 und UHDTV-2 festgelegt. Folgende wesentliche Parameter zeichnen UHDTV aus:

- ausschließlich 16:9-Bildseitenverhältnis;
- aufbauend auf dem großen HDTV-Standard (1920×1080) ergeben sich für den aktiven Bildbereich 3840×2160 (UHDTV-1- bzw. *4k-Standard*) bzw. 7680×4320 (UHDTV-2- bzw. *8k-Standard*) Bildpunkte;
- wie bei HDTV ergeben sich quadratische Bildpunkte;
- ausschließlich progressive Bildabtastung;
- erweiterter Farbenraum gegenüber HDTV, d.h., die in Abschnitt 10.3.5.1 beschriebenen Primärfarben werden durch neue Festlegungen ersetzt, so dass ein größerer Farbenraum dargestellt werden kann;
- alternativ: Abtastraster von 4:4:4 (R, G, B), 4:2:2 oder 4:2:0 (Y, C_R, C_B);
- 10-Bit- oder 12-Bit-Quantisierung mit einem aktiven Videopegel der Stufen 4-1019 (10 Bit) bzw. 16-4079 (12 Bit), um einem höheren darstellbaren Kontrastumfang gerecht werden zu können.

Tabelle 11.8 Datenraten für UHDTV in Abhängigkeit vom Abtastraster und Quantisierung (Auswahl)

	UHDTV-1 2160p/50 (3840 x 2160 BP)		UHDTV-2 4320p/50 (7680 x 4320 BP)	
Abtastformat und Quantisierung	Bitrate nur Luminanz	Gesamtbitrate	Bitrate nur Luminanz	Gesamtbitrate
10-Bit-Quantisierung 4:4:4-Abtastung	~ 4,15 Gbit/s	~ 12,4 Gbit/s	~ 16,6 Gbit/s	~ 50 Gbit/s
12-Bit-Quantisierung 4:4:4-Abtastung	~ 5 Gbit/s	~ 15 Gbit/s	~ 20 Gbit/s	~ 60 Gbit/s
10-Bit-Quantisierung 4:2:2-Abtastung	~ 4,15 Gbit/s	~ 8,2 Gbit/s	~ 16,6 Gbit/s	~ 33,2 Gbit/s
12-Bit-Quantisierung 4:2:2-Abtastung	~ 5 Gbit/s	~ 10 Gbit/s	~ 20 Gbit/s	~ 40 Gbit/s
10-Bit-Quantisierung 4:2:0-Abtastung	~ 4,15 Gbit/s	~ 6,3 Gbit/s	~ 16,6 Gbit/s	~ 27 Gbit/s
12-Bit-Quantisierung 4:2:0-Abtastung	~ 5 Gbit/s	~ 7,5 Gbit/s	~ 20 Gbit/s	~ 30 Gbit/s

Die Festlegungen für UHDTV gehen deutlich über die einfache Erhöhung der Bildauflösung hinaus. Insbesondere die eindeutige Beschränkung auf ein progressives Abtastformat, die Erweiterung des Farbenraums durch Festlegung anderer Primärfarbwerte (Wide Color Gammut – WGC) und die höhere Quantisierungsstufenzahl zur verbesserten Kontrastwiedergabe (High Dynamic Range - HDR) erlauben eine deutlich verbesserte Produktionsqualität. Dadurch kann den verbesserten Wiedergabemöglichkeiten auf der Empfängerseite Rechnung getragen werden (s. Abschnitt 16.1).

Insgesamt führen die Parameter auf hohe Gesamtdatenraten für UHDTV-Signale (Tabelle 11.8). Der damit verbundene Aufwand schließt eine kurzfristige, flächendeckende Einführung für den digitalen TV-Rundfunk aus.

11.6 Basisbandübertragung digitaler TV-Signale

Zur Übertragung von digitalen bzw. digitalisierten TV-Signalen wurden verschiedene unidirektional arbeitende Schnittstellen entwickelt. Eine bidirektionale Kommunikation, wie in Abschnitt 16.4.2 beschrieben, ist für diese nicht vorgesehen. Zu unterscheiden sind diejenigen, die auf kurzen Strecken zwischen oder innerhalb von Geräten genutzt werden von denjenigen, die z. B. in Studiokomplexen oder zur Anbindung von Kameras an Übertragungswagen eingesetzt werden. Schnittstellen, die eine bidirektionale Kommunikation z. B. zwischen Endgeräten erlauben, finden sich in Abschnitt 16.4.

Basisbandübertragung von SDTV-Signalen

Für die digitale Basisbandübertragung sind nach ITU-R 656 verschiedene Schnittstellen definiert. Zu unterscheiden sind die bitparallele, die überwiegend geräteintern genutzt wird, sowie die bitserielle Schnittstelle, die zur Verbindung von Geräten im Studio sowie für weitere Strecken (z.B. Stadien, Außenübertragung) Verwendung findet. Das Blockschaltbild der parallelen Schnittstelle zeigt Bild 11.23a. Die eingangsseitigen R-,G-, B-Signale werden in die Signale Y, R–Y (C_R) und B–Y (C_B) matriziert, in der Bandbreite begrenzt und A/D umgesetzt. Am Ausgang dieses PCM-Encoders steht ein bitparalleles Signal zur Verfügung. Aufgrund der Festlegungen für die Abtastraten ergeben sich im 4:2:2-System bei einer 8-Bit-Quanitisierung für *Y* 13,5 MByte/s und die Farbdifferenzsignale jeweils 6,75 MByte/s. Werden diese Signale nach außen geführt, so erfolgt eine Verschachtelung des Bytestroms nach Bild 11.23b zu einem parallelen Gesamtdatenstrom von 27 MByte/s, der über einen 25-poligen Anschlussstecker bereitgestellt wird.

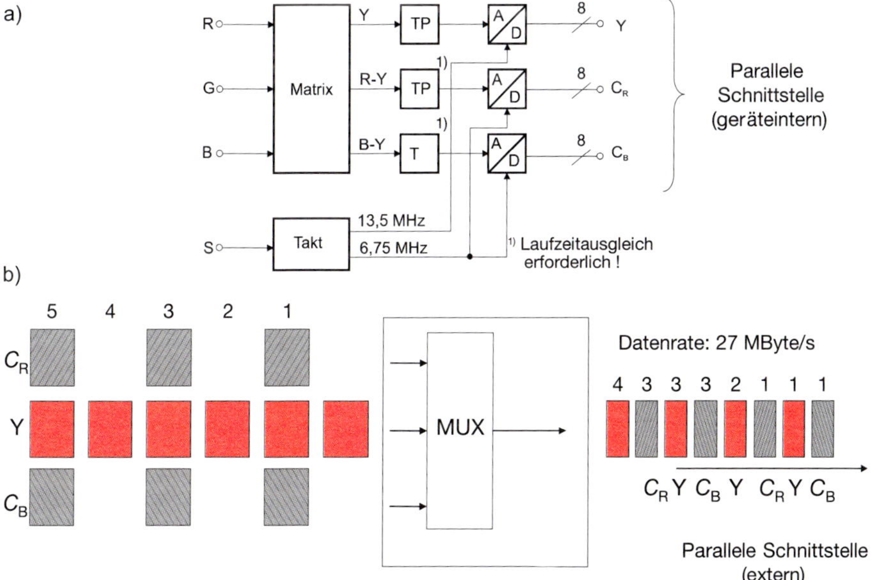

Bild 11.23 Parallele Schnittstelle nach ITU-R 656

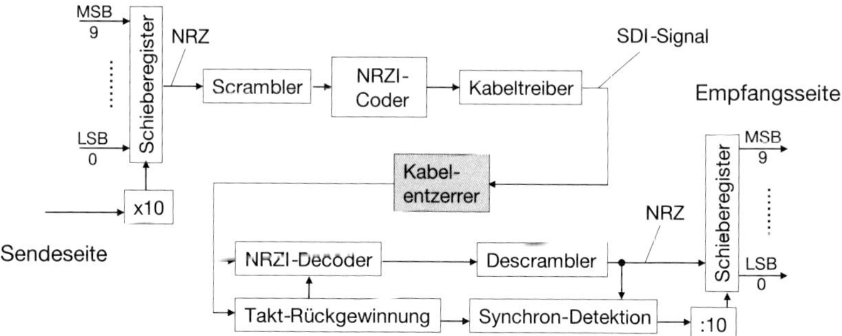

Bild 11.24 SDI (Serial Digital Interface) – Serielle Schnittstelle nach ITU-R 656

Aufgrund des relativ großen und teuren Steckkontaktes und der Tatsache, dass mittels der parallelen Schnittstelle nur wenige Meter überbrückt werden konnten, setzte sich diese lediglich für räumlich begrenzte Studioeinrichtungen durch. Für Längen bis 300 m unter Verwendung von 75-Ohm-Koaxialkabel wird die bitserielle Variante des ITU-R-Standards 656 eingesetzt, die als *SDI – Serial Digital Interface* – (auch *DSC, Digital Serial Component*) bezeichnet wird. Dabei handelt es sich – unter Berücksichtigung einer (optionalen) 10-Bit-Quantisierung um einen Datenübertragungsstandard mit 270 Mbit/s Übertragungsgeschwindigkeit. Damit besteht die Möglichkeit, über eine Standardkoaxialleitung oder Lichtwellenleiter das Signal zu übertragen. In Bild 11.24 ist die Umwandlung auf der Sende- und Empfangsseite dargestellt. Empfängerseitig ist erkennbar, dass eine Taktrückgewinnung aus dem übertragenden Signal erfolgt. Um eine sichere Taktrückgewinnung zu erreichen, werden daher sendeseitig lange 0- oder 1-Folgen durch den Scrambler aufgebrochen und das polaritätsabhängige NRZ-Signal in ein polaritätsunabhängiges NRZI-Signal überführt (s. Kapitel 8).

Die Bruttotransportkapazität des SDI von 270 Mbit/s wird durch das aktive Bildsignal (ca. 166 bzw. 206 Mbit/s) nach Tabelle 11.4 nicht ausgeschöpft. Die verbleibende Transportkapazität kann daher für die Übertragung von Zusatzdaten genutzt werden. Hier sind insbesondere die Verwendung zur Übertragung von Tonsignalen (embedded audio nach AES/EBU), Videotextinformationen und Prüfzeilen zu erwähnen. Insbesondere die Einbettung der Audiosignale in den Datenstrom vereinfacht die Übertragung in komplexen Studio-Infrastrukturen gegenüber einer parallelen Führung der Tonkanäle, z.B. hinsichtlich notwendiger Schaltwege und des Laufzeitausgleichs. Darüber hinaus kann die SDI-Schnittstelle auch andere Daten als die eigentlichen Videodaten des Basisbandes übertragen: Stehen z.B. datenratenreduzierte Signale zur Verfügung (s. Kapitel 12), die beispielsweise eine Transportkapazität von 50 Mbit/s benötigen, so können über SDI mehrere Kanäle parallel oder ein Kanal schneller als Echtzeit im Sinne einer Schnellkopie innerhalb eines Studiokomplexes übertragen werden. Um dieses zu unterstützen, wurde das SDI erweitert zum *SDTI – Serial Digital Transport Interface*. [18]

Basisbandübertragung von HDTV- und UHDTV-Signalen

Im Hinblick auf die Weiterentwicklung der digitalen Studio- und Produktionsstandards erfolgte eine schrittweise Weiterentwicklung des SDI-Systems hin zu höheren Übertragungsgeschwindigkeiten. Das grundsätzliche Verfahren nach Bild 11.24

wurde beibehalten. Für progressiv abgetastete SDTV-Signale erfolgte zunächst in der SMPTE 344M eine Erweiterung auf 540 Mbit/s.

Für die *HDTV-Basisbandübertragung* wurde das digitale serielle Komponentensignal HD-SDI *(High Definition Serial Digital Interface)* nach ITU-R 1120 und SMPTE 292M definiert. Im Fall eines 4:2:2-Systems und einer Quantisierung von 10 Bit je Komponente ergeben sich für die Formate 720p/50 und 1080i/25 unter Anwendung der Gl. 11.10 die identischen Datenraten von jeweils 1,485 Gbit/s. Die physikalische Übertragung erfolgt über 75-Ω-Koaxialkabel oder im Falle von Lichtwellenleiter bei 1310 nm Wellenlänge. Die Reichweite auf Koaxialkabel ist auf 100 m ohne Signalregeneration begrenzt, da die Hochfrequenzeigenschaften der eingesetzten Kabel eine sichere Übertragung über größere Entfernungen nicht erlauben. Bei einem Übergang auf progressive Abtastsysteme (z.B. 1080p/50) wird die zu übertragende Datenrate auf ca. 3 Gbit/s gesteigert, so dass zunächst eine Dual-link-Variante mit zwei physikalischen Kabeln als SMPTE 372M verabschiedet wurde. Mit der Festlegung des 3G-SDI-Systems gemäß SMPTE 424M steht ein Single-Link-Übertragungsverfahren auch für progressiv abgetastete HDTV-Signale zur Verfügung.

Durch die erhöhten Anforderungen neuer Produktionsformate (Tabelle 11.7) erfolgten Festlegungen für Datenraten bis 6 Gbit/s (6G-SDI) für UHDTV1 in der SMPTE ST-2081 und für 12 Gbit/s (12G-SDI) in der ST 2082. Damit sind UHDTV1-Signale im 4:2:2-Format bis 2160p/60 übertragbar. Mit der Version 24G-SDI können Datenraten bis 24 Gbit/s und damit Signalformate wie z.B. 2160p/120 oder UHDTV2 übertragen werden. Physikalisch erfolgt dieses über Lichtwellenleiter.

Audio- und Video-Übertragung über Computernetzwerke

Die Verkabelung der Geräte erfolgt bei den verschiedenen SDI-Standards als direkte, unidirektionale Verbindung einzelner Geräte (Punkt-zu-Punkt). Diese Verbindungsart war bereits bei analog betriebenen Studioverkabelungen gebräuchlich. Ziel der SDI-Entwicklungen war es, gerade diese physikalischen Verbindungen weiterhin nutzen zu können.

In zunehmendem Maße werden in der Audio- und Videoproduktion Computersysteme mit entsprechenden Software-Anwendungen eingesetzt, die die spezifische Gerätetechnik der Audio- und Videoproduktion (z.B. in der Nachverarbeitung und Aufzeichnung) verdrängen. Die Vernetzung dieser Systeme erfolgt auf Basis von Standard-Computernetzwerken (s. Abschnitt 18.3) unter Zuhilfenahme von speziellen Protokollen der Echtzeitübertragung. Im Rahmen der IEEE 802 (s. Kapitel 18) wurden Verfahren zur synchronisierten und priorisierten Übertragung von Audio- und Videosignalen über Rechnernetze festgelegt. Die Übertragung erfolgt dabei unter Nutzung angepasster Streaming-Protokolle, da insbesondere die Synchronisation der einzelnen Signale in einem derartigen Netz von Bedeutung ist. Für die Studioübertragung von Audio-, Video- und Datensignalen ist die Standardreihe SMPT ST-2110 von Bedeutung, die beschreibt, wie digitale Medien über Computernetze unter Nutzung des IP-Protokolls zu übertragen sind. [57]

11.7 Zusammenfassung

Die Digitalisierung von analogen Signalen erfolgt stets auf Basis derselben Prozessschritte. Nach einer analogen Bandbegrenzung zur Vermeidung von Alias-Fehlern und einer Amplitudenbegrenzung werden die analogen Signale abgetastet und deren Amplitude quantisiert. Die nachfolgende Codierung richtet sich nach der Art der weiteren Verarbeitung. Die Wahl der Parameter des Prozesses erfolgt medienspezifisch, d.h. nach den Anforderungen der Sprach-, Audio- oder Videotechnik. Die entstehenden Datenraten liegen zwischen einigen kbit/s für digitale Sprachsignale und mehreren Gbit/s für digitale HDTV-Signale. Für die Übertragung der digitalen Signale wurden international überwiegend bitserielle Schnittstellen definiert. Mit der Einführung von computergestützten Produktionsmitteln erfolgt eine Vernetzung der Systeme über Standard-Computernetzwerke mit hoher Datenrate (z. B. 100 Gbit/s).

11.8 Lernziel-Test

1. In welchen Schritten erfolgt allgemein die Digitalisierung von Signalen?
2. Welche Aufgabe hat die Bandbegrenzung der analogen Signale?
3. Warum erfolgt eine Amplitudenbegrenzung der Eingangssignale?
4. Was wird unter dem Begriff «Alias-Fehler» verstanden?
5. Welchen Effekt beschreibt der Begriff des Quantisierungsrauschens?
6. Wie berechnet sich allgemein die Datenrate eines digitalen Signals?
7. Welche Parameter wurden für die Übertragung von Sprachsignalen in der ISDN-Telefonie festgelegt?
8. Was wird unter dem Begriff der «A-Kennlinie» verstanden?
9. Welche Parameter lagen den Festlegungen zur Digitalisierung von Audiosignalen zugrunde?
10. Welche Abtastraten werden in der digitalen Audiotechnik eingesetzt?
11. Wie viel Bits werden zur Quantisierung von Audiosignalen vorgesehen?
12. Welche Reserven werden bei der Quantisierung von Audiosignalen eingerechnet und wie heißen diese?
13. Nennen Sie die wesentlichen Festlegungen zur Digitalisierung von Standard-TV-Signalen.
14. Was wird unter einer unausgewogenen Auflösungsreduktion verstanden?
15. Welche Datenrate hat ein digitales SDTV-Signal im 4:2.0-Format?
16. Was versteht man unter dem SDI-Signal und welche Möglichkeiten der Nutzung gibt es?
17. Was versteht man unter dem Begriff quadratischer Bildpunkte?
18. Welche Forderungen liegen den Entwicklungen von HDTV zugrunde?
19. Welches Aufnahmeformat wird mit 1080i/29,97 beschrieben?
20. Welche Datenraten entstehen bei der Digitalisierung von HDTV-Signalen im Studio?
21. Für welche physikalischen Medien ist die Übertragung von HD-SDI-Signalen definiert?
22. Welche wesentlichen Merkmale haben die UHDTV-Standards?
23. Wie hoch ist in etwa die Datenrate eines mit 60 Hz betriebenen 4:2:2-Systems nach UHDTV-1?

12 Datenratenreduktion für Ton- und Bildsignale

Der Übergang zur digitalen Signalrepräsentation führt insbesondere bei Ton- und Videosignalen zu hohen Datenraten. Nach Tabelle 11.1 kann je nach gewählten Parametern ein digitales Tonsignal bereits mehrere Megabit pro Sekunde an Datenrate erzeugen, und nach Gl. 11.10 führt ein Standard-TV-Signal auf eine Datenrate von ca. 200 Mbit/s. Derartige Datenraten lassen sich grundsätzlich über bestehende Nachrichtenwege übertragen, allerdings ist diese Übertragung nicht wirtschaftlich. Eine Speicherung der über einen Zeitraum von z.B. 2 Stunden anfallenden Datenmenge ist zwar technisch auf Datenträgern möglich, allerdings ist auch hier die Wirtschaftlichkeit nicht gegeben. Darüber hinaus ist es in den meisten Fällen nicht erforderlich, die Aufnahme, d.h. Originalqualität des Materials zum Endkunden zu transportieren. Es ist vielmehr Ziel moderner Übertragungs- und Aufzeichnungssysteme, die audiovisuelle Wahrnehmung des Menschen ideal angepasst zu bedienen, d.h. diejenigen Informationen, die der Mensch i.Allg. nicht mehr wahrnehmen kann, auch nicht mehr zu übertragen oder zu speichern. [28; 34; 36]

Bereits bei der analogen Signalverarbeitung für die Farbfernsehübertragung nach den Standards NTSC, PAL oder SECAM (s. Kapitel 10) wurde das eingeschränkte Farbdetailempfinden des menschlichen Gesichtssinns berücksichtigt, so dass die Bandbreite der Farbdifferenzsignale erheblich reduziert und damit insgesamt die Übertragungsbandbreite begrenzt werden konnte. Die digitale Signaldarstellung der Medien erlaubt die Nutzung erheblich komplexerer Signalverarbeitungsverfahren zur Datenratenreduktion und erreicht damit unter optimaler Anpassung an die menschliche Wahrnehmung erheblich höhere Reduktionsfaktoren.

Definition

Als *Reduktionsfaktor* wird das Verhältnis von Eingangs- zu Ausgangsdatenrate oder der zugehörigen Datenvolumen bezeichnet.

Nach einer allgemeinen Betrachtung wird nachfolgend insbesondere auf Verfahren für die Datenratenreduktion von Ton- und Bildsignalen eingegangen.

12.1 Auswahlkriterien für Datenraten-Reduktionsverfahren

Die Digitalisierung unterschiedlicher Vorlagen führt auf sehr unterschiedliche Datenmengen. Die nachfolgenden Beispiele sind Überschlagsrechnungen und berücksichtigen keine speziellen Datenformate.

Beispiel 1

Eine Vektorgrafik habe z.B. 500 Geraden. Diese Geraden lassen sich jeweils durch zwei x-y-Koordinatenangaben sowie ein 8-Bit-Attributfeld darstellen, in dem z.B. die Farbe der Gerade angegeben wird. Die Koordinatenbeschreibung in x- und y-Richtung benötige jeweils 10 Bit (max. 1024 Bildpunkte). Damit kann jede Gerade durch die Information:

Anfangskoordinate + Endkoordinate + Geradenattribut

beschrieben werden. Damit folgt als Datenmenge für eine Geradenbeschreibung:

(10 Bit + 10 Bit) + (10 Bit + 10 Bit) + 8 Bit = 48 Bit.
Für die Darstellung des gesamten Bildes mit 500 Geraden ergeben sich:
48 Bit · 500 Geraden = 24000 Bit bzw. in Byte = 24000 : 8 Byte = 3 kBytc.

Beispiel 2

Betrachtet man einen Buchstaben, der z.B. mit 8 · 8 Bildpunkten sichtbar gemacht werden kann, so ist eine Darstellung mit 2 Byte pro Buchstaben möglich. Bei einer Bildschirmauflösung von z.B. 640 · 480 Bildpunkten ergeben sich damit 640 · 480 /(8 · 8) Buchstaben = 4800 darstellbare Buchstaben.
Das Datenvolumen einer Seite beträgt:

ca. 4800 · 2 Byte= 9600 Byte ~ 9,6 kByte.

Beispiel 3

Bei derselben Bildschirmauflösung führt die Darstellung eines realen Farbbildes in R, G, B mit jeweils 8-Bit-Auflösung der einzelnen Komponenten pro Bildpunkt zu folgendem Datenvolumen:

640 · 480 Bildpunkte · 24 Bit : 8 = 921 600 Byte ~ 0,9 MByte

Handelt es sich bei diesem Bild um ein Bewegtbild, das z.B. mit 50 Bildern/s erzeugt wird, so ergibt sich eine Datenrate ca. 46 MByte/s. Das Datenvolumen für eine Stunde Bildmaterial beträgt dann ca. 165 600 MByte ~ 165 GByte.

Der Vergleich macht deutlich, dass insbesondere Bewegtbilder erhebliche Datenraten bzw. -volumen zur Folge haben. [36]

Die Auswahl geeigneter praktischer Verfahren zur Datenratenreduktion richtet sich nach der Anwendung, d.h., die Signalverarbeitung wird an die Anwendung nach bestimmten Randbedingungen angepasst. Unterschieden werden:

- Verfahren für die Anwendung in Rundfunksystemen,
- Verfahren für die Anwendung in Dialog- und Konferenzsystemen,
- Verfahren für die Anwendung in Abfrage- und Konferenzsystemen,
- Verfahren zur Übertragung von Datenbeständen.

In *Rundfunksystemen* steht vor allem eine effiziente Nutzung der vorhandenen Übertragungswege im Vordergrund.

Definition

Es wird zwischen Studio-zu-Studio-Verbindungen (*Contribution*) und der Verteilung zum Endkunden (*Distribution*) unterschieden.

Die Anforderungen an die Qualität für Studioverbindungen sind höher, da häufig auf der Empfangsseite, d.h. im empfangenen Studio noch Nachverarbeitungsprozesse, z.B. Schnitt, Einblendungen usw., durchgeführt werden, die Ton- und Bildqualitätsreserven benötigen. Für die Endkundenverteilung kann hingegen eine an die Wahrnehmung möglichst gut angepasste Übertragung mit eher geringer Datenrate erfolgen, da i.Allg. eine Nachverarbeitung – mit Ausnahme der Heimaufzeichnung – beim Endkunden entfällt. Der Reduktionsfaktor wird dabei so hoch gewählt, dass z.B. bei der Ton- und Videoübertragung subjektiv noch keine oder nur in wenigen Ausnahmefällen eine Qualitätsbeeinträchtigung in Abhängigkeit vom Ton- bzw. Bildmaterial für den Endkunden hör- bzw. sichtbar wird. Ziel ist die bestmögliche Ausnutzung der Übertragungswege, d.h. die Übertragung vieler Inhalte bei einer begrenzten Anzahl von Übertragungskanälen und deren begrenzter Datenübertragungskapazität. Ein typisches Kennzeichen der Systeme für Rundfunkanwendungen ist auch, dass der sendeseitige Prozess technisch und kommerziell aufwendiger ist als derjenige auf der Empfängerseite, um die Aufwendungen für den Massenmarkt möglichst gering zu halten und diese Systeme preisgünstig auf den Markt bringen zu können.

Ein Verfahren für die Anwendung in *Dialog- und Konferenzsystemen* (z.B. für Videokonferenzen) muss vor allem eine geringe Ende-zu-Ende-Verzögerungszeit aufweisen. Die Datenratenreduktion oder Codierung («Kompression» auf der Sendeseite) und der gegenläufige Prozess (Decodierung oder «De-Kompression» auf der Empfangsseite) müssen so schnell erfolgen, dass keine Beeinträchtigung des natürlichen beidseitigen Dialogs erfolgt. Nach Vorgaben der Internationalen Fernmeldeunion (ITU-T) sollte diese Ende-zu-Ende-Verzögerungszeit möglichst kleiner als 150 ms sein. Es sei an dieser Stelle bereits darauf hingewiesen, dass gerade die hocheffizienten Verfahren der Bewegtbildcodierung, d.h. diejenigen Verfahren, die einen hohen Reduktionsfaktor bei sehr guter Bildqualität erreichen, aufgrund der eingesetzten Verarbeitungsprinzipien eher größere Verzögerungszeiten aufweisen. Darüber hinaus sollte die technische Realisierung von Codierung *und* Decodierung technisch und kommerziell möglichst ausgewogen sein, da beide Prozesse bei jedem Kunden umgesetzt werden müssen.

Verfahren zur Anwendung in *Abfragesystemen* wie z.B. Lernsysteme, Nachschlagewerke und Auskunftssysteme müssen – neben einer effizienten Speicherung – auch z.B. einen schnellen Zugriff auf die abgespeicherten Daten erlauben. So müssen z.B. ein wahlfreier Zugriff auf Audio- und Videopassagen oder ein sichtbarer schneller Suchlauf möglich sein, um die Systeme mit einem interaktiven Charakter sinnvoll einsetzen zu können.

Datenraten-Reduktionsverfahren für die *Übertragung von Datenbeständen*, die z.B. für die Speicherung oder Übertragung von Unternehmensdaten genutzt werden sollen, müssen eine fehlerfreie Rekonstruktion der Daten erlauben, d.h., nach der Decodierung darf sich der Datenbestand keinesfalls von den Eingangsdaten unterscheiden.

Neben diesen anwendungsabhängigen Grundforderungen ist die Umsetzbarkeit der gewählten Signalverarbeitung zur Datenratenreduktion in Hard- und Software von großer Bedeutung. Die Verbreitung von leistungsfähigen Computern, Tabletts und Smartphones im privaten Bereich erlaubt auch deren Nutzung für die Codierung und Decodierung von Signalen hoher Datenraten, wie z.B. von Audio- und Videosignalen. Durch die programmtechnische Realisierung komplexer Codier- und Decodierverfahren auf Basis von Standardcomputern können sich neue Codierverfahren schneller im Markt verbreiten und in verschiedenen Anwendungen eingesetzt werden. [19]

12.2 Grundlegende Prinzipien der Datenratenreduktion

Definition

Als grundlegende Prinzipien der Datenratenreduktion werden die Redundanz- und Irrelevanz-Reduktion bezeichnet. [34]

Die *Redundanz-Reduktion* – auch Entropie-Codierung genannt – ist ein *verlustfreier, reversibler* Prozess, d.h., empfangsseitig können die sendeseitig codierten Signale wieder eindeutig und ohne Fehler rekonstruiert werden. Es werden nur diejenigen Signalanteile unterdrückt, die «keine» Information enthalten und auf der Empfangsseite wieder zugesetzt werden können. Ein typisches Beispiel ist die Übertragung von Unternehmensdaten, die empfängerseitig eine fehlerfreie Wiederherstellung der Originaldaten erfordert. Der mathematische Prozess ist also umkehrbar und eindeutig. Basis dieser Verfahren ist eine statistische Auswertung des Eingangssignals und die effiziente Zusammenfassung und Darstellung dieser Daten. Erzielbar sind hiermit – je nach Statistik des Eingangssignals – Reduktionsfaktoren von ca. 1,2...10.

Ein Beispiel für diese Art der Redundanz-Reduktion ist die *Lauflängencodierung (engl. run length coding, RLC)*. Sie wird z.B. dann eingesetzt, wenn im Datenstrom hintereinander identische Informationen vorhanden sind.

Das Verfahren ist effizient, wenn mindestens 3 aufeinander folgende Informationen identisch sind: Betrachtet man z.B. ein Schwarzweiß-Fernsehsignal, bei dem schwarze Buchstaben (S) auf weißem Hintergrund (W) dargestellt werden, so kann sich in einer Zeile die folgende Information ergeben: SSWWWWWWWWWSSSW WWWWWWW, die insgesamt 22 Stellen umfasst.

Es wird nun eine Markierungsinformation (z.B. A) ausgewählt, die nicht in diesem Datenstrom vorkommt. Die Markierungsinformation wird vorangestellt und danach die Anzahl und der Wert angegeben. Aus der 22-stelligen Information folgt die Darstellung: SSA9WSSSA8W, die mit insgesamt 11 Stellen auskommt. Der Reduktionsfaktor beträgt damit 50%. Bereits in diesem einfachen Beispiel wird deutlich, dass der Reduktionsfaktor von der Datenstatistik abhängt und daher die erzielbaren Reduktionsraten sehr unterschiedlich sind.

Praktisch erfolgt die Darstellung von Daten in Bytes zu je 8 Bit:

Merksatz

Ein Byte führt auf $2^8 = 256$ unterschiedliche Binärkombinationen. Die Dezimalzahl 256 wird wiederum als Hexadezimalzahl angegeben, d.h., aus $256 = 16 \cdot 16$ wird FF. Ein Byte wird daher stets als Doppelzeichen angegeben.

Im angegebenen Beispiel entspricht dann Schwarz (S) dem Byte 00 und Weiß (W) dem Byte FF. Die Markierungsinformation A wird zum Markierungsbyte AA. Das Ursprungssignal wird zu:

00 00 FF FF FF FF FF FF FF FF FF 00 00 00 FF FF FF FF FF FF FF FF

und die codierte Darstellung hat die Form:

00 00 AA 09 FF 00 00 00 AA 08 FF

Der Reduktionsfaktor bleibt dabei gleich. Auf der Empfangsseite kann dieser Prozess ohne Fehler umgekehrt und das Originaldatensignal wieder hergestellt werden – der Prozess ist *reversibel.*

Bei der *Irrelevanz-Reduktion* hingegen wird die Information der Eingangsdaten verringert. Diese *verlustbehafteten* Verfahren nutzen die Wahrnehmungseigenschaften des Menschen aus und berücksichtigen dabei die speziellen Eigenschaften der jeweiligen Medientypen, wie z.B. Audio, Video, Grafik. Ziel ist es, die Anzahl der gewählten Quantisierungsstufen ohne eine wahrnehmbare Qualitätsbeeinträchtigung so gering wie möglich zu halten. Derartige Verfahren sind umso effizienter, je besser es gelingt, eine Anpassung an die menschliche Wahrnehmung für den Medientyp zu erzielen. Andererseits folgt daraus, dass Verfahren, die z.B. bei guter Qualität einen hohen Reduktionsfaktor für menschliche Sprachsignale erreichen, bei der Codierung von Musiksignalen nicht so effizient sind und umgekehrt.

Ein allgemeines Beispiel für Verfahren der Irrelevanz-Reduktion ist die *Vektorquantisierung*. Hierzu wird der Datenstrom in Blöcke zu einer vorgegebenen Anzahl von *n* Bytes aufgeteilt. Eine auf der Sende- und Empfangsseite vorhandene Vergleichstabelle enthält eine feste, begrenzte Anzahl von Mustervektoren der Länge *n*, die jeweils durch einen Index gekennzeichnet sind. Die Anzahl der Mustervektoren ist dabei deutlich geringer als die Anzahl der möglichen Bytekombinationen der Blocklänge *n*. Nacheinander wird nun auf der Sendeseite blockweise derjenige Mustervektor aus dem Wertevorrat ausgewählt, der nach einem vorzugebenden Kriterium dem Block am ähnlichsten ist. Anschließend wird lediglich der zugehörige Index des ermittelten Mustervektors übertragen. Auf der Empfangsseite kann dann natürlich nicht mehr die Darstellung des Originaldatenstroms erfolgen, sondern der decodierte Datenstrom ist eine *Näherung* der Ursprungsdaten. Bei einer Anwendung, z.B. bei der Ton- oder Bildübertragung, sind die Anzahl der gewählten Mustervektoren und die Wahl eines geeigneten Ähnlichkeitskriteriums von wichtiger Bedeutung für die verbleibende Qualität.

Praktisch realisierte Systeme der Datenratenreduktion für Ton- und Bildsignale, z.B. für den Ton- und Fernsehrundfunk, beruhen überwiegend auf der Kombination von Irrelevanz- und Redundanz-Reduktion und verwenden unterschiedliche Einzelverfahren. Für die Anwendung im Massenmarkt ist die Standardisierung dieser Verfahren von erheblicher Bedeutung, um eine Umsetzung in hochintegrierte Schaltungen und damit eine preiswerte Bereitstellung für den Endkunden zu ermöglichen. Ferner wird damit die Kompatibilität unterschiedlicher Gerätetechnik sichergestellt.

12.3 Standardisierung von Ton- und Bilddatenraten-Reduktionsverfahren

Die Festlegung von Standards im Bereich der Ton- und Bilddatenratenreduktion ist von entscheidender Bedeutung für eine Einführung dieser Systeme im Massenmarkt. Verschiedene Institutionen sind mit diesem Prozess betraut, wobei eine besondere Rolle die *ISO* (*International Standards Organization*) spielt. Die Gruppen JPEG

(*Joint Photographics Experts Group*) und MPEG (*Moving Picture Experts Group*), beides Unterorganisationen der ISO, beschäftigen sich seit Beginn der 90er-Jahre mit der Standardisierung von Systemen der Ton- und Bilddatenverarbeitung, insbesondere im Hinblick auf die digitale Speicherung (CD, DVD) und Übertragung. Es erfolgten eine Vielzahl gemeinsamer internationaler Entwicklungen auf dem Gebiet der Ton- und Bilddatenratenreduktion, die zu weltweiten Standards wurden. Die Etablierung der JPEG und MPEG bei der ISO war u.a. darauf zurückzuführen, dass für die Standardisierung von Datenträgern wie z.B. der CD oder DVD neben der Ton- und Bilddatenratenreduktion eine Vielzahl von weiteren Herstellungsparametern elektrischer, mechanischer und optischer Art festgelegt werden mussten. So ist z.B. in der Systembeschreibung der DVD (s. Kapitel 15) die Ton- und Bilddatenratenreduktion nur ein geringer Teil des gesamten Standards. Bereits vor der Standardisierung von Bewegtbild-Codierverfahren bei der MPEG, deren offizielle Bezeichnung ISO/IEC JTC1/SC29/WG11 (International Standards Organization / International Electrotechnical Committee, Joint Technical Committee 1, Subcommittee 29, Working Group 11) lautet, wurden intensive Arbeiten zur Ton- und Bilddatenratenreduktion bei der ITU (International Telecommunication Union) durchgeführt. Diese führten zu Standards, die z.B. zur Bildtelefonie über ISDN eingesetzt werden. Im Rahmen der MPEG-Aktivitäten wurden daher diese Untersuchungen aufgegriffen und weiterentwickelt, andererseits wurden Standards der MPEG von der ITU im Nachgang wiederum übernommen, sofern es den Arbeitsbereich der ITU betraf. Daher haben diejenigen Teile der MPEG-Standards, die die Ton- und Bildcodierung betreffen, auch korrespondierende ITU-Standardnummern; so wird z.B. der MPEG-2-Standard auch als ITU Standard H. 262 bezeichnet. [28]

Die Arbeitsweise der MPEG im internationalen Kontext beruht *sendeseitig* auf der Festlegung von Referenzimplementierungen des Encoders, die häufig nur dem Nachweis der Funktion dienen. Entscheidend ist die Festlegung des *Datenstromformates* zum Empfänger sowie der Leistungsmerkmale des *Empfängers* (Decoder). Dadurch wird für den im Massenmarkt wichtigen Decoder ein Rahmen z.B. hinsichtlich maximaler Taktrate, Speicherkapazität und spezieller Signalverarbeitung festgelegt. Es wird also standardisiert, welche Informationen der Decoder benötigt, um z.B. ein Tonsignal decodieren zu können und in welchem Format die Daten den Decoder erreichen. Eine Festlegung, *wie* im sendeseitigen Encoder die notwendigen Daten aus dem Original erzeugt werden, erfolgt nicht, um Spielraum für laufende Verbesserungen im Nachgang zur Standardisierung zu haben. Daher konnte in den Jahren nach der Festlegung der Standards eine immer höhere Effizienz erzielt werden, ohne dass der Standard selbst verändert werden musste.

Neben diesen im Rahmen von offiziellen Gremien entstandenen Standards gibt es eine Vielzahl von weit verbreiteten Industriestandards, insbesondere von Seiten der Software-Industrie oder für spezielle Anwendungen, z.B. im Kinobereich. Dieses gilt sowohl für die Ton- als auch für die Bilddatenratenreduktion. Die grundlegenden Prinzipien sind aber i.Allg. ähnlich, und die vorgeschlagenen firmenspezifischen Varianten dienen häufig dazu, notwendige Lizenzzahlungen z.B. an die MPEG zu vermeiden. Nachfolgend wird sich auf eine Vorstellung ausgewählter Standards nach JPEG und MPEG beschränkt.

12.4 Datenratenreduktion für Audiosignale

12.4.1 Verlustlose Audiodatenraten-Reduktion

Wie andere allgemeine digitale Daten können Audiodaten einer verlustlosen Kompression unterworfen werden, die auf Prinzipien z.B. der Lauflängencodierung beruhen. Eine Veränderung der Audioinformation oder eine Qualitätsbeeinflussung ist damit ausgeschlossen. Die allgemeinen Algorithmen werden dabei besser an die Strukturen der Audiodaten angepasst, so dass diese effizienter arbeiten als die aus der reinen Datenverarbeitung bekannten verlustfreien Reduktionsverfahren. Darüber hinaus können Ähnlichkeiten der Audiosignale z.B. bei Mehrkanalaufnahmen genutzt werden. Erzielbar sind – je nach Musikrichtung – Reduktionsfaktoren von 1,5 bis 2,5. Ihre Anwendung finden diese Verfahren in hochwertigen Archiven und im Studioproduktionsumfeld oder bei Anwendungen, die eine eindeutige Rekonstruktionsmöglichkeit der Daten erfordern, wie z.B. in der Medizin. Verlustfreie Verfahren sind u.a. Apple lossless, Adaptive Transform Acoustic Coding (ATRAC), Meridian Lossless Packing (MLP), MPEG-4 Audio Lossless Coding (ALS).

12.4.2 Verlustbehaftete Audiodatenraten-Reduktion

Betrachtet man ein einzelnes Audiosignal (Mono), so weist dieses eine eher geringe Redundanz auf. Zur Erzielung hoher Reduktionsfaktoren ist bei der Audiodatenkompression daher die Nutzung der Irrelvanz-Reduktion von besonderer Bedeutung.

Merksatz

Ziel ist eine Anpassung an die Eigenschaften des menschlichen Hörvermögens und die Trennung von Hörbarem und Unhörbarem.

Grundlage sind die Erkenntnisse des menschlichen Hörvermögens, die bereits in Kapitel 5 beschrieben wurden. Viele Audiodatenraten-Reduktionsverfahren beruhen auf den beiden nachfolgenden Prinzipien:

- der Aufspaltung des hörbaren Frequenzbereichs in eine Vielzahl von schmalbandigen Teilbändern und eine spezielle, angepasste Quantisierung der jeweiligen in diesen einzelnen Teilbänder vorkommenden Signale;
- der Ausnutzung der Verdeckungseffekte, d.h., Schallereignisse werden durch andere unhörbar, was sowohl für stationäre, dauernde Schalle als auch für zeitabhängige Vorgänge gilt.

Grundsätzlich muss der Nutzschallpegel größer als ein Störschallpegel sein, um wahrgenommen zu werden. Zur Bestimmung der Verdeckungseffekte werden für unterschiedliche Frequenzen die Mithörschwellen ermittelt.

Definition

Die Mithörschwelle bestimmt denjenigen Schalldruckpegel eines Testschalls (z.B. eine Sinustons), den dieser haben muss, um gerade noch mitgehört zu werden.

Bild 12.1 zeigt den Verlauf der (Mit-)Hörschwelle unter verschiedenen Randbedingungen. Bei stationären Störschallen, d.h. ohne eine zeitliche Struktur und bei einer Dauer von mehr als 200 ms, verändert sich die Mithörschwelle in Abhängigkeit von der Mittenfrequenz des Störschalls.

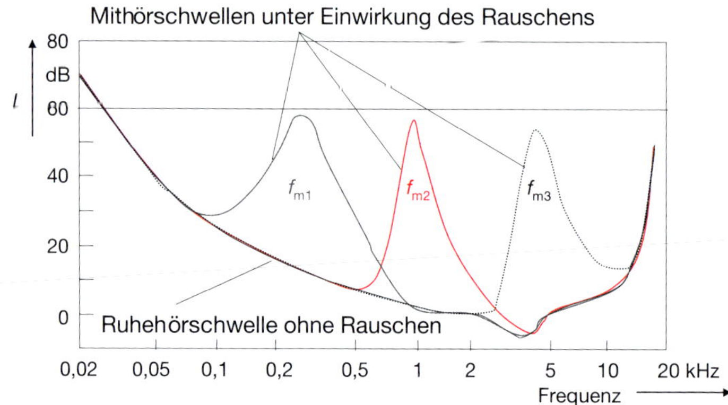

Mithörschwellen bei schmalbandigem Rauschen unterschiedlicher Mittenfrequenz

L_R = 60 dB; f_{m1} = 250 Hz mit Δf = 100 Hz
f_{m2} = 1000 Hz mit Δf = 160 Hz
f_{m3} = 4000 Hz mit Δf = 700 Hz

Bild 12.1 Frequenzabhängige Verdeckung durch stationäre Schalle (nach [17])

Der Rauschpegel des Störsignals beträgt hier 60 dB. Es wird deutlich, dass der jeweilige Störschall einen weitaus größeren Frequenzbereich beeinflusst, als die Bandbreite des Rauschens erwarten lässt. Alle Schallsignale mit Pegeln *unterhalb* der angegeben Kurven sind *nicht hörbar* und brauchen bei Einwirkung eines derartigen Störschalls daher auch nicht übertragen zu werden.

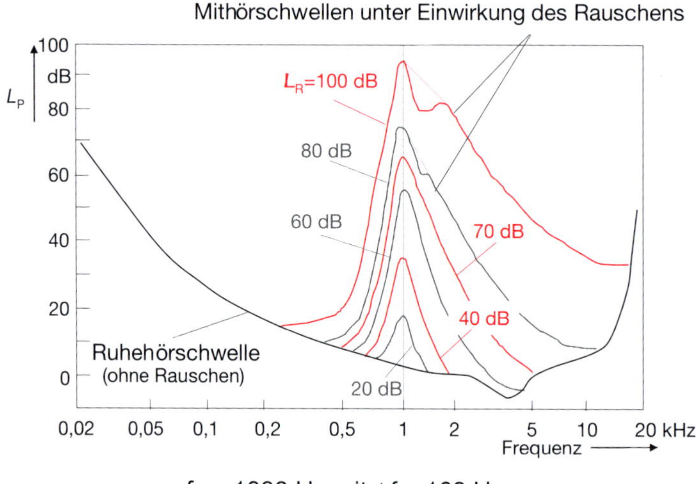

f_m = 1000 Hz mit Δf = 160 Hz

Bild 12.2 Pegelabhängige Verdeckung durch stationäre Schalle (nach [17])

Der Einfluss stationärer Schalle ist darüber hinaus noch von der Signalform des Störers und dessen Amplitude abhängig. Letzterer Zusammenhang ist in Bild 12.2

beispielhaft dargestellt. Neben einer spektralen Verbreiterung der Störwirkung sind in Abhängigkeit von der Störschallamplitude auch nichtlineare Verzerrungen der Kurvenverläufe erkennbar, die auf Resonanzeffekte des Gehörs zurückzuführen sind.

Merksatz

Als Folge der pegelabhängigen Verdeckungseigenschaften des Gehörs können leise hohe Tone durch laute tiefe Töne, jedoch leise tiefe Töne nicht durch laute hohe Töne verdeckt werden.

Zusätzlich zu den stationären Schallen führen auch kurze Schallereignisse zu einer kurzzeitigen Verdeckung. Neben der simultanen Verdeckung, bei der das verdeckende Schallereignis gleichzeitig mit dem Nutzschall auftritt, wird auch die *Nachverdeckung* genutzt. Dabei ist deren Einfluss abhängig vom zeitlichen Abstand zwischen Schallereignis und Verdeckungsereignis sowie von der Amplitude des verdeckenden Signals. Es konnte festgestellt werden, dass die Verdeckung noch ca. 10 ms nach dem Abschalten des verdeckenden Signals andauert und erst nach ca. 100 ms die Ruhehörschwelle wieder erreicht wird.

Die auditive Wahrnehmung wertet den hörbaren Frequenzbereich allerdings nicht ganzheitlich, sondern in einzelnen schmalen Frequenzgruppen aus. Die Breite dieser Frequenzgruppen lässt sich aus den Verdeckungseffekten ableiten und führt auf 24 Gruppen unterschiedlicher Bandbreite im Hörfrequenzbereich.

Diese Ergebnisse wurden durch eine Vielzahl von subjektiven Studien ermittelt. Ziel war die Aufstellung eines psychoakustischen Modells der menschlichen Audiowahrnehmung, das die Eigenschaften des menschlichen Gehörs wie Frequenzgruppenbildung, Hörbereichsgrenzen, Maskierungseffekte und Signalverarbeitung des Innenohrs möglichst gut beschreibt.

12.4.3 Beispiel MPEG-Audiocodierung

Wie alle verlustbehafteten Reduktionsverfahren hat die MPEG-Audiocodierung zum Ziel, mit möglichst wenig Bits pro Abtastwert auszukommen. Dieses führt aber nach Bild 11.10 zu einer Erhöhung des Quantisierungsrauschens. Um dessen Hörbarkeit zu verhindern, werden die Verdeckungseffekte ausgenutzt. Die Grundstruktur der MPEG-Audiocodierung zeigt Bild 12.3.

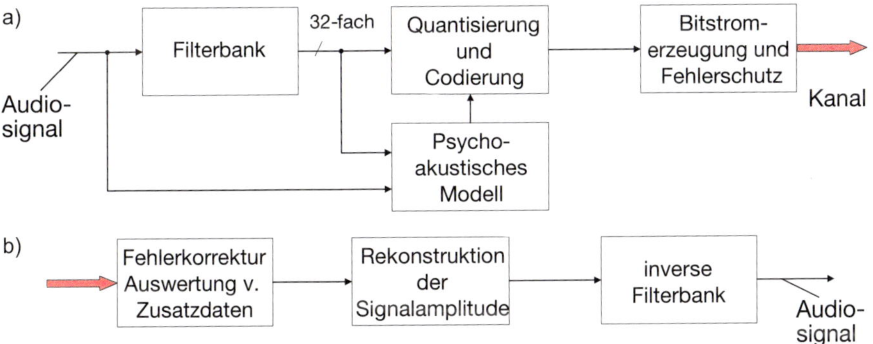

Bild 12.3 Blockdiagramm der MPEG-Audiocodierung

a) Sendeseite (Encoder) b) Empfangsseite (Decoder)

Der Audiofrequenzbereich wird zunächst über eine Filterbank in 32 einzelne Teilbänder *konstanter* Bandbreite zerlegt, was nicht der oben beschriebenen empfindungsgemäßen Bandaufteilung in 24 Bänder *unterschiedlicher* Bandbreite entspricht, aber technisch leichter umsetzbar ist und in Form einer MDCT – **m**odifizierten **d**iskreten Cosinus-Transformation erfolgt. [17; 19]

Die weitere Verarbeitung geschieht nun in 32 parallelen Kanälen. Es wird danach die minimal notwendigen Quantisierungsstufenzahl je Teilband nach dem psychoakustischen Modell bestimmt. Diese wird so festgelegt, dass das Quantisierungsrauschen unbedingt unterhalb der Markierungsgrenze liegt und damit unhörbar bleibt. Um laute und leise Passagen eines Musikstückes zu berücksichtigen, erfolgt für kurze Zeitabschnitte die Anpassung durch einen Skalierungsfaktor für die globale, d.h. die gesamte Quantisierung dieses Zeitabschnitts. Nachfolgend wird der verbleibende Datenstrom zusammengestellt und mit einem Fehlerschutz versehen. Nach der Übertragung erfolgen die Rekonstruktion der Signalamplituden und das frequenzmäßige Zusammensetzen des Signals in einer inversen Filterbank.

Die MP3-Audiocodierung (korrekte Bezeichnung MPEG 1 Layer 3) baut auf diesem Grundprinzip auf und weist bei höherer Verarbeitungskomplexität eine bessere Effizienz auf. Die wesentlichen Verarbeitungsschritte sind:

- zeitliche Aufteilung des Eingangssignals in Zeitabschnitte von 20 ms,
- Frequenzaufteilung dieses Abschnittes in 32 Frequenzbänder gleicher Bandbreite im Bereich zwischen 20 Hz und 20 kHz,
- Aufteilung dieser Frequenzbänder in jeweils 18 Subbänder einer Bandbreite zwischen 2 und 4 kHz,
- Verringerung der Quantisierungsstufenzahl in den einzelnen Bändern durch Annäherung an die Maskierungsschwelle.

Merksatz

Mit dem MP3-Verfahren wird das Ursprungssignal durch eine variable Quantisierung in den Frequenz- bzw. Subbändern an die Schwelle zum hörbaren Qualitätsverlust angenähert. Diese Schwelle darf nicht unterschritten werden.

Als Nachfolgeverfahren der MP3-Codierung im Rahmen der MPEG-Standardisierung können die Systeme MPEG-2 AAC (*Advanced Audio Coding*) und MPEG-2 AAC+ bezeichnet werden, die eine höhere Effizienz, d.h. eine ca. 30% höhere Datenratenreduktion, bei vergleichbarer Tonqualität erlauben. Diese wurden einerseits für sehr niedrige Bitarten ab 8 kbit/s entwickelt, andererseits unterstützen sie auch Mehrkanaltonsysteme und erreichen die hohen Reduktionsfaktoren durch die bessere Berücksichtigung der bei Stereo- und Surround-Sound auftretenden Signalredundanz zwischen den Kanälen. Um die Markteinführung zu erleichtern, wurden verschiedene Profile für bestimmte Anwendungen festgelegt, u.a.:

- Low Complexity (LC) für Anwendungen im Musikgeschäft im Internet bei mittleren bis hohen Datenraten (128…224 kbit/s);
- Low Delay (LD) für Videokonferenzsysteme bei mittleren bis hohen Datenraten,
- High Efficiency (HE) für Anwendungen mit sehr niedrigen Datenraten.

Die erreichbare Audioqualität hängt von der gewählten Ausgangsdatenrate und von dem zu codierenden Audiosignal, d.h. auch von der Musikart, ab. Dieses zeigt auch die Schwierigkeit der Entwicklung dieser Systeme: Aufgrund des Zusammenhangs des psychoakustischen Modells der Signalverarbeitung mit der subjektiven Wahrnehmung des Menschen sind die individuell empfundenen Qualitätseindrücke sehr unterschiedlich. [34]

Die in Tabelle 12.1 dargestellten Werte sind daher nur als Richtwert zu betrachten.

Tabelle 12.1 Datenraten bei der MPEG-Audiocodierung

Klangeindruck	Bandbreite des Basisbands	Kanäle	Datenrate MP 3	AAC	Reduktionsfaktor gegenüber CD-Signal (~ 1,4 Mbit/s)
Kurzwelle	4,5 kHz	Mono	16 kbit/s	8 kbit/s	~ 40 bzw. ~ 80
Mittelwelle	7,5 kHz	Mono	32 kbit/s	18 kbit/s	~ 20 bzw. ~ 40
Fast UKW-Qualität	12 kHz	Stereo	112 kbit/s	64 kbit/s	~ 20 bzw. ~ 30
Gute UKW-Qualität	12 kHz	Stereo	128 kbit/s	96 kbit/s	~ 10 bzw. ~ 15
Fast CD	15 kHz	Stereo	192 kbit/s	112 kbit/s	~ 7 bzw. ~ 12
CD-Qualität	> 15 kHz	Stereo	>192 kbit/s	128 kbit/s	~ 5 bzw. ~ 11

Die verlustbehafteten standardisierten MPEG-Verfahren stehen in Konkurrenz zu marktgängigen Produkten wie z.B. den Verfahren der Fa. Dolby (AC-3), DTS (Digital Theatre System), WMA (Windows Media Audio), Ogg Vorbis. Die Grundprinzipien sind allerdings denjenigen der MPEG-Audio-Verfahren ähnlich.

Weiterentwicklungen beschäftigen sich mit dem Erreichen einer guten Klangqualität bei sehr niedrigen Datenraten (z.B. mp3PEO, MPEG-4 AAC HE). Mit MP3-Surround steht ein Verfahren zur Verfügung, das eine 5.1-Wiedergabe (s. Abschnitt 5.5.2) bei Datenraten vergleichbar zum MP3-Stereosignal erlaubt.

12.5 Datenratenreduktion für Bildsignale

Die Datenratenreduktion für Bild- und insbesondere für Bewegtbildsignale ist die Schlüsseltechnologie für eine effiziente Speicherung und Übertragung digitaler Bildinformationen. Je nach Anwendung werden dabei verlustfreie oder verlustbehaftete Reduktionsverfahren eingesetzt: Im Bereich der Produktion werden je nach Qualitätsanspruch Systeme mit geringerem Reduktionsfaktor genutzt, um gute Voraussetzungen für die Nachverarbeitung im Studio zu haben. Ebenso werden für Archive möglichst verlustfreie Verfahren eingesetzt, um eine hohe Qualität für eine spätere Nutzung der Inhalte vorzuhalten. Die Qualität in Richtung des Endkunden wird durch die zu bestimmten Kosten bereitgestellten Übertragungskapazitäten über die verschiedenen Verbreitungswege festgelegt.

12.5.1 Grundlagen der Datenratenreduktion für Bildsignale

Aufgrund der hohen Datenrate, die z.B. bei HDTV-Signalen bei mehr als 2 Gbit/s liegen kann, muss der Reduktionsfaktor für Videosignale wesentlich höher sein als für Audiosignale. Von Vorteil ist dabei, dass natürliche Videosignale, die z.B. mit einer Kamera aufgenommen wurden, eine hohe Redundanz aufweisen, die sich wie folgt zusammenfassen lässt:

- Ähnlichkeiten in der Zeile von Bildpunkt zu Bildpunkt,
- Ähnlichkeiten von Zeile zu Zeile,
- Ähnlichkeiten von Teilbild zu Teilbild,
- Ähnlichkeiten von Bild zu Bild.

Hieraus wird deutlich, dass der Reduktionsfaktor für Standbilder deutlich geringer ist als für Videosignale, da die Ähnlichkeiten von Teilbild zu Teilbild und Bild zu Bild nicht ausgenutzt werden können.

Werden nur Redundanzen ausgenutzt, so ergeben sich verlustfreie Systeme. Diese können z.B. dadurch realisiert werden, dass nur die Differenz aufeinander folgender Signale z.B. zweier Bildpunkte einer Zeile übertragen wird. Dieses führt auf die Differenz-Puls-Code-Modulation (DPCM), einem effizienten Verfahren, das allerdings empfindlich gegenüber Übertragungsfehlern reagiert: Wird ein Differenzsignal einer Sequenz gestört, so sind auch *alle* nachfolgenden Signale gestört. Darüber hinaus benötigt der Empfänger für die Decodierung den «Startwert», von dem aus die Differenzcodierung beginnt. Auch ein Einstieg in den Datenstrom, wie er empfängerseitig bei dem Einschalten eines digitalen TV-Programms zu einem beliebigen Zeitpunkt erfolgen kann, ist bei einer Differenzcodierung nicht ohne Weiteres möglich. Bereits dieses einfache Verfahren zeigt, dass die erzielbaren Ergebnisse vom Szenenmaterial abhängig sind und die zu übertragene Datenrate sehr stark schwanken kann: Ruhige, wenig bewegte Szenen führen zu geringen Differenzen z.B. von Bild zu Bild – es muss wenig Information zum Empfänger übertragen werden; bei Szenen mit schnellen Schnitten und Kameraschwenks ist die Differenz groß, so dass die Datenmenge im ungünstigsten Fall derjenigen des Originals entspricht. Ein weiteres Problem stellt Rauschen im Original dar, das z.B. bei alten Aufnahmen oder bei der Filmabtastung auftritt. Dieses ist wegen seiner statischen Struktur stets von Bild zu Bild unterschiedlich und führt daher zu einer Unsicherheit bei der Auswertung der Differenzen. Daher wird in technischen Systemen selten eine reine Differenzcodierung vorgenommen, und es müssen Maßnahmen zur Reduzierung der beschriebenen Störanfälligkeit ergriffen werden.

Zur Erreichung hoher Reduktionsfaktoren wird bei Bildsignalen zusätzlich zur Redundanz-Reduktion eine Irrelevanz-Reduktion durchgeführt. Grundlage hierfür sind die menschlichen Wahrnehmungseigenschaften, die in Kombination bei der Videodatenkompression genutzt werden und die Sichtbarkeitsgrenzen festlegen:

- In schnell bewegten Objekten, deren Bewegungen nicht durch das Auge vorhergesehen werden kann, können die Detailauflösung und die Zahl der Amplitudenstufen (Quantisierung) beschränkt werden.
- In ruhenden, detailreichen Bildstrukturen und in der Nähe von Kanten kann die Zahl der Amplitudenstufen reduziert werden.
- Bildinhalte mit feinen Strukturen müssen nicht bei hohen Bewegungsgeschwindigkeiten wiedergegeben werden.

Die Berücksichtigung der Irrelevanz-Reduktion erfolgt – ähnlich wie bei der Audiodatenraten-Reduktion – überwiegend durch eine an die menschliche Wahrnehmung angepasste Quantisierung. Diese ist gut durchführbar, wenn von der Zeitdarstellung des Bildsignals auf die *Frequenzdarstellung*, d.h. spektrale Darstellung des Bildes, übergegangen wird. Dabei wird das Bild in seine Frequenzanteile aufgeteilt und ermittelt, welche Frequenzanteile häufig bzw. weniger häufig vorkommen:

Merksatz

Hohe Frequenzanteile eines Bildes korrespondieren mit feinen, detailreichen Strukturen, niedrige Frequenzanteile hingegen mit homogenen Flächen im Bild, die eine geringere Struktur aufweisen.

Aufgrund der Zweidimensionalität eines Bildes erfolgt auch diese Transformation des Bildsignals zweidimensional, so dass aus dem zweidimensionalen Bildsignal im Zeitbereich ein zweidimensionaler *Koeffizientenbereich* im Frequenzbereich wird. Diese Transformation kann für das gesamte Bild oder stückweise für Bildbereiche durchgeführt werden. Reduktionsverfahren, die auf diese Art der Signalverarbeitung beruhen, werden als *Transformationscodierungsverfahren* bezeichnet.

Merksatz

Moderne Verfahren der Datenratenreduktion für Bewegtbilder verbinden Differenzcodierung, Transformationscodierung und Redundanzreduktion miteinander. Die Effizienz dieser Verfahren wird durch den Einsatz von Bewegungsschätzung und Bewegungskompensation zusätzlich verbessert.

Der Gesamtprozess zur Datenratenreduktion von Bildsignalen ist daher in die in Bild 12.4 dargestellten Einzelschritte aufteilbar. [28]

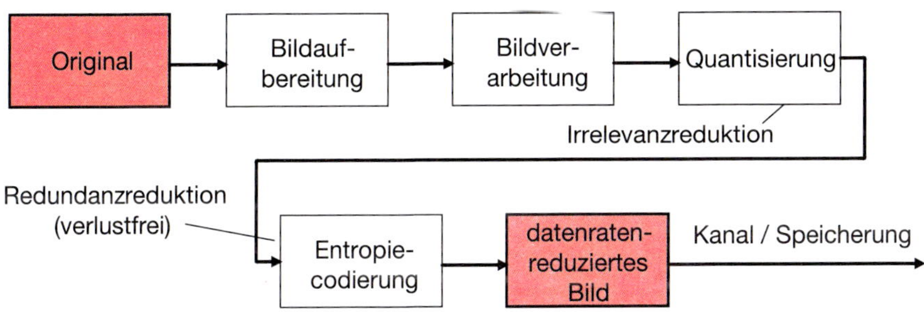

Bild 12.4 Prozessschritte bei der Bilddatenratenreduktion

12.5.2 Standbildcodierung nach JPEG

Das JPEG-Verfahren wurde von der Joint Photographics Experts Group zu Beginn der 90er-Jahre entwickelt und im ISO/IEC Standard IS 10918 niedergelegt. Dieser entspricht dem Standard ITU T.81. JPEG ist ein Verfahren der Transformationscodierung und erlaubt verlustfreie und verlustbehaftete Varianten, die je nach Anwendung ausgewählt werden können. Insbesondere für medizinische Bilddatenspeicherung, z.B. von Röntgenbildern, wird auf eine verlustbehaftete Speicherung verzichtet.

Die einzelnen Verarbeitungsschritte im JPEG-Encoder sind:

- Umrechnung des Ursprungsbildes von R,G,B auf Y, C_R, C_B,
- Tiefpassfilterung und Unterabtastung der Chrominanzsignale C_R und C_B (verlustbehaftet),

- Einteilung des Bildes in Blöcke zu 8×8 Bildpunkten,
- verlustfreie Transformation dieser Blöcke durch eine diskrete Cosinus-Transformation (DCT) in eine 8×8-Koeffizientendarstellung (Matrix),
- Quantisierung der entstehenden Koeffizienten (verlustbehaftete Irrelvanz-Reduktion),
- Umsortierung der Koeffizienten und nachfolgende Redundanz-Reduktion.

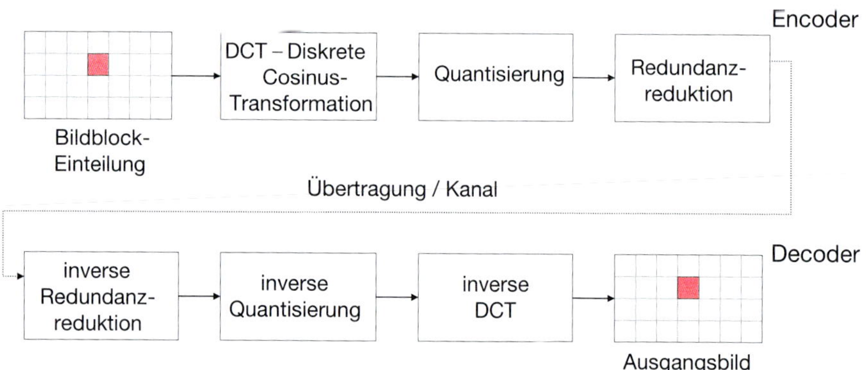

Bild 12.5 Prozessschritte beim JPEG-Verfahren

In Bild 12.5 sind die Einzelschritte des JPEG-Verfahrens dargestellt. Im Empfänger durchläuft der Datenstrom dann den inversen Prozess: inverse Redundanzredaktion, inverse Quantisierung, inverse DCT.

Sofern auf die Umrechnung von R, G, B auf Y, C_R, C_B und die nachfolgende Filterung und die Unterabtastung sowie auf die Quantisierung verzichtet wird, handelt es sich um ein verlustfreies JPEG-Format. Eine genauere Betrachtung der einzelnen Abschnitte anhand eines Schwarzweiß-Bildes soll nachfolgend deutlich machen, an welcher Stelle die Datenratenreduktion im Bildsignal eingreift (Bild 12.6).

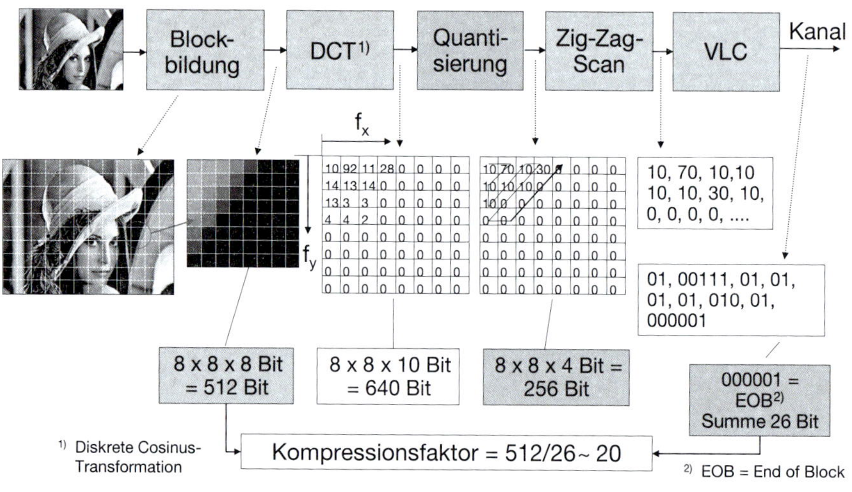

Bild 12.6 Ablauf der JPEG-Codierung

Das Bild wird zunächst in Blöcke von 8×8 Bildpunkten aufgeteilt. Diese Blöcke enthalten 64 Felder mit jeweils einem Grauwert, der aufgrund der Amplitudenquantisierung des Bildes mit 8 Bit dargestellt werden kann, so dass sich eine Datenmenge von $8 \cdot 8 \cdot 8 = 512$ Bit für diesen Block ergibt. Dieser Block wird durch die DCT in ein 8×8-Koeffizientenfeld überführt. Die dabei möglichen Koeffizientenwerte erfordern eine höhere Genauigkeit von 10 Bit, so dass sich die Datenmenge zunächst auf $8 \cdot 8 \cdot 10 = 640$ Bit erhöht.

Die DCT hat die Eigenschaft, das Bildsignal nach Frequenzanteilen zu analysieren und diese in Form einer Matrix des Koeffizientenfeldes auszugeben: Die niedrigen Frequenzen (f_x, $f_y = 0$) stehen dabei oben links in der Ecke der Matrix und entsprechen dem Gleichanteil d.h. dem mittleren Grauwert des 8×8 Bildpunkte großen Bildbereiches. Dieser Koeffizient (DC-Koeffizient) ist stets vorhanden und wird im weiteren Verlauf auch *unverändert* übertragen. Sollte ein Bildblock tatsächlich einen völlig gleichmäßigen Bildinhalt haben, so sind alle anderen 63 Koeffizienten des Blocks 0. Die höchste vorkommende Frequenz steht unten rechts und entspricht einer Struktur, bei der jeder Bildpunkt sich vom Nachbarbildpunkt maximal unterscheidet, was einem 8×8-Bildpunkt-Schachbrettmuster entspricht.

Durch die DCT wird – wie bei der Zerlegung einer Rechteckschwingung in Sinusschwingungen unterschiedlicher Frequenz und Amplitude (s. Kapitel 11) – die Bildinformation des betrachteten Bildteils (Blocken) in die darin enthaltenen Frequenzanteile zerlegt. Die Anzahl der möglichen Frequenzanteile ist im Fall eines 8×8-Blockes auf 64 Anteile (inklusive des Gleichanteils) beschränkt, die als Basisfunktionen (Bild 12.7) bezeichnet werden.

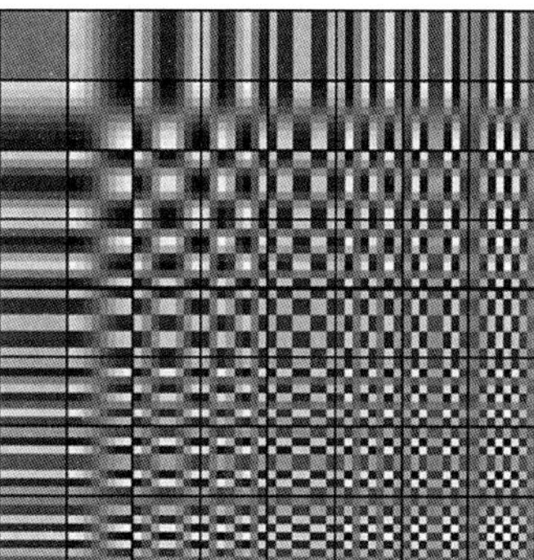

Bild 12.7
Basisfunktionen der DCT

In der Umkehrung ist jede mögliche Bildvorlage, die im 8×8-Block vorkommen kann, durch eine gewichtete Überlagerung der Basisfunktionen darstellbar (IDCT – Inverse diskrete Cosinus-Transformation). Betrachtet man die beiden Prozesse DCT und IDCT hintereinander und begeht keine Rechenfehler, z.B. durch Rundung von Zahlen, so wird das Originalbild wiederhergestellt, d.h., der Prozess der Transformation enthält selbst *keine* Reduktion der Datenmenge – im Gegenteil, die Datenmenge wird sogar größer: Da die Zahlenwerte der Koeffizientendarstellung einen größeren Zahlenraum benötigen, ist zunächst eine feinere Quantisierung notwendig.

Im Prozess nach Bild 12.6 folgt nach der Transformation mit der Quantisierung der Frequenzkoeffizienten die *verlustbehaftete* Irrelevanz-Reduktion. Hier wird entschieden, welche Frequenzanteile im Bild erhalten bleiben und welche zu null bzw. nur gerundet weiterverarbeitet werden. In natürlichen Bildvorlagen sind die Koeffizienten der höheren Frequenzanteile häufig sehr klein und werden zu null gesetzt. Auch die

Amplitudenfeinheit der Koeffizienten kann reduziert werden, so dass gerundet werden kann. Die Art dieser Rundung und die Vorgehensweise zur Quantisierung wurden im Rahmen subjektiver Studien festgelegt. [18] Die Hauptinformation eines solchen Koeffizientenblockes trägt allgemein der DC-Koeffizient. Wird nur dieser übertragen, so ist der Bildinhalt häufig schon erkennbar. In Bild 12.8 ist dargestellt, wie sich bei einer Übertragung der unterschiedlichen Koeffizienten der Inhalt des Bildes ändert und immer mehr Frequenzanteile, d.h. immer mehr Details, hinzukommen: Bereits bei der Berücksichtigung von 16 statt 64 möglicher Koeffizienten pro Block ist die Bildqualität kaum noch von der Darstellung aller 64 Koeffizienten unterscheidbar.

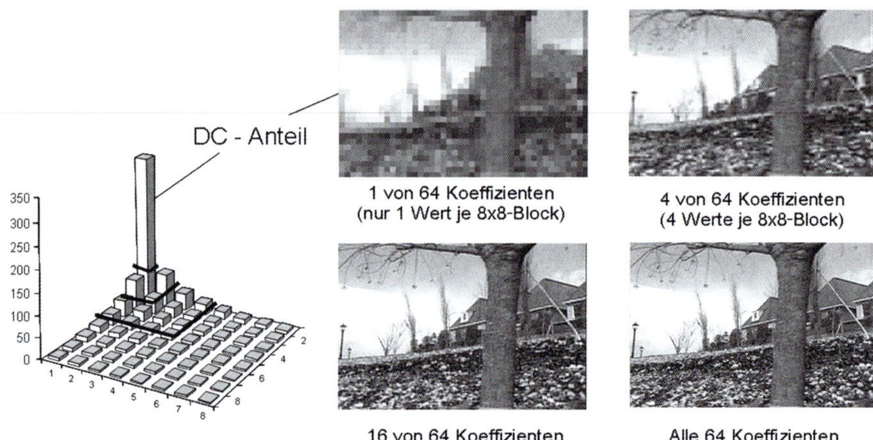

Bild 12.8 Konzentration der Information auf die Koeffizienten der Basisfunktionen

Soll die Gesamtdatenmenge eines Bildes beschränkt werden, so kann dieses nur durch eine Veränderung der Quantisierung erreicht werden, d.h., bei einem immer höheren Reduktionsfaktor wird die Quantisierung immer grober, bis die Datenmenge, die für jeden 8×8-Block zur Verfügung steht, nicht mehr ausreicht. Im Extremfall wird nur noch der DC-Koeffizient eines jeden Blockes übertragen und sichtbare Bildstörungen treten auf. In Bild 12.9 ist ein Beispiel dargestellt. Während beim Reduktionsfaktor von 2,5 kein Unterschied zum Original zu sehen ist, erscheinen beim Reduktionsfaktor von 18 erhebliche Bildartefakten.

Merksatz

Die typische Störungsart blockorientierter Transformationscodierverfahren ist das Sichtbarwerden der Blockstrukturen.

Die nachfolgende Verarbeitung (Zig-Zag-Scan) in Bild 12.6 überführt die zweidimensionale 8×8-Koeffizientenmatrix in eine eindimensionale 64×1-Zahlendarstellung, bei der zunächst der Gleichanteil (f_x, f_y = 0) steht und nachfolgend, beginnend mit den niedrigsten Frequenzanteilen, die Anteile der anderen Basisfunktionen. Aufgrund der vorher durchgeführten Quantisierung stehen dadurch viele 0-Werte am Ende hintereinander. Sofern für einen Block nur noch 0-Werte folgen, wird die EOB(= End of Block)-Markierung gesetzt. Dem Empfänger wir dadurch mitgeteilt, dass alle weiteren Werte der Basisfunktionen eines Blockes 0 sind. Irrelevanz- und Redundanz-Reduktion führen im Beispiel nach Bild 12.6 im betrachteten Block zu einer Reduktion um den Faktor 26. Die im Bild angegebenen Zahlenwerte ergeben sich aus dem hier nicht näher beschriebenen mathematischen Prozess und sind als Beispiel zu verstehen.

109 kByte
(Original)

44 kByte
(Reduktionsfaktor 2,5)

6 kByte
(Reduktionsfaktor 18)

Bild 12.9 Auftreten von Bildfehlern durch zu starke Reduktion

Grundsätzlich kann festgestellt werden:

- Die erforderliche Bitanzahl je Block innerhalb *eines* Bildes ist unterschiedlich und kann stark schwanken.
- Es besteht ein unmittelbarer Zusammenhang zwischen Bildinhalt und erforderlicher Bitanzahl je Block.
- Der erzielbare Reduktionsfaktor für ein Bild – bei visuell nicht wahrnehmbarer Differenz zum Original – ist insbesondere abhängig vom Bildinhalt selbst.

Nach der Übertragung wird der Verarbeitungsprozess wieder rückgängig gemacht (s. Bild 12.5), wobei die bei der Quantisierung entstandenen Ungenauigkeiten natürlich erhalten bleiben.

Neben dem grundsätzlichen Reduktionsverfahren sind im JPEG-Standard u.a. auch verschiedene Reihenfolgen der Abspeicherung und Übertragung der Daten beschrieben. Werden – wie in Bild 12.8 erläutert – zunächst nur die DC-Koeffizienten aller Blöcke zum Empfänger übertragen und nachfolgend dann in entsprechender Reihenfolge alle anderen Koeffizienten der Basisfunktionen, so kann ein *progressives JPEG-System* realisiert werden, bei dem während der Betrachtung des Bildes dieses an Qualität gewinnt. [36]

12.5.3 Standbildcodierung nach JPEG 2000

Das in Nachfolge zum JPEG-Standard festgelegte JPEG 2000-System gehört ebenfalls zu den Transformationscodierungsverfahren. Es erreicht bei gleicher subjektiver Bildqualität einen höheren Reduktionsfaktor. Darüber hinaus sind vor allem aus Benutzersicht interessante Möglichkeiten vorgesehen, u.a.:

- verlustlose Codierung des Bildmaterials;
- skalierbare Bildauflösung, d.h. innerhalb eines entsprechend codierten Bildes können verschiedene Bildgrößen enthalten sein;

- skalierbare Bildqualität, d.h., die Bildqualität kann sich an die Übertragungskapazität automatisch anpassen – es ist keine Mehrfach- oder Umcodierung erforderlich;
- progressive Decodierung möglich, je nach gewünschter Bildqualität;
- Zugriff auf Teile des Bildes (Region of Interest), d.h., Bildteile können direkt ausgewählt und decodiert werden;
- innerhalb eines Bildes können verschiedene Qualitätsstufen verwendet werden.

Wesentlicher Unterschied zum Standard-JPEG-Verfahren besteht in der Verwendung einer anderen, nicht mehr blockorientierten Transformation. Visuelle Blockfehler können daher nicht auftreten. In Bild 12.10 ist der Grundaufbau des JPEG-2000-Codier-/Decodierablaufs dargestellt.

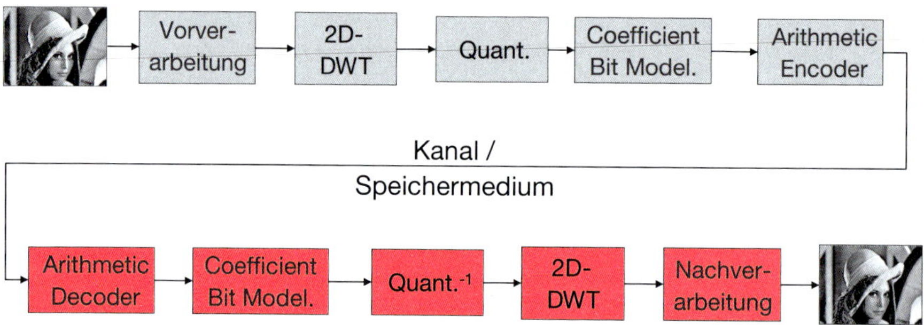

Bild 12.10 Ablauf der JPEG-2000-Codierung und -Decodierung

Die Anwendung der diskreten Wavelet-Transformation (DWT) erfolgt auf das gesamte Bild – nicht blockweise. Die DWT führt zu einer Hochpass-Tiefpass-Auftrennung der Bildinformation in horizontaler und vertikaler Richtung, wobei die Trennfrequenz immer bei der Hälfte der Grenzfrequenz des Originalbildes liegt. Damit ergeben sich 4 Frequenzbereiche, die nachfolgend verschieden quantisiert und weiterverarbeitet werden können:

- LL-Band (horizontale und vertikaler Tiefpassbereich),
- LH-Band (horizontaler Tiefpass, vertikaler Hochpassbereich),
- HL-Band (horizontaler Hochpass, vertikaler Tiefpassbereich),
- HH-Band (horizontale und vertikaler Hochpassbereich).

Im LL-Band ergibt sich damit ein neues Bild, das eine Verkleinerung des Originals auf 25% der Ursprungsformates darstellt: Hat das Eingangsbild 512×512 Bildpunkte, so hat das verkleinerte Bild im LL-Band entsprechend 256×256 Bildpunkte. Dieser Zusammenhang ist in Bild 12.11 dargestellt.

Auf dieses LL-Band kann die Auftrennung nochmals angewendet werden usw., so dass eine baumartige Zerlegungsstruktur (Quadtree) entsteht. In praktischen Anwendungen werden, je nach Größe des Eingangsbildes, nicht mehr als 10 Zerlegungsstufen durchgeführt. Die auch bei diesem Verfahren bei zu geringer Datenrate auftretenden Störungen im decodierten Bild führen nicht zu Blockstrukturen, sondern orientieren sich entlang der Objektkanten des Bildes, was subjektiv weniger sichtbar ist. Bild 12.12 zeigt die deutlich besseren Ergebnisse der JPEG-2000-Codierung bei gleichem Reduktionsfaktor im Vergleich zur JPEG-Codierung.

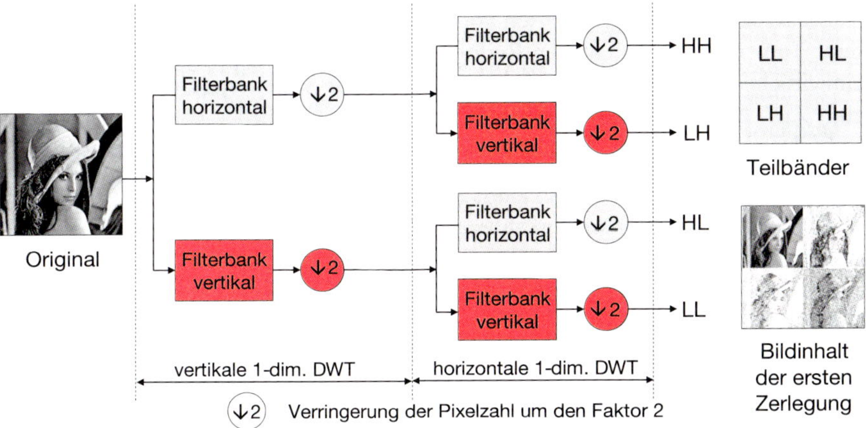

Bild 12.11 Teilbandzerlegung und entstehende Bildinformation

Bild 12.12 Leistungsfähigkeit der JPEG-2000-Codierung im Vergleich zur JPEG-Codierung bei gleichem Reduktionsfaktor

Die Qualitätsreserven der JPEG-2000-Codierung bei hohem Reduktionsfaktor sowie die genannten Möglichkeiten insbesondere des wahlfreien Zugriffs auf Teilbereiche des Bildes haben dazu geführt, dass JPEG 2000 sowohl in der medizinischen Bildverarbeitung als auch für Bildarchive und für das elektronische Kino genutzt wird.

12.5.4 Bewegtbildcodierung nach MPEG

Bewegtbilder können grundsätzlich als eine Abfolge von einzelnen Standbildern aufgefasst werden. Es ist daher möglich, Bildcodierverfahren, die für Standbilder entwickelt wurden, auch für die Datenratenreduktion von Bewegtbildvorlagen zu verwenden und die Einzelbilder z.B. dem JPEG-Prozess zu unterwerfen. Dieses wird dann häufig als *Motion-JPEG* bezeichnet (M-JPEG), ist aber kein standardisiertes Verfahren. Darüber hinaus berücksichtigt der JPEG-Standard keine bei Bewegtbildern (z.B. Videoaufnahmen) häufig vorhandene synchrone Toninformation. Die Realisierung von M-JPEG-Systemen erfolgte daher überwiegend herstellerspezifisch und zueinander inkompatibel. Ferner kann bei dieser Art der Bildcodierung die in Videoszenen enthaltene Redundanz zwischen (Teil-)Bildern nicht zur Datenratenreduktion berücksichtigt werden.

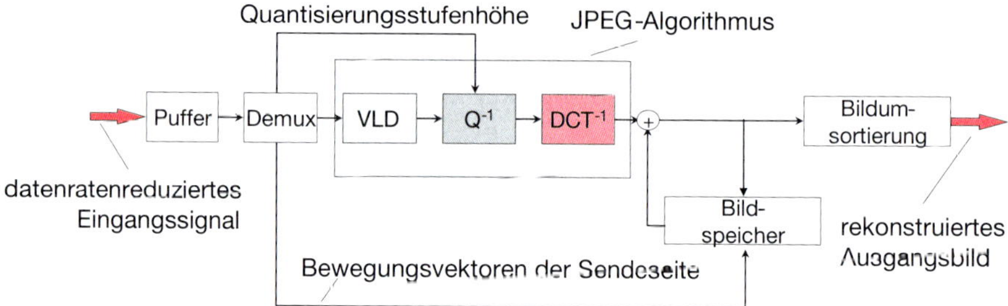

Bild 12.15 Aufbau des MPEG-Decoders

Die Prädiktion bzw. Schätzung der Bildinformation erfolgt beim MPEG-Verfahren in Vorwärts- und Rückwärtsrichtung, d.h., es wird nicht nur geschätzt, wohin ein Bewegungsinhalt verschoben wird, sondern auch, wo dieser vorher war. Die Schätzung erfolgt aus der Vergangenheit und der Zukunft, was nur möglich ist, wenn die zukünftige Bildinformation für eine Schätzung zur Verfügung steht. Dieses wird durch eine eingangsseitige Bildumsortierung (Bild 12.13) erreicht, die nach der Decodierung empfängerseitig rückgängig gemacht werden muss (Bild 12.15). Eine derartige Umsortierung erfordert den Einsatz mehrerer Bildspeicher auf Sende- und Empfangsseite.

Merksatz

Beim MPEG-Verfahren entspricht die Betrachtungsreihenfolge der Bilder nicht der Übertragungsreihenfolge.

Das Ergebnis der Umsortierung zeigt Bild 12.16. Die Prädiktion kann jetzt in *Vorwärtsrichtung* aus einem Bild erfolgen (P-Bild) oder *vorwärts–rückwärts* aus zwei Bildern (B-Bild) durchgeführt werden. Die Möglichkeit, die Bildinformation unterschiedlich vorherzusagen, führt beim MPEG-Verfahren auf verschiedene Bildtypen:

- I-Bilder, die nur innerhalb des Bildes codiert werden (*Intracodierung*, wie beim JPEG-Verfahren),
- P-Bilder, die in einer Richtung vorhergesagt werden, abgeleitet aus P oder I-Bildern (*unidirektionale Prädiktion*),
- B-Bilder, die vorwärts–rückwärts abgeleitet werden (*bidirektionale Prädiktion*).

Die Abfolge der verschiedenen Bildtypen im Datenstrom wird als *Group of Pictures* (GOP) bezeichnet. Diese reicht von einem I-Bild bis zum nächsten und kann in der Länge und Struktur gewählt werden. Aufgrund der Differenzcodierung kann ein Decoder nur bei einem I-Bild mit der Decodierung beginnen, da dieses keine Abhängigkeit von seinen Nachbarn hat. Bild 12.16 zeigt eine typische GOP mit der Länge 12. Eine kürze GOP-Länge erlaubt zwar einen schnelleren Beginn der Decodierung im Empfänger, allerdings ist die Gesamtdatenmenge innerhalb der GOP dann größer. Bild 12.17 ist die Datenverteilung einer typischen Videoaufnahme auf die Bildtypen I, B, P zu entnehmen.

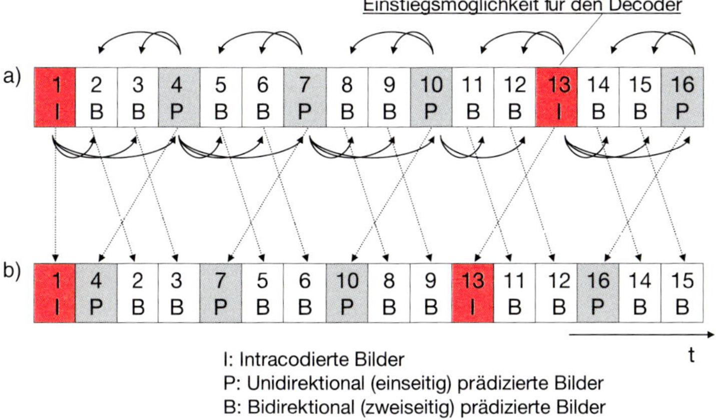

Bild 12.16 Bildumsortierung und Group of Pictures
a) Betrachtungsreihenfolge, b) Übertragungsreihenfolge

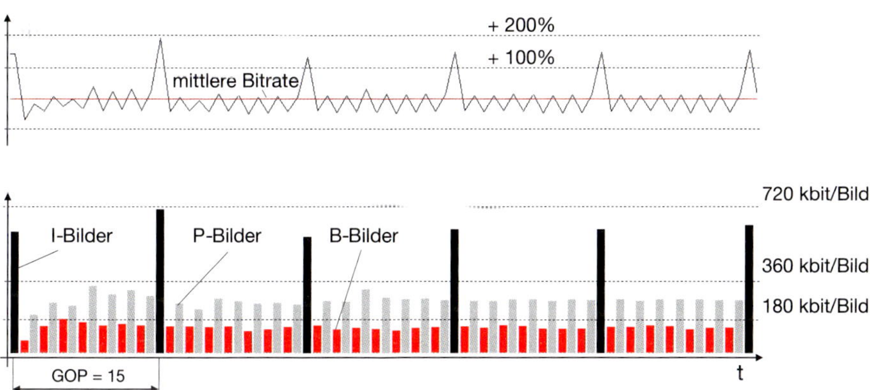

Bild 12.17 Datenratenverlauf einer Videoszene von 1,5 s Länge

Es wird deutlich, dass die höchste Datenmenge auf die I-Bilder einer GOP entfällt. Die hohe Schwankung der Datenrate über der Zeit führt zu einer starken Schwankung der Datenrate am Ausgang des MPEG-Encoders. Daher wird der Datenstrom ausgangsseitig in einen Pufferspeicher geschrieben (Bild 12.13), aus dem dann mit konstanter oder deutlich geringer schwankenden Datenrate ausgelesen werden kann. Damit der Puffer z.B. bei sehr starken Bewegungen nicht über- bzw. bei sehr ruhigen Bildinhalten nicht leerläuft, erfolgt über den Pufferfüllstand eine *generelle* Regelung der Quantisierung der DCT. Gibt es z.B. starke Bewegungen im Bild, so wird die Quantisierung grober, damit der Pufferspeicher – bei begrenzter Ausgangs- bzw. Kanaldatenrate – nicht überläuft. Dieses kann im Extremfall, d.h. bei starken Bewegungen oder einem Kameraschwenk und zu geringer Kanaldatenrate am Ausgang des Pufferspeichers, zum Auftreten von Blockfehlern im decodierten Bild führen. Die Information über die Regelung wird ebenfalls mit zum Empfänger (Bild 12.15) übertragen. Dort werden die Signalverarbeitungsschritte wieder unter Berücksichtigung der Zusatzinformationen (Bewegungsvektoren, Quantisierung) rückgängig gemacht und ausgangsseitig das Bild wieder in die Betrachtungsreihenfolge zurücksortiert, wozu wiederum Bildspeicher erforderlich sind.

Die Nutzung einer Vielzahl von Speichern im Signalverlauf vom Eingangs- bis zum Ausgangssignal führt – je nach Realisierung – zu einer relativ langen Verzögerungszeit von bis zu 0,5 s, was den Einsatz für die zweiseitig gerichtete Kommunikation, z.B. für die Videokonferenz, einschränkt. Die hierfür notwendigen Varianten mit kurzen Verzögerungszeiten z.B. durch Nutzung einer kürzeren GOP erreichen bei identischer Kanaldatenrate nicht die gleiche Bildqualität.

Die MPEG-1-Codierung wurde für die Video-CD entwickelt und konnte sich am Markt nicht durchsetzen (s. Kapitel 15). Die Codierung nach dem MPEG-2-Standard wird weltweit u.a. für den digitalen Fernsehrundfunk und die DVD eingesetzt. Es handelt sich dabei um einen flexiblen Standard, der die Decodereigenschaften in Level und Profile festlegt. Die zugehörige Tabelle ist in Bild 12.18 dargestellt.

Level / Profile	Simple Profile	Main Profile	SNR Scalable Profile	Spatial Scalable Profile	High Spatial Profile
High Level		1920x1152 BP 80 Mbit/s MP@HL			1920x1152 BP (960x576) 100(80,25) Mbit/s
High-1440 Level		1440x1152 BP 60 Mbit/s		1440x1152 BP (720x576) 60(40,15) Mbit/s	1440x1152 BP (720x576) 80(60,20) Mbit/s
Main Level	720x576 BP 15 Mbit/s	720x576 BP 15 Mbit/s MP@ML	720x576 BP 15 (10) Mbit/s		720x576 BP (360x288) 20(15,4) Mbit/s
Low Level		360 x 288 BP 4 Mbit/s	360 x 288 BP 4 (3) Mbit/s		

■ überwiegend eingesetzt (MP@HL, MP@ML) — seltener genutzte Profile: SNR Scalable Profile bis High Spatial Profile

Bild 12.18 Level und Profile bei der MPEG-2-Decodierung

Angegeben ist stets die maximale Auflösung und Datenrate, die ein Decoder verarbeiten können muss, um einem Level bzw. Profile anzugehören. Ein Decoder muss nun, wenn er z.B. Main Profile @ Main Level unterstützt, auch die links und unterhalb davon eingetragenen Standardvarianten decodieren können. Die selten eingesetzten Profile beziehen sich auf Standardvarianten, die mehrere Auflösungsstufen umfassen. [18] Die genannten Anwendungen für den SDTV-Bereich und die DVD verwenden überwiegend die Variante Main Profile @ Main Level (MP@ML). Im HDTV-Bereich wird zudem das High-Profile @ Main Level (HP@ML) eingesetzt. Derartige HDTV-Decoder können dann häufig auch mehrere Standard-TV-Signale gleichzeitig decodieren. Weitere Varianten des MPEG-2-Standards unter Verwendung eines 4:2:2-Eingangsdatenformates wurden für die Aufzeichnung von Videosignalen festgelegt (s. Kapitel 14).

12.5.5 Bewegtbildcodierung für HDTV

Mit der Einführung von HDTV-Signalen erhöht sich die aufnahmeseitige Datenrate ungefähr um den Faktor 5 (vgl. Tabelle 11.6) und damit – bei gleichem Reduktionsfaktor der Bildcodierung – auch die Datenrate nach der Bildcodierung um denselben Faktor. Um eine Übertragung von HDTV-Signalen auch über Netze mit relativ geringer Bandbreite zu erlauben oder eine kostengünstige Speicherung zu realisieren, musste daher die Codiereffizienz gesteigert werden. Ein weiterer Anwendungsbereich für gegenüber MPEG-2 effizientere Verfahren ist die Fernsehübertragung zu mobilen Endgeräten: Hier muss zwar nicht HDTV übertragen werden, es stehen aber nur schmalbandige Funkkanäle mit relativ geringer Kapazität zur Verfügung. Im Rahmen der MPEG wurden daher weitere Anstrengungen unternommen, die Datenrate für Bewegtbildübertragung bei gleich bleibender Bildqualität zu senken. Während mit MPEG-2 grundsätzlich auch die HDTV-Codierung abgedeckt wurde, so dass MPEG-3 nicht zustande kam, wurde mit der Festlegung des MPEG-4-Standards eine Vielzahl neuer Funktionalitäten bis hin zur objektorientierten Codierung festgeschrieben [17; 18; 20]. Für die Datenratenreduktion von SDTV- und HDTV-Signalen ist der Teil 10 (MPEG-4 Part 10) dieses Standards von Interesse, der auch als H.264AVC bei der ITU standardisiert wurde.

Aufbauend auf dem Prinzip der hybriden Videocodierung nach MPEG-1 bzw. MPEG-2 wurden eine Vielzahl von Detailverbesserungen und Erweiterungen eingeführt, u.a.:

- Die Bewegungskompensation ist flexibel und nicht auf 16×16 Bildpunkte große Makroblöcke beschränkt; sie kann minimal 4×4 Bildpunkte betragen.
- Für jeden dieser Makroblöcke wird wieder ein Vektor ermittelt, die Gesamtanzahl je Bild damit aber erheblich erhöht.
- Die Bewegungsvektoren werden mit einer Genauigkeit von bis zu ¼ Bildpunkte bestimmt, wodurch die Prädiktion erheblich verbessert wird.
- Beim MPEG-1- bzw. MPEG-2-Standard wurde als Referenzbild meistens das unmittelbar vorangegangene decodierte Bild verwendet. Bei H.264AVC ist die Anzahl und Auswahl der Referenzbilder weitgehend frei.
- Die Referenzen können auf maximal 16 vorhergehende Bilder zurückgreifen. Ziel ist die effiziente Codierung von periodischen Bewegungen (*Long Term Prediction*). Eine derartige, größere zeitliche Bereiche berücksichtigende Codierung führt allerdings bei höherer Codiereffizienz zu größeren Gesamtverzögerungszeiten des Prozesses.
- Werden mehrere Referenzbilder berücksichtigt und deren Bildinhalte gemischt, so kann diese Mischung beliebig gewichtet erfolgen (*Weighted Prediction*).
- Auch B-Bilder können als Referenzbilder genutzt werden.
- Die bei MPEG-1 und MPEG-2 benutzte JPEG-Codierung für die I-Bilder wird um eine im Bild arbeitenden, prädiktiven Codierung unter Berücksichtigung der Nachbarbildpunkte ergänzt.
- Die bisher verwendete 8×8-DCT wird um eine 4×4-Transformation erweitert.
- Zur Verminderung der Blockfehler wird ein spezielles Filter in der Rückkopplungsschleife der Differenzcodierung eingesetzt.
- Die Redundanzreduktion wurde durch weitere Optionen ergänzt, so dass dieser Teil in seiner Effizienz um ca. 15% gesteigert werden konnte.

Durch die Vielzahl der Optionen und Ergänzungen wurde die Komplexität des Verfahrens ungefähr um den Faktor 4 erhöht – der Reduktionsfaktor konnte damit um den Faktor 3 gesteigert werden. Auch im H.264-Standard sind verschiedene Profile vorgesehen:

- ❑ das Baseline Profile für Videokommunikation ohne B-Bilder im Hinblick auf eine geringe Ende-zu-Ende-Verzögerung,
- ❑ das Extended Profile, entwickelt für «Streaming»-Anwendungen z.B. im Internet,
- ❑ das Main Profile für die Broadcast- und Unterhaltungsanwendung, allerdings nicht – wie in Bild 12.18 dargestellt – als Obermenge der anderen Standards.

Der H.264AVC-Standard erlaubt daher in der Anwendung eine Vielzahl von Variationen bezüglich der Eingangsauflösung, Bildwechselfrequenz und damit erreichbarer Datenrate. Eine Übersicht zeigt Tabelle 12.2.

Tabelle 12.2 Level und Profiles der H.264AVC-Codierung

		Profile und maximale Datenrate			
Typ	**Maximale Auflösung (BP) und Bildfrequenz (Hz)**	**Baseline, Main, Extended Profile**	**High Profile (HP)**	**High 10 (Hi10P)**	**High** 4:2:2 (Hi422P) High 4:4:4 (Hi444P)
1	176 x 144 BP ; 15 Hz	64 kbit/s	80 kbit/s	192 kbit/s	256 kbit/s
1b	176 x 144 BP ; 15 Hz	128 kbit/s	160 kbit/s	384 kbit/s	512 kbit/s
1.1	176 x 144 BP; 7,5 / 30 Hz	192 kbit/s	240 kbit/s	576 kbit/s	768 kbit/s
1.2	352 x 288 BP, 15 Hz	384 kbit/s	480 kbit/s	1,15 Mbit/s	1,54 Mbit/s
1.3	352 x 288 BP, 30 Hz	768 kbit/s	960 kbit/s	2,3 Mbit/s	3,07 Mbit/s
2	352 x 288 BP, 30 Hz	2 Mbit/s	2,5 Mbit/s	6 Mbit/s	8 Mbit/s
2.1	HHR 480p30 / 567p25	4 Mbit/s	5 Mbit/s	12 Mbit/s	16 Mbit/s
2.2	SD 525 / 625; 15 Hz	4 Mbit/s	5 Mbit/s	12 Mbit/s	16 Mbit/s
3	SD 480i59,94 / 576i50	10 Mbit/s	12,5 Mbit/s	30 Mbit/s	40 Mbit/s
3.1	1280 x 720p30	14 Mbit/s	17,25 Mbit/s	42 Mbit/s	56 Mbit/s
3.2	1280 x 720p60	20 Mbit/s	25 Mbit/s	60 Mbit/s	80 Mbit/s
4	HD 720p60 / 1080i30	20 Mbit/s	25 Mbit/s	60 Mbit/s	80 Mbit/s
4.1	HD 720p60 / 1080i30	50 Mbit/s	62,5 Mbit/s	150 Mbit/s	200 Mbit/s
4.2	1090p60	50 Mbit/s	62,5 Mbit/s	150 Mbit/s	200 Mbit/s
5	2040 x 1024; 72 Hz	135 Mbit/s	168,75 Mbit/s	405 Mbit/s	540 Mbit/s
5.1	2048 x 1024; 120 Hz 4096 x 3840 ; 30 Hz	240 Mbit/s	300 Mbit/s	720 Mbit/s	960 Mbit/s
5.2	2048 x 1024; 172 Hz 4096 x 3840 ; 60 Hz	240 Mbit/s	300 Mbit/s	720 Mbit/s	960 Mbit/s
	Quantisierung **pro BP:**	**8 Bit**		**10 Bit**	**10 bzw. 12 Bit**

Angegeben ist jeweils die maximale Eingangsauflösung und Bildwechselfrequenz des zugehörigen Levels und die maximale zugeordnete Bitrate nach der Codierung. Neben den mit jeweils 8 Bit pro Bildpunkt codierten Profilen Baseline, Main und Extended, jeweils mit einem Luminanz-Chrominanz-Abtastraster im 4:2:0-Format, berücksichtigen die *Fidelity Range Extension Profile* auch Quantisierungen mit 10 bzw. 12 bit je Abtastwert sowie ein Abtastrasterformat von 4:2:2 und 4:4:4. Diese Profile sind daher auch für die hochwertige Produktion geeignet.

Der H.264AVC-Standard wird weltweit überwiegend in HDTV-Empfängern genutzt und ist in allen Abspielgeräten für BluRay-Discs (s. Kapitel 15) realisiert. Aufgrund der hohen Codiereffizienz des Verfahrens wird dieses insbesondere auch für Online-Videoangebote weltweit eingesetzt, und bereits 2012 waren mehr als 50% der im Internet übertragenen Bits mit H.264AVC codiert.

In Ergänzung des Verfahrens wurde der Standard H.264SVC (*Scalable Video Coding*) festgelegt, der es erlaubt, aus einem Datenstrom unterschiedliche Qualitätsstufen des gleichen Szeneninhalts zu decodieren. Ziel derartiger Verfahren ist es, mit *einem* z.B. über Funkwege verteilten Datenstrom Endgeräte mit verschiedener Darstellungsqualität und Leistungsfähigkeit zu bedienen. Diese decodieren dann in Abhängigkeit von den Empfangsverhältnissen jeweils nur einen Teildatenstrom, so dass sich eine angepasste Darstellungsqualität ergibt.

Für die empfängerseitige Decodierung von H.264AVC und H.264SVC stehen schaltungstechnische Lösungen zur Verfügung, wie sie z.B. in BluRay-Playern eingesetzt werden und preiswert in hohen Stückzahlen produziert werden können. Von besonderer Bedeutung ist allerdings – insbesondere für mobile Endgeräte – die Möglichkeit der Software-Decodierung der Daten; diese erlaubt eine ständige Anpassung der Decodierqualität an die Leistungsfähigkeit der Rechnerplattformen mittels neuer Versionen der Decodierprogramme.

Das *VC-1-Codierverfahren* – vormals WM-9 – wurde von der Fa. Microsoft vorgestellt und in das Betriebssystem Windows und den dortigen Mediaplayer integriert. Das Verfahren weist erhebliche technische Ähnlichkeiten zum beschriebenen MPEG-4 Teil 10 bzw. H.264AVC auf und wurde vor allem unter lizenzrechtlichen Gründen auf den Markt gebracht. Auch bei diesem Verfahren sind 3 Profile angegeben:

- das Simple Profile für Internetübertragung und Kommunikationsanwendungen, ohne B-Bilder bei reduzierter Bildauflösungen und Datenraten zwischen 96 und 384 kbit/s,
- das Main Profile für Internet-Streaming,
- das Advanced Profile für die Rundfunkanwendungen in SDTV und HDTV.

Die erreichbare Bildqualität ist bei VC-1 mit derjenigen von H.264AVC vergleichbar.

12.5.6 Bewegtbildcodierung nach H.265 (HEVC)

Die Erhöhung der Auflösung der Eingangsbildsignale in Richtung UHDTV-1 bzw. UHDTV-2 gemäß Tabelle 11.7 führt gegenüber den HDTV-Signalen zu einer bis zu 16-fachen Datenmenge des Quellensignals. Für eine kostengünstige Übertragung oder Speicherung wurde es zwingend erforderlich, die Effizienz der Datenratenreduktion noch weiter zu steigern. Das generelle Verfahren der Kombination von bewegungskompensierter Differenzcodierung und Transformationscodierung wurde wie bei H.264AVC beibehalten. Mit dem Standard H.265 (*HEVC – High Efficiency Video Coding*) konnte der Reduktionsfaktor nochmals um ca. 50% erhöht werden. Die subjektive Bildqualität erscheint jedoch noch besser, da die typischen Fehler blockorientierter Bildcodierverfahren durch eine spezielle Block- bzw. Makroblock-Verarbeitung visuell besser kaschiert werden. Dieses wurde u.a. durch eine flexible Blockstruktur für die Bewegungsschätzung bei der Bild-zu-Bild-Codierung erreicht.

Grundlage ist die auch bei H.264AVC verwendete *unterschiedliche* Blockgröße. Das Basiselement ist die CTU – *coding tree unit* –, die den bereits bei MPEG-2 verwendeten Makroblöcken entspricht. Mehrere CTUs werden zu *Slices* zusammengefasst. [58]

Die CTU enthält wiederum einen CTB – *coding tree block* – für das Luminanzsignal sowie zwei CTBs für das Chrominanzsignal. Die CTBs können unmittelbar zur Bewegungsschätzung eingesetzt oder wiederum ggf. mehrfach in quadratische CB – *coding blocks* – zerlegt werden; diese bereits bei JPEG 2000 in Bild 12.11 beschriebene hierarchische Zerlegung führt auf eine Baumstruktur, die als *Quadtree* bezeichnet wird. Für die Prädiktion zwischen einzelnen Bildern werden die CB in PB – *prediction blocks* – zerlegt, so dass sich die nächste Ebene der Baumstruktur ergibt (Bild 12.19a). Der Vorteil der unterschiedlichen Blockgrößen besteht darin, dass Objektgrenzen, z.B. Kanten von Bildteilen, mit feineren Blöcken dargestellt werden können, andererseits Bildflächen effizient mit großen Blöcken codiert werden, d.h., sowohl die Bewegungsschätzung und -kompensation als auch die nachfolgende Transformation können besser an die in Bildern vorhandenen Strukturen angepasst werden. Dieser Zusammenhang ist in Bild 12.19b dargestellt. Für die entstehenden einzelnen Blöcke bzw. Unterblöcke werden die Bewegungsvektoren mit einer Ortsgenauigkeit von bis zu $^1/_{32}$-Bildpunkt ermittelt.

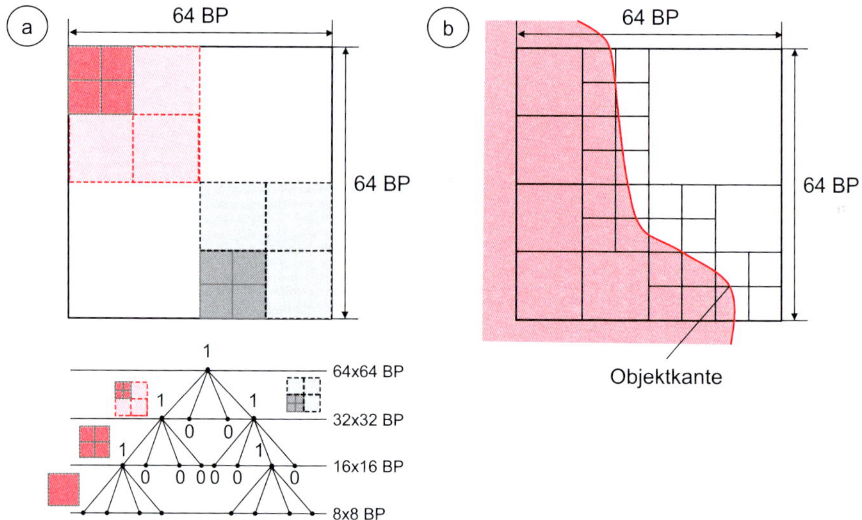

Bild 12.19 Quadtree-Zerlegung
a) Prinzip der Blockaufteilung und resultierender Codebaum
b) Anpassung an Bildkanten und Flächen

Während bei H.264AVC die Zerlegung der CTB in CB bzw. der CB in PB nur in quadratische oder symmetrische Teile vorgesehen ist, wurde dieses Prinzip durch eine *asymmetrische* Aufteilungsmöglichkeit bei HEVC ergänzt. Damit werden alternativ eine quadratische, eine symmetrische (*symmetric motion partition*, SMP) und eine asymmetrische Aufteilung (*asymmetric motion partition*, AMP) der Blöcke unterschieden. Dieses ist im Vergleich in Bild 12.20 dargestellt.

Es ergeben sich so – bezogen auf die Größe eines Codierblockes – unterschiedliche Aufteilungsmöglichkeiten, die in Tabelle 12.3 zusammengefasst sind und auf deren Grundlage die Bewegungsvektoren berechnet werden. Die Komplexität der Bewegungsschätzung wurde dadurch nochmals erhöht.

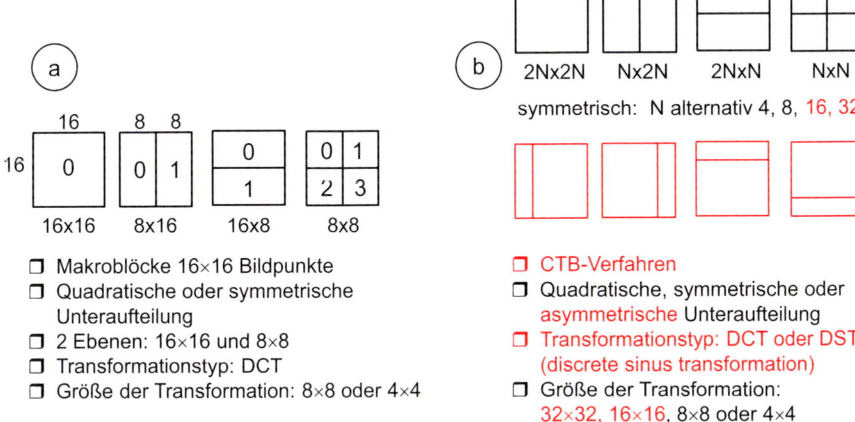

Bild 12.20 Optionen für die Blockaufteilungen bei H.264AVC und HEVC-Codierung
a) H.264 AVC-Standard b) H.265 HEVC-Standard

Tabelle 12.3 HEVC-Blockaufteilungen in Abhängigkeit von der Codierblockgröße

Größe der Codierblöcke in Bildpunkten	**Aufteilungsvarianten der Unterblöcke in Bildpunkten**	
	Horizontal	*Vertikal*
64 × 64	64 × 32, 64 × 48, 64 × 16	32 × 64, 48 × 64, 16 × 64
32 × 32	32 × 16, 32 × 24, 32 × 8	16 × 32, 24 × 32, 8 × 32
16 × 16	16 × 8, 16 × 12, 16 × 4	8 × 16, 12 × 16, 4 × 16
8 × 8	8 × 4	4 × 8

Die nicht-quadratische Blockaufteilung des Bildes kann auch für den Transformationsprozess genutzt werden. Als Transformationsverfahren ist bei HEVC (neben der DCT) für die Intra-Codierung, d.h. die Verarbeitung innerhalb eines Bildes, auch eine DST – *discrete sinus transformation* – vorgesehen. Diese Kombination aus nicht-quadratischer Blockaufteilung und alternativer Transformation ist insbesondere in Verbindung mit AMP und SMP effizient bei horizontalen und vertikalen Kanten einsetzbar; bei großen homogenen Flächen sind hingegen größere quadratische Blockstrukturen von Vorteil. Das Prinzip der NSQT, ***non square quadtrees transform,*** verbindet beide – quadratische und nicht quadratische Blockstrukturen – und nutzt die Vorteile dieser beiden Strukturen. Die bessere Anpassung der Blockstrukturen sowohl bei der Bewegungsschätzung als auch bei der Transformationscodierung an die Konturen der Bildvorlage führen – neben einer Vielzahl von Detailverbesserungen – zu einer deutlichen Effizienzsteigerung des HEVC-Codierverfahrens gegenüber H.264AVC. [58] Zusammengefasst ergibt sich damit u.a.:

- Messtechnisch erhöht sich die Codiereffizienz um ca. 40%, in Abhängigkeit vom Bildmaterial;
- HEVC führt insbesondere bei hohen Bildauflösungen zu besseren Ergebnissen als H.264AVC;

- Die HEVC-Intraframe-Codierung kann für hochauflösende Standbilder sehr gut eingesetzt werden und ist vergleichbar zu Verfahren wie JPEG2000;
- Varianten von HEVC sind auch als Produktionsstandard geeignet;
- Der HEVC-Standard ist eine geeignete Plattform für eine hocheffektive Codierung von stereoskopischen Bildsignalen;
- HEVC ist als Basis bei einer Einführung von UHDTV-Systemen vorgesehen.

Der HEVC-Standard legt lediglich zwei Stufen (*main tier* und *high tier*) – vergleichbar zum Profil der H.264AVC-Codierung –, jedoch eine Vielzahl von Auflösungsstufen *(level)* fest. Diese sind in Tabelle 12.4 angegeben. Während das *main tier* für fast alle Aufgaben einer hochwertigen Verteilung von Bewegtbildinhalten speziell im Consumerbereich vorgesehen ist, soll das *high tier* für spezielle, sehr hochwertige Anwendungen z.B. Panoramaprojektionen und Produktionen eingesetzt werden. Die weiteren Entwicklungen beschäftigen sich mit skalierbaren Videocodier-Verfahren (*SHVC – scalable HEVC*) sowie der Videocodierung von Signalen mit einer Vielzahl von Blickrichtungen, wie es z.B. für autostereoskopische Anwendungen erforderlich wird (*MHVC – multiview HEVC*).

Tabelle 12.4 Level und Tiers der H.265-HEVC-Codierung

		Profile und maximale Datenrate	
Typ	**Maximale Auflösung (BP) und Bildfrequenz (Hz)**	**Main Tier**	**High Tier**
1	128 x 96 @ 33,7 Hz / 176 x 144 BP @ 15 Hz	128 kbit/s	–
2	176 x 144 BP @ 100 Hz / 352 x 288 BP @ 30 Hz	1,5 Mbit/s	–
2.1	352 x 288 BP @ 60 Hz / 640 x 360 BP@ 30 Hz	3 Mbit/s	–
3	640 x 360 BP @ 67,5 / 720 x 576 BP @ 37,5 Hz / 960 x 540 BP @ 30 Hz	6 Mbit/s	–
3.1	720 x 576 BP @ 75 Hz / 960 x 540 BP @ 60 Hz / 1280 x 720 BP @ 33,7 Hz	10 Mbit/s	–
4	1280 x 720 BP @ 68 Hz / 1920 x 1080 BP @ 32 Hz / 2048 x 1080 BP @ 30 Hz	12 Mbit/s	30 Mbit/s
4.1	1280 x 720 BP @ 136 Hz / 1920 x 1080 BP @ 64 Hz / 2048 x 1080 BP @ 60 Hz	20 Mbit/s	50 Mbit/s
5	1920 x 1080 BP @ 128 Hz / 3840 x 2160 BP @ 32 Hz / 4096 x 2160 BP @ 30 Hz	25 Mbit/s	100 Mbit/s
5.1	1920 x 1080 BP @ 256 Hz / 3840 x 2160 BP @ 64 Hz / 4096 x 2160 BP @ 60 Hz	40 Mbit/s	160 Mbit/s
5.2	1920 x 1080 BP @ 300 Hz / 3840 x 2160 BP @ 128 Hz / 4096 x 2160 BP @ 120 Hz	60 Mbit/s	240 Mbit/s
6	3840 x 2160 BP @ 128 Hz / 7680 x 4320 BP @ 32 Hz / 8192 x 4320 BP @ 30 Hz	60 Mbit/s	240 Mbit/s
6.1	3840 x 2160 BP @ 256 Hz / 7680 x 4320 BP @ 64 Hz / 8192 x 4320 BP @ 60 Hz	120 Mbit/s	480 Mbit/s
6.2	3840 x 2160 BP @ 300 Hz / 7680 x 4320 BP @ 128 Hz / 8192 x 4320 BP @ 120 Hz	240 Mbit/s	800 Mbit/s

12.5.7 Bewegtbildcodierung nach H.266 (VVC)

Das Bewegtbildverfahren VVC (*Versatile Video Coding*) wurde bei der ITU als H.266VVC standardisiert und ist das Nachfolgesystem für H.265HEVC. Es erreicht nochmals einen Reduktionsfaktor von bis zu 50% gegenüber H.265HEVC, insbesondere bei sehr hohen Eingangsbildauflösungen von 4K (UHDTV1) bis 16k (15360 x 8640 BP).

Die höhere Effizienz wurde u.a. durch Verbesserungen der Verarbeitungsdetails (z.B. Blockanpassungen, Bewegungsschätzung) erreicht, u.a.:

- Das Bild kann in unterschiedliche Blockgrößen (Coding Tree Unit) eingeteilt werden, es gibt zusätzliche binäre und ternäre Aufteilungen (Multi Type Tree);
- Anpassung an örtliche Bildinhalte mit besserer Konturverfolgung und Zusammenfassung gleicher Bildregionen;
- helligkeitsadaptive Verschleierung von Block-Artefakten;
- Nutzung von Referenzbildern mit unterschiedlicher Auflösung.

Die Anpassung der Blockzerlegung an den Bildinhalt und die Berücksichtigung zusammenhängender Gebiete gleichen Inhalts ist in Bild 12.21 dargestellt.

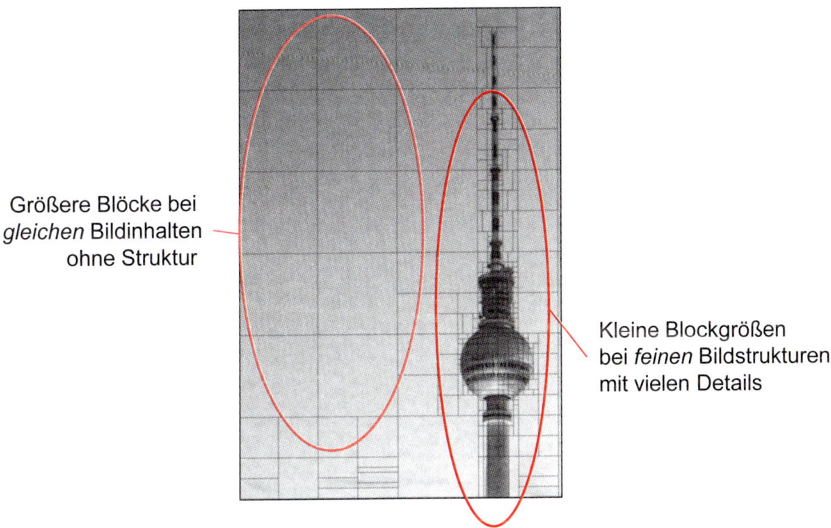

Bild 12.21 Anpassung der Blockaufteilung an die Strukturen im Bildmaterial

Ausgehend von einem 8k-UHDTV2-Bildmaterial mit 10-Bit-Quantisierung und 60 Hz sowie einer Datenrate von ca. 48 Gbit/s erreicht das H.266VVC einen Reduktionsfaktor von 1920 und kann mit 25 Mbit/s eine sehr gute Bewegtbildqualität bereitstellen.

Eine übliche Messgröße zur Bestimmung der Qualität ist der PSNR (Störabstand). In Bild 12.22 ist der Fortschritt der verschiedenen Reduktionsverfahren bezogen auf die Datenrate dargestellt. Gegenüber MPEG-2 konnte mit H.266VVC die Datenrate bei gleichem Störabstand fast um den Faktor 9 reduziert werden.

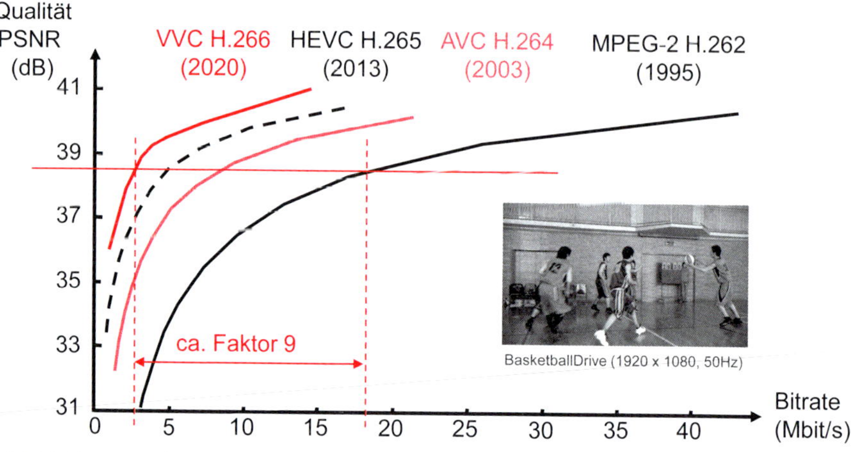

Bild 12.22 Fortschritt der Datenratenreduktionsverfahren (Beispielsequenz: Basketball)

Bei H.266VVC wurden ferner spezielle Anwendungsfälle (z.B. Unterstützung von 360°-Videos, Streaming-Inhalte) und neue Signalformate mit erweitertem Farbenraum (WCG) und größerem Kontrastumfang (HDR) berücksichtigt. Von besonderer Bedeutung ist die adaptive Anpassung der Auflösung bzw. die Skalierbarkeit bei der Wiedergabe im Hinblick auf unterschiedliche Endgeräte wie Smartphone oder Projektion.

In Bild 12.23 ist die Struktur des H.266VVC-Systems dargestellt. Es zeigt prinzipielle Ähnlichkeiten mit Bild 12.13 (MPEG-2) u.a. mit dem in der Rückkopplungsschleife angeordneten Decodierprozess.

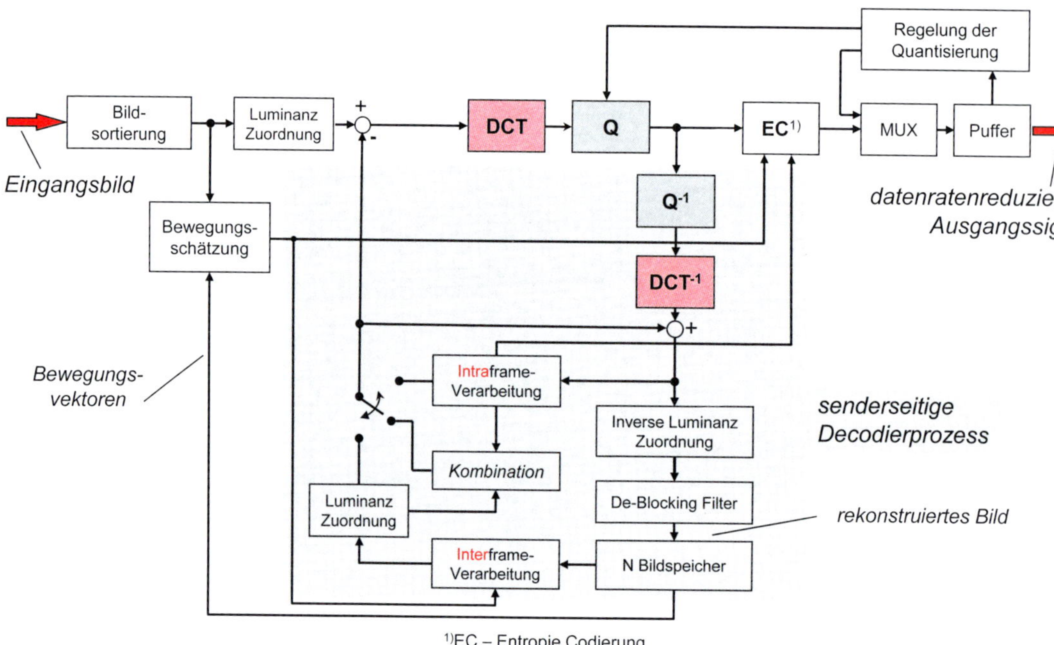

Bild 12.23 Aufbau eines H.266VVC-Encoders

12.6 Zusammenfassung

Die Ton- und Bilddatenratenreduktion ist die wesentliche Grundlage zur Einführung digitaler Ton- und Fernsehrundfunksysteme sowie die Übertragung von Audio- und Videosignalen im Internet. Die hohe Datenrate bei der Produktion erlaubt keine kostengünstige Übertragung und Speicherung, so dass für eine Verbreitung zum Endkunden eine effiziente Datenratenreduktion erforderlich wird. Eingesetzt werden die Prinzipien der Irrelevanz- und Redundanzreduktion. Im Tonbereich werden überwiegend eine Teilbandzerlegung und nachfolgend eine angepasste Quantisierung unter Nutzung der Irrelevanzreduktion durchgeführt. Die modernen Verfahren der Videocodierung nutzen sehr flexibel anpassbare Varianten der hybriden Videocodierung in Form einer Kombination von Differenzcodierung der Bildfolgen und der Transformationscodierung des Differenzbildes unter besonderer Berücksichtigung der im Signal enthaltenen Redundanz. Durch Einsatz von Verfahren der Bewegungsschätzung und Bewegungskompensation konnten erhebliche Effizienzsteigerungen erreicht werden. Heutige Verfahren erreichen bei kaum vom Original subjektiv unterscheidbarer Qualität ausgehend von Studiosignalen für Tonsignale Reduktionsfaktoren von ca. 20...30 und bei der Bilddatenratenreduktion von ca. 2000. In Bild 12.24 ist die zeitliche Entwicklungsgeschichte der Standards für die Bildcodierung zusammenfassend dargestellt.

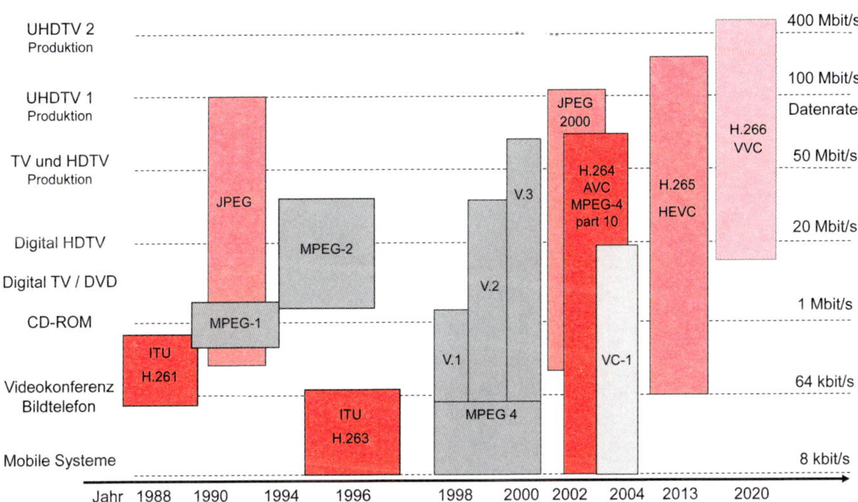

Bild 12.24 ISO- und ITU-Standards der Bildcodierung

H.264AVC ist das für die Speicherung und Übertragung von HDTV-Signalen eingeführte und weltweit vielfach genutzte Verfahren der Bildcodierung. Mit dem H.265HEVC-Standard wurde auch für UHDTV- und 3D-TV-Signale eine kosteneffiziente Übertragung und Speicherung realisiert. Der Standard H.266VVC ist ein hochflexibler, anpassbar parametrisierbarer Standard, der für sehr hochauflösende Bildmaterialien der Bewegtbildproduktion (z.B. 360°-Panoramas), für Streaming-Anwendungen und für Computerspiele eingesetzt wird.

Ein besonderes Problem insbesondere der Bildcodierung ist die Hintereinanderschaltung unterschiedlicher Verfahren, die z.B. bei der Produktion und Übertragung bzw. Speicherung eingesetzt werden. Ungünstige Kombinationen können hier zu sehr starken Qualitätsverlusten führen.

12.7 Lernziel-Test

1. Aus welchem Grund werden Datenraten-Reduktionsverfahren eingesetzt?
2. Welche grundsätzlich verschiedenen Anwendungen sind bezüglich der Wahl eines Datenraten-Reduktionsverfahrens zu unterscheiden?
3. Welche Prinzipien der Datenratenreduktion werden grundsätzlich unterschieden?
4. Was versteht man unter der Lauflängencodierung?
5. Erläutern Sie den Begriff der prädiktiven oder relativen Codierung.
6. Welche Prinzipien liegen der Audiodatenraten-Reduktion zugrunde?
7. Wie werden die Mithörschwellen für stationäre Schalle ermittelt (Skizze)?
8. Wie viele Audioteilbänder wurden bei der MPEG-Codierung festgelegt?
9. Skizzieren Sie das Blockschaltbild eines Audioencoders nach MPEG-1 Layer 3 (MP3).
10. Die Videodatenraten-Reduktion nutzt Redundanzen im Bild – welche werden ausgenutzt?
11. Welche drei Grundaussagen bestimmen die Konzeption von Datenraten-Reduktionsverfahren für Videosignale?
12. Beschreiben Sie in einem vereinfachten Blockschaltbild den Datenraten-Reduktionsprozess nach JPEG. In welchen Stufen erfolgen die Reduktionen der Datenrate?
13. Welche Aufgabe hat die DCT beim JPEG-Verfahren?
14. Welche Aufgabe hat bei der JPEG-Codierung die Quantisierung nach der Transformation?
15. Wie ist die Redundanzreduktion bei der JPEG-Codierung realisiert?
16. Was wird unter dem Begriff der hybriden Codierung verstanden?
17. Was sind die wesentlichen Unterschiede zwischen der JPEG- und der MPEG-Codierung und worin sind sich die Verfahren ähnlich?
18. Welchen Sinn hat die Nutzung der Bewegungskompensation bei der MPEG-Codierung?
19. Welche Aufgaben haben die Pufferspeicher in den MPEG-Codern/-Decodern und wie wird verhindert, dass der Ausgangspuffer eines MPEG-Encoders über- bzw. leerläuft?
20. Was wird unter der GOP (Group of Picture) verstanden und welche Konsequenz hat deren Einführung für die Decodierung?
21. Welchen Gewinn hat die Einführung von I,P,B-Bildern bei der MPEG-Codierung?
22. Warum müssen die Bilder sowohl im MPEG-Encoder als auch im MPEG-Decoder umsortiert werden?
23. Die MPEG-Codierung unterscheidet Levels und Profiles – was wird darunter verstanden?
24. Was unterscheidet JPEG 2000 von JPEG?
25. Welche Datenraten lassen sich mit einem H.264 AVC-Encoder gegenüber der MPEG-2-Codierung bei gleicher visueller Bewegtbildqualität erzielen?

26. Welche Unterschiede weisen die Verfahren MPEG-2 gegenüber H.264AVC auf?
27. Welche wesentlichen Verbesserungen führten zur Erhöhung der Codiereffizienz bei H.265HEVC?
28. Für welche Anwendungen ist das Verfahren nach H.265HEVC vorgesehen?
29. Welche Verbesserungen wurden mit dem Standard H.266VVC gegenüber den Vorgängerstandards erreicht?
30. Welche Anwendungsszenarien und neuen Signalformate wurden bei H.266VVC berücksichtigt?

13 Übertragungssysteme für den digitalen Hör- und Fernsehrundfunk

Unter Verwendung der Digitalisierung und der Datenratenreduktion für audiovisuelle Signale wurden in den letzten Jahren weltweit eine Vielzahl unterschiedliche digitaler Hör- und Fernsehrundfunksystemen entwickelt. Komplexe Verfahren der Signalverarbeitung (wie z.B. die Datenratenreduktion) können als hochintegrierte Schaltungen realisiert und für den Massenmarkt genutzt werden. Neben der Integration konnte auch die Verarbeitungsgeschwindigkeit der Schaltungen erheblich gesteigert werden, was insbesondere für die Realisierung digitaler Modulationsverfahren wichtig war, die in Kapitel 8 beschrieben wurden: Deren Prinzipien waren haufig schon lange Zeit bekannt, die Umsetzung jedoch aufgrund des technischen Aufwands nicht kostengünstig möglich.

Aufgrund der Digitalisierung der Informationen verlieren die Signale ihre spezifischen Eigenschaften: Waren analoge Audio- von analogen Videosignalen z.B. bei Darstellung auf ein Oszilloskop aufgrund ihres kontinuierlichen bzw. periodischen Aufbaus noch gut unterscheidbar, so ist eine einfache Unterscheidung der digitalen 0-1-Folgen nicht mehr möglich: Insbesondere bei datenratenreduzierten Signalen ist – ohne eine Decodierung – nicht mehr feststellbar, ob ein Datenstrom ein Bild oder Musik transportiert.

Merksatz

Systeme des digitalen Hör- und Fernsehrundfunks sind Datenrundfunksysteme, deren Transportkapazität die eigentliche Nutzung bestimmt: Es können damit Daten aller Art, d.h. Audio, Video, Zusatzdaten transportiert werden.

Ziel der Entwicklungen ist eine möglichst gute Ausnutzung der Kanalkapazität und die Annäherung an den von SHANNON ermittelten theoretischen Grenzwert nach Gl. 8.2 und die möglichst fehlerfreie Übertragung der digitalen Daten bis zum Empfänger. Im Gegensatz zu typischen *Kommunikationssystemen* nach Kapitel 17 und 18 müssen *Rundfunksysteme* dabei ohne eine Wiederholungsmöglichkeit der Daten auskommen, so dass ein leistungsfähiger Fehlerschutz – eine Vorwärtsfehlerkorrektur (FEC, *Forward Error Correction*) – vorgesehen werden muss.

Heutige digitale Datenrundfunksysteme lassen sich wie folgt kennzeichnen:

- Digitalisierung aller Eingangsdaten,
- Nutzung von Datenraten-Reduktionsverfahren, insbesondere für Audio- und Videosignale,
- Übertragung einer Vielzahl von Zusatzinformationen für den Nutzer (z.B. elektronische Programmhinweise) und für betriebliche Anwendungen (z.B. Steuerdaten),
- Zeitmultiplexbildung verschiedener Inhalte (z.B. Audio, Video, Zusatzdaten) bzw. Zusammenfassung der unterschiedlichen Informationen rahmenweise zu einem Gesamtdatenstrom,
- häufig mehrstufige Multiplexbildung, um in einem Datenstrom z.B. mehrere Programme übertragen zu können,

- Zusatz leistungsfähiger Fehlerschutzinformationen für den Empfänger (FEC, Forward Error Correction) und Daten-Interleaving zur Verteilung von bündelartig auftretenden Fehlern,
- Verwendung unterschiedlicher, angepasster Modulationsverfahren für die verschiedenen Rundfunkverbreitungswege terrestrisch, Satellit und Kabel.

Das stark vereinfachte Prinzip heutiger digitaler Hör und Fernsehübertragungssysteme ist in Bild 13.1 dargestellt. Nach der Digitalisierung der Eingangsdaten werden diese in ihrer Datenrate reduziert, woraus sich die Nettodatenrate ergibt. Durch den Zusatz von Fehlerschutzinformationen (Kanalcodierung) erhöht sich die Datenrate dieses Signals auf die zu übertragende Bruttodatenrate (Kanaldatenrate), die der Modulation zugeführt wird. In praktischen Systemen ist der Fehlerschutz häufig aufgeteilt, d.h. von einem Daten-Interleaving unterbrochen, das die Daten verwürfelt, um Fehler, die gebündelt auftreten, gleichmäßiger auf den Datenstrom zu verteilen (s. Kapitel 8).

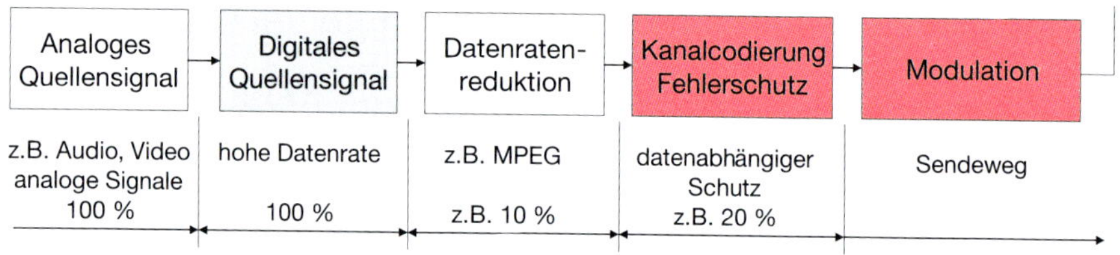

Bild 13.1 Grundprinzip digitaler Rundfunkübertragungssysteme

Empfängerseitig benötigen die verschiedenen Empfangswege eine unterschiedlichen Signalverarbeitung, z.B. bei der Demodulation: Die sendeseitig optimale Anpassung an die Übertragungswege kann daher diesbezüglich zu einer empfängerseitigen Inkompatibilität hinsichtlich der Empfangswege führen.

Nachfolgend sollen wesentliche Vertreter des Datenrundfunks vorgestellt werden, die sich in der Wahl der Signalverarbeitung und der Parameter für die Übertragungstechnik unterscheiden. Eine umfassende Beschreibung findet sich in [28; 34].

13.1 ADR – Astra Digital Radio

ADR war eine spezielle Form der digitalen Hörfunkverbreitung über Satellit, die insbesondere im deutschen Sprachraum genutzt, über die Astra-Satelliten ausgestrahlt und auch in Kabel-TV-Netze eingespeist wurde. Das digitale Stereo-Audiosignal wurde auf eine festgelegte Datenrate von 192 kbit/s mittels des Standards MPEG-1 Layer 2 (*Musicam-Verfahren*) reduziert. Dieser Standard war ein Vorgänger des Systems MP3 (MPEG-1 Layer 3) und – bei geringerer Komplexität – nicht so leistungsfähig. Bei der gewählten Datenrate war die Qualität jedoch subjektiv durchaus mit der CD vergleichbar. Die Übertragung erfolgte in Form digital modulierte Unterträger über die analog abgestrahlten TV-Programme. Die Übertragungsdatenrate betrug nach dem Fehlerschutz 256 kbit/s. Als Modulationsverfahren wurde eine Sonderform der QPSK genutzt. Der Trägerabstand betrug bei ADR 180 kHz, die Kanalbandbreite 130 kHz. Bei vollständiger Nutzung eines Transponders des Satelliten standen dort 48 digitale Unterträger zur Verfügung. Die digital modulierten Unterträger, das analoge Stereo-Audiosignal und das analoge Videosignal wurden addiert und gemeinsam mittels Frequenzmodulation übertragen. Neben der Audioinformation bestand die Möglichkeit, je Programmkanal ca. 10 kbit/s für programmbegleitende Zusatzinformationen zu übertragen, wie z.B. die RDS-Information der Sender. Nach Abschaltung der analogen TV-Verbreitung über Satellit wurde das ADR-System Ende 2012 nicht mehr weitergeführt und durch Verfahren nach DVB-S bzw. DVB-S2 ersetzt.

13.2 DAB-System

Das DAB-System wurde ab 1987 in Europa entwickelt und weltweit standardisiert. DAB ist in Deutschland, in vielen Ländern Europas und insbesondere in Großbritannien fast flächendeckend verfügbar. Darüber hinaus gibt es international in vielen Ländern eine Versorgung der Ballungsräume. Die Weiterentwicklung von DAB erlaubt die Übertragung beliebiger multimedialer Informationen.

13.2.1 DAB – Digital Audio Broadcasting

DAB ist ein digitaler Übertragungsstandard, der für die terrestrische Verbreitung von Hörfunkprogrammen entwickelt wurde, aufgrund des festgelegten Frequenzbereiches von 30 MHz bis 3 GHz aber auch für die Übertragung über Satellit und Kabel genutzt werden kann; daher wird die terrestrische DAB-Variante auch als T-DAB bezeichnet. DAB erlaubt den mobilen Empfang auch bei hohen Geschwindigkeiten innerhalb von Fahrzeugen und ist deshalb als Alternative für den UKW-Rundfunk zu betrachten.

Die sende- und empfangsseitige Signalverarbeitung zeigt Bild 13.2.

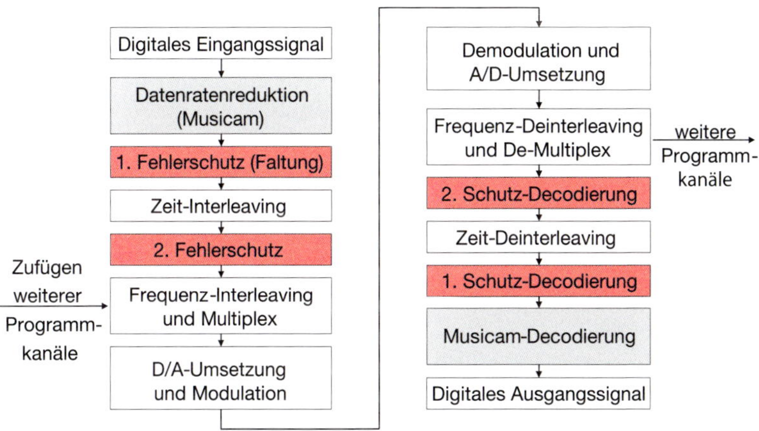

Bild 13.2 DAB – Sende- und empfangsseitige Signalverarbeitung

Beim DAB-System wird von der erwähnten Aufteilung der Fehlerschutzverfahren Gebrauch gemacht. Eine Besonderheit ist, dass sowohl ein *Daten-* bzw. *Zeit-Inter-*

leaving als auch nachfolgend ein *Frequenz-Interleaving* erfolgt. Beide Prozesse müssen empfängerseitig rückgängig gemacht werden.

Als Quellencodierverfahren wird – wie bei ADR – das MPEG-1 Layer 2, d.h. das Musicam-Verfahren, verwendet. Die Datenrate kann nach der Programmart (z.B. Mono oder Stereo, Infoprogramm oder Musik) zwischen 96 kbit/s und 192 kbit/s gewählt werden. Mehrere Programme, die als *Ensemble* bezeichnet werden, werden zum DAB-Multiplexsignal zusammengesetzt. Der DAB-Übertragungsrahmen besteht aus drei Teilen (Bild 13.3):

- dem Synchronisationskanal (SC – **S**ynchronisation **C**hannel), der in jedem Rahmen die gleiche Information enthält und den Empfänger synchronisiert und regelt;
- dem schnellen Informationskanal (FIC – **F**ast **I**nformation **C**hannel), in dem die für eine schnelle Decodierung notwendigen Informationen zusammengefasst sind, z.B. Zusammensetzung des Multiplexsignals (MCI – **M**ultiplex **C**onfiguration **I**nformation), Information über die Programme und programmübergreifende Zusatzdaten;
- dem Hauptinformationskanal (MSC – **M**ain **S**ervice **C**hannel), in dem die eigentliche Nutzinformation (z.B. Audio) übertragen wird.

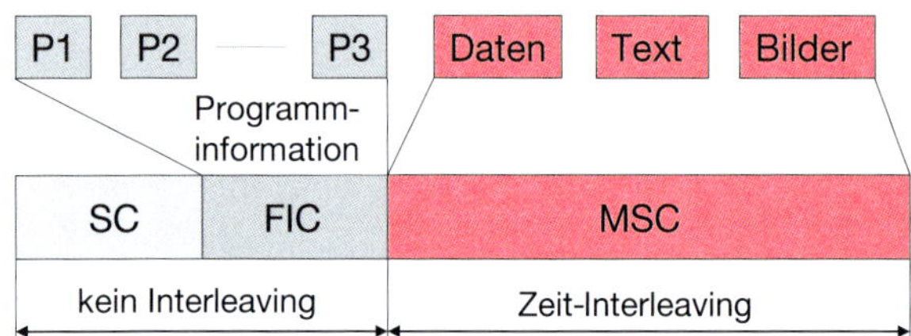

SC: Synchronisation Channel
FIC: Fast Information Channel
MSC: Main Service Channel

Bild 13.3 Übertragungsrahmen des DAB-Signals

Im Hinblick auf den mobilen Empfang wurde für die Übertragung das COFDM-Übertragungssystem (**C**oded **O**rthogonal **F**requency **D**ivision **M**ultiplex) ausgewählt (s. Kapitel 8). Dieses Verfahren bietet bezüglich der terrestrischen Übertragung insbesondere zwei Vorteile: Einerseits können durch Einfügen eines geeignet langen Schutzintervalls Signalreflexionen, die vor allem bei der terrestrischen Ausstrahlung z.B. an Gebäuden oder Gebirgen auftreten, nutzbringend verarbeitet werden. Während Mehrwegeausbreitung bei der analogen Übertragung zu erheblichen Empfangsstörungen führen, kann das OFDM-Verfahren diesbezüglich sehr robust ausgelegt werden. Die Wahl der Schutzintervalldauer ist dabei von zentraler Bedeutung.

Andererseits ergibt sich die Möglichkeit zum Aufbau von *Gleichwellennetzen* zur Abdeckung bzw. Versorgung großer geografischer Bereiche.

Merksatz

Müssen bei einer Versorgungsplanung für den analogen Rundfunkbetrieb benachbarte Senderstandorte in der Frequenzplanung unterschiedliche Sendefrequenzen aufweisen, damit diese sich beim Empfänger nicht stören, so erfolgt beim *Gleichwellennetz* die Ausstrahlung der Informationen von den einzelnen Standorten mit *derselben* Frequenz.

Am Empfänger überlagern sich dann die verschiedenen Empfangswege aus dem Hauptkanal und dem Gleichkanal. Wird nun das Schutzintervall so gewählt, dass es länger ist als die sich aus dem Abstand der Gleichwellensendestandorte ergebende Signallaufzeit zum Empfänger, so tragen diese Signale verschiedener Sendestandorte am Empfänger positiv zum Nutzsignal bei – genauso wie die durch Reflexionen zum Empfänger gelangten Signale. In Bild 13.4 ist dieser OFDM-Einschwingvorgang unter Berücksichtigung der Schutzintervalldauer schematisch dargestellt. Umwegsignale, die nach dem Ablauf des Schutzintervalls beim Empfänger eintreffen, stören die Decodierung in klassischer Weise durch Interferenzen.

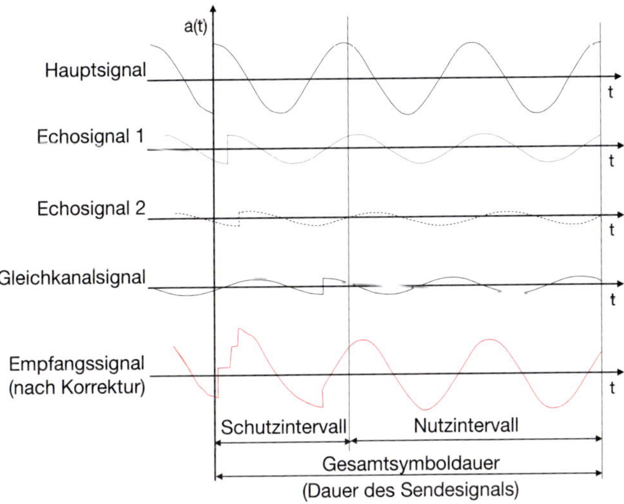

Bild 13.4
Einschwingvorgang der OFDM-Symbole beim Empfänger

Merksatz

Der Aufbau z.B. landesweiter Gleichwellennetze erlaubt eine wesentlich bessere Ausnutzung der jeweils zur Verfügung stehenden Frequenzbereiche, benötigt jedoch auch eine andere Art der internationalen Frequenzplanung. [11; 17]

Neben der Frequenzökonomie ist für die Flächendeckung eines geografischen Bereiches eine geringere Sendeleistung erforderlich. Ferner ist durch Füllsender auf einfache Weise eine Verbesserung der Versorgung möglich. Demgegenüber ist die Regionaltrennung von Sendern nur bei einem Verlust an versorgtem Gebiet möglich. Technisch stellen die absolut gleiche Sendefrequenz, die exakt zeitgleiche Ausstrahlung des Signals an allen Sendestandorten sowie die Netzüberwachung eine besondere Aufgabe dar, die durch eine aufwendige Synchronisation der Standorte gelöst wird.

Aufgrund der unterschiedlichen Ausbreitungsbedingungen in den Frequenzbereichen und der vorgesehenen Empfangsbedingungen, z.B. mobiler Empfang bis 200 km/h, wurden verschiedene Übertragungsvarianten im DAB-Standard vorgesehen, die sich z.B. in der Anzahl der verwendeten Träger für das OFDM-Signal unterscheiden. Die Gesamtbandbreite (sog. *Blockbandbreite*) des Signals beträgt dabei stets 1,5 MHz. Je nach Übertragungsvariante ergibt sich eine Nutzdatenrate von bis zu 1,5 Mbit/s. Am Ausgang des Multiplexers, d.h. unmittelbar vor der Modulation, beträgt die Datenrate 2,43 Mbit/s. Darin sind sämtliche Daten aller Dienste inklusive Fehlerschutz, Steuerinformationen und Synchronisationsinformation enthalten. Die wesentlichen Daten dieser Übertragungsvarianten sind in Tabelle 13.1 zusammengefasst.

Tabelle 13.1 Parametervarianten der DAB-Übertragung

	DAB-Modus 1	**DAB-Modus 2**	**DAB-Modus 3**	**DAB-Modus 4**
Anzahl der Träger	1536	384	192	768
Trägerabstand	Δf =1 kHz	Δf = 4 kHz	Δf = 8 kHz	Δf = 2 kHz
Schutzintervalllänge	T_S = 246 µs	T_S = 62 µs	T_S = 31 µs	T_S = 123 µs
Nutzintervalllänge	T_N = 1 ms	T_N = 250 µs	T_N = 125 µs	T_N = 500 µs
Gesamtsymboldauer	T_S+T_N	T_S+T_N	T_S+T_N	T_S+T_N
Nullintervalllänge zur Synchronisation	T_{Syn} = 1,297 ms	T_{Syn} = 324 µs	T_{Syn} = 168 µs	T_{Syn} = 648,4 µs
Intervalllänge der Phasenreferenz	$T_{Ph} = T_S + T_N$	$T_{Ph} = T_S + T_N$	$T_{Ph} = T_S + T_N$	$T_{Ph} = T_S + T_N$
Gesamtrahmenlänge (T_R)	$T_{Syn} + 76 \cdot (T_S+T_N)$ => T_R = 96 ms	$T_{Syn} + 76 \cdot (T_S+T_N)$ => T_R = 24 ms	$T_{Syn} + 153 \cdot (T_S+T_N)$ => T_R = 24 ms	$T_{Syn} + 76 \cdot (T_S+T_N)$ => T_R = 48 ms
Frequenzbereich	bis 300 MHz (terrestrisch)	bis 1,2 GHz (Satellit, terrestr.)	bis 2,4 GHz (Satellit, terrestr.)	bis 600 MHz (terrestrisch)
Anwendung	Gleichwelle mit Senderabstand bis ca. 60 km	Gleichwelle mit Senderabstand bis ca. 20 km	Gleichwelle mit Senderabstand bis ca. 10 km	Gleichwelle mit Senderabstand bis ca. 30 km

Für die Übertragung der Daten erfolgt beim DAB-System ein *gewichteter Fehlerschutz*. Das bedeutet, dass wichtige Informationen innerhalb eines DAB-Rahmens stärker geschützt werden als unwichtige. So ist es z.B. wichtig, dass der Empfänger den Beginn eines Rahmens und generelle Informationen zur nachfolgenden Datenratenreduktion (z.B. Bitrate) möglichst ohne Fehler decodieren kann: Ohne diese Informationen ist die Decodierung im Empfänger gar nicht möglich, da dieser nicht synchronisieren würde. Einzelne Abtastwerte des Nutzsignals sind hingegen nicht so kritisch und führen bei einer falschen Decodierung nur zu einer Beeinträchtigung der Audiowiedergabe. Die Daten des DAB-Rahmens sind daher auf 4 Schutzklassen aufgeteilt, wobei jeder Dienst im DAB-System, z.B. Audioübertragung oder Datendienst, einen eigenen Fehlerschutzgrad erhalten kann (Bild 13.5). Jede Schutzklasse lässt dabei eine bestimmte Bitfehlerrate zu; je kleiner diese ist, desto höherwertig ist der Schutz. Es kann daher anwendungsbezogen entschieden werden, wie stark ein Dienst gegenüber Übertragungsfehlern geschützt werden soll.

Merksatz

Neben dem gewichteten Fehlerschutz führt ein *Frequenz-Interleaving* beim DAB-System zur Erhöhung der Robustheit gegenüber Übertragungsfehlern.

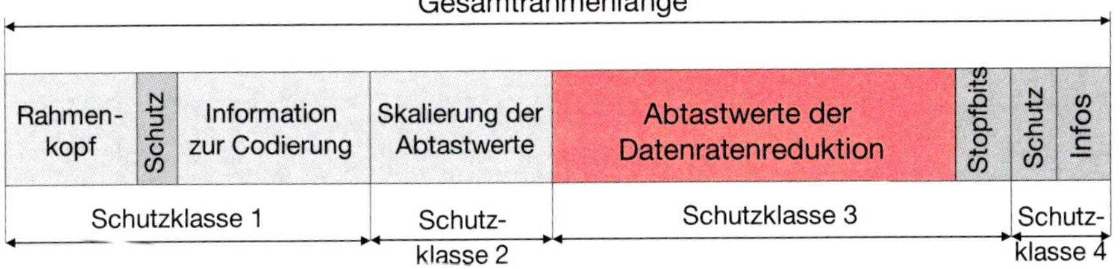

Bild 13.5 Schutzklassenzuordnung zum DAB-Rahmen

Nach der Zusammenfügung von MSC und FIC gemäß Bild 13.3 erfolgt das Frequenz-Interleaving durch Veränderung bzw. Verwürfelung der Reihenfolge in der Zuordnung der Modulationselemente zu den OFDM-Symbolen: Die zu übertragenden, aufeinander folgenden Informationen werden verschiedenen Trägerfrequenzen des OFDM-Signals zugeordnet. Fehler, die häufig bei terrestrischen Strecken z.B. als Fading auf ein derartiges Signal zeitlich begrenzt und frequenzselektiv einwirken, können im Empfänger besser korrigiert werden, da die Fehlerwirkung auf nicht aufeinander folgende Informationen verteilt wird.

Die Wiedergabe von DAB-Signalen erfordert spezielle Empfangsgeräte. Diese können als rein schaltungstechnische Umsetzung z.B. für Autoempfänger realisiert werden, andererseits ist es möglich, eine programmtechnische d.h. programmierbare Umsetzung durchzuführen. Dabei werden insbesondere die rechenintensiven Teile der Wiedergabe, z.B. die Audiodecodierung, durch einen Rechner bzw. programmierbaren Mikroprozessor vorgenommen. Dadurch ist es möglich, Empfängerplattformen zu schaffen, die auch bei einer Weiterentwicklung des Standards durch Aufspielen einer neuen Programmversion weiterhin genutzt werden können.

Bereits im DAB-Standard ist die Übertragung von speziellen Datendiensten vorgesehen:

- MOT (*Multimedia Object Transport Protocol*), mit dem beliebige Dateien zum Empfänger übertragen werden können. Die Daten werden als Segmente wiederholt übertragen, so dass der Empfänger die Daten sammeln und bei vollständigem Empfang wiedergeben kann. MOT kann entweder anstelle der Audiodaten oder als reiner Datendienst als Zusatzdaten übertragen werden.
- DLS (*Dynamic Label Service*): Hiermit können Zusatzinformationen zum Radioprogramm, z.B. Interpret oder programmbegleitende Informationen, übertragen werden. Die Übertragung ist auf 128 Zeichen je Nachricht begrenzt.
- Das bereits in Abschnitt 10.1.3 beschriebene TMC (*Traffic Message Channel*) wurde im Hinblick auf Navigationssysteme im Auto übernommen. Da das DAB-System jedoch grundsätzlich eine höhere Datenkapazität für derartige Dienste bereitstellen kann, wird TMC durch neue Datendienste ergänzt bzw. abgelöst werden.

13.2.2 DAB+

Die Nutzung des MPEG-1-Layer-2-Verfahrens für die Audiodatenraten-Reduktion bei DAB schränkt die Tonqualität insbesondere bei geringen Datenraten ein. Daher wurde die MPEG-2 AAC+-Codierung als ergänzendes bzw. deutlich verbessertes Datenraten-Reduktionsverfahren für DAB in die Standardisierung eingebracht und – zur Unterscheidung – mit DAB+ bezeichnet. Damit kann die Verbreitung von mehr Programmen bei gleichzeitig verbesserter Tonqualität erreicht werden. Die DAB-Standardempfangsgeräte sind allerdings aufgrund der höheren Komplexität des Toncodierverfahrens MPEG-2 AAC+ nicht in der Lage, diese Signale zu decodieren bzw. wiederzugeben. Die oben beschriebenen – bei DAB aber eher selten genutzten – Software-Implementierungen hingegen ermöglichen die Aufwertung der Empfänger durch Einspielen neuer Decoder-Programme.

13.2.3 DMB – Digital Multimedia Broadcasting

Auf Basis des DAB-Standards erfolgte eine Erweiterung des Basissystems für die Videoübertragung. Insbesondere in Verbindung mit Mobiltelefonen und daher kleinen Bildwiedergabediagonalen können mit DMB Fernsehrundfunkdienste und Mobiltelefonangebote auf *einem* Endgerät angeboten werden. Die bisherigen DAB-Endgeräte können diese Signale nicht wiedergeben. Da andererseits eine Umstellung der DAB-Ausstrahlung auf die mit DAB+ bezeichnete verbesserte Audiocodierung in Deutschland nicht geplant ist, ist DAB+ ein Bestandteil der DMB-Spezifikationen geworden: Moderne DMB-Empfänger sind daher in der Lage, DAB-, DAB+- und DMB-Signale wiederzugeben. Während in Europa im Wesentlichen Erprobungen des DMB-Systems in Form von Feldversuchen durchgeführt werden, befindet sich DMB z.B. in Korea bereits seit 2005 im Regelbetrieb. Dort wurden im Jahr 2008 insgesamt 7 Video-, 18 Audio- und 8 Datendienste von unterschiedlichen Rundfunkbetreibern über DMB den Endkunden für die Versorgung mobiler Endgräte zur Verfügung gestellt.

13.3 DRM – Digital Radio Mondial

Unter DRM werden Datenrundfunksysteme für den digitalen Hörrundfunk über die Verbreitungswege Lang-, Mittel- und Kurzwelle verstanden. Ziel ist es, die Vorteile der einfachen überregionalen bzw. weltweiten Verbreitung in diesen Frequenzbereichen mit den modernen Verfahren der Datenratenreduktion und digitalen Signalübertragung zu verbinden. Da die Audioqualität im analogen AM-Rundfunkbereich heutigen Ansprüchen nicht mehr genügt und erhebliche ausbreitungsspezifische Empfangsprobleme (z.B. Fading) bestehen, wurde zum Erhalt dieses Frequenzbereichs für den Rundfunkbetrieb mit DRM bei der ITU-R ein Nachfolgesystem standardisiert, das eine Audioqualität vergleichbar zum klassischen UKW-Radio bereitstellen kann.

DRM ist ein offener Standard und erlaubt eine Vielzahl von Parametervarianten für den Betrieb. Mit einem DRM-Sender können geografisch große Bereich versorgt werden, wobei die Betriebsart des Senders günstiger ist als bei vergleichbaren AM-Rundfunksendern im gleichen Frequenzbereich, so dass sendeseitig ein geringerer Energieverbrauch zu verzeichnen ist.

Die Audiodatenratenreduktion erfolgt – wie bei DAB+ – mittels des MPEG-2 AAC+-Verfahrens und weiterer Verbesserungen. Da die Übertragungsbandbreite je nach Frequenzbereich nur 9 kHz (LW, MW) bzw. 10 kHz (KW) beträgt, erreicht die Nutzdatenrate maximal 26 kbit/s. Werden 20 kHz Kanalbandbreite z.B. für hochqualitative Audioübertragungen bereitgestellt, so können 48 kbit/s erreicht werden. Wie bei anderen modernen terrestrischen Rundfunkübertragungssystemen wird bei DRM das OFDM-Verfahren eingesetzt, und vergleichbar zu DAB gibt es für die verschiedenen Sendefrequenzbereiche und Bandbreiten unterschiedliche Übertragungsmodi (A–D), deren Parameter in Tabelle 13.2 tabellarisch zusammengefasst sind.

Tabelle 13.2 Parametervarianten der DRM-Übertragung

Modus	Träger-abstand (kHz)	Anzahl der Träger pro Kanal bei Kanälen mit Bandbreite				Gesamt-symbol-dauer	Schutz-intervall	Anzahl der Symbole je DRM-Rahmen	Daten-rate
		9 kHz	10 KHz	18 kHz	20 kHz				
A	41,66	204	228	412	460	26,66	2,66	15	++
B	46,88	182	206	366	410	26,66	5,33	15	+
C	68,18	n.v.	138	n.v.	280	20,00	5,33	20	-
D	107,14	n.v.	88	n.v.	178	16,66	7,33	24	--

n.v.: Nicht im Standard vorgesehen

Zum Verständnis der Anwendung der verschiedenen Übertragungsmodi in den unterschiedlichen Frequenzbereichen wird auf die Ausführungen zur Wellenausbreitung in Kapitel 6 hingewiesen. Folgende Festlegungen wurden getroffen:

- *Modus A*: für die Sendungen im Lang- und Mittelwellenbereich, bei denen die Ausbreitung durch die Bodenwelle erfolgt;
- *Modus B*: für die räumlich eher begrenzte Übertragung über Kurzwelle, wenn nur eine Reflexion an der Ionosphäre erfolgt. Anwendung z.B. für Kurzwellensender innerhalb Europas;
- *Modus C*: für die Kurzwellenübertragung zwischen verschiedenen Kontinenten, wenn mehrfache Reflexionen zwischen Ionosphäre und Erde auftreten;
- *Modus D*: Diese störungsunempfindlichste Variante soll in tropischen Regionen im Langwellenbereich eingesetzt werden.

Praktisch erfolgen die meisten Übertragungen in den Modi A und B.

Im Gegensatz zum DAB-System, bei dem der einzelne OFDM-Träger stets mit einer QPSK moduliert wird, sieht DRM im Hinblick auf eine möglichst hohe Datenrate in den schmalbandigen Kanälen verschiedene Modulationsverfahren vor. Höherstufige Modulationsverfahren benötigen jedoch ein besseres Signal-Rausch-Verhältnis bzw. einen aufwendigeren Fehlerschutz (s. Kapitel 8). Innerhalb der Modi A-D werden daher noch in Abhängigkeit des Modulationsverfahrens verschiedene Schutzklassen unterschieden (Tabelle 13.3). Dadurch wird das Signal einerseits unempfindlicher gegenüber Störungen, allerdings sinkt aufgrund der begrenzten Gesamtdatenrate im Kanal die Nutzdatenrate für die Audiodatenübertragung, je besser der Fehlerschutz ist.

Tabelle 13.3 Schutzklassen der DRM-Übertragung

Modus	A	B				C		D		
Kanalbandbreite	9 kHz			10 kHz						
Modulationsart	64-QAM	16-QAM	64-QAM	16-QAM	64-QAM	16-QAM	64-QAM	16-QAM	64-QAM	
Schutzklasse	Nettodatenrate in kbit/s									Schutz
0	19,6	7,6	15,2	11,6	17,4	9,1	13,7	6,0	9,1	++
1	23,5	10,2	18,3	14,5	20,9	11,4	16,4	7,5	10,9	o
2	27,8	n.v.	21,6	n.v.	24,7	n.v.	19,4	n.v.	12,9	-
3	30,8	n.v.	24,0	n.v.	27,4	n.v.	21,5	n.v.	14,3	--

n.v.: Nicht im Standard vorgesehen

Neben der Audioübertragung sind bei DRM verschiedene Zusatzdienste und Ausstrahlungsvarianten definiert worden:

- In einem DRM-Kanal können bis zu 4 Programme oder Datendienste gesendet werden. Aufgrund der geringen Gesamtdatenrate verbleibt für den Einzeldienst nur eine geringe Datenrate, d.h., die Tonqualität (i.Allg. Sprache) wird dadurch sehr eingeschränkt.
- Wie bei allen Datenrundfunksystemen können über DRM Texte oder Daten verbreitet werden. Ein spezieller textbasierter Nachrichtendienst kann über eine menügesteuerte Benutzeroberfläche eines Endgerätes gezielt abgerufen werden.
- Wie bei RDS können Informationen über alternative Frequenzen übertragen werden (AFS – **A**utomatic **F**requency **S**witching). Diese Informationen können zusätzlich Angaben z.B. über das versorgte Gebiet oder Textmeldungen zur aktuellen Sendung enthalten.
- Es kann die aktuelle Uhrzeit sowie eine Programmartkennung verbreitet werden.
- Es wurde ein einfacher elektronischer Programmführer standardisiert, der allerdings aufgrund der geringen Bandbreite nur Basisinformationen liefern kann.

Technisch ist mit DRM auch ein *Simulcast-Betrieb* möglich, d.h., dass gleichzeitig das bisherige AM-Signal und das DRM-Signal auf derselben Frequenz abgestrahlt werden. Um die Störungen beim AM-Empfang gering zu halten, muss allerdings die Sendeleistung des AM-Anteils deutlich größer sein als diejenige für DRM, was zu einer Verkleinerung des DRM-Versorgungsgebietes führt. Im Hinblick auf die Versorgung großer geografischer Bereiche ist auch mit DRM ein Gleichwellenbetrieb verschiedener Sendestandort möglich.

Mit dem *System DRM+* wird als Arbeitsbegriff die Erweiterung des DRM-Systems auf den Frequenzbereich bis 120 MHz, d.h. auch auf den bestehenden UKW-Bereich, verstanden. Damit ist es dann möglich, eine der CD vergleichbare Tonqualität zu erzielen, wobei zur Beibehaltung des UKW-Planungsrasters die Kanalbandbreite von 100 kHz weiterhin erhalten bleiben soll. Es ist für diesen Frequenzbereich eine 256-Träger-OFDM geplant, von der 216 Träger für die Nutzinformation eingesetzt werden. Die Gesamtbandbreite des Signals beträgt 96 kHz bei einem Trägerabstand von 444,44 Hz. Als Modulationsverfahren sind QPSK, 16-QAM oder 64-QAM vorgesehen, so dass sich eine Datenrate zwischen 36 und 180 kbit/s ergibt. Mit der Erweiterung der DRM-Systemtechnik auf Verbreitungsfrequenzen oberhalb 30 MHz steht DRM international mit der effizienteren Audiocodierung und moderneren Übertragungstechnik unmittelbar in Konkurrenz zu DAB.

13.4 DVB-System der 1. Generation

DVB (*Digital Video Broadcasting*) steht für die Beschreibung eines kompletten Systems für den *digitalen Datenrundfunk*, die in einem internationalen Projekt unter europäischer Leitung erarbeitet und nachfolgend bei ETSI (European Telecommunication Standards Institute) standardisiert werden. Ziel der Arbeiten war von Beginn an, eine kommerziell orientierte Umsetzung der digitalen Datenrundfunktechnik unter Berücksichtigung sehr vieler unterschiedlich gelagerter Interessenlagen von Geräteherstellern, Inhalteanbietern, Rundfunkanstalten und technischen Dienstleistern. Dabei sollten durch Einführung der digitalen Übertragungstechnik u.a. folgende Ziele erreicht werden:

- Vervielfachung der Anzahl der übertragbaren Programme über die vorhandenen Verbreitungswege,
- Berücksichtigung neuer zu entwickelnder Datendienste,
- hohe Flexibilität des Systems z.B. bezüglich der Bild- und Tonqualität.

Nachdem zunächst die Standards für klassische Fernsehrundfunkwege (Satellit, Kabelübertragung und terrestrische Übertragung) im Vordergrund standen, wurden nachfolgend für eine Vielzahl weiterer Anwendungen und Details Festlegungen erarbeitet, die weit über die typische Fernsehrundfunkverteilung hinausgehen. Beispiele hierfür sind:

- die Rückkanaltechnik in Kabel-TV-Netzen und für Satellit,
- die Übertragung von DVB-Signalen über Telekommunikationsnetze und Mikrowellenverbindungen,
- Standards für die Messtechnik in DVB-Übertragungssystemen und
- Verfahren der Programmverschlüsselung.

Die DVB-Standards unterliegen einer ständigen Weiterentwicklung und Ergänzung und wurden aufgrund der Vielzahl am Projekt beteiligter Institutionen inzwischen weltweit für viele Länder übernommen.

Grundlage des DVB-Systems – speziell der 1. Generation – sind die Festlegungen zur Ton- und Bilddatenratenreduktion sowie zur *Multiplexbildung* des MPEG-2-Standards. Die dortigen Definitionen wurden übernommen und hinsichtlich rundfunkspezifischer Anwendungen ergänzt.

Hinsichtlich der Datenorganisation werden bei MPEG 2 verschiedene Datenströme unterschieden:

- *PES – Packetized Elementary Stream:* Hierbei handelt es sich um den elementaren paketierten Video- bzw. Audio-Datenstrom (Video-PES, Audio-PES, Daten-PES), wie er nach der Datenratenreduktion entsteht.
- *PS – Program Stream:* Der Programmdatenstrom ist die Zusammenfassung der PES-Informationen eines Programms: PS = Video-PES + Audio-PES + Daten-PES. Der PS wird für die Übertragung von Programmen über *ungestörte* Kanäle mit *gemeinsamer Zeitbasis* genutzt, wie z.B. bei einem Rechner (Wiedergabe von DVDs, s. Kapitel 15).

tenrate möglichst groß sein. Jeder Kanal wurde daher entsprechend seiner Eigenschaften analysiert und danach das Modulationsverfahren und der Fehlerschutz entsprechend gewählt. Wie bei den anderen digitalen Datenrundfunksystemen erfolgt der Fehlerschutz vor der Modulation (*FEC*), wobei eine Zielbitfehlerrate von 10^{-11} erreicht werden muss. Für das DVB-System der 1. Generation wurde ein *äußerer* Fehlerschutz in Form eines festen, Byte-orientierten *Reed-Solomon-Code* (RS mit Coderate R1 = 188/204 = 0,92) für alle Übertragungswege festgelegt. Für die besonders gestörten terres-trischen und Satellitenkanäle erfolgt ein *innerer* bitorientierter Fehlerschutz *(Faltungscode)* mit einer wählbaren Coderate R2, die alternativ $^1/_2$, $^3/_4$, $^5/_6$, $^7/_8$ betragen kann. Zwischen innerem und äußerem Fehlerschutz erfolgt ein *Interleaving* der Daten.

Merksatz

Die Fehlerschutzverfahren bei DVB sind verkettet und multiplikativ miteinander verknüpft, d.h., die über den Kanal zu übertragende Bruttodatenrate ist gegenüber der Nettodatenrate um den Faktor 1/R1 · 1/R2 erhöht.

Legt man z.B. eine Transportstromdatenrate von 38 Mbit/s zugrunde, so ergibt sich die Bruttodatenrate bei einer Satellitenübertragung mit einer gewählter Coderate R2 von $^3/_4$ = 0,75 zu

$$38\ \text{Mbit/s} \cdot 1/0{,}92 \cdot 1/0{,}75 \sim 55\ \text{Mbit/s} \qquad \text{(Gl. 13.1)}$$

Die Auswahl der geeigneten Modulationsverfahren erfolgte angepasst an die Übertragungskanäle und unter Berücksichtigung der spezifischen Randbedingungen zur Versorgung der Kunden, was zu unterschiedlichen Verfahren führte. Daher ist eine Demodulation und erneute Modulation beim Übergang zwischen den Übertragungsmedien (z.B. Satellit => Kabelübertragung) unvermeidlich. Nachfolgend werden die wesentlichen Festlegungen der ersten DVB-Generation für die Übertragungswege Satellit, Kabel-TV-Netz und terrestrische Übertragung erläutert.

13.4.1 DVB-S-Satellitenübertragung nach DVB

Die Satellitenübertragung ist leistungsbegrenzt und weist eine hohe Freiraumdämpfung von ca. 205 dB bei 12 GHz auf. Satellitenkanäle sind überwiegend breitbandige Kanäle mit Bandbreiten zwischen 26 und 50 MHz. Eine wesentliche Beeinträchtigung besteht durch Rauschen, verursacht durch die Streckendämpfung und Niederschläge. Für die Satellitenübertragung nach DVB-S wurde aufgrund eines hochfrequenten Störabstandes C/N von minimal 14 dB als Modulationsverfahren die QPSK gewählt. Die übertragbare Datenrate ist bei fester Coderate R1 und R2 daher von der Kanalbandbreite abhängig. Theoretisch kann mit einer QPSK 2 bit/s pro Hz Bandbreite übertragen werden.

Beispiel 1

Bei einem Kanal mit 36 MHz Bandbreite ergibt sich eine Baudrate von 36 MBaud bzw. eine Bruttodatenrate von 72 Mbit/s. Unter Berücksichtigung von R1 = 0,92 und einer gewählten Größe von R2 = 0,75 ergibt sich damit eine *theoretische* Nettodatenrate von

$$36\ \text{MHz} \cdot 2\ \text{bit/s/Hz} \cdot 0{,}92 \cdot 0{,}75 = 49{,}68\ \text{Mbit/s} \qquad \text{(Gl. 13.2)}$$

Beispiel 2

Unter gleichen Voraussetzungen führt eine Kanalbandbreite von 27,5 MHz auf eine *theoretische* Nettodatenrate von 37,95 Mbit/s.

Tatsächlich wird bei DVB-S dieser theoretische Wert nicht erreicht, da der Kanal nicht ideal bandbegrenzt ist und die Flankensteilheit des notwendigen Kanalfilters berücksichtigt werden muss. Die Steilheit des Kurvenverlaufs des Bandfilters wird mit dem *Roll-off-Faktor* α beschrieben: $\alpha = \mathrm{D}f/B$. Dabei beschreibt B die Nyquist-Bandbreite B_{N}, wenn das Signal auf 50% abgefallen ist.

Merksatz

Je größer der Roll-off-Faktor gewählt wird, desto größer ist die für die Übertragung notwendige Bandbreite B_{HF} im Verhältnis zur Nutzbandbreite B.

Im Fall der hier betrachteten Übertragungstechnik ergibt sich die Symbolrate f_{s} bei einer gegebenen HF-Bandbreite B_{HF} des Übertragungskanals zu:

$$f_{\mathrm{s}} = \frac{B_{\mathrm{HF}}}{1+\alpha} \qquad \text{(Gl. 13.3)}$$

Beispiel

Mit $\alpha = 0{,}35$ für das DVB-S-System folgt für eine HF-Bandbreite von z.B. 36 MHz die Symbolrate von ca. 26,6 MBaud. Es ergibt sich eine Übertragungsleistung von 2 bit/s / 1,35 Hz = 1,48 Bit pro Hz Bandbreite. Für die tatsächliche Nettodatenrate folgt damit für das Beispiel nach Gl. 13.2:

$$36\ \text{MHz} \cdot 2\ \text{bit/s/Hz} : 1{,}35 \cdot 0{,}92 \cdot 0{,}75 = 36{,}8\ \text{Mbit/s} \qquad \text{(Gl. 13.4)}$$

Die maximal übertragbaren Bitraten für DVB-S unter Berücksichtigung von Gl. 13.3 für verschiedene Übertragungsbandbreiten der Satellitenkanäle sind in Tabelle 13.5 zusammengestellt. Dabei wurde für die angegebene Baudrate der Roll-off-Faktor gemäß Standard von $\alpha = 0{,}35$ bereits berücksichtigt:

Kanalbandbreite : 1,35 = Baudrate in MBaud

Die senderseitige Verarbeitung für DVB-S muss neben der Anpassung an die Datenrate auch die Einstellung der Coderate der Faltungscodierung ermöglichen. Diese muss empfängerseitig automatisch ausgewertet und bei der Decodierung berücksichtigt werden. In Bild 13.8 ist das Prinzipschaltbild der sendeseitigen Signalverarbeitung dargestellt.

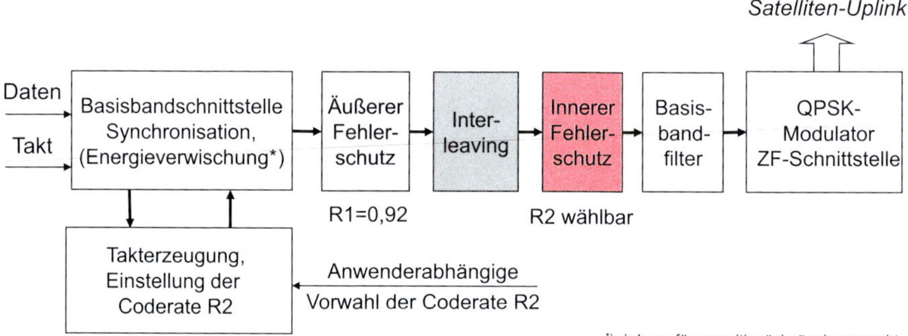

Bild 13.8 Sendeseitige Signalverarbeitung bei DVB-S

Tabelle 13.5 Parameter und Leistungsfähigkeit der DVB-S-Übertragung

Typische Satellitenkanäle		**Maximale Bitrate für das Programmsignal (TS) in Mbit/s bei den Coderaten R2**				
Kanalbandbreite (MHz)	**Symbolrate** (MBaud)	**1/2**	**2/3**	**3/4**	**5/6**	**7/8**
54	40,0	36,8	49,2	55,3	61,4	64,5
46	34,1	31,4	41,9	47,1	55,3	54,9
40	29,6	27,3	36,4	40,9	45,5	47,8
36	26,6	24,6	32,8	36,9	40,9	43,0
33	24,4	22,5	30,0	33,8	37,5	39,4
30	22,2	20,5	27,3	30,7	34,1	35,8
27	20,0	18,4	24,6	27,6	30,7	32,3
26	19,3	17,7	23,6	26,6	29,6	31,1

Die gewählte Coderate R2 hat dabei erheblichen Einfluss auf den Versorgungsgrad des geografischen Bereiches. Eine Veränderung der Coderate von z.B. $^2/_3$ auf $^5/_6$ führt bei einem festen Empfangsantennendurchmesser zu einer Verschlechterung des Versorgungsgrades oder es muss, sofern der Versorgungsgrad erhalten bleiben soll, der Antennendurchmesser am Empfangsort vergrößert werden. Dieser Zusammenhang ist exemplarisch für die ASTRA-Satellitenfamilie in Tabelle 13.6 angegeben.

Tabelle 13.6 Resultierende Antennendurchmesser in cm für den DVB-S-Direktempfang in der Bundesrepublik Deutschland je nach Versorgungsgrad

Kanalband-breite (MHz)	**Datenrate** (Mbit/s)	**Coderate R2 = 2/3** Antennendurchmesser für Servicezuverlässigkeit von			**Datenrate** (Mbit/s)	**Coderate R2 = 5/6** Antennendurchmesser für Servicezuverlässigkeit von		
		99,7%	99,9%	99,99%		99,7 %	99,9%	99,99%
54	49,2	50	58	88	61,4	63	72	111
33	30,0	39	45	69	37,5	49	56	86
26	23,6	35	40	61	29,6	44	50	77

13.4.2 DVB-C – Kabel-TV-Übertragung nach DVB

Mit dem DVB-C-Standard wurde den speziellen Eigenschaften der Kabel-TV-Systeme Rechnung getragen. In Deutschland wurde dieses Kabel-TV-Netz als *Breitbandverteilnetz* (BVN) bezeichnet und basiert im teilnehmernahen Bereich auf einer Koaxialkabel-Infrastruktur. Vom Fernsehstudio bis zum Übergabepunkt beim Endkunden (ÜP) ist dieses Netz z.B. hinsichtlich der erlaubten Dämpfung und der Qualität der eingesetzten Verstärker spezifiziert (BVN-Bezugskette), wobei unterschiedliche Netzebenen unterschieden werden. Die Netzebene 3 ist derjenige Netzabschnitt, der beim Endkunden endet, und er ist baumförmig aufgebaut (Bild 13.9). Ausgehend von der benutzerseitigen Breitbandkabel-Verstärkerstelle (bBKVrSt), an der die Programmzusammenstellung abschließend ggf. unter Berücksichtigung der lokalen Programmangebote erfolgt, dient die A-Linie der Überbrückung größerer Entfernungen. Die B-Linien erschließen die Fläche zwischen den A-Linien, und die C-Linien enthalten i.Allg. die letzten aktiven Elemente (Verstärker) der Ebene 3, die dann am Übergabepunkt endet. Vom Einspeisepunkt bis zum ÜP sollten dabei nicht mehr als 23 Verstärker in Reihe geschaltet werden. Der ÜP ist auch der Abschluss der Zuständigkeit der Netzbetreiber: Die nachfolgende Netzebene 4 ist überwiegend in der Hand der privaten Wohnungsbesitzer und kann sehr unterschiedlich viele Teilnehmer versorgen. So kann ein ÜP ein einzelnes Einfamilienhaus mit ggf. nur einem Anschluss versorgen – es kann ein ÜP aber auch ein nachfolgendes Ebene-4-Netz speisen, das viele hundert Wohnungen mit Kabel-TV versorgt. Ein durchschnittlicher Breitbandkabel-Anschlussbereich versorgt 10 000...15 000 Wohneinheiten. Übertragungstechnisch erfolgte der Ausbau als Verteilnetz zunächst mit einer Bandbreite bis 450 MHz, die inzwischen überwiegend bis 862 MHz erweitert wurde.

Merksatz

Eine Nutzung der Kabel-TV-Netze mit digitalen Signalen muss die zeitgleiche Belegung des Kabel-Frequenzbereiches mit analogen Signalen z.B. in Nachbarkanälen berücksichtigen und derart gestaltet werden, dass eine Störung der analogen Übertragung vermieden wird.

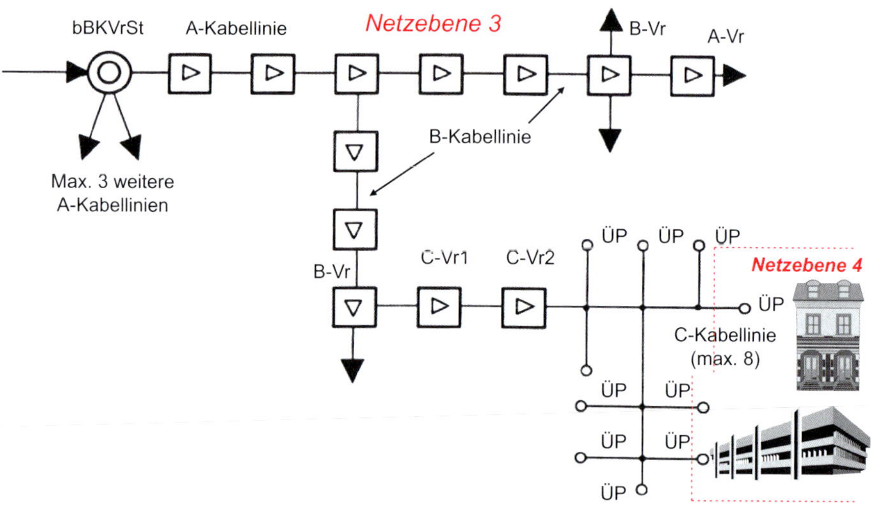

Bild 13.9 Aufbau eines BVN-Anschlussbereiches der Netzebene 3

Im Gegensatz zum Satellitenkanal ist die Übertragungsbandbreite der bestehenden Kabelkanäle mit 7 bzw. 8 MHz Bandbreite schmalbandig. Der Kanal ist im Vergleich zur Satellitenübertragung wesentlich weniger gestört, so dass bei DVB-C auf den inneren Fehlerschutz verzichtet wird. Die Bezugskette vom Sender bis zum Übergabepunkt garantiert i.Allg. einen Intermodulationsabstand von 60 dB. Da die digitale Nachrichtenübertragung störfester ist, kann der Einspeisepegel für die digitalen Signale im Kabel-TV-Netz ca. 10 bis 13 dB niedriger gewählt werden, um die Störleistung gegenüber den analogen Signalen zu reduzieren. Ferner darf die eingespeiste Gesamtleistung des HF-Signalgemisches bei den häufig vollständig belegten Netzen nicht wesentlich erhöht werden, da die in der Fläche vorhandenen Verstärker sonst übersteuert und durch nichtlineare Verzerrungen Störungen hervorrufen würden.

Für die DVB-C-Übertragung wurden als Modulationsverfahren 16-QAM, 32-QAM und 64-QAM festgelegt. Die theoretisch erreichbaren Datenraten innerhalb der 8-MHz-Kanäle betragen:

- 16-QAM: 8 MHz × 4 bit/s/Hz = 32 Mbit/s
- 32-QAM: 8 MHz × 5 bit/s/Hz = 40 Mbit/s
- 64-QAM: 8 MHz × 6 bit/s/Hz = 48 Mbit/s
- 256-QAM: 8 MHz × 8 bit/s/Hz = 64 Mbit/s

Der Kabelstandard erlaubt damit eine hocheffiziente Übertragung der Daten ohne wesentliche Störung der eingespeisten analogen Programme. Die tatsächliche Datenrate ist auch bei DVB-C aufgrund der erforderlichen Kanalfilterung geringer. Der Roll-off-Faktor liegt allerdings bei $\alpha = 0{,}15$. Damit ergibt sich nach Gl. 13.4 eine maximale Symbolrate im 8-MHz-Kanal von 6,9565 MBaud. Die Bruttodatenrate in einem 8-MHz-Kanal lässt sich damit berechnen für ein 6-Bit-64-QAM-System zu:

$$6 \cdot 6{,}9565 \text{ MBaud} = 41{,}73 \text{ Mbit/s}$$

Da die Kabel-TV-Kanäle nicht den funktechnischen Störeinflüssen unterliegen und daher auf den inneren Fehlerschutz verzichtet wird, ist zur Berechnung der Datenrate nur der äußere Faltungscode (R1 in Bild 13.8) zu berücksichtigen. Für das oben angeführte Beispiel der 64-QAM im 8-MHz-Kanal folgt daher eine Nutzdatenrate mit R1 = 188 : 204 = 0,92 von

41,73 Mbit/s · 0,92 = 38,45 Mbit/s

Bezogen auf die mögliche Gesamtausnutzung des Kanals bei einer 8-Bit-256-QAM ergibt sich eine Bandbreiteausnutzung von 51,29 Mbit/s : 8 = 6,4 bit/s pro Hz.

In Tabelle 13.7 ist die Leistungsfähigkeit der verschiedenen Modulationsverfahren bei der DVB-C-Übertragung angegeben.

Tabelle 13.7 Parameter und Leistungsfähigkeit der DVB-C-Übertragung

QAM-Verfahren	Anzahl der Bits pro Symbol	Bruttodatenrate in einem 8 MHz-Kanal (Mbit/s)	Nutzdatenrate in einem 8 MHz-Kanal (Mbit/s)	Bandbreite-ausnutzung (bit/s pro Hz)
256-QAM	8	55,73	51,28	6,4
128-QAM	7	48,78	44,88	5,6
64-QAM	6	41,80	38,45	4,8
32-QAM	5	34,83	32,05	4,0
16-QAM	4	27,82	25,63	3,2

Die Übertragung nach DVB-C macht bei einer Einspeisung von DVB-S-Signalen in ein Kabel-TV-Netz eine Demodulation und erneute Modulation am Empfangs- bzw. Einspeiseort erforderlich. Ferner muss der Transportstrom immer dann neu zusammengesetzt werden, wenn die vom Satelliten empfangene Transportstromdatenrate größer ist, als sie über den einzelnen Kabelkanal – je nach dessen Qualität – übertragen werden kann. Dieser Zusammenhang ist unter Berücksichtigung von Tabelle 13.5 in Bild 13.10 dargestellt.

Typische Satellitenkanäle		Maximale Bitrate für das Programmsignal (TS) in Mbit/s bei den Coderaten R2 für DVB-C				
Kanalbandbreite (MHz)	**Symbolrate** (MBaud)	**1/2**	**2/3**	**3/4**	**5/6**	**7/8**
54	40,0	39,2	52,2	58,8	65,3	68,5
46	34,1	33,4	44,5	50,0	55,6	58,4
40	29,6	29,0	38,7	43,5	48,4	50,8
36	26,6	26,1	34,8	39,1	43,5	45,6
33	24,4	24,0	31,9	35,9	39,9	41,9
30	22,2	21,7	29,0	32,6	36,2	38,1
27	20,0	19,6	26,2	29,4	32,7	34,4
26	19,3	18,9	25,2	28,3	31,5	33,1

16 QAM 32 QAM 64 QAM 256 QAM

Bild 13.10 Einspeisung von Transportströmen nach DVB-S in Kabel-TV-Netze nach DVB-C bei Verwendung unterschiedlicher Modulationsverfahren

Bei diesem Re-Multiplex der Signale können natürlich neue Programme und weitere Informationen in den Transportstrom aufgenommen werden, wobei auf die Anpassung der zugehörigen Service-Informationen geachtet werden muss.

Besondere Festlegungen auf Basis des DVB-C-Standards erfolgten für Gemeinschaftsantennenanlagen (SMATV – *Satellite Master Antenna TV*). Weiterführende Hinweise sind unter [11; 17] zu finden.

13.4.3 DVB-T – Terrestrische Übertragung nach DVB

Mit DVB-T wurden die Parameter für die terrestrische digitale Fernsehrundfunkübertragung festgelegt. Wie bereits in Abschnitt 13.2 dargestellt, weist der terrestrische Funkkanal die schwierigsten Ausbreitungseigenschaften auf. Darüber hinaus sind die Empfangsbedingungen (z.B. Antennenhöhe, Antennengewinn) sehr unterschiedlich. Neben diesen zu DAB ähnlichen Entwicklungsrandbedingungen gab es international für DVB-T u.a. folgende Forderungen:

- Nutzung der VHF- und UHF-Frequenzbereiche mit 6, 7 und 8 MHz Kanalbandbreite,
- höchstmögliche Ähnlichkeit zu den Standards DVB-S und DVB-C,
- bestmöglicher stationärer Empfang, guter portabler Empfang,
- Erhöhung der übertragbaren Programmanzahl,
- Möglichkeit des Gleichwellenbetriebs im Hinblick auf eine bessere Frequenzbereichsausnutzung.

Der mobile Empfang von DVB-T war kein primäres Entwicklungsziel. Im Nachgang zu den Entwicklungen zeigte sich jedoch, dass mit erhöhtem Aufwand bei der Empfangstechnik, z.B. mit mehreren Antennen und nachfolgender Signalverarbeitung (Diversity-Signalverarbeitung), ein befriedigender Empfang auch z.B. in Bussen und Bahnen sichergestellt werden kann. In Anlehnung an die Entwicklungen für DAB wird auch für DVB-T das OFDM-Verfahren mit für die höhere Bandbreite der Kanäle angepassten Parametern eingesetzt. Zur besseren Ausnutzung der Kanalbandbreite wurden neben der QPSK auch die höherwertigen Modulationsverfahren 16-QAM und 64-QAM vorgesehen. Die wesentlichen Übertragungsparameter sind in Tabelle 13.8 zusammengestellt.

Die wesentlichen Übertragungsparameter sind in Tabelle 13.8 zusammengestellt.

Unter Nutzung der angegebenen Parameter ist es möglich, DVB-T-Übertragungssysteme mit sehr unterschiedlichen Datenraten in Abhängigkeit von der jeweiligen Anwendung zu realisieren. Die Spannweite reicht von einer Nettoübertragungsdatenrate von 4,98 Mbit/s bei einer QPSK, einer Schutzintervalllänge von $T_S = 56$ µs und einer Coderate R2 = $^1/_4$ bis zu 31,6 Mbit/s für ein System mit einer 64-QAM, einer Schutzintervalllänge von 7 µs und einer Coderate R2 = $^7/_8$. Die Zahlenwerte beziehen sich jeweils auf ein 2k-System.

In Tabelle 13.9 sind die sich für ein nationales Gleichwellennetz mit einer Schutzintervalllänge von $T_N/4$ ergebenden Nettodatenraten zusammengestellt.

Tabelle 13.8 Parameter der DVB-T- und DVB-H-Übertragung

Anzahl der OFDM-Träger	2048 (2k)	8192 (8k)	4096 (4k)
Für MPEG-TS-Übertragung genutzt Anzahl der OFDM-Träger N_{TNutz}	1495	5980	2990
Träger für Signalparameter N_{TSP}	17	68	34
Pilotsignalträger zur Kanalschätzung N_{TPI}	193	769	385
Einzelträgerabstand Δf	4,464 kHz	1,116 kHz	2,232 kHz
Bandbreite des Signals: $(N_{TNutz} + N_{TSP} + N_{TPI}) \cdot \Delta f$	7,61 MHz	7,61 MHz	7,61 MHz
Symboldauer $T_N = 1 / \Delta f$	224 µs	896 µs	448 µs
Wählbare Länge des Schutzintervalls T_S ($1/4 \cdot T_N$, $1/8 \cdot T_N$, $1/16 \cdot T_N$, $1/32 \cdot T_N$)	56 µs, 28 µs, 14 µs, 7 µs	224 µs[1], 112 µs[2], 56 µs, 28 µs[3]	112 µs, 56 µs, 28 µs, 14 µs
Modulationsvarianten der Einzelträger	QPSK, 16-QAM, 64-QAM	QPSK, 16-QAM, 64-QAM	QPSK, 16-QAM, 64-QAM

[1] vorgesehen für nationalen Gleichwellenbetrieb
[2] vorgesehen für regionale Sender / Füllsender
[3] vorgesehen für die lokale Versorgung

zusätzlich bei DVB-H

Tabelle 13.9 Maximale Nutzdatenrate bei DVB-T in Mbit/s; Schutzintervalllänge $T_S = T_N/4$

Coderate des Fehlerschutzes R2	Modulationsverfahren		
	QPSK	16-QAM	64-QAM
1 / 2	4,98	9,95	14,93
2 / 3	6,64	13,27	19,91
3 / 4	7,46	14,93	22,39
5 / 6	8,29	16,59	24,88
7 / 8	8,71	17,42	26,13

mobile Anwendungen   häufig eingesetzt

Mit dem häufig eingesetzten Parametersatz ist es möglich, 4 Standardfernsehprogramme über einen hochfrequenten Kanal zu übertragen, so dass die Anzahl übertragbarer Programme vervierfacht werden kann. Dabei wird die Datenrate der vier Programmkanäle häufig statistisch aufgeteilt: Unter Verwendung einer MPEG-2-Codierung ist damit eine überwiegend befriedigende Bildqualität erreichbar. Der Gewinn durch eine Gleichwellenausstrahlung und die damit ggf. neu belegbaren Frequenzen ist hier nicht berücksichtigt und wird vor allem durch die geografischen (z.B. Nachbarsituation) und regulatorischen Gegebenheiten bestimmt.

13.5 DVB-System der 2. Generation

Nachdem die erste Generation DVB eine erste umfassende internationale Festlegung der digitalen Übertragungstechnik für den Fernsehrundfunk für alle Hauptverbreitungswege (Satellit, Kabel-TV-Netze und terrestrische Übertragung) zum Ziel hatte, erfolgte die Entwicklung der 2. Generation von DVB im Hinblick auf die Optimierung und Flexibilisierung der Übertragungssysteme. Darüber hinaus wird damit der

Weiterentwicklung der Elektronik Rechnung getragen, die aufgrund steigender Verarbeitungsgeschwindigkeit auch für die Übertragungstechnik die Umsetzung komplexerer Algorithmen zu akzeptablen Preisen ermöglicht. Ferner flossen die bis dahin gewonnenen Erfahrungen mit dem Betrieb der Systeme der ersten Generation ein. Wesentliche Entwicklungsziele waren u.a.:

- effizientere Ausnutzung des jeweiligen Frequenzspektrums durch Realisierung anderer Fehlerschutzmechanismen und Erweiterung der Modulationsverfahren;
- Erhöhung der Nutzdatenrate bei gleicher Bandbreite, insbesondere für die Übertragung von HDTV-Signalen bzw. Signalen mit noch höherer Eingangsdatenrate;
- Festlegung von professionell nutzbaren Übertragungsparametern außerhalb der Anwendung für die Endkundenversorgung;
- Nutzung alternativer Datentransportmechanismen zu MPEG-2-Transportstream (MPEG-2-TS).

Nachfolgend sind wesentliche Parameter der 2. Generation von DVB für die Hauptübertragungswege dargestellt. Die 2. Generation trägt in der Bezeichnung den Zusatz 2, um eine Unterscheidung von den vorhergehenden Standards zu erreichen.

13.5.1 DVB-S2 und DVB-S2X – Satellitenübertragung nach DVB

Die zweite Generation der Satellitenübertragung – DVB-S2 – erlaubt die bessere Ausnutzung des Satellitenkanals durch Einsatz einer besseren Kanal- bzw. Fehlerschutzcodierung in Verbindung mit höherstufigen Modulationsverfahren (QPSK, 8-PSK, 16-APSK, 32-APSK). Ferner wurden *adaptive* Modulations- und Kanalcodierungssysteme eingeführt, die sich den jeweiligen Kanaleigenschaften nutzungsspezifisch anpassen können, so dass die Flexibilität und die Kompatibilität zu den bestehenden Satellitentranspondern verbessert werden kann. Die Übertragung über DVB-S2 ist nicht mehr auf MPEG-Transportströme begrenzt, sondern erlaubt auch die Übertragung zukünftiger Audio-/Videoformate, von Internet-Protokolldaten, kontinuierlicher Datenströme usw. Die damit verbundene höhere Komplexität der Technik wurde allerdings begrenzt, um DVB-S2 im Massenmarkt einführen zu können. Für folgende Anwendungsbereiche ist DVB-S2 u.a. vorgesehen:

- Rundfunkdienste für Standard-TV und speziell für HDTV,
- interaktive Dienste, Internet-Anbindung für den Endkunden,
- professionelle Anwendungen (*contribution links*),
- SNG – Satellite **N**ews **G**athering (Satellitenberichterstattung),
- TV-Verteilung zu terrestrischen Sendestandorten,
- Datenverteilung zu Internet-Knotenstellen.

Bei DVB-S2 sind neben der QPSK (DVB-S) als höherstufige Modulationsverfahren die 8-PSK für typische Rundfunkanwendungen zum Endkunden vorgesehen. Die Verfahren einer 16-APSK und 32-APSK sind für professionelle Anwendungen unter Nutzung von speziellen Vorverarbeitungsverfahren gedacht. Durch die Nutzung einer verbesserten FEC konnte eine weitere Effizienzerhöhung erreicht werden.

Im Hinblick auf den hohen Installationsbestand an DVB-S-Empfängern wurden verschiedene rückwärtskompatible Betriebsvarianten bei DVB-S2 vorgesehen (Bild 13.11). So können *zwei getrennte* Transportströme ggf. mit unterschiedlicher Leistung über einen einzelnen Satellitenkanal gesendet werden, was auch als Ebenenmodulation (*layered modulation*) bezeichnet wird:

- HP (High Priority) – kompatibel zu DVB-S (und DVB-S2),
- LP (Low Priority) – kompatibel nur zu DVB-S2.

Im Empfänger werden dann die beiden getrennt gesendeten Signale entweder kombiniert (DVB-S2-Empfänger) oder es wird nur der DVB-S-Weg ausgewertet (DVB-S-Empfänger; Bild 13.11a). Die Rückwärtskompatibilität kann alternativ auch als ein *hierarchisches Modulationsverfahren* umgesetzt werden (Bild 13.11b). Dabei werden der HP- und LP-Strom *vor* dem Sendeweg auf der digitalen Symbolebene miteinander kombiniert.

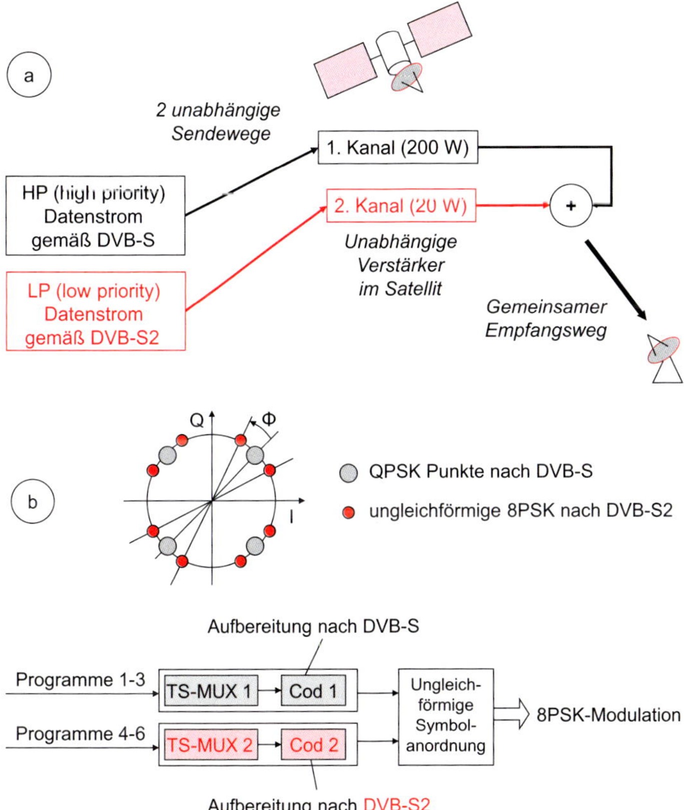

Bild 13.11 Rückwärtskompatible Übertragungsvarianten von DVB-S2
a) Übertragung zweier getrennter Signale (*layered modulation*)
b) Prinzip der hierarchischen Modulation bei DVB-S2

Der LP-Strom wird mit der neuen FEC versehen, und das Gesamtsignal wird dann in Form einer *nicht-gleichförmigen* 8-PSK aufmoduliert: Die 2 Bit des DVB-S-Stroms definieren die QPSK-Punkte, die zusätzlichen Bits des DVB-S2-Stroms führen zu einer zusätzlichen Rotation der Konstellationspunkte um $\pm\Phi$ vor der Übertragung. Das zugehörige Konstellationsdiagramm zeigt Bild 13.11b. Ein normaler DVB-S-Empfänger kann dieses nicht decodieren und betrachtet die *aufgeteilten* Konstellationspunkte als gemeinsame Punkte der QPSK. Der DVB-S2-Empfänger ist hingegen in der Lage, die Konstellationsunterpunkte zu finden und die darin enthaltenen Informationen zu decodieren.

Das DVB-S2-System nutzt die verfügbare Kapazität der Satellitenübertragungswege wesentlich effizienter aus. Der theoretische Grenzwert nach SHANNON (s. Gl. 8.2) wird unter idealen Verhältnissen der Demodulation bis auf weniger als 1 dB erreicht. DVB-S2 wird in Verbindung mit dem H.264AVC Datenraten-Reduktionsverfahren für die effiziente Übertragung von HDTV-Signalen eingesetzt.

Durch die verbesserte Implementierung und den verbesserten Fehlerschutz kann auch (alternativ) der Roll-off-Faktor α verändert werden.

Einen Vergleich der Leistungsfähigkeit von DVB-S zu DVB-S2 zeigt exemplarisch Tabelle 13.10.

Für das DVB-S2-System folgt bei $\alpha = 0{,}2$ eine Symbolrate von 30 MBaud im selben Kanal bei einer höheren spektralen Effizienz von 1,66 bit/Hz. Dementsprechend ändert sich die übertragbare Nutzdatenrate, wobei die Variation der Fehlerschutzparameter bzw. die Veränderung des Modulationsverfahrens zu einer weiteren Nutzdatenratenerhöhung führt und eine Verbesserung der Nutzdatenrate von mehr als 35% erlaubt.

Tabelle 13.10 Vergleich der Leistungsfähigkeit von DVB-S ($\alpha = 0{,}35$) und DVB-S2 ($\alpha = 0{,}2$) im 36-MHz-Kanal

Satellitenleistung	51 dBW		53,7 dBW	
System	DVB-S	DVB-S2	DVB-S	DVB-S2
Modulation	QPSK	QPSK	QPSK	8PSK
Coderate R2	2/3	3/4	7/8	2/3
Symbolrate (MBaud)	26,6	30	26,6	30
Nutzbare Bitrate (Mbit/s)	32,8	44,6	43,0	59,4
Anzahl übertragbarer Standard-TV-Programme	7 MPEG-2 15 H.264AVC	10 MPEG-2 21 H.264AVC	10 MPEG-2 20 H.264AVC	13 MPEG-2 26 H.264AVC
Anzahl übertragbarer HDTV-Programme	1-2 MPEG-2 3-4 H.264AVC	2 MPEG-2 5 H.264AVC	2 MPEG-2 5 H.264AVC	3 MPEG-2 6 H.264AVC

DVB-S2X – Erweiterung von DVB-S2

Als Erweiterung des Standards DVB-S2 wurde der Standard DVB-S2X verabschiedet. Dieser berücksichtigt zum einen die Technologienentwicklung, andererseits wurden neue Anwendungsfelder im professionellen Anwendungsbereich wie z.B. Studio-zu-Studio-Verbindungen und IP-Backbone-Strecken für Internet-Anbindungen aufgenommen. Folgende wesentliche Ergänzungen wurden vorgenommen, u.a.:

- weitere, kleinere Roll-off-Faktoren: Zusätzlich zu 0,2, 0,25 und 0,35 kommen 0,1 und 0,05 hinzu;
- weitere Modulationsverfahren: Zusätzlich zur QPSK und 8-PSK für den Endkunden-Direktempfang sowie der 16-APSK und 32-APSK für professionelle Anwendungen kommen die 64-APSK, 128-APSK und 256-APSK speziell für professionelle Anwendungen hinzu.
- Es wurden die zu einem späteren Zeitpunkt festgelegten Schnittstelleneigenschaften der Standards DVB-C2 und DVB-T2 hinsichtlich des Formates der Eingangsdatenströme weitgehend für DVB-S2X übernommen.
- Als Fehlerschutz wird die variable Codierung in Form des *LDPC – Low-Density-Parity-Check-Code* in Verbindung mit dem *BCH-Code* von den anderen Standards der 2. Generation übernommen, s. Abschnitt 8.4.
- Es ist möglich, bis zu 3 Satellitenkanäle zu bündeln, so dass höhere Gesamtdatenraten übertragen werden können.
- Aufgrund der deutlichen Erhöhung der Betriebsarten wurde das Bit-Interleaving angepasst.

Mit der Erweiterung von DVB-S2 zu DVB-S2X wurde die Flexibilität der wesentlich später verabschiedeten Standards für die Kabel-TV- und terrestrische Übertragung auch für den Satelliten-Standard übernommen. Die verpflichtende Einführung, in den neuen Empfängern die variable (Fehlerschutz-)Codierung und die adaptiven Modulationsverfahren mit höherer Modulationsstufenzahl decodieren zu können, erlaubt mittelfristig die Einführung von Diensten, die z.B. wetterbedingte Störungen berücksichtigen: So könnten z.B. parallele UHDTV-Signale, die bei guten Bedingungen empfangen werden können, mit SDTV-Signalen übertragen werden, deren Empfang auch bei starken Störungen z.B. durch Regen sichergestellt ist. Derartige Diensteszenarien erfordern allerdings neue Empfänger auf der Kundenseite.

Die deutliche Erhöhung der Modulationsvarianten berücksichtigt Kanäle auch mit sehr gutem Störabstand, wie sie im professionellen Umfeld zur Verfügung stehen. Hochfrequente Störabstände (C/N) zwischen 15 und 20 dB werden nun berücksichtigt und erlauben in diesem Bereich eine Verbesserung der Übertragungskapazität bis zu 50%. [59]

13.5.2 DVB-C2 – Kabel-TV-Übertragung nach DVB

Die Weiterentwicklung des Kabel-TV-Standards DVB-C in Richtung DVB-C2 verfolgte weitgehend gleiche Ziele wie diejenige der Satellitenübertragung nach DVB-S2. DVB-C2 ist *nicht* zu DVB-C rückwärtskompatibel, da die Einträgermodulation durch ein OFDM-Verfahren wie bei DVB-T ersetzt wird, wobei eine FFT-Länge von 4k vorgegeben ist. Als Fehlerschutz wird auch hier der LDPC-Code in Verbindung mit dem *BCH-Code* eingesetzt.

Ferner wurde der einzelne MPEG-TS als Eingangsdatenschnittstelle durch die Möglichkeit ergänzt, mehrere Transportströme oder z.B. Internet-Protokolldaten zu übertragen: Das Prinzip der PLP – *Physical (Parallel) Layer Pipe*, das auch bei DVB-T2 zum Einsatz kommt, erlaubt es dabei, verschiedene Datenströme weitgehend unabhängig voneinander für die Übertragung zu schützen.

Darüber hinaus ist der Standard DVB-C2 nicht an die typischen Kabel-TV-Kanalbandbreiten von z.B. 6, 7 oder 8 MHz gebunden, sondern kann auch auf Kanäle mit mehreren hundert MHz Bandbreite eingesetzt werden. Damit ist DVB-C2 nicht an die unter Abschnitt 13.4.2 beschriebenen bisherigen Strukturen der Kabel-TV-Netze mit festen Frequenzrastern gebunden, sondern erlaubt eine optimale Anpassung an unterschiedliche Netzwerkstrukturen. Wesentliche Unterschiede hinsichtlich der Betriebsarten von DVB-C und DVB-C2 sind in Tabelle 13.11 zusammengefasst. Die unterschiedlichen OFDM-Parameter für eine DVB-C2-Übertragung im 6- bzw. 8-MHz-Kanal zeigt Tabelle 13.12.

Tabelle 13.11 Vergleich der Betriebsarten von DVB-C und DVB-C2

	DVB-C	DVB-C2
Datenschnittstelle	Einzelner MPEG-Transportstrom (TS)	Mehrfacher MPEG-TS in Kombination mit *Generic Stream Encapsulation (GSE)* zur Übertragung von IP-Paketen
Datenrate pro Kanal	Feste Bitrate pro Kanal	Variable bzw. adaptive Codierung und Modulation pro Kanal
Fehlerkorrektur (FEC)	Reed-Solomon (RS)	LDPC und BCH
Interleaving	Byte-Interleaving	Bit-, Zeit- und Frequenz-Interleaving
Modulationsverfahren	Einträgersystem mit QAM	OFDM
Modulationsschema	16-QAM bis 256-QAM	16-QAM bis 4096-QAM
Pilotsignale	Nicht anwendbar	Verteilte und kontinuierliche Pilote
Schutzintervall	Nicht anwendbar	1/64 oder 1/128

Tabelle 13.12 OFDM-Betriebsparameter für DVB-C2

	6-MHz-Kanal mit 1/64 Schutzintervall	6-MHz-Kanal mit 1/128 Schutzintervall	8-MHz-Kanal mit 1/64 Schutzintervall	8-MHz-Kanal mit 1/128 Schutzintervall
Anzahl der OFDM-Träger	4096	4096	4096	4096
Für Übertragung genutzte Anzahl der OFDM-Träger N_{TNutz}	3408	3408	3408	3408
Genutzte Bandbreite B	5,71 MHz	5,71 MHz	7,61 MHz	7,61 MHz
Einzelträgerabstand $\Delta f = B / N_{TNutz}$	1,675 kHz	1,675 kHz	2,232 kHz	2,232 kHz
Symboldauer $T_N = 1/\Delta f$	597 µs	597 µs	448 µs	448 µs
Länge des Schutzintervalls	T_N/64 = 9,33 µs	T_N/128 = 4,66 µs	T_N/64 = 7 µs	T_N/128 = 3,5 µs

Eine Besonderheit des DVB-C2-Verfahrens ist es, dass einzelne Träger der OFDM abgeschaltet werden können, um Störeinflüsse durch Interferenzen bei der Kabelübertragung zu minimieren. Dabei wird zwischen einer Schmalband- und einer Breitband-Unterdrückung (*narrowband notches, broadband notches*) unterschieden: Die Schmalband-Unterdrückung ist auf maximal 47 OFDM-Unterträger des OFDM-Signals beschränkt. Bei einer Kanalbandbreite von 8 MHz ergibt sich unter Berücksichtigung der Werte aus Tabelle 13.12 eine Sperrbandbreite von maximal $\Delta f = 47 \cdot 7{,}61/3408$ kHz = 104,9 kHz.

Die Breitband-Unterdrückung kann z.B. zwischen zwei benachbarten Kanälen mit DVB-C2-Signal eingesetzt werden; danach kann die Kanalbandbreite der Nachbarkanäle bis an die obere bzw. untere Bandgrenze dieser Bandsperre ausgeweitet werden. Bei einem über mehrere klassische Kanäle reichenden, breitbandigen DVB-C2-Signal kann diese Bandsperre auch beliebig eingesetzt werden (Bild 13.12). Durch die Kombination von Schmalband- und Breitband-Unterdrückung können einerseits gezielt die meistens durch Interferenz gestörten Frequenzbereiche von der Übertragung ausgenommen werden, auf der anderen Seite erlaubt dieses eine optimale Ausnutzung der zur Verfügung stehenden Gesamtbandbreite des Kabelnetzes.

Die Vielzahl der Verbesserungen und Ergänzungen im DVB-C2-Standard führt auf eine ca. 30% bessere Ausnutzung des Frequenzspektrums und erhöht die Kapazität geeigneter, optimierter Netze um ca. 60%. So steigt die übertragbare Nutzdatenrate in einem typischen 8-MHz-Kanal von ca. 51 Mbit/s (256-QAM) nach Tabelle 13.7 auf über 80 Mbit/s bei einer 4096-QAM. Die spektrale Effizienz steigt von 6,4 bit/s pro Hz auf ca. 10,4 bit/s pro Hz. Insgesamt weist der DVB-C2-Standard eine größere Nähe zu den anderen Standards der 2. Generation auf, wodurch der Übergang von einem zum anderen Verbreitungsweg erleichtert wird.

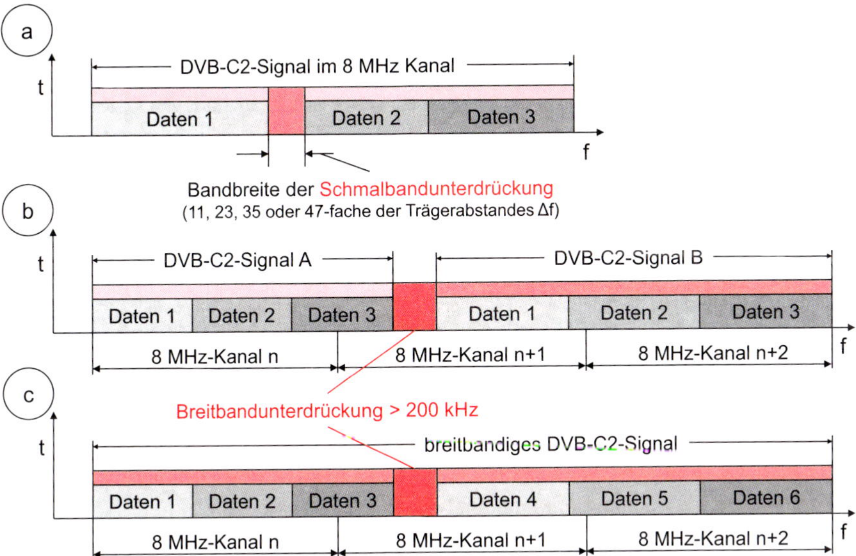

Bild 13.12 Beispiel zur Schmalband- und Breitband-Störunterdrückung bei DVB-C2
a) Schmalbandunterdrückung im 8-MHz-Kanal
b) Breitbandunterdrückung mit Kanalerweiterung der Einzelsignale A und B
c) Breitbandunterdrückung bei breitbandiger DVB-C2-Nutzung

Tabelle 13.13 Vergleich der DVB-T- und DVB-T2-Übertragung

	DVB-T	DVB-T2
Fehlerschutz	Convolutional Coding+Reed Solomon 1/2, 2/3, 3/4, 5/6, 7/8	LDPC + BCH 1/2, 3/5, 2/3, 3/4, 4/5, 5/6
Modulation	QPSK, 16-QAM, 64-QAM	QPSK, 16-QAM, 64-QAM, 256-QAM
Schutzintervall	1/4, 1/8, 1/16, 1/32	1/4, 19/128, 1/8, 19/256, 1/16, 1/32, 1/128
FFT-Länge	2k, 8k	1k, 2k, 4k, 8k, 16k, 32k
Anzahl genutzter Träger	1, 5980	853, 1705, 3409, 6817 *(6913[1])*, 13633 *(13921[1])*, 27265 *(27841[1])*
Trägerabstand (bei 8 MHz)	4,464 kHz; 1,116 kHz	8,929 kHz; 4,464 kHz; 2,232 kHz; 1,116 kHz; 558 Hz; 279 Hz
Verteilte Pilotsignale	8% (gesamt)	1%, 2%, 4%, 8% (gesamt)
Kontinuierliche Pilotsignale	2% (gesamt)	0,4%-2,4% (0,4%-0,8%) bei 8k bis 32k-FFT)
Bandbreite	6, 7, 8 MHz	1.7, 5, 6, 7, 8, 10 MHz
Genutzte Bandbreite (bei 8 MHz)	7,61 MHz	7,61 MHz; 7,71 MHz bei 8k[1] 7,77 MHz bei 16k und 32k[1]
Typische Datenrate	24 Mbit/s	40 Mbit/s
Maximale Datenrate (bei 8 MHz)	31,7 Mbit/s	45,5 Mbit/s
Erforderlicher C/N (bei 24 Mbit/s)	16,7 dB	10,8 dB

[1] Erweiterter Träger-Modus

Wird die gleiche Kanalbandbreite zugrunde gelegt, so kann die übertragbare Nutzdatenrate um mehr als 60% gesteigert werden. Daher ist DVB-T2 als universeller Standard insbesondere für die Einführung der terrestrischen HDTV-Übertragung geeignet – bei gleichzeitiger Erhöhung der Service-Flexibilität.

13.6 Rundfunkübertragung im Internet

Die grundlegenden übertragungstechnischen Prinzipien für die Übertragung von Audio- und Video-Informationen über paketvermittelnde Netze finden sich im Abschnitt 18. Mit der immer stärkeren Nutzung von Festnetz- und Mobilfunksystemen für die Audio- und Videoübertragung wurde es erforderlich, zwischen den rundfunkorientierten Systemen wie DVB mit den eingesetzten speziellen Multiplexverfahren und der Internetübertragung (Internet Protocol) geeignete Übergänge zu schaffen. Dies gilt sowohl für die IP-Übertragung von computergestützten Audio- und Video-Studioproduktionen zum (DVB-) Sender, z.B. bei einer nachfolgenden Satelliten-Abstrahlung, als auch beim DVB-Empfang und einer Einspeisung der Informationen in IP-basierte Heimnetzwerke beim Endkunden. Die zunächst vor allem die Übertragungstechnik (z.B. Modulationsverfahren) umfassende DVB-Standardfamilie wurde daher vielfach ergänzt, z.B. durch DVB-IPI für die Übertragung von Signalen über das Internet-Protokoll, die Nutzung von Streaming-Varianten wie MPEG-DASH (DVB-DASH) oder DVB-I zur Durchleitung der Service-Information durch Internet-Strukturen.

13.7 Zusammenfassung

Die Systeme für den digitalen Hör- und Fernsehrundfunk, die weltweit in enger Kooperation entwickelt wurden, sind insbesondere in Europa weitgehend eingeführt. Diese Verfahren des Datenrundfunks unterscheiden sich aufgrund der universellen Einsetzbarkeit für jede Art von digitalen Daten nur anhand ihrer Leistungsfähigkeit. Diese kann sich zum einen auf die optimale Ausnutzung des zur Verfügung stehenden Frequenzbereiches oder auf die optimale Bedienung spezieller Empfangsszenarien, z.B. den Mobilempfang, beziehen. Für die Nutzung der sehr schmalbandigen Kanäle des Lang-, Mittel- und Kurzwellenbereiches wurde das DRM-Verfahren entwickelt, das ab 2010 vor allem in Europa eingeführt wurde, jedoch keine große Marktdurchdringung erzielen konnte, so dass sich viele Betreiber zurückgezogen haben. Mit DAB bzw. DAB+ wurde in Europa ein leistungsfähiges Nachfolgesystem zum UKW-Rundfunk eingeführt. In einigen Ländern erfolgte daraufhin die Abschaltung der UKW-Versorgung (z.B. Norwegen).

Die umfangreichste Standardfamilie ist DVB, die neben den Festlegungen für die Satelliten-, Kabel-TV-Netz- und terrestrische Übertragung auch eine Vielzahl weiterer wichtiger Definitionen umfasst, wie z.B. Rückkanaldefinitionen, Messtechnik, Übertragung über Telekommunikationsnetze und den Zugriffsschutz auf die Inhalte. Die 2. Generation DVB erlaubt die digitale Rundfunkübertragung mit sehr hoher spektraler Effizienz und eine adaptive Anpassung an die Qualität der unterschiedlichen Verbreitungswege. Durch eine spezielle Vorverarbeitung der Eingangsdaten können die Übertragungsstrecken für sehr unterschiedliche Diensteszenarien genutzt werden. Der zunehmenden Nutzung von festnetzgebundenen und Mobilfunk-Internet-Strukturen für die Verbreitung von Audio- und Video-Inhalten (z.B. Streaming-Dienste) wird durch die Erweiterung des DVB-Standardfamilie (z.B. DVB-I) Rechnung getragen.

Die Einführung der digitalen Hör- und Fernsehrundfunk-Übertragungssysteme ist allerdings neben der technischen Umsetzung von einer Vielzahl anderer, z.B. regulatorischer Einflussgrößen bestimmt, die weltweit sehr unterschiedlich sind.

13.8 Lernziel-Test

1. Warum werden die Verfahren der digitalen Hör- und Fernsehrundfunksysteme auch als Datenrundfunksysteme bezeichnet?
2. Wie lassen sich heutige Datenrundfunksysteme kennzeichnen?
3. Skizzieren Sie das generelle Blockschaltbild digitaler Rundfunksysteme.
4. Welche Datenraten werden für das Audiosignal bei ADR verwendet?
5. Erläutern Sie das Übertragungsprinzip von ADR.
6. Für welche Frequenzbereiche ist das DAB-System gedacht?
7. Wie hoch ist die Bandbreite des DAB-Multiplexsignals?
8. Was wird beim DAB-Verfahren als gewichteter Fehlerschutz bezeichnet?
9. Warum wird für terrestrische Übertragungsverfahren OFDM eingesetzt?
10. Was wird unter dem Begriff des Schutzintervalls verstanden und wie wird dessen Länge festgelegt?
11. Was wird unter einem Gleichwellennetzwerk verstanden und was ist mindestens die Voraussetzung für dessen Funktion?
12. Welche theoretische Übertragungsleistung (in bit/s pro Hz) haben die Modulationsverfahren QPS und 64-QAM?
13. In welchen Frequenzbereichen wird das DRM-Verfahren eingesetzt?
14. Welche Übertragungskapazität kann DRM zurzeit bereitstellen?
15. Welche Vorteile bietet DRM technisch gegenüber dem DAB-Verfahren?
16. Was wird unter MPEG-2 und PES, PS und TS verstanden?
17. Skizzieren Sie den grundsätzlichen Aufbau eines Transport-Multiplexdatenstroms nach MPEG-2.
18. Für welche Verbreitungswege hat DVB die übertragungstechnischen Parameter festgelegt?
19. Wie erfolgt generell der Fehlerschutz der Transportstromdaten bei DVB?
20. Welche Auswirkung hat die Coderate R2 bei der Satellitenübertragung auf den Versorgungsgrad in der Fläche?
21. Welche Unterschiede weist die Übertragung nach DVB-C gegenüber der Satellitenübertragung auf und was ist bei einem Übergang von DVB-S auf DVB-C zu beachten?
22. Was ist bei einer Einspeisung von DVB-C-Signalen in bestehende Kabel-TV-Netze hinsichtlich des Pegels und der Gesamtleistung zu beachten?
23. Für welche Versorgungssituation wurde der DVB-T-Standard vorrangig festgelegt?
24. Welche OFDM-Trägeranzahl und welche Modulationsverfahren wurden für DVB-T standardisiert?
25. Wie erfolgt beim DVB-H-Standard die Reduzierung des empfängerseitigen Energieverbrauchs?
26. Welche wesentlichen Änderungen wurden bei der 2.Generation DVB vorgenommen?
27. Was versteht man unter dem Prinzip der M-PLP – Multiple Physical Layer Pipe?
28. Welche Besonderheiten hinsichtlich der möglichen Kanalausnutzung weist das Verfahren nach DVB-C2 auf?
29. Welche Datenrate ist mit dem System DVB-C2 in einem 8-MHz-Kanal ungefähr übertragbar?
30. Welche Nutzungsszenarien werden im DVB-S2X-Standard besonders berücksichtigt?

14 Aufzeichnungstechnik für Ton-, Bild- und Datensignale

Die Aufzeichnung von Ton-, Bild und Datensignalen ist ein unverzichtbarer Bereich der Nachrichtentechnik, insbesondere im Hinblick auf die Archivierung von Informationen. Neben dem ältesten Medium zur Speicherung von Bewegtbildinhalten, dem belichteten und chemisch entwickelten Film, entstanden ab ca. 1930 verschiedene Systeme der Speicherung zunächst für Tonsignale und ab 1950 auch für Videoinformationen. Diese wurden zunächst im professionellen Bereich in der Mediproduktion eingesetzt, erreichten aber später aufgrund des Preisverfalls der Technologien und der Massenproduktion von Gerätetechnik und Verbrauchsmaterial den Markt der Endverbraucher. Dieser Markt wurde lange Zeit von Systemen, die eine magnetische Speicherung der Information durchführen, beherrscht, da dadurch sowohl eine hochqualitative Aufzeichnung als auch eine sehr gute Wiedergabe und vor allem die Möglichkeit des Löschens von Aufzeichnungen, d.h. die Wiederverwendung des Materials, möglich wurde. Im Bereich der Audio- und Videoaufzeichnung handelte es sich um die Aufzeichnung auf *Magnetband*, die Datenaufzeichnung erfolgte zunächst auch auf Bandsystemen und heute magnetisch überwiegend auf *Festplatten*, d.h. beschreibbare Magnetplatten. Mit der höheren Speicherdichte anderer Speichersysteme (z.B. optischer Speicher oder Festspeicher, s. Kapitel 15) werden magnetische Speichersysteme zunehmend verdrängt.

Allerdings ist darauf hinzuweisen, dass ein sehr großer, kaum überschaubarer Bestand von magnetischen Aufzeichnungen in privaten, nationalen und internationalen Archiven existiert, der in der Zukunft noch verfügbar gehalten werden muss. Dabei ist zu beachten, dass sich eine Vielzahl unterschiedlicher, zueinander völlig inkompatibler Systeme entwickelte und diese sich häufig zeitgleich im Markt etablierten, so dass auch die entstandenen Aufzeichnungen nur von den jeweils zugehörigen Geräten gelesen werden können. Für die Langzeitarchivierung stellt dieses eine große Herausforderung dar.

14.1 Grundlagen der magnetischen Aufzeichnung

Die Basis der magnetischen Aufzeichnung ist die Informationsspeicherung in einem Magnetwerkstoff. Dieser kann auf jedem Trägermaterial, wie Drähten, Platten, Karten, Folien oder Bändern, aufgebracht werden. Der Magnetwerkstoff wird bei der Speicherung durch ein extern angelegtes Magnetfeld derart beeinflusst, dass die Elementarmagneten entsprechend ausgerichtet werden. Nach dem Abschalten des Magnetfeldes verbleibt – abhängig von den jeweiligen Materialeigenschaften – die Information in der Restmagnetisierung (Remanenz), die beim Leseprozess ausgewertet wird.

Das Grundprinzip der Aufzeichnung anhand eines Magnetbandes zeigt Bild 14.1. Die Elementarmagnete werden dabei entsprechend des Signalwechselstroms in Längsrichtung (Längsmagnetisierung) magnetisiert:

- Der Aufnahmekopf hat einen Luftspalt, so dass das Magnetband einen magnetischen Kurzschluss herstellt.

- Das aus dem Aufnahmekopf austretende magnetische Feld wird über das Band geführt und richtet die dortigen Elementarmagnete aus.
- Die Wiedergabe erfolgt durch Vorbeiführen des magnetisierten Bandes an einem Wiedergabekopf, indem die Felder der Elementarmagnete Spannungen induzieren.
- Magnetisierte Bänder oder andere magnetische Trägermaterialien können mit einem Löschkopf gelöscht und dann beliebig wiederverwendet werden.

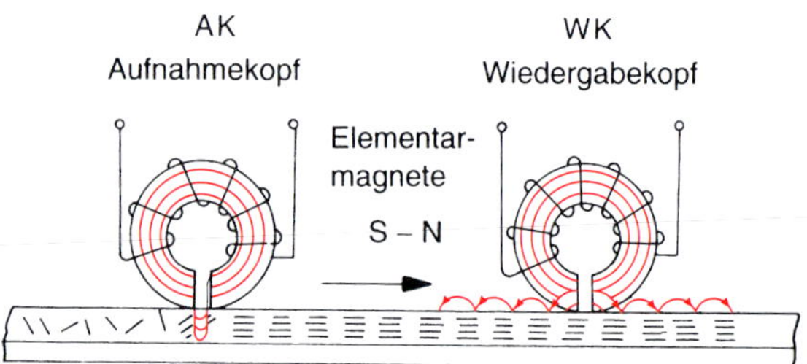

Bild 14.1
Prinzip der magnetischen Aufzeichnung am Beispiel eines Magnetbandes

Die Speicherung der elektrischen Signale als magnetische Information kann direkt, moduliert, analog oder digital erfolgen. Technische Systeme verwenden überwiegend wechselbare Magnetbänder oder Festplatten und unterscheiden sich in der Art der Aufzeichnung sowie der Wahl systemabhängiger Parameter. [19; 35]

14.2 Analoge magnetische Audio- und Videoaufzeichnung

Das relativ einfache Grundprinzip der magnetischen Aufzeichnung auf Magnetbändern nach Bild 14.1 erfordert in der technischen Umsetzung die Lösung einer Vielzahl von Detailfragestellungen. Hierzu gehören u.a.:

- mechanische Breite des Magnetbandes zur Aufzeichnung,
- Art der Bandführung und des Bandtransportes,
- Geschwindigkeit des Bandtransportes (Vortriebsgeschwindigkeit),
- Materialeigenschaften des Bandes, insbesondere des magnetisierbaren Materials,
- Spurbild des aufzuzeichnenden Signals (Längsspur-, Querspur- oder Schrägspuraufzeichnung),
- Winkel der Schrägspuraufzeichnung zur Bandtransportrichtung,
- ggf. Lösung der Mehrfachaufzeichnung von Ton- und Bildsignalen,
- erreichbare elektrische Bandbreite,
- Wahl der Strukturparameter für den Aufzeichnungskopfspalt.

Aufgrund der Vielzahl der Fragestellungen entwickelten sich für die jeweilige Anwendung völlig unterschiedliche Systemlösungen, für die die vorgenannten Parameter verschieden festgelegt wurden, was im Allgemeinen zur Inkompatibilität der Systeme führte: Trotz Bemühungen zur internationalen Standardisierung war jedes System in sich geschlossen und nur bei einer Lizenznahme durch weitere Hersteller konnten Geräte verschiedener Hersteller für ein Format eingesetzt werden. Wesentliche Unterscheidungsmerkmale der analogen Systeme sind:

- Aufzeichnung im *Längsspurverfahren* für die Audioaufzeichnung bzw. *Schrägspurverfahren* für Videosignale mit unterschiedlichen Bandtransportgeschwindigkeiten,
- Basisbandaufzeichnung im Audiobereich bzw. trägerfrequente Aufzeichnung für Videosignale,
- Kassettenformate und Aufzeichnung auf offene Spulen (*Open Reel*) jeweils mit unterschiedlichen Breiten des eingesetzten Bandes.

Eine ausführliche Darstellung der analogen Audio- und Videoaufzeichnung und eine Beschreibung der technischen Lösungen der oben genannten Fragestellungen finden sich im Anhang A14 des Internet-Bereichs zu diesem Buch. Hier sind auch Übersichten über die gebräuchlichen Parameter der analogen Aufzeichnungssysteme für Audio- und Videosignale mit Angabe der Standards zusammengestellt.

14.3 Digitale Magnetaufzeichnung

Ein Nachteil der analogen Aufzeichnungsformate z.B. für Videosignale ist die Verringerung der Signalqualität bei einer wiederholten Überspielung: Werden Kopien einer Kopie usw. angefertigt, so reduziert sich bei jeder *Generation* die Qualität der Signale, insbesondere hinsichtlich des Störabstandes, d.h., das Bildrauschen nimmt zu. Bei umfangreichen Produktionen mit vielen Zwischenschritten, wie z.B. Schnitt, Überblendungen, Einfügen von Zusatzinformationen, Kombinationen mehrerer Kanäle usw., ergeben sich mehrere Generationen des Ursprungsignals. Die Frage der Generationenfestigkeit eines Aufzeichnungsformates ist daher einerseits ein technisches Problem, andererseits beeinflusst diese auch die künstlerische Freiheit der Produktion, da das Endprodukt qualitativ noch sendefähig sein muss. Analoge Video-Aufzeichnungssysteme erreichen unter günstigen Bedingungen 6 Generationen, bis die Qualität so schlecht ist, dass eine Sendung nicht mehr erfolgen sollte.

Digitale Video-Aufzeichnungssysteme wurden daher zunächst als Ersatz für die analoge Aufzeichnung eingesetzt und bildeten den Kern der «Digitalisierung» der Studios – im Audio- und Videobereich. Es konnten damit völlig neue Produktionsprozesse und Betriebsabläufe, z.B. in der Tricktechnik, realisiert werden. Grundsätzlich ist der Aufzeichnungsprozess nicht frei von Wiedergabefehlern durch Rauschen (Störabstand), Bandfehler (Fehlstellen in der Beschichtung, d.h. Materialfehlern), schlechten Kopf-Band-Kontakt, Antriebsfehler usw. Die digitale Magnetaufzeichnung erlaubt es nun, Systeme zu realisieren, die theoretisch unendlich viele Generationen zulassen. Dazu wird das Eingangssignal digitalisiert und mit einem vergleichbaren Fehlerschutz versehen (s. Kapitel 8), wie er auch bei den digitalen Übertragungssystemen Verwendung findet (s. Bild 13.1). Der so geschützte Datenstrom wird auf einem Datenträger, z.B. einem Magnetband, aufgezeichnet. Die FEC erlaubt es, dass bei der Wiedergabe alle auftretenden Fehler korrigiert werden können – es entsteht ein zum Original *identischer* Datenstrom.

Merksatz

Die Identität bei der digitalen Magnetaufzeichnung zwischen Eingangsdatenstrom und gelesenem Wiedergabedatenstrom kann nur erreicht werden, wenn bei der Aufzeichnung keine Datenratenreduktion oder eine reine Redundanzreduktion verwendet wird, was auch als transparente Aufzeichnung bezeichnet wird.

14.3.1 Digitale magnetische Audioaufzeichnung

Für die digitale Audioaufzeichnung konnten sich im Heimbereich und der Studioproduktion vor der Einführung der bespielbaren CD und der Aufnahme auf Computersystemen zwei Formate etablieren: das DAT-System und die Minidisc. Beide Systeme können als Nachfolgesysteme der analogen Compact-Cassette betrachtet werden, da sie auch auf wechselbare Datenträger aufzeichnen.

14.3.1.1 DAT – Digital Audio Tape

Das DAT-System wurde für professionelle Anwendungen und den Heimbereich in der Variante R-DAT eingeführt. Dabei steht R-DAT für einen System, das einen rotierenden Tonkopf ähnlich zum Videorecorder verwendet. Die Aufzeichnung erfolgt ebenfalls in Schrägspur auf ein 3,8 mm breites Reineisenbandmaterial. Der Umschlingungswinkel beträgt allerdings nur ca. 90°. Der Aufbau und das Spurbild sind in Bild 14.2 dargestellt.

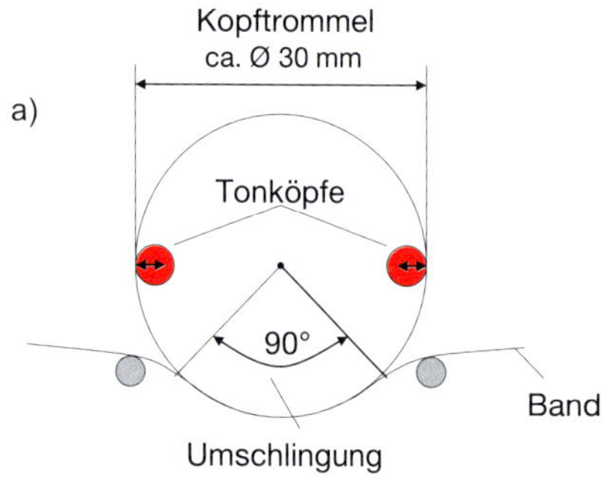

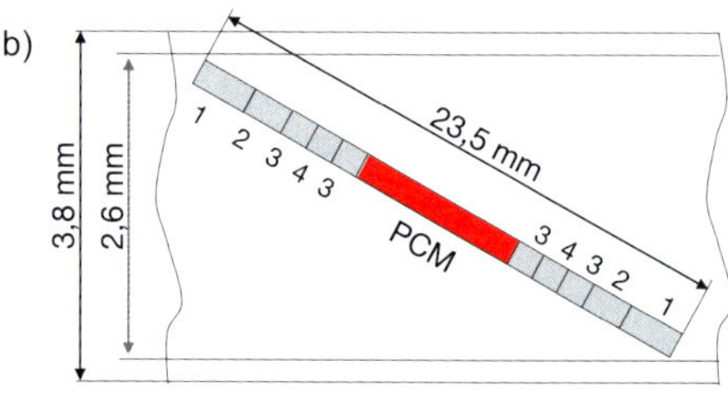

1: Randzone und Synchronisation
2: Zusatzinformationen (Subcode)
3: Lücke
4: ATF – Automatic Track Finding (Spurinformation)

Bild 14.2 DAT – Digital Audio Tape
a) Bandumschlingung und Kopftrommel
b) Spurbild der Schrägspur

Das DAT-System erlaubt eine Vielzahl von Wahlmöglichkeiten hinsichtlich Abtastfrequenzen, Quantisierung, Anzahl aufzeichenbarer Kanäle und Spielzeit. Die wesentlichen Daten des DAT-Systems sind in Tabelle 14.1 zusammengefasst.

Tabelle 14.1 DAT – Technische Kenndaten

Spieldauer	2 bzw. 4 Stunden (LP)
Bandvortriebsgeschwindigkeit (mm/s)	8,15
Umdrehung der Kopftrommel (s^{-1})	2000
Kopf-Band-Geschwindigkeit (m/s)	0,313
Audiokanalzahl	2 oder 4
Abtastfrequenzen (kHz)	32; 44,1; 48; 96
Quantisierung	16 Bit linear, 12 Bit kompandiert
Spuraufbau	196 Audio-Blöcke, Zusatzinformationen, ATF
Speicherkapazität	ca. 2,5 GByte
Bitrate des Datenstroms mit Fehlerschutz	ca. 2,77 Mbit/s

Die Einführung von DAT im Massenmarkt war durch den Streit hinsichtlich des Kopierschutzes geprägt: Da mit DAT erstmals eine exakte digitale Kopie der eingeführten CD erfolgen konnte, erwartete man erhebliche Schäden durch Raubkopien. Es wurde daher zunächst die Abtastrate von 44,1 kHz völlig gesperrt, was die digitale Direktkopie unterband, aber auch der Markteinführung erheblich schadete. Erst mit Einführung eines speziellen Kopierschutzes, der eine einmalige Kopie erlaubte, wurde das DAT-System für die Anwendungen im Heimbereich interessant. Darüber hinaus wurde DAT in vielen Rundfunkanstalten als Archivsystem für den Audiobereich eingeführt. Ferner erfolgten Weiterentwicklungen des DAT-Systems als reines Datenspeichersystem DDS (***Digital Data Storage***), z.B. als Hintergrundspeicher für Computeranwendungen. Hier werden mit unterschiedlichen Bandlängen Datenkapazitäten bis 170 GByte pro Kassette erreicht.

14.3.1.2 MD – Minidisc

Das MD-System verwendet als Aufzeichnungsmedium eine Magnetplatte, deren Durchmesser 63 mm beträgt. Die Speicherung erfolgt magnetisch unter Nutzung des *Kerr-Effektes:* Durch Laserlicht wird das auf einer Scheibe befindliche ferromagnetische Material erwärmt. Wichtig ist dabei, dass die Curie-Temperatur überschritten wird, die bei der verwendeten Legierung bei ca. 190 Grad liegt. Wird ein externes Magnetfeld angelegt, so richtet dieses die enthaltenen Elementarmagnete aus, wobei nach dem Abkühlen die Ausrichtung erhalten bleibt (Remanenz). Die gespeicherten Informationen werden dann mittels eines Lasers gelesen. Beim so genannten ***polaren magnetooptischen Kerr-Effekt*** (PMOKE) liegt die Richtung der Magnetisierung senkrecht zur Oberfläche. Er bewirkt beim reflektierten Strahl des Lasers eine Drehung der Polarisation. Diese Änderung in der Polarisation, abhängig von der Ausrichtung der Elementarmagnete, wird beim Leseprozess ausgewertet. Das Grundprinzip des Schreib- und Leseprozesses bei der MD ist in Bild 14.3 dargestellt.

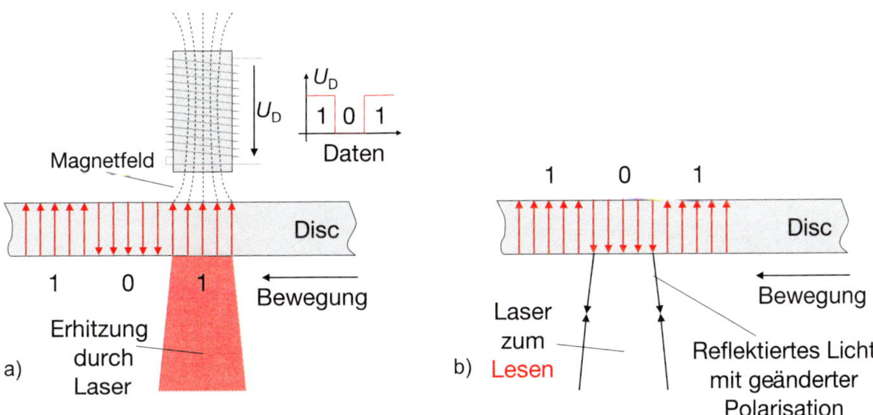

Bild 14.3 MD – Minidisc
a) Schreibverfahren unter Nutzung des Kerr-Effektes
b) Optisches Leseprinzip

Die MD verwendet für die Speicherung der Audiosignale ein Verfahren der Datenratenreduktion (ATRAC – Adaptive Transform Acoustic Coding). Es ist dem Verfahren nach MP3 in der Signalverarbeitung ähnlich (s. Kapitel 12), jedoch nicht so effizient, so dass für eine vergleichbare Tonqualität eine etwas höhere Datenrate erforderlich ist. Die datenratenreduzierten Signale werden mit einem Fehlerschutz versehen und mittels eines speziellen Modulationsverfahren (EFM – Eight-to-Fourteen-Modulation) gespeichert, das auch für die CD Verwendung findet (s. Kapitel 15). Wesentliche Daten zur MD sind in Tabelle 14.2 zusammengestellt.

Tabelle 14.2 MD – Technische Kenndaten

Spieldauer	74 min
Durchmesser	63 mm
Datenrate	ca. 140 kbit/s
Lesegeschwindigkeit	1,2 – 1,4 m/s
Kanalzahl	2
Abtastfrequenz	44,1 kHz
Audiodatenratenreduktion	ATRAC
Speicherkapazität (MD-Data)	170 MByte

Die digitale Speicherung von Audiosignalen für den Heimbereich wird immer stärker durch Verfahren der Datenratenreduktion bestimmt. War es Ziel der Entwicklungen von DAT und der (Heim-)Aufnahme von CDs, möglichst hohe Qualitätsansprüche zu befriedigen, sind für den Endanwender – von der Aufzeichnung auf Computerfestplatten abgesehen – kaum noch Möglichkeiten vorhanden, auf Einzelgeräte Audiosignale ohne eine verlustbehaftete Datenratenreduktion zu speichern. Ein wesentliches Audio-Austauschformat im Endkundenbereich ist z.B. MP3, wobei der Endkunde die Audiodaten nicht mehr selbst, z.B. durch Mitschnitte aus dem Rundfunk, aufnimmt und dadurch selbst erzeugt: Der Kunde erhält die Daten in diesem Format zum Abspielen auf portablen Endgeräten durch Datentransfers z.B. über das Internet. Die Endgeräte enthalten daher häufig aus Kostengründen keinerlei Aufnahmefunktion. Auf der Produktionsseite, d.h. für die hochwertige Aufnahme z.B. von Live-Musik, werden vor allem Festplattenrecorder oder Computersysteme eingesetzt, die in Abhängigkeit von der gewählten Digitalisierung eine sehr hohe Qualität erlauben. Ein besonderer Vorteil dieser Lösungsansätze ist die Flexibilität der computergestützten Weiterverarbeitung.

14.3.2 Digitale magnetische Videoaufzeichnung

Die in Abschnitt 14.3 gemachten Ausführungen gelten in besonderem Maße für den Bereich der modernen Videoproduktion. Die Digitalisierung der Produktionssysteme ist daher eng mit der digitalen Aufzeichnung auf Magnetband verknüpft, da diese eine hohe Generationenzahl bei gleichbleibender Qualität ermöglicht. In Verbindung mit Datenraten-Reduktionsverfahren hielt die digitale Videoaufzeichnung auf Magnetband Einzug beim Endkunden und hat inzwischen – insbesondere im Bereich der Camcorder – die analogen Aufzeichnungsformate fast vollständig verdrängt.

Im Gegensatz zur analogen Speicherung müssen bei der digitalen Aufzeichnung nur 2 Zustände aufgezeichnet werden. Dazu wird die Hysteresekurve des Magnetmaterials bis in den Sättigungsbereich ausgenutzt.

Merksatz

Bei der digitalen Magnetaufzeichnung erfolgt die Speicherung durch bipolar sättigende Magnetisierung, die als entsprechende Remanenzen auf dem Band verbleiben (Aufzeichnung). Die Änderungen (Differentialquotient) enthält die Information (Wiedergabe) (Bild 14.4).

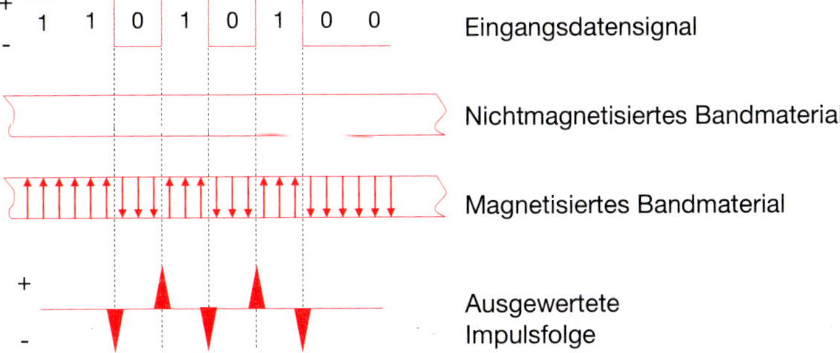

Bild 14.4 Prinzip bei der digitalen Magnetbandaufzeichnung

Da die Aufzeichnung nicht frei von Wiedergabefehlern ist, wird ein mehrstufiger Fehlerschutz eingesetzt, der es erlaubt, die Fehler zu korrigieren. Ein typischer Fehlerschutz ist die Reed-Solomon-Codierung (s. Kapitel 8), die als innerer und äußerer Fehlerschutz angewendet wird und so gewählt werden kann, dass eine optimale, d.h. vollständige Korrektur des Kopf-Band-Systems erfolgt. Die grundsätzliche Wirkungsweise des Fehlerschutzes bei digitalen Magnetbandsystemen ist in Bild 14.5 dargestellt, wobei durch das zwischen den Korrekturen angeordnete Interleaving eine Verteilung von Fehlern erfolgt, die z.B. durch eine Verschmutzung des Bandes auftreten.

Wesentliches Ziel der digitalen Videoaufzeichnung auf Magnetband ist der fehlerfreie Reproduktionsprozess der Daten. Daher spielen eine Vielzahl von Größen, die eine analoge Aufzeichnung charakterisieren, nur eine untergeordnete Rolle, wie z.B. Spurbreite, Spurzwischenraum, Spurwinkel, Spurbild, Störabstand usw. Folgende Unterscheidungsmerkmale erlauben eine Einteilung der verschiedenen Systeme am Markt, u.a.:

- Aufzeichnung ohne oder mit Datenratenreduktion,
- Aufzeichnung in Komponententechnik oder des digitalen FBAS-Signals,
- Abtastsystem, d.h. Verhältnis der Abtastraten (4:2:2, 4:2:0), s. Kapitel 11,
- Quantisierung der Signalanteile,
- Breite der verwendeten Bänder und Spielzeit,
- Bandmaterial,
- Anzahl der Tonkanäle und deren Parameter.

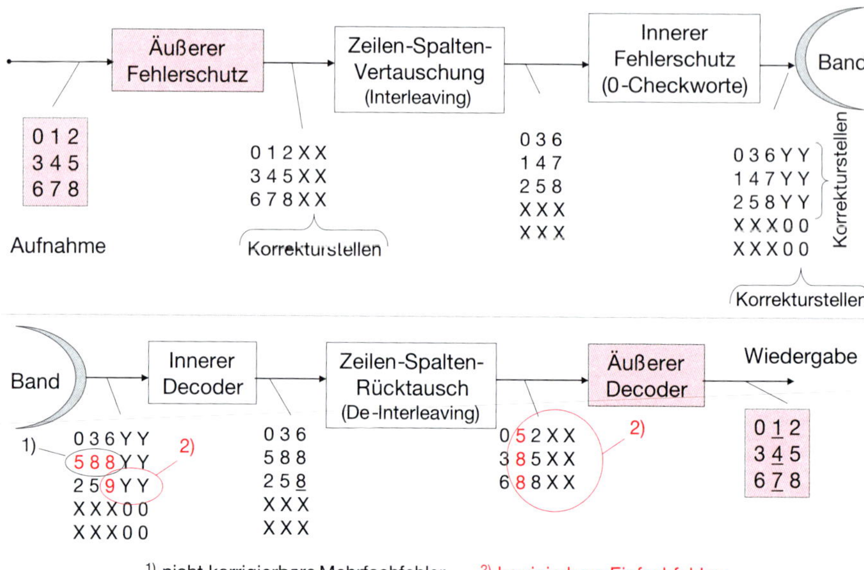

Bild 14.5 Fehlerschutzprinzip bei der digitalen Magnetbandaufzeichnung

Die Systeme der digitalen Video-Magnetbandaufzeichnung werden als *D-Standards* bezeichnet, die grundsätzlich als Kassettenformate realisiert wurden: Es entstand eine Vielzahl von häufig inkompatiblen Varianten der digitalen Videoaufzeichnung. Ferner werden Systeme, die zunächst für den Heimbereich entwickelt wurden, zunehmend im professionellen Produktionsbereich eingesetzt.

14.3.2.1 Digitale Videoaufzeichnungen ohne Datenratenreduktion

Die Entwicklung dieser Verfahren stellt besonders hohe Anforderungen an die magnetische Speichertechnik, da sehr hohe Datendichten erreicht werden mussten. Aufgrund des hohen Aufwands entstanden nur wenige Formate, die insbesondere im Studioproduktionsbereich eingesetzt werden. Camcorder für diese Formate wurden nicht entwickelt. Zu unterscheiden sind die Systeme, die in Komponententechnik aufzeichnen, von denen vor allen in den USA verbreiteten Systemen, die ein digitalisiertes FBAS-Signal aufzeichnen. Letztere Systeme weisen natürlich alle Fehler der FBAS-Technik, wie z.B. Cross-Color auf, hatten jedoch den Vorteil der längeren Spieldauer und der unmittelbaren Kompatibilität zur bestehenden Infrastruktur innerhalb eines Studios. Die technischen Daten der Verfahren sind in Tabelle 14.3 zusammengefasst, in der auch die D6 als transparent aufzeichnende HDTV-Aufzeichnung aufgeführt ist.

Diese verschiedenen, zueinander inkompatiblen Standards unterscheiden sich auch hinsichtlich der Spurbilder [16]. Als Beispiele sind in Bild 14.6 die sehr unterschiedlichen Spurbilder für das D1- und das D3-Format angegeben.

Tabelle 14.3 Digitale Videoaufzeichnungsformate ohne Datenratenreduktion

Formatbezeichnung	D1	D2	D3	D5	D6 [1])
Bandformat	19 mm	19 mm	½ Zoll	½ Zoll	19 mm
Bandmaterial	MOX	MP	MP	MP	MP
Banddicke (µm)	16 (13)	13	13	13 (11)	11
Spieldauer (max./min.)	94	207	245	123	64
λ (µm)	0,91	0,78	0,71	0,71	0,6
Spurbreite (µm)	40	35	18	18	22
Spurbreite (µm)	1,26	1,91	2,23	2,24	4,23
Video-Signalverarbeitung					
Aufzeichnungsart	$Y, C_R; C_B$	FBAS	FBAS	$Y, C_R; C_B$	$Y, C_R; C_B$
Abtastsystem	4:2:2	-	-	4:2:2	4:2:2
Quantisierung	8 Bit	8 Bit	8 Bit	10 Bit	8 Bit
Kanalzahl	4	2	2	4	8
Datenrate /Kanal (Mbit/s)	56	77	75,85	75,85	146,88
Gesamtdatenrate (Mbit/s)	224	154	151,7	303,4	1175
Audiosignalverarbeitung					
Tonkanäle (D+A)	4 + 1	4 + 1	4 + 1	4 + 1	12 + 1
Abtastfrequenz (kHz)	48	48	48	48	48
Quantisierung	20	20	20	20	20

MOX: Metalloxid MP: Metallpartikel [1]) D6: HDTV - Aufzeichnung

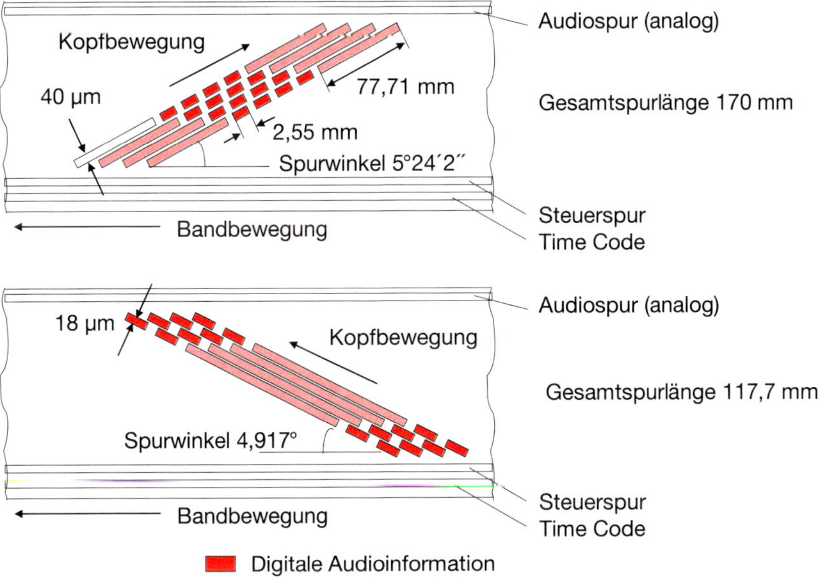

Bild 14.6 Spurbild vom D1- und D3-Format

14.3.2.2 Digitale Videoaufzeichnungen mit Datenratenreduktion

Die Nutzung von Verfahren der Datenratenreduktion für die Magnetaufzeichnung erlaubt es, die Spielzeit deutlich zu erhöhen bzw. kompaktere Gerätetechnik zu realisieren. Darüber hinaus ist – insbesondere für den Heimbereich – eine kommerziell vertretbare Aufzeichnung von HDTV-Signalen mit Quellendatenraten von mehr als 1 Gbit/s nur bei Einsatz von effizienten Datenraten-Reduktionsverfahren möglich. Aufbauend auf den in Kapitel 12 erläuterten Prinzipien der Datenratenreduktion sind für die Anwendung dieser Verfahren für die Videoaufzeichnung spezielle Anforderungen zu stellen:

- «Schnittfähigkeit» des Signals im Hinblick auf die Nachverarbeitung, d.h. die Möglichkeit eines bildgenauen Schnittes,
- hoher Reduktionsfaktor, aber Nachverarbeitungsfähigkeit, d.h. Multigenerationen-Festigkeit ohne sichtbaren Qualitätsverlust,
- aufgrund der Spur-Kopf-Konstruktion möglichst konstante aufgezeichnete Datenrate, da Spur neben Spur mit konstanter Geschwindigkeit geschrieben wird,
- eindeutige Zuordnung von Bildbereich und Spurbereich bei der Aufzeichnung (z.B. für sichtbaren Suchlauf).

Die Standardverfahren der Datenratenreduktion führen, je nach Bildinhalt der Vorlage, zu stark schwankenden Datenraten und verwenden die Redundanzreduktion in Form der Differenzcodierung aufeinander folgender Bilder. Um dieses Grundprinzip mit den genannten Forderungen der Aufzeichnung zu vereinbaren, werden überwiegend Intrafield(Teilbild)-, Intraframe(Vollbild)-Verfahren oder Verfahren mit kurzen GOP-Längen (GOP2) zur Datenratenreduktion eingesetzt. Lange GOP-Längen, wie z.B. beim MPEG-2-Verfahren für den TV-Verteilrundfunk, sind eher ungeeignet, da ein bildgenauer Schnitt nur nach einer vollständigen Decodierung des Signals möglich ist (s. Kapitel 12). Viele Standards zur Datenratenreduktion weisen daher spezielle Varianten für die (Magnet-)Aufzeichnung von Signalen auf. Eingesetzt werden überwiegend Varianten der Verfahren MPEG-2 und H.264AVC, die auf verschiedenen mechanischen Bandformaten ($^1/_2$- und $^1/_4$-Zoll-Bändern) aufzeichnen.

Als Nachfolgeformat für BetacamSP wurde DigitalBeta entwickelt, was sich als hochqualitatives Produktionsformat etabliert hat. Es verwendet ein zum JPEG-Verfahren ähnliches Datenraten-Reduktionsverfahren für Videosignale und erreicht aufgrund des sehr geringen Reduktionsfaktors von ca. 2 eine sehr gute Bildqualität. Geräte dieser Systemfamilie können auch analoge Betacam(SP)-Bänder abspielen. [18]

Darüber hinaus wurde als Nachfolge für das VHS-Verfahren als Gesamtsystem DV (*Digital Video*) für den Heimbereich und die Anwendung in Camcordern entwickelt.

DV – Digital Video

Im DV-System wurden sowohl die Festlegungen für die mechanischen Eigenschaften, wie z.B. Spurbild, Bandmaterial usw., als auch diejenigen für die Datenratenreduktion getroffen. Es wird ein konstanter Datenstrom von 41,85 Mbit/s auf das Band geschrieben bei einer Nettodatenrate von ca. 25 Mbit/s für das Videosignal. Die wesentlichen Daten des DV-Formates sind in Tabelle 14.4 zusammengefasst.

Das DV-System sieht unterschiedliche Kassettengrößen vor, wobei die MiniDV-Kassette in kompakten Camcordern Verwendung findet. Aus DV entwickelte sich eine Systemfamilie (DVCPro, DVCPro50, DVCProHD), die jeweils die untergeordneten Standards wiedergeben kann: MiniDV-Kassetten sind auch in professionellen Studiogeräten nutzbar, so dass kein Überspielprozess erfolgen muss. Der Einsatzbereich hochwertiger MiniDV-Camcorder erfolgt daher zunehmend in der professionellen, elektronischen Berichterstattung, da die Bildqualität den Ansprüchen weitgehend genügt und Kostengründe dafür sprechen.

Tabelle 14.4 Kenndaten des DV-Formats

Aufzeichnungsformat	Y, C_R, C_B
Abtastsystem (625-Zeilen-Format)	4:2:0
Abtastsystem (525-Zeilen-Format)	4:1:1
Videodatenrate	25 Mbit/s
Aufgezeichnete Datenrate	42 Mbit/s
Audioaufzeichnung	2 Kanäle 16 Bit / 44,1 od. 48 kHz oder 4 Kanäle 12 / 32 kHz
Bandbreite	$^1/_4$ Zoll = 6,325 mm
Banddicke	7 µm
Schrägspurbreite	10 µm
Schrägspurlänge	35 mm
Kopf-Band-Geschwindigkeit	10,21 m/s
Bandvortriebsgeschwindigkeit	18,831 mm/s
Kopftrommeldurchmesser	21,7 mm
Kopfdrehzahl	150 Hz
Spieldauer max.	270 min
kürzeste Wellenlänge	0,488 µm
Spurlänge je Teilbild	~ 210 mm
1 Vollbild	12 Spuren (625/50) bzw. 10 Spuren (525/60)

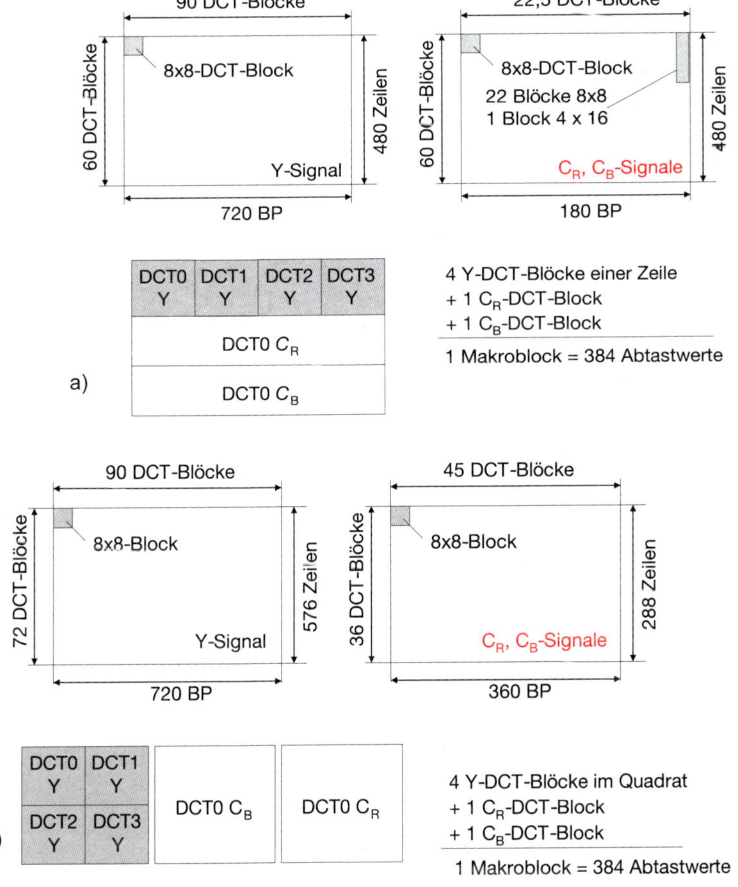

Bild 14.7 MakroblockBildung beim DV-Format
a) 525-Zeilen-System b) 625-Zeilen-System

Das Datenraten-Reduktionsverfahren beim DV-Format weist gegenüber den in Kapitel 12 beschriebenen die Besonderheit auf, dass es eine konstante Datenrate am Ausgang, d.h. beim Schreiben auf das Magnetband erzeugt. Basis des Verfahrens ist eine DCT, ähnlich zum JPEG-Verfahren. Nachfolgend werden *Makroblöcke* von jeweils 384 Abtastwerten gebildet, die je nach Bildeingangssignal (625-Zeilen- oder 525-Zeilen-System) unterschiedlich zusammengesetzt werden (Bild 14.7).

Die Makroblöcke werden innerhalb des Bildes systematisch verwürfelt, was als *Intra-Frame-Shuffling-Prozess* bezeichnet wird. Es werden dann jeweils 5 Makroblöcke (M0 bis M4) aus verschiedenen Bildbereichen zu einem *Superblock* zusammengefasst, der damit 5 · 384 Byte = 1920 Byte enthält. Dabei wird darauf geachtet, dass die Makroblöcke eines Superblocks aus möglichst voneinander entfernten Bildbereichen stammen. So wird bei natürlichen Bildvorlagen schon vor der eigentlichen Datenratenreduktion eine annähernd gleiche Verteilung feiner und grober Bildstrukturen pro Superblock sichergestellt (Bild 14.8).

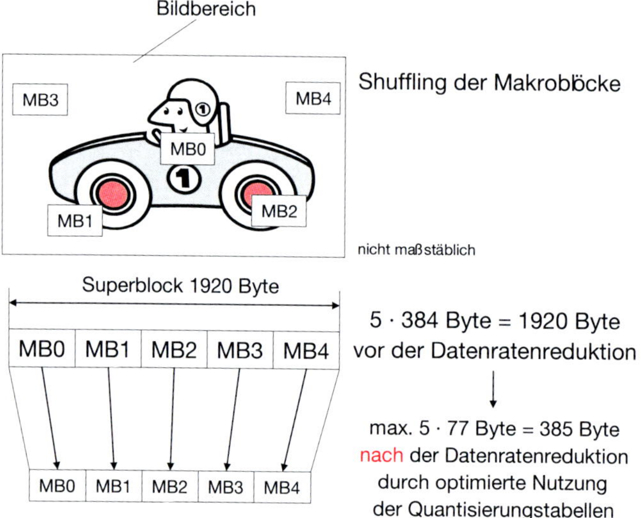

Bild 14.8
DV – Superblock-Bildung und Reduktion der Datenrate

Für jeden Makroblock des Videosegmentes werden max. 77 Byte aufgewendet. Damit ergibt sich auch der Reduktionsfaktor des Verfahrens: 1920 Byte pro Superblock vor der Datenratenreduktion und 5 · 77 Byte = 385 Byte danach ergeben einen Reduktionsfaktor von 1920 : 385 = 4,987. Wie bei allen Irrelevanz-Reduktionsverfahren erfolgt die Reduktion der Datenrate durch eine Veränderung der Quantisierung. Die Annäherung an die erlaubten 77 Byte eines Makroblockes erfolgt durch eine Auswahl aus 64 festgelegten Quantisierungstabellen, die individuell je Makroblock ausgewählt werden können. Diese Auswahl erfolgt vorwärts gerichtet, d.h., es wird geprüft, mit welcher Tabellenkombination die Zieldatenrate am besten erreicht werden kann. Da diese Prüfung sehr präzise erfolgt, erzielt der DV-Algorithmus eine sehr gute Bildqualität bei der für das Kopf-Band-System geforderten konstanten Datenrate und hat gleichzeitig eine relativ einfache Struktur.

Aufbauend auf dem ursprünglichen DV-Format entstanden weitere Formate, wie z.B. DVCPro50, das sich u.a. durch eine Abtastsystem von 4:2:2 auszeichnet [22]. Eine Auswahl verschiedener Aufzeichnungssysteme ist in Tabelle 14.5 zusammengestellt. Eine Einordnung im digitalen Signalweg zeigt Bild 14.9.

Tabelle 14.8 Auswahl digitaler Video-Aufzeichnungssysteme mit Datenratenreduktion

Formatbezeichnung	Digital Beta	Betacam SX	Betacam IMX	DVCPRO 25/50	DVC-Pro 100 (HD)	Digital-S (D-VHS)
Bandformat	½ Zoll	½ Zoll	½ Zoll	¼ Zoll	¼ Zoll	½ Zoll
Bandmaterial	MP	MP	MP	ME	ME	MP
Banddicke (in µm)	14	14	14	7	7	14
Spieldauer (max. in min)	124	100	220	270/135	100	104
Min. Wellenlänge (in µm)	0,59	0,76		0,488	0,488	0,587
Spurbreite (in µm)	26	32		18	18	20
Video-Signalverarbeitung:						
Abtastsystem	4:2:2	4:2:2	4:2:2	4:2:0 / 4:2:2	4:2:2	4:2:2
Quantisierung	10 Bit	8 Bit	8 Bit	8 Bit	8 Bit	8 Bit
Reduktionsfaktor	2,3:1	10:1	4:1	5:1 / 3,3:1	1,7:1	3,3:1
Reduktionsverfahren	DCT	422@ML MPEG-2	422@ML MPEG-2	DV	DV	DCT
Aufgezeichnete Video-Datenrate in Mbit/s	~ 95	~ 18	~ 50	~ 25/50	~ 100	~ 50

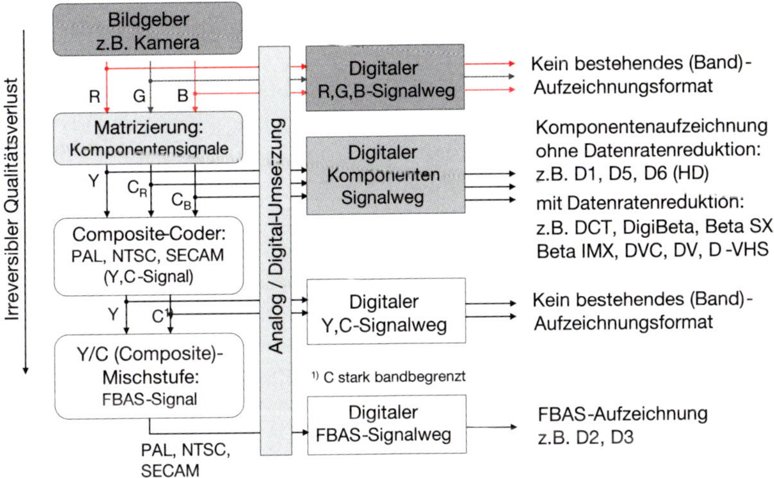

Bild 14.9 Digitale Aufzeichnung der Videosignalwege (Standard-TV)

Mit der Einführung von *HDTV* erhöht sich die Anzahl der Varianten für die Magnetaufzeichnung. Alle Verfahren – mit Ausnahme des D6-Formates – verwenden Reduktionsverfahren für die Aufzeichnung der digitalen HDTV-Videosignale. Unterscheidungsmerkmale sind u.a.:

- Zahl der aufgezeichneten Bildpunkte in horizontaler und vertikaler Richtung (Auflösung),
- Abtastsystem (4:2:2, 4:1:1 oder 4:2:0),
- Interlace- oder progressive Aufzeichnungsmöglichkeit,
- Bandmaterial: $^1/_2$- oder $^1/_4$-Zoll-Systeme,
- aufgezeichnete Datenrate und damit der Reduktionsfaktor,
- verwendetes Datenraten-Reduktionsverfahren, z.B. DV-basierend, MPEG-2 oder H.264AVC,
- Anzahl der Audiokanäle und deren Festlegungen.

Ein besonderes Problem ist die Verwendung datenratenreduzierender Systeme für die langfristige Archivierung und die dabei vorhandenen Inkompatibilitäten der verschiedenen Verfahren. Eine Überspielung von einem (alten) System zum anderen (neuen) erfordert die Decodierung bei der Wiedergabe und neue Codierung bei der Aufnahme, was zu einer Verkettung ggf. unterschiedlicher Verfahren führt und einen deutlichen Qualitätsverlust zur Folge haben kann. Die digitale Videoaufzeichnung kann daher nur die Qualität halten, wenn ein Hintereinanderschalten von (verschiedenen) Codierverfahren vermieden oder von vorneherein völlig auf ein verlustbehaftetes Datenraten-Reduktionsverfahren verzichtet wird.

14.3.3 Magnetische Aufzeichnung von Datensignalen

Während für aktuelle Audio- und Videoproduktionen die bandorientierten Systeme sowohl im professionellen als auch im Heimbereich immer schneller verdrängt und durch bandlose Produktionssysteme ersetzt werden, kommen im Bereich der Datenspeicherung Magnetbänder in Kassettenform (*Cartridges*) weiterhin zum Einsatz. Systeme wie DLT – *Digital Linear Tape* oder LTO – *Linear Tape Open* erlauben die kompakte Speicherung hoher Datenmengen (z.Zt. ca. 1 Terrabyte = 1000 MByte) auf einem preiswerten Wechseldatenträger. Diese für die Langzeitspeicherung konstruierten Systeme der Computertechnik zeichnen die Signale häufig unter Verwendung von verlustfreien Datenraten-Reduktionsverfahren fehlergeschützt auf. Im Gegensatz zu den Verfahren der digitalen Audio- und Videoaufzeichnung erfolgt die Aufzeichnung nicht in Schrägspurtechnik unter Verwendung rotierender Kopftrommeln, sondern sie verläuft in Längsrichtung; dabei werden mehrere Spuren gleichzeitig geschrieben und das Band in beiden Laufrichtungen betrieben. Dadurch können sehr hohe Speicherdichten erzeugt und relativ kurze Zugriffszeiten realisiert werden. Die Kassetten sind zum Teil mit eigenen Halbleiterspeichern ausgestattet, so dass z.B. die Seriennummer des Bandes, die Nutzungszeiten und die Zugriffe gespeichert werden können. Bei jedem Zugriff wird die Qualität der Datenspeicherung anhand der Fehlerkorrektur geprüft und gegebenenfalls ein Umkopieren der Daten mit gleichzeitiger Korrektur automatisch veranlasst.

Ein besonderer Vorteil der DLT/LTO-Systeme besteht – neben der hohen Speicherkapazität der einzelnen Kassetten selbst – im hohen potentiellen Automatisierungsgrad der Systeme. So stehen robotergesteuerte DLT-/LTO-Bibliotheken zur automatisierten Archivierung auch sehr großer Datenbestände zur Verfügung. Daher werden diese Systeme für die Langzeitspeicherung und die Datensicherung z.B. von Audio- und Videobeständen der Anbieter von Musik- und Videoproduktionen genutzt. Sie bilden daher häufig den Hintergrundspeicher für die auf Basis von Computerfestplatten arbeitenden Audio- und Video-Server der Anbieter.

14.4 Bandlose Aufzeichnungstechniken für Audio- und Videosignale

Der unter Abschnitt 14.3.2 beschriebene DV-Standard und dessen Erweiterungen zur Aufzeichnung von HDTV-Signalen (HDV1 und HDV2) waren die letzten bandorientierten Aufzeichnungsstandards, die für den Heimanwender eingeführt wurden. Im professionellen Bereich wurden auf Basis des ½-Zoll-Bandes noch die Formate

HDCAM, HDCAM SR sowie für ¼-Zoll-Bänder die Varianten DVCPro, DVCPro 50 und DVCPro HD weitergeführt. Alle nachfolgenden Produktionssysteme nutzen andere Aufzeichnungsmedien. Unter bandlosen Aufzeichnungssystemen für Audio- und Videosignale werden alle diejenigen Systeme verstanden, die die digitalen Daten auf andere Speichermedien als *Magnetband* aufzeichnen. Zu diesen Medien gehören:

- Festplatten, wie sie in ähnlicher Form für Computer eingesetzt werden,
- optische Speichermedien, wie DVD und Blu-ray-Discs (s. Kapitel 15),
- Speicherkarten, die auf elektrische Art die Informationen speichern (s. Kapitel 15).

Hinsichtlich der videotechnischen Parameter, wie sie in Kapitel 11 beschrieben wurden, unterscheiden sich die Formate hinsichtlich der Abtastraster: Gebräuchlich sind 4:2:0-; 4:1:1- und 4:2:2-Abtastraster. Produktionen für das digitale Kino verwenden auch Systeme, die im 4:4:4-Raster aufzeichnen können. Während für die digitale Kinoproduktion und hochwertige TV-Produktionen die Aufzeichnung i.A. ohne eine Datenratenreduktion erfolgt, werden für die überwiegende Mehrheit der Aufzeichnungen Reduktionsverfahren wie in Abschnitt 12 beschrieben eingesetzt. Die Daten werden zusätzlich in Containerformaten zusammengefasst, die exemplarisch in Tabelle 14.9 dargestellt sind.

Tabelle 14.9: Dateiformate für Audio- und Videoaufzeichnung

Dateiformate für Audioaufzeichnung						
	MP3	**AAC**	**FLAC**	**ALAC**	**WAV**	**AIFF**
Datenraten-reduktion	Ja	Ja	Ja	Ja	Nein	Nein
verlustfrei	Nein	Nein	Ja	Ja	Ja	Ja
Anmerkung	benötigt wenig Speicher-platz	speziell für mobiles Streaming	opensource (kostenfrei)	nur für Geräte der Fa. Apple	Gut für die Tonbearbei-tung	Keine Zeitcodes enthalten

Dateiformate für VIdeoaufzeichnung						
	MP4	**MOV**	**WMV**	**AVI**	**AVCHD**	**FLV, F4V, SWF**
Datenraten-reduktion	H.264AVC	diverse	proprietär	diverse	H.264AVC	diverse
verlustfrei	Nein	wählbar	Nein	wählbar	Nein	wählbar
Anmerkung	Windows und Apple	Container-format Apple	Windows	Container-format Windows	Camcorder, Sony, Panasonic	Container-format Adobe

Festplatten als Datenspeicher

Festplatten werden häufig wegen der hohen Speicherkapazität, eines sehr guten Preis-Leistungs-Verhältnisses und der damit verbundenen potentiell sehr langen Aufzeichnungsdauer eingesetzt. Diese magnetisch aufzeichnenden Speicher haben zwar bewegliche Verschleißteile (Magnetköpfe, Platten, Motoren) und sind daher relativ anfällig auf Erschütterungen, allerdings konnten durch mechanische Maßnahmen deutliche Verbesserungen erreicht werden, so dass auch starke Stöße kaum zu Fehlern führen.

Um gleichzeitig sowohl aufzeichnen als auch wiedergeben zu können, werden in entsprechenden Aufnahmegeräten (*Harddisc Recorder*) spezielle Festplatten mit mehreren Schreib-Lese-Köpfen eingesetzt. Die aufgezeichneten Signale werden im Allgemeinen zur Weiterverarbeitung oder Archivierung auf nachgelagerte Computersysteme überspielt. Hierzu ist es wichtig, dass die Datenübertragung schnell erfolgt, um unnötige Wartezeiten aufgrund der Überspieldauer zu vermeiden.

Optische Speicherung

Systeme mit optischem Datenspeicher haben den Vorteil, dass dieser bereits ein Speichermedium für die Archivierung darstellt, d.h., Informationen können mit dem Datenspeicher direkt archiviert und müssen nicht auf andere Medien überspielt werden. Optische Aufzeichnungen erfolgen auf bewegten Datenträgern (s. Kapitel 15), d.h., auch diese Systeme müssen mechanisch robust ausgelegt werden. Eingesetzt werden sie in DVD-R und Blu-ray-R-Discs, häufig in Kassetten, die generell die Löschung der Informationen erlauben, jedoch im Verhältnis zu Bandkassetten ein schlechteres Preis-Leistungs-Verhältnis aufweisen.

Elektronische Speicherkarten

Elektronische Speicherkarten, z.B. SD-Karten (s. Kapitel 15) bieten die geringste Aufzeichnungsdauer, sind jedoch frei von mechanischen Verschleißteilen und erlauben u.a. die Realisierung sehr kleiner, kompakter Kameras mit Aufzeichnungsfunktionalität. Die Signale werden in unterschiedlichen, häufig herstellerspezifischen Dateiformaten gespeichert. Daher ergibt sich eine große Anzahl von Varianten am Markt, deren Dateiformate – bei Benutzung identischer Datenratenreduktionsprozesse für Audio- und Videosignale (wie z.B. H.264AVC) – zueinander nicht kompatibel sind. Da die Weiterverarbeitung auf Basis von Computerprogrammen erfolgt, ist es erforderlich, dass die vielen unterschiedlichen Versionen von den Programmen überhaupt verstanden werden.

SSD – Solid State Drive

Hierbei handelt es sich um elektronische Speicher (*Halbleiterlaufwerk*), die zunehmend als Ersatz für die Festplatten mit magnetischer Aufzeichnung eingesetzt werden. Sie weisen eine hohe Speicherkapazität auf und haben keinerlei mechanisch beweglichen Teile und bestehen im Wesentlichen aus einer Vielzahl eng gepackter Speicherkarten bzw. Speicherzellen. Im Vergleich zu den elektronischen Speicherkarten erlauben SSDs einen wesentlich schnelleren Zugriff auf die Information bzw. eine höhere Datenübertragungsgeschwindigkeit.

Die zur Bandaufzeichnung alternativen Speichersysteme für Audio- und Videosignale stehen in engem Zusammenhang mit der Entwicklung der Datenraten-Reduktionsverfahren und der digitalen Übertragungstechnik. Aufzeichnungssysteme, die wie die früheren D-Formate der digitalen Magnetbandaufzeichnung das Signal ohne Datenratenreduktion aufzeichnen, werden im Massenmarkt nicht mehr eingesetzt.

Merksatz

Dem Prinzip nach Bild 12.4 und Bild 13.1 folgend werden die Signale nach der Irrelevanz- und Redundanz-Reduktion in geeignete Dateistrukturen überführt und als Daten auf den Speichermedien abgelegt.

Daher ist die resultierende Bildqualität stark vom verwendeten Datenraten-Reduktionsverfahren bzw. der maximal zum Speichersystem übertragbaren Datenrate abhängig. Ferner wird dadurch die Aufzeichnungsdauer festgelegt. Häufig bietet die Gerätetechnik an, die Qualität der Aufnahme an die Wünsche des Nutzers anzupassen. Für den Heimanwender haben sich für die Audioaufzeichnung vor allem das MP3-Verfahren (und Varianten) und für die HDTV-Videoaufzeichnung die Aufzeichnung nach H.264AVCHD etabliert. Im professionellen Umfeld ist die Standardvielfalt deutlich höher.

Eine Übersicht ist im Internet-Bereich zu diesem Buch in Kapitel 14 zu finden.

14.5 Zusammenfassung

Mit der Einführung der Magnetbandaufzeichnung wurden Systeme geschaffen, die es erlauben, Audio bzw. Videoinformationen zu speichern. Basis dieser Systeme war die Magnetisierung von Werkstoffen, die auf einem Trägermaterial, z.B. Bandmaterialien, aufgebracht sind. Die Entwicklungen führten zunächst zur analogen Audioaufzeichnung, die lange Zeit den Markt beherrschten. Es entstanden verschiedene Standards für den professionellen und den Heimbereich. Die analogen Systeme wurden nach und nach durch digitale magnetische Aufzeichnungssysteme für Audio- und Videosignale verdrängt. Der Vorteil liegt in der Möglichkeit, exakte 1-zu-1-Kopien der aufgezeichneten Signale herzustellen, da die digitalen Signale durch leistungsfähige Fehlerschutzmechanismen geschützt werden können, die es erlauben, Fehler im Leseprozess vollständig zu korrigieren. Im Hinblick auf kostengünstige Realisierungen werden verstärkt Datenraten-Reduktionsverfahren bei der Magnetaufzeichnung für Audio- und Videosignale eingesetzt. Dieses führt zu einer Fülle verschiedener Variationen und technischer Umsetzungen, die häufig zueinander nicht kompatibel sind. Mit der Einführung alternativer Speichertechniken (elektronische Festspeicher, optische Speicher) wurde das Magnetband als Produktionsmedium weitgehend verdrängt. Audio- und Videodaten werden als Dateien auf geeigneten Speichersystemen abgelegt. Insgesamt ist festzustellen, dass mit der Nutzung der Digitalisierung und der Datenratenreduktion die häufig sehr speziellen technischen Lösungen zur Speicherung von Audio- und Videosignalen durch universell nutzbare Systeme der Computertechnik abgelöst wurden, die flexibler und kostengünstiger sind und eine preiswerte Umsetzung hochwertiger Produktions- und Nachverarbeitungsprozesse erlauben. Alle Systeme nutzen dabei Verfahren der Datenratenreduktion, um den Speicherplatz optimal nutzen zu können. Insbesondere bei der Hintereinanderschaltung verschiedener Systeme ist daher auf die resultierende Bild- und Tonqualität besonders zu achten.

14.6 Lernziel-Test

1. Welche Vorteile hat die digitale Magnetaufzeichnung gegenüber der analogen?
2. Beschreiben Sie das Prinzip der digitalen Speicherung auf Minidisc.
3. Beschreiben Sie das Prinzip des Fehlerschutzes bei der digitalen Video-Magnetaufzeichnung.
4. Wie können Verfahren der Videomagnetbandaufzeichnung unterschieden werden?
5. Welches System der digitalen Videoaufzeichnung auf Magnetband wird im Heimbereich überwiegend genutzt?
6. Welche Anforderungen sind an Datenraten-Reduktionsverfahren für Videoaufzeichnungssysteme zu richten und warum?
7. Erläutern Sie die wesentlichen Eigenschaften des DV-Formates.
8. Erläutern Sie das bei DV verwendete Datenraten-Reduktionsverfahren.
9. Welche Gründe führten zur Verdrängung der Magnetbandaufzeichnung?
10. Welche alternativen Aufzeichnungsmöglichkeiten zu Magnetband gibt es?
11. Welche Vorteile hat die Speicherung von Audio- und Videodaten auf Festspeichern gegenüber einer optischen Speicherung?
12. Welche Unterscheidungsmerkmale haben Systeme der Videomagnetaufzeichnung mit Datenratenreduktion?
13. Welche Größen bestimmen die Aufzeichnungsdauer von Videosignalen auf Speicherkarten?
14. Was wird unter einer SSD verstanden?
15. Welches grundlegende Problem kann sich bei der Hintereinanderschaltung unterschiedlicher digitaler Speichersysteme ergeben?

15 Multimediale Speichersysteme

Die Digitalisierung der Medien führt zu einer Darstellungsform, die eine Kombination unterschiedlicher Medientypen erlaubt. Die Kombination von Audio, Video, Text und Grafik zu einer integrierten Präsentation, die es dem Nutzer erlaubt, z.B. interaktiv den Ablauf zu bestimmen, wird häufig als *multimediale Anwendung* bezeichnet. Mit der Einführung digitaler Datenträger wurden derartige Anwendungen für den Massenmarkt interessant (z.B. Computerspiele). Allerdings sind an multimediale Speichersysteme weitere Anforderungen zu stellen:

- Die Speicherung hoher Datenmengen muss möglich sein.
- Die erwähnte Kombination aus unterschiedlichen Datentypen muss unterstützt werden.
- Das System sollte eine kurze Zugriffszeit auf einzelne Passagen erlauben.
- Für den Massenmarkt muss eine einfache Vervielfältigung möglich sein.

Zur Erfüllung der genannten Anforderungen sind (digitale) Bandmedien schlecht geeignet, da diese eine lange Zugriffszeit aufweisen, häufig medienspezifisch sind (z.B. DAT gegenüber DV) und vor allem sehr schlecht schneller als Echtzeit vervielfältigt werden können. Die Entwicklungen der optischen Datenträger kombiniert die digitale Speichermöglichkeit mit der einfachen Kopiermöglichkeit – ähnlich wie bei der Herstellung der analogen Schallplatte – in einem Pressverfahren. Nachfolgend werden wesentliche Vertreter dieser Medien vorgestellt. Eine umfassende Darstellung findet sich in [37].

15.1 Compact-Disc-System

Die optischen Speichermedien wurden mit der Entwicklung der Compact Disc Digital Audio (CD-DA) als Speichermedium in den Massenmarkt ab 1982 eingeführt. Nachfolgend entwickelte sich eine Vielzahl von Varianten für die Speicherung multimedialer Daten. Das grundlegende Prinzip wurde beibehalten, lediglich die Datenorganisation wurde verändert. Daher wird nachfolgend anhand der CD-DA die grundlegende Technik erläutert.

15.1.1 Mechanischer Aufbau der CD

Als CD verwendet man eine Kunststoffplatte (Polycarbonat) von 12 cm Durchmesser und 1,2 mm Dicke. Auf dieser befindet sich eine spiralförmig verlaufende Datenspur, in der die Daten seriell gespeichert sind. Die Informationsträger der CD sind kleine Vertiefungen, die *Pits* genannt werden; die Bereiche dazwischen werden als Erhebungen (*Lands*) bezeichnet. Sie stellen die gespeicherten 1- und 0-Signale dar.

Definition

Die Datenspeicherung erfolgt bei der CD in Pits und Lands.

Die Datenspur verläuft von innen nach außen; wesentliche mechanische Parameter sind in Bild 15.1 dargestellt.

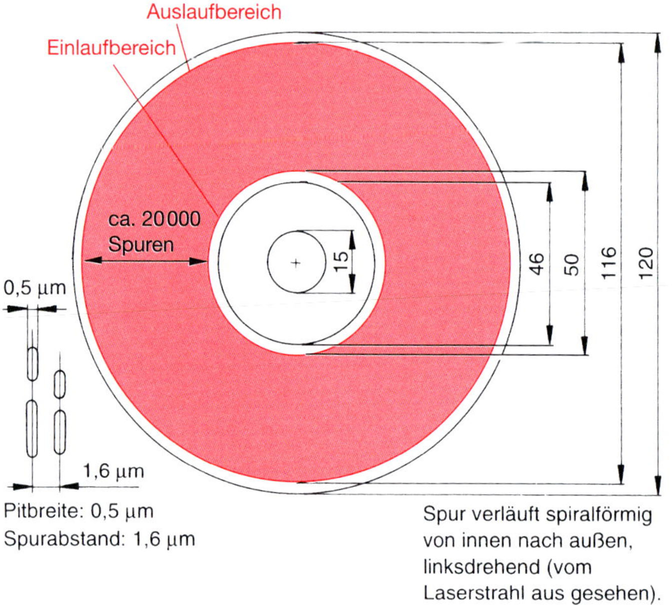

Bild 15.1 Mechanische Größen der CD

Am Anfang der Datenspur liegt der *Lead-In-Bereich*, in dem ein Inhaltsverzeichnis gespeichert ist. Es gibt die Anzahl der Musiktitel, die Einzelspieldauer und die Gesamtspieldauer an. Es folgen der Programmbereich, der maximal 99 Einzeltitel bei der CD-DA enthalten kann, sowie der Auslaufbereich (*Lead-Out*), der z.B. das Ende der Wiedergabe dem Wiedergabegerät signalisiert.

Merksatz

Die Spur der CD-Platte wird stets mit gleicher Relativgeschwindigkeit abgetastet.

Dadurch erhält man einerseits einen konstanten Datenstrom mit konstanter Taktfrequenz, andererseits ist die Drehzahl der CD-Platte dadurch abhängig von der Stellung des Abtastsystems auf der spiralförmigen Spur. Innen beträgt die Drehzahl etwa 568 Umdrehungen pro Minute, außen etwa 228.

Die ursprüngliche Abtastgeschwindigkeit von 1,4 m/s ergab eine Spieldauer von etwa 60 Minuten pro CD. Die neuere Abtastgeschwindigkeit von 1,2 m/s führt zu Spielzeiten von ca. 80 Minuten, wobei sich der CD-Player automatisch auf die richtige Abtastgeschwindigkeit einstellt. Die abgelesene Datenrate ist bei beiden Abtastgeschwindigkeiten gleich groß:

Merksatz

Es werden 4,3218 Mbit/s ausgelesen, wovon 2,0338 Mbit/s Signaldaten sind. Der Rest sind Zusatzinformationen für Fehlerkorrektur, Codierung und Synchronisation des Wiedergabegerätes.

Die Pits haben eine Breite von 0,5 µm und eine Tiefe von 0,11 µm. Der Abstand zur Nachbarspur beträgt 1,6 µm (Bild 15.2).

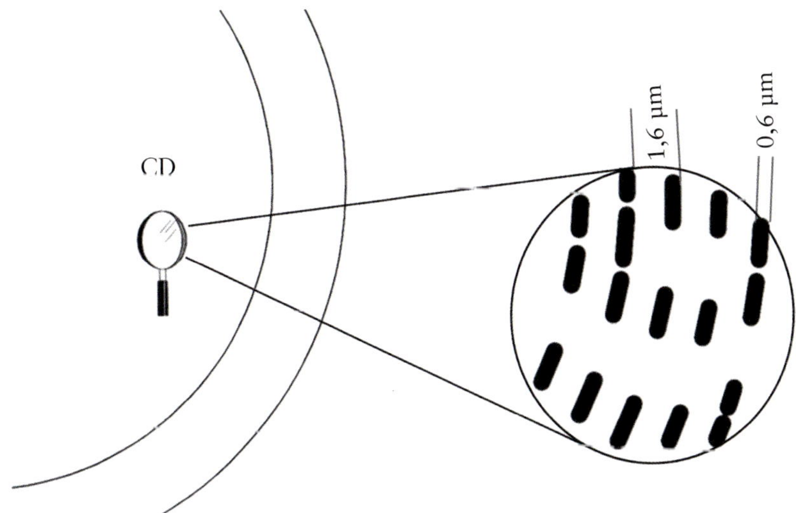

Bild 15.2 Pit-Struktur bei der Compact Disc (CD)

Insgesamt können damit etwa 20 000 Spuren im Programmbereich der CD untergebracht werden, worunter die nebeneinander liegenden Linien der Spiralspur verstanden werden. Aufgrund der verwendeten seriellen Codierung der Daten ergeben sich eine maximale und eine minimale Pit-Länge, die von der Abtastgeschwindigkeit abhängig ist:

- Bei einer Abtastgeschwindigkeit von 1,2 m/s ergibt sich eine maximale Pit-Länge von 3,05 µm und eine minimale Pit-Länge von 0,833 µm.
- Bei der Abtastgeschwindigkeit von 1,4 m/s liegen die Pit-Längen zwischen 0,972 µm und 3,56 µm.

15.1.2 Datenorganisation und Codierung

Auf einer CD-DA sind eine Vielzahl von Informationen aufzuzeichnen:

- Audiodaten, d.h. die eigentliche Information,
- Zeitcode (Spielzeit),
- Steuerdaten für das Wiedergabegerät,
- Anzeigedaten, z.B. Titel,
- Daten für die Fehlerkorrektur,
- Daten für die Kanalcodierung des Systems.

Nach der Analog-Digital-Umsetzung steht das ursprüngliche Audiosignal als 1-0-Folge zur Verfügung. Die Abtastfrequenz von 44,1 kHz und die Quantisierung 16 Bit je Abtastwert führt für ein Signal auf eine Datenrate von 705,6 kbit/s und für den Stereokanal auf 1,4112 Mbit/s. Vor der Aufzeichnung erfolgt zur Verbesserung des Störabstandes eine *Preemphase* der Audiosignale. Dieses ist eine Hochpassfunktion, die in 2 Varianten durch Veränderung der Größe T in Gl. 15.1 angewendet werden kann.

$$\frac{U_{\text{aus}}}{U_{\text{Ein}}} = \sqrt{1 + (2 \cdot \pi \cdot f \cdot T)^2} \quad \text{mit} \quad T = 50\,\mu s \quad \text{oder} \quad T = 15\,\mu s \qquad \text{(Gl. 15.1)}$$

Da die aufgezeichneten Daten nicht fehlerfrei gelesen werden können, erfolgt bei der Aufzeichnung ein Fehlerschutz (FEC), der es bei der Wiedergabe erlaubt, die Fehler zu korrigieren. Hier finden Verfahren der Reed-Solomon-Codierung Verwendung (s. Kapitel 8), die – zur Auflösung von Bündelfehlern – durch ein Interleaving der Daten ergänzt werden. Die Fehlerschutztechnik bei der CD ähnelt dem Verfahren bei der digitalen Magnetbandaufzeichnung, das in Kapitel 14 beschrieben wurde und in Bild 14.5 dargestellt ist.

Definition

Der Fehlerschutz bei der CD wird als CIRC – **C**ross **I**nterleaved **R**eed-Solomon-**C**ode – bezeichnet.

Ferner muss durch die Kanal- bzw. Leitungscodierung sichergestellt werden, dass die genannte minimale bzw. maximale Pit- und Land-Länge – unabhängig von der aufzuzeichnenden Audioinformation – eingehalten wird, damit das Wiedergabegerät stets synchronisieren kann: Zwecks Rückgewinnung des Taktes sollte die Anzahl der «Bitflanken» groß sein.

An den Fehlerschutz und Kanalcodierung sind darüber hinaus folgende Anforderungen zu stellen:

- Gleich- und niederfrequente Signalanteile sollten möglichst gering gehalten werden, da diese die Servomotorsysteme stören können.
- Der Kanalcode muss effizient sein, da er unmittelbar Einfluss auf die Spielzeit hat.
- Die Fehlerkorrektur darf durch die Kanalcodierung nicht z.B. durch Doppeldeutigkeiten der verwendeten Daten in der Leistungsfähigkeit eingeschränkt werden.

Bei der CD wurde als Lösung eine rahmenorientierte, gepackte Aufzeichnung gewählt. Der Datenstrom wird dann als EFM-Signal (**E**ight-to-**F**ourteen-**M**odulation) auf die CD geschrieben.

Merksatz

Zur Aufzeichnung der Daten auf CD wird die EFM – Eight-to-Fourteen-Modulation – verwendet.

Dazu erfolgt die nachfolgend beschriebene Signalverarbeitung des Audiosignals: Die 16 Bit eines Abtastwertes eines Audiokanals werden in 2×8 Bit aufgeteilt und in 14-Bit-Blöcke geschrieben. Die 6 restlichen Bits dieser Blöcke werden jeweils so aufgefüllt, dass mindestens zweimal und höchstens zehnmal ein 0-Bit in den 14 Bit enthalten ist. Nachfolgend werden 3 Trennbits eingefügt.

Merksatz

Pro halben Abtastwert werden bei der CD 17 Bit aufgezeichnet. Diese 17 Bit bilden ein Symbol.

Die Aufzeichnung der Bits erfolgt in *Rahmen bzw. Frames*. Ein derartiger EFM-Rahmen, der in Tabelle 15.1 dargestellt ist, hat 588 Bit und enthält:

- 24 Bit zur Synchronisation,
- 8 Bit für Anzeige und Kontrolle,
- 24 Audiosymbole, aufgeteilt in 2 × 12 Audiosymbole,
- 8 Symbole zur Korrektur der Audiosymbole, aufgeteilt in 2 × 4 Korrektursymbole.

EFM-Rahmen	Audiobits	EFM-modulierte Bits	Trennbits	Kanalbits
Synchronisation (24 Bit)			3	27
Kontrolle und Anzeige (8 Bit)		14	3	17
12 Symbole Audiodaten	12 x 8	12 x 14	12 x 3	204
4 Symbole FEC	4 x 8	4 x 14	4 x 3	68
12 Symbole Audiodaten	12 x 8	12 x 14	12 x 3	204
4 Symbole FEC	4 x 8	4 x 14	4 x 3	68
			Summe	588 Bit

Das *Synchronisationsmuster* bestimmt den Beginn eines Frames. Die 8 Nutzbits zur Kontrolle und Anzeige werden als (8) *Subchannel* mit den Buchstaben P, Q, R, S, T U, V, W bezeichnet. Diese Bits werden kanalweise über 98 Frames zusammengezogen, d.h., es existieren dadurch 8 Kanäle mit jeweils 98 Bit (P- bis W-Kanal), von denen jeweils 72 Bit als Nutzinformation verwendbar sind. Bei der CD-DA sind nur die Subchannel P und Q von Interesse:

- Im P-Kanal wird der Start eines Musikstückes angegeben: 1-Pegel vor und zwischen den Musikstücken und 0-Pegel während des Musikstückes. Dadurch ist auch eine Unterscheidung zur Daten-CD möglich.
- Im Q-Kanal werden Informationen zur Ablaufsteuerung und Anzeige im Wiedergabegerät übertragen.

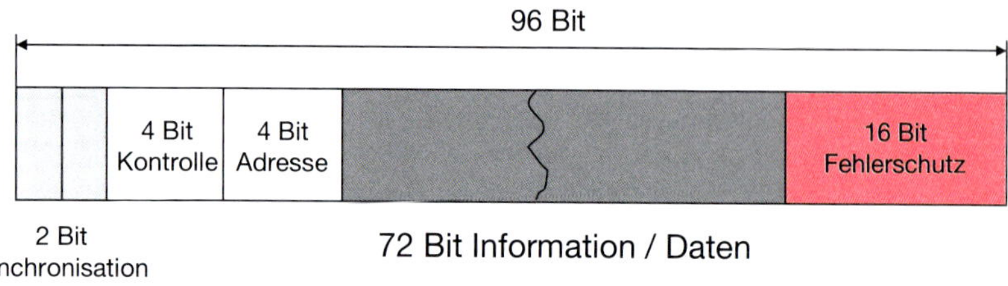

Bild 15.3 Rahmenaufbau des Q-Kanals

Den Rahmenaufbau des Q-Kanals zeigt Bild 15.3. Die 4 *Kontrollbits* kennzeichnen die Anzahl der Audiokanäle und der verwendeten Audio-Preemphase. Die Adressbits legen den Datenmodus fest:

- *Modus 1:* Angaben über Anzahl der Stücke, Indizierung (Nummer), Dauer,
- *Modus 2:* Katalogisierung der CD,
- *Modus 3:* Identifizierungsmöglichkeit der Aufnahme, z.B. ISBN-Nummer.

Da der Inhalt des Subchannel vom eigentlichen Rahmen unabhängig ist und nach dem Schutz der Audiodaten eingesetzt wird, erfolgt ein *eigener Fehlerschutz* im pro Subchannel in Form eines CRC – Cyclic Redundancy Check.

Wie Tabelle 15.1 zu entnehmen, werden jeweils 12 Symbolen mit je 8 Bit Daten 4 Symbole zur Korrektur beigefügt. Dieses ist ausreichend, um typischen Fehlermustern durch Kratzer oder Verschmutzungen entgegenwirken zu können. Die Vielzahl von Schutzmaßnahmen und die Zusatzinformationen führen zur genannten Gesamtdatenrate von 4,3218 Mbit/s, die wie folgt berechnet werden kann:

Audiodatenstrom: $2 \cdot 16\ \text{Bit} \cdot 44{,}1\ \text{kHz} = 1{,}4112\ \text{Mbit/s}$.

Datenstrom ohne EFM: Audiodatenstrom + Kontrolle / Anzeige + Fehlerschutz:

$$\frac{192\ \text{Bit}}{(192 + 8 + 2 \cdot 4 \cdot 8)} = \frac{1{,}41112\ \text{Mbit/s}}{x} \Rightarrow x = 1{,}94\ \text{Mbit/s} \qquad \text{(Gl. 15.2)}$$

Damit ergibt sich die *Kanaldatenrate* von:

$$\frac{192\ \text{Bit}}{588\ \text{Bit}} = \frac{1{,}4112\ \text{Mbit/s}}{x} \Rightarrow x = 4{,}3218\ \text{Mbit/s} \qquad \text{(Gl. 15.3)}$$

Aus der Kanaldatenrate kann die Blockdatenrate (Dataframerate) ermittelt werden:

$$\frac{4{,}3218\ \text{Mbit/s}}{588\ \text{Bit/Block}} = 7350 \frac{\text{Blocks (Frames)}}{s} = \frac{f_A}{6} = \frac{44{,}1\ \text{kHz}}{6} \qquad \text{(Gl. 15.4)}$$

Die sich durch die P-W-Kanäle ergebende Subchannel-Datenrate folgt zu:

$$7350 : 98 = 75 \text{ Hz} \quad \text{(Gl. 15.5)}$$

Teilt man diesen Wert durch 75, so ergibt sich 1 Hz. Diese abgeleitete Größe wird verwendet, um die 1-Sekunden-Spielzeitanzeige des CD-Players anzusteuern, d.h., alle Anzeigen des Endgerätes sind unmittelbar auf die gelesene Datenrate der aufgezeichneten Information zurückführbar.

Wie bereits erwähnt, hat die CD 3 Datenbereiche (s. Bild 15.1). 1 Track repräsentiert bei der CD-DA ein Musikstück und besteht aus 300 Sektoren, allerdings kann die CD-DA auch mit einem Track beschrieben werden; in diesem Fall gibt es jedoch keine Möglichkeit, Titel gezielt bei der Wiedergabe auszusuchen.

15.1.3 CD-Standards

Die CD-Standards sind in den *Colored Books* festgelegt, in denen die logische Aufteilung der Formate, anwendungsspezifische und anwendungsunabhängige Themen behandelt werden.

Anwendungsspezifische Themen sind:

- Kontrollsystem, d.h. Datenverwaltung, Audio- und Datentracks,
- Anzeigesystem, d.h. wie werden die Subchannels R bis W genutzt,
- Dateisystem, d.h. Definition des Dateisystems bei Daten-CDs,
- Sektor-Management, d.h. Struktur des Sektorformates,
- Datenrepräsentation, z.B. Datenreduktionsverfahren bei Audio-/Video-CDs.

Als *anwendungsunabhängige* Themen werden bezeichnet:

- Fehlererkennung und Korrektur,
- Modulationsverfahren, z.B. EFM,
- physikalische Eigenschaften, z.B. Größe, Reflexionseigenschaften, Fehlerraten, optische Materialeigenschaften, Umdrehungszahl.

Alle Colored Books sind ähnlich aufgebaut, allerdings sind nicht in allen Standards Angaben zu allen aufgeführten Fragestellungen zu finden.

Das digitale Dateisystem für Daten-CDs richtet sich nach der ISO 9660. Damit steht ein einheitliches Organisationsschema der Daten zur Verfügung, so dass eine Anpassung an die Wiedergabemöglichkeiten z.B. in verschiedenen Computern oder in Spielekonsolen durch Treiber-Programme erfolgen kann. Dieses Dateisystem legt fest:

- Verzeichnisse, Unterverzeichnisse, Pfade auf der CD,
- die maximale Anzahl von 8 Verzeichnisebenen und
- erlaubt beliebige Dateinamenlängen.

Die wesentlichen Kenndaten und Anwendungsbereiche der CD-Standards sind in Tabelle 15.2 zusammengefasst.

Tabelle 15.2 CD-Standards und Anwendungsbereiche

Standard	Kenndaten	Anwendungen
Red Book: CD-DA	2 · 44,1 kHz 16 Bit linear	Digital Audio
Yellow Book: CD-ROM	Zusätzliche Fehlererkennung Zusätzliche Fehlerkorrektur ISO 9660 XA: Extended Architecture	*CD-ROM-Mode 1:* Mit zusätzlicher Fehlererkennung zur Speicherung von Computerdaten (Programmpakete)
		CD-ROM Mode 2: Ohne zusätzliche Fehlerkorrektur zur Speicherung von Audio- und Videodaten *CD-ROM XA – Form 1:* Für Programmcode mit höherem Fehlerschutz *CD-ROM XA – Form 2:* Für A/V-Daten mit höherer Datenrate, ggf. mit Datenratenreduktion für Audio- und Videosignale
Green Book: CD-Interactive (CD-I) CD-I-Ready CD-Bridge Photo-CD	*CD-I:* Wiedergabe von Video mit 360 x 240 Bildpunkten Codierung nach MPEG 1 *CD-I-Ready:* Mischung aus CD-DA und CD-I *CD-Bridge:* Verbindung von CD-ROM XA und CD-I *Photo-CD:* JPEG-Codierung Je Bild 5 Auflösungsstufen in Bildpunkten: 192 × 128, 384 × 256, 768 × 512 1536 × 1024, 3072 × 2048	*CD-I:* Spezifikation eines multimedialen Gesamtsystems für die A/V-Wiedergabe *CD-I-Ready:* Wiedergabe der Audioinformation der CD-I auf CD-DA-Wiedergabegeräten *CD-Bridge*: CD-Daten nach CD-DA-Standard und CD-I-Anwendung gemeinsam *Photo-CD:* Archiv-Format für digitale Fotos
White Book: u.a.: Video CD CD-V Sondersysteme	*Video-CD:* **MPEG-1-Video-Wiedergabe** *CD-V:* **CD-DA und Speicherung von analogem Video (ca 6 min.)** *Sondersysteme* für Hintergrundmusik	*Video-CD:* Erweiterung der CD-I speziell für Karaoke *CD-V:* Videoclips und CD-DA Sondersysteme der CD-DA z.B. in Verbindung mit MIDI-Daten, Grafiken,
Orange Book: **CD-MO** **CD-WO**	**CD-MO:** **Magnetooptische Disc** **CD-WO:** **Wiederbeschreibbare CD**	Speicherung von Daten (s. MiniDisc) Durch Anwender beschreibbare CDs

15.1.4 Compact-Disc-Wiedergabegeräte

15.1.4.1 Mechanisch-optische Abtastung

Bei der Wiedergabe wird die Pit-Struktur entlang der Signalbahn mittels Laserlicht berührungslos abgetastet. Es werden Halbleiter-Laser eingesetzt, die eine Ausgangsleistung von etwa 1 mW haben. Laserlicht ist kohärent und monochromatisch. Bei kohärentem Licht haben die einzelnen Wellenzüge gleichbleibende Phasenlagen zueinander. Treffen kohärente Lichtstrahlen unterschiedlicher Phasenlage in einem Raumpunkt zusammen, so treten Interferenzen auf, d.h., die Wellenzüge löschen sich teilweise oder auch ganz aus. Monochromatisches Licht ist Licht *einer* Wellenlänge bzw. einer Farbe. Die eingesetzten Halbleiterlaser haben eine Wellenlänge von 780 nm und liegen somit im Infrarotbereich. Im Plattenkunststoff beträgt die Wellenlänge ca. 500 nm. Der Kunststoff der Compact Disc hat einen Brechungsindex von 1,46. Die Laserstrahlen werden beim Eindringen in den Kunststoff zum dichteren Medium hin gebrochen (Bild 15.4). Der auf der Oberfläche auftreffende Laserstrahl hat einen Durchmesser von etwa 1 mm. Im Fokussierpunkt ist sein Durchmesser nur noch etwa 1 µm groß.

Merksatz

Der Laserstrahl ist auf die Informationsebene – die Pit-Struktur – fokussiert.

Die in Bild 15.4 eingezeichneten Kratzer und Staubteilchen auf der transparenten Unterseite der CD stören wenig, was vergleichbar ist mit dem Effekt beim Blick durch verschmutzte Fensterscheiben: Fokussiert man das Auge auf einen weiter entfernten Punkt, sieht man die Schmutzteilchen auf der Scheibe nicht, sondern erst, wenn man das Auge auf die Fensterscheibe fokussiert.

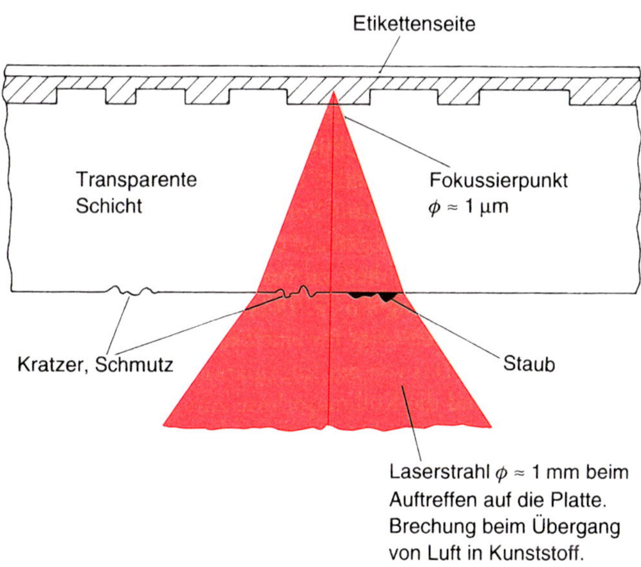

Bild 15.4
Abtastung der Pit-Struktur durch den Laserstrahl

- Der Löschvorgang dauert relativ lange im Verhältnis zu magnetischen Medien oder der Speicherung auf Halbleiterspeichern.
- Der Schreibprozess kann gegenüber einer CD-R nicht mit vergleichbarer Geschwindigkeit durchgeführt werden.
- Die Reflexivität ist mit 15 bis 20% deutlich geringer als diejenige der CD-R oder der im Pressverfahren hergestellten CD.

Aufgrund des Preisverfalls der CD-R-Rohlinge ist derzeit der Einsatz von CD-RW-Rohlingen auf wenige Anwendungsbereiche beschränkt. Es ist z.B. häufiger sinnvoller, Datenbestände auf CD-R zu sichern statt auf CD-RW, da dieses preiswerter ist und die CD-R von fast allen Geräten lesbar sind. Als löschbare Speichermedien werden für multimediale Anwendungen heute überwiegend Speicherkarten wie z.B. MMC, SD eingesetzt.

15.2 DVD-Systemfamilie

Die DVD (Digital Versatile Disc) gilt als Nachfolgesystem der CD, hat sich allerdings inzwischen vor allem als Nachfolgesystem für bespielte Videokassetten z.B. nach dem VHS-Standard etabliert. Das wesentliche Merkmal ist eine bis zu 25-fache Speicherkapazität gegenüber der CD. Die Entwicklung der DVD war u.a. von folgenden Zielen geleitet:

- Entwicklung eines Speichermediums für eine gute Bewegtbild- und Tonwiedergabe,
- gleiche physikalische Abmessungen wie die CD, z.B. gleiche Dicke und gleicher Durchmesser, um die gleichen Vervielfältigungsmaschinen nutzen zu können,
- Nutzung eines ähnlichen Kunststoffgranulats,
- Eignung für unterschiedliche Anwendungen, z.B. DVD-ROM oder DVD-Video,
- Nutzung von standardisierten Prozessen zur Datenaufbereitung, z.B. zur Audio- und Videocodierung.

Die Speicherung auf der DVD erfolgt wie bei der CD als Pits und Lands, und auch die Datenspur wird mit konstanter Relativgeschwindigkeit von innen nach außen gelesen. Die Kapazitätserhöhung erfolgt bei der DVD durch

- die *Verkleinerung* der Pits und Lands,
- die *Verringerung* des Spurabstandes,
- die Nutzung *mehrerer* physikalischer *Informationsebenen* (Layer).

Dadurch ergibt sich eine deutliche Erhöhung der Auszeichnungsdichte auf dem optischen Datenträger. Der Strukturvergleich zur CD ist in Bild 15.15 dargestellt.

Um diese Kapazität überhaupt nutzen zu können, d.h. die kleineren Strukturen auswerten zu können, wurde die Laserwellenlänge von 780 auf 650 nm reduziert. Neben der höheren Speicherdichte erlaubt die DVD einen höheren Datentransfer, d.h. eine höhere Lesegeschwindigkeit, was insbesondere für die Anwendung im Videobereich wichtig ist.

In der DVD-Systemfamilie werden verschiedene Basistypen und logische Formate unterschieden, die nachfolgend erläutert werden.

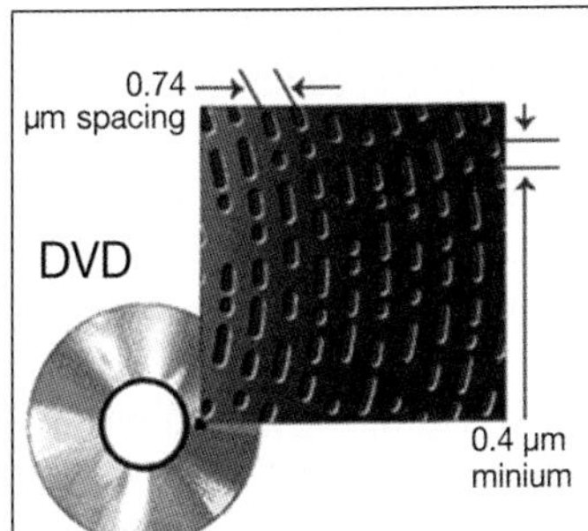

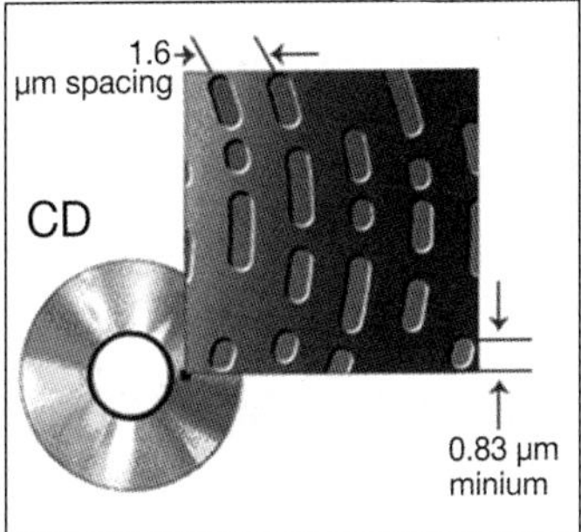

Bild 15.15
Vergleich der Pits- und Lands-Strukturen von CD und DVD

15.2.1 DVD-Basistypen

Die Standard-DVD wird wie die CD im Presswerk hergestellt. Alle DVD-Basistypen werden aus mehreren Teilen – in der Regel aus zwei Hälften – gefertigt und dann verklebt. Die mechanischen Abmessungen entsprechen denjenigen der CD. Auch die Dicke der DVD beträgt wie bei der CD 1,2 mm.

Als Basistypen werden unterschieden:

- DVDs mit *einer* Informationsschicht, *einseitig* lesbar,
- DVDs mit *zwei* Informationsschichten, *einseitig* lesbar,
- *doppelseitige* DVDs mit jeweils *einer* Informationsschicht, *beidseitig* lesbar,
- *doppelseitige* DVDs mit jeweils *zwei* Informationsschichten, *beidseitig* lesbar.

Neben diesen vier «typischen» DVDs gibt es als wesentliche Vertreter noch DVD-R, DVD-RW für die einmalige bzw. löschbare Aufnahme (wie CD-R und CD-RW) und die DVD-RAM für schnell löschbare Aufnahmen, die nachfolgend erläutert werden. Wesentliche technische Daten der DVD sind in Tabelle 15.4 zusammengestellt.

Tabelle 15.4 Technische Daten der DVD

Dicke der DVD	1,2 mm
Durchmesser	80 mm oder 120 mm
Lochdurchmesser	15 mm
Abstand der Layer (z.B. DVD 9)	55 µm
Lead-In-Durchmesser	45,2 – 48 mm
Datenbereich	48 – 116 (bei 120 mm Ø) 48 – 76 mm (bei 80 mm Ø)
Lead-Out-Bereich	Datenbereich + 2 mm
Reflexivität	SL: 45 – 85 %[1)] DL: 18 – 30 %
Laserwellenlänge	650 oder 635 nm
Pit-Länge	0,4 – 1,866 µm (SL) 0,44 – 2,054 µm (DL)
Spurabstand	0,74 µm
Rotationsgeschwindigkeit	570 bis 1630 min^{-1}
Abtastgeschwindigkeit	3,49 m/s (SL); 3,84 m/s (DL)

[1)] SL: Single-Layer-DVD (eine Informationsschicht) DL: Double-Layer-DVD (zwei Informationsschichten)

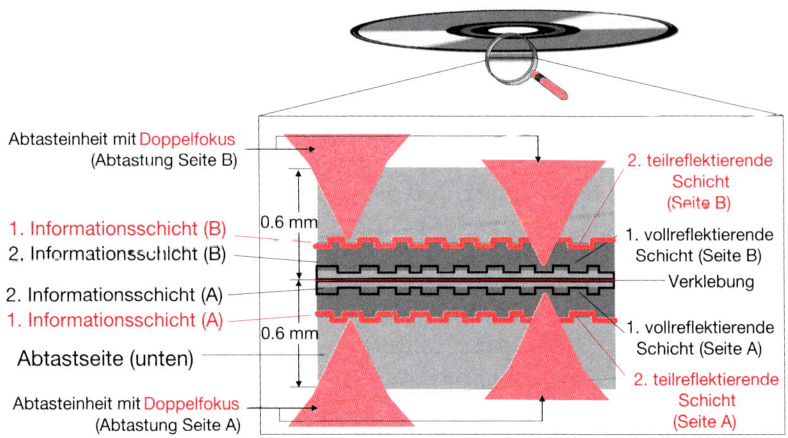

Bild 15.19 Aufbau der DVD-18 mit 17 GByte Speichervolumen

Tabelle 15.5 DVD-Standards und Speicherkapazitäten

Name	Durchmesser	in-/doppelseitig	Informationsebenen	Kapazität
DVD-5	12 cm	Einseitig	Eine	4,7 GByte
DVD-9	12 cm	Einseitig	Zwei	8,5 GByte
DVD-10	12 cm	Doppelseitig	Eine	9,4 GByte
DVD-18	12 cm	Doppelseitig	Zwei	17 GByte
DVD-1	8 cm	Einseitig	Eine	1,4 GByte
DVD-2	8 cm	Einseitig	Zwei	2,7 GByte
DVD-3	8 cm	Doppelseitig	Eine	2,9 GByte
DVD-4	8 cm	Doppelseitig	Zwei	5,3 GByte

15.2.2 DVD – Datenorganisation und Codierung

Aufgrund der Vielzahl unterschiedlicher Anwendungsmöglichkeiten für die DVD ist die Organisation der Nutzdaten bei der DVD – ähnlich wie bei den Colored-Book-Varianten der CD – abhängig von der jeweiligen Anwendung. Die Datenaufbereitung im Hinblick auf Fehlerschutz und Kanalcodierung ist eine Weiterentwicklung der bei der CD verwendeten Verfahren. Im Gegensatz zur EFM bei der CD wird bei der DVD ein *EFMPlus* genanntes Verfahren eingesetzt, was eigentlich eine Eight-to-Sixteen-Modulation (*8/16-Modulation*) darstellt. Der Hintergrund zur Wahl dieses Verfahrens ist der gleiche wie bei der CD: Vermeidung von Gleichanteilen und gute Synchronisationsmöglichkeit des Wiedergabegerätes. Ferner wurde der Reed-Solomon-Fehlerschutz an die Belange der höheren Speicherdichte angepasst (s. Kapitel 8). Die Leistungsfähigkeit ist so hoch, dass Bündelfehler, die einer Länge von max. 6,5 mm auf ein Duallayer-DVD (z.B. DVD-9) entsprechen, korrigiert werden können, im Vergleich zu einer Korrekturfähigkeit bei der CD von 2,4 mm. Die aufgezeichnete Gesamtdatenrate auf der DVD beträgt 26,16 Mbit/s. Die 8/16-Demodulation führt auf 13,08 Mbit/s, und nach der Fehlerkorrektur steht ein Gesamtnutzdatenstrom von konstant 11,08 Mbit/s zur Verfügung, der auf verschiedene Bereiche aufgeteilt werden kann, z.B. Video, Audio, Grafik und Zusatzinformationen.

Im Gegensatz zur CD gibt es DVD-Typen, die mehrere Informationsschichten aufweisen, die von *einer* Seite gelesen werden (z.B. DVD-9). Für die Datenorganisation wurden daher zwei Varianten festgelegt, wie die Daten auf die beiden Informationsschichten verteilt werden:

- Im Fall des OTP (***Opposite Track Path***) (Bild 15.20a) erfolgt das Lesen der ersten Informationsschicht (Layer 0) von innen nach außen, und sofern eine zweite Schicht (Layer 1) existiert, wird diese von außen nach innen (geschrieben und) gelesen.
- Bei PTP (*Parallel Track Path*) (Bild 15.20b) werden beide Informationsschichten von innen nach außen (geschrieben und) gelesen.

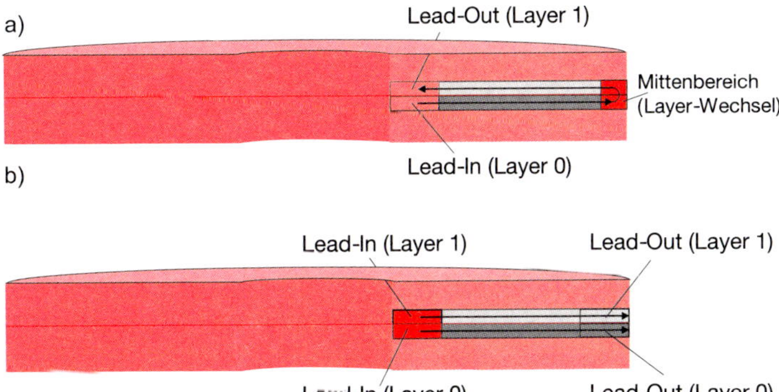

Bild 15.20 OTP und PTP – Varianten der Datenspeicherung auf der DVD

Das bedeutet, dass bei OTP Lead-In-Bereich und Lead-Out-Bereich innen liegen, während bei PTP – wie auch bei der CD – der Lead-In-Bereich innen und der Lead-Out-Bereich außen liegt und beide Bereiche zweimal vorhanden sind.

Die OTP-Variante wird vor allem bei der DVD-9 für Spielfilme verwendet, damit ein möglichst schnelles, unterbrechungsfreies Umschalten zwischen den Spuren am Ende des Layer 0 während der Wiedergabe möglich ist. Dadurch muss die Zeit der mechanischen Verschiebung der Abtasteinheit bei einer kontinuierlichen Wiedergabe nicht durch einen großen Pufferspeicher ausgeglichen werden. Eine umfassende Darstellung der Datenorganisation der DVD findet sich in [37].

15.2.3 DVD-Anwendungen – DVD-Video, DVD-Audio und DVD-ROM

Die logischen DVD-Formate beschreiben die Anwendungsbereiche der DVD: DVD-Video, DVD-Audio und DVD-ROM. Nachfolgend werden die wesentlichen Eigenschaften und Möglichkeiten der einzelnen DVD-Formate beschrieben.

15.2.3.1 DVD-Video

Im Gegensatz zu einer bespielten Videokassette umfasst die DVD-Video eine Anwendung bzw. *Applikation,* d.h., sobald eine DVD-Video in das Abspielgerät gesteckt wird, erscheint ein Inhaltsverzeichnis bzw. ein Menü zur Bedienerführung. Neben der

Bedienerführung erlaubt die Anwendung eine Vielzahl von zusätzlichen Einstellungen und Optionen, die für individuelle DVD-Videos genutzt werden können, u.a.:

- Unterstützung des 625- und des 525-Zeilen-Standards,
- benutzerseitige Wahl des Bildseitenverhältnisses bei der Wiedergabe von 4 : 3 oder 16 : 9,
- einen wahlfreien Zugriff auf unterschiedliche Szenen des Videos direkt aus dem Menü;
- es besteht die Möglichkeit, bis zu 9 verschiedene Kameraperspektiven (multi angle view) zu speichern, zwischen denen stoßfrei umgeschaltet werden kann;
- es werden bis zu 8 Tonkanälen unterstützt, wobei jeder Kanal Surround-Sound im 5.1-Format enthalten kann;
- es gibt die Möglichkeit für bis zu 32 Untertitelkanäle;
- eine Zugriffskontrolle für bestimmte Passagen der Inhalte («parental control») kann vorgesehen werden.

Videosignalverarbeitung
Eine DVD-5 hätte für ein digitales Studiovideosignal nach ITU-R 601 eine ungefähre Speicherkapazität von 6 Minuten (s. Kapitel 11). Für die Speicherung auf der DVD-Video wird daher das MPEG-2 Datenraten-Reduktionsverfahren eingesetzt (s. Kapitel 12). Im Unterschied zu Anwendungen im TV-Rundfunk wurde für die DVD von vorneherein eine variable Datenrate vorgesehen. Dadurch besteht eine Anpassungsmöglichkeit der Datenrate z.B. an die Szenen eines Spielfilms und damit eine Optimierung der Gesamtbildqualität.

Merksatz
Die maximale Datenrate für das Videosignal ist bei der DVD-Video 9,8 Mbit/s.

Als GOP-Länge wird im 625-Zeilen-Format maximal 15, im 525-Zeilen-Format maximal 18 gewählt. Die mittlere Datenrate liegt bei ca. 4...5 Mbit/s, so dass die durchschnittliche Spielfilmlänge von ca. 135 Minuten auf einer DVD-5 gespeichert werden kann. Ferner wird, abgeleitet aus dem MPEG-2-Standard, auch die Wiedergabe von MPEG-1-Signalen (ISO 11172) z.B. für Lern-DVDs unterstützt.

Die DVD erlaubt spezielle Wiedergabemodi, wie z.B. die einwandfreie Wiedergabe von Standbildern und Zeitlupe, den sichtbaren schnellen Vorlauf und den Zeitraffer. Der sichtbare Rücklauf ist aufgrund des verwendeten Datenraten-Reduktionsverfahrens nur schwierig und daher häufig nicht ruckfrei realisierbar.

Szenenwahl
Aufbauend auf dem nahtlosen Umschalten zwischen Szenenteilen lassen sich verschiedene Kameraperspektiven realisieren.

Anwendungsbereiche hierfür sind z.B.:

- Dokumentationen über Filmproduktionen,
- Sportberichterstattungen (Fußball, Formel 1),
- spezielle Filmproduktionen,
- neue Möglichkeiten der Dramaturgie z.B.:
  - Darstellung von Szenen zu unterschiedlichen (Jahres-)Zeiten,
  - Darstellung von Inhalten aus unterschiedlichen Sichtweisen.

Grundsätzlich beschränken diese zusätzlichen Informationen die speicherbare Filmlänge, d.h., da das speicherbare Gesamtvolumen konstant ist, führen zusätzliche Filme (z.B. Perspektiven) oder auch umfangreiche Menüs und eine Vielzahl von verschiedenen Tonkanälen zu einer Reduzierung der speicherbaren Gesamtspielzeit.

Grafiken und Untertitel

Merksatz

Im DVD-Video-Format werden maximal 32 Untertitelkanäle unterstützt, die als unabhängige Grafik-Kanäle zu verstehen sind. Diese Grafiken können überall auf dem Bildschirm auftreten.

Die maximale Darstellung pro Kanal erlaubt 720 Pixel · 480 Zeilen und 4 Farben pro Bild, d.h., die Bildfarbe kann von Bild zu Bild (25 bzw. 30 Bilder/s) wechseln. Typische Inhalte für diese Grafiken sind z.B.:

- Menüführung mit «Highlights»,
- traditionelle, mehrsprachige Untertitel zum Film,
- beliebige Grafiken oder Symbole in z.B. Japanisch für Karaoke,
- animierte Diagramme z.B. über zusätzliche Statistiken,
- Zeiger und Pfeile, um auf etwas deuten zu können,
- einfache Animationen und Festlegung aktiver Bereiche beispielsweise in Videospielen.

Wie bereits erwähnt, führt jede zusätzliche Grafik dazu, dass der Platz für das aufzuzeichnende Video geringer wird. Ein umfangreiches Menü mit vielen Grafiken und Animationen sowie eine Vielzahl von Untertiteln kann also dazu führen, dass eine DVD-5 nicht mehr für eine Spielfilmaufzeichnung ausreicht und auf eine DVD-9 übergegangen werden muss.

Audiowiedergabe

Die Optionen für die Audiowiedergabe bei der DVD-Video sind sehr umfangreich und erlauben eine Vielzahl von Wiedergabevarianten. Es können grundsätzlich 8 unabhängige Tonkanäle, z.B. für unterschiedliche Sprachen, aufgezeichnet werden. Jeder dieser Tonkanäle kann 8 Tonsignale z.B. für eine 7.1-Aufzeichnung (s. Kapitel 5) enthalten. Es sind Verfahren ohne und mit Datenratenreduktion vorgesehen. Eine Übersicht über die Audiomöglichkeiten der DVD-Video gibt Tabelle 15.6. Insbesondere verschiedene Ton-Optionen auf einer DVD können die speicherbare Gesamtspielzeit nachhaltig reduzieren.

Weitere Optionen

Die DVD-Video erlaubt eine mehrstufige Menüführung des Benutzers als Bildschirmmenü (*OSD – On Screen Display*), wodurch dieser z.B. eine Auswahl von Programminhalten, eine Auswahl von verschiedenen Versionen des Inhaltes (z.B. deutsch/englisch) oder eine Auswahl von enthaltenen Zusatzinformationen durchführen kann. Die Menüs selber werden, wie bereits bei den Untertiteln erläutert, als Grafiken «über den Film» gelegt (Overlay).

Tabelle 15.6 Audiospezifikationen der DVD-Video

Audiovarianten	Vorgesehene technische Parameter
Ohne Datenratenreduktion	Abtastrate: 48 kHz oder 96 kHz, Quantisierung: 16, 20 oder 24 Bit
Datenratenreduktion nach MPEG-Audio-Layer II:	MPEG 2 (ISO/IEC 13818-3) 5.1 und 7.1 surround (48 kHz) MPEG 1 (ISO/IEC 1117-3) Stereo (44,1 kHz) für Lern-DVDs Datenraten: 32 kbit/s - 192 kbit/s (Mono), 64 kbit/s – 384 kbit/s (Stereo) 384 kbit/s für 5.1-Kanal Mehrkanalvarianten auf der DVD, vgl. Kap. 5: 1-Kanal-Mono (1/0); 2-Kanal-Stereo (2/0), 2-Kanal+1 Surround (2/1); 2-Kanal+2 Surround (2/2), 3-Kanal vorn; 3-Kanal+1 Surround (3/1); 3-Kanal+ 2 Surround (3/2) 5.1-Kanal: 3 Lautsprecher vorn, 2 hinten (surround), 1 subwoofer 7.1-Kanal: 5 Lautsprecher vorn; 2 hinten (surround), 1 subwoofer
Datenratenreduktion nach Dolby-Digital (AC-3):	5.1 surround und Dolby-Stereo-Prologic Datenraten: 64 kbit/s – 448 kbit/s 384 kbit/s für 5.1-Kanal Mehrkanalvarianten wie bei MPEG-Audio-Layer II zusätzlich 3-Kanal-Stereo (3/0) (links, mitte, rechts)

Eine wichtige Option ist der *Parental Code,* wodurch Inhalte gekennzeichnet werden und deren Wiedergabe nur bei Eingabe eines Passwortes möglich sind. Die Kennzeichnung kann durch den Nutzer oder bereits durch den Produzenten erfolgen, d.h., gekennzeichnete Szenen werden bei der Wiedergabe dann automatisch übersprungen, sofern kein spezielles Passwort eingegeben wird.

Die Vorgaben z.B. zum Jugendschutz sind länderspezifisch, deshalb sind die diesbezüglichen Randbedingungen insbesondere bei DVD-Videos, die unverändert in verschiedenen Ländern erscheinen, zu beachten.

Mit dem *Regionalcode* kann die Abspielbarkeit der DVDs länderspezifisch begrenzt werden. Das Wiedergabegerät überprüft den Code auf der DVD, und ein Abspielen ist nur bei einem gleichen Code von Player und DVD möglich. Das Ziel des Regionalcodes ist es, die weltweite Verbreitung von Filmen auf DVD zu regeln und die Verwertungskette (z.B. Kino, DVD, TV) einzuhalten. Folgende Regionalcodes, die gleichzeitig der Reihenfolge in der Veröffentlichung entsprechen, wurden festgelegt:

- ❑ 1 = USA und Kanada
- ❑ 2 = Europa, Japan, Süd Afrika
- ❑ 3 = Ferner Osten (ohne Japan, China)
- ❑ 4 = Australien, Neuseeland, Südamerika, Mexiko
- ❑ 5 = Afrika, Russland, Indien
- ❑ 6 = China
- ❑ 0 = Ohne Einschränkung abspielbar z.B. Schiffe

Durch die Programmierung der Anwendung können auch bevorzugte Einstellungen im Endgerät signalisiert werden, wie z.B. die Sprachauswahl und das Bildseitenverhältnis. Ferner kann festgelegt werden, dass bestimmte Bereiche eines Videos nicht übersprungen werden können: Die Möglichkeiten des Nutzers, über die Fernbedienung des Abspielgerätes eingreifen zu können, werden dabei abgeschaltet.

Kopierschutzverfahren

Im Unterschied zur CD wurden bei der DVD von Beginn an Kopierschutzverfahren vorgesehen, die ein unberechtigtes Vervielfältigen der DVD-Inhalte erschweren sollen. Auch dieser Kopierschutz ist optional und muss nicht vom Anbieter verwendet werden. Vorgesehen sind:

- analoger Macrovision-Kopierschutz z.B. für die Überspielung auf VHS,
- digitaler Kopierschutz (*CGMS – Copy Generation Management System*),
- verschlüsselte Speicherung des Inhaltes (*CSS, Content Scrambling System*).

Der *Macrovision-Kopierschutz* soll Überspielungen z.B. auf VHS erschweren. Das Verfahren stört den Aufnahmeprozess durch zusätzliche Signale im nicht sichtbaren (Synchron-)Bildbereich und ist normalerweise nur wirksam bei Videorecordern, d.h., TV-Geräte sollten nicht auf diese Signale reagieren. Es werden die Verfahren *AGC* (*Automatic Gain Control*) und «*Colorstripe*» unterschieden, die zu Farbfehlern, Schwarzweiß-Bildern und Helligkeitsstörungen im kopierten Signal führen. Auf der DVD wird bei der Erstellung der Anwendung gespeichert, ob ein Videoteil mit diesem Schutz versehen werden soll. Dieser wird dann *im Player* ein- bzw. ausgeschaltet, d.h., der Anbieter der DVD bestimmt, ob AGC und / oder Colorstripe eingesetzt werden soll. Dieses relativ einfache Kopierschutzverfahren funktioniert für den genannten Bereich zufriedenstellend, wirkt jedoch nur auf das PAL (NTSC) bzw. das S-VHS-Ausgangssignal.

Ziel des *digitalen Kopierschutzes* (*CGMS – Copy Generation Management System*) ist der Schutz gegen unerlaubte digitale Kopien der Inhalte. Es kann z.B. durch das Einbetten nicht sichtbarer digitaler Videosignalanteile in das aufgezeichnete Videosignal («Wasserzeichen») realisiert werden. Diese eingebetteten Signale teilen dem DVD-Wiedergabegerät mit, ob und wie viele Kopien des Inhaltes erlaubt sind. Das kopierende System interpretiert diese Information und kann den Kopierprozess dann ggf. sperren. Das CGMS lässt die Erstellung von Kopien für den persönlichen Gebrauch zu, verhindert also nicht den Kopierprozess selbst.

Eine *verschlüsselte Speicherung* der Inhalte erlaubt das *CSS* (*Content Scrambling System*), wodurch die digitale Kopie erschwert wird. Der Schlüssel ist in einem nicht direkt adressierbaren Teil der DVD versteckt und kann daher vom Anwender nicht ausgelesen werden. Die Wiedergabegeräte haben eine Entschlüsselungseinheit, die diesen Schlüssel liest und die Wiedergabe der Inhalte erlaubt. Das CSS-Verfahren gilt heute nicht mehr als sicher, d.h., es existieren Computerprogramme, die trotz der Verwendung von CSS eine digitale Kopie der DVD ermöglichen.

15.2.3.2 DVD-Audio

Die Spezifikationen für den Audiobereich bei der DVD-Video sind für die meisten Anwendungen ausreichend (s. Tabelle 15.6). Die Nutzung der DVD-Video-Spezifikation für reine Audioanwendungen erfordert allerdings die Erzeugung eines «Videodatenstroms» mit einem geringen Videoanteil, z.B. für Menüs oder eine Diaschau. Dann ist die Ausnutzung der überwiegenden Speicherkapazität mit Audiosignalen nach dem DVD-Video-Standard möglich.

Die Ziele der speziellen DVD-Audio-Festlegungen waren:

- Erhöhung der Zahl der Übertragungskanäle gegenüber der CD,
- Erhöhung der technischen Übertragungsqualität für hochqualitative Anwendungen.

Eine Verlängerung der Spielzeit gegenüber der CD spielte hingegen aus Sicht der Anwendungen eine untergeordnete Rolle. Der DVD-Audio-Standard sieht einen großen Spielraum vor, d.h., es können verschiedene Systeme der Audiotechnik auf der DVD-Audio eingesetzt werden. Das hat zur Folge, dass ein DVD-Video-Abspielgerät eine DVD-Audio in der Regel *nicht* wiedergeben kann, da diesem die technischen Merkmale fehlen. In Tabelle 15.7 sind die Varianten der Audiospeicherung der DVD-Audio zusammengefasst.

Tabelle 15.7 Spezifikationen der DVD-Audio

Audiovarianten	Vorgesehene technische Parameter
Ohne Datenratenreduktion	Abtastrate: 44,1 kHz 48 kHz, 96 kHz, 192 kHz Quantisierung: 16, 20 oder 24 Bit maximal 8 Kanäle, optional MLP – Meridian Lossless Packing
Datenratenreduktion nach MPEG-Audio-Layer II:	MPEG 2 (ISO/IEC 13818-3) und MPEG 1 (ISO/IEC 1117-3) Datenraten: 32 kbit/s … 768 kbit/s Mehrkanalvarianten wie bei DVD-Video
Datenratenreduktion nach Dolby-Digital (AC-3):	Alle Varianten bis 448 kbit/s Mehrkanalvarianten wie bei DVD-Video
DSD – Direct Stream Digital	Verfahren der Audiocodierung von Philips und Sony mit hoher Datenrate (2,8224 Mbit/s) alternativ zur CD-Technik
DTS – Digital Theatre System	Mehrkanaltonverfahren der Fa. DTS Vergleichbar zu Dolby Digital Datenraten: 64 kbit/s … 1536 kbit/s Formate: 1/0, 2/0, 3/0, 2/1, 2/2, 3/2 mit Subwoofer (entspricht 5.1)

Neben den Audioinformationen in sehr hoher Qualität können auf einer DVD-Audio Zusatzinformationen gespeichert werden, z.B.:

- aktuelle Informationen über das Stück (z.B. Noten) oder die Künstler,
- mehrsprachige Audioaufnahmen (z.B. Theater, Hörspiele),
- zusätzliche Standbilder als selbst konfigurierbare Diaschau,
- Bewegtbilder (Video) – konform zum DVD-Video-Standard, wobei MPEG-2 und MPEG-1 unterstützt werden.

Die Varianten der DVD-Audio führen auf sehr unterschiedliche Spielzeiten bei einer DVD-5:

- bei 2 Kanälen mit 192 kHz / 24 Bit => 64 min Spielzeit,
- 5 Kanäle 96 kHz / 20 Bit => 61 min Spielzeit,
- 3 Kanäle 96 kHz / 24 Bit + 2 Kanäle 48 kHz / 20 Bit => 43 min Spielzeit,
- 1 Kanal 44,1 kHz / 16 Bit => 8 Stunden Spielzeit,
- Dolby Digital 5.1 => ca. 35 Stunden Spielzeit.

Ein Grundproblem der DVD-Audio ist die mangelnde Kompatibilität zur CD, wodurch sich Einschränkungen in der Nutzung ergeben: Es können keine Aufnahmen im Auto oder in portablen Wiedergabegeräten abgespielt werden, die häufig einen geringeren (CD-) Qualitätsanspruch haben. Die Berücksichtigung dieser Nutzeranforderungen führte zur Entwicklung eines *DVD-Derivates* – der ***Super-Audio-CD (SACD)***.

15.2.3.3 Super-Audio-CD (SACD)

Die Super-Audio-CD ist eine Mischung aus CD und DVD und ähnlich aufgebaut wie eine DVD-9. Es erfolgt eine *einseitige Abtastung zweier Layer*. Das CD-Wiedergabegerät liest den CD-Teil, und der SACD-Spieler kann auch die hochqualitativere Information des 2. Layers auswerten. Auf diesem ist dieselbe Information wie auf dem CD-Layer gespeichert, allerdings in einer technisch hochwertigeren Qualität. In Bild 15.21 ist der Aufbau einer Super-Audio-CD dargestellt.

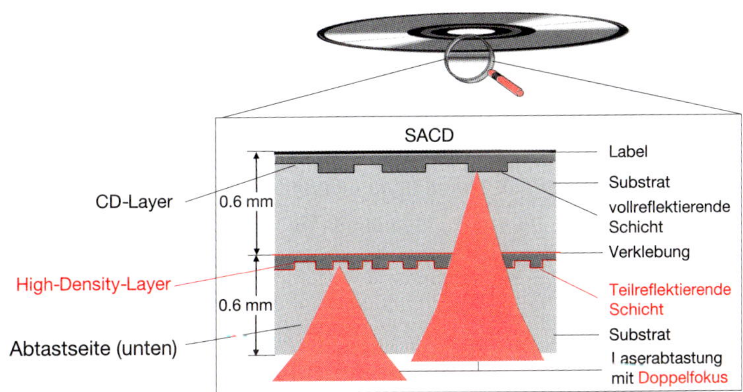

Bild 15.21 Aufbau einer Super-Audio-CD (SACD)

Der CD-Layer ist voll reflektierend, während der Hochdichte-Layer (High-Density Layer) für eine Laserwellenlänge des SACD-Spielers von 650 nm reflektierend und für den Abtastlaser eines CD-Spielers mit 780 nm Wellenlänge transparent ist. Gerade diese Anforderung stellt die Kompatibilität zum CD-Spieler sicher: Der Abtastprozess des CD-Spielers soll durch die transparente Zwischenschicht möglichst nicht gestört werden.

15.2.3.4 DVD-ROM

Als DVD-ROM wird die *Anwendung* in Form einer reinen Datenspeicherung bezeichnet, wie sie z.B. zur Verteilung großer Datenmengen bei Programmpaketen oder Computerspielen erforderlich ist. Als Datenspeicher wird die DVD-ROM aufgrund der höheren Speicherkapazität, der höheren Zugriffsgeschwindigkeit und der höheren Datensicherheit die CD-ROM als Speichermedium ersetzen. DVD-ROM-Laufwerke können auch DVD-Videos abspielen. Hier kommt zum Tragen, dass ein logisches hybrides Speicherformat gewählt wurde: UDF-Bridge (Universal Disc Format) – eine Verbindung aus ISO 9660 als Standard der CD-ROM und m-UDF (Micro-UDF). Dadurch wird die Lesbarkeit einer DVD-ROM von verschiedenen Rechnern unterschiedlicher Betriebssysteme sichergestellt. Dabei ist zu bemerken, dass – bezogen auf das aufgezeichnete Speicherformat – *alle* DVD-Varianten DVD-ROM-Formate sind. [37]

15.2.4 Herstellung der DVD und SACD

15.2.4.1 Herstellung im Matrizen-Spritzgussverfahren

Wie die CD werden die DVD und SACD im Matrizen-Spritzgussverfahren bzw. Spritz-Prägeverfahren hergestellt. Die beiden Hälften werden in getrennten Maschinen geprägt und anschließend nach der Metallisierung miteinander verklebt. Diese Verklebung erfolgt mit UV-Licht aushärtendem Kleber. Die eine Hälfte der DVD-5, die keine Information enthält, wird nur sehr dünn metallisiert. Vollreflektierende Schichten werden wie bei der CD aus Aluminium hergestellt. Nachdem zunächst eine Metallisierung der teilreflektierenden Schichten mit Gold erfolgte, wurden danach aus Kostengründen Experimente mit teilreflektierenden Siliziumbedampfungen durchgeführt. Allerdings wurden durch diese Technik die Beschichtungsmaschinen sehr schnell verschmutzt. Inzwischen kann auch die teilreflektierende Schicht in Aluminium ausgeführt werden. Der Herstellungsprozess ist prinzipiell in Bild 15.22 dargestellt.

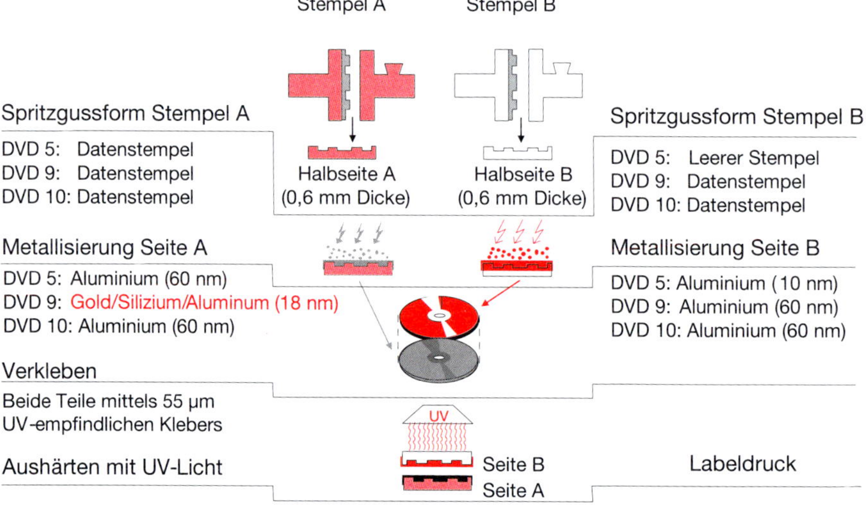

Bild 15.22 DVD- und SACD-Herstellungsprozess

15.2.4.2 Beschreibbare DVDs

Insgesamt sind, aufgrund unterschiedlicher Speicherverfahren und der Lizenzsituation der Hersteller, sechs verschiedene beschreibbare bzw. schreib- und löschbare DVD-Versionen standardisiert worden:

- DVD-R in zwei Versionen (allgemeine Nutzung und für die DVD-Produktion): R steht für «recordable», d.h. einmal bespielbar,
- DVD+R: R steht für «recordable», d.h. einmal bespielbar,
- DVD-RAM: RAM steht für Random-Access Memory (mehrfach, d.h. bis zu 100 000-fach lösch- und beschreibbar),
- DVD-RW, «rerecordable», d.h. eine (ca. 1000-fach) wiederbeschreibbare DVD,
- DVD+RW, «rerecordable», d.h. eine (ca. 1000-fach) wiederbeschreibbare DVD.

Nach den Standards ist eine DVD-RAM also eine DVD-RW, d.h. «rewritable»; allerdings werden mit der Abkürzung DVD-RW in der Anwendung diejenigen DVDs bezeichnet, die auch lösch- und schreibbar, aber nicht so schnell hinsichtlich dieses Prozesses sind und nicht so viele Lösch-/Schreibvorgänge erlauben. Eine DVD-RW ist nach der offiziellen Bezeichnung eine wiederbeschreibbare (*rerecordable*) DVD.

Unabhängig von dieser Vielzahl von Varianten arbeiten die verschiedenen beschreibbaren Medien nach folgenden Speicherprinzipien:

- Bei der DVD-R /+R erfolgt eine Auflösung entsprechender Farbschichten im Rohling wie bei der CD-R.
- Bei der DVD-RW /+RW wird die Phasen-Wechsel-Technologie der CD-RW genutzt.
- Die DVD-RAM nutzt eine Mischung aus Phasen-Wechsel-Technik und magnetooptischer Technologie, ähnlich wie sie bei der Minidisc eingesetzt wird (s. Kapitel 14).

Die verschiedenen, herstellerspezifischen Versionen von beschreibbaren DVDs hatten zur Folge, dass sowohl Wiedergabegeräte als auch Aufzeichnungssysteme häufig nur ausgewählte Formate lesen bzw. beschreiben konnten. Dieses verhinderte zunächst die Markteinführung, und erst durch so genannte *Multinormen-Geräte*, die zumindest die Formate DVD-R/+R und DVD-RW /+RW verarbeiten können, wurde dieses Problem gerätetechnisch gelöst. Eine Auswahl der von verschiedenen Herstellern unterstützten beschreibbaren bzw. schreib-/löschbaren DVD-Varianten zeigt Tabelle 15.8. Eine umfangreiche Beschreibung der technischen Unterschiede findet sich in [37].

Neben der Nutzung bei der Speicherung von Computerdaten wird die DVD-RAM auch in Camcordern ggf. mit einem Durchmesser von 8 cm und Kapazitäten von 1,46 GByte (SL) bzw. 2,92 GByte (DL) eingesetzt. Je nach Hersteller werden DVD-RAMs in Gehäusen betrieben (*Cartridges*), die den eigentlichen Datenträger gegen Schmutz schützen. Die DVD-RAM der Version 1.0 erlaubt Datenübertragungsgeschwindigkeiten von 11,08 bit/s, die Version 2.0 von 22,08 Mbit/s. Dieses reicht bei einer Datenratenreduktion nach MPEG-2 für die Aufzeichnung von Videosignalen aus. Ein Nachteil gegenüber dem DV-Camcorder besteht in der stärkeren Datenratenreduktion und damit hinsichtlich der Bildqualität sowie in der eingeschränkten Nachbearbeitungsfähigkeit (z.B. Schnitt) der Signale durch die bei der MPEG-Codierung verwendete GOP-Struktur

(s. Kapitel 12). Dieser Nachteil birgt auch den Vorteil: Die DVD-RAM-DVD, die mit einem Camcorder aufgezeichnet wurde, kann häufig ohne einen speziellen Verarbeitungsprozess direkt im Heim-DVD-Spieler wiedergegeben werden.

Tabelle 15.8 Auswahl beschreibbarer DVD-Varianten

	DVD-RAM		**DVD-R**		**DVD+R**		**DVD-RW**	**DVD+RW**
Version	1.0	2.0	1.0	2.0	DL	1.0	1.0	2.0
Markteinführung	1998	2000	1997	1999	2003	1999	2000	2001
Kapazität je Seite in GByte	2,6	4,7	3,95	4,7	8,5	4,7	4,7	4,7
Speichermethode	Phasen-Wechsel mit MO-Technik		wie CD-R		wie CD-R		wie CD-RW	wie CD-RW
Schreib-Lösch-Zyklen	~ 100 000		nicht möglich		nicht möglich		~ 1000	~ 1000
Format-unterstützende Hersteller (Stand 2008)	Hitachi, Matsushita,		Pioneer		u.a. Dell, HP, Philips, Sony, Thomson, Mitsubishi, Ricoh, Sony, Yamaha		u.a. Pioneer, Ricoh, Sharp, Ricoh, Yamaha	u.a. Dell, HP, Philips, Sony, Thomson, Yamaha

15.3 BD (Blu-ray) und HD-DVD

Als *dritte Generation* der optischen Speichermedien nach CD und DVD werden diejenigen Systeme bezeichnet, die zur Aufnahme und Wiedergabe einen kurzwelligeren Laser verwenden. Werden CD und DVD noch als «*Red-Laser-Formate*» bezeichnet, so spricht man bei der HD-DVD und der Blu-ray von den «*Blue-Laser-Formaten*».

Merksatz

HD-DVD und Blu-ray-Disc wurden vorrangig zur Speicherung von HDTV-Signalen entwickelt. Inzwischen wurde die Weiterentwicklung der HD-DVD eingestellt, so dass lediglich die Blu-ray am Markt verblieb.

Die Entwicklung preiswerter Laserdioden für den kurzwelligen (Blau-)Bereich war für die Umsetzung beider Speicherverfahren Voraussetzung. Beide Systeme sind zueinander inkompatibel und erlauben eine höhere Speicherdichte auf abmessungsgleichen optischen Scheiben, was wieder durch eine Verkleinerung der physikalischen Strukturen der Pits und Lands gegenüber der DVD erreicht wird.

Der Aufbau und der Herstellungsprozess der HD-DVD war eine Weiterentwicklung der DVD-Technik; die Schwierigkeit liegt in der genaueren Fertigung der kleineren Strukturen und der präziseren Verklebung.

Der BD liegt ein anderer Ansatz zugrunde, da die Informationsschicht dünner ist und sich mehr Schichten – wie bei einem Sandwich – realisieren lassen. Der BD-Herstellungsprozess ist daher weitaus komplexer. Allerdings ist die BD von der

Leseseite her empfindlicher und wird daher mit einer harten 2 nm dicken Oberfläche überzogen, die als «transparentes Teflon» bezeichnet werden kann. Ferner kann die BD in «Cartridges», d.h. in offenen (BD ist auswechselbar) oder geschlossenen (BD ist nicht auswechselbar) Kassetten betrieben werden. Dieser Schutz wird z.B. bei auf BD aufzeichnenden HD-Camcordern für beschreibbare BD im professionellen Umfeld verwendet.

Nach der Einführung der harten Oberflächenbeschichtung ist dieser Kassettenbetrieb, der das Endgerät verteuert und die Bedienung erschwert, im reinen Wiedergabebereich jedoch nicht mehr zwingend erforderlich. In Bild 15.23 sind im Vergleich die Strukturen sowie der optische Weg von CD, DVD, HD-DVD und BD schematisch dargestellt.

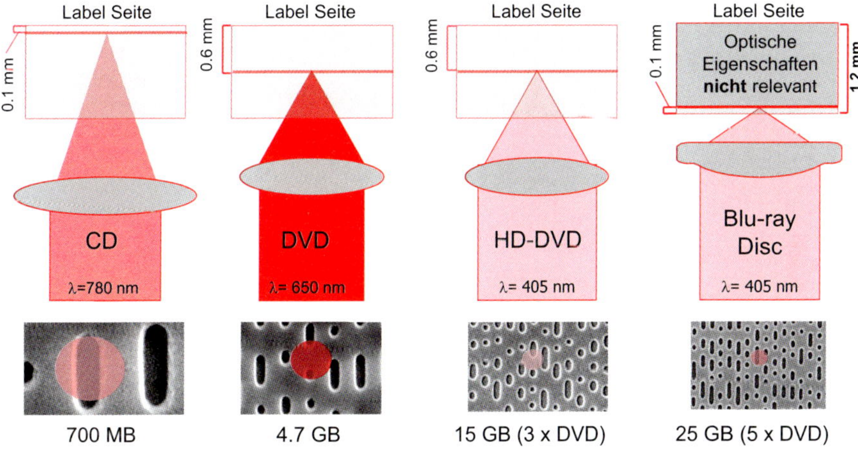

Bild 15.23 CD, DVD, HD-DVD (inzwischen eingestellt), BD – Vergleich der Informationsschicht

Bei der HD-DVD liegt die Informationsschicht weiterhin – wie bei der DVD – in der Mitte zwischen den beiden Hälften, bei der BD ist die erste Informationsschicht unmittelbar unterhalb der Oberfläche auf der Abtastseite der BD zu finden. Die Anordnung ist vergleichbar zur Anordnung von Informationsschicht und Label-Seite bei der CD. Die optischen Eigenschaften des Materials der BD haben aufgrund der geringeren Eindringtiefe des Lasers bei der Abtastung nur noch einen sehr geringen Einfluss. Wesentliche technische Daten der HD-DVD und der BD sind in Tabelle 15.9 zusammengefasst. Diese gelten für alle physikalischen Formate, d.h. sowohl für die nur lesbaren R-Formate als auch für wiederholt beschreibbaren Speichermedien (RW-Formate).

Die erreichbaren Speicherkapazitäten sind in Tabelle 15.10 zusammengestellt und unterscheiden sich je nach physikalischem Format (ROM, R oder RW). In Verbindung mit der Nutzung von Datenraten-Reduktionsverfahren wie MPEG-2, H.264AVC oder VC-1 ist das Anwendungsgebiet beider Systeme vor allem die Speicherung und Verteilung von HDTV-Signalen.

Merksatz

Bei der Blu-ray-Disc sind als Datenraten-Reduktionsverfahren für Audio- und HDTV-Videosignale die Varianten H.264AVC, VC-1 und MPEG-2 vorgesehen.

Wie beim Übergang von der CD zur DVD wurden auch bei der Weiterentwicklung zur HD-DVD und BD die Fehlerkorrektur und die Kanalcodierung verbessert, um die höhere Datendichte möglichst fehlerfrei von der Platte zu lesen.

Tabelle 15.9 Technische Daten der HD-DVD und der BD

	HD-DVD	Blu-ray Disc
Dicke	1,2 mm	1,2 mm
Durchmesser	80 mm oder 120 mm	80 mm oder 120 mm
Lochdurchmesser	15 mm	15 mm
Abstand der Layer	55 µm	25 µm
Lead-In-Durchmesser	46,6 – 48,2 mm	44,0 – 44,4 mm
Datenbereich	48 – 115,76 (bei 120 mm Ø) nicht (bei 80 mm Ø)	48 – 116,2 (bei 120 mm Ø) 48 – 76,2 mm (bei 80 mm Ø)
Lead-Out-Bereich		117 mm bzw. 77 mm
Reflexivität	SL: 45 – 85 %[1)] DL: 18 – 30 %	SL: 35 – 75 % DL: 12 – 28 %
Laserwellenlänge	405 nm	405 nm
Pit-Länge	ROM: 0,204 – 1,02 µm R / RW: 0,173 – 1,213 µm	0,149 – 0,695 µm
Spurabstand	ROM: 0,4 µm R / RW: 0,34 µm	0,32 µm
Abtastgeschwindigkeit	5,64 – 6,03 m/s	5,28 m/s (23,3 GByte) 4,917 m/s (25,0 GByte) 4,554 (27,0 GByte)
Datentransfergeschwindigkeit	36,55 Mbit/s	36,55 Mbit/s

Tabelle 15.10 Speicherkapazitäten von HD-DVD und Blu-ray-Disc

Typ	Durchmesser	Seiten- und Layerzahl	Speicherkapazität
HD-DVD-ROM	12 cm	1 Seite, 1 Layer	13,97 GByte
HD-DVD-R/RW	12 cm	1 Seite, 1 Layer	18,62 GByte
HD-DVD-ROM	12 cm	1 Seite, 2 Layer	27,94 GByte
HD-DVD-R/RW	12 cm	1 Seite, 2 Layer	37,25 GByte
BD-23	12 cm	1 Seite, 1 Layer	21,7 GByte
BD-25	12 cm	1 Seite, 1 Layer	23,3 GByte
BD-27	12 cm	1 Seite, 1 Layer	25,1 GByte
BD-46	12 cm	1 Seite, 2 Layer	43,6 GByte
BD-50	12 cm	1 Seite, 2 Layer	46,6 GByte
BD-54	12 cm	1 Seite, 2 Layer	50,3 GByte
BD-8	8 cm	1 Seite, 1 Layer	7,3 GByte
BD-16	8 cm	1 Seite, 2 Layer	14,5 GByte

Die beschreibbaren Formate von HD-DVD und BD nutzen als Speicherprinzip die bekannten Verfahren des Phasen-Wechsels (bei RW-Formaten) bzw. der Farbstoffzerstörung (R-Formate). Bei der BD-R gibt es verschiedene chemische Möglichkeiten für die Realisierung der Informationsschicht: Farbstoffzerstörung von organischen oder anorganischen Legierungen oder eine einmalige Phasen-Wechsel-Speicherung in einem Material, das keine Löschung erlaubt. Wie bereits erwähnt, werden die beschreibbaren BD-Formate auch in HDTV-Camcordern eingesetzt und erlauben eine unmittelbare Wiedergabe der aufgezeichneten Signale auf entsprechenden Wiedergabegeräten. Ferner können die beschriebenen BD unmittelbar archiviert werden und so als langlebiger Speicher dienen.

Während der Herstellungsprozess der HD-DVD im Presswerk sich an denjenigen der DVD orientierte und daher preiswerter war, ist der Herstellungsprozess der BD-ROM im Spritzgussverfahren komplizierter, da die informationstragenden Schichten deutlich dünner sind (s. Tabelle 15.9). Der Vorteil des BD-Standards ist jedoch, dass sich bei geeigneter Umsetzung teilreflektierender Schichten eine Vielzahl von Informationsschichten realisieren lassen, die fertigungstechnisch dann übereinander «gestapelt» werden. Die heute überwiegend genutzten BDs mit ein oder zwei Informationsschichten sind also nur ein Einstieg in diesen Standard. Die Speicherkapazität der BD kann zukünftig standardkonform nach und nach durch Verbesserungen in der Fertigung erhöht werden, ohne die Pits- und Landstruktur weiter zu verkleinern und damit ein neues Wiedergabegerät beim Kunden vorauszusetzen.

15.4 Ultra HD Blu-ray Disc

Die *vierte Generation* der optischen Speichersysteme wurde für die Speicherung von UHDTV-Signalen entwickelt: Um z.B. ein Video in Spielfilmlänge im UHDTV1-Format zu speichern, reicht die Speicherkapazität einer normalen Blu-ray Disc nicht aus. Die Ultra HD Blu-ray zeichnet sich – bei im Wesentlichen gleichen mechanischen Parametern – durch folgende technische Daten aus, u.a.:

- Speicherkapazitäten von 50 (Dual Layer) bis 128 GByte (Quad Layer),
- Datenübertragungsgeschwindigkeiten von bis zu 128 Mbit/s,
- mehrlagige Speicherung der Daten,
- Unterstützung von High Dynamic Range und Dolby Vision,
- größerer Farbenraum (nach ITU BT. 2020),
- Datenratenreduktion nach H.265HEVC,
- Audioformate DTS-X, Dolby Atmos und Auro-3D.

Um Ultra HD Blu-ray Player an Wiedergabegeräten betreiben zu können, ist eine Schnittstelle HDMI 2.0 und das Verfahren HDCP 2.2 erforderlich.

Das Konzept der dem Eintritt des Laserabtaststrahls zugewandten Informationsschicht bei der Blu-ray Disc (s. Bild 15.23) wurde beibehalten und die Anzahl der Informationsschichten erhöht. Bild 15.24 zeigt den Aufbau für unterschiedliche Varianten der Ultra HD Blu-ray.

Merksatz

Bei der Ultra HD Blu-ray wird die hohe Speicherkapazität durch einen mehrlagigen Aufbau der Informationsschichten erreicht.

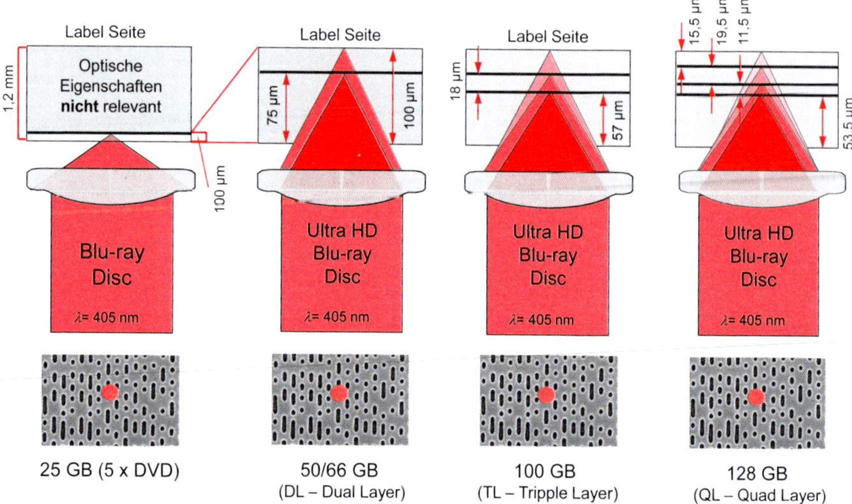

Bild 15.24 Anordnung der Informationsschichten bei der Ultra HD Blu-ray

15.5 Speicherkarten

Speicherkarten (Flash-Card, Memory-Card) sind nicht-flüchtige elektronische Speicher auf Basis von MOS-FET-Transistoren *(metal oxide semiconductor field effect transistor)*, die in unterschiedlichen Kartenformen und Ausführungsarten für die Speicherung von Daten eingesetzt werden. Insbesondere für handliche Endgeräte, wie z.B. digitale Kameras, Mobiltelefone, MP3-Player, bilden diese Speicher die Grundlage, da dadurch deren kompakte Bauform möglich wurde.

Merksatz

Die Speicherung erfolgt bei Speicherkarten als elektrische Ladung in Transistoren. Die Speicherzellen sind mit einer Oxidschicht isoliert. Der Tunneleffekt erlaubt die Übertragung der elektrischen Ladung. Durch den Schreib-Lese-Vorgang wird die Oxidschicht abgenutzt (Bild 15.24).

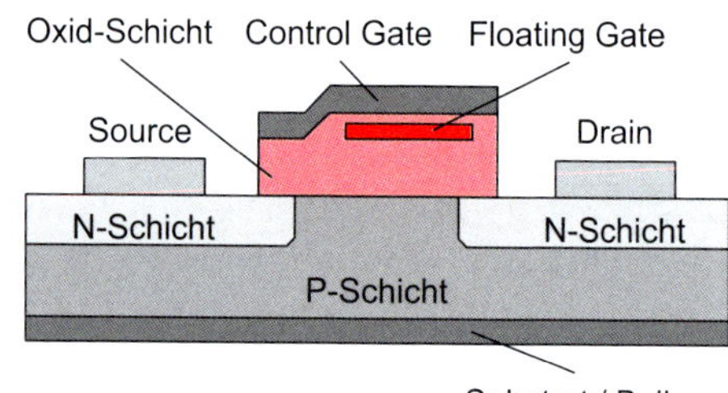

Bild 15.25
Aufbau einer einzelnen Flash-Speicherzelle

Die überwiegenden Speicherkarten nutzen die in Bild 15.25 beschriebene Einzelspeicherzelle in NAND-Technologie (Bild 15.26), da die NAND-Technologie für sehr große Speichermengen ausgelegt ist.

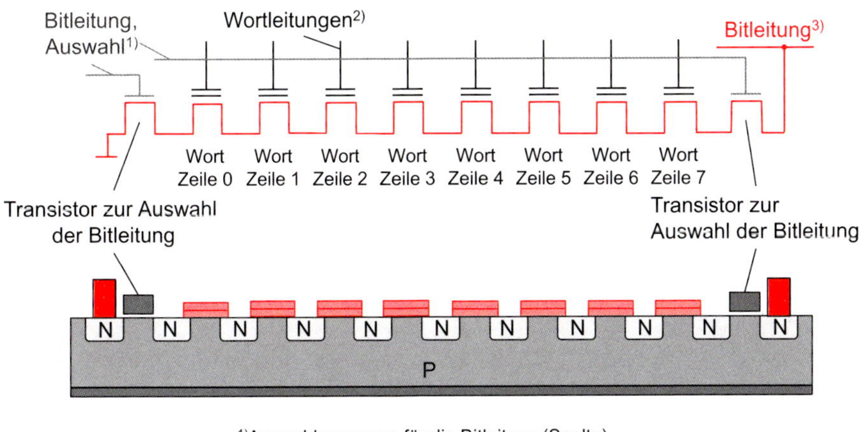

Bild 15.26 Vereinfachter Aufbau eines NAND-Speichers

Beim verwendeten *Floating-Gate (FG,* Bild 15.25) handelt es sich um eine nicht angeschlossene Steuerelektrode; dieses Gate ist durch eine Oxidschicht im MOS-FET elektrisch isoliert, so dass dort eine gewisse Ladungsmenge gespeichert werden kann. Dadurch verschiebt sich die Schwellenspannung des Transistors, was dem logischen Pegel «1» zugeordnet wird. Ist das FG ungeladen, so ist die Schwellenspannung normal, was einer logischen «0» entspricht. Zum Auslesen der Information aus dem Speicher dienen die beiden Anschlüsse *Source* und *Drain*, zum Beschreiben ist der zusätzliche *Control Gate*-Anschluss erforderlich. Der mit *Bulk* bezeichnete Anschluss liegt üblicherweise auf Massepotential. Bei der Floating-Gate-Technik können gegebenenfalls verschiedene Spannungsniveaus genutzt werden und damit mehrere Bits pro NAND-Zelle gespeichert werden: Bei zwei Niveaus (1 Bit) spricht man von SLC-Speicherzellen, bei Speicherung von 4 verschiedenen Niveaus von MLC-Speichersystemen.

Die Anzahl der Schreib-Lösch-Zyklen wird bei SLC-Zellen mit bis zu 1 Mio. angegeben, bei MLC-Zellen bis zu 15 000; eine darüber hinausgehende Verwendung führt jeweils zu höheren Fehlern, die der eingebaute Fehlerschutz nicht mehr korrigieren kann, so dass die Speicher nicht mehr verwendet werden können. Die höhere Speicherdichte der MLC-Zellen wirkt sich ferner im Betrieb negativ auf die Schreib-Lese-Geschwindigkeit aus.

Die einzelnen Speicherzellen werden seriell angeordnet und wie bei einem NAND-Gatter verschaltet (Bild 15.26). Derartige Speicherbausteine arbeiten seiten- und blockorientiert, d.h., mehrere Bytes (i.Allg. 512...8192 Bytes) werden zu einer Seite (*page*) zusammengefasst, mehrere Seiten bilden einen Block. Je nach Gesamtspeicherkapazität der Karte liegt die Blockgröße derzeit zwischen 16 kByte und 2048 kByte. Wird auf einer Seite Information gespeichert, so kann diese erst nach einem Löschprozess neu beschrieben werden. Aufgrund der Einbettung der Seite in den Speicherblock ist ein Löschen nur über das Löschen des ganzen Blockes möglich. Der gesamte Speicher ist dann matrixartig aufgebaut und benötigt eine Spalten- *(Bitauswahl)* und Zeilenadressierung *(Wortauswahl)* zum Schreiben und Lesen.

Bereits bei der Auslieferung weisen NAND-Speicher Fehlerblöcke auf; diese werden vom Hersteller markiert und ein Mikrocontroller in Verbindung mit entsprechender Software sorgt u.a. dafür, dass lediglich funktionsfähige Speicherzellen – möglichst gleichmäßig – verwendet werden. Speicherkarten enthalten also neben den eigentlichen Speicherbausteinen weitere elektronische Baugruppen, die den Betrieb sicherstellen. Der Zugriff auf die Daten erfolgt im Zeitmultiplexverfahren auf einem im Allgemeinen 8 Bit breiten Daten- und Adressbus, so dass die Anschlussanzahl gering bleibt; dieses gilt auch für hohe Speicherkapazitäten, wobei sich allerdings der Programmieraufwand zur Ansteuerung erhöht.

Die am Markt verfügbaren Speicherkarten unterscheiden sich u.a. in:

- Speicherkapazität in MByte,
- dem verwendeten Dateisystem zur Datenorganisation,
- Zugriffsgeschwindigkeit für Lesen und Schreiben,
- Formfaktor, d.h. Bauform, Abmessungen und Anschlussform.

Eine Auswahl unterschiedlicher Speicherkarten ist in Tabelle 15.11 zusammengestellt. Häufig eingesetzt werden Compact Flash, Memory Stick und SD-Karten.

Tabelle 15.11 Speicherkartenübersicht (Auswahl)

Typ / Bezeichnung	Anzahl der Anschlüsse	Maximale Speicherkapazität (in GByte)	Max.Übertragungs-Datenrate (in MByte/s)
Compact Flash I / II	50	128	133
CFAST I / II	24	2048	300
MMC; MMC DV; RS-MMC	7 (13)	128	2,3
MMCplus, RS-MMS DV, MMC Mobile	13	128	52
SD, miniSD, microSD	9, 11, 8	2	25
SDHC, miniSDHC microSDHC	9, 11, 8	32	25
SDXC, microSDXC	9, 8	2048	300
Memory Stick	10	0,128	2,5
Memory Stick Select	10	0,256	2,5
Memory Stick PRO, PRO Duo, Pro-HG Duo, Micro, HG-Micro	10, 10, 14, 11, 20	32	20, 20, 60, 20, 60
Memory Stick XC Duo, XC-HG Duo, XC Micro, XC-HG Micro	10, 14, 11, 20	2048	20, 60, 20, 60

Nachdem auf dem Markt zunächst viele verschiedene Speicherkartenvarianten, oftmals herstellerspezifisch angeboten wurden, hat sich der Markt für den Heimanwender weitgehend in Richtung der *SD-Karte (Secure Digital)* entwickelt. Die SD-Karte ist eine Weiterentwicklung der MMC (*Multi Media Card*) und bietet die Möglichkeit einer hardwaregestützten Rechteverwaltung, d.h., es können Daten verschlüsselt gespeichert werden; der Schlüssel ist in einem geschützten Bereich der Karte speicherbar. Dadurch soll die unerlaubte Wiedergabe von Mediendateien verhindert werden. Das Verfahren wird als *CPRM – Content Protection for Recordable Media* bezeichnet.

Die Marktdurchdringung der SD-Karte erfolgte ohne Standardisierung einerseits durch eine weitreichende, günstige Lizenzierung, auf der anderen Seite durch eine konsequente Weiterentwicklung in Richtung alternativer Bauformen *(Mini-SD, Micro-SD)*, höherer Speicherkapazität und Übertragungsgeschwindigkeit, so dass eine einfach Nutzung z.B. in Camcordern für die datenratenreduzierte Audio- und Videoaufnahme möglich ist. Allerdings sind nicht alle Varianten der SD-Karten-Familie zueinander kompatibel, d.h., neuere Kartentypen können häufig von älteren Kartenlesern nicht ausgelesen werden: So können SDHC-Karten *(High Capacity)* nicht in Geräten nach dem SD-Standard 1.0 und 1.1. genutzt werden. Mit den über passive Adapter auch in SD-Systemen nutzbaren Formaten Mini-SD und Micro-SD stehen sehr kleine Speicherkarten zur Verfügung, die z.B. in Smartphones oder anderen kompakten Geräten eingesetzt werden.

Wesentliche Eigenschaften der SD-Karten-Familie sind in Tabelle 15.12 zusammengefasst.

Tabelle 15.12 Wesentliche Parameter der SD-Karten-Familie

	SD	SDHC	SDXC, SDUC	SD-Express
Kapazität	max. 2 GByte	4–43 GByte	48 Gbyte – 2 TByte	
Dateisystem	FAT 16	FAT 32	exFAT	
Geschwindigkeitsklassen – angegeben ist die Mindestgeschwindigkeit beim Schreiben der Daten	Class 2: 2 MByte/s Class 4: 4 MByte/s Class 6 und Video Vlass 6 (V6): 6 MByte/s Class 10: 10 Mbyte/s UHS Class 1 und Video Class 10 (V10): 10 MByte/s UHS Class 3 und Video Class 30 (V30): 30 MByte/s Video Vlass 60 (V60): 60 MByte/s Video Class 90 (V90): 90 MByte/s			
BUS-Interface zum System	Normal Speed: 12,5 MByte/s High Speed: 25 MByte/s			
	nicht vorgesehen	UHS-I: 50 MByte/s 100 MByte/s UHS-II: 156 MByte/s (FD) 312 MByte/s (HD) UHS-III: 312 MByte/s (FD) 624 MByte/s (HD		SD-Express: 985 Mbyte/s 1970 MByte/s 3920 MByte/s
Digital Rights Management	*CPRM – Content Protection for Recordable Media*			

15.6 Zusammenfassung

Die optischen Speichermedien sind inzwischen in vier Generationen verfügbar. Die digitale Speicherung erfolgt bei allen Systemen in Form von Pits und Lands mit von Generation zu Generation verfeinerter Struktur. Dadurch konnte auf abmessungsgleichen Datenträgern die Speicherkapazität von ca. 650 MByte auf ca. 50 GByte erhöht werden. Wurde die CD zunächst nur für die Verbreitung von digitalen Audiosignalen entwickelt und verwendet (CD-DA), ergaben sich daraus verschiedene Anwendungsbereiche der Datenspeicherung im Computerbereich, was durch die Entwicklung bespielbarer Medien noch verstärkt wurde.

Die DVD beschreibt eine Familie von Speichermedien mit hoher Speicherkapazität zwischen 4,7 und 17 GByte, wobei die wichtigsten Standards DVD-ROM und die DVD-Video sind. Die DVD-Audio wurde erst relativ spät standardisiert, und der Bedarf für den Ersatz der CD-Audio muss erst geschaffen werden, wobei der Einsatz für portable und mobile Systeme fraglich ist und eine Konkurrenzsituation durch Systeme wie z.B. Super-Audio-CD besteht. DVD-RAM-Systeme werden im Camcorder-Bereich eingesetzt, allerdings ist der Vorteil gegenüber den bandorientierten Systemen gering. Die DVD-ROM ist eine logische Weiterentwicklung der CD-ROM und wird durch die höhere Speicherkapazität und die kürzeren Zugriffszeiten die CD-ROM ablösen. Die DVD-Video ist das erste Multimedia-System auf Basis eines optischen Speichers und der komplexeste Standard der DVD-Familie. Die DVD-Video wurde vorrangig als Ersatz für die bespielte Video-Kassette entwickelt und stellt ein flexibles Multimediasystem für interaktive Anwendungen aller Art dar. Ein vergleichbares erfolgreiches Vorgängerprodukt am Markt gab es zuvor nicht. Es ist gleichermaßen für Computeranwender und TV-Konsumenten geeignet und kombiniert und integriert verschiedene Medientypen unter einer einheitlichen, interaktiven Benutzeroberfläche. Aufgrund der möglichen Komplexität der Anwendungen erfordert die Herstellung der Inhalte einer DVD-Video ein sehr genaues Projektmanagement z.B. hinsichtlich der Menüführung, der Grafik und der verschiedenen Tonvarianten.

Die Systeme der dritten Generation führen gegenüber der DVD auf eine nochmalige Vervielfachung der Speicherkapazität. HD-DVD und BD wurden vor allem zur Verteilung von HDTV-Signalen zum Endkunden entwickelt; die datentechnische Anwendung steht demgegenüber im Hintergrund. Während die HD-DVD eine direkte Weiterentwicklung der DVD darstellte und inzwischen eingestellt wurde, wurde mit der BD ein neuer Weg beschritten, der eine langfristige kompatible Erhöhung der Speicherkapazität erlaubt. Mit der Ultra HD Blu-ray Disc wurde der Entwicklung von UHDTV Rechnung getragen. Die Speicherkapazität wurde durch eine Mehrlayertechnik nochmals gesteigert. Darüber hinaus fanden die für UHDTV festgelegten neuen Signalformate (z.B. HDR) Berücksichtigung.

Eine besondere Bedeutung erhalten optische Datenträger inzwischen als Langzeitarchive, da sie ohne eine permanente elektrische Energieversorgung auskommen, im Gegensatz z.B. zu Serverstrukturen mit Festplatten. Durch eine geeignete Wahl der Materialien sowie eine angepasste klimatische Lagerung sind Speicherzeiten von deutlich mehr als 100 Jahren möglich, ohne dass ein aufwendiges Umkopieren der Daten notwendig wird.

Digitale Festspeicherkarten sind inzwischen wesentlicher Bestandteil der Speichersysteme für multimediale Daten jeder Art. Sie werden in z.B. digitalen Fotoapparaten, Audioaufzeichnungssystemen oder Camcordern eingesetzt und erlauben die Speicherung hoher Datenmengen auf geringem Raum und damit die Entwicklung sehr kompakter Geräte, wie z.B. Miniaturüberwachungskameras und MP3-Player. Aufbauend auf dem Prinzip der elektrischen Ladungsspeicherung, entwickelte sich eine Vielzahl von unterschiedlichen Kartentypen, die sich vor allem hinsichtlich der Speicherkapazität und Zugriffsgeschwindigkeit unterscheiden und die meisten multimedialen Anwendungen abdecken. Nachteilig für eine Massendistribution von z.B. Filmen in Konkurrenz zu DVD und BD mittels Speicherkarten sind deren hoher Preis sowie der zeitaufwendige Kopierprozess der medialen Inhalte.

15.6 Lernziel-Test

1. Nennen Sie Vorteile und Nachteile des digitalen Speicherverfahrens.
2. Welche Abtastfrequenz und welche Quantisierung wurden für das CD-System festgelegt?
3. Unter welcher Voraussetzung können Datenwörter als fehlerhaft erkannt werden?
4. Sind die Daten auf einer Compact Disc parallel oder seriell gespeichert?
5. Wie verläuft die Spur auf einer Compact Disc?
6. Welche Datenrate wird beim Abspielen einer CD pro Sekunde gelesen?
7. Mit welchen Abtastgeschwindigkeiten in m/s werden CD-Datenspuren ungefähr gelesen?
8. Warum verwendet man den so genannten EFM-Code?
9. Was ist ein Pit und was ist ein Land?
10. Wie ist ein Frame bei der CD-DA aufgebaut?
11. Beschreiben Sie den Abtastvorgang mit dem Laserstrahl.
12. Was versteht man unter Oversampling?
13. Wie arbeitet das Dreistrahl-Verfahren bei der Spurabtastung?
14. Beschreiben Sie das Herstellungsverfahren einer CD im Presswerk.
15. Welche Varianten der beschreibbaren CDs gibt es?
16. Wie funktioniert eine CD-R bzw. CD-RW?
17. Wie wird die Fokussierung (Scharfstellung) des Laserstrahls geregelt?
18. Erläutern Sie die Unterschiede zwischen CD und DVD.
19. Welche physikalischen Formate bei der DVD werden unterschieden?
20. Wie groß sind ungefähr die Strukturbreiten bei der DVD?
21. Wie können von einer Seite zwei Informationsschichten gelesen werden?
22. Was versteht man unter OTP und PTP?
23. Welche Audioformate werden bei der DVD-Video unterstützt?
24. Was ist der wesentliche Unterschied zwischen einer bespielten Videokassette und einer DVD-Video?
25. Welches Datenraten-Reduktionsverfahren für Videosignale wird bei der DVD-Video eingesetzt und was ist die Besonderheit?
26. Was versteht man unter optischen Speichermedien der 3. Generation?
27. Welcher Unterschied besteht zwischen DVD und Blu-ray Disc?
28. Welche Datenraten-Reduktionsverfahren für Videosignale sind für die BD vorgesehen?
29. Welche Speicherkapazität hat die BD?
30. Für welchen Anwendungsbereich wurde die BD vorgesehen?
31. Welche Vorteile hat die Speicherung von Audio- und Videodaten auf Festspeichern gegenüber einer optischen Speicherung?
32. Was wird unter einem Floating-Gate verstanden?
33. Wie sind die einzelnen Speicherzellen bei einem NAND-Flash-Speicher angeordnet?
34. Welche Größen bestimmen die Aufzeichnungsdauer von Videosignalen auf Speicherkarten?
35. Was wird unter einer SSD verstanden?

36. Welches grundlegende Problem kann sich bei der Hintereinanderschaltung unterschiedlicher digitaler Speichersysteme ergeben?
37. Welche Technologie liegt den Speicherkarten zugrunde?
38. Nennen Sie Vor- und Nachteile der Speicherkarten gegenüber der DVD bzw. BD.
39. Welcher Speicherkartentyp wird überwiegend für die Heimanwendung verwendet?
40. Welche Geschwindigkeitsklassen gibt es bei der SD-Karten-Familie?
41. Was versteht man unter dem CPRM-Verfahren?

16 Wiedergabe- und Empfängertechnik

Bei der Fernsehwiedergabe wird i.Allg. zwischen TV-Monitoren und TV-Empfängern unterschieden. Der Monitor hat dabei keine Empfangsmöglichkeit z.B. für das analoge oder digitale Fernsehen und wird durch ein Basisbandsignal angesteuert. Diese können analog, z.B. als R,G,B-Signal, oder digital, z.B. als SDI-Signal (s. Kapitel 11) zugeführt werden. Ein Empfänger hat (mindestens) eine Möglichkeit – ein so genanntes «*Frontend*» –, um z.B. analoge terrestrische Signale oder DVB-S zu verarbeiten und enthält damit zusätzliche eine hochfrequente Signalverarbeitung, z.B. in Form eines Tuners und der Demodulatoren.

Im Bereich der Flachbildschirme (Flatpanel-Displays) wird nochmals unterschieden zwischen:

- *Empfängern* mit allen Frontends und Schnittstellen,
- *Displays* bzw. *Monitoren* z.B. für den Anschluss an den Computer,
- *Panel* – technische Bezeichnung des eigentlichen Bildwiedergabesystems.

Unter der Empfängertechnik wird diejenige Signalverarbeitung im TV-Empfänger verstanden, die aus einem empfangenen analogen oder digitalen Signal die Bild- und Toninformation sowie gegebenenfalls Zusatzinformationen (z.B. Videotext) zurückgewinnt. Darüber hinaus stellen moderne Empfänger eine Vielzahl von analogen und digitalen Schnittstellen zur Verfügung, um weitere Geräte wie z.B. DVD-Spieler, Videorecorder, Camcorder oder digitale Fotoapparate anschließen zu können. [28; 38]

16.1 Wiedergabetechniken

Zur Bildwiedergabe werden unterschiedliche Verfahren eingesetzt, wobei *Direktsicht-* und *Projektions*systeme sowie *aktive* und *passive* Systeme unterschieden werden.

Definition

Bei aktiven Systemen leuchten die Wiedergabeschirme (Displays) aufgrund eines physikalischen Effektes selbst, die passiven Systeme benötigen eine zusätzliche Beleuchtung.

Zu den aktiven *Direktsichtsystemen* werden die Katodenstrahlröhre (CRT), die Plasma-Wiedergabe und (O)LED-Bildschirme gezählt, ein passives Direktsichtsystem ist die Flüssigkeitskristallanzeige bzw. LCD (*Liquid Crystal Display*). Als aktive *Projektionssysteme* werden die Katodenstrahl-, Laserstrahl- und LED-Projektion bezeichnet; passive Systeme sind die auf LCD- und die auf Mikrospiegeln beruhenden DMD (*Digital Mirror Device*)- bzw. DLP (*Digital Light Processing*)-Projektionsverfahren.

16.1.3 Plasmabildschirme

Beim Plasmabildschirm wird in vielen Einzelzellen Gas durch Einwirken eines elektrischen Feldes zum Leuchten gebracht. Dieses Gas leuchtet im ultravioletten Bereich und regt Leuchtstoffe zur Erzeugung sichtbaren Lichtes an. Der Aufbau einer Plasmazelle ist in Bild 16.2 dargestellt.

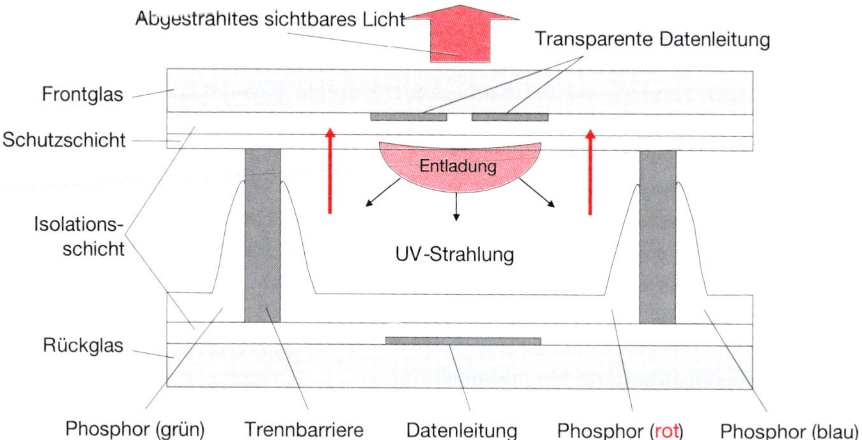

Bild 16.2 Aufbau einer Plasmazelle

Da das Gas entweder leuchtet oder nicht leuchtet, kann damit direkt keine Helligkeitsveränderung dargestellt werden. Die Wiedergabe der unterschiedlichen Helligkeitsstufen erfolgt daher durch ein schnelles Ein- und Ausschalten, d.h. Zünden und Löschen der Gasentladung. Es handelt sich dabei um eine Pulsmodulation, d.h., je heller ein Bildpunkt leuchten soll, umso häufiger bzw. länger wird dieser in einem bestimmten Zeitraum ein- bzw. ausgeschaltet. Soll nur eine geringe Helligkeit erzielt werden, erfolgt dieser Prozess seltener. Da es möglich sein muss, mindestens 256 Helligkeitsstufen eine Leuchtpunktes darzustellen, erfolgt dieser Ein- und Ausschalteprozess sehr schnell:

Bei einer TV-Wiedergabe mit 50 Bildern/s ist alle 20 ms eine neue Bildinformation darzustellen, die einen bestimmten Helligkeitswert besitzt. Bei 256 darzustellenden Stufen ergeben sich ungefähr 20 ms : 256 = 78 µs für die Darstellung der geringsten Helligkeitsstufe einer Plasmazelle.

Da das Gas bei relativ hohen Spannungen (ca. 400 V) zum Leuchten gebracht wird, werden beim Plasmabildschirm hohe Spannungen schnell geschaltet. Dieses führt dazu, dass bei diesem Bildwiedergabetyp eine relativ hohe Störstrahlung auftreten kann, die durch geeignete Abschirmungen begrenzt werden muss. Da diese Störstrahlung auch aus der Betrachtungsseite des Bildschirms austritt, erfolgt hier eine spezielle Oberflächenbeschichtung des Frontglases mit einem durchsichtigen, jedoch leitfähigen Material.

16.1.4 Flüssigkeitskristallanzeige – LCD (Liquid Crystal Display)

LCD-Direktsicht-Wiedergabegeräte

Das LCD gehört ebenfalls zu den rasterorientierten Wiedergabesystemen, ist jedoch passiv, d.h. benötigt als Direktsicht oder Projektionssystem eine Beleuchtung bzw. Lichtquelle. Grundlage des LCD ist das mechanische Verhalten spezieller Flüssigkeiten. Den grundlegenden Aufbau einer einfachen LCD-Zelle zeigt Bild 16.3.

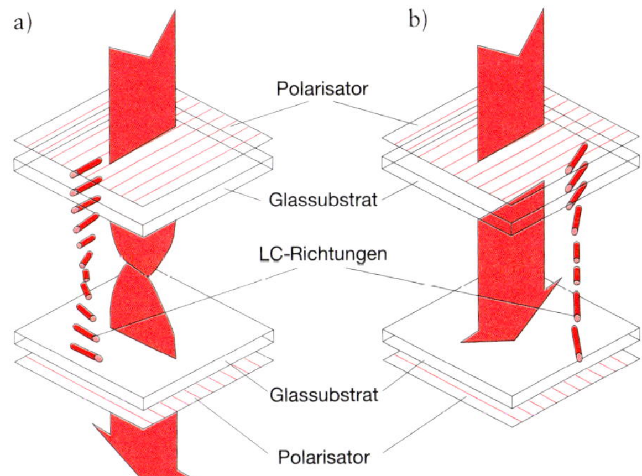

Bild 16.3
Aufbau einer einfachen LCD-Zelle
a) ausgeschaltet, d.h. lichtdurchlässig
b) eingeschaltet, d.h. lichtundurchlässig

Zwischen zwei in der Polarisationsrichtung senkrecht zueinander angebrachten Polarisatoren ist Flüssigkristall (LC) angeordnet. Die Flüssigkeit selbst befindet sich zwischen zwei Glasplatten, die eine feine Struktur haben und durch Abstandhalter voneinander getrennt sind. Durch ein elektrisches Feld, was über durchsichtige Elektroden auf das LC einwirken kann, werden die Moleküle ausgerichtet:

- Liegt kein elektrisches Feld an, dreht das LC die Polarisation, und das Licht kann die Zelle passieren (weiß),
- wird ein elektrisches Feld angelegt, richten sich die Moleküle des LC aus, und die Zelle sperrt den Lichtdurchtritt (schwarz).

Den Aufbau eines Farb-LCD zeigt im Schnitt Bild 16.4. Jeder einzelne Bildpunkt muss durch entsprechende Ansteuerungselektronik getrennt erreicht werden. Diese Ansteuerung erfolgt über einzelne so genannte *Dünnfilmtransistoren*, die auf das Glassubstrat aufgebracht werden.

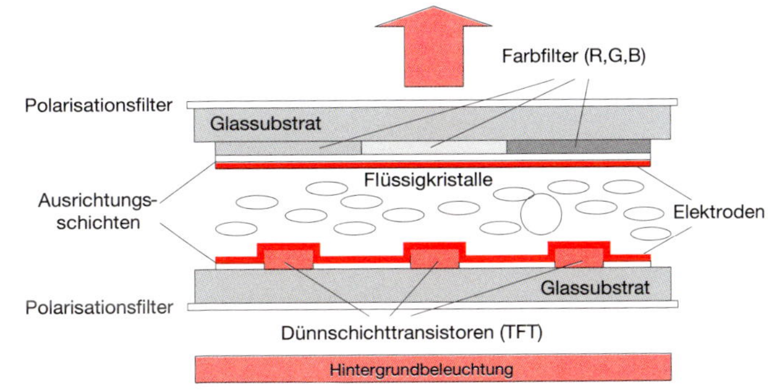

Bild 16.4
Aufbau eines LCD-Farbwiedergabe-systems

Die Graustufensteuerung der einzelnen Zellen kann durch direktes Steuern des elektrischen Feldes erfolgen, d.h., der LC-Effekt ist nahezu stufenlos einstellbar. Ein Problem der LCD-Technik sind die Schaltzeiten der LC-Kristalle. Um bei einer TV-typischen Wiedergabe von bewegten Bildern keine Unschärfe zu erhalten, sollte diese möglichst kurz sein. Ferner ist die Darstellung von Schwarz, d.h. das Sperren der LCD-Zellen, nicht optimal, so dass eine schwarze Bildpartie gegebenenfalls dunkelgrau wiedergegeben wird. Verbesserungen werden durch eine Veränderung, z.B. durch Pulsen der Hintergrundbeleuchtung, erzielt, die bei Direktsicht-Displays zunehmend nicht mehr mit Leuchtstoffröhren, sondern mit einer Vielzahl von Leuchtdioden erfolgt. Dadurch wird eine individuelle Steuerung der Beleuchtung einzelner Bildbereiche möglich.

LCD-Projektion

Bei der LCD-Projektion werden für lichtstarke Projektoren 3 LCDs im Durchlichtbetrieb eingesetzt. Der optische Aufbau ist in Bild 16.5 dargestellt.

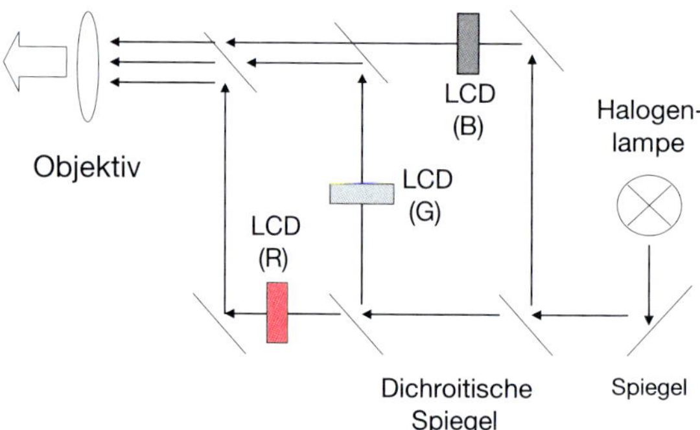

Bild 16.5
LCD-Projektionssystem

Die Aufspaltung bzw. Zusammenführung der Strahlen für den Rot-, Grün- und Blauanteil erfolgt durch dichroitische, d.h. halbdurchlässige Spiegel. Die Vorteile dieser Projektoren sind:

- mögliche kompakte Bauform,
- eine hohe Lichtstärke bei kompakten Geräten,
- eine hohe Auflösung z.B. 1920×1080 für die Wiedergabe von HDTV-Signalen.

Auch diese Projektoren sind rasterorientierte Wiedergabesysteme und bedürfen der Signalanpassung, d.h. der Rasterkonversion an die Eingangssignale, sofern die physikalische Auflösung der LCD-Baugruppen nicht mit der Auflösung der Eingangssignale übereinstimmt.

16.1.5 Mikrospiegeltechnik – DLP (Digital Light Processing)

Das DLP (*Digital Light Processing*) ist ein Verfahren zur direkten Modulation bzw. Ablenkung eines Lichtstrahls und verwendet dazu eine Mikrospiegeltechnik.

Definition

Die beim DLP-System eingesetzten Spiegel-Baugruppen werden als DMD (***D**igital **M**irror **D**evice*) bezeichnet.

Beim DMD handelt es sich um eine rasterförmig angeordnete Spiegelfläche, bei der der einzelne Mikrospiegel eine Fläche von 16 µm² aufweist und an mikromechanischen Torsionsscharnieren aufgehängt ist; der Abstand zu den benachbarten Spiegeln beträgt ca. 1 µm. Jeder einzelne Spiegel repräsentiert einen Bildpunkt, so dass auf einem DMD z.B. 1024×768 Einzelspiegel vorhanden sind. Durch Anlegen einer Spannung an die Adressleitungen kann jeder einzelne Spiegel unabhängig voneinander um ±12° gekippt werden. In Bild 16.6 ist der Aufbau eines derartigen Spiegel-Bildpunktes dargestellt.

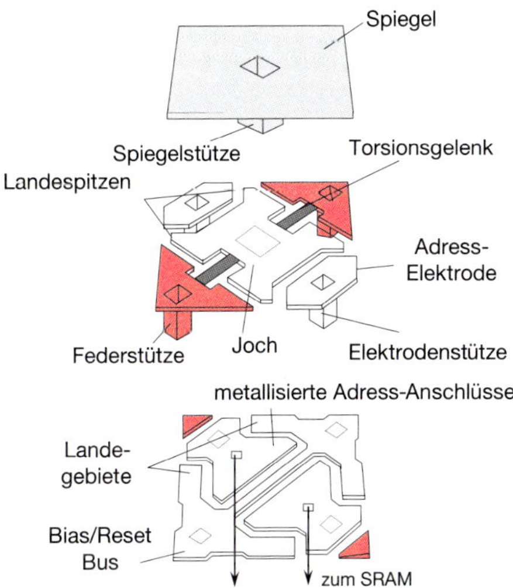

Bild 16.6
DMD – Digital Mirror Device

Licht, das auf die Spiegelfläche trifft, wird – je nach Spiegelstellung – unterschiedlich abgelenkt, was man sich für ein reflektiv betriebenes Projektionssystem zunutze machen kann. Das Prinzip der Projektionssysteme mittels DMD ist in Bild 16.7 zu erkennen: Je nach Spiegelstellung trifft das reflektierte Licht auf den Projektionsschirm oder gelangt in einen Lichtabsorber.

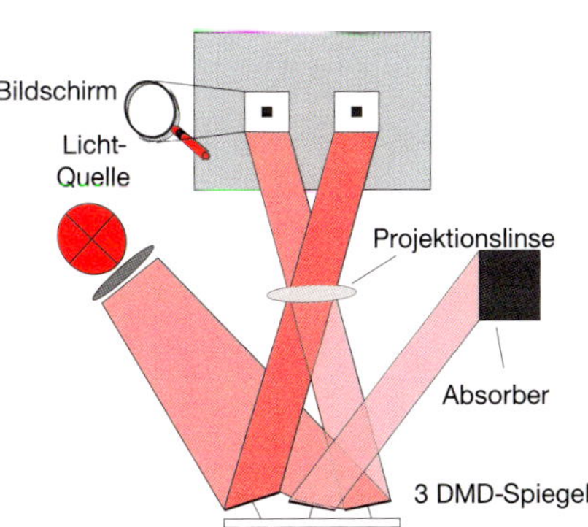

Bild 16.7
Prinzip der DMD-Projektion

Da mit der Kippspiegeltechnik direkt keine stufenlose Helligkeitsveränderung erreicht werden kann, muss diese durch ein schnelles Pulsen realisiert werden. Die Mikrospiegel können sehr schnell hin und her gekippt werden, so dass – ähnlich wie bei einem Plasmabildschirm das kurzzeitige Aufleuchten der Gasentladung – das Licht für sehr kurze Zeit auf den Projektionsschirm geschaltet werden kann. Für den Betrachter integriert sich dieses, und er nimmt einen von der Schaltzeit abhängigen Helligkeitswert wahr. Die DLP-Projektion kann auch in Farbe bereits mit einem DMD-Baustein realisiert werden, wobei die einzelnen Farbauszüge dann nacheinander mittels eines rotierenden Farbrades projiziert werden. Häufig sind auch Systeme mit 3 DMDs, bei denen für jeden Farbauszug ein DMD zur Verfügung steht und die Signale nachfolgend in einem Farbteilungsprisma kombiniert werden. Die Vorteile der DLP-Projektionsart sind:

- sehr kompakte Projektionsmodule,
- direkte Modulation des Lichtes,
- gute Farbwiedergabe bei hoher Gleichmäßigkeit der beleuchteten Fläche,
- eine hohe Auflösung, z.B. 1920×1080 für die Wiedergabe von HDTV-Signalen.

Ein weiterer Vorteil ist die geringere Aufheizung des Projektionsmoduls: Beim LCD-Projektor nach Bild 16.5 wird das Licht z.B. im Fall eines darzustellenden schwarzen Bildpunktes im LCD selbst absorbiert und in Wärme umgesetzt. Dadurch heizen sich LCDs in Abhängigkeit vom Bildinhalt auf, so dass ein erheblicher Kühlungs- bzw. Lüftungsbedarf entsteht, um das LC nicht zu zerstören; ferner wird dadurch die mögliche Lichtleistung solcher Projektoren begrenzt. Beim DLP-Projektionssystem hingegen wird das Licht reflektiert, und die Erwärmung erfolgt vor allem durch die Absorption des Lichtes in den Spiegelzwischenräumen – diese ist jedoch deutlich geringer und vor allem weitgehend unabhängig vom darzustellenden Bildinhalt. Daher sind auch höhere Lichtleistungen realisierbar, d.h., bei gleichbleibender Projektionshelligkeit können größere Leinwände verwendet werden.

16.1.6 LED- und OLED-Bildschirme

Die Nutzung der LED *(Light Emitting Diode)* für die Bildwiedergabe von Stand- und Bewegtbildern erfolgt auf zwei völlig verschiedene Arten:

- LEDs können als Hintergrundbeleuchtung für LCD-Systeme nach Abschnitt 16.1.4 verwendet werden.
- LEDs können in entsprechenden Farbkombinationen zur Realisierung von Direktsichtdisplays dienen oder als Projektoren für die Frontprojektion eingesetzt werden.

In Bild 16.8 sind die wesentlichen Verfahren zur Hintergrundbeleuchtung von LCDs dargestellt.

Zunächst wurden aus Kostengründen Kaltkatodenröhren (*Cold Cathode Fluorescent Lamp*, CCFL), d.h. Leuchtstoffröhren eingesetzt (Bild 16.8a). Der Nachteil dieser Lösung ist, dass diese nicht kurzfristig ein- bzw. ausgeschaltet werden können. Da zudem die LCD-Panel nicht vollständig das sie durchleuchtende Licht im eingeschalteten Zustand sperren können (Bild 16.3), ergeben sich erhebliche Schwierigkeiten, mit derartigen LCD-CCFL-Kombinationen schwarze bzw. dunkle Bildpartien wiederzugeben. Der Kontrastumfang ist daher begrenzt, was sich auf die Gesamtbildwiedergabequalität insbesondere bei der Fernsehwiedergabe negativ auswirkt.

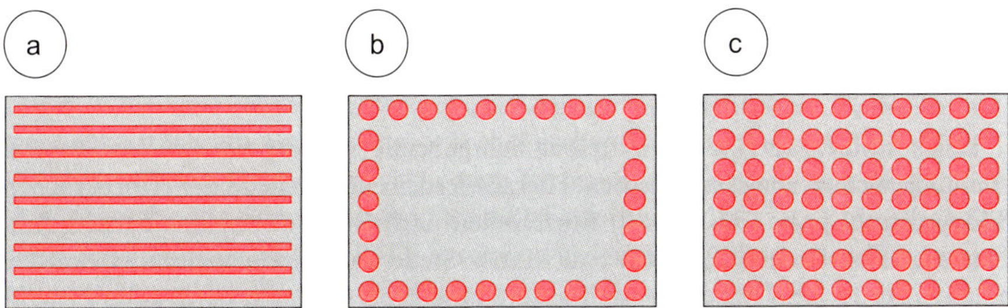

Bild 16.8 Hintergrundbeleuchtung fur LCD-Systeme
a) CCFL-Kaltlichtkatodenröhren
b) Edge-LED-Hintergrundbeleuchtung
c) Direct-LED-Hintergrundbeleuchtung

Die in Bild 16.8b dargestellte *Edge-LED*-Hintergrundbeleuchtung verwendet bereits LEDs, die rahmenförmig angeordnet sind. Die Hintergrundfläche wird durch einen Spiegel oder entsprechende Kunststoffgläser ausgeleuchtet. Der Vorteil dieser Technik besteht in der dadurch möglichen sehr geringen Bautiefe des Bildschirms. Daher wird dieses Verfahren häufig bei tragbaren Computern eingesetzt. Nachteilig ist die oft ungleichmäßige Ausleuchtung der Fläche, wodurch es zu Qualitätseinbußen bei der Fernsehwiedergabe kommt, da homogene (Farb-)Flächen nicht homogen dargestellt werden.

Bild 16.8c zeigt eine *Direct-LED*-Hintergrundbeleuchtung. Dieses Verfahren ist aufwendig, weist aber auch eine hohe Flexibilität auf: So können zur Verbesserung des Kontrastumfangs in dunklen bzw. schwarzen Bildpartien die LED gesteuert, gegebenenfalls sogar ganz ausgeschaltet werden. Dafür wird die Hintergrundbeleuchtungseinheit in einzelne Zonen aufgeteilt, die dann in Abhängigkeit vom Bildinhalt gesteuert werden.

Von besonderer Bedeutung ist die Farbmetrik, d.h. das Einhalten der korrekten *Farbart* bzw. der Farbtonwiedergabe dieser Kombinationen aus Lichtventil (LCD) und Beleuchtungseinheit (CCFL, LED). Während eine Korrektur bei einer CCFL nur durch eine Veränderung der Transparenz des Lichtes im LCD erfolgen kann, d.h. die Zellen für Rot, Grün und Blau unterschiedlich angesteuert werden, erlaubt eine Verwendung von LEDs in den Farben Rot, Grün und Blau anstelle von weißen LEDs zusätzlich die farbmetrische Anpassung der Hintergrundbeleuchtung. Dadurch können auch unterschiedliche Alterungserscheinungen der LEDs, d.h. eine unterschiedliche Strahlungsleistung der einzelnen Farben in Abhängigkeit von der Betriebsdauer, ausgeglichen werden. Bei modernen Wiedergabegeräten erfolgt dieses durch automatische Regelsysteme.

WCG – Wide Color Gammut
Mit der Wahl anderer Primärfarben für UHDTV-Systeme wird der produktions- und wiedergabeseitig nutzbare Farbenraum deutlich erweitert. In der ITU-R BT. 2020 sind andere Primärfarben festgelegt als z.B. für HDTV (ITU-R BT.709). Die Darstellung des Farbenraums erfolgt anschaulich anhand der *Normfarbtafel*, Bild 16.11.

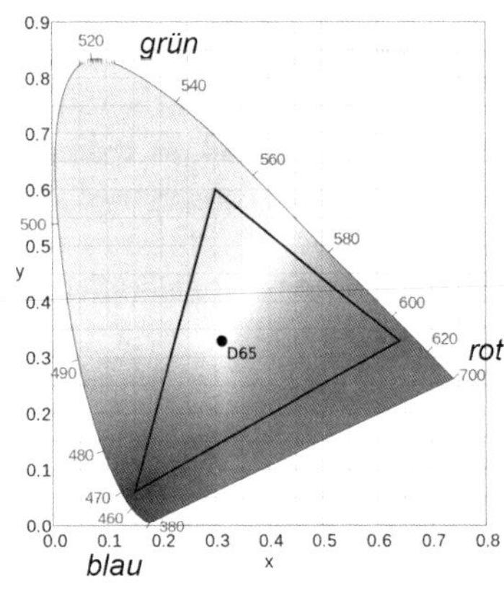

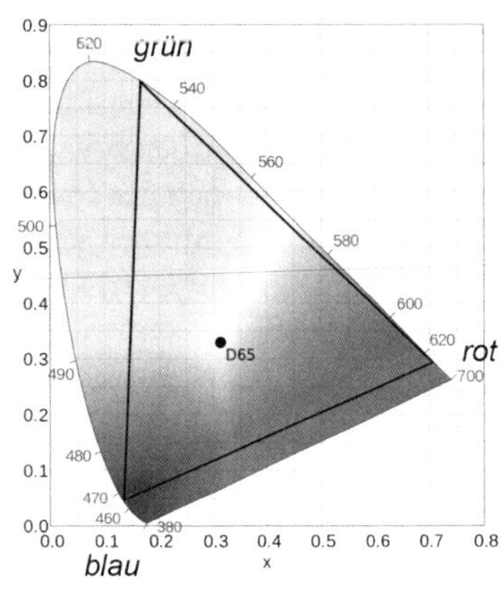

a.) ITU Rec. 709 b.) ITU Rec. 2020

Bild 16.11 Normfarbtafel mit nutzbarem Farbenraum

Entlang der Begrenzung der hufeisenförmigen Fläche sind die reinen Farben entsprechend ihrer Wellenlänge angeordnet, alle Mischfarben liegen im Inneren – eingezeichnet ist der Weißpunkt (D65). Alle vom jeweiligen technischen System wiedergebbaren Farben liegen im Inneren der eingezeichneten Dreiecke, deren Eckpunkte durch die Primärfarben bestimmt sind. Es wird deutlich, dass im Vergleich zwischen der ITU Rec. 709 (HDTV) und der ITU Rec. 2020 (UHDTV) insbesondere für die Wiedergabe grüner Farben ein deutlicher Qualitätsgewinn erreicht wird.

Um die HDR-/WCG-Qualität im Endgerät darstellen zu können, ist es erforderlich, Zusatzdaten (*Metadaten*) zu übertragen, damit eine Kompatibilität zu den Wiedergabemöglichkeiten der Endgeräte z.B. zur SDR-Wiedergabe mit Standardfarbsignalen erreicht werden kann. Die Metadaten können auf einem Datenträger (z.B. einer Blu-ray Disc) zusätzlich vorhanden sein oder über einen Übertragungsweg (z.B. DVB oder Internet-Streaming) das Endgerät erreichen. Unterschieden werden:

- *statische* Metadaten (HDR10) mit Informationen zu maximaler und durchschnittlicher Helligkeit und Farbe des gesamten Films oder Programms,
- *dynamische* Metadaten (HDR10+ oder Dolby Vision) mit Helligkeits- und Farbinformationen, die sich von Szene zu Szene oder innerhalb einer Szene ändern. Dolby Vision ist kompatibel zu HDR10.

Die Realisierung der Übertragung und Wiedergabe erfolgt durch:

- einen *einfachen* Datenstrom und Codierung mittels Transformationskurve (s. Bild 16.12) ohne Metadaten,

- zwei *getrennte* Datenströme, aus denen das Wiedergabegerät das passende Signal auswählen kann,
- einen *zusammengefassten* Datenstrom, bei dem die Metadaten eine Trennung im Endgerät sicherstellen.

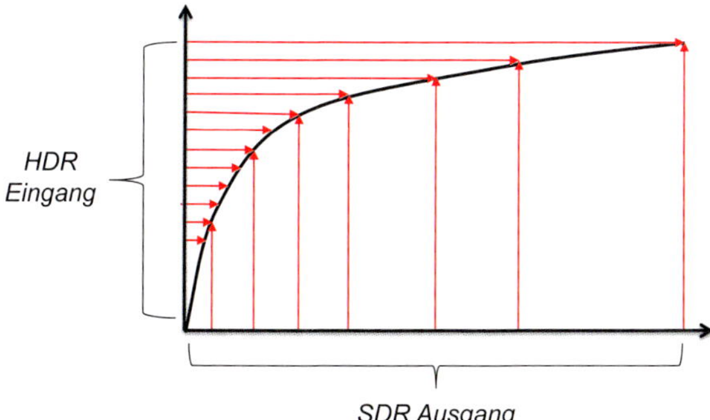

Bild 16.12 Anpassung des Dynamikumfanges von HDR an den Dynamikbereich eines Empfängers (SDR)

Bereits die einfachste Form (HDR10) führt auch bei einer begrenzten Bildgröße zu einer deutlichen Verbesserung der subjektiven Bildqualität. Insbesondere Streaming-Angebote und Computerspiele unterstützen die Einführung von HDR.

Merksatz

Mit High Dynamic Range (HDR) und Wide Color Gammut (WCG) wird ein erheblicher Qualitätsgewinn bei der Wiedergabe elektronischer Bilder ohne Erhöhung der Ortsauflösung (Anzahl der Bildelemente) erzielt.

16.2 Analoge Empfängertechnik

Die Aufgabe der Empfängertechnik im Fernsehbereich besteht in der Rückgewinnung der Basisbandsignale für eine Bild- und Tonwiedergabe aus dem übertragenen HF-Signal. Da sowohl die Aufbereitung der Basisbandsignale als auch deren Übertragung analog oder digital erfolgen kann (s. Kapitel 10, 11 und 13), werden völlig verschiedene Verfahren der Demodulation und Decodierung bzw. Rückgewinnung der Signale eingesetzt. Die analoge Übertragungstechnik für TV-Signale und die damit verbundene, teilweise sehr spezielle Art der Übertragung und Signalrückgewinnung der Ton- und Bildsignale im Empfänger verliert allerdings immer mehr an Bedeutung, da die analoge TV-Übertragung in Deutschland nur noch in Bereichen des Kabel-TV-Angebotes genutzt wird.

Eine detaillierte Darstellung der analogen Signalaufbereitung im TV-Empfänger findet sich im Internet-Bereich zu diesem Buch, Kapitel A.16.

16.3 Digitale Signalverarbeitung im Empfänger

Die Nutzung der digitalen Signalverarbeitung im TV-Gerät eröffnet eine Vielzahl von Möglichkeiten. Dabei ist zu unterscheiden zwischen

- der digitalen Signalverarbeitung im TV-Gerät mit dem Ziel der Bildqualitätsverbesserung oder
- der Realisierung der digitalen Empfangstechnik, die zur Wiedergabe von z.B. über DVB-S2 empfangenen Signalen erforderlich wird.

Während qualitätsverbessernde Maßnahmen in jedem Empfängertyp möglich sind, ist die digitale Empfangstechnik nur bei Nutzung der digitalen Verbreitungswege erforderlich.

16.3.1 Qualitätsverbesserung im TV-Empfänger

Durch Einsatz digitaler Signalverarbeitungsmethoden kann in einem analogen Gesamtsystem die Bildqualität deutlich verbessert werden. Diese Verarbeitungstechniken erfolgen überwiegend im Basisband: Nach einer A/D-Umsetzung erfolgt die digitale Signalverarbeitung. Ferner sind digital auch zusätzliche Funktionalitäten, die eher dem Komfort dienen, besser realisierbar.

Typische Beispiele für die Anwendung der digitalen Signalverarbeitung sind u.a.:

- Verbesserung der Bildschärfe,
- Verminderung des sichtbaren Rauschens,
- Flimmerreduktion durch 100-Hz- oder 120-Hz-Technik (speziell bei der Wiedergabe mit Katodenstrahlröhren),
- Bildspeicherung und Bild-in-Bild-Techniken.

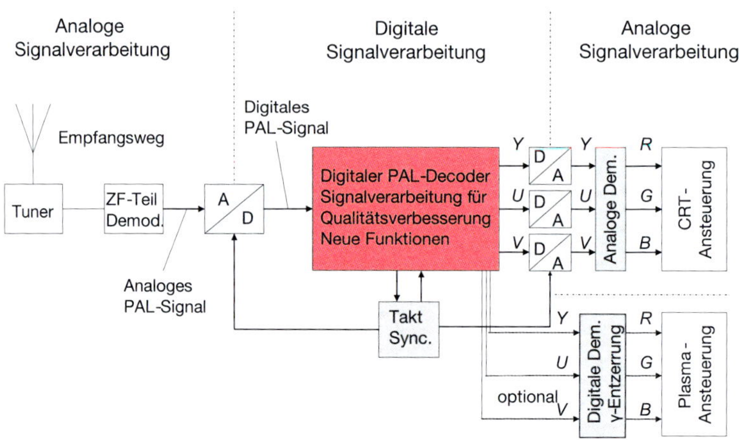

Bild 16.13 Digitale Signalverarbeitung im analogen TV-Empfänger

Den prinzipiellen Aufbau eines derartigen TV-Empfängers zeigt als Beispiel das Blockschaltbild 16.13. Die digitale Signalverarbeitung ist dabei eingebettet in ein vollständig analoges Umfeld: Das demodulierte FBAS-Signal wird analog-digital umgesetzt und die weitere Verarbeitung bis zur Erzeugung des Luminanz- und der Farbdifferenzsignale digital realisiert. Dann erfolgt die Digital-Analog-Umsetzung und nach der Dematrizierung von Y, U, V auf R, G, B die analoge Weiterverarbeitung, z.B. zur Ansteuerung einer Katodenstrahlröhre oder eines Plasmabildschirms. Im letzteren Fall ist jedoch auch eine unmittelbare digitale Ansteuerung des Bildschirms optional möglich – eine D/A-Umsetzung zu diesem Zweck entfällt. Die Verfahren zur Qualitätsverbesserung beruhen überwiegend auf dem Einsatz von digitalen Teil- oder Vollbildspeichern sowie einer schnellen Signalverarbeitungstechnik zur Umsetzung mathematischer Berechnungsverfahren, insbesondere zur bewegungsabhängigen Signalverarbeitung. Eine umfassende Darstellung findet sich in [38].

Bei rasterorientierten Wiedergabesystemen wie LCD- oder LED-/OLED-Bildschirmen müssen in der digitalen Signalverarbeitung u.a. noch die Rasteranpassung, d.h. die Anpassung der Eingangssignalauflösung an die physikalische Wiedergabeauflösung des Panels sowie eine Anpassung der Gammakennlinie erfolgen. Da aufnahmeseitig, d.h. in der Kamera, stets die Gamma-Kennlinie der empfängerseitigen Katodenstrahlröhre nach Gl. 16.1 berücksichtigt wird, handelt es sich bei den gesendeten Signalen um *gamma-vorverzerrte* Signale, die eigentlich für die Wiedergabe auf Katodenstrahlröhren optimiert sind. Da weder das LCD noch die LED-/OLED-Wiedergabe eine der CRT entsprechende Gamma-Kennlinie aufweisen, muss diese vor der Ansteuerung des Panels korrigiert bzw. kompensiert werden (s. Abschnitt 16.1.1).

16.3.2 Digitale Empfangstechnik

Die digitale Empfängertechnik erlaubt es, diejenigen Informationsangebote, die über Verbreitungswege wie DVB-T, DVB-S, DVB-C verteilt werden, im TV-Empfänger wiederzugeben. Wie in Kapitel 13 dargestellt, werden für diese unterschiedlichen Verbreitungswege auch verschiedene Übertragungsverfahren eingesetzt, d.h., trotz einer weitgehenden Ähnlichkeit der Empfangswege kann ein TV-Gerät mit DVB-S-Empfangsteil weder DVB-T- noch DVB-C-Signale wiedergeben.

Moderne Empfänger sind daher modular aufgebaut oder haben für die verschiedenen Empfangswege verschiedene Frontends parallel eingebaut. Im Vergleich sind die verschiedenen Baugruppen der Empfangswege für die DVB-Verteilung Bild 16.14 zu entnehmen. Dabei wurden die notwendige Taktrückgewinnung und die Ermittlung der Coderate R2 nicht dargestellt. Für den Satellitenempfangsweg zeigt die Darstellung das Gegenstück zur sendeseitigen Signalaufbereitung nach Bild 13.8.

Nach der Rückgewinnung des Datenstroms erfolgt jeweils das Aufteilen der Daten (De-Multiplex) in Audio, Video und Zusatzdaten und nachfolgend die Decodierung der z.B. nach MPEG-2 codierten Videosignale. Neben der Rückgewinnung des übertragenen Datenstroms sind zusätzlich Funktionalitäten wie z.B. die Möglichkeit zur Entschlüsselung geschützter Datenströme vorzusehen. Da ältere analoge Empfangsgeräte häufig nicht für digitale Empfangsmöglichkeiten nachrüstbar sind, können für den digitalen Empfangsweg auch Vorschaltgeräte (*Settop-Boxen*, STB) genutzt werden. In diesem Fall werden die analogen Empfänger praktisch als

Monitor betrieben und die Signale über eine analoge Videoschnittstelle im Basisband zugeführt, z.B. in Form von R,G,B-Signalen oder als FBAS-Signal. Ein Blockschaltbild eines Empfängers nach dem Fehlerschutz ist in Bild 16.15 dargestellt.

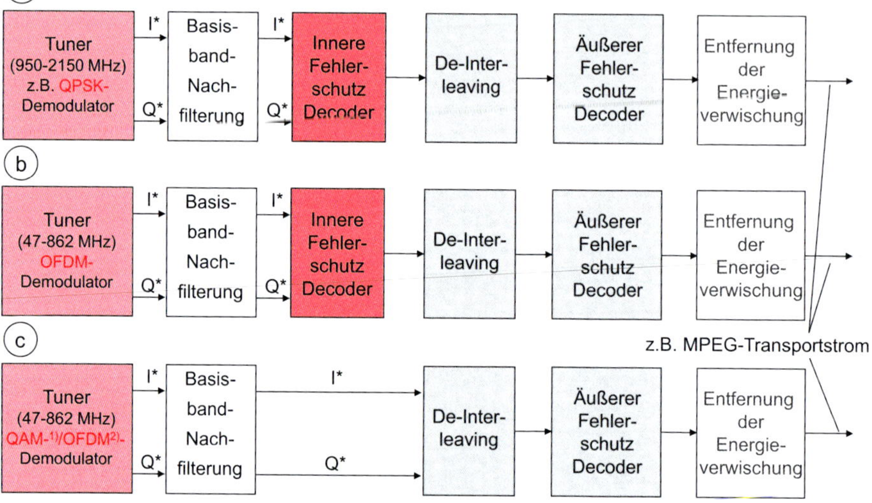

Bild 16.14 Blockschaltbilder für verschiedene DVB-Empfangswege
a) Empfang über Satellit – DVB-S / S2
b) Terrestrischer Empfang – DVB-T / T2
c) Empfang über Kabel-TV-Netze – [1]DVB-C / [2]DVB-C2

Nach der Decodierung der Signale liegen die Audio- und Videosignale in der ursprünglichen Signalform vor. Das Videosignal wird durch ein Grafiksignal ergänzt, das z.B. für die Schrifteinblendung für Bedienung des Empfängers benutzt wird. Nachfolgend erfolgt für Audio- und Videosignal die D/A-Umsetzung. Die nun analogen Signale für Audio und Video werden an getrennten Cinch-Buchsen oder an einem Scart-Anschluss zur Verfügung gestellt. [3]

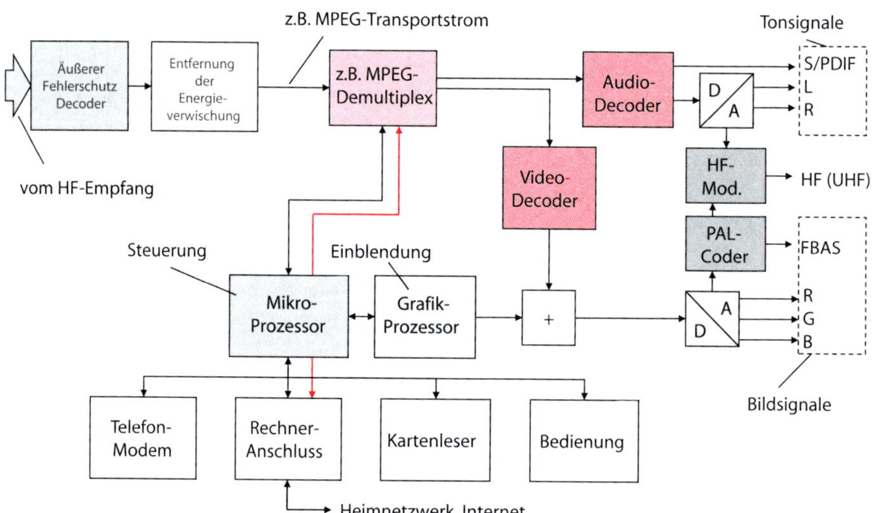

Bild 16.15 Blockschaltbild eines DVB-Empfängers (Settop-Box)

Ferner werden Audio- und Videosignal häufig auch als analoges moduliertes RSB-HF-Signal im UHF-Bereich bereitgestellt, um ältere Empfänger ohne einen Basisbandanschluss ebenfalls versorgen zu können.

Durch die Einführung der in Kapitel 5 beschriebenen Mehrkanaltonsysteme und deren Verwendung im TV-Rundfunk wird bei Settop-Boxen das digitale (Mehrkanal-) Tonsignal zusätzlich häufig im *S/PDIF-Format (Sony-Philips Digital Interface Format)* als serielles digitales Signal ausgegeben. Dieses Digitalformat ist vom Aufbau weitgehend identisch mit dem professionellen AES/EBU-Signal (s. Kapitel 11), allerdings wird für S/PDIF als elektrische Schnittstelle ebenfalls eine Cinch-Buchse verwendet. Ein externer Verstärker übernimmt dann die Decodierung des Mehrkanaltons und die Ausgabe auf einem Mehrkanal-Lautsprechersystem.

Der Mikroprozessor ist für die Steuerung des Empfängers zuständig. Hierzu können auch die Abfrage von Verschlüsselungsdaten über einen Kartenleser und die Bereitstellung der Bedienfunktionen gehören. Zur Abfrage von Nutzungsdaten kann ein Telefonmodem eingebaut sein, und eine Schnittstelle zu einem Rechner erlaubt z.B. das Einspielen neuer Funktionalitäten.

Als weitere Schnittstelle ist häufig eine Rechnerschnittstelle (Ethernet, s. Kapitel 18) vorhanden.

Merksatz

Diese Rechnerschnittstelle erlaubt die Nutzung des TV-Gerätes, das häufig als *SMART-TV* bezeichnet wird, in einer Heimnetzwerk-Umgebung bzw. deren Verbindung zum Internet. Dadurch wird es möglich, Daten z.B. von Online-Mediatheken im Gerät zu verarbeiten.

In dieser Betriebsart wird der HF-Empfangsteil in der Regel nicht benötigt, da die Daten über die Netzwerkschnittstelle zum Demultiplexer und der nachführenden Verarbeitung gelangen. Im Gegensatz zu den verschiedenen HF-Frontends ist die Netzwerkschnittstelle bidirektional, da z.B. die Auswahl der Informationen interaktiv erfolgt und damit auch Übertragungen in Richtung des Netzes erfolgen. Der Empfänger verhält sich dann – je nach eingesetzter Software – wie ein an das Internet angeschlossener Rechner. Hinsichtlich der Betriebsarten dieser Endgeräte ist zu unterscheiden:

- der Betrieb unter Verwendung des HF-Empfangsteils *oder* der Datenzuführung über die Rechnerschnittstelle, d.h. ein alternativer Betrieb, teilweise mit Bild-in-Bild-Funktionalität;
- der integrierte Betrieb, d.h. die *unmittelbare Verknüpfung* von Signalen, die über den HF-Teil empfangen werden, mit (Zusatz-)Informationen, die über die Rechnerschnittstelle in das Gerät gelangen, wie z.B. im Fall von HbbTV – *Hybrid Broadband Television.*

Durch die Vielzahl der Schnittstellen moderner TV-Endgeräte hat sich deren Funktionalität deutlich erweitert. Neben der Nutzung von Online-Audio-/Video-Angeboten können diese Geräte, bei Ausrüstung mit einer entsprechenden Kamera, auch als Kommunikationsendgeräte für Videokonferenzen eingesetzt werden.

16.4 Analoge und digitale Schnittstellen für SDTV und HDTV

Die Nutzung von TV-Endgeräten geht heute über den Einsatz als Fernsehempfänger hinaus, da sie z.B. als Wiedergabegerät von selbst aufgenommenen Videoaufnahmen oder von digitalen Fotos verwendet werden. Es ist daher erforderlich, die Geräte mit einer Vielzahl von Schnittstellen auszurüsten.

16.4.1 Analoge Schnittstellen

Als analoge Schnittstellen können Audio- und Videosignale im Basisband über entsprechende Steckerverbindungen zugeführt werden, wozu entweder Cinch- oder Scart-Verbindungen dienen. Über 4-polige Hosidenbuchsen werden Y,C- bzw. S-VHS-Signale angeschlossen. [3; 4] Im professionellen Bereich hingegen erfolgt die Zuführung der Videosignale über BNC-Steckverbindungen für die Signale R, G, B, S oder FBAS. Die Einspeisung erfolgt angepasst an den 75-Ω-Wellenwiderstand des Koaxialkabels (s. Kapitel 4), d.h., die Signale werden im Empfänger gegen Masse mit 75 Ω abgeschlossen (Bild 16.16).

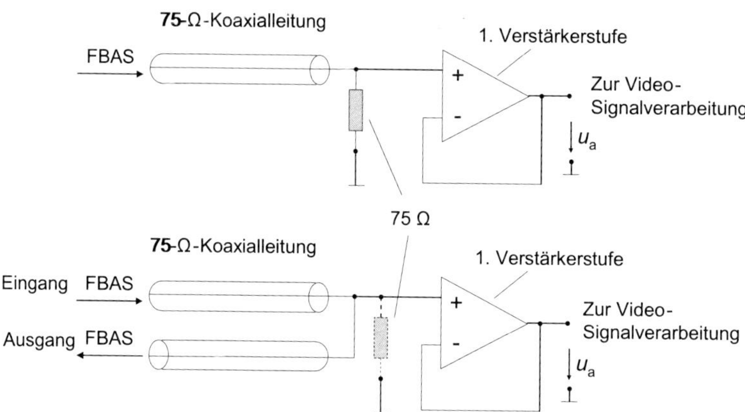

Bild 16.16 75-Ω-Abschluss analoger Videosignale
a) Interner Abschluss (Heimempfänger)
b) Externer oder schaltbarer Abschluss (professioneller Monitor)

Im Gegensatz zu Heimempfängern, bei denen diese Abschlusswiderstände geräteintern fest eingebaut sind, können bei professionellen Monitoren diese Abschlusswiderstände entweder entfernt bzw. abgeschaltet werden, um nachfolgende Geräte versorgen zu können. Bei diesem passiven Durchschleifbetrieb erfolgt der 75-Ω-Abschluss der Signale beim letzten Gerät in der Reihe. Für die Eingangsverstärker einer Schaltung nach Bild 16.16b sind hohe Anforderungen hinsichtlich der Rückflussdämpfung bzw. der Anpassung zu stellen, um Störungen der Signale zu vermeiden.

Analoge Signale nach den HDTV-Standards werden über Cinch-Buchsen zugeführt. Das dabei verwendete Signalformat ist entweder R, G, B mit dem im Grünsignal mitgeführten Synchronsignal (Sync in Green) oder Y, P_R, P_B, d.h. als Luminanz und (getrennte) Farbdifferenzsignale mit dem Synchronsignal im Y-Anteil.

16.4.2 Digitale Schnittstellen

Auch bei den digitalen Schnittstellen für externe Geräte für SDTV und HDTV muss zwischen professionellen und Consumer-Geräten unterschieden werden.

Professionelle Anschlüsse erfolgen auf Basis von BNC- oder speziellen Glasfaser-Steckverbindungen für die in Kapitel 11 beschriebenen Signale:

- SDI (Serial Digital Interface) bis 270 Mbit/s für SDTV mit Übertragung von Zusatzinformationen, z.B. Tonsignalen nach ITU-R 656,
- HD-SDI (High Definition Serial Digital Interface) bis 1,485 Gbit/s,
- Dual-Link HD-SDI mit 2,97 Gbit/s nach ITU-R 799-2, SMPTE 292M [35],
- die Übertragung auf Basis von Lichtwellenleitern.

Dabei handelt es sich stets um eine serielle Übertragung der Daten. Die Kupferübertragung erfolgt – aus Gründen der Kompatibilität zu bestehenden Strecken – über 75-Ω-Koaxialleitungen. Vergleichbar mit der analogen Anbindung sind an den Geräten (aktive) Durchschleifeingänge vorhanden, d.h., das digitale Empfangssignal wird wiederhergestellt (regeneriert) und dann wieder bereitgestellt. Dadurch ist es möglich, wiederum die maximale Kabellänge bis zum nächsten aktiven Element auszunutzen. Aktive Durchschleifeingänge sind also gleichzeitig Signalregeneratoren.

Bei der Einführung von *digitalen Schnittstellen im Heimbereich* ist einerseits dem Kostendruck Rechnung zu tragen, d.h. die verwendeten Steckverbindungen und Kabel sollten möglichst preiswert herstellbar sein. Ferner muss vermieden werden, dass von hochwertigen HDTV-Produktionen unerlaubte digitale HD-Kopien angefertigt werden können.

Als digitale *Anschlusssysteme für den Heimempfänger* sind u.a. zu nennen:

- Mini-USB oder USB für den Anschluss von z.B. digitalen Fotoapparaten [39],
- Firewire (IEEE 1394) für den Anschluss von z.B. von Camcordern, [28; 40],
- DVI oder HDMI-Verbindungen für den Anschluss von z.B. HDTV-Settop-Boxen, HD-DVD- und BD-Wiedergabegeräten,
- S/PDIF Sony-Philips Digital Interface für z.B. 5.1-Mehrkanal-Tonsysteme.

Über USB (***Universal Serial Bus***) und über Firewire-Anschlüsse werden die Signale i.Allg. datenratenreduziert übertragen. So erfolgt über Firewire typischerweise z.B. die Anbindung von Camcordern nach dem DV-Format (s. Kapitel 14), und über USB werden häufig Bilder im JPEG-Format übertragen. Die Decodierung der Signale erfolgt dann im Wiedergabegerät selbst.

Für die *digitale HDTV-Basisbandübertragung* im Heimbereich zwischen dem HDTV-Decoder (Settop-Box) und dem HDTV-tauglichen Wiedergabegerät wurde speziell der HDMI-Standard (***High Definition Media Interface***) entwickelt (Bild 16.17).

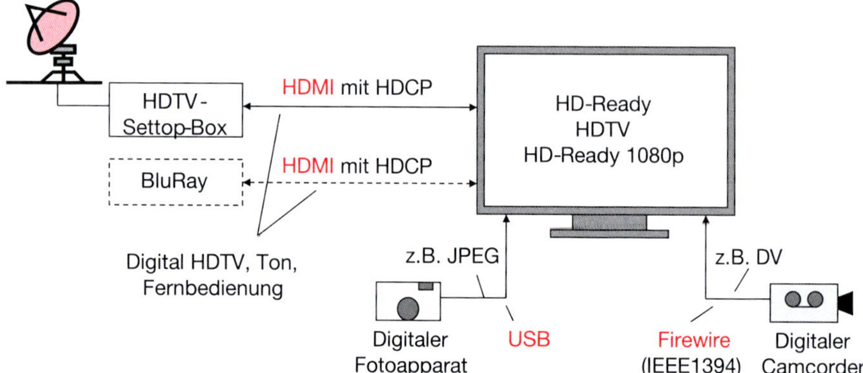

Bild 16.17 Digitale Schnittstellen im Heimempfänger

Dieser ist eine Weiterentwicklung der im Rechnerbereich benutzten DVI-Schnittstelle (*Digital Video Interface*) und erlaubt eine direkte digitale Ansteuerung des Monitors. Dadurch wird eine Verkettung von D/A- und A/D-Umsetzung in der Settop-Box und dem Wiedergabegerät vermieden, der zu einer Bildqualitätsbeeinträchtigung führen kann. Außerdem können die damit verbundenen Komponenten eingespart werden.

Die HDMI-Schnittstelle weist u.a. folgende Merkmale auf:

- Übertragung von bis zu 32 Audiokanälen mit 192 kHz und 24 Bit,
- Übertragung von Videosignalen mit bis zu 600 MHz Bandbreite (2160p/60),
- Datenraten bis 5 Gbit/s (Typ A), 10 Gbit/s (Typ B), 18 Gbit/s (Typ C, D),
- Übertragung von Steuerungs- und Fernbedienungsfunktionen (z.B. IR-Bedienung),
- *Audio-Return-Channel* (ARC) für die Übertragung von Audiosignalen vom TV zu einem externen Verstärker z.B. mit Surround-Decoder, wenn das TV-Gerät die Audio-/Video-Signale von einer externen Quelle z.B. einem Blu-ray-Player erhält,
- die HDMI-Kabellängen sind bis 15 m zertifiziert; ferner sind eine LWL-Übertragung oder eine Übertragung über CAT 6/7-Kabel möglich;
- HDMI ist eingeschränkt abwärtskompatibel zu DVI-I.

Die HDMI-Schnittstelle existiert in den Grundvarianten 1 und 2, die sich insbesondere in den übertragbaren Auflösungen, Bildwiederholraten, Farbtiefen und Varianten der Tonübertragung unterscheiden. Tabelle 16.1 zeigt die Varianten des HDMI-Typs 1 und Tabelle 16.2 diejenige des HDMI-Typs 2.

Im Zuge der Einführung der HDMI 2.1-Schnittstelle wurde der taktbezogene Übertragungsmodus zugunsten einer reinen Datenübertragung ohne spezielle Taktleitung aufgegeben. Zusätzliche Merkmale sind, u.a.:

- VVR-Modus (Variable Refresh Rate), der eine variable Bildfrequenz erlaubt, um z.B. bei der Wiedergabe von Spielen eine sehr kurze Reaktionszeit zu ermöglichen,
- QMS (Quick Media Switching), erlaubt den Wechsel der Bildauflösung oder der Bildrate ohne Bildaussetzer,

- ALLM (Auto Low Latency Mode) für die Abschaltung komplexer Interpolationsprozesse mit höherer Verzögerungszeit (Videowiedergabe) bei der Wiedergabe von Spieleinhalten.

Tabelle 16.1 Varianten der HDMI-Übertragung – Typ 1

Name	HDMI 1.0	HDMI 1.1	HDMI 1.2	HDMI 1.2a	HDMI 1.3 HDMI 1.3a/b/c	HDMI 1.4	HDMI 1.4a	HDMI 1.4b
Einführung	Dez. 2002	Mai 2004	August 2005	Dez. 2005	Juni / Nov. 2006	Mai 2009 / März 2010		Okt. 2011
max. Bitrate / max. Bandbreite (Steckertyp)	3,96 GBit/s 165 MHz	3,96 GBit/s 165 MHz (Typ A)	3,96 GBit/s 165 MHz (Typ A) 7,92 GBit/s (Typ B, Dualink)	3,96 GBit/s 165 MHz (Typ A) 7,92 GBit/s (Typ B, Dualink)	8,16 GBit/s / 340 MHz (Typ A; Typ C, Typ D – Kabellängenprüfung)			
Maximales Bildformat	1080p/60	1080p/60	1080p/60	1080p/60	1440p/60 3D-fähig bis 1080i	Bis 2160p/24; 3D-fähig, HDMI 1.4a; Sieben 3D-Standards bis zu 1080p im Dual-Stream Modus HDMI-Ethernet; 100 Mbit/s ARC, 4K-Auflösung		4096 x2160p /24 3840x 2160p/30
Tonformat	8 PCM, Dolby Digital, DTS, MPEG	8 PCM, Dolby Digital, DTS, MPEG, DVD-Audio	8 PCM, Dolby Digital, DTS, MPEG, DVD-Audio, SACD	8 PCM, Dolby Digital, DTS, MPEG, DVD-Audio, SACD	8 PCM, Dolby Digital, DTS, MPEG, DVD-Audio, SACD, Dolby Digital Plus, TruelHD, DTS-HD			High Bitrate Aufio (768 kHZ / 1 Bit)
Farbtiefe R, G, B Y, P_R, P_B	24 Bit / 36 Bit	24 Bit / 36 Bit	24 Bit / 36 Bit	24 Bit / 36 Bit	24 Bit *) oder 36 Bit / 30 Bit; 48 Bit ab HDMI 1.4 **)			

*) zusätzlich erweiterter Farbenraum nach IEC 61966-2-4
**) sYCC601, Adobe RGB, Adobe YCC601

Tabelle 16.2 Varianten der HDMI-Übertragung – Typ 2

Name	HDMI 2.0	HDMI 2.0a	HDMI 2.0b	HDMI 2.1	HDMI 2.1a
Einführung	Sep. 2013	April 2015	Juli 2016	Nov. 2017	Jan. 2022
max. Bitrate / max. Bandbreite (Steckertyp)	14,4 GBit/s / 600 MHz (Typ A, Typ C, Typ D)			42,6 GBit/s 666,6 MHz (Typ A, Typ C, Typ D)	
zusätzliche Bildformate	2160p/60 1080p/48 (3D)			7680p/60; 3840p/120 Variable Refresh Modus (VRR)	
zusätzliche Tonformate	32-Kanal-Audio Abtastrate x Kanalzahl maximal 1,536 MHz (z.B. 32 Kanäle je 48 kHz)				
Farbtiefe R, G, B Y, PR, PB	Farbraum nach ITU-R 2020 (High Dynamic Range, CEA 863.1)			Je 14 Bit / 4:2:0 / HDR10+ / Dolby Vision	HDR-Abrage beim Endgerät
Hinweis				Geringere Latenz, enhanced ARC, DSC 1.2	

Das digitale Signal wird bei HDMI zwischen HDTV-Decoder und dem HDTV-Wiedergabegerät auf der digitalen Basisbandsignalebene durch das *HDCP-Verfahren (High Definition Content Protection)* verschlüsselt. Hintergrund ist die Gefahr der digitalen HDTV-(Basisband-)Kopie der Signale.

Merksatz

HDCP ist ein Verfahren für die geschützte Übertragung von digitalen Audio- und Videodaten über DVI- und HDMI-Schnittstelle.

HDCP muss von beiden Geräten unterstützt werden. In jedem HDCP-konformen Gerät sind i.Allg. vierzig 56-Bit-Schlüssel gespeichert. Durch die Kommunikation (*handshake*) zwischen den Geräten erfolgt eine Identifizierung und die Verständigung auf einen der 40 Schlüssel zur jeweiligen Kommunikation. Dabei kann ein (zeitlicher) Modus zum Schlüsselwechsel festgelegt werden, d.h., die Gültigkeit des Schlüssels kann zeitlich begrenzt werden. HDCP-verschlüsselte Inhalte dürfen von keinem HDCP-lizenzierten Endgerät digital aufgezeichnet werden. Eine HDCP-Lizenzierung erfolgt nur an vertrauenswürdige Kunden, d.h., es muss z.B. sichergestellt werden, dass kein Abgriff des unverschlüsselten digitalen Signals im Gerät möglich ist. HDCP erlaubt daher auch die nachträgliche Sperre von erteilten Lizenzen, wenn Hersteller diese Absprache nicht einhalten. Im Zuge der Weiterentwicklung von HDMI erfolgte auch eine Anpassung des HDCP-Verfahrens (HDCP2.2, HDCP2.3), so dass das Schutzverfahren inzwischen auch Systeme mit UHDTV-Auflösungen (UHDTV1 und UHDTV2), HDR und WCG umfasst.

Sind bei einer HD-Settop-Box neben einem HDMI-Anschluss parallel auch analoge Ausgänge vorhanden, so ist deren Signalqualität steuerbar: Bei Wiedergabegeräten für HD-DVD, BD oder bei einer HDTV-Settop-Box kann diese Möglichkeit bei der Herstellung der Disc bzw. bei der Ausstrahlung genutzt werden, um die Qualität der analogen Schnittstellensignale z.B. auf SDTV qualitativ zu begrenzen. Bei aktiviertem HDCP werden darüber hinaus keine Mehrkanaltonsignale an analogen Ausgängen der Settop-Box bzw. des Wiedergabegerätes oder über den S/PDIF-Ausgang ausgegeben.

16.4.3 Digitale AV-Übertragung über CAT-Kabel

Das HDMI-System ist vor allem zur Verbindung von Endgeräten (z.B. BD-Player – Display, Computer – Projektor) gedacht. Es ist eine bidirektionale Kommunikationsverbindung, die eine flexible Kommunikation der miteinander verbundenen Endgeräte erlaubt, z.B. zum Austausch von Fernsteuerinformationen oder zur Ansteuerung externer Audioreceiver über (e)ARC.

Nach Spezifikation sind nur kurze Strecken (max. 15 m) mit einem Kabel ohne zusätzliche Signalaufbereitung überbrückbar, eine erhebliche Einschränkung für Anwendungen in der Gebäudeverkabelung oder bei Veranstaltungen. Darüber hinaus sind HDMI-Kabel guter Qualität aufwendig und die eingesetzten Steckkontakte empfindlich gegenüber einem sehr häufigen Gebrauch. Neben der in Abschnitt 11.6 beschriebenen (HD)SDI-Familie zur unidirektionalen Übertragung wurde daher das HDBaseT-System entwickelt, um eine mit HDMI vergleichbare bidirektionale Übertragung zu Endgeräten über Computernetzwerkkabel (CAT-Kabel) zu realisieren. Grundlage ist das 5Play-Konzept:

- Video: Übertragung ohne Datenratenreduktion von 2k/4k/3D-Video,
- Audio: Audio-Multikanalübertragung (u.a. Dolby Digital, DTS),

- Ethernet: 100Base-TX-Ethernet zur Gerätekommunikation, z.B. zur Abfrage von Gerätezuständen wie Lampenlaufzeiten bei Projektoren,
- Steuerungssignale: USB2.0, IR, CEC (Consumer electronic Control), RS-232, IP-Übertragung,
- PoE-Power, d.h. Energieversorgung der angeschlossenen Gerätetechnik mit bis zu 100 W,
- *Optional:* Übertragungsmöglichkeit über Glasfaserstrecken.

Es handelt sich um ein asymmetrisches Übertragungsverfahren, das zum Empfänger (z.B. einem Projektor) AV-Signale bis UHDTV1-Auflösung HDMI 1.4 kompatibel und Ethernet- und Steuerungssignale überträgt sowie in Rückrichtung die Ethernet-Kommunikation mit einer Datenrate von 100 Mbit/s erlaubt: Die 100 Mbit/s-Ethernet-Verbindung wird durch einen unidirektionalen Übertragungskanal mit hoher Datenrate zum Empfänger ergänzt.

Damit ist die aktive Standardgerätetechnik von Ethernet-Computernetzwerken (z.B. Switch, Hubs, Router) mit HDBaseT nicht kompatibel. Es handelt sich um eine Punkt-zu-Punkt-Verbindung oder es werden spezielle HDBaseT-Switch-Systeme eingesetzt. Die AV-Daten werden ohne Fehlerschutzmechanismus übertragen, die zeitkritische Übertragung der nicht-datenratenreduzierten AV-Signale erfolgt unidirektional zur Senke. Mit Kabeln der Kategorie 6 oder 7 können ohne eine Signalregeneration 100 m überbrückt werden.

Merksatz

HDBaseT vereint die Audio-Video-Übertragung ohne Datenratenreduktion mit einer kompatiblen Ethernet-Kommunikation.

Die Version HDBaseT 1.0 behandelt insbesondere die Übertragungsleistung, die Version 2.0 orientiert sich an HDMI mit erweiterter Funktionalität. Die Ethernet-Daten (100BaseT) werden unabhängig von den anderen Daten bzw. Anwendungen und kompatibel zu IP-Netzen (s. Abschnitt 18.5) übertragen.

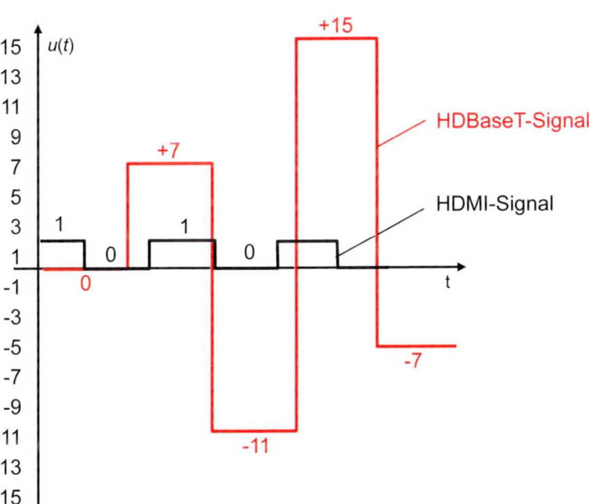

Bild 16.18 Vergleich von TMDS und PAM-16 (HDMI zu HDBaseT)

Die zusätzliche Übertragung der AV-Informationen erfolgt mit einer adaptiven, dynamischen Pulsamplitudenmodulation mit max. 16 Stufen (PAM-16). Je nach Kanaleigenschaften wird eine PAM-4 bis PAM-16 genutzt. Die Anpassung an die Kanaleigenschaften erfolgt bei der Initialisierung und in festen Zeitabständen, sofern die benötigte Datenrate es erlaubt (nicht bei UHDTV). Die Symbolrate beträgt 250 MSym/s oder 500 MSym/s, wodurch sich eine Gesamtdate von 2 GBit/s ergibt. Im Gegensatz zur HDMI-Übertragung ist dieses Übertragungsverfahren empfindlicher gegenüber Störungen der Amplitude, da diese die Information trägt. Bild 16.18 zeigt die PAM-Übertragung im Vergleich zur TMDS (Transition Minimized Differential Signal)-Übertragung bei HDMI.

Sollte eine hochbitratige Übertragung z.B. aufgrund von Störungen oder schlechter Kabelwege nicht zustande kommen, bietet die Ethernet-Übertragung eine Rückfallposition für die AV-Übertragung, dann allerdings nur in datenratenreduzierter Form eines AV-Streamings (s. Abschnitt 18.5).

16.4.4 Endgerätebezeichnungen im HDTV-Umfeld

Aufgrund der Vielzahl von möglichen Endgeräten und unterschiedlicher Möglichkeiten der Wiedergabe von Ton- und Bildsignalen wurden mit der Einführung von HTDV verschiedene Mindestanforderungen für die Wiedergabegeräte festgelegt. Dabei handelt es sich um eine gerätespezifische Selbstzertifikation der Hersteller, die mit den Bezeichnungen HD-Ready, HDTV und HD-Ready 1080p einhergehen und von der EICTA (*European Industry Association for Information Systems, Communication Technologies and Consumer Electronics*) eingeführt wurden. Die Bezeichnung wird jeweils für 1 Jahr vergeben und ist unabhängig von der gewählten Wiedergabetechnologie, d.h. davon, ob es sich z.B. um ein LCD-, Plasma- oder DLP-Wiedergabegerät handelt. Die Vorgaben beziehen sich auf

- physikalische Mindestauflösung, angegeben in Zeilenzahl × Bildpunktzahl,
- Unterstützung der verschiedenen HDTV-Standards (s. Tabelle 11.5 und 11.6),
- analoge und digitale Schnittstellen,
- Unterstützung von HDCP,
- Empfangsteile für HDTV-Signale.

Der Zusammenhang zwischen den einzelnen Festlegungen ist in Bild 16.19 dargestellt.

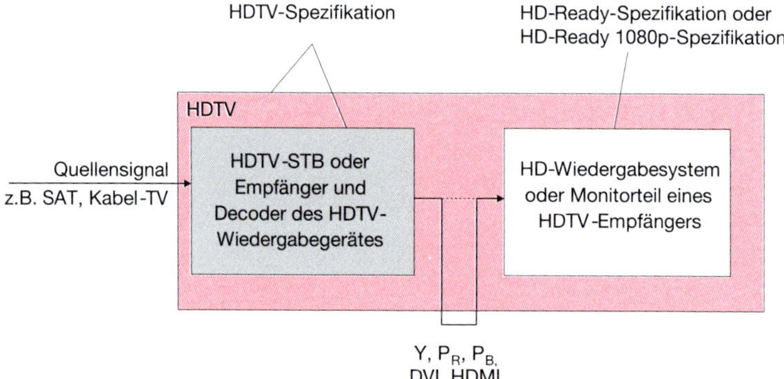

Bild 16.19 Anforderungen an die Systemtechnik von HDTV-Empfängern

HD-Ready
Für diese Bezeichnung müssen folgende Mindestanforderungen eingehalten werden:

- physikalische Mindestauflösung des Panels: 720×1280,
- Bildseitenverhältnis: 16 : 9,
- Unterstützung der Eingangssignale von 720p/50; 720p/60; 1080i/25; 1080i/30, analoger HD-Komponenteneingang in Y, P_R, P_B (Cinch-Buchsen),
- mindestens eine digitale DVI- oder HDMI-Schnittstelle,
- Unterstützung des HDCP-Kopierschutzes über DVI bzw. HDMI.

Ein HD-Ready zertifiziertes Endgerät enthält damit zwingend *keinen* digitalen TV- (z.B. DVB-T) und *keinen* HDTV-Empfangsteil, d.h., ein Empfang von digitalen TV- oder HDTV-Signalen ist damit nicht direkt, sondern nur über eine Settop-Box möglich.

HDTV
Eine derartige Bezeichnung erhalten Geräte, die die für HD-Ready notwendigen Bedingungen insbesondere hinsichtlich der physikalischen Auflösung einhalten und zusätzlich folgende Merkmale aufweisen:

- Empfangsmöglichkeit von digitalen SDTV- und HTDV-Signalen gemäß DVB-T, DVB-S, -S2 oder –C,
- Unterstützung der Decodierung von MPEG-2 und H.264/AVC,
- Darstellung von Eingangssignalen bis 1080i/30 und 720p/60 in 16 : 9 (s. Tabelle 11.4),
- Wiedergabe von Signalen mit 50-Hz-Bildwechselfrequenz,
- Geräte ohne Bildschirm (z.B. Settop-Boxen) müssen einen analogen Komponenten- oder einen DVI- oder einen HDMI-Ausgang besitzen.

HDCP über HDMI ist allerdings nicht zwingend vorgeschrieben, wird aber durchweg realisiert.

HD-Ready 1080p
Geräte mit dieser Bezeichnung halten zunächst die HD-Ready-Festlegungen ein und werden häufig auch als Full-HD-Geräte bezeichnet. Zusätzlich wurden folgende Mindestanforderungen festgelegt:

- physikalische Auflösung des Panels von 1920×1080,
- Verwendung von HDCP bei Zuführung digitaler Signale über die HDMI-Schnittstelle,
- Akzeptanz von Signalen 1080p/50 und 1080p/60 sowie 1080p/24 über HDMI,
- Abschaltung des Overscans,
- herstellerabhängige Implementierung der Nutzung analog zugeführter HDTV-Signale.

Unter der Abschaltung des Overscans wird Folgendes verstanden: Bei der Verwendung von Bildröhren zur Wiedergabe wurde das aufgenommene Bild bei der Wiedergabe häufig leicht vergrößert dargestellt, um z.B. Ablenkgeometrie- und Signal-

17 Leitungsvermittelte Kommunikationsnetze

17.1 Entwicklung und Vorbetrachtung

Die Entwicklung leitungsgebundener Kommunikationsnetze ist im nationalen und internationalen Bereich besonders durch die Entwicklung und Einführung der Fernsprechtechnik geprägt. Begonnen im letzten Quartal des 19. Jahrhunderts (PHILLIP REIS, ALEXANDER GRAHAM BELL) bis heute, verliefen die Entwicklungen in Abschnitten, ausgelöst durch entsprechende Erfindungen und die daraus folgende, zuverlässige Beherrschung neuer Technologien und deren wirtschaftliche Umsetzung.

Die ersten lokalen Fernsprechnetze bestanden aus manuellen Vermittlungseinrichtungen, den Teilnehmerendgeräten und Freileitungen als Verbindungen. Der Ruf von einem Teilnehmer zum anderen wurde durch Betätigung des im Endgerät enthaltenen Kurbelinduktors der Vermittlung angezeigt. Der Verbindungswunsch musste der Vermittlungskraft mündlich mitgeteilt werden, die daraufhin, ebenfalls mittels Kurbelinduktor, über die Leitung zum gewünschten Teilnehmer die dort im Endgerät enthaltene Klingel (Wecker) betätigte. Erst wenn sich der gerufene Teilnehmer bei der Vermittlungskraft meldete, stellte diese manuell, über Steckverbindungen am Vermittlungsschrank, die Leitungsverbindung zwischen beiden Teilnehmern her. Damit ergaben sich mehrere Entwicklungsbereiche für die Telekommunikation: zum einen die Weiterentwicklung der Freidraht Verbindungstechnik in Richtung der Fernmeldekabel (s. Kapitel 4), andererseits die Entwicklung der automatischen Vermittlungstechnik, der Endgeräte und der Anwendungen. Mit der Erfindung des elektromechanischen Wählers gegen Ende des 19. Jahrhunderts (ALMON BROWN STROWGER) begann die Automatisierung der lokalen Netze (Ortsnetze). Der rufende Teilnehmer musste durch Abheben des Handapparates und durch Drehen der Wählscheibe seinen Verbindungswunsch eingeben. Der gerufene Teilnehmer wurde weiterhin über ein Klingelzeichen auf den Kommunikationswunsch eines anderen Teilnehmers aufmerksam gemacht. Die Verbindung der Leitungen zwischen den Teilnehmern wurde auf elektromechanische Weise automatisch hergestellt. Zug um Zug wurden innerhalb von 50 Jahren der nationale und nachfolgend der internationale Fernverkehr auf die elektromechanische Vermittlungstechnik umgestellt. Ein weiterer Entwicklungsbereich der Netze beschäftigte sich mit der Einführung von Multiplexverfahren in der Telekommunikation (s. Kapitel 9). Aufgrund der physikalischen Eigenschaften der Leitungen (s. Kapitel 4) wird bei der analogen Multiplextechnik ein Frequenzmultiplexverfahren unter Nutzung der RSB-AM eingesetzt, um möglichst viele Kanäle bandbreitesparend übertragen zu können.

Die Grenzen der Übertragung auf symmetrischen Adernpaaren wurden mit den Systemen für 60 und 120 Sprechkanäle erreicht.

Mit zunehmender Frequenz wird das Problem des Nebensprechens immer kritischer, und die Dämpfungsverzerrungen werden immer größer. Der Einsatz der aus der Funktechnik bereits bekannten Koaxialleitungen im Fernnetz brachte einen erheblichen Fortschritt. Bei dieser Leitungsart ist die Nebensprechdämpfung zwar sehr hoch, und auch die Übertragungsbandbreite ist wesentlich größer als bei symmetrischen Leitungen, allerdings nimmt die Leitungsdämpfung mit zunehmender Frequenz und Länge stark zu. Erst mit dem Einsatz von breitbandigen Transistorverstärkern wurde ein erheblicher Fortschritt in der Weitverkehrstechnik erzielt. Diese erreichte ihre Grenzen mit 60-MHz-Systemen für 10 800 Sprechkanäle über ein Koaxialleitungspaar. Bei den Fernverbindungen hat man sich jedoch nicht nur auf Kabelverbindungen beschränkt. Parallel dazu wurde die Richtfunktechnik entwickelt, wobei im Frequenzbereich oberhalb 1 GHz zwischen den Sende- und Empfangsstationen praktisch Sichtverbindung bestehen musste (s. Kapitel 6). In den verfügbaren Nutzbändern des festgelegten Frequenzbereiches konnten bis zu 2700 Fernsprechkanäle übertragen werden. Die Anordnung der Fernsprechkanäle in den Nutz- und Basisbändern der Richtfunksysteme wurde mit der Anordnung bei Übertragungssystemen auf Koaxialkabeln kompatibel gestaltet, da Kabel- und Richtfunkstrecken die gleiche Übertragungsqualität aufweisen und bei der Fernsprechübertragung gleichwertig behandelt werden.

Merksatz

Mit Einführung der Digitalisierung des Fernsprechsignals wurde die analoge Vermittlungs- und Übertragungstechnik schrittweise durch volldigitale Systeme abgelöst.

Die Digitalisierung der Sprachsignale (s. Kapitel 11) und der Einsatz digitaler Signalverarbeitungs-, Multiplex- und Übertragungstechniken wurden erst durch die Verfügbarkeit hochintegrierter Schaltkreise und Speicherelemente möglich. Grundsätzlich werden an analoge wie digitale Telekommunikationsnetze folgende Anforderungen gestellt:

- Es bestehen Verbindungsmöglichkeiten zu jeder Zeit von einem Zugangspunkt (Teilnehmer) zu jedem beliebigen anderen aus einer großen Anzahl.
- Die Steuerung des Zieles erfolgt durch den Teilnehmer selbst.
- Die Leistungsfähigkeit des Systems ist so hoch, dass mehrere Verbindungen möglich sind.
- Der Aufwand hinsichtlich der Investitionen wird durch Ausnutzung statistischer Eigenschaften der Nutzung begrenzt.
- Der Austausch der Nutzinformation im Rahmen der Nachrichtenvermittlung erfolgt dabei – im Gegensatz zum Rundfunk – zwischen Teilnehmern stets gerichtet, d.h. an bestimmte Empfänger.

Daraus ergeben sich folgende Erfordernisse:

- Es werden leistungsfähige technische Lösungen und Einrichtungen notwendig, die die Anforderungen umsetzen.
- Es werden national und international technische und administrative Festlegungen getroffen (Standards und Normen).

Gerade im Telekommunikationsbereich sind also neben der technologischen Weiterentwicklung auch die in den jeweiligen Ländern geltenden regulatorischen bzw. gesetzlichen Randbedingungen zu beachten.

17.2 Analoger Fernsprechkanal

17.2.1 Grundlagen der Fernsprechtechnik

Bei einer Fernsprechverbindung wird der Informationsgehalt der gesprochenen Schallinformation über ein Mikrofon in ein elektrisches Signal umgewandelt, über die Übertragungsabschnitte übertragen und über einen Lautsprecher (Fernhörer) in eine hörbare Schallinformation zurückgewandelt. Beim Fernsprechen wird in erster Linie Wert auf Verständlichkeit gelegt, die Klangfarbe und die Natürlichkeit spielen eine eher untergeordnete Rolle (s. Kapitel 5). Die menschliche Sprache ist charakterisiert durch Silben, die zu Wörtern und diese dann wiederum zu Sätzen verbunden werden. Für eine ausreichende Verständlichkeit der menschlichen Sprache braucht aber nicht das gesamte Frequenzspektrum übertragen zu werden. Die Verständlichkeit kann gemessen werden, indem ein Sprecher standardisierte Silben – so genannte *Logatome* – spricht, die von Zuhörern registriert werden (Bild 17.1). Das Verhältnis von richtig verstandenen Silben zur Gesamtzahl gesprochener Silben ist die *Silbenverständlichkeit.*

Logatome[1]				
get	wis	men	schlib	bors
gresch	dong	zad	jel	klisch
stel	hef	schrun	suf	pleb
ran	nust	mol	frer	zwor
spig	left	kig	prar	dup

[1] Die Silben dürfen weder für sich noch in der gesprochenen Reihenfolge einen Sinn ergeben, um eine gedankliche Ergänzung oder Kombination bei unverständlicher Wiedergabe auszuschließen.

Bild 17.1 Logatome zur Messung der Silbenverständlichkeit (Auswahl aus einer von 300 Listen zu je 50 Silben)

Die menschliche Wahrnehmung ist in der Lage, fehlende oder fehlerhafte, aber in einem logischen Satzzusammenhang stehende Wortsilben bzw. Wörter automatisch richtig zu ergänzen. Die Satzverständlichkeit als zweite Messgröße für die Verständlichkeit ist aus diesem Grund immer höher als die Silbenverständlichkeit. International wurde festgelegt, dass für die Fernsprechübertragung eine Silbenverständlichkeit von 90% und eine Satzverständlichkeit von 98% eine ausreichend hohe Qualität darstellt.

17.2.2 Kenngrößen des analogen Fernsprechkanals

Nach Kapitel 5 liegt der vom Menschen überhaupt wahrnehmbare Frequenzbereich (altersabhängig) zwischen ca. 16 Hz und 16 000 Hz. Für den Fernsprechbereich wurde dieser deutlich eingeschränkt.

Merksatz

Der Frequenzbereich für das Fernsprechen wurde international durch die ITU-T auf den Bereich von 300 bis 3400 Hz festgelegt.

Innerhalb dieses Frequenzbereiches befindet sich der eigentliche Informationsgehalt der Sprache. Die Frequenzanteile oberhalb dieses Bereiches wirken sich auf die Verständlichkeit bzw. den Informationsgehalt kaum noch aus, sondern beeinflussen vor allem die Individualität der Stimme.

Das Mikrofon eines Telefonapparates wird von einem Gleichstrom durchflossen. Durch die auftreffenden Schallwellen wird dieser Gleichstrom – z.B. über die vom Membrandruck verursachte Widerstandsänderung – frequenzabhängig in seiner Amplitude verändert (Bild 17.2); es entsteht der *Sprechwechselstrom*.

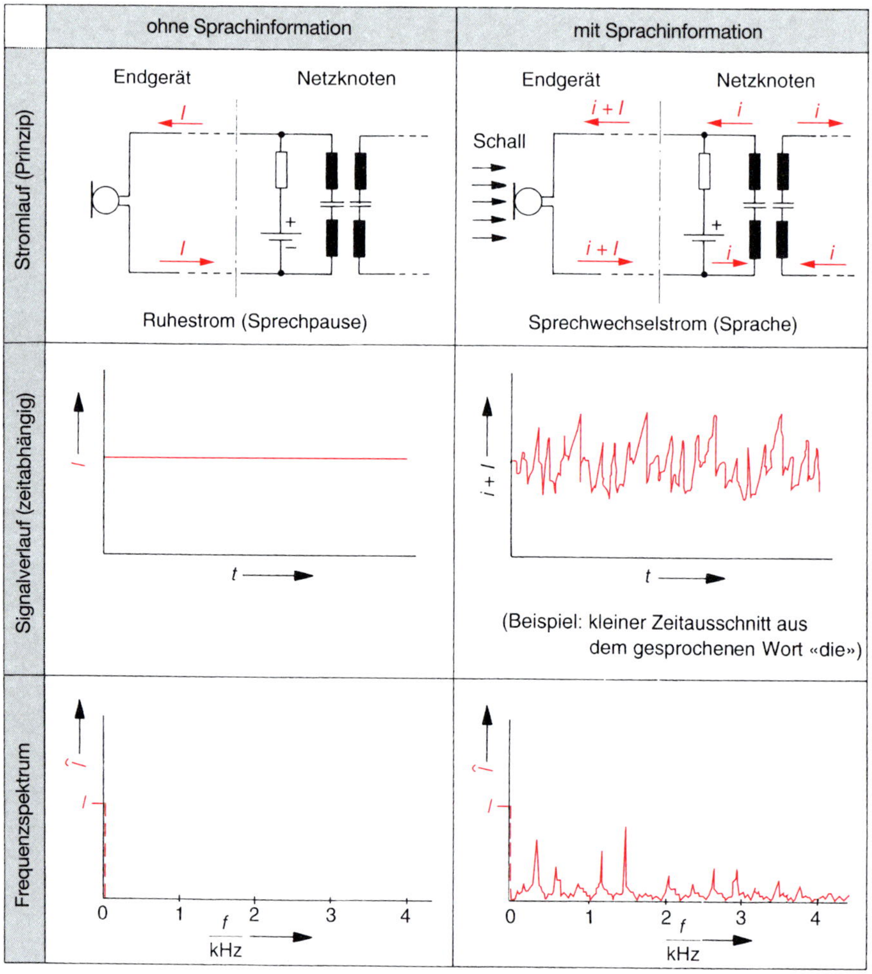

	ohne Sprachinformation	mit Sprachinformation
Stromlauf (Prinzip)	Endgerät, Netzknoten, I, I, +, – Ruhestrom (Sprechpause)	Endgerät, Netzknoten, Schall, $i + I$, i, i, $i + I$, +, i, i Sprechwechselstrom (Sprache)
Signalverlauf (zeitabhängig)	I, t	$i + I$, t (Beispiel: kleiner Zeitausschnitt aus dem gesprochenen Wort «die»)
Frequenzspektrum	$\hat{i}$, I, 0, 1, 2, 3, 4, $\frac{f}{\text{kHz}}$	$\hat{i}$, I, 0, 1, 2, 3, 4, $\frac{f}{\text{kHz}}$

Bild 17.2 Umwandlung der Sprachinformation in den analogen Sprachwechselstrom

Die hohen Frequenzanteile der Sprachinformation werden dabei durch den Frequenzgang des Mikrofons stark bedämpft, und im weiteren Verlauf der Übertragung dieses niederfrequenten elektrischen Signals treten weitere, frequenzabhängige Dämpfungsverzerrungen auf. Sie werden insbesondere durch die Bauart und Länge der Leitungen beeinflusst. Da sich diese Dämpfungsverzerrungen auf den vielen Leitungsabschnitten innerhalb einer Verbindung addieren, wurden hierfür international Grenzwerte für deren maximal zulässige Größe vereinbart (Bild 17.3).

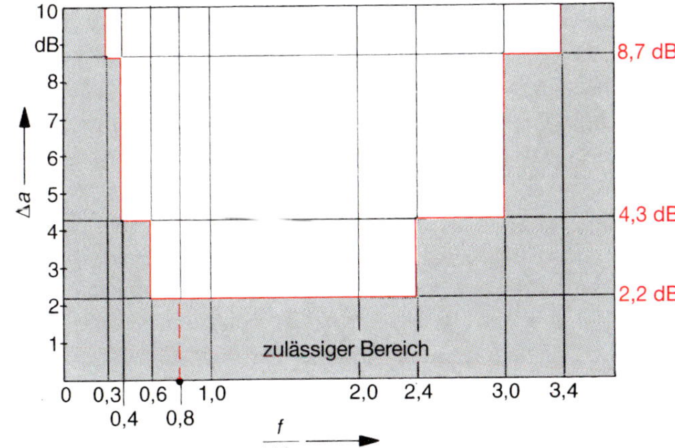

Bild 17.3
Zulässige Grenzwerte für die Dämpfungsverzerrung eines Fernsprechkanals (Bezugsgröße: Dämpfung bei 800 Hz)

Merksatz

Innerhalb des Frequenzbereiches von 300 bis 3400 Hz darf bei keiner Frequenz der Dämpfungswert a um mehr als 8,7 dB vom messbaren Dämpfungswert a_m bei 800 Hz abweichen.

Werden im weiteren Verlauf der Übertragung Multiplexverfahren zur Mehrfachausnutzung von Leitungen verwendet, muss die Bandbreite des Frequenzspektrums zusätzlich begrenzt werden, wozu sogenannte Kanalfilter eingesetzt werden. Das Kanalraster beträgt 4 kHz, die Bandbreite des Fernsprechkanals hingegen 3,1 kHz (Bild 17.4).

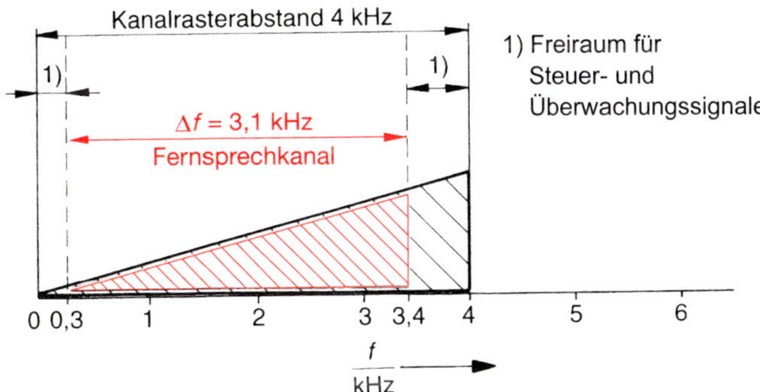

Bild 17.4
Frequenzbereich und Kanalraster des analogen Fernsprechkanals

17.3 Analoge Fernsprechübertragungstechnik

17.3.1 Grundlegender Aufbau

Der Übertragungsweg eines Fernsprechkanals verläuft zwischen den Endgeräten, also von der Signalquelle (Mikrofon) zur Signalsenke (Lautsprecher, Fernhörer), über einzelne Übertragungsabschnitte innerhalb eines Telekommunikationsnetzes. Dabei werden nach Bild 17.5 verschiedene Bereiche eines Kommunikationsnetzes unterschieden und an dessen jeweiligen Übergabepunkten Schnittstellen definiert. Diese Schnittstellen begrenzen die Bereiche der Signalübermittlung, der Nachrichtenübermittlung und der Anwendung des Gesamtsystems (z.B. Telefonie).

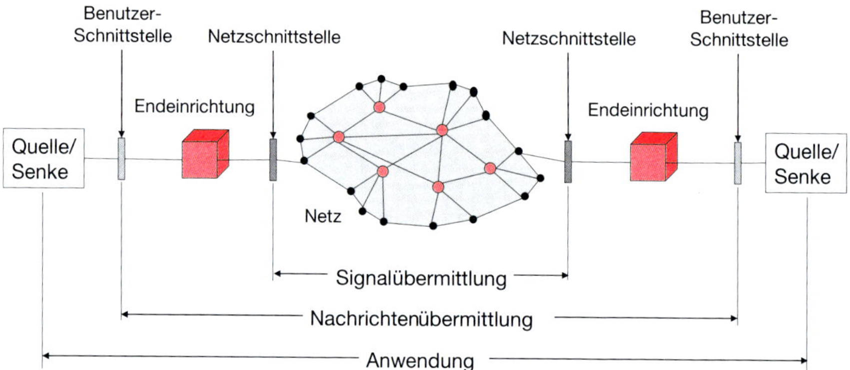

Bild 17.5 Kommunikationsmodell eines Dialognetzes

Technisch durchlaufen die Signale dabei eine Vielzahl von einzelnen Verarbeitungsstufen, deren Gesamtheit den Übertragungsweg darstellt. Die Unterteilung des gesamten Weges in einzelne Abschnitte ist einerseits durch die verschiedenen Hierarchiestufen, z.B. des Orts- oder Fernnetzes, innerhalb eines Telekommunikationsnetzes bedingt, andererseits kann aber auch innerhalb einer Netzhierarchiestufe durch den Einsatz verschiedener Übertragungsmedien oder Übertragungsverfahren eine Unterteilung in zusätzliche Übertragungsabschnitte erfolgen.

Die einzelnen Netzabschnitte werden im lokalen Bereich nochmals aufgeteilt (Bild 17.6). Hier werden der vermittelnde Netzknoten (VNK) bzw. die Vermittlungsstelle (VSt), die Teilnehmeranschlussleitung (TAL) zwischen der Hauptverteilung (HVT) im VNK und dem Endkunden sowie die Abschnitte innerhalb des Hauses und der Wohnung unterschieden, deren Endabschluss die TAE (*Teilnehmeranschlusseinrichtung*) darstellt.

Von besonderer Bedeutung für den weiteren Ausbau und die Nutzung der 2-Draht-Netze ist die Anordnung der Kabelverzweiger (KVZ), bezogen auf die zu versorgenden Teilnehmer, da diese die letzte Stelle darstellen, an der ein Netzbetreiber einen Zugang zum Anschluss des Kunden vor dessen Wohnung hat.

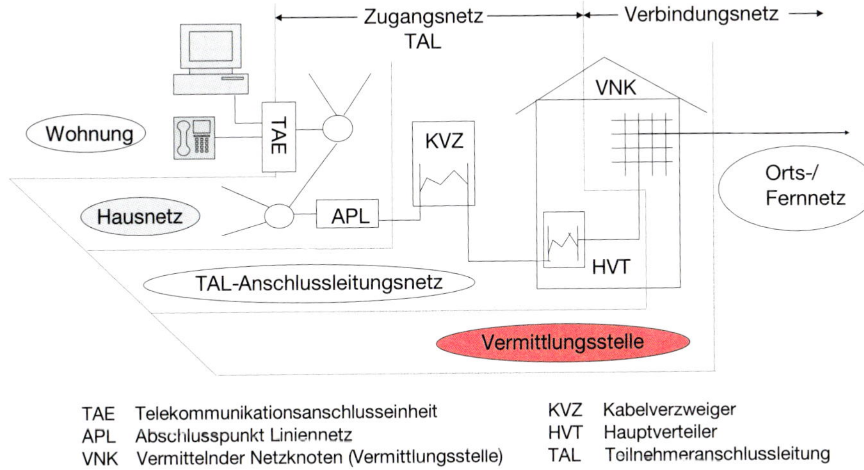

Bild 17.6 Aufteilung des Netzes im lokalen Bereich

17.3.2 Übertragung im Basisband

Das niederfrequente Signal wird von der Signalquelle in Form eines Sprechwechselstromes erzeugt. Über die Teilnehmeranschlussleitung (im Regelfall Kupferadern mit 0,35 bis 0,6 mm Durchmesser) wird dieses Signal zwischen Signalquelle und vermittelndem Netzknoten (VNK-Vermittlungsstelle) und zwischen VNK und Signalsenke übertragen. Für die Übertragung wird je Fernsprechkanal ein Adernpaar im Kabel benötigt.

Zur Mehrfachausnutzung von Leitungen bei Übertragungen im Basisband wurden in der Vergangenheit so genannte Schaltungsmultiplexverfahren (Phantomschaltungen) verwendet, die allerdings in modernen Kommunikationsnetzen nicht mehr eingesetzt werden. [27]

Wird die Baulänge einer niederfrequenten Kabelverbindung zu groß, muss das Signal in bestimmten Abständen verstärkt werden. Verstärker sind jedoch richtungsabhängige Vierpole, die für das zu verstärkende, niederfrequente Signal nur in einer Richtung durchlässig sind. Da über ein Adernpaar aber bei einer Fernsprechverbindung die Signale wechselseitig übertragen werden, muss eine Auftrennung der Signalwege erfolgen. Dieses erreicht man über zwei Gabelschaltungen und das Einfügen von zwei Verstärkern, einen für jede Übertragungsrichtung. Die Prinzipdarstellung eines derartigen Zwischenverstärkers zeigt Bild 17.7. Der schaltungstechnische Aufwand ist zwar relativ gering, allerdings ist bei Verwendung dieser Verstärker eine Mehrfachausnutzung der TAL, z.B. im Frequenzmultiplex, gar nicht mehr bzw. nicht mehr störungsfrei möglich. Daher werden diese Verstärker heute nur noch in Ausnahmefällen eingesetzt.

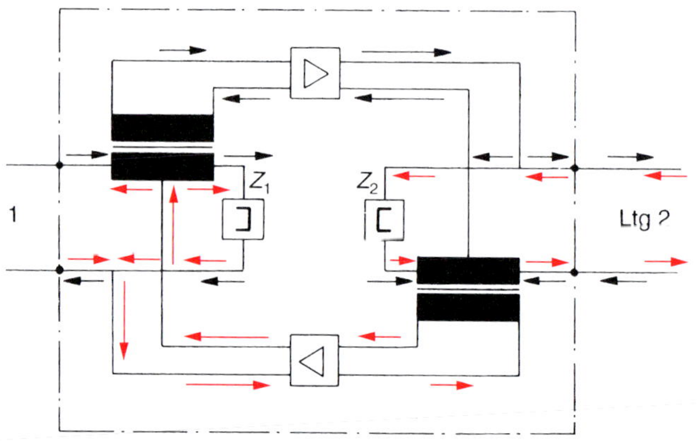

Bild 17.7 Niederfrequenz-Zwischenverstärker zwischen Leitungsabschnitten

Ltg 1, Ltg 2 Leitungsabschnitte
Z_1, Z_2 komplexe Leitungsnachbildung
→ niederfrequentes Signal aus Ltg 1
⟶ verstärktes, niederfrequentes Signal in Richtung Ltg 2
→ (rot) niederfrequentes Signal aus Ltg 2
⟶ (rot) verstärktes, niederfrequentes Signal in Richtung Ltg 1

17.3.3 Trägerfrequente Übertragung der Fernsprechsignale

Die trägerfrequente Übertragung von Fernsprechkanälen beruht auf der Nutzung von Frequenzmultiplexverfahren für die Mehrfachausnutzung der Übertragungswege. Die 4 kHz breiten Fernsprechkanäle (Kanalraster) werden dabei in höhere Frequenzbereiche umgesetzt und zu breitbandigen Signalen (Vielkanalbändern) für gemeinsame Übertragungsrichtungen zusammengefasst.

Diese vielkanaligen Signale werden über Kabel, Richtfunkstrecken oder Satellitenverbindungen zu den jeweiligen Gegenstellen geleitet. Dort werden sie wieder aufgeteilt und in die ursprüngliche, niederfrequente Lage zurückgeführt.

Definition

Das Signal von einer Vielzahl im Frequenzmultiplex übertragenen Fernsprechkanälen bezeichnet man als das *Trägerfrequenz-Signal* oder *Trägerfrequenz-Übertragungsband.*

Als wirtschaftliches Übertragungsverfahren hat sich das Einseitenband-Modulationsverfahren mit unterdrücktem Träger bewährt (s. Kapitel 7).

Durch eine Modulation von Kanalgruppen werden relativ wenige Trägerfrequenzen und eine geringere Anzahl von Bandfiltern benötigt. Ferner können die Bandfilter – durch die größere Bandbreite der zu filternden Kanalgruppen – in geringerer Güte und somit auch erheblich preiswerter ausgeführt werden. Bei der Gruppenbildung wird stufenweise vorgegangen: Als Primärgruppe bezeichnet man die über vier Vorgruppen erfolgte Zusammenfassung von 12 Fernsprechkanälen. Das Prinzip der Kanalumsetzung für den Aufbau einer Primärgruppe ist als Frequenzplan in Bild 17.8 dargestellt.

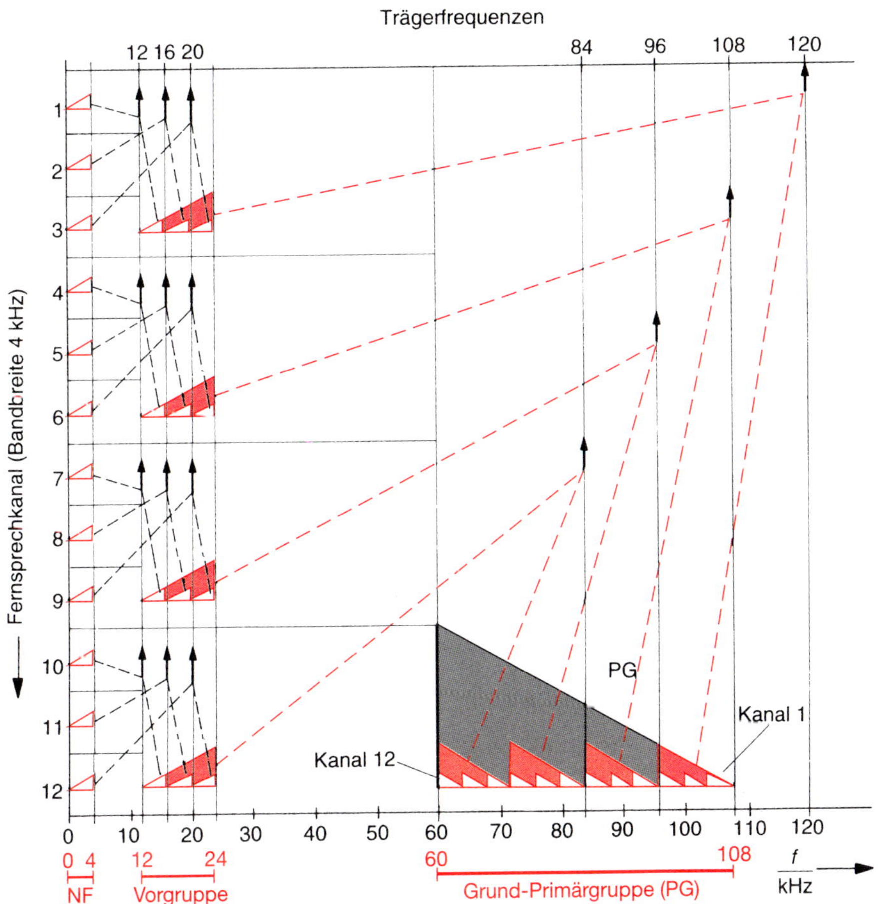

Bild 17.8 Frequenzplan zur Bildung einer Primärgruppe

Aufbauend auf diesen Primärgruppen werden dann Übertragungssysteme mit 60, 120, 300, 900, 960, 2700 und 10 800 Fernsprechkanälen realisiert, wie sie in der Frequenzplanübersicht nach Bild 17.9 zusammengestellt sind.

Die Übertragung des Trägerfrequenz-Signals erfolgt im so genannten *Frequenz-Gleichlageverfahren*, für das insgesamt zwei Adernpaare (Vierdrahtbetrieb) benötigt werden.

Merksatz

Beim Frequenz-Gleichlageverfahren wird das trägerfrequente Signal sowohl in Sende- als auch in Empfangsrichtung in der gleichen Frequenzlage, jedoch über getrennte Verstärker und getrennte Leitungsführungen übertragen.

Bild 17.10 zeigt einen derartigen Übertragungsabschnitt im Vierdrahtbetrieb.

Einige wesentliche, übertragungstechnische Kenndaten von Trägerfrequenz-Systemen sind in Bild 17.11 zusammengestellt.

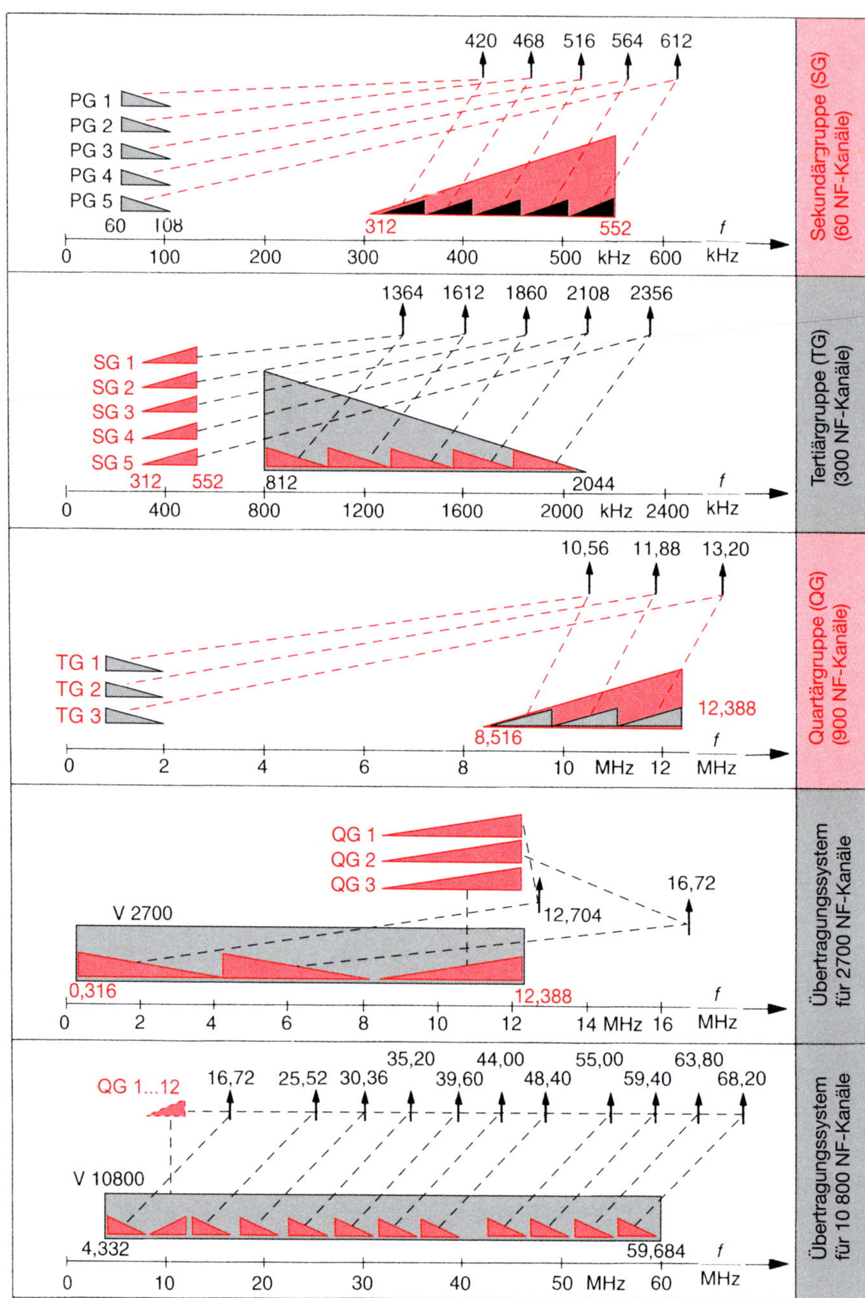

Bild 17.9 Frequenzplan-Übersicht für TF-Systeme

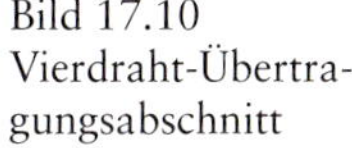

Bild 17.10
Vierdraht-Übertragungsabschnitt

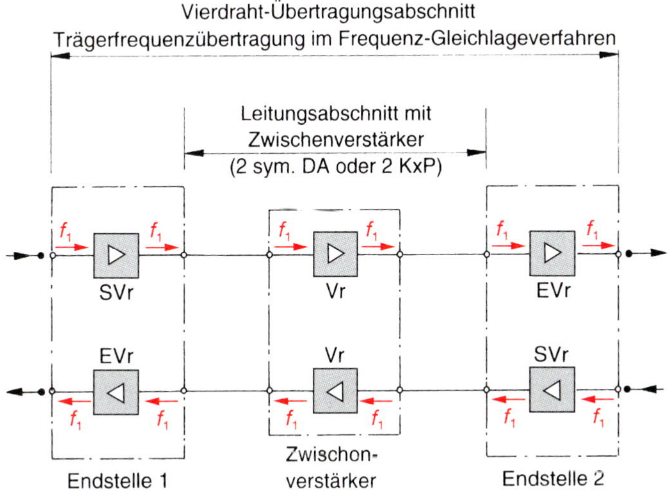

Systembezeichnung	Anzahl NF-Kanäle	Übertragungsbandgrenzen (kHz)	übertrag. Gruppen	Übertragungsmedien	Verstärkerabstand (km)
V 60	60	12 ... 252	1 SG	sym. DA, 1,2 mm	≤ 18
				Richtfunkstrecken	
V 120	120	12 ... 552	2 SG	sym. DA, 1,3 mm	≤ 18
				Richtfunkstrecken	
V 300	300	60 ... 1364	5 SG	KxP, 1,2/4,4 mm	≤ 8,2
				Richtfunkstrecken	
V 900	900	312 ... 4188	1 QG	KxP, 1,2/4,4 mm	≤ 4,1
				Richtfunkstrecken	
V 960	960	60 ... 4028	15 SG	KxP, 1,2/4,4 mm	≤ 4,1
				Richtfunkstrecken	
V 2700	2700	300 ... 12 435	3 QG	KxP, 1,2/4,4 mm	≤ 2,05
				KxP, 2,6/9,5 mm	≤ 4,65
				Richtfunkstrecken	
V 10 800	10 800	4322 ... 59 684	12 QG	KxP, 2,6/9,5 mm	≤ 1,55

Bild 17.11 Kenndaten von Trägerfrequenz-Systemen

17.4 Digitale Fernsprechübertragungssysteme

Die digitalen Fernsprechübertragungssysteme beruhen auf der Umsetzung des analogen Sprachsignals in ein digitales Datensignal. Die dafür erforderlichen Verarbeitungsschritte und die Festlegungen der Parameter wurden bereits in Kapitel 11 beschrieben. Auf Basis der für ein Sprachsignal sich ergebenden 64 kbit/s wurden nachfolgend digitale Multiplexverfahren entworfen, die es erlauben, eine Vielzahl von Kanälen über bestehende Übertragungswege zu übertragen. Die Beschreibung des grundlegenden PCM-30-Multiplexverfahrens und der darauf aufbauenden synchronen und asynchronen Multiplexebenen für eine größere Anzahl von Kanälen und höhere Datenraten erfolgte in Kapitel 9. Neben den Multiplexverfahren wurden spezielle Übertragungsverfahren auf der TAL für das ISDN (Integrated Services Digital Network) festgelegt.

17.4.1 Übertragungsverfahren im ISDN

Im ISDN werden die zu übertragenden Signale (Sprache, Ton, Bild oder Daten) nach einheitlichen, international standardisierten Übertragungsverfahren übertragen. [24; 41] Teilnehmerseitig ergeben sich zwei Anschlussarten:

- den ISDN-Basisanschluss mit 2 unabhängigen Kanälen zu 64 kbit/s auf einer Kupferdoppelader oder
- den ISDN-Primärmultiplexanschluss mit 30 unabhängigen Kanälen zu 64 kbit/s auf zwei Kupferdoppeladern oder über zwei Glasfasern.

Je nach Anschlussart werden die Schnittstellen am teilnehmerseitigen Netzabschluss (EE – Endeinrichtung, NT – Network Terminal) und beim vermittelnden Netzknoten (LT – Line Terminal) unterschiedlich bezeichnet (Bild 17.12). Die übertragungstechnischen Randbedingungen für diese Schnittstellen wurden international festgelegt. Die Nutzkanäle werden mit B_1 bis B_n bezeichnet, der diensteinterne Steuerkanal des ISDN wird D-Kanal genannt.

17.4.2 Übertragungsverfahren auf der S_0-Schnittstelle

Bei der gleichzeitigen Übertragung von digitalen Sende- und Empfangssignalen auf einer Busleitung muss die Senderichtung von der Empfangsrichtung durch ein Echokompensationsverfahren mittels eines integrierten Schaltkreises getrennt werden. Die Struktur des Übertragungsrahmens an der S_0-Schnittstelle umfasst, wie in Bild 17.13 dargestellt, 48 Bit in 250 µs, was einer Übertragungsrate von 48 Bit : 250 µs = 192 kbit/s entspricht.

Die Nettodatenrate für die beiden B-Kanäle von 2 · 64 kbit/s und den D-Kanal von 16 kbit/s beträgt dabei lediglich 144 kbit/s. Die restliche Übertragungskapazität von 48 kbit/s wird für zusätzliche Steuerungs- und Synchronisationsaufgaben auf dem S_0-Bus benötigt.

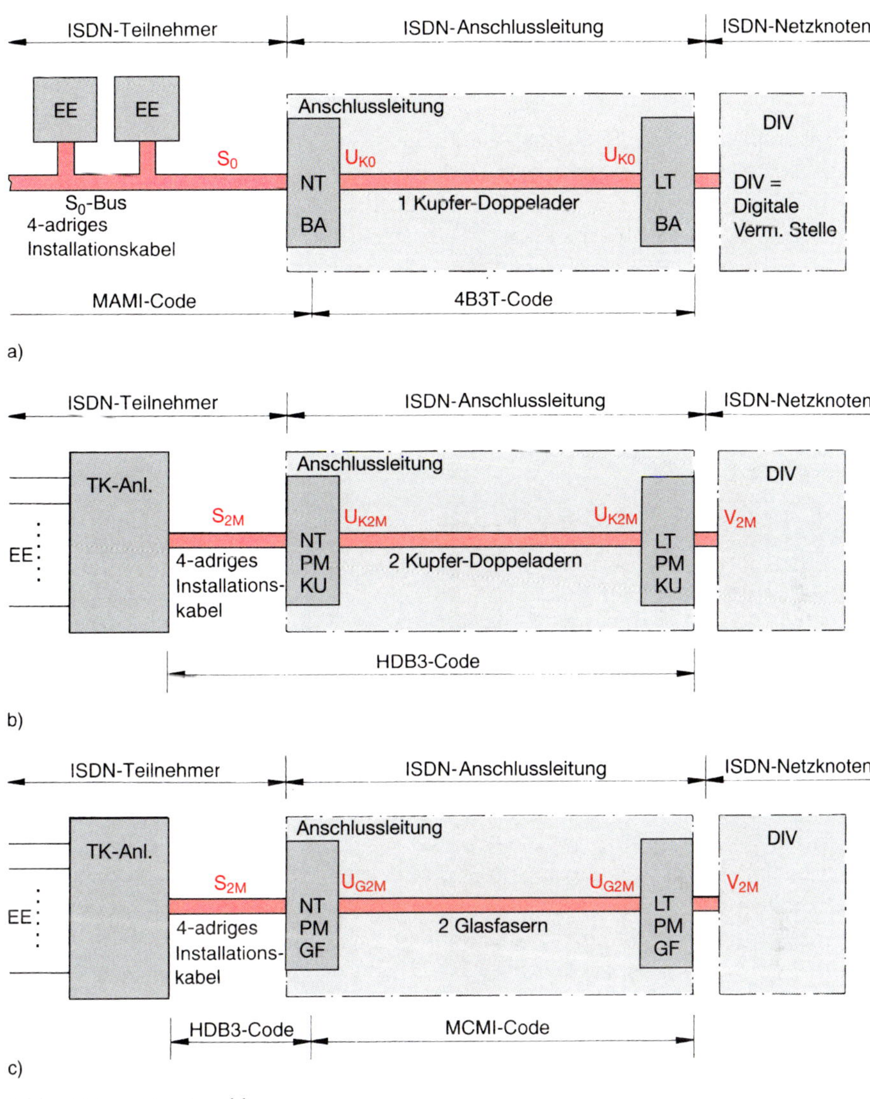

Bild 17.12 ISDN-Anschlussarten
a) ISDN-Basisanschluss b) ISDN-Primärmultiplexanschluss (Kupfer 2-Draht)
c) ISDN-Primärmultiplexanschluss (Glasfaser)

Das Mehrfachzugriffsverfahren stellt bei mehreren Geräten am S_0-Bus sicher, dass nicht mehrere Geräte gleichzeitig auf einen B-Nutzkanal zugreifen. Die Überwachung dieser Zugriffssteuerung erfolgt über einen eigenen, S_0-Bus-internen Echokanal E. Mit Beginn jedes Endgerätezugriffs auf den Bus wird ein vom Endgerät (EE) in Richtung NT ausgesendetes D-Bit wenige Mikrosekunden später mit dem vom NT über den E-Kanal reflektierten E-Bit verglichen. Bei Ungleichheit führt dies sofort zum Abbruch des Sendezugriffes, noch vor Aussendung des nächsten D-Bits. Damit wird verhindert, dass gleichzeitig mehrere Endgeräte auf einen B-Nutzkanal zugreifen können. Als Leitungscode wird auf dem S_0-Bus ein modifizierter AMI-Code (MAMI-Code) eingesetzt.

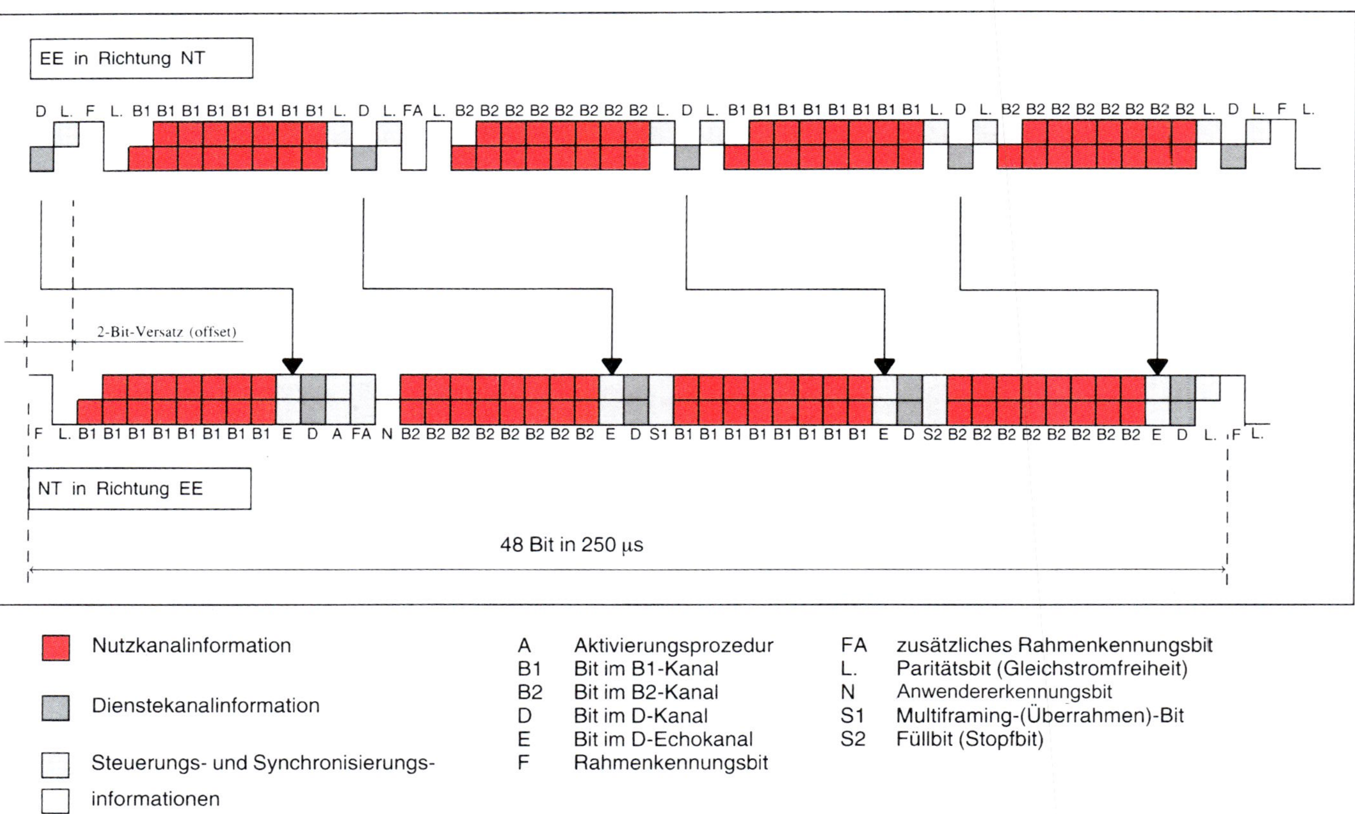

Bild 17.13 Rahmenstruktur an der S_0-Schnittstelle

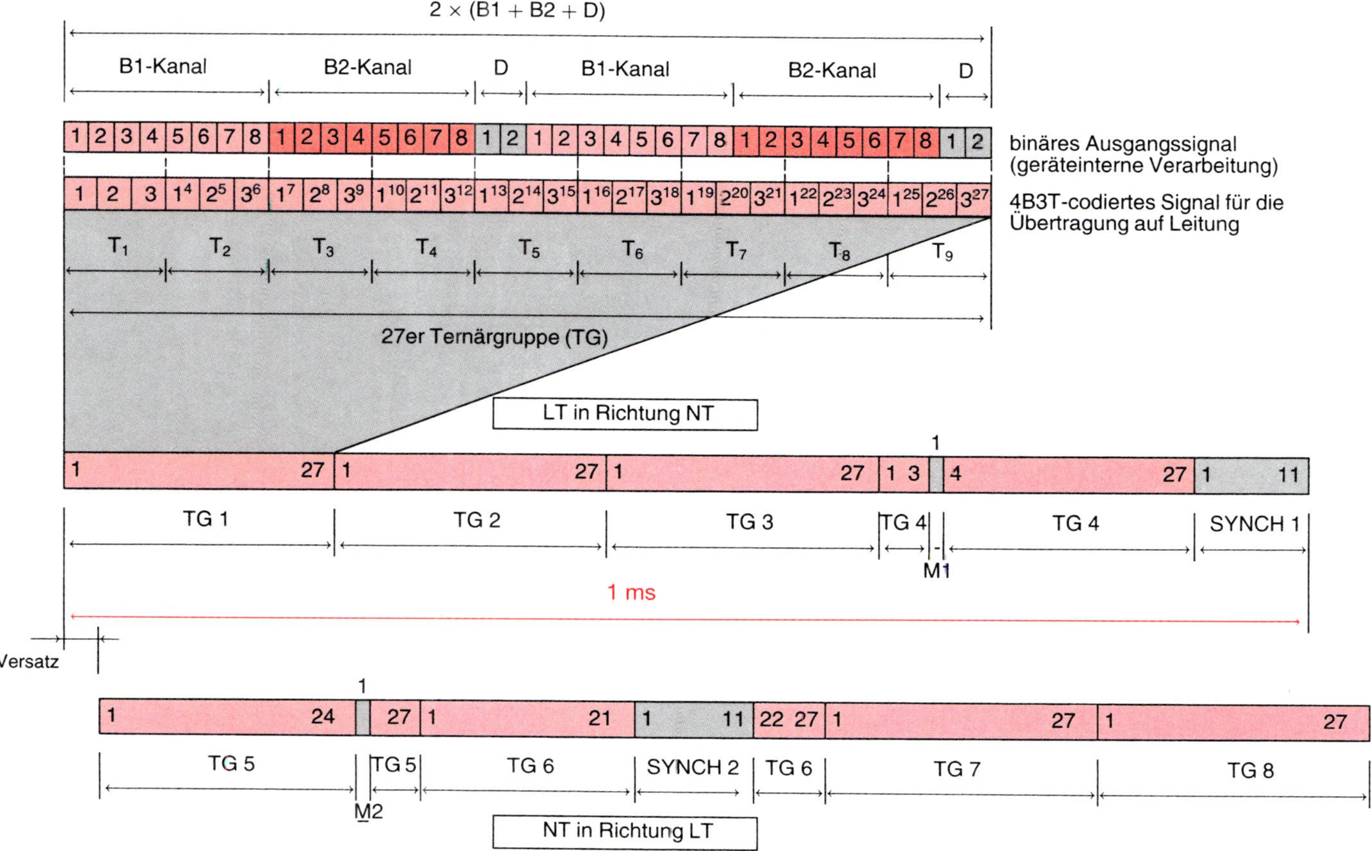

Bild 17.14 Rahmenstruktur des Signals an der U_{K0}-Schnittstelle

17.4.3 Übertragungsverfahren auf der U_{K0}-Schnittstelle

Auf dem Übertragungsabschnitt zwischen dem NT und dem LT im Netzknoten ist keine Zugriffssteuerung mehr erforderlich, daher kann sich die Übertragung auf die beiden B-Kanäle und den D-Kanal beschränken. Die zu übertragende Bitrate entspricht der Netto-Bitrate von 144 kbit/s. Zur Verringerung der erforderlichen Übertragungsbandbreite wird auf diesem Abschnitt der 4B3T-Code eingesetzt (Bild 17.15). Aus der Nutzdatenrate von 144 kbit/s werden damit 144 · $^3/_4$ = 108 kBaud (s. Kapitel 11).

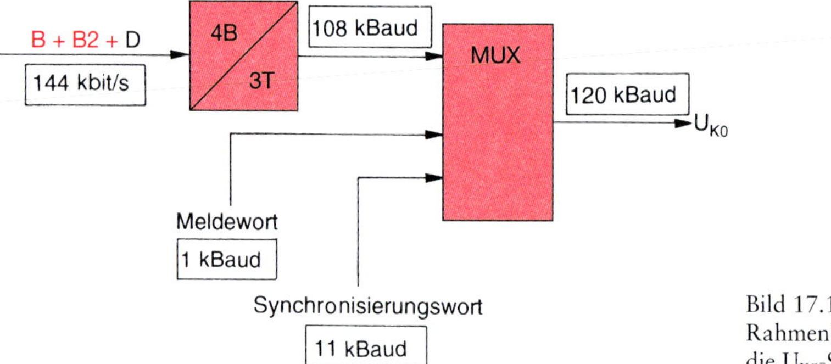

Bild 17.15 Rahmenbildung für die U_{K0}-Schnittstelle

In einem Übertragungsrahmen von 1 ms Dauer werden die Nutzkanäle sowie zusätzlich der Dienstekanal (für Meldungen und Synchronisation) auf der Anschlussleitung übertragen. Die Gesamtübertragungsrate beträgt damit 108 + 1 + 11 = 120 kBaud, was einer Bitrate von 120 · $^4/_3$ = 160 kbit/s entspricht. Die Reichweite für dieses Signal beträgt ca. 4,5 km auf 0,4 mm^2 und ca. 8 km auf 0,6-mm^2-Kupfer-Doppeladern.

Die Rahmenstruktur des Signals an der U_{K0}-Schnittstelle ist in Bild 17.14 dargestellt.

17.4.4 Übertragungsverfahren bei Primärmultiplexanschlüssen

Merksatz

Bei Primärmultiplexanschlüssen bestehen durchgängig vom Netzknoten bis zum Endgerät eine Vierdrahtverbindung oder zwei getrennte Glasfasern. Sende- und Empfangsrichtung werden physikalisch getrennt geführt.

Die Übertragungskapazität von 30 Nutzkanälen mit je 64 kbit/s und einem Steuerungskanal von ebenfalls 64 kbit/s wird in einem Übertragungsrahmen von 125 µs realisiert. Die Übertragungsrate beträgt dabei 2,048 Mbit/s. Der Übertragungsrahmen ist vergleichbar dem des PCM30-Systems aufgebaut. Dabei wird innerhalb eines aus 16 aufeinanderfolgenden Übertragungsrahmen gebildeten Mehrfachrahmens über den Zeitschlitz 0 mittels CRC4-Prozedur die Übertragung synchronisiert und überwacht. Der Zeitschlitz 16 wird für die Übertragung des D-Kanals benutzt. Den prinzipiellen Aufbau eines *Netzterminals für Primärmultiplex- auf Kupferanschlussleitungen* (NTPMKU) zeigt Bild 17.16.

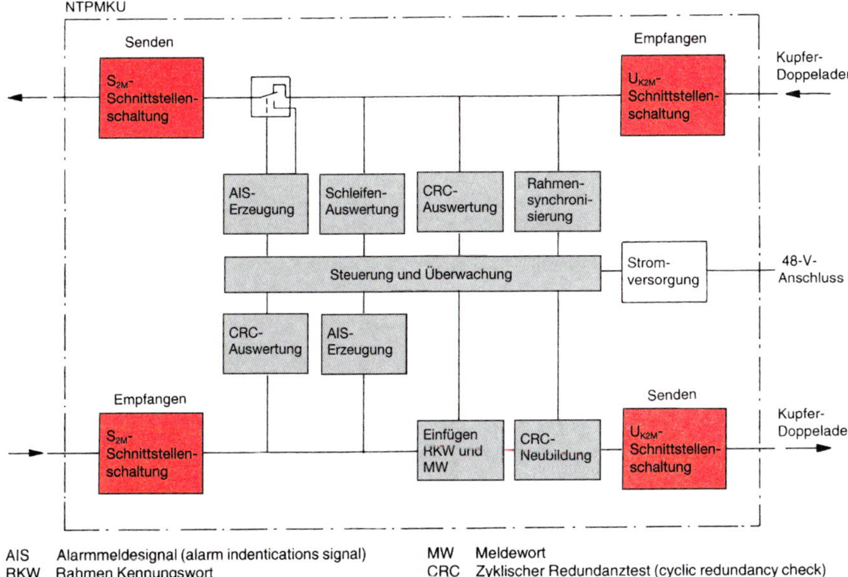

Bild 17.16 Funktionsblöcke des Netzterminals für den ISDN-Primärmultiplexanschluss

Aufgabe der S_{2M}-Schnittstellenschaltung ist das Anpassen der geräteinternen, binären Signalverarbeitung an die Schnittstelle der Endeinrichtung (z.B. einer TK-Anlage). Am Ausgang der Sendeschaltung werden ternäre, HDB3-codierte und annähernd rechteckförmige Signale mit einer maximalen Sendeamplitude von ±3 V gesendet. Der Empfangsschaltung werden vergleichbare Signale zugeführt, die um 0 bis 6 dB gedämpft sein können.

Aufgabe der U_{K2M}-Schnittstellenschaltung ist die Anpassung der geräteinternen Signalverarbeitung an die Anschlussleitung (TAL). Am Ausgang der Sendeschaltung werden ternäre, HDB3-codierte Signale mit annähernder Sinushalbwellenform an die Leitung abgegeben. Der Maximalwert der Sendeimpulse liegt bei etwa 2,36 V (±10%). Der Empfangsschaltung werden vergleichbare Signale zugeführt, die über die ankommende Leitung um 5 bis 40 dB gedämpft sein können.

17.5 Grundlagen der Vermittlungstechnik

17.5.1 Vorbetrachtung

Seit den Anfängen der Fernsprechtechnik entstanden mit dem Übergang von der handvermittelten Verbindungsherstellung zur automatischen Wählvermittlung mehrere Telekommunikationsnetze. Diese nebeneinander existierenden Netze waren jeweils von der zu übertragenden und zu vermittelnden Informationsart, dem Dienst, geprägt. Beispiele für diese getrennten Telekommunikationsnetze waren unter anderem:

- das öffentliche, analoge Telefonnetz,
- das Telexnetz für Fernschreiben,

- die Datexnetze für die Datenübertragung,
- die Mobilfunknetze.

Derjenige, der verschiedene Telekommunikationsdienste nutzen wollte, musste unter Umständen in jedem der dienstespezifischen Netze als separater, eigenständiger Teilnehmer angeschlossen sein und als Kunde geführt werden.

Eine Integration der verschiedenen Dienste auf eine einheitliche Netzplattform erfolgte mit der Einführung des ISDN – Integrated Services Digital Network.

Die Überführung der entstandenen, unterschiedlichen Netze in das universelle Netz erfolgte jedoch aus Gründen der notwendigen Investitionen nicht schlagartig und übergangslos, d.h., der Übergang erstreckte sich stufenweise über einen Zeitraum von mehreren Jahren. Vom Einführungsbeschluss (1982) für die Bundesrepublik Deutschland bis zur vollständigen, flächendeckenden Umsetzung (1998) vergingen 16 Jahre. Seitdem ist die Bereitstellung eines digitalen Teilnehmeranschlusses einfacher als diejenige eines analogen Telefonanschlusses.

Nach mehr als 25 Jahren im Betrieb erfolgte in Deutschland bis Ende 2022 die Abschaltung der ISDN-Technik und der (nahtlose) Ersatz durch die Voice-over-IP-Telefonie (VoIP) (s. Abschnitt 18.5.6). Basis ist der Internet-Anschluss zum Endkunden auf Grundlage des IP-Systems (s. Abschnitt 18.5.2). Die spezielle Telefontechnologie (z.B. in Vermittlungsstellen) wurde durch die universelle Technik der Computernetzwerke ersetzt und der Telefondienst wird zu einer (speziellen) Anwendung dieses Universalnetzes.

17.5.2 Geografische Zuordnung der Teilnehmer zu einer Vermittlungseinheit

Unabhängig von der eingesetzten Technologie muss jeder Abschlusspunkt des Netzes beim Teilnehmer (geschäftlich oder privat) über die Teilnehmeranschlussleitung (TAL) an die Vermittlungsstelle bzw. den Netzknoten herangeführt werden (s. Bild 17.6).

Da der Ausbau dieses umfangreichen Anschlussleitungsnetzes den größten Kostenfaktor darstellte, wurde die Vermittlungsstelle möglichst an dem Standort errichtet, an dem die Summe aller Anschlussleitungslängen den geringsten Wert aufwies, dem Netzschwerpunkt. Geprägt durch die elektromechanischen Vermittlungssysteme und die gewachsene Netzstruktur des Anschlussleitungsnetzes, wurde jede durch den Zuwachs an Fernsprechteilnehmern bedingte Neueinrichtung von Vermittlungsstellen vor allem durch zwei Faktoren bestimmt:

- die übertragungstechnischen Bedingungen für die Funktionsfähigkeit der elektromechanischen Systeme in Abhängigkeit von der Länge der Anschlussleitung, d.h. maximale Leitungslänge ca. 6 bis 8 km,
- eine technisch und wirtschaftlich vertretbare Gebäudekapazität für die elektromechanische Vermittlungsstelle (maximal ca. 10 000 Teilnehmer).

Die nach diesen Gesichtpunkten in Jahrzehnten gewachsene Gebäude-Infrastruktur des analogen Telefonnetzes ist auch heute noch für die Zuordnung eines Teilnehmers zu seinem vermittelnden Netzknoten ausschlaggebend. Das Gebiet der Bundesrepublik Deutschland ist lückenlos und überschneidungsfrei in so genannte *Ortsnetzbereiche* (ONB) eingeteilt, dem mindestens eine Vermittlungseinheit (*Ortsvermitt-*

lungsstelle, OVSt) zugeordnet ist. Gibt es in einem ONB nur eine OVSt, so wird diese häufig auch als ***Endvermittlungsstelle*** (EVSt) bezeichnet. In vielen größeren Städten gibt es allerdings mehrere Vermittlungseinheiten mit jeweils eigenen, geografisch abgegrenzten Anschlussbereichen innerhalb der Stadt, die zu einer Einheit, dem *Ortsnetzbereich*, zusammengefasst sind.

17.5.3 Identifikation der Teilnehmer

Innerhalb eines Ortsnetzbereiches muss jeder Fernsprechteilnehmer eindeutig identifizierbar sein, wozu ihm seine ***Rufnummer*** (RNr) zugeteilt wird. Diese Rufnummer ist eine beliebige Ziffernfolge, die theoretisch nur von der Gesamtzahl der an der Vermittlungseinheit anschließbaren, maximalen Teilnehmerzahl abhängt. Beispielsweise könnte die RNr an einer Vermittlungseinheit mit maximal 10 000 Teilnehmern theoretisch im Bereich von 0000 bis 9999 liegen. Dabei muss jedoch unterschieden werden, ob es sich

- um einen Einzelanschluss (analoger Telefonanschluss oder ISDN-Basisanschluss),
- um einen Mehrgeräteanschluss im Euro-ISDN (DSS1) (Basisanschluss mit Mehrfachrufnummer – MSN – **M**ultiple **S**ubscriber **N**umber) oder
- um einen Anlagenanschluss (Telefonanlagenanschluss mit Durchwahlnummer)

handelt.

Die Rufnummernkonfiguration für diese unterschiedlichen Anschlussarten ist in den Bildern 17.17 bis 17.19 dargestellt.

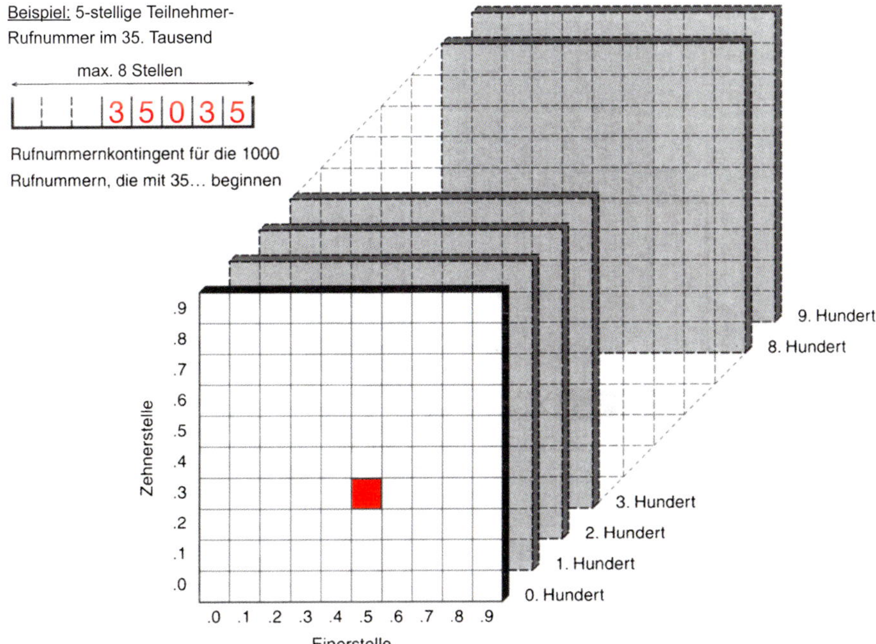

Bild 17.17 Rufnummernkonfiguration bei einem Einzelanschluss

Innerhalb eines Ortsnetzbereiches darf je Telefonanschluss eine für den Anschluss zugeteilte Rufnummer nicht mehr anderweitig vergeben werden. In anderen Ortsnetzen kann jedoch die gleiche Ziffernfolge als Rufnummer erneut vergeben werden. Die generelle Zuweisung der international festgelegten Rufnummern zum Endkunden bzw. zu einem eindeutigen Kommunikationsendpunkt musste beim schrittweisen Übergang auf VoIP beibehalten werden (s. Abschnitt 18.5.6).

Beispiel: 5-stellige Teilnehmer-Rufnummer im 35. Tausend

max. 8 Stellen

3 5 0 3 0
3 5 0 3 4
3 5 0 4 7

3 5 8 8 8
3 5 8 8 9

maximal 10 MSN-Rufnummern auf einem Anschluss möglich (keine unmittelbare Folge erforderlich)

Rufnummernkontingent für die 1000 Rufnummern, die mit 35... beginnen

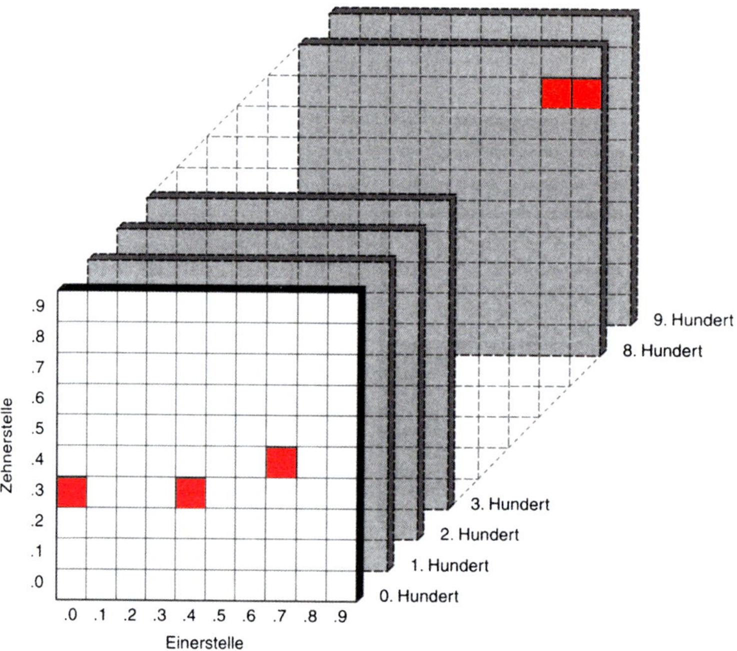

Bild 17.18 Rufnummernkonfiguration bei einem Mehrgeräteanschluss mit MSN

Zur Unterscheidung, um welchen Teilnehmer welches Ortsnetzbereiches es sich im Einzelfall handelt, erhalten die Ortsnetzbereiche ebenfalls eine Kennung. Diese Kennung der Ortsnetzbereiche – eine zwei- bis vierstellige Ziffernfolge – nennt man *Ortsnetzkennzahl* (ONKZ).

Die nationale Rufnummer eines Telefonanschlusses entsteht durch Zusammenfügen der ONKZ und der RNr. Daher ist jeder Fernsprechteilnehmer im nationalen öffentlichen Telefonnetz, abhängig von seiner geografischen Anbindung an eine Vermittlungseinheit, durch seine nationale Rufnummer eindeutig identifizierbar (Bild 17.20). Für Verbindungswünsche aus dem Ausland muss der gewünschte Teilnehmer noch durch die internationale Kennzahl für Deutschland identifizierbar gemacht werden.

Die Spezifikation ITU-T E.164 begrenzt die Rufnummerlänge auf 15 Stellen, ohne die länderspezifischen Verkehrsausscheidungsziffern oder Durchwahlnummern, jedoch einschließlich des Ländercodes. Da Deutschland die internationale Rufnummer 49 hat, verbleiben 13 Stellen zur nationalen Vergabe, wovon maximal 12 Stellen direkt und 13 Stellen nur für Telefonanlagen vergeben werden. Nationale Sonderrufnummern können die Gesamtanzahl der Ziffern erhöhen und fallen nicht unter die beschriebene Rufnummernlängenbeschränkung.

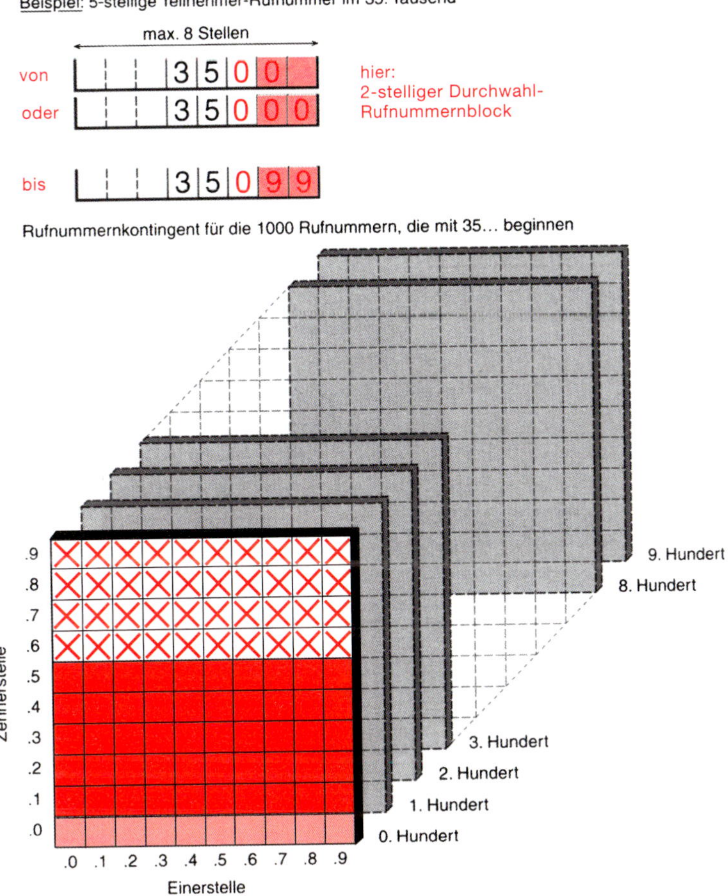

Bild 17.19 Rufnummernkonfiguration bei einem Anlagenanschluss mit Durchwahl

Jeder Fernsprechteilnehmer bzw. Telefonanschluss ist so über seine internationale Rufnummer geografisch zugeordnet und eindeutig identifizierbar (s. Bild 17.20).

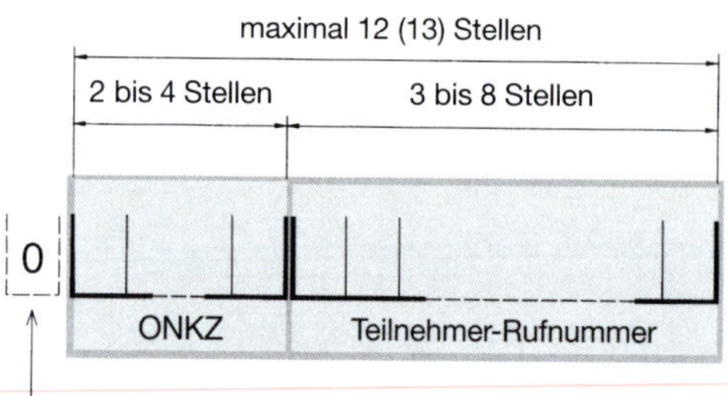

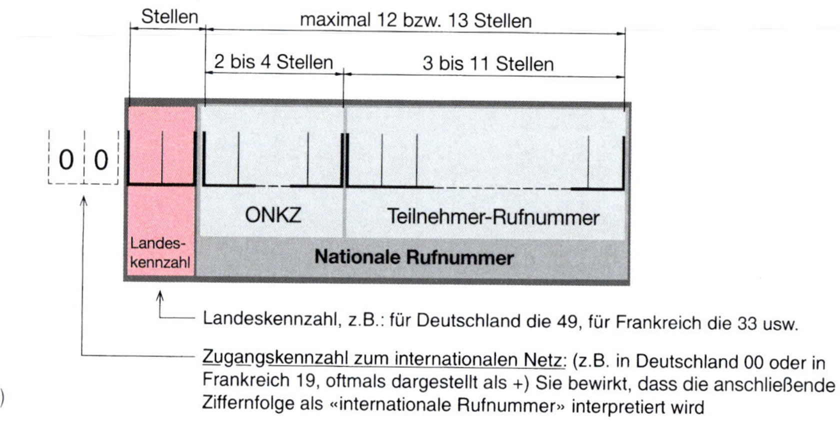

Bild 17.20 Rufnummernstruktur
a) nationale Rufnummer b) internationale Rufnummer

17.5.4 Konzentration, Richtungsauswahl und Expansion

Den Aufbau eines typischen, symmetrisch aufgebauten Dialognetzes zeigt Bild 17.21. Von der Quelle bis zur Senke durchläuft das Signal nach der Wandlung die Konzentration, die Vermittlung sowie Multiplex- und Übertragungssysteme. Alle Netzwerkkomponenten inklusive der Verbindungsleitungen werden zusammen als *Transportnetz* bezeichnet.

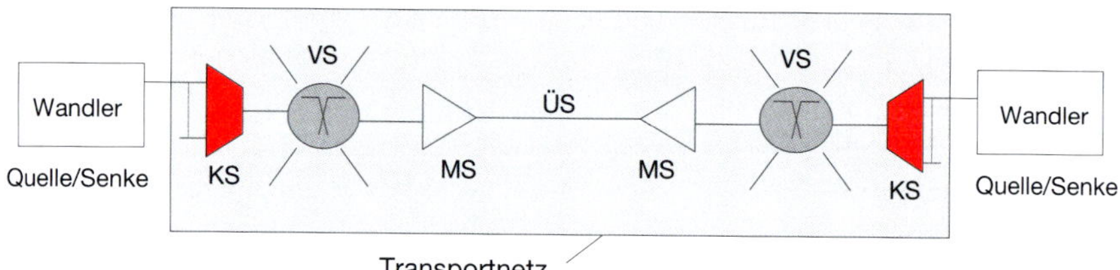

Bild 17.21 Aufbau eines Dialognetzes

Der Aufbau einer Verbindung zwischen zwei Teilnehmern im öffentlichen Telefonnetz kann nach Bild 17.5 in drei wesentliche Abschnitte aufgeteilt werden:

- den Abschnitt vom Endgerät des *rufenden* Teilnehmers bis zur Abschlusseinrichtung seiner Vermittlungseinheit. Dieser besteht in der Regel aus einer Kupfer-Doppelader, ist galvanisch durchverbunden, permanent vorhanden und wird als Teilnehmeranschlusseinheit (TAL) bezeichnet und endet an der Hauptverteilung (HVt);
- den Abschnitt vom Endgerät des *gerufenen* Teilnehmers bis zur Abschlusseinrichtung in dessen Vermittlungseinheit; auch dieser Verbindungsabschnitt ist permanent vorhanden. Es ist die Anschlussleitung (TAL), über die der gerufene Teilnehmer an seine Vermittlungseinheit angeschlossen ist;
- zwischen diesen beiden Abschlusseinrichtungen der jeweiligen Anschlussleitungen, die sich in der gleichen oder in unterschiedlichen Vermittlungseinheiten befinden können, muss für die Dauer des Telefongespräches eine Verbindung hergestellt werden.

Die Herstellung dieses 3. Verbindungsabschnittes ist Aufgabe der Vermittlungseinheiten (VNK – **v**ermittelnde **N**etz**k**noten) im Telefonnetz.

Bei der Dimensionierung des VNK wird das Verhalten der Telefonteilnehmer berücksichtigt: Es ist unwahrscheinlich, dass z.B. die Hälfte aller an einen VNK angeschlossenen Teilnehmer gleichzeitig mit der anderen Hälfte der daran angeschlossenen Teilnehmer telefonieren möchte. Umfangreiche Untersuchungen und Messungen im analogen Netz ergaben, dass von 100 angeschlossenen Teilnehmern zur Hauptverkehrszeit im Durchschnitt nur ca. 8 bis 10 Teilnehmer gleichzeitig telefonieren. Dabei sind die Nutzungsdauer und die Häufigkeit einer Nutzung über die dafür erhobenen Gebühren steuerbar.

Es war daher technisch und wirtschaftlich sinnvoll, die zur Richtungsauswahl und zur Verbindungsherstellung erforderlichen Einrichtungen an dieses Teilnehmerverhalten, d.h. an die Verkehrsstatistik, anzupassen.

Auf der Eingangsseite einer Vermittlungseinheit kann daher eine Konzentration aller angeschlossenen Teilnehmerleitungen auf eine reduzierte Anzahl richtungsauswählender Einheiten erfolgen.

Merksatz

Der Konzentrationsfaktor richtet sich dabei nach dem Verkehrsaufkommen: Je höher das Verkehrsaufkommen, desto geringer der erlaubte Konzentrationsfaktor.

Ausgangsseitig erfolgt bei einer Vermittlungseinheit entsprechend, von den richtungsauswählenden Einheiten kommend, eine Expansion auf alle angeschlossenen Teilnehmerleitungen des HVt.

Die Anordnungen, die in einer Vermittlungseinheit die Konzentration, die Richtungsauswahl oder die Expansion durchführen, bezeichnet man als *Koppelanordnungen* bzw. *Koppelnetz*. Aufgabe eines Koppelnetzes ist es, Eingänge mit Ausgängen zu verbinden:

- Bei elektromechanischen Vermittlungssystemen müssen die Eingänge mit den Ausgängen über eine galvanische Verbindung miteinander verbunden werden. Die über diese Sprechwegedurchschaltung übertragene Information in Form des analogen Sprechwechselstromes wird von den Vermittlungseinrichtungen nicht beeinflusst.
- Bei digitalen Vermittlungssystemen muss die in Form digital codierter Signale an den Eingängen ankommende Information in gleicher Form an den Ausgängen wieder zur Verfügung stehen. Auf dem Weg von Eingang zu Ausgang können diese Digitalsignale jedoch Veränderungen, wie z.B. eine Zwischenspeicherung, Zeitverschiebungen oder anderen Umformungen, erfahren.

17.5.5 Die Steuerung des Verbindungsaufbaus

Mit der Steuerung bezeichnet man die Abläufe innerhalb eines Vermittlungssystems, die zum Aufbau, zum Überwachen und zum Abbauen von Verbindungen erforderlich sind.

Merksatz

In der Vermittlungstechnik wird zwischen der direkten und der indirekten Steuerung unterschieden.

Das Prinzip der direkten Steuerung wurde hauptsächlich bei elektromechanischen Vermittlungssystemen, insbesondere in der Ortsvermittlungstechnik, eingesetzt. Die Schaltglieder in den Koppelanordnungen sind Wähler und Relais. Die Einstellung der Schaltglieder erfolgt direkt und unmittelbar durch die vom Teilnehmerendgerät ausgesendeten Wählimpulse. Beim stufenweisen, d.h. zeitlich nacheinander ablaufenden, Einstellvorgang der Schaltglieder ist nicht bekannt, ob der Verbindungsaufbau letztlich auch erfolgreich abgeschlossen werden kann (Bild 17.22). Jedem Schaltglied ist ein eigenes Steuerteil zugeordnet, das die Steuerinformation erfasst, auswertet und die Einstellung veranlasst. Dieser gesamte Einstellvorgang bzw. Vermittlungsprozess ist relativ langsam.

Die Methode der indirekten Steuerung wird in digitalen Vermittlungssystemen eingesetzt, wobei die prozessorgesteuerten Koppelanordnungen aus digitalen Koppelnetzen mit mehreren Raum-Zeit-Stufen bestehen. Die Einstellung der Koppelnetze erfolgt nachdem die Wahlinformation des rufenden Teilnehmers ausgewertet wurde, d.h. der Einstellvorgang wird nur dann ausgeführt, wenn der gewünschte Ausgang des Koppelnetzes frei ist (Bild 17.23).

Wenige zentrale Prozessoren mit unterschiedlichen Aufgaben übernehmen die Erfassung und Auswertung der Steuerinformation und die Koppelnetzeinstellung für eine große Zahl von zu vermittelnden Verbindungen. Dieser Einstellvorgang zur Verbindungsdurchschaltung ist deutlich schneller.

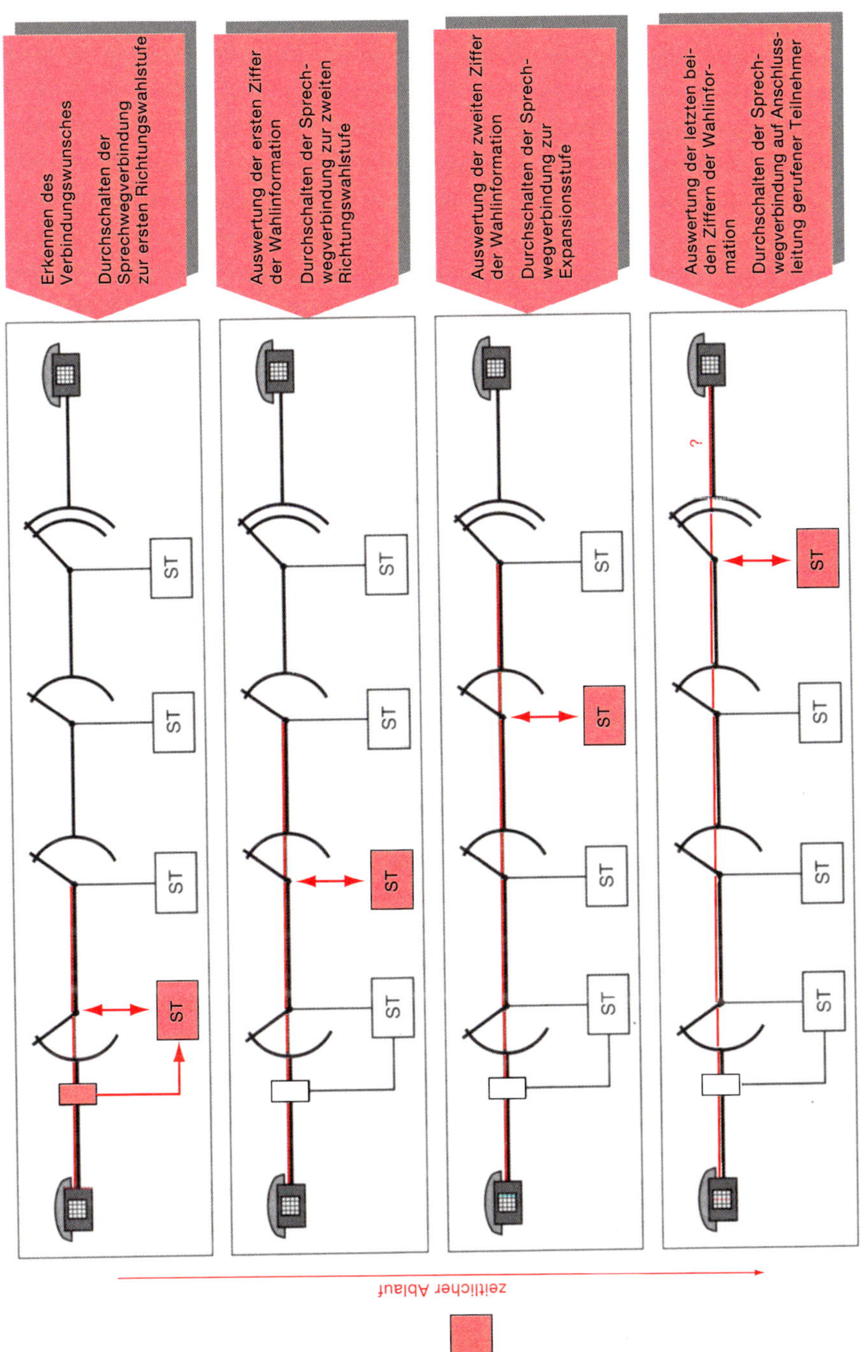

Bild 17.22 Direkte Steuerung beim Verbindungsaufbau

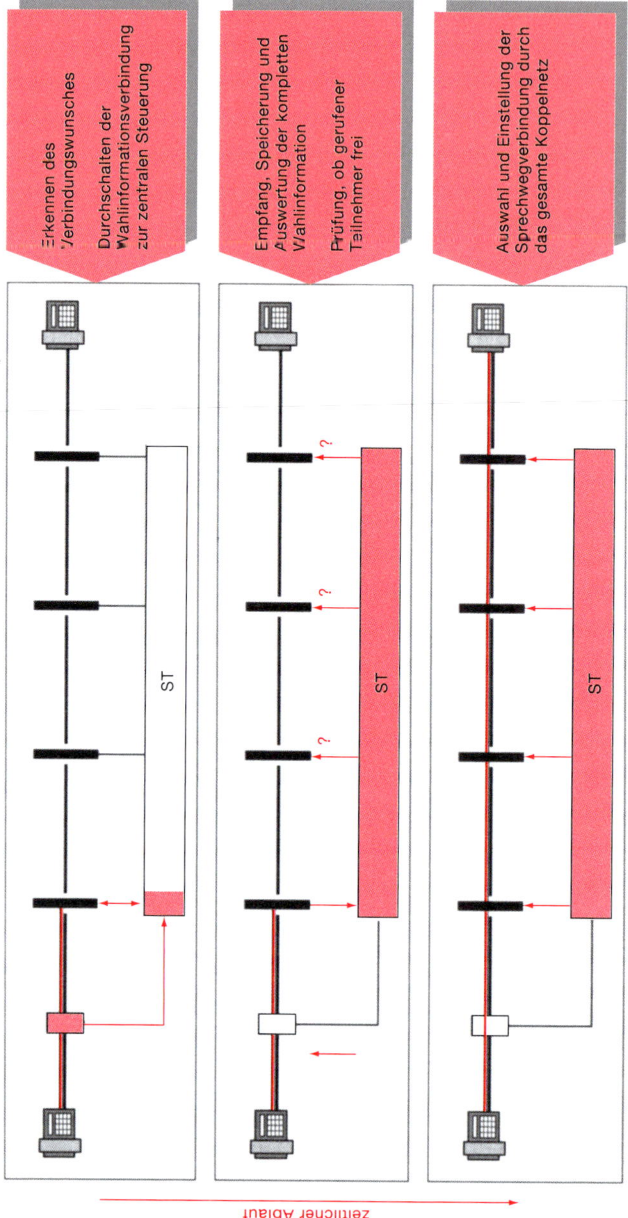

Bild 17.23
Indirekte Steuerung beim Verbindungsaufbau

17.5.6 Wahlverfahren zum Verbindungsaufbau

Je nach Steuerungsverfahren der eingesetzten Vermittlungssysteme werden zwei unterschiedliche Wahlverfahren eingesetzt:

- ❑ das *Impulswahlverfahren* (IWV) bei direkter Steuerung,
- ❑ das *Mehrfrequenzwahlverfahren* (MFV) bei indirekter Steuerung.

Endgeräte sind i.Allg. für beide Betriebsarten geeignet.

Das Impulswahlverfahren (IWV) wurde überwiegend zur Steuerung elektromechanischer Vermittlungssysteme genutzt. Die Wahlinformation besteht aus einer der gewählten Ziffer entsprechenden Anzahl von impulsförmigen Schleifenstromunterbrechungen, die international festgelegt wurde. Der Zeitrahmen für einen Unterbrechungsimpuls und eine Unterbrechungspause beträgt zusammen 100 ms, wobei das Verhältnis Impuls zu Pause im Mittel 1,6 : 1,0 betragen soll, bei zulässigen Toleranzgrenzen zwischen 1,3 : 1,0 und 1,9 : 1,0. Darüber hinausgehende Abweichungen führen zur Falschwahl.

Im Endgerät werden diese Impulse durch verschiedene Kontakte realisiert. Den grundsätzlichen Aufbau eines Telefons mit Wählscheibe (Nummernschalter) und IWV zeigt Bild 17.24.

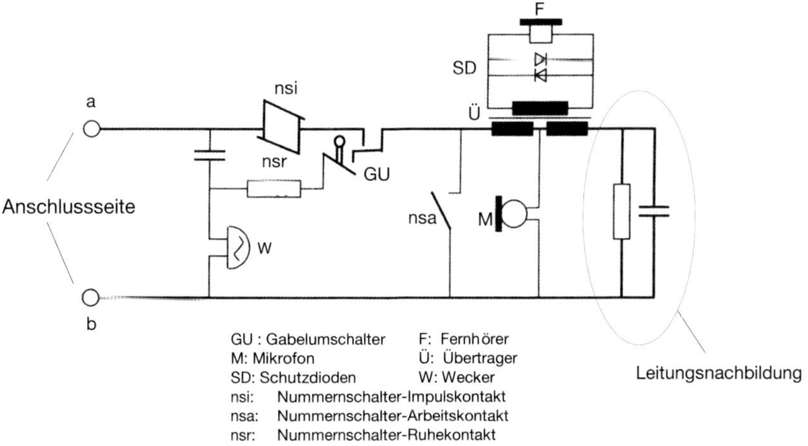

Bild 17.24 Aufbau eines Telefons mit Impulswahlverfahren

Bei aufgelegtem Handapparat ist der Gabelumschalter (GU) geöffnet, und der Wecker (W) ist wechselspannungsmäßig an den Anschlussklemmen a, b der Anschlussleitung angeschlossen. Sollte nun ein Ruf von außen erfolgen (kommend), kann dieser ausgelöst werden. Will der Teilnehmer selbst telefonieren, so wird durch Schließen des Gabelumschalters beim Abnehmen des Handapparates der Stromkreis geschlossen. Nummernschalter-Impulskontakt (nsi) und Nummernschalter-Ruhekontakt (nsr) erzeugen gemeinsam durch Unterbrechung der Stromschleife beim *Ablauf* des Nummerschalters nach dem Aufziehen dic Wählimpulse. Der Ablauf des Nummernschalters (Rücklauf der Wählscheibe) ist dabei von Bedeutung und wird durch eine Fliehkraftregelung möglichst in der Geschwindigkeit konstant gehalten, um die oben genannten Vorgaben für die Impulse einzuhalten.

Der Nummernschalter-Arbeitskontakt (nsa) schließt bei der Rufnummernwahl den Audioteil kurz, damit keine Wählgeräusche hörbar sind. Der Ablauf der Impulswahl ist in Bild 17.25 dargestellt. Durch den nsi-Kontakt werden zwei Zusatzimpulse erzeugt, die die minimale Zeit zwischen den gewählten Ziffern verlängern, damit eindeutige Pausenzeiten erreicht werden (Zwischenwahlzeit). Die Wählimpulse für das nachfolgende Vermittlungssystem ergeben sich dann aus der Kombination von nsi- und nsr-Kontakt.

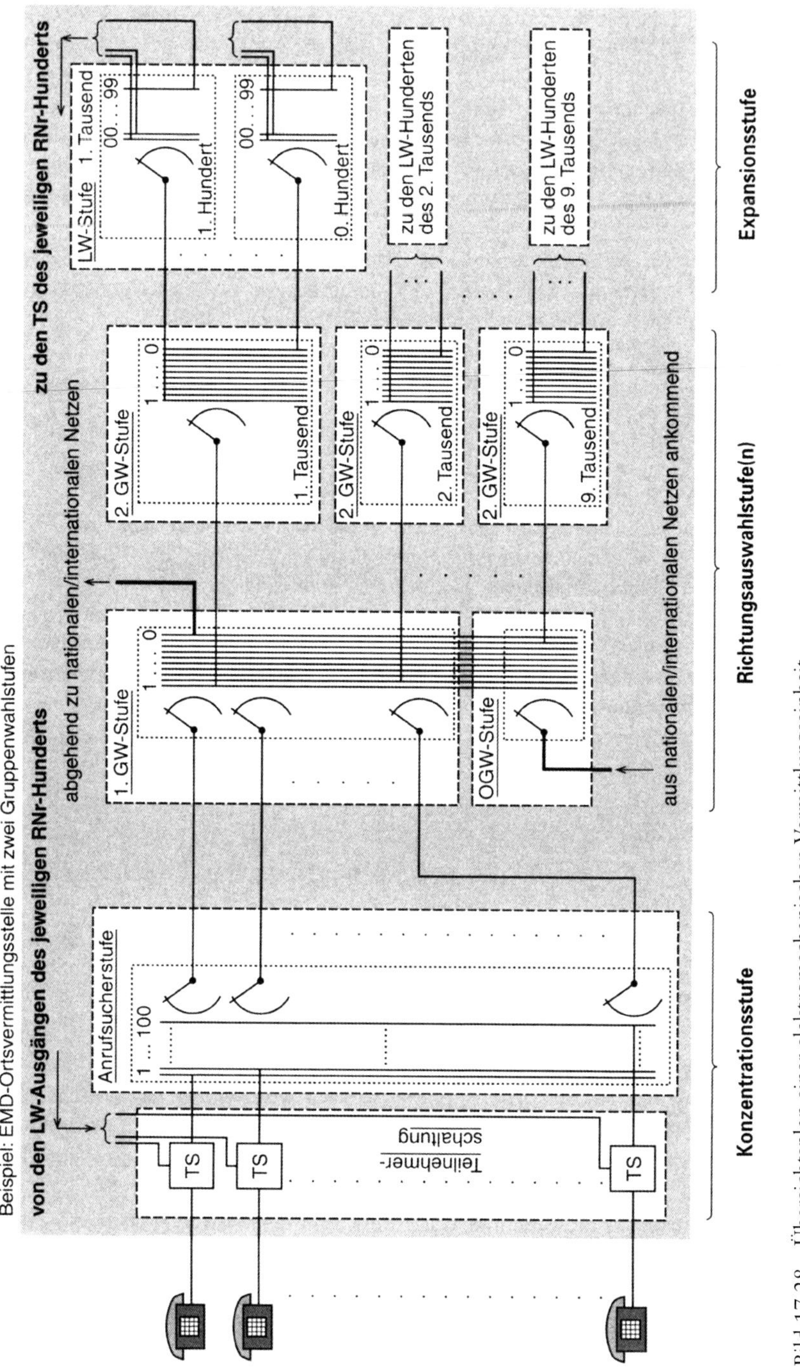

Bild 17.28 Übersichtsplan einer elektromechanischen Vermittlungseinheit

In Bild 17.28 ist ein elektromechanisches Wählsystem im Übersichtsplan dargestellt. Die teilnehmerseitige Anordnung der Teilnehmerschaltungen (TS) und der Anrufsucher (AS) stellt die Konzentrationsstufe dar. Die Verbindung wird hier rückwärts aufgebaut, d.h., bei Abheben des Handapparates läuft der AS zum Anschluss des rufenden Teilnehmers. Bei den nachfolgenden Wahlstufen der Gruppenwähler (GW), die die Richtungsauswahl übernehmen, wird die Verbindung durch die Rufnummer vorwärts aufgebaut. An der letzten Wahlstufe im vorwärts erfolgenden Verbindungsaufbau, dem Leitungswähler (LW), findet die Expansion auf alle angeschlossenen Teilnehmer statt.

Alle dargestellten Wähler haben nur eine Bewegungsrichtung (Drehbewegung). Die Edelmetallkontakte für die Sprechadern sorgen für geringe Übergangswiderstände und für geringe Kontaktgeräusche. Jeder Wähler hat sein eigenes Steuerteil, das aus einer umfangreichen Relaissteuerung besteht. Vermittlungssysteme mit Wählern sind direkt gesteuerte Wählsysteme, die in ihrer Verarbeitungsgeschwindigkeit (Vermittlungsgeschwindigkeit) relativ langsam sind.

Gruppenwähler und Leitungswähler haben Nullstellungen, in die sie nach dem Auslösen einer Verbindung zurückkehren, während Anrufsucher im Gegensatz dazu keine definierte Nullstellung aufweisen: Sie starten ihre suchende Drehbewegung von der Stelle aus, an der sie bei der vorangegangenen Verbindung stehen geblieben sind.

Während je Gruppenwähler nur jeweils eine Ziffer der Wahlinformation verarbeitet wird, erfolgt an den Leitungswählern die Einstellung für die letzten beiden Ziffern der Teilnehmerrufnummer.

Die Ausgänge der 1. GW und der OGW (Ortsgruppenwähler) sind parallelgeschaltet. Über den 1. GW erfolgt die Richtungsauswahl zu anderen Ortsnetzbereichen, über den OGW werden die aus anderen Bereichen des nationalen oder internationalen Netzes ankommenden Verbindungen eingeschleust (Fernverkehr). Die Ausgänge der Leitungswähler sind über die Teilnehmerschaltungen auf die Anschlussleitung geschaltet, da beide Einrichtungen auf die ja nur einmal vorhandene Anschlussleitung jedes angeschlossenen Teilnehmers zugreifen müssen.

17.7 Digitale Vermittlungssysteme

Grundsätzlich kann bei digitalen Vermittlungssystemen zwischen einer *Durchschalte-* bzw. *Leitungsvermittlung* (*circuit switching*) und einer *Paketvermittlung* (*packet switching*) unterschieden werden. Nachfolgend beschränkt man sich auf die Betrachtung der Leitungsvermittlung. Die Paketvermittlung, die vor allem im reinen Datenverkehr und z.B. im Internet eingesetzt wird, wird in Kapitel 18 aufgegriffen.

Die Kennzeichen eines (digitalen) Leitungsvermittlungssystems können generell wie folgt beschrieben werden:

- Es wird eine Datenrate bzw. Bandbreite durch den Verbindungswunsch angefordert.
- Die Datenrate richtet sich nach der *Anwendung* (z.B. Telefon, Audio, Video).
- Es wird durch die Wahl ein «Pfad» durch das gesamte Netzwerk (Netzwerk-Route) festgelegt, der von Teilnehmer A bis zum Teilnehmer B reicht.
- Entlang der Verbindung wird überall die angeforderte Übertragungskapazität vorgehalten und steht während der Übertragung anderen nicht zur Verfügung.
- Die einmal angeforderte Bandbreite ist während der gesamten Verbindungsdauer verfügbar (z.B. durch feste Zeitanteile, Leitungen usw.).
- Nach dem Abschluss der Übertragung wird die Verbindung gelöst, und die Ressourcen stehen im Netz für neue Verbindungen zur Verfügung.

Als Nachteil ergibt sich daraus, dass während der Verbindung keine Änderung der Datenrate bzw. der Transportkapazität möglich ist und darüber hinaus erst gar kein Verbindungsaufbau erfolgt, wenn entlang des Weges die Kapazität in einem Abschnitt nicht zur Verfügung steht.

Technisch bestehen die Leitungsvermittlungssysteme aus Kombinationen von Raum- und Zeitstufen. Bei der reinen Raumstufe wird ohne Wechsel der Kanalposition (Zeitlage) ein Kanal von einer auf eine andere Multiplexleitung (Raumlage) umgeschaltet. Bei der reinen Zeitstufe wird ein Wechsel des zu schaltenden Kanals von einer Kanalposition (Zeitlage) in eine andere Kanalposition (Zeitlage) auf derselben Multiplexleitung vorgenommen. Zeitstufen werden in der Praxis jedoch fast immer als kombinierte Raum-Zeit-Stufen eingesetzt, wobei gleichzeitig ein Wechsel der Kanalposition *und* der Multiplexleitung vorgenommen werden kann.

Ein weiteres Unterscheidungsmerkmal unterschiedlicher Systeme ist die Art der Durchschaltung im Koppelnetz selbst. Da bei digitalen Vermittlungssystemen immer eine Vierdrahtverbindung benötigt wird – eine Hin- und eine Rückleitung –, kann die Durchschaltung im Koppelnetz dabei für den Hin- und Rückweg getrennt voneinander oder gemeinsam vorgenommen werden. Die Wegesuche durch das Koppelnetz kann zentral und gemeinsam für den Hin- und Rückweg oder alternativ dezentral und für Hin- und Rückweg getrennt durchgeführt werden.

17.7.1 Grundprinzip digitaler Vermittlung

An digitale Vermittlungssysteme müssen u.a. folgende Eingangsgrößen anschließbar sein:

- ❑ analoge Teilnehmeranschlussleitungen,
- ❑ digitale Teilnehmeranschlussleitungen,
- ❑ digitale Primärmultiplexleitungen,
- ❑ analoge Verbindungsleitungen (zu anderen VNK führend),
- ❑ digitale Verbindungsleitungen (zu anderen VNK oder zu peripheren Einheiten führend).

Die auf diesen Leitungsarten ankommenden und abgehenden Informationssignale der unterschiedlichsten Signalform müssen für die Vermittlung im digitalen Koppelnetz zunächst alle in eine einheitliche Form umgewandelt werden, ohne dabei ihren Informationsinhalt zu verlieren.

Als einheitliche Grundform für die digitale Vermittlung wird häufig die PCM30-Rahmenstruktur eingesetzt (s. Kapitel 9). Ein PCM30-Rahmen umfasst 32 Kanäle bei einer Rahmendauer von 125 µs und einer Übertragungsrate von 2,048 Mbit/s. Von diesen 32 Kanälen werden 2 Kanäle für Synchronisations- und vermittlungstechnische Steuerungsinformationen der 30 Nutzkanäle verwendet.

Merksatz

Am Eingang eines typischen digitalen Vermittlungssystems werden alle ankommenden Verbindungen, egal welcher Ursprungssignalform, in einen PCM30-Rahmen überführt.

Jeweils vier derartige PCM30-Leitungen werden zu einer 8-Mbit/s-Leitung (exakt 8,448 Mbit/s) zusammengefasst, die bei gleicher Rahmendauer von 125 µs dann 128 Kanäle enthält.

Merksatz

Im zentralen, digitalen Koppelnetz wird überwiegend mit internen 8-MBit-Leitungen gearbeitet.

Für den Ablauf einer Telefonverbindung zwischen zwei an der gleichen Vermittlungseinheit angeschlossenen Teilnehmern folgt daher:

- Der rufende Teilnehmer wird über die Belegung eines freien Kanals (Zeitschlitz innerhalb eines PCM30-Rahmens) auf einer ganz bestimmten Eingangs-Multiplexleitung in das Vermittlungssystem eingekoppelt.
- Die Verbindung zum gerufenen Teilnehmer wird durch die Belegung eines freien Kanals (Zeitschlitz innerhalb eines PCM30-Rahmens) über eine zu ihm führende Ausgangs-Multiplexleitung eingestellt.
- Über eine mehrstufige Koppelanordnung im digitalen Koppelnetz wird die im ankommenden Kanal enthaltene Information von der Eingangs-Multiplexleitung in einen für diese Verbindung zu belegenden Kanal auf die Ausgangs-Multiplexleitung übertragen.

Definition

Digitales Vermitteln bedeutet das räumliche Umsetzen (auf andere Multiplexleitungen) und das zeitliche Umsetzen (in andere Kanalpositionen) von Kanälen innerhalb einer Übertragung auf der Basis der PCM30-Struktur.

17.7.2 Funktionsprinzip einer digitalen Raumstufe

In Bild 17.29 ist eine stark vereinfachte Raumstufe (SSM, *Space Stage Module*) dargestellt. Sie beschränkt sich auf die Funktionsbeschreibung für je drei Eingangs- und Ausgangs-Multiplexleitungen statt der üblichen 8, 15 bzw. 16 Multiplexleitungen je Raumstufe. Ferner sind für jede Multiplexleitung nur vier Kanäle eingezeichnet statt der üblichen 128 (4 · 32) Kanäle, und für jeden Koppelpunkt wurde vereinfachend die Durchschaltung der 8-Bit-Information eines Kanals in nur einer Übertragungsrichtung und nur über je ein UND- bzw. ODER-Glied dargestellt.

Die Haltespeicher (RAM-Bausteine) enthalten die notwendigen Angaben, wann welches UND-Glied gesperrt ist und wann es durchgeschaltet wird.

Die in die Haltespeicher eingeschriebenen Steueradressen werden aus den vermittlungstechnischen Daten über die Zentralprozessoreinheiten ermittelt. Alle Speicherplätze der Haltespeicher werden innerhalb einer 125-µs-Periode der PCM30-Rahmenstruktur einmal zyklisch gelesen. Für die Dauer einer Verbindung bleibt die zu dieser Verbindung gehörende Speicheradresse im Haltespeicher unverändert.

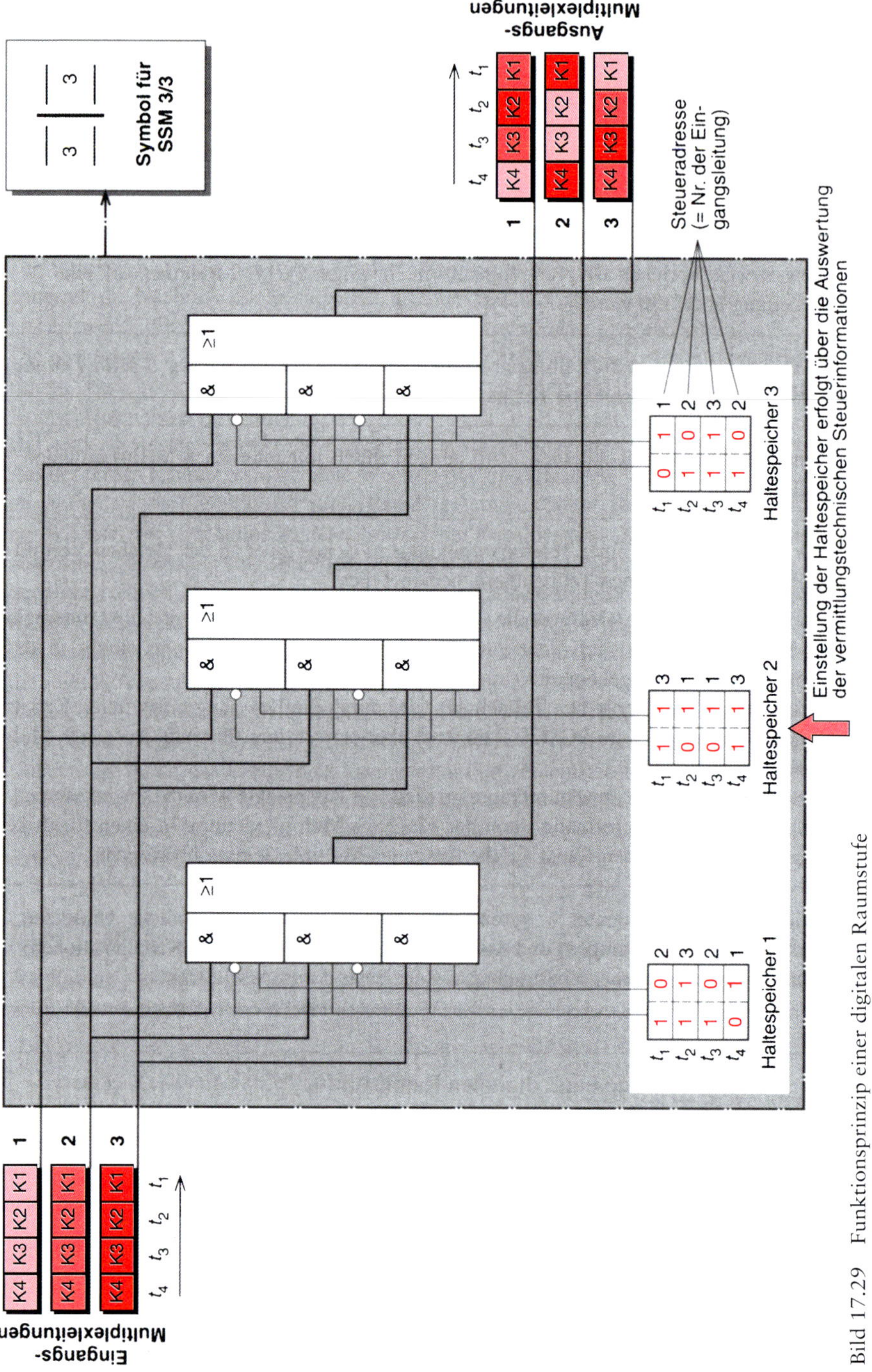

Bild 17.29 Funktionsprinzip einer digitalen Raumstufe

Jeder Haltespeicher ist für eine Ausgangs-Multiplexleitung zuständig. Die eingelesenen Adressen geben die Eingangs-Multiplexleitung an.

Ein Kanal, der sich auf einer Eingangs-Multiplexleitung in der Position K_x befindet, erscheint auch auf der Ausgangs-Multiplexleitung wieder in der Position K_x.

Merksatz

Eine Raumstufe verändert nicht die Kanalposition innerhalb eines Multiplexrahmens.

Zusammenfassend hat die Raumstufe folgende Merkmale:

- Ankommende Kanäle behalten auch abgehend ihre Kanalposition bei.
- Ankommende Kanäle können einer beliebigen Ausgangsleitung zugeordnet werden (volle Erreichbarkeit).
- Durch den Vermittlungsvorgang entsteht unter Vernachlässigung interner Schaltzeiten keine Zeitverzögerung.
- Bei gleich vielen Eingangs- wie Ausgangsleitungen können alle Kanäle vermittelt werden (Blockierungsfreiheit).

17.7.3 Funktionsprinzip einer digitalen Zeitstufe

Die in Bild 17.30 dargestellte Zeitstufe (TSM – Time Stage Module) beschränkt sich in der Funktionsbeschreibung auf 4 Kanäle je Eingangs- bzw. Ausgangs-Multiplexleitung statt der üblichen 128 (4 · 32) Kanäle. Aus Gründen der Übersichtlichkeit ist für jedes Bauelement vereinfachend die Durchschaltung der 8-Bit-Information eines Kanals in nur einer Übertragungsrichtung und nur über je ein Bauelement-Symbol dargestellt.

Über eine Zeitstufe ist es möglich, einen zu seiner Eingangs-Zeitlage t_E auf der Zubringerleitung sich an einer bestimmten Position K_x befindlichen Fernsprechkanal zu einer späteren Ausgangs-Zeitlage t_A in eine andere Kanalposition K_y auf der Abnehmerleitung zu vermitteln. Das Verfahren wird daher auch als *Zeitschlitzwechsler* bezeichnet. Auf der Eingangsseite der einfachen Zeitstufe werden die ankommenden Kanäle zyklisch in einen Speicher eingelesen. Die Speicherpositionen entsprechen den Kanalpositionen der ankommenden PCM30-Struktur. Jeder Zeitstufe ist ein Haltespeicher zugeordnet, in den die ermittelten Steueradressen eingeschrieben werden. Für die Dauer einer Verbindung bleibt die zu dieser Verbindung gehörende Steueradresse im Haltespeicher unverändert.

Die Steueradressen im Haltespeicher geben an, zu welcher Ausgangszeitlage, d.h. Kanalposition auf der Ausgangsleitung, welcher Speicherinhalt des Sprachspeichers auszulesen ist. Innerhalb einer 125-µs-Periode der PCM30-Rahmenstruktur wird der Haltespeicher einmal komplett abgefragt und somit der Sprachspeicher vollständig ausgelesen.

Durch den Wechsel der Kanäle in unterschiedliche Zeitlagen – was über eine Zwischenspeicherung des Nutzsignals möglich wird – treten unterschiedliche Zeitverzögerungen für die einzelnen Kanäle auf.

Über eine kombinierte Raum-Zeit-Stufe (Bild 17.31) ist es möglich, die Fernsprechkanäle mehrerer ankommender Multiplexleitungen in jede beliebige Zeitlage (Kanalposition) und auf mehrere abgehende Multiplexleitungen zu vermitteln.

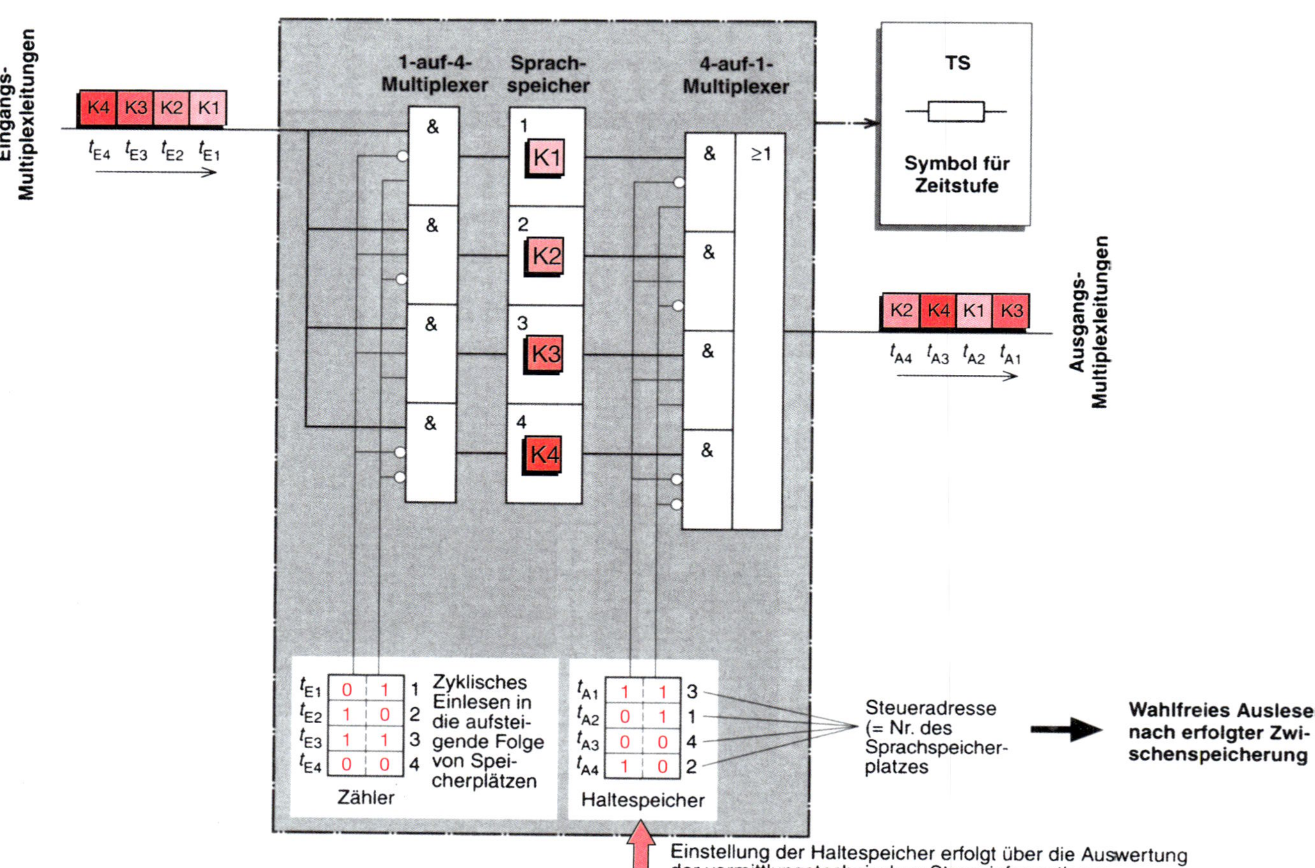

Bild 17.30 Funktionsprinzip einer digitalen Zeitstufe

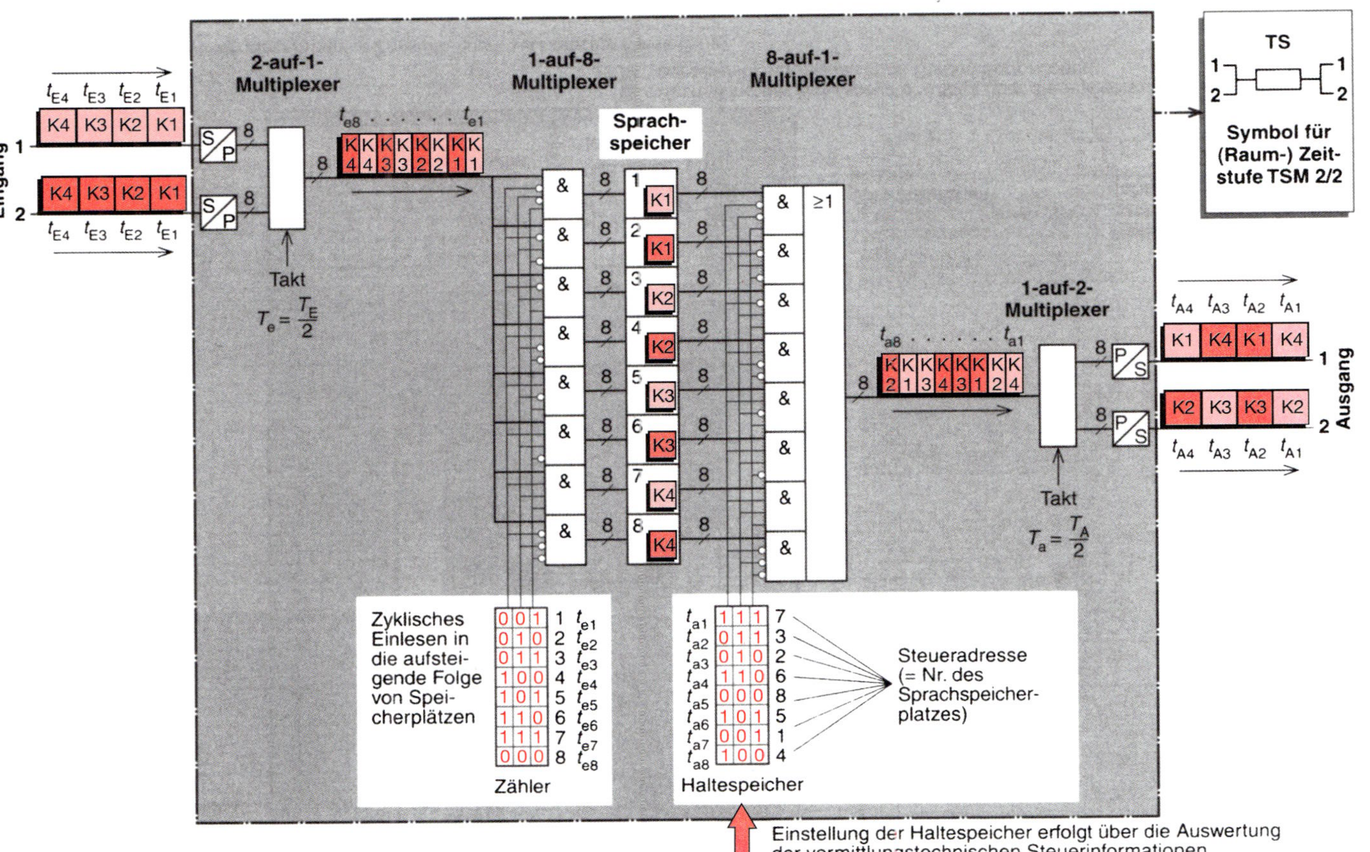

Bild 17.31 Funktionsprinzip einer kombinierten digitalen Raum-Zeit-Stufe

Am Eingang wird zunächst an jeder Leitung eine Seriell-Parallel-Wandlung für die eintreffenden Kanal-Nutzsignale vorgenommen und diese über einen Multiplexer auf eine Leitung zusammengeführt. Die durch die Seriell-Parallel-Wandlung auftretende Zeitverzögerung ist dabei für alle Kanäle auf den Eingangsleitungen gleich, wobei die 125-µs-Periode beibehalten wird. Die Präsenzdauer des Kanal-Nutzsignals nach dem Eingangsmultiplexer ist in diesem Beispiel dann nur noch die Hälfte der ursprünglichen Zeitschlitzdauer. Dafür liegt die 8-Bit-Information jedoch parallel vor statt wie ursprünglich seriell.

Durch zyklisches Einlesen in den Speicher werden die ankommenden Kanäle aufsteigend, entsprechend ihrer Kanalposition, in die Speicherplätze eingeschrieben.

Das Prinzip des Auslesens verläuft – gesteuert über eingeschriebene Steueradressen – wie bei der bereits beschriebenen Zeitstufe.

Der Ausgangsmultiplexer verteilt die aus dem Sprachspeicher ausgelesenen Kanäle auf die Ausgangs-Multiplexleitungen. Durch die nachgeschaltete Parallel-Seriell-Wandlung wird die ursprüngliche Bitrate der Kanäle wiederhergestellt.

Zusammenfassend hat die Raum-Zeit-Stufe folgende Merkmale:

- Jeder auf einer beliebigen Zubringerleitung ankommende Fernsprechkanal kann in jede beliebige Zeitlage auf einer beliebigen, abgehenden Abnehmerleitung vermittelt werden.
- Alle ankommenden Kanäle können vermittelt werden, wenn die Gesamtzahl der abgehenden Kanäle gleich der Gesamtzahl ankommender Kanäle bei mindestens doppelter Anzahl an Speicherplätzen ist.
- Die Fernsprechkanäle erfahren bei der Vermittlung in einer Raum-Zeit-Stufe unterschiedliche Verzögerungen.

17.7.4 Baugruppen einer digitalen Vermittlung

Digitale Vermittlungssysteme sind *vermittelnde Netzknoten*, die in analoger und digitaler Umgebung einsetzbar sind. Verwendungsbereiche sind:

- Teilnehmervermittlungseinheiten (Ortsvermittlungsstellen – OVSt),
- nationale Transitvermittlungseinheiten (Fernvermittlungsstellen – FVSt),
- internationale Transitvermittlungseinheiten (Auslandsvermittlungsstellen),
- mobiler Einsatz (Containervermittlungseinheiten),
- digitale Konzentratoren für abgesetzte, periphere Einheiten.

Die Programmsteuerung eines Vermittlungssystems gestattet den universellen Betrieb, die Bedienung und die Störungsbeseitigung. Der Aufbau und die Baugruppen einer Teilnehmer-Vermittlungseinheit sind in Bild 17.32 dargestellt.

Die wichtigsten Funktionsblöcke dieser Einheit sind:

- digitale Teilnehmer-Leitungseinheiten (DLU),
- Leitungsanschlussgruppen (LTG),
- Koppelnetz (SN),
- zentrale Zeichengabenetzsteuerung,
- Koordinationsprozessor.

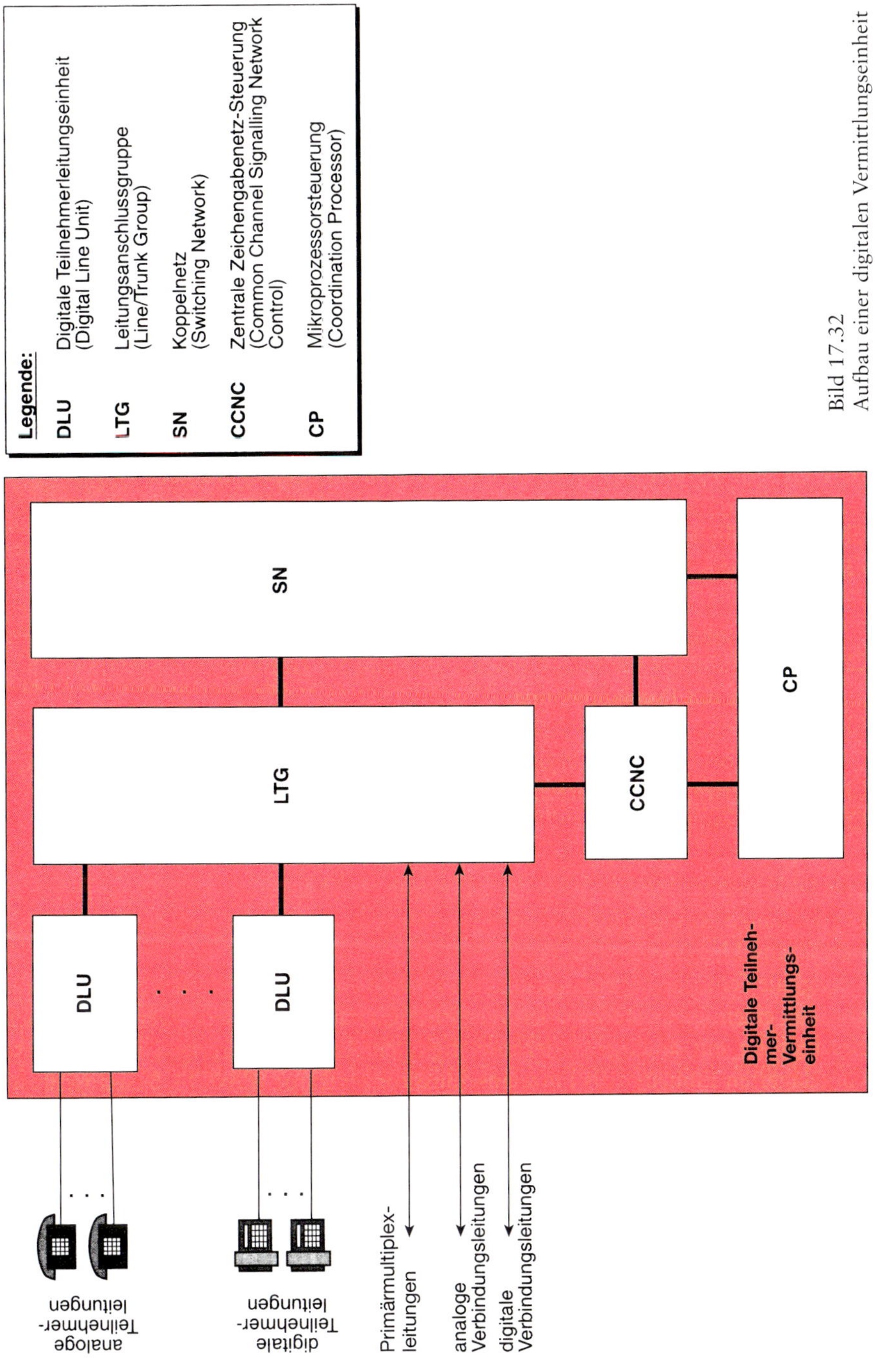

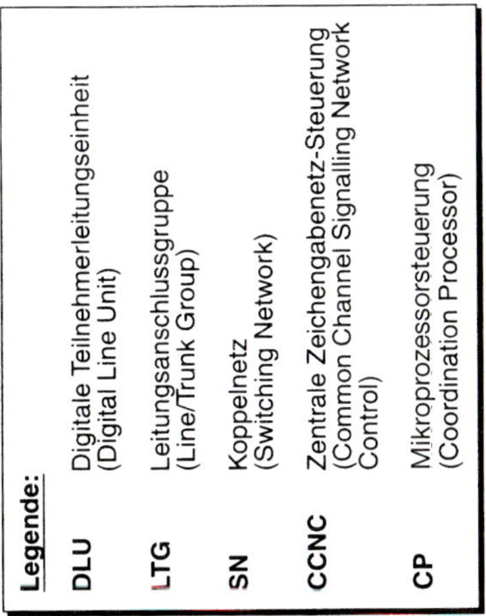

Bild 17.32
Aufbau einer digitalen Vermittlungseinheit

Jeder dieser Funktionsblöcke und die darin enthaltenen Systemgruppen haben eigene Steuerungen, deren Zusammenwirken über einen zentralen Rechner (Koordinationsprozessor) ausgelöst und gesteuert wird.

Betriebstechnische Aufgaben einer LTG sind u.a.:

- Anzeigen von Betriebszuständen,
- Senden von Meldungen an den zentralen Rechner für Verkehrsmessungen und Verkehrsbeobachtungen,
- Schalten von Prüfverbindungen,
- Prüfen von Teilnehmerleitungen.

17.7.5 Verbindungsaufbau über eine digitale Vermittlungseinheit

Der prinzipielle, stark vereinfachte Verbindungsaufbau über eine digitale Teilnehmer-Vermittlungseinheit ohne Berücksichtigung gegebenenfalls redundanter Systemteile ist in Bild 17.34 dargestellt.

Eine Telefonverbindung zwischen zwei Teilnehmern wird dadurch eingeleitet, dass der rufende Teilnehmer (A-Tln.) den Handapparat seines Telefons abnimmt bzw. die diesem Vorgang zugeordnete Taste an seinem Endgerät betätigt. Dadurch wird der Schleifenschluss über die Anschlussleitung zur Teilnehmerleitungseinheit (DLU) gebildet und in der Steuerungseinheit (DLUC) ausgewertet (1). Dieser Zustand wird von der Steuerungseinheit (DLUC) über die Schnittstelleneinheit (DIU) an den Gruppenprozessor (GP) weitergemeldet (2), der daraufhin dem Gruppenkoppler (GS) die notwendigen Einstellbefehle sendet (3). Über den Gruppenkoppler (GS) wird die Verbindung von der Signaleinheit (SU) zur Leistungseinheit (LTU), von dort zur Schnittstelleneinheit (DIU) und weiter über das Anschlussleitungsmodell (SLMA) auf die Anschlussleitung hergestellt. Der Tongenerator (TOG) sendet den Wählton (4), und der Codeempfänger (CR) ist bereit, die Wahlinformation des Teilnehmers aufzunehmen (5).

Die empfangene Wahlinformation wird vom Codeempfänger (CR) an den Gruppenprozessor (GP) weitergeleitet (6). Vom Gruppenprozessor wird der Wahlinformation eine Ursprungskennung hinzugefügt, und beide Informationen werden an den zentralen Rechner (CP) weitergegeben (7). Für diesen Datenfluss wird bereits eine Verbindung durch das Koppelnetz (SN) genutzt. Der zentrale Rechner wertet die Wahlinformation aus. Er veranlasst den für den gerufenen Teilnehmer (B-Tln.) zuständigen Gruppenprozessor (GP) zu prüfen (8), ob der gewünschte Anschluss frei ist. Ist das Ergebnis der Prüfung erfolgreich, veranlasst der zentrale Rechner (CP) die Sprechwegedurchschaltung durch das Koppelnetz (SN). Über diesen durchgeschalteten Weg erhält der Gruppenprozessor (GP) des B-Tln. vom Gruppenprozessor (GP) des A-Tln. den Befehl, über den Tongenerator (TOG) und die Teilnehmereinheit (DLU) das Anlegen der Rufspannung zu veranlassen (9). Ferner wird über die im Koppelnetz (SN) durchgeschaltete Verbindung vom Tongenerator (TOG) des B-Tln. der Freiton zu A-Tln. gesendet (10).

Meldet sich der gerufene Teilnehmer (Schleifenschluss durch Abheben des gerufenen Handapparates), werden Töne und Rufspannung abgeschaltet, und die Sprechverbindung zwischen beiden Teilnehmern ist hergestellt (11).

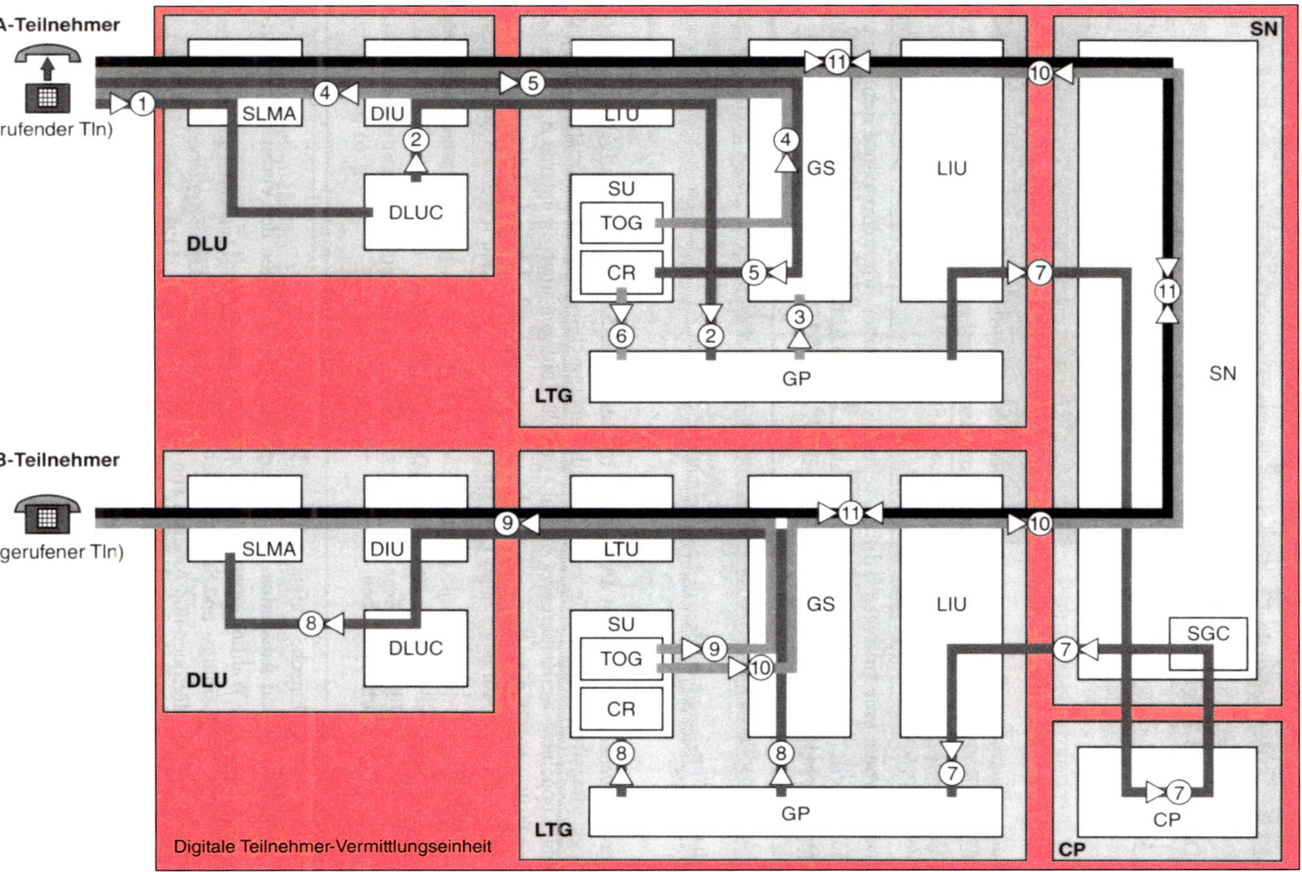

Bild 17.34 Verbindungsaufbau über eine digitale Vermittlungseinheit

Das Schema der SPC-Struktur ist in Bild 17.40 dargestellt.

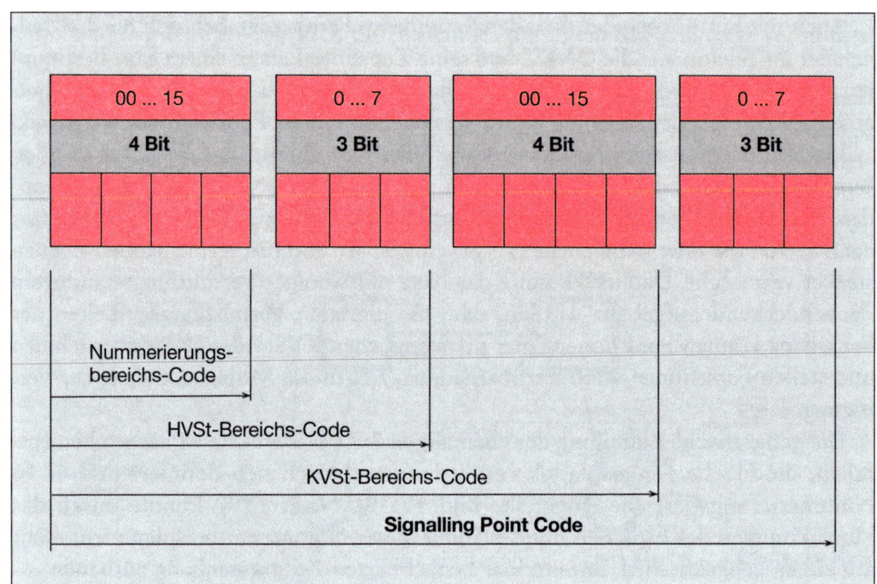

Beispiel:	allgemeine Form	aa-b-cc-d
	SPC Rheinfelden (ONKZ 7623)	11-3-06-6
	binäre Form	1011 011 0110 110

Bild 17.40 Signalling Point Code für digitale Vermittlungseinheiten

Merksatz

Jeder digitalen Vermittlungseinheit ist eine Kennzahl, der so genannte ***S**ignalling* ***P**oint* ***C**ode* (SPC), zugeteilt. Übernimmt eine digitale **V**ermittlungs**e**inheit (VE) mehrere Funktionen gleichzeitig, z.B. Teilnehmer-VE und Transit-VE, so erhält sie für jede dieser Funktionen einen unterschiedlichen SPC.

Die Netzstruktur der Verbindungsleitungen zwischen und innerhalb der Hierarchieebenen wurde wie folgt ergänzt:

- geografische Zuordnung der ONKZ: Alle digitalen Fernvermittlungen mit HVSt-Funktion innerhalb eines ursprünglichen ZVSt-Bereiches sind eng vermascht;
- geografische Zuordnung der ONKZ: Jede digitale Fernvermittlung mit HVSt-Funktion hat Verbindungsleitungen zu allen Fernvermittlungen mit ZVSt-Funktion.

Der Verbindungsaufbau wird über die vom Teilnehmer abgesandte Wahlinformation hinaus um den Code der Ursprungs-VE (OPC – *Origination Point Code*) und um den Code der Ziel-VE (DPC, Destination Point Code) ergänzt und über ein separates Netz, das Zeichengabesystem-Nr.-7-Netz (ZGS-Nr.-7-Netz), gesteuert.

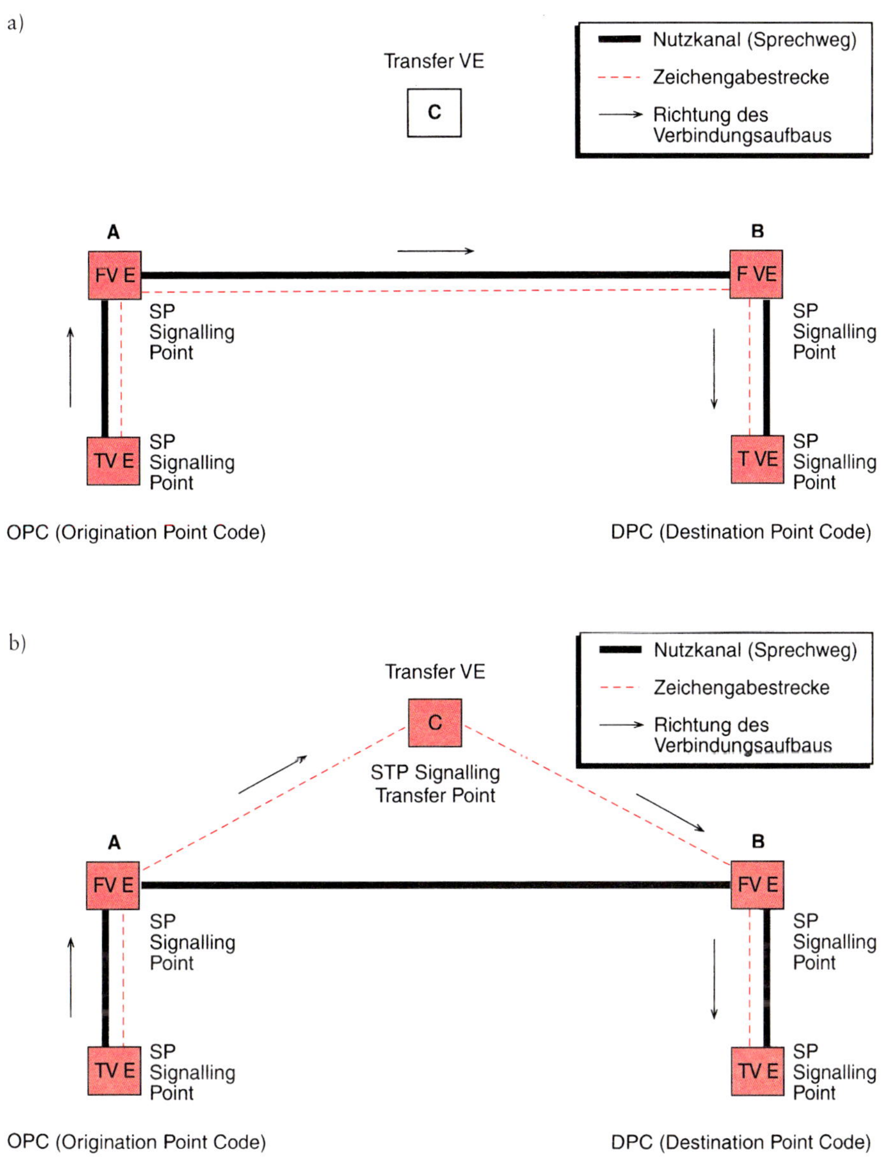

Bild 17.41 Verbindungsaufbau im ZGS-Nr.-7-Netz
a) assoziierte Zeichengabe
b) quasiassoziierte Zeichengabe

Über dieses von der Sprechwegeführung unabhängige Netz tauschen die digitalen Vermittlungseinrichtungen die für den Verbindungsaufbau notwendigen Daten aus (Bild 17.41). Für den Aufbau einer Telefonverbindung wird – ausgehend von der komplett vorliegenden Wahlinformation – über das ZGS-Nr.-7-Netz ermittelt, ob der gewünschte Anschluss frei ist und über welchen Verbindungsweg die Sprechwegedurchschaltung in den Koppelnetzen erfolgen kann. Erst wenn der gewünschte Anschluss frei ist, erfolgt die Vermittlung bzw. Verbindungsdurchschaltung der Sprechverbindung.

Die Steuerung der ZGS-Nr.-7-Netz-Verbindungen wird über die zentrale Zeichengabesteuerung in den digitalen Vermittlungseinrichtungen übernommen.

Merksatz

Die Zeichengabeverbindung zwischen der Ursprungs- und Zielvermittlungseinrichtung kann dabei auf anderem Wege erfolgen als die nachfolgend durchgeschaltete Sprechwegeverbindung.

So kann es zum Beispiel bei einer Telefonverbindung zwischen Lüneburg und Dortmund ohne Weiteres möglich sein, dass die Übermittlung der Wahlinformation über den Weg Lüneburg–Bremen–Dortmund erfolgt, die Sprachinformation aber über den Weg Lüneburg–Hannover–Dortmund vermittelt und übertragen wird.

Mit der Einführung von VoIP verlieren die Systeme der digitalen Leitungsvermittlung international an Bedeutung. Die Vermittlungssysteme werden durch paketorientiert arbeitende Router ersetzt (s. Abschnitt 18.4). Diese Router übernehmen, mit entsprechender Routing-Software ausgestattet, die Funktion des vermittelnden Netzknoten (VNK). Die generelle Struktur des Telekommunikationsnetzes und insbesondere die Leitungsführung zum Endkunden und zwischen den Teilen des Kernnetzes bleibt dabei weitgehend erhalten.

17.9 Mehrfachausnutzung der Teilnehmeranschlussleitung

Die als 2-Draht-Leitung ausgeführte Teilnehmeranschlussleitung (TAL) ist die weltweit am meisten vorhandene Kabelinfrastruktur für den Telefonanschluss. Wie bereits ausgeführt, ist diese für die analoge und digitale Übertragung von Signalen über mehrere Kilometer ohne Verstärkung geeignet. Im Bereich des Fernnetzes erfolgt, wie in Kapitel 4 dargestellt, eine Verdrillung und Verseilung der Doppeladern, um Störungen zu vermeiden. Mit weltweit mehr als 1,2 Mrd. Hauptanschlüssen ist die 2-Draht-Anschlusstechnik das am besten ausgebaute Kabelnetz. In Deutschland beträgt die Erreichbarkeit der Haushalte mehr als 99% (>51 Mio. Haushalte).

Durch die rasche Ausbreitung und die gute Verfügbarkeit von Mobiltelefonsystemen für die Sprachübertragung reicht die Nutzung des 2-Draht-Netzes nur mit Telefonie für dessen wirtschaftlichen Betrieb und einen weiteren Ausbau bzw. eine technische Erneuerung nicht mehr aus. Es ist erforderlich, eine Investitionsabsicherung durch eine erweiterte technische Nutzung und neue Anwendungen zu tätigen. Die Struktur der TAL als Punkt-zu-Punkt-Verbindung (Vermittlungsstelle–Teilnehmer) macht diese insbesondere für die Nutzung als Computeranbindung zum Internet interessant, da es sich dabei auch um eine telefonähnliche Individualnutzung handelt. Bereits in den 60er-Jahren wurde an der Nutzung der TAL für Datenübertragung geforscht.

Mit der breiten Einführung der Computer im industriellen und privaten Bereich sowie der Vernetzung der Rechner über das Internet entwickelten sich seit ca. 1992 verschiedene Systeme, die eine Datenübertragung zum Endkunden über die TAL erlauben, ohne den Telfonverkehr zu stören. Diese Technik wird als *xDSL-Technik* (DSL – *Digital Subscriber Line*) bezeichnet, wobei das x für inzwischen standardisierte Systeme steht und eine Systemfamilie unterschiedlicher Varianten der 2-Draht-Nutzung bei Verwendung einer oder mehrerer Doppeladern beschreibt.

Da der Begriff DSL nichts über das verwendete physikalische Medium aussagt, soll nachfolgend der Begriff 2-Draht-DSL verwendet werden, um den Bezug zur TAL herzustellen.

17.9.1 Grundlagen der 2-Draht-DSL-Technik

Die 2-Draht-DSL-Technik beruht auf der Mehrfachnutzung der TAL im Frequenzmultiplexverfahren. Der Vorteil besteht darin, dass ohne aufwendige Tief- oder Hochbaumaßnahmen die bestehende TAL zusätzlich zur Sprachübertragung für eine bidirektionale Datenübertragung genutzt werden kann. Unterschieden werden die zur analogen bzw. ISDN-Telefonie kompatiblen DSL-Varianten von den dazu inkompatiblen Verfahren. Bei den Letzteren muss die Telefonie in Form von VoIP realisiert werden. Je nach Verfahren werden unterschiedliche Frequenzbereiche für die Übertragung genutzt. Die obere Frequenzgrenze liegt je nach Standard zwischen 1,1 MHz und ca. 35 MHz. [42]

Merksatz

Die 2-Draht-DSL-Technik erlaubt die Datenübertragung auf der TAL. Es wird zwischen zur Telefonie kompatiblen und nicht-kompatiblen Verfahren unterschieden.

Dazu ist es nur erforderlich, an den Endstellen, d.h. beim Kunden und im Hauptverteiler der Vermittlungsstelle (s. Bild 17.6), entsprechende Gerätetechnik zu installieren. Dabei handelt es sich um eine Modem-Technik, d.h. eine Technik, die auf beiden Seiten eine Modulation und Demodulation der Signale einsetzt und zwei getrennte Frequenzbereiche zur Duplexübertragung verwendet (Frequenzgetrenntlage-Verfahren). Je nach verwendeten Frequenzbereichen bzw. Bandbreiten und eingesetzten Modulationsverfahren lassen sich unterschiedliche Datenraten zum Endkunden (Downstream) und in Rückrichtung (Upstream) realisieren.

Telefonkompatible 2-Draht-DSL-Verfahren

In Bild 17.42 sind die prinzipielle Frequenzaufteilung und das beispielhaft gemessene Spektrum eines zur analogen bzw. ISDN-Telefonie kompatiblen DSL-Verfahrens dargestellt.

Wichtig ist, dass die für die telefonkompatible DSL-Übertragung genutzten Frequenzbereiche deutlich oberhalb der Grenzfrequenz von analoger und ISDN-Telefonie liegen, um beim Teilnehmer und in der Vermittlungsstelle eine Trennung der verschiedenen Übertragungsdienste durch passive Frequenzweichen (Splitter) zu ermöglichen und Störungen bestehender Dienste zu vermeiden. Das Prinzipschaltbild einer telefonkompatiblen 2-Draht-DSL-Strecke zeigt Bild 17.43.

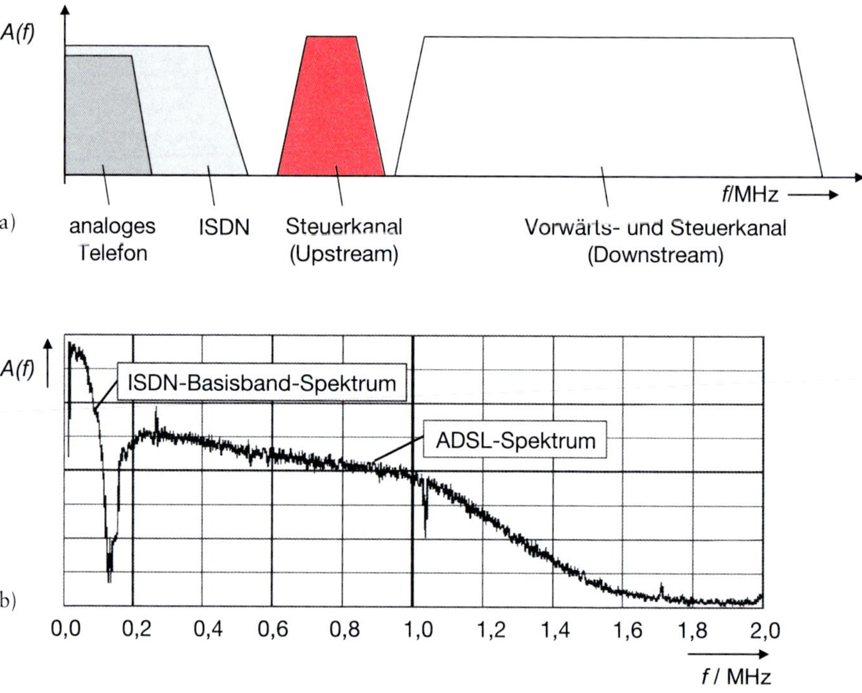

Bild 17.42 Frequenzaufteilung einer zum analogen bzw. ISDN kompatiblen 2-Draht-DSL-Übertragung
a) Prinzipielle Aufteilung des Spektrums (ohne Maßstab)
b) Beispiel eines gemessenen Frequenzspektrums eines DSL-Systems (*hier:* ADSL)

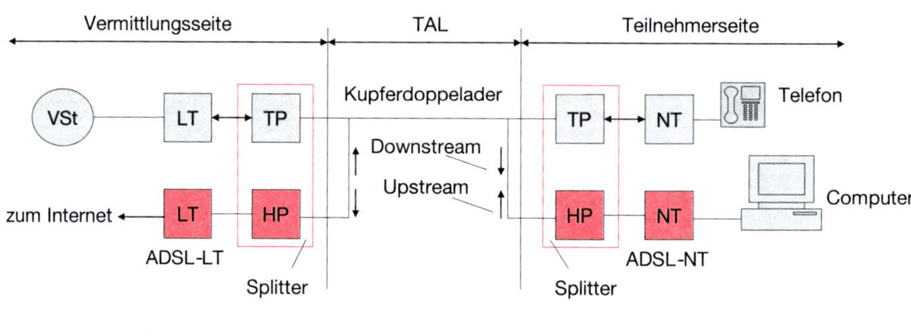

LT Line Termination (vermittlungsseitig)
NT Network Termination (teilnehmerseitig)
VSt Teilnehmervermittlungsstelle
HP Hochpass
TP Tiefpass
TAL Teilnehmeranschlussleitung

Bild 17.43 Aufbau einer zum analogen Telefon und zum ISDN kompatiblen DSL-Strecke

Daraus wird deutlich, dass die DSL-Datenübertragung und die analoge oder ISDN-Telefonie die TAL lediglich als gemeinsamen physikalischen Weg nutzen. Der DSL-Teil ist bei dieser Ausprägung kein Ersatz für digitale Systeme wie z.B. das ISDN, da es keinerlei übergeordnete Dienste oder Vermittlungsfunktionen bereitstellt, sondern lediglich als Transportsystem für Daten gedacht ist. Weitere Funktionalitäten müssen auf Protokollebene realisiert werden (s. Kapitel 18).

Da der analoge oder digitale Telefondienst nicht durch ein DSL-System gestört werden darf, müssen die in Bild 17.43 angegebenen Splitter als passive Frequenzweichen realisiert werden. Dadurch wird sichergestellt, dass auch bei einem Ausfall der Energieversorgung beim Endkunden (und damit dem Ausfall der DSL-Verbindung) der Telefonbetrieb durch die – gesetzlich vorgeschriebene – Fernspeisung von Seiten der Vermittlungsstelle über ISDN oder analog aufrechterhalten werden kann.

Telefoninkompatible 2-Draht-DSL-Verfahren

Mit der Abschaltung der analogen und der ISDN-Telefonie auf der individuellen TAL und dem Übergang auf eine VoIP-Übertragung für den Telefondienst kann, wie in Bild 17.44 dargestellt, das gesamte Frequenzspektrum der 2-Draht-Verbindung für die Datenübertragung im Frequenzmultiplex genutzt werden.

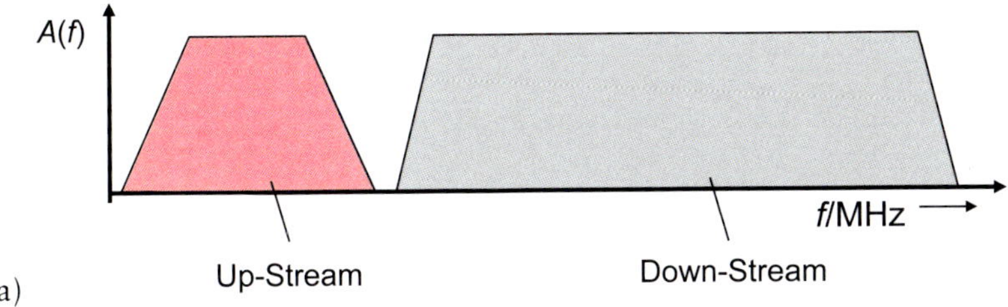

a)

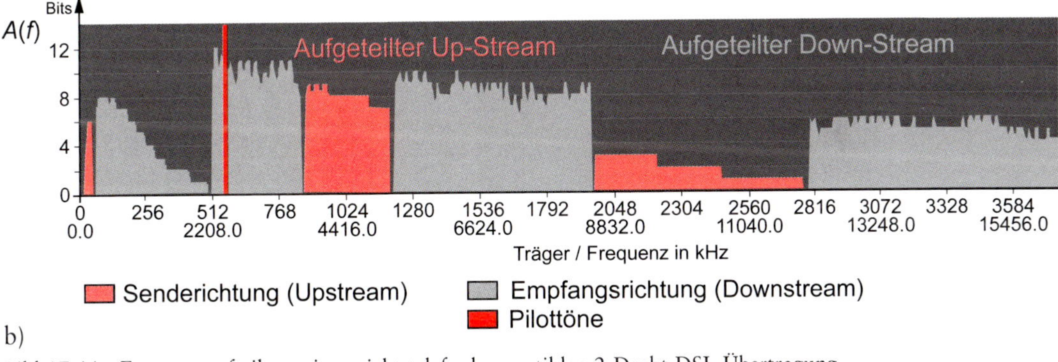

b)

Bild 17.44 Frequenzaufteilung einer nicht-telefonkompatiblen 2-Draht-DSL-Übertragung

a) Prinzipielle Aufteilung des Spektrums (ohne Maßstab)

b) Gemessenes Frequenzspektrum eines (V)DSL-Systems

Die 2-Draht-Leitung dient als physikalische Transportplattform für eine Modem-Übertragung zwischen LT (Netzseite) und NT (Teilnehmerseite). Auf Netz- und Teilnehmerseite entfällt der Splitter nach Bild 17.43 und es ergibt sich die Struktur nach Bild 17.45.

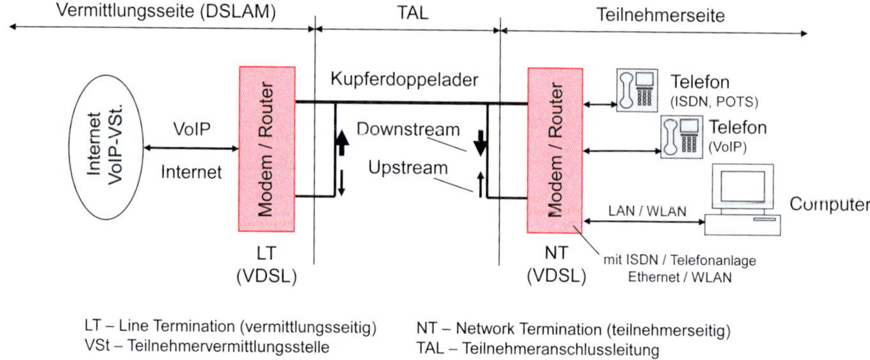

Bild 17.45 Aufbau einer nicht-telefonkompatiblen 2-Draht-DSL-Strecke

Die teilnehmerseitige NT-Technik übernimmt u.a. folgende Aufgaben:

- Modem-Gegenstelle zum LT zum Aufbau der Verbindung,
- Netzwerkrouting zwischen dem Weitverkehr (extern) und dem Hausnetz (intern),
- gegebenenfalls Bereitstellung eines hausinterne WLANs und von leitungsgebundenen Netzwerkanschlüssen (Ethernet),
- Bereitstellung einer Telefonnebenstellenfunktionalität (VoIP),
- gegebenenfalls Bereitstellung eines S_0-Busses in Form einer VoIP auf ISDN-Umsetzung (ISDN-Emulation), so dass auch ISDN-Telefone oder ISDN-Nebenstellenanlagen daran betrieben werden können,
- gegebenenfalls Anschlüsse für analoge Telefonapparate mit Bereitstellung einer Nebenstellenfunktionalität.

Als Übertragungs- bzw. Modulationsverfahren wird für die 2-Draht-Übertragung überwiegend das *DMT-Prinzip* (***D**iscrete **M**ulti **T**one*) eingesetzt, das einem OFDM-Verfahren entspricht (s. Kapitel 8 und 9). Die hier gewählte Trägeranzahl liegt zwischen 256 und 4096 – je nach erforderlicher Datenrate und im Kabel belegter Bandbreite –, wobei als Modulationsverfahren der Einzelträger QAM-Verfahren genutzt werden.

Die Reichweite der 2-Draht-DSL-Übertragung ist durch verschiedene Einflussgrößen begrenzt, u.a.:

- ohmscher Widerstand, d.h. Leitungsquerschnitt der verbauten Leitungen,
- tatsächliche TAL-Länge vom HVT bis zur TAE,
- Durchgängigkeit der TAL vom HVT bis zur TAE, d.h. keine aktiven Zwischenkomponenten oder APE,
- Belegung der TAL mit DSL-Übertragungen im Leitungsbündel,
- Übersprechen zwischen den Kupferdoppeladern (Fern- und Nahübersprechen).

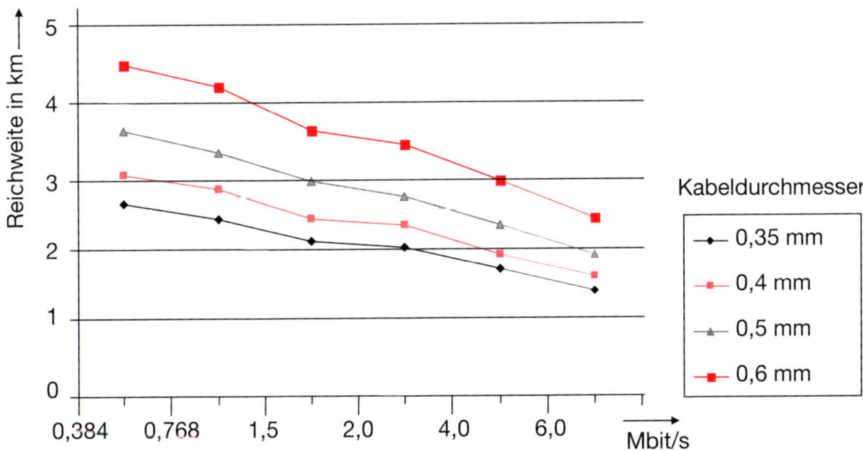

Bild 17.46 Datenrate in Abhängigkeit vom Querschnitt der Kupferdoppelader und der Länge der TAL (Bsp.: ADSL-Verfahren)

Beispielhaft zeigt Bild 17.46 die typische Abhängigkeit der übertragbaren Datenrate vom Querschnitt der Kupferdoppelader und der Länge der TAL.

Beim Aufbau der Modemverbindung zwischen dem ADSL-NT und ADSL-LT wird die maximal mögliche Datenrate automatisch ausgehandelt (*capability negotiation*), d.h., je nach vorhandenen Störungen und physikalischer Leitungsqualität kann die erreichte Datenrate auf einer TAL deutlich von der erreichbaren Datenrate abweichen. Von besonderer Bedeutung ist dabei die tatsächliche Länge der TAL, da diese die Verfügbarkeit eines 2-Draht-DSL-Anschlusses in der geografischen Fläche begrenzt: Grundsätzlich ist mit steigender Entfernung und steigender DSL-Teilnehmeranzahl auf dem Leitungsbündel – insbesondere zwischen HVT und KVz nach Bild 17.6 – damit zu rechnen, dass die erreichbare Datenrate beim Endkunden sinkt. Eine umfangreiche Darstellung der 2-Draht-DSL-Verfahren findet sich in [42].

17.9.2 2-Draht-DSL-Systeme

Für die Nutzung auf der Kupferdoppelader wurde inzwischen eine Vielzahl von Varianten der DSL-Systeme festgelegt. Grundsätzlich werden unterschieden:

- Verfahren zur symmetrischen Datenübertragung, d.h., zum Endkunden wird die gleiche Datenrate übertragen wie zurück,
- Verfahren zur asymmetrischen Datenübertragung, d.h., zum Endkunden wird eine höhere Datenrate übertragen als zurück.

Die symmetrischen Verfahren (SDSL – *Symmetric Digital Subscriber Lines*) werden insbesondere zur Anbindung von Industriefirmen an das Internet genutzt und stellen die ältesten DSL-Verfahren dar. Diese dienen häufig als Ersatz für relativ teure Primärmultiplex-Verbindungen (2,048 Mbit/s-Leitung) auf Basis des ISDN und stellen eine bezogen auf die Datenrate symmetrische Verbindung zum Netzknoten her. Die asymmetrischen Verfahren (ADSL – *Asymmetric Digital Subscri-*

ber Lines) sind insbesondere für Endverbraucher gedacht und tragen deren Internet-Nutzungsgewohnheit Rechnung: Im Normalfall möchte der Nutzer mehr Informationen aus dem Internet abrufen als selbst versenden, d.h., die Datenrate ist diesbezüglich asymmetrisch.

Die als VDSL-Systeme *(Very High Speed Digital Subscriber Lines)* standardisierten Verfahren der ITU erlauben deutlich höhere Datenraten, was durch eine erheblich Bandbreiteerhöhung der Signale auf dcr TAL realisiert wird. Der Frequenzbereich erstreckt sich von 0 kHz bis ca. 35 MHz und wird in 4 Bereiche aufgeteilt (jeweils 2 Bereiche für die Verbindung zum Kunden bzw. vom Kunden zurück). Aufgrund der durch die hohe Bandbreite des Signals sich verkürzenden Reichweite wird die VDSL-Technik insbesondere in Verbindung mit einer Zuführung der Signale bis zum KVz über Glasfaserverbindungen eingesetzt.

Definition

Die am KVz aufgebauten Einheiten werden als *Outdoor DSLAM* (DSLAM – DSL-Anschlussleitungs-Multiplexer) bezeichnet.

Mit dem Aufbau der aktiven 2-Draht-Komponenten für VDSL beim KVz verkürzt sich die 2-Draht-Strecke bis zum VDSL-NT deutlich, und es können sehr viel höhere Datenraten erzielt werden (Bild 17.47). Eine Übersicht über ausgewählte 2-Draht-DSL-Systeme, die durch die ITU-T festgelegt wurden, zeigt Tabelle 17.2. Neben den offiziellen Standards der ITU und des amerikanischen ANSI (*American National Standards Institute*) wird im Markt eine Vielzahl von Produktbezeichnungen verwendet, die auf diesen Standards beruhen. [42]

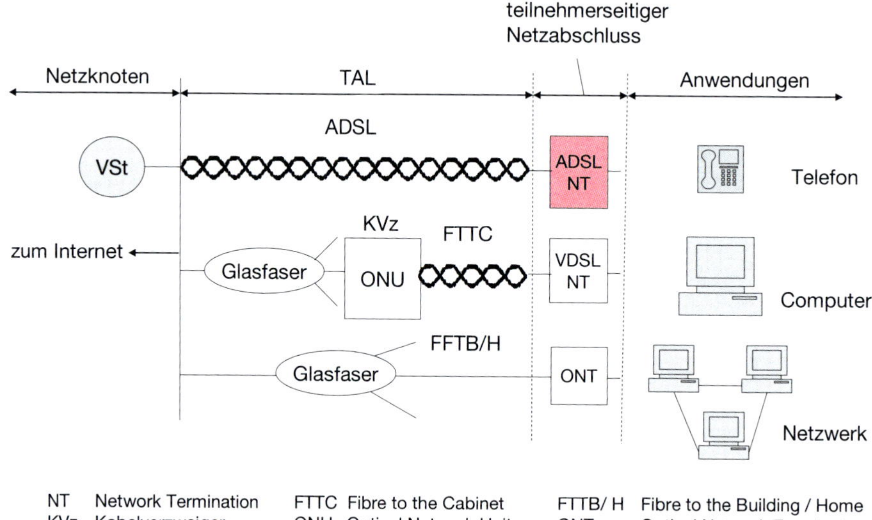

Bild 17.47 DSL-Varianten als Ergänzung zum 2-Draht-Netz

Tabelle 17.2 DSL-Standards für die 2-Draht-Übertragung (Auswahl)

DSL-Familie	Standard	Max. Datenrate Downstream/Upstream	Anzahl der Doppeladern	ungefähre 2-Draht-Reichweite[1)]
ADSL	ITU G.992.1	7 Mbit/s / 800 kbit/s	1	1,5 ... 3 km
ADSL2	ITU G.992.3	12 Mbit/s / 1 Mbit/s	1	2 ... 4 km
ADSL2-RE[2)]	ITU G.992.3	8 Mbit/s / 1 Mbit/s	1	3 ... 5 km
ADSL2plus	ITU G.992.5	24 Mbit/s / 1,5 Mbit/s	1	0,5 ... 1 km
HDSL	ANSI T1.28	2 Mbit/s / 2 Mbit/s	1 / 2 / 3	3 / 4 / 4,5 km
HDSL2	ANSI T1.418	2 Mbit/s / 2 Mbit/s	1	4 – 5 km
VDSL[3)]	ITU G.993.1	52 Mbit/s / 6 Mbit/s	1	0,5 km
VDSL2 – 12 MHz (long reach)	ITU G.993.2	35 Mbit/s / 10 Mbit/s	1	1 km
VDSL2 – 30 MHz (long reach)	ITU G.993.2	100 Mbit/s / 100 Mbit/s	1	0,5 km

[1)] zugrunde gelegt werden die maximale Datenrate und typische Beschaltungsdichten in Abhängigkeit vom Leitungsquerschnitt der TAL
[2)] Nicht in Verbindung mit ISDN (nur in den USA)
[3)] Auch für symmetrische Nutzung spezifiziert

Vectoring
Eine wesentliche begrenzende Größe ist nach Abschnitt 4.7 das induktive und kapazitive Übersprechen der Signale zwischen parallel verlaufenden Adernpaaren eines Mehrfachkabels (Bündel).

Definition
Beim Übersprechen wird zwischen dem *NEXT – Near End Cross Talk* (Nahübersprechen) und dem *FEXT – Far End Cross Talk* (Fernübersprechen) unterschieden.

Das 2-Draht-Kabel kann, da im Bereich der Telefonieverkabelung nicht abgeschirmt, als Sender bzw. Empfänger wirken, so dass sich insbesondere breitbandige Einzelsignale bei paralleler Kabelführung stören. Bild 17.48 zeigt die Entstehung des Nebensprechens. Die Stärke der gegenseitigen Störungen ist u.a. abhängig von der Art der übertragenen Signale, vom Aufbau des Kabels, dessen Länge und den Isolationsmaterialien für die einzelne Ader: Bezogen auf eine Doppelader können alle anderen Doppeladern eines Leitungsbündels als Störquellen aufgefasst werden. NEXT macht sich auf den verschiedenen Doppeladern eines Bündels unterschiedlich bemerkbar und steigt mit der Frequenz. FEXT steigt mit der Frequenz, wird allerdings mit größerer Leitungslänge geringer.

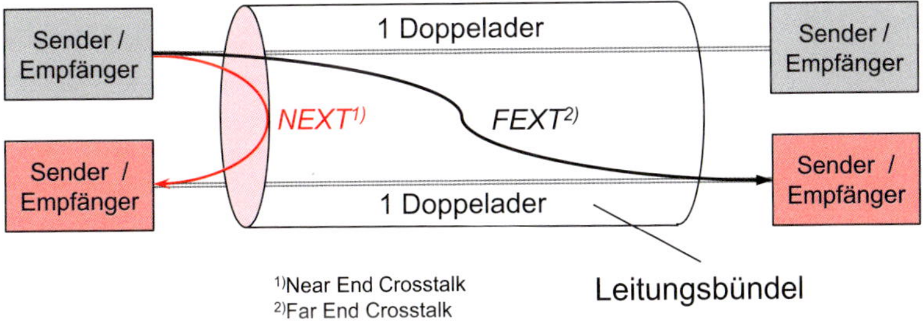

Bild 17.48 Entstehung des Nebensprechens

Das Nebensprechen wirkt umso stärker, je mehr Adernpaare parallel verlaufen sowie bei einer zunehmenden Beschaltung mit breitbandigen DMT-Signalen der DSL-Systeme im Bündel (s. Bild 4.18). Diesem Effekt wird zwar durch die Outdoor-DSLAM-Technik, d.h. durch die Verkürzung der hochadrigen Bündelstrecken im Teilnehmeranschlussbereich, Rechnung getragen, jedoch verbleiben weiterhin erhebliche derartige Störungen auf den Kabelstrecken zwischen ONU und VDSL-NT nach Bild 17.47, die eine höherwertige Signalübertragung verhindern. Bei der *Vectoring-Technik* werden nun die sowohl in Richtung des Netzes (*Upstream*) als auch in Endkundenrichtung (*Downstream*) auftretenden Störungen weitgehend elektronisch kompensiert. Da die physikalischen Eigenschaften der Kabelstrecken unterschiedlich sind, die Störungen zeitlich variabel und diese zwischen den Doppeladern verschieden wirken, wird das Störsignal gemessen bzw. vorausgeschätzt: Es erfolgt eine laufende Messung der Störinformation mittels Pilotdatensequenzen im DMT-Signal, vergleichbar zur Kanalschätzung bei den OFDM-Verfahren des digital terrestrischen TV-Rundfunks. Das Sendesignal wird nachfolgend entsprechend der ermittelten Störung modifiziert bzw. so gegenphasig vorverzerrt, dass sich die Störungen auf der Übertragungsstrecke weitgehend kompensieren und eine verbesserte Übertragung sichergestellt werden kann. Hierzu ist es allerdings erforderlich, zur Kompensation der Störungen einer (Nutz-)Leitung die Informationen aller Nachbarkanal-(Stör-)Leitungen am Outdoor-DSLAM zu kennen. Daher ist dieses Verfahren nicht erfolgreich einsetzbar, wenn verschiedene Netzbetreiber an einem Outdoor-DSLAM die nachfolgenden 2-Draht-Verbindungen zum Endkunden nutzen, d.h. verschiedene Betreiber mit ggf. unterschiedlichen DSL-Verfahren ein gemeinsames Bündel belegen. Mittels des Vectoring-Verfahrens können, je nach Wirksamkeit der Kompensation und des vorhandenen Kabeltyps, in Kundenrichtung ca. 100 Mbit/s und in Netzrichtung ca. 40 Mbit/s bei einer Entfernung von wenigen hundert Metern erreicht werden.

G.fast

G.fast ist ein auf Vectoring aufbauender Standard, der auf kurzen Leitungslängen von ca. 100 m die Übertragung von Datenraten bis ca. 1 Gbit/s erlaubt. Während die VDSL-Techniken mit Vectoring die hohe Datenrate durch ein hochstufiges Modulationsverfahren im Frequenzbereich bis ca. 30 MHz (Tabelle 17.2) erzielen, wird für G.fast der Übertragungsfrequenzbereich auf ca. 200 MHz erweitert. Dadurch treten die beschriebenen Effekte des Nebensprechens deutlich stärker in Erscheinung, so dass eine Nutzung ohne Vectoring nicht effizient möglich ist.

Als hochfrequentes Übertragungsverfahren wird wie bei den xDSL-Systemen ein Multicarrier-Verfahren (DMT bzw. OFDM) mit einer bis zu 12 bit übertragenden QAM je Träger verwendet. Während die xDSL-Verfahren bezüglich der Übertragungsrichtung im Frequenzmultiplex betrieben werden (s. Bild 17.42), erfolgt bei G.fast die Übertragung abwechselnd in jeder Richtung im Zeitmultiplex-Verfahren unter Nutzung *desselben* Frequenzbereichs (Halb-Duplex-Betrieb). Dadurch wird die individuelle Anpassung der Datenrate für den Up- und Downstream zum Kunden möglich.

Aufgrund der sehr begrenzten überbrückbaren Kabellänge müssen die netzseitigen, aktiven Komponenten für G.fast noch dichter als bei VDSL-Vectoring beim Endkunden positioniert werden. Nach Bild 17.6 bietet sich dafür der APL – der Abschlusspunkt im Liniennetz – an. An dieser Stelle ist allerdings normalerweise weder Platz für die Installation der Elektronik noch ist eine Energieversorgung für deren Betrieb vorhanden.

Als Nachteile der Lösungen KVz-Erweiterung zum aktiven Outdoor-DSLAM, Vectoring und G.fast sind einerseits die hohen Investitionen zu nennen, die eine Glasfaserzuführung (Überbauung der Strecke und Erweiterung der KVz / APLs um aktive Komponenten) erfordern, da diese bei einer flächendeckenden Einführung in hoher Anzahl umgesetzt werden müsste. So existieren ca. 330 000 KVz in der Bundesrepublik Deutschland und weitaus mehr APLs, da diese sich noch weiter in Endkundennähe befinden und daher eine geringere Verdichtung der TAL aufweisen, d.h., es sind im Allgemeinen mehrere APL einem KVz zugeordnet. Darüber hinaus erzeugt der Betrieb der vielen aktiven Komponenten hohe Betriebskosten (z.B. Energieversorgung) in der Fläche, die zur Folge haben, dass sich derartige Systeme nur bei hohen Anschlussdichten in Ballungsgebieten betriebswirtschaftlich vertreten lassen. Die Glasfaserüberbauung bis zum KVz in Verbindung mit VDSLTechnik / Vectoring-Technik kann daher als erster Schritt in Richtung eines Glasfasernetzes bis zum Endkunden (*FTTH – Fibre To The Home*) dienen, das eine energetisch effizientere Versorgung der Teilnehmer mit hohen Datenraten ermöglicht.

17.10 Zusammenfassung

Die Fernsprechübertragungstechnik und die damit aufzubauende Infrastruktur für die Versorgung der Teilnehmer hatten zunächst eine rein analoge Nutzung zum Ziel. Nach der manuellen Vermittlungstechnik war die Einführung elektromechanischer Vermittlungssysteme mit Selbstwahl ein wichtiger Schritt zum Massenmarkt. Die hohe Anzahl von Fernsprechteilnehmern erforderte dabei eine strukturierte Erschließung der Fläche mit Kabeln (Teilnehmeranschlussleitung, TAL), die überwiegend als 2-Draht-Leitungen ausgeführt sind, sowie eine geografische Aufteilung der zu versorgenden Fläche in unterschiedliche Teilnehmeranschlussbereiche der Vermittlungsstellen.

Zur Begrenzung des Aufwandes und der Investitionen wurde in Deutschland und vielen anderen Ländern eine hierarchische 4-Ebenen-Netztechnik aus OVSt, KVSt, HVSt und ZVSt realisiert, so dass eine Verkehrskonzentration umgesetzt werden konnte, d.h. statistische Nutzungseigenschaften der Teilnehmer beim Netzausbau berücksichtigt werden konnten. Die eingesetzten Vermittlungssysteme wurden dabei direkt durch die Wahl der Rufnummern gesteuert und bestanden aus Relais und elektromechanischen Wählern. Der geschaltete Sprachübertragungsweg und der Weg der Signalisierung waren dieselben.

Mit der Einführung des ISDN und der Umstellung aller Vermittlungseinrichtungen auf digitale Systemtechnik konnte die Nutzung des bestehenden Netzes in Richtung anderer Dienste, z.B. der Datenkommunikation, erweitert werden. Das Prinzip der Durchschaltung von Leitungen durch das Netz (Leitungsvermittlung) wurde dabei beibehalten, allerdings die Anzahl der Netzebenen auf 3 reduziert und eine Trennung von Übertragungsweg und Signalisierungsweg durchgeführt. Dadurch konnten die bestehende Leitungsinfrastruktur deutlich besser ausgenutzt und die Qualität z.B. hinsichtlich der Verfügbarkeit von Fernverbindungen (Besetztwahrscheinlichkeit) deutlich verbessert werden.

Auch die flächendeckende Einführung und Bereitstellung von ISDN-Anschlüssen konnten die Nachfrage von Datenkommunikationsmöglichkeiten insbesondere hinsichtlich der Internet-Nutzung beim Endkunden nicht kostengünstig befriedigen. Die Standardisierung und Einführung von DSL-Systemen auf 2-Draht-Leitungen erlaubt die Mehrfachausnutzung der bestehenden TAL für die Datenkommunikation gleichzeitig zur Telefonie zunächst ohne aufwendige Erdbaumaßnahmen oder Erweiterungen.

Mit der Einführung von Voice-over-IP-Systemen (VoIP) konnte die Kompatibilität zu analogen und ISDN-Telefonie aufgegeben werden. Die eingesetzten Übertragungsverfahren unterscheiden sich hinsichtlich der theoretisch erreichbaren Datenrate und der tatsächlichen Reichweite auf der TAL und verwenden eine Modemtechnik auf Basis einer Multiträgerübertragung (OFDM, DMT). Aufgrund der physikalischen Eigenschaften der Leitungen (ohmscher Widerstand, Übersprechen) wird der Einsatz dieser Systeme durch die geografischen Gegebenheiten bzw. der tatsächlichen Entfernung des Teilnehmers von der Vermittlungsstelle, d.h. die Länge der TAL, begrenzt. Der Wunsch nach Erhöhung der Datenrate auf der TAL erforderte daher die Auslagerung aktiver Komponenten vom HVT in die Nähe des Teilnehmers (Outdoor-DSLAM) und die Anbindung dieser Systeme mit Glasfasersystemen bzw. Richtfunkstrecken. Mit komplexerer Signalverarbeitung (Vectoring) können dann auf der Verbindung zwischen ONU und Teilnehmermodem Datenraten von über 100 Mbit/s erreicht werden. Diese Systeme sind technologische Zwischenschritte, insbesondere hinsichtlich des hohen Energieverbrauchs. Die flächendeckende Bereitstellung von Datenkommunikationsverbindungen zum Endkunden mit Datenraten von deutlich über 10 Mbit/s ist daher – insbesondere bei bezüglich der Datenübertragungsrate symmetrischer Anbindung der Teilnehmer – unmittelbar mit dem Ausbau einer Glasfaser-Infrastruktur im Teilnehmerbereich verbunden.

17.11 Lernziel-Test

1. Welche Anforderungen sollte ein Kommunikationsnetz grundsätzlich erfüllen?
2. Was versteht man unter Logatomen?
3. Welche Kenndaten hat der analoge Fernsprechkanal?
4. Skizzieren Sie das Kommunikationsmodell eines Dialognetzes.
5. Erläutern Sie den Aufbau des Telefonnetzes im lokalen Bereich (Skizze).
6. Wie wird bei trägerfrequenter Übertragung die Grundprimärgruppe gebildet?
7. Erläutern Sie die Anschlussvarianten im ISDN.
8. Welche Übertragungscodes kommen bei digitalen Übertragungsverfahren zum Einsatz?
9. Beschreiben Sie den Aufbau des PCM30-Rahmens.
10. Welcher Übertragungscode wird an der S_0-Schnittstelle eingesetzt?
11. Welche Datenrate wird auf dem S_0-Bus übertragen?
12. Warum wird die Übertragungsrate an der U_{K0}-Schnittstelle in «Baud» angegeben?
13. Welche Datenrate wird auf dem U_{K0}-Bus übertragen?
14. Welche Aufgabe hat die S_{2M}-Schnittstellenschaltung im Netzterminal eines Primärmultiplex-Anschlusses?
15. Wie ist die internationale Rufnummer eines Endkunden aufgebaut?
16. Was versteht man unter dem Vermittlungsprinzip Konzentration–Richtungsauswahl–Expansion?

17. Welche wesentlichen Unterschiede bestehen zwischen direkter und indirekter Steuerung des Verbindungsaufbaus?
18. Wie erfolgt die Richtungstrennung der Sprachkommunikation im Telefon?
19. Wie funktioniert das Impulswahlverfahren?
20. Wie funktioniert das Mehrfrequenzwahlverfahren?
21. Welches sind die besonderen Merkmale einer digitalen Raumstufe?
22. Welches sind die besonderen Merkmale einer digitalen Zeitstufe?
23. Beschreiben Sie die wichtigsten Funktionsblöcke einer digitalen Vermittlungseinheit.
24. Was versteht man unter Hierarchie des Kennzahlweges?
25. Warum wurde die Fläche Deutschlands mit einem neuen Nummerierungsplan versehen?
26. Wie ist der Signalling Point Code aufgebaut?
27. Worin besteht der Unterschied zwischen assoziierter und quasiassoziierter Zeichengabe?
28. Erläutern Sie den Aufbau einer DSL-Übertragung (Skizze).
29. Nach welchem Übertragungsprinzip erfolgt die Datenkommunikation bei den DSL-Verfahren?
30. Welche Verfahren der DSL-Übertragung werden generell unterschieden?
31. Welche Datenraten sind mit den DSL-Varianten in etwa zu erreichen?
32. Wodurch wird die Reichweite von DSL-Übertragungen maßgeblich begrenzt?
33. Was wird unter dem Prinzip Vectoring bei der DSL-Übertragung verstanden?
34. Wie erfolgt bei Vectoring die Störungskompensation?
35. Welche netztechnische Herausforderung ist bei Erhöhung der Datenrate zum Endkunden zu lösen?

18 Paketvermittelte Kommunikationssysteme und Computernetzwerke

18.1 Allgemeine Grundlagen

Computer und andere elektronische Geräte wie Drucker, Scanner oder Sensoren werden zu Netzen zusammengeschlossen, damit sie untereinander Daten austauschen können. Solche Geräte werden im Folgenden als *Stationen* bezeichnet.

Handelt es sich z.B. um einen Zusammenschluss mehrerer Computer und Drucker auf einem Firmengelände, auf einem Hochschulcampus, in einem Bürogebäude oder einem Privathaushalt, so spricht man von einem lokalen Netz (*Local Area Network, LAN*). Solche lokalen Netze können wiederum durch ein Weitverkehrsnetz (*Wide Area Network, WAN*) miteinander verbunden sein (Bild 18.1). Dabei kann es sich um das allseits bekannte Internet handeln oder ein spezielles Netz, das z.B. Firmen errichtet (oder angemietet) haben, um ihre weit auseinander liegenden Standorte miteinander zu verbinden. [25]

Verschiedentlich werden auch spezielle Stadtnetze (Metropolitan Area Networks) eingesetzt. Dabei handelt es sich um Netze, die eine ähnliche Technik wie LANs verwenden, um nicht allzu weit voneinander entfernte lokale Netze mit hoher Datenrate miteinander zu vernetzen.

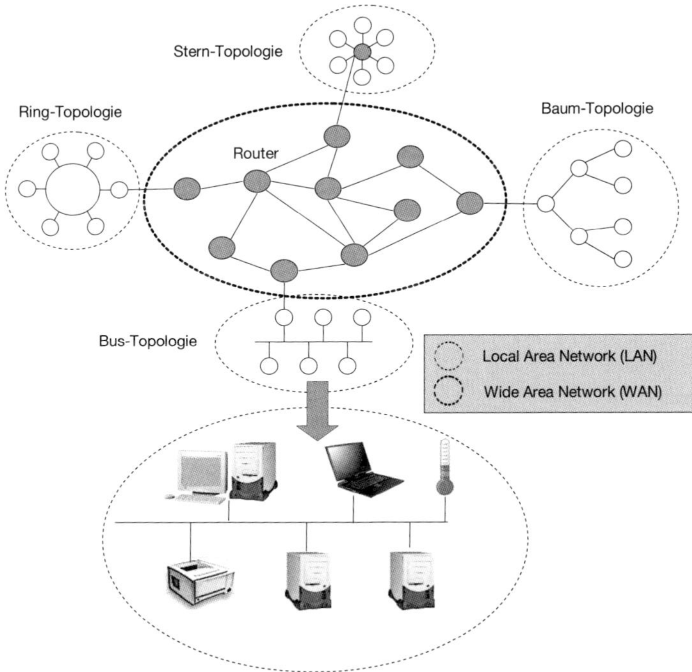

Bild 18.1 Struktur von Computernetzen

Computernetze können verschieden strukturiert sein. Man unterscheidet die

- ❑ Busstruktur,
- ❑ Sternstruktur,
- ❑ Baumstruktur,
- ❑ Ringstruktur,
- ❑ vermaschte Struktur.

Diese Grundstrukturen können – wie in den Bildern 18.1 und 18.2 gezeigt – in komplexer Weise zu gemischten Strukturen zusammengefügt werden.

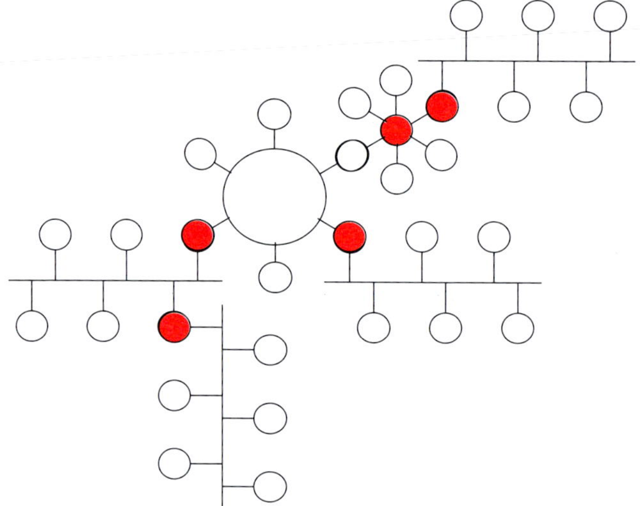

Bild 18.2
Hybride Form eines Computernetzes (Mischform)

Computernetze entstanden etwa in den 1970er Jahren. Sie entwickelten sich zunächst nur in einzelnen Bereichen. Um 1990 bestand das Internet aus etwa 3000 Teilnetzen und ca. 200 000 Rechnern. Heutzutage gibt es allein in Deutschland mehr als 40 Millionen Internetanschlüsse, weltweit sind es mehrere Milliarden.

Bei den Anwendungen in Computernetzen fallen die zu übertragenden Daten i.Allg. nicht so kontinuierlich an wie bei Telefonieanwendungen, sondern eher ungleichmäßig und unregelmäßig. Kurze Phasen mit hohem Datenaufkommen werden gefolgt von längeren Phasen mit einem geringen Aufkommen. Andererseits sind die Anforderungen bezüglich der Verzögerungszeiten für den Datentransfer nicht so streng wie bei Telefonieanwendungen, bei denen sich bereits Verzögerungen von 50 ms störend bemerkbar machen.

Daher ist es bei Computernetzen vielfach nicht sinnvoll und effizient, Übertragungskapazitäten für einen längeren Zeitraum zu reservieren. Vielmehr werden größere Dateien in kleinere Pakete zerlegt, mit einer Empfänger- und Absenderadresse versehen und individuell durch das Netz geleitet, wobei die einzelnen Pakete durchaus unterschiedliche Wege nehmen könnten. Nach welchen Regeln die Zerlegung der Anwendungsdaten und die Überwachung der korrekten Übertragung der einzelnen Segmente zum Anwender erfolgt, ist Bestandteil der Transportschicht. Bei Computernetzen kommen dabei das *Transport Control Protocol*

(TCP) und das *User Data Protocol* (UDP) zum Einsatz. Für die Wegesuche durch das Netz (Routing) ist die Vermittlungsschicht (Schicht 3) zuständig, wobei in Computernetzen als Protokoll das Internet Protocol (IP) am weitesten verbreitet ist. Das hier kurz geschilderte Prinzip der Paketvermittlung und die Protokolle der Vermittlungs-, Transport- und Anwendungsschichten werden detailliert in Abschnitt 18.4 behandelt.

Eine weitere wichtige Aufgabe in Computernetzen ist die Regelung des Zugriffs auf das Übertragungsmedium. Gerade bei lokalen Netzen sind häufig viele Computer und andere Geräte wie Drucker und Scanner an ein Kabel angeschlossen oder werden über Funk von einem Access Point versorgt. In diesem Bereich ist es für viele Anwendungen ebenfalls nicht effizient, auch nur einen Teil der Übertragungskapazitäten für einen längeren Zeitraum zu reservieren. Daher finden Zugriffsverfahren Verwendung, die für jedes Datenpaket den Zugriff auf das Medium regeln. Diese Verfahren zur Steuerung des Zugriffs auf das Medium (Medium Access Control) sind Bestandteil der Sicherungsschicht (Data Link Layer) und werden in Abschnitt 18.2 allgemein und in Abschnitt 18.3 in ihren konkreten Ausprägungen in verschiedenen Standards behandelt.

Vom Standpunkt der physikalischen Schicht gesehen, können die Daten mit verschiedenen digitalen Modulationsverfahren – wie sie in Kapitel 8 diskutiert wurden – über verschiedene Medien (Kupferkabel, Glasfasern, Polymer-optische Fasern, Funk) übertragen werden. Die verschiedenen Leitungstypen wurden bereits in Kapitel 4 behandelt. Funknetze werden ausführlich in Kapitel 19 diskutiert und daher in diesem Kapitel nur am Rande erwähnt.

18.2 Zugriffsverfahren

Bei Computernetzen, aber auch bei vielen anderen Kommunikationsnetzen, müssen sich zahlreiche Stationen die Übertragungskapazität auf dem Übertragungsmedium (Kabel, Funk) teilen. Da der Zugriff auf das Medium für die einzelnen Stationen sehr unregelmäßig erfolgt, ist es i.Allg. nicht sinnvoll, einen Teil der Kapazität auf Dauer für eine Station zu reservieren. Die Zuteilung erfolgt vielmehr bei Bedarf. Da die Stationen ihre Übertragungswünsche zu nicht planbaren Zeitpunkten – also zunächst völlig unkoordiniert – initiieren, sind gewisse Regeln und Abläufe erforderlich, um den Zugriff auf das Übertragungsmedium zu steuern und um jeder Station die ungestörte Übertragung ihrer Daten zu gewährleisten. Die Kontrolle des Zugriffs auf das Übertragungsmedium (*Medium Access Control* – MAC) kann dabei nach einem der folgenden Prinzipien erfolgen:

- nach einem koordinierten Vergabeverfahren,
- nach einem Wettbewerbsverfahren (Zufallszugriffsverfahren),
- nach einem zweistufigen Reservierungsverfahren mit Wettbewerb und Vergabe.

Insgesamt ist es das Ziel, die zur Verfügung stehende Übertragungskapazität effizient zu nutzen und sie in fairer Weise zwischen den Stationen aufzuteilen.

18.2.1 ALOHA-Verfahren

Das einfachste dezentrale Zufallszugriffsverfahren ist das ALOHA-Verfahren. Es wurde um 1960 entwickelt, um verschiedene Computer der Universität Hawaii miteinander zu vernetzen.

Merksatz

Das ALOHA-Verfahren ist insofern mit einem «unhöflichen» Gesprächsverhalten zu vergleichen, als dass jede Station ihre Daten verschickt, sobald sie vorliegen. Sie prüft dabei jedoch nicht, ob schon eine andere Station sendet. Bei einer gleichzeitigen Übertragung von Datenpaketen kommt es zu Kollisionen und Übertragungsfehlern, so dass eine erwartete Empfangsbestätigung ausbleibt; in diesem Fall muss der Sender die Daten ein weiteres Mal übertragen. Falls eine Station nach einer maximalen Anzahl von Wiederholungen immer noch erfolglos geblieben ist, so bricht sie die Zugriffsversuche ab.

Das ALOHA-Verfahren existiert in zwei Varianten:

- Beim reinen ALOHA-Verfahren kann eine Station zu jedem beliebigen Zeitpunkt zugreifen.
- Beim Slotted-ALOHA-Verfahren gibt es eine Einteilung des Übertragungsmediums in Zeitschlitze, und eine Station darf nur zu Beginn eines Zeitschlitzes zugreifen.

Da beim Slotted-ALOHA-Verfahren ein gewisses – wenn auch geringes – Maß an Koordination erfolgt, ist das Risiko für Kollisionen geringer und damit der Datendurchsatz höher als beim reinen ALOHA-Verfahren. Das Slotted-ALOHA-Verfahren ist in Bild 18.3 illustriert.

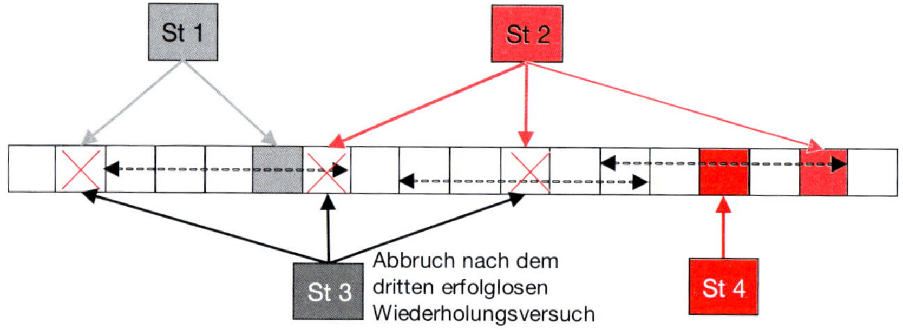

Bild 18.3 Illustration des Slotted-ALOHA-Verfahrens

Bild 18.4 zeigt den Datendurchsatz D als Funktion der von den Stationen pro Zeit erzeugten Datenmenge G, jeweils bezogen auf die Gesamtkapazität des Übertragungsmediums. Dargestellt ist der Zusammenhang für verschiedene Zugriffsverfahren. Betrachtet man zunächst das Slotted-ALOHA-Verfahren, so steigt bei zunehmender Zugriffsrate der Durchsatz zunächst an, bis er bei $G = 1$ das Maximum erreicht. Die zu übertragende Datenmenge pro Zeit entspricht hier der Übertragungskapazität des Mediums. Da die Zugriffsversuche jedoch unkoordiniert erfolgen, sind aufgrund von Kollisionen nur etwa 37% der Zugriffsversuche erfolgreich.

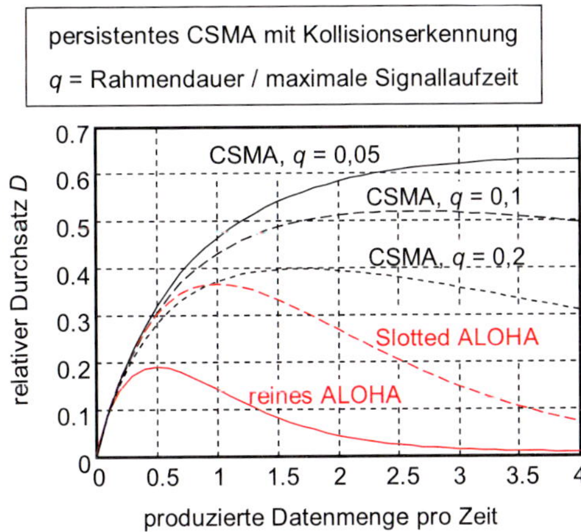

Bild 18.4
Datendurchsatz für verschiedene Zugriffsverfahren

Merksatz

Der maximale Durchsatz beim Slotted-ALOHA-Verfahren beträgt nur 37% der gesamten Übertragungskapazität. Bei steigender Zugriffsrate nimmt die Wahrscheinlichkeit für Kollisionen deutlich zu, so dass eine Abnahme des Durchsatzes zu verzeichnen ist.

Ferner ist zu beachten, dass das ALOHA-Verfahren zu Instabilitäten neigt: Bei einer kurzzeitig auftretenden hohen Zugriffsrate kann es zu zahlreichen Kollisionen kommen, so dass zahlreiche Wiederholungen erforderlich sind. Dadurch steigt die effektive Zugriffsrate und damit Kollisionsrate, so dass im Endeffekt kaum noch ein erfolgreicher Zugriff möglich ist. Zur Stabilisierung des ALOHA-Verfahrens, d.h. zum Abbau bzw. zur Vermeidung solcher Überlastsituationen, gibt es mehrere Ansätze. So kann man beispielsweise Zugriffe nur für einen Teil der Stationen erlauben und für andere sperren.

Merksatz

Insgesamt ist das ALOHA-Verfahren gerade bei größeren Datenpaketen ineffizient. Daher wird es heutzutage allein dazu eingesetzt, um sehr kurze Datenpakete zu übertragen oder um mit einer kurzen Meldung einen Kanal für die weitere Übertragung anzufordern (z.B. bei GSM, LTE oder 5G).

tenten CSMA – komplett wiederholen, also zunächst wieder eine Belegungsprüfung vornehmen.

Vermeidung von Instabilitäten

Das CSMA-Verfahren neigt – ähnlich wie das ALOHA-Verfahren – gerade bei hoher Last zu Instabilitäten bzw. zu Blockaden: Bei hoher Last steigt das Risiko von Kollisionen und damit die Anzahl von Wiederholungen. Ferner sammeln sich zurückgestellte Übertragungswünsche an, so dass die Last auf dem Medium weiter steigt, bis kein Zeitraum für eine ungestörte Übertragung mehr verbleibt. Um diese Instabilität zu vermeiden und Überlasten abzubauen, sind einige Zusatzmaßnahmen spezifiziert. So ist z.B. die Anzahl der Wiederholungen für einen Übertragungsversuch begrenzt. Ferner reduziert man die Zugriffsrate, indem man z.B. bei jedem gescheiterten Zugriffsversuch die Größe des Intervalls für den Zugriff verdoppelt, wodurch sich die Zugriffswahrscheinlichkeit pro Zeitintervall halbiert.

Beispiel

Prominentestes Anwendungsbeispiel für das zuvor skizzierte Carrier Sense Multiple Access mit Collision Detection (CSMA/CD) ist das kabelgebundene Ethernet-LAN, das als IEEE 802.3 standardisiert wurde.

CSMA-Modifikationen in Funknetzen

Bei Funknetzen sind einige Modifikationen vorzunehmen, um das CSMA-Verfahren an die Besonderheiten der Funkübertragung anzupassen. Das resultierende Verfahren bezeichnet man vielfach *CSMA/CA (CSMA with Collision Avoidance)*.

Eine Maßnahme besteht darin, zu Beginn der Übertragungsphase den so genannten *Network Allocation Vector* zu senden. Der Wert dieses Parameters liefert eine Art Reservierungszeit für das Medium, d.h., er gibt an, wie lange die Übertragung des Frames (inklusive einer erwarteten Bestätigung) voraussichtlich dauern wird. Innerhalb der entsprechenden Zeit darf keine andere Station auf den Träger zugreifen.

Ein Problem, das durch diese Art der Reservierung nicht gelöst wird, ist das «*Problem der versteckten Knoten*» («*Hidden-Node-Problem*»), das zusammen mit seiner Lösung in Bild 18.7 illustriert ist. In dem gezeigten Beispiel sendet Station C Daten an Station A. Da Station B dies aufgrund eines Hindernisses nicht bemerkt, sendet sie ihrerseits Daten, die dann bei Station A mit denen von Station C kollidieren. Um diese Situation zu vermeiden, führt man eine Art Reservierungsmechanismus vor Beginn der eigentlichen Datenübertragungsphase ein. Dabei sendet Station C eine *Request-to-Send-Meldung* (*RTS*) an Station A, die die eigene und die Zieladresse (also die von Station A) sowie die zu reservierende Belegungszeit in Form des Network Allocation Vectors enthält. Station A bestätigt den Empfang der RTS-Meldung mit einer *Clear-to-Send-Meldung* (*CTS)*, die ebenfalls den Network Allocation Vector (abzüglich der bereits vergangenen Zeit) enthält. Die CTS-Meldung wird von allen Stationen empfangen, die Station A erreichen können; somit sind alle diese Stationen über die Belegung des Mediums informiert, auch wenn sie die anschließende Datenübertragung durch Station C nicht wahrnehmen.

Zu betonen ist, dass sich der Aufwand des Reservierens nur lohnt, wenn es versteckte Stationen im Netz gibt und wenn die Länge der zu übertragenden Frames deutlich größer als die der RTS- und CTS-Meldung ist.

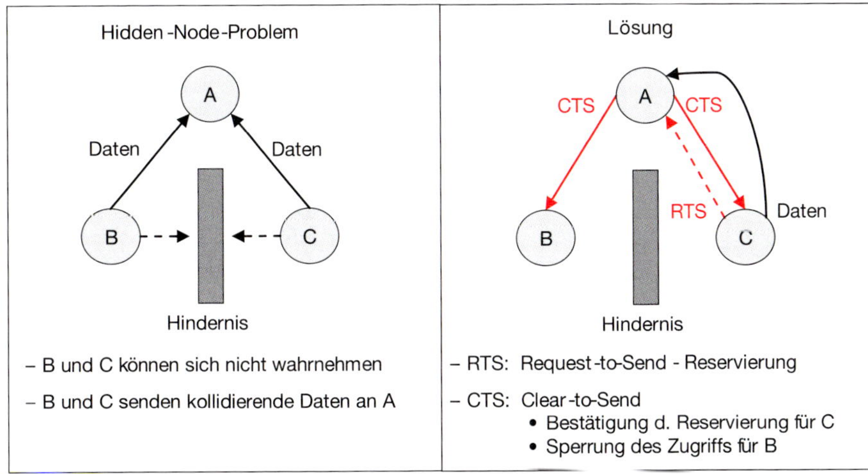

Bild 18.7 Das Hidden-Node-Problem bei Funknetzen und seine Lösung

18.2.3 Token Passing

Bei den zuvor beschriebenen Zufallszugriffsverfahren können bei Übertragung von Daten unkontrollierbare Verzögerungen auftreten. Bei manchen Anwendungen in der Automatisierungstechnik oder Echtzeitdiensten (Sprachübertragung) führt dies zu deutlichen Beeinträchtigungen. In diesen Fällen benötigt man andere Verfahren, die eine Zuteilung von Übertragungskapazitäten innerhalb einer festen Zeit garantieren. Zu diesen Verfahren gehört das Token-Passing-Verfahren.

Merksatz

Das Token ist eine Art Zugriffsberechtigung, die in einer bestimmten Reihenfolge von Station zu Station weitergereicht wird. Die Station, die das Token besitzt, darf ihre Daten senden. Sobald ihr die Bestätigung vorliegt, dass der Empfänger die Daten korrekt erhalten hat, gibt sie das Token an die nächste Station weiter. Hat eine Station keine Daten zu senden, so wird das Token sofort ungenutzt weitergereicht.

In Bild 18.8 ist das Prinzip des Token-Passing-Verfahrens am Beispiel des Token-Rings – wie er im Standard IEEE 802.5 spezifiziert ist – illustriert. Möchte beispielsweise der Computer A an den Computer D Daten senden, so hängt er bei Erhalt des freien Tokens die Adresse von Computer D, seine Absenderadresse A und die Daten an das Token und markiert es als besetzt. Auf dem Weg über Computer B und C, die erkennen, dass es nicht für sie bestimmt ist, gelangt der Datenrahmen zum Computer D. Dieser detektiert die Daten, ersetzt die ursprünglichen Daten durch die von ihm detektierten und leitet den Datenrahmen weiter. Stellt Computer A fest, dass die detektierten Daten den gesendeten entsprechen, so gibt er das Token frei und reicht es an Computer B weiter.

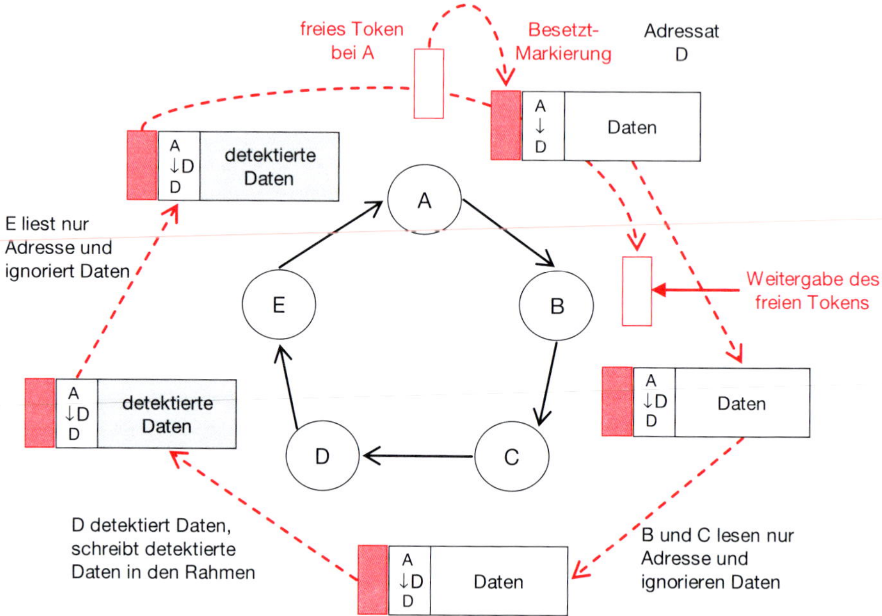

Bild 18.8 Das Prinzip des Token Passing

18.2.4 Polling

Während bei den zuvor beschriebenen Verfahren die Stationen weitgehend gleichberechtigt um das Übertragungsmedium wetteifern, übernimmt beim Polling eine Station als Master die zentrale Steuerung, indem sie nach einem bestimmten Muster die bei ihr angemeldeten Stationen nach ihrem Übertragungswunsch abfragt.

In Bild 18.9 ist dieser Vorgang für einen Master M und vier angemeldeten Slaves S1, S2, S3 und S4 illustriert. Die Stationen S1 und S2 senden Daten zurück, während bei den Stationen S3 und S4 keine Daten anliegen. Möchte der Master an einen der Slaves Daten übertragen, so kann er dies zu jeder Zeit tun, in der das Medium frei ist, da er die komplette Kontrolle über die Zugriffe hat.

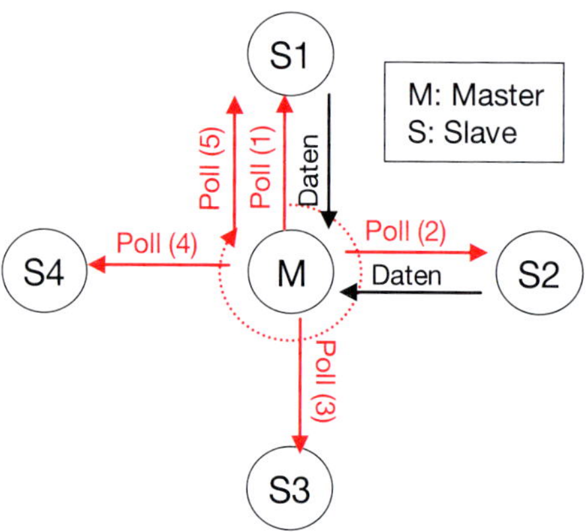

Bild 18.9
Illustration des Polling-Verfahrens

Das Polling-Verfahren hat den Vorteil, dass sich Kollisionen prinzipiell vermeiden lassen. Ferner kann das Übertragungsmedium durch den Master in kontrollierter Weise zwischen den Stationen aufgeteilt werden. Ferner lassen sich Prioritäten für Verbindungen mit besonderen Anforderungen einfach berücksichtigen, indem der Master diese häufiger nach Übertragungswünschen fragt.

Umgekehrt benötigt die Versendung der Poll-Meldungen Übertragungskapazität, die dann nicht mehr für die Nutzdatenübertragung zur Verfügung steht. Insbesondere wird das Verfahren ineffizient, wenn es sehr viele angemeldete Slaves gibt, von denen aber nur ein geringer Anteil tatsächlich Daten übertragen möchte. Daher setzt man Polling-Verfahren nur bei kleinen Netzen (z.B. bei Bluetooth) oder in Kombination mit anderen Verfahren wie CSMA ein.

18.2.5 Reservierungsverfahren

Für Kommunikationssysteme, die in erster Linie Dienste wie die Telefonie oder eine Videoübertragung anbieten, bei denen Daten sehr regelmäßig anfallen, ist ein anderer Ansatz für das Zugriffsverfahren günstiger. Um mehreren Teilnehmern gleichzeitig ein Telefonat oder eine Videoübertragung zu ermöglichen, unterteilt man das Übertragungsmedium mittels eines der in Kapitel 9 beschriebenen Multiplexverfahren in mehrere getrennte Übertragungskanäle. Mittels eines der zuvor beschriebenen Wettbewerbsverfahren fordern die Stationen einen oder mehrere dieser Kanäle an. Stehen freie Kanäle zur Verfügung, so bekommt die anfordernde Station die gewünschten Kanäle für die gesamte Dauer der Übertragung zugeteilt, so dass sie kollisionsfrei übertragen kann. Je nach verwendetem Multiplexverfahren bezeichnet man diese Mehrfachzugriffsverfahren (Multiple Access) als

- Frequency Division Multiple Access (FDMA),
- Time Division Multiple Access (TDMA),
- Code Division Multiple Access (CDMA).

18.3 Standards für lokale Computernetze

18.3.1 Überblick über die Standards der Familie IEEE 802

Damit die Computer verschiedener Hersteller in einem Netz reibungslos zusammenspielen, ist es erforderlich, die Kommunikationsabläufe zu standardisieren.

Eine der bedeutendsten Organisationen in diesem Umfeld ist das *Institute of Electrical and Electronics Engineers* (*IEEE*).

Das IEEE wurde 1967 als Vereinigung von Ingenieuren der Elektrotechnik in den USA gegründet. Inzwischen gehören ihm über 350 000 Personen aus ca. 150 Länder an; insbesondere sind die Mitarbeiter von Firmen aus der Telekommunikations- und Mikroelektronikbranche vertreten. Eine wesentliche Aufgabe des IEEE besteht in der Erarbeitung und Herausgabe von Standards.

So wurde im Februar 1980 die Arbeitsgruppe IEEE 802 gegründet, in deren Namen sich das Gründungsjahr (1980) und der Gründungsmonat (02) widerspiegeln. Sie befasst sich mit der Standardisierung im Umfeld von Local und Metropolitan

Area Networks (LAN, MAN), also von Computernetzen, die sich beispielsweise über ein Firmengelände (Local Area) oder ein Stadtgebiet (Metropolitan Area) erstrecken.

Systeme für die landes- oder weltweite Vernetzung gehören nicht zu dem Themengebiet.

In den Anfangsjahren lag der Schwerpunkt der Standardisierung im Bereich der leitungsgebundenen Systeme, seit etwa 1995 befasst sich die Gruppe verstärkt mit Funknetzen.

Bild 18.10 gibt einen Überblick über wichtigsten Unterarbeitsgruppen und die von ihnen erarbeiteten Standards. Zu betonen ist, dass in den Standards der Serie IEEE 802 nur die unteren beiden Schichten des OSI-Modells spezifiziert sind – also die Bitübertragungsschicht (Physical Layer) und die Sicherungsschicht (Data Link Layer).

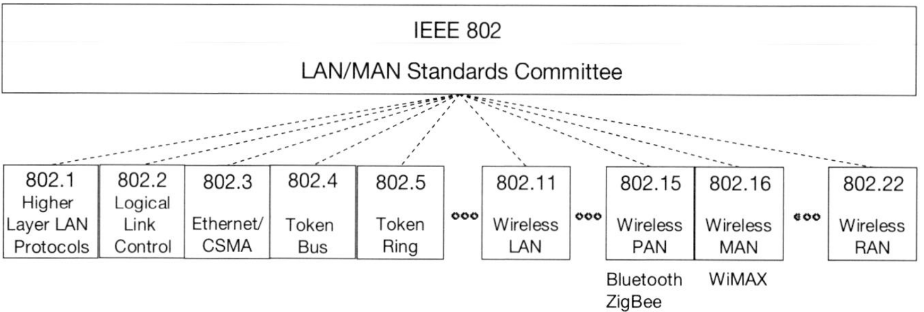

Bild 18.10 Übersicht über die Standards der Arbeitsgruppe IEEE 802

Die Sicherungsschicht wird bei den Computernetzen nach den IEEE-802-Standards noch einmal in zwei Teilschichten gegliedert:

- ❑ **M**edium **A**ccess **C**ontrol (MAC) Layer,
- ❑ **L**ogical **L**ink **C**ontrol (LLC) Layer.

Die Spezifikationen des MAC-Layers legen die Zugriffverfahren (siehe Abschnitt 18.2) und die zugehörigen Rahmenformate fest.

Im LLC-Layer sind ein ARQ-Verfahren mit einem Fensterprotokoll (siehe Abschnitt 8.5) zur Wiederholung schadhafter Datenrahmen und ein Verfahren zur Flusssteuerung spezifiziert.

Die folgenden Abschnitte erläutern die wichtigsten Standards für leitungsgebundene Computernetze – insbesondere im Hinblick auf den MAC-Layer. Die verwendeten Kabeltypen und deren physikalische Eigenschaften wurden bereits in Kapitel 7 behandelt und werden daher nur kurz erwähnt. Lokale Funknetze sind Thema von Kapitel 19.

18.3.2 IEEE 802.3 – Ethernet

Der Standard IEEE 802.3 beruht auf dem in den 1970er Jahren *vom Xerox Palo Alto Research Center (PARC)* entwickelten Ethernet-System. Daher werden die Bezeichnungen IEEE 802.3 und Ethernet häufig synonym verwendet, auch wenn der Standard 802.3 in vielen Details – gerade in seiner heutigen Version – vom Ethernet abweicht.

Netzstrukturen
Ein Netz gemäß IEEE 802.3 kann – wie in Bild 18.11 illustriert – in verschiedenen Strukturen (Topologien) betrieben werden.

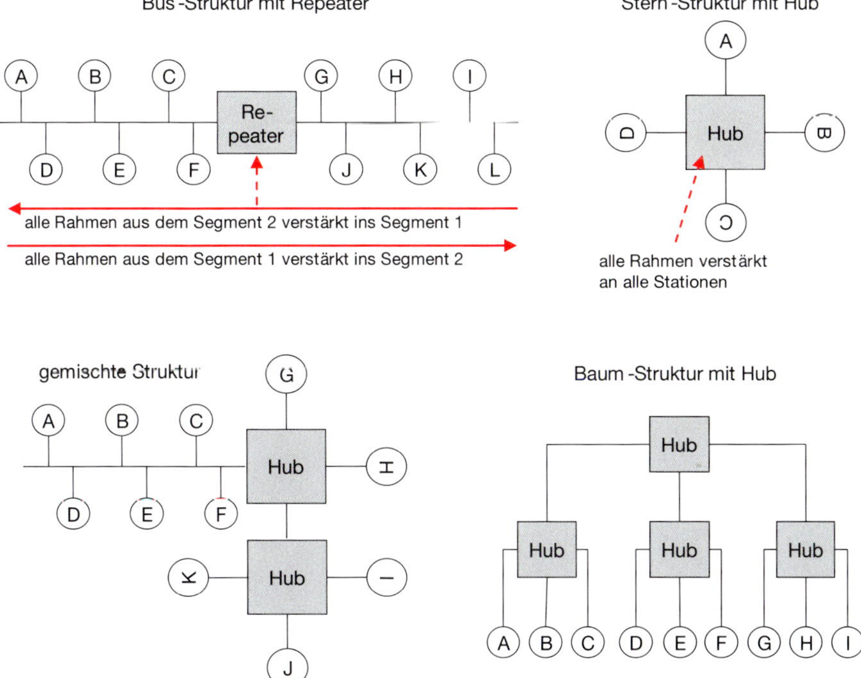

Bild 18.11 Netzstrukturen beim Standard IEEE 802.3

Die ursprünglich am häufigsten verwendete Topologie war die Bustopologie, bei der die Stationen über spezielle Anschlusskabel und -klemmen an ein gemeinsames Übertragungskabel angeschlossen sind. Um eine größere Reichweite zu erzielen, kann man einzelne Kabelsegmente durch Repeater miteinander verbinden, die das Signal aus einem Segment empfangen, aufbereiten und verstärkt in das andere Segment weiterleiten. Repeater sind also Netzwerkkomponenten, die in der Bitübertragungsschicht arbeiten. Sie decodieren keine Adressen und leiten daher die Datenrahmen an alle Stationen weiter.

Bei der Bustopologie war es vielfach schwierig, Kabelbrüche und andere Probleme zu lokalisieren. Daher ist man zu einer sternförmigen Topologie übergegangen, bei der mehrere Stationen über ein individuelles Kabel an ein zentrales Netzwerkelement, den so genannten *Hub*, angeschlossen sind. Ein Hub arbeitet wie ein Repeater auf der Bitübertragungsschicht, verstärkt die empfangenen Datenrahmen und sendet sie an alle angeschlossenen Stationen weiter. Auch wenn dabei die gesamte Anordnung aus mehreren einzelnen Kabeln besteht, so ist sie doch als ein einziges gemeinsames Übertragungsmedium anzusehen. Ferner ist zu beachten, dass Hubs und Repeater zu Signalverzögerungen führen.

Zugriffsverfahren

Das charakteristische Element aller Versionen des Standards IEEE 802.3 ist die Verwendung eines persistenten CSMA-Verfahrens mit Kollisionsdetektion (CSMA/CD) als Methode für den Mehrfachzugriff.

Kollidiert beispielsweise der von Station A in Bild 18.12 ausgesandte Datenrahmen mit dem von Station B, die etwas später zugreift, so bemerkt dies Station B zuerst. Sie bricht ihre reguläre Datenübertragung ab und sendet ein spezielles Signal, das *Jam-Signal*, aus, um alle Stationen von der Kollision zu unterrichten.

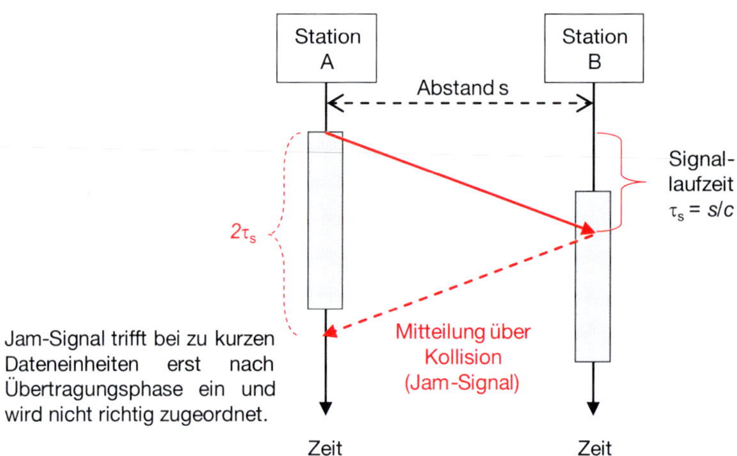

Bild 18.12 Kollisionserkennung bei IEEE 802.3

Aber nur, wenn das Jam-Signal innerhalb der Übertragungsphase bei Station A ankommt, ordnet diese es richtig zu und schließt darauf, dass ihr Datenrahmen kollidiert und daher zu wiederholen ist. Um also Kollisionen zuverlässig zu erkennen und zuzuordnen, muss ein Datenrahmen mindestens so lang sein, wie es dauert, um ein Signal zwischen zwei weit entfernten Stationen hin und wieder zurück zu senden.

In einer frühen, weit verbreiteten Version des Standards wurde festgelegt, dass die Länge eines Kabels höchstens 2,5 km betragen sollte. Innerhalb dieses Bereichs können sich bis zu 4 Signalverstärker (Repeater) befinden, die weitere Verzögerungen verursachen. Insgesamt führt dies zu einer maximal zulässigen Signallaufzeit (hin und zurück) von 51,2 µs. Geht man von der damals üblichen Datenrate von 10 Mbit/s aus, so lassen sich in dieser Zeit 512 Bits bzw. 64 Bytes übertragen.

Merksatz

Ein Datenrahmen des Standards IEEE 802.3 muss mindestens eine Größe von 64 Bytes besitzen, um Kollisionen zuverlässig zu erkennen und zu detektieren.

Diesen Wert für die Mindestgröße hat man auch bei einer späteren Variante des Standards mit der Datenrate 100 Mbit/s beibehalten. Da bei höheren Datenraten jedoch die benötigte Übertragungszeit sinkt, verringern sich auch die maximal zulässige Signallaufzeit und Kabellänge (s.u.).

Backoff-Algorithmus
Wurde eine Kollision erkannt, so müssen die entsprechenden Datenrahmen erneut gesendet werden. Dazu teilt man die Zeit nach der Kollision in Zeitschlitze der Dauer 51,2 µs ein, und jede der beteiligten Stationen entscheidet sich in einem Zufallsprozess, ob sie im ersten oder zweiten Zeitschlitz einen erneuten Zugriffsversuch unternimmt.

Entscheidet sich Station A für den ersten Zeitschlitz und Station B für den zweiten, so erkennt Station B das belegte Medium, da das zugehörige Signal innerhalb der Zeitschlitzdauer bei ihr angekommen ist, und stellt ihren Übertragungswunsch zurück.

Entscheiden sich beide Stationen für den gleichen Zeitschlitz (Wahrscheinlichkeit 1/2), so kommt es zu einer erneuten Kollision. Um das Risiko für weitere Kollisionen zu verringern, wird der Zeitraum für die zweite Wiederholung auf 4 Zeitschlitze erhöht. Bei jeder weiteren Kollision verdoppelt sich der Zeitraum, bis er bei der 10. Kollision auf 2^{10} = 1024 Zeitschlitze angewachsen ist. Danach sind noch sechs weitere Wiederholungsversuche möglich, bis das Scheitern an die höheren Protokollschichten gemeldet wird, um weitere Maßnahmen einzuleiten.

Definition
Das zuvor beschriebene Verfahren für die Wiederholung kollidierter Datenrahmen mit Verdopplung des Wettbewerbsintervalls wird *binärer exponentieller Backoff-Algorithmus* genannt.

Das Format der Datenrahmen
In seiner ursprünglichen Version verwendete der Standard IEEE 802.3 den in Bild 18.13 dargestellten Datenrahmen, bestehend aus:

- einer Präambel für die Synchronsation des Empfängers,
- einem Rahmen-Startbyte,
- einer Zieladresse (i.Allg. 6 Byte),
- einer Quelladresse (i.Allg. 6 Byte),
- einem Längen- bzw. Typenfeld (2 Byte),
- einem Datenfeld (0...1500 Byte), das durch Padding aufgefüllt werden kann,
- einer Prüfsumme (4 Byte CRC).

Dem eigentlichen Datenrahmen sind eine so genannte Präambel aus sieben gleichen Bytes (jeweils 10101010) und ein Rahmen-Startbyte (Start Frame Delimiter) vorangestellt. Die Präambel erzeugt bei einer Datenrate von 10 Mbit/s für 5,6 µs eine Frequenz von 10 MHz, so dass sich der Empfänger synchronisieren kann. Durch das Rahmen-Startbyte erkennt er den Beginn des eigentlichen Rahmens.

Auf das Startbyte folgen in der Regel 6 Bytes für die Zieladresse und 6 Bytes für die Quelladresse. Ist das erste der 48 Bits eine 0, so ist mit dem Rahmen nur eine Station angesprochen, bei einer 1 können es mehrere oder gar alle Stationen im Netz sein. Ebenso hat das zweite Bit eine besondere Bedeutung: Ist sein Wert gleich 0, so handelt es sich bei den folgenden 46 Bits um die weltweit eindeutige Hardware-Adresse (MAC-Adresse) der zugehörigen Netzwerkkarte, die vom jeweiligen Hersteller vergeben wurde. Der Betreiber eines Netzes kann die Adressen jedoch auch selbst zuweisen. Dann haben sie jedoch nur eine lokale Bedeutung und müssen durch eine 1 im zweiten Bit gekennzeichnet sein.

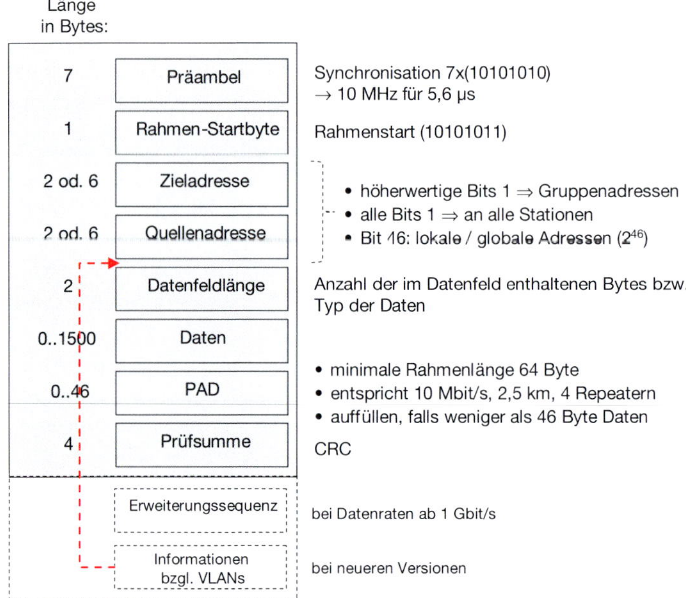

Bild 18.13 Das Format der Datenrahmen bei IEEE 802.3

Die auf die Adressenfelder folgenden 2 Bytes haben eine doppelte Bedeutung. Ist ihr Wert kleiner als 1500 Bytes, so gibt er die Länge des anschließenden Datenfeldes an (in Bytes). Die Größe des Datenfelds darf also maximal 1500 Bytes betragen. Besteht das Datenfeld nur aus wenigen Bytes, so muss der Datenrahmen durch das so genannte Padding auf 64 Bytes insgesamt aufgefüllt werden, um eine ordnungsgemäße Kollisionserkennung zu gewährleisten (s.o.). Ist der Wert aus den erwähnten 2 Bytes größer als 1536, so zeigt er an, aus welchem Typ von Protokoll die Daten stammen (z.B. aus dem Internet-Protokoll bei einem Wert von 2048).

Den Abschluss des Datenrahmens bildet eine Prüfsumme aus 4 Bytes, die als Cyclic Redundancy Check mit einem speziellen Polynom (siehe Abschnitt 8.3) über alle Bytes – außer über die Präambel und das Rahmen-Startbyte – gebildet wird.

Bei neueren Versionen des Standards gibt es 4 zusätzliche Bytes, die eine Bedeutung im Zusammenhang mit virtuellen lokalen Netzen (*Virtual Local Area Networks, VLANs*) besitzen. Mit Hilfe der VLAN-Technik lassen sich innerhalb eines physikalischen Netzes mehrere logisch getrennte, unabhängige Netzbereiche realisieren, die durch eine Identifikationsnummer gekennzeichnet sind. Diese Nummer muss Bestandteil des Datenrahmens sein, um ihn dem richtigen Netzbereich zuzuordnen.

Bei Netzen, die mit einer Datenrate von 1000 Mbit/s arbeiten (Gigabit-LANs), wird an die Datenrahmen noch eine spezielle Erweiterungssequenz gehängt. Ohne diese Sequenz hätte man für einen Rahmen aus 64 Bytes nur eine Übertragungszeit von etwa 0,5 µs, so dass die Segmentlänge auf weniger als 50 m beschränkt wäre.

Netzerweiterungen – Bridge und Switch

Schließt man immer mehr Stationen an das Übertragungsmedium an, so steigt das Risiko von Kollisionen, und der erzielbare Datendurchsatz sinkt. Um die Kollisionsgefahr zu senken, kann man das Netz in zwei Teilnetze aufteilen, die man durch eine so genannte *Bridge* (Brücke) miteinander verbindet (Bild 18.14). Die Bridge ist ein Netzelement, das empfangene Datenrahmen von Stationen aus dem Teilnetz 1 nur dann in das Teilnetz 2 weiterleitet, wenn sie für eine der dortigen Stationen bestimmt sind. Sie muss also im Gegensatz zu einem Repeater das Signal nicht nur verstärken, sondern sie muss auch die Zieladresse detektieren und interpretieren. Ein Bridge arbeitet also in der Schicht 2 (MAC Layer).

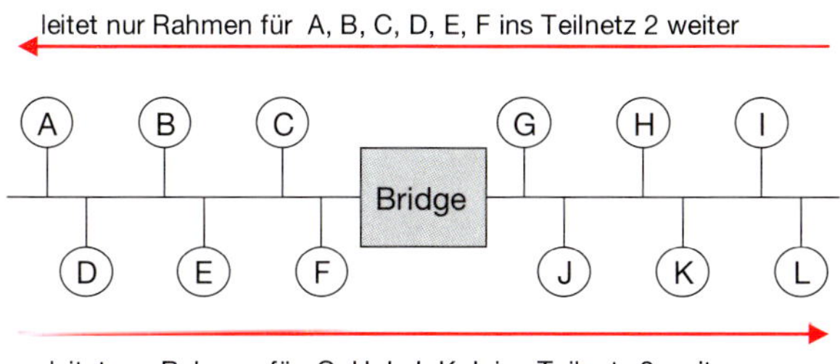

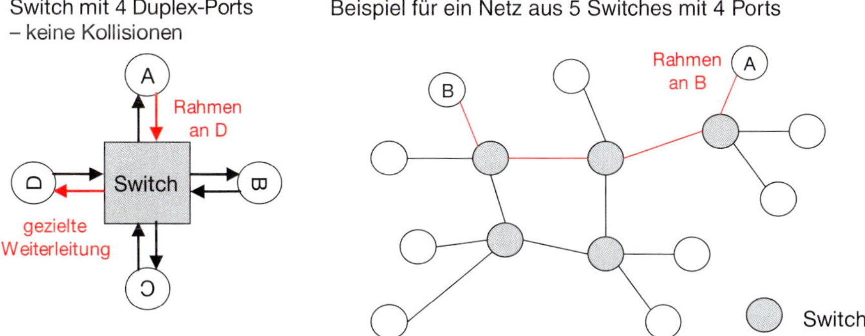

Bild 18.14 Einsatz von Bridge und Switch

Dadurch, dass nicht alle Datenrahmen aus dem Teilnetz 1 in das Teilnetz 2 gesendet werden, sinkt die Kollisionsgefahr.

Neben den zuvor beschriebenen Bridges, die zwei Ethernet-LANs nach dem Standard IEEE 802.3 verbinden, gibt es auch Bridges, die Netze verschiedenen Typs miteinander verbinden. Diese müssen einen empfangenen Rahmen nicht nur detektieren und interpretieren, sondern auch eventuell in ein anderes Format – das des Zielnetzes – umwandeln.

Merksatz

Bridges können auch eingesetzt werden, um Netzbereiche, die weit voneinander entfernt sind, miteinander zu verbinden.

Bridges besitzen meistens nur zwei Ein- und Ausgänge (selten 3 oder 4).

Definition

Ein Netzelement, das ähnlich arbeitet wie eine Bridge, aber deutlich mehr Ein- und Ausgänge besitzt, ist ein *Switch* (Schalter). Die Ein- und Ausgänge eines Switches heißen *Ports*; daher wird ein Switch verschiedentlich auch Multiport-Bridge genannt.

Ein Switch besitzt zumeist zwischen 4 und 48 Ports, so dass bei kleineren Netzen jede Station an einem eigenen Port angeschlossen sein kann. Gibt es für jede Station jeweils einen Port zum Senden und einen zum Empfangen, so ist der Switch voll duplexfähig. Bei einer solchen Anordnung können Kollisionen vollständig ausgeschlossen werden. Der Switch muss allerdings eine hinreichende Rechen- und Speicherkapazität haben, um eine Vielzahl von eventuell nahezu gleichzeitig eintreffenden Datenrahmen zumindest teilweise zwischenzuspeichern, auszuwerten und schnell an den richtigen Port weiterzuleiten. Dabei gibt es einige verschiedene Ansätze:

- Bei der *Cut-Through-Methode* wird nur die Zieladresse zu Beginn des Rahmens ausgewertet und der Datenrahmen anschließend ohne weitere Verzögerung an den passenden Port geleitet.
- Bei der *Store-and-Foreward-Methode* wertet der Switch den kompletten Rahmen inklusive der Prüfsumme aus. Nur ein korrekt empfangener Rahmen wird auch weitergeleitet.
- Bei der *Fragment-Free-Methode* wird zunächst die Zieladresse ausgewertet und abgewartet, ob der Rahmen größer als die Mindestlänge von 64 Bytes ist. Wenn ja, so leitet der Switch ihn an den richtigen Port weiter; wenn nicht, so handelt es sich vermutlich um ein Fragment aus einer Kollision, das verworfen wird.

Neben diesen drei Hauptmethoden gibt es noch einige Mischformen und Varianten.

Bei größeren Netzen muss man die Switches miteinander vernetzen bzw. ein größeres Netzsegment mit mehreren Stationen an einen Port anschließen. Dabei ist auch ein vermaschtes Netz möglich, um eine höhere Ausfallsicherheit zu erzielen. Allerdings muss man durch spezielle Verfahren dafür sorgen, dass Rahmen nicht im Kreis geleitet werden. Insgesamt muss der Switch größere Tabellen anlegen, aus denen hervorgeht, welche Stationen über welchen Port angesprochen werden.

Verwendete Kabeltypen

Als Übertragungsmedium kommen bei IEEE 802.3 verschiedene Arten von Kabeln in Frage: Kupferkabel (als Koaxialkabel oder verdrillte Leitungen), Glasfasern oder polymeroptische Fasern (POF). Dabei werden für die Übertragung die unterschiedlichsten Leistungscodes (siehe Abschnitt 8.2) eingesetzt. Die unterschiedlichen Übertragungssysteme, die durch den verwendeten Kabeltyp, den Leistungscode und einige andere Parameter gekennzeichnet sind, werden üblicherweise wie in Bild 18.15 illustriert bezeichnet.

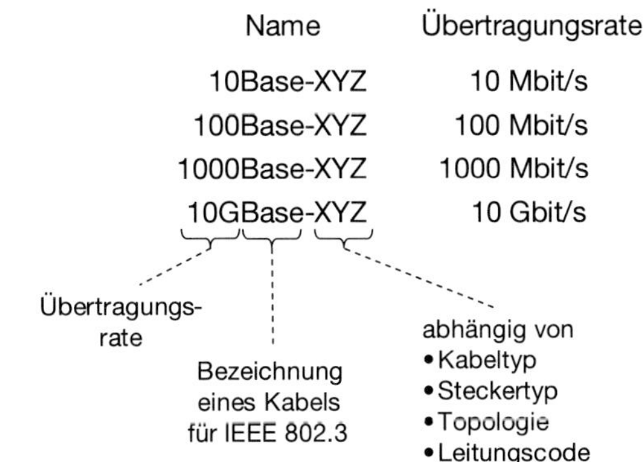

Bild 18.15
Übertragungsraten und Bezeichnungen von Kabeltypen bei IEEE 802.3

Zwei weit verbreitete Arten von Netzwerkkabeln sind zusammen mit ihren wesentlichen Parametern beispielhaft in Tabelle 18.1 aufgeführt.

Tabelle 18.1 Parameter wichtiger Kabeltypen

Bezeichnung	**100Base-TX**	**100Base-FX**
Übertragungsrate	100 Mbit/s	100 Mbit/s
Kabeltyp	Verdrilltes Kupferkabel, Cat-5	Multimode-Glasfaser
Leitungscode	ternärer Code	4B5B (4 Bits auf 5 Bits)
maximale Segmentlänge	ca. 100 m	ca. 400 m
mit Repeater	ca. 200 m	ca. 300 m
Standard	Clause 25	Clause 26
alte Standardbezeichnung	802.3u	

Generell kann festgestellt werden, dass mit zunehmender Datenrate die Ausdehnung eines Netzwerksegments sinkt. Dies hat zwei Gründe:

- Mit zunehmender Datenrate sinkt die Energie pro Bit. Um ein Bit zuverlässig am Empfänger zu decodieren, muss dieser sich daher näher am Sender befinden.
- Mit zunehmender Datenrate sinkt die Übertragungszeit für einen Datenrahmen der Mindestgröße von 64 Bytes. Daher sinkt auch die maximal erlaubte Signallaufzeit, damit Kollisionen zuverlässig erkannt werden können.

Bei dem Kupferkabel ist die Reichweite durch die Kabeldämpfung bestimmt, ein Repeater vergrößert sie. In einer Glasfaser ist die Dämpfung geringer und die Reichweite daher durch die maximale Laufzeit bestimmt. Der Repeater verursacht zusätzliche Verzögerungen und reduziert damit die zulässige Laufzeit auf der Faser.

Vor- und Nachteile
Betrachtet man abschließend die Vor- und Nachteile, die der Standard IEEE 802.3 bietet, so sind folgende Punkte zu nennen:

- Vorteile:
  - Es handelt sich um die in lokalen Netzen am meisten verbreitete und damit um eine bewährte Technik, bei der es hohe Erfahrungswerte und ein großes Produktspektrum gibt.
  - Der Umgang mit der Technik und die Installation der Netze sind verhältnismäßig einfach. Modems werden nicht benötigt, rein passive Kabel reichen aus.
  - Bei geringer Netzauslastung gibt es kaum Verzögerungen bei der Übertragung.
- Nachteile:
  - Zusätzlich zur Digitaltechnik sind analoge Schaltungen für die Kollisionserkennung erforderlich.
  - Das Zugriffsverfahren schränkt die Länge eines Kabelsegments ein.
  - Wegen der geforderten Mindestrahmenlänge (64 Byte) ist das Verfahren bei der Übertragung geringer Datenmengen (einzelne Messwerte) ineffizient.
  - Bei hoher Auslastung kommt es zu vielen Kollisionen, und der Durchsatz sinkt.
  - Bei hoher Auslastung kann es zu großen, nicht vorhersagbaren Verzögerungen bei der Übertragung kommen. Eine Priorisierung ist nicht vorgesehen.

Bei der Realisierung von Echtzeitdiensten machen sich gerade die unkalkulierbaren Störungen bemerkbar. Auch die Verwendung eines Switches löst das Problem nicht vollständig. Zwar können Kollisionen durch einen Switch verhindert werden, doch dieser muss dazu alle für eine Station eintreffenden Datenrahmen unpriorisiert in eine Warteschlange einreihen, was ebenfalls zu Verzögerungen führen kann.

18.3.3 IEEE 802.4 – Token Bus

Wegen der zuvor erwähnten Probleme wurde seitens einiger in der Automatisierungstechnik tätiger Firmen ein anderer Standard für lokale Netze vorangetrieben. Die erste Version dieses unter dem Namen Token Bus bekannten Standards wurde 1985 veröffentlicht.

Merksatz

Das wesentliche Merkmal des Standards IEEE 802.4 (Token Bus) ist die Verwendung des Token-Passing-Verfahrens als Zugriffsverfahren.

Da die Zeit für die Sendeberechtigung T_S einer Station begrenzt ist, gibt es eine Höchstgrenze für die Verzögerung beim Datentransfer: Spätestens nach der Zeit $N \cdot T_S$ erhält eine Station die Sendeberechtigung. Ferner sieht der Standard vier Prioritätenklassen vor, so dass bestimmte Anwendungen bevorzugt behandelt werden können.

Merksatz

Auch wenn das Token-Passing-Verfahren eingesetzt wird, so benötigt man jedoch keine Ringstruktur, die anfällig gegen Kabelbrüche ist. Vielmehr wird – wie der Name andeutet – eine Bus- oder auch eine Baumstruktur für die Verkabelung der einzelnen Stationen verwendet. Diese Struktur ist auch flexibler und besser an die Bedürfnisse in der Automatisierungstechnik anzupassen. Eine Art Ringstruktur wird auf der logischen Ebene mittels der Adressen der beteiligten Stationen realisiert.

Stationen in einem Token Bus besitzen den gleichen Typ von Adressen wie diejenigen in einem Ethernet LAN – also Adressen aus typischerweise 6 Bytes. Das Token wird – wie in Bild 18.16 angedeutet – in der Reihenfolge absteigender Adressen weitergereicht. Nachdem es die Station mit der niedrigsten Adresse genutzt hat, erhält es die Station mit der höchsten Adresse.

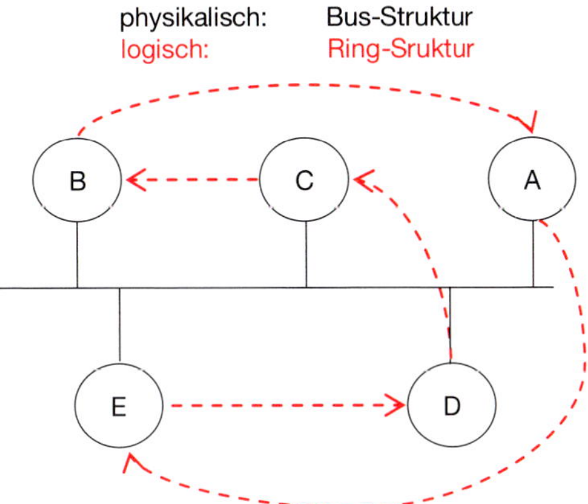

Bild 18.16
Struktur des Token Bus

Merksatz

Als Übertragungsmedium nutzt der Token Bus Koaxialkabel mit 75 Ω und unterscheidet sich damit auch auf der physikalischen Ebene vom Standard IEEE 802.3.

Neben der eigentlichen Datenübertragung über das Token-Passing-Verfahren sieht der Standard Methoden vor, um

- Stationen geregelt aus dem Netz zu entfernen, ohne den logische Ring zu unterbrechen,
- neue Stationen in das Netz aufzunehmen,
- eventuell entstandene mehrfache Tokens zu entfernen,
- ein eventuell verloren gegangenes Token erneut zu erzeugen.

Der Datenrahmen ist ähnlich aufgebaut wie beim Standard IEEE 802.3, allerdings gibt es auch einige wichtige Abweichungen (Bild 18.17):

Nach dem Startbegrenzer gibt es ein Feld zur Rahmensteuerung. Hier lässt sich die Priorität des Rahmens eintragen oder ob vom Empfänger eine Bestätigung angefordert wird. Ferner legen einige der Bits fest, ob es sich bei dem auf die Adressenfelder folgenden Datenfeld um Nutzdaten handelt oder um Steuerungsdaten, um eine der zuvor genannten Methoden zur Netzadministration durchzuführen. Eine Längenangabe ist nicht erforderlich, da das Ende des Rahmens von einem Endbegrenzer angezeigt wird. Ferner gibt es keine Mindestlänge für das Datenfeld, so dass z.B. ein einzelner Messwert, bestehend aus 2 Bytes, ohne Padding übertragen werden kann.

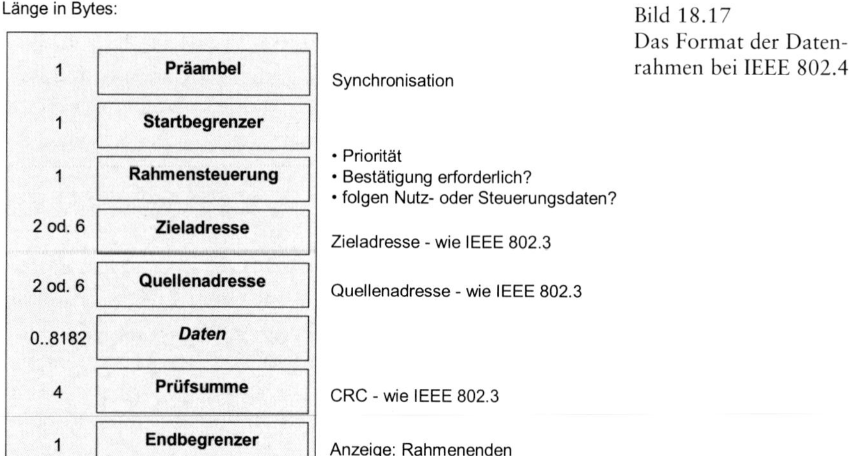

Bild 18.17
Das Format der Datenrahmen bei IEEE 802.4

Für die Prüfsumme wird das gleiche Polynom wie beim Standard IEEE 802.3 verwendet.

In seiner ursprünglichen Form findet der Standard IEEE 802.4 heutzutage kaum Verwendung. In einer deutlich modifizierten Form wurde er zum so genannten *PROFIBUS* (***Pro**cess **Fi**eld **Bus***) für Anwendungen in der Automatisierungstechnik weiterentwickelt.

18.3.4 IEEE 802.5 – Token Ring

Wie der Name bereits andeutet, verwendet auch der Standard IEEE 802.5 ein Token-Passing-Verfahren zur Zugriffssteuerung.

Im Gegensatz zu dem Token Bus verwendet der Token Ring nach dem Standard IEEE 802.5 allerdings nicht nur auf der logischen Ebene, sondern bereits auf der physikalischen Ebene eine Ringstruktur (Bild 18.18).

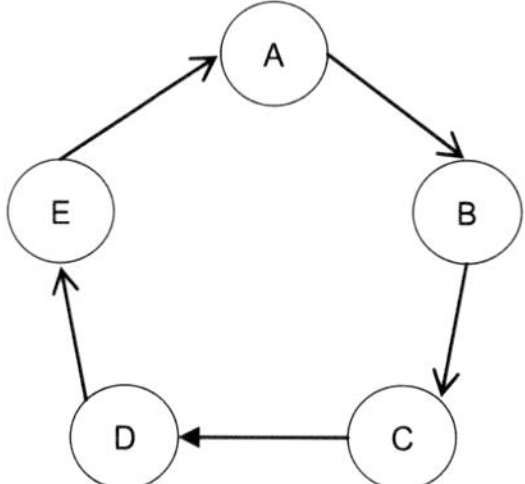

Bild 18.18
Token Ring (IEEE 802.5)

Diese Ringstruktur kann als Ansammlung von Punkt-zu-Punkt-Verbindungen aufgefasst werden, die in einer bestimmten Reihenfolge durchlaufen werden.

Dabei wird ein kreisender Datenrahmen von jeder angeschlossenen Station Bit für Bit detektiert. Jedes Bit wird nach der Detektion unmittelbar an die nächste Station weitergeleitet, bis es wieder an der ursprünglichen Station angekommen ist. Betrachtet man z.B. einen Ring aus 5 Stationen mit einer Kabellänge von 2000 m und einer Übertragungsrate von 4 Mbit/s, so besitzt ein Bit die Dauer von 0,25 µs.

Die Signallaufzeit auf dem Ring beträgt etwa 10 µs. Ferner tritt an jeder Station eine Verzögerung von 1 Bit auf, so dass bei diesem Beispiel 5 + 10/0,25 = 45 Bits gleichzeitig unterwegs sind. Da ein Datenrahmen i.Allg. mehr als 45 Bits umfasst, muss die sendende Station die wieder ankommenden Bits entfernen, damit sie sich nicht den neuen überlagern. Das Token selbst besteht nur aus 3 Bytes (24 Bits), die komplett im Netz kreisen können.

Erhält also Station A das freie Token und sendet sie Daten an Station D, so kreisen die einzelnen Bits auf dem Ring. Sie werden zunächst von Station B Bit für Bit analysiert, zwischengespeichert und an Station C weitergeleitet, die das Gleiche tut. Anhand der Zieladresse stellen die Stationen B und C fest, dass der Datenrahmen nicht für sie bestimmt ist, so dass sie zwischengespeicherte Daten löschen können.

Die Station D mit der passenden Zieladresse decodiert den kompletten Datenrahmen und berechnet die Prüfsumme. Auch sie sendet die empfangenen Bits unmittelbar an die folgende Station E weiter und kennzeichnet dabei in einem abschließenden Rahmenstatusbyte, ob der Rahmen korrekt empfangen wurde oder nicht. Station E handelt wie die Stationen B und C. Kommen die Bits wieder bei A an, so entfernt diese Station sie aus dem Ring. Anhand des Rahmenstatusbytes kann sie erkennen, ob der Rahmen korrekt beim Ziel angekommen ist oder noch einmal gesendet werden muss.

Insgesamt stehen jeder Station aber nur typischerweise 10 ms zum Übertragen zur Verfügung, bis sie das Token an die nächste Station weitergeben muss. In dem Beispiel muss also die Station A das Token, das insgesamt aus 3 Bytes besteht, Bit für Bit aufbauen und an Station B weitergeben. Möchte diese nun einen Rahmen übertragen, so setzt sie ein bestimmtes Bit des Tokens von 0 auf 1. Damit zeigt sie ihren Übertragungswunsch an und reserviert das Medium.

Der so modifizierte Token wird damit zum vorderen Teil eines Datenrahmens.

Ein solcher Datenrahmen ist in Bild 18.19 illustriert. Er ist ähnlich aufgebaut wie beim Standard IEEE 802.4, allerdings gibt es auch einige wichtige Abweichungen.

Nach dem Startbegrenzer gibt es ein Feld zur Zugriffssteuerung. Dieses enthält das Token-Bit, Bits zur Prioritätensteuerung und zu einigen anderen Zwecken.

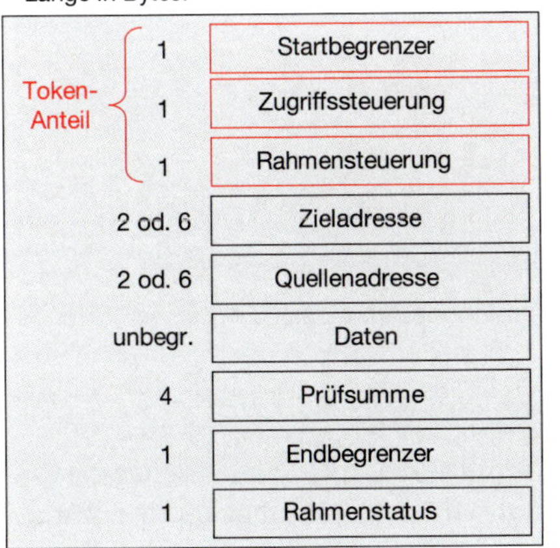

Bild 18.19 Das Format der Datenrahmen bei IEEE 802.5

Die Bits in dem Feld der Rahmensteuerung legen fest, ob es sich bei dem auf die Adressenfelder folgenden Datenfeld um Nutzdaten handelt oder um Steuerungsdaten, um ein bestimmtes Verfahren zur Ringadministration durchzuführen. Eine Längenbegrenzung gibt es nicht. Allerdings ist die maximale Übertragungszeit begrenzt. Für die Prüfsumme wird das gleiche Polynom wie bei den zuvor besprochenen Standards verwendet. Der Rahmenstatus gibt an, ob das gewünschte Ziel überhaupt erreicht wurde, und wenn ja, ob der Rahmen korrekt empfangen wurde.

18.4 Paketorientierte Übertragung im Weitverkehr

Nach Bild 18.1 verbinden die **W**ide **A**rea **N**etworks (WAN) die lokalen Netze unterschiedlicher Topologien und interner Zugriffsverfahren. Das Verbindungselement zwischen dem lokalen und dem überregionalen Bereich ist der *Router*, der einerseits mit dem lokalen Netz, andererseits mit dem öffentlichen Weitverkehrsnetz verbunden sein muss.

Merksatz

Ein Router verbindet ein lokales Netz bzw. lokale Computer mit dem Weitverkehrsnetz und stellt den Übergang zwischen den verschiedenen Netztypen her.

Im Gegensatz zu der in Kapitel 17 beschriebenen leitungsvermittelten Technik (*Circuit Switching*), die ihren Ursprung im Telefoniebereich hat, wird für die Datenkommunikation die Paketvermittlung (*Packet Switching*) verwendet. Die Aufgabe eines Routers entspricht dabei prinzipiell derjenigen, die in leitungsvermittelten Netzen die vermittelnden Netzknoten (VNK) bzw. Vermittlungsstellen (VSt) übernehmen (Bild 18.20). Daher werden Router auch häufig als *Vermittlungscomputer* bezeichnet.

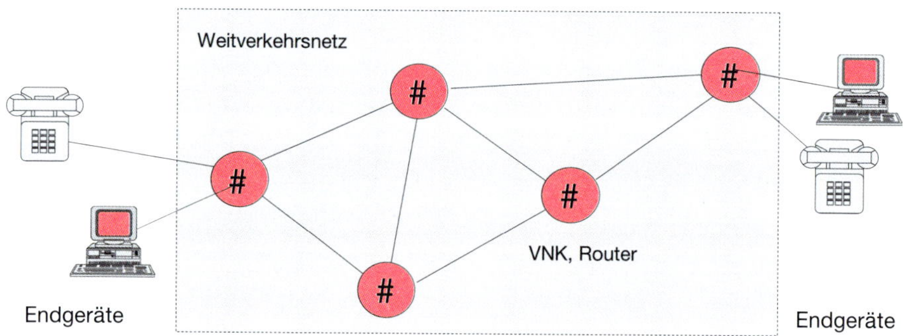

Bild 18.20 Netzstruktur im Weitverkehr

Der Unterschied besteht darin, dass eine Vermittlungsstelle eine Verbindung z.B. in Form einer Leitung oder eines festen Zeitabschnittes durchschaltet, der Router hingegen für die Weiterleitung der Information auf Basis der Adresse zuständig ist. Um dieses leisten zu können, müssen die Informationsblöcke (Pakete) im Router jeweils zwischengespeichert werden.

18.4.1 Grundlagen der Paketvermittlung

In Computernetzen und modernen Kommunikationsnetzen erfolgt die Durchleitung der Informationen als Paketvermittlung. Dieses gilt z.B. für das Internet oder die Systeme des Breitband-ISDN bzw. des ATM-Netzes (asynchroner Transfer Mode) [43].

Merksatz

Die Paketvermittlung ist – neben der Leitungsvermittlung – eine praktische Umsetzung der in Kapitel 1 beschriebenen Schicht 3 des Kommunikationsschichtenmodells.

Die Paketvermittlung ist durch folgende Eigenschaften gekennzeichnet:

- Vor einer Übertragung erfolgt keine Vereinbarung über die notwendige Transportkapazität in Abhängigkeit von der Anwendung, wie z.B. beim Telefonnetz (s. Kapitel 17).
- Das Abschicken von Nachrichten bzw. von Teilen der Nachricht erfolgt je nach zur Verfügung stehender Übertragungskapazität («Best Effort»).
- Es erfolgt eine gemeinsame Übertragung mit anderen Datensignalen über die Wege des Netzes.
- Die zusammengehörigen Nachrichtenteile (Pakete) können grundsätzlich unterschiedliche Wege zum Ziel nehmen.
- Pakete können in einer anderen Reihenfolge beim Empfänger ankommen, als sie losgeschickt wurden, d.h., es können Paketvertauschungen auftreten.
- Die Kennzeichnung erfolgt durch eine Adresse auf jedem Paket.
- Die Zuteilung der Übertragungskapazität ist dynamisch je nach Netzauslastung möglich.
- Bei Netzüberlastung können Informationen verloren gehen (Paketverluste).
- Aufgrund der Zwischenspeicherung der Pakete ergibt sich insgesamt eine höhere Verzögerungszeit für die Übertragung.

Aus diesen grundlegenden Eigenschaften ergeben sich die zur Umsetzung notwendigen Festlegungen für paketvermittelte Kommunikationsnetze. So müssen z.B. geeignete Festlegungen getroffen werden, damit jedes Paket den Weg durch das Netz findet oder die Paketvertauschung am Empfangsort rückgängig gemacht werden kann.

Definition

Bei der Paketvermittlung werden grundsätzlich zwei Arten der Informationsübertragung unterschieden: das Datagramm und die virtuelle Verbindung.

In Bild 18.21 sind beide Verfahren dargestellt.

Verbindungslose Datagramm-Vermittlung

Beim Datagramm erfolgt die gesamte Übertragung ohne einen vorhergehenden Verbindungsaufbau. Die Knotenelemente (Router) sind untereinander mit gleichwertigen oder auch unterschiedlich leistungsfähigen Verbindungen vernetzt. Es werden grundsätzlich unterschiedliche Wege der Pakete zum Ziel zugelassen. Die

18.4.2 Wegefindung im Netz – Paket-Routing

Das Paket-Routing beschäftigt sich mit der Wegefindung durch das paketvermittelte Kommunikationsnetz. Dieses erfolgt durch Tabelleneinträge in den Routern, in denen u.a. die möglichen Wege mit ihren Leistungsmerkmalen und Adressen festgehalten werden. Sobald ein Paket einen Router erreicht, wird aus der Zieladresse ein Folgeweg bestimmt. Die Auswahl erfolgt nach unterschiedlichen Randbedingungen, wie z.B. der momentanen Auslastung der abgehenden Leitungen.

Die Tabelleneinträge können manuell durch den Betreiber des Netzes eingetragen werden, was allerdings nur bei überschaubaren Netzen möglich ist und als *statisches Routing* bezeichnet wird: Entsprechend der Eintragungen werden die Pakete, die an den gleichen Adressaten gerichtet sind, nur über die manuell eingepflegten Wege geschickt.

Das *dynamische Routing* steuert den Aufbau dieser Routing-Tabellen selbst. Diese werden durch einen automatischen Austausch von Informationen zwischen den Routern z.B. bezüglich Last, Parametern, Übertragungsdauern usw. ständig aktualisiert. Hierzu werden spezielle Protokolle eingesetzt. Die Wege der geschickten Pakete sind daher in einem Netzwerk mit dynamischem Routing nicht festgelegt und können sich je nach Erweiterung des Netzes und der sich damit ergebenden Wegevielfalt ändern.

Merksatz

Das Routing in paketvermittelten Netzen kann statisch oder dynamisch erfolgen.

Die Router erhalten ferner den Eintrag eines «Default Routers»: Alle Pakete an Netzwerke, die nicht bekannt sind, werden an diesen Default Router geschickt, d.h.: Sind die Adressen bestimmter Pakete für einen Router nicht auswertbar, ist das Ziel des Routing der Default Router, der über das weitere Vorgehen entscheiden muss. Wie bereits erwähnt, kann die Auswahl des Weges beim Verbindungsaufbau für die Dauer der Nachricht oder unabhängig von Paket zu Paket erfolgen. Methoden zur Optimierung des Routings sind umfangreich in [25] erläutert.

Grundsätzlich sind folgende Forderungen an ein Routing-Verfahren zu stellen: Das Durchleiten durch das Netz muss einfach und genau erfolgen (keine Fehlzustellungen), und das Routing muss robust erfolgen und fair sein. Darunter wird verstanden:

- Das Verfahren ist weitgehend unempfindlich gegen Software- und Hardwarefehler, d.h., das Netz funktioniert weiterhin, auch wenn Teile davon ausfallen.
- Das Routing-Verfahren ist weitgehend resistent gegen Erweiterungen und den Austausch von Geräten, da in großen Netzen ständig Umbauten erfolgen.
- Das Routing-Verfahren ist weitgehend unempfindlich gegenüber Topologie-Veränderungen des Netzes, d.h. bei strukturellen Veränderungen.

Der Begriff der «Fairness» beim Routing ist in Bild 18.22 dargestellt. Werden zwischen den Teilnehmern A–A´, B–B´ und C–C´ durch den Routing-Algorithmus Pakete über die vorhandene Verbindung zugestellt, so behindern sich diese untereinander nicht. Will allerdings X mit X´ kommunizieren, so ist dieses nur möglich, wenn dieser Querverkehr im Netz zugelassen und durch die anderen Verbindungen die Transportkapazität des Netzes nicht vollständig verbraucht wird. Das Routing-Verfahren muss also sicherstellen, dass auch eine Verbindung von X zu X´ möglich ist, und die Verkehrsströme gegeneinander ausbalancieren.

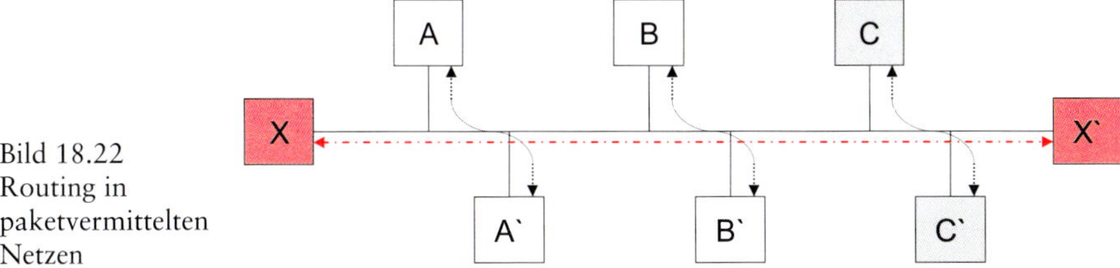

Bild 18.22 Routing in paketvermittelten Netzen

Eine besondere Forderung ist die der Stabilität eines Routing-Algorithmus: Es ist für den reibungslosen Kommunikationsprozess unbedingt erforderlich, dass nach Änderungen im Netz schnell ein stabiler Zustand erreicht wird. Damit verbunden sind ein schneller dynamischer Informationsaustausch zwischen den Routern über die erfolgten Änderungen und eine rasche Aktualisierung der dynamischen Routing-Tabellen.

Die Vermittlungsschicht stellt der darüber liegenden Transportschicht die beschriebenen Dienste (u.a. Routing, Netzauslastung und Abrechnungsfunktionalität) zur Verfügung (s. Kapitel 1). Bezogen auf die Erweiterung von Netzen und den Übergang zwischen unterschiedlichen Netztypen werden unterschieden:

- *Repeater* (Schicht-1-Systeme), die ein Kopieren der einzelne Bits zwischen Kabelsegmenten durchführen und damit eine Erhöhung der Reichweite von Computernetzen erlauben;
- *Bridges* (Schicht-2-Systeme) zur Segmentierung von Netzen, die Pakete der Sicherungsschicht (bzw. des MAC-Layers) zwischenspeichern, deren Prüfsumme auswerten und die Weiterleitung der Pakete im LAN sicherstellen. Diese können allerdings keine Änderungen im Header vornehmen;
- *Mehrfachprotokoll-Router* (Schicht-3-Systeme), die Protokolle zwischen unterschiedlichen Netzen umsetzen und z.B. die Verbindung zwischen LAN und WAN herstellen können;
- *Transport-Gateways* (Schicht-4-Systeme), die verschiedene Paketdatenströme auf der Transportschicht verbinden können;
- *Verarbeitungs-Gateways* (oberhalb Schicht 4), die die Netzzusammenarbeit auf Anwendungsebene ermöglichen.

18.5 Kommunikation im Internet

18.5.1 Historische Entwicklung

Die Vorarbeiten zum Internet sind bis auf das Jahr 1957 zurückzuführen. Angeregt durch Überlegungen des amerikanischen Verteidigungsministeriums zu der Ausfallwahrscheinlichkeit von typischen Telefonnetzen im Krisenfall wurden Forschungsaktivitäten hinsichtlich neuer Kommunikationsnetze begonnen. Die Arbeiten wurden von Universitäten und industrienahen Forschungs- und Entwicklungsbereichen im Auftrag der *DARPA – Defense Advanced Research Project Agency* – durchgeführt. Ziel war es, ein Kommunikationsnetz u.a. mit folgenden Leistungsmerkmalen zu entwickeln:

- nahtloser Zusammenschluss verschiedener physikalischer Netze, d.h. Nutzbarkeit unterschiedlicher Plattformen,
- Verwendung derselben Netzstrukturen für verschiedene Anwendungen, z.B. Datenkommunikation und Fernsprechen,
- Absicherung der Kommunikation gegenüber Ausfällen von Teilnetzbereichen.

Aus diesen Anforderungen heraus wurde mit dem *ARPANET* das erste paketvermittelte Weitverkehrsnetz zunächst auf der Basis von Mietleitungen aufgebaut, in dem sich die Durchleitung der Information ausschließlich anhand der Adressen von Quelle und Senke orientierte. Dadurch konnte die Forderung der automatischen Umwegsuche bei Teilausfällen des Netzes realisiert werden. Technisch handelte es sich um ein Netzwerk aus Minicomputern und Übertragungsleitungen mit einer Datenrate von 56 kbit/s, in dem die Pakete nach dem *Datagramm-Verfahren* transportiert wurden. Die Inbetriebnahme erfolgte im Jahr 1969 durch Verbindung von 4 Institutionen in den USA an unterschiedlichen Orten (Los Angeles, Santa Barbara, Utah, Stanford). Die besondere Leistung bestand darin, die inkompatiblen Computer der einzelnen Standorte über das Netz miteinander zu verbinden. Innerhalb von 3 Jahren entwickelte sich daraus ein landesweites Netzwerk zwischen den Universitäten. Von Beginn an war, neben der typischen Datenübertragung für den technisch-wissenschaftlichen Bereich, insbesondere die elektronische Post (E-Mail) eine Hauptanwendung dieses Netzverbundes: Sie übertraf bereits 1971 das Datenvolumen aller anderen Übertragungsformen im ARPANET. Durch die Einbindung anderer Netzplattformen wie z.B. mobiler Netze und der mit hohen Signallaufzeiten verbundenen Satellitennetze mussten die ersten Protokolle des ARPANET weiterentwickelt werden. 1974 wurde durch CERF und KAHN das für das spätere Internet verwendete TCP/IP-Protokollsystem entworfen, das insbesondere durch die Integration dieser Netzwerkschnittstelle in das Computerbetriebssystem UNIX sich schnell in der wissenschaftlichen Welt verbreitete. Das ARPANET wurde entsprechend umgestellt und war bis 1990 in Betrieb. Neue Netzstrukturen und Plattformen bauten auf diesen Entwicklungen unmittelbar auf und traten die Nachfolge an, wobei folgende Ziele umgesetzt wurden:

- Aufbau leistungsfähiger nationaler und internationaler Verbindungsleitungen (Backbones) mit hoher Transportkapazität,
- Verbesserung der Flächenversorgung im Hinblick auf weitere Nutzer,
- Einsatz leistungsfähigerer Vermittlungssysteme (Router) zur Beschleunigung des Durchsatzes,
- Zusammenführung bisher getrennter Netzstrukturen aus Wissenschaft, Industrie und staatlichen Bereichen auf eine Netzstruktur z.B. SPAN (NASA); HEPNET (Physik), Bitnet (IBM),
- Entwicklung neuer, anwendungsorientierter Protokolle.

Dadurch konnte ein weltweites Netzwerk auf der Basis unterschiedlicher Netztechnologien aufgebaut werden (Bild 18.23). Mit der Einführung der Browser-Anwendungen ab ca. 1993 wurde das Internet aufgrund der einfachen Bedienbarkeit, der ansprechenden Darstellungsmöglichkeiten und der Verfügbarkeit von handlichen Computern im Privatbereich zu einem Massenmedium. [41]

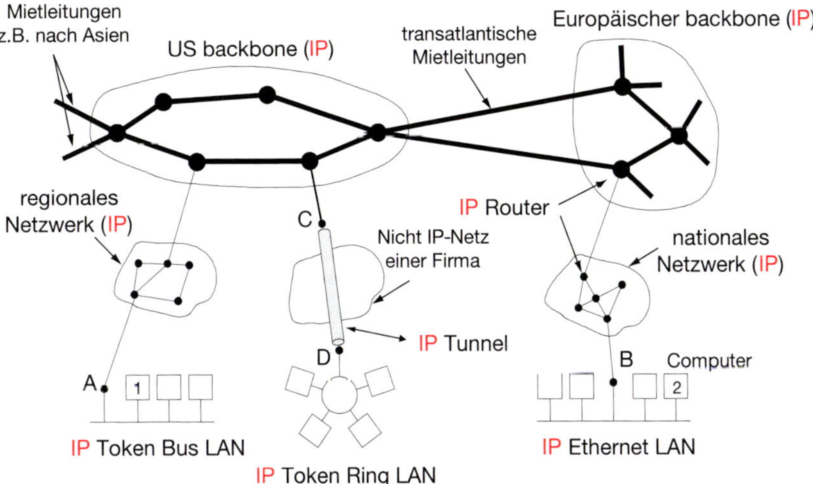

Bild 18.23 Internet – weltweiter Netzverbund

18.5.2 TCP/IP-Kommunikationsmodell

Die Kommunikation im Internet kann auf den bereits in Kapitel 1 beschriebenen Protokollkommunikationsprozess zurückgeführt werden. Dazu wurde ein eigenes Internet-Referenzmodell entwickelt, was von David D. Clark 1988 beschrieben wurde und sich am OSI-Schichtenmodell orientiert. Dabei ist zu berücksichtigen, dass die Beschreibung des Internet-Kommunikationsprozesses nach dessen Implementierung erfolgte und daher eine Trennung der Aufgaben, wie es beim ISO-Modell vorgesehen ist, nicht konsequent durchgehalten werden konnte. In Bild 18.24 sind das TCP/IP-Referenzmodell und die Zuordnung der Kommunikationsschichten zum ISO-Schichtenmodell dargestellt.

Internet-Bezeichnung	Aufgabenumfang	OSI-Bezeichnung
Anwendungsschicht od. Verarbeitungsschicht	Erzeugung der Daten durch Anwendungsprotokolle (z.B. HTTP ≡ WEB, FTP ≡ Dateitransfer; SMTP ≡ e-mail)	Anwendungsschicht (Schicht 7)
Transport-Schicht	Bereitstellung der Transportleistung TCP = Transmission Control Protocol UDP = User Datagram Protocol	Transportschicht (Schicht 4)
Internet-Schicht	Bereitstellung der Vermittlungsfunktion Paketformat Internet-Protocol (IP) u.a. Festlegung des Paket-Routing	Vermittlungsschicht (Schicht 3)
Transportnetzwerk bzw. Netzzugangsschicht	z.B. Ethernet, Satellit, Funk, ISDN, DSL	Übertragungs- und Sicherungsschicht (Schicht 1 & 2)

Bild 18.24 TCP/IP-Schichtenmodell

Das gesamte Modell umfasst 5 Schichten, von denen die oberen drei für die TCP/IP-Kommunikation festgelegt wurden. Ca. 500 verschiedene Protokolle der Internet-Protokollfamilie sind für die Abwicklung des Datenverkehrs im Internet zuständig, wobei deren Bedeutung sehr unterschiedlich ist.

Die eigentliche Beschreibung der Internet-Kommunikation setzt auf einer nicht näher beschriebenen Netzzugangsschicht bzw. auf der Transportplattform auf: Der Rechner muss sich an das Netz anschalten und in der Lage sein, IP-Pakete zu verschicken bzw. zu empfangen. Dadurch konnte die geforderte Offenheit gegenüber unterschiedlichen physikalischen Netzwerken wie ISDN, WLAN, LAN oder Satellit gewahrt werden. Der Kommunikationsprozess ist daher auch für technisch neue Entwicklungen, z.B. der Netzwerk- und Übertragungstechnik, nutzbar und anpassbar, da er kaum Vorgaben hinsichtlich der Realisierung des Transportnetzes macht. Andererseits ist dieses auch eine wesentliche Schwachstelle des gesamten Prozesses, da insbesondere für zeitkritische Anwendungen dieser nur bei entsprechender Unterstützung durch die unteren Schichten – d.h. die Schichten 1 und 2 – funktionieren kann: Zeitverzögerungen, Fehlerraten oder Paketverluste, die maßgeblich für eine hochqualitative Kommunikation z.B. im Sprachverkehr sind, werden durch den TCP/IP-Prozess nicht verhandelt oder festgelegt und müssen durch die darunter liegenden Schichten garantiert werden.

18.5.3 Aufgaben und Protokolle der Internet-Schicht

Internet Protocol

Das Internet-Protokoll (IP) der Internet-Schicht nach Bild 18.24 – nicht zu verwechseln mit dem allgemeinen Begriff Internet – ist die vermittlungstechnische Basis der TCP/IP-Kommunikation. Auf dieser Schicht und den darunter angeordneten Schichten wird der Kommunikationsprozess als Punkt-zu-Punkt-Verbindung betrachtet.

Merksatz

Die Aufgabe der Internet-Schicht ist es, das nächste Zwischenziel eines empfangenen Paketes bis zum Empfänger zu ermitteln und dieses dorthin weiterzuschicken.

Das Internet-Protokoll ermöglicht das Versenden und Empfangen von Datagrammen, wobei die Übertragung der Pakete unabhängig zum Ziel erfolgt und daher Paketvertauschungen möglich sind. Wesentliche Aufgaben der Internet-Schicht sind das korrekte Zustellen der Pakete und die Vermeidung von Überlastungen. Diese Aufgaben werden zunächst am Beispiel des heute noch äußerst weit verbreiteten Internet-Protokolls der Version 4 – abgekürzt als IPv4 – erläutert. Die Weiterentwicklung des Protokolls in der Version 6 ist am Ende des Abschnitts 18.5.3 dargestellt. Das IP-Datagramm besteht aus einem festen Header mit 20 Byte und einem optionalen Header mit 40 Byte Länge bei einer maximalen Paketlänge von 64 kByte (Bild 18.25). Typisch sind Paketlängen von 1500 Byte.

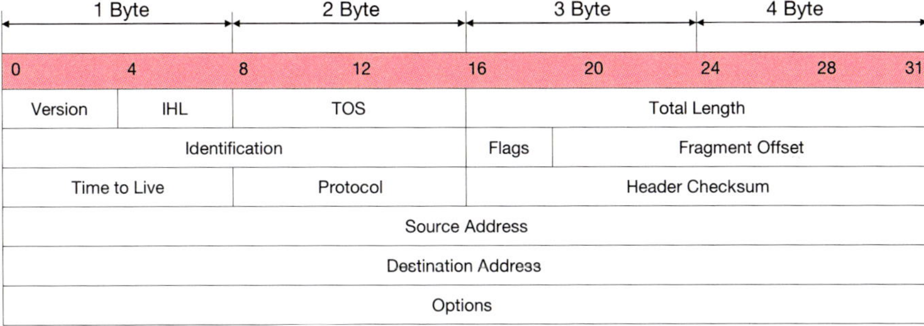

Bild 18.25 Aufbau des IP-Headers

- Das *Versionsfeld* ist 4 Bit lang und erlaubt die Kennzeichnung des IP-Datagramms. Derzeit wird die Version 4 (IPv4 => 0100) überwiegend eingesetzt, die Version 6 (IPv6 0110) ist die kompatible Weiterentwicklung.
- Die 4 Bit lange *IHL* (IP Header Length) erlaubt die Angabe der Gesamtlange des IP-Headers und wird in Vielfachen von 4 Byte bzw. 32 Bit angegeben. Wird eine 5 eingetragen, so ist der Header 160 Bit lang, was der Minimallänge von 20 Byte entspricht. Dadurch wird der Beginn des Nutzdatenbereiches im Paket angegeben.
- Das *TOS-Feld* (Type of Service) legt eine mögliche Priorisierung der Pakete, d.h. eine vorrangige Weitergabe der Pakete in den Routern, fest; diese funktioniert allerdings nur, wenn alle Router zwischen Sender und Empfänger diese auswerten.
- Das Feld *Total Length* gibt mit 16 Bit die Gesamtlänge des IP-Paketes an, inklusive des Headers. Bei 16 Bit ergibt sich eine maximale Paketlänge von 65 535 Byte bzw. 65 535 Oktetten.
- Die Felder *Identification* (16 Bit lang), *Flags* (3 Bit lang) und *Fragment-Offset* (13 Bit lang) erlauben die Identifizierung und das Zusammensetzen vorher aufgeteilter, d.h. fragmentierter IP-Pakete. Es erlaubt die eindeutige Zuordnung der Datagramme.
- Das Feld *Flag* signalisiert, ob das IP-Paket aufgeteilt werden kann oder nicht und ob noch weitere Teile eines IP-Paketes folgen oder ob es sich um den letzten Teil handelt.
- Das Feld *Fragment-Offset* beschreibt, welche Position innerhalb eines Paketes ein Fragment hat.
- Im Feld *Time to Live* wird die Lebensdauer eines Paketes angegeben. Beginnend mit 255 wird rückwärts zählend beim Durchlauf durch Netzabschnitte dieser Wert jeweils um 1 verringert. Ist der Wert 0, wird das Paket verworfen. Dadurch werden umherirrende Pakete im Netz vermieden. Es wird vorausgesetzt, dass ein Paket vorher das Ziel erreicht.
- Das Feld *Protocol* erlaubt die Angabe über den Protokolltyp der Transportschicht, an den das IP-Paket übergeben werden soll. Für TCP steht hier der Wert 6, für UDP der Wert 17.
- Die *Prüfsumme* für den Header ist 16 Bit lang. Dieser Wert muss vor dem Weiterschicken in jedem Router des Netzes neu berechnet werden, da sich das Feld «Time to Live» ändert. Der empfangende Router überprüft stets die Prüfsumme des Senders; stimmt diese nicht überein, so wird das Paket verworfen.

- Die nachfolgenden Felder enthalten die *Quellen-* (Source) und *Zieladresse* (Destination). Hier werden das eindeutige Netz und Hostnummern angegeben. Beide Adressen sind gleich aufgebaut und jeweils 32 Bit lang.
- Das nachfolgende Feld *Optionen* wird wiederum in einer Länge von Vielfachen von 32 Bit (4 Byte) angegeben. Aufgrund der IHL-Angaben können die Optionen einen Umfang von 40 Byte haben. Anwendung finden diese insbesondere für Routing-Aufgaben.

Internet-Adressierung

Für den Datenverkehr im Internet benötigt jedes Endgerät (Host) bzw. jeder Router eine eindeutige Nummer – die IP-Nummer. Die IP-Nummer ist mit einer eindeutigen, weltweiten Telefonnummer vergleichbar und legt Host (Endgerät bzw. Host-ID) und die Netznummer (Netz-ID) fest. Netzwerk bzw. Klassentyp und Klassennummern werden international beantragt und entsprechend zugeteilt. Im überwiegend eingesetzten IPv4-Protokoll ist die IP-Nummer 32 Bit lang (Bild 18.26).

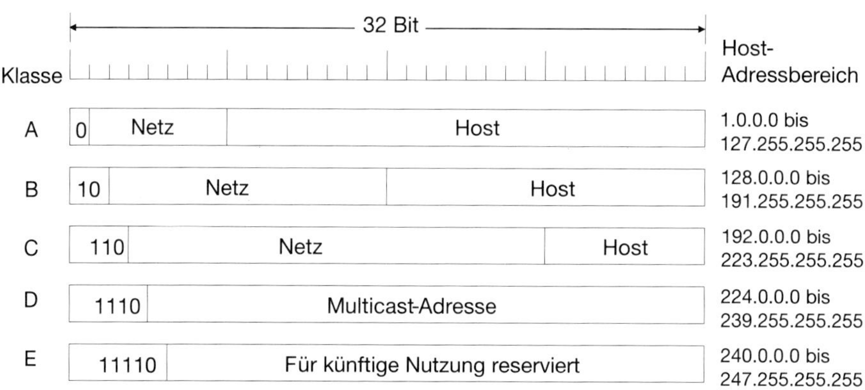

Bild 18.26 IP-Nummer – Aufbau und Klasseneinteilung

Bei den Netzen werden die Klassen A, B, C und D unterschieden:

- *Klasse A*: Hier wird das höchstwertige Bit 0 gesetzt. Die Netzidentifikation (ID) hat damit 7 Bit zur Verfügung, von denen der Wert 127 für spezielle Anwendungen reserviert ist. Daher können 126 Netze adressiert werden. Die verbleibenden 24 Bit erlauben die Adressierung von jeweils ca. 16 Millionen Hosts.
- *Klasse B*: Die höchstwertigen 2 Bit sind 1 und 0; es stehen 14 Bit zur Netzwerkkennung zur Verfügung, wovon 16 384 genutzt werden können. Das 3. und 4 Oktett erlauben die Adressierung von jeweils 65 534 Hosts.
- *Klasse C*: Die höchstwertigen 3 Bit sind nun 1,1,0 gesetzt, und es stehen 21 Bit für die Netzwerkkennung zur Verfügung, was einer Anzahl von 2 097 152 Netzwerken mit jeweils 254 Hosts (8 Bit abzüglich der Sonderfunktionen) entspricht.
- *Klasse D*: Diese beschreibt eine Multicast-Adresse mit 28 Bit für die Bezeichnung der Gruppe; hier wird keine Netzwerk- oder Host-Kennung genutzt.
- *Klasse E*: Reserviert für zukünftige Anwendungen.

Insgesamt erlauben die 32 Bit für die Adressierung im IP-Paket – abzüglich spezieller Adressen für Sonderfunktionen – die Adressierung von 3 720 314 628 Hosts, wobei auf einige Adressierungsregeln zu achten ist:

- Im Klasse A-Netzwerk darf die ID 127 nicht verwendet werden.
- Host-IDs dürfen nicht 255 sein, da dieses eine Broadcast-Adresse ist, die sich an alle Teilnehmer des Netzes wendet.
- Netz-ID und Host-ID dürfen für den überregionalen Datenverkehr nicht alle 0 sein.

Aufgrund spezieller Sonderinformationen kann also nicht der gesamte Adressbereich für die Teilnehmer vergeben werden.

Die 32 Bit werden als 4 Oktette bezeichnet, deren jeweiliger Wert bei der Angabe durch Punkte getrennt wird. Die binäre Codierung wird dabei als Dezimalzahl angegeben.

Beispiel

Die Binärcodierung 10000011 , 01101011 , 00000011 , 00011000
wird damit zur IP-Nummer: 131.107.3.24

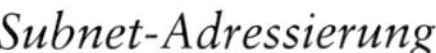

Subnet-Adressierung

Aus der IP-Nummer kann der Host bzw. der Router nicht ableiten, welcher Teil zur Host-Nummer und welcher zur Netznummer gehören. Die Unterscheidung erfolgt durch zusätzliche Angabe einer Subnet-Maske zur Kennzeichnung der einzelnen Klassen, d.h., jeder Host benötigt eine derartige Angabe. Sofern keine Aufteilung des Netzes erfolgt, sind – ohne Berücksichtigung spezieller Vergabemöglichkeiten – folgende Kennzeichnungen standardmäßig festgelegt:

- Klasse A: 255.0.0.0
- Klasse B: 255.255.0.0
- Klasse C: 255.255.255.0

Beispiel 1

Ein Klasse-B-Netz mit der Nummer 131.107.16.200 hat eine Subnet-Maske von 255.255.0.0, d.h., die Netz-ID ist 131.107 und die Host-ID ist 16.200.

Vor dem Verschicken der IP-Pakete wird die Zieladresse mit der eigenen Subnetzmaske logisch UND-verknüpft. Kommt dabei die gleiche Netz-ID heraus; so verbleibt das Paket im eigenen, lokalen Netz und kann an den angeschlossenen Host weitergeschickt werden. Ergibt sich ein Unterschied, so handelt es sich um die Adresse eines entfernten Netzes, das über einen Router zu erreichen ist.

Beispiel 2

Betrachtet man im Binärcode die Zieladresse 131.107.X.Y, so ergibt sich:

10000011 , 01101011 , X , Y .

Bei einer UND-Verknüpfung mit der Subnet-Maske 255.255.0.0, d.h, binär

11111111 , 11111111 , 00000000 , 00000000

ergibt sich für die ersten beiden Oktette wieder die Netznummer 131.107.X.Y, d.h. die Adresse des Zielnetzes, so dass im Router eine Entscheidung über die Zustellung im eigenen Netz (sofern selbst im Netz 131.107) an den Host X.Y oder ein Weiterleiten an einen anderen Router getroffen werden kann.
In Bild 18.27 ist der Übergang zwischen verschiedenen Netzen dargestellt.

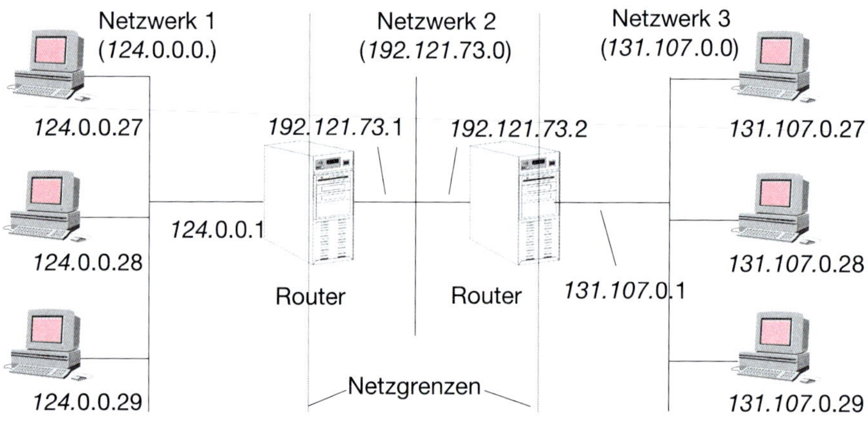

Bild 18.27 Übergang zwischen den IP-Netzen

Subnet-Aufteilung

Alle Rechner in einem Netz haben die gleiche Netznummer. Sind allerdings relativ viele Rechner in einem Unternehmen verbunden, so reicht z.B. ein Klasse-C-Netz nicht mehr aus. Grundsätzlich kann dann ein weiteres Klasse-C-Netz für das Unternehmen beantragt werden; falls allerdings ein Host von einem zu einem anderen Netz umzieht, ist dessen Umstellung relativ aufwendig. Um dieses zu umgehen, werden Klassen höherer Ordnung beantragt, z.B. Klasse B, und dann die 16 Bit für die Host-Adressierung aufgeteilt in z.B. 6 Bit für eine (z.B. firmeninterne) Teilnetznummerierung und 10 Bit für die zugehörigen Host-Nummern. In diesem Beispiel könnten dann 62 Teilnetze mit jeweils 1022 Hosts adressiert werden (Bild 18.28a). Diese Netzaufteilung ist nach außen nicht sichtbar und berührt die internationale Zuweisung von IP-Adressbereichen nicht. Dieses ist erklärbar aus dem Verarbeitungsverfahren in den Routern:

Merksatz

Jeder Router kennt nur andere Netze und die lokal bei ihm angeschlossenen Hosts. Er hat keine Kenntnisse über die Hosts anderer Teilnetze.

Der Router weiß also, wie er alle anderen Teilnetze und die Hosts des eigenen Teilnetzes erreichen kann. Die Einrichtung von Teilnetzen über die Subnet-Aufteilung ist also lediglich eine Änderung der Routing-Tabellen in den Routern.

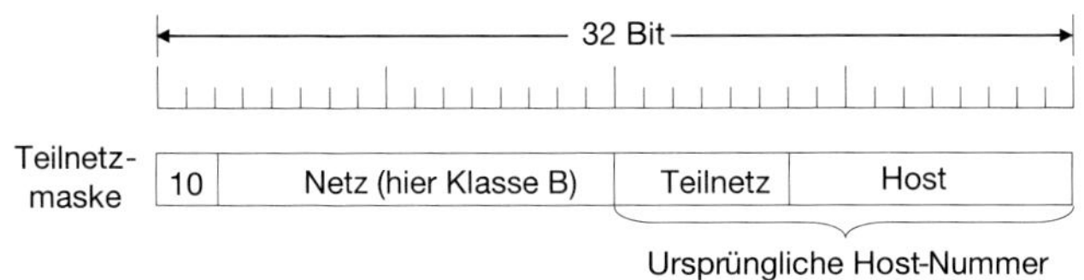

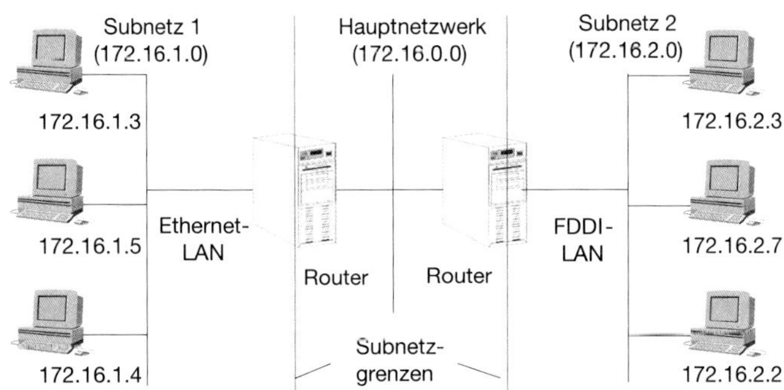

Bild 18.28
Unterteilte Netze – Subnetting
a) Aufteilung der Netze
b) Anwendung der Netzaufteilung

Es hat u.a. folgende Vorteile:

- Das Netz kann auf verschiedene physikalische Segmente ausgedehnt werden.
- Es kann eine Hierarchie im Netz aufgebaut werden, und die Verwaltung wird verbessert.
- Es verringert die Verkehrslast im Netzwerk, denn Router, die Netzwerkgrenzen kennzeichnen, leiten Sammelmeldungen des eigenen Netzes nicht an andere Netzsegmente weiter.

Durch die Vergabe von Netzwerkklassen und damit ganzer Nummernbereiche an Firmen und Institutionen bleiben vielfach Nummernbereiche völlig ungenutzt, da die maximale Anzahl von IP-Nummern einer Klasse nicht vergeben werden. Hat eine Institution z.B. ein Klasse-B-Netzwerk und betreibt 2000 Hosts, so bleiben 63 534 IP-Nummern ungenutzt. 8 C-Netze würden allerdings die Internet-Routing-Tabellen überfordern, so dass andere Möglichkeiten zur effizienteren Nummernvergabe überlegt werden mussten.

CIDR – Classless Interdomain Routing

Der Idee einer effizienteren Vergabe der IP-Adressen liegt die Betrachtung der Adressen als reine Binärinformation zugrunde.

Ein Beispiel ist in Tabelle 18.2 gegeben.

Tabelle 18.2

IP-Adresse	10.	217.	123.	7	Hinweise
Binär	00001010.	11011001.	01111011.	00000111	
Subnet-Maske	255.	255.	240.	0	Klasse-B
Binär	11111111.	11111111.	11110000	00000000	(12 Nullen)
Netzwerkkennung	00001010.	11011001.	01110000.	00000000	
CIDR-Bezeichnung	10.	217.	112.	0/20	
Anzahl 1 gesetzter Subnet-Masken-Bit	8 +	8 +	4 +	0	= 20

Zu den wesentlichen neuen Eigenschaften von IPv6 gehören:

- Die Zahl der Adressen wird auf mehr als $3 \cdot 10^{38}$ gesteigert. Das entspricht mehr als 600 Billiarden Adressen pro Quadratmillimeter Erdoberfläche. Dies wird durch die Erhöhung der Adresslänge von 32 auf 128 Bit erreicht, also von 4 Byte auf 16 Byte. Verbunden damit ist auch eine veränderte Darstellungsform der Adressen (s.u.).
- Durch einen vereinfachten Aufbau des IP-Headers mit weniger Elementen und einen Verzicht auf eine Header-Prüfsumme wird der Verarbeitungsaufwand in den Routern reduziert.
- Die Mechanismen von IPsec (*Internet* ***P****rotocol* ***sec****urity*) mit Verfahren zur Echtheitsprüfung des Headers (*Authentication Header*) und der Verschlüsselung der Nutzdaten (*Encapsulation Security Payload*) lassen sich leicht integrieren.
- Die Berücksichtigung von Diensten mit unterschiedlichen Anforderungen zur Dienstgüte (***Q****uality* ***o****f* ***S****ervice, QoS*) wurde verbessert.
- Eine Multicast-Übertragung, also eine Übertragung von Paketen an eine fest umrissene Gruppe von Zielstationen, wird ermöglicht.
- Mobilität wird ermöglicht bzw. vereinfacht: Ein Endgerät kann in verschiedenen Netzen mit der gleichen Adresse erreichbar sein.
- Ein neuer Host kann automatisch durch Abfrage seiner Umgebung seine Konfiguration ermitteln, um im Internet zu kommunizieren.

Durch die extrem große Zahl von Adressen kann prinzipiell das so genannte Ende-zu-Ende-Prinzip realisiert werden, bei dem jeder Host eine eigene statische Adresse bekommt, die nach außen sichtbar ist. Diese Adresse kann beispielsweise aus der MAC-Adresse der Netzwerkkarte nach einem bestimmten Verfahren abgeleitet werden. Allerdings würde darunter doch stark die Anonymität der Internet-Nutzer leiden. Daher sind auch Mechanismen vorgesehen, den Host-Anteil der Adresse durch einen Zufallsmechanismus zu erzeugen und diesen Anteil von Zeit zu Zeit zu wechseln.

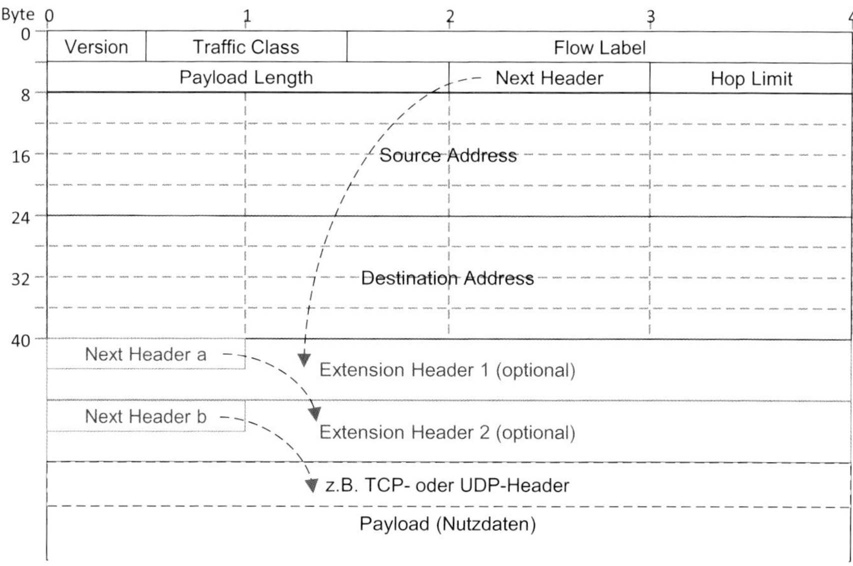

Bild 18.30 Aufbau eines IPv6-Pakets

Die genannten Neuerungen spiegeln sich im Aufbau eines IPv6-Paketes wider, das in Bild 18.30 illustriert ist. Der Header hat in der Basisvariante eine Header-Länge von 40 Byte und kann – muss aber nicht – durch mehrere Extension Header für Zusatzfunktionalitäten erweitert werden. Trotz größerer Länge enthält der Basis-Header bei IPv6 weniger Elemente und ist einfacher strukturiert als bei IPv4, was zu einer effizienteren Verarbeitung der Pakete in den Routern führt. Die einzelnen Elemente haben folgende Bedeutung:

- *Versionsfeld* (4 Bit): Angabe der IP-Version, in diesem Fall die Nummer 6.
- *Traffic Class* (8 Bit): Zur Unterscheidung von Anwendungen mit unterschiedlichen QoS-Anforderungen und zur Prioritätenvergabe.
- *Flow Label* (20 Bit): Pakete mit gleichem Flow-Label-Wert werden in den Routern hinsichtlich ihrer Priorität gleich behandelt, z.B. bei Echtzeit-Anwendungen.
- *Payload Length* (16 Bit): Länge des IP-Paketes in Bytes ohne Basis-Header (nur Extension Header und Daten aus höheren Schichten).
- *Next Header* (8 Bit): Angabe des Typs des nächsten Extension Headers (z.B. Routing Header, Authentication Header, Encapsulation Security Payload Header) bzw. des Headers der nächsten Schicht (TCP, UDP), falls keine Extension Header folgen.
- *Hop Limit* (8 Bit): maximale Anzahl von Weiterleitungen durch Router, die ein Paket durchlaufen darf, bis es verworfen wird.
- *Source Address* (128 Bits): Adresse der Quelle des Pakets.
- *Destination Address* (128 Bits): Adresse des Ziels des Pakets.

Merksatz

Die erhöhte Header-Länge ist auf die längeren Adressen zurückzuführen (128 Bit statt 32 Bit bzw. 16 Byte statt 4 Byte). Wegen der deutlich größeren Länge der Adressen wurde eine gegenüber IPv4-Adressen veränderte Notation eingeführt: Eine IPv6-Adresse ist gegliedert in 8 Blöcke zu je 2 Byte, wobei ein Byte jeweils durch zwei Hexadezimalzahlen (0, 1, ...9, A, B, ..., F) dargestellt wird. Insgesamt hat man also 8 Blöcke aus 4 Hexadezimalzahlen, die untereinander durch einen Doppelpunkt getrennt sind (siehe Bild 18.31).

Adressen, die viele Nullen enthalten, können durch mehrere Regeln kompakter dargestellt werden, wie in Bild 18.31 an einem Beispiel illustriert ist:

- Führende Nullen in einem Block dürfen weggelassen werden.
- Besteht ein oder bestehen mehrere aufeinanderfolgende Blöcke komplett aus Nullen, so dürfen sie vollständig ausgelassen werden. Der ausgelassene Bereich wird durch zwei unmittelbar aufeinanderfolgende Doppelpunkte «::» angezeigt.
- Die zuvor genannte Regel darf nur auf einen Bereich angewendet werden, nicht aber auf mehrere, da ansonsten die Rekonstruktion der vollständigen Adresse nicht eindeutig wäre.

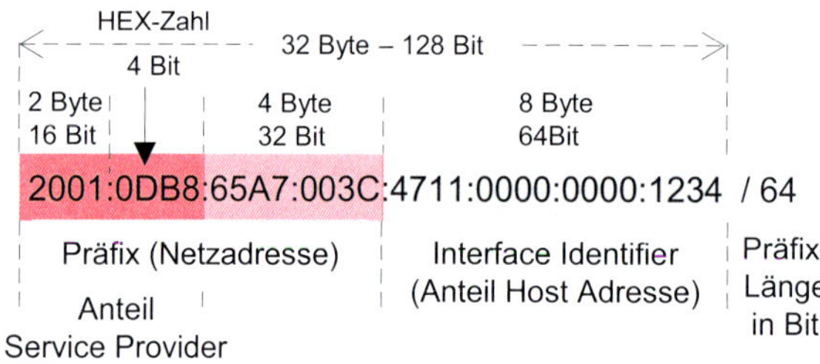

Bild 18.31
Notation von IPv6-Adressen (Beispiel: Global Unicast)

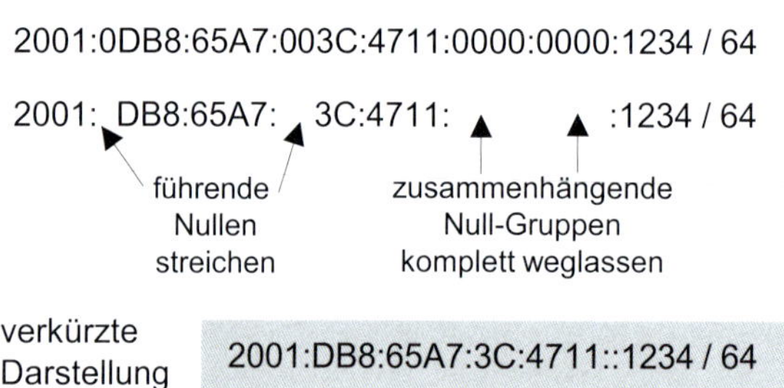

Wie bei IPv4 gliedert sich eine IPv6-Adresse in einen Netzwerk-Anteil (*Network Prefix*) und einen Host-Anteil (*Interface Identifier*). Die Länge des Netzwerkanteils wird hinter der Adresse mit einem Schrägstrich angehängt, also z.B. als /64, wenn der Netzwerkanteil aus 64 Bit besteht. An Organisationen und Heimnetzwerke werden generell /48-Präfixe vergeben (in Ausnahmefällen bei großen Organisationen auch Präfix kleiner /48 bzw. mehrere /48-Netze). Steht fest, dass ein Endanwender keine Subnetze bilden wird, so erhält er ein /64-Netz.

Die ersten Bits des Präfixes geben Auskunft über den Typ der Adresse. Bei so genannten *Global-Unicast-Adressen*, die zur weltweit eindeutigen Adressierung eines einzelnen Netzknotens dienen, besitzen die ersten drei Bits im Allgemeinen die Werte 001, der erste Block der Adresse liegt also im Bereich zwischen hexadezimal 2000 und 3FFF.

Neben den zuvor erläuterten Global-Unicast-Adressen gibt es noch einige andere Typen, von denen einige wichtige in Bild 18.32 zusammengestellt sind. So können IPv4-Adressen in IPv6-Adressen eingebettet werden – und zwar als die letzten 4 von 16 Bytes. Neben dem Unicast, also dem gezielten Versenden eines Pakets an einen einzeln Knoten, erlaubt IPv6 auch das *Multicast-Verfahren*, bei dem Pakete gleichzeitig an mehrere Knoten einer definierten Gruppe versandt werden. Broadcast kann als ein Spezialfall des Multicasts aufgefasst werden, bei dem die Gruppe alle Knoten enthält. Bei den zuvor genannten Adressen handelt es sich um solche, die global, also im öffentlichen Teil des Internets, verwendet werden. Für eine Kommunikation, die komplett im Bereich eines lokalen Netzes (eines Firmennetzes) bleibt, sind lokale Adressen vorgesehen, die intern vergeben werden können und zum Teil auch bei der Autokonfiguration eines Hosts nach der Inbetriebnahme verwendet werden.

Eine weitere Adressierungsart ist das Anycast. Es wird beispielsweise eingesetzt, wenn bestimmte Aufgaben und Funktionen parallel und in gleicher Weise auf mehreren Servern untergebracht sind, um die Ausfallsicherheit zu erhöhen oder um die Last zu verteilen. Ein als Anycast adressiertes Paket wird an «irgendeinen» dieser Server geleitet, z.B. an den nächstgelegenen oder an den am wenigsten belasteten.

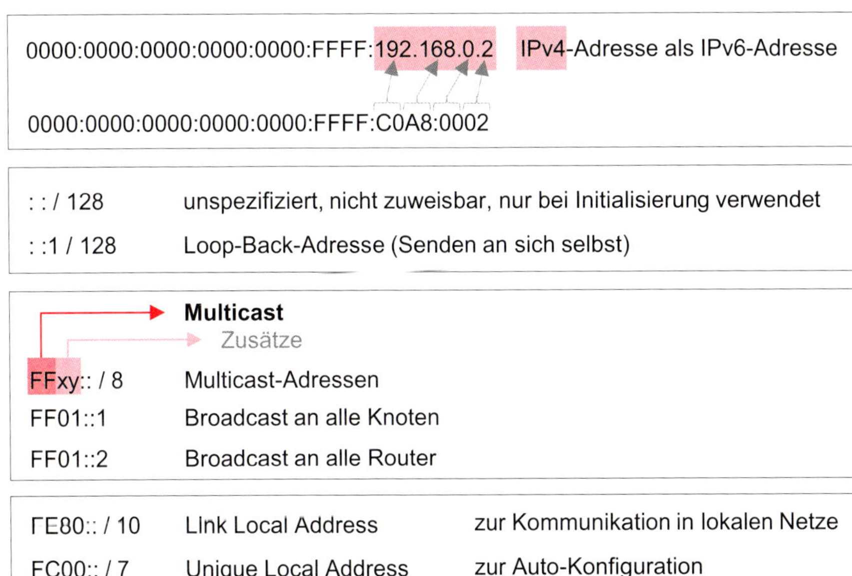

Bild 18.32 Weitere wichtige IPv6-Adresstypen

In den kommenden Jahren wird es eine gemischte Infrastruktur geben mit Teilen bzw. Routern, die nur IPv4, nur IPv6 oder beides beherrschen. Um mit dieser Situation umzugehen und Übergänge zu bewerkstelligen, gibt es im Wesentlichen drei Typen von Techniken:

- *Dual-Stack-Technik:* Ein Router beherrscht beide Versionen des Internetprotokolls und verwendet je nach Kommunikationspartner die eine oder die andere Version.
- *Tunnel-Technik:* Dabei werden IPv6-Pakete als «Nutzdaten» in IPv4-Pakete verpackt, um sie über eine reine IPv4-Infrastruktur weiterzuleiten, bis sie einen Teil erreichen, der wieder IPv6 beherrscht. Die entgegengesetzte Variante mit der Verpackung von IPv6- in IPv4-Pakete ist ebenfalls möglich.
- *Translation-Technik:* Dabei müssen IPv6-Headerelemente und insbesondere die Adressen in die entsprechenden passenden IPv4-Elemente übersetzt werden und auch umgekehrt.

18.5.4 Aufgaben und Protokolle der Transportschicht

Vorbetrachtungen

Die Transportschicht ist grundsätzlich eine Ende-zu-Ende-Kommunikationsschicht, die unabhängig von der physikalischen Verbindung zuverlässig und kostengünstig funktionieren muss. Nutzer der Transportschichtprozesse sind nach dem Modell in Bild 18.24 die Prozesse bzw. Protokolle der Verarbeitungsschicht. Die Transportschichtaufgaben können als Teil des Betriebssystems eines Rechners (z.B. Unix, Windows) oder auch in Form einer Hardware, z.B. auf dem Netzwerkanschluss eines Gerätes, realisiert werden. Nach dem Schichtenmodell zur Kommunikation tauschen die Kommunikationspartner zwischen den Transport-Instanzen (Transport-Entity) die Informationen aus, die allgemein als *TPDU (Transport Protocol Data Unit)* bezeichnet wird.

Wie bei der Vermittlungsschicht können auch durch die Transportschicht 2 Arten von Transportdiensten angeboten werden: verbindungsorientierte oder verbindungslose Dienste. Wo liegt nun der Unterschied zur Vermittlungsschicht?

Definition

Die Vermittlungsschicht bezieht sich auf die Kommunikationsteilnetze (Punkt-zu-Punkt-Verbindungen) und wird vom Netzbetreiber geführt, d.h., der Benutzer hat keine Kontrolle über das Teilnetz und kann zur Verbesserung des Dienstes nicht beitragen. Die Transportschicht dient zur Qualitätsverbesserung und Unterstützung des gesamten Dienstes.

Es können z.B. eine Überwachung der Verbindung bei Abbruch und ein nachfolgender Neuaufbau sowie eine Erkennung von Fehlern und verlorenen Paketen erfolgen. Die Transportschicht erlaubt dem Transportdienst zuverlässiger zu arbeiten als der zugrunde liegende Vermittlungsdienst, d.h., die Transportschicht als Ende-zu-Ende-Schicht schirmt die oberen, anwendungsorientierten Schichten gegenüber Unzulänglichkeiten des Teilnetzes (Vermittlungsschicht) ab.

Eine wesentliche Aufgabe ist die Verbesserung des *QoS – Quality of Service*. Dieser bezeichnet eine Vielzahl von verschiedenen Rahmenbedingungen der Kommunikation, die für unterschiedliche Anwendungen von verschiedener Bedeutung sind.

Zu nennen sind u.a.:

- ❑ Dauer des Verbindungsaufbaus, d.h., wie lange dauert es, die Verbindung zwischen den Partnern aufzubauen;
- ❑ Fehlerwahrscheinlichkeit, d.h. die Anzahl von Übertragungsfehlern;
- ❑ Zuverlässigkeit einer Verbindung, d.h., wie oft kommt es zum Verbindungsabbruch;
- ❑ Durchsatz, d.h. Übertragungskapazität der Verbindung;
- ❑ Übertragungsverzögerung, d.h. Durchlaufzeit der Pakete durch das Netz;
- ❑ Datenschutz, d.h., können Pakete gegenüber dem unberechtigten Zugriff geschützt werden;
- ❑ gibt es Möglichkeiten, Pakete priorisiert zu übertragen;
- ❑ Störausgleichsverhalten, d.h., was passiert bei Übertragungsstörungen;
- ❑ Kosten für die Bereitstellung der QoS-Optionen.

Nur wenige Netztypen erlauben die gleichzeitige Einhaltung aller Parameter, d.h. sind für alle Anforderungen der Anwendungen gleichermaßen geeignet. Gerade für hochwertige Dienste stellen die QoS-Parameter eine Schlüsselfunktionalität dar. Sie können beim Verbindungsaufbau unter der Berücksichtigung von Gegenvorschlägen des Empfängers verhandelt werden.

Ein Beispiel ist die Verbindung zweier Faxgeräte: Beim Anruf der Gegenseite erfolgt ein Aushandeln der Übertragungsgeschwindigkeit, abhängig von den technischen Möglichkeiten der Endgeräte und der Qualität der Übertragungsstrecke.

Beginnend mit einer hohen Übertragungsgeschwindigkeit von z.B. 19200 kbit/s wird ggf. auf eine immer niedrigere Datenrate zurückgeschaltet, bis die Verbindung erfolgen kann. Sollte ein bevorzugter oder ein gerade noch akzeptabler Minimalwert festgelegt sein, würde unterhalb die Verbindung abgebrochen.

Die Festlegung der QoS-Parameter beschreibt auch Meldungen über Nichteinhalten der Festlegungen und die sich daraus ergebenden Konsequenzen, wie z.B. Meldungen an den Anwender. Praktisch bedeutet dieses, dass bei Nichteinhaltung festgelegter QoS-Parameter durch Netzbetreiber z.B. Verbindungskosten von den Nutzern nicht vollständig beglichen werden. Neben der technischen Fragestellung ist daher QoS auch von wirtschaftlicher Bedeutung. Transportprotokolle unterstützen ferner das Verbindungsmanagement in unzuverlässigen Netzen, d.h. in Netzen, die ohne eine Empfangsbestätigung der gesendeten Pakete arbeiten.

Im Internet sind für die Transportschicht die Protokolle TCP und UDP vorgesehen.

TCP – Transmission Control Protocol

Das bekannteste und am meisten benutzte Protokoll auf der Internet-Transportschicht ist TCP, das dem Modell den Namen gab. Es handelt sich um ein zuverlässiges, verbindungsorientiertes Protokoll und kümmert sich um Zerlegung (Sendeseite) und Zusammensetzen (Empfang) des Bytestroms. Dadurch entsteht eine zuverlässige Bytestromübertragung im Netzverbund, wobei auf jedem Host eine TCP-Transportinstanz betrieben wird. Diese nimmt die Datenströme der lokalen Anwendungen, z.B. einer E-Mail, entgegen und teilt diese auf. Nachfolgend werden die einzelnen Stücke als einzelne IP-Datagramme verschickt und durch den empfängerseitigen TCP-Prozess wieder korrekt, d.h. auch in der richtigen Reihenfolge, zusammengesetzt.

Merksatz

TCP zerlegt die Informationen sendeseitig in Teile und sorgt für das folgerichtige Zusammensetzen der Informationen auf der Empfangsseite.

Ferner werden durch das TCP auch «*Timeouts*» veranlasst, d.h.: Sollte nach einer gewissen Zeit ein Paket nicht beim Ziel ankommen oder die Quittung eines gesendeten Paketes den Sender nicht erreichen, so wird eine Aufforderung zur Wiederholung geschickt oder das Paket nochmals zum Empfänger übermittelt. Es muss daher auch eine Paketversionsnummer mit übertragen werden: Sollte nur die Quittung eines Paketes verloren gegangen sein und dieses vom Sender nochmals geschickt werden, so kommt es zur Duplizierung dieses Paketes beim Empfänger. Dort wird dann nach Auswertung der Versionsnummern ein Paket verworfen.

Der Aufbau des Headers eines TCP-Paketes ist in Bild 18.33 dargestellt.

Die Länge des Headers beträgt 20 Byte (5 Wörter à 32 Bit) + Optionen.

Die Zuordnung der Datenpakete zu den Zielanwendungen der Anwendungsschicht erfolgt über die *Ports*. Diese dienen der Identifizierung der lokalen Endpunkte einer Verbindung. Portnummern ab 1024 kann der lokale Host selbst vergeben. Von den Port-Nummern 0 bis 65536 werden die Port-Nummern 0 bis 1023 als «*well known ports*» bezeichnet und für Standardanwendungen reserviert. Die Kombination von Portnummer und IP-Adresse heißt allgemein *TSAP (Transport Service Access Point)*, der in TCP/IP-Netzen als *Socket* bezeichnet wird.

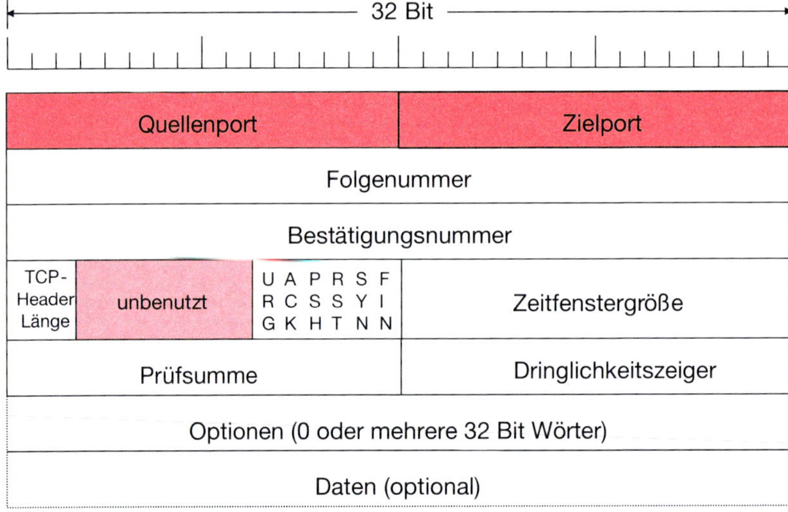

Bild 18.33 Aufbau des TCP-Paketes

Merksatz

Die Nutzung von TCP-Diensten erfordert sende- und empfangsseitig die Einrichtung von Kommunikationsendpunkten (Socket); jeder Socket hat eine Socket-Nummer, bestehend aus: IP-Adresse des Hosts + 16-Bit-Nummer des lokalen Ports des Hosts.

Für den Zugriff auf einen TCP-Dienst muss also eine Verbindung zwischen dem Socket der sendenden und der empfangenden Maschine aufgebaut werden. Hierzu werden besondere Socket-Befehle benutzt.

Weitere Elemente des TCP-Headers sind:

- Die *Folgenummer* beschreibt die Nummer der in einem Netzwerksegment übermittelten Bytes einer Nachricht. Nach der Datenübertragung dient sie zur Sortierung der TCP-Segmente, da diese in unterschiedlicher Reihenfolge beim Empfänger ankommen können.
- Die *Bestätigungsnummer* gibt die Sequenznummer an, die der Sender dieses TCP-Segmentes als Nächstes erwartet. Sie ist nur gültig, falls das nachfolgende ACK-Bit gesetzt ist.
- Die TCP-Header-Länge wird in 32-Bit-Blöcken – ohne die Nutzdaten – angegeben. Hiermit wird die Startadresse der Nutzdaten angezeigt.
- Das unbenutzte Feld nach der TCP-Header-Länge muss 0 gesetzt werden.

Die nachfolgenden Stellen des Headers sind lediglich 0-1-Entscheidungen:

- Das *URG-Bit* (*urgent* = dringend) wird für dringend zu verarbeitende Daten benutzt. Ist dieses gesetzt, so werden die Daten, auf die das Dringlichkeitszeigerfeld (Urgent-Pointer) zeigt, sofort von der Anwendung bearbeitet. Es unterbricht die normale Abarbeitung der TCP-Übertragung und wird nur selten eingesetzt.

- Das *ACK-Bit* (*acknowledgment* = Bestätigung) hat in Verbindung mit der Bestätigungsnummer zwei unterschiedliche Aufgaben: Zum einen dient es bei gleichzeitig gesetztem SYN-Flag zur Bestätigung beim Drei-Wege-Handshake (s.u.), zum anderen wird es ohne SYN-Flag zur Bestätigung von TCP-Segmenten beim Datentransfer genutzt. Die Acknowledgment-Nummer ist nicht gültig, wenn das Flag nicht gesetzt ist.
- Das *PSH-Bit* (*push*) hat die Aufgabe, die Daten sofort an die Anwendung weiterzuleiten, d.h., die Daten werden sofort – ohne Zwischenspeicherung – an die Netzebene (Vermittlungsschicht) weitergeleitet.
- Das *RST-Bit* (reset = zurücksetzen) wird verwendet, wenn eine Verbindung abgebrochen werden soll. Dies geschieht zum Beispiel bei technischen Problemen oder zur Abweisung unerwünschter Verbindungen.
- Pakete mit gesetztem *SYN-Bit* (Synchronisation) initiieren eine Verbindung, d.h. beginnen den Drei-Wege-Handshake. Der Server antwortet normalerweise entweder mit SYN+ACK, wenn er bereit ist, die Verbindung anzunehmen, andernfalls mit RST. Es dient der Festlegung der Folgenummern beim Verbindungsaufbau und stellt die korrekte Abarbeitung im Empfänger sicher.
- Das *FIN-Bit* (*finish* = Ende) dient dem Verbindungsabbau und zur Freigabe der Verbindung. Die FIN- und SYN-Flags haben Sequenznummern, damit diese in der richtigen Reihenfolge abgearbeitet werden.

Die Zeitfenstergröße legt fest, wie viele Bytes ab dem bestätigten Byte gesendet werden können, und beschreibt die Anzahl der Bytes im Empfangspuffer des Empfängers. Die Prüfsumme wird über den Header und die Daten berechnet und erlaubt die Erkennung von Übertragungsfehlern. Das Optionsfeld kann unterschiedlich groß sein und enthält weitere Zusatzinformationen. Die Optionen müssen allerdings ein Vielfaches von 32 Bit lang sein; sind sie dieses nicht, muss mit Null-Bits aufgefüllt werden, was als *Padding* bezeichnet wird. Das Optionsfeld ermöglicht es, Verbindungsdaten auszuhandeln, die nicht im TCP-Header enthalten sind. Den Ablauf des Verbindungsaufbaus zwischen den TCP-Instanzen der Teilnehmer A und B zeigt Bild 18.34.

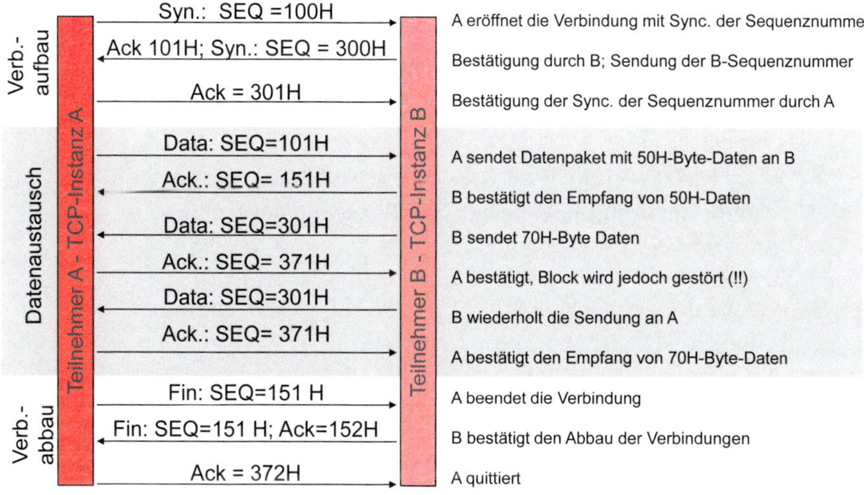

Bild 18.34 TCP-Verbindungsaufbau

Dieses Verfahren wird auch als *PAR-Verfahren* bezeichnet (PAR – Positive Acknowledgement with Retransmission) und beschreibt die Tatsache der positiven Bestätigung der übertragenen Datenpakete. Wichtig beim Prozess nach Bild 18.34 ist die beidseitige Bestätigung des Endes der Übertragung, womit die Netzwerkkapazitäten wieder freigegeben werden.

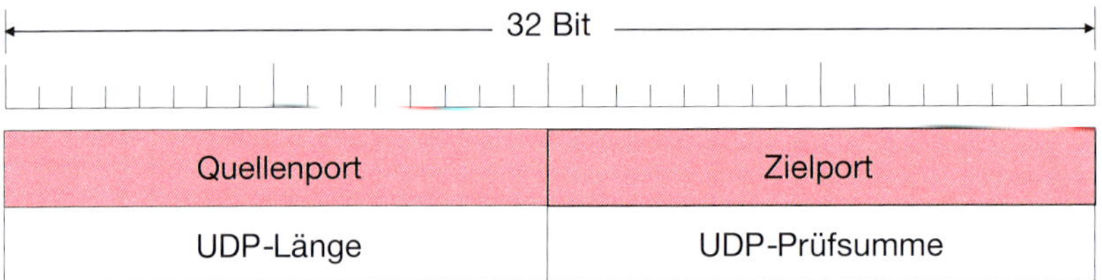

Bild 18.35 Aufbau des UDP-Paketes

UDP – User Datagram Protocol

UDP ist ein unzuverlässiges, verbindungsloses Protokoll, d.h., im Gegensatz zu TCP erfolgen keine Verbindungsaufnahme zum Empfänger vor der Übertragung und keine empfängerseitige Quittierung der Daten. Der Header von UDP (Bild 18.35) hat eine sehr einfache Struktur, da kein Verbindungsaufbau erforderlich ist und keine Verbindungsüberwachung auf dieser Schicht erfolgt.

Der Einsatz von UDP erfolgt immer dort, wo die TCP-Funktionalitäten höheren Schichten übertragen werden. Beispiele sind Sprach- und Videoübertragungen über das Internet, so genannte *Echtzeitsysteme*. Durch die Nutzung von TCP ergäben sich aufgrund des Ablaufes nach Bild 18.34 Laufzeiten (z.B. durch Bestätigungen), die die subjektive Qualität der Übertragung empfindlich stören können. In vielen Fällen, wo also die Geschwindigkeit der Übertragung wichtiger ist als die Exaktheit der Datenübertragung, wird daher auf TCP zugunsten von UDP verzichtet: «Lieber Knacken und ein paar Bildfehler als Wiederholungen und Stocken». [45]

Im Hinblick auf die beschriebenen Forderungen eines QoS für die Datenkommunikation in TCP/IP-Netzen ist festzuhalten, dass ein derartiges Protokollsystem aufgrund der fehlenden Beschreibung der untersten Transportmechanismen (Schichten 1 und 2) grundsätzlich keinen umfassenden QoS bereitstellen kann. Erst bei Unterstützung durch die unteren Schichten und klaren diesbezüglichen Festlegungen können belastbare QoS-Optionen verhandelt werden.

18.5.5 Aufgaben und Protokolle der TCP/IP-Anwendungsschicht

Vorbetrachtung

Die Protokolle der Anwendungsschicht des TCP/IP-Modells bauen auf den Protokollen TCP oder UDP auf. Im Allgemeinen wird UDP – neben den oben beschriebenen Anwendungen – auch für periodische Bekanntgabeprozesse genutzt, bei denen die Zuverlässigkeit nicht sehr hoch sein muss. In Bild 18.36 ist der Zusammenhang im Protokollstapel exemplarisch dargestellt.

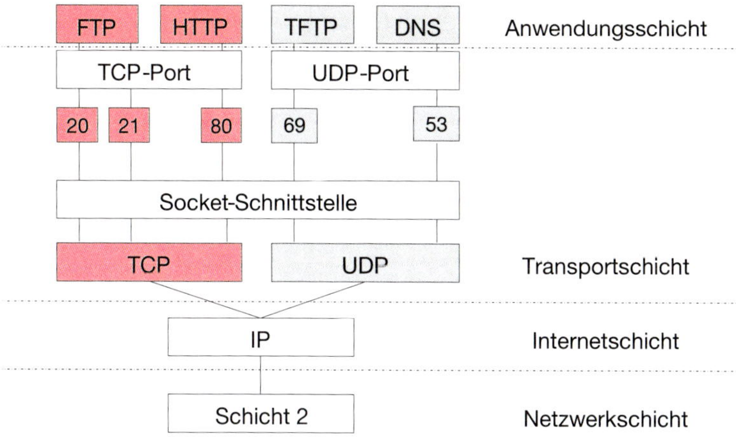

FTP HTTP TFTP DNS Anwendungsschicht
TCP-Port UDP-Port
20 21 80 69 53
Socket-Schnittstelle
TCP UDP Transportschicht
IP Internetschicht
Schicht 2 Netzwerkschicht

Bild 18.36 Anwendungsprotokolle im TCP/IP-Protokollstapel

Die Anwendungsschicht stellt über die Applikationen bzw. Anwendungen (nutzerseitig) einerseits die Schnittstelle zum Anwender zur Verfügung und übergibt die Daten zur Übertragung an die Transportschicht. Je nach Anwendung gibt es eine Vielzahl von Protokollen für unterschiedliche Dienste, wie z.B. E-Mail, WWW, Filetransfer.

Merksatz

Auf der Anwendungsschicht werden die Dienste für den Endanwender durch spezielle Protokolle bereitgestellt, wie z.B. E-Mail, WWW und Filetransfer.

Bei paketvermittelten Systemen wie dem TCP/IP-System, die über ein Speichersystem den Transport- bzw. Vermittlungsdienst realisieren, werden die Informationen in den Routern stets zwischengespeichert und sind grundsätzlich zugänglich. Im Gegensatz zu leitungsvermittelten Kommunikationssystemen, bei denen bereits durch bauliche Maßnahmen eine höhere Zugriffssicherheit gegeben ist, sind derartige paket- bzw. speichervermittelte Systeme offen gegenüber dem Zugriff Dritter. Daher muss ein Schutz der Daten bereits im Endgerät im Rahmen der Anwendung erfolgen. Die Bereitstellung von Verfahren des Datenschutzes wie z.B. der Verschlüsselung ist daher ein Teil der Aufgaben der Anwendungsschicht.

Ferner erfolgen in der Anwendungsschicht auch die Festlegung der Namensbereiche im Internet (z.B. xy@firma.com) sowie die Anpassung an verschiedene Endgeräte.

UDP-basierende Anwendungen

Das *DHCP – Dynamic Host Configuration Protocol* erlaubt die automatische Zuweisung von IP-Adressen, was insbesondere für Internet Service Provider (ISP) interessant ist. Da diese nur einen begrenzten IP-Adressenvorrat zur Verfügung gestellt bekommen, können sie diesen Vorrat mittels DHCP beliebig an die Kunden verteilen und – unter der Berücksichtigung einer statistischen Nutzung – mehr Kunden versorgen, als sie überhaupt IP-Adressen zur Verfügung haben.

DHCP funktioniert nach einem 4-stufigen Austauschverfahren:

- Der Rechner (Client), der am Kommunikationsprozess teilnehmen will, fordert eine IP-Lease an. Diese Meldung enthält die Hardware-Adresse des Clients (MAC-Adresse), wodurch eine Identifikation durch einen DHCP-Server möglich wird. Diese Anfrage richtet der Client im Broadcast (Quellenadresse 0.0.0.0 / Zieladresse 255.255.255.255) an das Netz (DHCP-Discover).
- Alle DHCP-Server des Netzes senden ein Angebot an den Client, ebenfalls als Broadcast, denn der Client hat noch keine IP-Nummer und ist nur so erreichbar. Das Angebot umfasst: Hardware-Adresse des Clients, Angebot der IP-Nummer, Subnet-Maske, zeitliche Dauer der IP-Nummernzuweisung, IP-Nummer des DHCP-Servers (DHCP-Offer).
- Der Client wählt ein (meistens das erste) Angebot aus und sendet an alle diese Auswahlmeldung, wodurch die nicht ausgewählten Angebote von den anderen DHCP-Servern zurückgezogen werden (DHCP-Request).
- Der ausgewählte DHCP-Server bestätigt den Erfolg der Anforderung und sendet alle Konfigurationsnachrichten.

Der Client kann nun für die Dauer der IP-Lease im Netz kommunizieren. Nach 50% der Dauer versucht der Client diese zu erneuern. Im Fall einer Bestätigung (IP-Lease-ACK) werden die neue Lease-Zeit angegeben und die Parameter übertragen. Erfolgt diese Bestätigung nicht, so wird nach 87,5% der Lease-Zeit per Broadcast ein neuer DHCP-Server gesucht, und der Zyklus läuft erneut ab. Läuft allerdings die Lease-Zeit ab, ohne dass eine Erneuerung zustande kam, wird der gesamte TCP/IP-Prozess angehalten, bis eine neue IP-Nummer beim Client vorliegt.

Weitere UDP-basierende Protokolle dienen z.B.

- der Überwachung der im Netz vorhandenen Geräte-Infrastruktur und erlauben z.B. die Abfrage des Zustandes von Routern, Servern und Druckern (*SNMP – Simple Network Management Protocol*),
- der Datenübermittlung mit einem Minimum an notwendigen Kommandos (*TFTP – Trivial File Transfer Protocol*).

TCP-basierende Anwendungen

Viele der bekannten Anwendungen im Internet bauen auf dem verbindungsorientierten, zuverlässigen TCP-System auf. Hierzu gehören u.a.:

- Telnet zur Steuerung von entfernten Computern (Remote-login) über Port 23,
- SMTP (Simple Mail Transfer Protocol) über Port 25 für die E-Mail-Übertragung,
- FTP (File Transfer Protocol) zum Dateiaustausch, bei dem die Kommandos über Port 21 und die Datenübertragung über Port 20 erfolgen,
- HTTP – HyperText Transfer Protocol für WWW-Anwendungen über Port 80.

UDP-/TCP-basierende Anwendungen

Wahlweise auf UDP und TCP aufbauend ist der *Domain Name Service (DNS)*. Dabei handelt es sich um ein hierarchisches Client-Server-Datenbankverwaltungssystem, das für die Umsetzung von Computernamen auf IP-Adressen zuständig ist. Der DNS ist grundsätzlich UDP-basierend, nur bei Fehlern wird auf TCP zurückgegriffen.

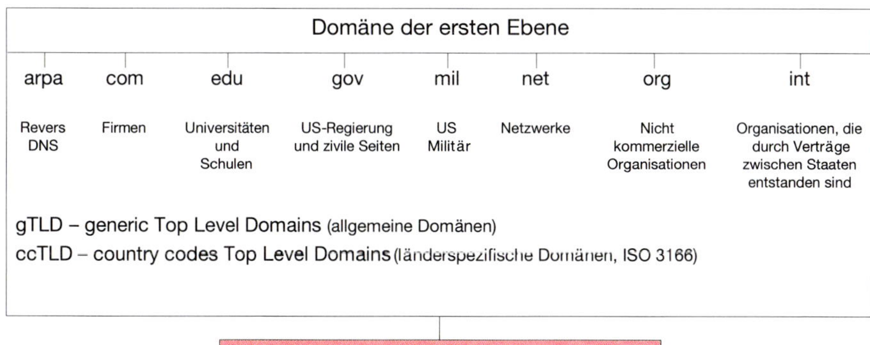

Bild 18.37 Ursprüngliche Domänenstruktur des DNS

DNS beschreibt eine baumartige Struktur; jeder Zweig wird als Zone bezeichnet, für die jeweils ein Domain Name Server verantwortlich ist (Bild 18.37).

Dieser kennt den Namen der nächsthöheren sowie der niedrigeren Domäne; da es sich um eine indirekte, namensorientierte Adressierung der Kommunikationspartner handelt, sind bei Störungen des DNS-Systems die Hosts i.Allg. noch über die IP-Nummer direkt erreichbar.

Bei Länderdomänen gibt es einen Eintrag pro Land; dabei wird jede Domäne vom Pfad aufwärts bis zur Wurzel benannt und die Komponenten durch Punkte getrennt.

Beispiel

Firmen => com, Firmen-Domäne => firma-x, Ort => bigge) wird zu bigge.firma-x.com

Insgesamt können zusammengesetzte Namen 63 Zeichen enthalten, der volle Pfadname hat maximal 255 Zeichen.

Jede Domäne bestimmt die Vergabe untergeordneter Domänen selbst, d.h., eine Firma kann für verschiedene Standorte unterschiedliche Domänennamen vergeben.

Beispiel

Für den Standort Bigge:	bigge.firma-x.com
Für den Standort Freiburg:	freiburg.firma-x.com
Für den Standort Meschede:	meschede.firma-x.com

Die Benennung ist auf organisatorische Grenzen zurückzuführen und hat keine Bedeutung hinsichtlich der physikalischen Netzwerkgrenzen. Jede DNS-Zone wird durch einen primären und sekundären (backup) DN-Server verwaltet.

Eine Zuordnung ausgewählter Protokolle zu den Schichten des TCP/IP-Modells in Anlehnung an die allgemeine Beschreibung in Bild 18.24 ist zusammenfassend in Tabelle 18.3 dargestellt. Eine umfangreiche Beschreibung der Protokolle findet sich in [45; 46].

Tabelle 18.3 Zuordnung von Protokollen zu den Schichten des TCP/IP-Modells

OSI-Schicht	TCP / IP – Schicht	Basis	Protokoll-Name	Aufgabe
7–5	Anwendung	TCP	Telnet	Virtuelle Terminal und Remote Login
			FTP: File Transfer Protocol	Übertragung von Dateien
			HTTP: Hypertext Transfer P.	Anwendungen im World Wide Web
			HTTPS: HTTP Secure	Abgesicherte Anwendungen im WWW
			SMTP: Simple Mail Transfer Protocol	E-Mail-Versand
			POP3: Post Office Protocol	E-Mail-Abruf (Version 3)
		UDP	DHCP: Dynamic Host Configuration Protocol	Automatische Zuweisung von IP-Adressen
			SNMP: Simple Network Management Protocol	Überwachung der Netzwerkgerätetechnik
			TFTP: Trivial File Transfer P.	Einfaches Protokoll zur Datenübertragung
			RTP: Real-time Transport Protocol	Transport von Sprachsegmenten bei VoIP, Jitter-Ausgleich
			RTCP: Real Time Control Protocol	Qualitätsüberwachung und Steuerung bei Echtzeitdiensten (z.B. VoIP)
		UDP / TCP	DNS: Domain Name System	Zuordnung von Domänennamen zu IP-Adressen und deren Verwaltung
			SIP: Session Initiation Protocol	Auf- und Abbau von Sitzungen (Verbindungen), z.B. bei VoIP
4	Transport	IP	TCP: Transport Control Prot.	Übertragung von Datenströmen
		IP	UDP: User Datagram Prot.	Übertragung von Datenpaketen
		IP	SCTP: Stream Control Prot.	Transportprotokoll für Streaming-Anwendungen
3	Vermittlung		IP: Internet Protocol	Datenpaket-Übertragung
			ICMP: Internet Control Message Protocol	Übertragung von Meldungen im Internet z.B. Fehlermeldungen
			ARP: Adress Resolution Protocol	Umsetzung der IP-Adresse auf die Geräteadressen (MAC-Adresse)
		UDP	RIP: Routing Information Protocol	Austausch von Informationen zwischen den Routern über das Netz (Weg)
		IP	OSPF: Open Shortest Path First	Austausch von Informationen zwischen den Routern über die Verbindungen
2	Netzzugang		CSMA/CD	Ethernet gemäß IEEE 802.3
			WLAN	Gemäß IEEE 802.11x
			PPP – Point to Point Prot.	Einwahl z.B. über ISDN / Modem
			Token -Bus / Token-Ring	Gemäß IEEE 802.4 und 802.5
			FDDI – Fibre Distributed Data Interface	Glasfaserringverbindung in Anlehnung an 802.5

18.5.6 Sprachübertragung über die Internet-Protokolle: Voice over IP

Wie in Kapitel 17 ausführlich beschrieben, werden Telefonie-Anwendungen klassisch als leitungsvermittelter Dienst realisiert – eine Form, die den Anforderungen des Dienstes angepasst ist. Seit einigen Jahren nehmen jedoch die Realisierung der Telefonie-Anwendungen und die Übertragung von Sprachdaten mit Hilfe des Internet-Protokolls stark zu. Die entsprechende Methode wird als *Voice over IP* – oder kurz *VoIP* – bezeichnet. Unternehmen versprechen sich dadurch Kostenersparnisse, da sie für die Sprach- und Datenkommunikation nur noch ein Netz benötigen.

Da es sich bei der Telefonie um einen Echtzeitdienst handelt, bei dem es strikte Anforderungen an die maximal erlaubten Verzögerungszeiten sowie die Schwankungen dieser Paketverzögerungszeiten (Jitter) gibt, müssen einige zusätzliche Maßnahmen ergriffen werden, um diesen Dienst mit Hilfe des verbindungslosen Internet-Protokolls zu realisieren. Der folgende Abschnitt gibt einen kurzen Überblick über diese Maßnahmen. Eine detaillierte Darstellung zu VoIP und die damit verknüpften Protokolle findet man beispielsweise in [71] oder [72].

Ein VoIP-Telefon kann das gleiche Aussehen und eine ähnliche Benutzerschnittstelle mit Tastatur und Hörer haben wie ein klassisches ISDN-Festnetztelefon oder auch z.B. über WLAN als schnurloses Telefon realisiert sein. VoIP-Telefonie-Anwendungen lassen sich aber auch unter Verwendung von Headsets durch passende Software auf einem Computer bzw. Laptop realisieren – in diesem Fall spricht man häufig von Soft-Phones. Um VoIP umzusetzen, werden neben den speziellen Endgeräten einige besondere Server und Netzelemente benötigt, die im weiteren Verlauf dieses Abschnitts noch vorgestellt werden.

Bei der erwähnten Software handelt es sich um Umsetzungen der VoIP-spezifischen Protokolle. Bild 18.38 zeigt eine solche typische Protokoll-Struktur für VoIP-Anwendungen. Als Netzwerk- und Transportschicht werden die bereits erläuterten Protokolle IP (v4 oder v6) bzw. TCP und UDP verwendet. Als Sprachcodec kann beispielsweise der vom ISDN bekannte G.711-Codec (vgl. Abschnitt 11.2) mit einer Sprachdatenrate von 64 kbit/s eingesetzt werden – ebenso aber auch andere Codecs mit zum Teil deutlich geringerer Sprachdatenrate. Neu hinzugekommen sind folgende Protokolle:

- *RTP*: Das ***Real Time Transport Protocol*** sorgt für den zuverlässigen Transport von Sprachsegmenten und den Ausgleich von Laufzeitschwankungen.
- *RTCP*: Das ***Real Time Control Protocol*** dient der Überwachung und Steuerung der Dienstgüte bei der Sprachübertragung mittels RTP.
- *SIP*: Mittels des ***Session Initiation Protocols*** wird eine Sprachverbindung (Session) auf- und abgebaut.
- *SDP*: Das ***Service Description Protocol*** wird von SIP benutzt, um den jeweiligen Dienst (Telefonie, Video, ...) und einige zugehörige Dienstparameter wie z.B. den zu verwendenden Sprachcodec auszuhandeln.

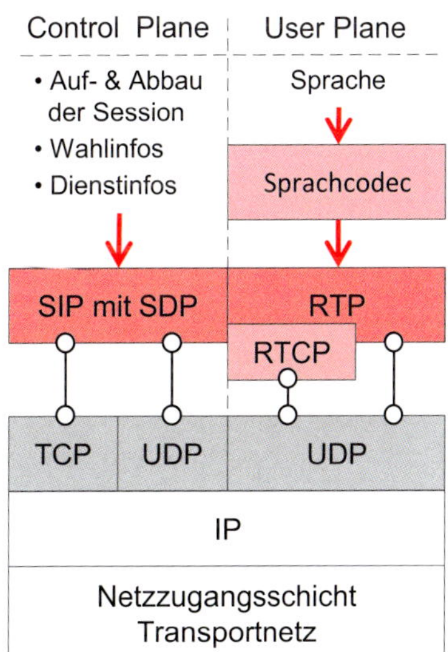

Bild 18.38
Überblick über die Protokollstruktur bei VoIP

Von der dargestellten Protokollstruktur gibt es einige Varianten. Beispielsweise kann zum Aufbau von Sprachverbindungen auch die von der ITU herausgegebene Protokollsammlung H.323 verwendet werden. In der Praxis hat sich jedoch SIP durchgesetzt, so dass sich die folgenden Darstellungen darauf konzentrieren. Dabei werden einige weitere Details der zuvor erwähnten Protokolle erläutert.

Real Time Transport Protocol (RTP) und der Transport von Sprachsegmenten
Das Real Time Transport Protocol sorgt für den zuverlässigen Transport von Sprachsegmenten. Es setzt auf dem einfacheren verbindungslosen Transportpotokoll UDP auf, das ohne Bestätigungen arbeitet. Eine Verwendung von TCP ist nicht angebracht, da Wiederholungen von Sprachsegmenten mit unkalkulierbaren Verzögerungszeiten als größere Beeinträchtigung der Sprachqualität empfunden werden als eine geringe Verlustrate von Sprachsegmenten. Andererseits muss dafür gesorgt werden, dass die Segmente dem Sprachdecoder am Empfänger in der richtigen Reihenfolge und in einem halbwegs konstanten Takt zugeführt werden. Dies kann UDP jedoch nicht garantieren, und insofern wird RTP mit folgenden Header-Elementen benötigt (Bild 18.39):

- Nummer der verwendet RTP-Version (2 Bit),
- Hinweise auf eventuell folgende optionale Header-Elemente (1 Bit),
- der Payload Type (7 Bit) mit der Angabe des verwendeten Sprach-, Audio- bzw. Video-Codecs (RTP kann nicht nur Sprache, sondern auch andere Medien transportieren),
- eine Sequenznummer (16 Bit) zur fortlaufenden Nummerierung der RTP-Segmente,
- der Timestamp (32 Bit), also einen Zeitstempel mit einer Angabe zum Absendezeitpunkt des jeweils ersten Bytes des Nutzdatenanteils,
- der Synchronisation Source Identifier (32 Bit) mit einer Identifikationsnummer der Quelle der Nutzdaten zur Unterscheidung verschiedener parallel übertragener Medienströme.

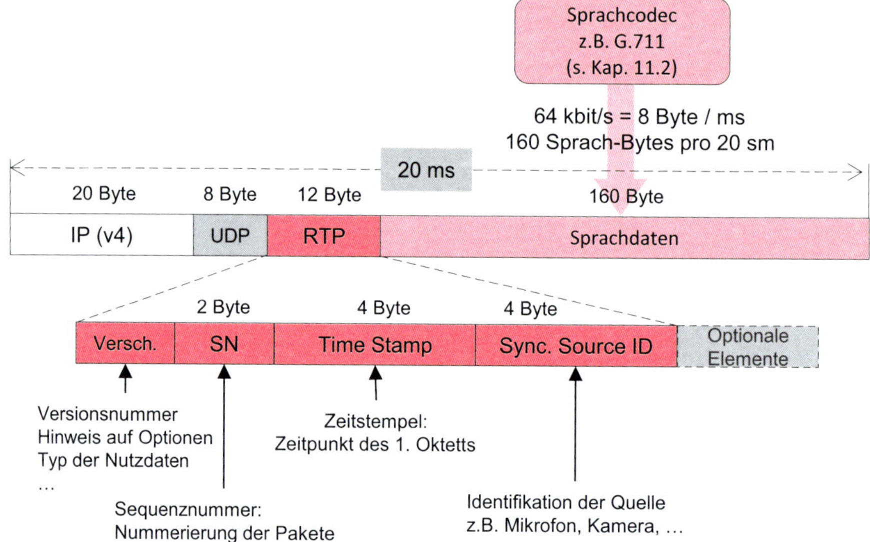

Bild 18.39 Datenstruktur bei VoIP und der Aufbau eines RTP-Segments

Die Codierung des Zeitstempels ist an den jeweils verwendeten Codec angepasst. Wird z.B. G.711 eingesetzt, so erzeugt dieser Codec ein Sprachbyte pro 0,125 ms, was einer Datenrate von 8 Byte/ms = 64 kbit/s entspricht. Ein Sprachsegment besitzt eine Dauer von 20 ms, enthält also 160 Sprachbytes. In diesem Fall wird der Zeitstempel als Vielfaches des Abtasttaktes von 0,125 ms angegeben. Das zehnte Sprachsegment trägt dann z.B. den Zeitstempel $za + 10 \cdot 160$, das folgende den Stempel $za + 11 \cdot 160$. Der zufällig gewählte Grundanteil *za* dient der Anonymisierung und der Verschleierung der Dauer des Gesprächs.

Bei der Verpackung der Sprachsegmente aus 160 Byte (siehe Bild 18.39) entstehen IP-Pakete der Größe 200 Byte bei Verwendung von IPv4 bzw. 220 Byte bei Verwendung von IPv6. Der erzeugte Overhead liegt also bei 25% und mehr. Bei Sprachcodecs mit niedriger Sprachdatenrate ist er sogar noch deutlich höher, so dass man Verfahren zur Komprimierung der Header entwickelt hat.

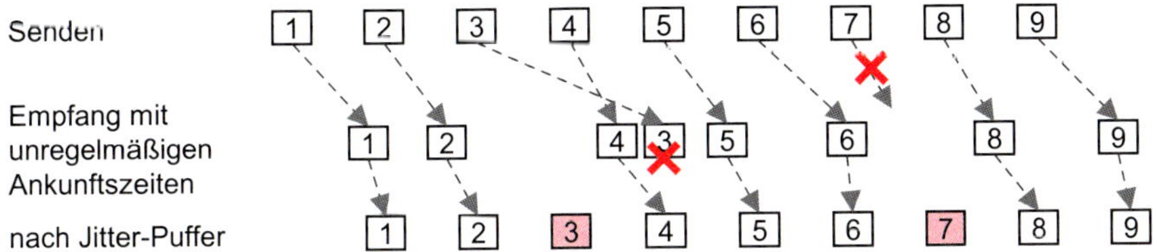

Bild 18.40 Jitter-Ausgleich bei VoIP

Bild 18.40 illustriert die Übertragung mehrerer aufeinanderfolgender IP-Pakete mit Sprachsegmenten. Aufgrund der verbindungslosen Übertragung kommt es zu unterschiedlichen Paketlaufzeiten, einzelne Pakete können sogar verloren gehen. Die Schwankungen der Ankunftszeiten der Pakete bezeichnet man als Jitter. Fällt dieser Jitter nicht allzu hoch aus, lässt er sich durch einen Puffer am Empfänger ausgleichen, so dass die Segmente im regelmäßigen Takt an den Sprachdecoder übergeben werden können. Segmente, für die dieser Ausgleich nicht möglich ist, bzw. die verloren gegangen sind, müssen anderweitig erzeugt werden, z.B. durch Wiederholung vorangegangener Segmente. Geschieht dies zu häufig, ist damit eine Beeinträchtigung der Sprachqualität verbunden.

Um zu große Übertragungszeiten bzw. Paketverluste bei VoIP zu vermeiden, müssen die entsprechenden IP-Pakete in den Routern priorisiert und besonders behandelt werden. Die entsprechende Kennzeichnung erfolgt über das Type-Service-Feld bei IPv4 bzw. das Traffic-Class-Feld bei IPv6.

Real Time Control Protocol (RTCP)

RTCP dient der Überwachung von Parametern zur Verbindungsqualität (Quality of Service) von RTP-Verbindungen und stößt an, dass bei schlechter Qualität Maßnahmen zur Verbesserung ergriffen werden, z.B. durch Änderung des Codecs, durch Erhöhung von Prioritäten oder durch Zuteilung weiterer Ressourcen. Gemessen und zwischen Sender und Empfänger ausgetauscht werden beispielsweise Angaben zur Paketverlustrate, zu Verzögerungszeiten und zum Jitter. Ebenso können mittels RTCP verschiedene Medienströme synchronisiert sowie bei Telefonkonferenzen neu hinzukommende oder ausscheidende Teilnehmer angezeigt werden.

Beim Aufbau einer Session wird parallel zu jedem RTP-Kanal ein zugehöriger RTCP-Kanal aufgebaut.

Session Initiation Protocol (SIP) und der Aufbau von VoIP-Verbindungen

Wie bei einem klassischen Telefonat muss auch bei VoIP vor Beginn der Sprachübertragung eine Verbindung zwischen den Kommunikationspartnern bzw. deren Endgeräten aufgebaut werden. Bei VoIP geschieht dieser Aufbau der Session mit dem Session Initiation Protocol, das von der IETF als RFC 3261 herausgegeben wurde. Dazu sind insbesondere die «Telefonnummern» bzw. Adressen der Teilnehmer erforderlich, die eine ähnlich Struktur wie E-Mail-Adressen aufweisen und mit dem Schlüsselwort *sip:* beginnen. Man bezeichnet sie als SIP-URI (URI = *Uniform Resource Identifier*). Je nach Anwendung und Einsatz werden leicht unterschiedliche Formate verwendet. Zwei wichtige Beispiele werden im Folgenden diskutiert:

- Format 1: sip: user@domain, z.B. sip: tln-a@alpha.de
- Format 2: sip: phone-number@gateway.domain, z.B. sip: 4929154321@gw.alpha.de

Bei Format 1 ist *tln-a* die Adresse eines VoIP-Nutzers in der Internet-Domäne *alpha*. Das Format 2 zeigt an, dass ein Teilnehmer mit der Rufnummer ++4929154321 über ein so genanntes VoIP-Gateway *gw* in der Domäne *alpha* zu erreichen ist. Auf letztere Weise lassen sich auch klassische ISDN-TK-Anlagen integrieren.

In Bild 18.41 ist der Aufbau einer VoIP-Session skizziert für den Fall, dass sich die beiden Teilnehmer *tln-a* und *tln-b* in verschiedenen Domänen *alpha* und *beta* befinden. Um den Teilnehmern Telefonate von beliebigen Endgeräten innerhalb ihrer Domäne zu ermöglichen, ist jeweils ein so genannter SIP-Proxy Server vorgesehen, der gewissermaßen als Stellvertreter der Nutzer bzw. als Mittler beim Verbindungsaufbau dient.

In Bild 18.41 initiiert *tln-a* als so genannter User Agent Client den Verbindungsaufbau (Drücken einer Rufaufbautaste) mit der SIP-Request-Meldung INVITE, um einen anderen Teilnehmer zum Gespräch «einzuladen». Diese Meldung, die u.a. die SIP-Adresse des gerufenen Teilnehmers *tln-b* enthält, wird zunächst an den eigenen Proxy Server A weitergeleitet. Durch eine Abfrage beim *Domain Name Server* (DNS) erfährt Proxy A die IP-Adresse des Proxy Servers B, so dass über diesen Weg alle Meldungen an das SIP-Telefon des Teilnehmers *tln-b* gesendet werden können. Nachdem die INVITE-Meldung erfolgreich bearbeitet wurde, teilt der jeweilige Server dies dem jeweiligen Absender durch die 100-Trying-Meldung mit. Beim Eintreffen der INVITE-Meldung beim aktuellen Endgerät von *tln-b* (und wenn es in der Lage ist, den Ruf mit den geforderten Parametern entgegenzunehmen) fängt dieses an zu klingeln. Diese Tatsache wird über die beiden Proxy Server mit der 180-Ringing-Meldung dem rufenden Teilnehmer *tln-a* mitgeteilt, wo die Meldung in ein Freizeichen umgesetzt wird. Hebt *tln-b* ab, geht die Meldung 200 OK an das Endgerät von *tln-a*, das das Eintreffen mit einer ACK-Meldung bestätigt. Damit ist die Sitzung eröffnet und der Austausch von Sprachsegmenten über RTP kann erfolgen. Beim Beenden der Sitzung (Auflegen) sendet die beendende Station eine BYE-Meldung, die von der anderen Seite mit einer 200-OK-Meldung bestätigt wird.

Neben den zuvor beschriebenen Netzelementen kommen noch weitere zum Einsatz. Ein so genannter *Redirect Server* leitet Anfragen um, wenn sich beispielsweise der angerufene VoIP-Teilnehmer in einer anderen als seiner Heimat-Domäne befindet. Um diesen Teilnehmer aufzufinden, muss sich ein SIP-Teilnehmer regelmäßig bei seinem *Registrar Server* melden. Dort wird zu jeder SIP-Adresse die aktuelle IP-Adresse in einer Datenbank verwaltet (*Location Server*). Gehören zu einem Teilnehmer mehrere Endgeräte, so können es auch mehrere IP-Adressen pro SIP-Adresse sein.

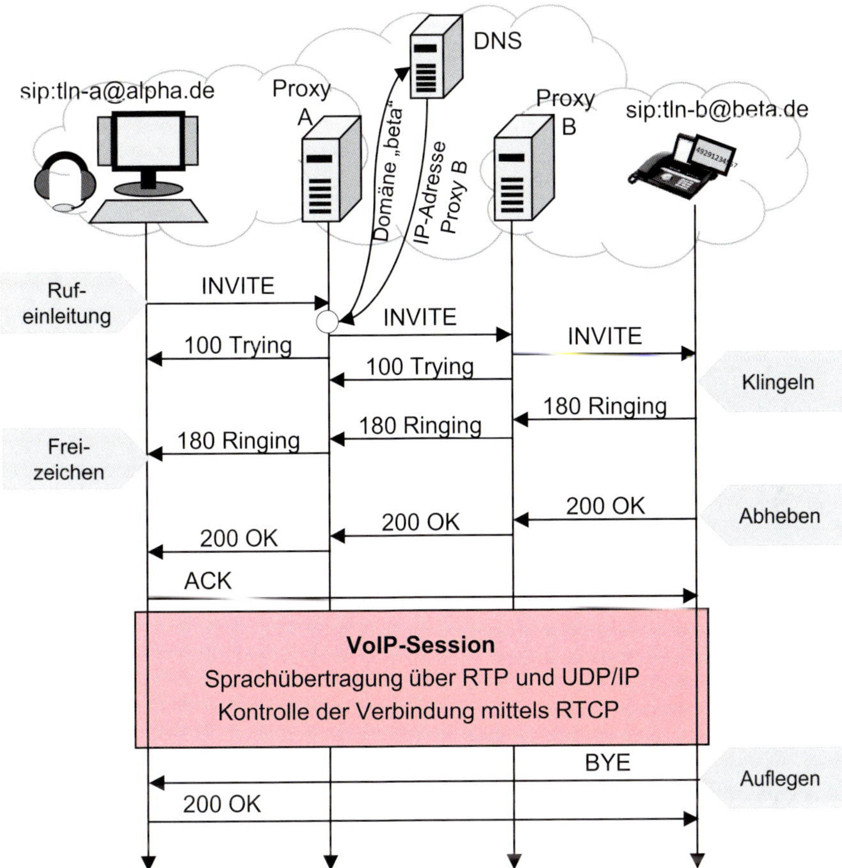

Bild 18.41 Auf- und Abbau einer VoIP-Session mit SIP

Sollen VoIP-Teilnehmer auch von analogen oder ISDN-Telefonen aus erreichbar sein, so benötigt man *SIP-Gateways*, die zum einen die klassische Verbindungsaufbausignalisierung in den SIP-Meldungsfluss aus Bild 18.41 umsetzen und die zum anderen auch den kontinuierlichen Sprachdatenstrom in die in Bild 18.39 skizzierte Paketstruktur packen bzw. die diese Wandlungen auch in der umgekehrten Weise vornehmen. Damit ein VoIP-Teilnehmer auch von einem Teilnehmer mit einem analogen Telefon oder einem ISDN-Telefon angewählt werden kann, benötigt er zusätzlich zu seiner SIP-Adresse eine Rufnummer gemäß der ITU-Spezifikation E.164 (siehe Abschnitt 17.5.3). Diese kann eine VoIP-spezifische Vorwahl enthalten oder unter bestimmten Umständen auch aus dem Nummernvorrat des Ortsnetzes des Teilnehmerwohnorts entstammen. Am Gateway muss dann diese Rufnummer in die SIP- bzw. IP-Adressen umgesetzt werden.

Ein grundsätzliches Problem bei der Realisierung von VoIP in der zuvor beschriebenen Weise stellt das Zusammenspiel mit Firewalls und dem Mechanismus *Network*

Address Translation (NAT) dar (siehe Abschnitt 18.5.3). Mit der SIP-INVITE-Meldung wird die interne, private IP-Adresse weitergegeben und RTP weist dynamisch UDP-Ports an, so dass darauf aufbauende Meldungen und Pakete im externen, öffentlichen Netz nicht geroutet bzw. von einer Firewall, die bestimmte Ports erwartet, nicht durchgelassen werden. Zur Behebung dieses Problems wurden verschiedene Verfahren und Protokolle entwickelt, die auf zusätzliche Server zurückgreifen, um so die externen, öffentlichen IP-Adressen in den SIP-Meldungsfluss bzw. feste Ports in die RTP-Datagramme zu integrieren. Eine detaillierte Darstellung findet man in [71].

18.5.7 Audio- und Video-Streaming

Wie bei der VoIP-Übertragung bereits ausgeführt, erfordert auch die Übertragung kontinuierlicher Audio- und Videodaten über paketvermittelte Netze besondere Maßnahmen, um eine ungestörte Wiedergabe ohne Tonaussetzer und mit kontinuierlicher Bewegungswiedergabe zu ermöglichen. Unterschieden werden dabei die

- *Synchronisation:* Die Wiederherstellung einer eindeutigen Zeitbeziehung zwischen *verschiedenen* Datenströmen nach Durchlauf durch ein Netz, z.B. von Audio und Video (Lippensynchronität),
- *Streaming:* Die Rückgewinnung der zeitlichen Beziehung innerhalb *eines* Datenstroms nach Durchlauf durch ein Netzwerk, z.B. Audio oder Video.

Der Begriff Streaming wird daher auch für die Übertragung von Echtzeit-Medien (wie Audio, Video) über IP-basierte Netze verwendet. Hinsichtlich der Anforderungen an den Übertragungsweg ist zu unterscheiden zwischen der Streaming-Übertragung von gespeicherten Inhalten (z.B. aus Mediatheken) und dem Live-Streaming (z.B. bei Konferenzsystemen): Das Live-Streaming erfordert zusätzlich u.a. eine kurze Ende-zu-Ende-Verzögerungszeit. Eine besondere Eigenschaft der Streaming-Systeme ist eine automatische Anpassung an die Wiedergabemöglichkeiten des Endgerätes.

Streaming auf Basis von RTP

Aufbauend auf den Protokollen IP, UDP, RTP und RTCP wird für Streaming-Angebote häufig das RTSP-Protokoll als Client-Server-Präsentationsprotokoll eingesetzt. Damit ergibt sich ein Protokollstapel nach Bild 18.42.

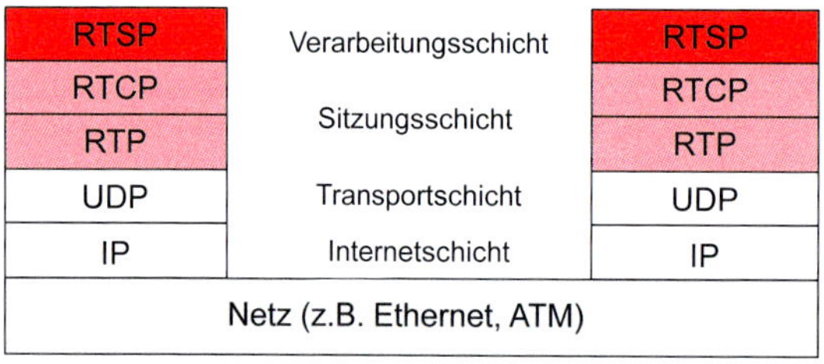

RTSP	Verarbeitungsschicht	RTSP
RTCP	Sitzungsschicht	RTCP
RTP		RTP
UDP	Transportschicht	UDP
IP	Internetschicht	IP
Netz (z.B. Ethernet, ATM)		

RTSP – Realtime Streaming Protocol
RTCP – Realtime Control Protocol
RTP – Realtime Protocol

Bild 18.42
Erweitertes IP-Protokollsystem für Streaming-Anwendungen

RTSP ist ein Protokoll der Anwendungsschicht und vergleichbar zu HTTP. Es überträgt keine eigenen Daten, sondern erlaubt die Kontrolle der Datenströme und die Erweiterung der Funktionalität durch Steuerdaten, z.B. für das Vor- und Zurückfahren einer Videoszene oder die absolute Positionierung innerhalb einer Darstellung.

Während bei VoIP die über den RTP-Protokollstapel zu übertragende Datenrate eher gering ist, erreichen Streaming-Anwendungen Datenarten von mehreren 10 Mbit/s. Da IP-Netze im Grundsatz keinen Quality of Service bereitstellen können, erfolgt bei der Audio- und Videoübertragung eine Pufferung der Datenströme im Endgerät sowie ein *Over-Provisioning*, d.h. es wird eine höhere Datenraten zum Endkunden bereitgestellt, als die eigentliche Anwendung benötigt. Die Datenpakete werden dann mit der jeweils aktuell höchsten verfügbaren Datenrate übertragen und im Endgerät zwischengespeichert, um sie der Anwendung zu übergeben. Dadurch können Zeiträume überbrückt werden, in denen die aktuell verfügbare Datenrate zum Endkunden zu gering sind.

HTTP-Streaming

Ein Nachteil des RTP-Streamings ist die Nutzung von UDP, das häufig aufgrund von Datensicherheitsaspekten durch Firewalls blockiert wird. Ferner muss der Protokollstapel nach Bild 18.42 durchgängig vom Anbieter bis zum Endkunden in allen Vermittlungselementen (Routern) unterstützt werden, damit die Vorteile genutzt werden können. Dieses kann häufig nur in geschlossenen Systemen eines Anbieters, der auf alle Netzknotenpunkte Zugriff hat, gewährleistet werden.

Das HTTP-Streaming benutzt die Standard-Internet-Struktur nach dem Prinzip *DASH (Dynamic Adaptive Streaming over HTTP)*. Ziel ist die Einrichtung der in Bild 18.43 dargestellten offenen Wertschöpfungskette, die u.a. eine Anreicherung der vorproduzierten, medialen Inhalte mit *dynamischen* Inhalten erlaubt, z.B. unterschiedlichen Untertiteln, verschiedener Werbung oder landestypischen Sprachen. Dieses Geschäftsmodell wird auch als OTT (Over-The-Top)-Inhalteverbreitung bezeichnet, da kein Internet-Diensteanbieter an der Kontrolle oder der Verbreitung beteiligt ist und durch ihn lediglich die Transportleistung erbracht wird.

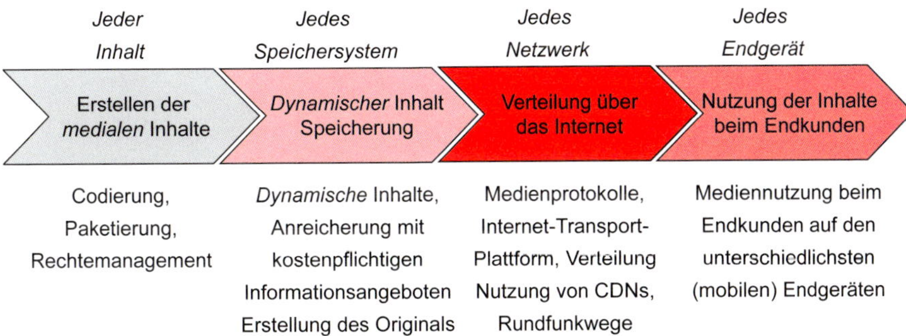

Bild 18.43 Wertschöpfungskette für digitale Medien

Das auch bei OTT eingesetzte adaptive Streaming erfordert einen HTTP-Server, der die Audio-Video-Daten in unterschiedlichen Qualitätsstufen bereithält. Über Standardprotokolle (TCP/IP) erfolgt die Übertragung spezifizierter Datenpakete, die im Endgerät datenratenadaptiv zusammengesetzt werden, wie in Bild 18.44 dargestellt.

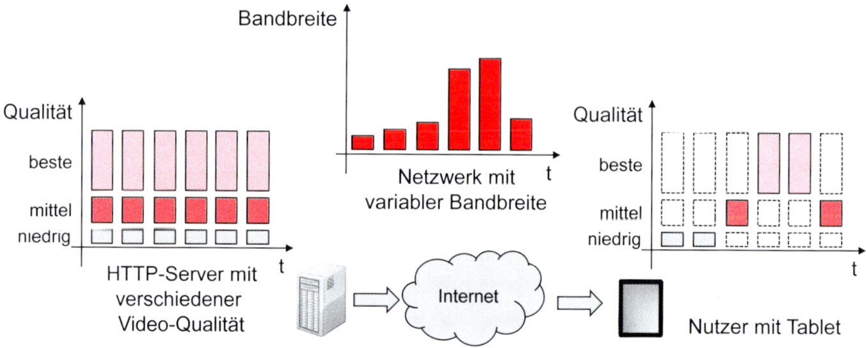

Bild 18.44 Prinzip des adaptiven Streamings

Die Anpassung an die vorhandene Datenrate erfolgt durch eine geeignete sendeseitige Segmentierung und empfängerseitige Rekombination der Daten, d.h. es wird in regelmäßigen Abständen geprüft, ob eine Verbesserung der Qualität möglich ist, die bestehende beibehalten oder eine Reduzierung erforderlich wird. In Bild 18.45 ist dieses Verfahren dargestellt.

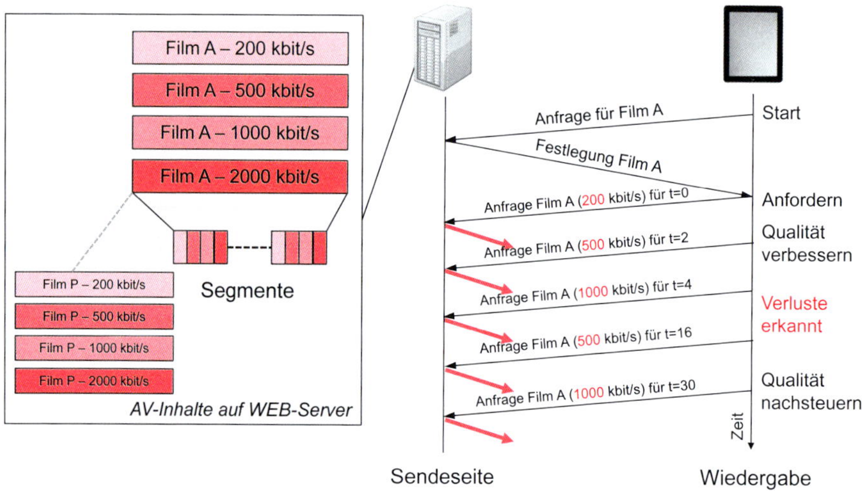

Bild 18.45 Zeitlicher Ablauf des adaptiven Streamings

Wesentlich ist für die Adaption ein einheitliches Beschreibungsformat (Media Presentation Description – MPD) für die Segmente, das im ISO/IEC-Standard 23009 festgelegt wurde. Die einzelnen Segmente werden danach durch HTTP-URLs adressiert (HTTP/1.1) und bei der Wiedergabe zeitlich korrekt zusammengesetzt (*MPEG-DASH-Parser*). Danach wird der zusammengesetzte Datenstrom zur Medienwiedergabe an einen Software-Player (*Mediaengine*) übergeben.

CDN – Content Delivery Networks
Sowohl beim Streaming gespeicherter Inhalten als auch beim Live-Streaming erzeugt die rundfunkähnliche Versorgung sehr hoher Teilnehmerzahlen über das für die

individuelle Kommunikation konzipierte Internet eine sehr hohe Netzbelastung: Die Vielzahl von zu überwindenden Knotenpunkten (*hops*) mit der bei TCP erforderlichen abschnittsweisen Bestätigung einzelner Pakete sowie die verschiedenen Internet-Diensteanbieter (ISP) mit qualitativ sehr unterschiedlichen Netzwerkstrukturen und Netzwerkübergängen können dabei zu Qualitätseinbrüchen eines kontinuierlich anzubietenden Dienstes führen. Dies gilt für die Organisation der Abfrage durch den Endkunden, insbesondere aber für die Auslieferung der Daten bei einer möglichen zentralen Serverstruktur. Anbieter von Informationen (Streaming-Anbieter) könnten nicht sicher sein, dass ihre Angebote die Endkunden störungsfrei erreichen.

Um eine zuverlässige Bereitstellung der Audio- und Video-Inhalte für viele Millionen Endgeräte sicherzustellen, werden daher spezielle dezentrale Server-Netzstrukturen genutzt, die als *CDN (Content Delivery Networks)* bezeichnet werden. Die CDN-Betreiber übernehmen als Dienstleister die störungsfreie Datenbereitstellung bis zum Endkunden. Ziele der CDN-Technik sind, u.a.:

- die Verringerung der Netzabschnitte (hops), wie in Bild 18.46 dargestellt,
- die Verringerung der beteiligten Internet-Diensteanbieter (ISP – Internet Service Provider),
- die Bereitstellung der Audio- und Video-Inhalte in der Nähe des Endkunden,
- eine Lastverteilung bei hohen Teilnehmerzahlen durch hochgradig dezentrale, hierarchisch organisierte Serverstrukturen,
- die Verkürzung der Übertragungswege durch Bereitstellung häufig genutzter Inhalte in Nähe des Endkunden *(Caching)*,
- die Verringerung der Antwortzeiten auf Nutzeranfragen.

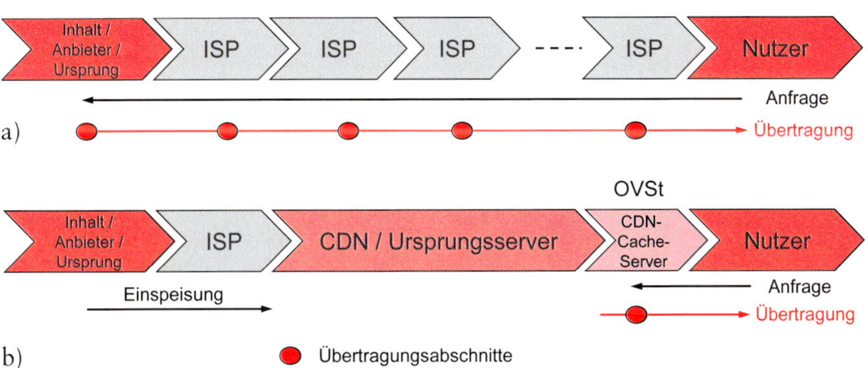

Bild 18.46 Verringerung der Netzabschnitte durch CDN-Systeme
a.) Vielfache Netzabschnitte bei Streaming ohne CDN
b.) Verringerung der Netzabschnitte durch Nutzung eines CDN

Die für die Auslieferung der Daten beim Endkunden zuständigen lokalen Verteilserver (CDN-Cache-Server) sind vielfach vorhanden und geografisch häufig in den Ortsvermittlungsstellen angeordnet. Durch die häufig im Abonnement angebotenen Streaming-Dienstleistungen sind die nachgefragten Inhalte der Nutzer weitgehend bekannt, so dass eine Optimierung der zeitbegrenzt vorgehaltenen Caching-Daten im Cache-Server erfolgen kann. So kann vermieden werden, dass große Datenmengen bei jeder einzelnen Abfrage über eine große Netzwerkdistanz übertragen werden müssen. Große CDN-Betreiber verfügen weltweit über Servernetze von mehr als 350 000 Servern. Die Informationsanbieter stellen an einem oder wenigen Punkten ihre zu verteilende Information bereit, der CDN-Anbieter sorgt dann für die länderübergreifende Verteilung.

18.6 Zusammenfassung

Die paketorientierte Übertragung wurde zunächst für die Datenkommunikation zwischen lokalen Computern entwickelt. Sofern die Rechner innerhalb eines (lokalen) Netzes miteinander verbunden sind, muss der Zugriff auf das gemeinsame Übertragungsmedium durch geeignete Verfahren geregelt werden. Dieses erfolgt durch verschiedene MAC-Verfahren (MAC – Medium Access Control), die auf unterschiedliche Weise eine Zugriffsregelung durchführen. Zu unterscheiden sind dabei generell kollisionsbehaftete (Ethernet) von kollisionsfreien (Token Ring) Verfahren. Eine Standardisierung der MAC-Verfahren erfolgte bei der IEEE. Mit der Erweiterung der lokalen (Computer-)Netzwerke auf Weitverkehrsnetze erlangte die Paketvermittlung immer größere Bedeutung. Im Unterschied zur Leitungsvermittlung, die unmittelbar Leitungen bzw. Zeitschlitze durchschaltet, orientiert sich die paketorientierte Vermittlung nur an der Quellen- und Zieladresse und leitet anhand dieser die Informationen durch das Netz, was für jedes Paket auf einen anderen Weg führen kann. Jede Information wird transportiert, ohne Berücksichtigung einer übergeordneten Priorität. Dadurch kann, insbesondere für den von anderen statistischen Nutzungseigenschaften als bei der Telefonie geprägten Datenverkehr, eine bessere Auslastung der Netzkapazitäten erreicht werden.

Von besonderer Bedeutung ist die Internet-Kommunikation, die auf Basis des TCP/IP-Modells erfolgt. Aufgrund der Unabhängigkeit von einer speziellen technischen Realisierung des physikalischen Netzes kann es auf nahezu allen Netzwerkformen eingesetzt werden und damit eine Kommunikation zwischen völlig verschiedenen Netzwerktypen sicherstellen. Dazu werden unterschiedliche Protokolle, die die Vermittlung und den Transport der Pakete übernehmen, genutzt. Jedes am Kommunikationsprozess teilnehmende Gerät erhält dazu eine ggf. zeitlich befristete IP-Nummer, die eine eindeutige Identifikation ermöglicht. Für die unterschiedlichen Anwendungen, wie z.B. E-Mail, WWW, FTP, Streaming oder Voice over IP, werden in der Anwendungsschicht die zugehörigen Protokolle bereitgestellt. Neben der technischen Umsetzung der Anwendungen erlauben die Protokolle der Anwendungsschicht auch Vereinfachungen, z.B. eine direkte Vergabe von Namensbereichen für organisatorisch zusammenhängende Netzwerke, die physikalisch getrennt sein können.

18.7 Lernziel-Test

1. Welche Vernetzungsstrukturen kommen bei Computernetzen zum Einsatz?
2. In welche Teilschichten gliedert sich bei Computernetzen die Sicherungsschicht?
3. Welche Organisation befasst sich mit der Standardisierung dieser Schicht für Computernetze?
4. Wozu dient ein Zugriffsverfahren?
5. Nennen Sie verschiedene Zugriffsverfahren und geben Sie jeweils ein Beispiel für ihre Anwendung.
6. Was versteht man unter dem Hidden-Node-Problem? In welchen Situationen tritt es auf und wie kann man es beheben?
7. Warum muss die Rahmenlänge bei IEEE 802.3 mindestens 64 Byte betragen?
8. Wie viele Datenrahmen benötigt man bei Verwendung von IEEE 802.3 mindestens, um eine Datei der Größe 3 MByte zu übertragen?
9. Wie lange dauert die Übertragung eines einzelnen Rahmens bei Verwendung eines 100Base-TX-Kabels?
10. An ein 100Base-TX Kabel sind in einer Busstruktur mehrere Stationen angeschlossen. Wie groß kann der gesamte Datendurchsatz in etwa maximal werden, wenn die Signallaufzeiten 12 µs betragen? (Hinweis: Bild 18.4)
11. Warum strebt bei hoher Zugriffsrate beim ALOHA-Verfahren der Durchsatz gegen null?
12. Inwiefern kann es bei der Sprachübertragung in einem Netz nach dem Standard IEEE 802.3 Probleme geben?
13. Aus welchen Teilen besteht ein Datenrahmen bei IEEE 802.3?
14. Was ist ein Repeater?
15. Welchen Vorteil hat der Einsatz einer Bridge?
16. Worin unterscheidet sich ein Switch von einer Bridge und von einem Hub?
17. An einen duplexfähigen Switch sind über 100Base-TX-Kabel vier Stationen angeschlossen. Station 1 und Station 2 senden gleichzeitig an Station 3 eine große Datei. Mit welcher Datenrate werden die beiden Dateien bei Station 3 im Mittel empfangen?
18. Was sind die wesentlichen Unterschiede zwischen den Standards IEEE 802.3, IEEE 802.4 und IEEE 802.5?
19. Wodurch ist das Verfahren der Paketvermittlung gekennzeichnet?
20. Wie erfolgt bei der Paketvermittlung die Durchleitung durch das Netz?
21. Was versteht man unter einer virtuellen Verbindung?
22. Welcher Unterschied besteht zwischen einer verbindungsorientierten und einer verbindungslosen Paketübertragung?
23. Nennen Sie die wichtigsten Eigenschaften der Vermittlungsschicht.
24. Welche Anforderungen sind generell an einen Routing-Algorithmus zu stellen?
25. Skizzieren Sie das TCP/IP-Schichtenmodell und dessen Zuordnung zum OSI-Modell.
26. Welche Aufgaben hat die IP-Schicht?
27. Welche Protokolle sind auf der IP-Schicht zu finden?
28. Wie ist eine IPv4-Nummer generell aufgebaut?
29. Wozu dient die Subnet-Maske?
30. Was ist ein Klasse-B-Netz?

31. Was versteht man unter dem Begriff «Subnetz-Aufteilung»?
32. Welches generelle Prinzip liegt dem Routing der IP-Schicht zugrunde?
33. Welche Aufgabe hat das ARP (Address Resolution Protocol)?
34. Welche Protokolle werden auf der Transportschicht des TCP/IP-Modells unterschieden?
35. Welcher Unterschied besteht zwischen den verbindungsorientierten Protokollen der Vermittlungsschicht und der Transportschicht?
36. Nennen Sie UDP-orientierte und TCP-orientierte Protokolle.
37. Was wird unter DHCP verstanden, wozu dient dieses und wie funktioniert es?
38. Nennen Sie wesentliche Protokolle der Anwendungsschicht und ihre Aufgaben.
39. In welcher Schicht des TCP/IP-Modells sind Datenschutzmaßnahmen, z.B. Verschlüsselung, vorzunehmen?
40. Was wird unter dem DNS-Verfahren verstanden?
41. Nennen Sie die wesentlichen Neuerungen von IPv6 gegenüber IPv4.
42. Betrachten Sie folgende IPv6-Adresse in kompakter Schreibweise: 2001:DB8:5A7:3C15::47:4567 / 48. Geben Sie die ausführliche Schreibweise mit allen Nullen an. Wie lautet der Netzwerkanteil?
43. Welche unterschiedlichen Typen von IPv6-Adressen gibt es?
44. Welche Protokolle werden i.Allg. eingesetzt, um Telefonie-Anwendungen über das Internet zu realisieren?
45. In welchen Schritten erfolgt dabei ein Aufbau einer Sitzung, und welche Netzelemente kommen zum Einsatz?
46. Bei VoIP wird verschiedentlich der ITU-Sprachcodec G.729 eingesetzt, der Sprachsegmente in einem Takt von 10 ms erzeugt und in seiner Hauptvariante mit einer Sprachdatenrate von 8 kbit/s arbeitet. Aus wie vielen Bytes besteht dann jeweils ein IPv6-Paket und wie viele davon sind Sprachbytes? Um welchen Betrag unterscheiden sich die RTP-Timestamps in zwei aufeinanderfolgenden Paketen?
47. Wie werden Audio- und Video-Streaming-Systeme protokolltechnisch realisiert?
48. Was unterscheidet eine Streaming-Realisierung mittels RTP von derjenigen mit HTTP?
49. Was wird unter einem CDN – Content Delivery Network verstanden?
50. Welche Ziele werden netzwerktechnisch mit der Nutzung von CDNs verfolgt?

19 Mobilfunksysteme

19.1 Allgemeine Übersicht

19.1.1 Einsatzgebiete

Der Bereich «Mobilfunk» hat in den vergangenen Jahrzehnten durch eine Vielzahl technologischer Fortschritte eine sehr dynamische Entwicklung erfahren, mit starken Steigerungen der Teilnehmerzahlen und des zu übertragenden Datenvolumens sowie der bereitgestellten Anwendungsmöglichkeiten. Gab es Anfang der 1990er-Jahre nur ca. 1 Mio. Mobilfunkanschlüsse in Deutschland, so sind es 2022 etwa 140 Mio. mit einem Datenvolumen von gut 4 GByte pro Einwohner und Monat. Das Datenvolumen hat sich im letzten Jahrzehnt in etwa alle zwei Jahre verdoppelt und wird weiterhin stark ansteigen. Der größte Teil des Datenvolumens (ca. 70 %) ist auf die Videokommunikation zurückzuführen.

Mobilfunksysteme werden aber nicht nur für die menschliche Kommunikation (Telefonie, Videos, Austausch von Bildern und Meldungen) genutzt, sondern vermehrt auch für die Kommunikation zwischen Maschinen bzw. «Dingen». In diesem Fall spricht man von Machine-to-Machine-Communication (M2M), Machine Type Communication (MTC) bzw. vom Internet of Things (IoT). Bei den Maschinen oder Dingen kann es sich um Teile einer Produktionsanlage, Komponenten eines Stromnetzes oder eines Verkehrsleitsystems, um Fahrzeuge, um Verkaufsautomaten oder um die zu steuernde Technik in einem Gebäude handeln.

Durch den Einsatz von Kommunikationstechniken werden die entsprechenden Systeme intelligent (smart). Insofern findet man je nach Anwendungsbereich die folgenden Bezeichnungen:

- Produktionsanlagen: Smart Factory
- Landwirtschaft: Smart Farming
- Stromnetze: Smard Grid
- Stadtgebiete: Smart City
- Gebäude: Smart Building / Smart Home

Bei der Vernetzung von Fahrzeugen (Vehicles) für das «autonome Fahren» sind die Bezeichnungen V2V (Vehicle-to-Vehicle) und V2X (Vehicle-to-Anything) üblich, wenn die Kommunikation der Fahrzeuge untereinander (V2V) bzw. mit irgendwelchen anderen Dingen (V2X) wie Ampelanlagen oder Verkehrssensoren gemeint ist.

19.1.2 Generationen von Mobilfunksystemen

Die erhöhten Anforderungen wurden ermöglicht durch einen deutlichen Fortschritt bei der Mobilfunktechnologie. So wurde etwa alle 10 Jahre eine neue Mobilfunkgeneration eingeführt, die über jeweils neue Technologien mit deutlich erhöhter Leistungsfähigkeit mehr Kommunikationsmöglichkeiten bereitgestellt hat bzw. bereitstellt (siehe Bild 19.1).

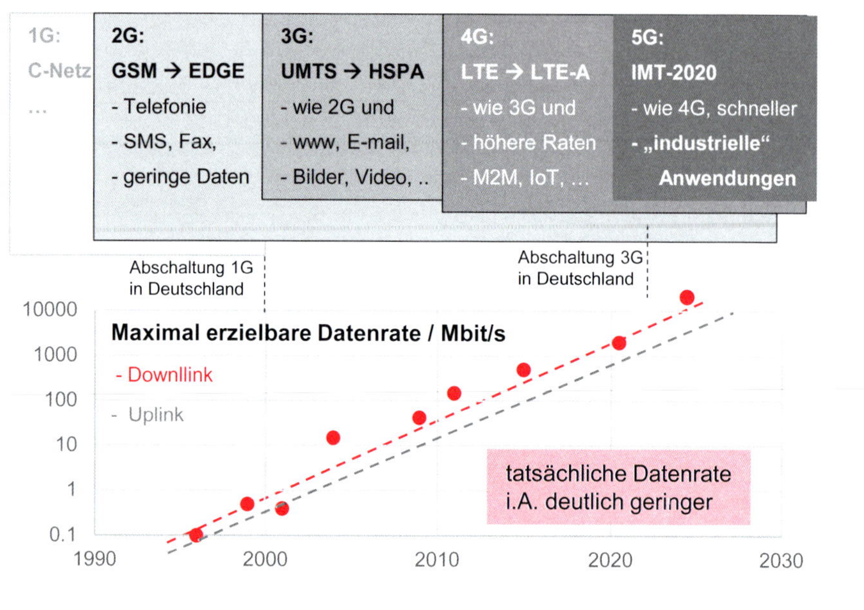

GSM: Global System for Mobile Communications
EDGE: Enhanced Data rates for GSM Evolution
UMTS: Universal Mobile Telecommunications System
HSPA: High Speed Packet Access
LTE: Long Term Evolution
LTE-A: LTE Advanced
IMT: International Mobile Telecommunications
5G: 5. Generation Mobilfunk

Bild 19.1 Generationen von Mobilfunksystemen

In der ersten Generation Mobilfunk (1G) wurden analoge Übertragungstechniken verwendet. Weltweit und europaweit gab es eine Vielzahl unterschiedlicher Systeme (z.B. das C-Netz in Deutschland), die nicht miteinander zusammengespielt haben. So war z.B. die Nutzung eines C-Netz-Mobiltelefons in Frankreich nicht möglich. Um dieses Problem zu lösen, wurde zunächst als europäisches System GSM (Global System for Mobile Communications) konzipiert und standardisiert, welches sich dann rasch als weltweit führende Technologie der 2. Generation Mobilfunk durchgesetzt hat und ständig weiterentwickelt wurde. Mit der 3. Generation Mobilfunk (UMTS: Universal Mobile Telecommunications System) begann die weltweite Standardisierung von Mobilfunksystemen im Rahmen des 3rd Generation Partnership Projects, das auch die Standardisierung der nachfolgenden Generationen übernommen hat.

Definition

Bei dem 3rd Generation Partnership Project (3GPP) handelt es sich um einen Zusammenschluss von Standardisierungsorganisationen aus Europa (ETSI), USA, China, Japan, Korea und Indien. Etwa alle 1 bis 2 Jahre gibt das 3GPP eine neue Release heraus, in der neue Leistungsmerkmale der Systeme standardisiert werden. Mit Release 8 im Dezember 2008 gab es den ersten Standard für 4G/LTE, mit Release 15 erschien 2019 der erste Standard für 5G.

Bei der Entwicklung der Systeme der ersten, zweiten und dritten Generation standen die von Menschen direkt genutzten Kommunikationsanwendungen im Vordergrund (Telefonie, Kurzmitteilungen, Internet-Recherche, E-mail, Video). 4G/LTE nahm dann vermehrt auch die Kommunikation zwischen Maschinen bzw. Dingen in den Blick (M2M, IoT). Bei 5G wurde die Leistungsfähigkeit gerade in Hinblick auf dieses Anwendungsfeld noch einmal deutlich gesteigert (geringere Reaktionszeiten, höhere Zuverlässigkeit der Datenübertragung, mehr vernetzte «Dinge» pro Fläche).

Mit den Generationen erhöht sich auch die mit der jeweiligen Technologie maximal erzielbare Datenrate exponentiell (siehe Bild 19.1). Zu betonen ist, dass diese maximalen Datenraten, die gerne vom Marketing in die Öffentlichkeit getragen werden, nur unter äußerst günstigen Umständen zu erzielen sind. Welche Datenrate in der Praxis tatsächlich erreichbar ist, hängt ab:

- vom Empfangspegel am Ort der Nutzung,
- vom Frequenzspektrum, das am Mobilfunkstandort eingesetzt wird,
- von der Auslastung des Netzes (Teilung der Ressourcen),
- von Störungen aus anderen Funkzellen,
- vom verwendeten Endgerät,
- von den vertraglichen Randbedingungen.

19.1.3 Öffentliche Mobilfunknetze in Deutschland und ihre Frequenzbänder

Die genannten Mobilfunk-Technologien wurden und werden als öffentliche Mobilfunknetze in lizensierten Bändern betrieben. Das bedeutet, dass es Unternehmen gibt, die die Netze in einem Land (oder einer Region) aufbauen und betreiben. Jede Person aus der Bevölkerung kann prinzipiell Kunde werden und das Netz nutzen. Die Betreiber haben – zumeist in einem Auktionsverfahren – spezielle Frequenzbänder (lizensierte Bänder) erworben, die nur ihnen zu Nutzung in einer bestimmten Zeitspanne zustehen.

Derzeit (2022) gibt es in Deutschland drei getrennte Mobilfunknetze, die von folgenden Gesellschaften betrieben werden (Netzbetreiber):

- Telefónica Germany GmbH & Co. OHG (im Folgenden kurz: Telefónica – TF)
- Telekom Deutschland GmbH (im Folgenden kurz: Telekom – TK)
- Vodafone GmbH (im Folgenden kurz: Vodafone – VF)

Bei der Frequenzauktion 2019 (verschiedentlich als 5G-Versteigerung tituliert) hat zudem die 1&1 AG (Drillisch Netz AG) ein Frequenzspektrum für ein eigenes Mobilfunknetz ersteigert, das jedoch 2022 noch nicht im Aufbau war.

Merksatz

In den jeweiligen Netzen ist neben der 4G- und 5G-Technik auch noch die 2G-Technik (hauptsächlich für Telefonie) im Einsatz, wobei ein Endgerät je nach Versorgungslage zwischen den Techniken wechseln kann. Die 3G-Technik (UMTS/HSPA) ist seit Ende 2021 in Deutschland nicht mehr in Betrieb.

Die Tabelle 19.1 gibt einen Überblick über die in Deutschland genutzten Frequenzbänder für den öffentlichen Mobilfunk und ihre Band-Nummer-Bezeichnung im Rahmen der 5G- bzw. 4G-Standardisierung.

Tabelle 19.1 Öffentliche Mobilfunksysteme und ihre Frequenzbereiche (Angaben in MHz) in Deutschland

Band	Band-Nr.	Uplink	Downlink	TF	TK	VF	1&1	Nutzung
700	n28	703–733	758–788	2x10	2x10	2x10	-	4G, 5G
800	n20	832–862	791–821	2x10	2x10	2x10	-	4G
900	n8	880–915	925–960	2x10	2x15	2x10	-	2G, z.T. 4G
1800	n3	1710–1785	1805–1880	2x20	2x30	2x25	-	4G, 5G, z.T. 2G
2100	n1	1920–1980	2110–2170	2x10	2x20	2x20	2x10	früher 3G, jetzt 4G, 5G
2600	n7	2500–2570	2620–2690	2x30	2x20	2x20	-	4G
3500	n78	3400-3700		70	90	90	50	5G
sonst.	n34,38,50	Verschiedene (TDD)		35	25	45	-	4G, 5G

19.1.4 Weitere wichtige Funksysteme

Neben den öffentlichen Mobilfunknetzen haben auch private lokale Funknetze, die in nicht lizensierten Bändern arbeiten, eine große Bedeutung. Diese werden von Privatleuten, Unternehmen oder Institutionen auf einer lokal begrenzten Fläche (z.B. auf einem Firmengelände) aufgebaut und betrieben (Tabelle 19.2). Je nach Anwendung kommen dabei u.a. die folgenden Technologien zum Einsatz:

- Bluetooth (Anbindung von Endgeräten, Automatisierung),
- Wireless LANs nach dem Standard IEEE802.11 (Computer-, Multimedia-Vernetzung),
- ZigBee (Sensornetze, Gebäude- und Produktionsautomation),
- 5G-Campusnetze (hochleistungsfähige Industrieautomation),
- LoRaWAN (Sensornetze mit geringem Übertragungsbedarf).

Die meisten der nicht-lizensierten Frequenzbänder können ohne Weiteres von jedem für die entsprechende Anwendung genutzt werden. Für manche Frequenzbänder ist ein Antrag bzw. eine Meldung der Nutzung bei der Bundesnetzagentur erforderlich. Die erlaubten Sendeleistungen in den nicht-lizensierten Bändern sind i.A. deutlich geringer als in den lizensierten Bändern.

Tabelle 19.2 Wichtige Funksysteme in nicht-lizensierten Frequenzbändern

Frequenzbereich / MHz	Anwendungen	Antrag / Meldepflicht
433–434,8	Short Range Devices, LoRaWAN, ...	–
863–870	LoRaWAN	–
2400–2484	WLAN, Bluetooth, ZigBee, ...	–
3700–3800	5G Campusnetze	A
5150–5350	Wireless LAN	–
5470–5720	Wireless LAN	–
5755–5875	Broadband Fixed Wireless Access (WLAN)	M
5945–6425	Wireless LAN	–
24 250–27 500	5G Campusnetze	A

Darüber hinaus werden in Deutschland (und auch in anderen Ländern) noch weitere Mobilfunknetze für spezielle Anwendungen und Systeme betrieben (Tabelle 19.3).

Tabelle 19.3 Mobilfunksysteme für spezielle Anwendungen und Institutionen in Deutschland und ihre lizensierten Frequenzbereiche (Angaben in MHz)

Uplink	Downlink	System	Anwendungsbereich
380–385	390–395	TETRA	Behörden und Organisationen mit Sicherheitsaufgaben BOS
451–456	461–466	4G/LTE, 5G	Energie- und Wasserwirtschaft, Smart Grid / Smart Meter
876–880	921–925	2G/GSM-R	Deutsche Bahn: Zugsteuerung, Bahnnotruf, ...

Das vorliegende Buch konzentriert sich auf die Beschreibung der derzeit bedeutendsten Systeme GSM, LTE, 5G, WLAN, Bluetooth und ZigBee. Weitere Informationen zu den anderen Systemen sind im Downloadbereich zu diesem Buch als Anhang A.19 zu finden.

19.1.5 Die besonderen Herausforderungen bei Mobilfunksystemen

Betrachtet man die drei Bestandteile des Wortes «*Mobil-funk-systeme*», so lassen sich daraus die besonderen Herausforderungen bei der Entwicklung und dem Betrieb solcher Systeme ableiten.

Systemaspekte

Wie drahtgebundene Telekommunikationssysteme bestehen Mobilfunksysteme aus einer Vielzahl von Komponenten, deren Zusammenspiel zumeist in umfangreichen Standardisierungsdokumenten festgelegt ist – bei GSM und LTE sind es z.B. jeweils weit mehr als 10 000 Seiten.

Eine stark vereinfachte Skizze eines Mobilfunksystems ist in Bild 19.2 gezeigt, weitere Details folgen in späteren Abschnitten.

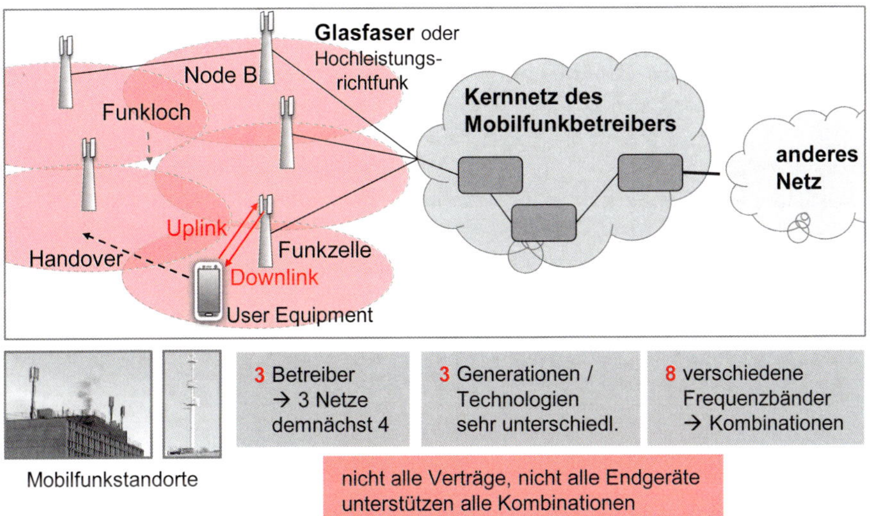

Bild 19.2 Aufbau eines Mobilfunknetzes

Prinzipiell besteht ein Mobilfunksystem aus

- ❑ den Endgeräten (Smartphones, Tablets, Funkmodule für Steuerungszwecke),
- ❑ dem Funknetz (Standorte von Mobilfunkantennen auf Hausdächern oder Masten zusammen mit dem zugehörigen elektronischen Equipment) und
- ❑ dem Kernnetz (Router, Server, Datenbanken, ...).

Die Endgeräte werden als *User Equipment* (UE) oder als *Mobilstationen* (MS) bezeichnet. Bei den Mobilfunkstandorten spricht man von *Basisstationen* (BS) oder *NodeBs*. Sie versorgen jeweils funktechnisch ein bestimmtes Gebiet – die sogenannte Funkzelle. Im Allgemeinen überlappen sich Funkzellen für eine lückenlose Versorgung, in manchen kritischen Bereichen kann es jedoch auch zu «Funklöchern» ohne hinreichende Funkversorgung kommen.

Die Funkverbindungsrichtung vom NodeB zu UE nennt man den *Downlink (DL)*, die umgekehrte Richtung den *Uplink (UL)*.

Um hohe Datenraten auch weiterleiten zu können, müssen die NodeBs über hochleistungsfähigen Richtfunk oder besser noch über Glasfaser an das Kernnetz (Core Network) angeschlossen sein.

Über das Kernnetz mit entsprechenden Gateways erfolgt die Kommunikation mit anderen Netzen, wie z.B. dem Internet oder den Mobilfunknetzen anderer Betreiber.

Mobilität

Um den Teilnehmern von Mobilfunksystemen ein hohes Maß an Mobilität zu gewährleisten, sind folgende technische Voraussetzungen erforderlich:

- ❑ Die Funkversorgung ist im gewünschten Bereich sicherzustellen; dies ist die zentrale Aufgabe der Funknetzplanung.
- ❑ Bei Bewegung und Wechsel der Funkzelle muss die Verbindung durch geeignete Mechanismen aufrechterhalten werden. Solche *Zellwechsel*-Prozeduren nennt man *Handover*.
- ❑ Der Teilnehmer darf sich beliebig im Netz bewegen und wird bei ankommenden Rufen automatisch gefunden. Diesen Mechanismus nennt man *Roaming*. Falls ein Roaming über Landesgrenzen hinaus möglich sein soll (International Roaming), sind ferner Absprachen der Betreiber zur Vergütung erforderlich.

Funkübertragung

Hinsichtlich der Funkübertragung ist zu beachten, dass

- ❑ der Empfangspegel starken Schwankungen unterliegt (siehe Abschnitt 6.1.6),
- ❑ ein geeignetes Frequenzspektrum knapp und teuer ist (Frequenzauktionen),
- ❑ Frequenzen daher mehrfach in geringen Abständen verwendet werden müssen,
- ❑ das Empfangssignal starken Störungen ausgesetzt ist.

Um diesen Herausforderungen zu begegnen, ist sind ausgefeilte Übertragungs- und Antennentechniken sowie eine gute Funknetzplanung erforderlich.

Merksatz

Da Funksignale ferner leicht zugänglich sind, benötigt man spezielle Maßnahmen (Authentifizierung und Verschlüsselung), um einen unberechtigten Zugriff und ein Abhören der Verbindung zu vermeiden.

19.1.6 Das zellulare Prinzip und die Wiederverwendung von Frequenzen

Merksatz

Die heutigen sehr hohen Teilnehmerzahlen im Mobilfunk und der ständig steigende Übertragungsbedarf lassen sich mit einem begrenzten Frequenzspektrum nur versorgen, wenn man Frequenzen und Funkkanäle in geringen Abständen in verschiedenen Funkzellen wiederverwendet.

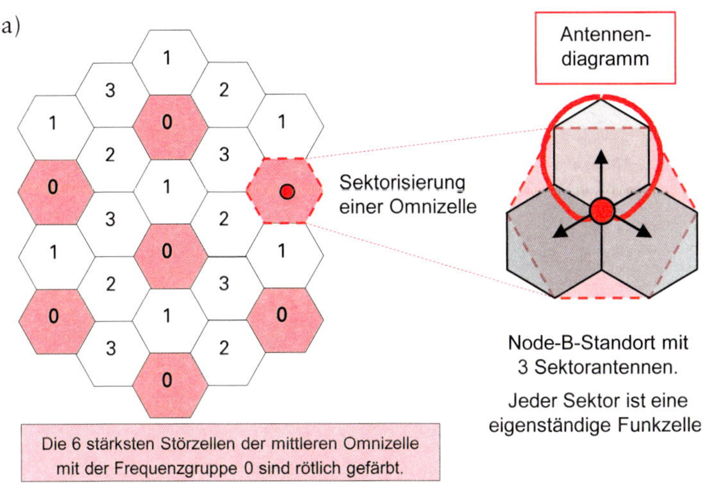

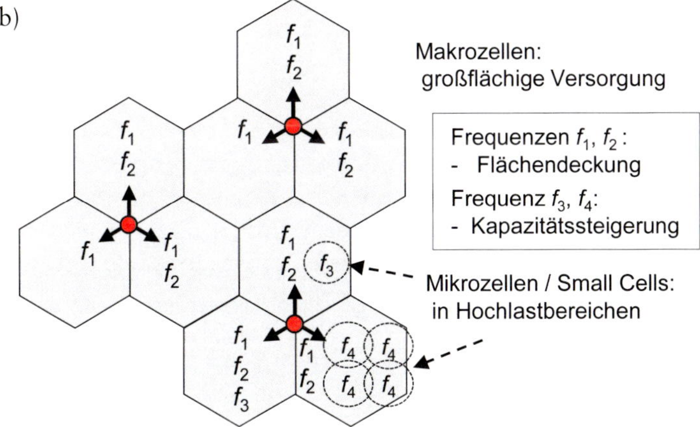

Bild 19.3 Illustrationen zur Wiederverwendung von Funkkanälen. a) Wiederverwendung an jedem 4. Standort, b) Wiederverwendung in benachbarten Funkzellen (3G, 4G, 5G)

In Bild 19.3 ist die *Wiederverwendung von Funkkanälen* in einem Netz aus regelmäßigen sechseckigen Funkzellen idealisiert dargestellt. Der obere linke Teil des Bildes zeigt Omnizellen, die von jeweils einer Basisstation in der Mitte über rundstrahlende Stabantennen gleichmäßig versorgt werden. In diesem Beispiel gibt es 4 verschiedene Funkkanalgruppen, so dass bei z.B. 360 Funkkanälen insgesamt 90 auf jede Funkzelle entfallen. Eine solche Wiederverwendung von Kanälen in jeder Richtung in jeder zweiten Zelle führt ohne spezielle Maßnahmen allerdings in GSM-Netzen zu hohen Störungen bei der Sprachübertragung. Um diese zu reduzieren, teilt man häufig das Versorgungsgebiet einer *Omnizelle* durch drei Antennen mit gewissen Richtwirkungen in drei sogenannte *Sektorzellen* (oberer rechter Teil von Bild 19.3). Jede der 4 Frequenzgruppen wird dabei ebenfalls in 3 Untergruppen unterteilt, so dass sich insgesamt 12 verschiedene Frequenzgruppen ergeben. Jede Sektorzelle besitzt also in dem Beispiel nur 30 Kanäle.

Merksatz

Während in 2G/GSM-Netzen benachbarte Sektorzellen somit unterschiedliche Frequenzen nutzen, werden in 4G- und 5G-Netzen in benachbarten Sektorzellen i.A. die gleichen Frequenzen verwendet (unterer Teil von Bild 19.3). Die damit verbundenen Störungen erfordern besondere Übertragungstechniken, die in den folgenden Abschnitten noch besprochen werden.

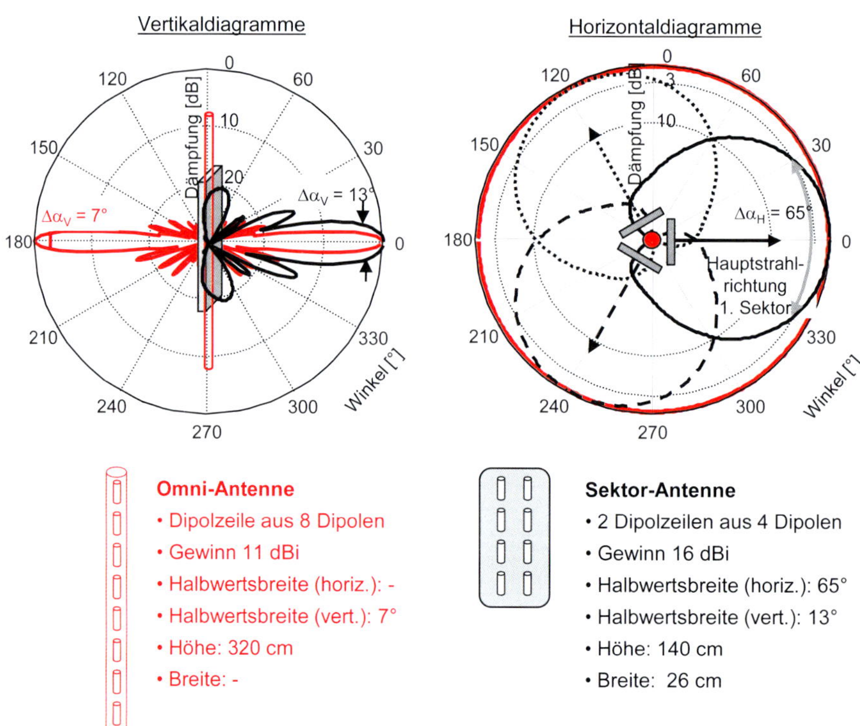

Bild 19.4 Kenngrößen zweier typischer Mobilfunk-Antennen (bei 700–900 MHz)

In 4G- und 5G-Netzen findet man zunehmend sogenannte hierarchische Zellstrukturen: Makrozellen mit Antennen, die auf hohen Masten oder Gebäuden installiert sind, sorgen für eine großflächige Versorgung und sind je nach Bedarf mit einer unterschiedlichen Anzahl von Frequenzträgern ausgestattet. Small Cells werden in Hochlastbereichen (Fußgängerzonen, belebte Plätze) durch kompakte NodeBs mit niedriger Sendeleistung realisiert, die z.B. an Gebäudefassaden oder an Straßenlaternen installiert sind. Diese verwenden andere Frequenzbereiche als die darüber liegenden Makrozellen.

Die Kenngrößen typischer Mobilfunk-Antennen für Makrozellen bei 700–900 MHz sind in Bild 19.4 illustriert.

19.1.7 Versorgungsplanung – Größe von Funkzellen

Um eine Funkversorgungsplanung durchzuführen [14], benötigt man zum einen einige Sender- und Empfängerkenngrößen der Mobil- und Basisstation. Dazu gehören

- der maximale Pegel des Sendeleistungsverstärkers in der BS,
- die Kenngrößen der BS-Antenne (Antennen-Diagramm, Gewinn, horizontale und vertikale Ausrichtung der Hauptstrahlungsrichtung, Installationshöhe),
- der Verlust auf dem Kabel zwischen BS-Sendeleistungsverstärker und Antenne,
- ein eventueller Diversitätsgewinn durch den Empfang mit 2 Antennen bei der BTS,
- der maximale Pegel des Sendeleistungsverstärkers in der MS,
- der Gewinn der bei der MS verwendeten Antenne,
- die Empfängerempfindlichkeit $RXLEV_{min}$, also der Empfangspegel, bei dem die Übertragungsqualität noch hinreichend hoch ist.

Zum anderen braucht man die Kenngrößen der Geländenutzung (Morphologie) und des Geländeverlaufs (Topografie), die die Funkausbreitung in dem zu versorgenden Gebiet bestimmen. Für die Versorgung in Gebäuden sind Werte für die Dämpfung durch Wände erforderlich.

Diese u.a. aus Luftaufnahmen bestimmten Größen liegen den Funknetzbetreibern als digitale morphologische und topografische Datenbanken in verschiedenen Auflösungen vor. Welche Auflösung jeweils erforderlich ist, richtet sich vor allem nach der Größe der zu planenden Funkzellen. Bei großen Funkzellen verwendet man eine Einteilung in Flächenelemente von etwa 50 m x 50 m, die jeweils durch eine von 10–20 Nutzungsklassen (z.B. Wald, Wasser, Stadt, Vorstadt) charakterisiert werden. Bei kleinen Funkzellen ist eine deutlich höhere Auflösung (ca. 5 m x 5 m) mit genauer Angabe der Gebäudehöhen erforderlich; auch die Ausrichtung von Gebäuden und der Verlauf von Straßen haben einen großen Einfluss auf die Funkausbreitung.

Für jedes Flächenelement lässt sich der dort zu erwartende mittlere Empfangspegel mit Hilfe der oben genannten Größen durch komplexe Ausbreitungsmodelle berechnen (siehe Abschnitt 6.4). Dabei werden die folgenden Effekte berücksichtigt (siehe Bild 19.5):

- Mit zunehmender Entfernung vom Sender werden die Signale auch ohne Hindernisse schwächer.
- Funkwellen können zwar Hindernisse und Wände durchdringen, werden dabei aber i.A. deutlich schwächer. Hohe Dämpfungen treten insbesondere bei dickeren Betonwänden bzw. Stahlbetondecken, metallischen Hüllen sowie bei Wärmeschutzverglasung auf.
- Funkwellen können auch durch Reflexion und Beugung zu einem Empfänger im geometrischen Schatten eines Hindernisses gelangen, werden dabei aber auch – abhängig von Frequenz und Winkel – deutlich geschwächt.

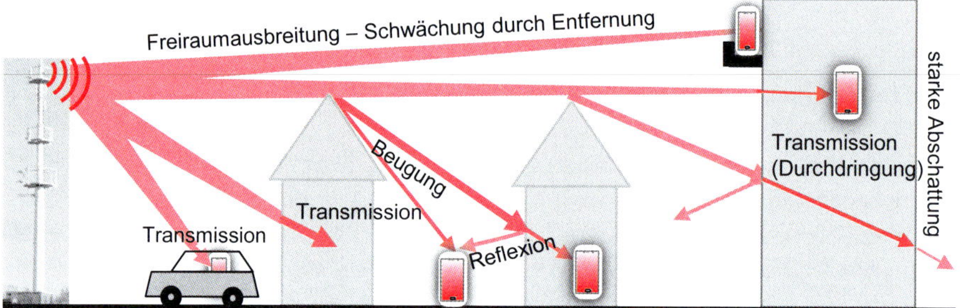

Bild 19.5 Effekte der Funkausbreitung

Der tatsächliche Empfangspegel in dem jeweiligen Flächenelement variiert jedoch um den auf diese Weise berechneten mittleren Wert aufgrund von zwei Effekten, deren Auswirkungen in Bild 19.6 illustriert sind. Es zeigt den Empfangspegel einer Mobilstation in Abhängigkeit vom Abstand zur Basisstation für ein typisches Ausbreitungsmodell. Tendenziell nimmt der Pegel mit der Entfernung ab (orange Kurve in Bild 19.6). Um diesen mittleren Pegel schwankt der tatsächliche Pegel aufgrund sich ändernder Abschattungsverhältnisse (schwarze Kurve) und aufgrund des Kurzzeitschwundes (graue Kurve).

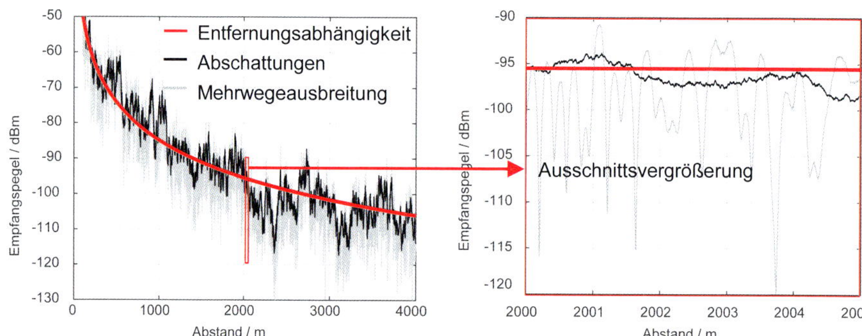

Bild 19.6 Typischer Empfangspegelverlauf für den Mobilfunk

Die Überlagerung von Funkwellen führt zu dem in Abschnitt 6.3 beschriebenen Kurzzeitschwund mit Einbrüchen im Abstand von etwa der halben Wellenlänge. Um den genauen Verlauf des Kurzzeitschwundes zu berechnen, müsste die Position der reflektierenden Objekte (Gebäude, Fahrzeuge) bis auf einen Bruchteil der Wellenlänge, also bis auf einige Zentimeter genau, bekannt sein. Daher kann dieser Effekt nur statistisch beschrieben und durch Sicherheitszuschlag bei der Planung berücksichtigt werden. Aber auch die Abschattungsverhältnisse lassen sich nicht bis ins letzte Detail erfassen. Gerade bei großen Zellen, für die aus Rechenzeitgründen die Bebauung nur in einem großen Raster erfasst und nur grob klassifiziert ist, gibt es – zusätzlich zum Kurzzeitschwund – Abweichungen des tatsächlichen Empfangspegels von dem berechneten mittleren Pegel (den sogenannten Langzeitschwund). Auch diese Abweichungen werden i.A. mit statistischen Verfahren behandelt.

Merksatz

Es lässt sich letztlich für jedes Flächenelement und damit auch für jede Funkzelle nur eine bestimmte Versorgungswahrscheinlichkeit angeben.

In einem realen Funknetz hat man sehr viele Basisstationen zu betrachten. Man muss also für ein Flächenelement nicht nur einen Empfangspegelwert, sondern viele berechnen, nämlich bezüglich aller Basisstationen, die für die Versorgung – aber auch für eine Störung – des jeweiligen Flächenelements in Frage kommen.

Merksatz

Ein Flächenelement wird anschließend der Zelle zugerechnet, deren Basisstation zur Zeit den besten Empfangspegel liefert.

Färbt man die Flächenelemente gemäß ihrer Zellzugehörigkeit ein, so erhält man einen Überblick über die Gestalt und die Größen der zu erwartenden Funkzellen. Allerdings handelt es sich dabei auch nur um eine Art «wahrscheinlichster» Zuordnung, denn die tatsächliche Zellzuordnung hängt z.B. von der Bewegungsrichtung und Geschwindigkeit der Mobilstation sowie von dem dynamischen Verhalten des Handover-Algorithmus ab.

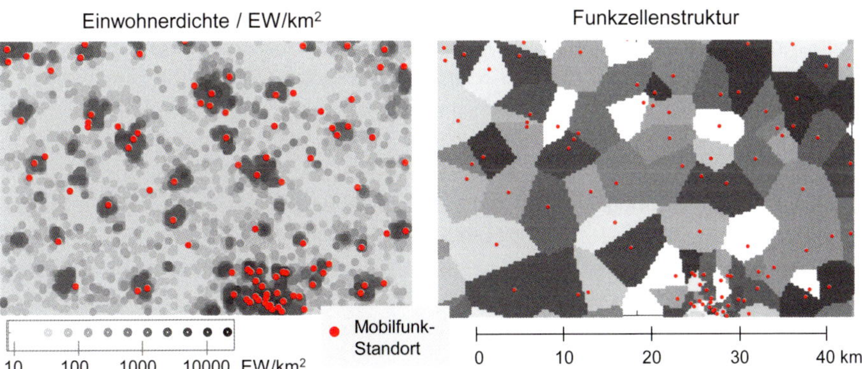

Bild 19.7 Größe von Mobilfunkzellen und Einwohnerdichte

In ganz Deutschland gibt es rund 80 000 solcher Mobilfunkstandorte [73]. Die versorgte Fläche pro Mobilfunkstandort hängt stark von den örtlichen Gegebenheiten ab: Im Durchschnitt beträgt sie ca. 12 km^2; im ländlichen Raum sind teilweise bis zu 50 km² und mehr möglich, im städtischen Bereich sind es in der Regel eher 2 km², teilweise sogar weniger. Die Dichte der Mobilfunk-Standorte und die Größe der Funkzellen wird aber nicht nur von der Funkausbreitung bestimmt, sondern im entscheidenden Maße auch von der zu übertragenden Datenmenge in einem gewissen Gebiet. Diese hängt wiederum von der Einwohnerdichte ab. Der entsprechende Zusammenhang ist in Bild 19.7 illustriert.

Merksatz

Welche Datenraten und welche Reichweiten in der Praxis tatsächlich erreichbar sind, hängt ab

- vom Empfangspegel am Ort der Nutzung,
- vom Frequenzspektrum, das am Mobilfunkstandort eingesetzt wird,
- von der Auslastung des Netzes (Die aktiven Teilnehmer in einer Funkzelle müssen sich die Ressourcen teilen.),
- von Störungen aus anderen Funkzellen,
- vom verwendeten Endgerät (unterschiedliche Leistungsmerkmale),
- von den vertraglichen Randbedingungen.

Grundsätzlich ist Folgendes zu konstatieren:
Im Uplink (Endgerät/Smartphone sendet) sind die Empfangspegel und damit die erzielbaren Datenraten i.A. (deutlich) geringer als im Downlink, da die Sendeleistung des Endgeräts deutlich geringer als die der Basisstation ist.

Mit höheren Frequenzen nehmen die dämpfenden Effekte tendenziell zu, wodurch die Reichweite bei höheren Frequenzen sinkt (Bild 19.8). Andererseits steht den Netzbetreibern in den Bändern bei höheren Frequenzen mehr Spektrum zur Verfügung. Diese Tatsache ermöglicht bei guten Funkausbreitungsbedingungen – also bei geringen Entfernungen – höhere Datenraten. Bei größeren Entfernungen sinkt die erzielbare Datenrate rasch ab, so dass dann die niedrigeren Frequenzen Vorteile bringen.

Die Größe der Funkzellen wird also wesentlich von den eingesetzten Frequenzen und der Datenrate, die man garantieren möchte, bestimmt. Bei den Frequenzauktionen im Sommer 2019 haben die Netzbetreiber die Auflage bekommen, 98% der Haushalte eine Datenrate von 100 Mbit/s zu ermöglichen [74]. Allerdings müssen dies 100 Mbit/s nur im Außenbereich erzielt werden und für den Fall, dass die Last im Netz niedrig ist, also keine Teilung der Ressourcen mit anderen Teilnehmern erfolgt.

Das vorliegende Buch konzentriert sich auf die Beschreibung der derzeit bedeutendsten Systeme GSM, 4G/LTE, 5G, WLAN, Bluetooth und ZigBee. Weitere Informationen zu den anderen Systemen sind im Downloadbereich zu diesem Buch als Anhang A.19 zu finden.

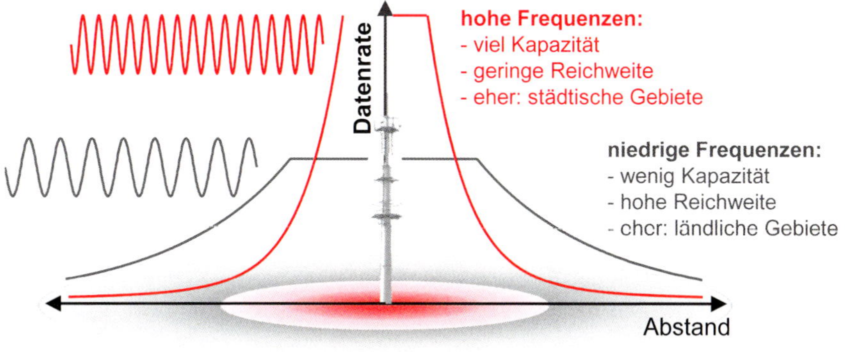

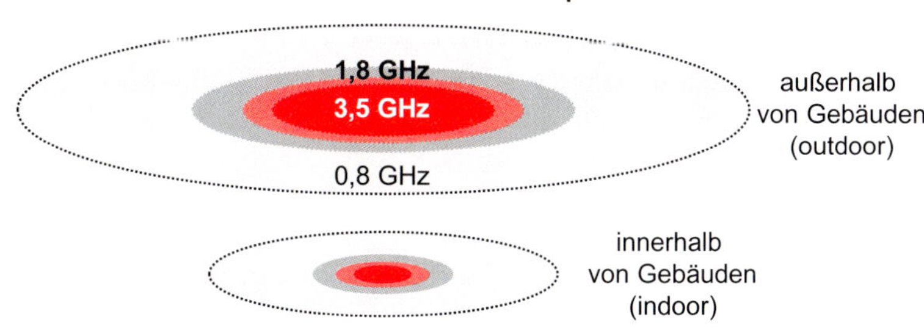

Bild 19.8 Einflussfaktoren auf die Datenrate

19.2 Das GSM-System

19.2.1 Dienste und Anwendungen

Bei der Konzeption des GSM-Systems Mitte bis Ende der 1980er-Jahre ist man von der Idee einer mobilen Erweiterung des ISDN mit seinen Dienstmöglichkeiten ausgegangen, allerdings mit dem Schwerpunkt der Nutzung als Autotelefon. In den 1990er- und 2000er-Jahren hat sich GSM jedoch zu einem universellen Mobilfunksystem entwickelt, das ein breites Spektrum von Diensten und Anwendungsmöglichkeiten bietet, die weit über den Aspekt des Autotelefons hinausgehen. Neben der reinen mobilen Telefonie sind dabei vor allem die Möglichkeiten der Fernüberwachung bzw. -steuerung von technischen Anlagen, die Verkehrsleitung sowie der mobile Internet-Zugang zu nennen. Ferner haben die europäischen Bahngesellschaften neue Bahnfunknetze auf der Basis des GSM-Standards errichtet (GSM Railway GSM-R).

Auch in den 2020er-Jahren ist GSM noch ein wichtiger Bestandteil der Mobilfunknetze und wird insbesondere für die Telefonie – aber auch mit dem Zusatz EDGE (Enhanced Data Rates for GSM Evolution) für die Datenübertragung – überall dort genutzt, wo noch keine hinreichende 4G- oder 5G-Versorgung zur Verfügung steht.

Die genannten Anwendungen beruhen auf den folgenden Kommunikationsdiensten.

Sprachdienste

Den Sprachdienst gibt es in GSM als Notruf und als normalen Fernsprechdienst. Die Sprachbitrate beträgt beim üblicherweise verwendeten Enhanced Full Rate Codec 12,2 kbit/s. Sie kann aber in mehreren Stufen – bei leichter Einschränkung der Sprachqualität – bis auf eine Rate von 4,75 kbit/s zurückgefahren werden, um bei schwierigen Empfangsbedingungen mehr Übertragungskapazität für fehlerkorrigierende Bits zu schaffen. Dieses Verfahren nennt man Adaptive Multi Rate (AMR) Codec. Ferner ist es bei den geringen Sprachdatenraten auch möglich, zwei sich abwechselnde Sprachkanäle auf einem Zeitschlitz unterzubringen und so die Funknetzkapazität zu steigern.

Datendienste

In der ersten Phase von GSM waren nur Datendienste bis zu einer Nutzdatenrate von 9,6 kbit/s möglich, die nach dem Prinzip der Leitungsvermittlung (vgl. Kapitel 17) auf dem Funkweg arbeiteten.

In einer zweiten Phase kam der *Short Message Service (SMS)* hinzu. Darunter versteht man Kurznachrichten, die entweder zwischen zwei Teilnehmern ausgetauscht werden können (bis zu 160 alphanumerische Zeichen), oder die von der Basisstation an alle Mobilteilnehmer in einer Funkzelle versandt werden.

Für die anschließende Phase 2+ wurde die Datenrate für *leitungsvermittelte Dienste* auf bis zu 64 kbit/s erhöht (*High Speed Circuit Switched Data HSCSD*).

Ferner wurde eine *paketvermittelte Datenübertragung* auf dem Funkweg mit Datenraten bis zu 160 kBit/s entwickelt (*General Packet Radio Service GPRS*). Dabei erhält ein Teilnehmer nur für den Zeitraum Funkkanäle zugeteilt, in dem tatsächlich Daten übertragen werden – also z.B. wenn eine Internet-Seite aufgerufen und geladen wird. In der anschließenden Übertragungspause beim Durchlesen der Seite entzieht die BS die Kanäle dem Teilnehmer, um sie eventuell anderen Teilnehmern zuzuteilen. Erst beim Aufruf der nächsten Internet-Seite bekommt der Teilnehmer wieder neue Kanäle.

Später wurden durch Verwendung höherwertiger Modulationsverfahren Nutzdatenraten bis zu etwa 500 kbit/s möglich (EDGE).

Zusatzdienste

GSM bietet alle aus dem ISDN bekannten Zusatzdienste wie z.B. «Rufumleitung», «Makeln» und «Rückruf bei besetzt» an.

Positionsbezogene Dienste

In einem Mobilfunknetz ist durch verschiedene Verfahren eine Positionsbestimmung der Mobilstation möglich. Diese Information kann in einigen Diensten verwendet werden, z.B.

- zur automatischen Einbeziehung der Position beim Notruf,
- für ortsabhängige Gesprächsgebühren und Grade der Zugangsberechtigung,
- für ortsabhängige Information (z.B. Hinweise auf Hotels oder Sehenswürdigkeiten).

19.2.2 Funkkanäle im GSM-System

Merksatz

Frequenzbereiche

GSM-Netze verwenden vorwiegend den Frequenzbereich bei 900 MHz und teilweise in städtischen Gebieten auch den Bereich bei 1800 MHz (vgl. Tabelle 19.1). In manchen anderen Ländern ist auch ein Frequenzbereich bei 1900 MHz üblich.

Wie in Bild 19.9 illustriert, sind diese Frequenzbänder mittels Frequenzmultiplex in einzelne Träger unterteilt, die einen Abstand von 200 kHz besitzen. Uplink und Downlink verwenden unterschiedliche Bänder, d.h. es liegt ein Frequenzduplex vor.

Jeder der Frequenzträger ist mittels Zeitmultiplex in 8 Zeitschlitze unterteilt.

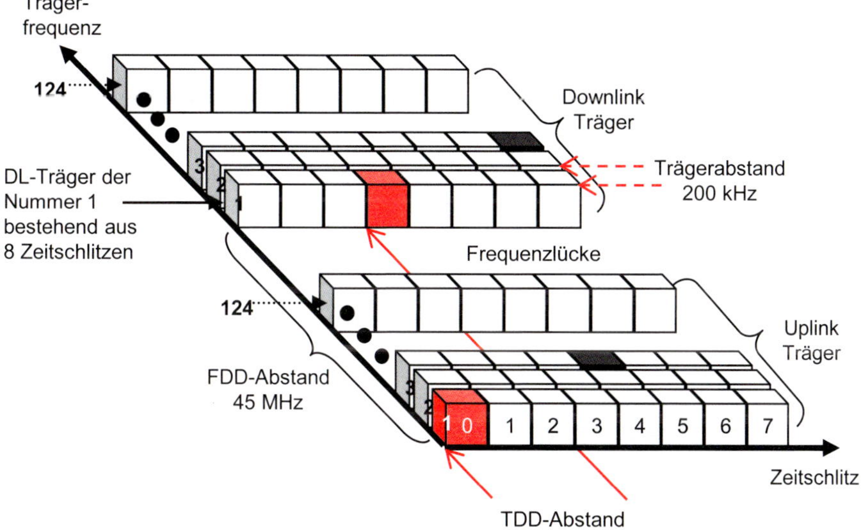

Bild 19.9 Kombination aus FDM und TDM bei GSM900

Eine Sprachverbindung erhält auf einem UL- und einem DL-Träger jeweils einen Zeitschlitz mit einem gewissen Zeitversatz zugeteilt (Bild 19.10), so dass die Mobilstation abwechselnd senden und empfangen kann – und das ohne aufwendige und voluminöse (Frequenz-) Duplexfilter. Ferner verbleibt der Mobilstation zwischen Senden und Empfangen genügend Zeit, um sich auf andere Träger einzustellen und so Empfangspegelmessungen bezüglich der Nachbarzellen durchzuführen. Auf diese Weise werden effiziente Zellwechselalgorithmen ermöglicht.

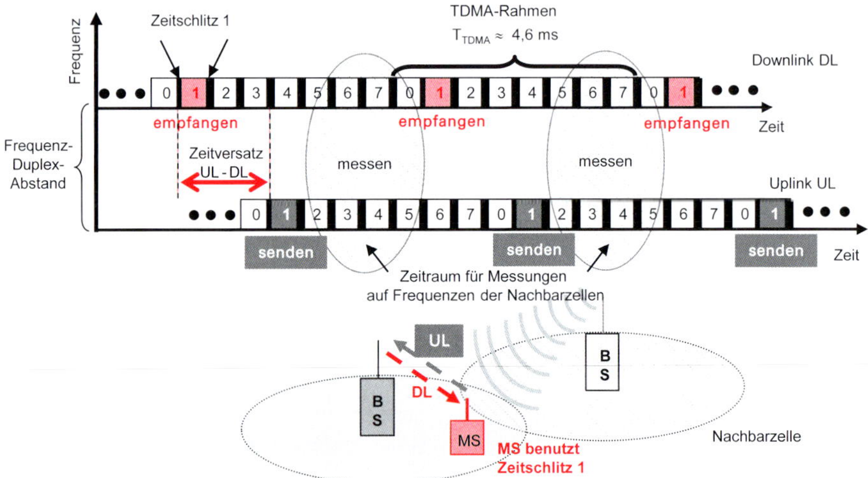

Bild 19.10 Illustration des Zeitmultiplex-Verfahrens bei GSM

Übertragungstechnik

Die Rate der modulierten Bits (GMSK Modulation, Abschnitt 8.2) auf einem Träger beträgt 270 kbit/s, dies entspricht einer Bitdauer von 3,7 µs. Für jeden Zeitschlitz steht also eine Datenrate von ca. 34 kbit/s zur Verfügung. Etwa ein Drittel dieser Datenrate benötigt man für Schutzperioden (Vermeidung von Überlappungen mit Signalen auf benachbarten Zeitschlitzen) sowie für Trainingssequenzen. Eine Trainingssequenz ist eine für jede Funkzelle festgelegte Folge von 26 Bits, mit deren Hilfe der Empfänger die Effekte der Mehrwegeausbreitung abschätzen und kompensieren kann. Die verbleibenden 22,8 kbit/s lassen sich variabel zwischen Nutzdaten und Redundanz (Fehlerschutz) aufteilen.

Die Nutzdatenraten pro Zeitschlitz betragen

- 12,2 kbit/s (oder weniger, siehe Kap. 19.1.2) für die Sprachübertragung,
- 2,4 kbit/s, 4,8 kbit/s, 9,6 kbit/s oder 14,4 kbit/s bei der leitungsvermittelten Datenübertragung,
- 8,0 kbit/s, 12,0 kbit/s, 14,4 kbit/s oder 20 kbit/s bei der paketvermittelten Datenübertragung.

Merksatz

Bei EDGE lassen sich die Datenraten durch die Verwendung einer 8-PSK verdreifachen (siehe Kapitel 8.3.3). Noch höhere Nutzdatenraten lassen sich durch die Kombination von Zeitschlitzen für eine Verbindung erzielen, wobei die kombinierten Zeitschlitze alle auf dem gleichen Träger liegen müssen.

Theoretisch lässt sich also bei EDGE eine Nutzdatenrate von etwa 500 kbit/s erzielen. Diese Rate ist jedoch nur unter folgenden Bedingungen möglich:

- Die MS kann 8 Zeitschlitze bündeln (die meisten Endgeräte bündeln höchsten 3–4 Zeitschlitze).
- Es sind alle 8 Zeitschlitze auf einem Träger frei; dies ist nur in Zeiten geringer Last zu erwarten.
- Die Funkbedingungen sind so gut, dass keinerlei Fehlerschutz und keine Wiederholungen erforderlich sind.

Realistische Datenraten liegen im Bereich von 50–200 kbit/s.

Für den Fehlerschutz verwendet GSM einen Faltungscode der Rate ½ (vgl. Abschnitt 8.4.3), der für Datendienste durch Punktierung abgeschwächt werden kann, um höhere Nutzdatenraten zu erzielen. Kann der Faltungsdecoder einen Fehler nicht beheben, so wird dies durch einen zusätzlichen Block-Code (CRC) erkannt, so dass der Datenrahmen wiederholt werden kann.

Durch den Faltungscode lassen sich z.B. bei der Sprachübertragung Fehlerraten von einigen Prozent auf ein erträgliches Maß von einigen Promille reduzieren. Ab einem SNR von ca. 10 dB ist eine akzeptable Sprachübertragung möglich.

19.2.3 Steuerungskanäle bei GSM

Außer für die eben beschriebene Nutzdatenübertragung benötigt man auch einige Zeitschlitze für Steuerungszwecke, z.B. für die Gesprächsaufbausignalisierung.

Definition

Grundsätzlich unterscheidet man daher zwischen

- Nutzkanälen (engl. Traffic Channel TCH) und
- Steuerungskanälen (engl. Control Channel CCH).

Der Anteil der Steuerungskanäle richtet sich vor allem nach dem zu erwartenden Teilnehmerverhalten und liegt typischerweise bei 5–10 % aller Zeitschlitze einer Funkzelle. Je nach Verkehrsaufkommen liegt die Zahl der Duplex-Träger pro Funkzelle typischerweise zwischen 1 und 6. Bild 19.11 zeigt ein Beispiel für die Kanalkonfiguration einer Zelle mit 2 Trägern. Von den insgesamt 16 Zeitschlitzen sind 14 als Nutz- und 2 als Steuerungskanäle konfiguriert.

Unter den Steuerungskanälen kommt dem sogenannten Broadcast Common Control Channel (BCCH) eine besondere Bedeutung zu. Von den Frequenzträgern jeder Funkzelle muss jeweils eine als BCCH-Träger deklariert werden. Über den BCCH, der auf Zeitschlitz 0 des BCCH-Trägers zu liegen hat, werden wichtige Systeminformationen abgestrahlt, nämlich unter anderen

- die Zell- und Netzkennung,
- die Kanalkonfiguration der Funkzelle,
- Parameter für den Verbindungsaufbau,
- die Frequenznummern der BCCH-Träger der Nachbarzellen.

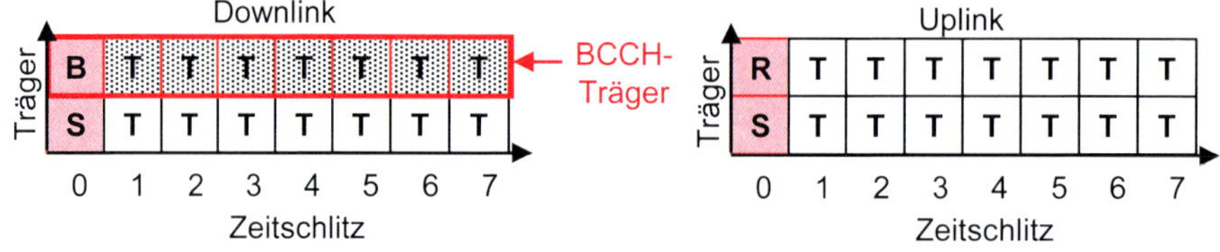

B	AGCH	Access Grant Channel	Zuteilung eines Signalisierungskanals für z.B. Gesprächsaufbau
	BCCH	Broadcast Common Control Channel	Systeminformationen (z.B. Zellkennung, Kanalkonfiguration)
	PCH	Paging Channel	Kanal für Suchmeldungen bei Ruf für Mobilteilnehmer
R	RACH	Random Access Channel	Kanal für den ersten Zugriff durch die Mobilstation
S	SDCCH	Stand Alone Dedicated Control Channel	Signalisierungskanal, z.B. für Verbindungsaufbau
T	TCH	Traffic Channel	Nutzkanal für Sprach- und Datenübertragung

Bild 19.11 Beispiel für eine Kanalkonfiguration einer Funkzelle mit 2 Trägern

Die anderen Zeitschlitze (Nr. 1–7) des BCCH-Trägers lassen sich als Nutzkanäle verwenden. Allerdings ist zu beachten, dass – selbst wenn einzelne Zeitschlitze nicht mit Nutzdaten belegt sind – der komplette BCCH-Träger (d.h. alle 8 Zeitschlitze) ständig mit der maximalen Sendeleistung abzustrahlen ist, denn die Mobilstationen müssen den Empfangspegel der BCCH-Träger der Nachbarzellen messen, um einen Zellwechsel in eine Zelle mit besserem Empfang zu ermöglichen. Da diese Messungen zu beliebigen Zeitpunkten erfolgen können (nicht-synchronisierte Zellen), muss der komplette BCCH-Träger mit konstanter Leistung abgestrahlt werden.

Neben dem BCCH gibt es noch mehrere andere Steuerungskanäle, von denen hier nur einige – für die Ausführungen in den weiteren Abschnitten wichtige – kurz diskutiert werden sollen.

Definition

Über den Paging Channel (PCH) werden Mobilstationen, für die ein Ruf ansteht, aufgefordert, sich beim Netz zu melden.

Solche Suchmeldungen wechseln sich in einem bestimmten Rhythmus mit BCCH-Meldungen auf Zeitschlitz 0 des BCCH-Trägers ab.

Definition

Über den Zugriffskanal (engl. Random Access Channel RACH) fordert die Mobilstation mittels eines Aloha-Verfahrens einen Funkkanal an, z.B. als Reaktion auf eine Suchmeldung oder weil der Mobilteilnehmer ein Gespräch führen möchte. Bei erfolgreichem Zugriff bekommt die Mobilstation über eine Meldung auf dem

Zugriffsbestätigungskanal (engl. Access Grant Channel AGCH) einen Signalisierungskanal, einen sogenannten Stand Alone Dedicated Channel SDCCH, für den weiteren Verbindungsaufbau zugeteilt.

Da dieser Signalisierungskanal auf einem beliebigen Zeitschlitz liegen kann, enthält die Zuteilungsmeldung dessen Frequenz- und Zeitschlitznummer sowie dessen Unterkanalnummer, denn auf einem für den SDCCH genutzten Zeitschlitz können die Signalisierungskanäle für bis zu 8 Verbindungen untergebracht werden, die sich in einem bestimmten Rhythmus abwechseln.

19.2.4 Systemarchitektur

Bild 19.12 zeigt die grobe Architektur des GSM-Systems mit seinen Netzelementen, deren Aufgaben im Folgenden erläutert werden.

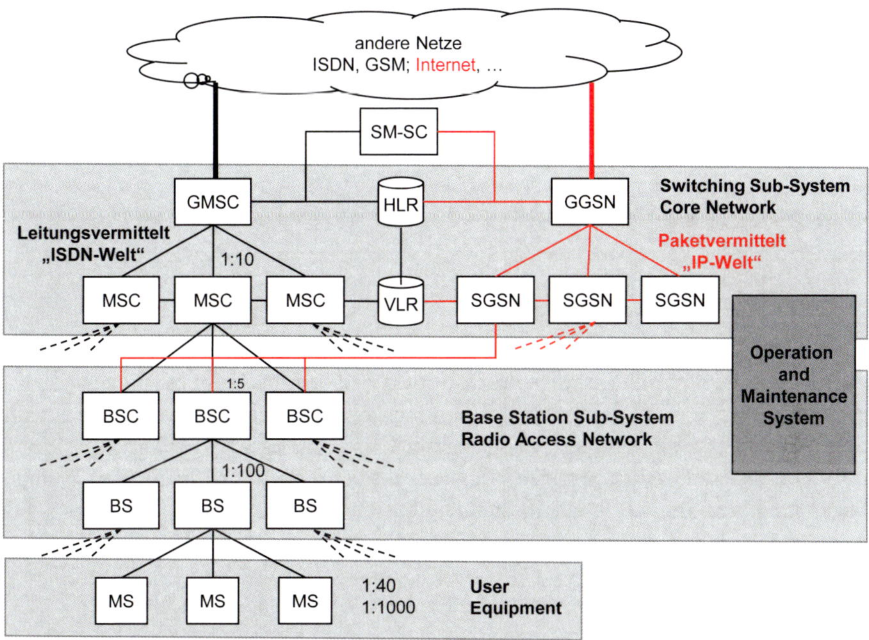

Bild 19.12 Systemarchitektur von GSM

Mobile Station MS

Die MS ermöglicht über Tastatur, Display, Lautsprecher und Mikrofon dem Teilnehmer den Zugang zum Mobilfunknetz. Ferner können über spezielle Schnittstellen andere Kommunikationsendgeräte wie Laptops angeschlossen werden. Außerdem gibt es spezielle Funkmodule für eine Fernsteuerung bzw. Fernauslesung von Geräten über GSM.

Die Hauptaufgabe der MS besteht im Empfangen und Senden von Nutz- und Steuerungsdaten, zudem führt sie Messungen von Empfangspegeln und Bitfehlerraten durch. Die maximale Sendeleistung liegt bei einem mobilen GSM-Endgerät je nach Typ zwischen 0,25 W und 2 W.

Um eine MS für andere Dienste als Notrufe nutzen zu können, muss die SIM-Karte eingelegt sein. **SIM** steht dabei für *Subscriber Identity Module*. Die SIM-Karte ist als kleine Chipkarte realisiert, die dem Teilnehmer nach Vertragsabschluss vom Netzbetreiber (oder Service Provider) ausgehändigt wird, es handelt sich also gewissermaßen um eine Zugangsberechtigung zum Netz. Es gibt sie als Mini-SIM (3,75 cm^2), Micro-SIM (1,80 cm^2) und Nano-SIM (1,08 cm^2). Auf ihr sind die Teilnehmer-Identifikationsnummern, die Funknetzinformationen (wie der letzte Aufenthaltsbereich oder eine Liste von bevorzugten Funknetzen im Ausland), empfangene Kurznachrichten, Telefonnummern oder Konfigurationsdaten für Datendienste abgespeichert. Nach Einlegen seiner SIM-Karte kann der Teilnehmer mit jeder GSM-fähigen MS telefonieren.

Basisstation

Die funktechnische Versorgung eines bestimmten Gebietes (Funkzelle) übernimmt die Basisstation. Ihre Hauptaufgabe besteht, wie bei der MS, im Senden und Empfangen von Nutz- und Signalisierungsinformationen sowie in Messungen der Empfangsqualität. Je nach Zellgröße liegt die maximale Sendeleistung (ohne Antennengewinn) einer Basisstation zwischen einigen Watt und ca. 50 Watt. Eine Basisstation ist typischerweise mit 1–6 Trägern (mit je 8 Zeitschlitzen) bestückt. Bei einer Sektorisierung in 3 Sektorzellen (siehe Abschnitt 19.1.6) erhält man somit 3–18 Träger pro Standort, über die maximal etwa 110 Gespräche gleichzeitig versorgt werden können. Die Basisstation führt die komplette Signalverarbeitung durch.

Base Station Controller BSC

Der BSC steuert je nach Hersteller und Netzkonfiguration bis zu etwa 100 Basisstationen und führt eine Verkehrskonzentration und -expansion durch. Dabei kommt ihm die Aufgabe der Funkkanalauswahl beim Verbindungsaufbau sowie die Entscheidung über Handover und Sendeleistungsregelung zu. Die Basisstationen sind mit dem BSC über Mietleitungen oder Richtfunkstrecken – meist in einer Linien- oder Ringkonfiguration – verbunden. Die Packet Control Unit (PCU) kontrolliert bei einem Paketdatendienst mittels eines ARQ-Verfahrens die korrekte Übertragung der einzelnen Pakete.

Mobile Switching Centre MSC

Das Mobile Switching Centre ist eine mit zusätzlicher mobilfunkspezifischer Software bestückte ISDN-Vermittlungsstelle. Ihre Hauptaufgabe besteht im gezielten Aufbau der Verbindung zwischen zwei oder mehreren Teilnehmern. Eine besondere Rolle kommt dabei dem Gateway-MSC (GMSC) zu, das den Übergang zwischen dem betrachteten GSM-Netz und einem anderen Netz (analoges Fernsprechnetz, ISDN, anderes Mobilfunknetz, Datennetze) bildet. Bei einem Ruf für einen Mobilfunkteilnehmer muss das GMSC bei der Heimatdatei des Teilnehmers das aktuelle für den Mobilfunkteilnehmer zuständige MSC (s.u.) erfragen und den Ruf zu diesem MSC weitervermitteln. Bei einer Verbindung zwischen zwei Teilnehmern muss das Signal im GSM-System immer über zumindest ein MSC geführt werden. Selbst bei zwei Mobilfunkteilnehmern in einer Zelle ist eine direkte Verbindung oder eine Verbindung nur über Basisstationen oder Base Station Controller nicht möglich.

Serving GPRS Support Node SGSN / Gateway GPRS Support Node GGSN

Bei den GPRS Support Nodes handelt es sich um Paketvermittlungsstellen, denen die Aufgabe des Packet Routings zukommt, d.h. sie müssen die Datenpakete an den jeweiligen Adressaten weiterleiten und dabei geeignete Wege suchen. Sie sind in ähnlicher Weise verknüpft und arbeiten nach ähnlichen Prinzipien wie Router im Internet. Die GPRS Support Nodes sind das Gegenstück zu den MSCs: Während jedoch die MSCs für die Vermittlung von Sprachdiensten und leitungsvermittelten Diensten zuständig sind, erfolgt die Vermittlung für die paketvermittelten Dienste GPRS und EDGE über GSNs. Der Serving GPRS Support Node versorgt über die angeschlossenen Base Station Controller und Basisstationen eine Gruppe von Zellen, der Gateway GPRS Support Node stellt – analog zum GMSC – die Verbindung zu einem anderen Paketdatennetz wie z.B. dem Internet her.

Home Location Register HLR

Das HLR stellt eine Datenbasis dar, in der Teilnehmerdaten wie Identifikationsnummern und die vom Teilnehmer abonnierten Dienste abgespeichert sind. Für das Roaming, d.h. das automatische Auffinden des mobilen Teilnehmers, ist entscheidend, dass neben den Teilnehmerdaten auch die Kennziffer des aktuell zuständigen MSC – gewissermaßen als Nachsendeantrag – vorliegt.

Visitor Location Register VLR

Das VLR ist i.A. mit einem MSC verknüpft. In das VLR werden die Daten aus dem HLR fur diejenigen Teilnehmer kopiert, für die das jeweilige MSC aktuell zuständig ist.

Short Message Service Centre SM-SC

Eine versandte Short Message wird zunächst im Short Message Service Center, der Kurzmitteilungszentrale, zwischengespeichert, um sie – sobald der eigentliche Empfänger erreichbar ist – an diesen auszuliefern. Ferner kann eine Umwandlung des Formats der Short Message erfolgen, um die Short Message als E-mail, als FAX oder als Ansage über ein Festnetztelefon an den Empfänger zu senden.

Operation and Maintenance Centre OMC

Das Operation and Maintenance Centre dient den Betriebs- und Wartungsarbeiten an dem Netz. Im Einzelnen kommen ihm die folgenden Aufgaben zu:

- Erkennung, Lokalisierung und eventuell Behebung von Fehlern in den Netzelementen,
- Konfiguration der Netzelemente (Frequenzpläne, Sendeleistungen, ...),
- Software Management (Einspielung neuer Softwareversionen für die Netzelemente),
- Sammlung von Daten zur Netzgüte (Verkehrslast, Abbruchraten, Empfangsqualität, ...),
- Teilnehmerverwaltung (Neueinrichtung, Gebührenabrechnung).

Authentication Center AuC

Im AuC ist für jeden Teilnehmer der persönliche Netzzugangsschlüssel gespeichert. Ihm kommt die entscheidende Rolle bei der Prüfung der Netzzugangsberechtigung zu.

Equipment Identification Register EIR
Im EIR werden die Registriernummern der Mobilstationen verwaltet. Es erlaubt eine Identifikation sowie eine Sperrung veralteter bzw. als gestohlen gemeldeter Mobilstationen.

Einen Überblick über die Netzelemente gibt Tabelle 19.4.

Tabelle 19.4 Überblick über GSM-Netzelemente

Abk.	Name	Erläuterung
BSC	Base Station Controller	steuert mehrere Basisstationen
BS	Base Station	Funkfeststation, versorgt eine Funkzelle
GMSC	Gateway-MSC	Übergangsvermittlungsstelle zum Festnetz
GGSN	Gateway-GPRS Support NODE	Übergangspaketvermittlung
HLR	Home Location Register	Heimatdatei mit «Nachsendeantrag»
MS	Mobile Station	mobiles Endgerät
MSC	Mobile Switching Centre	Vermittlungsstelle im Mobilfunknetz
OMC	Operation & Maintenance Centre	Betriebs- und Wartungszentrale
SIM	Subscriber Identification Module	Zugangsberechtigungskarte für den Teilnehmer
SGSN	Serving GPRS Support Node	bedienende Paketvermittlungsstelle
SMS-SC	SMS Service Centre	Kurzmitteilungszentrale
VLR	Visitor Location Register	mit dem MSC verknüpfte Besucherdatei

Kennziffern
Um einen Teilnehmer im Mobilfunknetz aufzufinden und anzusprechen, verwendet man drei Kennziffern:

- die Rufnummer,
- eine nicht öffentlich bekannte permanente Teilnehmerkennung,
- eine temporäre Teilnehmerkennung.

Von diesen Kennziffern ist nur die Rufnummer öffentlich bekannt. Innerhalb des Mobilfunknetzes wird der Teilnehmer durch eine nicht öffentlich bekannte permanente Teilnehmerkennung identifiziert. Bei Signalisierungsaufgaben im Netz, z.B. wenn der Teilnehmer bei einem ankommenden Gespräch über Funk gerufen wird, verwendet das Netz i.A. eine temporäre Teilnehmerkennung, die – wie der Name sagt – von Zeit zu Zeit wechselt. Dieser Mechanismus, der der Anonymität des Teilnehmers dient, soll das unerlaubte Erstellen von Bewegungsprofilen verhindern. Die Rufnummer wird über Funk nur verschlüsselt übertragen.

Die folgenden drei Abschnitte erläutern die Prozeduren und Algorithmen, die im GSM-System vor und bei dem Aufbau einer Gesprächsverbindung sowie während der bestehenden Verbindung ablaufen.

19.2.5 Prozeduren vor dem Verbindungsaufbau

Aktivieren der Mobilstation
Nach dem Einschalten der Mobilstation wird der Nutzer aufgefordert, seine Persönliche Identifikations-Nummer, die 4- bis 8-stellige PIN, einzugeben, um sich als rechtmäßiger Nutzer der SIM-Karte auszuweisen. Nach dreimaliger falscher Eingabe der PIN wird die SIM-Karte für die weitere Nutzung gesperrt und kann erst

durch Eingabe einer weiteren 8-stelligen Geheimzahl wieder aktiviert werden. Wurde die PIN als korrekt erkannt, so beginnt die Zell- und Netzsuche.

Zell- und Netzwahl

Um eine geeignete Zelle auszuwählen, misst die Mobilstation die Empfangspegel auf allen GSM-Frequenzträgern und sortiert die vermessenen Träger nach der Stärke des Empfangspegels. Dann überprüft sie, ob es sich bei dem stärksten Träger um einen BCCH-Träger handelt. Ist dies nicht der Fall, überprüft sie den nächststärksten Träger, bis sie einen BCCH-Träger gefunden hat. Nach einer Frequenz- und Zeitsynchronisation im Downlink dekodiert die Mobilstation die BCCH-Informationen, um festzustellen, ob die zugehörige Zelle zu einem für den Teilnehmer erlaubten Netz gehört und nicht gesperrt ist. So ist z.B. für einen Telekom-Teilnehmer der Zugriff auf das Vodafone-Netz nicht erlaubt und umgekehrt. Sind die genannten Bedingungen nicht erfüllt, so sucht die MS weiter, bis sie eine erlaubte Zelle gefunden hat. Sofern dort der Empfangspegel hinreichend ist, kann sich die MS bei dieser Zelle einbuchen, ansonsten wird eine erneute (automatische oder manuelle) Netzwahl vorgenommen.

Anmeldung und Location Update

Dass sich ein Teilnehmer nach dem Einschalten der MS beim Netz anmelden (Attach Prozedur) bzw. beim Ausschalten abmelden (Detach Prozedur) muss, ist zwar im GSM-System nicht zwingend vorgeschrieben, aber dennoch in den meisten Netzen realisiert.

In jedem Fall muss sich die Mobilstation beim Netz melden (d.h. einen sogenannten Location Update durchführen), wenn sich gegenüber ihrem letzten Einbuchen der Aufenthaltsbereich geändert hat. Im Netz ist jedoch nicht die genaue Zelle, in der sich ein Teilnehmer befindet, sondern nur die sogenannte Location Area registriert. Dabei handelt es sich um eine Gruppe von Zellen (z.B. 50 Zellen), die alle zu einem Mobile Switching Centre gehören müssen.

Im Falle eines Rufes an den Mobilteilnehmer muss er in allen Zellen der Location Area gesucht werden. Die Mobilstation erkennt einen Wechsel der Location Area, wenn die auf der SIM-Karte abgespeicherte Location Area Kennung von der aus den BCCH-Informationen ausgelesenen Kennung abweicht.

Die MS führt dann über einen Signalisierungskanal eine sogenannte Location Update Prozedur durch, bei der im Endeffekt dem Home Location Register der neue Aufenthaltsbereich als «Nachsendeantrag» mitgeteilt wird, um bei einem ankommenden Ruf auffindbar zu sein. In der gleichen Prozedur bekommt der Teilnehmer eine (neue) temporäre Kennung zugeteilt.

Nach dem Location Update bzw. Einbuchen befindet sich die MS im sogenannten Idle-Modus, von dem aus sie Gespräche empfangen oder selbst absetzen kann.

Aktivitäten der MS im Idle-Modus

Im Idle-Modus führt die Mobilstation Empfangspegelmessungen durch und dekodiert die BCCH-Informationen – beides sowohl für die bedienende Zelle als auch für die Nachbarzellen. Ferner hört sie den Paging-Kanal der eigenen Zelle ab, einen Signalisierungskanal, auf dem Meldungen über ankommende Rufe abgestrahlt werden. Ist der Empfangspegel einer Nachbarzelle besser als der der eigenen, so nimmt die Mobilstation einen Zellwechsel vor.

Solange die neue Zelle in der gleichen Location Area liegt, kann die Mobilstation dies völlig selbständig tun, ohne das Netz zu informieren. Andernfalls ist eine Location Update Prozedur durchzuführen.

19.2.6 Verbindungsaufbau

Soll ein Mobilteilnehmer angerufen werden, so stellt sich – zusätzlich zum Verbindungsaufbau bei einem von ihm initiierten Ruf – die Aufgabe des Auffindens des Teilnehmers. Da ansonsten die beiden Verbindungsaufbauprozeduren ähnlich sind, behandelt dieser Abschnitt nur den kommenden Ruf, also z.B. ein Telefonat, bei dem ein Mobilfunkteilnehmer von einem Festnetztelefon angerufen wird.

Wegesuche auf Festnetzseite (Bild 19.13)
Der von einem Festnetzteilnehmer ausgehende Ruf wird auf der Basis der Netzvorwahl an ein geeignetes Gateway-MSC des jeweiligen Mobilfunknetzes weitergeleitet, das dann mit Hilfe der eigentlichen Rufnummer das relevante Home Location Register bestimmt und dort den aktuellen Aufenthaltsbereich des gerufenen Mobilteilnehmers erfragt.

Nach Eintreffen des Verbindungswunsches bei der zuständigen MSC initiiert diese den Verbindungsaufbau auf der Funkschnittstelle.

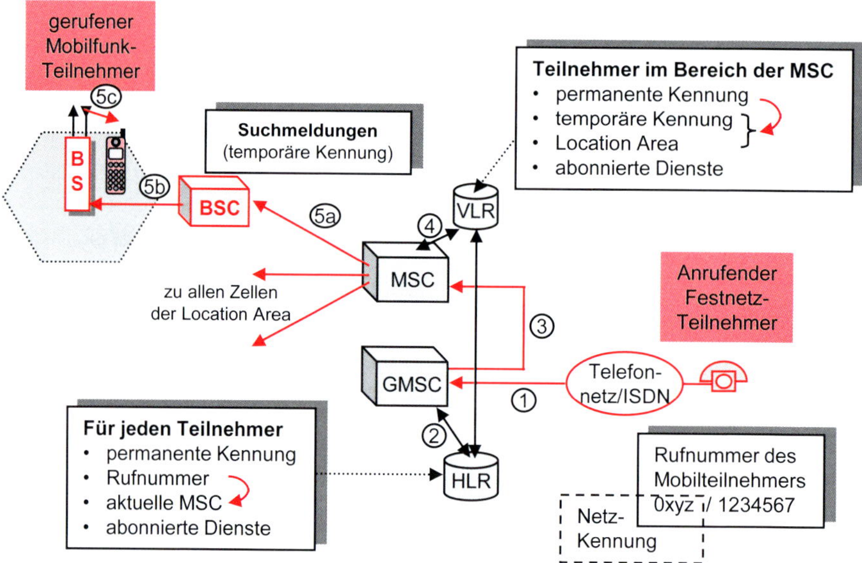

Bild 19.13 Wegesuche auf der Festnetzseite

Auf diese Weise kann ein Mobilteilnehmer automatisch gefunden werden, selbst wenn er sich im Ausland aufhält, sofern mit einem der dort ansässigen Betreiber ein sogenanntes Roaming-Abkommen zur Verrechnung der Gebühren besteht. Die deutschen Betreiber besitzen solche Abkommen jeweils mit Betreibern in über 150 europäischen und außereuropäischen Ländern. Allerdings ist beim International Roaming Folgendes zu beachten:

Hält sich der Mobilteilnehmer im Ausland auf, so fallen – auch wenn er angerufen wird – höhere Gebühren an als in seinem Heimatnetz. Da man dem anrufenden Gesprächspartner - dem i.A. der Aufenthaltsort des Mobilteilnehmers nicht bekannt ist – die erhöhten Gebühren nicht zumuten möchte, schlägt man sie der Rechnung des Mobilteilnehmers zu.

Aufbau der Funkverbindung (Bild 19.14)
Zum Aufbau einer Funkverbindung wird über die Base Station Controller und Basisstationen eine Suchmeldung (Paging) in alle Zellen der aktuellen Location Area verschickt, die i.A. die temporäre Kennung des gerufenen Teilnehmers enthält. Nach Detektion der Paging-Meldung meldet sich die MS über einen allgemeinen Zugriffskanal mit einem Aloha-Verfahren mit einer Funkkanalanforderung (Channel Request). Seitens des BSC wird ihr dann zunächst ein Signalisierungskanal unter Angabe des Trägers und des Zeitschlitzes zugeteilt (Immediate Assignment).

Über den Signalisierungskanal bestätigt die Mobilstation dem MSC den Empfang der Paging-Meldung (Paging Response). Sie wird dann aufgefordert, sich als berechtigt auszuweisen.

Nach erfolgreicher Zugangsberechtigungsprüfung kann der Verbindungsaufbau mit dem Übergang in den Verschlüsselungsmodus (engl.: Cipher Mode) fortgesetzt werden.

Die verschlüsselte Übertragung erfolgt dabei nur auf dem Funkweg zwischen Mobil- und Basisstation.

Anschließend verläuft der Verbindungsaufbau sehr ähnlich wie beim ISDN.

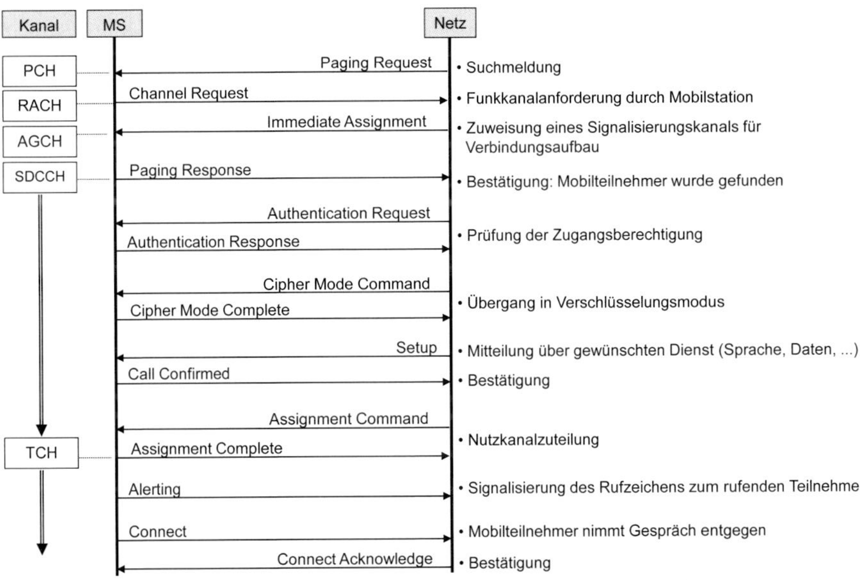

Bild 19.14 Erfolgreicher Verbindungsaufbau auf dem Funkweg

Mittels der Setup-Meldung wird der Mobilstation u.a. die Nummer des rufenden Teilnehmers sowie der zu aktivierende Dienst (Sprache, Daten, Datenrate, Übertragungsmodus) mitgeteilt. In der Call-Confirmed-Meldung bestätigt die MS, dass sie in der Lage ist, diesen Dienst zu ermöglichen. Daraufhin teilt der Base Station Controller unter Angabe von Frequenzträger und Zeitschlitz der Mobilstation einen Nutzkanal – oder bei einer Bündelung auch mehrere Zeitschlitze – zu (Assignment Command, bestätigt durch Assignment Complete). Die Alerting-Meldung wird bei der Mobilstation zusammen mit dem «Klingelzeichen» generiert; über sie erhält der rufende Teilnehmer das Rufzeichen. Das Entgegennehmen des Gesprächs durch den gerufenen Mobilteilnehmer wird dem Netz durch die Connect-Meldung signalisiert (Bestätigung mit Connect Acknowledge). Danach steht die Verbindung, und das Gespräch kann beginnen.

Merksatz

Der geschilderte Standard-Verbindungsaufbau (vom Paging bis zum Alerting) dauert typischerweise ca. 2–3 s. Im GSM-System sind zudem einige Varianten zulässig, die den Verbindungsaufbau in Bezug auf Aufbauzeit bzw. Funkkanalnutzung optimieren.

19.2.7 Prozeduren zur Verbindungssteuerung

Messungen

Während der bestehenden Verbindung führt sowohl die Mobil- als auch die Basisstation (Base Transceiver Station BTS) die Messungen der folgenden Größen durch:

- MS und BTS: Empfangsqualität (Bitfehlerraten nach der Demodulation) der eigenen Verbindung,
- MS und BTS: Empfangspegel für die eigene Verbindung,
- BTS: Abstand, d.h. Signallaufzeit zwischen MS und BTS,
- MS: Empfangspegel der BCCH-Frequenzen der durch die Funknetzplanung für jede Zelle festgelegten Nachbarzellen.

Auf den gesammelten Messwerten beruhen die Prozeduren zur Verbindungssteuerung. Da diese in der BTS oder dem BSC angesiedelt sind, sendet die MS regelmäßig (ca. alle 0,5 s) die von ihr aufgenommenen Messwerte über einen Signalisierungskanal an die BTS, die sie dann eventuell an die BSC weiterleitet. In der BTS bzw. BSC findet dann zunächst eine Vorverarbeitung der Messwerte statt, d.h. sie werden z.B. über einen bestimmten Zeitraum gemittelt oder untereinander gewichtet.

Handover

Die wichtigste Prozedur zur Verbindungssteuerung in einem zellularen Mobilfunk ist der Handover, also das automatische Weiterreichen einer Verbindung von einer Funkzelle zur nächsten bei Bewegung der Mobilstation. Bei GSM erfolgt das Weiterreichen als sogenannter *Hard Handover*, d.h. die MS verlässt zunächst den alten Kanal, bevor sie auf den neuen zugreift. Dadurch entsteht eine sehr kurze, kaum wahrnehmbare Unterbrechung der Verbindung.

Ein Handover kann aus den verschiedensten Gründen erfolgen, die sich grob in zwei Gruppen einteilen lassen:

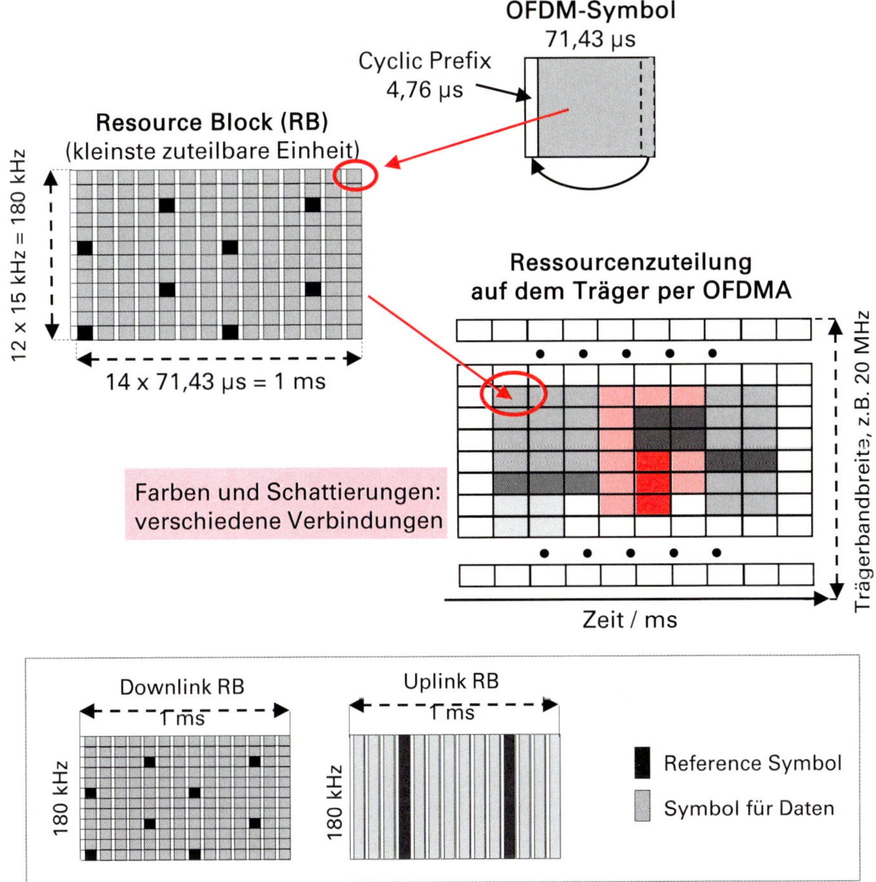

Bild 19.15 Übertragungs- und Zugriffsverfahren bei LTE

Merksatz

Reference Signal

Bei dem Reference Signal handelt es sich um festgelegte Folge von Symbolen, die dazu dient, die Ausbreitungsbedingungen auf dem Übertragungskanal zu messen bzw. um eine Zeit- und Frequenzsynchronisation zwischen Sender und Empfänger durchzuführen. Durch Messung des Empfangspegels dieses Reference Signals (Reference Signal Received Power RSRP) werden ferner Entscheidungen über die Wahl der Funkzelle getroffen (siehe Abschnitt 19.3.7).

Ressourcen Teilung und OFDMA

Im Regelfall ist allerdings nicht nur eine, sondern es sind mehrere Verbindungen aktiv, so dass sich diese die zur Verfügung stehenden Ressourcen teilen müssen. Wie in Bild 19.15 illustriert, kann die Aufteilung der Gesamtkapazität eines Frequenzträgers auf verschiedene Verbindungen durch die Basisstationen (eNodeB) sehr flexibel nach einem Orthogonal Frequency Division Multiple Access (OFDMA) vorgenommen werden. Dabei erfolgt eine Zuteilung einer bestimmten Anzahl von Resource Blocks im Millisekunden-Takt, wobei je nach Übertragungsbedingungen auch das jeweilige Modulations- und Codierverfahren festgelegt wird.

Merksatz

Multiple Input Multiple Output MIMO

Um die Datenraten und/oder die Kapazität in einer Funkzelle weiter zu steigern, kommen verschiedene Varianten von Multiple Input Multiple Output (MIMO, vgl. Kap. 9.9) zum Einsatz. Übliche Endgeräte unterstützen zumeist ein 2x2- oder 4x4-MIMO für eine Verdopplung oder Vervierfachung der Datenrate. Laut Standard sind aber auch MIMO-Verfahren mit höheren Stufen möglich und für die Zukunft zu erwarten. MIMO kann dabei in folgenden Varianten eingesetzt werden (vgl. Bild 9.24):

- Single User MIMO (Steigerung der Datenrate eines Nutzers)
- Multi User MIMO (Steigerung der Kapazität in der Funkzelle durch Mehrfachnutzung eines Kanals)
- Cooperative MIMO (Empfangsverbesserung durch Versorgung von mehreren eNodeBs)

Brutto-Bitraten

Werden einer Verbindung gleichzeitig beispielsweise 100 Resource Blocks zugewiesen, so belegt sie eine Frequenzbandbreite von 100 · 180 kHz = 18 MHz. Eine solche Verbindung lässt sich – unter Wahrung von Schutzbändern zu Nachbarträgern – auf Trägern mit einem Abstand von 20 MHz unterbringen. Bei Verwendung einer 64-QAM als Modulation und einer Kanalcodierung mit Code-Rate ¾ erhält man so auf einem solchen 20-MHz-Träger ohne MIMO eine maximale Brutto-Bitrate r_b von:

$$r_b = \frac{3}{4} \cdot \frac{6\ \text{Bit}}{\text{Symbol}} \cdot \frac{160\ \text{Symbole}}{\text{RB}} \cdot \frac{100\ \text{RB}}{\text{ms}} = 72\ \text{Mbit/s} \qquad \text{(Gl. 19.1)}$$

Bei einer gegenüber der Code-Rate ¾ etwas abgeschwächten Kanalcodierung beträgt die maximale Brutto-Bitrate auf einem 20-MHz-Träger in etwa 75 Mbit/s. Bei Verwendung von 2x2-MIMO verdoppelt sie sich auf 150 Mbit/s, bei 4x4-MIMO vervierfacht sie sich sogar auf 300 Mbit/s – jeweils sehr gute Funkausbreitungsbedingungen vorausgesetzt. Verwendet man 10-MHz-Träger, wie sie in Frequenzbereichen bei 700 oder 800 MHz zur Verfügung stehen, so muss man diese Zahlenwerte halbieren.

Anmerkungen zum Uplink

Bei den Endgeräten war es das Ziel, kostengünstige und gleichzeitig effiziente Leistungsverstärker zu implementieren. Daher wird im UL nicht OFDMA, sondern mit dem Single Carrier Frequency Division Multiple Access (SC-FDMA) eine Modulations- und Mehrfachzugriffsmethode verwendet, die von ihrem Peak-to-Average-Power-Ratio dem eines herkömmlichen QAM-Verfahrens ähnelt [63]. Aufgrund der Mehrwegeausbreitung ist in diesem Fall ein Entzerrer in der Basisstation erforderlich. Dem DL ähnlich sind die elementare Resource-Block-Größe (180 kHz Breite, 1 ms Dauer) sowie die spektrale Formung der Resource-Blöcke: Unterschiedlichen Verbindungen zugewiesene UL-Resource-Blöcke können unmittelbar benachbart sein (kein Schutzband), ohne sich zu stören.

Bei LTE-NB-IoT kann für die Resource Blocks die Bandbreite auf 15 kHz reduziert werden. Die Dauer verlängert sich dann auf 8 ms.

Tatsächliche Datenraten und Endgeräte Kategorien

Welche Datenrate tatsächlich erreicht wird, hängt ab vom jeweiligen Empfangspegel, von der allgemeinen Netzauslastung und der Endgeräte-Kategorie. LTE-Endgeräte-Kategorien unterscheiden sich durch die maximale Stufe des verfügbaren Modulations- und MIMO-Verfahrens. Ein weiteres wichtiges Unterscheidungsmerkmal ist die Bündelungsfähigkeit von Trägern aus verschiedenen Bändern. Inzwischen gibt es mehr als 20 Endgeräte-Kategorien. Einige sind in Tabelle 19.5 zusammengefasst. Noch höhere Kategorien von Endgeräten sind i.A. flexibler bei der Bündelung von Frequenzträgern und erlauben als Modulation die 256 QAM im DL.

Tabelle 19.5 Einige Endgeräte-Kategorien für LTE

		LTE					LTE Advanced		
Kategorie		1	2	3	4	5	6	7	8
Trägerbündelung		nein					20–100 MHz		
Max. Datenrate / Mbit/s	DL	10	50	100	150	300	300	300	1200
	UL	5	25	50	50	75	50	150	600
Modulation	DL	QPSK, 16QAM, 64QAM					64QAM	256QAM	
	UL	QPSK, 16QAM				64QAM	16QAM	64QAM	64QAM
MIMO	DL	option.	2x2			4x4	2x2	4x4	8x8
	UL	–	–	–	–	–			

Endgerätekategorien für LTE-M und NB-IoT haben eine verringerte Komplexität: Sie unterstützen kein MIMO und nur QPSK als höchste Modulationsstufen. Die verwendeten Trägerbandbreiten sind gering, und Träger können nicht gebündelt werden. Demenstprechend liegen die erzielbaren Datenraten i.A. deutlich unter 1 Mbit/s.

19.3.4 Konfiguration physikalischer Kanäle und Ressourcenzuteilung

Die im vorherigen Abschnitt beschriebenen Resource Blocks werden nicht nur zum Transport von Nutzdaten eingesetzt, sondern auch für zahlreiche organisatorische und Steuerungsaufgaben im System. Dazu gehören

- Signale für die Synchronisation des UEs auf den Symbol- und Frame-Takt,
- die Verteilung von Systeminformationen an alle UEs in der Funkzelle,
- Kanal- und Ressourcenanforderungen bzw. die zugehörigen Zuteilungen,
- Hinweise zur Kanalqualität und zu MIMO-Parametern,
- Befehle für die Sendeleistungsregelung am UE,
- Bestätigungen über den erfolgreichen Empfang (Acknowledgements ACK),
- der Transport von Signalisierungsmeldungen aus höheren Protokollschichten (Paging, Verbindungsaufbaumeldungen, Handover-Meldungen, ...).

Die wichtigsten physikalischen Kanäle und Signale sind in Tabelle 19.6 zusammengestellt. Für Multimedia-Broadcast-Anwendungen oder LTE-M/NB-IoT gibt es weitere physikalische Kanäle.

Tabelle 19.6 Wichtige physikalische Kanäle und Signale bei LTE

Abk.	Name	Erläuterung
PBCH	Physical Broadcast Channel	wichtige Systeminformationen an alle UEs in der Zelle: Frequenzbandbreite, Zell- und Netzkennungen, Parameter für Zellwechsel und Systemwechsel, ...
PDCCH	Physical DL Control Channel	Ressourcenzuteilung für DL, Bestätigung Ressourcen-anforderungen im UL, Befehle zur Sendeleistung UE
PHICH	Physical Hybrid ARQ Indicator Channel	Bestätigung über erfolgreich im UL erfolgreich empfangene Meldungen
PCFICH	Physical Control Format Indicator Channel	Informationen über die Anzahl der Symbole für den Control Channel am Anfang eines Subframes
PDSCH	Physical DL Shared Channel	Transport von Nutzdaten oder Signalisierungs-meldungen höherer Protokollschichten, auch Paging
PSS/SSS	Primary/Secondary Synchronization Signal	Synchronisierung auf Symbol- und Frame-Takt, Hinweise auf Zellkennung und TDD oder FDD
PRACH	Phy. Random Access Channel	Kanalanforderung mittels Zufallszugriff (Slotted ALOHA)
PUCCH	Physical UL Control Channel	Bestätigungen (ACK), Ressourcenanforderung, Hinweise zur Kanalqualität und MIMO-Empfang
PUSCH	Physical UL Shared Channel	Transport von Nutzdaten oder Signalisierungs-meldungen aus höheren Protokollschichten
RS	Reference Signals	Signale im UL und DL zur Unterstützung der Modulation und für Pegelmessungen, Zell- oder UE-spezifisch

Wie viele Kanäle man von welchem Typ benötigt, hängt von der Verkehrslast in der jeweiligen Funkzelle und den Anwendungen ab. Dementsprechend gibt es zahlreiche verschiedene Kanalkonfigurationen. Ein Beispiel für einen DL- und UL-Frequenzträger mit einer Bandbreite von jeweils 3 MHz (15 Resource Blocks RB) im FDD-Modus ist in Bild 19.16 zu sehen. Dabei zeigt sich eine gewisse Periodizität mit der Dauer eines Rahmens von 10 ms (Radio Frame), wobei der Broadcast Channel nur alle 40 ms auftritt. Ein Radio Frame besteht aus 10 Subframes, deren Dauer mit der eines Resource Blocks RB von 1 ms übereinstimmt. Die in dem überwiegenden Teil der RBs enthaltenen Reference Signale (RS) sind nicht mit eingezeichnet, verteilen sich aber prinzipiell wie in Bild 19.16 illustriert.

Prozedur für die Ressourcenzuteilung und OFDMA

Im Regelfall ist allerdings nicht nur eine, sondern es sind mehrere Verbindungen aktiv, so dass sich diese die zur Verfügung stehenden Ressourcen teilen müssen. Wie in Bild 19.15 illustriert, kann die Aufteilung der Gesamtkapazität eines Frequenzträgers auf verschiedene Verbindungen durch die Basisstationen (eNodeB) sehr flexibel nach einem Orthogonal Frequency Division Multiple Access (OFDMA). Dabei erfolgt eine Zuteilung einer bestimmten Anzahl von Resource Blocks im Takt von 1 ms, wobei je nach Übertragungsbedingungen auch das jeweilige Modulations- und Codierverfahren festgelegt wird.

Für den in Bild 19.17 gezeichneten Fall der Datenübertragung über den PDSCH im DL weist der eNodeB über den PDCCH zu Beginn eines Subframes das UE darauf hin, dass Daten im Subframe folgen und mit welchem Modulations- und Codierverfahren sie übertragen werden. Jeder Datenrahmen muss im UL über den PUCCH bestätigt werden (ACK).

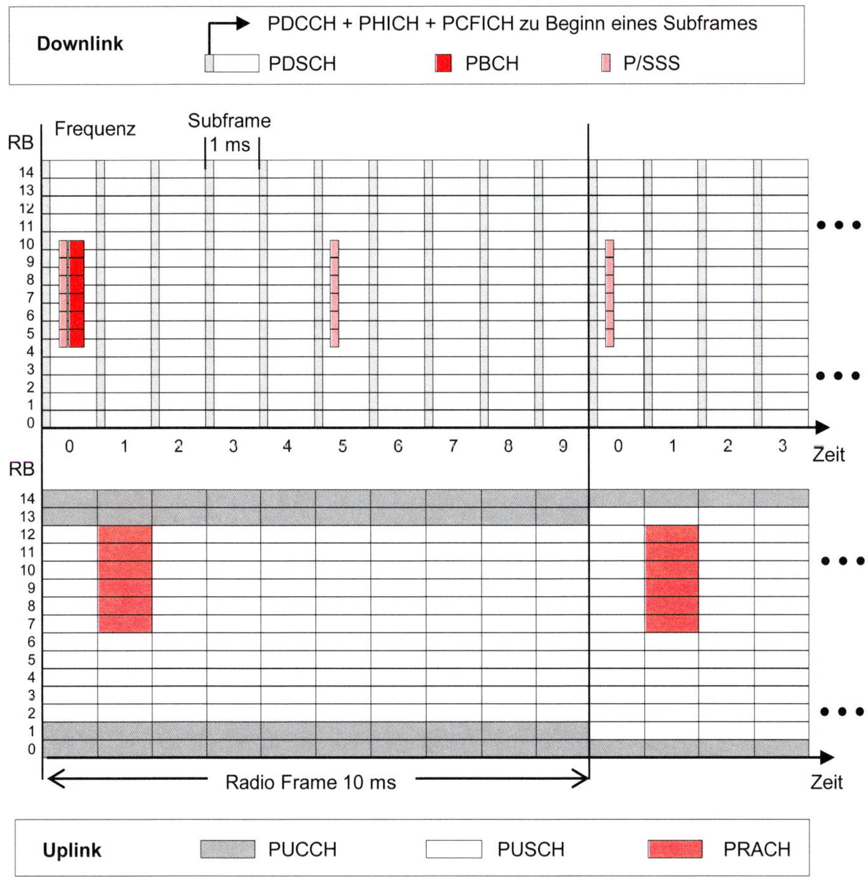

Bild 19.16 Beispiel für eine Kanalkonfiguration bei LTE (FDD, 3 MHz Trägerbandbreite)

Vor einer Datenübertragung im UL muss das UE zunächst über den PUCCH beim eNodeB anfragen und bekommt dann über den PDCCH Ressourcen für die Übertragung zugeteilt. Der erfolgreiche Empfang wird über den PHICH im DL quittiert.

Kriterien für die Ressourcenzuteilung

Die Aufteilung der Ressourcen (Anzahl und Lage) auf mehrere konkurrierende Verbindungen erfolgt durch einen komplexen Prozess, in dem mehrere Kriterien einbezogen werden, wie die Fairness, die Optimierung der Gesamtkapazität oder die Anforderungen des jeweiligen Dienstes an maximale Verzögerungszeiten und Datenrate.

Ein prinzipieller Ansatz ist das **Round-Robin-Verfahren**, beim dem alle Verbindungen in einem bestimmten Rhythmus Ressourcen erhalten – unabhängig von ihren Übertragungsbedingungen. Dieses Verfahren erfüllt das Kriterium der Fairness, führt aber zu einer schlechten Gesamtnetzkapazität. Vom Standpunkt der Netzkapazität müsste man der Verbindung mit dem besten Nutz-zu-Störleistungsverhältnis SIR in der Funkzelle die vollen Ressourcen zuteilen, was jedoch Teilnehmer am Zellrand deutlich benachteiligt. Insofern beruht die Zuteilung im Wesentlichen auf einem so genannten **Proportional-Fair-Algorithmus,** bei dem die Ressourcen im

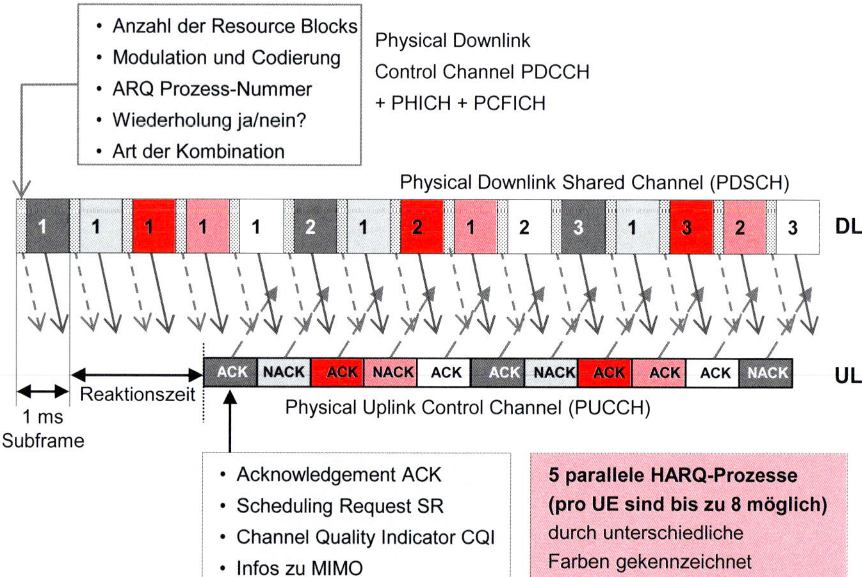

Bild 19.17 Zuweisung Ressourcen bei LTE und ARQ-Verfahren

Millisekunden-Takt jeweils der Verbindung zugeteilt wird, die mit ihrem aktuellem SIR am weitesten über ihrem mittleren SIR-Wert liegt, also aktuell vergleichsweise gute Übertragungsbedingungen aufweist. Ferner wird die Mindestanforderung an die Dienstqualität einbezogen. Ebenso kann bei der Ressourcenzuteilung berücksichtigt werden, dass verschiedene Unterträger unterschiedlich Störsituationen und Empfangspegel (durch destruktive und konstruktive Interferenz) aufweisen können.

Hybrid-ARQ-Verfahren (HARQ)
Zur Sicherung der Übertragung der Datenblöcke zwischen eNodeB und User Equipment verwendet LTE ein ARQ-Verfahren mit Soft Combining (siehe Abschnitt 8.6.4). Da jeder Datenrahmen per ACK (Acknowledge) bestätigt werden muss und eine Bestätigung je nach Konstellation i.A. erst nach 4–7 Subframes (4–7 ms) eintrifft, würde die Übertragung ohne besondere Maßnahmen stark ausgebremst.

Daher können bei LTE mehrere (bis zu 8) solcher HARQ-Prozesse parallel laufen. Im Beispiel in Bild 19.17 sind es 5 Prozesse, die durch unterschiedliche Farben markiert sind. Im PDCCH zu Beginn des Subframes wird dem UE mitgeteilt, zu welchem HARQ-Prozess die nachfolgenden Daten gehören und ob es sich um neue handelt oder um Wiederholungen.

19.3.5 Systemarchitektur

Bild 19.18 zeigt die LTE-Systemarchitektur in seiner Basisvariante. In einem realen Netz kommen die einzelnen Netzelemente (bis auf den HSS) deutlich häufiger vor als gezeichnet. Ferner gibt es weitere Netzelemente im Zusammenhang mit dem Multimedia Broaddcast Service, mit Machine Type Communications, mit dem Short Message Service oder mit Location Based Services.

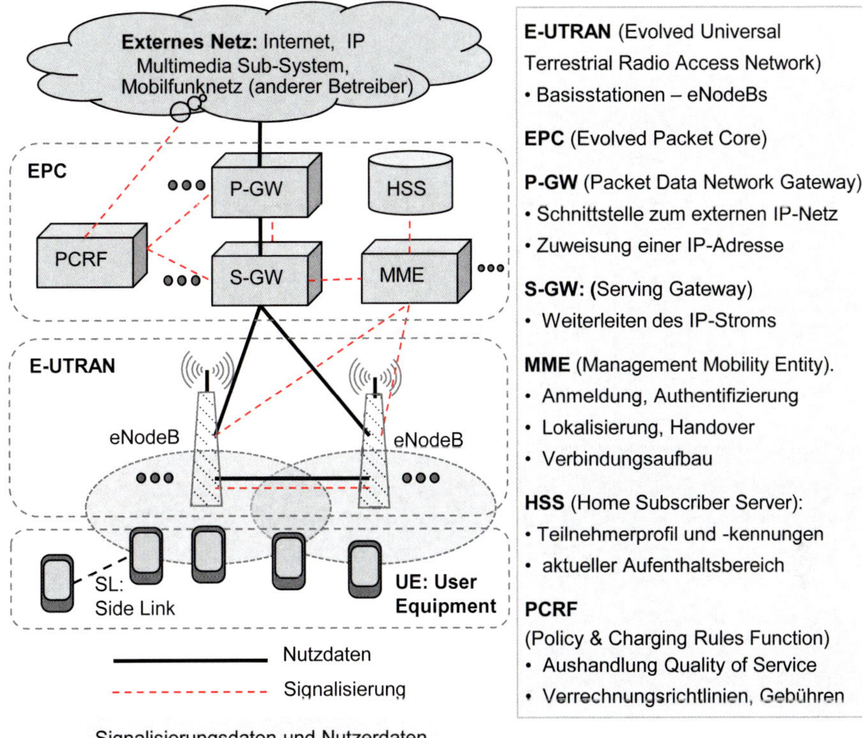

Bild 19.18 Die LTE-Systemarchitektur

Bei einigen der Namen findet man zu Beginn den Buchstaben «E» bzw. «e», der auch schon bei LTE (Long Term Evolution – Entwicklung für einen längeren Zeitraum) auftaucht. Man bezeichnet somit das Gesamtsystem auch als Evolved Packet System (EPS), welches sich aus dem Funkzugangsnetz (Evolved Universal Terrestrial Radio Access Network) und dem Kernnetz (Evolved Packet Core EPC) zusammensetzt.

Gegenüber 2G/GSM haben sich zum einen die Namen geändert, aber auch grundsätzliche Änderungen sind zu verzeichnen. Eine Gegenüberstellung der Netzelemente findet man in Tabelle 19.7.

Tabelle 19.7 Vergleich zwischen den 2G/GSM- und 4G/LTE-Netzelementen

2G/GSM-Netzelement	4G/LTE-Netzelement	Anmerkung
Mobilstation MS	User Equipment UE	Teilnehmerendgerät
Subscriber Identity Module SIM	Universal Integrated Circuit Card UICC	
Basisstation BS	eNodeB eNB	mehr Funktionalität in eNB
Base Station Controller BSC	–	→ weniger Verzögerung
Mobile Switching Center MSC	–	→ keine Leitungsvermittlung
GPRS Support Node GSN	Serving / Packet Gateway GW	Nutzdatentransport
–	Mobility Management Entity MME	wichtige Steuerungsaufgaben
Home Location Register HLR	Home Subscriber Server HSS	Teilnehmerdaten

Die Namensänderungen rühren vielfach daher, dass es auch einige grundsätzliche Änderungen beim EPS in der Architektur gegenüber den Vorgängersystemen 2G/GSM und 3G/UMTS gibt:

Merksatz

Die Architektur bei 4G/LTE ist auf eine reine Paketübertragung («IP-Welt») ausgelegt. Daher auch der Name Evolved Packet System. Eine Leitungsvermittlung gibt es nicht mehr, was die Netze vereinfacht. Dementsprechend werden auch Sprachdienste in einer paketvermittelten Form als Voice over LTE (VoLTE) angeboten – angelehnt an Voice over IP.

Ferner wurde die Netzebene der Base Station Controller (BSC) herausgenommen. Durch die «flachere» Architektur können Paketverzögerungszeiten (Latenzen) reduziert werden auf Werte bis zu ca. 20 ms. Umgekehrt bekommen die eNodeBs mehr Funktionalität (nämlich die der BSCs) als die Basisstationen bei GSM. Zudem gibt es Schnittstellen zwischen den eNodeBs, um bei einem Handover den Datenverkehr schnell und effektiv an den neuen eNodeB weiterzuleiten, ohne dabei das Serving Packet Gateway zu involvieren.

Nutzdaten und Signalisierungsmeldungen werden bei LTE i.A. über verschiedene Wege und Netzelemente geleitet. Der Nutzdatentransport erfolgt über das Serving und Packet Gateway. Bei den Steuerungsaufgaben (Verbindungsaufbau, Handover, Schlüsselaustausch) kommt der Mobilitity Management Entity eine entscheidende Rolle zu.

Merksatz

Device-to-Device-Communications (D2D)

Im Gegensatz zu 2G/GSM und 3G/UMTS ermöglicht 4G/LTE eine direkte Kommunikation zwischen den Endgeräten (Device-to-Device-Communications, D2D, siehe Bild 19.18, links unten). Die entsprechende Funkverbindung nennt man den Sidelink (SL). Für solche Sidelinks kommen nur bestimmte Frequenzbänder in Frage.

Dies ähnelt der Bluetooth-Kommunikation zwischen zwei Smartphones. Zusätzlich kann aber der eNode eine steuernde Rolle übernehmen und die Funkkanalzuteilung koordinieren. D2D (z.B. eingesetzt bei V2V-Kommunikation) bringt folgende Vorteile mit sich:

- Die Kommunikation ist auch in Gebieten ohne Infrastrukturversorgung möglich.
- Das Netz wird von Übertragungskapazität entlastet.
- Verzögerungen sind geringer als bei einer Kommunikation über das komplette Netz.

Ein weiterer Einsatz von Sidelinks sind LTE-Relay-Stationen (Repeater) zur Erweiterung des Versorgungsbereichs von eNodeBs.

Zusammenspiel zwischen 4G/LTE und 2G/GSM

Zwischen LTE und GSM sind während einer Verbindung unterbrechungsfreie Handover realisiert. Dies ist insbesondere dann wichtig, wenn man einen Bereich mit

LTE-Versorgung verlässt, aber noch eine GSM-Versorgung vorhanden ist. Bei einer Datenverbindung werden die Nutzdaten zwischen Serving Gateway (S-GW) und Serving GSN (SGSN) ausgetauscht. Die Steuerung erfolgt über die Mobility Management Entity. Bei einer Sprachübertragung ist der Wechsel deutlich komplexer, da ein Wechsel von einer paket- auf eine leitungsvermittelte Übertragung (Einbeziehung des MSCs) vorgenommen werden muss.

Kennziffern und Netzbereiche

Um die Netzelemente, die Teilnehmer und ihre Verbindung effizient und sicher ansprechen und verwalten zu können, werden sowohl die Netzelemente als auch die Teilnehmer und Verbindungen mit verschiedenen Identifikationsnummern versehen. Einen Überblick über die Bereiche gibt das Bild 19.19; die Kennziffern sind in Tabelle 19.8 kompakt zusammengestellt.

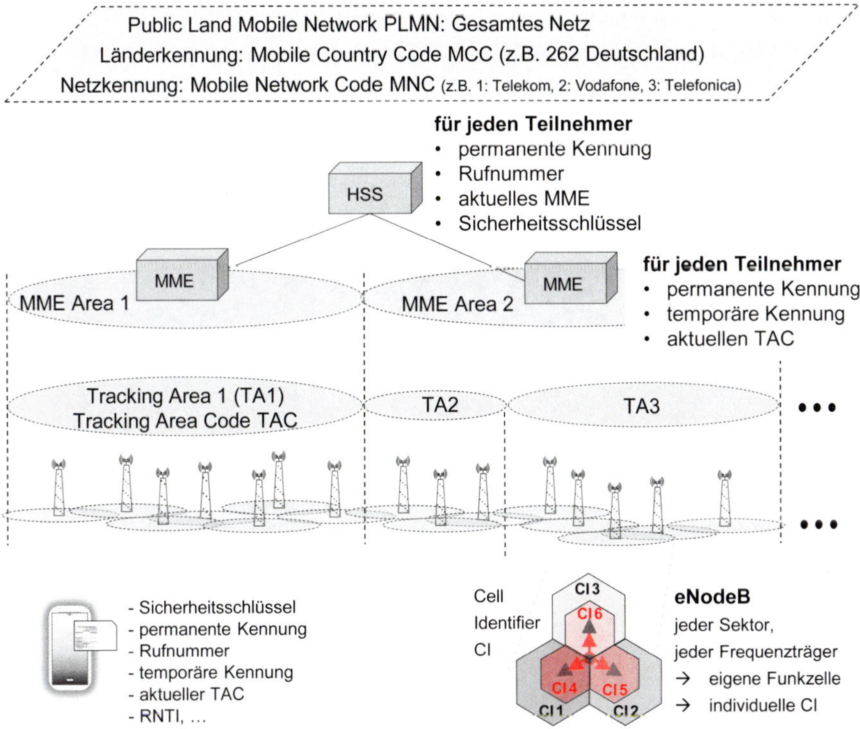

Bild 19.19 Netzbereiche und Kennziffern bei LTE

Das gesamte LTE-Netz ist dabei in größere Bereiche, die Tracking Areas (TA) und MME Areas (MMEA) unterteilt, die eine Größenordnung von 100 Funkzellen umfassen (vergleichbar mit den Location Areas in GSM, siehe Abschnitt 19.2.5). Für jeden im Netz eingebuchten Teilnehmer ist im HSS bzw. in der MME gespeichert, in welcher MMEA bzw. TA er sich aktuell aufhält. Bei einem Wechsel müssen die Eintragungen über eine Tracking-Area-Update-Prozedur geändert werden. Bei einem eingehenden Verbindungwunsch kann so der Teilnehmer gefunden und ein Verbindungsaufbau eingeleitet werden, der mit einem Ausruf (Paging) des Teilnehmers in allen Zellen der TA initiiert wird.

Tabelle 19.8 Kennziffern

	4G/LTE-Netzelement	Anmerkung
MSISDN	Mobile Subscriber ISDN Number	Rufnummer
IMSI	International Mobile Subscriber Identity	permanente Teilnehmerkennung
TMSI	Temporary Mobile Subscriber Identity	temporäre Teilnehmerkennung (Anonymität)
MCC	Mobile Country Code	Länderkennung
MNC	Mobile Network Code	Netzkennung (z.B. Telekom, Vodafone, ...)
TAC	Tracking Area Code	Kennung einer Gruppe von Funkzellen
CI	Cell Identifier	Kennung einer Funkzelle
RNTI	Radio Network Temporary Identifier	Identifikation eines UEs in einer Funkzelle, zu der eine Verbindung aufgebaut wurde, verwendet bei der Zuteilung von Ressourcen

Weitere Details zur Netzarchitektur findet man beispielsweise in [60, 63].

19.3.6 Kommunikationsprotokolle in 4G/LTE und das Konzept des Bearers

Das übergeordnete Ziel eines Kommunikationsnetzes ist es, eine sogenannte Ende-zu-Ende-Verbindung aufzubauen und während der Kommunikation aufrecht zu erhalten. Ende-zu-Ende bezieht sich dabei auf die beiden kommunizierenden Endgeräte, von denen eines (Gerät B) auch ein Server sein kann (Mail-, File-, Web-Server). Ein Teil der Verbindung verläuft dabei im LTE-Mobilfunknetz des mobile Endgeräts A (User Equipment A), ein anderer in einem externen Netz (siehe Bild 19.20).

Definition

Nach dem Einschalten des User Equipments und der Netz- und Zellwahl läuft die sogenannte Attach Prozedur ab, bei der das jetzt aktive UE im Netz registriert und über das Packet Gateway P-GW eine Verbindung zu dem externen paketbasierten Netz hergestellt wird.

Default EPS Bearer

Aufgebaut wird dabei ein sogenannter Default EPS Bearer (Träger) – eine virtuelle Verbindung bzw. ein Tunnel zwischen UE und P-GW – über den zumindest in der Anfangsphase IP-Pakete mit dem externen Netz ausgetauscht werden. Bei seinem Aufbau wird eine IP-Adresse für diesen Bearer zugewiesen. Die Verbindungsdaten bleiben gespeichert, auch wenn gerade keine Daten ausgetauscht und damit keine physikalischen Ressourcen benötigt werden (virtuelle Verbindung). Bei einem Datenaustausch kann die Verbindung schnell wieder aktiviert werden. Über den Default EPS Bearer lässt sich allerdings keine spezielle Dienstgüte garantieren.

Dedicated EPS Bearer

Benötigt eine Anwendung eine spezielle Dienstqualität (Quality of Service QoS), dann muss zusätzlich ein Dedicated EPS Bearer aufgebaut werden, der die gleiche IP-Adresse wie der verknüpfte Default EPS Bearer verwendet. Allerdings werden weiterhin Parameter zu den QoS-Anforderungen ausgetauscht. Dazu gehören:

- ❑ Resource Type: Garantierte Bitrate GBR oder nicht-garantierte Bitrate (non GBR),
- ❑ Prioritäten,
- ❑ Packet Delay Budgets: maximal erlaubte Verzögerungszeiten,
- ❑ Packet Error Loss: maximal erlaubte Paketverlustrate.

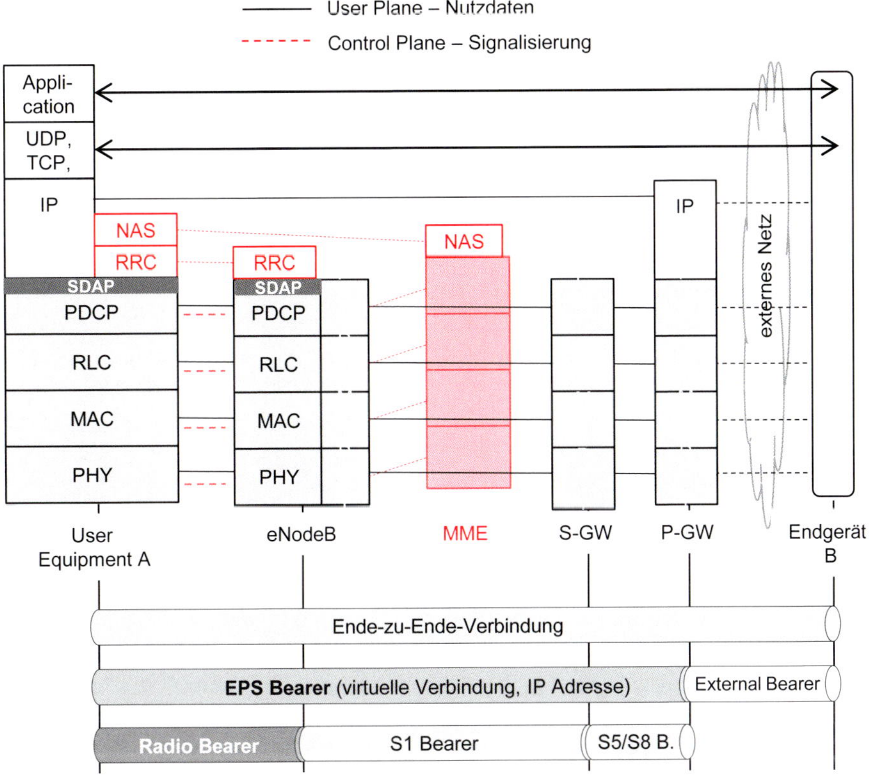

SDAP: Service Data Adaption Protocol (nur bei 5G)
PDCP: Packet Data Convergence Protocol
RLC: Radio Link Control
MAC: Medium Access Control
PHY: Physical Layer

TCP: Transport Control Prodotocol
UDP: User Datagram Protocol
IP: Internet Protocol
NAS: Non Access Stratum
RRC: Radio Resource Control

Bild 19.20 Bearer und Protokolle bei LTE

Um die QoS-Anforderungen garantieren zu können, müssen gewisse Ressourcen vorgehalten werden – sowohl auf der Funkschnittstelle zwischen UE und eNodeB als auch im Kernnetz. Der gesamte EPS Bearer setzt sich dementsprechend aus einem Radio Bearer und Bearern im Kernnetz zusammen.

Mit einem Default Bearer können mehrere Dedicated Bearer verknüpft sein, wenn das UE gleichzeitig mehrere Anwendungen mit unterschiedlichen QoS-Anforderungen betreibt.

Kommunikationsprotokolle

Auf den höheren Protokollschichten (Vermittlung, Transport und Anwendung) kommen die in Kapitel 18.5 beschriebenen Protokolle der Anwendungsschicht zum Einsatz (siehe Bild 19.20). In den darunterliegenden Schichten werden LTE-spezifische Protokolle verwendet, wobei zwischen den Protokollen für den Datentransfer (User Plane, in grau) und den Protokollen für die Signalisierung (Control Plane, in orange) unterschieden wird. In Bezug auf die Nutzdaten werden die zugehörigen IP-Pakete mittels der Protokolle der unteren Schichten zwischen dem UE und P-GW weitergeleitet.

In den folgenden Absätzen wird kurz auf die Protokolle zwischen dem User Equipment UE und dem eNodeB bzw. der Mobility Management Entity eingegangen.

Packet Data Convergence Protocol (PDCP)

Ein IP-Paket hat typischerweise eine maximale Größe von 1500 Byte, von denen 40–60 Byte auf Header entfallen. Bei manchen Anwendungen – wie z.B. Voice over IP – ist der Nutzdatenteil sehr kurz. Um diese effizient zu übertragen, nimmt PDPC eine Header Compression vor, bei der der Headeranteil auf 2–5 Byte komprimiert wird. Ferner sorgt PDCP durch eine Nummerierung dafür, dass die IP-Pakete – insbesondere bei einem Handover zwischen zwei Funkzellen – in der richtigen Reihenfolge ausgeliefert werden. Ferner wird eine Verschlüsselung der Datenpakete und beim Transport von Signalisierungsmeldungen eine Integritätsprüfung vorgenommen.

Radio Link Control (RLC)

In der RLC-Schicht können PDCP-Pakete in kleinere Teile zerlegt werden (Segmentierung) oder mehrere PDCP-Pakete zu einer größeren Einheit zusammengefasst werden. Dies hängt von der Qualität der Funkverbindung und den verfügbaren Funk-Ressourcen ab und wird von der MAC-Schicht der RLC-Schicht mitgeteilt. Ferner können, falls nach Anwendung der Hybrid-ARQ-Verfahren in der MAC-Schicht noch geringe Restfehler verblieben sind, diese je nach Anwendung durch Wiederholverfahren innerhalb der RLC-Schicht beseitigt werden.

Medium Access Control (MAC)

Die MAC-Schicht besitzt zwei wesentliche Aufgaben. Zum einen werden die Funkressourcen nach den im Kapitel 19.3.4 beschriebenen Verfahren den einzelnen Verbindungen bei Bedarf zugewiesen. Die Zuweisung übernimmt der eNodeB. Zum anderen erfolgt die Sicherung der Übertragung der RLC-Rahmen durch ein Hybrid-ARQ-Verfahren (siehe Kap. 8.6 und 19.3.4). Ein MAC-Rahmen inklusive MAC-Header wird der physikalischen Schicht als sogenannter Transport Block übergeben.

Physical Layer (PHY)

In der physikalischen Schicht wird an den Transport Block ein CRC von 3 Byte angehängt. Ferner erfolgt eine Codierung/Decodierung der Bits mit fehlerkorrigierenden Codes sowie die Modulation bzw. Demodulation. Die zu übertragenden Bits bzw. Symbole werden den reservierten Resource Blocks und eventuell unterschiedlichen Antennenströmen bei Verwendung von MIMO zugewiesen.

Radio Resource Control (RRC)
Die RRC-Schicht hat u.a. folgende Aufgaben: Systeminformationen per Broadcast zu verteilen, Funkverbindungen zu den Endgeräten auf- und abzubauen bzw. aufrecht zu erhalten. Ferner erfolgt in dieser Schicht die Konfiguration und das Reporting von Messungen für Handover zwischen Funkzellen und verschiedenen Technologien.

Non Access Stratum (NAS)
Die NAS-Schicht ist innerhalb der Control Plane angeordnet und damit für Steuerungsaufgaben zuständig. Diese lassen sich in zwei Teilschichten gliedern:

- EPS Mobility Management (EMM) und
- EPS Connection Management (ECM).

Das EPS Mobility Management ist dafür zuständig, dass Teilnehmer, die ihr Gerät einschalten oder in das Versorgungsgebiet eines LTE-Netzes gelangen, dort mittels der Attach-Prozedur registriert werden. Durch diesen Signalisierungsvorgang mit der MME gelangt das UE in den Zustand «ECM REGISTERED». Ferner gehört zu den Aufgaben des EMMs die Authentifizierung (Zugangsberechtigungsprüfung) von Teilnehmern, die Zuweisung temporärer Kennungen (siehe Tabelle 19.8) und die Signalisierung bei einem Wechsel der Tracking Area.

Hauptaufgabe des EPS Connection Managements ist der Aufbau, die Aufrechterhaltung und der Abbau eines Default Bearers oder weiterer Dedicated Bearer (siehe Bild 19.20) für den Datenaustausch. Dazu muss das MME sowohl mit dem UE als auch mit dem S-GW und P-GW Signalisierungsmeldungen austauschen.

19.3.7 Wichtige Prozeduren in einem LTE-Netz

In diesem Abschnitt werden einige wichtige Prozeduren im 4G/LTE-Netz beschrieben. Einen Überblick über den gesamten zeitlichen Ablauf und die Zustände, die das User Equipment dabei einnimmt, zeigt Bild 19.21.

Zellwahl
Nach dem Einschalten (oder bei einem Wechsel z.B.von 2G/GSM in ein LTE-Netz) detektiert das UE die Synchronization Signals (siehe Abschnitt 19.3.4), um sich auf den Symbol- und Frame-Takt zu synchronisieren und um erste Informationen zu der Zelle zu erhalten, z.B. ob FDD oder TDD verwendet wird.

Danach demoduliert sie die System-Informationen, die über den Broadcast Channel verteilt werden. Dazu gehören die Länder-, Netz-, Tracking-Area- und Zell-Kennungen, der verwendete Frequenzträger und dessen Bandbreite, Hinweise auf weitere Frequenzträger in Nachbarzellen sowie Parameter für den Zellwechsel und den Verbindungsaufbau. Handelt es sich um eine nicht gesperrte Funkzelle im passenden Netz und ist der Empfangspegel hinreichend groß, so wählt das UE die Funkzelle aus und kann weitere Aktionen starten.

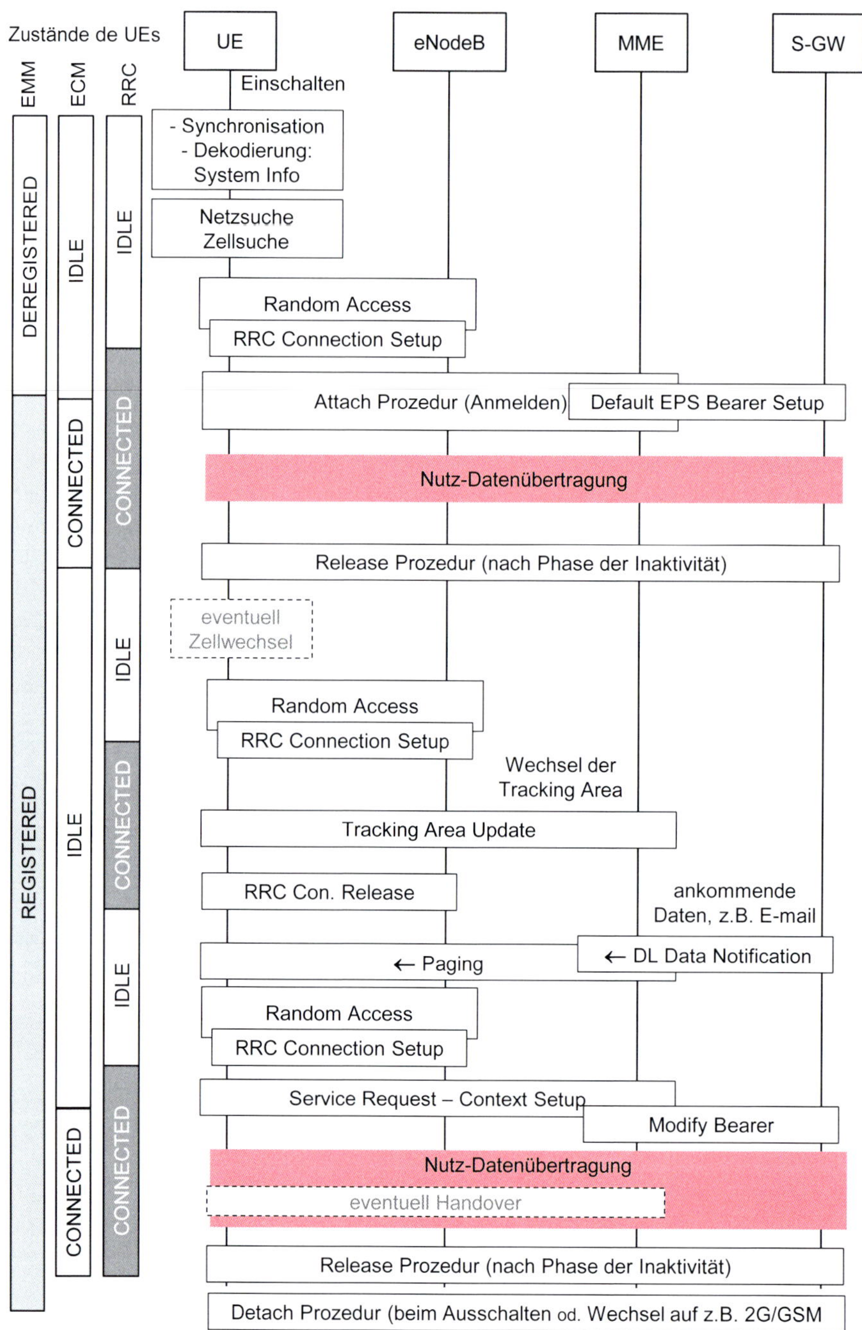

Bild 19.21 Zustände des User Equipments UE und wichtige Prozeduren innerhalb des LTE-Netzes

Aufbau einer Funkverbindung – RRC Connection Setup

Um verschiedene Aktionen durchzuführen, muss das UE zunächst eine Funkverbindung zum eNode herstellen. Die erste Kontaktaufnahme geschieht über ein Slotted-

Aloha-Verfahren über den Random Access Channel (siehe Abschnitte 18.2.1 und 19.3.4). Wird die Kanalanforderung vom eNodeB erfolgreich detektiert, so weist er dem UE einen dedizierten Kanal und einen Radio Network Temporary Identifier RNTI zu, mit dem das UE bei weiteren Ressourcenzuteilungen und Anforderungen angesprochen wird.

In der unmittelbar anschließenden RRC-Connection-Setup-Prozedur teilt das UE die TMSI und den Grund für den Verbindungswunsch mit und erhält weitere Verbindungsparameter vom eNodeB. Das UE befindet sich danach im RRC-Connected-Zustand und kann mittels der in Abschnitt 19.3.4 beschriebenen Verfahren Daten über die Funkschnittstelle austauschen. Nach einer längeren Phase der Inaktivität kann die RRC-Verbindung wieder abgebaut werden. Bei Bedarf muss sie mittels der Random-Access- und RRC-Connection-Setup-Prozedur erneut aufgebaut werden.

Attach- und Tracking-Area-Update-Prozedur

Als erste Aktion bei bestehender Funkverbindung führt das UE die Attach-Prozedur durch, um sich im LTE-Netz anzumelden. Das UE nimmt dabei Kontakt zu einer Mobility Management Entity (MME) auf, das das UE im Folgenden verwaltet und das dessen aktuelle Tracking Area und temporäre Kennung TMSI speichert. Falls das UE in eine Funkzelle wechselt, die zu einer anderen Tracking Area oder MME Area gehört, so muss sie dies dem Netz in einer entsprechenden Update-Prozedur mitteilen. Wird das Endgerät ausgeschaltet oder wechselt es auf Grund der Funkbedingungen in ein anderes Netz, so wird die Registrierung zurückgesetzt (ECM-DERIGISTERED, Detach-Prozedur).

Bearer Setup und Bearer Modify

Nach erfolgreicher Anmeldung (Attach) baut das MME für das UE über das Serving- und Packet-Gateway eine virtuelle Verbindung zu einem externen Netz auf – den Default EPS Bearer. Dabei wird dem UE eine IP-Adresse zugewiesen. Das UE befindet sich dann im Zustand ECM-CONNECTED und kann Nutzdaten austauschen. Nach einer längeren Phase der Inaktivität kann die physikalische ECM-Verbindung beendet werden (ECM-IDLE), die Verbindungsparameter – insbesondere die IP-Adresse – bleibt aber bestehen. Durch eine vom UE eingeleitete Service-Request-Prozedur kann der Default-EPS-Bearer wieder aktiviert werden und ein zusätzlicher EPS-Bearer kann aufgebaut werden, der die erforderlichen Quality-of-Service-Anforderungen erfüllt.

Paging

Treffen im LTE-Netz Daten für ein UE im IDLE-Modus ein, so muss dieses gesucht und darüber informiert werden. Dazu sendet das Netz eine DL-Data-Notification-Meldung an die zuständige MME, die dann das Aussenden einer Paging-Meldung in alle Funkzellen der Tracking Area veranlasst. Das UE erkennt aufgrund der passenden TMSI in der Paging-Meldung, dass es gesucht wird, und baut unmittelbar anschließend mittels der Random-Access- und RRC-Connection-Setup-Prozedur eine Funkverbindung auf. Danach kann die vollständige ECM-Verbindung hergestellt werden.

Cell Re-Selection und Handover

Bei einem Zellwechsel muss zwischen den Begriffen Cell Re-Selection und Handover unterschieden werden:

Die Cell Re-Selection erfolgt im Idle-Modus und das UE entscheidet sich auf Basis von Pegel-Messungen selbstständig für die «beste» Funkzelle. Der eNodeB und das Netz sind nicht involviert und erfahren i.A. nichts von dieser Entscheidung – es sei denn, die neue Zelle liegt in einer anderen Tracking Area. Dann muss ein Tracking Area Update durchgeführt werden.

Bei einem Zellwechsel bei bestehender Funkverbindung (RRC-CONNECTED) spricht man von einem Handover. In diesem Fall liefert das UE nur die Messwerte über die Empfangspegel bezüglich der eigenen und der benachbarten Funkzellen an den eNodeB. Dieser – und nicht das UE – trifft auf Basis der Messwerte und Informationen über die Nachbarzellen die Entscheidung über einen Handover. Nach erfolgter Vorbereitung (Information der Zielzelle, Anfrage nach freien Ressourcen), sendet der bisher bedienende eNodeB einen Handover-Befehl an das UE, das dann auf die neue Funkzelle zugreift.

Definition

Wesentlich Messgrößen, auf denen die Entscheidungen beruhen, sind:

- RSRP: Reference Signal Received Power (siehe Abschnitt 19.3.3),
- RQRQ: Reference Signal Received Quality.

RSRQ berücksichtigt neben dem Empfangspegel aus der eigenen Funkzelle (RSRP) auch die Pegel aus anderen Funkzellen, die sich als Störungen bemerkbar machen. Die folgenden Diskussionen beschränken sich der Übersichtlichkeit halber nur auf die Größe RSRP, da diese Größe hauptsächlich bei der Zellneuwahl herangezogen wird.

Für die Wahl einer neuen Zelle werden aber nicht nur die beiden Messgrößen betrachtet, sondern es können auch Prioritäten vergeben werden, die sich an dem jeweils verwendeten Frequenzband orientieren. Funkzellen, die hohe Frequenzen (1,8 oder 2,6 GHz) verwenden und damit zumeist viel Kapazität bieten, bekommen i.A. eine hohe Priorität. Niedrigere Frequenzen (700 oder 800 MHz) mit größerer Reichweite, aber geringerer Kapazität erhalten eine niedrigere Priorität und sollen die Versorgung bei kritischen Empfangsbedingungen liefern. Die niedrigste Priorität erhalten 2G/GSM-Funkzellen und deren Frequenzbereiche, die nur als Rückfallposition dienen, wenn keinerlei LTE-Versorgung vorhanden ist. Unter Berücksichtigung dieser Prioritäten, erfolgt ein Zellwechsel auf Basis folgender Kriterien (siehe Bild 19.22):

- Ein Wechsel in eine andere Zelle gleicher Priorität erfolgt, wenn deren RSRP um einen bestimmten Betrag (Q_{hyst}) größer ist als der RSRP-Wert der bisher bedienenden Zelle.
- Ein Wechsel in eine andere Zelle höherer Priorität erfolgt, wenn deren RSRP hinreichend groß ist, also größer als ein bestimmter Schwellwert ($Th_{n,\,high}$), unabhängig davon, wie groß der RSRP-Wert der bisher bedienenden Zelle ist.
- Ein Wechsel in eine andere Zelle niedrigerer Priorität erfolgt, wenn der RSRP-Wert der bisher bedienenden Zelle unter einen Schwellwert fällt (schlecht ist) und eine Nachbarzelle mit ausreichend hohem RSRP-Wert existiert.

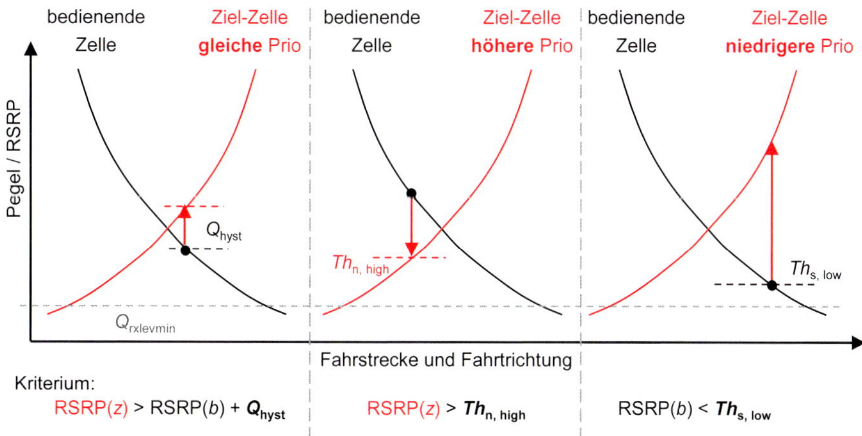

Parameter zur Steuerung des Prozesses: Q_{hyst}, $Th_{n, high}$, $Th_{s, low}$

Bild 19.22 Illustrationen zum Zellwechsel bei 4G/LTE und 5G

Damit ein entsprechender Zellwechsel erfolgt, muss das jeweilige Kriterium für mindestens 1 s erfüllt sein und das RSRP in der Zielzelle größer als ein gewisser Mindestpegel sein ($Q_{rxlevmin}$).

Die entsprechenden Parameter (Schwellwerte) und die Prioritäten werden dem UE in den System-Informationen auf dem Broadcast Channel mitgeteilt.

Merksatz

Sendeleistungsregelung

Das UE kann seinen Sendepegel im Bereich zwischen –40 und +23 dBm automatisch an die jeweiligen Empfangsbedingungen anpassen. Das bedeutet, eine MS in der Nähe der BTS sendet i.A. mit einer geringeren Leistung – bzw. wird mit einer geringeren Sendeleistung von der BTS versorgt – als eine MS am Zellrand.

Der Nutzen der Sendeleistungsregelung liegt in der

- Reduktion von Störungen für andere Verbindungen,
- Reduktion der Strahlenbelastung,
- Verlängerung Akkulaufzeit in der MS.

19.4 Die 5. Generation Mobilfunk – 5G

In diesem Abschnitt wird der Mobilfunkstandard der 5. Generation (5G) als Erweiterung und Nachfolger von 4G/LTE im Überblick dargestellt. Detailliertere Beschreibungen findet man z.B. in [76], [77] oder [78].

Erste Überlegungen zu 5G begannen bereits Anfang der 2010er-Jahre. Gesteuert wurde der Entwicklungsprozess seitens der International Telecommunications Union (ITU), einer Sonderorganisation der Vereinten Nationen. Bei der ITU wird die 5. Generation als International Mobile Telecommunications 2020 (IMT-2020) bezeichnet. Die wesentlichen Anforderungen – z.B. an Datenraten und Latenz – wurden 2017 in einem Dokument fixiert [79]. Wie schon bei 4G/LTE erfolgte die Standardisierung über das 3rd Generation Partnership Projekt (3GPP, siehe Kap. 19.1.2). Die erste Version des 5G-Standards wurde 2019 verabschiedet (3GPP Release 15), Erweiterungen und Verbesserungen erfolgten in Release 16 (2020) und Release 17 (2022). Release 18 soll 2024 verabschiedet werden.

In Deutschland wurde die 5G-Technik in den Mobilfunknetzen Ende 2020 eingeführt. Bis Ende 2021 wurden bereits 30 000 Mobilfunk-Standorte mit 5G-Technik ausgerüstet.

Ein Treiber bei der Entwicklung bei 5G war das ständig steigende Datenaufkommen in Mobilfunknetzen, was zum überwiegenden Teil auf Videoanwendungen durch Privatkunden zurückzuführen ist. Qualitativ hochwertige Multimedia-Dienste erfordern höhere Datenraten und eine höhere Netzkapazität. Andererseits zeigte sich auch, dass Privatkunden nicht bereit sind, dafür mehr zu bezahlen.

Insofern kann sich die Einführung von 5G für den Mobilfunkbetreiber nur lohnen, wenn die Investitions- und Betriebskosten für die neue Technologie gering gehalten werden (Verwendung von Standard-Hardware und flexibler Software) und wenn neue Geschäftsfelder mit zahlungsbereiten Kunden erschlossen werden können.

19.4.1 Anwendungsbereiche von 5G

Bei der Konzeption von 5G standen zum einen Verbesserungen bei den schon aus LTE gekannten Anwendungen, aber auch völlig neue Anwendungen im Fokus, die vor allem auf Geschäfts- und Industriekunden zugeschnitten sind – man spricht von «Vertikalen Industrien». Einige davon sind in dem im Bild 19.23 gezeigten Dreieck der drei grundsätzlich verschiedenen Nutzungsszenarien aufgeführt.

An der oberen Spitze des Dreiecks befinden sich die Erweiterungen der bisherigen multimedialen Smartphone-Anwendungen, bei denen es um hohe Datenraten geht. Besonders wichtig für neue Geschäftsfelder sind die unteren beiden Ecken des Dreiecks: Hier stehen in zwei verschiedenen Ausprägungen Internet-of-Things-Anwendungen bzw. Machine Type Communications im Blickpunkt. Nähere Informationen zu den drei Anwendungsbereichen findet man im Folgenden.

enhanced Multimedia Broadband (eMBB)
Bei diesem Anwendungsbereich geht um es Multimedia-Dienste, die eine hohe Datenrate erfordern.

- 5G soll theoretisch Spitzendatenraten von 20 Gbit/s im DL und 10 Gbit/s im UL bieten. Dies ist aber nur mit großen Frequenzbandbreiten möglich, wie sie im Frequency Range 2 oberhalb von 20 GHz zur Verfügung stehen.
- Mit den derzeitig (2022) verfügbaren Frequenzbändern lässt sich maximal eine Spitzendatenrate von etwa 1–2 Gbit/s erzielen.
- Bei schlechten Funkausbreitungsbedingungen und hoher Netzauslastung sind die zu erwartenden Datenraten auch bei 5G deutlich niedriger. Die Netzplanung sollte so ausgelegt sein, dass mit hoher Wahrscheinlichkeit (z.B. 95 %) eine Datenrate von 100 Mbit/s (im DL) erreicht werden kann. Dies bezeichnet man als User Experienced Data Rate.

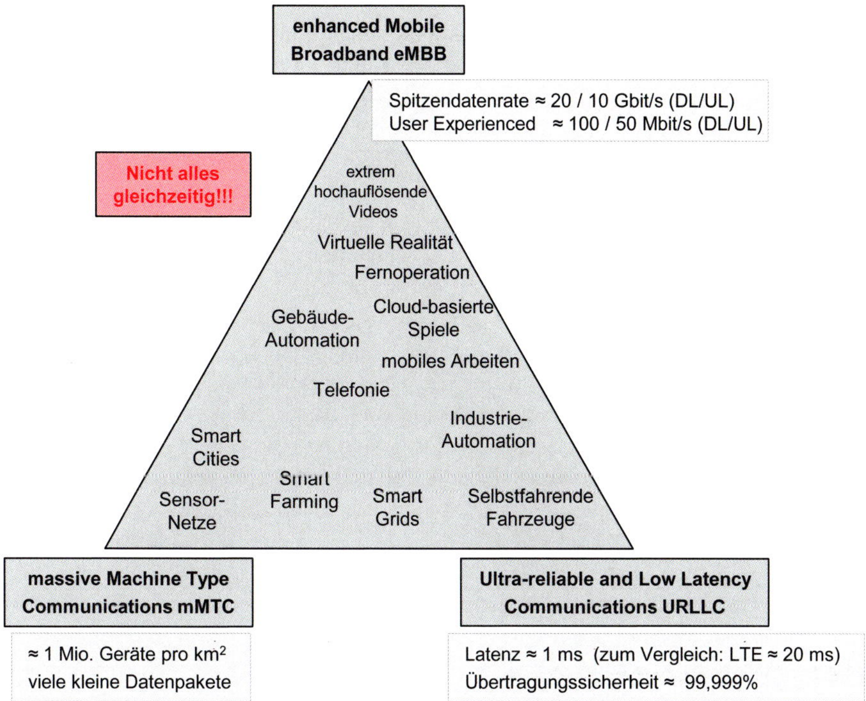

Bild 19.23 Nutzungsszenarien IMT 2020 (5G) gemaß ITU (basierend auf [79])

massive Machine Type Communications (mMTC)
Bei diesem Anwendungsbereich geht es darum, eine sehr große Anzahl von Sensoren und Aktoren pro Fläche effektiv über Funk anzubinden (z.B. Sensoren für Umweltmessungen oder zur Anzeige freier Parkplätze in einer Stadt). Die zu übertragende Datenmenge pro Station (Sensor/Aktor) ist i.A. sehr gering. Gleiches gilt für die Anforderungen an die Zuverlässigkeit der Datenübertragung.

Die Herausforderungen liegen in der

- Verwaltung einer sehr großen Anzahl von Stationen pro Fläche (1 Mio. pro km^2),
- effektiven Übertragung einer großen Menge kleiner Datenpakete und der Vermeidung eines großen Signalisierungsoverheads,
- Verwendung kostengünstiger Funkmodule, die spezielle Stromsparmechanismen (Sleep Modes) nutzen.

Ultra Reliable Low Latency Communictions (URLLC)
Dieser Bereich stellt die größte Herausforderung dar. Er soll Anwendungen zur Steuerung von Maschinen und Geräten ermöglichen, die ein sehr hohes Maß an zuverlässiger Datenübertragung mit sehr geringen Übertragungsverzögerungen benötigen (z.B. Steuerung von Fahrzeugen, Energienetzen oder Industrieproduktionen oder Fernoperationen). Gefordert sind

- Latenzen (Verzögerungszeiten) kleiner 1 ms und
- eine Übertragungssicherheit besser als 99,999 %.

Dabei ist zu beachten, dass sich diese Anforderungen bei 5G auf die Übertragung kleiner Datenpakete (60–100 Byte) zwischen dem User Equipment UE und der Basisstation (gNodeB) bei geringer Netzauslastung beziehen.

Merksatz

Zu betonen ist, dass sich die sehr unterschiedlichen Leistungsanforderungen dieser drei Anwendungsbereiche in ihrer maximalen Ausprägung nicht gleichzeitig realisieren lassen: Ein Netz, bei dem 1 Million Stationen mit 20 Gbit/s Daten bei einer Latenz von 1 ms empfangen, ist in keiner Weise realisierbar.

Realisierung kundenspezifischer Anforderungen durch Network Slicing

Möchte ein Geschäfts- bzw. Industriekunde eine oder mehrere der in Bild 19.23 illustrierten Anwendungen (oder auch andere) nutzen bzw. seinen eigenen Kunden (gegen Gebühr) anbieten, so ist er sicher nur dann bereit, viel Geld dafür zu bezahlen, wenn seine Anforderungen an Versorgung, Kapazität und Dienstqualität durch den Netzbetreiber garantiert werden können. Entsprechende verbindliche Regelungen zwischen Geschäftskunden und Netzbetreiber werden in sogenannten Service Level Agreements (SLA) festgeschrieben.

In 5G kann dies u.a. dadurch umgesetzt werden, dass ein Netzbetreiber auf seinem *physikalischen* Netz (Standard-Hardware mit flexibler Software) für die verschiedenen Anwendungen und die verschiedenen Kunden mit ihren sehr unterschiedlichen Anforderungen mehrere *logisch getrennte* Netze realisiert. Dafür müssen jeweils die notwendigen Ressourcen (Funkkanäle, Rechenleistung, Funktionalitäten) reserviert werden. Die logisch getrennten Netze können von Netzbetreibern, den jeweiligen Geschäftskunden oder von ihnen dafür beauftragten Firmen betrieben werden.

Merksatz

Diese als Network Slicing bezeichnete Methode, auf einem physikalischen Netz mehrere logisch getrennte Netze für verschiedene Anwendungsbereiche zu betreiben, um damit deren Qualitätsanforderungen zu garantieren, ist eines der ganz wesentlichen Leistungsmerkmale von 5G. Weitere Erläuterungen findet man in Abschnitt 19.4.4.

5G-Campusnetze

Die Mobilfunktechnologie 5G kann nicht nur als öffentliches Netz, sondern auch als privates Netz auf einem Firmengelände, auf Grundstücken von Institutionen oder landwirtschaftlichen Flächen betrieben werden. Man spricht in diesem Fall von Campusnetzen. Für solche Campusnetze können die Unternehmen, Institutionen oder Landwirte Frequenzblöcke bei der Bundesnetzagentur in den Frequenzbereichen bei 3,7 GHz oder bei 26 GHz beantragen (siehe Tabelle 19.2). Die Gebühren hängen von der beantragten Bandbreite, der Laufzeit und der Größe der Fläche ab [80].

Bei 3,7 GHz, 100 MHz Bandbreite und einem Firmengelände (bebautes Gebiet) von 4 ha oder einer landwirtschaftlichen Fläche von 40 ha betragen die Gebühren etwa 3000 €.

Auf dem eigenen Gelände können dann die Institutionen ein maßgeschneidertes vollständiges 5G-Netz mit Basisstationen sowie einem Kernnetz aufbauen und in dem genehmigten Frequenzbereich betreiben.

Eine alternative Methode für ein Campusnetz ist es, sich im öffentlichen Mobilfunknetz von einem der Betreiber eine Network Slice einrichten zu lassen und diese zu mieten.

19.4.2 5G-Frequenzbereiche

Bei 5G wird zwischen Frequency Range 1 (FR1) und Frequency Range (FR2) unterschieden:

- FR1: 0,4–7,1 GHz (weltweit ca. 60 Bändern im TDD- und FDD-Betrieb),
- FR2: 24,3–74,0 GHz (weltweit 7 Bänder, nur im TDD-Betrieb).

Im FR2 steht sehr viel Spektrum und damit auch sehr viel Kapazität für hohe Datenraten zur Verfügung. Andererseits sind bei den hohen Frequenzen die Funkausbreitungsbedingungen schwieriger als bei dem FR1, der auch schon bisher im Mobilfunk genutzt wurde.

In den deutschen öffentlichen Mobilfunknetzen ist derzeit (2023) nur FR1 im Einsatz. Ein reines 5G wird nur im Band bei 3400–3700 MHz betrieben. In den Bändern bei 700 MHz, 1800 MHz und 2100 MHz erfolgt ein Dynamic Spectrum Sharing: Die Ressourcen werden dynamisch zwischen 4G und 5G aufgeteilt, abhängig davon, wie viele 4G- bzw. 5G-fähige Endgeräte in der jeweiligen Funkzelle Daten austauschen möchten.

Für den Betrieb von privaten 5G-Campusnetzen können bei der Bundesnetzagentur Frequenzen in den Bändern 3,7–3,8 GHz und 24,3–27,5 GHz beantragt werden.

5G kann mit unterschiedlichen Trägerbandbreiten arbeiten:

- FR1: 5, 10, 15 ... 50, 60, 70, ..., 100 MHz,
- FR2: 50, 10, 200, 400 MHz sowie 800, 1600 und 2000 MHz für $f > 52{,}6$ GHz.

Die wichtigsten Parameter sind in Tabelle 19.9 zusammengestellt.

Ebenso wie bei 4G/LTE lassen sich Träger einer Verbindung bündeln, auch solche aus verschiedenen Bändern. (Carrier Aggregation).

Tabelle 19.9 5G-Frequnzbereiche mit wichtigen Parametern

Frequency Range	Bereich in GHz	Band Nummern	Träger-Bandbreiten in MHz
FR1	0,41–7,13	n1, n2, ...n100, ..	5, 10, 15, 20, ...50, ..., 100
FR2-1	24,25–52,60	n257; ... n262	50, 100, 200, 400
FR2-2	52,60–71,00	n263	100, 400, 800, 1600, 2000

19.4.3 Übertragungstechnik, Massive MIMO und Beamforming

Die Übertragungsverfahren von 5G sind sehr stark angelehnt an die von 4G/LTE (siehe Abschnitt 19.3.3).

Resource Blocks

In seinem Basis-Übertragungsverfahren nutzt 5G wie 4G/LTE Resource Blocks mit der Dauer T_{slot} = 1 ms und mit einer Bandbreite von 180 kHz, die aus 14 OFDM-Symbolen mit einem Cyclic Prefix von 4,76 µs auf jedem der 12 Unterträger mit 15 kHz Bandbreite bestehen.

Bei 5G gibt es jedoch weitere Übertragungsvarianten, bei denen die Slot-Dauer halbiert oder geviertelt wird (siehe Bild 19.24). In Frequency Range 2 (FR2) sind sogar noch deutlich niedrigere Slot-Dauern möglich. Mit der Verringerung der Slot-Dauer (und anderer Zeitwerte) steigt im gleichen Maße die Bandbreite der Unterträger und der Resource Blocks auf das Doppelte oder Vierfache (oder auf noch höhere Werte bei FR2).

Durch die Verkürzung des Zeittakts bei der Übertragung lassen sich die Latenzen reduzieren.

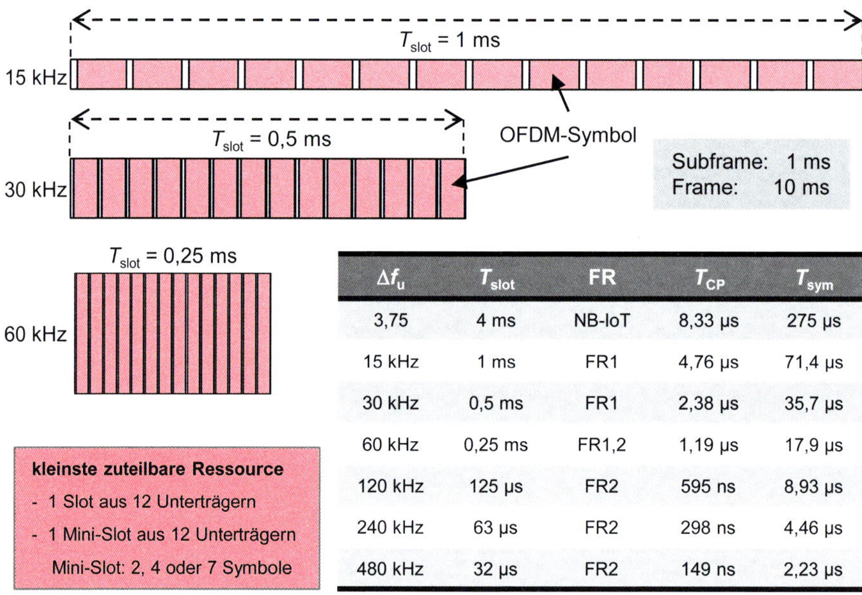

Δf_u	T_{slot}	FR	T_{CP}	T_{sym}
3,75	4 ms	NB-IoT	8,33 µs	275 µs
15 kHz	1 ms	FR1	4,76 µs	71,4 µs
30 kHz	0,5 ms	FR1	2,38 µs	35,7 µs
60 kHz	0,25 ms	FR1,2	1,19 µs	17,9 µs
120 kHz	125 µs	FR2	595 ns	8,93 µs
240 kHz	63 µs	FR2	298 ns	4,46 µs
480 kHz	32 µs	FR2	149 ns	2,23 µs

Bild 19.24 Unterträger, Slots und Frames bei 5G

Eine weitere Reduzierung von Latenzen ist durch sogenannte Mini Slots möglich, bei denen nicht 14, sondern nur 7, 4 oder 2 OFDM-Symbole pro Unterträger übertragen werden.

Wie bei 4G/LTE sind in die Resource Blocks auch Reference Signals eingebettet. Im Gegensatz zu LTE werden sie nur bei Bedarf gesendet, also nur, wenn auch Daten übertragen werden.

Die Zuteilung von Resource Blocks an verschiedene Verbindungen erfolgt mit ähnlichen Verfahren und Steuerungskanälen wie bei 4G/LTE.

Massive MIMO und Beam Forming

Das Funktionsprinzip von Multiple Input Multiple Output (MIMO) wurde bereits in Abschnitt 9.9 als ein Verfahren erläutert, mit dem durch die Verwendung mehrerer Sende- und Empfangsantennen die Kapazität auf einem Funkkanal gesteigert wird. Bereits in derzeitigen 4G/LTE-Netzen ist es seit einigen Jahren als 2x2- oder 4x4-MIMO und zum Teil auch als 8x8-MIMO in der Single- und Multiple-User-Variante im Einsatz (siehe Abschnitt 19.3.3).

Von Massive MIMO, das in 5G von vornherein als wesentliches Leistungsmerkmal vorgesehen war, spricht man, wenn die Anzahl verwendeter Sende- und Empfangsantennen jeweils (deutlich) größer als 8 ist. Da die einzelnen Antennenelemente einen Abstand von mindestens der halben Wellenlänge haben müssen, ist die Realisierung von MIMO mit einer sehr großen Anzahl von Antennenelementen erst in hohen Frequenzbändern wie bei 5G möglich. So werden heutzutage (2022) im Band bei 3,5 GHz bereits bei den Basisstationen (gNodeBs) MIMO-Antennen mit 64 Elemente eingesetzt, in Bändern oberhalb von 24 GHz könnten es zukünftig auch 1024 Elemente (oder mehr) werden.

Geht man beispielsweise von einer quadratischen Anordnung der Elemente aus, so ergeben sich in etwa folgende akzeptable Antennengrößen:

- f = 3,5 GHz, $\lambda/2$ = 4,3 cm, 8 · 8 = 64 Elemente, Größe: ca. 35 cm x 35 cm
- f = 25 GHz, $\lambda/2$ = 0,6 cm, 32 · 32 = 1024 Elemente, Größe: ca. 20 cm x 20 cm

Bei niedrigen Frequenzbereichen von z.B. 800 MHz mit halben Wellenlängen von etwa 19 cm würden Antennen mit sehr vielen Elementen viel zu groß.

Von den Möglichkeiten, bei hohen Frequenzbereichen mehr Antennenelemente unterbringen zu können, profitiert zwar auch das User Equipment (UE), doch die Zahl der Antennenelemente ist dort deutlich niedriger als bei der Basisstation. Bei den höheren Frequenzbereichen – und gerade im FR2 – können durch die hohen Frequenzbandbreiten ohnehin große Datenraten erzielt werden, so dass eine hohe MIMO-Stufe für ein Single User MIMO nicht erforderlich ist.

Stattdessen bestehen die Ziele bei der Verwendung einer sehr großen Anzahl von Antennenelemente bei der Basisstation hauptsächlich darin, durch ein Multi-User-MIMO die Kapazität in den Funkzellen zu steigern und durch Beam Forming die Reichweite zu steigern.

Das Prinzip ist in Bild 19.25 illustriert:

- Durch die Überlagerung der Signale von zahlreichen Antennenelemente können schmale Beams (Keulen) geformt werden – mit Ausrichtungen auf die zu versorgenden Endgeräte unter verschiedenen Winkeln sowohl in der Vertikalen als auch in der Horizontalen.
- Je höher die Zahl der Antennenelemente ist, desto schmaler sind die Beams und desto höher ist der Antennengewinn in der jeweiligen Richtung.
- Höhere Funkausbreitungsverluste in höheren Frequenzbereichen können damit zumindest zum Teil kompensiert werden.
- Bei Verwendung schmaler Beams werden weniger Störungen verbreitet und weniger Störungen empfangen.
- Aktive UEs, die in verschiedenen Beams liegen, können gleichzeitig mit denselben Ressourcen versorgt werden (Multi User MIMO), wodurch die Kapazität der Funkzelle steigt.
- In Richtungen, in denen sich keine aktiven UEs aufhalten, wird keine Leistung abgestrahlt (Beams werden zwischenzeitlich abgeschaltet).

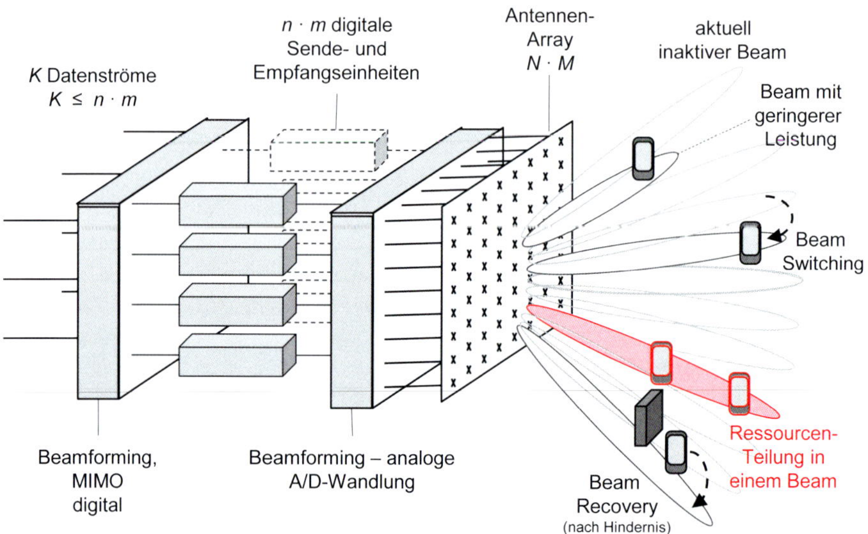

Bild 19.25 Illustration zum Massive MIMO und Beamforming bei 5G

In der Anfangsphase (nach dem Einschalten) benötigt das UE Broadcast-Kanäle, um sich zu synchronisieren und um System-Informationen zu lesen. Dazu werden die entsprechenden Signale und Nachrichten in einem bestimmten Rhythmus zyklisch auf den einzelnen Beams abgestrahlt. Dieses Verfahren nennt man Beam Sweeping.

Das UE detektiert den Beam mit dem besten Empfang und teilt diesen der Basisstation mit. Bewegt sich ein Teilnehmer in der Funkzelle, so wird die Verbindung von einem Beam auf einen anderen umgeschaltet (Beam Switching). Ist ein Beam zwischenzeitlich abgeschattet so muss ein neuer, besserer Beam gefunden werden (Beam Recovery).

Aus Gründen der Kosten und des Hardware-Aufwandes erfolgt die Realisierung des Beamformings zweistufig in analoger und digitaler Form.

19.4.4 Systemarchitektur und Network Slicing

Systemarchitektur

Die übergeordnete Systemarchitektur von 5G (siehe Bild 19.26) enthält einerseits die Funktionalitäten, die man auch schon bei 4G/LTE findet (vgl. Kap. 19.3.5), wenn auch unter geänderten Namen. Andererseits gibt es auch einige Neuerungen und zusätzliche Funktionalität, z.B. in Hinblick auf das in diesem Abschnitt noch zu erläuternde Network Slicing.

Der entscheidende Unterschied in der Systemarchitektur besteht in Folgendem: Bei den Mobilfunkgenerationen 2, 3 und 4 gab es für die erforderlichen Funktionalitäten spezielle Hardware-Komponenten mit der maßgeschneiderten Software, die von wenigen Herstellern angeboten wurden. Bei 5G hat man einen cloud-basierten Ansatz unter Verwendung von Standard-Hardware gewählt, die verglichen mit der Spezial-Hardware der vorangegangenen Generationen verhältnismäßig kostengünstig ist. Auf dieser Standard-Hardware werden die benötigten Funktionalitäten als sogenannte Virtual Network Functions betrieben. Die Hardware und die Software einzelner Funktionalitäten können dabei von unterschiedlichen Herstellerfirmen stammen. Somit können sich auch kleiner Firmen bei der Entwicklung der Software einzelner Funktionen in den Markt einbringen, und der Mobilfunkbetreiber wird so unabhängiger von wenigen großen Lieferanten. Andererseits müssen natürlich die einzelnen Komponenten integriert werden und zusammenspielen, was die Komplexität erhöht.

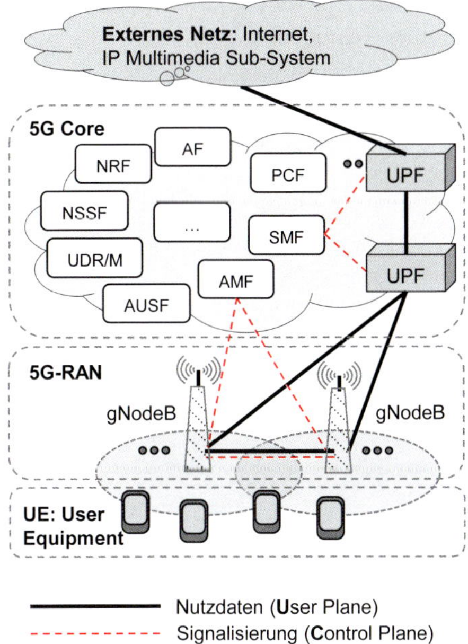

5G-RAN (5G Radio Access Network)

UPF (User Plane Function)
- Schnittstelle zum externen IP-Netzwerk
- Weiterleiten des (IP-) Nutzdaten-Stroms.

AMF (Access & Mobility Management Function)
- Anmeldung, Lokalisierung, Handover

SMF (Session Management Function)
- Auf- und Abbau einer Session
- Zuweisung IP-Adressen

AF (Application Function)
- Steuerung von Anwendungen

UDR/M (Unified Data Repository/Management)
- Verwaltung von Teilnehmerdaten / Nummern
- Diensteberechtigungen (siehe HSS bei LTE)

NRF (Network Repository Function)
- Entdecken von Diensten anderer Network Functions

AUSF (Authentication Server Function)

NSSF (Network Slice Selection Function)

PCF (Policy & Charging Function)
- Aushandlung Quality of Service, Gebühren

Bild 19.26 5G-Systemarchitektur

Neben den noch genauer zu erläuternden Basisstationen (gNodeBs) gibt es die folgenden wichtigen Funktionalitäten:

- Die User Plane Function (UPF) im Kernnetz ist für die Weiterleitung der Nutzdaten verantwortlich – in etwa vergleichbar mit dem Serving und Packet Gateway bei 4G/LTE.
- Über die Access and Mobility Management Function (AMF) werden das Einbuchen in das Netz, die Zugangskontrolle sowie der Wechsel (Update) von Netzbereichen abgewickelt – also Aufgaben, die bei 4G/LTE in der MME angesiedelt waren.
- Bei der Session Management Function geht es u.a. um den Auf- und Abbau von Data Sessions und die Zuweisung von IP-Adressen – bei 4G/LTE Bestandteile des MMEs und des Serving Gateways.
- Die Authentication Server Function und das Unified Data Repository/Management (Teilnehmerverwaltung und Berechtigungen) war bei 4G/LTE im HSS angesiedelt.

RAN Architektur und deren Protokolle

Auch im Bereich des Radio Access Networks (RAN) ist es das Ziel, mehr Flexibiltät zu schaffen und mehr Herstellerfirmen den Zugang zu Markt zu eröffnen. Dazu wurden vom 3GPP und der Open RAN Alliance Standards [81], [82] geschaffen, um die Funktionalität einer gNodeB – also einer 5G-Basisstation – auf mehrere Komponenten aufzuteilen (siehe Bild 19.27).

Die Aufteilung eines gNodeBs (Functional Split) erfolgt anhand der Protokollschichten, wobei im 5G-RAN vergleichbare Protokolle wie bei 4G/LTE verwendet werden (vgl. 19.3.6). Neu hinzugekommen ist das Service Data Adaption Protocol, das verbesserte Quality-of-Service-Maßnahmen ermöglichen soll.

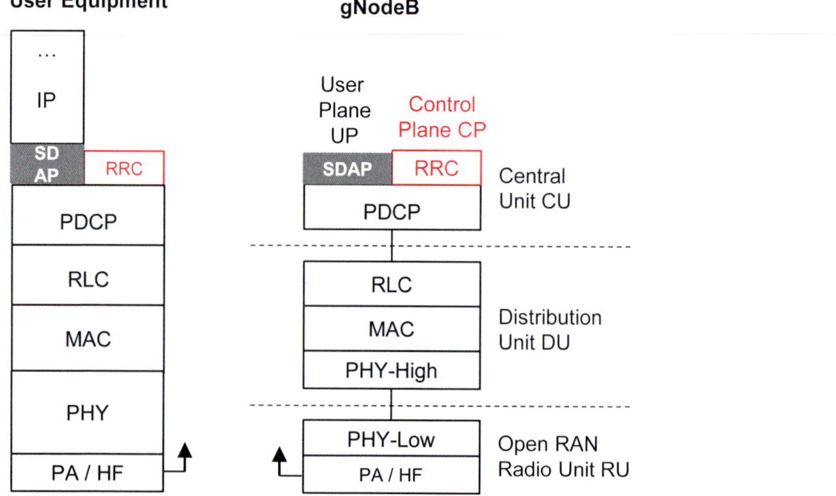

Bild 19.27 5G-Protokolle auf der Luftschnittstelle und funktionaler Split eines gNodeB

Merksatz

Ein gNodeB kann damit aufgeteilt werden in

- CU: eine Central Unit, die die höheren Protokollschichten realisiert,
- DU: eine oder mehrere Distribution Units mit der RLC- und MAC-Schicht sowie den höheren Anteilen der physikalischen Schicht (Kanalcodierung, Modulation),
- RU: eine oder mehrere Radio Units mit den unteren Anteilen der physikalischen Schicht (Beamforming, Fast Fourier Transformation) sowie mit dem analogen Hochfrequenzteil und dem Leistungsverstärker (Power Amplifier PA).

Eine CU kann dabei mehrere DUs und eine DU mehrere RUs verwalten (siehe Bild 19.28). Dadurch lassen sich Ressourcen bündeln und die Aussendungen mehrerer

RUs untereinander koordinieren. Die Einheiten können auch voneinander abgesetzt werden, d.h. geografisch voneinander entfernt stehen. Dies erfordert selbstverständlich Übertragungskapazitäten zwischen den Einheiten, die gerade bei der Verbindung zwischen DU und RU je nach genauer Aufteilung sehr hoch ausfallen können (einige 10 bis 100 Gbit/s).

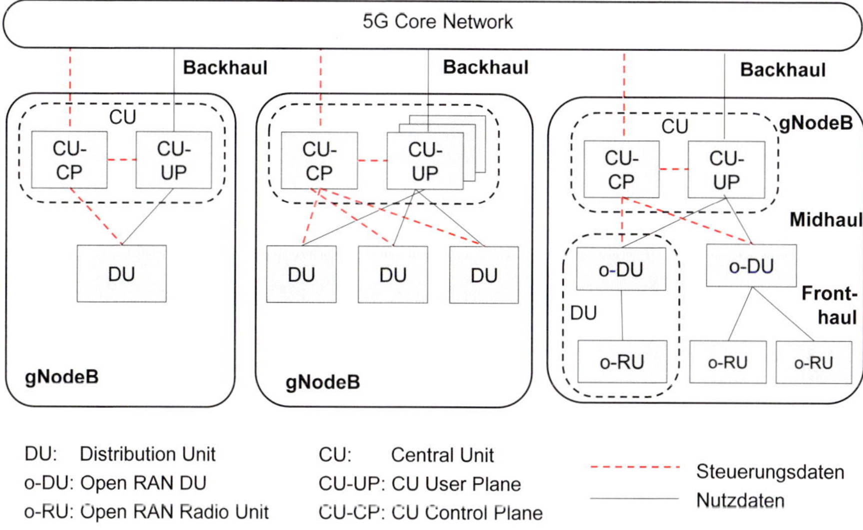

Bild 19.28 Architektur des 5G Radio Access Networks (RAN)

Dieser als Open RAN Architektur bezeichnete funktionale Split eines gNodeBs erlaubt es auch kleineren Firmen, sich auf die Entwicklung von CUs, DUs oder RUs zu spezialisieren, und die Netzbetreiber werden unabhängiger von wenigen großen gNodeB-Herstellern.

Migration von 4G zu 5G

Um bei Netzausbau einen allmählichen Übergang von 4G/LTE auf die 5G-Technologie zu ermöglichen, wurden verschiedene Optionen spezifiziert. Einige davon sind in Bild 19.29 illustriert.

In der Anfangsphase wurde als Kernnetz das 4G-Kernnetz genutzt. Die 5G-Basisstationen (gNodeBs) wurden logisch an die 4G-Basisstationen (eNodeBs) angeschlossen – entweder nur bezüglicher der Signalisierung oder bezüglich der Signalisierung und des Datenverkehrs. So konnte zwar nicht die volle Funktionalität von 5G genutzt, aber die verfügbaren Datenraten durch die zusätzlichen gNodeBs gesteigert werden. Diese Option wird Non Stand Alone (NSA) genannt.

Inzwischen ist auch das 5G-Kernnetz eingeführt, sodass die gNodeBs auch im Stand-Alone-Betrieb ohne eNodeB arbeiten können. Um das 4G-Kernnetz abschalten, aber 4G-Basisstationen weiter betreiben zu können, benötigen sie ein Update auf ng-eNode (Next Generation eNodeB). Als solche können sie im NSA-Betrieb angeschlossen an gNodeBs oder im Stand-Alone-Betrieb direkt angeschlossen an das 5G-Kernnetz arbeiten.

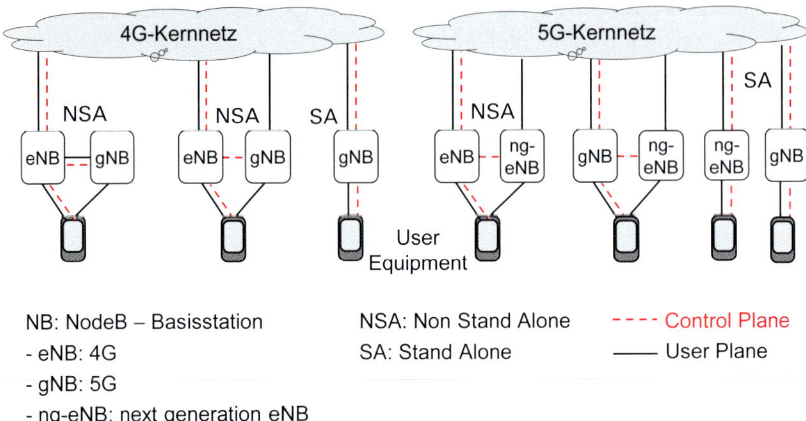

Bild 19.29 Migration von 4G/LTE zu 5G

Network Slicing

In 5G kann Network Slicing u.a. dadurch umgesetzt werden, dass der Netzbetreiber auf seinem *physikalischen* Netz (Standard-Hardware mit flexibler Software) für verschiedenen Anwendungen oder verschiedene Kunden mit ihren sehr unterschiedlichen Anforderungen mehrere logisch getrennte Netze realisiert. Dafür müssen jeweils die notwendigen Ressourcen (Funkkanäle, Rechenleistung, Funktionalitäten) reserviert werden. Die logisch getrennten Netze können vom Netzbetreiber, dem Geschäftskunden oder einer von ihm dafür beauftragten Firma betrieben werden.

Merksatz

Diese als Network Slicing bezeichnete Methode, auf einem physikalischen Netz mehrere logisch getrennte Netze für verschiedene Anwendungsbereiche zu betreiben, um damit deren Qualitätsanforderungen zu garantieren, ist eines der ganz wesentlichen Leistungsmerkmale von 5G.

In Bild 19.30 ist das physikalische Netz, das durch einen Netzbetreiber aufgebaut wurde, im unteren Teil zu sehen. Es besteht aus Servern, Routern, Datenbanken und Übertragungseinrichtungen. Ferner benötigt es Funkressourcen in Form von Frequenzbändern. Um die darüber gezeichneten Network Slices (logische, abgeschlossene Netze) zu konfigurieren, muss der Netzbetreiber Ressourcen in seinem physikalischen Netz reservieren, um damit die zugehörigen gewünschten Anforderungen realisieren zu können. Dazu gehören Rechenleistungen sowie Netz- und Anwendungsfunktionalitäten auf den Servern, Speicherkapazitäten, Übertragungskapazitäten und insbesondere auch Funk-Ressourcen. Die so erzeugte Network Slice kann entweder von dem Mobilfunkbetreiber oder seitens der Institution, die die Erstellung beauftragt hat, weiter verwaltet werden.

Ein Mobilfunkteilnehmer kann Berechtigungen für die Nutzung einer oder mehrerer Network Slices haben, für die er sich als Kunde registriert hat. Beim Einbuchen (Attach) meldet er sich nicht pauschal beim 5G-Netz an, sondern bei einer oder mehreren Network Slices.

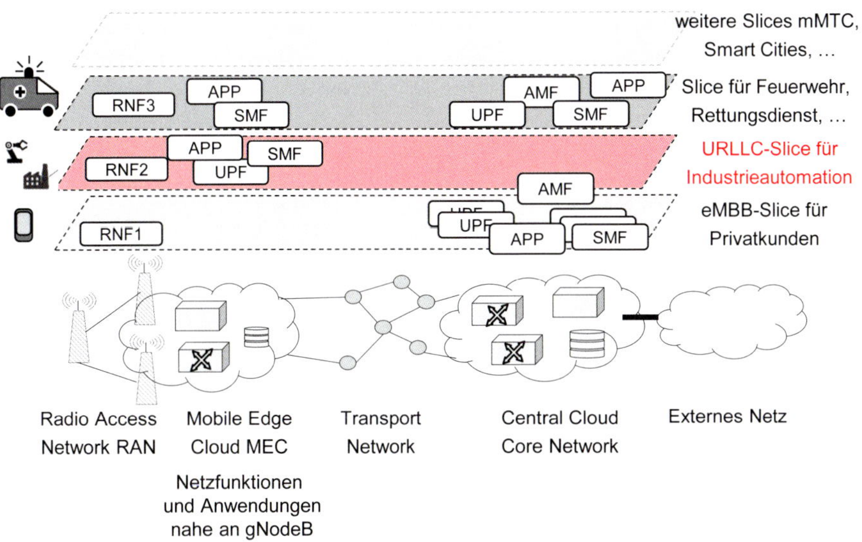

Bild 19.30 Illustration zum Network Slicing

Diese sind gekennzeichnet durch eine Specific Network Slice Assistance Information (S-NSSAI). Ein Bestandteil ist der Slice/Service-Typ, der die Slices grob nach dem Anwendungsbereich klassifiziert, also z.B. eMBB, mMTC, URLLC oder V2X. Durch einen zweiten Bestanteil können die Slices weiter differenziert werden.

Mobile EDGE Cloud

Um Zugriffszeiten und Latenzen zu verkürzen, bietet es sich an, die benötigten Daten und Funktionalitäten nicht in einer zentralen Cloud mit weit entfernten Servern abzulegen, sondern in einer Cloud in der Nähe der Endanwender. Man spricht dann von einer Mobile Edge Cloud (MEC), da die Cloud-Anwendungen direkt am Rande des Netzes – also direkt bei den versorgenden gNodeBs – realisiert werden.

19.5 Wireless Local Area Networks (WLAN)

In diesem Abschnitt werden Wireless Local Area Networks im Überblick dargestellt. Detailliertere Beschreibungen findet man z.B. in [15], [47] oder [60].

19.5.1 Anwendungen und Netzstrukturen

Merksatz

Um Computer auch drahtlos miteinander zu vernetzen bzw. in ein kabelgebundenes Netz einzubeziehen, entwickelte das Institute of Electrical and Electronics Engineers IEEE den Standard 802.11. Dabei ist es möglich,

- zwei oder mehr Computer bzw. Laptops direkt über Funk miteinander zu vernetzen,
- ein bestehendes drahtgebundenes Computernetz zu erweitern, auf das man mittels Funk über Access Points zugreifen kann.

Im Heimbereich erlaubt das System über den Access Point einen drahtlosen Zugang auf den DSL- oder ISDN-Anschluss (Bild 19.31). In größeren Firmen oder in Hochschulen wurden Netze mit einigen Hundert Access Points und einigen Tausend Teilnehmern realisiert.

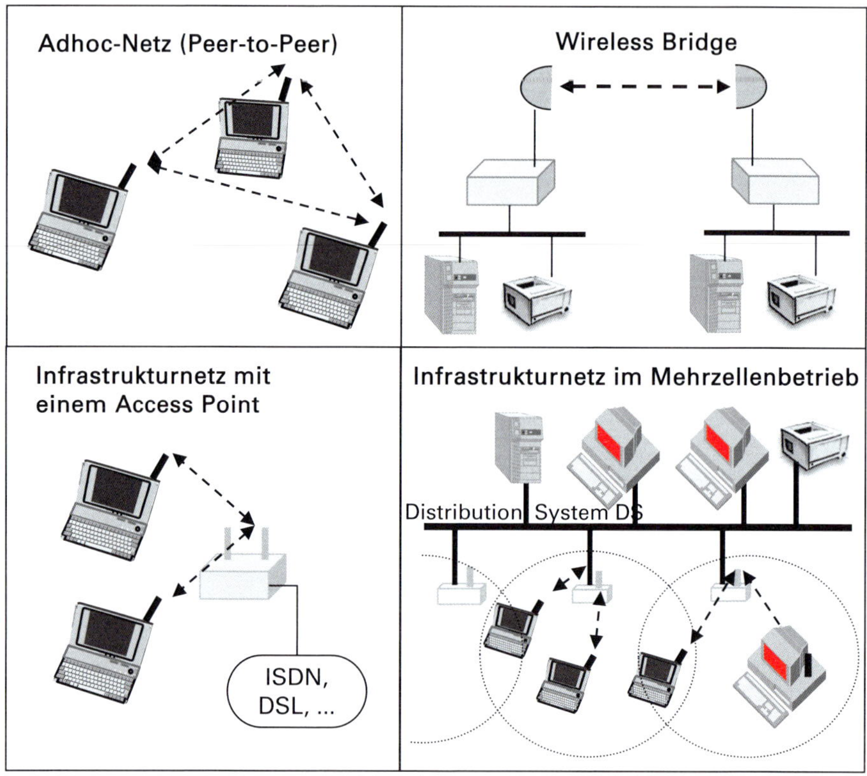

Bild 19.31 Netzstrukturen bei IEEE 802.11

WLAN-Komponenten lassen sich auch einsetzen, um zwei geografisch getrennte lokale Netze miteinander über Funk zu verbinden. Üblicherweise stattet man dabei die beiden beteiligten Access Points mit stark bündelnden und exponiert platzierten Antennen aus, um eine hohe Reichweite zu erzielen.

Auch die öffentlichen Wireless LAN Hotspots, von denen es in Hotels und Gastronomiebetrieben, an Tankstellen und Raststätten, Flughäfen, Bahnhöfe und in Fußballstadien mehr als 20 000 Stück in Deutschland gibt, arbeiten nach diesem Standard bzw. dessen Erweiterungen. Neben der Hauptanwendung der drahtlosen Computernetze gibt es Einsatzgebiete im Bereich der drahtlosen Telemetrie.

WLAN-Module werden zum einen z.B. in Form von USB-Adaptern angeboten, zum anderen können WLAN-Module auch in Geräten wie Laptops und Tablets, Mobiltelefonen (Smartphones), Camcorder oder DVD-Recordern fest integriert sein, um diese Geräte kabellos miteinander zu verbinden. Ebenso sind schnurlose Telefone auf WLAN-Basis im Handel.

19.5.2 Übersicht über den Standard

Der ursprüngliche Standard aus dem Jahre 1997 (Bild 19.32) ermöglichte Datenraten von bis zu 2 Mbit/s. Dazu wurden drei unterschiedliche Übertragungstechniken definiert: Eine Spreiztechnik bei 2,4 GHz, eine Technik mit Frequenzsprungverfahren bei 2,4 GHz und eine Infrarot-Übertragungstechnik, wobei sich in Produkten nur die Spreiztechnik durchgesetzt hat. Neben den Spezifikationen zur Übertragungstechnik enthielt der ursprüngliche IEEE 802.11 Standard noch Festlegungen zur Datenverschlüsselung (Vertraulichkeit), zur Zugangskontrolle (Authentifizierung) und zum Zugriffsverfahren.

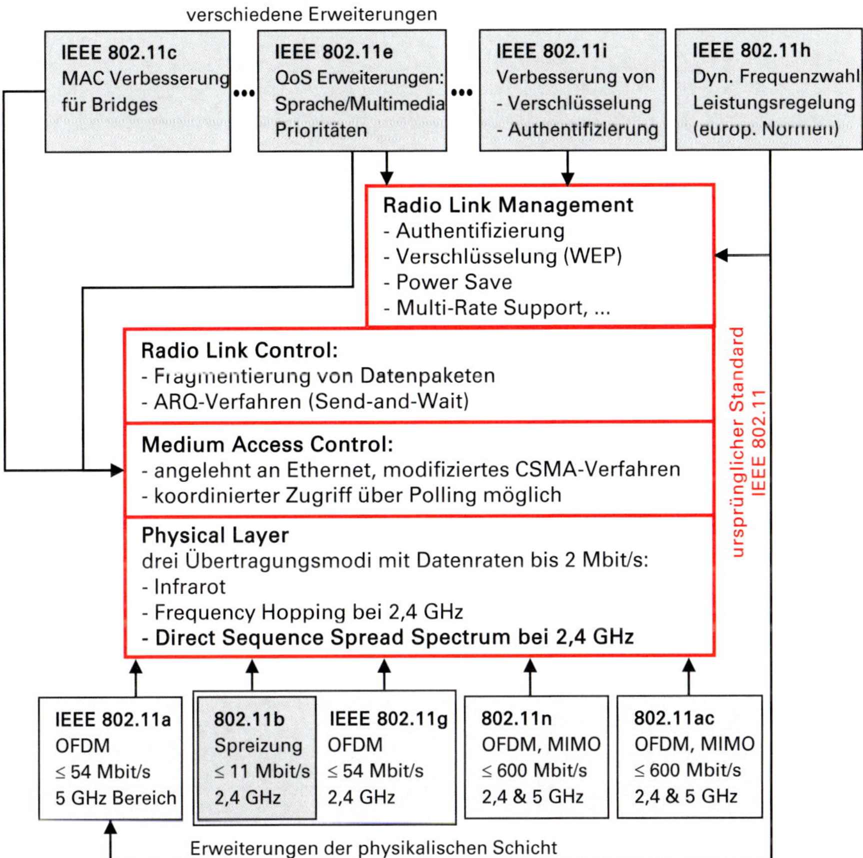

Bild 19.32 Überblick über den Standard IEEE 802.11 und seine Erweiterungen

Bei dem Zugriffsverfahren hat man die vom Ethernet bekannte Methode des Carrier Sense Multiple Access (CSMA) zu Grunde gelegt und auf die speziellen Bedürfnisse von Funknetzen angepasst, wie im nächsten Abschnitt erläutert wird. Die Verbindungskontrolle erfolgt über ein ARQ-Verfahren, das auf dem Send-and-Wait-Protokoll beruht. Die Link-Management-Teilschicht legt fest, wie sich die einzelnen Stationen zu einem Funknetz zusammenfinden. Besonders zu erwähnen ist, dass dabei auch Verfahren zur Authentifizierung und zur Verschlüsselung spezifiziert wurden, die unter dem Namen Wired Equivalent Privacy (WEP) bekannt sind. Diese offenbarten aber schnell erhebliche Sicherheitslücken, sodass deutliche Nachbesserungen erforderlich waren, die die Bezeichnung WiFi Protected Access (WPA) tragen.

Seit seiner ersten Entstehung im Jahre 1997 wurde der Standard ständig verbessert und weiterentwickelt, um neuen Anforderungen gerecht zu werden. Zu diesen Weiterentwicklungen, die durch einen Buchstabenzusatz hinter der dem Namen 802.11 gekennzeichnet sind, gehören (siehe Bild 19.32):

- Verbesserungen der Authentifizierungs- und Verschlüsselungsverfahren,
- Erweiterungen der Zugriffsverfahren, um Prioritäten beispielsweise für Echtzeitdienste zu ermöglichen,
- Ausweitungen des Standards auf verschiedene Frequenzbereiche,
- Steigerungen der Datenrate.

Inzwischen hat man bei den Einzelbuchstaben als Zusatz das komplette Alphabet verbraucht, sodass neuere Zusätze Doppelbuchstaben tragen, wie z.B. 802.11ac, 802.11ax, 802.11ad oder 802.11ay. Diese Zusätze ermöglichen Datenraten von theoretisch bis zu 6,9 Gbit/s und erschließen neben dem zwischenzeitlich schon eingeführten 5-GHz-Band noch ein weiteres bei 60 GHz. Details zu Frequenzbändern, Übertragungsverfahren und Datenrate werden in Abschnitt 19.5.4 behandelt.

19.5.3 Zugriffsverfahren

Um den Zugriff auf das Übertragungsmedium zu steuern, bietet der Standard IEEE 802.11 zwei Verfahren an:

- eine zentrale Zugriffssteuerung, Point Coordination Function (PCF) genannt und
- eine dezentrale Zugriffssteuerung, Distributed Coordination Function (DCF) genannt.

In den Jahren bis etwa 2004 lag die Hauptanwendung im Bereich der drahtlosen Computernetze, sodass in den Produkten fast ausschließlich die DCF realisiert war, die auf dem aus dem leitungsgebundenen Ethernet bekannten CSMA-Verfahren beruht (siehe Abschnitt 18.2.2).

Heutzutage werden vermehrt auch Echtzeitdienste wie die Telefonie sowie Multimedia-Dienste mit unterschiedlichen Qualitätsanforderungen über Wireless LANs realisiert, sodass die Point Coordination Function, die über ein Polling-Verfahren eine gleichbleibende Daterate garantiert, an Bedeutung gewinnt. Ferner wurde im Standard IEEE 802.11e die DCF um die Möglichkeit der Prioritätenvergabe erweitert und die Kombination zwischen zentraler und dezentraler Steuerung verbessert. Durch diese Maßnahmen lassen sich Dienste mit unterschiedlichen Qualitätsanforderungen (Quality of Service QoS) in einem Netz realisieren.

Distributed Coordination Function

Die dezentrale Zugriffssteuerung erfolgt mit einem CSMA-Verfahren, wobei die Möglichkeit besteht, das Übertragungsmedium durch den Austausch von RTS- und CTS-Meldungen zu reservieren, um das Problem verborgener Stationen zu beseitigen (siehe Abschnitt 18.2.2).

Zur Erläuterung der Details der Zugriffsverfahren sind in Bild 19.33 zwei Übertragungsszenarien dargestellt.

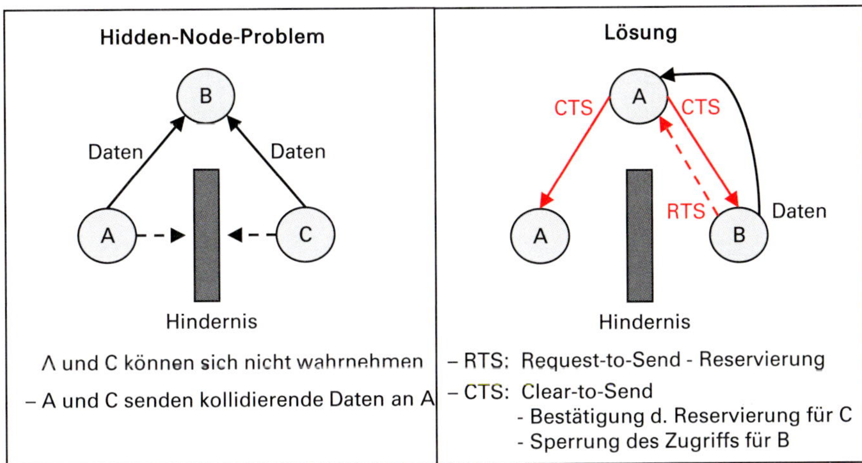

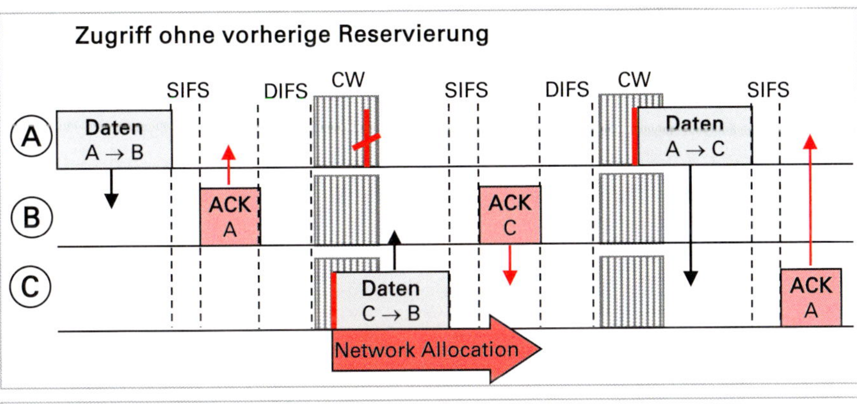

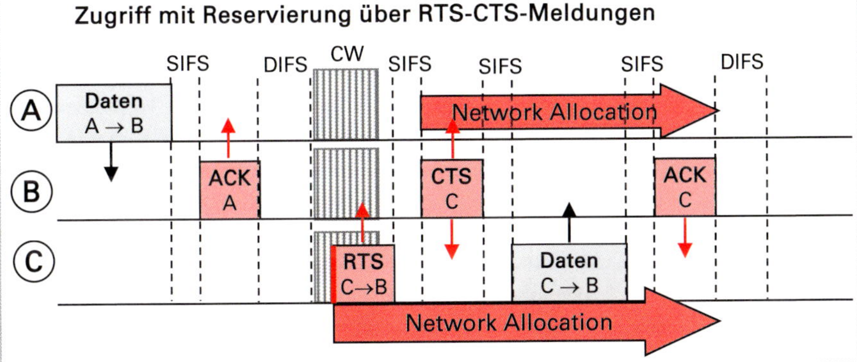

Bild 19.33 Szenarien für die Übertragung von Rahmen gemäß DCF

Im mittleren Teil des Bildes 19.33 hat die Station A gerade einen Datenrahmen an Station B gesendet. Der Empfang des Rahmens muss von Station B mittels einer ACK-Meldung quittiert werden. Solche ACK-Meldungen haben Vorrang vor anderen Datenpaketen. Somit darf und muss Station B die ACK-Meldung kurze Zeit nach Eintreffen des Rahmens senden. Diese Zeitspanne, die man Short Inter Frame Spacing (SIFS) nennt, beträgt je nach Typ des WLAN 10 µs oder 16 µs. Das SIFS-Intervall ist erforderlich, um dem Empfänger Zeit zu geben, das empfange Frame zu dekodieren, auf Korrektheit zu prüfen und die Antwort zu erzeugen. Innerhalb des Intervalls dürfen jedoch keine anderen Stationen auf das Medium zugreifen.

Nach Eintreffen der ACK-Meldung schließt sich ein Zeitintervall DIFS an. Innerhalb dieses DCF Interframe Spacings von 50 µs oder 34 µs (je nach Typ des WLANs) dürfen keine Zugriffsversuche erfolgen. Zugriffsversuche sind erst wieder in dem anschließenden Contention Window – dem Zeitfenster für Bewerbungen – erlaubt.

Innerhalb des DIFS-Intervalls führen die übertragungswilligen Stationen Messungen durch, um zu detektieren, ob der Funkkanal tatsächlich nicht belegt ist (Carrier Sense). Erkennen die Stationen einen freien Funkkanal, so wählen sie innerhalb des Contention Windows einen zufälligen Zeitpunkt (im Bild 19.33 als roter Strich markiert) für die Übertragung eines Datenpakets aus. Ist der Funkkanal bis zu diesem Zeitpunkt frei geblieben, so senden sie ihr Datenpaket. Im Beispiel überträgt Station C Daten an Station B. Dabei ist in dem Header des Datenpakets die Angabe zu finden, wie lange die Übertragung des Pakets inklusive der Quittierung mittels der ACK-Meldung dauern wird. Diese Angabe bezeichnet man auch als Network Allocation Vector; sie charakterisiert die Belegungszeit des Funkkanals. Station A hatte einen etwas späteren Zeitpunk für den Zugriff gewählt und stellt – da sie die Funkkanalbelegung bemerkt hat – ihren Verbindungswunsch zurück. Als Contention Window sind je nach Typ des WLANs ca. 135 µs (Typ a und g) bzw. ca. 620 µs (Typ b) vorgesehen, solange es zu keinen Störungen kommt.

Im unteren Teil von Bild 19.33 ist die Datenübertragung mit vorgeschalteter Reservierung skizziert. Mit einer solchen Reservierung lässt sich das Problem der versteckten Stationen (Hidden-Node-Problem, vgl. Abschnitt 18.2.2) lösen, das im oberen Teil von Bild 19.33 skizziert ist.

Die übertragungswillige Station C sendet dazu zunächst innerhalb des Contention Windows eine Request-to-Send-Meldung (RTS) an Station B, die den Network Allocation Vector – also die benötigte Kanalbelegungszeit – angibt. Station B bestätigt die Belegung mit der Clear-to-Send-Meldung. Durch die CTS-Meldung erfährt Station A die Belegungszeit des Funkkanals, selbst dann, wenn sie die RTS-Meldung von Station A nicht empfangen haben sollte. Die RTS-Meldung stellt also eine Reservierung des Mediums dar, sodass für die unmittelbar folgenden Frames (CTS, Daten, ACK) das Short Interframe Spacing SIFS verwendet wird und ein zwischenzeitlicher Zugriff durch andere Stationen nicht erlaubt ist. Der skizzierte Reservierungsmechanismus vermindert das Risiko der Störungen durch verborgene Stationen, andererseits verlängert sich dabei die Übertragungszeit. Daher besteht bei der Konfiguration eines WLANs häufig die Möglichkeit, den Reservierungsmechanismus komplett abzuschalten oder ihn in Abhängigkeit von der Länge des Datenpakets einzusetzen.

Point Coordination Function PCF

Eine Phase für die zentrale Zugriffssteuerung, die man Contention Free Period (CFP) nennt, wird vom Access Point durch ein Beacon-Frame eingeleitet – eine Systeminformation für alle Stationen, die die Dauer der CFP angibt. Innerhalb der CFP darf nur der Access Point senden bzw. eine Station, die vom Access Point die Erlaubnis dazu erhalten hat. Der Zugriff erfolgt also in einem Polling-Verfahren, in dem die Stationen in einer bestimmten Reihenfolge vom Master nach Übertragungswünschen abgefragt werden (siehe Abschnitt 18.2.4). Auch innerhalb der CFP müssen Datenpakete bestätigt werden.

Erweiterungen durch IEEE 802.11e
Wie zuvor erwähnt, soll über die Erweiterungen des Standards IEEE 802.11e eine Nutzung des Wireless LANs für Dienste mit unterschiedlichen Qualitätsanforderungen ermöglicht werden. Die entsprechende Dienstqualität (Quality of Service (QoS) garantiert man durch die Einführung von acht Prioritätenklassen, Traffic Categories genannt. Beim dezentralen CSMA-Verfahren realisiert man die Priorisierung durch die Verwendung unterschiedlicher Contention Windows. Bei Diensten einer hohen Prioriät beginnt dieses früher (und ist kürzer) als bei Diensten einer niedrigeren Priorität, sodass erstere beim Zugriff bevorzugt behandelt werden.

Merksatz

Brutto- und Netto-Datenraten

Das in Bild 19.33 skizzierte Zugriffs- und Bestätigungsverfahren führt dazu, dass die tatsächliche Datenrate (Netto-Datenrate) nur etwa halb so groß ausfällt wie die Datenrate, die von der Bitübertragungsschicht geliefert wird (Brutto-Datenrate). Mit zunehmender Brutto-Datenrate verschärft sich das Problem. Ursachen sind:

- umfangreiche Header in der Schicht 2,
- verhältnismäßig lange Warte- und Wettbewerbszeiten (IFS, Contention Window),
- die erforderliche Bestätigung jedes Datenrahmens (ACK).

Aggregation
Um die Netto-Datenrate zu steigern, bieten neuere Standards wie 802.11n oder 802.11ac Möglichkeiten zur Aggregation, d.h. man kann Datenrahmen gruppieren, die für eine Empfängerstation bestimmt sind und der gleichen Quality-of-Service-Klasse angehören. Dann muss nicht mehr jeder einzelne Datenrahmen quittiert werden, sondern es reicht eine ACK-Meldung für die komplette Gruppe.

19.5.4 Übertragungsverfahren bei Wireless LANs

Der ursprüngliche Standard 802.11 verwendete eine Spreiztechnik im Frequenzbereich bei 2,4 GHz. Der 1999 verabschiedete Standard IEEE 802.11b erweiterte diese Spreiztechnik, um Datenraten von 11 Mbit/s zu erzielen.

Frequenzspektrum
Bei 2,4 GHz ist insgesamt ein Frequenzspektrum von etwa 80 MHz reserviert (Bild 19.34). Auch wenn sich ein Trägerabstand von 5 MHz einstellen lässt, so stehen wegen der Bandbreite von knapp 20 MHz für einen WLAN-Träger effektiv nur vier überlappungsfreie Frequenzträgern zur Verfügung. Ferner gibt es viele Störquellen (andere WLANs, Bluetooth, Mikrowellenherde, Videoübertragungssysteme) in diesem Bereich. Daher wurde ein weiterer Bereich bei 5 GHz mit insgesamt etwa

Dagegen ist das störanfälligste Verfahren bei IEEE 802.11a und g das 64-QAM mit Code-Rate ¾:

$$r_b = \frac{3}{4} \cdot \frac{6\ \text{Bit} \cdot 48\ \text{Unterträger}}{\text{Symbol}} \cdot \frac{1\ \text{Symbole}}{4\ \mu\text{s}} = 54\ \text{Mbit/s} \qquad \text{(Gl. 19.3)}$$

Merksatz

Eine Steigerung der Brutto-Datenrate bei den Standards IEEE 802.11n und ac erfolgt durch mehrere Maßnahmen:

- optionale Reduktion der Guard Period auf 0,4 µs (n, ac),
- Reduktion des Fehlerschutzes von Code-Rate auf Code-Rate (n, ac),
- zusätzliche Modulationsstufe 256-QAM mit 8 Bits pro Symbol (ac),
- Erhöhung der Nutzdatenunterträger pro 20-MHz-Träger (n, ac),
- Bündelung von Trägern (bis zu 40 MHz bei n, bis zu 160 MHz bei ac),
- Einsatz von MIMO (bis zu 4x4 bei n, bis zu 8x8 MHz bei ac).

Dazu sind folgende Anmerkungen zu machen: Eine Bündelung zu einem 40-MHz-Träger beim Typ n ist zwar auch im Frequenzbereich bei 2,4 GHz möglich, führt dort aber zu einer Belegung der Hälfte des insgesamt zur Verfügung stehenden Spektrums. Eine Bündelung von Trägern mit 80 bzw. 160 MHz Bandbreite beim Typ ac ist nur im Frequenzbereich bei 5 GHz möglich.

Sowohl der Typ n als auch der Typ ac nutzen die MIMO-Technologie (siehe Abschnitt 9.9) zur Verbesserung der Empfangsverhältnisse (durch Strahlformung) und zur Vervielfachung der Datenrate. Beim Typ n wird sie nur als Single User MIMO eingesetzt, um die Datenrate einer einzelnen Verbindung zu steigern. Beim Typ ac ist auch die Variante als Multi User MIMO möglich, um mehrere Empfangsstationen gleichzeitig zu versorgen und so die Kapazität in der Funkzelle zu steigern. Single User MIMO ist bis zu der 4x4-Variante möglich, die 8x8-Variante wird nur als Multiuser MIMO betrieben.

Tabelle 19.10 Datenraten und Mindest-Empfängerempfindlichkeiten für IEEE 802.11ac bei einer Guard Period von 0,4 µs (ohne MIMO).

	20 MHz	**40 MHz**	**80 MHz**	**160 MHz**
Unterträger (ges.)	64	128	256	512
Daten-Untertäger	52	108	234	468
Pilot-Unterträger	4	6	8	16
BPSK, CR: ½				
Datenrate	7,2 Mbit/s	15 Mbit/s	32,5 Mbit/s	65 Mbit/s
Empfängerempfindl.	–82 dBm	–79 dBm	–76 dBm	–73 dBm
64-QAM, CR: $^5/_6$				
Datenrate	72 Mbit/s	150 Mbit/s	325 Mbit/s	650 Mbit/s
Empfängerempfindl.	–65 dBm	–62 dBm	–59 dBm	–56 dBm
256-QAM, CR: $^5/_6$				
Datenrate	---	200 Mbit/s	433 Mbit/s	867 Mbit/s
Empfängerempfindl.	–57 dBm	–54 dBm	–51 dBm	–48 dBm

In der Tabelle 19.10 sind für verschiedene Trägerbandbreiten und einige Übertragungsverfahren des Standards IEEE 802.11ac die resultierenden Datenraten und die dafür laut Standard erforderlichen Mindest-Empfangspegel zusammengestellt – und zwar für den Fall ohne MIMO. Beispielsweise für ein 4x4-MIMO sind die Datenraten zu vervierfachen, wobei zu betonen ist, dass es sich bei den angegebenen Werten um Brutto-Datenraten handelt.

Die Kanaleinteilung für die bisher diskutierten Übertragungsvarianten ist in Bild 19.34 im Überblick zu sehen. Dort ist mit IEEE 802.11ad (Ende 2012 veröffentlicht) noch eine weitere Variante im Bereich bei 60 GHz aufgeführt.

Merksatz

IEEE 802.11ad

WLAN-Komponenten des Typs ad arbeiten im so genannten Ultra Band bei 60 GHz. In den verhältnismäßig breiten Frequenzträgern von knapp 1,8 GHz Breite sind bereits ohne MIMO-Verfahren sehr hohe Datenraten möglich. Dazu sind in dem Standard unterschiedliche Übertragungsverfahren definiert: So genannte Single-Carrier-Verfahren (Einzelträger) mit Spreiztechniken, aber auch ein OFDM-Verfahren mit 336 Unterträgern für die Nutzdatenübertragung. Durch die Verwendung des hohen Frequenzbereichs mit sehr kleinen Wellenlängen von 5 mm lassen sich sehr kompakte Antennen und effiziente Beamforming-Verfahren realisieren, wodurch sich der Dämpfungsnachteil von ca. 20 dB (bei Freiraumausbreitung) gegenüber dem 5-GHz-Bereich zumindest in Teilen kompensieren lässt.

Wichtige Parameter der verschiedenen IEEE 802.11-Übertragungsvarianten sind die Tabelle 19.11 zusammengestellt.

Tabelle 19.11 Übertragungsvarianten von IEEE 802.11 im Vergleich

802.11-Typ	a	g	n	ac	ad (OFDM)
Bezeichnung	–	–	High Throughput	Very High Throughput	Very High Throughput
Frequenzbereich	5 GHz	2,4 GHz	2,4 / 5 GHz	5 GHz	60 GHz
Bandbezeichnung	High Band	Low Band	LB / HB	High Band	Ultra Band
Max. Sendeleistung	1 W / 4 W	0,1 W	0,1 / 4 W	1 W / 4 W	10 W
Max. Bandbreite	20 MHz	20 MHz	40 MHz	160 MHz	1760 MHz
Guard Period	0,4 µs	0,4 µs	0,4 / 0,8 µs	0,4 / 0,8 µs	0,0484 µs
Max. Modulation	64-QAM	64-QAM	64-QAM	256-QAM	64-QAM
Min. Code-Rate	$^{3}/_{4}$	$^{3}/_{4}$	$^{5}/_{6}$	$^{5}/_{6}$	$^{13}/_{16}$
Maximales MIMO	–	–	4x4	8x8	
Max. Datenrate	54 Mbit/s	54 Mbit/s	600 Mbit/s	6,9 Gbit/s	6,8 Gbit/s

Merksatz

IEEE 802.11ax und IEEE 802.11ay

Seit dem Jahr 2020 sind zwei weitere Varianten standardisiert:

- IEEE 802.11ax stellt eine Erweiterung von IEEE 802.11 ac dar und ermöglicht auch eine 1024-QAM sowie den Betrieb im 2,4-GHz-Band.
- IEEE 802.11ay stellt eine Erweiterung von IEEE 802.11 ad dar und ermöglicht im 60-GHz-Band durch Kanalbündelung (bis zu gut 8 GHz) und durch MIMO-Verfahren Datenraten von mehr als 100 Gbit/s.

19.6 Bluetooth

19.6.1 Überblick über den Bluetooth-Standard und seine Anwendungen

In diesem Abschnitt wird das Funksystem Bluetooth im Überblick dargestellt. Detailliertere Beschreibungen findet man z.B. in [15] oder [60].

Merksatz

Das Funksystem Bluetooth wurde entwickelt, um Kabelverbindungen zwischen verschiedenen Geräten durch flexible Funkverbindungen zu ersetzen und dabei kurze Entfernungen (einige Meter) mit preiswerten und kleinen Funkmodulen in energiesparender Weise und ohne großen Installationsaufwand zu überbrücken.

Dabei wurde insbesondere an Verbindungen zwischen folgenden Geräten gedacht:

- Computer/Laptop und Drucker
- Computer und Digitalkamera bzw. Camcorder
- Computer und Maus
- Mobiltelefone/Smartphone und Laptop
- Mobiltelefone/Smartphone und Headset

Bluetooth-Module werden zum einen in Form von Adaptern angeboten, die sich an die entsprechenden Schnittstellen eines PCs, Laptops, PDAs oder Druckers anschließen lassen, um diese Geräte miteinander zu vernetzen. So gibt es beispielsweise USB-Adapter oder Bluetooth-Module in Compact Flash Cards und SDIO-Cards.

Zum anderen können Bluetooth-Module auch in Geräten wie Laptops und PDAs, in Mobiltelefonen, Headsets und Freisprecheinrichtungen, in Computer-Mäusen und in GPS-Empfängern für die Satellitennavigation fest integriert sein, um diese Geräte kabellos miteinander zu verbinden. Des Weiteren gibt es Access Points auf Bluetooth-Basis, mit denen sich kleinere lokale Computernetze für den Heimbereich oder im Büro realisieren lassen, und die auch eine Gateway-Funktionalität zu anderen, externen Netzen wie DSL oder ISDN bieten. Manche Access Points ermöglichen auch die schnurlose Telefonie mit speziellen schnurlosen Telefonen auf Bluetooth-Basis. Ebenso hat Bluetooth Einzug in den Bereich Hausautomation und der industriellen Automation gehalten.

Die Entwicklung von Bluetooth geht auf eine Initiative der schwedischen Firma Ericsson und anderen Firmen wie IBM, Intel, Nokia und Toshiba zurück, die im Jahre 1998 die Bluetooth Special Interest Group (BSIG) gründeten. Diese Gruppe, der inzwischen weit mehr als 1500 Unternehmen aus verschieden Bereichen (Auto- und Flugzeugindustrie, Unterhaltungselektronik, Computer- und Telekommunikationsbranche) angehören, gab eine erste Version der Spezifikationen im Mai 1999 heraus. Diese Version definierte bei einer Bruttodatenrate von 1 Mbit/s verschiedene Datenübertragungsmöglichkeiten für unterschiedliche Anforderungen.

Bluetooth hat sich in den letzten Jahren zu einem weltweit verbreiteten Industriestandard entwickelt. Die Zahl verkaufter Geräte mit Bluetooth-Modulen hat sich zwischen 2001 und 2005 von Jahr zu Jahr mehr als verdoppelt: Wurden 2004 beispielsweise noch etwa 150 Millionen Bluetooth-Einheiten verkauft, so waren es im Jahr 2005 schon deutlich mehr als 300 Millionen. Bis Ende des Jahres 2016 sind weltweit insgesamt 4 Milliarden Einheiten in über verschiedenen 10000 Produkten verkauft worden.

Der Name «Bluetooth» wurde als Anspielung auf König Harald von Dänemark und Norwegen gewählt, der den Beinamen Blåtand (Blauzahn, Bluetooth) trug und im 11. Jahrhundert große Teile Skandinaviens vereinte und christianisierte. Ebenso sollte das vor allem von skandinavischen Firmen vorangetriebene Bluetooth-Projekt zu einem einheitlichen Standard für die Funkvernetzung führen.

19.6.2 Übertragungstechnik

Bluetooth arbeitet wie WLAN im ISM-Band bei 2,4 GHz, in dem 79 Frequenzträger mit einem Trägerabstand von 1 MHz definiert sind. In seiner ursprünglichen Version verwendet Bluetooth eine GFSK-Phasenmodulation mit einer Modulationsbitrate von 1 Mbit/s. Der festgelegte Trägerabstand von 1 MHz stimmt also mit der Trägerbandbreite überein. In der Version 2.0 wurden weitere (höherwertige) Modulationsverfahren spezifiziert, die eine Steigerung der Datenrate bei annähernd gleicher Bandbreite ermöglichen; dabei handelt es sich um Varianten der differenziellen QPSK und der differenziellen 8-PSK. Diese Version trägt vielfach auch den Zusatz Bluetooth EDR (Enhanced Data Rate).

Seit der Version 3.0 ist es möglich, einen WLAN-Träger mit einer Datenrate von 24 Mbit/s im Peer-to-Peer-Modus in die Bluetooth-Kommunikation einzubinden (vgl. Bild 19.31). Die Version 4.0, die Ende 2009 verabschiedet wurde, definiert verbesserte Kanalkodierungs- sowie Verschlüsselungsverfahren sowie Produktprofile für einen sehr niedrigen Energieverbrauch. Daher spricht man auch von Bluetooth Low Energy (BLE). Seit 2017 ist die Version 5.0 auf dem Markt, mit der sich höhere Datenraten oder höhere Reichweiten erzielen lassen. Die Version 6.0 ist (Stand 2022) in Planung.

Je nach Anwendung nutzt Bluetooth Fehler korrigierende Codes der Raten und und Fehler erkennende Codes. Für manche Anwendungen wird auf die Fehler korrigierenden oder auch auf die Fehler erkennenden Codes verzichtet.

Die Struktur der physikalischen Kanäle bei Bluetooth ist von einem Zeitmultiplex-Verfahren (Time Division Multiplex TDM) geprägt: Ein Frequenzträger ist in Zeitschlitze der Dauer 625 μs = 0,625 ms eingeteilt. Die Zeiteinteilung wird dabei durch die Clock des Masters vorgegeben. Ein Datenpaket kann sich über 1, 3 oder 5 solcher Zeitschlitze erstrecken, wobei ein vom Master ausgesandtes Paket nur in den geraden und ein vom Slave ausgesandtes Paket nur in den ungeraden Zeitschlitzen beginnen kann (siehe Bild 19.36).

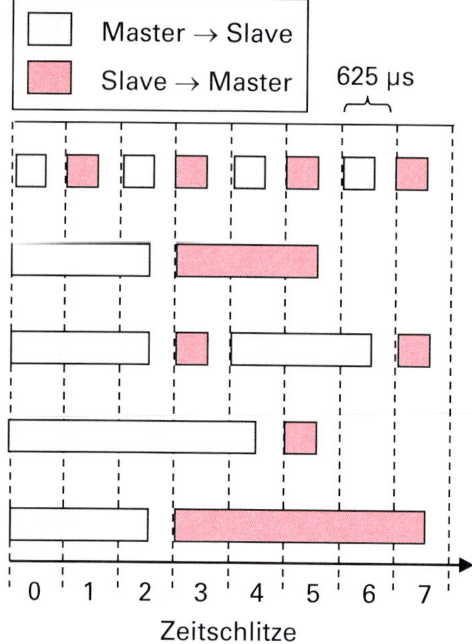

Bild 19.36
Beispiele für mögliche Zeitschlitzbelegungen bei Bluetooth durch Datenpakete verschiedener Länge

Da der Betrieb von Funkanwendungen im ISM-Band lizenzfrei und damit unkoordiniert erfolgt, wurden im Bluetooth-Standard Vorkehrungen getroffen, um die Auswirkungen von Störungen sowohl durch als auch auf andere Systeme gering zu halten. Als eine wesentliche Maßnahme verwendet Bluetooth Frequency Hopping. In der in Bild 19.37 illustrierten Basisvariante (Basic Physical Channel) erfolgt das Hopping über alle 79 Frequenzen. Die Hopping-Folge wird dabei mittels eines (Pseudo-)Zufallszahlengenerators in Abhängigkeit von der Bluetooth Device Adresse und dem Wert der Clock des Masters berechnet. In der Bluetooth-Version 1.2 wurde ein adaptives Frequency Hopping definiert: Stellt das Bluetooth-System fest, dass manche Frequenzen (dauerhaft) gestört sind – z.B. durch Wireless LANs –, so kann es diese bei der Hopping-Folge aussparen.

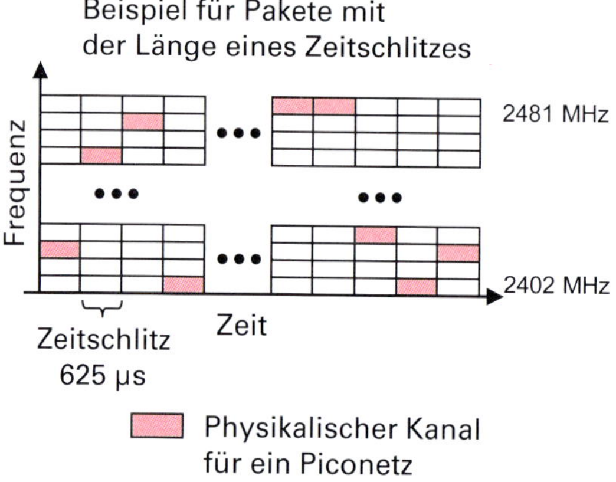

Bild 19.37
Physikalische Kanäle und Frequency Hopping bei Bluetooth

Teile des Bluetooth-Standards wurden vom IEEE als Standard IEEE 802.15.1 herausgegeben, und zwar diejenigen, die die Übertragungstechnik und die Zugriffs- und Datensicherungsverfahren betreffen.

Darüber hinaus wurden im Bluetooth-Standard einige spezielle Protokolle definiert, um verschiedene Anwendungen innerhalb des Bluetooth-Systems nutzen zu können:

- Das Service Discovery Protokoll (SDP) ermöglicht es einem Gerät, Informationen über die beim Kommunikationspartner realisierten Diensten zu erhalten.
- Das «Kabelersatz-Protokoll» (RFCOMM) kann mehrere serielle Schnittstellen nachbilden.
- Die Telephone Control Protocol Specifications (TCS) enthalten Verfahren zur Steuerung von Telefonieanwendungen.
- Mit Hilfe des Object Exchange Protocols (OBEX) lassen sich bestimmte Datenobjekte wie elektronische Visitenkarten (vCard), Kalendereinträger (vCal) oder Dateien effizient austauschen.

Ferner definiert der Bluetooth-Standard verschiedene Anwendungsprofile. Ein solches Profil legt fest, welche Leistungsmerkmale und Funktionalitäten ein Bluetooth-Gerät (z.B. ein Headset) besitzen muss, um die jeweilige Anwendung einwandfrei im Zusammenspiel mit jedem anderen Gerät des gleichen Profils zu ermöglichen. Nur Geräte mit dem gleichen Anwendungsprofil können problemlos zusammenarbeiten.

19.6.3 Netzstrukturen

Jedes Bluetooth-Modul besitzt eine weltweit eindeutige, 48 Bit umfassende Bluetooth Device Adresse. In einem Teil dieser Adresse ist die Information über die Herstellerfirma kodiert, ein anderer Teil enthält die von der Herstellerfirma vergebene Produktnummer des Geräts.

In Bild 19.38 sind verschiedene Netzstrukturen illustriert, die von Bluetooth ermöglicht werden.

Piconetz aus zwei Stationen

Die einfachste Netzstruktur ist ein sogenanntes Piconetz, bestehend aus zwei Stationen, von denen eine die Rolle des Masters und die andere die des Slaves übernimmt. Dabei liegt die Rolle des Masters nicht zwangsläufig von vornherein fest, sondern die Station, die die Verbindung initiiert, übernimmt i.A. die Funktion des Masters. Der Master gibt den Zeittakt und die Sprungfolge beim Frequency Hopping vor; der Slave muss sich darauf synchronisieren. Die Rollen von Master und Slave können nach Absprache während der Kommunikation geändert werden.

Allgemeines Piconetz

Ein gegenüber dieser einfachsten Struktur erweitertes Piconetz besteht aus einem Master und bis zu sieben mit ihm in Verbindung stehenden Slaves. Der Datenaustausch kann dabei nur zwischen Master und Slave geschehen, nicht aber zwischen zwei Slaves. Der Master regelt, welche Station den Funkkanal zu welcher Zeit nutzen darf. Er teilt also die Übertragungskapazität zwischen den Stationen auf. Dazu verwendet er ein Polling-Verfahren, bei dem die Slaves in einer bestimmten Reihenfolge nach ihren Übertragungswünschen gefragt werden.

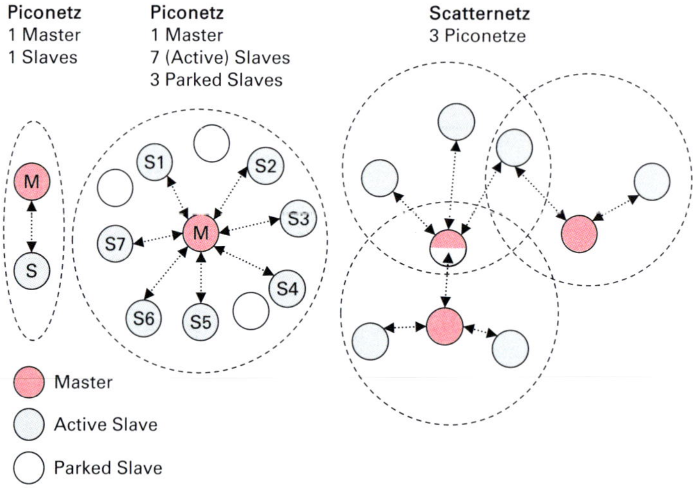

Bild 19.38 Beispiele für Bluetooth-Netzstrukturen

Neben den maximal sieben unmittelbar verbundenen Slaves kann es noch bis zu 255 (unter gewissen Bedingungen sogar mehr) sogenannte geparkte Slaves (Parked Slaves) geben, die sich zwar von Zeit zu Zeit mit dem Master synchronisieren, ansonsten aber nicht aktiv an der Kommunikation teilnehmen. Der Master kann einen dieser geparkten Slaves schnell in den Verbindungsstatus aufnehmen, muss dafür eventuell aber einen anderen Slave in den Park-Modus versetzen. Der Park-Modus dient der Energieeinsparung beim Slave in den Zeiten, in denen längerfristig keine Daten zu übertragen sind.

Scatternetz

Überlappen sich die Versorgungsbereiche von Piconetzen, so können einige der beteiligten Stationen mehreren dieser Piconetze angehören. In diesem Fall spricht man von einem Scatternetz.

Dabei besteht die Möglichkeit, dass eine Station als Slave mit zwei verschiedenen Mastern kommuniziert oder dass eine Station in einem Piconetz die Rolle des Slaves und in einem anderen die Rolle des Masters spielt. Jedoch kann eine Station niemals in zwei Piconetzen gleichzeitig die Rolle des Masters übernehmen.

19.7 ZigBee

Merksatz

Der ZigBee-Standard wurde vorwiegend für Anwendungen im Bereich der Haus- und Gebäudeautomation, der industriellen Automatisierungstechnik und der Medizintechnik entwickelt, um Sensoren und Steuerungselemente über Funkverbindungen miteinander zu vernetzen. Das Hauptaugenmerk liegt dabei auf niedrigen Kosten und einem geringen Leistungsverbrauch der Funkmodule. Hingegen sind die Anforderungen an die Datenrate vergleichsweise gering: In seiner primären Übertragungsvariante bietet ZigBee eine Bruttodatenrate von 250 kbit/s.

Begrenzt man die Sendeleistung, um den Stromverbrauch der Module zu reduzieren, so ist auch deren Reichweite gering. Um dennoch in einem größeren Gebäude oder auf einem größeren Gelände Sensoren und Steuerungselemente miteinander zu vernetzen, bietet ZigBee eine so genannte Multihop-Funktionalität. Das bedeutet, dass ein Datenpaket über mehrere Zwischenstationen vom ursprünglichen Sender zu seinem Ziel transportiert wird. Die Zwischenstationen müssen also einen geeigneten Weg für das Paket suchen. Da dieser Weg dem Zickzack-Kurs einer tanzenden Biene ähnelt, wurde der Name ZigBee gewählt.

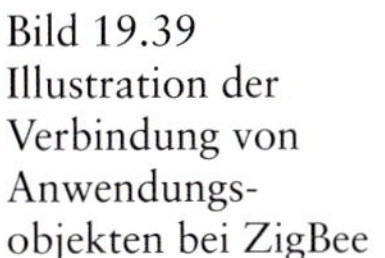

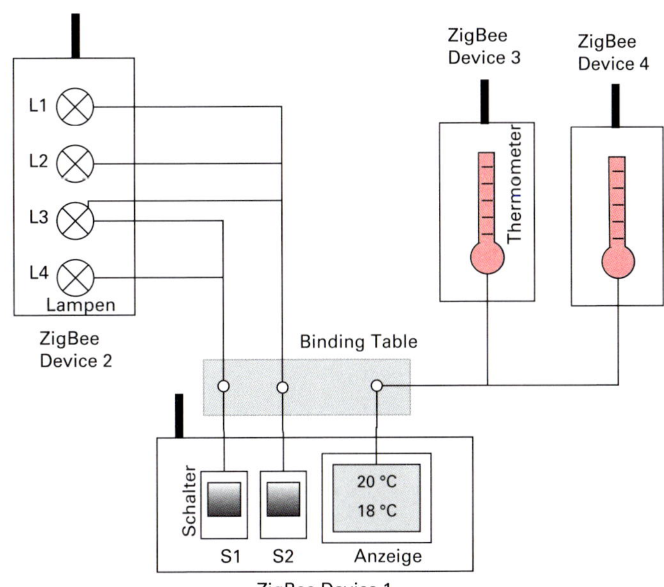

Bild 19.39 Illustration der Verbindung von Anwendungsobjekten bei ZigBee

Die Standardisierungsaktivitäten für ZigBee begannen im Jahre 1998; im Jahr 2002 wurde die ZigBee-Alliance gegründet als Zusammenschluss mehrerer Firmen mit dem Ziel, für eine Weiterentwicklung des Standards und eine Verbreitung der zugehörigen Technologie zu sorgen. Die Standardisierung innerhalb der ZigBee-Alliance, der inzwischen mehr als 200 Unternehmen angehören, betrifft vor allem die Vermittlungsschicht und in Teilen die darüber liegenden Anwendungsschichten, während die Standardisierung der Übertragungstechnik (Physical Layer) und der Zugriffsverfahren (Medium Access Control) der Arbeitsgruppe IEEE 802.15.4 übertragen wurde. Die Veröffentlichung der jeweiligen Spezifikationsdokumente erfolgte in den Jahren 2004 bzw. 2003.

Auf der Anwendungsebene hat der ZigBee-Standard einen allgemeinen Rahmen zur Realisierung der Anwendungen geschaffen, die konkreten Ausprägungen der Anwendungsobjekte sind von den jeweiligen Herstellern selbst festzulegen. Jedes ZigBee-Gerät kann bis zu 240 Anwendungsobjekte wie verschiedene Sensoren, Aktoren oder Steuerungselemente enthalten, die mit Objekten in anderen ZigBee-Elementen kommunizieren (siehe Bild 19.39). Um das einwandfreie Zusammenspiel von ZigBee-Modulen verschiedener Hersteller zu garantieren, definiert ZigBee zahlreiche Anwendungsprofile.

Definition

Ein ZigBee-Netz besteht aus zwei oder mehr Stationen, die Devices (Geräte) genannt werden. Man unterscheidet:

- Full Function Devices (FFD) und
- Reduced Function Devices (RFD).

Ein RFD kann nur mit einem FFD kommunizieren, wohingegen ein FFD sowohl mit einem anderen FFD als auch mit einem RFD kommunizieren kann. Einem der FFDs kommt eine besondere Rolle in einem ZigBee-Netz zu, nämlich die des PAN-Koordinators. Dabei ist PAN die Abkürzung für Personal Area Network. Der PAN-Koordinator ist für die Auswahl einer Netzkennung und eines Frequenzträgers, den Aufbau des Netzes, die Vorgabe eines Zeittaktes sowie für das Aussenden von System-Informationen verantwortlich.

Jedes Device besitzt eine weltweit eindeutige, feste Adresse (64 Bits); bei der Aufnahme in ein ZigBee-Netz erhält sie dynamisch eine kürzere Adresse (16 Bits) zugeteilt. Vom Standpunkt verfügbarer Adressen kann ein ZigBee-Netz also aus etwa 65 000 Devices bestehen. Als Netzstrukturen sind möglich (siehe Bild 19.40):

- eine sternförmige Struktur,
- eine vermaschte Struktur,
- eine (hierarchische) Baumstruktur und
- Mischformen der genannten Strukturen.

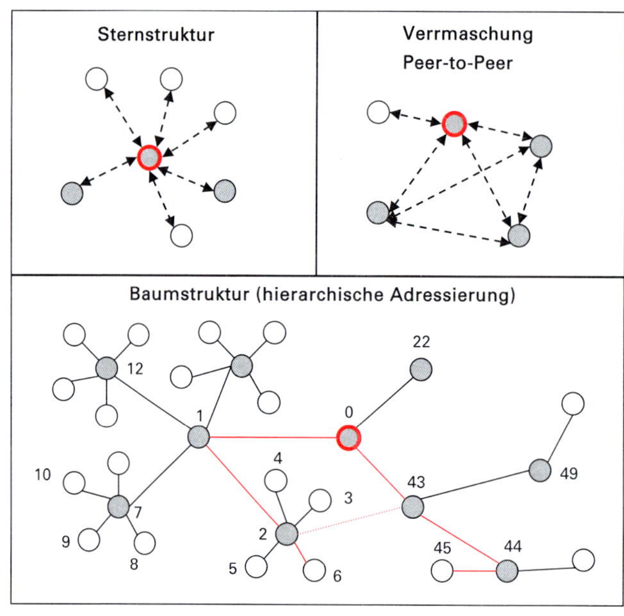

Bild 19.40 Netzstrukturen für ZigBee

Merksatz

Ein besonderes Merkmal des ZigBee-Standards ist die Multihop-Funktionalität, bei der Daten über mehrere Zwischenstationen von der Quelle zum Ziel transportiert werden.

Möchte Station 6 beispielsweise Daten an Station 45 senden (siehe Bild 19.40), so kann der Transport in mehren Schritten über den PAN-Koordinator auf der rot gezeichneten Route erfolgen. Verfügen die Full Function Devices über eine gute Kenntnis der Netzstruktur und ihrer Umgebung, so ist auch eine kürze Route über die gestrichelte Strecke möglich. Ein Full Function Device arbeitet in solchen Fällen als Router.

Die wichtigsten Parameter von ZigBee sind in Tabelle 19.12 zusammengefasst. Ausführlichere Beschreibungen findet man in [15] und [51].

Tabelle 19.12 Wichtige System-Parameter bei ZigBee

Netztypen	**Peer-to-Peer, Stern-Topologie, Baumstrukturen, Mischformen (bis zu 65 000 Stationen), Besonderheit: Multihop-Funktionalität**
Sendeleistung	maximal: 20 mW, typisch: ca. 1 mW
Sendeleistungsregelung	optional
Empfängerempfindlichkeit	besser als –85 dBm (lt. Standard), –100 ... –90 dBm in vielen Produkten
Energiespar-Funktionen	geringer Aktivitätenzyklus, Zwischenspeicherung von Daten
Frequenzbereich	ISM-Band bei 2,4 GHz (und bei 868 MHz bzw. 915 MHz)
Anzahl Kanäle	16 bei 2,4 GHz
Modulation	Code Keying mit einer QPSK-Variante
Brutto-Datenrate	250 kbit/s
Kanalkodierung	keine Fehler korrigierenden Codes, ARQ-Verfahren optional
Zugriffsverfahren	CSMA mit der Möglichkeit, Zeitschlitze zu reservieren
Netto-Datenraten:	maximal: ca. 150 kbit/s
Störungen durch	IEEE 802.11b/g, Bluetooth-Netze, andere Zigbee-Netze, Mikrowellenherde, Amateurfunk, andere System im ISM-Band
Maßnahmen gegen Störungen	störsicheres Übertragungsverfahren, ARQ zukünftig: Dynamic Frequency Selection, Frequency Hopping

19.8 Lernziel-Test

1. Nennen Sie jeweils einige Beispiele für Mobilfunksysteme, die in öffentlichen bzw. privaten Netzen eingesetzt werden.
2. Welche Institutionen arbeiten an der Standardisierung von 3G/UMTS, 4G/LTE und 5G?
3. Was versteht man unter den Anwendungen M2M, MTC, IoT und V2X? Nennen Sie Beispiele.
4. Von welchen Größen hängt die Datenrate ab, die man unter realistischen Bedingungen tatsächlich in Mobilfunknetzen erzielen kann?
5. Was versteht man unter Handover, was unter Roaming?
6. Worin unterscheiden sich Sektor- und Omnizellen? Was ist der Vorteil von Sektorzellen?

7. Ein GSM-Betreiber erhält 7,2 MHz Frequenzspektrum. Wie viele Frequenzträger stehen ihm damit zur Verfügung?
8. Welchen Hauptvorteil bietet das Zeitmultiplex-Verfahren bei GSM? Inwiefern entfällt dieser Vorteil für hochratige Datendienste?
9. Wie viele Funkkanäle gibt es in einer GSM-Funkzelle mit vier Trägern? Können alle diese Funkkanäle für die Sprachübertragung genutzt werden?
10. Welche Dienste und Anwendungen sind im GSM-System möglich?
11. Wozu benötigt man die Transcoding and Rate Adaption Unit?
12. Welche Teilaufgaben sind bei GSM beim Verbindungsaufbau auf dem Funkweg durchzuführen? Nennen Sie 3 Aspekte.
13. Zwei GSM-Mobilteilnehmer, die sich in der gleichen Funkzelle befinden, führen ein Gespräch miteinander. Über welche Netzelemente läuft die Verbindung?
14. Welche Aufgaben hat das Operation and Maintenance Centre?
15. Welche Vorteile bietet die automatische Leistungsregelung? Welche Kanäle dürfen nicht geregelt werden (mit Begründung)?
16. Aus welchen Gründen kann ein Handover erfolgen?
17. In welchen Frequenzbereichen kann LTE in Deutschland arbeiten und mit welchen Träger-Bandbreiten?
18. Was versteht man unter Carrier Aggregation?
19. Skizzieren Sie die Netzarchitektur von LTE. Was sind dabei die wesentlichen Änderungen gegenüber GSM und warum hat man sie vorgenommen?
20. Was versteht man unter Device-to-Device-Communications (D2D) und was sind die wichtigsten Vorteile dabei?
21. Was versteht man bei LTE unter Tracking Areas und MME Areas und wozu werden sie verwendet?
22. Nennen Sie einige wichtige Kennziffern bei LTE und deren Bedeutung.
23. Wie deuten Sie es, wenn es an einem eNodeB-Standort neun verschiedene Werte des Cell Identifiers gib?
24. Welche Kommunikationsprotokolle werden bei LTE verwendet? Was versteht man unter dem Default und dem Dedicated Bearer? Welche wichtigen Informationen werden beim Aufbau dieser Bearer ausgetauscht?
25. Nach welchen Kriterien erfolgen bei LTE die Funkzellenwechsel?
26. Nach welchem Prinzip erfolgt bei LTE die Sprachübertragung?
27. Was sind die wichtigsten Merkmale bei LTE bei der Übertragungstechnik?
28. Nach welchem Prinzip erfolgt die Ressourcen-Zuteilung bei LTE? Nach welchem Verfahren erfolgt die Bestätigung von Resource Blocks?
29. Für welche Zeit ist ein Resource Block bei LTE zugeteilt?
30. Welche Datenraten kann man bei LTE bei den folgenden Konstellationen unter idealen Bedingungen erzielen und welche Frequenzbandbreite wird dabei belegt?
    a) QPSK, Code-Rate ½, 50 Resource Blocks, kein MIMO
    b) 16-QAM, Code-Rate , 50 Resource Blocks, kein MIMO
    c) 256-QAM, Code-Rate , 100 Resource Blocks, kein MIMO
    d) 256-QAM, Code-Rate , 100 Resource Blocks, 2x2-MIMO
31. Wozu verwendet man bei LTE Reference Signals, und was versteht man unter dem RSRP-Wert?
32. Unter welchen Voraussetzungen lassen sich bei LTE im Downlink Datenraten von 300 Mbit/s erzielen? Welche Rate ist maximal für einen deutschen Betreiber möglich, der nur in der Funkzelle nur Frequenzen aus dem Bereich der Digitalen Dividende einsetzt?

33. Welche Features bietet LTE-Advanced, um die Leistungsfähigkeit zu steigern?
34. Was sind die wichtigsten Anforderungen, die an Mobilfunksysteme der 5. Generation gestellt werden? Nennen Sie die drei wesentlichen Nutzungsszenarien und die dazugehörigen Anwendungen.
35. Wie unterscheidet sich die Systemarchitektur von 5G im Wesentlichen von 4G? Warum hat man diese Änderungen vorgenommen?
36. Worin unterscheiden sich die Frequency Ranges FR1 und FR2? Was sind die jeweiligen Vor- und Nachteile?
37. In welchem Frequency Range befinden sich die derzeitigen Frequenzbänder der deutschen Mobilfunkbetreiber? Lassen sich damit Datenraten von 20 Gbit/s erzielen (mit Begründung)?
38. Worin unterscheiden sich NodeBs in Stand-Alone- und im Non-Stand-Alone-Betrieb?
39. Was versteht man unter Dynamic Spectrum Sharing und bei welchen Frequenzen wird es eingesetzt?
40. Was versteht man bei 5G unter Massive MIMO und welche Vor- und Nachteile haben dabei die unterschiedlichen Frequenzbereiche?
41. Welche Maßnahmen sind bei 5G vorgesehen, um Latenzzeiten gering zu halten?
42. Was versteht man unter 5G-Campusnetzen und welche Schritte muss man unternehmen, um solche Netze zu errichten?
43. Was versteht man unter Network Slicing und warum verwendet man diese Technik?
44. Wie ändern sich die erzielbaren Datenraten und die erforderlichen Frequenzbandbreiten bei 5G, wenn man gegenüber Aufgabe 30 für LTE (s.o.) bei ansonsten gleichen Parametern die Frequenzbandbreite eines Unterträgers auf 30 bzw. 60 kbit/s erhöht? Welchen Vorteil hätte man dadurch? Welcher Nachteil ergibt sich daraus für die zulässigen Umwege bei der Mehrwegeausbreitung?
45. Was sind die Hauptanwendungsgebiete des Standards IEEE 802.11?
46. Wie unterscheiden sich die Typen a, b und g des Standards IEEE 802.11?
47. Welchen dieser Typen würden Sie jeweils bei dem folgenden Anwendungsszenario wählen und warum?
    a) Versorgung eines größeren Einfamilienhauses mit einem Access Point
    b) Funkbrücke zwischen zwei LANs in großer Entfernung
    c) Versorgung von Messehallen mit zahlreichen Access Points und Teilnehmern
48. Welche Netzstrukturen erlaubt der Standard IEEE 802.11 derzeit?
49. Welches Zugriffsverfahren wird bei IEEE 802.11 hauptsächlich verwendet?
50. Welche Frequenzbänder stehen für WLANs nach dem Standard IEEE 802.11 zur Verfügung?
51. Welches sind die Vor- und Nachteile für den höchsten Frequenzbereich?
52. Durch welche Maßnahmen werden beim Standard IEEE 802.11ac die Datenraten gegenüber dem Standard 802.11a gesteigert?
53. Wie groß ist bei IEEE 802.11ac die Brutto-Datenrate bei Verwendung von 80 MHz an Spektrum, einer Guard Period von 0,4 µs, von 2x2-MIMO und einer 16-QAM mit einer Code-Rate von ¾?
54. Warum ist bei diesem Standard, aber auch bei anderen Systemen der Nutzdatendurchsatz deutlich geringer als die Brutto-Datenrate?
55. Welche Organisationen befassen sich mit der Standardisierung von Bluetooth?
56. Welches sind die Hauptanwendungsgebiete von Bluetooth?
57. Wie groß ist die maximale Anzahl aktiver Stationen in einem Piconetz?

58. Auf welche Weise können zwei Slaves miteinander kommunizieren?
59. Nennen Sie zwei Anwendungsbeispiele für Scatternetze, bei denen jeweils eine Station der Master in einem Piconetz und der Slave in einem anderen Piconetz ist.
60. Nach welchen Prinzipien wird bei Bluetooth die Zuteilung der Übertragungskapazitäten geregelt?
61. Welches ist der Hauptanwendungsbereich von ZigBee?
62. Welche Netzstrukturen sind bei ZigBee möglich?
63. Wodurch unterscheiden sich bei ZigBee Reduced und Full Function Devices?
64. Welches Funksystem würden Sie jeweils bei den folgenden Anwendungen empfehlen?
    a) drahtloses Computernetz
    b) Netz von schnurlosen Telefonen auf einem Firmengelände
    c) drahtloser Internet-Anschluss von Privathaushalten
    d) Steuerung von Fahrzeigflotten
    e) Hausautomation
    f) Abruf von Diagnose-Meldungen von Windkraftanlagen in Deutschland
    g) Multimedia-Vernetzung im Heimbereich
    h) Zugriff auf das Firmennetz durch Außendienstmitarbeiter
    i) Anbindung eines Headsets an ein Mobiltelefon

Literaturverzeichnis

[1] Tietze-Schenk: *Halbleiter-Schaltungstechnik*. Berlin–Heidelberg: Springer Verlag.

[2] Holtz, R.: *Jahrbuch der Informations- und Telekommunikationstechnik*. Heidelberg: Hüthig & Pflaum-Verlag.

[3] *Elektrotechnik, Tabellen der Kommunikationselektronik*. Braunschweig: Westermann-Verlag.

[4] *Informations- und Telekommunikationstechnik*. Tabellenbuch. Bad Homburg: Gehlen-Verlag.

[5] Cremer, L.: *Vorlesungen über technische Akustik*. Berlin–Heidelberg: Springer Verlag.

[6] Möser, M.: *Technische Akustik*. Berlin: Berlin–Heidelberg: Springer Verlag.

[7] Veit, I.: *Technische Akustik*. Würzburg: Vogel Buchverlag.

[8] Stahlmann, R.: *Die verschiedenen Dolby Surround-Sound-Verfahren – Überblick, Analyse und Funktionsweise*. München–Ravensburg: GRIN Verlag.

[9] Geng, N.; Wiesbeck, W.: *Planungsmethoden für die Mobilkommunikation – Funknetzplanung unter realen physikalischen Ausbreitungsbedingungen*. Berlin–Heidelberg: Springer Verlag.

[10] Leute, U.: *Wie gefährlich ist Mobilfunk?* Weil der Stadt: J. Schlembach Fachverlag.

[11] Behrendt, D., u.a.: *Funk-Netzwerke – Sachstandsermittlung zur Netzwerktechnologie WLAN*. Ecolog-Institut im Auftrag des Ministeriums für Umwelt u. Naturschutz, Landwirtschaft und Verbraucherschutz NRW, 2003.

[12] Meinke, H.-H.; Gundlach, F.-W.: *Taschenbuch der Hochfrequenztechnik*: 1. Band – Grundlagen. Berlin–Heidelberg: Springer Verlag.

[13] Kark, K.: *Antennen und Strahlungsfelder*. Wiesbaden: Vieweg Verlag.

[14] Lüders, C.: *Mobilfunksysteme: Grundlagen, Funktionsweise und Planungsaspekte*. Würzburg: Vogel Buchverlag.

[15] Lüders, C.: *Lokale Funknetze*. Würzburg: Vogel Buchverlag.

[16] Bundesnetzagentur: *Frequenznutzungsplan gemäß Telekommunikationsgesetz über die Aufteilung des Frequenzbereichs von 9 kHz bis 275 GHz auf die Frequenznutzung sowie über die Festlegungen für diese Frequenznutzung*. www.bundesnetzagentur.de.

[17] Johann, J.: *Modulationsverfahren*. Berlin–Heidelberg: Springer Verlag.

[18] Stadler, E.: *Modulationsverfahren*. Würzburg: Vogel Buchverlag.

[19] Meyer-Schwarzenberger, G.: *Lexikon der Video-, Audio-, Netztechnik*. Heidelberg: Hüthig-Verlag.

[20] Klussmann, N.: *Lexikon der Kommunikations- und Informationstechnik*. Heidelberg: Hüthig-Verlag.

[21] Werner, M.: *Information und Codierung*. Wiesbaden: Vieweg Verlag.

[22] Werner, M.: *Nachrichtenübertragung*. Wiesbaden: Vieweg Verlag.

[23] Bossert, M.: *Kanalcodierung*. Stuttgart: Teubner Verlag.

[24] Haass, W.-D.: *Handbuch der Kommunikationsnetze*. Berlin–Heidelberg: Springer Verlag, 1997.

[25] Tanenbaum, A. S.: *Computernetzwerke*. München: Prentice Hall Verlag.

[26] SCHULZE, H., LÜDERS, C.: *Theory and Application of OFDM and CDMA*. Chichester, England: Wiley Verlag.

[27] BEUTH, K.; HANEBUTH, R.; KURZ, G.; LÜDERS, C.: *Nachrichtentechnik*, 2. Auflage. Würzburg: Vogel Buchverlag.

[28] SCHMIDT, U.: *Professionelle Videotechnik*. Berlin–Heidelberg: Springer Verlag.

[29] SCHÖNFELDER, H.: *Bildkommunikation*. Berlin–Heidelberg: Springer Verlag.

[30] MÄUSL, R.: *Fernsehtechnik*. Berlin–Heidelberg: Springer Verlag.

[31] GORGES, P.: *Audio, MIDI, MP3*. Bonn: Voggenreiter Verlag (Januar 2002).

[32] ZANDER, H.: *Die digitale Audiotechnik*. Berlin: 3R-Verlag.

[33] BURGHARDT, J.: *Handbuch professioneller Videorekorder*. Mülheim/Ruhr: edition filmwerkstatt.

[34] REIMERS, U.: *Digitale Fernsehtechnik*. Berlin–Heidelberg: Springer Verlag.

[35] GÖTZ-MEY, E.; NEUMANN, W.: *Grundlagen der Video- und Videoaufzeichnungstechnik*. Heidelberg: Hüthig Verlag.

[36] STEINMETZ, R.: *Multimediatechnologie*. Berlin–Heidelberg: Springer Verlag.

[37] TAYLOR, J.; JOHNSON, M. R.; CRAWFORD, C. G.: *DVD demystified*, Third Edition. Columbus/Ohio: McGraw-Hill-Verlag.

[38] SCHÖNFELDER, H.: *Fernsehtechnik im Wandel*. Berlin–Heidelberg: Springer Verlag.

[39] KELM, H.-J.: *USB 2.0 Studienbuch*. Poing: Franzis-Verlag.

[40] ANDERSON, D.; MINDSHARE, I.: *Firewire Systeme Architecture*. München: Addison Wesley-Verlag.

[41] BOCKER, P.: *ISDN – Digitale Netze für Sprach-, Text-, Daten-, Video- und Multimedia-Kommunikation*. Berlin–Heidelberg: Springer Verlag.

[42] BLUSCHKE, A.; MATTHEWS, M.: *xDSL-Fibel*. Düsseldorf: VDE-Verlag.

[43] SIEGMUND, G.: *ATM – Die Technik*. Heidelberg: Hüthig Verlag.

[44] DITTLER H.-P.: *IPv6 – das neue Internet Protokoll*. Heidelberg: dpunkt-Verlag.

[45] T.O.P Business Interactive: *TCP/IP Basics – Die Grundkonzepte des TCP/IP*. Weil der Stadt: J. Schlembach Fachverlag.

[46] LIENEMANN, G.: *TCP/IP-Grundlagen – Protokolle und Routing*. Hannover: Heise Verlag.

[47] RECH, J.: *Wireless LANs – 802.11-WLAN-Technologie und praktische Umsetzung im Detail*. Hannover: Heise Verlag.

[48] MAUCHER, J.; FURRER, J.: *WiMAX – Der IEEE 802.16-Standard*: Technik, Anwendung, Potenzial. Hannover: Heise Verlag.

[49] EBERSPÄCHER, J.; VÖGEL, H.-J: *GSM – Global System for Mobile Communications*. Stuttgart: Teubner Verlag.

[50] WALKE, B.; ALTHOFF, M. P.; SEIDENBERG, P.: *UMTS – Ein Kurs. Universal Mobile Telcommunication System*. Weil der Stadt: J. Schlembach Fachverlag.

[51] KUPRIS, G., SIKORA, A.: *ZigBee*. Poing: Franzis Verlag.

[52] SCHÖNFELDER, H. (Hrsg.): *Digitale Filer in der Videotechnik*. Berlin: 3R-Verlag.

[53] DICKREITER, MICHAEL: *Handbuch der Tonstudiotechnik*. Berlin: De Gruyter-Verlag.

[54] PIEPER, FRANK: *Praktische Einführung in die professionelle Beschallungstechnik*. München: GC Carstensen Verlag.

[55] BLAUERT, JENS: *Räumliches Hören*. Stuttgart: S. Hirzel Verlag.

[56] Poynton, Charles: *Digital Video and HDTV Algorithms and Interfaces*. Burlington, Mass.: Morgan Kaufmann Publishers.
[57] *IEEE 802.1*. Taskforce AVbridges.
[58] Sullivan, G. J.; Ohm, J.-R.; Han, W.-J.; Wiegand, Th.: Overview of the HEVC Standard. In: *IEEE-Transactions on circuit and Systems for Video Technology, Bd. 22, Nr. 12, 2012.*
[59] DVB-Fact Sheet. www.dvb.org.
[60] Sauter, M.: *Grundkurs Mobile Kommunikationssysteme: UMTS, HSPA und LTE, GSM, GPRS, Wireless LAN und Bluetooth*. Berlin: Springer Vieweg Verlag.
[61] Höher, P. A.: *Grundlagen der digitalen Informationsübertragung*. Berlin: Springer Vieweg Verlag.
[62] Holma, H.; Toskala, A.: *WCDMA for UMTS: HSPA Evolution and LTE*. Chichester: Wiley Verlag.
[63] Cox, C.: *An Introduction to LTE: LTE, LTE-Advanced, SAE and 4G Mobile Communications*. Chichester: Wiley Verlag.
[64] Donnevert, J.: *Digitalrichtfunk – Grundlagen, Systemtechnik, Planung von Strecken und Netzen*. Berlin: Springer Vieweg Verlag.
[65] Brückner, V.: *Elemente optischer Netze: Grundlagen und Praxis der optischen Datenübertragung*. Stuttgart: Vieweg+Teubner Verlag.
[66] De Carvalho, E.: *Practical Guide to MIMO Radio Channel with MatLab Examples*. Chichester: Wiley Verlag.
[67] Holma, H.; Toskala, A.: *LTE for UMTS – OFDMA and SC-FDMA Based Radio Access*. Chichester: Wiley Verlag.
[68] Dahlmann, E.; Parkvall, S.; Sköld, J.: *4G LTE / LTE-Advanced for Mobile Broadband*. Waltham, Mass.: Academic Press.
[69] Herter, E.; Lörcher, W.: *Nachrichtentechnik*. München: Carl Hanser Verlag.
[70] Hagen, S.; Marzohl, S.: *IPv6. Grundlagen – Funktionalität – Integration*. Sunny Edition. CH-Maur: Sunny Connection.
[71] Dadach, A.: *Voice over IP – Die Technik: Grundlagen, Protokolle, Anwendungen, Migration, Sicherheit*. München: Carl Hanser Verlag.
[72] Trick, U.; Weber, F: *SIP, TCP/IP und Telekommunikationsnetze: Next Generation Networks und VoIP – konkret*. München: Oldenbourg Wissenschaftsverlag.
[73] Bundesnetzagentur: *Jahresbericht 2021*, erschienen 2022
[74] Bundesnetzagentur: *Frequenzauktion 2019*. www.bundesnetzagentur.de/DE/Sachgebiete/Telekommunikation/Unternehmen_Institutionen/Breitband/MobilesBreitband/Frequenzauktion/2019/Auktion2019.html?nn=26766. [Zugriff am 13 6 2023].
[75] Cox, C.: *An Introduction to LTE: LTE, LTE-Advanced, SAE, VoLTE and 4G Mobile Communications*. Wiley 2014
[76] Chandramouli, D., Liebhart, R., Pirskanen, J.: *5G for the Connected World*. Wiley 2019
[77] Cox, C.: *An Introduction to 5G: The New Radio, 5G Networks and Beyond*. Wiley 2020
[78] Trick, U.: 5G: *Eine Einführung in die Mobilfunknetze der 5. Generation*. De Gruyter 2020
[79] ITU-R: Rec. M.2083-0: *IMT Vision – Framework and overall objectives of the future development of IMT for 2020 and beyond*. September 2015

[80] Bundesnetzagentur: *Frequenzen für das Betreiben regionaler und lokaler drahtloser Netze zum Angebot von Telekommunikationsdiensten.* www.bundesnetzagentur.de/DE/Fachthemen/Telekommunikation/Frequenzen/OeffentlicheNetze/LokaleNetze/lokalenetze-node.html [Zugriff am 13.06.2023].

[81] O-Ran Alliance: *O-RAN Use Cases and Deployment Scenarios.* WhitePaper, 2020

[82] Bundesamt für Sicherheit in der Informationstechnik: *Open-RAN Risikoanalyse – 5GRANR.* BSI-Studie, 2022

[83] Bundesnetzagentur: Vfg. 55/2021: *Allgemeinzuteilung von Frequenzen im Bereich 5945 MHz – 6425 MHz für drahtlose Zugangssysteme, einschließlich lokaler Funknetze WAS/WLAN («Wireless Access Systems including Wireless Local Area Networks»).* 2021.

Stichwortverzeichnis

D

E

F

L

M

S